液压机
液压传动与控制系统
设计手册

唐颖达 刘 尧 编著

Handbook
of Hydraulic Fluid Power
and Hydraulic Control Systems
Design for
Hydraulic
Press

化学工业出版社

·北京·

内容简介

本手册是笔者从业三十多年液压传动及控制技术尤其是液压机设计与制造技术和经验的总结。全书共分为六章，按照标准、全面、准确、实用、新颖的原则编写，主要内容包括：液压机概论，液压机液压系统及控制设计、制造基础，液压机型式与基本参数、技术条件、精度，液压机液压系统及其控制设计，液压机液压系统及元件制造，液压机液压系统的使用与维护等。

本手册也是一部液压机液压系统及其控制技术的专著，对现行相关标准进行了认真、全面的梳理，重视对标准的理解与遵守，以符合液压机技术条件为前提，并结合笔者的液压机设计与制造实践经验，能够切实解决液压机液压系统及其控制设计与制造中的一些重点、难点问题，且能对读者整体把握液压机的设计与制造技术提供帮助。

本手册可供从事液压机和液压机液压传动及控制系统、电气传动与控制系统及润滑系统设计与制造的专业人员，高等院校相关专业教师、学生等参考和使用；对从事其他液压机械或机、电、液一体化装备和液压传动系统及元件设计、制造、安装、使用和维护等工作的工程技术人员也具有一定参考价值。

图书在版编目（CIP）数据

液压机液压传动与控制系统设计手册/唐颖达，刘尧编著. —北京：化学工业出版社，2022.4（2023.11重印）
ISBN 978-7-122-40781-8

Ⅰ.①液… Ⅱ.①唐… ②刘… Ⅲ.①液压传动-系统设计-手册 ② 液压控制-系统设计-手册 Ⅳ.①TH137-62

中国版本图书馆 CIP 数据核字（2022）第 021480 号

责任编辑：张燕文 张兴辉　　　　　　　　　装帧设计：刘丽华
责任校对：李雨晴

出版发行：化学工业出版社（北京市东城区青年湖南街 13 号 邮政编码 100011）
印 装：北京虎彩文化传播有限公司
787mm×1092mm 1/16 印张 55¾ 字数 1478 千字 2023 年 11 月北京第 1 版第 2 次印刷

购书咨询：010-64518888　　　　　　　　　售后服务：010-64518899
网 址：http://www.cip.com.cn
凡购买本书，如有缺损质量问题，本社销售中心负责调换。

定 价：288.00 元

前言

据报道，中国工程院院士、浙江大学杨华勇教授在英国 Bath/ASME Symposium on Fluid Power and Motion Control 2018 国际流体传动会议上被英国机械工程师学会授予了 2017 年度的约瑟夫·布拉马奖章，成为首位获此殊荣的中国科学家。

约瑟夫·布拉马奖章创立于 1968 年，以纪念世界首台液压压力机的发明者约瑟夫·布拉马（Joseph Bramah，1748—1814），用于表彰在全球流体动力与机电领域有特殊贡献的科学家或工程师，是国际流体动力领域的至高荣誉。约瑟夫·布拉马奖章每年仅授予一人（1969 年、1977 年、1983 年、2000 年、2012 年空缺）。

液压机是用液压传动的压力机的总称。对于一些标准规定的液压机，尽管有这样或那样的不同，但液压系统是标准规定的液压机组成部分。

以油泵直接传动双柱斜置式自由锻造液压机为例，其设备范围包括：液压机本体（包含上砧旋转与快换装置），液压传动与控制系统（包含泵站、操作阀及管道等），电气传动与控制系统（包含控制柜、操作台及管线等），润滑系统，专用工具，一副上、下平砧及砧座，随机附带必要的易损件。

因此有参考资料指出："液压与电气系统的性能、配置和控制技术应是液压机产品最重要的核心技术。"

本手册的主要内容为液压机液压传动及控制系统，也包括一些电气传动与控制系统（即在 GB/T 17446 中定义的"控制系统"）及润滑系统。因关系到液压机用液压缸的设置与装配，本手册还涉及了一些液压机的本体、机械化设备及附属装置。

液压机的液压系统应符合 GB/T 3766—2015《液压传动　系统及其元件的通用规则和安全要求》和 JB/T 3818—2014《液压机　技术条件》的规定；对于有产品标准的还应符合如 JB/T 1829—2014《锻压机械　通用技术条件》、GB/T 37400.16—2019《重型机械通用技术条件　第 16 部分：液压系统》等产品标准的规定。

笔者曾在《电液伺服阀/液压缸及其系统》一书中指出："电液伺服阀控制系统设计是一项应用创新思维、采用创新方法以实现创新技术的活动，即以新颖独特的方式对已有信息进行加工、改造、重组和迁移，从而获得有效的创意，应用一种或多种科学思维、科学方法、科学工具以实现技术创新。"笔者认为，其同样适用于（数控）液压机液压系统及其控制。

还以电液伺服阀控制液压缸系统（数控液压机液压系统）为例，其设计需要全面、准确地把握设计（技术）要求、正确制定系统控制方案、按相关标准绘制液压原理图和元件及管路布置图，其中必须重点考虑控制的稳定性、精确性和快速性，而这些恰恰也是当前电液伺服阀控制液压缸系统设计的难点。

根据现实情况及实际需要选择和确定液压机的性能指标具有可行性，具体的液压机液压系统及其控制的性能还取决于该系统的设计水平和工艺水平。

近年来发布的一些与液压机相关的新标准，标志和推动了液压机技术进步，但理解、遵守这些标准却是个问题，甚至一些标准中还存在着值得商榷的地方。如笔者认为：以矿物油型液压油为工作介质的双柱式锻造液压机，在热态锻造时存在火灾隐患，应是一种本质不安全设计，笔者曾参与处理过这样设备的火灾事故。再如笔者认为：GB/T 37400.16—2019 规定的要求并不全面、准确，并专门撰写了文章《对重型机械液压系统通用技术条件新标准的几点看法》，发表在"爱液压论坛"上。

在一些液压机产品标准中经常有这样的表述："液压系统中所用元件应符合 GB/T 7935—2005 的规定。"但笔者认为，此标准过于笼统、陈旧，以设计、制造液压机用液压缸为例，其指导意义有限。

在液压传动系统及元件中，除油箱、配管以外，液压缸是工程技术人员最可能遇到的技术设计。尽管液压缸与其他液压元件或装置比较，其设计与制造相对简单、容易，但要真正设计、制造出一台好的液压缸却是很难的。

液压机应具有足够的强度和刚度，而不应如一些标准中表述的那样，只要求具有足够的刚度。对液压机用液压缸而言，其也应具有足够的强度、刚度和工作寿命。笔者对液压缸设计与制造做过一些工作，也参与了一些相关标准的起草修订工作。笔者曾提出的一些意见现在在业内还未完全达成共识，如笔者认为：应以"额定压力"而不是"公称压力"作为液压缸的基本参数来设计、制造液压缸，亦即将 JB/T 10205—2010《液压缸》统一到 JB/T 3818—2014《液压机 技术条件》上来。在标准层面上确立以"额定压力"为液压缸的基本参数，尽管现在还有不同意见，但为了实现液压缸轻量化设计制造也势在必行。这些关于标准的研究都为本手册的编著提供了有力的支撑。

液压缸是为液压机配套的关键部件之一，其型式与参数、技术要求、检验方法、精度等必须与液压机技术条件相适应。而现在液压缸的设计与制造经常忽视对液压机整机的研究与把握，导致液压缸不能很好地满足整机的技术要求，常常成为整机中寿命最短的部件，这也是本手册想解决的问题之一。

现在冠以"数控"的液压机（械）也越来越多，但并不都符合"数控液压机是以数字量为主进行信息传递和控制的、具有人机界面、主要参数（至少含压力、位移参数）采用数字化控制的液压机。"这样的标准规定，如在 GB/T 34376—2017 规定的数控液压板料折弯机，关键的问题在于液压比例/伺服控制阀及其所控制的液压缸的控制信号是否是数字的。

液压机的电气设备及系统应符合 GB/T 5226.1—2019《机械电气安全 机械电气设备 第 1 部分：通用技术条件》和/或 GB/T 5226.1—2020《机械电气安全 机械电气设备 第 34 部分：机床技术条件》的规定；当采用可编程序控制器或微机控制时，应符合现行有关标准的规定。数控系统应满足液压机的功能要求，应具有点动、手动、半自动、自动操作，以及程序编辑、自动报警显示等功能。

或表述为，基础自动化和过程控制的可编程序控制器（PLC）和工业计算机（IPC）的配置应符合现行有关标准的规定；应实现对液压机工作过程的控制和管理，以及设备的实时运行信息显示、报警和故障诊断。

本手册按照标准、全面、准确、实用、新颖的原则编写，共分为六章，几乎包括了除机械压力机（类别字母代号为 J）的所有类别的锻压机械液压系统，对现行相关标准进行了认真、全面的梳理，重视对标准的理解与遵守，以符合液压机技术条件为前提，并结合笔者的液压机设计、制造实践经验，能够切实解决液压机液压系统及其控制设计、制造中的一些重点、难点问题，且能对读者整体把握液压机的设计、制造技术提供帮助。

遵守现行标准，推动技术进步，提高液压机设计、制造、安装、使用与维护水平，是每位液压机液压系统及其控制设计、制造者的责任，笔者也想为此做一点工作。但因本人学识、水平有限，不足之处恳请专家、读者批评指正。

应鼓励各供方根据"标准"的技术参数、技术要求和检验与验收规则，以及合同或协议的具体规定，发挥各自的技术优势，针对用户不同需求提出先进合理的液压与电气的配置和控制系统。

最后，笔者衷心感谢在手册编写过程中给予了支持和帮助的各位专家、教授，以及三十多年来就液压机设计与制造技术请教过的各位老师（傅），衷心感谢哈尔滨工业大学姜继海、燕山大学姜万录两位教授在本手册申请2022年化学工业出版社出版基金时给予的推荐。

编著者

目录

第6章 液压机液压系统的使用与维护 / 758

附录 / 826

参考文献 / 878

第1章

液压机概论

1.1 液压机的工作原理与组成

1.1.1 液压机的工作原理

液压机是根据 B. 帕斯卡定律设计、制造的。B. 帕斯卡定律一般表述为：加在密闭液体上的压强，能够大小不变地由液体向各个方向传递。B. 帕斯卡定律是流体静力学的一条定律，也称 B. 帕斯卡原理，或称静压传递原理。

需要说明的是，流体静力学只是流体力学的一个特例，在工程上仅用于液压机、液压系统等原理说明；流体静力学主要研究静止流体中压力和体积力的平衡关系、压力（强）的分布规律及压力（强）在固壁上的合力作用等；在静力学中表述的压力（强）是静压力。

如图 1-1 所示，在由管路连接的大缸径液压缸 2 和小直径柱塞泵 1 所组成的密闭压力容器中，如果小直径柱塞泵 1 柱塞对密闭压力容器中的流体工作介质施加一个压力（强），则此压力（强）会大小不变地传递给大缸径液压缸 2 柱塞。

作者注：1. 图 1-1 所示大缸径液压缸为柱塞缸，定义见 GB/T 17446—2012/ISO 5598：2008。

2. 作者在 GB/T 17446—××××/ISO 5598：2020 制定中提出"缸输出力定义或（应）修改为：由作用在缸活塞或柱塞上的压力产生的力。"另外，拟在"活塞杆"定义下加一条注"在柱塞缸中该零件也称为柱塞。"

设小直径柱塞泵 1 柱塞输入力为 F_1，柱塞直径为 D_1；大缸径液压缸 2 柱塞输出力为 F_2，大柱塞直径为 D_2，根据 B. 帕斯卡定律，则

$$\frac{F_1}{\frac{\pi}{4} \times D_1^2} = \frac{F_2}{\frac{\pi}{4} \times D_2^2} = p \quad (1\text{-}1)$$

式中　p——液体压力（强），MPa。

因 $D_1 < D_2$，故 $F_1 < F_2$。

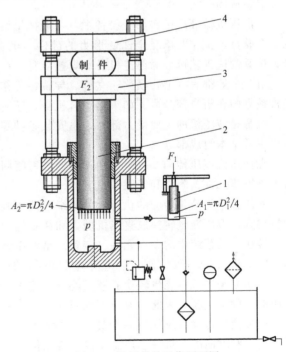

图 1-1　液压机的工作原理图

1—小直径柱塞泵；2—大缸径液压缸；3—滑块；4—机身

设 A_1 为小直径柱塞泵 1 柱塞（有效）面积，即 $A_1 = \frac{\pi}{4} \times D_1$，则

$$F_1 = pA_1 \tag{1-2}$$

设 A_2 为大缸径液压缸 2 柱塞（有效）面积，即 $A_2 = \frac{\pi}{4} \times D_2$，则

$$F_2 = pA_2 \tag{1-3}$$

或

$$F = pA \tag{1-4}$$

式中　F——液压缸理论输出力，N；

　　　p——工作介质压力，MPa；

　　　A——液压缸柱塞有效面积，mm^2。

式（1-4）即为液压机的主要部件液压缸的理论输出力或液压机的公称力的理论计算公式。

由图 1-1 可以看出，液压机的基本组成应包括液压动力装置（动力源）、液压系统（含液压缸 2）、机身 4 和滑块 3 等。更为严格地讲，液压动力装置中能量转化元件如液压泵等也应包括在液压系统中。在图 1-1 中，小直径柱塞泵 1 即为液压动力装置中的能量转换元件。

作者注：在流体传动系统及元件中，流体垂直施加在其约束体单位面积上的力或反作用力均称为压力，亦即物理学中的压强。

1.1.2　液压机的组成

液压机一般是由机身、液压传动与控制系统、电气传动与控制系统，以及一些其他系统或装置组成的。

在锻压机械液压板料加工设备中，一般把机架称为机身，机身是将液压机的主要部件连成一个整体，工作时承受全部变形力的部件。机身按其结构型式可分为整体机身和组合机身，按其制造工艺可分为铸造机身和焊接机身。

机身一般都有（上）横梁、立柱、导轨、工作台或底座等，滑块、工作台板、垫板等也经常被划归在机身部分内。如果是组合机身，还应有拉紧螺杆等。

机身是液压机的主要受力部件，是安装各种零部件的基础。因此，机身是一台液压机必不可少的基本组成部分。

在液压机液压传动系统中，功率是通过密闭回路中的受压油液来传递和控制的；系统是由各种液压元件、附件和管路等组成的。

液压缸作为液压传动的执行元件是组成液压机的主要部件，它是能量转换元件（装置），能将输入的液压能量转换成直线机械力和往复运动，即将液压能量转换成机械能量。

液压传动系统中的动力元件（装置）是液压泵，广义的液压动力装置应包括电动机（含伺服电动机）、液压泵、阀、油箱及附件和配管等。

液压泵是将机械能量转换成液压能量的液压元件，是液压传动系统中工作介质所传递的液压能量的提供者，因此，液压泵也同液压缸一样是一台液压机必不可少的基本组成部分。

组成液压传动系统的另一大类元件就是阀。一般液压机都需要液压阀控制其滑块的位置、速度和方向等，进一步还需要控制液压传动系统的最高工作压力、工作压力、滑块的沉降量、滑块的保压以及锻压工艺要求的滑块各种规定动作等。

现在在一般液压板料加工设备中，机械电气系统甚至数控系统都是常见的。液压机功能

越全、精度越高、效率越高，其对控制要求也越高，如数控折弯机、数控剪板机等一般都采用了专用数控系统。

机身上安装了导轨的液压机一般都需要有润滑系统；还有气动系统也经常在液压机上被采用；其他辅助装置或系统液压机上也有采用。

以液压机的动力装置（或称动力系统、液压动力源及液压源）对液压机进行分类也是一种分类方法。现在的液压机可按动力装置分为泵直接传动、泵-蓄势（能）器传动和泵直接传动与泵-蓄势（能）器传动的联合传动几种。液压机广泛使用的液体工作介质有两种：一种是矿物油；另一种是水的乳化液。

按液压机的动力装置对液压机进行分类，其主要关注的问题之一是传动效率。现在不管是小、中或大型液压机，都普遍存在节能问题。

1.1.3 液压泵直接传动

液压泵直接传动是由液压泵将液压油液直接供给液压机的（主）液压缸，（主）液压缸所需压力液压油液全部即时来源于液压泵，（主）液压缸所输出的机械功全部来源于液压泵即时供给的液压能量。图 1-2 所示为一种液压泵直接传动的液压系统。在该液压系统工作过程中，液压油液的压力是变化的，其大小由外部负载决定。下面简述一般液压机（油压机）的操作。

(1) 起动

接通电动机 5 电源，电动机 5 通过联轴器 4 带动液压泵 3 空负荷运转。此时带空气滤清器 16、液位指示（器）17 的油箱 1 内的液压油液经粗过滤器 2 由液压泵 3 吸入并输出，经单向阀 7、三位四通电磁（液）换向阀 10 中位及回油过滤器 15 流回油箱 1。溢流阀 6 用做安全阀；液压泵 3 出口压力由带压力表开关 8 的压力表 9 指示。

(2) 空行程

液压缸 11 带动的滑块自上死点向下运动至接触工件前的缸行程都为空行程。当三位四通电磁（液）换向阀 10 处于右位时，液压缸活塞、活塞杆、滑块及其连接件因自重快速下降，此时液压缸 11 无杆腔所需流量大于液压泵 3 供给流量，液压缸 11 无杆腔出现负压，充液阀 12 被打开，上置油箱 13 内的液压油液补入液压缸 11 无杆腔；当液压缸 11 带动的滑块接触工件时，充液阀 12 关闭，液压系统开始加压。

(3) 压制

在完成压制动作过程中的缸行程即为通常所说的工作行程，但"工作行程"不是在GB/T 8541—2012、GB/T 36484—2018 和 JB/T 4174—2014 中定义的术语。此时，滑块施加在工件上的力即工作力（按 GB/T 36484—2018 中定义）是变化的，亦即其大小是由外部负载决定的，但液压系统最高工作压力是由溢流阀 6 限定的，且液压缸所输出的机械功全部来源于液压泵即时供给的液压能量。

作者注：在 GB/T 32216—2015 中定义了"工作行程"。

(4) 保压

一些液压机的操作需要有保压，保压是在规定时间里液压系统的压力保持。在图 1-2 所示液压系统中，保压是通过液压泵 3 始终处于满负荷运转，溢流阀 6 始终处于溢流状态来实现的。此时，液压机输出的工作力最大，可接近或等于公称力。

(5) 回程

滑块返回的过程称为回程，一般液压机都可进行这一返回动作。因在图 1-2 所示液压系统中的液压缸为双作用缸，其可由液压系统控制进行缸回程；但如为单作用缸，其缸回程则

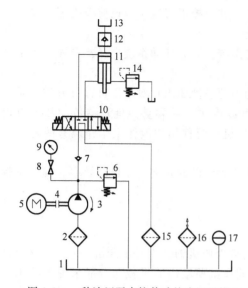

图 1-2 一种液压泵直接传动的液压系统

1—油箱；2—粗过滤器；3—液压泵；4—联轴器；5—电动机；6,14—溢流阀；7—单向阀；8—压力表开关；9—压力表；10—三位四通电磁（液）换向阀；11—液压缸；12—充液阀；13—上置油箱；15—回油过滤器；16—空气滤清器；17—液位指示（器）

需由外力作用完成，包括采用回程缸将滑块复位。在进行回程动作开始前，一般应先进行泄压（按 JB/T 4174—2014 中定义），即将液压缸 11 无杆腔压力逐渐从高到低释放，然后才能进行缸回程，亦即使三位四通电磁（液）换向阀 10 换向至左位，液压缸有杆腔进油、无杆腔回油，由液压缸 11 带动的滑块回到上死点。

需要说明的是，在液压泵直接传动的液压系统中，除在图 1-2 中所示的液压泵为定量式外，液压泵也可为变量式；电动机也可变频调速，或为伺服电动机；液压系统中也可能包括液压蓄能器。

1.1.4　液压泵-液压蓄势（能）器传动

"泵-蓄势器传动"或"泵-蓄势器传动液压机"现在还没有查到有标准对其定义。泵-蓄势器传动液压机的工作介质一般为乳化液；泵为水泵；蓄势器为蓄势水罐＋气罐。

图 1-3 所示为泵-蓄势器传动的 120MN 自由锻水压机控制系统。在该液压系统工作过程中，高压蓄势水罐中的水（乳化液）最高工作压力可达 32MPa，工作时一般可有 10％的压力降。

（1）蓄势器储能

电动机 1 和 6 通过联轴器 2 和 5（和/或减速器）带动泵 3 和 4，将高架安装的水箱 27 提供的水输出给蓄势器中的高压蓄势水罐 16，高压蓄势水罐 16 与气罐 17 和 18 相连且预充 25MPa 的空气。当高压蓄势水罐 16 中水位达到设定水位时泵即卸荷（在图 1-3 中泵卸荷回路未示出），此时高压蓄势水罐 16 中的水最高工作压力可达 32MPa，蓄势器完成储能。

根据设定，一般当高压蓄势水罐 16 水压力有 10％的压力降时，泵 3 和 4 应再次起动进行蓄势器储能。高压蓄势水罐 16 水压力由压力表（压力传感器）15 指示（发讯）；泵 3 和 4 及高压蓄势水罐 16 水最高工作压力由溢流阀 11 限定；二位二通电磁换向阀 10 可切断泵 3 和 4 及高压蓄势水罐 16 与其他回路的连接。

（2）空行程

蓄势器完成储能后，且低压蓄势器 32 水位及压力符合要求，即可操纵阀操纵杆 14 进行工作循环（操纵前阀操纵杆 14 应处在空挡位置）。

将阀操纵杆 14 操纵至下行挡位置，使顶杆操纵二位二通换向阀 19 换向接通，回程缸 24 和 25 与低压蓄势器 32 接通，滑块靠重力下行。滑块下行时，低压蓄势器 32 中的水通过充液阀 31 输入主缸 29 和 30。滑块下行速度可由顶杆操纵二位二通换向阀 19 的开口大小控制。当将阀操纵杆 14 操纵至最大下行速度位置时，顶杆操纵二位二通换向阀 19 的阀口几乎全部开启，滑块达到最大下行速度。此时，顶杆操纵二位二通换向阀 22 处于断开位置，亦即切断了主缸 29 和 30 与低压蓄势器 32 的油路。

（3）锻造

当滑块（上砧块或上锻模）接近工件时，将阀操纵杆 14 操纵至锻造挡位置，使顶杆操

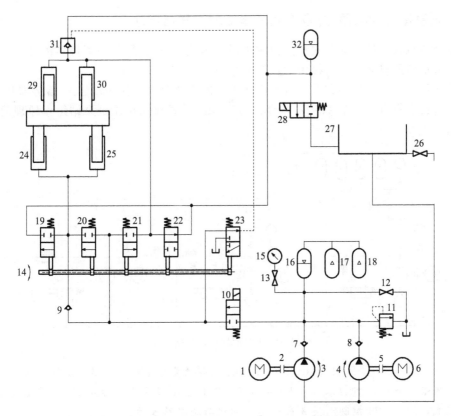

图 1-3　泵-蓄势器传动的 120MN 自由锻水压机控制系统

1,6—电动机；2,5—联轴器；3,4—泵；7～9—单向阀；10,28—二位二通电磁换向阀；11—溢流阀；
12,26—截止阀；13—压力开关；14—阀操纵杆；15—压力表；16—高压蓄势水罐；
17,18—气罐；19～22—顶杆操纵二位二通换向阀；23—顶杆操纵二位三通换向阀；
24,25—回程缸；27—水箱；29,30—主缸；31—充液阀；32—低压蓄势器

纵二位二通换向阀 21 换向接通，高压蓄势水罐 16 中的水输入主缸 29 和 30，完成锻造行程。此时，回程缸 24 和 25 通过顶杆操纵二位二通换向阀 19 与低压蓄势器 32 仍处于换向接通状态；顶杆操纵二位三通换向阀 23 处于换向接通状态，充液阀 31 的操作机构接水箱泄压，充液阀 31 关闭。

(4) 回程

在完成锻造行程时，阀操纵杆 14 向空挡位置返回。在此过程中，二位二通换向阀 21 换向关闭，主缸 29 和 30 与蓄势器及泵断开；二位三通换向阀 23 逐渐换向接通蓄势器及泵，充液阀 31 的操作机构使充液阀 31 逐渐开启，主缸 29 和 30 完成泄压。

当阀操纵杆 14 回到空挡位置时，顶杆操纵的二位二通换向阀 19 换向关闭、二位二通换向阀 22 部分接通低压蓄势器 32、二位三通换向阀 23 控制的充液阀 31 使主缸 29 和 30 仍然处于泄压状态，滑块停止在此位置。

当阀操纵杆 14 向回程挡位置操纵时，顶杆操纵的二位三通换向阀 23 通过操作机构使充液阀 31 反向开启，主缸 29 和 30 中的水可通过充液阀 31 回到低压蓄势器 32 中。当阀操纵杆 14 回到回程挡位置时，顶杆操纵的二位二通换向阀 20 换向接通，蓄势器中的高压水经二位二通换向阀 20 输入回程缸 24 和 25，滑块回程。当滑块回程到达要求的位置时，应将阀操纵杆 14 操纵至空挡位置，液压机一切动作停止。

1.1.5 泵直接传动与泵-蓄势（能）器传动的联合传动

锻造液压机较早的传动方式都是以水的乳化液为工作介质的泵-蓄势器传动。以油为工作介质的锻造液压机多为泵直接传动，但也有用泵-蓄势器传动的。

按照液压动力源的传动方式，挤压机液压控制系统有泵直接传动、泵-蓄势器传动、泵-蓄势器联合传动等方式。泵-蓄势器联合传动 40MN 卧式双动挤压机泵站工作原理简图如图 1-4 所示。

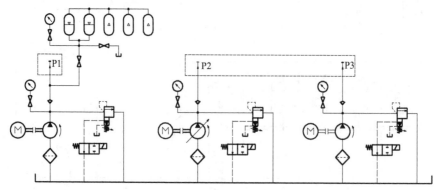

图 1-4　40MN 卧式双动挤压机泵站工作原理简图

作者注：P1 由 4 台 500L/min 定量泵组成，且控制阀集成在一起，现简化为 1 台表示，各控制阀省略以点画线方框表示；P2 由 4 台 525L/min 变量泵组成，P3 由 2 台 500L/min 定量泵组成，P2 和 P3 控制阀集成在一起，简化与省略及表示同上。

采用 6 台 500L/min 的定量泵及 4 台 525L/min 的变量泵组成系统泵站，总流量可达 5000L/min；采用 2 个 400L 活塞式蓄势器和 3 个 $4m^3$ 的氮气罐作为蓄势站。在最大挤压速度 100mm/s 时，蓄势器应补充的流量为 3640L/min；在 10s 内，蓄势器应释放出的高压液体流量为 607L。

该挤压机采用泵-蓄势站联合传动具有以下优点。

① 与泵直接传动相比，采用泵-蓄势站联合传动比泵直接传动具有明显的优势，装机功率可减少 1700 kW，减少约 40.5%，液压系统的能耗有效降低。

② 在泵-蓄势站联合传动中，根据不同挤压速度，采用不同的调速方式控制，有效保证了挤压速度和精度的控制要求，并降低了系统发热。

③ 通过在主缸进液控制油路上设置比例压力阀，可解决泵-蓄势站联合传动压力调整难的问题，从而有效保护挤压工具。

装机功率减少 1700kW 意味着系统中少了 7 台 500L/min 高压油泵及 250kW 的电动机组，这些油泵在非挤压时间不参与压机的工作，只是空转，空转时仍有约 15% 的能耗，而在本压机中，非挤压时间占整个挤压周期的 87%～95%。

当前中小型自由锻造液压机以油压机为主，主要采用油泵直接传动。其优点在于高精度、高频次、高柔性、高效节能、初期投资成本低。其缺点是易燃、污染环境、维修维护成本高、油液清洁度要求苛刻、故障率高。中大型自由锻造液压机以水压机为主，主要采用泵-蓄势传动，这种传动形式中有较大的蓄势器，用来贮存高压液体。其优点在于蓄势器内有高压液体，基本维持系统压力在蓄势器中的压力波动范围之内；不仅工作平稳，而且在冲孔和镦粗等需要大的行程速度时，可以由蓄势器供给高压水，以保证瞬间获得较高的工作速度；多台压机可共用一个泵站，利用率较高，总投资较小；整个系统能量消耗与压机工作行程成比例关系，与工件的变形阻力并没有关系。其缺点是传动效率低，较大的蓄势器导致设备庞大，要求泵房有较高的高度以便于安装；这种形式工作介质多为乳化液，产生的气蚀问题容易导致液压元件的使用寿命大大缩短。

一种基于比例插装阀的油控水泵-蓄势器传动系统，其主回路工作介质为乳化液，采用插装阀控制，控制回路工作介质为液压油，通过插装阀等控制压机的动作。此系统继承了水压机和油压机的工作平稳、压力波动小、可采用联合泵站等优点。一种采用插装阀的油控水泵-蓄势器传动系统如图1-5所示。

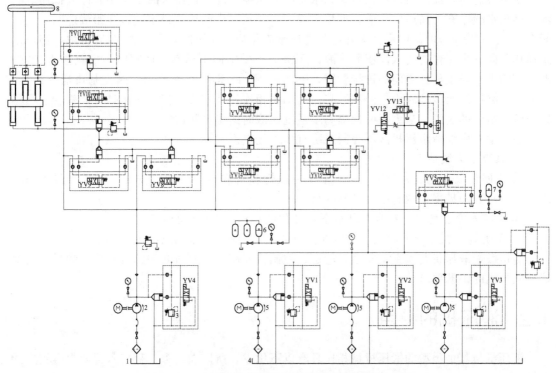

图1-5 一种采用插装阀的油控水泵-蓄势器传动系统
1—小油箱；2—油泵；3—溢流阀；4—大水箱；5—水泵；
6—高压水罐；7—缓冲罐；8—低压水罐

如图1-5所示，该系统为2000t自由锻造油压机，系统共有两个高压气罐，一个高压水罐（件6），一个低压水罐（件8），一个缓冲罐（件7）；采用一个小油箱（件1），一个大水箱（件4）的设计，水箱主要提供主回路所需的乳化液，油箱主要提供控制回路所需的液压油，控制回路与主回路采用插装阀连接在一起，充分利用油系统的控制精度高等特点精确控制主回路中的乳化液，达到高精度、防火等油控水系统的优点。根据锻压工况要求，设备操作可分为普通锻造和快速锻造。

如图1-5所示，普通锻造时，电磁阀YV4得电，油泵2停止打压循环，控制回路开始升压至31.5MPa，压力31.5MPa由溢流阀3调定；待油压稳定后，YV1、YV2、YV3三个电磁阀得电，主回路水泵5开始打压。电磁阀YV5得电时，其控制的插装阀打开，低压水罐8充液，缓冲罐7充液；充液完成后电磁阀YV5失电，插装阀关闭。此时，电磁阀YV15得电、YV14失电，高压水泵5向高压水罐6中冲入31.5MPa高压乳化液。压机压下时，电磁阀YV7失电，切断压力油与回程缸的通路，电磁阀YV10得电，回程缸无杆腔泄压，电磁阀YV6得电，所控制的插装阀打开，压力油进入三个柱塞缸，由于压机活动横梁自重较大，下降速度较高，柱塞缸内压力较小，缓冲罐 7 及低压水罐 8 中的低压乳化液进入柱塞缸中，充液完成后，高压水罐 6 中的高压乳化液进入工作缸，减少所需的泵的数量。至此完成普通锻造时的压下动作。压下结束回程时，电磁阀 YV6 失电，插装阀关闭，切断高压乳化液与三个工作缸的通路；电磁阀 YV7、YV10 得电，其控制的插装阀打开，回程缸无杆腔内通入高压乳化液；电磁阀 YV13 得电，控制插装阀启闭，将高压乳化液送至液控单向阀控制腔，此时液控单向阀打开，三个工作缸内的高压乳化液通过液控单向阀回到缓冲罐中，回程结束。

快速锻造时，油泵组液压泵启动，水泵组液压泵启动，低压水罐、缓冲罐冲入低压乳化液，高压水罐中充入高压乳化液，低压水罐、高压水罐中的液位稳定后，开始锻造时，电磁阀 YV14、YV10 得电，回程缸无杆腔与高压水罐相通，压下时，电磁阀 YV6 得电，高压水泵动作，向三个工作缸通入高压乳化液，压机活动横梁向下运动；回程时，电磁阀 YV6 失电，切断主泵与工作缸之间的连接管路，电磁阀 YV13 得电，液控单向阀控制口通入高压，三个工作缸排液至缓冲罐中。回程缸与高压水罐相连，其作用类似于液压弹簧，减少了回程缸充液、增压的过程，最大限度地提高了系统快锻时的工作频次。

该新型自由锻造水压机液压控制系统有如下优点。

① 系统压力波动小，工作平稳。

② 主回路以乳化液为介质，减小前期一次性投资和后期维护的投资；控制回路采用液压油，提高控制精度，达到精密控制的目的。

③ 系统安全、稳定，在高温环境下，乳化液相对于液压油具有防火等特性。

④ 系统具有较强的灵活性与适应性，可通过不同的逻辑满足不同的工况。

自由锻造液压机要求系统安全、稳定、控制精度高，上面所介绍的液压系统满足了自由锻造液压机的工艺要求。

1.2 液压机的特点

液压机与其他类型的锻压机械相比具有以下优点，所以在很多工程技术领域内得到广泛应用。

① 基于液压传动（流体动力）的工作原理，液压机上的执行元件如主缸等液压缸结构相对简单，可以设计成缸径足够大，缸最大行程及缸工作行程足够长，且（最高）额定压力可为高压或超高压，易于实现使滑块具有很大的工作力（或公称力）和滑块行程，便于对大型模具和/或工件施加压力，因此液压机具有适应性强的优点。

② 由于执行元件结构简单，其具有可灵活布置及可优化安装和连接的特点。

③ 在滑块行程的任何位置均可对大型模具和/或工件施加最大工作力。可以在缸工作行程终点进行长时间保压，这对许多工艺而言，都是十分需要的。

④ 可以设置一个或多个起安全作用的溢流阀（卸压阀），以限制液压系统所有相关部分的压力，防止可以预见的压力超过液压系统的最高工作压力或液压系统任何部分的额定压力，亦即液压机对压力过载保护方便，容易保护模具。采用相同的手段如使用某种液压阀，也可在一个工作循环中调压。

⑤ 缸工作行程可以在一定范围内任意地无级地改变，缸工作行程终点可以根据工艺要求方便地控制或改变，并可使滑块的定位精度和/或重复定位精度控制在一定水平内。

⑥ 滑块的各种速度如滑块工作速度可以在一定范围内、在相当大的程度上进行调节，从而可以适应工艺过程对滑块速度的不同要求。用泵直接传动时，滑块速度的调节可以与压

力及行程无关。

⑦ 可以采用不同的液压阀组合来实现工艺过程的不同程序，方便地适应程序的变化，便于实现程序控制及计算机自动控制。

⑧ 与锻锤等锻压机械相比，工作平稳，撞击、振动和噪声较小，对工人健康、厂房基础、周围环境及设备本身都有很大好处。

但是，液压机与其他类型的锻压机械相比也有如下缺点。

① 用泵直接传动时，液压机的总功率一般比相应的机械压力机大。

② 由于液压缸内升压及降压都需要一定时间，液压阀的换向也需要一定时间，而且空程速度不够高，因此在快速性方面可能不如机械压力机。

③ 由于液压流体如液压油具有可压缩性等，在快速换向或泄压时，可能会引起液压机机身或液压系统的振动，因此不太适合于冲裁、剪切等工艺。

④ 液压流体一般都有一定使用寿命，到一定时间应更换。

1.3 液压机的分类与型号

根据 GB/T 28761—2012《锻压机械　型号编制方法》的规定，锻压机械型号分（类）为通用锻压机械型号、专用锻压机械型号、锻压生产线型号、联动锻压机械型号……。

根据 JB/T 3818—2014《液压机　技术条件》的规定，液压机的型号表示方法应符合 GB/T 28761 的规定。

1.3.1 液压机的分类

类是具有某种共同属性（或特征）的事物或概念的集合；分类则是按照选定的属性（或概念）区分分类对象，将具有某种共同属性（或特征）的分类对象集合在一起的过程。

根据线分类法，锻压机械类的下位类液压机和其他类液压机名称、组（系列）的划分见表 1-1 和表 1-2。

表 1-1　锻压机械类液压机

组	型	名称	主参数
手动液压机	04	手动液压机	公称力(kN)
锻造、模锻液压机	11	单柱式锻造液压机	公称力(kN)
	12	四柱式锻造液压机	公称力(kN)
	14	四柱式模锻液压机	公称力(kN)
	15	框架式模锻液压机	公称力(kN)
	16	多向模锻液压机	公称力(kN)
	17	等温锻造液压机	公称力(kN)
	18	专用模锻液压机	公称力(kN)
冲压、拉伸液压机	20	单柱单动拉伸液压机	公称力(kN)
	21	单柱冲压液压机	公称力(kN)
	22	单柱厚板冲压液压机	公称力(kN)
	24	双动厚板拉伸液压机	公称拉伸力(kN)/总力(kN)
	25	快速薄板冲压液压机	公称力(kN)
	26	精密冲裁液压机	总力(kN)
	27	单动薄板冲压液压机	公称力(kN)
	28	双动薄板拉伸液压机	公称拉伸力(kN)/总力(kN)
	29	纵梁压制液压机	公称力(kN)
一般用途液压机	30	单柱液压机	公称力(kN)
	31	双柱液压机	公称力(kN)

组	型	名称	主参数
一般用途液压机	32	四柱液压机	公称力(kN)
	33	四柱上移式液压机	公称力(kN)
	34	框架液压机	公称力(kN)
	35	卧式液压机	
	36	切边液压机	公称力(kN)
	38	单柱冲孔液压机	
校正、压装液压机	40	单柱校直液压机	公称力(kN)
	41	单柱校直压装液压机	公称力(kN)
	42	双柱校直液压机	公称力(kN)
	43	四柱校直液压机	公称力(kN)
	45	龙门移动式液压机	公称力(kN)/工作台长(mm)×宽(mm)
	47	单柱压装液压机	公称力(kN)
	48	轮轴压装液压机	公称力(kN)
热压、层压液压机	51	胶合板热压液压机	公称力(kN)/热板尺寸长(mm)×宽(mm)
	52	刨花板热压液压机	公称力(kN)/热板尺寸长(mm)×宽(mm)
	53	纤维板热压液压机	公称力(kN)/热板尺寸长(mm)×宽(mm)
	55	塑料贴面板热压液压机	公称力(kN)/热板尺寸长(mm)×宽(mm)
	58	金属板热压液压机	公称力(kN)/热板尺寸长(mm)×宽(mm)
挤压液压机	61	金属挤压液压机	公称力(kN)
	62	双金属挤压液压机	公称力(kN)
	63	冷挤压液压机	公称力(kN)
	64	热挤压液压机	公称力(kN)
	65	电极挤压液压机	公称力(kN)
	66	卧式金属挤压机	公称力(kN)
	68	模膛挤压液压机	公称力(kN)
压制液压机	70	测压式粉末制品液压机	公称力(kN)
	71	塑料制品液压机	公称力(kN)
	72	磁性材料液压机	公称力(kN)
	74	陶瓷砖压制液压机	公称力(kN)
	75	超硬材料(金刚石)压制液压机	公称力(kN)
	76	耐火砖液压机	公称力(kN)
	77	碳极液压机	公称力(kN)
	78	磨料制品液压机	公称力(kN)
	79	粉末制品液压机	公称力(kN)
打包、压块液压机	81	金属(废金属)打包液压机	公称力(kN)
	82	非金属打包液压机	公称力(kN)
	83	金属屑压块液压机	公称力(kN)
	85	立式打包机	公称力(kN)
	86	卧式打包机	公称力(kN)
其他液压机	90	金属压印液压机	公称力(kN)
	91	内高压成形液压机	公称力(kN)
	93	冷等静压液压机	公称力(kN)
	94	热等静压液压机	公称力(kN)
	95	轴承模压淬火液压机	公称力(kN)
	96	移动回转头框式液压机	公称力(kN)
	97	多点成形液压机	公称力(kN)
	98	模具研配液压机	公称力(kN)

作者注：在 GB/T 28761—2012 中，"冲压、拉伸液压机"组，22 型为"单柱厚板板冲压液压机"。

表 1-2　锻压机械类其他液压机

组	型	名称	产品
电液锤	61	单臂电液锤	打击能量(kJ)
	66	自由锻电液锤	打击能量(kJ)
液压模锻锤	82	液压模锻锤	打击能量(kJ)
	83	消振液压模锻锤	打击能量(kJ)
	85	电液锤	打击能量(kJ)
	86	模锻电液锤	打击能量(kJ)
	88	数控全液压模锻锤	打击能量(kJ)
热锻液压机	11	自由锻液压机	公称力(kN)
	12	热模锻液压机	公称力(kN)
	13	温锻液压机	公称力(kN)
板料直线剪板机	11	剪板机	可剪板厚(mm)×可剪板宽(mm)
	12	摆式剪板机	可剪板厚(mm)×可剪板宽(mm)
联合冲剪机	31	冲孔与型材剪切机	最大冲孔力(kN)
	32	板料与型材剪切机	可剪板厚(mm)
	34	联合冲剪机	可剪板厚(mm)
	35	带模剪联合冲剪机	可剪板厚(mm)
型材、棒料、金属件剪断机	41	型钢剪断机	公称力(kN)
	42	棒料剪断机	公称力(kN)
	43	鳄鱼式剪断机	可剪圆料最大直径(mm)
	44	钢筋剪断机	可剪圆料最大直径(mm)
	45	高速精密棒料剪断机	可剪圆料最大直径(mm)
	47	液压棒料剪断机	可剪圆料最大直径(mm)
板料折弯机	67	板料折弯机	公称力(kN)/可折最大宽度(mm)
	68	板料折弯剪切机	公称力(kN)/可折板厚(mm)×板宽(mm)
	69	三点式板料折弯机	公称力(kN)/可折最大宽度(mm)

除上述液压机外，还有未经标准分类的锻压机械类及以外其他类液压机，见表 1-3。

表 1-3　其他类液压机

组	型	名称	产品标准
(热)锻造液压机	待定	油泵直接传动双柱斜置式自由锻造液压机	JB/T 12229—2015
冲压液压机	待定	单双动薄板冲压液压机	JB/T 7343—2010
	待定	双动厚板冲压液压机	JB/T 7678—2007
一般用途快速液压机	待定	液压快速压力机	JB/T 12297.2—2015
校正液压机(板料矫平液压机)	待定	中厚钢板压力校平液压机	JB/T 12510—2015
挤压液压机	待定	液压榨油机	GB/T 25732—2010
压制液压机	待定	纤维增强复合材料自动液压机	JC/T 2486—2018
	待定	蒸压砖自动液压机	JC/T 2034—2010
成形液压机(其他液压机)	待定	封头液压机	JB/T 12995.2—2017
其他液压机(冲压液压机)	待定	数控液压冲钻复合机	GB/T 33639—2017
其他液压机(试验机)	待定	液压式万能试验机	GB/T 3159—2008
	待定	电液伺服万能试验机	GB/T 16826—2008
	待定	电液伺服动静万能试验机	JB/T 8612—2015
	待定	电液伺服水泥试验机	JB/T 8763—2013

1.3.2　锻压机械（液压机）型号分类和构成

（1）型号的分类

锻压机械（液压机）型号分为通用锻压机械（液压机）型号、专用锻压机械（液压机）

型号、锻压生产线（主要单机为液压机）型号、联动锻压机械（液压机）型号……。

（2）型号的构成

锻压机械（液压机）型号是锻压机械（液压机）名称、主参数、结构特征及工艺用途的代号，由汉语拼音正楷大写字母（以下简称字母）和阿拉伯数字（以下简称数字）组成。型号中的汉语拼音字母按其名称读音。

1.3.3 通用锻压机械（液压机）型号

（1）型号的表示方法

型号的表示方法如下：

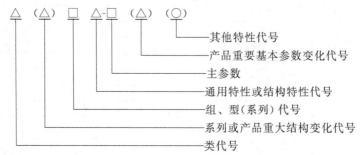

有"（ ）"的代号，如无内容时则不表示，有内容时则无括号；有"△"符号的，为大写汉语拼音字母；有"□"符号的，为阿拉伯数字；有"○"符号的，为大写汉语拼音字母和/或阿拉伯数字。

型号示例或标记示例如下：

1000kN/3200mm 五轴数控液压板料折弯机的型号表示为 W67KY-100/3200L5；1600kN闭式单点高速精密压力机的型号表示为 J75GM-160；经三次重大改进，行程可调的，带自动送料装置的 2000kN 开式固定台压力机的型号表示为 JC21Z-200D。

（2）分类及其类代号

① 锻压机械分为机械压力机、液压机、自动锻压（成形）机、锤、锻机、剪切与切割机、弯曲矫正机、其他综合类，用汉语拼音大写字母表示，字母一律用正楷大写。

② 锻压机械分类及字母代号见表1-4。

表 1-4　锻压机械分类及字母代号

类别	机械压力机	液压机	自动锻压 （成形）机	锤	锻机	剪切与 切割机	弯曲矫正机	其他 综合类
字母代号	J	Y	Z	C	D	Q	W	T

注：对于有两类特性的机床，以主要特性分类为准。

③ 分类中未能包含的锻压机械产品应根据其锻压工艺和接近的类型产品进行分类命名。

（3）系列或产品重大结构变化或重大改进代号

当锻压机械的结构、性能指标有重大变化或更高要求，并按新产品设计、试制和鉴定时，按改进的先后顺序选用正楷大写字母 A、B、C 等（I、O 除外）。凡属局部的小改进或增减某些附属装置等，未对原锻压机械的结构、性能做重大的改进，其型号不变。

（4）锻压机械的组、型（系列）代号

① 每类锻压机械分为 10 组，每组分为 10 个型（系列），用两位数字组成，位于类代号或结构变化代号之后。

② 组、型（系列）的划分及型号中主参数的表示方法应符合 GB/T 28761—2012 中表 4～表 11（液压机也可参见表 1-1 和表 1-2）的要求。

③ 具有两类产品特征的产品，分类应以主要特征为准，次要特征用其他特性代号表示。

④ 没有组、型（系列）的新产品，应根据产品用途、工艺和结构特点选定。

(5) 通用特性或结构特性代号

① 通用特性代号有统一的规定含义，在各类锻压机械中表示的意义相同。

② 当某类锻压机械有某种通用特性时，则在组、型（系列）代号后加通用特性代号。

③ 当需要排列多个通用特性代号时，应按重要程度顺序排列。

④ 通用特性或结构特性代号见表1-5。

表1-5　通用特性或结构特性代号

名词	功能	代号	读音
数控	数字控制	K	控
自动	带自动送卸料装置	Z	自
液压传动	机器的主传动采用液压装置	Y	液
气动传动	机器的主传动（力、能）来源采用气动装置	Q	气
伺服驱动	主驱动为伺服驱动	S	伺
高速	机器每分钟行程次数或速度显著高于同规格普通产品，有标准的以标准为准，没有标准的按高出同规格普通产品的100％以上计	G	高
精密	机器运动精度显著高于同规格普通产品，有标准的以标准为准，没有标准的按高出同规格普通产品的25％以上计	M	密
数显	数字显示功能	X	显
柔性加工	柔性加工功能	R	柔

⑤ 对主参数相同而结构、性能不同的锻压机械，可加结构特性代号予以区分，在型号中无统一的含义，并应排在通用特性代号之后。按结构的不同选用正楷大写字母A、B、C等或字母组合（I、O除外），通用特性代号已用的字母不能再使用。

(6) 主参数

① 主参数为公称力（单位为kN）的，表示主参数的数值为公称力实际数值的1/10。

② 主参数为公称打击能量（单位为kJ）的，表示主参数的数值为公称打击能量实际数值的1/10。

③ 主参数的单位为mm、kg的，表示主参数的数值为主参数的实际数值。

④ 表示主参数的数值位于组、型（系列）或特性代号之后，并用短横线"-"隔开。

⑤ 有两个或多个主参数的，中间以"×"或"/"分开。

(7) 产品重要基本参数变化代号

① 凡是主参数相同而重要的基本参数不同者用A、B、C（I和O除外）等字母加以区别，位于主参数之后。

② 凡是次要基本参数略有变化的产品，可不改变其原型号。

(8) 其他特性代号

① 其他特性代号置于型号的最后。

② 其他特性代号用以表示各类锻压机械的辅助特性，如不同的数控系统，反映锻压机械的控制轴数、移动工作台等。

③ 其他特性代号用A、B、C（I、O除外）等字母表示，如L表示数控轴数、F表示复合等。

(9) 锻压机械产品名称

① 锻压机械分类、系列产品可根据组、型（系列）的划分、通用特性和其他特性组合命名产品名称，如五轴数控液压板料折弯机。

② 特定的产品名称应包括主参数，如1600kN闭式单点高速精密压力机。

1.3.4 专用锻压机械（液压机）型号

① 型号表示方法如下：

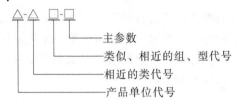

型号示例或标记示例如下：

××单位生产的钻头热挤压液压机，型号表示为××-Y61W-125，名称为1250kN专用钻头热挤压液压机；

××单位生产的专用冷挤压机，型号表示为××-J87-500，名称为5000kN专用冷挤压机。

② 专用锻压机械系指为完成某特定工艺、生产加工某种专门产品而设计制作的机器。

③ 专用锻压机械的型号由生产单位参照通用产品型号自定。

④ 专用锻压机械型号由生产厂代号、相近的类代号和组、型代号或编号及主参数组成。在名称中可加"专用"两字。

1.3.5 锻压生产线（主要单机为液压机）型号

① 型号表示方法如下：

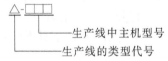

② 锻压生产线的类型代号见表1-6。

表1-6 锻压生产线的类型代号

线的名称	生产线	半自动线	自动线	柔性生产线	数控生产线
线的代号	S	BS	ZS	RS	KS

③ 锻压生产线、半自动线及自动线（机组）的型号用该生产线类（型）代号、生产线中主要单机型号组成。生产线中单机型号仍用原型号。

④ 锻压生产线的型号由生产单位参照通用产品型号自定。

1.3.6 数台单机（液压机）组成的联动产品型号

由两台或两台以上相同锻压机械产品组成的同步联动机械，其型号由组成台数及单机的通用产品型号组成。

型号表示示例如下：

2台联动液压板料折弯机，型号表示为2-WC67Y-250/4000，名称为2-2500kN/4000mm联动液压板料折弯机；

4台联动四柱液压机，型号表示为4-YA32-500，名称为4-5000kN联动四柱液压机。

1.4 液压机名词术语和定义

术语（概念）和定义是产品的生命（寿命）周期的起点，是标准化的最基本主题。对于术语和定义如果没有公认的标准，则一个技术领域内其他技术标准的制定将会变成一项艰巨而费时的工作，最终会导致工作效率低下，并且产生误解的概率也会很高。

术语是在特定专业领域中一般概念的语言（词语）指称。术语具有单名单义性，在相关学科或至少一个专业领域内应做到这一点，否则会出现异义、多义和同义现象。

每项标准或系列标准（或一项标准的不同部分）内，对于同一概念应使用同一术语。对于已定义的概念应避免使用同义词。每个选用的术语应尽量只有唯一的含义。

在某项标准中对某概念建立术语和定义以前，应查找在其他标准中是否已经为该概念建立了术语和定义。如果已经建立，宜引用定义该概念的标准，不必重新定义。

如果确有必要重复某术语已经标准化的定义，则应标明该定义出自的标准。如果不得不改写已经标准化的定义，则应加注说明。

术语既不应包含要求，也不应写成要求的形式。定义的表述宜能在上下文中代替其术语。

在液压机液压系统及其控制技术领域中，下列名词、术语、词汇是有特定含义的。在制定、修改标准，编写书刊、报告及有关技术文件时应使用各标准规定的术语。

限于本手册的篇幅，在附录A中列出的各项标准，包括各项名词、术语、词汇和定义的专门标准中的术语和定义并没有全部列入下面的摘录，且认为如GB/T 17446—2012《流体传动系统及元件 词汇》中的术语和定义为流体传动及控制专业的基本知识。

作者注：在GB/T 10112—2019中规定"一个学科领域的术语集是许多概念的集合，这些概念形成了该领域的知识结构。"

为了便于读者与各项原标准查对，本手册摘录的各项标准中名词、术语、词汇和定义仍采用了原标准中序号。同样，为了读者查阅、使用方便，本手册可能在其他章节也重复使用了这些术语和定义。

JB/T 4174—2014《液压机 名词术语》规定的名词术语见表1-7。其他液压机液压系统及其控制相关标准中界定的名词、术语、词汇和定义见附录B。

表1-7　JB/T 4174—2014 规定的名词术语摘录

序号	术语	定义
2.1	液压机	用液压传动的压力机的总称
2.2	手动液压机	用手动液压泵传动的液压机
2.3	精密冲裁液压机	用于板料精密冲裁的液压机
2.4	单动薄板冲压液压机	有一个滑块的薄板冲压液压机
2.5	双动薄板冲压液压机	有两个分别传动滑块的薄板拉伸液压机
2.6	四柱液压机	用上横梁、工作台和四柱构成受力框架机身的工艺通用性较大的液压机
2.7	单柱校正压装液压机	呈C形机身的校正压装用的液压机
2.8	金属挤压液压机	金属坯料挤压成形用的液压机
2.9	模膛挤压液压机	挤压模膛用的液压机
2.10	侧压式粉末制品液压机	有侧压滑块的粉末制品液压机
2.11	塑料制品液压机	压制塑料制品用的液压机
2.12	金刚石液压机	合成金刚石用的液压机
2.13	耐火砖液压机	压制耐火砖用的液压机
2.14	碳极压制液压机	挤压碳极用的液压机
2.15	磨料制品液压机	压制砂轮、油石用的液压机
2.16	粉末制品液压机	压制粉末制品用的液压机
2.17	金属打包液压机	将废金属薄板材、线材等压缩成包块用的液压机
2.18	非金属打包液压机	将非金属成品、材料或废料等压缩成包用的液压机
2.19	金属屑压块液压机	将金属屑压缩成团块用的液压机

序号	术语	定义
2.20	伞形液压机	有伞形滑块的压装大型电动机定子片用的液压机
2.21	轮轴压装液压机	压装或拆卸过盈配合轮轴用的液压机
2.22	模具研配液压机	研配大型模具用的液压机
4.11	液压缸	将输入的液压能量,转换成直线机械力和往复运动的部件 a)主缸　起主要作用的液压缸 b)侧缸　主缸两侧的液压缸 c)顶出缸　顶出制件用的液压缸 d)回程缸　复位用的液压缸 e)平衡缸　起平衡作用的液压缸 f)压边缸　压边用的液压缸 g)增压缸　输出压力大于输入压力的液压缸 h)辅助缸　实现辅助动作的液压缸
4.12	缸体	液压缸的本体,可将输入的液压能量转换成直线机械力,使活塞(或柱塞)在其中做相对往复运动
4.13	活塞	由活塞头与活塞杆组成,运动时传递液压、能量,活塞头与缸孔密封配合,将缸孔分割为两腔
4.14	导向套	起导向作用的套形零件
4.15	导向环	装于活塞头上的环形件,其外径与缸孔配合,起导向作用
4.16	动力装置	由电动机、液压泵、阀和油箱等组成的液压机动力源
4.19	油箱	提供和存储液压油用的箱体
4.20	低控装置	驱动液压系统中先导阀类工作用的低压液控部件
4.25	泵站	装有几台液压泵,向一台或几台液压机提供液压能源的成套装置
4.26	充液装置	由充液阀和充液油箱等件组成的给液压缸补充液体的装置
6.1	起动	接通电动机电源。电动机带动液压泵空负荷运转
6.13	保压	在规定时间里液压系统的压力保持
6.14	泄压	压力容器内的液体压力逐渐从高到低的释放过程
6.27	补压	液压系统的压力降至某定值时的再次开泵升压动作

作者注：关于"液压机"等术语，还可进一步参考 GB/T 36484—2018《锻压机械　术语》。

1.5 液压机发展趋势

(1) 智能锻压设备实施途径

伺服式智能锻压设备符合"智能一代"的思想，取代了传统机械中的变速箱、飞轮等变量控制方式，实现动力源（包含位置、速度、力矩等进行数字化）的伺服控制，构建产品全生命周期的信息物理融合系统，由此实现制造装备节能高效、智能可靠地运行。《机械工程学科发展战略 2011~2020》中对于"机械驱动与传动科学"发展的论述认为：随着材料、机械、电力电子及控制技术等学科的发展和制造技术的进步，机电系统的驱动方式将朝向以交流伺服为代表的智能化、节能化驱动方向发展。目前，随着现代电动机设计理论的完善和永磁材料的应用发展，出现了不同拓扑结构的永磁电动机，通过合理的结构设计及优化实现更高、更大的转矩输出和更低的保养费用。这些关于电动机的研究为伺服驱动提供了很好的基础。采用伺服电动机驱动，智能化精准控制，建立产品全生命周期的信息物理融合系统，构建高性能的塑性成形设备，是实现复杂工件高效、高性能成形的重要一环，是智能锻压设备的发展趋势。

机器由机械本体系统与电气控制系统两大系统组成。机械本体系统由动力装置、传动部件和工作机构三大部分组成。常见的动力装置包括电动机、内燃机、蒸汽、压缩空气、液体等；传动部件是机器的一个中间环节，它把原动机输出的能量和运动经过转换后提供给工作机构，以满足其工作要求，主要有机械、电力、液压、液力、气压等传动方式；工作机构是执行机器规定功能的装置，如直线运动缸、摆动缸、旋转轮、曲柄连杆滑块机构等。电气控制系统是依据对工作机构的动作要求，对机器的关键零部件进行检测（传感）、显示、调节与控制的装置，例如开关、阀门、继电器、计算机、按钮等。智能机器是全生命周期内的机电软一体化，智能机器的三个基本功能为信息深度自感知（全面传感），准确感知企业、车间、系统、设备、产品的运行状态；智慧优化自决策（优化决策），对实时运行状态数据进行识别、分析、处理，自动做出判断与选择；精准控制自执行（安全执行），执行决策，对设备状态、车间和生产线的计划做出调整。因此，发展智能锻压设备有三大实施途径：分散多动力、伺服电（动机）直驱和集成一体化，其目标是数字高节能、节材高效化和简洁高可靠。

① 分散多动力　分散多动力是机器采用单独的动力源来驱动每个自由度动作的方式，即运用一个或者多个独立的动力源完成机器的每一个自由度的驱动，可供采用的动力源类型包括机械、液压、气动等；多个传动零部件同时带动下一级的同一零部件。也就是说机器的每一个自由度的动作依靠动力源、传动机构和各类传感器之间构成的控制回路来完成。分散多动力的思想使机器实现了全面传感——信息深度自感知的基本功能，准确感知企业、车间、系统、设备、产品的运行状态，从而实现动力源、传动机构的数字化控制以及机器的高效、节能运行。

② 伺服电（动机）直驱　直接驱动与零传动是由电动机直接驱动执行机构，驱动工作部件（被控对象）完成相应的动作，取消了系统动力装置与被控对象或执行机构之间的所有机械传动环节，缩短了系统动力源与工作部件、执行机构之间的传动距离。直驱系统是真正意义上的"机电一体化"。直接驱动的三个层次为：直驱被控对象；直驱执行元件，精简传动环节；短流程工艺与直驱设备一体化。结合交流伺服电气控制系统，进行机器实时运行状态数据的实时检测和识别，并对所采集的实时运行参数进行相应的分析和实时处理，从而可以使系统根据机器的实时运行状态自动做出判断与选择，系统更加简洁，机器工作效率可以得到大幅度提高。

③ 集成一体化　集成一体化使机器实现精准控制自执行，系统具备高可靠性，也就是系统安全执行各项决策，实时对设备状态、车间和生产线的计划自行做出优化、调整。

集成一体化是基于全生命周期理念，在机器功能及其关键零部件结构两个层面，进行机械、电气与软件的全面与深度的融合，实现机器的智能、高效、精密、低能耗的可靠运行；基于智能机器的三个基本特征，进行机械传动、液压传动、气压传动、电气传动各自内部零部件及其相互融合，研发出资源利用率高的环境友好的产品。集成一体化有以下五个层次：

① 机械零件的整体化；

② 传动系统的零件一体化；

③ 机器每个自由度的动力源与传动系统的一体化；

④ 机器每个自由度的动力源与传动、工作机构的一体化；

⑤ 智能传感器与全面传感器嵌入机械零部件的一体化。

(2) 数控液压机发展动向

当前数控液压机技术具有以下的发展动向。

① 高速、高精不断发展，自动化技术不断得到深化应用，自动化生产线装机量及应用领域不断扩大，产品可靠性得到明显改变，国产机床正在向高端扎实迈进。例如合肥合锻智能制造有限公司的热冲压成形液压机，快降速度≥1m/s，工作速度达300mm/s，回程速度

700～800mm/s。其高速油缸的采用、压边缸行程可调、压边力和拉伸力自动调节、单双动自由切换、通过比例压力控制技术对压边力-位移曲线拟合、压机故障诊断和总线技术等的应用，使液压机的性能以及安全性有了明显升级，而成熟的液压机及电气控制系统、与国外最新技术同步的非焊法兰管路系统等的应用，则保证了液压系统的密封可靠。

② 数控液压机在专用液压机领域不断得到深化发展，专用液压机成为数控液压机的重要发展方向和组成门类，如合肥合锻智能制造有限公司的高强度热冲压成套液压机、大型汽车覆盖件自动冲压生产线、不锈钢冷热压封头成形液压机、内高压成形液压机、精密模锻液压机、大型等温锻造液压机等，天津市天锻压力机有限公司的汽车纵梁液压机、汽车内饰液压机、模具研配液压机、玻璃钢制品液压机、粉末制品液压机、环锻/自由锻/模锻等锻造液压机、封头压制液压机、船板压制液压机、金属挤压液压机等。

③ 电液伺服、泵控技术使液压机的发展焕发出新的活力，也成为数控液压机发展的重要发展趋势。其优势在于，伺服电动机直接驱动油泵实现对滑块的驱动，速度转换平稳，无传统液压机的振动、冲击。与普通液压机比较可节电 20%～60%，可减少 50%的液压油，可降低噪声 20 dB 以上，而且传统液压机的液压系统得到简化，取消了压力控制、速度控制等液压回路，维修保养方便。采用伺服技术后，液压机滑块运动曲线可任意设定，方便多机连线、与机械手等配合。

第**2**章

液压机液压系统及控制设计、制造基础

2.1 液压机液压系统及控制设计、制造技术条件

根据 GB/T 1.1—2020《标准化工作导则 第 1 部分：标准化文件的结构和起草规则》中关于"规范性引用文件"的规定："下列文件中的内容通过文中的规范性引用而构成本文件必不可少的条款。其中，注日期的引用文件，仅该日期对应的版本适用于本文件；不注日期的引用文件，其最新版本（包括所有的修改单）适用于本文件。"

本手册中规范性引用的标准化文件（各项标准）按上述 GB/T 1.1—2020 规定处理。

请读者注意，各节中的说明对一些标准的正确解读、避免错误地使用或有帮助。

2.1.1 液压机技术条件

在 JB/T 3818—2014《液压机 技术条件》中规定了液压机的术语和定义、技术要求、试验方法、检验规则、包装、标志与运输及保证等，适用于液压机。

技术要求如下。

(1) 一般要求

① 液压机的图样及技术文件应符合 JB/T 3818—2014 的规定，并应按规定程序经批准后方可投入生产使用。

② 液压机应布局合理，造型美观，性能可靠，操纵灵活、轻便，手操纵力不大于 50N，脚踏力不大于 80N。

③ 重要的导轨副及立柱、活（柱）塞等应采取耐磨措施。滑块导轨工作面（或镶条面）与机身导轨工作面应保持必要的硬度差。

④ 质量超过 15 kg 的零部件、元件或装备等均须便于吊运和安装，必要时应设有起吊孔或起吊钩（环）。

⑤ 液压机应具有足够的刚度。

(2) 型号与基本参数

① 液压机型号的标（表）示方法应符合 GB/T 28761 的规定。

② 液压机的基本参数与尺寸应符合技术文件的规定。

(3) 精度

液压机的几何精度、工作精度应满足功能、工艺要求并符合有关各类液压机的精度标准的规定。

（4）配套要求

① 液压机出厂应备有必需的附件及备用易损件。特殊附件由用户与制造厂商定，随机供应或单独订货。

② 液压机的外购配套件（包括液压元件、电气元件、气动元件和密封件等）及外协件应符合技术文件的规定并取得合格证。

（5）液压系统

① 一般要求

a. 液压系统应根据需要设置必要的排气装置，并能方便地排气。

b. 液压系统中压力表的量程一般应为系统额定压力的 1.5～2 倍。

c. 设计液压系统时，须将不必要的发热减少到最小，并使油液能得到有效的散热。油箱内的油温（或液压泵入口的油温）最高不应超过 60℃，且油温不应低于 15℃。特殊条件下可选其他工作液。在使用热交换器的地方，可采用自动温控装置，并应分别设置工作油液和冷却介质的测温点；在使用加热器时，其表面耗散功率不得超过 0.7 W/cm²。需要装热交换器和加热器者，一般应订入合同或协议中。

d. 液压系统、冷却系统的管路通道和油箱内表面，在装配前应进行防锈去污处理。

e. 液压系统的清洁度应符合 JB/T 9954 的规定。

f. 冷却系统应满足液压机的温度、温升要求。

g. 液压系统和冷却系统不应漏油、漏水。冷却液不应混入液压系统。

② 油箱 油箱应符合下列要求。

a. 开式油箱应设置注油器、空气滤清器和过滤器，后两者的流量、过滤精度和压力损失等应与有关液压元件或部件的技术要求相适应，并应有足够的纳垢容量。过滤器和空气滤清器的最大压力损失，应不影响液压系统的正常工作。

b. 油箱内油液的循环流速应较慢，以便使混入的气泡易于析出并易于沉淀较重杂质。

c. 泵的进油口应用挡流板或其他措施与回油口分开，如采用挡流板，其安装应不妨碍油箱的清洗。

d. 在正常工作情况下或维修条件下，须能容纳全部从系统中流入的工作油液。

e. 油箱上的油位指示器（油标）位置应便于检查。在整个工作周期内，均须使液位保持在安全的工作高度上，并有足够的空间，以防止热膨胀致使油液外溢和分离空气。

f. 可拆卸油箱盖板的周边须能防止溢、漏的污染油液直接进入油箱。在盖板上组装液压元件时，盖板要有足够的刚度，并应注意减少结构上产生的振动与噪声。

g. 进入油箱盖板的管路均须采用有效密封措施。

h. 油箱底部应高离地面 150mm 以上，油箱底板的形状应便于排放掉全部油液。

i. 根据情况在油箱上设置必要的清洗孔。

j. 回油管路的终端应在最低液面以下。

k. 油箱内表面上涂敷涂料，须与使用的工作液相适应。

l. 油箱内表面不涂敷涂料时，须采取其他防锈措施（但不准许污染工作油液）。

③ 液压元件

a. 液压元件的技术要求和连接尺寸应符合 GB/T 7935 的规定。当采用插装或叠加的液压元件时，在执行液压元件与其相应的流量控制元件之间，一般应设置测试口。在出口节流系统中，有关执行元件进口处一般应设置测试口。

b. 安全阀（包括做安全阀用的溢流阀）的开启压力一般应不大于额定压力的 1.1 倍，工作应灵敏、可靠。为防止随意调压引起事故，须设有防护措施。

c. 调压阀须满足液压机调压范围的要求，与压力继电器配合调压者，其调节精度应符合设计的规定。

d. 以单向阀为主实现保压功能的液压机，其保压性能应符合表 2-1 的规定。

表 2-1　单向阀的保压性能

额定压力/MPa	公称力/kN	保压 10min 时的压力降/MPa
≤20	≤1000	≤3.43
	>1000~2500	≤2.45
	>2500	≤1.96
>20	≤1000	≤3.92
	>1000~2500	≤2.94
	>2500	≤2.45

e. 支承阀的支承性能应符合设计要求。

f. 压力表开关关闭时须能完全截止。装有阻尼垫圈或阻尼装置者，其阻尼垫圈或阻尼装置工作应灵敏、可靠。

④ 低压控制系统　低压控制系统的控制压力应稳定、可靠，符合设计的要求。

⑤ 蓄能器　设有蓄能器者，其蓄能器工作压力和容量应符合设计的要求。

⑥ 配管

a. 液压系统、气动系统、润滑系统选用的管子内壁应光滑，无锈蚀、压扁等缺陷。

b. 内、外表面经防腐处理的钢管可直接安装使用。未做防腐处理的钢管应进行酸洗，酸洗后应及时采取防锈措施。

c. 钢管在安装或焊接前需去除管口毛刺，焊接管路需清除焊渣。

⑦ 耐压试验要求

a. 承受液体压力的铸铁、铸钢和焊接的压力容器，其材质和焊缝应符合有关标准的规定，并须做耐压试验。锻造的压力容器在必要时也应做耐压试验。

b. 自制液压元件的耐压试验压力和保压时间应符合技术文件的规定。

c. 自制液压缸应进行耐压试验，其保压时间不少于 10min，并不得有渗漏、永久变形及损坏现象。耐压试验压力应符合下列要求：

ⅰ. 当额定压力小于 20MPa 时，耐压试验压力应为其 1.5 倍；

ⅱ. 当额定压力大于或等于 20MPa 时，耐压试验压力应为其 1.25 倍。

⑧ 液压驱动元件　液压驱动元件［如活（柱）塞、滑块、移动工作台等］在规定行程、速度范围内，不应有振动、爬行和停滞现象，在换向和泄压时不应有影响正常工作的冲击现象。

(6) 润滑系统

润滑系统应符合 GB/T 6576 的规定，并应按需要连接或周期性地将润滑剂输送到规定的部位。

(7) 气动系统

气动系统应符合 GB/T 7932 的规定，排除冷凝水一侧的管道的安装斜度不应小于 1∶500。

(8) 电气系统

电气系统应符合 GB 5226.1（GB/T 5226.1—2019）的有关规定。

(9) 安全

液压机的安全应符合 GB 17120 和 GB 28241 的规定。

（10）噪声

液压机的噪声限值应符合 GB 26484 的规定。

（11）加工

① 铸件、锻件、焊件质量要求如下。

a. 用于制造液压机的重要零件的铸件、锻件应有合格证。

b. 用于液压机的灰铸铁件应符合 JB/T 5775 的规定，铸钢件、有色金属件应符合技术文件的规定。重要铸件应采用热处理或其他降低应力的方法消除内应力。

c. 重要锻件应进行无损检测，并进行热处理。

d. 焊接结构件和管道焊接应符合 JB/T 8609 的规定。主要焊接结构件材质应符合 GB/T 700、GB/T 1591 的规定。重要的焊接金属构件采用热处理或其他降低应力的方法消除内应力。

e. 用于液压机的大型锻件应符合 JB/T 6397 的规定。

f. 加工后同一导轨的滑动工作面，其硬度应较均匀，其硬度差不应大于表 2-2 的规定。

表 2-2　滑动导轨的硬度差

导轨长/mm	硬度差/HBW
≤2000	25
>2000	35

② 加工零件应符合设计图样、工艺技术文件的规定。无要求的锐棱尖角应修钝或倒棱。

③ 加工表面不应有锈蚀、毛刺、磕碰、划伤和其他缺陷。

④ 图样上未注明公差要求的切削加工尺寸，应符合 GB/T 1804 中 m 级的规定。未注明精度等级的普通螺纹，应按 GB/T 197 中外螺纹 8h 级精度和内螺纹 7H 级精度的规定进行制造（均包括粗牙螺纹、细牙螺纹）。

⑤ 导轨、镶条的工作表面最后采用刮研法加工的，其刮研点分布应均匀，不应留有切削痕迹。用配合面（或研具）做涂色法检验，在 300cm^2 面积内进行平均计算（不足 300cm^2 者，按实际面积进行平均计算），每 25mm×25mm 面积内的接触点数应符合表 2-3 的规定。导轨、镶条的工作表面完全采用精刨、磨削或其他切削方法加工的，用涂色法检验其接触情况，接触应均匀，其接触面累计值在全长上不少于 70%，在全宽上不少于 50%。

表 2-3　刮研表面 25mm×25mm 面积内的接触点数

导轨、镶条宽度/mm	接触点数/点
<150	≥8
≥150	≥6

（12）装配

① 液压机应按装配工艺规程进行装配，不得因装配而损坏零件及其表面和密封的唇部等，装配上的零部件（包括外购、外协件）均应符合要求。

② 重要的固定接合面应紧密贴合。预紧牢固后用 0.05mm 塞尺进行检验，允许塞尺塞入深度不应大于接触面宽的 1/4，接触面间可塞入塞尺部位累计长度不应大于周长的 1/10。重要的固定接合面有：

a. 立柱台肩与工作台面的固定接合面；

b. 立柱调节螺母、锁紧螺母与上横梁和工作台的固定接合面；

c. 液压缸锁紧螺母与上横梁或机身梁的固定接合面；

d. 活（柱）塞台肩与滑块的固定接合面；

e. 机身与导轨和滑块与镶条的固定接合面等；

f. 组合式框架机身的横架与支柱的固定接合面；

g. 工作台板与工作台的固定接合面等。

作者注：因活塞一般不可能与滑块直接固定，所以应为"d. 活（柱）塞杆台肩或端面与滑块的固定接合面。"请读者注意，在本手册引用或摘录的其他标准中还有同样问题，但却没有一一指出。

③ 带支承环密封结构的液压缸，其支承环应松紧适度和锁紧可靠。以自重快速下滑的运动部件（包括活塞、活动横梁或滑块等）在快速下滑时不得有阻滞现象。

④ 全部管路、管接头、法兰及其他固定与活动连接的密封处，均应连接可靠，密封良好，不应有油液的外渗漏现象。

（13）标牌与标志

① 液压机应有铭牌、润滑和安全等各种标牌或标志。标牌的型式与尺寸、材料、技术要求应符合 GB/T 13306 的规定。

② 标牌应端正地固定在液压机的明显部位，并保证清晰。

③ 液压机铭牌上至少应包括以下内容：

a. 制造企业的名称和地址；

b. 产品的型号和基本参数；

c. 出厂年份和编号。

（14）外观

① 液压机的外表面不应有图样上未规定的凸起、凹陷、粗糙不平和其他损伤。

② 零部件接合面的边缘应整齐均匀，不应有明显的错位。门、盖与接合面不应有明显的缝隙。

③ 外露的焊缝应修整平直、均匀。

④ 液压管路、润滑管路和电气线路等沿液压机外轮廓安装时，应排列整齐，并不得与相对运动的零部件接触。

⑤ 沉头螺钉头部不应突出于零件外表面，且与沉孔之间不应有明显的偏心。定位销应略突出于零件外表面。螺栓尾部应突出于螺母之外，但突出部分不应过长和参差不齐。

⑥ 涂漆要求应符合 JB/T 1829 的规定。

⑦ 标牌、商标等应固定在液压机的明显位置。各种标牌的固定位置应正确、牢固、平直、整齐，并应清晰、耐久。允许采用艺术形式的厂标或在液压机上镶、铸出清晰的汉字厂名。

说明

① 在 JB/T 3818—2014《液压机　技术条件》中："未注明精度等级的普通螺纹，应按 GB/T 197 中外螺纹 8h 级精度和内螺纹 7H 级精度的规定进行制造（均包括粗牙螺纹、细牙螺纹）。"这样的规定有问题。在 GB/T 197—2018《普通螺纹　公差》表 8 外螺纹推荐公差带中即没有公差带位置 h 的公差精度为粗糙（如 8h）这样的推荐值，当然也没有 7H/8h 这样的配合；公差精度为粗糙的用于制造螺纹有困难场合，例如在热轧棒料上和深盲孔内加工螺纹；在 GB/T 197—2018 推荐公差带的优选顺序中用于大量生产的紧固件螺纹优选 6H/6g 配合。

从工艺角度考虑，对于公称直径大于 1.4mm 的螺纹，外螺纹公差等级（精度）也应高于或等于内螺纹等级（精度），而不是相反。

② 在 JB/T 3818—2014 中："带支承环密封结构的液压缸，其支承环应松紧适度和锁

2.1.2　国标数控液压机技术条件

在 GB/T 36486—2018《数控液压机》中规定了数控液压机的技术要求、试验方法、检验规则、包装、标志与运输、保证等，适用于数控液压机。

技术要求如下。

(1) 一般要求

① 数控液压机的造型和布局应符合人类工效学的要求，便于操作者操作和观察。

② 数控液压机应便于使用、维修、装配、拆卸和运输。

③ 各机构应运行平稳、可靠、无抖动和爬行现象。

④ 数控液压机在下列环境条件下应能正常工作：

a.（环境温度：）5～40℃，对于非常热的环境（如热带气候、钢厂）或寒冷环境，需提出额外要求。

b. 相对湿度：当最高温度为 40℃时，相对湿度不超过 50%。温度低则允许高的相对湿度，如 20℃时为 90%。

c. 海拔：1000m 以下。

(2) 型式与基本参数

① 数控液压机的型式应符合 GB/T 28761 的规定。

② 数控液压机的主参数为公称力，基本参数应符合技术文件的规定，参数偏差应符合 JB/T 3818—2014 中附录 A 的规定。

(3) 附件、工具和随机技术文件

① 数控液压机出厂应保证成套性，并备有设备正常使用的附件和专用工具，特殊附件的供应由供需双方商定。随机提供的备件或易损件应具有互换性。

② 随机技术文件包括使用说明书、合格证明书和装箱单。使用说明书应符合 GB/T 9969 的规定，其内容应包括安装、运输、贮存、使用、维修和安全卫生等要求。

(4) 精度

数控液压机的精度应符合相应功能类别、型式的液压机产品精度的规定。

(5) 刚度

数控液压机应具有足够的刚度，在最大载荷工况条件下应工作正常。

(6) 数控系统

① 一般要求

a. 数控系统应符合 JB/T 8832（已废止）的规定。

b. 数控系统应具有以下功能：

ⅰ. 单次循环、自动循环的操作功能；

ⅱ．程序编辑功能、自动诊断功能和报警显示功能；

ⅲ．人机界面应显示工艺动作选择和液压机运行状态监控功能；

ⅳ．工艺、模具参数存储功能；

ⅴ．设定、显示并控制液压机运动部件的位置；

ⅵ．设定、显示并控制液压机的压力。

c. 数控系统的操作指示形象化符号应符合 GB/T 3168 和 JB/T 3240 的规定。

d. 数控系统应直观显示各种参数，误差应符合技术文件要求。

e. 数控系统应具有编程功能，编程方法应简便易行。

f. 数控系统应具有升级功能。

g. 数控系统应具有抗信号干扰、抗振动性。

② 传感元件

a. 压力传感器。压力传感器精度应符合技术文件的要求，应准确、可靠。压力传感器的测量范围应不低于使用压力的 1.5 倍。

b. 位移传感器。位移传感器精度应符合技术文件的要求，防护等级应不低于 IP64。

(7) 液压、气动、冷却、润滑系统

① 液压系统

a. 数控液压机的液压系统及液压元件应符合 GB/T 3766、JB/T 3818 的规定。

b. 应具有油温检测和报警功能。油温高于 45℃时应自动接通冷却装置，油温高于 60℃时应能停机保护。

c. 液压系统应设置精密过滤装置，其精度应能保证比例阀、伺服阀等精密控制元件对油液清洁度的要求。

d. 数控液压机在工作时，油箱内液压系统进油口处的油温不应超过 50℃。

e. 液压系统的清洁度应符合 JB/T 9954 的规定。

f. 液压、冷却系统的管路通道和油箱内表面，在装配前应进行防锈、去污处理。

g. 液压系统不应漏油。

② 气动系统　气动系统应符合 GB/T 7932 的规定。

③ 冷却系统

a. 冷却系统应满足数控液压机的温度、温升控制要求。

b. 冷却系统应按需要连续或周期地将冷却剂输送到规定的部位。

c. 冷却系统的冷却液不应混入液压系统和润滑系统。

④ 润滑系统　润滑系统应符合 GB/T 6576 的规定。

(8) 电气系统

电气系统应符合 GB 5226.1（GB/T 5226.1—2019）的规定，电磁兼容性应符合 GB/T 17626.2 的规定。

(9) 安全

数控液压机的安全应符合 GB 17120 和 GB 28241 的规定。

(10) 噪声

数控液压机噪声限值应符合 GB/T 26484 的规定。

(11) 铸、锻、焊件

① 铸、锻、焊件应符合 JB/T 1829 和 JB/T 3818 的规定。

② 重要的铸、锻件应有合格证，并应符合技术文件的规定。

③ 液压机的灰铸铁件应符合 JB/T 5775 的规定，铸钢件、有色金属铸件应符合技术文

件的规定。重要铸件应采用热处理或其他降低应力的方法消除内应力。

④ 重要锻件应进行探伤检查，并应采用热处理或其他降低应力的方法消除内应力。

⑤ 焊接结构件和管道焊接应符合 JB/T 8609 的规定。主要焊接结构件材质应符合 GB/T 700、GB/T 1591 的规定。重要的焊接结构件应采用热处理或其他降低应力的方法消除内应力。

（12）加工

① 零件的加工应符合设计图样、工艺技术文件的规定。无功能要求的锐棱尖角应修钝或倒棱。

② 加工表面不应有锈蚀、毛刺、磕碰、划伤和其他缺陷。

③ 图样上未注明公差要求的切削尺寸公差应符合 GB/T 1804 中 m 级的规定。未注明精度等级的普通螺纹应符合 GB/T 197 外螺纹 8h 级精度和内螺纹 7H 级精度的要求。

④ 导轨、镶条的工作表面，如最后采用刮研法加工，其刮研点应均匀，用配合面（或研具）做涂色法检验，在 $300cm^2$ 面积内进行平均计算（不足 $300cm^2$ 者，按实际面积进行平均计算），每 $25mm \times 25mm$ 面积内的接触点数应符合表 2-4 的规定。导轨、镶条的工作表面完全采用精刨、磨削或其他切削方法加工的，用涂色法检验其接触情况，接触应均匀，其接触面累计值在全长上不少于 70%，在全宽上不少于 50%。

表 2-4 刮研表面 25mm×25mm 面积内的接触点数

导轨、镶条宽度/mm	接触点数/点
<150	≥8
≥150	≥6

（13）装配

① 数控液压机应按装配工艺规程进行装配，装配不应损坏零件和密封件，装配的零部件（包括外购、外协件）均应符合质量要求。

② 重要的固定接合面应紧密贴合。预紧牢固后用 0.05mm 塞尺进行检验，允许塞尺塞入深度不应大于接触面宽的 1/4，接触面间可塞入塞尺部位累计长度不应大于周长的 1/10。重要的固定接合面包括：

a. 立柱台肩与工作台面的固定接合面；

b. 立柱调节螺母、锁紧螺母与横梁的固定接合面；

c. 液压缸锁紧螺母与横梁的固定接合面；

d. 活（柱）塞台肩与运动部件的固定接合面；

e. 机身与导轨（和）运动部件与镶条的固定接合面；

f. 组合式框架机身的横架与支柱的固定接合面；

g. 工作台板与固定横架的固定接合面等。

③ 带支承环密封结构的液压缸，其支承环应松紧适度和锁紧可靠。以自重快速下滑的运动部件（包括活塞、活动横梁等）在快速下滑时不应有阻滞现象。

（14）标牌和标志

① 数控液压机应有铭牌、润滑和安全等各种标牌或标志。标牌应符合 GB/T 13306 的规定。

② 标牌应固定在数控液压机的明显位置。各种标牌应位置正确、固定牢固、平直、整齐，并应清晰、耐久。

③ 数控液压机铭牌上至少应包括以下内容：

a. 制造企业的名称和地址；

b. 产品的型号和基本参数；

c. 出厂年份和编号。

(15) 外观

① 数控液压机的外表面不应有图样上未规定的凸起、凹陷、粗糙不平，外露加工表面不应有磕碰、划伤和锈蚀。

② 零部件接合面的边缘应整齐均匀，不应有明显的错位。门、盖与接合面不应有明显的缝隙。

③ 外露的焊缝应修整平直、均匀。

④ 电气、液压、气动、润滑管道等安装应排列整齐，并不应与相对运动的零部件接触。管子不应扭曲折叠，在弯曲处应圆滑，不应压扁或打折。

⑤ 沉头螺钉不应突出于零件表面，且头部与沉孔之间不应有明显的偏心。定位销应略突出于零件表面。螺栓尾部应突出于螺母，但突出部分不应过长和参差不齐。

⑥ 涂漆要求应符合 JB/T 1829 的规定。

> **说明**
>
> ① GB/T 36486—2018 未声明其是通用标准。但根据其"术语和定义"，"数控液压机"是液压机类、数控系列的通用标准，可能被某种数控液压机产品标准规范性引用，其应不限制或阻碍技术进步，更不能一错再错。
>
> 例如：下面④和⑤所列问题在 JB/T 3818—2014《液压机　技术条件》、JB/T 12774—2015《数控液压机　通用技术条件》和 GB/T 36486—2018《数控液压机》中都存在，属于一错再错，而且在其他一些标准中也存在，但本手册并没有一一指出。
>
> ② GB/T 36486—2018 作为数控液压机标准，本应对数控系统做出更为明确、具体的规定，但所引用的 JB/T 8832（—2001）《机床数控系统　通用技术条件》却在 2017 年 5 月 12 日已经作废了，且还不是 GB/T 36486—2018 规定的"凡是不注日期的引用文件，其最新版本（包括所有的修改单）适用于本文件。"问题。这直接导致了数控液压机没有了"数控系统"方面的标准。
>
> ③ "数控液压机应具有足够的刚度"，但同时也应具有足够的强度。
>
> ④ 在 GB/T 36486—2018 中："未注明精度等级的普通螺纹应符合 GB/T 197 外螺纹 8h 级精度和内螺纹 7H 级精度的要求。"这样的规定有问题，具体请见 2.1.1 节的说明。
>
> ⑤ 在 GB/T 36486—2018 中："带支承环密封结构的液压缸，其支承环应松紧适度和锁紧可靠。"这样的规定有问题，具体请见 2.1.1 节的说明。
>
> ⑥ 在该标准中未规定或给出设备的完整性要求。

2.1.3　行标数控液压机通用技术条件

在 JB/T 12774—2015《数控液压机　通用技术条件》中规定了数控液压机的术语和定义、技术要求、试验方法、检验规则、包装、标志、运输和保证，适用于数控液压机。

技术要求如下。

(1) 一般要求

① 图样及技术文件应符合 JB/T 3818 的规定。

② 数控液压机的产品造型及布局要考虑工艺美学和人机工程学的要求，各部件及装置应布局合理，高度适中，便于操作者观察加工区域。

③ 液压机在正确的使用和正常的维护保养条件下，从开始使用到第一次大修的工作时间应符合 JB/T 1829 的规定。

④ 数控液压机应在下列环境条件下正常工作：

a. 环境温度 5~40℃；

b. 相对湿度 30%~95%（无冷凝水）；

c. 大气压强 86~106kPa。

(2) 配套要求

① 出厂的数控液压机，应备有必需的附件及备用易损件。特殊附件由用户与制造商商定，随机供应或单独订货。

② 数控液压机的外购配套件（包括液压、电气、气动元件和密封件）及外协件应符合技术文件的规定并取得合格证，且须安装在数控液压机上进行运转试验。

(3) 型式与基本参数

① 数控液压机的型式、基本参数与尺寸，应符合不同类型液压机相关标准的规定。没有标准的应按照经规定程序批准的图样及技术文件制造。

② 数控液压机的型号表示方法应符合 GB/T 28761 的规定。

(4) 精度

数控液压机的精度应根据其功能满足相应产品精度标准的规定。

(5) 刚度

数控液压机应有足够的刚度，在最大载荷工况条件下试验，液压机应工作正常。

(6) 数控系统

① 一般要求

a. 数控液压机数控系统的环境适应性、安全性、电源适应能力、电磁兼容性和制造质量应符合 JB/T 8832（已废止）的规定。

b. 数控液压机数控系统应满足液压机的功能要求，应具有手动、单次循环、自动循环的操作功能，程序编辑、自动诊断和报警显示功能。

c. 数控液压机应具有以下功能：

ⅰ. 显示并控制液压机运动部件的位置；

ⅱ. 显示并控制液压机系统压力；

ⅲ. 具有人机界面，能够实现工艺动作选择和液压机运行状态监控功能；

ⅳ. 故障诊断和报警功能；

ⅴ. 工艺参数存储功能。

d. 数控系统的操作指示形象化符号应符合 GB/T 3168 和 JB/T 3240 的规定。

e. 数控系统各位移坐标显示应直观，实际位移的误差应符合技术文件的规定。

f. 数控系统具有自动编程功能及手动编程功能，编程方法应简便易行。

g. 数控系统可以通过控制器自带通信口，随时升级系统软件。

h. 数控系统具有抗杂信号干扰、抗振动性。

② 传感元件

a. 压力传感器。压力传感器也称压力变送器，它将测压元件传感器感受到的气体、液体等物理压力参数转变成标准的电信号（如 DC 4~20mA 等），以供给二次仪表或可编程序控制器进行测量。一般精度为 0.5%，高精度可达 0.1%、0.2%，所选用的压力传感器的测量范围应为使用压力的 1.5 倍以上。

b. 位移传感器。数控液压机使用的位移传感器通常有直线位移传感器和旋转编码器两种，其控制精度应符合技术文件的要求，电气防护等级应不低于 IP64，如在液压缸内部使用内置传感器时防护等级应不低于 IP67。

③ 执行元件

a. 数控液压机的液压阀是用来控制流体参数的自动化基础元件，在控制系统中调整介质的方向、流量、速度和其他的参数。电磁阀可以配合不同的电路来实现预期的控制，其控制精度和灵活性应能够保证系统控制的需要。

b. 数控液压机的液压泵一般采用变量泵和定量泵组合的方式实现运动部件速度的调节。

c. 数控液压机应根据技术文件的要求采用普通液压缸或伺服液压缸来满足液压机的控制功能要求。

(7) 液压、气动、冷却、润滑系统

① 液压系统　数控液压机的液压系统及液压元件应符合 JB/T 3818 的规定，同时应具有以下功能。

a. 在必要位置设置温度传感器，将温度转化成电信号供给二次仪表或可编程序控制器进行测量。

b. 在必要位置设置精密过滤器，其精度应保证比例阀、伺服阀等精密控制元件对油液清洁度的要求。

② 气动系统　数控液压机的气动系统应符合 GB/T 7932 的规定。

③ 冷却系统　数控液压机的冷却系统应符合 JB/T 3818 的规定。

④ 润滑系统　数控液压机的润滑系统应符合 JB/T 3818 的规定。

(8) 电气系统及电磁兼容性

数控液压机的电气系统应符合 GB 5226.1（GB/T 5226.1—2019）的规定，电磁兼容性应符合 GB/T 17626.2 的规定。

(9) 安全

① 数控液压机的安全与防护应符合 GB 17120 和 GB 28241 的规定。

② 数控液压机的电气安全应符合 GB 5226.1（GB/T 5226.1—2019）的要求。

③ 电气系统的控制柜、箱体、分线盒防护等级应不低于 IP43。

(10) 噪声

液压机的噪声声压级测量方法应按 GB/T 23281 的规定，声功率级测量方法应按 GB/T 23282 的规定。液压机噪声限值应符合 GB 26484 的规定。

(11) 标牌和标志

① 数控液压机应有铭牌和指示润滑、安全等要求的各种标牌或标志。标牌的型式与尺寸、材料、技术要求应符合 GB/T 13306 的规定。

② 标牌应端正地固定在液压机的明显部位，并保证清晰。

③ 液压机铭牌上至少应包括以下内容：

a. 制造企业的名称和地址；

b. 产品的型号和基本参数；

c. 出厂年份和编号。

(12) 铸件、锻件、焊接件

用于制造数控液压机的铸件、锻件、焊接件应符合 JB/T 3818 的规定。

(13) 外观

① 数控液压机的造型和布局要考虑工艺美学和人机工程学的要求，外形应美观，应便于使用、维修、装配、拆卸和运输。

② 数控液压机的外露表面不应有图样未规定的凸起、凹陷和粗糙不平及其他损伤。

③ 数控液压机的防护罩应平整、匀称，不应翘曲、凹陷，外露加工表面不应有磕碰、划伤和锈蚀。螺钉、铆钉、销端部不应有扭伤、锤伤等缺陷。

④ 图样上未注明公差要求的切削尺寸，应符合 GB/T 1804 中 m 级的规定。未注明精度等级的普通螺纹应按外螺纹 8h 级精度和内螺纹 7H 级精度制造。

⑤ 导轨、镶条的工作表面最后采用刮研法加工，其刮研点应均匀，不应留有切削痕迹。配合面（或研具）做涂色法检验，在 $300cm^2$ 面积内进行平均计算（不足 $300cm^2$ 者，按实际面积进行平均计算），每 $25mm \times 25mm$ 面积内的接触点数应符合表 2-5 的规定。导轨、镶条的工作表面完全采用精刨、磨削或其他切削方法加工的，用涂色法检验其接触情况，接触应均匀，其接触面累计值在全长上不少于 70%，在全宽上不少于 50%。

表 2-5　刮研表面 25mm×25mm 面积内的接触点数

导轨、镶条宽度/mm	接触点数/点
<150	≥8
≥150	≥6

⑥ 需经常拧动的调节螺栓和螺母不应涂漆。

⑦ 数控液压机的非机械加工的金属外表面应涂漆，或采用规定的其他方法进行保护。

⑧ 不同颜色的油漆分界线应清晰，可拆卸的装配接合面的缝隙处，在涂漆后应切开，切开时不应扯破边缘。

⑨ 沉头螺钉头部一般不应突出于零件表面，且与沉孔之间不应有明显的偏心，定位销应略突出于零件外表面，螺栓应略突出于螺母表面，外露轴端应突出于包容件的端面，其突出量为倒角值。

⑩ 电气、液压、气动、润滑、冷却管道外露部分应布置紧凑、排列整齐，且用管夹固定，管子不应扭曲折叠，在弯曲处应圆滑，不应压扁或打折。与运动件连接的软管应尽可能短，且不得与其他件产生摩擦。

（14）装配质量

① 数控液压机应按装配工艺规程进行装配，不得因装配而损坏零件及其表面和密封的唇部等，装配上的零部件（包括外购、外协件）均应符合质量要求。

② 重要的固定接合面应紧密贴合。预紧牢固后用 0.05mm 塞尺进行检验，允许塞尺塞入深度不应大于接触面宽的 1/4，接触面间可塞入塞尺部位累计长度不应大于周长的 1/10。重要的固定接合面有：

a. 立柱台肩与工作台面的固定接合面；

b. 立柱调节螺母、锁紧螺母与上横梁和工作台的固定接合面；

c. 液压缸锁紧螺母与上横梁或机身梁的固定接合面；

d. 活（柱）塞台肩与运动部件的固定接合面；

e. 机身与导轨和运动部件与镶条的固定接合面等；

f. 组合式框架机身的横架与支柱的固定接合面；

g. 工作台板与工作台的固定接合面等。

③ 带支承环密封结构的液压缸，其支承环应松紧适度和锁紧可靠。以自重快速下滑的运动部件（包括活塞、活动横梁等）在快速下滑时不得有阻滞现象。

④ 液压、润滑、冷却系统的管路通道以及充液装置和油箱的内表面，在装配前均应进行彻底的除锈去污处理，液压系统的清洁度应符合 JB/T 9954 的规定。

⑤ 全部管路、管接头、法兰及其他固定与活动连接的密封处，均应连接可靠，密封良好，不应有油液的外渗漏现象。

⑥ 液压装置质量应符合 JB/T 3818 的规定。

说明

① 在 GB/T 36486—2018《数控液压机》中没有说明其与行标 JB/T 12774—2015《数控液压机 通用技术条件》的关系，也没有说明其是首次发布，且现在也没有公告 JB/T 12774—2015 作废，即造成国标 GB/T 36486—2018 和行标 JB/T 12774—2015 并行的局面，给标准的选择和遵守造成困难，这也是现在我国标准普遍存在的问题之一。

② 在 JB/T 12774—2015 中："未注明精度等级的普通螺纹应按外螺纹 8h 级精度和内螺纹 7H 级精度制造。"这样的规定有问题，具体请见第 2.1.1 节的说明。

③ 在 JB/T 12774—2015 中："带支承环密封结构的液压缸，其支承环应松紧适度和锁紧可靠。"这样的规定有问题，具体请见第 2.1.1 节的说明。

2.1.4 液压机安全技术要求

在 GB 28241—2012《液压机 安全技术要求》中规定了金属冷加工用液压机设计、制造和使用的安全技术要求和措施，适用于金属冷加工用液压机以及加工其他板材（如纸板、塑料、橡胶和皮革）和金属粉末的液压机，也适用于与液压机连接的辅助装置，但不适用于下列用途的机器：

① 金属板材剪切，如剪板机；

② 紧固、连接，如铆接；

③ 弯曲或折弯，如弯管机、折弯机；

④ 校直或校正，如手动校直液压机；

⑤ 移动式或回转头冲压，如回转头压力机、移动压头压机或移动式压机；

⑥ 挤压，如卧式型材挤压机；

⑦ 锻锤、自由锻压机；

⑧ 特定的金属粉末成型，如超高压等静液压机；

⑨ 仅为冲孔设计的机器，如结构件行业的冲孔机。

作者注：GB/T ××××—××××/ISO 16092-3：2017《机床安全 压力机 第 3 部分：液压机安全要求》正在批准中。

2.1.4.1 风险评价

① 按 GB/T 16856.1—2008《机械安全 风险评价 第 1 部分：原则》（已被 GB/T 15706—2012 代替）进行风险评价得出的危险清单见表 2-6，消除危险或者减少相应风险的安全技术措施和液压机的使用信息见 GB 28241—2012 第 5 章、第 7 章和附录 A～附录 E。

② 风险评价假设可以从各个方向接近液压机，包括滑块的意外行程和自重下落的风险。风险评价包括对进入危险区的操作人员和其他人员产生的危险，应在液压机寿命期内考虑所有可能发生的危险。评价包括对控制系统故障或失效结果的分析。

③ GB 28241—2012 的使用者，如设计人员、制造者或供应商应按照 GB/T 16856.1—2008（已被代替）进行风险评价，尤其在以下几个方面：

a. 液压机的维修、模具的调整、清洁和可能出现的误操作；

b. 识别与液压机有关的重要危险（见表 2-6）。

④ 根据风险评价的要求，设计人员应采取措施防止产生表 2-6 所列的危险。

表 2-6 较重要的危险、危险区域和防护措施

危险种类	危险区域	防护措施 (GB 28241—2012 的有关章条)	GB/T 15706.1— 2007(已被代替) 的相关章条
机械危险 ——挤压 ——剪切 ——切割或切断 ——缠绕 ——吸入或卷入	模具范围 ——上、下模具之间 ——移动滑块 ——移动模垫 ——工件顶出器 ——防护区	5.2、5.3、5.4、5.5、附录 C、 附录 D 和附录 E	4.2.1
冲击、碰撞危险	电气、液压和气动装置的移动部件 电动机和机械驱动装置 机械送料装置	5.6.1、5.6.2、5.6.3、5.6.4	4.2.1
零件飞溅或飞出危险	液压机零件 工件和模具	5.6.5 7.2.2 i)	4.2.1
高压流体喷射危险	液压系统	5.8.3	4.2.1
滑倒、绊倒和跌落	高处工作 液压机周围地面区域	5.7	4.10
电气危险 ——直接接触 ——间接接触 ——热辐射(灼伤)	电气设备 电气事故引发的零件通电	5.8.1	4.3
热危险 ——可能导致接触人员 被烧伤或灼伤	液压系统部件	5.8.2	4.4
噪声危险 ——导致听力损伤	液压机周围的噪声危险区域	5.8.4	4.5
振动危险	危险发生在液压机的装置上，例如液 压站	5.8.5	4.6
材料和物质产生的危险， 机器排泄的废料或废气 危险 ——接触或吸入有害液 体、气体、雾气、烟雾和灰尘	液压系统、气动系统及其控制，有毒 的加工材料	5.8.6	4.8
机器设计时忽略人类工 效学原则产生的危险 ——机器与人的特征和 能力不协调，如不健康的工 作姿势，过度或重复用力等	操作人员和维修人员的工作位置和 操作状况	5.8.7	4.9

作者注：在 GB/T 15706—2012 中给出的危险源和潜在后果所对应的该标准条款见本手册附录 D。

2.1.4.2 安全要求和措施

(1) 总则

液压机的设计、制造应符合 GB 17120 的规定。

(2) 基本设计要求

① 防止滑块意外下落

a. 在手动/自动送料或取料的操作方式中，应提供防止滑块（重量超过 150 N）由于自重产生意外下落的保护措施，见表 2-7～表 2-9。由于液压系统、机械和电气控制系统的故障会引起滑块意外下落，应采取下列防止滑块意外下落的措施之一：

ⅰ. 机械支撑装置；

ⅱ. 液压支撑装置；

ⅲ. 用液压支撑和机械支撑装置组合支撑。

操作人员可能进入液压机危险区时，无论何时滑块停止，支撑装置应自动工作。

b. 仅采用液压支撑时，液压支撑应符合下列要求之一：

ⅰ. 两个各带支撑阀的支撑油缸或回程油缸，每个油缸的支撑力都能单独地支撑着滑块；

ⅱ. 两个液压支撑阀串联，其中一个应尽量地靠近油缸出油口，连接支撑油缸和支撑阀的管路应采用法兰或焊接管接头连接。

c. 液压机仅有下列工作方式之一时允许配备一个液压支撑阀或机械支撑装置：

ⅰ. 全自动操作；

ⅱ. 使用闭合模具；

ⅲ. 使用固定式防护装置；

ⅳ. 慢速接近速度和止-动控制装置。

作者注："止-动控制装置"在 GB/T 15706—2012 中已改为"保持-运行控制装置"，以下同。

d. 液压机应有一自动检查支撑发挥正确作用的系统。如支撑失效，不允许滑块有压力行程方向的动作。

e. 防止发生意外行程对控制系统的要求见 2.1.4.2 中（4）①b. 和 c. 。

② 防止维修中滑块的下落

a. 在维修过程中或其他需要人体进入滑块与工作台之间时，应设置防止滑块（重量超过 150 N）意外下落的支撑装置或滑块锁紧装置，其应与液压机的控制系统联锁。

b. 在行程超过 500mm 和工作台深度超过 800mm 的液压机上，应将支撑装置连接在液压机上。如果从操作者位置不易观察到支撑装置或滑块锁紧装置的作用情况时，则应清楚地设置该装置处于工作状态的附加指示装置，如指示灯等。

c. 维修时液压机的主防护装置如需移开，则应提供可以手动放置的支撑装置以提供保护。

③ 液压和气动系统的一般要求

a. 液压和气动系统的设计应符合 GB/T 3766 和 GB/T 7932 的要求。

b. 应配备过滤器、调压阀和低压油路切断装置，如截止阀。

c. 应配备将工作压力保持在工作范围的装置，如安全溢流阀等。

d. 在不影响可视性的情况下，透明器具（如玻璃、塑料）应有保护措施以避免破裂后飞出碎片伤人。

e. 所有的管子、管路连接件、通道或油箱等应去除引起系统损坏的毛刺或杂质。

f. 应采取预防措施避免由热膨胀引起的管路损坏。刚性管路应牢靠地支撑，避免液体压力变化时引起振动和位移。应防止软管扭弯，避免液体输送中的困油现象

g. 快速的压力下降会引起滑块出现意外危险运动，该部位不允许使用易破裂的管路连接（如软管和卡套式接头）。管子之间的连接应选用压力损耗低的连接方式。

h. 操作阀（如手动换向阀）不能依赖连接管路支撑。

i. 控制阀和其他控制元件（如调压阀和压力表）应装在便于接近和防止损坏的位置。

j. 手动阀或机械操纵阀（有别于电动控制阀）的动作恢复应灵活可靠，例如当阀的操纵件释放后，阀自动回复到安全位置，见 2.1.4.2 中④⑦。

④ 液压系统

a. 控制滑块下落的油缸中所有支撑滑块的液压油应经由主控制阀或带冗余和监控系统

的支路流出。

b. 当产生压力的装置停止工作时（如主泵电动机停止工作），含有蓄能器的液压回路部分应使液体压力自动下降，蓄存的能量不允许使滑块产生进一步动作。如果做不到，压力回路应配备手动卸荷阀以及有关符合蓄能器规定所要求的其他装置（如安全阀和压力表等），并应贴有清晰的危险标志。

c. 液压回路中的压力采用安全压力阀保护时，应使用工具才能改变安全保护压力阀的设定压力，其设定值不能超出最大工作压力的 10%。

d. 应采取措施防止压力剧增造成缸体下腔的损坏，用于防止超压的安全阀应是直动的，调整后应锁定，以防止非授权的调节。此安全阀的设定压力至少为该处最大工作压力的 1.1 倍。缸体应能承受安全阀所设定的压力。安全阀的弹簧应有导向，安全阀调整到设定压力后弹簧两绕圈间的间隙应小于钢丝直径。

⑤ 气动系统

a. 气动控制系统的阀和其他运动零件需要润滑处应提供润滑装置，导入润滑油。

b. 消声装置的安装和使用应符合制造商对其在安全系统中使用的规定，并且不能影响安全功能。

⑥ 电气系统

a. 电气系统应符合 GB 5226.1（GB/T 5226.1—2019）的规定。

b. 液压机设计者应考虑是否有供电、物理环境限制以及某些零部件的工作条件是否不同于 GB 5226.1—2008（已被 GB/T 5226.1—2019 代替）中 4.3 和 4.4 的规定，如果有不符合的方面，相关元件应按要求制造和选择。

c. 紧急停止功能应属于 0 类安全停止〔见 2.1.4.2 中（4）⑥b. 和 GB 5226.1 中的 9.2.5.4〕。

d. 双手操纵装置适合于手动进料的单次循环生产方式，见 2.1.4.2 中（3）⑯和表 2-7；模具调整、维修和润滑使用的双手操纵装置要求见 2.1.4.2 中（5）⑦。

e. 操作者界面和悬挂在液压机上的控制装置的防护等级应至少是 IP43。

f. 控制装置外壳的防护等级至少为 IP43。

g. 除中线和保护线外，导线或电缆的选择应符合 GB 5226.1—2008（已被 GB/T 5226.1—2019 代替）中 13.2.4 的规定。

(3) 液压机模具周围的机械危险

① 设计要求　液压机的主要危险区是在模具周围的工作危险区，应采取有效的措施防止有关危险的发生。2.1.4.2 中（3）～（5）是对模具和有关的区域，如移动工作台、压边圈和工件顶出器进行安全保护的要求。在各种操作模式下对工作危险区的防护措施，包括对控制系统和监控系统的要求如下：

a. 手工送料和取件的单次循环操作模式时工作危险区安全保护要求汇总见表 2-7。

b. 手工送料和取件的自动循环操作模式时工作危险区安全保护要求汇总见表 2-8。

c. 自动送料和取件的自动循环操作模式时工作危险区安全保护要求汇总见表 2-9。

表 2-7　手工送料和取件的单次循环操作模式时工作危险区安全保护要求汇总

操作者安全防护系统	启动方式	启动与停止功能		抑制	备注
		电气	液压		
闭合模具	任意	单系统	单系统	否	见 2.1.4.2 中(3)④和⑨
固定封闭式防护装置	任意	单系统	单系统	否	见 2.1.4.2 中(3)④和⑩

操作者安全防护系统	启动方式	启动与停止功能		抑制	备注
		电气	液压		
带防护锁的联锁防护装置	非防护装置本身	冗余和监控	单系统和监控	否	见2.1.4.2中(3)⑪和⑬,在液压回路中进行动力联锁作为冗余和监控功能之一
不带防护锁的联锁防护装置	非防护装置本身	冗余和监控	冗余和监控	否	见2.1.4.2中(3)⑪、⑬和⑰
带防护锁的可控防护装置	防护装置本身	冗余和监控	单系统和监控	否	见2.1.4.2中(3)⑪~⑬
不带防护锁的可控防护装置	防护装置本身	冗余和监控	冗余和监控	否	见2.1.4.2中(3)⑪~⑬和⑰
超前打开联锁的防护装置	任意	冗余和监控	冗余和监控	是	见2.1.4.2中(3)⑬和⑭
光电保护装置	任意	冗余和监控	冗余和监控	是	见2.1.4.2中(3)⑮,使用适当的安全距离,如果模具间的间隙大得足以使人体某部分深入,那么应配备单独的行程启动装置
双手操纵装置	双手操纵装置	冗余和监控	冗余和监控	是	见2.1.4.2中(3)⑮,使用适当的安全距离
止-动控制装置和慢速接近	止-动控制装置	单系统	单系统	是	用于模具的调整,最大的慢速接近速度为10mm/s

表2-8　手工送料和取件的自动循环操作模式时工作危险区安全保护要求汇总

操作者安全防护系统	启动方式	启动与停止功能		抑制	备注
		电气	液压		
闭合模具	任意	单系统	单系统	否	见2.1.4.2中(3)④和⑨
固定封闭式防护装置	任意	单系统	单系统	否	见2.1.4.2中(3)④和⑩
带防护锁的联锁防护装置	非防护装置本身	冗余和监控	单系统和监控	否	见2.1.4.2中(3)⑪和⑬,在液压回路中进行动力联锁作为冗余和监控功能之一
不带防护锁的联锁防护装置	非防护装置本身	冗余和监控	冗余和监控	否	见2.1.4.2中(3)⑪、⑬和⑰
光电保护装置	非防护装置本身	冗余和监控	冗余和监控	是	见2.1.4.2中(3)⑮,使用适当的安全距离

表2-9　自动送料和取件的自动循环操作模式时工作危险区安全保护要求汇总

操作者安全防护系统	启动方式	启动与停止功能		抑制	备注
		电气	液压		
闭合模具	任意	单系统	单系统	否	见2.1.4.2中(3)④和⑨
固定封闭式防护装置	任意	单系统	单系统	否	见2.1.4.2中(3)④和⑩
带防护锁的联锁防护装置	非防护装置本身	单系统	单系统	否	见2.1.4.2中(3)⑪和⑬,在液压回路中进行动力联锁作为冗余和监控功能之一
不带防护锁的联锁防护装置	非防护装置本身	冗余和监控	冗余和监控	否	见2.1.4.2中(3)⑪、⑬和⑰
光电保护装置	非防护装置本身	冗余和监控	冗余和监控	否	见2.1.4.2中(3)⑮,使用适当的安全距离

② 安全防护措施的选择　设计者、制造者及供应商在考虑液压机的严重危险和操作模式的基础上，选择 GB/T 15706.1 和 GB/T 15706.2（已被 GB/T 15706—2012 代替）规定的下列安全防护措施对操作者进行安全防护：

　　a. 闭合模具；

　　b. 固定封闭式防护装置；

　　c. 带或不带防护锁的联锁防护装置；

　　d. 带或不带防护锁的可控防护装置；

　　e. 带或不带防护锁的超前打开联锁防护装置；

　　f. 光电保护装置；

　　g. 双手操纵装置；

　　h. 带慢速接近速度［不大于 10mm/s，见 2.1.4.2 中（3）⑱］的止-动控制装置，主要用于调整。

　　作者注：GB/T 30574—2021《机械安全　安全防护的实施准则》适用于机械设备安全防护的设计、构造、安装、检查、实施与维护，亦适用于安全操作规程的编制和相关人员的培训。

　　③ 安全防护措施组合　选择 2.1.4.2 中（3）②提到的安全防护措施组合应保护所有暴露在液压机周围的工作人员，例如在危险区操作、模具调整、维护、清洁和检验的人员。

　　④ 手工上下料的液压机　对于手工上下料的液压机，安全防护措施不能采取闭合模具或固定式防护装置，闭合模具或固定式防护装置因专门的目的成为液压机的一部分时除外。

　　⑤ 安全防护装置要求　2.1.4.2 中（3）⑨和⑩规定了对 2.1.4.2 中（3）②列出的安全防护装置的要求。

　　⑥ 类别　所提供的安全防护装置与液压机相连接的控制系统应至少与这些安全装置的要求属于同一类别。

　　⑦ 多个侧面进入危险区域　如果液压机工作过程中需要从多个侧面进入危险区域，那么每个侧面都应该提供相同水平的安全保护。

　　⑧ 不宜安装防护装置的液压机　用于压制特殊工件（一般为一次性工件或每个工件压制的参数或位置不同）的大型液压机，如压力容器封头、船板等，如不宜安装防护装置，设计、制造和销售商应提供该工况下用户可采取的安全措施，例如可移动的安全且有良好视野位置的控制装置，如果需要应根据 GB/T 1251.2 的要求增加声音警告和可视危险信号。

　　⑨ 闭合模具　闭合模具应是本质安全的，模具开口和相关间距应符合 GB 23821—2009 中表 4 的要求且不超过 6mm；闭合模具外部任何可能造成挤伤的区域应按照 GB 12265.3—1997（已被 GB/T 12265—2021 代替）中表 1 的要求进行保护（见 GB 28241—2012 中附录 C）。

　　⑩ 固定式防护装置　固定式防护装置应符合 GB/T 8196 的要求；该装置牢固安全地连接在机器、其他刚性构件或地面上，开口应符合 GB 23821—2009 中表 4 的要求。

　　⑪ 联锁防护装置、可控防护装置　联锁防护装置、可控防护装置应符合 GB/T 8196 的要求，并且与固定防护装置一起，避免在任何危险运动过程中人体进入危险区。只有在防护装置关闭后才能启动工作行程。联锁装置应按照 GB/T 18831—2010《机械安全　带防护装置的联锁装置设计和选择原则》（已被 GB/T 18831—2017《机械安全　与防护装置相关的联锁装置　设计和选择原则》代替）中 6.2.2 的要求设计和制造，控制系统与安全相关的部分应符合 GB/T 16855.1—2008（2018）规定的 4 类要求。可控防护装置应满足 GB/T 15706.1—2007 中 3.25.6 和 GB/T 15706.2—2007 中 5.3.2.5 的要求。

⑫ 联锁防护装置作为可控防护装置　如果将联锁防护装置作为可控防护装置使用，则严禁人站在防护装置和危险区域之间，可使用额外的措施提供保护。这些额外保护措施应是光电保护或固定防护装置，或符合 GB/T18831—2010 中 6.2.1 要求的联锁防护装置。

⑬ 防护锁　联锁防护装置、可控防护装置应符合：

a. 联锁防护装置、可控防护装置带防护锁，防止任何危险动作停止前防护门被打开；

b. 联锁防护装置、可控防护装置不带防护锁，应通过设计保证人员接触危险区域之前停止危险运动。

⑭ 超前打开功能　当联锁防护装置或可控防护装置要求具有超前打开功能时，它应符合超前打开联锁防护装置的要求。

⑮ 光电保护装置　光电保护装置应符合下列要求。

a. 光电保护装置应符合 GB 4584 的要求。

b. 只能通过光电保护装置检测区域进入危险区，附加防护措施应能防止其他方向进入危险区。

c. 如果操作人员有可能站在光电保护装置和危险区之间，则应采取额外的措施，如在该区域内设置识别人的其他光束，最大检测间距不大于 75mm。

d. 只要身体的任何部分挡住光电保护装置，液压机就不应有危险动作发生。

e. 复位装置应设在能清楚看到危险区的地方，每个检测区复位装置不超过一个，如果液压机的侧面和后部使用光电保护装置，那么每个检测区都应该有一个复位装置。

f. 不允许采用反射式光电保护装置。

g. 如果采用光电保护装置启动液压机，应采用单次遮光或两次遮光方式并满足下列条件。

ⅰ. 液压机工作台高度高出操作人员站立面不小于 750mm。如果小于 750mm，应在液压机工作台附近安装固定防护装置达到这一高度或以上。这些防护装置应固定连接，例如焊接固定或使用联锁防护装置。防护装置应保证人不能站在防护装置和工作台之间。

ⅱ. 液压机行程不大于 600mm，并且工作台深度不大于 1000mm。

ⅲ. 检测精度不超过 30mm。

ⅳ. 第一次启动液压机动作以前，应执行复位操作。

ⅴ. 从上次操作循环结束起到本次启动动作，预置时间不大于 80 s。如果超过预置时间，光电保护装置应进行复位。

ⅵ. 如果液压机采用多个光电保护装置，那么只有液压机前面的一个光电保护装置可以启动液压机的行程动作。

h. 通过选装开关关闭光电保护装置的同时也应关闭指示灯。

⑯ 双手操纵装置　双手操纵装置应符合下列要求。

a. 双手操纵装置应符合 GB/T 19671—2005 的表 1 中型式（类型）ⅢC 的要求。

b. 双手操纵装置数量应与选择系统中确定的操作者数量相对应。

c. 双手操纵装置的输出信号不能由一只手、手和同一只手的手肘、前臂或手肘、手和身体的其他部分激活。

⑰ 安全距离　不带防护锁的联锁防护装置、不带防护锁的可控防护装置、不带防护锁的超前开启防护装置、光电保护装置和双手操纵装置应保证在模具区域所有危险运动结束之前，操作者没有足够的时间进入工作危险区，安全距离的计算应以压力机的总停止响应时间和操作者的运动速度为基准，见 GB/T 19876 和 GB 28241—2012 附录 A。

⑱ 止-动控制装置　与止-动控制装置配合的慢速动作不应超过 10mm/s。如果其他工作

方式（见表 2-7～表 2-9）的速度超过 10mm/s，那么应通过一个选择开关，该选择开关激活止-动控制装置且设定慢速动作。止-动控制装置动作的速度不会因液压机参数的调整而被更改。

⑲ 其他要求

a. 设计和制造的液压机应使模具牢靠地固定，单个元件失效或动力故障不会引发危险。

b. 液压机上的紧固件，如螺钉、螺母或胶接连接，应采用防松装配以避免引起人身伤害。

c. 手动调整，例如调整滑块的行程或改变速度，以及可能引起危险的调整动作应具有可靠的锁定装置，只能通过工具、钥匙或电子密码操作。

d. 在自动连续工作的液压机中，送料装置是液压机的集成部分，卷料的料端应自动导入渐进冲模。如果不能通过送料装置自动导入冲模，则液压机应装备以下装置。

ⅰ. 带慢速接近（小于 10mm/s）的三位止-动控制装置。

第 1 位：停止。

第 2 位：工作。

第 3 位：再停止。

在按钮推到第三个压力触点位置后，按钮只有回到第一个位置，才能重新启动。

ⅱ. 寸动装置。

e. 防护装置移开后，应依靠辅助工具（夹杆、夹钳和电磁夹）手工操纵导入料头。

⑳ 解救围困的操作人员　应有解救围困在危险区人员的解救措施。

(4) 控制和监控系统

① 控制和监控功能　电气系统的设计应符合 GB 5226.1（已被 GB/T 5226.1—2019 代替）的规定，所有直接或间接控制或监控液压机电气、液压、气动和机构的零部件应符合 GB/T 16855.1 的要求。

a. 控制系统应具有安全功能，出现下列情况之一时，应重新操作控制装置，液压机才能执行行程动作：

ⅰ. 操纵或工作方式变换后；

ⅱ. 联锁防护装置关闭后；

ⅲ. 安全系统手动恢复后；

ⅳ. 操作动力故障排除后；

ⅴ. 主要的压力故障排除后；

ⅵ. 模具保护装置或零件检测装置执行动作后；

ⅶ. 机械联锁止落装置移去后。

b. 在安全系统（联锁防护装置、光电保护装置）启动的情况下，如果出现下列情况，为了恢复正常工作，需要手动复位功能：

ⅰ. 联锁防护装置被中断；

ⅱ. 使用光电保护装置启动行程，但又超过了预先设定的时间未启动；

ⅲ. 工作中有危险运动时中断了光电保护装置；

ⅳ. 使用光电保护装置对液压机的非操作侧进行保护，此光电保护装置被中断后。

复位控制装置应安装在可以看到危险区的范围内并在危险区外，不允许进入危险区操作。复位功能至少应满足单通道监控（S&M）。

c. 带光电保护装置、联锁防护装置［2.1.4.2 中"（4）①f. 除外］和可控防护装置、用于常规操作的双手操纵装置的液压机，如果安全防护装置或控制装置发生故障，则：

ⅰ．不可能有意外启动；

ⅱ．保护装置的安全功能应该维持；

ⅲ．危险运动期间可以停止机器；

ⅳ．在闭合行程的危险阶段动作过程中，控制装置应使液压机行程立即停止，或者在其他情况下最迟在工作循环结束时使液压机停车；

ⅴ．为满足以上要求，控制系统的相关安全部件应符合 GB/T 16855.1—2008（2018）中 6.2.5 的类别 4 的规定。液压机控制系统相关部件的启动和停止功能应采用硬接线连接、冗余技术和监控技术。

注：本条不适用于自动送料和出料的自动循环、采用带防护锁的联锁防护装置的液压机（见表 2-9）。

d. 考虑液压机的冲击和振动，操作系统的设计应考虑下列要求：

ⅰ．GB/T 15706.2—2007（已被代替）中的 5.4.3；

ⅱ．GB/T 3766—2001（已被代替）中的 10.2.2；

ⅲ．GB/T 7932—2003（已被 GB/T 7932—2017《气动 对系统及其元件的一般规则和安全要求》代替）中的 10.2.2；

ⅳ．GB 5226.1—2008（已被代替）中的 4.4.8。

e. 冗余和监控的液压机控制系统应由两套独立的功能系统组成，每套系统都应具有独立的停止危险运动的能力。一旦通过监控系统检测到任何一系统的失效，就应阻止闭合行程动作；如果一套系统能够检测出自身的故障并且阻止下一工作循环，则不需要更进一步的监控。

f. 有联锁防护装置的液压机可以装备动力联锁。例如与防护装置连接的手动控制阀可以限制或改变进入执行器液压油的方向，以便在防护装置打开时，可以阻止危险运动（见 GB 28241—2012 中图 D.2）。

② 抑制

a. 抑制可用于光电保护装置和双手操纵装置。在行程开启或者行程闭合之后没有人身伤害危险时，安全保护装置的功能可以暂停，但是要考虑顶出器、缓冲器和压边圈周围的危险。滑块下行前，安全保护又一次启动。此外还应符合下列要求：

ⅰ．抑制的设置应是安全的，抑制位（装）置应采用专用工具、钥匙开关或电子密码才能进行调节；

ⅱ．应该防止行程开关开启时存在的其他危险，例如用固定式防护装置；

ⅲ．监控抑制启动信号。

b. 行程闭合后抑制触发点可以是一个位置信号或者是一个压力信号，也可以是两个信号的组合。信号应在模具闭合后、液压机开始施力时发出。

c. 安装在液压机上的联锁防护装置也可以具有抑制功能，闭合行程的危险阶段过去后也可采用超前打开防护装置。

③ 可编程的电子系统（PES）、可编程的气动系统（PPS）及其安全

a. PES 和 PPS 的使用不应降低 GB 28241—2012 中要求的安全等级。

b. 采用 PES 和 PPS 控制液压机，安全功能不能只是依赖于 PES 和 PPS，符合 GB 28241—2012 安全要求的 PES 和 PPS 除外。

④ 选择开关

a. 如果可对液压机的工作模式、循环启动方式或安全系统进行选择（例如单次、寸动或连续，前或后，前和后），就应配备选择开关。选择开关在设计上应保证在任一非工作位置，通过强制触点或具有冗余和监控的硬件切断其电路。如果开关处于两挡的中间位置，则

不能进行任何操作。控制系统应确保操作选择开关不能进行启动操作。

b. 应用一个选择开关选择安全装置，如两个或多个安全保护装置。提供两个或多个选择开关且安全保护装置的工作模式连接到控制系统时，操作模式的选择应与安全保护装置的相应工作模式自动相关。

c. 如果采用符合 2.1.4.2 中（3）②a. 或 b. 要求的安全装置而没有其他的安全保护装置时操作（如通过脚踏开关操作），应通过额外带钥匙的选择开关选择操作模式，选择该模式后应自动在液压机上给出只采用闭合模具或固定式防护装置的明确标识。

d. 如果需要多人操作液压机，对每个操作者的保护等级应相同。使用多个双手操纵装置，并且实际连接的双手操纵装置与选择开关相一致时，液压机才能工作。

e. 选择开关应符合 GB 5226.1—2008（已被 GB/T 5226.1—2019 代替）中 9.2.3 的要求。与安全有关的选择开关应用钥匙操作，选择位置应清晰标识且易于识别。

⑤ 位置开关　位置开关应符合 GB 5226.1—2008（已被 GB/T 5226.1—2019 代替）中 10.1.4 的要求。要正确选择合理的开关操作方式，开关的安装在设计上应保持与另外的开关、撞块的正确位置关系，特别是与行程的正确关系。

⑥ 操纵装置

a. 按钮、脚踏开关和启动控制装置应采取防护措施，以避免意外误操作。脚踏开关只能从一个方向进行而且用一只脚，不能使用踏板。只有在操作者得到充分保护的情况下方可使用脚踏开关。

注：踏板指用脚操纵的杆子应用于启动液压机循环，它可以同时被几个人操纵。

b. 紧急停止按钮能执行停止一切危险运动功能，符合 GB 16754—2008 中 4.1.4 对 0 类停机的规定。

c. 包括液压机后面工作的操作人员在内，每个操作人员能到达的范围内应至少有一个急停按钮。如果某一双手操作站未连接液压机也可以工作，那么本双手操作站不应安装急停按钮。

d. 带有启动按钮的移动式控制台或垂挂式控制台应符合 GB 5226.1—2008（已被 GB/T 5226.1—2019 代替）中 10.6 的规定。

⑦ 阀　支撑阀与油缸连接的部分不能安装手动截止阀。手动截止阀应采用工具方可关闭或打开，如果做不到这一点，那么应安装检测截止阀开闭状态的检测开关，并与控制系统联锁，防止截止阀开闭状态被改变后造成危险。

（5）模具调整、行程调试、维修和润滑

① 人员接近和手工干预　液压机应能安全地进行模具调整、行程调试、维修和润滑。在调整、维修和润滑时，尽量避免人员接近和手工干预，比如采用自动或者远程控制润滑系统。

② 允许滑块运动　在安全装置处于防护位置时，模具调整、维护和润滑过程中允许滑块运动。如不能达到这一要求，应至少有下列装置之一：

a. 双手操纵装置 [见 2.1.4.2 中（5）⑦，其不能用于生产]，应使用慢速，且速度不大于 10mm/s；

b. 止-动控制装置，且速度不大于 10mm/s；

c. 寸动装置。

③ 调试　调试应满足生产中的所有行程和动作，调试结束后安全保护应满足 2.1.4.2 中（3）的要求。

④ 手动调整送料装置　在滑块处于静止时，方可手动调整送料装置。

⑤ 不能使用防护装置　如果在生产作业中不能使用防护装置，制造商应在液压机可接近的各侧上安装控制装置，使每侧至少有一个人在行程启动时能很好地观察工作进入区。在满足规定使用条件的前提下，只要可以预见到在侧面有人逗留，则应安装辅助装置（如使能控制器件、选择开关、报警信号装置）。

⑥ 打开活动式防护装置　如果在模具调整或维修时需要打开活动式防护装置，那么该装置应与主机联锁［见 GB/T 8196—2003 (2018) 中的 6.4.3］。其最低要求应符合 GB/T 18831—2010 (2017) 中 5.1 的强制致动模式断开操作的要求。与操纵系统连接的有关元件的安全不能只依赖于一个继电器。

⑦ 双手操纵装置　双手操纵装置应符合以下要求

a. 双手操纵装置至少是 GB/T 19671—2005 中表 1 的类型Ⅱ；

b. 不允许只用一只手、同一臂的手和肘激发输出信号。

⑧ 接线　止-动控制装置和寸动装置接线应硬线连接，并且与安全有关的部分符合 GB/T 16855.1—2008 (2018) 中 2 类要求。

⑨ 寸动控制　寸动控制可以用时间或距离控制滑块的运动。每次寸动滑块的运动量不超过 6mm。

⑩ 模具调整的双手操纵装置或止-动控制装置　只用于模具调整的双手操纵装置或止-动控制装置不适用于常规的生产。

⑪ 安全连接　止-动控制装置、双手操纵装置、寸动装置和操纵系统元件有关的安全连接不应该只依赖于一个继电器。

⑫ 定期检查　定期检查液压机和液压机的安全防护装置。

(6) 其他机械危险

① 驱动和传动机械、辅助装置　与液压机组合或配备在一起的驱动和传动机械、辅助装置至少应有以下的保护措施：

a. 固定防护装置，用于每班接近一次或不到一次之处；

b. 和操纵系统联锁的防护装置，用于每班接近一次以上之处；

c. 在达到危险区之前，如危险运动不停止，则应安装带防护锁和延时开锁的联锁防护装置。

如果操作人员够不到危险区（见 GB 23821—2009 中的表 1 和表 2）而且不需要走近进行常规的保养（例如润滑、调整和清洁），可以不使用以上的防护装置。

② 延时开锁　延时开锁可以用定时器或运动监控装置来控制防护锁。

③ 联锁装置的控制部分　联锁装置的控制部分至少符合 GB/T 16855.1—2008 (2018) 中的类别 1。

④ 附加联锁　不受液压机控制的辅助装置与液压机之间不采用机械方式操纵控制的，应同液压机控制系统附加联锁，防止发生干涉时产生危险。

⑤ 飞出的零部件　液压机飞出的零部件产生的危险，应通过适当形式或附加护罩予以消除，护罩应承受可以预料的负荷。

(7) 滑倒、绊倒和跌落

① 高空作业平台　液压机上的高空作业平台，应装备防护围栏，并符合 GB 17888.3 的规定。进入平台的固定设施可以是直梯或阶梯并应符合 GB 17888.1 的规定，其中阶梯应符合 GB 17888.3 的规定，直梯应符合 GB 17888.4 的规定。液压机的平台和通道应符合 GB 17888.2 的规定。

② 液压机周围　液压机的设计制造应使液压机周围滑倒、绊倒和跌倒的风险减少到最

低限度。

(8) 防止其他危险的保护措施

① 电击危险　电气设备应符合 GB 5226.1（GB/T 5226.1—2019）的规定，防止电气危险，如电击、燃烧等。

② 热灼危险　应用隔热罩和其他隔热措施防止液压机上易接近的高温部件灼伤操作人员，例如液压系统元件超过 GB/T 18153 规定的温度极限值。

③ 高压油喷射危险　在操作者工作区域内布置的软管应装有附加防护板，以防止因软管爆裂而造成的危险。

④ 噪声引起的危险

a. 在液压机设计和制造中，应采取措施降低噪声。

b. 液压机的噪声限值应符合 JB 9967（已废止）的要求。

⑤ 振动产生的危险　液压机的设计应避免能够引起伤害的振动。

⑥ 材料和物质产生的危险

a. 液压机上不应使用会引起伤害或损害人体健康的危险物质、材料，例如石棉。

b. 应避免液压系统形成烟雾以及有害的油雾。

⑦ 因忽略人类工效学而引起的危险

a. 液压机和操纵装置的设计应保证良好的不容易引起疲劳的工作姿势。

b. 操纵装置的布置、标记和照明及材料和模具搬运装置应符合人类工效学原则。

c. 质量超过 25 kg 并需要吊运的液压机零部件应设置起吊吊具用的起吊点。

d. 液压机的油箱设计应方便加油、放油和过滤油。

说明

① GB 28241—2012《液压机　安全技术要求》于 2012 年 3 月 9 日发布、2013 年 1 月 1 日实施，但该标准中的规范性引用文件 GB/T 15706.1—2007《机械安全　基本概念与设计通则　第 1 部分：基本术语和方法》、GB/T 15706.2—2007《机械安全　基本概念与设计通则　第 2 部分：技术原则》和 GB/T 16856.1—2008《机械安全　风险评估　第 1 部分：原则》三项标准被 2012 年 11 月 3 日发布、2013 年 3 月 1 日实施的 GB/T 15706—2012《机械安全　设计通则　风险评估与风险减小》代替，这就给使用该标准造成了一定麻烦，仅在术语方面就有多处修改，具体请见 GB/T 15706—2012 前言。

② GB 28241—2012 中，除第 3 章、第 4 章、附录 C、附录 D、附录 E 和附录 F 为推荐性的，其余为强制性的。

③ GB 28241—2012 的使用者，如设计人员、制造者或供应商应按照 GB/T 15706—2012 进行风险评价，尤其在以下几个方面负有重要责任：

a. 液压机的维修、模具的调整、清洁和可能出现的误操作；

b. 识别与液压机有关的重要危险（见表 2-6）。

④ 考虑液压机的冲击和振动，操纵系统的设计应考虑下列要求：

a. 在 GB/T 15706.2—2007 中规定："5.4.3　振动　附加保护措施包括，诸如减振固定件或悬挂座椅等用于振动源和暴露人员之间进行振动隔离的减震（振）装置。固定式工业机械的振动隔离措施，见 EN1299。"在 GB/T 15706—2012 中规定："6.3.4.3　振动　防止振动的补充保护措施包括：隔声器，如置于振源和暴露人员之间的减震（振）装置；弹性架；悬挂座椅。固定式工业机械的振动隔离措施，见 EN1299。"

b. 在 GB/T 3766—2001 中："10.2.2　控制或动力源失效　选择和应用电控、气控和/或液控的液压元件应做到，当控制动力源失效时不会引起危险。无论所用的控制能源或动力的类型如何（例如电的、液压的等），下列作用或偶发事件（意外的或故意的）应不致产生危险：打开或关闭能源；能源下降；切断或重新建立能源。当恢复控制动力源时（意外的或故意的），不应发生危险情况。"在 GB/T 3766—2015 中相似的规定见"5.4.7.2.2 控制或能源供给"条。

c. 在 GB/T 7932—2003 中："10.2.2 控制或动力源的失效 无论使用何种控制或动力源（如电的、气动的等）开关来控制能源的'开'或'关'，能源下降、能源的切断或恢复（意外的或故意的），应不致产生危险。"在 GB/T 7932—2017 中相似的规定见"5.2.7 控制或能源供应"条。

d. 在 GB 5226.1—2008（已被 GB/T 5226.1—2019 代替）中："4.4.8 振动、冲击和碰撞 应通过选择合适的设备，将它们远离振动源安装或采取附加措施，以防止（由机械及其有关设备产生或实际环境引起的）振动、冲击和碰撞的不良影响。供方与用户可能有必要达成专门的协议（见附录 B）。"在 GB 5226.1—2019 中相同的规定见"4.4.8 振动、冲击和碰撞"条。显然，在上述 b. 和 c. 中没有关于"冲击和振动"的描述，其规定与"冲击和振动"关系不清楚。

⑤ 在 GB 28241—2012 中的一些规定具有重要应用价值，如："如果某一双手操作站未连接液压机也可以工作，那么本双手操作站不应安装急停按钮""支撑阀与油缸连接的部分不能安装手动截止阀""每次寸动滑块的运动量不超过 6mm"。

其中，"运动量不超过 6mm"或对定义在 GB/T 38178.2—2019《液压传动 10MPa 系列单杆缸的安装尺寸 第 2 部分：短行程系列》中规定的短行程缸有参考价值。

作者注：在 GB/T 38178.2—2019 中规定了 10MPa 系列短行程单杆液压缸的安装尺寸，适用于缸径为 32～100mm 的短行程液压缸。活塞行程为 5mm、10mm、16mm、20mm、25mm、32mm、40mm、50mm。

⑥ 在 GB 28241—2012 中多处使用"支撑"，如"牢固地支撑""管路支撑""支撑滑块""支撑失效""支撑阀""支撑装置"等，而在 JB/T 3818—2014《液压机 技术条件》中多使用"支承"，如"支承阀""支承环"。

⑦ 根据国家标准计划，新起草的《锻压机械 安全技术规范》将代替 GB 28241—2012。

⑧ 国家标准《机床安全 压力机 第 3 部分：液压压力机安全要求》也正在制定中。

2.1.5 液压元件通用技术条件

在 GB/T 7935—2005《液压元件 通用技术条件》中规定了液压元件的通用技术条件，适用于以液压油或性能相当的其他液压液为工作介质的一般工业用途的液压元件。

2.1.5.1 技术要求

① 液压元件的基本参数、安装连接尺寸，应符合 GB/T 2346、GB 2347、GB/T 2348、GB 2349、GB 2350、GB/T 2353、GB/T 2514、GB/T 2877（已被 GB/T 2877.2—2021 代替）、GB/T 2878、GB/T 8098、GB/T 8100、GB/T 8101、GB/T 14036 的规定。

作者注：1. 上文中标准号书写问题已经修改。

2. GB/T 2878—1993《液压元件螺纹连接 油口型式和尺寸》已被 GB/T 2878.1—2011《液压传动连接 带米制螺纹和 O 形圈密封的油口和螺柱端 第 1 部分：油口》代替。

② 对液压元件的承压通道应进行耐压试验，试验方法应按各元件相关标准的规定。

③ 壳体。

a. 元件的壳体应经过相应处理，消除内应力。壳体应无影响元件使用的工艺缺陷，并达到要求的强度。

注：对于复杂铸件宜进行探伤检查。

b. 壳体表面应平整、光滑，不应有影响元件外观质量的工艺缺陷。

c. 铸件应进行清砂处理，内部通道和容腔内不应有任何残留物。

④ 元件应使用经检验合格的零件和外购件按相关产品标准或技术文件的规定和要求进行装配。任何变形、损伤和腐蚀的零件及外购件不应用于装配。

⑤ 零件在装配前应清洗干净，不应带有任何污染物（如铁屑、毛刺、纤维状杂质等）。

⑥ 元件装配时，不应使用棉纱、纸张等纤维易脱落物擦拭壳体内腔及零件配合表面和进、出流道。

⑦ 元件装配时，不应使用有缺陷及超过有效使用期限的密封件。

⑧ 应在元件的所有连接油口附近清晰地标注该油口功能的符号。除特殊规定外，油口的符号如下：

P——压力油口；

T——回油口；

A、B——工作油口；

L——泄油口；

X、Y——控制油口。

⑨ 元件的外露非加工表面的涂层应均匀，色泽一致。喷涂前处理不应涂腻子。

⑩ 元件出厂检验合格后，各油口应采取密封、防尘和防漏措施。

2.1.5.2　试验要求

① 测量准确度等级。元件性能试验的测量准确度分为 A、B、C 三个等级。

a. A 级：适用于科学鉴定性试验。

b. B 级：适用于液压元件的型式试验，或产品质量保证试验和用户的选择评定试验。

c. C 级：适用于液压元件的出厂试验，或用户的验收试验。

② 测量系统误差。测量系统的允许误差应符合表 2-10 的规定。

表 2-10　测量系统的允许系统误差（摘自 GB/T 7935—2005）

测量参量	各测量准确度等级对应的测量系统的允许误差		
	A	B	C
压力（表压力 $p \geqslant 0.2\mathrm{MPa}$）/%	±0.5	±1.5	±2.5
流量/%	±0.5	±1.5	±2.5
温度/℃	±0.5	±1.0	±2.0
转矩/%	±0.5	±1.0	±2.0
转速/%	±0.5	±1.0	±2.0

注：测量参量的表压力 $p < 0.2\mathrm{MPa}$ 时，其允许误差参照被试元件的相应试验方法标准的规定。

作者注：液压附件可参照本标准，但在 GB/T 17446—2012 中已经没有"液压附件""附件"或"辅件"这样的术语，下同。

③ 测量。试验测量应在稳态工况下进行。各被测参量平均显示值的变化范围符合表 2-11 规定时为稳态工况。在稳态工况下应同时测量每个设定点的各个参量（压力、流量、转矩、转速等）。

④ 试验油液。

a. 油液温度：除特殊规定外，试验时油液温度应为 50℃，其稳态工况容许变化范围应符合表 2-11 的规定。

b. 油液黏度：油液在 40℃时的运动黏度为 $42 \sim 74\mathrm{mm}^2/\mathrm{s}$（特殊要求另做规定）。

表 2-11　被测参量平均显示值的允许变化范围（摘自 GB/T 7935—2005）

测量参量	各测量准确度等级对应的被测参量平均显示值的允许变化范围		
	A	B	C
压力(表压力 $p \geqslant 0.2$MPa)/%	±0.5	±1.5	±2.5
流量/%	±0.5	±1.5	±2.5
温度/℃	±1.0	±2.0	±4.0
转矩/%	±0.5	±1.0	±2.0
转速/%	±0.5	±1.0	±2.0
黏度/%	±5	±10	±15

注：测量参量的表压力 $p < 0.2$MPa 时，其允许误差参照被试元件的相应试验方法标准的规定。

作者注：液压附件可参照本标准。

c. 油液污染度：应不高于液压元件使用要求规定的油液污染度等级。

⑤ 对特殊要求的液压元件，其试验条件与要求由供、需双方商定。

2.1.5.3　标志和包装

① 应在液压元件的明显部位设置产品铭牌，铭牌内容应包括：

a. 名称、型号、出厂编号；

b. 主要技术参数；

c. 制造商名称；

d. 出厂日期。

② 对有方向要求的液压元件（如液压泵的旋向等），应在元件的明显部位用箭头或相应记号标明。

③ 液压元件出厂装箱时应附带下列文件：

a. 合格证；

b. 使用说明书（包括元件名称、型号、外形图、安装连接尺寸、结构简图、主要技术参数，使用条件和维修方法以及备件明细表等）；

c. 装箱单。

④ 液压元件包装时，应将规定的附件随液压元件一起包装，并固定在箱内。

⑤ 对有调节机构的液压元件，包装时应使调节弹簧处于放松状态，外露的螺纹、键槽等部位应采取保护措施。

⑥ 包装应结实可靠，并有防振、防潮等措施。

⑦ 在包装箱外壁的醒目位置，宜用文字清晰地标明下列内容：

a. 名称、型号；

b. 件数和毛重；

c. 包装箱外形尺寸（长、宽、高）；

d. 制造商名称；

e. 装箱日期；

f. 用户名称、地址及到站站名；

g. 运输注意事项或作业标志。

说明

① 现在，2005 年 7 月 11 日发布、2006 年 1 月 1 日实施的 GB/T 7935—2005《液压元件通用技术条件》已经比较陈旧了，其中的一些规定与其他现行标准不一致。

② 没有文件规定 GB/T 7935—2005 与 GB/T 3766—2015《液压传动系统及其元件的通用规则和安全要求》的关系，但 GB/T 3766—2015 中包括了大量的关于元件的内容，具体请见本手册 2.1.7 节。

③ "零件在装配前应清洗干净"但一般不应包括密封件。

④ 油箱是否属于液压元件，如何要求，是本手册需要解决的问题。具体请见本手册5.3节。

2.1.6 重型机械液压系统通用技术条件

在 GB/T 37400.16—2019《重型机械通用技术条件 第16部分：液压系统》中规定了重型机械（以下简称"机械设备"）液压系统的系统设计，液压油，系统设备总成，铸件、锻件、焊接件和管件的质量，焊接，电气配线，控制，冲洗，试验，涂装，包装，运输和贮存的要求；适用于机械设备公称压力不大于 40MPa，液压介质为矿物油型液压油的液压系统。

注：重型机械主要包括冶金、轧制及重型锻压等机械设备。

作者注：在 GB/T 37400.1—2019《重型机械通用技术条件 第1部分：产品检验》中规定的重型产品主要包括冶金、轧制、重型锻压、连铸、矿上机械等和与其配套的机械。

2.1.6.1 系统设计

(1) 基本要求

基本要求的内容应包括：

① 人员安全；

② 设备安全；

③ 作业安全可靠；

④ 运转正常；

⑤ 节能、效率高；

⑥ 原理可靠、完善；

⑦ 维修方便；

⑧ 噪声低；

⑨ 无外漏；

⑩ 系统寿命长；

⑪ 成本经济。

(2) 设计条件

技术协议和/或设计任务书应包括以下内容：

① 机械设备的主要用途。

② 机械设备的工艺流程、动作及周期。

③ 系统使用地区的气候情况、系统周围的环境温度、湿度、盐度及其变化范围。

④ 液压执行元件、液压泵站、液压阀组（站）及其他液压装置的安装位置［如室内或室外安装；固定机械设备或行走机械设备上安装；地下室、地平面或高架（层）的安装等］。必要时应提供机械设备布置图。

⑤ 冷却系统使用介质的各种参数。

⑥ 对于高粉尘、高温度、强辐射、易腐蚀、易燃（爆）环境；外界扰动（如冲击、振动等）；高海拔（1000 m以上）；严寒地带以及高精度、高可靠性等特殊情况下的系统设计、制造及使用要求。

⑦ 液压执行机构的能力、运动参数；安装方式和有关的特殊要求（如保压、泄压、同步精度及动态特性等）。

⑧ 系统操作运行的自动化程度和联锁要求。

⑨ 系统使用的工作油的种类。

⑩ 明确用户电网参数。

(3) 安全要求

① 系统元件的选择、应用、配置和调节等，应考虑各种可能发生的事故，以人员的安全和事故发生时设备损坏最小为原则。

② 系统中应有过压保护。

③ 系统的设计与调整应考虑冲击力，冲击力不应影响设备的正常工作和引起危险。

④ 系统的设计应考虑失压、失控（如意外断电等），防止液压执行机构产生失控运动和引起危险。

⑤ 元件的使用应符合相应的使用特性、技术参数和性能。

⑥ 元件的安装位置应安全，并方便调整与操作。

⑦ 元件的操作和调整必须符合制造商的规定。

⑧ 系统设计应符合 GB 5083—1999《生产设备安全卫生设计总则》中关于安全技术和工业卫生的规定。

⑨ 若产生内泄漏或外泄漏，均不应引起危险。

⑩ 系统设计应设计有维修用泄压回路。

(4) 节能要求

设计系统时，应考虑提高系统效率（如使用节能元件、节能回路等），使系统的发热减至最小程度。

(5) 工作温度

① 系统的工作油温度范围应满足元件及油液的使用要求。

② 为保证正常的工作油温度，应根据使用条件设置热交换装置（冷却器）或提高油箱自身的热交换能力，将其温度控制在规定要求的范围内。

(6) 管路流速

系统金属管路的油液流速推荐值见表 2-12。

表 2-12　系统金属管路的油液流速推荐值

管路类型	管路代号	压力 p/MPa	允许流速 v/(m/s)
吸油管路	S	—	$v \leqslant 1$
压油管路	P	$0 \leqslant p < 2.5$	$2.5 \leqslant v < 3$
		$2.5 \leqslant p < 6.3$	$3 \leqslant v < 4$
		$6.3 \leqslant p < 16$	$4 \leqslant v < 5$
		$16 \leqslant p < 40$	$5 \leqslant v < 8$
回油管路	T	—	$1.5 \leqslant v < 3$
泄油管路	L	—	$v \leqslant 1$

(7) 噪声

设计液压系统时，应考虑预计的噪声，系统噪声应符合 GB 5083—1999 的规定。

(8) 清洁度要求

① 元件、辅助元件等的清洁度应符合制造商的推荐，系统组装过程中应保持其清洁度。

② 钢板、钢管应除锈，且应符合 2.1.6.4 中（3）②的规定。

③ 系统在装配前，接头、管路、通道（包括铸造型芯孔、钻孔等）及油箱等件应按有关工艺规范清洗干净。不准许有目测可见的污染物（如铁屑、纤维状杂质、焊渣）存在，

且应维护它们的清洁度。

④ 装配后的系统应进行冲洗。冲洗要求应符合 2.1.6.8 中（2）的规定。

⑤ 为防止污染系统，开式油箱应设置空气滤清器；系统回路按需要设置滤油器；伺服阀、比例阀的压力口处应设置滤油器。

⑥ 注入系统的新液压油应经过过滤，过滤精度不应低于设计要求。

⑦ 清洁度等级应符合 GB/T 14039 的规定。

⑧ 重型机械液压系统总成出厂清洁度要求见表 2-13。

表 2-13　重型机械液压系统总成出厂清洁度要求

类型	等级									
	14/12 /09	15/13 /10	16/14 /11	17/15 /12	18/16 /13	19/17 /14	20/18 /15	21/19 /16	22/20 /17	23/21 /18
精密电液伺服系统	＋	＋	＋	－	－	－	－	－	－	－
伺服系统	－	－	＋	＋	＋	－	－	－	－	－
电液比例系统	－	－	－	－	＋	＋	＋	－	－	－
高压系统	－	－	－	＋	＋	＋	－	－	－	－
中压系统	－	－	－	－	－	＋	＋	＋	＋	－
低压系统	－	－	－	－	－	－	＋	＋	＋	＋
一般机械液压系统	－	－	－	－	－	＋	＋	＋	＋	＋
行走机械液压系统	－	－	－	－	＋	＋	＋	＋	－	－
冶金轧制设备液压系统	－	－	－	＋	＋	＋	＋	＋	－	－
重型锻压设备液压系统	－	－	－	＋	＋	＋	＋	－	－	－

注："＋"表示适用；"－"表示不适用。

(9) 维护基本要求

① 元件应位于易拆装之处，留有足够的空间，使维护方便。

② 当系统中的元件拆卸时，油箱不应排油，并且应减少邻近元件和部件的拆卸。

③ 在使用和安装条件许可下，系统应设置接油盘。

④ 在满足维护条件下，应减少系统管路的可拆卸处。管路敷设位置应便于装拆，且不应妨碍生产人员的行走及机电设备的维护和检修。

⑤ 大型液压装置应设置蹬架或扶梯等设施。

⑥ 系统中应设置压力测量点、排气点、工作液压油采样点、加油口及排油口。

⑦ 若液压装置有电气接线，应设置接线盒。

(10) 起重措施

对质量超过 15 kg 的元件、零部件，应设置起吊装置。

(11) 安装、使用和维护资料

① 设计单位应向用户提供系统的土建任务书。

② 设计单位应向用户提供下列图样资料：

a. 系统原理图，包括元件的型号、名称、规格、数量和制造商的明细表；

b. 系统的电气和/或机械控制元件操作时间程序表；

c. 系统设备安装图或按协议规定的其他图样以及图样目录；

d. 备件清单。

③ 设计单位应向用户提供系统使用说明书，其内容主要包括：

a. 机械设备的主要用途；

b. 系统的主要作用、组成及主要技术参数；

c. 系统的工作原理与使用说明；

d. 系统正常工作的条件、要求（如正常工作油温范围、油液清洁度要求、油箱注油高度、油液品种代号及工作黏度范围、注油要求等）；

e. 系统的操作要求及注意事项；

f. 定期测试、维护保养的测试点、加油口、排油口、采样口、滤油器等的设置位置；

g. 系统常见故障及排除方法，特殊元件、部件的维修方法；

h. 随机附带的工具；

i. 易损密封件（不包括外购件）明细表。

（12）标志

① 原理图标志

a. 元件的图形符号应符合 GB/T 786.1 或元件专业制造商的规定。

b. 计量单位应符合 GB/T 3102（所有部分）规定。

c. 液压执行机构应以示意性简图表示并标注名称。对应的液压缸或液压马达应标注规格参数及油口尺寸。

d. 主管路（如压力管路、回油管路、泄油管路等）和连接液压执行元件的管路应标注管路外径和壁厚。

e. 压力控制元件应标注压力调定值。

f. 压力充气元件或部件应标注介质类型及充气压力。

g. 温度控制元件应标注温度调定值。

h. 电动机和电气触点、电磁线圈应标注代号。

i. 每个元件应编上数字件号，相同型号的元件同时应标注其排列顺序号。

j. 构成独立液压装置的液压回路应采用双点画线划分区域和标注代号。

k. 系统内部各组装部件之间的接口应标注代号。

② 设备标志

a. 系统设备上对元件或其他进行标识时，标志应与图样标志一致。

b. 压油管路、回油管路和泄油管路的主管路应分别标示"P""T""L"字样。连接液压执行元件的管路应标示管路代号。

c. 系统中元件接口应按元件制造商的规定标示代号（加油口代号）。

d. 液压操作装置每一项功能或系统执行功能的状态信息的标识牌、压力表等件应标示作用功能标志。

e. 着色应符合设计要求规定。非液压装置上的主管路外表面涂漆着色与色环着色对应、相同。

f. 液压装置上的接线盒接线应标示线号。

g. 液压装置应标示产品铭牌，外购元件应附带铭牌。

h. 液压泵应标示泵轴旋转方向标志。

③ 标志设置要求　液压装置上的标志必须醒目、清楚、持久、规整。标志的打印、喷涂、粘贴及装订位置应能保证不因更换元件而失去标志。

（13）操作力

设计时，应使作业于手动、脚踏控制机构上的操作力不超过下列数值：

① 手指 10N；

② 手腕 40N；

③ 单手臂 150N；

④ 双手臂 250N；

⑤ 脚踏 200N。

（14）拧紧力矩

接头、螺塞、元件紧固件的拧紧力矩应符合 GB/T 37400.10—2019《重型机械通用技术条件　第 10 部分：装配》的规定或采纳制造商的推荐。

2.1.6.2　液压油

① 设计系统时应说明系统中规定使用的液压油的品种、特性。

② 设计系统时应考虑所选用的液压油与下列物质的相适应性：

a. 系统中与液压油相接触的金属材料、密封件等非金属材料；

b. 保护性涂层材料以及其他会与系统发生关系的液体；

c. 与溢出或泄漏的液压油相接触的材料。

③使用液压液作为传动介质时，系统中所采用的通用元件应考虑降额使用。

④系统中液压油的使用应符合 GB/T 7631.2 的规定或采纳液压油品制造商的推荐，并考虑其温度、压力使用范围及其特殊性。

⑤液压油在使用过程中应注意以下事项：

a. 在系统规定的工作油液的温度范围内，所选择的油液的黏度范围应符合元件的使用条件。

b. 不同类型的液压油不应相互调和，不同制造商生产的相同牌号液压油，一般也不应混合使用；若要混合使用时，应进行小样混合试验，检查有否物理变化和化学反应，并与油品制造商协商认定。

c. 在使用过程中，应对液压油理化指标和颗粒污染度进行定期检验，确定液压油能否再使用；一般三个月检查一次，最长不超过六个月。

⑥ 应定期检查系统中油液的黏度、酸值、清洁度等品质，进行液压油的维护；液压油不符合质量要求时，应全部更换。

⑦ 液压油制造商应提供使用液压油时的人员劳动卫生要求、失火时产生的毒气和窒息的危险应急处理措施及废液处理办法等相关资料。

2.1.6.3　系统设备总成

（1）制造依据

系统制造应符合供需双方协议，符合有关单位审查、批准、生效的设计图样、技术文件以及相应的标准、工艺规范的规定。

（2）选件要求

① 系统中所有元件、辅助元件、密封件及紧固件等应符合制造商的推荐或有关部门批准生产的产品图样和技术文件的规定。

② 外购件的质量应符合产品图样和技术文件的规定，且应具有相应质量等级的合格证。

③ 对重要的外购件应按性能要求验收。

④ 在保管、运输及系统装配过程中造成锈蚀、摔伤变形等问题，以致产品质量受到影响的外购件不应投入使用。

⑤ 对密封失效和污染的外购件，应更换密封件和清洗后方能使用。

（3）动力元件

①液压泵与原动机之间的联轴器的型式及安装要求应符合制造商的规定。

② 外露的旋转轴、联轴器应安装防护罩。

③ 液压泵与原动机的安装底座应有足够的刚性，以保证运转时始终同轴。

④ 液压泵的进油管路应短而直，以避免拐弯增多，断面突变。在规定的油液黏度范围

内，应使泵的进油压力和其他条件符合泵制造商的规定值。

⑤ 液压泵的进油管路密封应可靠，不应吸入空气。

⑥ 高压、大流量的液压泵装置应：

a. 泵进油口设置橡胶弹性补偿接管；

b. 泵出油口连接高压软管；

c. 泵装置底座设置弹性减振垫。

(4) 控制元件

① 阀

a. 阀的选择。选择阀的类型应考虑正确的功能、密封性、维护和调整的要求，以及抗衡可预见的机械或环境影响的能力。在固定式重型机械中使用的系统应首选板式安装阀和/或插装阀。当需要隔离阀时，应使用其制造商认可的适用于此类安全应用的阀。

b. 液压阀的安装。液压阀的安装应符合以下规定：

ⅰ. 阀的安装方式应符合制造商的规定；

ⅱ. 板式阀或插装阀应有正确定向措施；

ⅲ. 为了保证安全，阀安装应考虑重力、冲击、振动对阀内主要零件的影响；

ⅳ. 阀用连接螺钉的性能等级应符合制造商的要求，不应随意代换；

ⅴ. 应注意进油口与回油口的方位，避免装反造成事故；

ⅵ. 为了避免空气渗入阀内，连接处应保证密封良好，用法兰安装的阀件，螺钉不能拧得太紧，以避免过紧反而会造成密封不良；

ⅶ. 方向控制阀的安装，一般应使轴线在水平位置上；

ⅷ. 通常压力控制阀，应在顺时针方向旋转时增加压力，逆时针方向旋转时减小压力；通常流量控制阀，应在顺时针方向旋转时减小流量，逆时针方向旋转时增加流量。

② 油路块（阀块）

a. 油路块宜选用 35 钢或 45 钢，并进行调质处理，必要时应做探伤检测。

b. 油路块上安装元件的加工面质量应符合元件制造商的规定。

c. 油路块上安装元件的螺孔之间的尺寸公差应保证阀的互换性。

d. 油路块内的油路通道应保证在整个工作温度和系统通流能力范围内，使流体流经通道产生的压降不会对系统的效率和响应产生不利影响。

(5) 执行元件

① 液压缸

a. 设计或选用液压缸时，应考虑行程、负载和装配条件，以防止活塞杆在外伸工况时产生不正常的弯曲。

b. 液压缸的安装应符合设计图样和/或制造的规定。

c. 若结构允许，安装液压缸时进、出油口的位置应在最上面，应使其能自动放气或装有方便的放气阀或人工放气的排气阀。

d. 液压缸的安装应牢固可靠；在行程大和工作条件热的场合，缸的一端应保持浮动，以避免热膨胀的影响。

e. 配管连接不应松弛。

f. 液压缸的安装面和活塞杆的滑动面的平行度和垂直度应符合设计图样和/或制造商的规定。

g. 密封圈的安装应符合制造商的规定。

② 液压马达

a. 液压马达与被驱动装置之间的联轴器型式及安装要求应符合制造商的规定。

b. 外露的旋转轴和联轴器应有防护罩。

c. 在应用液压马达时，应考虑它的启动力矩、失速力矩、负载变化、负载动能以及低速性等因素的影响。

③ 安装底座　液压执行元件的安装底座应具有足够的刚度，以保证执行机构正常工作。

(6) 其他辅助装置及元件

① 油箱装置

a. 油箱。

ⅰ. 油箱设计应符合下述基本要求：

- 在系统正常工作条件下，特别在系统中没有安装冷却器时，应能充分散发液压油中的热量；
- 具有较慢的循环速度，以便析出混入油液中的空气和沉淀油液中较重的杂质；
- 油箱的回油口与泵的进油口应远离，可用挡流板或其他措施进行隔离，但不能妨碍油箱的清洗；
- 在正常工况下，应容纳全部从系统流来的液压油。

ⅱ. 一般油箱应采用碳素钢板制作，重要油箱和特殊油箱应采用不锈钢板制作。

ⅲ. 油箱结构应符合下列基本要求：

- 油箱应有足够的强度、刚度，以免装上各类组件和灌油后发生较大变形；
- 油箱底部应高于安装面 150mm 以上，以便搬运、放油和散热；
- 应有足够的支承面积，以便在装配和安装时用垫片和楔块等进行调整；
- 油箱内表面应保持平整，少装结构件，以便清理内部污垢；
- 为了清洗油箱应配置一个或一个以上的手孔或人孔；
- 油箱底部的形状应能将液压油放净，并在底部设置放油口；
- 油箱箱盖、侧壁上的手孔、人孔以及安装其他组件的孔口或基板位置均应焊装凸台法兰（如盲孔法兰、通孔法兰等）；
- 可拆卸的盖板，其结构应能阻止杂质进入油箱；
- 穿过油箱壁板的管子均应有效密封。

b. 油箱辅件设置要求。

ⅰ. 重要油箱应设置油液扩散器或消泡装置。

ⅱ. 开式油箱顶部应设置空气滤清器以及注油器。空气滤清器的过滤精度应与系统清洁度要求相符合。空气滤清器的最大压力损失应不影响液压系统的正常工作。

ⅲ. 油箱应设置液位计，其位置应安放在液压泵吸入口附近，用以显示油箱液面位置。重要油箱应加设液位开关，用以油箱高、低限液位的监测与发讯。

ⅳ. 油箱应设置油液温度计以及油温检测元件。用以目测油液温度及油液温度设定值的发讯。

ⅴ. 压力式隔离型油箱应安装低压报警器，压力式充气型油箱应设置气动安全阀和压力表及压力报警器。

② 平台栏杆　平台栏杆的设计及制造应符合 GB 4053.1—2009《固定式钢梯及平台安全要求　第 1 部分：钢直梯》、GB 4053.2—2009《固定式钢梯及平台安全要求　第 2 部分：钢斜梯》、GB 4053.3—2009《固定式钢梯及平台安全要求　第 3 部分：工业防护栏杆及钢平台》的规定。

③ 热交换器（冷却器）　系统应根据使用要求设置加热器或冷却器，且应符合下列基本

要求。

    a. 加热器的表面耗散功率不应超过 $0.7W/cm^2$。

    b. 安装在油箱上的加热器的位置应低于油箱低极限液面位置。

    c. 使用热交换器时，应有液压油和冷却（或加热）介质的测温点。

    d. 使用热交换器时，可采用自动温控装置，以保持液压油的温度在正常的工作范围内。

    e. 用户应使用制造商规定的冷却介质。

示例：如使用特种冷却介质或水而水源很脏、水质有腐蚀性或水量不足，应向制造商提出。

    f. 采用空气冷却器时，应防止进、排气通道被遮蔽或堵塞，并考虑周围空气温度因素。

④ 滤油器

    a. 系统中应装有滤油器消除液压油中的污染物，滤油器的过滤精度应符合元件及系统的使用要求。

    b. 应装有污染指示器或设有测试装置，以便根据指示器或测试结果及时清洗滤油器或更换其滤芯。

    c. 若用户特别提出需要系统不停车而能更换滤芯时，应满足用户要求。

    d. 若使用磁性滤油器，在维护和使用中应防止吸附着的杂质掉落到油液中。

    e. 使用滤油器时，其公称流量不应小于实际的过滤油液的流量并留有一定的余量。

    f. 对于连续工作的大型液压泵站，推荐采用单独的冷却循环过滤系统。

⑤ 蓄能器

    a. 蓄能器的回路中应设置安全截止阀块，以供充气、检修或长时间停机使用。

    b. 为防止泵停止工作时蓄能器中压力油倒流，使泵产生反向运转，做液压油源的蓄能器与液压泵之间应装设单向阀。

    c. 在机械设备停车时，系统仍要利用蓄能器中有压液体来工作的情况下，应在靠近蓄能器的明显处示出安全使用说明，其中应包括"注意，压力容器"的字样。

    d. 蓄能器的排放速率应与系统使用要求相符，并不应超过制造商的规定。

    e. 蓄能器（包括气体加载式蓄能器）充气气体种类和安装应符合制造商的规定。

    f. 蓄能器的安装应远离热源。

    g. 蓄能器在卸压前不准许拆卸，不准许在蓄能器上进行焊接、铆接或机加工。

⑥ 压力检测及显示元件

    a. 压力传感器的量程一般应为额定压力的 1.2～1.5 倍。

    b. 压力表的量程一般应为额定压力的 1.5～2 倍。

    c. 使用压力表应设置压力开关及压力阻尼装置，以便维护、精确检测及延长寿命。

⑦ 密封件

    a. 密封件的材料应与相接触的介质相容。

    b. 密封件的使用压力、温度以及密封件的安装应符合制造商的推荐。

    c. 随机附带的密封件，应在制造商规定的贮存条件下及贮存有效期内使用。

(7) 管路

① 管路材料

    a. 系统管路可采用钢管、铜管、胶管、尼龙管。

    b. 管路采用钢管时，应使用 10 钢、15 钢、20 钢、Q345 等无缝钢管，特殊和重要系统应采用不锈钢无缝钢管。

② 管子精度要求　管子的精度等级应与所采用的管路辅件相适应。管子的最低精度应

符合 GB/T 8163—2018《输送流体用无缝钢管》的规定。

③ 管路安装要求　管路安装应符合下列要求：

a. 管路敷设、安装应按有关工艺规程进行；

b. 管路敷设、安装应防止元件、液压装置受到污染；

c. 管路应在自由状态下进行敷设，焊接后的管路固定和连接不应施加过大的径向力强行固定和连接；

d. 管路的排列和走向应整齐一致，层次分明，宜水平或垂直布管；

e. 相邻管路的管件轮廓边缘的距离不应小于 10mm；

f. 管路避免无故使用短管件进行拼接。

④ 管沟敷设　管路在管路沟槽中的敷设和沟槽要求应符合设计图样和 GB/T 37400.11 的规定。

⑤ 管子弯曲

a. 现场制作的管子弯曲应采用弯管机冷弯。

b. 管子的弯曲半径应符合 GB/T 37400.11 的规定。

c. 管子弯曲处应圆滑，不应有明显的凹痕、波纹及压扁现象（短长轴比不应小于 0.75）。

⑥ 软管

a. 软管的通径选择应采纳制造商的推荐。

b. 软管敷设应符合图样或采纳制造商的推荐，要求如下：

ⅰ. 避免机械设备在运行中发生软管严重弯曲变形，长度尽可能短；

ⅱ. 在安装或使用时扭转变形最小；

ⅲ. 软管不应位于易磨损处，否则应予以保护；

ⅳ. 软管应有充分的支托或使管端下垂布置。

c. 若软管的故障会引起危险，应限制使用软管或予以屏蔽。

d. 靠近热源或有热辐射处安装的软管应采用隔热套保护。

⑦ 管路固定

a. 管夹和管路支架应符合 GB/T 37400.11 的规定。

b. 管子弯曲两直边应用管夹固定。

c. 管子在其端部与沿其长度方向上应采用管夹加以牢固支承，表 2-14 所列数值适用于静载荷，与相应的管子外径配合的管夹间距为推荐数值。

表 2-14　管夹间距推荐值　　　　　　　　　　　　　单位：mm

管子外径 d	管夹间距 l	管子外径 d	管夹间距 l
$0 < d \leqslant 10$	$0 < l \leqslant 1000$	$80 < d \leqslant 120$	$3000 < l \leqslant 4000$
$10 < d \leqslant 25$	$1000 < l \leqslant 1500$	$120 < d \leqslant 170$	$4000 < l \leqslant 5000$
$25 < d \leqslant 50$	$1500 < l \leqslant 2000$	$d > 170$	$l = 5000$
$50 < d \leqslant 80$	$2000 < l \leqslant 3000$		

d. 管子不应直接焊在支架上或管夹上。

e. 管路不应用来支承设备和油路板或作为人行过桥。

⑧ 管路采样点　管路上应设置采样点，采样点应符合 GB/T 17489—1998《液压颗粒污染分析　从工作系统管路中提取液样》的规定。

2.1.6.4 铸件、锻件、焊接件和管件的质量

(1) 基本要求

① 金属材料牌号应符合设计要求。

② 金属材料的化学成分、力学性能应符合 GB/T 37400.3、GB/T 37400.4、GB/T 37400.5、GB/T 37400.6 和 GB/T 37400.8 或采纳制造商的推荐。

③ 铸件、锻件、焊接件和管件的质量应符合 GB/T 37400.3、GB/T 37400.4、GB/T 37400.5、GB/T 37400.6、GB/T 37400.8 和 GB/T 37400.11 或采纳制造商的推荐。

(2) 加工质量

① 应对无保留要求的锐棱、尖角倒棱和修钝。

② 加工表面不应有锈蚀、毛刺、磕碰、划伤和其他缺陷。

③ 应清除油路块、接头、金属管端口上的金属毛刺及油路块内部孔道交叉部位的金属毛刺。

④ 图样中未注明公差要求的切削加工件，其尺寸偏差、形位公差以及螺纹精度均应符合制造商所规定的标准等级。

(3) 焊接坯料、管件要求

① 焊接坯料的金属表面锈蚀程度不应低于 B 级；液压用管件的金属表面锈蚀程度不得低于 GB/T 37400.12—2019 中附录 B 中规定的 A 级。

② 焊接坯料及管件必须除锈，除锈质量应符合 GB/T 37400.12 的规定，除锈后按相应标准和规范进行防锈。

③ 焊接坯料的成型形位公差应符合 GB/T 37400.3 的规定。

④ 焊接坯料下料的断面表面粗糙度为 $Ra25\mu m$。

⑤ 管件下料端面不应有挤起形状，端面应平齐，与管子轴线的垂直度公差为管子外径的 1%。

⑥ 焊接坯料及管件的焊接坡口应机加工，且符合 GB/T 37400.3、GB/T 37400.11 的规定。

⑦ 焊接件的焊接接头型式应符合 GB/T 37400.3 的规定。

(4) 铸件、锻件缺陷处理

在保证使用质量的条件下，对不影响使用和外观的铸件、锻件缺陷可按 GB/T 37400.7 的规定进行补焊。

2.1.6.5 焊接要求

(1) 基本要求

① 管路焊接的接口应做到内壁平齐；工作压力低于 6.3MPa 的管道，内壁错边量不大于 2mm；工作压力等于或高于 6.3MPa 的管道，内壁错边量不大于 1mm。

② 焊接件、管路的焊接应分别符合 GB/T 37400.3、GB/T 27400.11 及相关工艺规范的规定。

③ 管路的焊缝质量应符合 GB/T 37400.3—2019 中 BS 级和 BK 级的要求。

④ 管路压力试验应符合 GB/T 37400.11 的规定。

(2) 焊接件

① 油箱（罐）焊接

a. 开式矩形油箱内壁应采用满焊连续焊缝；开式圆筒形油箱（罐）内壁焊缝应高出内壁，高度应符合 GB/T 37400.3 的规定。压力式油箱（罐）的焊接应符合 GB 150.4—2011《压力容器　第 4 部分：制造、检验和验收》的规定。

b. 对涂装完毕的油箱再次装焊时，应避免油箱内壁涂层脱落。

② 其他焊接件　其他焊接件应符合 GB/T 37400.3 的规定。

(3) 管路焊接

① 钢管管路应采用氩弧焊焊接或氩弧焊封底电弧焊充填焊。

② 管路对焊时内壁的焊缝应高出内壁，其高度应符合 GB/T 37400.11 的规定。

③ 管路焊缝返修应制订工艺措施，同一部位的焊缝返修次数不应超过 2 次。

④ 管路焊接时，应将焊接热区内的密封圈拆除以免过热老化。

2.1.6.6　电器配线

① 设备上的电气配线应符合下列基本要求：

a. 配线种类应符合电气设计要求；

b. 接线盒、线槽、线管应符合制造商的推荐。

② 线路敷设应符合制造商的推荐或按照设计图样及技术文件的规定。

2.1.6.7　控制

(1) 回路保护装置

① 若回路中工作压力或流量超过规定而可能引起危险或事故时，应有保护装置。

② 调整压力和流量的控制元件，制造和装配应能防止调整值超出铭牌上标明的工作范围。在重新调整之前，应一直保持调整装置的调整值。

③ 当系统处于停车位置，液压油从阀、管路和执行元件泄回油箱会引起机械设备损坏或造成危险时，应有防止液压油泄回油箱的措施。

④ 系统回路的设计应能在液压执行元件起动、停车、空转、调整和液压故障等工况下，防止失控运动与不正常的动作顺序（特别是做垂直和倾斜运动时）。需保持自身位置的执行元件，应设置（具有或起）失效保护作用的阀来控制。

⑤ 在压力控制与流量控制回路中，元件的选用和设置应考虑工作压力、温度与负载的变化对元件与回路的响应、重复性和稳定性的影响。

⑥ 采用中央液压泵站和多个独立阀台（架）组成的系统，每个阀台（架）上应设置自动或手动的切断主油路油流的阀件，以保证当某一阀台（架）的控制区域有故障时，能及时切断该阀台（架）的供油，且不影响其余阀台（架）控制区的工作。

⑦ 当整个机械设备上有一个以上相互联系的人工控制和/或自动控制动作时，在任何一个动作故障会引起人身危险和设备损坏或应按一定规程进行动作，否则机械设备将发生干涉时，应设联锁保护（包括操作联锁保护）。

(2) 人工控制装置

① 为安全起见，设备应有紧急制动或紧急返回控制。

② 紧急制动和紧急返回控制应符合以下要求：

a. 应容易识别；

b. 应设置在每个操作人员工作位置处并在所有工作条件下操作方便，必要时可增加附加控制装置；

c. 应立即动作；

d. 应与其他控制装置的调节或节流装置在功能上不相互干扰；

e. 不应要求任何一个执行元件输入能量；

f. 只能用一个人工控制装置去完成全部紧急操纵；

g. 在从伺服阀来的执行元件管路上，可设置足够的紧急制动阀。

③ 紧急制动后，循环的再起动不得引起设备损坏或造成危险。若需执行元件重新回到

起动位置，应具有安全的手动控制装置。

④ 手控杆的运动设置不应引起操作混淆。

⑤ 对于多个执行元件的顺序控制回路或自动控制回路，应设有单独的人工调整装置以调整每个执行元件的行程。

(3) 阀的控制

① 设计或安装机械操纵阀时，应能保证过载或超程不引起事故。

② 脚踏操作阀应设有防护罩或采取其他保护措施，以防止意外触动。

③ 手动操作阀操作杆的工作位置应有清晰的标牌或形象化的符号表示。

④ 除另行说明外，电磁阀应配置有用手动操作的按钮，并避免配置按钮引起该设施的误动作。

⑤ 阀的电控电源、气控气源及液控液源的参数应符合阀的动作要求。

(4) 控制装置的安装要求

① 所有控制装置的布置位置，应防止下列不利因素：

a. 失灵和预兆事故；

b. 高温；

c. 腐蚀性气体；

d. 油污染电控装置；

e. 振动和高粉尘；

f. 燃烧、爆炸。

② 各种控制装置应位于调节和维修方便之处。

③ 人控装置应符合下列基本要求：

a. 置于操作者的正常工作位置附近并能摸得到；

b. 不应要求操作者把手伸过或越过转动或运动的机械设备、零部件去操作控制装置；

c. 不妨碍设备操作者的正常工作活动。

④ 应采用位置顺序控制。当单独用压力顺序控制或时间控制将会因顺序失灵而可能损坏设备时，应采用位置顺序控制。

⑤ 回路相互关系。系统某一部分的工况不应对其他部分造成不利影响。

⑥ 伺服控制回路。伺服阀安装位置应靠近相关的执行元件。阀的安装与布置及方向应符合阀制造厂的要求。应设置独立泵源或在伺服阀前安装过滤器，过滤精度符合制造厂的要求。

⑦ 液压泵站控制要求。重要的液压泵站的自动控制应具有下列基本功能：

a. 油箱次低液位自动报警，最低限液位的自动报警和自动切断液压泵驱动装置；

b. 滤油器污染报警；

c. 油液最高油温报警；

d. 热交换装置根据油液温度信号自动工作；

e. 主压力油的失压报警；

f. 液压泵的工作信号指示。

2.1.6.8 冲洗

(1) 管路冲洗

管路安装完成后应对管道进行冲洗处理，并应按 GB/T 25133—2010《液压系统总成管路冲洗方法》的规定执行。

(2) 系统冲洗

系统冲洗应符合下列要求。

① 滤油精度应高于系统设计要求。

② 冲洗液应与系统工作油液和接触到的液压装置的材质相适应。

③ 应采用低黏度冲洗液，使流动呈紊流状态。

④ 冲洗液的温度：液压油温不超过 GB/T 25133—2010 或制造商的推荐。

⑤ 伺服阀和比例阀应拆掉，换上冲洗板。

冲洗完毕后其清洁度应符合 GB/T 27400.16—2019 中附录 A 或符合设计要求规定。

2.1.6.9 试验

① 系统应按试验大纲和制造商试验规范进行性能试验。

② 应对试验进行记录，记录的参数值应与实测参数值相一致。

2.1.6.10 涂装

涂装应符合以下基本要求：

① 涂料应适应于工作油液及环境；

② 涂装材料的质量应符合 GB/T 37400.12 或采纳制造商的推荐；

③ 涂装方法和步骤应符合涂装工艺规范的规定或采纳制造商的推荐；

④ 涂装的涂层厚度、附着力应符合 GB/T 37400.12 的规定。

2.1.6.11 包装、运输和贮存

① 液压设备的包装、防锈措施、日期及包装储运标志应符合双方协议、GB/T 191—2008《包装储运图示标志》、GB/T 4879—2016《防锈包装》、GB/T 13384—2008《机电产品包装通用技术条件》、GB/T 37400.13 及设计要求的规定。

② 包装、运输及贮存的基本要求：

a. 液压设备分段运输时，对已拆下的管路与它们的端孔或接头均应标上识别标志；

b. 应排掉液压设备中的工作油和冷却器中的水；

c. 应按要求对液压设备进行防锈保护（包括设备内部容腔）；

d. 重要仪表、零散件应单独包装，再装入包装箱；

e. 液压设备的外露孔口应用密封帽或用塑料薄膜捆扎封闭；

f. 液压设备外露的螺纹、玻璃仪表应加以保护；

g. 液压设备的零散件、部件等应有标签，标签应清楚、正确、持久、耐用，应与图样相对应；

h. 包装运输前，充气式蓄能器应卸除高压，保持 0.15～0.3MPa 剩余压力。

③ 液压设备包装应考虑运输、装卸时的振动、冲击对设备的影响，并在搬运期间设备不应窜动。

④ 液压设备包装应完好，以防止其损坏、变形及面漆擦伤。

⑤ 防锈剂应符合以下要求：

a. 防锈剂质量应符合 GB/T 4879 的规定或采纳制造商的推荐；

b. 液压设备内腔防锈时采用的防锈剂种类、化学性质应与所要求使用的液压油和所接触到的材料相适应。

说明

① 在国标 GB/T 37400.16—2019《重型机械通用技术条件　第 16 部分：液压系统》中没有说明其与行标 JB/T 6996—2007《重型机械液压系统　通用技术条件》的关系，也没有说明其是首次发布，且现在也没有公告 JB/T 6996—2007 作废，又造成国标 GB/T 37400.16—2019 和行标 JB/T 6996—2007 并行的局面，同样给标准的选择和遵守造成困难。

② 通过 GB/T 37400.16—2019 与 JB/T 6996—2007"范围"的比较，其都是规定了冶金、轧制及重型锻压等机械设备的要求，因此它们的"范围"基本一致。它们的主要不同之处在于，GB/T 37400.16—2019 适用于公称压力不大于 40MPa，液压介质为矿物油型液压油的机械设备液压系统；而 JB/T 6996—2007 适用于公称压力不大于 31.5MPa 的机械设备液压系统，且对液压传动介质没有做出规定。

③ 缺少以液压油为传动介质的一些重型机械存在火灾危险的警告。

④ 在 GB/T 37400.16—2019 中没有明确规定重型机械液压系统的技术参数或主要技术参数。

⑤ 在 GB/T 37400.16—2019 中没有引用"术语"专门标准，该标准的术语使用比较混乱。例如：矿物型液压油、工作液压油、工作油液、油液、流体、工作油，油箱低限液位、油箱低极限液面位置、油箱次低液位、（油箱）最低限液位、滤油器、过滤器、压力式隔离型油箱、压力式充气型油箱、压力式油箱（罐）等。

⑥ 在 GB/T 37400.16—2019 中，油路块和管件材料的钢的牌号表示方法不一致。

作者注：在 GB/T 8163—2016《输送流体用无缝钢管》中规定："钢管由 10、20、Q345、Q390、Q420、Q460 牌号的钢制造。"但是，在 GB/T 1591—2018《低合金高强度结构钢》中以 Q355 钢级代替了在 GB/T 1591—2008 中的 Q345 钢级。

⑦ GB/T 37400.16—2019 与 JB/T 6996—2007 比较，删除了对液压油中"水分"的定期检查，即可能降低了对液压油的技术要求。况且，在 YB/T 4629—2017《冶金设备用液压油换油指南 L-HM 液压油》中规定的冶金设备液压系统 L-HM 液压油换油指标的技术限值中就包括"水分"这一项目。

⑧ 在 GB/T 37400.16—2019 中的 4.3 条规定："使用液压油作为传动介质时，系统中所采用的通用元件应考虑降额使用。"此条规定不合理，甚至是错误的。

⑨ 在 GB/T 37400.16—2019 中的 5.4.1.2 条规定："f) 为了避免空气渗入阀内，连接处应保证密封良好。用法兰安装的阀件，螺钉不能拧得太紧，以避免过紧反而会造成密封不良。"需要进一步实机验证，且其不符合 GB/T 37400.10—2019《重型机械通用技术条件 第 10 部分：装配》的相关规定。

⑩ 与 GB/T 3766—2015《液压传动 系统及其元件的通用规则和安全要求》比较，该标准规定的要求并不全面、准确，缺失关于对重型机械液压系统更为详细的规定。

2.1.7 液压传动系统及其元件的通用规则和安全要求

在 GB/T 3766—2015《液压传动 系统及其元件的通用规则和安全要求》中规定了用于 GB/T 15706—2012 中 3.1 定义的机械上的液压系统及其元件的通用规则和安全要求。该标准涉及与液压系统相关的所有重大危险，并规定了当系统安置在其预定使用的场合时避免这些危险的原则。但该标准未完全涉及重大噪声危害。

注 1：与重大危险相关的内容参见 GB/T 3766—2015 第 4 章和附录 A（或本手册附录 E）。

注 2：噪声传播主要取决于液压元件或系统在机械中的安装。

该标准适用于液压系统及其元件的设计、制造、安装和维护，并涉及以下方面：

① 装配；

② 安装；

③ 调整；

④ 运行；

⑤ 维护和净化；

⑥ 可靠性；

⑦ 能量效率；

⑧ 环境。

该标准包括对于液压系统工程的通用要求和维持系统良好运行状态的安全要求，尤其结合并纳入了机械安全方面的国家标准和欧盟机械指令中的相关要求。使用该标准有助于：

① 对液压系统和元件要求的确认和规定；

② 对液压系统安全性要求的重视和理解；

③ 使系统及其元件的设计符合规定的要求；

④ 对供、需双方各自责任范围的认定。

使用该标准时应注意，与该标准内容不一致的要求由供、需双方商定；该标准内容与国家或地方法律、法规冲突的，要以法律、法规为准。

2.1.7.1 通用规则和安全要求

(1) 概述

① 当为机械设计液压系统时，应考虑系统所有预定的操作和使用；应完成风险评估（例如按 GB/T 15706—2012 进行）以确定当系统按预定使用时与系统相关的可预测的风险。可预见的误用不应导致危险发生。通过设计应排除已识别出的风险，当不能做到时，对于这种风险应按 GB/T 15706—2012 规定的级别采取防护措施（首选）或警告。

注：本标准对液压元件提出了要求，其中一些要求依据安装液压系统的机器的危险而定。因此，所需的液压系统最终技术规格和结构将取决于对风险的评估和用户与制造商之间的协议。

② 控制系统应按风险评估设计。当采用 GB.T 16855.1—2008《机械安全　控制系统有关安全部件　第 1 部分：设计通则》（已被 GB/T 16855.1—2018《机械安全　控制系统安全相关部件　第 1 部分：设计通则》代替）时，可满足此要求。

③ 应考虑避免对机器、液压系统和环境造成危害的预防措施。

(2) 对液压系统设计和技术规范的基本要求

① 元件和配管的选择

a. 为保证使用的安全性，应对液压系统中的所有元件和配管进行选择或指定。选择或指定元件和配管，应保证当系统投入预定的使用时它们能在其额定极限内可靠地运行。尤其应注意那些因其失效或失灵可能引起危险的元件和配管的可靠性。

b. 应按供应商的使用说明和建议选择、安装和使用元件及配管，除非其他元件、应用或安装经测试或现场经验证实是可行的。

c. 在可行的情况下，宜使用符合国家标准或行业标准的元件和配管。

② 意外压力

a. 如果压力过高会引起危险，系统所有相关部分应在设计上或以其他方式采取保护，以防止可预见的压力超过系统最高工作压力或系统任何部分的额定压力。

任何系统或系统的某一部分可能被断开和封闭，其所截留液体的压力会出现增高或降低（例如由于负载或液体温度的变化），如果这种变化会引起危险，则这类系统或系统的某一部分应具有限制压力的措施。

b. 对压力过载保护的首选方法是设置一个或多个起安全作用的溢流阀（卸压阀），以限制系统所有相关部分的压力。也可采用其他方法，如采用压力补偿式泵控制来限制系统的工作压力，只要这些方法能保证在所有工况下安全。

c. 系统的设计、制造和调整应限制压力冲击和变动。压力冲击和变动不应引起危险。

d. 压力丧失或下降不应让人员面临危险和损坏机械。

e. 应采取措施，防止因外部大负载作用于执行器而产生的不可接受的压力。

③ 机械运动　在固定式工业机械中，无论是预定的或意外的机械运动（例如加速、减速或提升和夹持物体的作用）都不应使人员面临危险的处境。

④ 噪声　在液压系统设计中，应考虑预计的噪声，并使噪声源产生的噪声降至最低。应根据实际应用采取措施，将噪声引起的风险降至最低。应考虑由空气、结构和液体传播产生的噪声。

注：关于低噪声机械和系统的设计，参见 GB/T 25078.1（GB/T 25078.1—2010《声学　低噪声机器和设备设计实施建议　第1部分：规划》）。

⑤ 泄漏　如果产生泄漏（内泄漏或外泄漏），不应引起危险。

⑥ 温度

a. 工作温度：对于系统或任何元件，其工作温度范围不应超过规定的安全使用极限。

b. 表面温度：液压系统的设计应通过布置或安装防护装置来保护人员免受超过触摸极限的表面温度的伤害，参见 ISO 13732-1。当无法采取这些保护时，应提供适当的警告标志。

⑦ 液压系统操作和功能的要求　应规定下列操作和功能的技术规范：

a. 工作压力范围；

b. 工作温度范围；

c. 使用液压油液的类型；

d. 工作流量范围；

e. 吊装规定；

f. 应急、安全和能量隔离（例如断开电源、液压源）的要求；

g. 涂漆或保护涂层。

GB/T 3766—2015 附录 B 提供了便于搜集和记录固定机械上液压系统这些信息的表格和清单。这些表格和清单同样可用于记录行走机械使用的液压系统的相同信息。

(3) 附加要求

① 现场条件和工作环境　应对影响固定式工业机械上液压系统使用要求的现场条件和工作环境做出规定。GB/T 3766—2015 附录 B 提供了便于搜集和记录此类信息的表格和清单，可包括以下内容：

a. 设备的环境温度范围；

b. 设备的环境湿度范围；

c. 可用的公共设施，例如电、水、废物处理；

d. 电网的详细资料，例如电压及其容限，频率、可用的功率（如果受限制）；

e. 对电路和装置的保护；

f. 大气压力；

g. 污染源；

h. 振动源；

i. 火灾、爆炸或其他危险的可能严重程度，以及相关应急资源的可用性；

j. 需要的其他资源储备，例如气源的流量和压力；

k. 通道、维修和使用所需的空间，以及为保证液压元件和系统在使用中的稳定性和安全性而确定的位置及安装；

l. 可用的冷却、加热介质和容量；

m. 对于保护人身和液压系统及元件的要求；

n. 法律和环境的限制因素；

o. 其他安全性要求。

GB/T 3766—2015 附录 B 也适用于记录行走机械使用的液压系统技术规范的环境条件。GB/T 3766—2015 附录 B 中的各个表格也可采用单独的可修改的电子版形式。

② 元件、配管和总成的安装、使用和维修

a. 安装。元件宜安装在便于从安全工作位置（例如地面或工作台）接近之处。

b. 起吊装置。质量大于 15 kg 的所有元件、总成或配管，宜具有用于起重设备吊装的起吊装置。

c. 标准件的使用。

ⅰ. 宜选择商品化的，并符合相应国家标准的零件（键、轴承、填料、密封件、垫圈、插头、紧固件等）和零件结构（轴和键槽尺寸、油口尺寸及底板、安装面或安装孔等）。

ⅱ. 在液压系统内部，宜将油口、螺柱端和管接头限制在尽可能少的标准系列内。对于螺纹油口连接，宜符合 GB/T 2878.1、GB/T 2878.2 和 ISO 6149-3 的规定；对于四螺钉法兰油口连接，宜符合 ISO 6162-1、ISO 6162-2 或 ISO 6164 的规定。

注：当在系统中使用一种以上标准类型的螺纹油口连接时，某些螺柱端系列与不同连接系列的油口之间可能不匹配，会引起泄漏和连接失效，使用时可依据油口和螺柱端的标记确认是否匹配。

作者注：GB/T 2878.3—2017《液压传动连接　带米制螺纹和 O 形圈密封的油口和螺柱端　第 3 部分：轻型螺柱端（L 系列）》使用重新起草法修改采用 ISO 6149-3：2006。

d. 密封件和密封装置。

ⅰ. 材料。密封件和密封装置的材料应与所用的液压油液、相邻材料以及工作条件和环境条件相容。

ⅱ. 更换。如果预定要维修和更换，元件的设计应便于密封件和密封装置的维修和更换。

e. 维修要求。系统的设计和制造应使需要调整或维修的元件和配管位于易接近的位置，以便能安全地调整和维修。在这些要求不能实现的场合，应提供必要的维修和维护信息，见 2.1.7.3 中（3）①a. 的ⅶ和ⅷ。

f. 更换。为便于维修，宜提供相应的方法或采用合适的安装方式，使元件和配管从系统拆除时做到：

ⅰ. 使液压油液损失少；

ⅱ. 不必排空油箱，仅对于固定机械；

ⅲ. 尽量不拆卸其他相邻部分。

③ 清洗和涂漆

a. 在对机械进行外部清洗和涂漆时，应对敏感材料加以保护，以避免其接触不相容的液体。

b. 在涂漆时，应遮盖住不宜涂漆的区域（例如活塞杆、指示灯）。在涂漆后，应除去遮盖物，所有警告和有关安全的标志应清晰、醒目。

④ 运输准备

a. 配管的标识。当运输需要拆卸液压系统时，以及错误的重新连接可能引起危险的情况下，配管和相应连接应被清楚地标识；其标识应与所有适用文件上的资料相符。

b. 包装。为运输，液压系统的所有部分应以能保护其标识及防止其损坏、变形、污染和腐蚀的方式包装。

c. 孔口的密封和保护。在运输期间，液压系统和元件暴露的孔口，尤其是硬管和软管，应通过密封或放在相应清洁和密闭的包装箱内加以保护；应对螺纹采取保护。使用的任何保护装置应在重新组装时再除去。

　　d. 搬运设施。运输尺寸和重量应与买方提供的可利用的搬运设施（例如起重工具、出入通道、地面承载）相适合，参见 GB/T 3766—2015 中 B.1.5。如必要，液压系统的设计应使其易于拆解为部件。

　　（4）对于元件和控制的特定要求

　　① 液压泵和马达

　　a. 安装。液压泵和马达的固定或安装应做到：

　　ⅰ. 易于维修时接近；

　　ⅱ. 不会因负载循环、温度变化或施加重载荷引起轴线错位；

　　ⅲ. 泵、马达和任何驱动元件在使用时所引起的轴向和径向载荷均在额定极限内；

　　ⅳ. 所有油路均正确连接，所有泵的连接轴以标记的和预定的正确方向旋转，所有泵从进口吸油至出口排油，所有马达的轴被液压油液驱动以正确方向旋转；

　　ⅴ. 充分地抑制振动。

　　b. 联轴器和安装件。

　　ⅰ. 在所有预定使用的工况下，联轴器和安装件应能持续地承受泵或马达产生的最大转矩。

　　ⅱ. 当泵或马达的连接区域在运转期间可接近时，应为联轴器提供合适的保护罩。

　　c. 转速。转速不应超过规定极限。

　　d. 泄油口、放气口和辅助油口。泄油口、放气口和类似的辅助油口的设置应不准许空气进入系统，其设计和安装应使背压不超过泵或马达制造商推荐的值。如果采用高压排气，其设置应能避免对人员造成危害。

　　e. 壳体的预先注油。当液压泵和马达需要在起动之前预先注油时，应提供易于接近的和有记号的注油点，并将其设置在能保证空气不会被封闭在壳体内的位置上。

　　f. 工作压力范围。如果对使用的泵或马达的工作压力范围有任何限制，应在技术资料中做出规定，见 GB/T 3766—2015 第 7 章（或 2.1.7.3）。

　　g. 液压连接。液压泵和马达的液压连接应做到：

　　ⅰ. 通过配管连接的布置和选择防止外泄漏，不使用锥管螺纹或需要密封填料的连接结构；

　　ⅱ. 在不工作期间，防止失去已有的液压油液或壳体的润滑；

　　ⅲ. 泵的进口压力不低于其供应商针对运行工况和系统用液压油液所规定的最低值；

　　ⅳ. 防止可预见的外部损害，或尽量预防可能产生的危险结果；

　　ⅴ. 如果液压泵和马达壳体上带有测压点，安装后应便于连接、测压。

　　② 液压缸

　　a. 抗失稳。为避免液压缸的活塞杆在任何位置产生弯曲或失稳，应注意缸的行程长度、负载和安装型式。

　　b. 结构设计。液压缸的设计应考虑预定的最大负载和压力峰值。

　　c. 安装额定值。确定液压缸的所有额定负载时，应考虑其安装型式。

　　注：液压缸的额定压力仅反映缸体的承压能力，而不能反映安装结构的力传递能力。

　　d. 限位产生的负载。当液压缸被作为限位器使用时，应根据被限制机件所引起的最大负载确定液压缸的尺寸和选择其安装型式。

　　e. 抗冲击和振动。安装在液压缸上或与液压缸连接的任何元件和附件，其安装或连接应能防止使用时由冲击和振动等引起的松动。

f. 意外增压。在液压系统中应采取措施，防止由于有效活塞面积差引起的压力意外增高超过额定压力。

g. 安装和调整。液压缸宜采取的最佳安装方（型）式是使负载产生的反作用沿液压缸的中心线作用。液压缸的安装应尽量减少（小）下列情况：

ⅰ. 由于负载推力或拉力导致液压缸结构过度变形；

ⅱ. 引起侧向或弯曲载荷；

ⅲ. 铰接安装型式的转动速度（其可能迫使采用连续的外部润滑）。

h. 安装位置。安装面不应使液压缸变形，并应留出热膨胀的余量。液压缸安装位置应易于接近，以便于维修、调整缓冲装置和更换全套部件。

i. 安装用紧固件。液压缸及其附件安装用的紧固件的选用和安装，应能使之承受所有可预见的力。脚架安装的液压缸可能对其安装螺栓施加剪切力。如果涉及剪切载荷，宜考虑使用具有承受剪切载荷机构的液压缸。安装用的紧固件应足以承受倾覆力矩。

j. 缓冲器和减速装置。当使用内部缓冲时，液压缸的设计应考虑负载减速带来压力升高的影响。

k. 可调节行程终端挡块。应采取措施，防止外部或内部的可调节行程终端挡块松动。

l. 活塞行程。行程长度（包括公差）如果在相关标准中没有规定，应根据液压系统的应用做出规定。

注：行程长度的公差参见 JB/T 10205。

m. 活塞杆。

ⅰ. 材料、表面处理和保护。应选择合适的活塞杆材料和表面处理方式，使磨损、腐蚀和可预见的碰撞损伤降至最低程度。

宜保护活塞杆免受来自压痕、刮伤和腐蚀等可预见的损伤，可使用保护罩。

ⅱ. 装配。为了装配，带有螺纹端的活塞杆应具有可用扳手施加反向力的结构，参见 ISO 4395。活塞应可靠地固定在活塞杆上。

n. 密封装置和易损件的维护。密封装置和其他预定维护的易损件宜便于更换。

o. 气体排放。

ⅰ. 放气位置。在固定式工业机械上安装液压缸，应使其能自动放气或提供易于接近的外部放气口。安装时，应使液压缸的放气口处于最高位置。当这些要求不能满足时，应提供相关的维修和使用资料，见 2.1.7.3 中（3）①a. 的ⅶ、ⅹⅳ和ⅹⅷ。

ⅱ. 排气口。有充气腔的液压缸应设计或配置排气口，以避免危险。液压缸利用排气口应能无危险地排出空气。

③ 充气式蓄能器

a. 信息。

ⅰ. 在蓄能器上永久性标注的信息。下列信息应永久地和明显地标注在蓄能器上：

• 制造商的名称和/或标识；

• 生产日期（年、月）；

• 制造商的序列号；

• 壳体总容积，单位为 L；

• 允许温度范围 T_S，单位为℃；

• 允许的最高压力 p_S，单位为 MPa；

• 试验压力 p_T，单位为 MPa；

- 认证机构的编号（如适用）。

打印标记的位置和方法不应使蓄能器强度降低。如果在蓄能器上提供所有这些信息的空间不够，应将其制作在标签上，并永久地附在蓄能器上。

注：根据地方性法规，可能需要附加信息。

ⅱ．在蓄能器上或附带标签上的信息。应在蓄能器或蓄能器的标签上给出以下信息：
- 制造商或供应商的名称和简明地址；
- 制造商或供应商的产品标识；
- 警示语"警告：压力容器，拆卸前先卸压！"；
- 充气压力；
- 警示语"仅使用 X！"，X 是充入的介质，如氮气。

b. 有充气式蓄能器的液压系统的要求。当系统关闭时，有充气式蓄能器的液压系统应自动卸掉蓄能器的液体压力或彻底隔离蓄能器 ［见 2.1.7.1 中（4）⑦b. 的ⅰ.］。在机器关闭后仍需要压力或液压蓄能器的潜在能量不会再产生任何危险（如夹紧装置）的特殊情况下，不必遵守卸压或隔离的要求。充气式蓄能器和任何配套的受压元件应在压力、温度和环境条件的额定极限内应用。在特殊情况下，可能需要保护措施防止气体侧超压。

c. 安装。

ⅰ．安装位置。如果在充气式蓄能器系统内的元件和管接头损坏会引起危险，应对它们采取适当保护。

ⅱ．支撑。应按蓄能器供应商的说明对充气式蓄能器和所有配套的受压元件做出支撑。

ⅲ．未授权的变更。不应以加工、焊接或任何其他方式修改充气式蓄能器。

ⅳ．输出流量。充气式蓄能器的输出流量应与预定的工作需要相关，且不应超过制造商的额定值。

④ 阀

a. 选择。选择阀的类型应考虑正确的功能、密封性、维护和调整要求，以及抗御可预见的机械或环境影响的能力。在固定式工业机械中使用的系统宜首选板式安装阀和/或插装阀。当需要隔离阀 ［例如满足 2.1.7.1 中（4）③b. 和 2.1.7.1 中（4）⑦b. 的ⅰ. 的要求］，应使用其制造商认可适用于此类安全应用的阀。

b. 安装。当安装阀时，应考虑以下方面：

ⅰ．独立支撑，不依附相连接的配管或管接头；

ⅱ．便于拆卸、修理或调整；

ⅲ．重力、冲击和振动对阀的影响；

ⅳ．使用扳手、装拆螺栓和电气连接所需的足够空间；

ⅴ．避免错误安装的方法；

ⅵ．防止被机械操作装置损坏；

ⅶ．当适用时，其安装方位能防止空气聚积或允许空气排出。

c. 油路块。

ⅰ．表面粗糙度和平面度。在油路块上，阀安装面的粗糙度和平面度应符合阀制造商的推荐。

ⅱ．变形。在预定的工作压力和温度范围内工作时，油路块或油路块总成不应因变形产生故障。

ⅲ．安装。应牢固地安装油路块。

ⅳ．内部流道。内部流道在交叉流动区域宜有足够大的横截面积，以尽量减小额外的压降。铸造和机加工的内部流道应无有害异物，如氧化皮、毛刺和切屑等。有害异物会阻碍流动或随液压油液移动而引起其他元件（包括密封件和密封填料）发生故障和/或损坏。

ⅴ. 标识。油路块总成及其元件应按 ISO 16874 规定附上标签，作为标记。当不可行时，应以其他方式提供标识。

作者注：GB/T 36997—2018《液压传动 油路块总成及其元件的标识》使用翻译法等同采用 ISO 16874：2004。

d. 电控阀。

ⅰ. 电气连接。电气连接应符合相应的标准［如 GB 5226.1（GB/T 5226.1—2019）或制造商的标准］，并按适当保护等级设计（如符合 GB 4208）。

作者注：现行标准为 GB/T 5226.1—2019《机械电气安全 机械电气设备 第 1 部分：通用技术条件》（见本手册第 2.1.9 节）、GB/T 4208—2017《外壳防护等级（IP 代码）》。

ⅱ. 电磁铁。应选择适用的电磁铁（例如切换频率、温度额定值和电压容差），以便其能在指定条件下操作阀。

ⅲ. 手动或其他越权控制。当电力不可用时，如果必须操作电控阀，应提供越权控制方式。设计或选择越权控制方式时，应使误操作的风险降至最低；并且当越权控制解除后宜自动复位，除非另有规定。

作者注：删除了 GB/T 3766—2015 中"5.4.4.4.1 电气连接和电磁铁"。

e. 调整。当允许调整一个或多个阀参数时，宜酌情纳入下列规定：

ⅰ. 安全调整的方法；

ⅱ. 锁定调整的方法，如果不准许擅自改变；

ⅲ. 防止调整超出安全范围的方法。

⑤ 液压油液和调节元件

a. 液压油液。

ⅰ. 规格。

• 宜按现行的国家标准描述液压油液。元件或系统制造商应依据类型和技术数据确定适用的液压油液；否则应以液压油液制造商的商品名称确定液压油液。

• 当选择液压油液时，应考虑其电导率。

• 在存在火灾危险处，应考虑使用难燃液压油液。

ⅱ. 相容性。所有与液压油液接触使用的元件应与该液压油液相容。应采取附加的预防措施，防止液压油液与下列物质不相容产生问题：

• 防护涂料和与系统有关的其他液体，如油漆、加工和/或保养用的液体；

• 可能与溢出或泄漏的液压油液接触的结构或安装材料，如电缆、其他维修供应品和产品；

• 其他液压油液。

ⅲ. 液压油液的污染度。液压油液的污染度（按 GB/T 14039 表示）应适合于系统中对污染最敏感的元件。

注 1：商品液压油液在交付时可能未注明必要的污染度。

注 2：液压油液的污染可能影响其电导率。

b. 油箱。

ⅰ. 设计。油箱或连通的储液罐应按以下要求设计。

• 按预定用途，在正常工作或维修过程中应能容纳所有来自于系统的油液。

- 在所有工作循环和工作状态期间，应保持液面在安全的工作高度并有足够的液压油液进入供油管路。
- 应留有足够的空间用于液压油液的热膨胀和空气分离。
- 对于固定式工业机械上的液压系统，应安装接油盘或有适当容量和结构的类似装置，以便有效收集主要从油箱或所有不准许渗漏区域意外溢出的液压油液［见2.1.7.1中（2）⑤和2.1.7.1中（3）①n.］。

注：在此情况下的设计要求可依据国家法规。

- 宜采取被动冷却方式控制系统液压油液的温度。当被动冷却不够时，应提供主动冷却，见2.1.7.1中（4）⑤d.。
- 宜使油箱内的液压油液低速循环，以允许夹带的气体释放和重的污染物沉淀。
- 应利用隔板或其他方法将回流液压油液与泵的吸油口分隔开；如果使用隔板，隔板不应妨碍对油箱的彻底清扫，并在液压系统正常运行时不会造成吸油区与回油区的液位差。
- 对于固定式工业机械上的液压系统，宜提供底部支架或构件，使油箱的底部高于地面至少150mm，以便于搬运、排放和散热。油箱的四脚或支撑构件宜提供足够的面积，以用于地脚固定和调平。

如果是压力油箱，则应考虑这种型式的特殊要求。

ⅱ. 结构。

- 溢出。应采取措施，防止溢出的液压油液直接返回油箱。
- 振动和噪声。应注意防止过度的结构振动和空气传播噪声，尤其当元件被安装在油箱内或直接装在油箱上时。
- 顶盖。油箱顶盖的要求：应牢固地固定在油箱体上；如果是可拆卸的，应设计成能防止污染物进入的结构；其设计和制造宜避免形成聚集和存留外部固体颗粒、液压油液污染物和废弃物的区域。
- 配置。油箱配置按下列要求实施：应按规定尺寸制作吸油管，以使泵的吸油性能符合设计要求；如果没有其他要求，吸油管所处位置应能在最低工作液面时保持足够的供油，并能消除液压油液中的夹带空气和涡流；进入油箱的回油管宜在最低工作液面以下排油；进入油箱的回油管应以最低的可行流速排油，并促进油箱内形成所希望的液压油液循环方式，油箱内的液压油液循环不应促进夹带空气；穿出油箱的任何管路都应有效地密封；油箱设计宜尽量减少系统液压油液中沉淀污染物的泛起；宜避免在油箱内侧使用可拆卸的紧固件，如不能避免，应确保可靠紧固，防止其意外松动，且当紧固件位于液面上部时，应采取防锈措施。
- 维护。维护措施遵从下列规定：在固定式工业机械上的油箱应设置检修孔，可供进入油箱内部各处进行清洗和检查，检修孔盖可由一人拆下或重新装上，允许选择其他检查方式，例如内窥镜；吸油过滤器、回油扩散装置及其他可更换的油箱内部元件应便于拆卸或清洗；油箱应具有在安装位置易于排空液压油液的排放装置；在固定式工业机械上的油箱宜具有可在安装位置完全排出液压油液的结构。
- 结构完整性。油箱设计应提供足够的结构完整性，以适应以下情况：充满到系统所需液压油液的最大容量；在所有可预见条件下，承受系统以所需流速吸油或回油而引起的正压力、负压力；支撑安装的元件；运输。

如果油箱上提供了运输用的起吊点，其支撑结构及附加装置应足以承受预料的最大装卸力，包括可预见的碰撞和拉扯，并且没有不利影响。为保持被安装或附加在油箱上的系统部件在装卸和运输期间被安全约束及无损坏或永久变形，附加装置应具有足够的强度和弹性。

加压油箱的设计应充分满足其预定使用的最高内部压力要求。

• 防腐蚀。任何内部或外部的防腐蚀保护，应考虑到有害的外来污染物，如冷凝水〔见 2.1.7.1 中（4）⑤a. 的 ⅱ.〕。

• 等电位连接。如果需要，应提供等电位连接（如接地）。

ⅲ. 辅件。

• 液位指示器。油箱应配备液位指示器（例如目视液位计、液位继电器和液位传感器），并符合以下要求：应做出系统液压油液高、低液位的永久性标记；应具有合适的尺寸，以便注油时可清楚地观察到；对特殊系统宜做出适当的附加标记；液位传感器应能显示实际液位和规定的极限。

• 注油点。所有注油点应易于接近并做出明显和永久的标记。注油点宜配备带密封且不可脱离的盖子，当盖上时可防止污染物进入。在注油期间，应通过过滤或其他方式防止污染。当此要求不可行时，应提供维护和维修资料〔见 2.1.7.3 中（3）①a. 的 ⅸ.〕。

• 通气口。考虑到环境条件，应提供一种方法（如使用空气滤清器）保证进入油箱的空气具有与系统要求相适合的清洁度。如果使用的空气滤清器可更换滤芯，宜配备指示滤清器需要维护的装置。

• 水分离器。如果提供了水分离器，应安装当需要维护时能发讯的指示器〔见 2.1.7.1 中（4）⑧e.〕。

c. 液压油液的过滤。

ⅰ. 过滤。为保持所要求的液压油液污染度〔见 2.1.7.1 中（4）⑤a. 的 ⅲ.〕，应提供过滤。如果使用主过滤系统（如供油或回油管路过滤器）不能达到要求的液压油液污染度或有更高过滤要求时，可使用旁路过滤系统。

ⅱ. 过滤器的布置和选型。

• 布置。过滤器应根据需要设置在压力管路、回油管路和/或辅助循环回路中，以达到系统要求的油液污染度。

• 维护。所有过滤器均应配备指示器，当过滤器需要维护时发出指示。指示器应易于让操作人员或维护人员观察〔见 2.1.7.1 中（4）⑧e.〕。当不能满足此要求时，在操作人员手册中应说明定期更换过滤器〔见 2.1.7.3 中（3）①的 ⅸ. 和 ⅹⅶ.〕。

• 可达性。过滤器应安装在易于接近处，并应留出足够的空间以便更换滤芯。

• 选型。选择过滤器应满足在预定流量和最高液压油液黏度时不超过制造商推荐的初始压差。由于液压缸的面积比和减压的影响，通过回油管路过滤器的最大流量可能大于泵的最大流量。

• 压差。系统在过滤器两端产生的最大压差会导致滤芯损坏的情况下，应配备过滤器旁通阀。在压力回路内，污染物未经过滤器滤芯由旁路流向下游不应造成危害。

ⅲ. 吸油管路。不推荐在泵的吸油管路安装过滤器，并且不宜将其作为主系统的过滤，参见 GB/T 3766—2015 中 B.2.11。可使用吸油口滤网或粗过滤器。

d. 热交换器。

ⅰ. 应用。当自然冷却不能将系统油液温度控制在允许极限内时，或要求精确控制液压油液温度时，应使用热交换器。

ⅱ. 液体对液体的热交换器。

• 应用。使用液体对液体的热交换器时，液压油液循环路径和流速应在制造商推荐的范围内。

• 固定式工业机械上的温度控制装置。为保持所需的液压油液温度和使所需冷却介质的流量减到最小，温度控制装置应设置在热交换器的冷却介质一侧。

冷却介质的控制阀宜位于输入管路上。为了维护，在冷却回路中应提供截止阀。

• 冷却介质。应对冷却介质及其特性做出规定。应防止热交换器被冷却介质腐蚀。

• 排放。对于热交换器两个回路的介质排放应做出规定。

• 温度测量点。对于液压油液和冷却介质，宜设置温度测量点。测量点设有传感器的固定接口，并保证可在不损失流体的情况下进行检修。

ⅲ. 液体对空气的热交换器。

• 应用。使用液体对空气的热交换器时，两者的流速应在制造商推荐的范围内。

• 供气。应考虑空气的充足供给和清洁度，参见 GB/T 3766—2015 中 B.1.5。

• 排气。空气排放不应引起危险。

e. 加热器。

ⅰ. 当使用加热器时，加热功率不应超过制造商推荐的值。如果加热器直接接触液压油液，宜提供低液位联锁装置。

ⅱ. 为保持所需的液压油液温度，宜使用温度控制器。

⑥ 管路系统

a. 一般要求。

ⅰ. 确定尺寸。管路系统的配管尺寸和路线的设计，应考虑在所有预定的工况下系统内各部分预计的液压油液流速、压降和冷却要求。应确保在所有预定的使用期间通过系统的液压油液流速、压力和温度能保持在设计范围内。

ⅱ. 管接头的应用。宜尽量减少管路系统内管接头的数量。如利用弯管代替弯头。

ⅲ. 管路布置。

• 宜使用硬管（如刚性管）。如果为适应部件的运动、减振或降低噪声等需要，可使用软管。

• 宜通过设计或防护，阻止管路被当做踏板或梯子使用。在管路上不宜施加外负载。

• 管路不应用来支承会对其施加过度载荷的元件。过度载荷可由元件重量、撞击、振动和压力冲击引起。

• 管路的任何连接宜便于使用扭矩办法拧紧而尽量不与相邻管路或装置发生干涉。当管路终端连接于一组管接头时，设计尤其需要注意。

ⅳ. 管路安装和标识。应通过硬管和软管的标识或一些其他方法，避免可能引起危险的错误连接。

ⅴ. 管接头密封。宜使用弹性密封的管接头和软管接头。

ⅵ. 管接头压力等级。管接头的额定压力应不低于其所在系统部分的最高工作压力。

b. 硬管要求。硬管宜用钢材制造，除非以书面形式约定使用其他材料，参见 GB/T 3766—2015 中 B.2.14。外径≤50mm 的米制钢管的标称工作压力可按 ISO 10763 计算。

c. 管子支撑。

ⅰ. 应安全地支撑管子。

ⅱ. 支撑不应损坏管子。

ⅲ. 应考虑压力、振动、壁厚、噪声传播和布管方式。

ⅳ. 在 GB/T 3766—2015 中图 1 和表 1 中给出了推荐的管子支撑的大概间距。

d. 异物。在安装前，配管的内表面和密封表面应没有任何可见的有害异物，例如氧化皮、焊渣、切屑等。对于某些应用，为提高系统工作的安全性和可靠性，可对异物（包括软管总成内的微观异物）采取严格限制。在这种情况下，应对可接受的内部污染物最高限度的详细技术要求和评定程序做出规定。

e. 软管总成。

ⅰ. 一般要求。软管总成应符合以下要求:

• 以未经使用过的并满足相应标准要求的软管制成;

• 按 ISO 17165-1 做出标记;

• 在交货时提供软管制造商推荐的最长储存时间信息;

• 工作压力不超过软管总成制造商推荐的最高工作压力;

• 考虑振动、压力冲击和软管两端节流做出相应规定,以避免对软管造成损伤,如损失软管内层。

注:在 ISO/TR 17165-2 中给出了软管总成安装和保护的指导。

ⅱ. 安装。软管总成按下列要求安装:

• 采用所需的最小长度,以避免软管在装配和工作期间急剧地的挠曲和变形;软管被弯曲不宜小于推荐的最小弯曲半径;

• 在安装和使用期间,尽量减小软管的扭曲度;

• 通过定位或保护措施,尽量减小软管外皮的摩擦损伤;

• 如果软管总成的重量能引起过度的张力,应加以支撑。

ⅲ. 失效保护:

• 如果软管总成失效可能构成击打危险,应以适当方式对软管总成加以约束或遮挡;

• 如果软管总成失效可能构成液压油液喷射或着火危险,应以适当方式加以遮挡;

• 如果因为预定的机械运动不能做到上述防护,应给出残留风险信息,机械制造商可利用残留风险信息进行风险分析和确定必要的防护措施,如采用加装管路防爆阀等技术措施或提供操作指南。

f. 快换接头。

ⅰ. 宜避免快换接头在压力下连接或断开。当这种应用不可避免时,应使用专用于压力下连接和断开的快换接头,并应为操作者提供详细的使用说明〔见 2.1.7.1 中(2)②a.〕。

ⅱ. 在有压力的情况下,系统中拆开的快换接头应能自动封闭两端并保持住系统的压力。

⑦ 控制系统

a. 意外动作。控制系统的设计应能防止执行机构在所有工作阶段出现意外的危险动作和不正确的动作顺序。

b. 系统保护。

ⅰ. 意外起动。为防止意外起动,固定式工业机械上的液压系统设计应考虑便于与动力源完全隔离和便于卸掉系统中的液压油液压力。在液压系统中可采用以下做法:

• 将隔离阀机械锁定在关闭位置,并且当隔离阀被关闭时卸掉液压系统的压力;

• 隔离供电(参见 GB/T 5226.1)。

ⅱ. 控制或能源供给。应正确选择和使用电控、气控和/或液控的液压元件,以避免因控制或能源供给的失效引起危险。无论使用哪一种控制或能源供给类型(例如电、液、气或机械),下列动作或事件(无论意外的或有意的)不应产生危险:

• 切换供给的开关;

• 减少供给;

• 切断供给;

• 恢复供给。

ⅲ. 内部液压油液的回流。当系统关闭时,如果内部液压油液的回流会引起危险,应提供防止系统液压油液流回油箱的方法。

    c. 控制系统的元件。

    ⅰ. 可调整的控制机构。可调整的控制机构应保持其设定值在规定的范围内，直至重新调整。

    ⅱ. 稳定性。应选择合适的压力控制阀和流量控制阀，以保证实际压力、温度或负载的变化不会引起危险或失灵。

    ⅲ. 防止违章调整。

    • 如果擅自改变压力和流量会引起危险或失灵，压力控制阀和流量控制阀或其附件应安装阻止这种操作的装置。

    • 如果改变或调整会引起危险或失灵，应提供锁定可调节元件设定值或锁定其附件的方法。

    ⅳ. 操作手柄。操作手柄的动作方向应与最终效应一致，如上推手柄宜使被控装置向上运动，参见 GB 18209.3（18209.3—2010《机械电气安全　指示、标志和操作　第 3 部分：操动器的位置和操作的要求》）。

    ⅴ. 手动控制。如果设置了手动控制，此控制在设计上应保证安全，其设置应优先于自动控制方式。

    ⅵ. 双手控制。双手控制应符合 GB/T 19671（GB/T 19671—2005《机械安全双手操纵装置功能状况及设计原则》）的要求，并应避免操作者处于机器运动引起的危险中。

    ⅶ. 安全位置。在控制系统失效的情况下，为了安全任何需要保持其位置或采取特定位置的执行器应由阀控制，可靠地移动至或保持在限定的位置（如利用偏置弹簧或棘爪）。

    d. 在开环和闭环控制回路内的控制系统。

    ⅰ. 越权控制系统。在执行器受开环或闭环控制并且控制系统的失灵可能导致执行器发生危险的场合，应提供保持或恢复控制或停止执行器动作的手段。

    ⅱ. 附加装置。如果无指令的动作会引起危险，则在固定式工业机器上受开环或闭环控制的执行器应具有保持或移动其到安全状态的附加装置。

    ⅲ. 过滤器。如果由污染引起的阀失灵会产生危险，则在供油管路内接近伺服阀或比例阀之处宜另安装无旁通的并带有易察看的堵塞指示器的全流量过滤器。该滤芯的压溃额定压力应超过该系统最高工作压力。流经无旁通过滤器的液流堵塞不应产生危险。

    ⅳ. 系统冲洗。带有以开环或闭环控制的执行器的系统被交付使用之前，系统和液压油液宜被净化，达到制造商在技术条件中规定的稳定清洁度。除非另外协议，装配后系统的冲洗应符合 GB/T 25133（GB/T 25133—2010《液压系统总成　管路冲洗方法》）的规定。

    e. 其他设计考虑。

    ⅰ. 系统参数监测。在系统工作参数变化能发出危险信号之处，这些参量的清晰标识连同其信号值或数值变化一起均应包括在使用信息中。在系统中应提供监测这些参量的可靠方法。

    ⅱ. 测试点。为了充分地监控系统性能，宜提供足够的、适当的测试点。安装在液压系统中检查压力的测试点应符合以下要求：

    • 易于接近；

    • 有永久附带的安全帽，最大程度地减少污染物侵入；

    • 在最高工作压力下，确保测量仪器能安全、快速接合。

    ⅲ. 系统交互作用。一个系统或系统部件的工况，不应以可能引起危险的方式影响任何其他系统或部件的工作。

ⅳ．复杂装置的控制。在系统有一个以上相关联的自动和/或手动控制装置且其中任何一个失效可能引起危险之处，应提供保护联锁装置或其他安全手段。这些联锁装置应以设计的安全顺序和时间中断所有相关操作，只要这种中断本身不会造成伤害或危险；且应重置每个相关操作装置。重置装置宜要求在重新起动前检查安全位置和条件。

ⅴ．靠位置检测的顺序控制。只要可行，应使用靠位置检测的顺序控制，且当压力或延时控制的顺序失灵可能引起危险时，应始终使用靠位置检测的顺序控制。

f. 控制机构的位置。

ⅰ．保护。设计或安装控制机构时，应对下列情况采取适当保护措施：

• 失灵或可预见的损坏；

• 高温；

• 腐蚀性环境；

• 电磁干扰。

ⅱ．可达性。控制机构应容易和安全地接近。控制机构调整的效果宜显而易见。固定式工业机械上的控制机构宜在工作地板之上至少 0.6m，最高 1.8m，除非尺寸、功能或配管方式要求另选位置。

ⅲ．手动控制机构。手动控制机构的位置和安装应符合以下要求：

• 将控制器安装在操作者正常工作位置或姿态所及范围内；

• 操作者不必越过旋转或运动的装置来操作控制器；

• 不妨碍操作者必需的工作动作。

g. 固定式工业机械的急停位置。

ⅰ．概述。

• 当存在可能影响成套机械装置或包括液压系统的整个区域的危险（如火灾危险）时，应提供一个或多个急停装置（如急停按钮）。至少有一个急停按钮应是远程控制的。

• 液压系统的设计应使急停装置的操作不会导致危险。

ⅱ．急停装置的特征。急停装置应符合 GB 16754（GB 16754—2008《机械安全　急停设计原则》）（功能）和 GB/T 14048.14（GB/T 14048.14—2019《低压开关设备和控制设备　第 5-5 部分：控制电路电器和开关元件　具有机械锁闩功能的电气紧急制动装置》）（装置）中规定的要求。

ⅲ．急停后重新起动系统。在急停或应急恢复之后，重新起动系统不应引起损害或危险。

⑧ 诊断与监测

a. 一般要求。为便于进行预防性维护和查找故障，宜采用诊断测试和状态监测的措施。在系统工作参数变化能发出报警信号之处，这些参数的明确标识连同其报警信号值或变化值应包括在使用信息中。相关信息见 2.1.7.1 中（4）⑦e. 的 ⅰ．和 ⅱ．。

b. 压力测量和确认。应使用合适的压力表测量压力。应考虑压力峰值和衰减，如果必要，宜对压力表采取保护。安装在液压系统中用以核实压力的测量点应符合以下要求：

ⅰ．易于接近；

ⅱ．有永久附带的安全帽，最大程度地减少污染物侵入；

ⅲ．在最高工作压力下，确保测量仪器能安全、快速接合。

c. 液压油液取样。为检查液压油液污染度状况，宜提供符合 GB/T 17489（GB/T 17489—1998《液压颗粒污染分析　从工作系统管路中提取液样》）规定的提取具有代表性油样的方法。如果在高压管路中提供取样阀，应安放高压喷射危险的警告标志，使其在取样点清晰可见，并应遮护取样阀。

d. 温度传感器。温度传感器宜安装在油箱内。在某些应用中，在系统最热的部位再附加安装一个温度传感器是有益的。

e. 污染控制。宜提供显示过滤器或分离器需要维护的方法［见 2.1.7.1 中（4）⑤b. 的ⅲ．"·水分离器"和 2.1.7.1 中（4）⑤c. ⅱ．"·维护"］。另一种选择是定期、定时维护，如操作人员手册所述。

2.1.7.2 安全要求的验证和验收测试

应以检查和测试相结合，对液压系统进行下列检验：

① 系统和元件的标识与系统说明书一致；

② 系统内元件的连接符合回路图；

③ 系统，包括所有安全元件，功能正确；

④ 除液压缸活塞杆在多次循环后有不足以成滴的微量渗油外，其他任何元件均无意外泄漏。

注：因为液压系统可能不是一个完整的设备，许多验证程序在该液压系统装入设备之前是不能完成的。因而，功能测试将由供应商和买方安排在装入设备后完成。

作者注：现行的 JB/T 10205—2010《液压缸》对耐久性试验后的液压缸活塞杆、柱塞或套筒处的外泄漏没有规定。

通过检查和测试取得的验证结果应形成报告文件，下列信息也应包括在文件中：

① 所用液压油液的类型和黏度；

② 在温度稳定后，油箱内液压油液的温度。

2.1.7.3 使用信息

(1) 一般要求

只要可行，使用信息应符合 GB/T 15706—2012 中 6.4 的规定，并以商定的形式提供。

(2) 在固定式工业机械中液压系统的最终信息

应提供与最终验收系统相符的下列文件。

① 符合 ISO 1219-2 的最终回路图。

注：ISO 1219-2 提供了创建唯一标识代号的方法［见 2.1.7.3 中（4）②a.］。

作者注：GB/T 786.2—2018《流体传动系统及元件　图形符号和回路图　第2部分：回路图》使用重新起草法修改采用 ISO 12129-2：2012。

② 零件清单。

③ 总体布置图。

④ 维护和操作说明数据和指南［见 2.1.7.3（3）］。

⑤ 证书，如果需要。

⑥ 将系统或所有分系统安装到设备中的说明。

⑦ 液压油液的材料安全数据表，如果制造商提供注满液压油液的系统。

(3) 维修和操作数据

① 常规数据。

a. 所有液压系统应以商定的形式提供必要的维修和操作数据（包括运行和调试的相关数据），包括下列所有适用的信息：

ⅰ. 工作压力范围；

ⅱ. 工作温度范围；

ⅲ. 使用液压油液的类型；

ⅳ．流量；

ⅴ．起动和关闭步骤；

ⅵ．系统中不靠正常卸压装置减压的那些部分所需的所有减压指示和标识；

ⅶ．调整步骤；

ⅷ．外部润滑点、所需润滑剂的类型和观察的时间间隔；

ⅸ．观察镜的位置或液位指示器（或传感器）的显示位置，注油点、排放点、过滤器、测试点、滤网、磁铁等需要定期维护的部位；

ⅹ．液压油液类型、技术数据和要求的污染度等级（按 GB/T 14039 表示的）；

ⅺ．液压油液维护和灌注量的说明；

ⅻ．对安全处理和操作液压油液、润滑剂的建议；

ⅹⅲ．为足够冷却所需的冷却介质的流量、最高温度和允许压力范围，以及维护时的排放说明；

ⅹⅳ．特殊部件的维护步骤；

ⅹⅴ．对于液压蓄能器和软管的测试和更换时间间隔的观察资料［见 2.1.7.1 中（4）③和 2.1.7.1 中（4）⑥e.］；

ⅹⅵ．推荐备件的明细表；

ⅹⅶ．对于要求定期维护的元件，推荐的维护或检修的时间间隔；

ⅹⅷ．从元件中排除空气的步骤。

b．在液压传动元件中所用的标准件（如紧固件或密封件），可用元件供应商指定的零件编号识别或用该零件的国家标准中使用的标准件名称识别。

② 对有充气式蓄能器系统的要求。

a．警告标签。

ⅰ．对包含一个或多个蓄能器的液压系统，当机器上设置的警告标签不明显时，应在系统上的明显位置放置一个附加警告标签（如 GB/T 3766—2016 中 B.16 所述），标明"警告：系统包含蓄能器"。在回路图中应提供完全相同的信息。

ⅱ．如果设计要求系统关闭时隔离充气式蓄能器中油液压力，则应对所有仍受压的元件或总成注明安全维护信息，并将这些信息放置在元件或总成上的明显位置。

ⅲ．在机器与其动力源隔离后，应给所有保持在压力下的分系统提供可明显识别的卸荷阀和提醒在对机器进行任何设置或维护前使这些分系统减压的警告标签。

b．维护信息。应给出下列信息。

ⅰ．预充气。充气式蓄能器的主要日常保养通常需要检查和调节预充气压力。应采取蓄能器制造商推荐的方法和仪器完成压力检查和调节，并根据气体温度考虑充气压力。在检查和调节期间，应注意不超过蓄能器的额定压力。在任何检查和调节之后，不应有气体泄漏。

ⅱ．从系统拆除。在拆除蓄能器之前，蓄能器内的油液压力应降低到大气压力，即卸压状态。

ⅲ．充气式蓄能器维修数据。维护、检修和/或更换零部件，仅应由适合的专业人员按照书面的维修步骤并使用被证明是按现行设计规范制造的零件和材料来完成。

在开始拆卸充气式蓄能器之前，蓄能器在液体和气体两侧均应完成卸压。

③ 与控制系统相关的安全要求。对于保养或更换控制系统内与安全相关部分的元件，应提供与工作寿命和任务期限相关的资料。

注：如果采用 GB/T 16855.1（GB/T 16855.1—2018《机械安全　控制系统安全相关部件　第 1 部分：设计通则》），这些资料对于保持设计的性能水平可能是必要的。

（4）标志和识别

① 元件

a. 供应商应提供下列详细资料，如果可行，应在所有元件上以永久的明显易见的形式标明：

ⅰ. 制造商或供应商的名称或商标；

ⅱ. 制造商或供应商的产品标识；

ⅲ. 额定压力；

ⅳ. 符合 GB/T 786.1 规定的图形符号，其所示位置和控制机构与操作装置的运动方向一致并带有所有油口的正确标识。

b. 在可用空间不足而导致文字太小不易阅读之处，可用辅助文献提供资料，例如说明书和/或维修清单、目录单或附属标签。

② 系统内的元件和软管总成

a. 应给出系统内的每个元件和软管总成一个唯一的标识代号，见 2.1.7.3 中（2）①。在所有零件表、总布置图和/或回路图中，应以此标识代号识别元件和软管总成。在设备上邻近（不在其上）元件或软管总成之处，宜做出清晰、永久的标记。

b. 在邻近（不再其上）叠加阀组件处，宜清晰标明叠加阀的顺序和方向。

③ 油口和管子

a. 应对元件的油口、动力输出点、检测点、排气和排液口做出明显、清晰的标志。所有标识符应与回路图上的相匹配。

b. 如果以任何其他手段不能避免不匹配，应对该液压系统与其他系统连接的管子做出明显、清晰的标志，并且符合相关文件中的数据。

根据回路图上的信息，管子的标识可采用下列方式之一。

ⅰ. 利用管子识别号的标记。

ⅱ. 利用元件和油口标识中下列管子末端标记的任何一个。

• 本端连接标记；

• 两端连接标记。

ⅲ. 以ⅰ. 和ⅱ. 两种方式组合的所有管子及其末端的标记。

④ 阀控装置

a. 宜以与回路图上相同的标识符对阀控装置及其功能做出明显、永久的标志。

b. 当在液压回路图和相关电气回路图中表示相同的阀电控装置（如电磁铁及插头或电线）时，应以相同方式在两个回路中做出标志。

⑤ 内部装置　对位于油路块、安装底板、垫或管接头内的插装阀和其他功能装置（节流塞、通道、梭阀、单向阀等），应在邻近其插入孔处做出标志。当插入孔位于一个或几个元件下面时，如可能，应在靠近被隐藏元件附近做出标志并注明"内装"；如不可能，应以其他方法做出标志。

⑥ 功能标牌　对每个控制台都宜提供一块功能标牌，并将其放置在易读到的位置。功能标牌应易于理解，并提供每个系统控制功能的明确标识。如做不到，应以其他方式提供标识。

⑦ 泵和马达的轴旋转方向　如果错误的旋转方向会引起危险，应对泵和马达的正确旋转方向做出明显、清楚的标志。

> **说明**
>
> ① 在 GB/T 3766—2015《液压传动　系统及其元件的通用规则和安全要求》"1　范围"中规定："本标准适用于液压系统及其元件的设计、制造、安装和维护，并涉及以下方

面（略）。"其实际已经代替了 GB/T 7935—2005《液压元件通用技术条件》，而不仅仅是代替了 GB/T 3766—2001《液压系统通用技术条件》。

② 应当注意，GB/T 3766—2015 适用于"机械上的液压系统及其元件"，也可能仅适用于行走机械或固定机械（固定式工业机械）上使用的液压系统及其元件。

③ 在 GB/T 3766—2015 中的"5.2　对液压系统设计和技术规范的基本要求"包括了元件和配管的选择、意外压力、机械运动、噪声、泄漏、温度、液压系统操作和功能的要求七项要求，其中对液压系统设计较为明确的要求包括：

a. 选择或指定元件和配管，应保证当系统投入预定的使用时它们能在其额定极限内可靠地运行（见5.2.1.1）。

b. 如果压力过高会引起危险，系统所有相关部分应在设计上或以其他方式采取保护，以防止可预见的压力超过系统最高工作压力或系统任何部分的额定压力（见5.2.2.1）。

c. 在液压系统设计中，应考虑预计的噪声，并使噪声源产生的噪声降至最低（见5.2.4）。

d. 如果产生泄漏（内泄漏或外泄漏），不应引起危险（见5.2.5）。

e. 对于系统或任何元件，其工作温度范围不应超过规定的安全使用极限（见5.2.6.1）。

f. 应规定的液压系统操作和功能的技术规定包括了工作压力范围、工作流量范围、工作温度范围、使用液压油液的类型等（见5.2.7）。

由此对元件和配管或系统任何部分应给出如下设计参数：

a. 额定压力；

b. 额定流量；

c. 额定温度；

d. 液压油液的类型等。

而对系统（包括液压软管和软管总成）而言，应为最高工作压力，而不是额定压力。

作者注：在"B.2.3　缸（见5.4.2）"中要求的"元件数据"为额定压力、缸径、活塞杆直径、行程、速度（最高和最低），其与在 JB/T 10205—2010 中规定的液压缸的基本参数不同。

④ 应当注意，GB/T 3766—2015 代替了 GB/T 3766—2001，与 GB/T 3766—2001 相比，增加了以下要求：

a. 增加阀选择要考虑的内容和对"隔离阀"的要求（见5.4.4.1）；

b. 调整了阀安装的部分要求（见5.4.4.2）；

c. 增加了"油路块"的标识要求（见5.4.4.3.5）；

d. 增加了"液压油液的污染度"的要求（见5.4.5.1.3）；

e. 增加了对油箱设计提供"接油盘"的要求（见5.4.5.2.1）；

f. 增加对油箱"结构完整性"的要求（见5.4.5.2.2.6）；

g. 增加了油箱"防腐蚀"的要求（见5.4.2.2.7）；

h. 增加了油箱"接地"的要求（见5.4.5.2.2.8）；

i. 增加了对控制器的防"电磁干扰"的要求（见5.4.7.6.1）；

j. 增加了"诊断和检测"的"污染控制"要求（见5.4.8.5）；

k. 增加了管子的连接标记要求（见7.4.3.2）。

同时，GB/T 3766—2015 应结合一些现行标准使用，如 GB/T 786.2—2018《流体传

动系统及元件　图形符号和回路图　第2部分：回路图》、GB/T 36997—2018《液压传动油路块总成及其元件的标识》等。

⑤ 在GB/T 3766—2015中的一些内容具有重要的应用价值，如"由于液压缸的面积比和减压的影响，通过回油管路过滤器的最大流量可能大于泵的最大流量。""温度传感器宜安装在油箱内。在某些应用中，在系统最热的部位再附加安装一个温度传感器是有益的。""除液压缸活塞杆在多次循环后有不足以成滴的微量渗油外，其他任何元件均无意外泄漏。"等。

2.1.8　机床润滑系统

在GB/T 6576—2002《机床润滑系统》中规定了机床各种润滑系统的分类，有关元件的规格、控制和监测方法，系统的设计常规和系统的维修，适用于机床，也适用于其他类型的通用机械。

但GB/T 6576—2002与GB/T 38276—2019《润滑系统　术语和图形符号》、JB/T 3711—2017《集中润滑系统》系列标准有许多不同。

2.1.8.1　润滑系统的分类

在 GB/T 6576—2002 附录 A（规范性附录）"润滑系统分类"中，将润滑系统分为独立的点润滑和集中润滑，而集中润滑分为消耗性润滑系统、循环润滑系统和静压润滑系统。但在 JB/T 3711.1—2017《集中润滑系统　第 1 部分：术语和分类》中，集中润滑系统仅包括了消耗型润滑系统和循环型润滑系统。集中润滑系统按其工作原理的分类如图 2-1 所示。

集中润滑系统是由一个集中油源向机器或机组的摩擦点供送润滑剂的系统。

需要说明的是，在 GB/T 6576—2002 中规定的"静压润滑系统"是流体润滑的一种，静止或滑动的表面间被外压送入的流体分开。

2.1.8.2　润滑系统的类型

(1) 独立的点润滑

独立的点润滑属于用手动设备加油的类型。

独立的点润滑可用于简单的机床，或用于在约 50 h 内仅要求润滑约 10 个润滑点的场合。

(2) 集中润滑

集中润滑系统是一台机床上的两

图 2-1　集中润滑系统的分类

个或更多润滑点从同一油箱供给同一种润滑剂的系统，如果机床是用于大批生产的，或机床本身比较复杂或较贵，则集中润滑系统就特别适用。

集中润滑系统可以是手动、用手动泵半自动工作、全自动工作。

① 节流器型　在节流器型系统中，所分配的润滑剂的量与系统的压力和孔的大小成比例。

② 单管路型　在单管路型系统中，润滑剂在间断压力（单向或定时）的作用下，通过单一的管路被送至分配器，再由分配器把润滑剂送至各润滑点。加油后主管路必须减压是单管路型的一个特征，这是分配器作用所必需的。

③ 双管路型　在双管路型系统中，通过方向控制阀每隔一段时间把润滑剂轮流地送给两条主管路之一，在主管路中连接有分配器。分配器由主管路中润滑剂的压力的交替上升和下降来操作，以控制送至润滑点的润滑剂的量。

④ 多管路型　在多管路型系统中，润滑剂从一个泵的多个出口以各自限定的流量输出，每个出口有条管路把润滑剂送至相应的润滑点。

⑤ 递进型　在这一类系统中，通过压力控制分配器，把定量的润滑剂按预定的程序送至各润滑点。

⑥ 油雾/气溶胶型　在这一类系统中，悬浮在气流中的润滑剂的微小颗粒是中心站产生的，通过管路送至各润滑点，然后在润滑点通过一个专门设计的装置将油雾再转换成有用的油。

⑦ 混合型　如机床设计需要，可将上述各种系统结合起来使用。

集中润滑系统示意图见 GB/T 6576—2002 附录 B（规范性附录）。

以上为在 GB/T 6576—2002 中给出的描述。但在 GB/T 38276—2019 中，润滑系统类型分为集中润滑系统和单点润滑系统，其中集中润滑系统包括节流式润滑系统、单线式润滑系统、双线式润滑系统、多线式润滑系统、递进式润滑系统、组合式润滑系统、智能式润滑系统、喷射润滑系统，还包括油气润滑系统和油雾润滑系统。

在 JB/T 3711.1—2017 中，集中润滑系统包括节流式系统、单线式系统、双线式系统、多线式系统、递进式系统、油雾式系统、油气式系统、组合式系统、智能式系统。

集中润滑系统基本原理见表 2-15。

表 2-15　集中润滑系统基本原理（摘自 JB/T 3711.2—2017）

系统形式	消耗型润滑系统	循环型润滑系统
节流式系统		
单线式系统		
双线式系统		

系统形式	消耗型润滑系统	循环型润滑系统
多线式系统		
递进式系统		
油雾式系统		
油气式系统		

注：A—油箱；B—泵；C—润滑点；D—单线分配器；E—卸荷阀；G—油雾器；J—节流阀；K—换向阀；L—卸荷管；P—压力管；Q—压缩空气管路；S—双线分配器；T—回油管；U—递进分配器；V—凝缩嘴；W—油气混合器。

集中润滑系统单点分配器类型见表 2-16。

表 2-16　集中润滑系统单点分配器类型

系统形式	分配器类型	构成方式
节流式系统	节流分配器	节流阀 可调节流阀＋油路板 压力补偿节流阀
单线式系统	单线分配器	单线给油器＋油路板
双线式系统	双线分配器	双线给油器＋油路板
多线式系统	—	—
递进式系统	递进分配器	递进给油器＋油路板
油雾式系统	凝缩嘴	—
油气式系统	递进分配器 油气分配器	递进给油器＋管路附件 油气给油器

组合式集中润滑系统示例如图 2-2～图 2-6 所示。

2.1.8.3　零部件的技术要求

(1) 加油嘴和单个润滑器

加油嘴应当用压力油枪（或便携式泵）直接注油，加油嘴和单个润滑器应符合国家标准规定。

(2) 油箱

① 润滑油箱

a. 油箱应经常保持的油量。

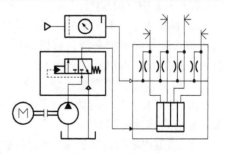

图 2-2　带喷雾装置的单线式润滑系统

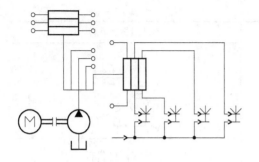

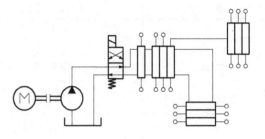

图 2-3　带喷雾装置的多线-递进式润滑系统

图 2-4　带递进分配器的双线式润滑系统

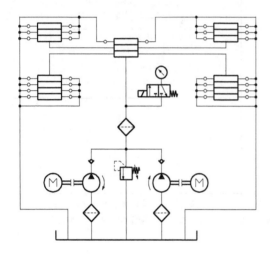

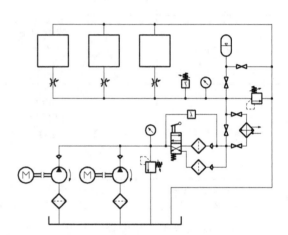

图 2-5　循环型递进式润滑系统

图 2-6　循环型节流式润滑系统

ⅰ. 损耗性润滑系统：至少要装有工作 50 h 后才加油一次的油量。

ⅱ. 循环系统：至少要工作 1000 h 后，才应放掉旧油并清洗。

油箱应有足够的容积，能容纳系统所需的全部油量，除装有冷却装置外还要考虑为了发散多余热量所需的油量。

油箱应标明正常工作时最高和最低油面的位置，并应清楚地示出油箱的有效容积。

b. 容积大于 0.5 L 的油箱应装有直观的油面指示器，以便在任何时候都能容易地检查油箱内从最高至最低油面间的实际油量。

c. 在自动集中损耗性润滑系统中，要有最低油面的报警信号控制装置。

d. 在循环系统中，应提供当润滑剂下降到低于允许油面时，使机床停止工作的机构〔见 2.1.8.3 中 (8) ④〕。

e. 容积大于 3 L 的油箱，在主油口必须装有筛网过滤器，要足够精密，但又要有适当的网眼，以便黏滞的润滑剂可以迅速注入。油箱应当有盖，以防止外来物质进入油箱，并应有一个排气孔（可以开在盖上）。

f. 过滤器盖应当严实并装有防止丢失的装置。

g. 容积大于 3 L 的油箱，均应有密封良好的放油孔塞，以确保迅速而完全地将油放尽。螺纹应符合国家标准规定。

h. 油箱内表面的防锈涂层应与润滑剂相容。

i. 油箱应有便于内部清洗和维修的开口。

j. 在循环系统的油箱中，管子末端应当浸入油的最低工作面以下，吸油管和回油管的末端应尽可能隔开些，以便使泡沫和乳化的影响减至最小。

k. 如果采用电热，加热器供热面的功率一般应不超过 $12.5\ kW/m^2$。

② 润滑脂箱

a. 润滑脂箱应装有保证泵吸入润滑脂的装置。

b. 润滑脂箱上应有充脂时排除空气的装置。

c. 容量大于 0.5 L 的润滑脂箱的设计，均应使得在任何时候都能容易地检查润滑脂箱内从最高至最低脂面的实际脂量。

d. 润滑脂箱和泵应安装在一起。

e. 自动润滑系统应有报警信号装置，以示最低脂面的出现。

f. 加脂器盖应当严实并装有防止盖丢失的装置。过滤器连接管道中应装有筛网过滤器，且应使得装脂十分容易。

g. 设计大的润滑脂箱时，应设有便于排空润滑脂和进行内部清理的装置。

h. 润滑脂箱内表面的防锈涂层应与润滑脂相容。

(3) 泵

① 泵有下列几种驱动类型：

a. 电动；

b. 气动；

c. 液动；

d. 机动；

e. 手动。

② 泵可以是单柱塞泵、多柱塞泵、齿轮泵、叶片泵或螺杆泵。

③ 应清楚标明泵的转动方向以及进口和出口。

④ 泵上还应装有指明系列数据的标牌：

a. 制造厂名称；

b. 型号或识别号；

c. 顺序号（在合适的地方）。

(4) 管子

可以用软管或硬管并应有下列特征。

① 软管

a. 软管对润滑剂应不起化学作用。

b. 软管的机械强度应能承受系统的最大工作压力。

c. 软管应能经受得住偶然性的超压而不致影响润滑。

② 硬管

a. 硬管材料应与润滑剂相容。

b. 硬管的机械强度应能承受系统的最大工作压力。

c. 硬管应由无氧化皮的钢、塑料或其他合适的材料制成。

d. 在管子可能受到热源影响的地方，应避免使用电镀管。此外，如果管子要与含活性硫或游离硫的切削液接触，应避免使用铜管。

e. 润滑脂管内径：主管路应不小于 4mm，供脂管路应不小于 3mm。

③ 油雾/气溶胶系统　在油雾/气溶胶系统情况下，所有类型的管子均应有平滑的管壁，管接头不应减小管子的横截面积。

(5) 管接头

① 应选用与系统、压力和所用管子类型相适应的管接头。

② 螺纹应符合国家标准规定。

(6) 过滤器

① 不管用哪种系统，润滑剂均不应含有能损坏机床或系统元件的杂质。

② 在循环和静压润滑系统的情况下，应提供过滤系统（滤网式或装在泵出口的整体式）以防油箱中润滑剂变脏。在极个别情况下，是在油箱上装上管接头，以供离心机过滤时使用。

③ 过滤器应不允许杂质通过，因此应提供指示过滤器堵塞的装置。

(7) 分配器

润滑剂的额定数量，或在可调装置情况下，容积装置每冲程输送的润滑剂最大数量，应在分配器上显示出来。

(8) 控制和安全装置

① 控制系统可以是：

a. 连续式；

b. 不受机床工作循环控制的编程间歇式；

c. 受机床工作循环控制的循环间歇式。

② 每个系统均应装有控制装置，以显示润滑系统在不正常工作时的压力。

③ 在需要的地方也可以安装能显示系统其他问题并能指明问题在什么地方的各种装置，这种装置对于检修时间长而费用高的贵重机床特别适合。

④ 必要时，还可提供在发生事故信号后能停机的装置，以避免机床和刀具的严重损坏以及操作者的人身事故。

⑤ 润滑系统中应装有带阻尼的压力表，或是油浴式压力表。

(9) 电动机和电气设备

电动机和电气设备应符合有关标准的规定。

2.1.8.4 系统元件——设计常规

(1) 润滑系统

① 系统设计时应确保切削液系统和润滑系统完全分开。

② 只有当液压系统和润滑系统用相同的油时，液压系统和润滑系统才能合在一起，但务必要去除杂质。

(2) 油嘴和单个润滑器

① 这些元件应装在操作方便的地方。

② 用同一种润滑剂的润滑点可装在同一操纵板上。该操纵板应位于工作地面以上 $500\sim1200$mm，并能易于接近。

③ 不提倡用油绳、滴落式、油脂杯润滑器和其他特殊类型的润滑器。

(3) 油箱

① 用手动加油的油箱应放在易于与加油器连接处，应位于工作地面以上 $500\sim1200$mm，并能易于接近。

② 放油孔塞应位于易操作处，且易将油箱的油放尽。如果有内部清洁用孔，应位于易接近处。

③ 油箱应备有油标，并使加油人员容易看见。

④ 在油箱中装润滑脂时，最好用装有相应过滤器的辅助泵。

（4）**泵**

① 泵可安装在油箱的里面或外面，但应有适当的防护，并应装在方便调整和维修的地方。

② 手动泵应位于易操作的地方。

（5）**管子**

① 管子应适当地紧固和防护，安装的位置应不妨碍其他元件的安装和操作。

② 除了内压外，管路不应经受其他应力，也不应被用来支撑系统中的其他元件。

③ 在贮存、运输和装配期间，所有通管的端部均应适当盖好并堵住，在正式使用之前要彻底清洗，不提倡使用腻子。

④ 管路的设计应使压力损失最小，并应对流量没有太大的限制。

⑤ 在循环系统中，回油管应有适当大于供油管路的横截面积。

⑥ 在油雾/气溶胶系统中，所有主管路均应倾斜安装，以便使油回到油箱，并应提供防止积油的措施，例如下弯管路底部钻一个约 1mm 直径的小孔。如果用软管，应避免管子下弯。

⑦ 应避免管子急弯。

⑧ 软管的安装应避免产生过大的扭曲应力。

（6）**管接头**

所有管接头均应位于易接近的地方。

（7）**过滤器**

① 所有过滤器均应装在易接近的地方。

② 过滤器的安装应避免吸入空气。

③ 润滑脂的过滤器应装在泵的出口一侧。

（8）**分配器**

① 除油雾/气溶胶系统外，每个分配器出口只给一个润滑点供油。

② 分配器应装在尽可能接近润滑点的地方。

③ 可调分配器应装在易于调节的地方。

（9）**控制和安全装置**

① 所有直观的指示器（例如压力表、油杯、流量计等）均应位于操作者容易看见的地方。

② 在装有节流分配器的循环系统中，最好装有直观的流量计。

（10）**作用点**

所有作用点的标识方法见 JB/T 8072—1999《机床润滑说明书 格式》。

2.1.8.5 润滑剂

① 润滑剂应由机床厂合理选用。

② 机床应避免使冷却剂、切削液和润滑剂偶然混合。

2.1.8.6 润滑人员的安全

所有作用点均应易于操作，并应安装得不致引起安全事故。否则应按安全规则对润滑人员采取适当的防护措施。

2.1.8.7 机床制造厂提供的文件

① 元件明细表以及制造厂或供应商的零件数量和规格的详细说明。

② 说明书应按 JB/T 8072 的规定。

③ 系统工作的方式［见 2.1.8.3 中（8）①］。

④ 润滑系统操作和维修说明。

2.1.8.8 检查和验收

系统应符合：

① GB/T 6576—2002；

② 规定的工作特性；

③ 安全标准；

④ 用户和制造厂双方同意的任何特殊要求。

2.1.9 锻压机械安全技术条件

在 GB 17120—2012《锻压机械 安全技术条件》中规定了锻压机械设计、制造和使用的安全要求，适用于锻压机械。

现在，因 GB 17120—2012 中一些规范性引用文件（包括没有注明日期的引用文件）已经被代替，其中的一些安全要求可能有问题，所以在使用该标准时需要与代替标准核对，并按代替标准给出安全要求。

2.1.9.1 锻压机械的危险

① 应按 GB/T 15706.1 和 GB/T 16856.1 的规定进行风险评价。

② 危险识别时，对于可预见的误用（包括在锻压机械的使用、调整、清理和维护期间）产生的危险也要进行分析。

③ 锻压机械需要考虑的危险见 GB/T 15706.1—2007 的第 4 章 ［或 GB/T 15706—2012 附录 B（资料性附录）或本手册附录 D］。

作者注：因 GB/T 15706—2012 代替了 GB/T 15706.1—2007、GB/T 15706.2—2007 和 GB/T 16856.1—2008 三项标准，所以上文可修改为："① 应按 GB/T 15706—2012 的规定进行风险评价。"

2.1.9.2 安全要求或措施

(1) 一般要求

① 锻压机械及零部件、附属装置的设计应符合 GB 5083—1999《生产设备安全卫生设计总则》、GB/T 15706—2012《机械安全 设计通则 风险评估与风险减小》以及 GB 17120—2012 的规定。锻压机械设计时应进行风险评价并采取减小风险的措施。

② 通过设计不能避免的危险，应采取安全防护措施。对于无法通过设计、采取安全防护措施而避免的遗留危险应用信息通知或警告操作者。

③ 不应有导致人员伤害的锐边、尖角（功能有要求的除外）。

④ 锻压机械上的螺钉、螺母和销钉等紧固件，因其松动、脱落会导致零部件位移、跌落而造成事故时，应采取可靠的防松措施。

⑤ 锻压机械应按其自身的结构特点、工艺对象和操作方式设置相应的安全防护装置和阻挡装置。

⑥ 锻压机械应按其自身的结构特点，设置合适的安全监督控制装置，对锻压机械的安全运行状况进行监控。

⑦ 工作部件做往复运动的锻压机械，应按需要设置安全栓，并应与主传动或工作部件的控制系统联锁。

⑧ 可能产生危险的锻压机械周围，如数控冲模回转头压力机、数控激光（或火焰、高压水）切割机送进装置等的周围，应设置阻挡装置。

⑨ 锻压机械在预定使用条件下不应意外翻倒、移动或跌落，由于结构原因不能保证稳定性的，应说明稳定措施。

⑩ 压力容器，包括各种蓄能器的设计、制造应符合 GB 150（所有部分）的规定。

（2）传动系统

① 一般要求

a. 锻压机械的传动结构应安全、可靠。

b. 有可能造成缠绕、吸入或卷入危险的运动部件和传动装置应设置安全防护装置，不影响安全的除外。

c. 运动部件与运动部件之间或运动部件与静止部件之间存在挤压和/或剪切危险的，应采取安全防护措施。

d. 安全防护装置与运动零部件间不得形成伤害人体的夹紧点。

e. 对于单向旋转的零部件应在明显位置标出转动方向，如飞轮，应有转向指示装置。

f. 对于需要指示行程的，应设置行程（运动）指示装置。

② 飞轮盘杆操作　用飞轮盘杆盘动飞轮的操作应与主传动的控制系统联锁。

③ 飞轮制动器　大型的锻压机械的飞轮传动，一般应设置飞轮制动器，制动时间应符合设计文件的规定。

④ 惯性下降　液压传动的做垂直往复运动的工作部件，以最大速度向下运行而被紧急停止时，其惯性下降值应符合产品技术文件的规定。

⑤ 缓冲器　采用螺旋主传动的锻压机械应设置缓冲器，防止当制动器失灵时滑块运动至极限上位与机身刚性撞击。

⑥ 锤缸、锤头连接件

a. 锤的锤缸的顶部应有锤杆缓冲装置。

b. 锤头与锻模，砧块与锤身的连接零件（斜键、垫等）在楔紧时，不得破碎，楔紧后不得松动。

（3）离合器与制动器

① 摩擦离合器与制动器

a. 动作联锁。摩擦离合器与制动器的动作应联锁，其联锁应协调、灵活、可靠。

b. 双联电磁气阀。摩擦离合器与制动器的进、排气控制应采取双联电磁气阀。

c. 空气与液体压力。摩擦离合器与制动器所使用的空气或液体的压力应符合设计规定，当压力低于设计值时，工作部件行程应不能起动或立即停止。

d. 制动器制动力。制动器不应采用气、液或电作为制动动力。

e. 制动角及其监控装置。使用摩擦离合器与制动器的锻压机械，其制动角应符合设计文件规定，并应设置制动角监控装置。

② 刚性离合器与制动器

a. 急停功能与本质安全。

ⅰ. 急停功能。刚性离合器应具有能使锻压机械工作部件在工作方向行程的任意位置急停的功能，确保锻压机械的操作安全性；行程次数高于 120 次/min 和无急停功能要求的锻压机械除外。

ⅱ. 本质安全。当外部的动力消失后刚性离合器应自动脱开，确保其自身是本质安全的。

b. 操纵机构。刚性离合器的操纵机构应结构可靠，安装正确、牢固，并应保证单次行程规范时不出现连续行程。

（4）平衡装置

机械传动的做垂直往复运动的工作部件，应按需要设置平衡装置。该装置应能在连杆、螺杆断裂，以及供气失压、中断等不正常情况下，将工作部件（包括模具）支承着，防止其下滑，并能持续一段时间。

(5) 超载保护装置

① 锻压机械应按其自身的结构特点和工艺对象设置力、扭矩或能量超载保护装置；因结构原因不能设置时应说明限制超负荷的条件或方法。

② 超载保护动作应与锻压机械工作部件的操纵联锁，但联锁影响锻压机械工作的情况除外。

(6) 操纵控制系统

① 一般要求

a. 应符合 GB/T 5226.1—2019《机械电气安全　机械电气设备　第1部分：通用技术条件》第5章和 GB/T 16855.1—2018《机械安全　控制系统安全相关部件　第1部分：设计通则》的要求。

b. 锻压机械应有起动和停止装置。

c. 控制系统出现故障不应导致危险的产生。

② 工作与调整规范的联锁　工作与调整规范的操纵应联锁。

③ 带锁转换开关　有多种工作规范的锻压机械，其选择转换应能锁定在各工作规范的位置（或采用口令），每个位置应清晰、到位并对应单一规范。

④ 单次行程工作规范　锻压机械单次行程工作规范时，每次行程工作部件应停止在设计规定的停止点，即使继续按压起动按钮（或操纵器），工作部件也不得出现下一次行程。

⑤ 连续行程工作规范　锻压机械在连续行程工作规范时，每次起动必须先按压预控按钮，然后再按压起动按钮操纵系统才能起动工作部件。如不设置预控按钮，则按压起动按钮的时间应持续至工作部件完成一次工作循环，提前松开按钮，工作部件应立即停止。

⑥ 双手操纵

a. 双手操纵装置应符合 GB/T 19671—2005《机械安全 双手操纵装置　功能状况及设计原则》的规定。

b. 工作时的双手操纵装置应符合同步操纵要求。

c. 工作部件做往复运动的锻压机械采用双手操纵时，双手按压起动按钮（或操纵杆）的时间应持续至工作方向行程中手不可能进入工作危险区，提前松开一个或两个按钮（或操纵杆）工作方向行程应立即停止。

d. 双手操纵按钮（或操纵杆）的布置位置，应防止有由一只手和肘、膝等部位进行操纵的可能性。

⑦ 脚踏操纵装置

a. 脚踏操纵与手动操纵应联锁。

b. 脚踏操纵装置的脚踏部分的上部及两侧应有防护罩。

c. 脚踏部分的脚踏处应有防滑板或防滑垫。

d. 脚踏部分的复位弹簧应采用带导杆或导套的压簧。

⑧ 手动操纵杆　手动操纵杆应有定位措施，且不得因受损坏而移位。

⑨ 急停装置

a. 锻压机上应设置急停装置（按钮、手柄等），但急停装置不能减小风险的锻压机械除外。

b. 急停设计应符合 GB 16754—2008《机械安全　急停　设计原则》的规定。

c. 急停装置应位于各个操作控制站以及需要引发急停功能的位置，并应使操作者易于接近，且无操作危险的地方。

d. 由多人操作的锻压机械，每个操作点都应设置急停装置。

e. 急停装置应保证在任何操作规范下都能停止锻压机械的工作，但不应断开若中断其工作可能引起事故的装置（如夹紧装置、制动装置）。

f. 急停装置应能自锁，其操作件的颜色应为红色，接近操作件周围的衬托色应为黄色，操作按钮应为掌揿式或蘑菇头式的。

g. 急停装置重调（脱开）以前，锻压机械不可能重新起动。

⑩ 操作按钮颜色　操作按钮的颜色应符合 GB/T 5226.1—2019 中 10.2.1 的规定。

(7) 电气系统

锻压机械的电气系统应符合 GB/T 5226.1—2019 的规定。

(8) 液压系统

① 锻压机械的液压系统应符合 GB/T 3766—2001《液压系统通用技术要求》中 4.3（或 GB/T 3766—2015《液压传动　系统及其元件的通用规则和安全要求》中 5.1、5.2 和/或 5.3）的要求。

② 液压系统的压力表应安装在操作人员易见部位；对液压的突然失压或中断应有保护措施和必要的信号显示。

③ 液压系统中应装备防止液压超载的安全装置。

④ 液压系统的渗漏不应引起危险。

⑤ 液压泵起动后，必须保证若不操作工作按钮，工作部件就不动作。

⑥ 动力源断开后，蓄能器应能自动卸压或安全闭锁（断开时还需压力的除外）。断开时蓄能器仍需保持压力，应在蓄能器上的明显位置标示安全警告信息。

⑦ 应采取防护措施防止高压流体的飞溅。

(9) 气动系统

① 气动系统应符合 GB/T 7932—2003 中 4.3（或 GB/T 7932—2017《气动　对系统及其元件的一般规则和安全要求》中 5.1、5.2）的要求。

② 气动系统的压力表应安装在操作人员易见部位；对气压的突然失压或中断应有保护措施和必要的信号显示。

③ 系统中应装备防止超载的安全装置。

④ 气动系统的渗漏不应引起危险。

(10) 润滑系统

① 润滑系统的油位应便于观察。

② 润滑点位置应有明显标志。

③ 润滑系统应防止润滑油漏至地面上。

(11) 噪声

锻压机械的噪声应符合各类产品噪声限值的规定，噪声测量应符合 GB/T 23281—2009《锻压机械噪声声压级测量方法》、GB/T 23282—2009《锻压机械噪声声功率级测量方法》的规定。

(12) 振动

应采取减振措施保护人体健康和环境。

(13) 局部照明

① 锻压机械在工作时因光线不足而对操作者产生危险的，应设置局部照明装置。

② 应符合 GB 5226.1—2008 中 15.2（或 GB/T 5226.1—2019 中 15.2）的规定。

（14）辐射

① 电弧、离子化学辐射　应符合 GB 5226.1—2008 中 4.4.7（或 GB/T 5226.1—2019 中 4.4.7）的规定，避免产生危险。

作者注：在 GB 5226.1—2008 和 GB/T 5226.1—2019 中皆为"4.4.7　离子和非离子辐射"。

② 热和激光

a. 激光装置应符合 GB 7247.1—2012《激光产品的安全　第 1 部分：设备分类、要求》的规定。

b. 锻压机械工作中发生高温、火焰、激光辐射等危险时，应采取相应的防护措施，如分别设置隔热板和防止火焰、激光意外辐射的装置等。

（15）物质和材料

① 有害物质

a. 锻压机械使用和排放的物质和材料应符合 GB/T 18569.1—2001《机械安全　减小由机械排放的危害性物质对健康的风险　第 1 部分：用于机械制造商的原则和规范》的规定。

b. 锻压机械用材料、冷却介质、油、涂料、油漆不应影响人体健康和环境。

c. 产生气体、烟雾和油雾的锻压机械应采取有效的防护措施和/或设置排放装置。

d. 锻压机械自身产生大量粉尘的，应采取有效的防护措施/或设置排放装置。

② 火灾和爆炸　应采取措施防止气体、液体、粉尘等物质产生火灾和爆炸危险。

③ 飞溅或飞出　应避免飞溅或飞出的工件、被加工材料、碎块（材料、模具破裂）、液体造成的伤人、滑倒等危险。如设置透明的防护罩、隔板等，其强度应能承受可以预料的负荷。

（16）人类功效学

① 一般要求

a. 工作系统的设计应符合 GB/T 16251—2008《工作系统设计的人类工效学原则》的要求。

b. 工作位置与尺寸应符合 GB/T 14776—1993《人类工效学　工作岗位尺寸设计原则及其数值》的要求。

c. 应符合 GB/T 15241.2—1999《与心理负荷相关的工效学原则　第 2 部分：设计原则》的要求，应充分考虑操作者出现过度干扰、紧张、生理或心理产生危险的可能性。

d. 操作锻压机械会造成伤害的，应提示采用个人防护装置的信息。

② 操作装置

a. 操作件的位置和操作的要求应符合 GB 18209.3—2010《机械电气安全　指示、标志和操作　第 3 部分：操动器的位置和操作的要求》。

b. 操作者应能判明最终效应是否实现。

c. 操作者应尽量避免意外操作的危险，如采用双手操纵和使能装置。

d. 对于经常使用（包括单次行程工作规范）的手柄和操纵杆以及脚踏开关的操纵力不应大于 40 N，锤的操纵力要求除外。

e. 对于不经常使用的手柄、操纵杆和手轮上的力，每班使用不超过 10 次的不应大于 150 N；每班使用不超过 25 次的不应大于 80 N。

③ 信息显示装置

a. 信息显示装置的位置应便于察看和识别。

b. 警告信息和含义应明确易于理解。

（17）安全防护装置

① 配置原则　应按锻压机械的结构特点和操作方式，在工作危险区至少选择和配置一

种合适的安全防护装置，防止操作者的手、指或身体其他部位无意地进入工作危险区。但下列情况可以除外：

    a. 锻压机械做往复运动的工作部件行程小于 6mm；

    b. 锻压机械配置有保证安全的专用送料装置；

    c. 设置安全防护装置不能减小风险。

    ② 防护装置

    a. 防护装置的种类。防护装置分为固定式防护装置、活动式防护装置、可调式防护装置、联锁防护装置、带防护锁定的联锁装置、可控防护装置等。

    b. 防护装置应符合 GB/T 15706.2—2007 中 5.3（或 GB/T 15706—2012 中 6.3.3）的规定。

    ③ 保护装置

    a. 保护装置的种类。保护装置分为双手操纵装置、光电保护装置与感应式安全装置等。

    b. 双手操纵按钮（或操纵杆）的要求。双手操纵按钮（或操纵杆）应符合 2.1.9.2 中（6）⑥的规定。

    c. 光电保护装置与感应式安全装置的要求。

    ⅰ. 光电保护装置应符合 GB 4584—2007《压力机用光电保护装置技术条件》的规定。

    ⅱ. 感应式安全装置应符合 GB 5092—2008《压力机用感应式安全装置技术条件》的规定。

    d. 保护装置距工作危险区的安全距离。安全距离的确定方法应符合 GB/T 19876—2012《机械安全　与人体部位接近速度相关的安全防护装置的定位》的规定。

    ④ 安全防护装置的选择　安全防护装置的选择应符合 GB/T 15706.2—2007 中 5.2（或 GB/T 15706—2012 中 6.3.2）的规定。

(18) 进入锻压机械的固定设施

    ① 当需要进入锻压机械离地面 3m 以上的高处进行操作、维修和保养时，应设置工作平台、通道、阶梯或直梯和护栏。

    ② 平台入口处或阶梯或直梯离地面 1m 以上的至少一节杆上，应设置与锻压机械主传动或工作部件的操纵系统联锁的装置，并设置提醒有人操作的警告标牌。

    ③ 进入设施的选择应符合 GB 17888.1—2008《机械安全　进入机械的固定设施　第 1部分：进入两级平面之间的固定设施的选择》的规定。

    ④ 工作平台和通道应符合 GB 17888.2—2008《机械安全　进入机械的固定设施　第 2部分：工作平台和通道》的规定。

    ⑤ 阶梯和护栏应符合 GB 17888.3—2008《机械安全　进入机械的固定设施　第 3 部分：楼梯、阶梯和护栏》的规定。

    ⑥ 固定式直梯应符合 GB 17888.4—2008《机械安全　进入机械的固定设施　第 4 部分：固定式直梯》的规定。

(19) 弹簧

    ① 锻压机械上与安全有关的机构中所采用的弹簧应是压簧；若采用拉簧，则应用两个拉簧代替一个压簧，且每个都能单独起作用。

    ② 使用拉簧时，拉簧悬挂孔不能自动从挂钩上滑脱。

    ③ 破损后能够飞出的弹簧，如制动器的弹簧，其结构应保证弹簧破损后不能飞出。

(20) 夹持、夹紧机构

采用气压、液压的夹持、夹紧装置，其结构必须保证在气、液失压或中断后仍能可靠地夹持或夹紧，无安全要求的除外。

（21）零部件装卸

对于笨重的零部件应考虑装卸的安全性，如设置起吊孔或柱。

2.1.9.3 使用信息

（1）一般要求

① 使用信息应通知或警告操作者有关的遗留风险。

② 使用信息应使用中文。应准确、通俗易懂。

③ 锻压机械应有使用说明书。

④ 锻压机械应在明显位置固定永久标牌，标牌内容至少应包括：

a. 制造者的名称和地址；

b. 符合强制性要求的标志（如有）；

c. 型号与名称；

d. 产品执行强制性标准编号；

e. 出厂日期和编号。

（2）安全说明

① 锻压机械应有安全说明。

② 安全说明可单独编写，也可作为使用说明书的一部分。

③ 安全说明的内容应符合 GB/T 15706.2—2007 中 6.5.1（或 GB/T 15706—2012 中 6.4.5）的规定。

（3）警告信息

① 一般要求　锻压机械的各种安全与警告指示应明显固定在锻压机械的相应部位上。

② 操作面板指示　锻压机械操作面板上应有反映锻压机械安全运行、工作状态、故障等有关信息的指示。

③ 警告性标志　锻压机械及其电气系统存在遗留风险的位置应有警告性标志。警告性标志应符合 GB 2894—2008《安全标志及其使用导则》和 GB 5226.1—2008 中 16.2（或 GB/T 5226.1—2019 中 16.2）的规定。

④ 安全色　锻压机械工作部件及易对操作者产生碰撞、夹紧、挤压的部位表面上，应按 GB 2893—2008《安全色》的规定，涂以黑色与黄色相间隔的安全条纹。按需要亦可只涂成黄色。

⑤ 安全指示灯　锻压机械离地面 3m 以上的顶面或平台的围栏顶端的对角处和高出栏杆的部件的最高点，应设置红色安全指示灯。

⑥ 指示灯的颜色　指示灯的颜色含义应符合 GB 5226.1—2008 中 10.3（或 GB/T 5226.1—2019 中 10.3）的规定。

2.1.9.4 责任

（1）制造者

① 制造者应提供符合 GB 17120—2012 要求的锻压机械。

② 制造者应对提供给使用者的使用信息负责。

（2）使用者

① 使用者应通过安全操作锻压机械的培训，并熟悉和掌握安装操作要求。

② 使用者应对自己增加的送料、工装和辅助装置的安全负责。

③ 使用者应对改造或改装的锻压机械的安全负责。

④ 使用者应对未按使用信息规定的操作、调整、维护、安装和储运造成的危险和事故

负责。

2.1.10 机械电气设备通用技术条件

GB/T 5226.1—2019《机械电气安全 机械电气设备 第1部分：通用技术条件》适用于机械（包括协同工作的一组机械）的电气、电子和可编程序电子设备及系统，而不适用于手提工作式机械。

注 1：GB/T 5226.1—2019 是通用标准，不限制或阻碍技术进步。

注 2：GB/T 5226.1—2019 中的"电气"一词包括电气、电子和可编程序电子三部分（如电气设备是指电气设备、电子设备和可编程序电子设备）。

注 3：就 GB/T 5226.1—2019 而言，"人"（Person）一词泛指任何个人包括受用户或其代理指派、使用和管理上述机械的人。

GB/T 5226.1—2019 所论及的设备是从机械电气设备的电源引入处开始的〔见 2.1.10.2 中（1）〕。

注 4：IEC 60364 系列标准给出了建筑物电气装置的要求。

GB/T 5226.1—2019 适用的电气设备或电气设备部件，其标称电源电压不超过 1000V a.c. 或 1500V d.c.，额定频率不超过 200Hz。

注 5：工作在较高标称电源电压的电气设备或电气设备部件的要求见 IEC 60204-11。

作者注：在 GB/T 5226.1—2019 中的缩略语规定，"AC：交流电流（Alternation Current）""DC：直流电流（Direct Current）"；在 GB/T 4728.2—2018《电气简图用图形符号 第 2 部分：符号要素、限定符号和其他常用符号》中规定，直流为"DC"，交流为"AC"。

GB/T 5226.1—2019 不包括所有技术要求（如防护、联锁或控制），这些要求是其他标准或规则为保障人身免遭非电气伤害所需要的。对有特殊要求的各种类型机械对安全性可提出特殊要求。

注 6：GB/T 5226.1—2019 附录 C 所列举的机械，其电气设备属于 GB/T 5226.1—2019 的范围。

GB/T 5226.1—2019 未规定下述机械电气设备的附加和特殊要求：

① 露天（即建筑物或其他防护结构的外部）机械；

② 使用、处理或生产易爆材料（如油漆或锯末）的机械；

③ 易爆易燃环境中使用的机械；

④ 当加工或使用某种材料时会产生特殊风险的机械；

⑤ 矿上机械；

⑥ 缝纫机、缝制单元和缝制系统（包括在 IEC 60204-31 中）；

⑦ 起重机械（包括在 IEC 60204-32 中）；

⑧ 半导体设备（包括在 IEC 60204-33 中）。

直接用电能作为加工手段的动力电路不属于 GB/T 5226.1—2019 的范围。

2.1.10.1 基本要求

(1) 一般原则

GB/T 5226.1—2019 规定机械的电气设备的要求。

作为机械风险评定的整个技术要求的一部分，与电气设备危害有关的危险应进行评定，包括：

① 识别降低风险的需要；

② 确定适当的风险降低；

③ 确定必要的保护措施。

有人可能暴露于这些危险，同时还保持机械及其设备的适当性能。

危险情况起因有下列几种，但不限于这些：

① 电气设备失效或故障，从而导致电击、电弧或电火的发生；

② 控制电路（或者与其有关的元器件）失效或故障，从而导致机械误动作；

③ 电源的骚扰或中断，以及动力电路失效或故障造成的机械误动作；

④ 由于滑动或滚动接触的电路连续性损失，所引起的安全功能失效；

⑤ 由电气设备外部或内部产生的电骚扰（如电磁、静电），从而导致机械误动作；

⑥ 由存储的能量（电气或机械）释放，从而导致例如电击、会引起伤害的非预期动作；

⑦ 噪声和机械振动达到危害人员健康的程度；

⑧ 会引起伤害的外表温度。

安全措施包括设计阶段和要求用户配置的综合设施。

在设计和研制过程中，应首先识别源于机械及电气设备的危险和风险。由本质安全设计方法不能消除危险和/或充分降低风险的场合，应提供降低风险的保护措施（例如安全防护）。在需要进一步降低风险的场合，应提供额外的方法（例如警示方法），此外，降低风险的工作程序是需要的。

对有关电气设备的基本条件和用户的附加技术要求，如果用户已知，宜将 GB/T 5226.1—2019 附录 B 用于促进用户和供方之间的信息交换。

注：这些附加要求包括根据机械（或一组机械）的类型和使用，提出附加的安全要点；便于维护或修理；提高操作的可靠性和简易性。

(2) 电气设备的选择

① 概述　电气设备和器件应：

a. 适应于它们预期的用途；

b. 符合上述有关标准的规定；

c. 按供方说明书要求使用。

② 开关设备　除了 GB/T 5226.1—2019 要求外，依据机械的预期使用和机械电气设备情况，设计者可选用符合 IEC 61439 系列标准（参见 GB/T 5226.1—2019 附录 F）的相关部分规定的机械电气设备部件。

(3) 电源

① 概述　电气设备应设计成能在下列电源条件下正常运行：

a. 按 2.1.10.1 中（3）②或③规定的电源条件；

b. 按用户规定的电源条件；

c. 按专用电源供方规定的电源条件〔见 2.1.10.1 中（3）④〕。

② 交流电源

电压：稳态电压值为 0.9～1.1 倍标称电压。

频率：0.99～1.01 倍标称频率（连续的）；0.98～1.02 倍标称频率（短时工作）。

谐波：2～5 次畸变谐波总和不超过线电压方均根值的 10%；对于 6～30 次畸变谐波的总和允许最多附加线电压方均根值的 2%。

不平衡电压：三相电源电压负序和零序成分都不应超过正序成分的 2%。

电压中断：在电源周期的任意时间，电源中断或零电压持续时间不超过 3ms，相继中断间隔时间应大于 1 s。

电压降：不应超过大于一个周期的电源峰值电压的 20%，相继降落间隔时间应大于 1s。

③ 直流电源

a. 由电池供电。

电压：0.85～1.15 倍标称电压；0.7～1.2 倍标称电压（在用电池组供电的运输工具的情况下）。

电压中断时间：不超过 5ms。

b. 由换能装置供电。

电压：0.9～1.1 倍标称电压。

电压中断时间：不超过 20ms，相继中断间隔时间应大于 1 s。

纹波电压（峰对峰）：不超过标称电压的 0.15 倍。

注：为了保证电气设备的正确工作，电源条件按 IEC 导则 106 变动。

④ 专用电源系统　专用电源系统（例如车载发电机、DC 总线等）可以超过 2.1.10.1 中（3）②和③所规定的限值，前提是设备应设计成在所提供的条件下能正常运行。

（4）实际环境和运行条件

① 概述　电气设备应适应于其预期使用的实际环境和运行条件。2.1.10.1 中（4）②～⑧规定的实际环境和运行条件范围覆盖了 GB/T 5226.1—2019 包含的大多数机械。当实际环境和运行条件与下文规定范围不符时，供方〔见 2.1.10.1 中（1）〕和用户可能有必要达成协议。

② 电磁兼容性（EMC）　电气设备产生的电磁骚扰不应超过其预期使用场合允许的水平。设备对电磁骚扰应有足够的抗扰度水平，以保证电气设备在预期使用环境中可以正确运行。

电气设备要求进行抗扰度和/或发射试验，满足下列条件的除外：

a. 在相关产品标准或通用标准（无产品标准时）规定的预期 EMC 环境中，对于采用的装置或元件符合 EMC 要求；和

b. 电气安装和布线与装置和元件供方提供的关于相互影响的说明一致，（电缆、屏蔽、接地等）或当供方无此说明时，与 GB/T 5226.1—2019 附录 H 的要求一致。

注：EMC 通用标准 IEC 61000-6-1（IEC 61000-6-2）和 IEC 61000-6-3（或 IEC 61000-6-4）给出了 EMC 通用的抗扰度限值和发射限值。

③ 环境空气温度　电气设备应能在预期环境空气温度中正常工作。所有电气设备的最低要求是在外壳（箱或盒）的外部环境空气温度在 5～40℃ 范围内正常工作。

④ 湿度　当最高温度为 40℃，相对湿度不超过 50% 时，电气设备应能正常工作。温度低则允许更高的相对湿度（如 20℃ 时相对湿度为 90%）。

要求采用正确的电气设备设计来防止偶然性凝露的有害影响，必要时采用适当的附加设施（如内装加热器、空调器、排水孔）。

⑤ 海拔　电气设备应能在海拔 1000m 以下正常工作。

对于要在高海拔地区使用的设备，有必要降低对下列因素的要求：

a. 介电强度；

b. 装置的开关能力；

c. 空气的冷却效应。

关于要使用而在产品数据中又没有规定的修正因数，宜向制造商咨询。

⑥ 污染　电气设备应适当保护，以防固体物和液体的侵入（见 GB/T 5226.1—2019 中 11.3）。

若电气设备安装处的实际环境中存在污染物（如灰尘、酸类物、腐蚀性气体、盐类物）时，电气设备应适当防护，供方与用户可能有必要达成专门协议。

⑦ 离子和非离子辐射　当设备受到辐射时（如微波、紫外线、激光、X 射线），应采取附加措施，以避免误动作和加速绝缘的老化。

⑧ 振动、冲击和碰撞　应通过选择合适的设备，将它们远离振动源安装或采取附加措施，以防止（由机械及其有关设备产生或实际环境引起的）振动、冲击和碰撞的不良影响。

(5) 运输和存放

电气设备应通过设计或采取适当的预防措施，以保障能经受得住在 −25～55℃ 的温度范围内的运输和存放，并能经受温度高达 70℃、时间不超过 24 h 的短期运输和存放。应采取防潮、防振和抗冲击措施，以免损坏电气设备。

注：在低温下易损坏的电气设备包括 PVC 绝缘电缆。

(6) 设备搬运

由于运输需要与主机分开的、或独立于机械的重大电气设备，应提供合适的手段，以供起重机或类似设备操作。

2.1.10.2　引入电源线端接法和切断开关

(1) 引入电源线端接法

宜将机械电气设备连接到单一电源上。如果需要用其他电源供电给电气设备的某些部分（如不同工作电压的电子设备），这些电源宜尽可能取自组成为机械电气设备一部分的器件（如变压器、换能器等）。对大型复杂机械可能需要一个以上的引入电源，这要由场地电源的配置来定 [见 2.1.10.2 中 (3) ①]。

除非机械电气设备采用插头/插座直接连接电源处 [见 2.1.10.2 中 (3) ②e.]，否则宜将电源线直接连到电源切断开关的电源端子上。

使用中线时应在机械的技术文件（如安装图和电路图）上表示清楚，按 GB/T 5226.1—2019 中 16.1 要求标记 N，并应对中线提供单用绝缘端子。

注：中性线端子可以作为电源切断开关的零件提供。

在电气设备内部，中线和保护联结电路之间不应相连。

例外情况：TN-C 供电系统到电气设备的连接点处，中线端子和 PE 端子可以相连。

IEC 60364-1 规定的多电源系统的要求适用于由并行电源供电的机械。

引入电源连接端都应按 IEC 60445：2010 清晰地标识 [外部保护导线端子的标识见 2.1.10.2 中 (2)]。

(2) 连接外部保护导线 (体) 的端子

电气设备应提供连接外部保护导线 (体) 的端子。该连接端子应设置在各引入电源有关相线端子的同一隔间内。

这种端子的尺寸应适合与相关线导体尺寸确定截面积的外部铜保护线（体）相连接并符合表 2-17 的规定。

表 2-17 铜保护导线（体）的最小截面积　　　　　　　　单位：mm²

设备供电相体(线)的截面积 S	保护导线(体)的最小截面积 S_p
$S \leqslant 16$	S
$16 < S \leqslant 35$	16
$S > 35$	$S/2$

如果外部保护导线（体）不是铜的，则端子尺寸应适当选择。

每个引入电源点，连接外部保护接地系统或外部保护导线（体）的端子应加标志或用字母 PE 标记（见 IEC 60445：2010）。

(3) 电源切断（隔离）开关

① 概述　下列情况应装电源切断开关。

a. 机械的每个引入电源。

注：引入电源可直接连接到机械的电源切断开关或机械供电系统的电源切断开关。机械的供电系统可包含导线、导体排、汇流环、软电缆系统［卷绕式的、花彩般垂挂（拖链式）的］或感应供电电源系统。

b. 每个车载电源。

当需要时（如机械及电气设备工作期间）电源切断开关将切断（隔离）机械电气设备的电源。

当配备两个或两个以上的电源切断开关时，为了防止出现危险情况，包括损坏机械或加工件，应采取联锁保护措施。

② 型式　电源切断开关应是下列型式之一：

a. 符合 IEC 60947-3 带或不带保险丝的隔离开关，使用类别 AC-23B 或 DC-23B；

b. 隔离符合 IEC 60947-6-2 的控制和保护开关装置；

c. 隔离符合 IEC 60947-2 的断路器；

d. 任何符合 IEC 产品标准和满足隔离要求，并在产品标准中定义适当使用类别和/或指定持续（性）其他开关装置；

e. 通过软电缆供电的插头/插座组合。

③ 技术要求　当电源切断开关采用 2.1.10.2 中（3）②a.～d. 规定的型式之一时，它应满足下述全部要求：

a. 把电气设备从电源上隔离，仅有一个"断开"和"接通"位置，清晰地标记"〇"和"｜"［IEC 60417-5008（2002-10）中 5008 和 IEC 60417-5007（2002-10）中 5007 符号，见 2.1.10.7 中（2）②］；

b. 有可见的触头间隙或位置指示器并已满足隔离功能的要求，指示器在所有触头没有确实断开前不能指示断开（隔离）；

c. 有一个操作装置［见 2.1.10.2 中（3）④］；

d. 在断开（隔离）位置上提供能锁住的机构（如挂锁），锁住时，应防止遥控及在本地使开关闭合；

e. 切断电源电路的所有带电导线，但对于 TN 电源系统，中线可以切断也可以不切断，有些国家采用中线时强制要求切断中线除外；

f. 有足以切断最大电动机堵转电流及所有其他电动机和负载的正常运行电流总和的分断能力，计算的分断能力可以用验证过的差异因素适当降低，当电动机由变换器或类似装置供电时，计算应考虑所要求的分断能力可能造成的影响。

电源切断开关是插头/插座组合时，应符合 2.1.10.10 中（4）⑤的要求和有分断能力，或与有分断能力的开关电器联锁，足以切断最大电动机堵转电流及所有其他电动机和负载的正常运行电流总和的分断能力。计算的分断能力可以用验证过的差异因素适当降低。当联锁开关电器为电动操作（例如接触器）时，其应具有与之相适应的使用类别。当电动机由变换器或类似装置供电时，计算宜考虑可能对所要求分断能力的影响。

注：符合 IEC 60309-1 要求的插头/插座、电缆耦合器或器具耦合器可满足这些要求。

电源切断开关为插头/插座组合场合时，应提供有适当使用类别的开关电器以转换机械的接通和断开。这可以通过使用上面描述的联锁开关电器来实现。

④ 电源切断开关的操作装置　电源切断开关的操作装置（例如手柄）应置于电气设备的外壳表面。

例外：电动操作的开关设备不必在外壳的表面配备手柄，而是装有其他装置（例如按钮），以从外壳外面打开电源切断开关装置。

电源切断开关的操作装置应容易接近，应安装在维修站台以上 0.6～1.9m 间。上限值宜为 1.7m。

注：IEC 61310-3 给出了操作方向要求。

用于紧急操作外部操作装置，见 2.1.10.7 中（8）③或 2.1.10.7 中（7）③。

不用于紧急操作的外部操作装置：

a. 宜用黑色或灰色〔见 2.1.10.7 中（2）〕；

b. 可提供无需钥匙或工具即容易打开的附加罩盖/门，例如防护环境因素或机械损伤，这类罩盖/门应明确显示其提供访问操作装置，例如使用 IEC 60417-6169-1 号符号（见 GB/T 5226.1—2019 中图 2）或 IEC 60417-6169-2 号符号（见 GB/T 5226.1—2019 中图 3）。

⑤ 例外电路　下列电路不必经电源切断开关切断：

a. 维修时需要的照明电路；

b. 供给维修工具和设备（如手电钻、试验设备）专用连接的插头/插座电路；

c. 仅用于电源故障时自动脱扣的欠压保护电路；

d. 为满足操作要求宜经常保持通电的设备电源电路（如温度控制测量器件、加工中的产品加热器、程序存储器件）。

但是宜给这些电路配备自己的切断开关。

当控制电路的供电经另一个电源切断开关时，不管该切断开关是否位于本电气设备或其他机械或其他电气设备内，此控制电路不必通过本电气设备的电源切断开关断开。

这种不通过电源切断开关切断的例外电路应满足下列要求：

a. 在电源切断开关的操作装置附近适当设置永久性警告标签，以引起对危险的注意；

b. 在维修说明书中应有相应说明，并应提供下列一项或多项内容。

ⅰ. 用颜色标识导体时，应考虑 2.1.10.10 中（2）④推荐的颜色。

ⅱ. 使例外电路与其他电路隔离。

ⅲ. 例外电路的标识采用永久性警告标签。

（4）防止意外起动的去除动力装置

机械或机械部件的起动可能发生危险的场合（如维修期间），应配备防止意外起动的去除动力装置。这些装置应方便、适用、安装位置合适并易于识别它们的功能和用途。当这些装置的功能和用途指示不明显时（例如依它们的位置），应标记指示这些装置去除动力的程度。

注 1：GB/T 5226.1 未提出全部防止意外起动的规定，参见 ISO 14118。

注 2：去除动力意指去除与电能源的连接而不意味着隔离。

电源切断开关依照 2.1.10.2 中（3）②的其他装置可以用于防止意外起动。

隔离器、可插拔式熔断体和可插拔式连接件只有当其位于封闭电气工作区（术语"封闭电气工作区"见附表 B-1）可以用于防止意外起动。

不满足隔离功能的装置［例如用控制电路切断的接触器或具有依照 IEC 61800-5-2 的安全转矩关闭（STO）功能的电气传动系统（PDS）］可以在作业期间用于防止意外起动，例如：

① 检查；

② 调整；

③ 电气设备作业场合为无电击（见"2.1.10.3 电击防护"）和灼伤的危害；整个作业中切断方法保持有效；辅助性质的作业（例如不扰乱现存配线就可更换插入式装置）。

根据风险评价选择器件，并考虑器件的预期使用以及预期操作的人员。

(5) 隔离电气设备的装置

当电气设备要求断开和隔离时，应配备有效的电气设备或部件的断开（隔离）装置。这样的断开装置应满足以下条件：

① 对预期使用适当而方便；

② 安排合适；

③ 对电气设备的电路或部件进行维修时可以快速识别，当它们的功能和用途指示不明显时（例如依它们的位置），应标记指示这些装置隔离设备的程度。

电源切断开关［见 2.1.10.2 中（3）］在有些情况下能满足切断功能的要求。而有些场合需要由公共汇流排、汇流线或感应电源系统向机械电气设备的单独工作部件或向多台机械馈电时，应为需要隔离开的每个部件或每台机器配备断开装置。

除电源断开开关外，下列装置可以达到断开的目的和满足切断功能要求：

① 2.1.10.2 中（3）②所述装置；

② 仅限于安装在（封闭）电气工作区（术语"封闭电气工作区"见附表 B-1）的隔离器、可插拔式熔断体或可插拔式连接件，并随电气设备提供相关信息（见"2.1.10.14 技术文件"）。

(6) 对未经允许、疏忽和错误连接的防护

装在封闭电气工作区外的 2.1.10.2 中（4）和（5）所述装置，在其断开位置（或断开状态）应提供安全措施（例如提供挂锁钥匙联锁），这种安全措施应防止遥控及在本地使开关闭合。

装在封闭电气工作区内的 2.1.10.2 中（4）和（5）所述装置，应具有防止重新连接的其他措施（例如警告标识）。

但是，按照 2.1.10.2 中（3）②e. 使用插头/插座时，只要其位置处于工作人员即时监督之下，不需要提供断开位置的保护措施。

2.1.10.3 电击防护

(1) 概述

电气设备应具备在下列情况下保护人们免受电击的能力：

① 直接接触［见 2.1.10.3 中（2）和（4）］；

② 间接接触［见 2.1.10.3 中（3）和（4）］。

建议采用 2.1.10.3 中（2）、（3）和（4）中 PELV 规定的防护措施，这些规定源于

GB/T 16895.21—2011《低压电气装置 第 4-41 部分：安全防护 电击防护》。这些防护措施不适用的场合，例如由于实际或运行条件，可采用 GB/T 16895.21—2011 的其他措施。

(2) 基本防护

① 概述 电气设备的每个电路或部件，无论是否采用 2.1.10.3 中（2）②或③规定的措施，都应采用 2.1.10.3 中（2）④的规定。

例外：在这些防护措施不适用的场合，可以采用 GB/T 16895.21—2011 所定义的基本防护的其他防护措施（如使用遮栏或外护物，置于伸臂范围以外的防护，使用阻挡物，使用结构或安装防护通道技术）[见 2.1.10.3 中（2）⑤和⑥]。

当电气设备安装在任何人（包括儿童）都能打开的地方，应采用 2.1.10.3 中（2）②中的防护措施，其接触带电部分的防护等级应采用至少 IP4X 或 IPXXD（见 IEC 60529），或采用 2.1.10.3 中（2）③中的防护措施。

② 用外壳防护 带电部分应安装在外壳内，接触带电部分的最低防护等级为 IP2X 或 IPXXB（见 IEC 60529）。

如果壳体上部表面是容易接近的，其接触带电部分的最低防护等级应为 IP4X 或 IPXXD。

只有在下列的一种条件下才允许开启外壳（即开门、罩、盖板等）：

a. 应使用钥匙或工具开启外壳。

注：钥匙或工具的使用是为了限制熟练或受过训练的人员进入 [见 2.1.10.14 中（2）⑥]。

当设备需要带电对电器重新调整或整定时，可能触及的所有带电部件（包括门内的部件），其避免接触的防护等级应至少为 IP2X 或 IPXXB。门内其他带电部件防止意外直接接触的防护等级应至少为 IP1X 或 IPXXA。

b. 开启外壳之前先切断其内部的带电部件。

这可由门与切断开关（如电源切断开关）的联锁机构来实现，使得只有在切断开关断开后才能打开门，以及把门关闭后才能接通开关。

例外：下列情况可用供方规定的钥匙或工具解除联锁。

ⅰ. 当解除联锁时，不论什么时候都能断开切断开关并在断开位置锁住切断开关或采用其他方法防止未经允许闭合切断开关。

ⅱ. 当关上门时，联锁功能自动恢复。

ⅲ. 当设备需要带电对电器重新调整或整定时，可能触及的所有带电部件（包括门内的部件），其防止意外接触带电部分的防护等级至少为 IP2X 或 IPXXB，以及门内其他带电部件防止意外接触的防护等级至少为 IP1X 或 IPXXA。

ⅳ. 有关解除联锁程序的相关信息随电气设备使用说明书提供（见"2.1.10.14 技术文件"）。

ⅴ. 电柜背后门未与切断机构直接联锁时，应提供措施限制熟练或受过训练的人员 [见 2.1.10.14 中（2）②] 接近带电体。

切断开关切断后所有仍然带电的部件 [见 2.1.10.2 中（3）⑤] 应防护，其直接接触的防护等级应至少为 IP2X 或 IPXXB（见 IEC 60529）。这些部件应按 GB/T 5226.1—2019 中16.2.1 规定标明警告标志 [按颜色标识导线，见 2.1.10.10 中（2）④]。

以下情况除外：

ⅰ. 仅由于连接联锁电路而可能带电的部件和用颜色区分可能带电的部件应符合2.1.10.10 中（2）④规定；

ⅱ. 若电源切断开关单独安装在独立的外壳中，它的电源端子可以不遮盖。

c. 只有当所有带电件直接接触的防护等级至少为 IP2X 或 IPXXB 时（见 IEC 60529），才允许不用钥匙或工具和不切断带电部件去开启外壳。用遮栏提供这种防护条件时，要求使用工具才能拆除遮栏，或拆除遮栏时所有被防护的带电部分能自动断电。在防止接触保护达到 2.1.10.3 中（2）②c. 要求，以及手动操动器件（例如手动闭合接触器或继电器）可能导致危险的场合，这种操动方式应提供需要工具才能除去遮栏或阻挡物的防护措施。

③ 用绝缘物防护带电体　带电体应用绝缘物完全覆盖住，只有用破坏性办法才能去掉绝缘层。在正常工作条件下绝缘物应能经得住机械的、化学的、电气的和热的应力作用。

注：油漆、清漆、喷漆和类似的产品，不适于单独用于防护正常工作条件下的电击。

④ 残余电压的防护　电源切断后，任何残余电压高于 60V 的带电部分，都应在 5s 之内放电到 60V 或 60V 以下，只要这种放电速率不妨碍电气设备的正常功能（元件存储电荷小于或等于 $60\mu C$ 时可免除此要求）。如果这种放电速率会干扰设备的正常功能，则应在容易看见的位置或在包含带电部分的外壳邻近处，做永久性警告标志提醒注意危险，并注明打开外壳前所需的延时时间。

对插头/插座或类似的器件，拨出它们会裸露出导体件（如插针），放电至 60V 的时间不应超过 1s，否则这些导体件应加以防护，防护等级至少为 IP2X 或 IPXXB。如果放电时间不小于 1s，最低防护等级又未达到 IP2X 或 IPXXB［例如有关汇流线、汇流排或汇流环装置涉及的可移式集流器，见 2.1.10.9 中（7）④］，应采用附加开关电器或适当的警告措施，提请注意危险的警告标志，并注明所需的延时时间。当设备位于所有人（包括儿童）都能接触的地方，警告是不够的，避免接触带电部分的最低防护等级为 IP4X 或 IPXXD。

注：频率转换器和 DC 母线电源的放电时间可能超过 5s。

⑤ 用遮栏的防护　见 GB/T 16895.21—2011。

⑥ 置于伸臂以外的防护或用阻挡物的防护　见 GB/T 16895.21—2011。

若汇流线系统和汇流排系统的防护等级低于 IP2X 或 IPXXB，见 2.1.10.9 中（7）①。

(3) 故障防护

① 概述　故障防护（术语"故障防护"见附表 B-1）用来预防带电部分与外露可导电部分之间因绝缘失效时所产生的危险情况。

对电气设备的每个电路或部件，至少应采用 2.1.10.3 中（3）②和③规定的措施之一：

a. 防止出现危险触摸电压［2.1.10.3 中（3）②］；或

b. 触及触摸电压可能造成危险之前自动切断电源［2.1.10.3 中（3）③］。

注 1：由触摸电压引起有害的生理效应的风险取决于触摸电压及可能暴露的持续时间。

注 2：设备和保护措施的分类见 IEC 61140。

② 出现触摸电压的预防

a. 概述。防止出现危险触摸电压有下列措施：

ⅰ. 采用Ⅱ类设备或等效绝缘；

ⅱ. 电气隔离。

b. 采用Ⅱ类设备或等效绝缘做防护。这种措施用来预防由于基本绝缘失效而出现在易接近部件上的触摸电压。

这种防护应用下述一种或多种措施来实现：

ⅰ. 采用Ⅱ类电气设备或器件（双重绝缘、加强绝缘或符合 IEC 61140 的等效绝缘）；

ⅱ. 按 IEC 61439-1 采用具有完整绝缘的成套开关设备和控制设备；

ⅲ. 按 GB/T 16895.21—2011 使用附加的或加强的绝缘。

c. 采用电气隔离做防护。单一电路的电气隔离，用来防止该电路的带电部分基本绝缘失效时的触摸电压。

这种防护应符合 GB/T 16895.21—2011 的要求。

③ 用自动切断电源做防护。受绝缘故障影响的任何电路的电源自动切断是为了防止由触摸电压引起的危险情况。

在故障情况下这种措施，是经保护器件自动操作切断一路或多路相线。切断应在极短时间内出现，以限制触摸电压使其在持续时间内没有危险。

这种措施需协调以下几方面要求：

a. 供电型式、电源阻抗和接地系统；

b. 线路不同部分的阻抗值和通过保护联结电路的相关故障电流通路的阻抗值；

c. 检测绝缘故障保护器件的特性。

注 1：用自动切断电源做防护其条件的验证详见 GB/T 5226.1—2019 中 18.2。

出现绝缘故障后，受其影响的任何电路的电源自动切断，为了防止来自触摸电压引起的危险情况。

这种措施包括以下两方面：

a. 外露可导电部分的保护联结［见 2.1.10.5 中（2）③］；

b. 下列任一种方法。

ⅰ. 在 TN 系统中，可以使用下列保护装置器件：

• 过电流保护器件；

• 剩余电流保护器件（RCD$_s$）和相关的过电流保护器件。

注 2：通过使用符合 IEC 62020 的剩余电流监控器件 RCM 可以加强定期维护。

ⅱ. 在 TT 系统中，下列任一种方法：

• 检测到带电部分对外露可导电部分或对地的绝缘故障时，引发残余电流保护器件自动切断电源；

• 过电流保护装置可用于故障保护，确信提供适当低值故障回路阻抗 Z_s（见 GB/T 5226.1—2019 附录 A.2.2.3）是长期和可靠的。

注 3：通过使用符合 IEC 62020 的剩余电流监控器件 RCM 可以加强定期维护。

ⅲ. 在 IT 系统中，应满足 GB/T 16895.21—2011 的相关要求。绝缘故障期间应保持听觉和视觉信号。报警后，可手动减弱听觉信号。有关绝缘监控器件和/或绝缘故障定位系统的规定，可由供方和用户之间协商。

注 4：在大型机器中，具备符合 IEC 61557-9 规定的绝缘故障定位系统（IFLS），能便于设备的维护。

配有按照ⅰ.（TN 系统）要求的自动切断，而不能确保在 GB/T 5226.1—2019 附录 A.1.1 规定的时间内切断的场合，必要时应提供满足 GB/T 5226.1—2019 附录 A.1.3 要求的附加保护联结。

提供电气传动系统（PDS）的场合，通过变频器供电的电气传动系统的电路应提供故障防护。变频器内部不提供这种防护，必要的保护措施应依照变频器制造商说明书。

（4）采用 PELV 的保护

① 基本要求　采用 PELV（保护特低电压）保护人身免于间接接触和有限区间直接接触的电击防护［见 2.1.10.5 中（2）⑤］。

PELV 电路应满足下列全部条件。

a. 标称电压不应超过：

ⅰ. 当设备在干燥环境正常使用，带电部分与人体无大面积接触时，不超过 25V a.c. 均方根值或 60V d.c. 无纹波；

ⅱ. 其他情况，6V a.c. 均方根值或 15V d.c. 无纹波。

注：无纹波一般定义为正弦波的纹波电压其纹波含量不超过 10％均方根值。

b. 电路的一端或该电路电源的一点应连接到保护联结电路上。

c. PELV 电路的带电体应与其他带电回路电气隔离。电气隔离不应低于安全隔离变压器初级和次级电路之间的技术要求（见 IEC 61558-1 和 IEC 61558-2-6）。

d. 每个 PELV 电路的导线应与其他电路导线相隔离。这项要求不可行时，按 2.1.10.10 中（1）③的隔离规定。

e. PELV 电路用插头/插座应遵守下列规定：

ⅰ. 插头应不能插入其他电压系统的插座；

ⅱ. 插座应不接受其他电压系统的插头。

② PELV 电源　其应为下列的一种：

a. 符合 IEC 61558-1 和 IEC 61558-2-6 要求的安全隔离变压器；

b. 安全等级等效于安全隔离变压器的电流源（如带等效绝缘绕组的发电机）；

c. 电化学电源（如电池）或其他独立的较高电压电路电源（如柴油发电机）；

d. 符合适用标准的电子电源，该标准规定要采取措施保证即使出现内部故障，输出端子的电压也不超过 2.1.10.3 中（4）①的规定值。

2.1.10.4　电气设备的保护

(1) 概述

2.1.10.4 中详述了电气设备的保护措施：

① 由于短路而引起的过电流；

② 过载和/或电动机冷却功能损失；

③ 异常温度；

④ 失压或欠电压；

⑤ 机械或机械部件超速；

⑥ 接地故障/残余电流；

⑦ 相序错误；

⑧ 闪电和开关浪涌引起的过电压。

(2) 过电流保护

① 概述　机械电路中的电流如会超过元件的额定值或导线的载流能力，则应按下面的叙述配置过电流保护。使用的额定值或整定值在 2.1.10.4 中（2）⑩中详述。

② 电源线　除非用户另有要求，否则电气设备供方不负责提供电气设备电源线和过电流保护器件。

电气设备供方应在安装图上说明导体的连接尺寸（包括可连接到电气设备端子的供电导线的最大截面积）和选择过电流保护器件的必要数据［见 2.1.10.4 中（2）⑩和 2.1.10.14］。

③ 动力电路　每根带电导线包括控制电路变压器的供电电路应装设过电流检测和过电流断开器件并按 2.1.10.4 中（2）⑩选择。

下列导线在所有关联的带电导线未切断之前不应断开：

a. 交流动力电路的中性导线；

b. 直流动力电路的接地导线；

c. 连接到活动机器的外露可导电部分的直流动力导线。

如果中线的截面积至少等于或等效于有关相线，则在中线上不必设置过电流检测和切断器件。

对于截面积小于有关相线的中线，应采取 GB/T 16895.6—2014《低压电气装置　第5-52部分：电气设备的选择和安装　布线系统》中 524 所述的保护措施。

在 IT 系统中，不宜采用中线，然而，如果采用中线时，应采用 GB/T 16895.5—2012 中 431.2.2 所述的保护措施。

④ 控制电路　直接连接电源电压的控制电路和由控制电路变压器供电的电路，其导线应依照 2.1.10.4 中（2）③配置过电流保护。

由控制电路变压器或直流电源供电的控制电路导线应提供防止过电流保护措施［也见 GB/T 5226.1—2019 中 9.4.3.1 或本小节 2.1.10.6 中（4）③a.］。

a. 在控制电路连接到保护联结电路场合，在设有开关的导线上接插过电流保护器件。

b. 在控制电路未连接到保护联结电路场合：

ⅰ. 当所有的控制电路具有相同的载流能力时，在设有开关的导线上接插过电流保护保护器件；或

ⅱ. 当不同的分支控制电路采用不同的载流能力时，在设有开关的导线和各分支电路的公共导线都应接插过电流保护器件。

例外：在电路中电源单元提供的电流限值低于导体的载流能力和低于所连接元器件的额定电流，则无需单独设置过电流保护器件。

⑤ 插座及其有关导线　主要用来给维修设备供电的通用插座，其馈电电路应有过电流保护。这些插座的每个馈电电路的未接地带电导线上均应设置过电流保护器件。也见 2.1.10.11 中（1）。

⑥ 照明电路　供给照明电路的所有未接地导线，应使用单独的过电流保护器件防护短路，与防止其他电路的防护器件分离开。

⑦ 变压器　变压器应按照制造厂说明书要求的型式和整定值设置过电流保护器件。这种保护［见 2.1.10.4 中（2）⑩］应避免：

a. 变压器合闸电流引起误跳闸；

b. 受二次侧短路的影响使绕组温升超过变压器绝缘等级允许的温升值。

⑧ 过电流保护器件的设置　过电流保护器件应安装在导线截面积减小或导线载流容量减小处。满足下列条件的场合除外：

a. 支线路载流容量不小于负载所需容量；

b. 导线载流容量减小处与连接过电流保护器件处之间导线长度不大于 3m；

c. 采用减小短路可能性的方法安装导线，例如导线用外壳或通道保护。

⑨ 过电流保护器件　额定短路分断能力应不小于保护器件安装处的预期故障电流。流经过电流保护器件的短路电流除了来自电源的电流还包括附加电流（如来自电动机、功率因数补偿电容器），这些电流均应考虑进去。

注：短路条件下，断路器和其他短路保护器件之间的协调信息见 IEC 60947-2：2006 中附录 A。

如果采用熔断器作为过电流保护器件，应选取用户地区容易买到的类型或为用户安排备件的供应。

⑩ 过电流保护器件额定值和整定值　熔断器的额定电流或其他电流保护器件的整定电流应选择得尽可能小，但要满足预期的过电流通过，例如电动机起动或变压器合闸期间。选择这些器件时应考虑到控制开关电器由于过电流引起损坏的保护问题。

过电流保护器件的额定电流或整定电流取决于受保护导线的载流能力，该受保护导线应符合 2.1.10.9 中（4）、GB/T 5226.1—2019 附录 D.3 和最大允许切断时间 t（按照 GB/T

5226.1—2019 附录 D.4）。应考虑到与保护电路中其他电器件协调的要求。

（3）电动机的过热保护

① 概述　额定功率大于 0.5kW 以上的电动机应提供电动机过热保护。

例外：在工作中不允许自动切断电动机运转的场合（如消防泵），这种检测方式应发出报警信号，使操作者能够响应。

电动机的过热保护可由下列方法来实现：

a. 过载保护 [2.1.10.4 中（3）②]；

注 1：过载保护器件检测电路负载超过容量时电路中时间-电流间的关系（$I^2 t$），同时做适当的控制响应。

b. 超温度保护 [2.1.10.4 中（3）③]；或

注 2：温度检测器件可检测出温度过高并引发适当的控制响应。

c. 限流保护。

应防止过热保护复原后任何电动机自行重新起动，以免引起危险情况，损坏机械或加工件。

② 过载保护　在提供过载保护的场合，所有通电导线都应接入过载检测，中线除外。

然而，在电缆过载保护（也见 GB/T 5226.1—2019 附录 D.2）未采用电动机过载检测的场合，过载检测可以省略在一根带电导线（体）中。对于单相电动机或直流电源，检测只允许用在一根未接地带电导线（体）中。

若过载保护是用切断电路的办法达到，则开关电器应断开所有通电导线，但中线除外。

对于特殊工作制要求频繁起动、制动的电动机（如快速移动、锁紧、快速退回、灵敏钻孔等电动机），由于保护器件与被保护绕组的时间常数相互差异较大，配置过载保护可能是困难的。需要采用特殊工作制电动机或超温度保护 [见 2.1.10.4 中（3）③] 专门设计的保护器件。

对于不会出现过载的电动机（例如由机械过载保护器件保护或有足够容量的力矩电动机和运动驱动器）不要求过载保护。

③ 超温度保护　在电动机散热条件较差的场合（如尘埃环境），宜采用带超温度保护的电动机（参见 IEC 60034-11）。根据电动机的型式，如果在转子失速或缺相条件下超温度保护不总是起作用，则应提供附加保护。

在可能存在超温度场合（如散热不好），对于不会出现过载的电动机也宜设置超温度保护（如由机械过载保护器件保护或有足够容量的力矩电动机和运动驱动器）。

（4）异常温度的防护（保护）

设备应防护会引起危险情况的异常温度。

（5）对电源中断或电压降落随后复原影响的保护

如果电源中断或电压降落会引起危险情况、损坏机械或加工件，则应在预定的电压值下提供欠压保护（例如断开机械电源）。

若机械运行允许电压中断或电压降落一短暂时间，则可配置带延时的欠压保护器件。欠压保护器件的工作，不应妨碍机械的任何停车控制的操作。

应防止电压复原或引入电源接通后机械的自行重新起动，以免引起危险情况。

如果仅是机械的一部分或以协作方式同时工作的一组机械的一部分受电源中断或电压降落的影响，则欠压保护应激发适当的控制响应。

（6）电动机的超速保护

如果超速能引起危险情况，则应按 2.1.10.6 中（3）②所考虑到的措施提供超速保护。

超速保护应激发适当的控制响应，并应防止自行重新起动。

超速保护的运行方式应使电动机的机械速度限值或其负载不被超过。

注：这种保护，例如由离心式开关或速度极限监视器组成。超速保护的工作方式应不超过监视器的机械速度极限或其负载。

（7）附加接地故障/残余电流保护

除 2.1.10.3 中（3）所述接地故障/残余电流用自动切断电源做保护外，2.1.10.4 中保护用于降低由于接地故障电流小于过电流保护检测水平而对电气设备造成的危险。

保护器件的整定值只要满足电气设备正确运行应尽可能小。

如果故障电流具有直流分量，按照 IEC/TR 60755 的 B 型 RCD 要求。

（8）相序保护

电源电压的相序错误会引起危险情况或损坏机械，故应提供相序保护。

注：下列使用条件可能引起相序错误。

① 机械从一个电源转接至另一个电源。

② 活动式机械配备有连接外部电源设施。

（9）闪电和开关浪涌引起过电压的防护

闪电和开关浪涌引起的过电压效应可用浪涌保护器件（SPD$_s$）防护。

应提供的场合：

① 抑制闪电过电压用的 SPD$_s$，应连接到电源切断开关的引入端子；

② 抑制开关浪涌过电压用的 SPD$_s$，应连接到所有要求这种保护设备的端子。

注 1：有关 SPD$_s$，正确选择和安装的信息的示例见 IEC 60364-4-44、IEC 60364-5-53、IEC 61643-12、IEC 62305-1 和 IEC 62305-4。

注 2：机械及其电气设备和外部可导电部分接至建筑物/现场的共用联结网络能有助于降低对设备的电磁干扰（包括闪电）。

（10）短路电流定额

应确定电气设备的短路电流定额。这可以通过应用设计原则或计算或试验来确定。

注：短路电流定额的确定可以按照 IEC 61439-1、IEC 60909-0、IEC/TR 60909-1 或 IEC/TR 61912-1。

2.1.10.5 等电位联结

（1）概述

2.1.10.5 中提出保护联结和功能联结两者的要求。GB/T 5226.1—2019 中图 4 说明这些概念。

保护联结是为了保护人员防止电击，是故障防护的基本措施［见 2.1.10.3 中（3）③和 2.1.10.5 中（2）］。

功能联结［见 2.1.10.5 中（4）］的目的是为降低：

① 绝缘失效影响机械运行的后果；

② 敏感电气设备受电骚扰而影响机械运行的后果；

③ 可能会损坏电气设备的闪电感应电流。

通常的功能联结可由连接到保护联结电路来实现，对于电气设备的适当功能，而对保护联结电路的电骚扰水平不是足够低的场合，有必要使用单独的导线（体）用于保护和功能联结。

（2）保护联结电路

① 概述 保护联结电路由下列部分互连组成。

a. PE 端子［见 2.1.10.2 中（2）］；

b. 机械设备上的保护导线（术语"保护导线"见附表 B-1），包括电路的滑动触点。

c. 电气设备外露可导电部分和可导电结构件。

例外：参见 2.1.10.5 中（2）⑤。

d. 机械可导电构件。

保护联结电路所有部件的设计，应能够承受保护联结电路中由于流过接地故障电流所产生的最高热应力和机械应力。

e. 每一不构成电缆的一部分，或不和相线在同一公共外壳内的保护导线（体），截面积不应小于：

ⅰ. $2.5mm^2$（铜）或 $16mm^2$（铝），如果提供机械损伤防护；

ⅱ. $4mm^2$（铜）或 $16mm^2$（铝），如果没有提供机械损伤防护。

注：不排除保护导体用钢。

不构成电缆部分的保护导体，如果它安装在导线管、管道中或以类似方法保护则被认为是机械保护。符合 2.1.10.3 中（3）②b. 要求设备的可导电结构件不必连接到保护联结电路上。按 2.1.10.3 中（3）②b. 要求设置的所有设备，构成机械结构的外部可导电部分不必连接到保护联结电路上。

符合 2.1.10.3 中（3）②c. 要求设备的外露可导电部分不应连接到保护联结电路上。

有些零件安装后不会构成危险，那么就不必把它的裸露导体部分连接到保护联结电路上，例如：不能大面积触摸到或不能用手握住和尺寸很小（小于 $50mm×50mm$）；位于不大可能接触带电部分或绝缘不易失效的位置。

这适用于螺钉、铆钉和铭牌等小零件，以及装在电柜内的与尺寸大小无关的零件（如接触器或继电器的电磁铁、器件的机械部分）。

② 保护导线（体） 保护导线应按 2.1.10.10 中（2）②做出标记。

应首选铜导线。在使用非铜质导体的场合，其单位长度电阻不应超过允许的铜导体单位长度电阻，并且考虑到机械耐久性，它的截面积不应小于 $16mm^2$。

电气设备的金属外壳或框架或安装板，已连接到保护联结电路，如果它们满足下列三项要求可以作为保护导体：

a. 通过构造或经合适的连接确保它们的电气连续性，防止因机械、化学或电化学引起劣化；

b. 符合 GB/T 16895.3—2017《低压电气装置 第 5-54 部分：电气设备的选择和安装接地配置和保护导体》中 543.1 的要求；

c. 在每个预定的分接点，应允许连接其他保护导体。

保护导线的截面积应依照 GB 16896.3—2017 中 543.1.2 计算或依照表 2-17 选择〔见 2.1.10.2 中（2）〕。也见 2.1.10.5 中（2）⑥和 2.1.10.14 中（2）④。

每一保护导体应：

a. 是多芯电缆的一部分；或

b. 是带线导体的公共的外壳；或

c. 横截面积至少是 $2.5mm^2$（铜）或 $16mm^2$（铝），如果提供免受机械损伤的保护；$4mm^2$（铜）或 $16mm^2$（铝），如果没有提供免受机械损伤的保护。

注 1：不排除保护导体用钢。

如果保护导体安装在导线管、管道或以类似的方式被保护，其不构成电缆的部分被认为是机械保护。

下列机械部分及其电气设备应连接至保护联结电路但不应作为保护导体：

a. 机械的可导电结构部件（分）；

b. 柔性或刚性结构的金属管道；

c. 金属电缆护套或铠甲；

d. 容纳，例如气体、液体、粉末等可燃材料的金属管；

e. 柔性或易弯的金属导线管；

f. 在正常服务中经受机械应力的结构部件；

g. 柔性金属部件、支撑线、电缆托架和电缆梯。

注2：阴极保护见 GB/T 16895.3—2017 中 542.2.5 和 542.2.6。

③ 保护联结电路的连续性　无论什么原因（如维修）拆移部件时，不应使余留部件的保护联结电路连续性中断。

连接件和联结点的设计应确保不受机械、化学或电化学的作用而削弱其导电能力。当外壳和导体采用铝材或铝合金材料时，应特别考虑电蚀问题。

电气设备安装在门、盖或面板上时，应确保其保护联结电路的连续性。并宜采用保护导线［见 2.1.10.5 中（2）②］。否则紧固件、铰链、滑动接点应设计成低电阻（见 GB/T 5226.1—2019 中 18.2.2 中试验1）。

有裸露危险的电缆（如拖曳软电缆）应采取适当措施（如监控）确保电缆保护导体的连续性。

使用汇流线、汇流排和汇流环装置的保护导线的连续性要求见 2.1.10.9 中（7）②。

保护联结电路不包含开关电器、过电流保护装置（例如开关、熔断器）或其他中断装置。

例外：在封闭的电气工作区，不使用工具不能打开可供试验或测量用途的连接。

保护联结电路的连续性，可以通过移动电流收集器或插头/插座组合而中断时，保护联结电路的中断应首先接通，最后断开接触。这也适用于可移动或可抽出式插件单元［也见 2.1.10.10（4）⑤］。

④ 保护导线的连接点　所有保护导线应按 2.1.10.10 中（1）①进行端子连接。保护导线连接点不应有其他的作用如缚系或连接用具零件。

每个保护导线连接点都应有标记或标签，采用 IEC 60417-5019：2006 中 5019 符号，如 GB/T 5226.1—2019 中图 5 所示。

或用 PE 字母，图形符号优先，或用黄/绿双色组合，或这些的任一组合进行标记。

⑤ 活动机械　带车载电源的活动机械，电气设备的可导电结构件、保护导线，以及那些机械结构的外部可导电部分，应全部连接到保护联结端子上以防电击。也能从外部引入电源的活动机械，其保护联结端子应为外部保护导线的连接点。

注：当电源为设备的固定、活动或可移动物件内自带的，或无外部引入电源的（例如当未连接车载电池充电器时），这种设备不必连接到外部保护导线。

⑥ 电气设备对地泄漏电流大于 10mA 的附加要求　当电气设备（如可调速电气传动系统和信息技术设备）的对地泄漏电流大于 10mA a.c.（或 d.c.）时，在任一引入电源处有关保护联结电路应满足下列一项或多项要求：

a. 保护导体被完全封闭在电气设备的外壳内，或以其他方式保护整个导体不受机械损坏；

b. 保护导线全长的截面积应至少为 $10mm^2$（铜）或 $16mm^2$（铝）；

c. 当保护导线的截面积小于 $10mm^2$（铜）或 $16mm^2$（铝）时，应提供第二保护导线，其截面积不应小于第一保护导线，达到两保护导线截面积之和不小于 $10mm^2$（铜）或 $16mm^2$（铝），这要求电气设备提供连接第二保护导体的独立接线端子；

d. 在保护导线连续性损失的情况下，电源应自动断开；

e. 使用插头/插座组合时，采用符合 IEC 60309 的工业连接器，并且有足够的插拔力和最小截面积为 2.5mm² 的保护接地导体作为多芯电力电缆的一部分。

采用本条描述安装的设备应在安装说明书中说明。

注：保护导体电流超过 10mA 的 PE 端子附近宜设警告标识。

（3）限制大泄漏电流影响的措施

限制大泄漏电流的影响，可用有独立绕组的专用电源变压器对大泄漏电流设备供电来实现。设备的外露可导电部分，以及变压器的二次绕组均应连接到保护联结电路上。设备与变压器二次绕组间的保护导线应满足 2.1.10.5 中（2）⑥所列的一项或多项要求。

（4）功能联结

防止因绝缘失效而引起的非正常运行，可按 GB/T 5226.1—2019 中 9.4.3.1 要求连接到共用导线。

有关功能联结的建议是为了避免因电磁骚扰而引起的非正常运行，见 2.1.10.1 中（4）②和 GB/T 5226.1—2019 附录 H。

功能联结的连接点应使用 IEC 60417-5020（2002-10）符号（见 GB/T 5226.1—2019 中图 6）标记或标识。

2.1.10.6 控制电路和控制功能

（1）控制电路

① 控制电路电源　控制电路由交流电源供电时，应使用有独立绕组的变压器将交流电源与控制电源隔离。

例子包括：

a. 参照 IEC 61558-2-2 有独立绕组的控制变压器；

b. 参照 IEC 61558-2-16 开关模式电源单元，配备有独立绕组的变压器；

c. 参照 IEC 61204-7 低电压电源，配备有独立绕组的变压器。

如果使用几个变压器，这些变压器的绕组宜按使次级侧电压同相位的方式连接。

例外：对于用单一电动机起动器和不超过两个控制器件（如联锁装置、起/停控制台）的机械，不强制使用变压器或配有变压器的开关模式电源单元。

源自 AC 电源的 DC 控制电路连接到保护联结电路［见 2.1.10.5 中（2）①］，它们应由 AC 控制电路变压器的单独绕组或其他控制电路变压器供电。

② 控制电路电压　控制电压标称值应与控制电路的正确运行协调一致。

AC 控制电路的标称电压不宜超过：

a. 230V，适用于标称频率 50Hz 的电路；

b. 277V，适用于标称频率 60Hz 的电路。

DC 控制电路的标称电压不宜超过 220V。

③ 保护　控制电路应按 2.1.10.4 中（2）④和⑩提供过电流保护。

（2）控制功能

① 概述

注：本条款未对用于执行控制功能的设备要求做出规定。这种要求的示例见"2.1.10.7. 操作板和安装在机械上的控制器件"。

② 停止功能类别　有下列三种类别的停止功能。

a. 0 类：用即刻切除机械致动机构的动力实现停止（即不可控停止，术语"不可控停止"见附表 B-1）；

b. 1 类：给机械致动机构施加动力实现停止，并在停车后切除动力的可控停止（术语"可控停止"见附表 B-1）；

c. 2 类：机械致动机构仍保留动力的情况下实现的可控停止。

注：切除动力即足以去除需要产生转矩或力的功率。这可以通过脱开离合器、断开、切断或以电子等方式（例如符合 IEC 61800 系列的 PDS）来实现。

③ 操作

a. 概述。当要求降低危险情况出现的可能性时，应提供安全功能和/或保护措施〔例如联锁［见 2.1.10.6 中（3）〕〕。

当一台机械有多个控制站时，应提供措施以确保来自不同控制站的起动命令不会导致危险情况发生。

b. 起动。起动功能应通过激励相关电路来操作。

运转的起动应只有在安全功能和/或防护装置全部到位并起作用后才能进行，但 2.1.10.6 中（3）⑥叙述的情况除外。

有些机械（如活动机械）上的安全功能和/或保护措施不适合某些操作，这类操作的起动应采用保持运行控制，必要时，与使能装置一起使用。

在起动有危险的机械运行前，应考虑听觉和/或视觉报警信号的规定。

应提供适当的联锁以确保正确的起动顺序。

在机械要求使用多个控制站操作起动时，每个控制站应配备一个独立的手动操作的起动控制装置；操作起动应满足如下条件：

ⅰ. 应满足机械运行所需的全部条件；

ⅱ. 所有起动控制装置应处于释放（断开）位置；

ⅲ. 所有起动控制装置应联合引发（术语"联合引发"见附表 B-1）。

c. 停止。根据机械的风险评价及机械的功能要求，应提供 0 类、1 类或 2 类停止［见 2.1.10.1 中（1）〕。

注 1：当电源切断装置［见 2.1.10.2 中（3）〕操作时属于 0 类停止。

停止功能应否定有关的起动功能。

控制站为一个以上时，根据机械风险评价的要求，来自任何控制站的停止指令均应有效。

注 2：当引发停止功能时，除停止运动外，必要时还需终止机械功能。

d. 紧急操作（紧急停止，紧急断开）。

ⅰ. 概述。紧急停止和紧急断开是辅助性保护措施，对于机械中的危险（如陷入、缠绕、电击或灼伤）这些措施不是降低风险的根本方法（参见 ISO 12100）。

GB/T 5226.1—2019 规定紧急操作的紧急停止功能和紧急断开功能的技术要求，列于 GB/T 5226.1—2019 附录 E。这两项功能均由单一的人为因素引发。

一旦紧急停止［见 2.1.10.7 中（7）〕或紧急断开［见 2.1.10.7 中（8）〕致动机构的有效操作中止了后续的停止或关闭命令，该命令在其复位前一直有效。复位应只能在引发紧急操作命令的装置上用手动操作。命令的复位不应重新起动机械，而只是允许再起动。

所有紧急停止命令复位后才允许重新起动机械。所有紧急断开命令复位后，才允许向机械重新通电。

ⅱ. 紧急停止。紧急停止设备功能方面的要求见 GB/T 16754—2008《机械安全　急停设计原则》。

急停应起 0 类或 1 类停止功能的作用。急停的类别选择应取决于机械的风险评估。

例外：在某些情况下，为了避免产生额外的风险，必要时执行可控停止，即在停止实现后，仍保持机械致动机构的动力。应对停止条件进行监控，一旦检测到停止状态出现故障，应予断电以免造成危险。

除了停止的要求［见 2.1.10.6 中（2）③c.］之外，紧急停止功能还有下列要求：

- 它应否定所有其他功能和所有模式中的操作；
- 尽快停止危险运行，且不引起其他危险；
- 复位不应引起重新起动。

ⅲ. 紧急断开。紧急断开的功能目的见 GB/T 16895.22—2004《建筑物电气装置 第5-53 部分：电气设备的选择和安装 隔离、开关和控制设备 第 534 节：过电压保护电器》。下列场合应提供紧急断开：

- 基本防护（例如在电气工作区内有汇流线、汇流排、汇流环和控制设备）只是通过置于伸臂以外的防护或用阻挡物防护来达到的［见 2.1.10.3 中（2）⑥］；或
- 可能会由电引起的其他伤害或危险。

紧急断开由 0 类停止作用的机电开关器件断开相关的引入电源来完成。如果机械不允许采用 0 类停止，就需要有其他保护，如是基本防护，则不需要紧急断开。

e. 工作方（模）式。每台机械可以有一种或多种工作方（模）式［例如手动、自动、设置、维护方（模）式等］，这取决于机械及其应用的类型。

机械的设计和制造，允许其使用在几个要求不同保护措施和对安全有不同影响的控制或操作方（模）式的场合，它应配备一个模式选择器，可锁定在每个位置（例如钥匙操作开关）。选择器的每个位置应清晰地识别，并对应单一的操作或控制方（模）式。

选择器可以用另一种选择方法来代替，该方法可限制某类操作者使用机械的某些功能（例如访问代码）。

方式选择本身不应引发机械运行。起动控制应单独操作。

对于每个规定的工作方（模）式，应执行有关安全功能和/或安全防护措施。

应配备选择工作方（模）式指示［如方（模）式选择器位置、指示灯提示和视觉显示标示］。

f. 指令动作的监控。机械或机械部件的运动或动作可能导致危险情况时，应对运动或动作进行监控，如超程限制器及电动机超速检测、机械过载检测或防碰撞器件等装置。

注：有些手动控制的机械（例如手动钻床），由操作者提供监控。

g. "保持-运转" 控制。"保持-运转" 控制应要求该控制装置持续激励直至工作完成。

h. 双手控制。ISO 13851 定义了三种双手控制模式，其选择取决于风险评价。它们应具有下列特点。

Ⅰ型——这种型式要求：

ⅰ. 提供需要双手联合引发的两个控制引发器件；

ⅱ. 在危险情况期间持续操作；

ⅲ. 当危险情况依然存在时，释放任一个控制引发器件或两个都释放，均应中止机械运行。

Ⅰ型双手控制器件不适合引发危险操作。

Ⅱ型——是Ⅰ型的另一种控制，当要求机械重新起动运行时，需先释放两个控制引发器件。

Ⅲ型——是Ⅱ型的另一种控制，控制引发器件联合引发的要求如下：

ⅰ. 应在一定时限内起动两个控制引发器件，彼此之间的起动时间差不超过 0.5s；

ⅱ．如果超过时限，应先释放两个控制引发器件，然后方可起动机械运行。

ⅰ．使能控制。使能控制［也见 2.1.10.7 中（9）］是一个具有联锁功能的手动激励控制。

ⅰ．被激励时，允许机械运行由独立的起动控制引发；和

ⅱ．去除激励时：

- 引发停止功能；和

- 防止引发机械运行。

使能控制的配置应使其失效的可能性最小，例如在机械运转可能被重新起动前，要求使能控制器件去除激励。

ｊ．起动与停止兼用的控制。交替控制起动和停止运转的按钮和类似控制器件仅用于不会在运行中引起危险情况的功能。

④ 无线控制系统（CCS）

a．一般要求。

b．监控无线控制系统对控制机械的能力。

c．控制限制。

d．使用多无线操作控制站。

e．便携式无线操作控制站。

f．禁用便携式无线操作控制站。

g．位于便携式无线操作控制站上的紧急停止装置。

h．紧急停止复位。

以上见 GB/T 5226.1—2019。

(3) 联锁保护

① 联锁安全防护装置的复位　联锁安全防护装置的复位不应引发危险的机械运转，以免发生危险情况。

注：有起动功能（控制防护装置）的联锁防护装置要求参见 GB/T 15706—2012《机械安全 设计通则 风险评估与风险减小》中的 6.3.3.2.5。

② 超过工作限值　超过工作限值（如速度、压力、位置）可能导致危险情况的场合，当超过预定的限值时应提供检测手段并引发适当的控制作用。

③ 辅助功能的工作　应通过适当的器件（如压力传感器）去检验辅助功能的正常工作。

如果辅助功能（如润滑、冷却、排屑）的电动机或器件不工作有可能发生危险情况或者损坏机械和加工件，则应提供适当的联锁。

④ 不同工作和相反运动间的联锁　所有接触器、继电器和机械控制单元的其他控制器件同时动作会带来危险时（如起动相反运动），应进行联锁防止不正确的工作。

控制电动机换向的接触器应联锁（如控制电动机的旋转方向），使得在正常使用中切换时不会发生短路。

如果为了安全或持续运行，机械上某些功能需要相互联系，则应用适当的联锁以确保正常的协调。对于在协调方式中同时工作并具有多个控制器的一组机械，必要时应对控制器的协调操作做出规定。

如果机械致动机构的故障会产生制动，此时有关的机械致动机构已供电而且可能出现危险情况，则应配备切断机械致动机构的联锁。

⑤ 反接制动　如果电动机采用反接制动，则应采取有效措施以防止制动结束时电动机反转，这种反转可能会造成危险情况或损坏机械和加工件。为此，不应允许采用只按时间作

用原则的控制器件。

控制电路的安排应使电动机轴转动（例如当电动机停止后，采用手动力或其他力引起轴转动）时，都不应发生危险情况。

⑥ 安全功能和/或安全防护措施暂停　如果需要暂停安全功能和/或安全防护措施（如设置或维修目的），控制或工作方（模）式选择器应同时满足下列要求：

a. 其他所有工作（控制）方式都不能使用；

b. 操作只允许使用保持运转装置或类似定位控制装置，以便允许观察危险元素；

c. 只在减少风险的条件下（例如降低速度、减少功率/力、步进操作，例如带限制运动控制装置）才允许危险因素的操作；

d. 在机械的传感器上，防止由任何随意或非随意动作导致危险功能的操作。

如果这四个条件不能同时满足，控制或操作方（模）式选择器应激活其他设计和制造的保护措施，以确保安全干预区。此外，操作者从调整点应能够控制其正在从事的工作部分的操作。

(4) 失效情况的控制功能

① 一般要求　电气设备中的失效或骚扰干扰会引起危险情况或损坏机械和加工件时，应采取适当措施以减少这些失效或骚扰干扰出现的可能性。所需的措施及其实现的程度，无论是单独或结合使用，均取决于有关应用的风险等级［见 2.1.10.1 中（1）］。

这些可能的适当措施示例包括但不限于：

a. 电路的保护联锁；

b. 采用成熟的电路技术和元件［见 2.1.10.6 中（4）②b.］；

c. 提供部分或完整的冗余技术［见 2.1.10.6 中（4）②c.］或相异技术［见 2.1.10.6 中（4）②d.］；

d. 提供功能试验［见 2.1.10.6 中（4）②e.］。

电气控制电路应有适当的性能，这由机械的风险评估确定。

IEC 62061 和/或 ISO 13849-1、ISO 13849-2 中安全相关控制功能的要求应适用。

通过具有安全含义而适用于 IEC 62061 的电气控制系统执行功能从而导致要求的安全完整性小于 SIL 1 时，按照 GB/T 5226.1—2019 的要求可使电气控制系统有足够的性能。

存储器记忆，例如由电池供电保持的场合，应采取措施防止由于电池失效或卸除而引起的危险情况。

应提供措施（如使用秘钥、访问代码或工具）防止未经授权或意外修改存储器的内容。

② 失效情况下减低风险的措施

a. 概述。失效情况下减低风险的措施包括但不限于：

ⅰ. 采用成熟的电路技术和元件；

ⅱ. 提供部分或完整的冗余技术；

ⅲ. 提供相异技术；

ⅳ. 提供功能试验。

b. 采用成熟的电路技术和元件。这些措施包括但不限于：

ⅰ. 因功能目的，将控制电路接到保护联结电路［见 6.（4）3）① 和 GB/T 5226.1—2019 中图 4］；

ⅱ. 按照 6.（4）3）① 连接控制器件；

ⅲ. 用断电的方式停机；

ⅳ. 切断被控制器件的所有通电导线（例如线圈的两侧）；

ⅴ. 使用强制（或直接）断开操作的开关电器（见 IEC 60947-5-1：2003）；

ⅵ. 通过下列检测：

• 使用机械连接触头（见 IEC 60947-5-1）；

• 使用镜像触头（参见 IEC 60947-4-1）；

ⅶ. 电路设计上要减少意外操作引起的失效的可靠性。

c. 部分或完整采用冗余技术。通过提供部分或完整的冗余技术可使电路中单一失效引起危险的可能性减至最小。正常操作中冗余技术可能是有效的（在线冗余），或设计成专用电路，仅在操作功能失效时去接替保护功能（离线冗余）。

在正常工作期间离线冗余技术不起作用的场合，应采取措施确保这些控制电路在需要时可供使用。

d. 采用相异技术。采用有不同操作原理或不同类型元件或器件的控制电路，可以减少故障和失效可能引起的危险。例如：

ⅰ. 常开触点和常闭触点的组合使用；

ⅱ. 电路中不同类型控制器件的运用；

ⅲ. 在冗余结构中机电和电子设备的组合。

电和非电（如机械、液压、气动）系统的结合可以执行冗余功能和提供相异技术。

e. 功能试验的规定。功能试验可用控制系统自动进行，也可在起动和按预定间隔手动检查或试验，或以适当方式组合［见 2.1.10.14 中（2）和 GB/T 5226.1—2019 中 18.6］。

③ 控制电路故障的防护

a. 绝缘故障。

ⅰ. 概述。任何控制电路的接地绝缘故障可能引起误操作，例如意外起动、潜在的危险运动或妨碍机械停止，应采取减少绝缘故障概率的措施。

满足要求的措施包括但不限于下列的方法：

• 方法 a）由变压器供电的接地控制电路；

• 方法 b）由变压器供电的非接地控制电路；

• 方法 c）由绕组中心抽头接地的变压器供电的控制电路；

• 方法 d）不由变压器供电的控制电路。

ⅱ. 方法 a）由变压器供电的接地控制电路。

ⅲ. 方法 b）由变压器供电的非接地控制电路。

ⅳ. 方法 c）由绕组中心抽头接地的变压器供电的控制电路。

ⅴ. 方法 d）不由变压器供电的控制电路。

以上见 GB/T 5226.1—2019。

b. 电压中断。也见 2.1.10.4 中（5）。

如果控制系统采用存储器，一旦电源发生故障应确保正常功能（例如用非易失性存储器），以防止存储信息丢失而引起危险情况。

c. 电路连续性损失。如果控制电路因滑动触头原因导致连续性受损而引起危险情况时，应采取适当措施（例如采用双重滑动触头）。

2.1.10.7 操作板和安装在机械上的控制器件

(1) 总则

① 一般器件要求 操作板的控制器件应按 IEC 6130 尽可能合适选择、安装和标识或编码。

应使疏忽操作的可能性降到最低，例如器件的定位、合适的设计、提供附加保护措施。

应特别考虑用于危险机械控制的操作者输入装置（例如触摸屏、键盘和键区）以及用于起动机械操作的传感器（例如位置传感器）的选择、排列、编程和使用。进一步信息见 IEC 60447。

操作板器件的位置应考虑人类功效学原则。

② 位置和安装　为了适用，安装在机械上的控制器件应：

a. 维修时易于接近；

b. 安装得使由于物料搬运活动引起损坏的可能性减至最小。

手动控制器件的操动器应这样选择和安装：

a. 操动器不低于维修站台以上 0.6m，并处于操作者在正常工作位置上易触及的范围内；

b. 使操作者进行操作时不会处于危险位置。

脚动控制器件的操动器应这样选择和安装：

a. 操作者在正常工作位置易触及的范围内；

b. 操作者操作时不会处于危险情况。

③ 防护　防护等级（IP 等级符合 IEC 60529）和其他适当措施一起应防止：

a. 在实际环境中发现的或在机械上使用的液体（油）、雾或气体的作用；

b. 杂质（例如切屑、粉尘、颗粒物）的侵入。

此外，操作板上的控制器件的防护等级至少应采用 IPXXD（见 IEC 60529），以防止接触带电部分。

④ 位置传感器　位置传感器（如位置开关、接近开关）的安装应确保即使超程它们也不会受到损坏。

电路中使用的具有相关安全功能（例如保持机械的安全状态或防止机械产生危险情况）的位置传感器，应具有直接断开操作（见 IEC 60947-5-1：2003）或提供类似可靠性措施 ［见 2.1.10.6 中（4）②］。

⑤ 便携式和悬挂控制站　便携式和悬挂操作控制站及其控制器件的选择和安装应使得由冲击和振动（例如操作控制站下落或受障碍物碰撞）引起机械的意外运转可能性减到最小 ［见 2.1.10.1 中（4）⑧］。

(2) 操动器

① 颜色　操动器（术语"操动器"见附表 B-1）的颜色代码应按以下要求。

起动/接通操动器的颜色应为白、灰、黑或绿色，优选白色，不允许用红色。

急停和紧急断开操动器（包括电源切断开关，它预期用于紧急情况）应使用红色。最接近操动器周围的衬托色则应着黄色。红色操动器与黄色衬托色的组合应只用于紧急操作装置。

停止/断开操动器应使用黑、灰或白色，优选黑色，不允许用绿色。允许选用红色，但靠近紧急操作器件不宜使用红色。

作为起动/接通与停止/断开交替操作的操动器的优选颜色为白、灰或黑色，不允许用红、黄或绿色。

对于按动它们即引起运转而松开它们则停止运转（如保持-运转）的操动器，其优选颜色为白、灰或黑色，不允许用红、黄或绿色。

复位按钮应为蓝、白、灰或黑色。如果它们还用做停止/断开按钮，最好使用白、灰或黑色，优选黑色，但不允许用绿色。

黄色供异常条件使用，例如在异常加工情况或自动循环中断事件中。

对于不同功能使用相同颜色白、灰或黑（如起动/接通和停止/断开操动器都用白色）的场合，应使用辅助编码方法（如形状、位置、符号）以识别按钮操动器。

② 标记　除了如 GB/T 5226.1—2019 中 16.3 所述功能识别以外，建议按钮用 GB/T 5226.1—2019 中表 2 或表 3 给出的符号标记，标记可做在其附近，最好直接标在操动器之上。

（3）指示灯和显示器

① 概述　指示灯和显示器用来发出下列型式的信息：

a. 指示：引起操作者注意或指示操作者应完成某种任务。红、黄、蓝和绿色通常用于这种方式；闪烁指示灯和显示器见 2.1.10.7 中（3）③。

b. 确认：用于确认一种指令、一种状态或情况，或者用于确认一种变化或转换阶段的结束。蓝色和白色通常用于这种方式，某些情况下也可以用绿色。

指示灯和显示器的选择及安装方式，应从操作者的正常位置看得到（见 IEC 61310-1）。

用于警告人员紧急危险的听觉或视觉设备的电路，应配备检查这些设备可操作性的装置。

② 颜色　指示灯玻璃的颜色代码应根据机械的状态符合表 2-18 的要求。

表 2-18　指示灯的颜色及其相对于机械状态的含义

颜色	含义	说明	操作者的动作
红	紧急	危险情况	立即动作去处理危险情况（如断开机械电源、发出危险状态报警并保持机械的清除状态）
黄	异常	异常情况紧急临界情况	监视和/或干预（如重建需要的功能）
绿	正常	正常情况	任选
蓝	强制性	指示操作者需要动作	强制性动作
白	无确定性质	其他情况,可用于红、黄、绿、蓝色的应用有疑问时	监视

机械上指示塔台适用的颜色自顶向下依次为红、黄、蓝、绿和白色。

③ 闪烁灯和显示器　为了进一步区别或发出信息，尤其是给予附加的强调，闪烁灯和显示器可用于下列目的：

a. 引起注意；

b. 要求立即动作；

c. 指示指令与实际情况有差异；

d. 指示进程中的变化（转换期间闪烁）。

对于较高优先级信息，宜使用较高闪烁频率（参见 IEC 60073 推荐的闪烁速率和脉冲/间歇比）。

用闪烁灯或显示器提供较高优先级信息的场合，也应提供声音报警。

（4）光标按钮

光标按钮操动器的颜色代码应符合 2.1.10.7 中（2）①的要求。当难以选定适当的颜色时，应使用白色。

急停操动器激活的颜色应保持为红色，与照度无关。

（5）旋动控制器件

具有旋动部分的器件（如电位器和选择开关）的安装应防止其静止部分转动。只靠摩擦力是不够的。

（6）起动器件

用于引发起动功能或移动机械部件（如滑块、主轴、托架）的操动器，其设计和安装应尽量减小意外操作的可能。

(7) 急停器件

① 急停器件位置　急停器件应易接近。

急停器件应设置在要求引发急停功能的各个位置。

急停器件可能出现有效和无效之间相混淆的情况，例如由拔出或其他使操作站失效引起。在这种情况下，应提供最不易混淆的方法（如设计和使用信息）。

② 急停器件型式　急停器件包括但不限于下列型式：

a. 用手掌或拳触及操动的（例如蘑菇头式）按钮装置；

b. 拉线操作开关；

c. 不带机械防护装置的脚踏开关。

急停器件应符合 IEC 60947-5-5 的规定。

③ 影响急停的电源切断开关的操作　0 类停止适用的场合，电源切断开关可以提供急停功能时，电源切断开关应：

a. 易于接近操作；和

b. 2.1.10.2 中（3）②a.、b.、c. 或 d. 所描述的类型。

预期使用急停的场合，电源切断开关应满足 2.1.10.7 中（2）①规定的颜色要求。

(8) 紧急断开器件

① 紧急断开器件的位置　如必要，对于给定的应用应配置紧急断开器件。这些器件通常与操作控制站隔开设置。在急停器件和紧急断开器件易发生混淆的场合，应提供使混淆降为最小的措施。

注：达到此要求，如预备安全玻璃外壳的紧急断开器件。

② 紧急断开器件的型式　引发紧急断开的器件有下列型式：

a. 操动器为掌揿式或蘑菇头式的按钮操作开关；

b. 拉线操作开关。

这些器件应是直接断开操作（IEC 60947-5-1：2003 中附录 K 和 IEC 60947-5-1：2003/AMDI：2009）。

③ 电源切断开关的本身操作实现紧急断开　用电源切断开关本身操作实现紧急断开的场合，切断开关应易于接近，并满足 2.1.10.7 中（2）①的要求。

(9) 使能控制器件

使能控制功能在 2.1.10.6 中（2）③i. 中描述。

使能控制器件的选择和布置，应使其失效的可能性减至最小。

使能控制器件的选择应具有下列特性。

① 设计要考虑人类功效学原则。

② 对于二位置型式：

a. 位置 1——开关的断开功能（操动器不起作用）；

b. 位置 2——使能功能（操动器起作用）。

③ 对于三位置型式：

a. 位置 1——开关的断开功能（操动器不起作用）；

b. 位置 2——使能功能（中间位置操动器起作用）；

c. 位置 3——断开功能（超过中间位置操动器起作用）；

d. 当从位置 3 返回位置 2，使能功能不能起作用。

注：三位置使能开关的特殊要求见 IEC 60947-5-8。

2.1.10.8 控制设备：位置、安装和电柜

(1) 一般要求

所有控制设备的位置和安装应易于：

① 接近和维护；

② 预期操作不受外部因素或条件的影响；

③ 机械及有关设备的操作和维护。

(2) 位置和安装

① 易接近性和维护。

② 实际隔离或成组。

③ 热效应。

(3) 防护等级

具体内容见 GB/T 3226.1—2019。

(4) 电柜、门和通孔

具体内容见 GB/T 5226.1—2019。

(5) 电气设备通道

通道中的门和电气工作区用的通道门应：

① 至少宽 0.7m，高 2.1m；

② 向外开；

③ 允许从里面开门，但有措施（如应急插销）而不使用钥匙或工具。

注：进一步的信息参见 IEC 60364-7-729。

2.1.10.9 导线和电缆

(1) 一般要求

导线和电缆的选择应适合于工作条件（如电压、电流、电击的防护、电缆的分组）和可能存在的外界影响［如环境温度、存在水或腐蚀物质、机械应力（包括安装期间的应力）、火灾的危险］。

这些要求不适用于按有关国家标准或国际标准（例如 IEC 61800 系列）制造和测试的部件、组件和装置的集成配线。

(2) 导线

一般情况下，导线应为铜质的。如果用铝导线，截面积应至少为 $16mm^2$。

为保证足够的机械强度，导线截面积不应小于表 2-19 规定的值。然而截面积小于表 2-19 规定或和表 2-19 规定结构不同的导线均可以在设备中使用，只要可以通过其他措施获得足够的机械强度而不削弱正常的功能即可。

注：导线分类参见 GB/T 5226.1—2019 中表 D.4。

表 2-19 铜导线最小截面积 　　　　　　　　　　　　　单位：mm^2

位置	用途	导线、电缆型式				
		单芯		多芯		
		5类或6类软线	硬线(1类)或绞合线(2类)	双芯屏蔽线	双芯无屏蔽线	三芯或三芯以上屏蔽线或无屏蔽线
(保护)外壳外部布线	动力电路,固定布线	1.0	1.5	0.75	0.75	0.75
	动力电路,承受频繁运动的布线	1.0	—	0.75	0.75	0.75
	控制电路	1.0	1.0	0.2	0.5	0.2
	数据通信	—	—	—	—	0.08

位置	用途	导线、电缆型式				
		单芯		多芯		
		5类或6类软线	硬线(1类)或绞合线(2类)	双芯屏蔽线	双芯无屏蔽线	三芯或三芯以上屏蔽线或无屏蔽线
外壳内部布线①	动力电路(固定连接)	0.75	0.75	0.75	0.75	0.75
	控制电路	0.2	0.2	0.2	0.2	0.2
	数据通信	—	—	—	—	0.08

① 个别标准的特殊要求除外,也见2.1.10.9中(1)。

在振动引起损害可以忽略的场合,1类和2类导线主要用于刚性的非运动部件之间。易遭受频繁运动(例如机械工作每小时运动一次)的所有导线,均应采用5类或6类绞合软线。

(3) 绝缘

由于火的蔓延或者有毒或腐蚀性烟雾扩散,绝缘导线和电缆可能构成危险时,应寻求电缆供方的指导。对具有安全功能电路的完整性予以特别注意是尤其重要的。

所有电缆和导线的绝缘应适合试验电压:

① 工作电压高于50V a.c. 或120V d.c. 的电缆和导线,要经受至少2000V a.c. 的持续5min的耐压试验;

② PELV电路应承受至少500V a.c. 的持续5min的耐压试验(见GB/T 16895.21—2011中Ⅲ类设备)。

在工作及敷设时,尤其是电缆拖入管道时,绝缘的机械强度和厚度应保证其不应损坏。

(4) 正常工作时的载流容量

导线和电缆的载流容量取决于几个因素,例如绝缘材料、电缆中的导体数、设计(护套)、安装方法、分组和环境温度。

注1:详细信息和指导可在GB/T 16895.6—2014、某些国家标准中找到或由制造商给出。

在稳态条件下,外壳和设备单独部件之间适用于PVC绝缘线路载流容量的典型示例见表2-19。

注2:对于特定应用,正确的电缆尺寸可能取决于工作循环的周期和电缆热时间常数之间的关系(如防止起动高惯量负载,间歇工作)咨询电缆制造商。

(5) 导线和电缆的电压降

在正常工作状态下,任何动力电路的电缆,从电源端到负载的电压降不应超过额定电压的5%。为了符合这个要求,可能有必要采用大于表2-20规定的截面积导线。

表2-20 稳态条件下环境温度40℃时,采用不同敷设方法的PVC绝缘铜导线或电缆的载流容量(I_z)

截面积/mm²	敷设方法(参见GB/T 5226.1—2019中表D.2.2)			
	B1	B2	C	E
	三相电路用载流容量 I_z/A			
0.75	8.6	8.5	9.8	10.4
1.0	10.3	10.1	11.7	12.4
1.5	13.5	13.1	15.2	16.1
2.5	18.3	17.4	21	22
4	24	23	28	30
6	31	30	36	37
10	44	40	50	52
16	59	54	66	70

截面积/mm²	敷设方法(参见 GB/T 5226.1—2019 中表 D.2.2)			
	B1	B2	C	E
	三相电路用载流容量 I_z/A			
25	77	70	84	88
35	96	86	104	110
50	117	103	125	133
70	149	130	160	171
95	180	156	194	207
120	208	179	225	240
截面积/mm²	控制电路线对			
0.2	4.5	4.3	4.4	4.4
0.5	7.9	7.5	7.5	7.8
0.75	9.5	9.0	9.5	10

注 1. 表 2-20 载流容量的值基于：平衡三相电路适用截面积应大于或等于 0.75mm²；控制电流线对适用截面积在 0.2mm² 和 0.75mm² 之间。

安装更多电缆/线对，参考 GB/T 5226.1—2019 中表 D.2 或 D.3 降低表 2-20 值。

2. 环境温度不是 40℃ 时，参考 GB/T 5226.1—2019 中表 D.1 给出的数据进行修正。

3. 这些值不适合绕在电缆盘上的软电缆 [见 2.1.10.9 中（6）3)]。

4. 其他电缆用载流容量见 GB/T 16895.6。

控制电路中，考虑到浪涌电流，电压降应使任何装置的电压不低于制造商规定的电压。也见 2.1.10.1 中（3）。

应考虑器件上的电压降，例如过电流保护装置和开关装置。

（6）软电缆

① 概述 软电缆应为 5 类或 6 类导线。

注 1：6 类导线是较小直径的绞合线，比 5 类导线更柔软（参见 GB/T 5226.1—2019 中表 D.4）。

要承受恶劣工作条件的电缆应有适当的措施以防止：

a. 由于机械输送及拖过粗糙表面擦伤电缆；

b. 由于没有导向装置操纵引起电缆扭断；

c. 由于导向轮和强迫导向使正在电缆盘上缠绕或重新缠绕的电缆产生应力。

注 2：对这种情况的电缆见国家有关标准。

注 3：工作条件不利（如高拉应力、弯曲半径小、弯入另一个平面或频繁重复工作循环的场合）将降低电缆的工作寿命。

② 机械性能 机械电缆输送系统的设计应使在机械工作期间导线受的拉应力保持最小。使用铜导线的场合，铜导体截面的拉应力不应超过 15 N/mm²。使用要求拉应力超过 15 N/mm² 限值时，应选用有特殊结构特点的电缆，允许的最大抗拉强度（拉应力）应与电缆制造商达成协议。

软电缆导体采用非铜材质时，允许的最大（拉）应力应符合电缆制造商的规定。

注：下列条件影响导体的拉应力。

① 加速度。

② 运动速度。

③ 电缆净重。

④ 导向方法。

⑤ 电缆盘系统的设计。

③ 绕在电缆盘上电缆的载流容量 绕在电缆盘上的电缆选择，应考虑其导体的截面积，即正常工作负载时，导体温度不应超过最高允许温度。

安装在电缆盘上的圆截面电缆，在空气中最大载流容量应按表 2-21 减额。

表 2-21　绕在电缆盘上的电缆用减额系数

电缆盘型式	电缆层数				
	任一层数	1	2	3	4
圆柱形通风	—	0.85	0.65	0.45	0.35
径向通风	0.85	—	—	—	—
径向不通风	0.75	—	—	—	—

注：1. 使用减额系数，宜与电缆和电缆盘制造厂讨论。这可能涉及正在使用的其他因素。

2. 径向电缆盘是在靠近的法兰之间调节电缆的螺旋层；如果电缆盘装有实心法兰则被称做非通风式的，如果法兰有合适的孔则是通风式的。

3. 圆柱形通风电缆盘是在大间距法兰之间调节电缆层，电缆盘和法兰端面有通风孔。

注：空气中电缆的载流容量可在制造商的规范或有关国家标准中查出。

(7) 汇流线、汇流排和汇流环

① 基本防护　汇流线、汇流排和汇流环应这样安装和防护，即当正常接近机械期间，通过采用下列任意一种防护措施来获得基本防护：

a. 带电部分用局部绝缘防护，或有的场合这是行不通的；

b. 外壳或遮栏的防护等级至少为 IP2X 或 IPXXB。

容易被触及的遮栏或外壳的水平顶面的防护等级至少达到 IP4X 或 IPXXD。

如果达不到所要求的防护等级，可采用把带电体置于伸臂以外的防护与符合 2.1.10.6 中 (2) ③d. ⅲ 规定的紧急断开相结合。

汇流线和汇流排应按下列要求放置和/或保护：

a. 防止接触，尤其是无防护的汇流线和汇流排与如拉线开关的拉线、卸载装置和传动链等导电物体要防止接触；

b. 防止负载摆动的危害。

见 2.1.10.3 中 (2) ⑥。

② 防护导体（线）电路　如果汇流线、汇流排和汇流环作为保护联结电路一部分安装时，它们在正常工作时不应流过电流。因此保护导体（线）（PE）和中性导体（线）（N）应各自使用独立的汇流线、汇流排或汇流环。

使用滑动触点的保护导体（线）的连续性应采取适当措施（如复式集流器，连续性监视）予以保证。

③ 保护导体（线）集流器　保护导体集流器的形状或结构应使得与其他集流器不可互换。这样的集流器应是滑动触点式。

④ 有断路器功能的可移式集流器　有断路器功能的可移式集流器的设计应使得只有带电部分断开后保护导体电路才能断开，而带电部分接通前，先建立保护导体的连续性〔见 2.1.10.5 中 (2) ③〕。

⑤ 电气间隙　汇流线、汇流排和汇流环及它们的集流器的各导体之间、各邻近系统之间的电气间隙，应至少满足 IEC 60664-1 规定的过电压类别Ⅲ的额定冲击电压要求。

⑥ 爬电距离　汇流线、汇流排和汇流环及它们的集流器之间、各邻近系统之间和各导体之间的爬电距离应适合在预期的环境中工作，例如户外，建筑物内部，由外壳保护。

适合异常粉尘、潮湿或腐蚀性环境的爬电距离要求如下：

a. 无防护的汇流线、汇流排和汇流环应配备最小爬电距离为 60mm 的绝缘子；

b. 密封的汇流线、多极绝缘汇流排和单独绝缘汇流排应有 30mm 的最小爬电距离。

应遵照制造商的建议，采取专门措施防止由于不利的环境状况（如导电尘埃的沉淀、化学腐蚀等）而使绝缘值逐渐下降。

⑦ 导体系统分段　汇流线或汇流排可以采用恰当的设计方法分段敷设，防止由于靠近

集流器本身使邻近部分带电。

⑧ 汇流线、汇流排系统和汇流环的构造及安装　用于动力电路的汇流线、汇流排和汇流环应和控制电路分开成组。

汇流线、汇流排和汇流环及其集流器应能承受机械力和短路电流的热效应而不受损害。

敷设在地下或地板下的汇流线、汇流排系统用活动盖应设计得使一个人不用工具就不能打开。

如果汇流排安装在共用金属外壳内，外壳的每个独立部分都应连接在一起，并且连接到保护联结电路。敷设在地下或地板下的汇流排的金属盖也应连接在一起并连接到保护联结电路。

保护联结电路应包括金属外壳或地下管道的罩或盖板。金属铰链是保护联结电路的组成部分时，它们的连续性应进行验证（见 GB/T 5226.1—2019 第 18 章）。

汇流排管道可能经受流体，例如油或水的积累时，应有排水设施。

2.1.10.10　配线技术

(1) 连接和布线

① 一般要求　所有连接，尤其是保护联结电路的连接应牢固，防止意外松脱。

连接方式应适合被端接导线的截面积和性质。

只有专门设计的端子，才允许一个端子连接两根或多根导线。但一个端子只应连接一根保护导线。

只有提供的端子适用于焊接工艺要求才允许焊接连接。

接线座的端子应清楚标示或用标签标明与电路图上一致的标记。

注：IEC 61666 提供了电气设备内端子的标识可使用的规则。

当错误的电气连接（例如由更换元件引起的）可能是危险源并且通过设计措施不可能降低时，导线和/或端子应标识。

软导线管和电缆的敷设应使液体能排离该装置。

当器件或端子不具备端接多股芯线的条件时，应提供拢合绞心束的办法。不允许用焊锡来达到此目的。

屏蔽导线的端接应防止绞合线磨损并应容易拆卸。

识别标签应清晰、耐久，适合于实际环境。

接线座的安装和接线应使布线不跨越端子。

② 导线和电缆敷设　导线和电缆的敷设应使两端子之间无接头或拼结点。使用带适合防护意外断开的插头/插座组合进行连接，对本条款而言不认为是接头。

例外：如果在分线盒中不能提供（接线）端子（例如对活动机械，对有长软电缆的机械，电缆连接超长，使电缆制造厂做不到在一个电缆盘上提供电缆），可以使用拼接或接头。为满足连接和拆卸电缆和电缆束的需要，应提供足够的附加长度。

电缆端部应夹牢以防止导线端部的机械应力。

只要可能就应将保护导线靠近有关的负载导线安装，以便减小回路阻抗。

在铁磁电柜中安装的交流电路导线的安排应使得电路中所有导线包括保护导线装入同一外敷物中。

进入铁电柜中的交流电路导线的安装应使得电路中所有导线包括保护导线只能共同由铁磁材料包围，电路的导线之间为非铁磁材料，即电路的所有导线应经过同一电缆输入孔进入电柜。

③ 不同电路的导线　不同电路的导线可以并排放置，可以穿在同一管道中（如导线管

或电缆管道装置），也可以处于同一多芯电缆中或处于同一个插头/插座组中，只要这种安排不削弱各自电路的正常功能，并且：

　　a. 如果这些电路的工作电压不同，应把它们用适当的遮栏彼此隔开；或者

　　b. 任何导线的绝缘均可以承受系统中的最高电压，如非接地系统线间电压和接地系统的相对地电压。

　　④ AC 电路-电磁效应（防止涡流）　在铁磁电柜中安装的 AC 电路导线的安排应使各电路的所有导线包括各电路的保护导线装入同一外敷物中。这类导线进入铁磁电柜，它们的安排应使导线不被铁磁材料单独环绕。

　　AC 电路不宜采用钢丝或钢带的铠装单芯电缆。

注 1：单芯电缆的钢丝或钢带铠装被视为铁磁外壳。对于铠装单芯电缆，宜使用铝材铠装的。

注 2：源于 GB/T 16895.6。

　　⑤ 感应电源系统传感器（拾取器）和传感器转换器之间的连接　传感器和传感器转换器之间的电缆应：

　　a. 尽可能短；

　　b. 充分防护机械损坏。

注：传感器的输出可能是电流源，因此对电缆的损坏可能引起高电压危险。

(2) 导线的标识

　　① 一般要求　每根导线应按照技术文件的要求在每个端部做出标识。

　　（如为维修方便）导线标识可用数字、字母数字、颜色（导线整体用单色或用单色、多色条纹）或颜色和数字或字母数字的组合。采用数字时，应是阿拉伯数字，字母应是罗马字（大写或小写）。

注 1：GB/T 5226.1—2019 附录 B 可作为供方和用户之间关于最好标识方法的协议。

注 2：工业装置、设备和产品中使用的电缆和缆芯/导线进行标识的规则和导则参见 IEC 62491。

　　② 保护导线/保护联结导线的标识　应采用形状、位置、标记或颜色使保护导线/保护联结导线与其他导线易于区别。当只采用色标时，应在导线全长上采用黄/绿双色组合。保护导线/保护联结导线的色标是绝对专用的。对于绝缘导线，黄/绿双色组合应这样安排，即在任意 15mm 长度的导线表面上，一种颜色的长度占 30%～70%，其余部分为另一种颜色。

　　如果保护导线能容易地从其形状、位置或结构（如编织导线、裸绞导线）识别，或者绝缘导线一时难以获得或是多芯电缆中的导线，则不必在整个长度上使用颜色代码，而应在端头或易接近位置上清楚地标示 IEC 60417-5019：2006-08 中 5019 图形符号（见 GB/T 5226.1—2019 中图 16）或用字母 PE 或用黄/绿双色组合标记。

　　例外：保护联结导体可以用字母 PB/或 IEC 60417-5021 中 5021 图形符号（见 GB/T 5226.1—2019 中图 17）进行标识。

　　③ 中线的标识　如果电路包含只用颜色标识的中线，其颜色应为蓝色。为避免与其他颜色混淆，宜使用不饱和蓝，这里称为"浅蓝"（见 IEC 60455：2010 中 6.2.2），在选择这种颜色作为中线的唯一标识有可能发生混淆的场合，不应使用浅蓝色来标记其他导线。

　　如果采用色标，用做中线的裸导线应在每个 15～100mm 宽度的间隔或单元内，或在易接近的每个位置上用浅蓝色条纹做标记，或在导线整个长度上做浅蓝色标志。

　　④ 颜色的标识　当使用颜色代码做导线标识时，｛不是保护导线［见 2.1.10.10 中（2）②］和中线［见 2.1.10.10 中（2）③］｝标识时可采用下列颜色：黑、棕、红、橙、黄、绿、蓝（包括浅蓝）、紫、灰、白、粉红、青绿。

注：该颜色系列取自 IEC 60757。

如果采用颜色做标识，宜在导线全长上使用带颜色的绝缘或以固定间隔在导线上和其端部或在易接近的位置用颜色标记。

考虑到安全问题，在有可能与黄/绿双色组合［见 2.1.10.10 中（2）②］发生混淆的场合，不应该使用绿色或黄色。

可以使用上面列出颜色的组合色标，只要不发生混淆和不使用绿色或黄色，不过黄/绿双色组合标记除外。

当使用颜色代码标识导线时，宜使用下列颜色代码。

a. 黑色：交流或直流动力电路。

b. 红色：交流控制电路。

c. 蓝色：直流控制电路。

d. 橙色：按照 2.1.10.2 中（3）⑤的例外电路。

上述的例外允许绝缘不使用推荐的颜色（如多芯电缆）。

（3）电柜内配线

电柜内的导线应固定并需保持在适当位置。非金属管道只有在用阻燃绝缘材料制造时才允许使用（参见 IEC 60332 系列标准）。

要安装在电柜内的电气设备，宜设计和制作成允许从电柜的正面修改线路［见 2.1.10.8 中（2）①］。如果不可行，并且控制器件是从电柜的背面接线，则应提供进出门或能旋出的配电盘。

安装在门上或者其他活动部件上的器件，应按 2.1.10.9 中（2）和（6）要求使用适合部件频繁运动用的软导线连接。这些导线应紧固在固定部件上和与电气连接无关的活动部件上［见 2.1.10.5 中（2）③和 2.1.10.8 中（2）①］。

不敷入管道的导线和电缆应牢固固定住。

引出电柜外部的控制配线，应采用接线座连接或插头/插座组合连接。对于插头/插座组合见 2.1.10.10 中（4）⑤和⑥。

动力电缆和测量检测电路的电缆可以直接接到预期连接的器件的端子上。

（4）电柜外配线

① 一般要求　电缆或管道连同专用的管接头、密封垫等引入电柜的方法，应确保不降低防护等级［见 2.1.10.8 中（3）］。

同一电路的导线不应分布于不同的多芯电缆、导线管、电缆管道系统或电缆通道系统。构成同一电路的若干多芯电缆并行安装时，上述要求不需要。多芯电缆并行安装时，如可能，每一根电缆应尽可能包含每一相的一根相线和中性线。

② 外部管道　连接电柜内电气设备的外部导线，应封闭在合适的管道（如导线管或电缆管道系统）中，如 2.1.10.10 中（5）所述，有合适保护套的电缆，无论是否用电缆托架或电缆支承设施，都可以不需要管道安装。带有专用电缆的器件，如配有专用电缆的位置开关或接近开关，当其电缆适用，足够短，放置或保护得当，使损坏风险最小时，它们的电缆不必密封在管道中。与管道或多芯电缆一起使用的接头附件应适合于实际环境。

如果至悬挂按钮站的连接需要使用柔性连接，则应采用软导线管或软多芯电缆。悬挂站的重量不应借助软导线管或多芯电缆来承受，除非是为此目的专门设计的导线管或电缆。

③ 机械的移动部件的连接　频繁移动的部件应按 2.1.10.9 中（2）和（6）要求的适合于弯曲使用的导线连接。软电缆和软导线管的安装应避免过度弯曲和绷紧，尤其是在接头附件部位。

移动电缆的支承应使得在连接点上没有机械应力，也没有急弯。当用回环结构实现时，弯曲回环应有足够的长度，以便使电缆的弯曲半径符合电缆制造商的规定，若无此规定，至少为电缆外径的 10 倍。

机械的软电缆安装和防护应使得电缆因使用不合理等因素引起外部损坏的可能性减到最小，软电缆应防止：

 a. 被机械自身碾过；

 b. 被车辆或其他机械碾过；

 c. 运动过程中与机械的构件接触；

 d. 在电缆吊篮中敷入或敷出，接通或断开电缆盘；

 e. 对花彩般垂挂或悬挂电缆施加速力和风力；

 f. 与电缆收集器过度摩擦；

 g. 暴露于过度的辐射热。

电缆护套应能耐受由于移动而产生的可预料到的正常磨损，并能经受环境污染的影响（如油、水、冷却液、粉尘）。

如果移动电缆靠近运动部件，则应采取措施使运动部件和电缆之间至少应保持 25mm 距离。如果做不到，则应在二者之间安设遮栏。

电缆输送系统的设计应使得侧向电缆角度不超过 5°，电缆进行下列操作时应避免挠曲扭转：

 a. 正在电缆盘上缠绕或放开；

 b. 正接近或离开电缆导向装置。

应有措施确保至少总有两圈软电缆缠绕在电缆盘上。

起导向作用和携带软电缆的装置应设计成电缆在所有弯曲点处的内弯曲半径不小于 GB/T 5226.1—2019 中表 8 规定的值，除非考虑了允许的拉力和预期疲劳寿命或与电缆制造商另有协议。

两弯之间的直线段应至少为电缆直径的 20 倍。

如果软导线管靠近运动部件，则在所有运行情况下其结构和支承装置均应能防止对软导线管的损伤。

软导线管不应用于易受快速和频繁的活动影响的连接，除非是为此目的专门设计的。

④ 机械上器件的互连　安装在机械上的几个器件（例如位置传感器、按钮）串联或并联时，在这些器件间宜通过构成中间测试点的端子进行连接。这些端子应方便安装、充分保护，并在有关图上示出。

⑤ 插头/插座组合　电柜内部由固定插头/插座组合（不是软电缆）端接的部件，或通过插头/插座组合连接总线系统的部件，不属于本条认定的是插头/插座组合。

当根据 a. 安装后，插头/插座组合的型式应在任何时间，包括连接器插入和拔出期间，防止与带电部分意外接触。防护等级应至少为 IP2X 或 IPXXB。PELV 电路除外。

当插头/插座组合包含保护联结电路用触点时，应使它首先接通，最后断开［也见 2.1.10.5 中（2）④］。

在带负载条件下连接或断开的插头/插座组合应有足够的负载分断能力。当插头/插座组合额定电流为 30A 或更大时，应与开关器件联锁以便只有当开关器件处在断开位置时才能连接和断开。

插头/插座组合额定电流大于 16A 时，应有保持措施以防意外或事故断开。

插头/插座组合的意外或事故断开会引起危险情况时，应有保持措施。

适用时，插头/插座组合的安装应满足下列要求。

a. 断开后仍然有电的元件至少应有 IP2X 或 IPXXB 的防护等级，并考虑要求的电气间隙和爬电距离。PELV 电路除外。

b. 插头/插座组合的金属外壳应连接保护联结电路。PELV 电路除外。

c. 预期带动力负载但在负载条件下不能断开的插头/插座组合应有保持措施以防意外或事故断开，并应有清晰标记，表明在带载条件下不能断开。

d. 如果在同一电气设备上使用几个插头/插座组合，则相关的组合应清楚标识，宜采用机械编码以防相互插错。

e. 控制电路用插头/插座组合应满足 IEC 61984 的要求。

例外：依照 IEC 60309-1 插头/插座组合，应仅用于控制电路的触点。本例外不适用于在动力电路上使用叠加高频信号的控制电路。

⑥ 装运拆卸　为了装箱运输需要拆断布线时，应在分段处提供接线端子或提供插头/插座组合。这些接线端子应适当封装，插头/插座组合应能防护到位，免受运输和存储期间实际环境的影响。

⑦ 备用导线　应考虑提供维护和修理用的备用导线。当提供备用导线时，应把它们连接在备用端子上，或用和防护接触带电部分同样的方法予以隔离。

(5) 管道、接线盒与其他线盒

① 一般要求　管道应提供合适用途的防护等级（见 IEC 60529）。

可能与导线绝缘接触的所有锐棱、焊碴（渣）、毛刺、粗糙表面或螺纹，应从管道和接头附件上清除。必要时应提供由阻燃、耐油绝缘材料构成的附加防护以保护导线绝缘。

易存积油或水分的接线盒、引线箱、电缆管道装置中应允许制作有直径 6mm 的排泄孔。

为了防止电气导线管与油、气和水管混淆，电气导线管宜用物理隔离或者做出明显标记。

管道和电缆托架应采用刚性支承，其位置应离运动部件有足够的距离，并使损伤或磨损的可能性减至最小。在要求有人行通道区域内，管道和电缆托架的安装应至少高于工作面 2m。

部分被遮盖的电缆托架不应看做管道或电缆通道系统［见 2.1.10.10 中（5）⑥］，所用电缆的类型应适于安装在开式电缆托架上。

管道的尺寸和排列宜便于导线和电缆插入。

② 金属硬导线管及管接头　金属硬导线管及管接头应为镀锌钢或适合使用条件的耐腐蚀材料制成。应避免使用不同金属，因为它们的接触中会产生电位差腐蚀作用。

导线管应牢固固定在其位置上并将其两端支承住。

管接头应与导线管相适应并适用。应使用带螺纹的管接头。除非由于结构上的困难妨碍装配。如果使用无螺纹管接头，则导线管应牢固固定在设备上。

导线管的折弯不应损坏导向管，也不应减小导线管的有效通径。

③ 金属软导线管及管接头　金属软导线管应由金属软管或编织线网铠装组成，它应适应于预期的实际环境。

管接头应与软导线管相适应并适用。

④ 非金属软导线管及管接头　非金属软导线管应耐弯折，并应具有与多芯电缆护套类似的物理性能。

这种软导线管应适用于预期的实际环境。

管接头应与软导线管相适应并适用。

⑤ 电缆通道系统　电柜外部的电缆通道系统应采用刚性支承，并应与机械的运动部件或污染源相隔离。

盖板的形状应覆盖满周边；应允许加密封垫。盖板应采用适当方法连接到电缆通道系统上。对于水平安装的电缆通道系统，其盖板不应装在底部，除非为这样安装的专门设计。

注：IEC 61084 系列标准给出了电缆通道系统和管道系统的电气安装要求。

如果电缆通道系统是分段提供的，则各段之间的连接应紧密配合，但不需要加密封衬垫。

除接线或排水需用孔外不应有其他开口。电缆通道系统不应有敞开的不用的出砂孔。

⑥ 机械的隔间和电缆通道系统　应允许用机械立柱或基座内的隔间或电缆通道系统去围护导线，只要该隔间或电缆通道系统是与冷却液槽及油箱隔离并完全封闭的。敷入封闭的隔间或电缆通道系统中的导线应被紧固，其布置应使得它们不易受到损坏。

⑦ 接线盒与其他线盒　用于配线目的的接线盒和其他线盒应便于维修。这些线盒应有防护以防止固体和液体的侵入，并考虑机械在预期工作情况下的外部影响〔见 2.1.10.8 中（3）〕。

接线盒与其他线盒不应有敞开的不用的出砂孔，也不应有其他开口，其结构应能隔绝粉尘、飞散物、油和冷却液之类的物质。

⑧ 电动机的接线盒　电动机的接线盒应密闭，仅与电动机及安装在电动机上的部件（如制动器、温度传感器、反接制动开关或测速发电机）进行连接。

2.1.10.11　电动机及有关设备

(1) 一般要求

电动机宜符合 IEC 60034 系列。电动机及有关设备保护的要求为 2.1.10.4 中（2）过电流保护、（3）②过载保护、（6）超速保护。

当电动机处于停转时，由于一些控制器件并未断开连接电动机的电源，因此应注意确保符合 2.1.10.2 中（3）～（5）、2.1.10.4 中（5）和（6）及 2.1.10.6 中（4）的技术要求。电动机控制设备应按"2.1.10.8 控制设备：位置、安装和电柜"的规定设置和安装。

(2) 电动机外壳

电动机外壳宜按 IEC 60034-5 选择。

防护等级应取决于应用和实际环境〔见 2.1.10.1 中（4）〕。所有电动机应具有足够的保护，以避免来自机械的损坏。

(3) 电动机尺寸

就切实可行而言，电动机尺寸应遵照 IEC 60072 系列标准。

(4) 电动机安装与隔间

每台电动机及其相关联轴器、皮带和带轮或链条的安装应使得它们有足够的保护，且便于检查、维护、校准、调整、润滑和更换。电动机的安装布局结构应使得能拆卸所有的电动机压紧（紧固）装置，并容易接近接线盒。

电动机的安装应确保正常的冷却，其温升保持在绝缘等级的限值内（见 IEC 60034-1）。

电动机隔间应尽可能干燥清洁，必要时应直接向机械外部通风。通风口应使切屑、粉尘或水雾的进入量处于一个允许的水平上。

不符合电动机隔间要求的其他隔间与电动机隔间之间不应有通孔。如果导线管要从别的不符合电动机隔间要求的隔间进入电动机隔间，则导线管周围的间隙应密封。

(5) 电动机选择的依据

电动机及其有关设备的特性应根据预期的工作和实际环境条件〔见 2.1.10.1 中（4）〕

进行选择。在这方面，应考虑的要点包括：

① 电动机型式；

② 工作循环类型（见 IEC 60034-1）；

③ 恒速或变速运行（以及随之发生的通风量变化的影响）；

④ 机械振动；

⑤ 电动机控制的型式；

⑥ 温升和馈电电压和/或馈电电流的频谱影响（特别是由变换器供电时）；

⑦ 起动方法及起动电流对接同一电源的其他用户运行可能的影响，还要考虑供电部门可能的特殊规定；

⑧ 反转矩负载随时间和速度的变化；

⑨ 大惯量负载的影响；

⑩ 恒转矩或恒功率运行的影响；

⑪ 电动机和变换器间可能需要电抗器。

(6) 机械制动用保护器件

机械制动器的过载和过电流保护器件的动作，应引发有关的机械致动机构同时脱开。

注：有关的机械致动机构是指与其相应运动关联的装置，如电缆盘和长行程驱动。

2.1.10.12 插座和照明

(1) 附件用插座

如果机械及其有关装置备有附件（如手提电动工具、试验设备）使用的电源插座，则应施加下列条件：

① 电源插座应符合 IEC 60309-1 的规定，否则它们应清楚标明电压和电流的额定值；

② 应确保电源插座保护联结电路连续性；

③ 连往电源插座的所有未接地导线应按 2.1.10.4 中（2）和（3）的规定，提供合适的过电流保护和（必要时的）过载保护，并与其他电路的保护导线分开；

④ 在插座的电源引入线不通过机械或部分机械的电源切断开关切断的情况下，应采用 2.1.10.2 中（3）⑤的要求；

⑤ 通过自动切断电源提供故障保护时，TN 系统的切断时间应依照 GB/T 5226.1—2019 中表 A.1，TT 系统的切断时间应依照 GB/T 5226.1—2019 中表 A.2；

⑥ 额定电流不超过 20A 的电路电源插座应配备剩余电流保护器（RCD），额定动作电流不超过 30mA。

(2) 机械和电气设备的局部照明

① 概述　通/断开关不应装在灯头座上或悬挂在软线上。

应通过选用合适的光源避免照明有频闪效应。

如果电柜中装有固定照明装置，则应按 2.1.10.1 中（4）②提出的原则考虑电磁兼容性。

② 电源　局部照明线路两导线间的标称电压不应超过 250V。两导线间电压宜不超过 50V。

照明电路应由下述电源之一供电［见 2.1.10.4 中（2）⑥］。

a. 连接在电源切断开关负载边的专用的隔离变压器。副边电路中应设有过电流保护。

b. 连接在电源切断开关进线边的专用的隔离变压器。该电源应仅允许供控制电柜中维修照明电路使用。副边电路中应设有过电流保护［见 2.1.10.2 中（3）⑤］。

c. 用于照明的机械电气设备电路，带专用过电流保护。

d. 连接在电源切断开关进线边的隔离变压器，这时在原边设有专用的切断开关〔见2.1.10.2中（3）⑤〕，副边设有过电流保护，而且装在控制电柜内电源切断开关的邻近处。

e. 外部供电的照明电路（例如工厂照明电源）。只允许装在控制电柜中，整个机械工作照明的额定功率不超过 3kW。

f. 电源单元，供给发光二极管（LED）光源的 d.c. 电源，配备隔离变压器（例如依照 IEC 61558-2-6）。

例外：操作者在正常工作时若伸臂碰不到的固定照明，本条规定不适用。

③ 保护　局部照明电路应按照 2.1.10.4 中（2）⑥进行保护。

④ 照明配件　可调照明配件应适应于实际环境。

灯头座应：

a. 符合有关 IEC 标准；

b. 用保护灯头的绝缘材料制造以防止意外触电。

反光罩应使用灯架而不应使用灯头座支承。

例外：操作者在正常工作时若伸臂碰不到的固定照明，本条规定不适用。

2.1.10.13　标记、警告标志和参照代号

具体内容见 GB/T 5226.1—2019 第 16 章。

2.1.10.14　技术文件

(1) 概述

应提供必要的信息（资料），以识别、运输、安装、使用、维护、报废和处置机械电气设备。

注 1：文件有时以纸质形式提供，因为不能确定用户是否可以阅读到电子版或互联网形式的说明书。然而，与纸版说明书相比，如果可以得到电子版或互联网形式的说明书通常会更有益处，因为如果纸版文件丢失，用户可以通过下载电子版的方式来恢复文件。必要时，该方式也便于文件更新。

注 2：国家相关法律法规有要求时，应使用所要求的特定语言。

GB/T 5226.1—2019 附录 I 可以作为准备资料和文件的指南。

(2) 有关电气设备的资料（信息）

应提供下列资料（信息）。

① 当提供多个文件时，要为整体机械电气设备提供一个主要文件，同时列出与设备相关的补充文件。

② 电气设备的标识（见 GB/T 5226.1—2019 第 16 章）。

③ 安装和装配资料（信息）包括：

a. 电气设备的配置和安装的描述及其与电源和其他源的连接；

b. 对于各引入电源，电气设备短路电流额定值；

c. 额定电压、相数和频率（若为 AC），配电系统形式（TT，TN，IT）和各引入电源满载电流；

d. 对于各引入电源的任何附加电源要求（例如最大电源阻抗、漏电流）；

e. 移动和维护电气设备要求的空间；

f. 确保不损害冷却布局的安装要求；

g. 适当时，环境限制（例如照明、振动、EMC 环境和大气污染）；

h. 适当时，功能限制（例如峰值起动电流和允许的电压降）；

i. 对于涉及电磁兼容性的电气设备的安装应采取的预防措施。

④ 在机械邻近区域（例如 2.5m 以内），可同时接近的外部可导电部分的连接说明，例

如下列保护联结电路：

 a. 金属管；

 b. 防护栏；

 c. 梯子；

 d. 扶手。

 ⑤ 功能和操作资料（信息），适用时包括：

 a. 电气设备的结构概略图（例如结构图或概略图）；

 b. 如需预期使用时，编程或配置的步骤；

 c. 意外停止后重新起动的程序；

 d. 操作顺序。

 ⑥ 电气设备的维护信息，适当时包括：

 a. 功能测试的频次和方法；

 b. 有关安全维护程序的说明，以及需要时暂停安全功能的场合和/或保护措施程序的说明〔见 2.1.10.6 中（3）⑥〕；

 c. 有关调整、修理和预防性维护的频次及方法的指南；

 d. 用于替换的电气零部件互连的详细说明（例如电路图和/或连接表）；

 e. 所需专用装置或工具的信息；

 f. 备件信息；

 g. 有关可能的剩余风险的信息，是否需要任何特殊培训的指导和任何必要的个人防护设备的规范；

 h. 如适用，仅熟练人员和受过训练人员才能使用的钥匙和工具的说明；

 i. 设定（GIP 双列直插式封装开关，可编程参数值等）；

 j. 修理或修改后，确认有关安全控制功能，以及必要时定期测试的资料（信息），如适当。

 ⑦ 如适当，搬运、运输和储存的信息（例如尺寸，重量，环境条件，可能的老化限制）。

 ⑧ 正确拆卸和处理部件的信息（例如回收或处置）。

2.1.10.15　验证

(1) 概述

特定机械验证范围在专用产品标准中规定。如果该机械尚无专用产品标准，可从④～⑦项中选一项或多项进行检验，但总应检验①～③和⑧项。

 ① 验证电气设备与技术文件一致性。

 ② 验证保护联结电路的连续性（GB/T 5226.1—2019 中 18.2.2 中试验 1）。

 ③ 若通过自动切断电源进行故障的防护，对于自动切断电源适用的保护条件应按照 GB/T 5226.1—2019 中 18.2 进行检验。

 ④ 绝缘电阻试验（见 GB/T 5226.1—2019 中 18.3）。

 ⑤ 耐压试验（见 GB/T 5226.1—2019 中 18.4）。

 ⑥ 残余电压的防护（见 GB/T 5226.1—2019 中 18.5）。

 ⑦ 验证满足 2.1.10.5 中（2）⑥的相关要求。

 ⑧ 功能试验（见 GB/T 5226.1—2019 中 18.6）。

进行试验时，宜遵循以上列出的顺序。

当电气设备变动时，应采用 GB/T 5226.1—2019 中 18.7 规定的要求。

验证包括测量，宜采用符合 IEC 61557 系列标准的测量设备。

验证结果应形成文件。

(2) 验证与试验

作者注：具体见 GB/T 5226.1—2019 中 18.2～18.7。

说明

① GB/T 5226.1—2019《机械电气安全 机械电气设备 第 1 部分：通用技术条件》对机械电气设备提出技术要求和建议，以便促进提高：

a. 人员和财产的安全性；

b. 控制响应的一致性；

c. 维护的便利性。

② GB/T 5226.1—2019 使用翻译法等同采用 IEC 60204-1：2016《机械安全 机械电气设备 第 1 部分：通用技术条件》，并代替了 GB 5226.1—2008。与 GB 5226.1—2008 相比，主要技术变化说明见表 2-22。

表 2-22 GB/T 5226.1—2019 主要技术变化说明

序号	技术变化说明	GB/T 5226.1—2019 的有关章条 [在本手册中的位置]
1	增加了高海拔地区使用的设备有必要降低的对相关因素的要求	4.4.5[2.1.10.1 中(4)⑤]
2	电源切断装置的插头/插座组合时，对其提出了相关要求	5.3.3[2.1.10.2 中(3)③]
3	对电源切断装置的操作装置提出了新要求	5.3.4[2.1.10.2 中(3)④]
4	用自动切断电源做防护对不同接地形式的电源系统提出具体要求	6.3.3[2.1.10.3 中(3)③]
5	提出确定电气设备的短路电流定额的要求	7.10[2.1.10.4 中(10)]
6	对保护联结电路做出更多规定	8.2[2.1.10.5 中(2)]
7	增加了一些控制功能例如监控无线控制系统控制机械的能力等	9.2[2.1.10.6 中(2)]
8	对控制电路故障的防护做了更详尽的规定	9.4.3[2.1.10.6 中(4)③]
9	技术文件有全新的规定	第 17 章[2.1.10.14]
10	对电线和电缆的安装方法做了新要求	附录 D
11	增加了附录 H，专门讨论减少电磁影响的措施	附录 F
12	增加了附录 I，为用户提供有关信息	附录 I

③ 在 GB/T 5226.1—2019 中给出附录 A～附录 I，目录见表 2-23。

表 2-23 GB/T 5226.1—2019 附录目录

序号	附录目录
1	附录 A(规范性附录) 通过自动切断电源的故障保护
2	附录 B(资料性附录) 机械电气设备查询表
3	附录 C(资料性附录) GB/T 5226.1 涉及的机械示例
4	附录 D(资料性附录) 机械电气设备中导线和电缆的载流容量和过电流保护
5	附录 E(资料性附录) 紧急操作功能说明
6	附录 F(资料性附录) GB/T 5226.1 使用指南
7	附录 G(资料性附录) 常用导线截面积对照表
8	附录 H(资料性附录) 减少电磁影响的措施
9	附录 I(资料性附录) 文件/信息

但附录 D（资料性附录）只是提供选择导线尺寸的附加信息，对 GB/T 5226.1—2019 中表 6（本手册表 2-20）给定的条件给予修正（见 GB/T 5226.1—2019 中表 6 的注）。

④ 在附录 NA（资料性附录）中，给出了与 GB/T 5226.1—2019 规范性引用的国际文件有一致性对应关系的我国文件。

⑤ GB/T 5226.34—2020《机械电气安全　机械电气设备　第 34 部分：机床技术条件》已于 2020-04-28 发布、2020-11-01 实施。GB/T 5226.34—2020 规定了机床电气设备及系统安全与验收的技术要求，适用于机床电气设备及系统。

GB/T 5226.34—2020 所指的机床电气设备及系统一般包括金属切削机床、木工机床、锻压机床等的电气设备及系统（在该标准中给出了机床示例，如剪板机床、液压折弯机床、液压压力机床等，但不限于所给出的示例）；电气设备包括机床电气设备、电子设备和可编程序电子设备，系统包括电气控制系统和数字控制系统（数控系统）。

⑥ 在 GB/T 5226.1—2019 中的术语和定义还包括缩略语，具体见表 2-24。

表 2-24　GB/T 5226.1—2019 规定的缩略语

序号	术语	缩略语	序号	术语	缩略语
1	美国线规	AWG	10	电气传动系统	PDS
2	交流电流	AC	11	保护特低电压	PELV
3	基本传动模块	BDM	12	剩余电流保护装置	RCD
4	无线控制系统	CCS	13	浪涌保护装置	SPD
5	直流电流	DC	14	短路保护装置	SCPD
6	电磁兼容性	EMC	15	安全特低电压	SELV
7	电磁干扰	EMI	16	安全限位	SLP
8	绝缘故障定位系统	IFLS	17	安全转矩关闭	SPO
9	人机接口	MMI			

作者注：在 GB/T 5226.34—2020 中还规定了如下缩略语：AC（交流电）、CNC（计算机数控）、DC（直流电）、EMC（电磁兼容性）、I/O（输入/输出）、MT（机床）、NC（数值控制，数控）、PELV（保护特低电压）、PL（性能等级）。

⑦ 在 GB/T 5226.1—2019 中，一些名词术语或存在混用问题，例如："标识"与"标签"，"带电部分"与"带电部件"，"带电导线（体）"与"带电导体（线）"，"启动"与"起动"，"运转"与"运行"，"电机"与"电动机"，"制动"与"致动"，"存贮器"与"存储器"，"保护连接电路"与"保护连结电路"，"切断"与"切除"，"经受"与"承受"，"拼结点"与"拼接"，"铁磁电柜"与"铁电柜"，"制造"与"制作"，"焊碴"与"焊渣"，"密封垫"与"密封衬垫"，"封闭电气工作区"与"电气工作区"，"气压"与"气动"等，至少存在统一性问题。

⑧ 对 GB/T 5226.1—2019 中一些表述已经修改，如：

a. 将"6.2.4　残余电压的防护　如果这种放电速率会干扰设备的正常功能，则应在容易看见的位置或在包含带电部分的外壳邻近处，做耐久性警告标志提醒注意危险，并注明打开外壳前所需的延时时间。"修改为"6.2.4　残余电压的防护　如果这种放电速率会干扰设备的正常功能，则应在容易看见的位置或在包含带电部分的外壳邻近处，做永久性警告标志提醒注意危险，并注明打开外壳前所需的延时时间。"

b. 将"9.2.3.4.3 紧急断开　紧急断开的功能目的见 GB/T 16895.22—2004 中 536.4。"根据 GB/T 5226.1—2008，修改为："9.2.3.4.3 紧急断开　紧急断开的功能目的见 GB/T 16895.22—2004。"因为 GB/T 16895.22—2004 中未见 536.4。

c. 将"9.3.4　不同工作和相反运动间的联锁　如果机械制动机构的故障会产生制动，此时有关的机械致动机构已供电而且可能出现危险情况，则应配备切断机械致动机构的联锁。"修改为："9.3.4　不同工作和相反运动间的联锁　如果机械致动机构的故障会产生制动，此时有关的机械致动机构已供电而且可能出现危险情况，则应配备切断机械致动机构的联锁。"

d. 将"9.4.2.4　采用相异技术　电和非电（如机械、液压、气压）系统的结合可以执行冗余功能和提供相异技术。"修改为"9.4.2.4　采用相异技术　电和非电（如机械、液压、气动）系统的结合可以执行冗余功能和提供相异技术。"

e. 将"12.6.2　机械性能　软电缆导体采用非铜材质时，允许的最大应力应符合电缆制造商的规定。"修改为："12.6.2　机械性能　软电缆导体采用非铜材质时，允许的最大（拉）应力应符合电缆制造商的规定。"

f. 将"12.7.8　汇流线、汇流排系统和汇流环的构造及安装　用于动力电路的汇流线、汇流排和汇流环应和控制电路的分开成组。"修改为"12.7.8　汇流线、汇流排系统和汇流环的构造及安装　用于动力电路的汇流线、汇流排和汇流环应和控制电路分开成组。"

g. 将"13.3　电柜内配线　引出电柜外部的控制配线，应采用接线座或连接插头/插座组合连接。对于插头/插座组合见 13.4.5 和 13.4.6。"修改为"13.3　电柜内配线　引出电柜外部的控制配线，应采用接线座连接或插头/插座组合连接。对于插头/插座组合见 13.4.5 和 13.4.6。"

h. 将"14.4　电动机安装与隔间　电动机的安装布局结构应使得能拆卸所有的电动机压紧装置，并容易接近接线盒。"修改为"14.4　电动机安装与隔间　电动机的安装布局结构应使得能拆卸所有的电动机压紧（紧固）装置，并容易接近接线盒。"

i. 将"17.2　有关电气设备的资料（信息）　应提供下列资料（信息）：f）电气设备的维护信息，适当时包括：•用于替换的电气零部件互连的详细说明（例如：过电路图和/或连接表）；"修改为"17.2　有关电气设备的资料（信息）　应提供下列资料（信息）：f）电气设备的维护信息，适当时包括：•用于替换的电气零部件互连的详细说明（例如：电路图和/或连接表）"。

j. 在 GB/T 5226.1—2019 中规定的："7.4　异常温度的防护（保护）　设备应防护会引起危险情况的异常温度。"但没有给出如何防护（保护）。

2.1.11　工业机械数字控制系统通用技术条件

在 GB/T 29482.1—2013《工业机械数字控制系统　第 1 部分：通用技术条件》中规定了工业机械数字控制系统制造与验收的技术要求以及检验（试验）方法，适用于额定电压不超过 AC1000V、DC1500V，额定频率不超过 200Hz 的工业机械数字控制系统（以下简称数控系统或产品），例如金属切削机床、铸锻机械、木工机械、特种加工机床、塑料机械、纺织机械、缝制机械等，其他机械的数字控制系统可参照该标准。

注：GB/T 29482.1—2013 是工业数字控制系统基本的、共性的要求，各类型以及具体的产品（包括数控装置、驱动单元、伺服电动机等）可根据其使用性能、结构等特点，对 GB/T 29482.1—2013 的有关内容进行补充、修改和/或替换及具体化。

2.1.11.1　工作条件

(1) 气候环境条件

① 贮存及运输的耐干热与耐干冷

a. 要求。数控系统贮存及运输允许的气候环境条件如下。

ⅰ. 环境温度：－40～70℃（≤24h）。

注：长期贮存温度一般为－25～55℃。

ⅱ. 相对湿度：10％～95％（无凝露）。

ⅲ. 大气压强：70～106kPa（海拔 0～2000m）。

b. 检验（试验）。试验概要、试验方法见 GB/T 29482.1—2013。

② 高温及低温运行

a. 要求。数控系统在下列气候条件下应能正常工作。

ⅰ. 环境温度：0～40℃。

ⅱ. 相对湿度：10％～95％（无凝露）。

ⅲ. 大气压强：86～106kPa。

ⅳ. 海拔≤1000m。

注1：机箱内置的产品，运行高温为 55℃。

注2：当对工作条件有特殊要求时，见 2.1.11.1 中（4）。

b. 检验（试验）。试验基本要求、高温运行试验方法、低温运行试验方法见 GB/T 29482.1—2013。

③ 温度变化运行

a. 要求。产品应在下列温度变化条件下正常工作。

ⅰ. 环境温度：低温为 5℃，高温为 40℃。

ⅱ. 试验时间：低温 3h，高温 3h；共 2 次循环，共 12h。

ⅲ. 相对湿度：30％～95％（无凝露）。

ⅳ. 大气压强：86～106kPa。

注：机箱内置的产品，运行高温为 55℃。

b. 检验（试验）。温度变化运行试验方法见 GB/T 29482.1—2013。

④ 耐交变湿热

a. 要求。产品应能承受严酷等级为温度 55℃，相对湿度 93％±3％（当 55℃±2℃）和相对湿度＞95％（当 25℃±3℃），时间 12h＋12h 的交变湿热试验。

试验结束后，检测在交变湿热条件下产品的绝缘电阻，其值应符合 2.1.11.4 中（5）的规定，且产品应能空载正常运行。

b. 检验（试验）。试验概要、试验方法见 GB/T 29482.1—2013。

(2) 机械环境条件

① 振动

a. 要求。产品（不含电动机）的振动要求见表 2-25。

表 2-25　振动要求

频率 f/Hz	振幅/mm
$2 \leqslant f < 9$	≤0.35
$9 \leqslant f < 150$	≤0.15

产品应经受作用于三个相互垂直的每个轴上的振动。振动试验后，产品电气性能不受到影响，外观和装配质量不允许改变，不应有机械结构上的损坏、变形和紧固部位的松动现象，通电工作后所有功能应正常。

b. 检验（试验）。试验方法见 GB/T 29482.1—2013。

② 冲击

a. 要求。产品（不含电动机）的冲击要求见表 2-26。

表 2-26　冲击要求

冲击加速度	150m/s²
冲击波形	半正弦波
持续时间	11ms
方向	垂直于底面
冲击次数	3 次

产品应能经受在表 2-26 所列的试验条件下的冲击。冲击试验后，其电气性能不受到影响，外观和装配质量不允许改变，不应有机械结构上的损坏、变形和紧固部位的松动现象，通电工作后所有功能应正常。

b. 检验（试验）。试验方法见 GB/T 29482.1—2013。

③ 自由跌落

a. 要求。产品（不含电动机）的自由跌落（带制造厂包装）要求见表 2-27。

表 2-27　自由跌落（带制造厂包装）要求

数控装置质量/kg	自由跌落高度/m	数控装置质量/kg	自由跌落高度/m
<10	0.80	40～50	0.30
10～20	0.60	50～100	0.20
20～30	0.50	>100	0.10
30～40	0.40		

b. 检验（试验）。试验方法见 GB/T 29482.1—2013。

(3) 电源条件

① 工作电压范围

a. 要求。产品在下列交流输入电源条件下正常工作。

ⅰ. 输入电源电压（有效值）：(0.85～1.10)×输入电压的标称值。

ⅱ. 频率范围：50Hz±1Hz，连续变化。

b. 检验（试验）。试验方法见 GB/T 29482.1—2013。

② 电压谐波

a. 要求。交流电压是指在产品电源接入点测得的总均方根电压值。小于 10 倍标称频率的真谐波（标称频率的整数倍）的总均方根值可达到总电压的 10%。更高频率的谐波和其他频率含量可能达到总电压的 2%。但为了恒定的比较结果，仅在三次谐波上对产品进行试验（10%，在相位角 0°和 180°），产品应能正常运行。

注：本项要求仅对高性能产品适用。

b. 检验（试验）。试验方法见 GB/T 29482.1—2013。

(4) 特殊工作条件

对于超出正常条件的其他条件，制造厂应根据用户要求进行制造以满足特殊条件的要求。同时，用户应与制造厂就特殊条件的要求签署协议。

特殊条件一般包括：

① 超低温贮存；

② 更高海拔的运输及运行；

③ 暴露在有害气体中；

④ 暴露在过分潮湿环境中（相对湿度>85%）；

⑤ 暴露在过量尘埃中；

⑥ 暴露在磨蚀性尘埃中；

⑦ 暴露在水蒸气或凝露中；

⑧ 暴露在油气中；

⑨ 暴露在爆炸性尘埃或气体混合物中；

⑩ 暴露在含盐的空气中；

⑪ 受到异常的振动、冲击或倾斜；

⑫ 露天或暴露在滴水环境中；

⑬ 异常运输或贮存条件；

⑭ 温度过高/过低或突然变化；

⑮ 异常空间限制；

⑯ 长时间停机；

⑰ 户外运行。

2.1.11.2 设计与制造

(1) 标识（标志）

① 产品与安全标识（标志）

a. 要求。

ⅰ. 产品标识（标志）一般应包括注册商标、产品型号及名称、制造厂商名、制造厂商地址、通讯信息等内容。

注：产品标识一般出现在随行文件或包装箱面的适宜位置。

ⅱ. 产品铭牌的内容包括注册商标、产品型号及名称、制造厂商名、制造日期、额定电压、相数、额定电流（或额定功率）等内容，其文字要清晰、美观、耐久，铭牌的固定（或张贴）应牢固并易于观察。

ⅲ. 为达到保护操作者安全的目的，在产品上应设置必要及永久的安全警告标识（标志），如防触电、防高温烫伤、防残余电压危险、安全警告信息等（见 GB 18209.2—2010《机械电气安全 指示、标志和操作 第 2 部分：标志要求》），这些标识（标志）应牢固耐久、易于观察。

b. 检验。视检，所使用的标识（标志）应符合 2.1.11.2 中（1）①a. 的要求。

② 操作面板与接口的标识（标志）

a. 要求。

ⅰ. 安装在操作面板或其他装置上面的按钮、开关、旋钮、按键、指示灯、控制单元（如手持单元、手脉）等都应在其附近（或其上面）具有表示其功能的标识（标志）。一般采用操作指示图形符号（形象化符号）作为标志，操作指示图形符号应符合有关标准规定，如 GB/T 3167—2015《金属切削机床 操作指示图形符号》、GB 18209.1～18209.3—2010 及 ISO 7000：2004（2014）《设备用图形符号 索引和一览表》等及有关规定。

ⅱ. 为了便于使用，允许采用操作指示图形符号标志与文字标识并用的形式，但不允许仅用文字标识表示。

ⅲ. 产品的电源端口、I/O 接口、接地（功能、保护）端口、信号端口（接口）等都应具有标识（标志），这些标志（标识）应符合有关标准的规定。

ⅳ. 所有的标识（标志）均应清晰、美观、牢固、耐久并易于观察。

b. 检验。视检，所使用的标识（标志）应符合 2.1.11.2 中（1）②a. 的要求。

③ 元器件的标识（标志）

a. 要求。

ⅰ．印刷电路板（PCB）等与装接在其上面的元器件及装在其他位置的元器件（或模块），在其上或附近位置应具有清晰的标识（标志），一般采用文字标识（如字母代号或其他）表示。

ⅱ．产品内部所有单元连接（包括与外部连接）的导线、线缆均应在导线两端具有标识（标志），如电源导线 U、V、W，保护接地导线图形符号（可见 GB/T 4728.2—2018 中 S00202 符号）或 PE 等。

ⅲ．所有的标志（标识）均应清晰、美观、牢固、耐久并易于观察。

b．检验。视检，所使用的标识（标志）应符合 2.1.11.2 中（1）③a. 的要求。

④ 包装标识（标志）

a．要求。

ⅰ．包装箱的箱面应具有贮存与运输的标志，一般应具有"小心轻放、向上、怕雨、堆码层数极限"等标志（见 GB/T 191—2008《包装储运图示标志》）。

ⅱ．包装箱箱面一般应印制（或注明）"制造厂名称、产品型号名称、出厂编号、数量、发货单位、收货单位、发站（港）、重量、尺寸、制造厂地址及通讯"等内容。

ⅲ．出口产品的包装箱箱面在制造厂名称前应有"中华人民共和国"字样。

b．检验。视检，包装箱的箱面所使用的标识（标志）应符合 2.1.11.2 中（1）④a. 的要求。

（2）颜色要求

① 标志的颜色

a．要求。标志的颜色要求如下。

ⅰ．产品所有使用标识（标志）的颜色应符合 GB 5226.1（已被 GB/T 5226.1—2019 代替）、GB 18209.1～18209.3 等有关规定。

ⅱ．标志颜色使用的一般原则为：

- "禁止"（紧急状况）用红色；
- "警告"（警告、注意、危险、异常状况）用黄色；
- "安全状态及允许"（正常状况）用绿色；
- "应遵守的规定或强制性干预"用蓝色；
- 白、灰、黑未赋予具体含义，可选择使用。

b．检验。视检，标识（标志）的颜色选择应符合 2.1.11.2 中（2）①a. 的要求。

② 控制元件的颜色

a．要求。控制元件的颜色要求如下。

ⅰ．急停操动器颜色应选用红色［见 GB 5226.1—2008（GB/T 5226.1—2019）的第 10 章］。当急停采用红色蘑菇头按钮时，作为"急停"特定标志应在蘑菇头周围的外圈部分衬托黄色。

ⅱ．按钮（按键）等的颜色："起动/接通"按钮（按键）的颜色优先选用白色，也允许选用绿色。"停止/断开"按钮（或按键）的颜色优先选用黑色［见 GB 5226.1—2008（已被 GB/T 5226.1—2019 代替）的第 10 章］。

ⅲ．光标按钮（又称带灯按钮）："起动/接通"光标按钮（又称带灯按钮）的颜色优先选用白色，也允许选用绿色［见 GB 5226.1—2008（已被 GB/T 5226.1—2019 代替）的第 10 章］；"停止/断开"光标按钮（又称带灯按钮）的颜色优先选用黑色。

注：考虑到"停止/断开"黑色光标按钮的颜色光指示不明显时，允许采用灰色（或红色）的"停止/断开"光标按钮。

ⅳ. 蓝色的按钮及蓝色的光标按钮用于要求强制性干预操作，如复位功能。

ⅴ. 白色、灰色、黑色的按钮以及光标按钮未赋予具体含义，可作为操作（或操作指示）功能选择使用。

b. 检验。视检，所有控制元件的颜色应符合 2.1.11.2 中（2）②a. 的要求。

③ 指示元件的颜色

a. 要求。指示元件（指示灯、闪烁指示灯等）的颜色要求如下。

ⅰ."禁止"（紧急状况）用红色。

ⅱ."警告"（警告、注意、危险、异常状况）用黄色。

ⅲ."安全状态及允许"（正常状况）用绿色。

ⅳ."应遵守的规定或强制性干预"用蓝色。

b. 检验。视检，所有指示元件的颜色应符合 2.1.11.2 中（2）③a. 的要求。

④ 导线的颜色

a. 要求。导线的颜色要求如下。

ⅰ. 当产品的单元内部连接导线用颜色代码标识时，可采用黑、棕、红、橙、黄、绿、蓝（包括浅蓝）、紫、灰、白、粉红、青绿等颜色。

ⅱ. 产品与外部连接电路导线颜色选用为 ［见 GB 5226.1—2008（已被 GB/T 5226.1—2019 代替）的第 13 章］：

- 交流动力电路、直流动力电路用黑色；
- 交流控制电路用红色；
- 直流控制电路用蓝色；
- 保护接地电路专用黄/绿双色。

ⅲ. 电缆或护套中的颜色选用不受 ⅱ. 的限制。

b. 检验。视检，所有导线的颜色应符合 2.1.11.2 中（2）④a. 的要求。

（3）外观及结构

① 要求

a. 包括操作面板等在内的产品结构及布局应合理、造型应美观、色彩应和谐并符合人类功效学原则。

b. 外表面应平整均匀、不允许有明显的凹陷、划伤、裂纹、变形。外表面涂（镀）层不允许有气泡、龟裂、脱落或锈蚀等缺陷，面膜应平整、牢固。

c. 产品的外形尺寸应符合设计规定。

② 检验 视检，产品外观与结构应符合上面 2.1.11.2 中（3）①的要求。

（4）控制元件的位置

① 要求 包括按钮、光标按钮、按键在内的操作控制元器件，"停止按钮""停止按键"的安装位置应分别位于"起动按钮""起动按键"的左边或下边（见 GB/T 4205—2010 的第 4 章及 GB/T 18209.3）。

② 检验 视检，控制元件的位置应符合 2.1.11.2 中（4）①的要求。

（5）功能接地

① 要求 用于非安全目的，如改善抗干扰性能或其他有关功能等的"功能接地"应设置专门的端子，端子的标志为"抗干扰接地"（在 GB/T 4728.2—2018 中为"功能接地"，见 S01408 符号）或 FE ［见 GB 5226.1—2008（已被 GB/T 5226.1—2019 代替）的 8.3 和 4.4.2］。

② 检验 视检，功能接地应符合 2.1.11.2 中（5）①的要求。

（6）导线连接

① 要求　导线（线缆）的连接和布线应符合 GB 5226.1—2008（已被 GB/T 5226.1—2019 代替）的 13.1 的规定。

② 检验　视检，导线（线缆）的连接和布线应符合 2.1.11.2 中（5）①的要求。

（7）外壳防护

① 要求　产品机箱的外壳防护等级一般要达到 IP43［见 GB 4208—2008（GB/T 4208—2017）《外壳防护等级（IP 代码）》、GB 5226.1—2008（已被 GB/T 5226.1—2019 代替）的 11.3，即 IP 的第一位特征数字 4 表示防止直径不小于 1.0mm 的固体异物，IP 的第二位特征数字 3 表示防淋水，各垂直面在 60°范围内淋水，无有害影响］。

有特殊要求的产品机箱的外壳防护等级要达到 IP54 及以上（IP 的第一位特征数字 5 表示防尘，虽不能完全防止尘埃进入，但进入的灰尘量不应影响控制装置的正常运行，不应影响安全；IP 的第二位特征数字表示防溅水，向外壳各方向的溅水，无有害影响）。

机箱内置的外壳防护等级应至少达到 IP2X。

② 检验　视检和/或测试，产品的外壳防护检验（即防水防尘试验），按 GB 4208—2008（GB/T 4208—2017）的第 11 章～第 24 章的试验方法进行试验，应符合 2.1.11.2 中（7）①的要求。

（8）元器件质量

① 要求　产品应选用符合相关标准、质量稳定可靠的元器件、组件和辅件等，同时产品的印制电路板（PCB）、模块等的质量也均应符合有关标准和规定。

② 检验　视检和/或测试，产品的元器件等的质量应符合 2.1.11.2 中（8）①的要求。

（9）方便性

① 要求　产品设计与安装应考虑调试、操作及维修的方便性［见 GB 5226.1—2008（已被 GB/T 5226.1—2019 代替）的 11.1～11.2］。

② 检验　视检，应符合 2.1.11.2 中（9）①的要求。

2.1.11.3　产品功能

（1）坐标系与轴运动

① 要求　相关产品的坐标系和轴运动命名应符合右手坐标系原则，具体命名可参照 GB/T 19660—2005《工业自动化系统与集成　机床数值控制坐标系和运动命名》、GB/T 16977—2019《机器人与机器人装备　坐标系和运动命名原则》及其他有关规定。

注：由于工业机械数字控制系统的产品门类较多，如缝制机械等可不按本要求。

② 检验　视检和联机测试，产品坐标系和轴运动命名应符合 2.1.11.3 中（1）①的要求。

（2）指令代码及数据格式

① 要求　相关产品的指令代码（如 G、M、S、F、T 等）、数据格式一般应符合 GB/T 8870.1—2012《自动化系统与集成　机床数值控制　程序格式和地址字定义　第 1 部分：点位、直线运动和轮廓控制系统的数据格式》（GB/T 8870—1988 已被代替）等有关标准和设计等有关规定。

注：由于工业机械数字控制系统的产品门类较多，如缝制机械等可不按本要求。

② 检验　视检和联机测试，数控系统的指令代码（G、M、S、F、T 等）、数据格式应符合 2.1.11.3 中（2）①的要求。

（3）产品的基本类型

① 要求　产品按所控制的工业机械功能对象，基本分为金属切削机床数控系统、特种

加工机床数控系统、木工机械数控系统、铸锻机械数控系统、纺织机械数控系统、缝制机械数控系统、塑料机械数控系统等。

② 检验　视检，应符合 2.1.11.3 中（3）①的要求。

(4) 功能

① 要求

a. 功能及定义。包括有关功能、参数等所使用的术语及定义，一般应符合 GB/T 8129—2015《工业自动化系统　机床数值控制　词汇》及有关规定。

b. 基本功能和选配功能。

ⅰ. 各类型数控系统所具有的控制功能应满足被控机械的使用要求。根据产品特点，应具有手动操作功能、自动操作功能、程序编辑功能（全屏幕在线编辑与校验、直径/半径编程）、手动数据输入（MDI）功能、手脉或单步进给功能、回零功能、简单循环（复合循环）功能、自诊断功能、显示报警功能、插补（直线、圆弧、螺纹等）功能、宏程序功能、小线段连续高速插补功能、刀具补偿功能、自动加减速控制（S曲线）功能、预读前瞻功能、网络与 DNC 功能、加工过程（工作过程）图形仿真或实时图形显示、数据管理等若干基本功能（或选配功能）。

ⅱ. 上述功能及主要技术指标（参数）应详细表述在产品使用文件中。

ⅲ. 选配功能及其主要技术指标（参数），应在制造厂商与用户的技术协议中明确约定。

c. 高性能数字控制系统的功能。高性能（高档）数控系统应具有满足适应于高档工业机械设备性能要求的功能，这些功能及主要技术指标（参数）应详细表述在产品使用文件中。

d. 特殊功能。对有特殊功能需求的数字控制系统，应由制造厂商与用户的协议进行约定，特殊功能及主要技术指标（参数）也应详细补充表述在产品使用文件中。

② 检验（试验）方法　视检和功能测试，产品功能应符合 2.1.11.3 中（4）①的要求。

(5) 接口与通信

① 要求

a. 模拟接口及信号。

ⅰ. 输入信号：信号范围±10V 或 0～10V，输入阻抗限制≥10kΩ。

ⅱ. 输出信号：信号范围±10V 或 0～10V，负载阻抗≥1kΩ。

注 1：模拟信号输入应能承受直至短路时的任何过载。

注 2：由于工业机械数字控制系统的产品门类较多，如缝制机械等可不按本要求。

ⅲ. 其他模拟输入、输出接口信号要求应符合设计及有关规定。

b. 数字脉冲接口及信号

ⅰ. 数字脉冲接口信号：在 CNC 或驱动单元之间可以有多种类型，控制电平接口信号、进给脉冲接口信号、测量脉冲反馈接口信号、通信接口信号（如 RS232、RS485、USB、键盘接口）等。

ⅱ. 对数控系统外接的脉冲和电平接口信号，产品制造厂商应在其产品使用文件上进行说明，还应对脉冲信号种类、电平、速率、信号电流等进行说明。

c. 现场总线通信与接口

ⅰ. 针对普及型及高性能型产品特点，可采用现场总线作为产品各单元之间（和/或数控系统外部、网络）的接口（和/或端口）进行通信。

ⅱ. 产品采用现场总线的具体种类及协议规范（或标准），产品制造厂商应在其产品使用文件中进行详细说明。

d. 其他控制信号

产品的驱动装置（单元）与数控装置之间应具备以下基本等交换信号：

ⅰ. 准备就绪（驱动装置输出）；

ⅱ. 允许/封锁工作（驱动装置输入）；

ⅲ. 故障报警（驱动装置输出）。

对其他控制信号产品制造厂商应在产品使用文件中进行详细说明。

② 检验（试验） 视检及测试，接口及信号应符合 2.1.11.3 中（5）①的要求。

2.1.11.4 产品安全及电磁兼容性（EMC）

（1）基本安全

① 要求 产品应满足被控工业机械对数字控制系统安全使用要求的规定，即：

a. 满足预期的操作条件和环境影响的要求；

b. 设置访问口令或钥匙开关，防止程序被有意或无意改动；

c. 有关安全的软件未经授权不允许改变；

d. 其他与数控系统有关的安全要求。

② 检验（试验） 视检，功能检查和/或检查信息，应符合 2.1.11.4 中（1）①的要求。

（2）安全责任

① 要求

a. 制造者的安全责任。

ⅰ. 制造者应对所提供的数控系统及随行供应的附件在设计和结构上已消除和/或控制的危险负责；

ⅱ. 制造者应对所提供的数控系统及随行供应的附件的安全负责；

ⅲ. 制造者应对提供给使用者的使用信息和建议负责。

b. 使用者的安全责任。

ⅰ. 使用者应通过数控系统安全操作的学习和培训，并熟悉和掌握安全操作的内容；

ⅱ. 使用者应对自己增加、变换或修改原数控系统、附件后的安全及造成的危险负责；

ⅲ. 使用者应对未按数控系统使用文件的规定操作、调整、维护、安装和贮运产品造成的危险负责。

② 检验 检查信息，应符合 2.1.11.4 中（2）①的要求。

（3）电击防护

① 要求 产品应采取以下措施，具备保护人们免受电击（直接接触、间接接触）的能力。

a. 推荐采用 PELV（保护特低电压）进行防护，在干燥环境（带电部分与人无大面积接触）的标称电压 AC≤25V（均方根值）或 DC≤60V（无纹波）；在其他情况下，AC≤6V（均方根值）或 DC≤15V（无纹波），详见 GB 5226.1（已被 GB/T 5226.1—2019 代替）的 6.4。

b. 机箱的护壳（外壳）只有使用专用工具才能开启。

c. 机箱内置的电柜（电箱）的护壳（外壳）应有专门的锁紧装置或只能用钥匙或专用工具才能打开。护壳内带电的元器件防止直接触电的防护等级应不低于 IP2X（见 GB/T 4208—2017）。

d. 对于数控系统在电源切断后带有残余电压的可带电部分，应在电源切断 5s 之内放电到 60V 或以下，否则需有警告标志（说明必要的延时），以免对维护人员造成危害。

注：带有残余电压的元器件的储存电荷≤60μC 时可以不予考虑。

e. 在机箱护壳外表面的适当位置，应具有符合 GB 5226.1—2008 (已被 GB/T 5226.1—2019 代替) 中 16.2 规定的防触电警告标志 (即黑边、黄底、黑色闪电三角符号)。

注：其他危险的警告标志和信息，如注意高温烫伤、防残余电压等均可采用。

f. 采用插头与插座组合的型式，无论何时在连接器插入或拔出时，应能够防止人与带电部分直接接触 (保护特低电压 PELV 电路除外)。

g. 按 GB 5226.1—2008 (已被 GB/T 5226.1—2019 代替) 的 6.3.2.2 的要求，采用双重绝缘或加强绝缘 (如手持单元等) 进行防护。

h. 其他有效的电击防护安全措施。

② 检验 (试验)　检查和/或测试，电击防护应符合 2.1.11.4 中 (3) ① 的要求。

(4) 保护联结 (保护接地)

① 要求　产品的机械结构所有外露可导电部分都应连接到保护联结电路上，应保证其保护联结电路的连续性 [具体见 GB 5226.1—2008 (已被 GB/T 5226.1—2019 代替) 的第 8 章]。

产品的电源引入端口处连接外部保护导线的端子应使用"保护接地"图形符号或 PE 标识，外部保护铜导线的最小截面积要求见表 2-28 (不为铜导线时应使用系数修正)。

表 2-28　外部保护铜导线的最小截面积

电源供电相线的截面积 S/mm^2	外部保护导线的最小截面积 S_p/mm^2
$S \leqslant 16$	S
$16 < S \leqslant 35$	16
$S > 35$	$S/2$

所有保护导线应进行端子连接，且一个端子只能连接一根保护导线。每个保护导线接点都应有标记，符号为"保护接地"图形符号或 PE (符号优先)，导线采用"黄/绿双色"导线。

保护联结电路的连续性即保护总接地端子 PE 到各测试点间，实测电压降不应超过表 2-29 所规定的值。

表 2-29　保护联结电路连续性的条件

被测保护导线支路最小有效截面积/mm^2	最大的实测电压降(对应测试电流为 10A 的值)/V
1.0	3.3
1.5	2.6
2.5	1.9
4.0	1.4

保护联结电路只有在通电导线全部断开之后再断开。

保护联结电路连续性的重新建立应在所有通电导线重新接通之前。

② 检验 (试验)　试验方法见 GB/T 29482.1—2013。

(5) 绝缘电阻

① 要求

a. 产品在正常试验条件及极限低温条件下，连接外部电源电路和保护接地电路间施加 DC 500V 时测得的绝缘电阻应 ≥20MΩ。

b. 产品在高温条件下，连接外部电源电路和保护接地电路间施加 DC 500V 时测得的绝缘电阻应 ≥10MΩ。

c. 产品在交变湿热试验后，连接外部电源电路和保护接地电路间施加 DC 500V 时测得的绝缘电阻应 ≥1MΩ。

② 检验（试验）　试验方法见 GB/T 29482.1—2013。

（6）耐电压试验

① 要求　产品应进行耐电压（耐压）试验，耐压试验时间为 30 s，漏电流一般应≤5mA，试验中不应有击穿和飞弧现象出现。

试验的电压为两倍的电源额定电压或 AC 1000V、50Hz（取其中较大者），试验电压应由容量≥500VA 的变压器供电。对于不适宜经受该项试验的元件应在试验期间断开。

出厂检验时，耐压试验时间为 5 s，试验电压不变，漏电流≤5mA。

② 检验（试验）　试验方法见 GB/T 29482.1—2013。

（7）防火保护及非金属材料的阻燃性

① 要求　产品应具有异常温度升高的防火保护措施。

非金属材料的阻燃性应满足下列要求。

a. 非金属外壳材料。构成数控系统（含驱动单元等）最外层壳体部分的非金属材料应具有一定的阻燃性，以防止火焰蔓延，并应符合 V-0、V-1 和 V-2 的火焰蔓延率的要求 [GB/T 5169.16—2008（2017）《电工电子产品着火危险试验　第 16 部分：试验火焰 50W 水平与垂直火焰试验方法》的第 9 章]。用于装饰目的的（如标签）或功能目的的（如衬垫）且不构成外壳的主要部分的非金属材料，不需要特殊的阻燃添加剂及对火焰蔓延率无要求。

b. 支撑带电元件的非金属材料。支撑带电元件的非金属材料（如 PCB、变压器线圈架等），应具备一定的阻燃性，以防止或减小火焰的蔓延。应符合 V-0 类、V-1 类的火焰蔓延率（见 GB/T 5169.16 的第 9 章）或对热灯丝的试验，温度 750℃，持续 30s 时熄灭（见 GB/T 5169.11）。

c. 非金属部件。非金属部件应具备 V-2 类的火焰蔓延率 [GB/T 5169.16—2008（2017）的第 9 章] 或更好的性能。

② 检验（试验）　非金属材料的阻燃性按 GB/T 5169.16 及 GB/T 5169.11 进行试验，应符合 2.1.11.4 中（7）①的要求。

（8）噪声

① 要求　产品中承载的驱动单元及电动机在共同运行时的噪声声压级应≤78 dB（A）。不同的产品由制造厂商的技术要求具体确定。

② 检验（试验）　试验方法见 GB/T 29482.1—2013。

（9）电磁兼容性（EMC）——发射

① 要求　作为工业机械电气设备的数控系统成套产品，应对其发射的辐射干扰及传导干扰提出要求和测量。

产品发射限值要求推荐按表 2-30 和 GB/T 23712—2009《工业机械电气设备　电磁兼容机床发射限值》附录 A 的规定进行确定。

表 2-30　产品发射限值

端口	频率范围	严酷等级(标准) 在距离 10m 处测得	严酷等级(可选) 在距离 30m 处测得	基本标准
外壳端口 （辐射干扰）	30～230MHz	40dB(μV/m)准峰值	30dB(μV/m)准峰值	GB/T 23313
	230～1000MHz	47dB(μV/m)准峰值	37dB(μV/m)准峰值	
交流电源端口 （传导干扰）	0.15～0.5MHz	79dB(μV/m)准峰值		
		66dB(μV/m)准峰值		
	0.5～30MHz	73dB(μV/m)准峰值		
		60dB(μV/m)准峰值		

作者注：现行标准为 GB/T 23313—2009《工业机械电气设备　电磁兼容　发射限值》。

② 发射测定试验　辐射干扰、传导干扰试验配置及试验测量方法参照 GB/T 6113 及 GB/T 29482.1—2013 有关规定进行。

（10）电磁兼容性（EMC）——抗扰度

① 静电放电抗扰度

a. 要求。产品运行时，按 GB/T 24112—2009《工业机械电气设备　静电放电抗扰度试验规范》的规定，对外壳端口、操作人员经常触及的所有部位与保护接地端口间进行静电放电试验，接触放电电压为 6 kV，空气放电电压为 8kV，试验中产品具备的所有控制、显示等功能均应正常。

注：由于工业机械数字控制系统的产品门类较多，如缝制机械等可不按本要求。

b. 检验（试验）方法。试验方法见 GB/T 29482.1—2013。

② 电快速瞬变脉冲群抗扰度

a. 要求。产品运行时，按 GB/T 24111—2009《工业机械电气设备　电快速瞬变脉冲群抗扰度试验规范》的规定，分别在交流电源端口与保护接地端口之间加入峰值为 2 kV、重复频率为 5 kHz 的脉冲群，时间为 1min；在 I/O 信号、数据、控制及测量端口（或接口）电缆上用耦合夹加入峰值为 1 kV、重复频率为 5 kHz 的脉冲群，时间为 1min。试验中产品具备的所有控制、显示等功能均应正常。

b. 检验（试验）方法。试验方法见 GB/T 29482.1—2013。

③ 浪涌（冲击）抗扰度

a. 要求。产品运行时，按 GB/T 22840—2008《工业机械电气设备　浪涌抗扰度试验规范》的规定，分别在交流输入电源端口的相线之间叠加峰值为 1 kV 的浪涌（冲击）电压；在交流输入电源端口的相线与保护接地端口间叠加峰值为 2 kV 的浪涌（冲击）电压。浪涌（冲击）重复率为 1 次/min，极性为正极/负极各进行 5 次，产品具备的所有功能均应正常。

在控制与测量信号接口（电平、脉冲、模拟等信号线）叠加峰值为 1 kV 的浪涌（冲击）电压，浪涌（冲击）重复率为 1 次/min，极性为正极/负极各进行 5 次，产品具备的所有控制、显示等功能应正常。

注 1：仅在信号线的总长度超过 30m 时，才需要进行本项试验。

注 2：信号线如采用带屏蔽的电缆，应直接耦合到屏蔽层。现场总线或其他由于技术原因不适用浪涌保护器件的信号接口不按此要求。耦合/去耦网络的影响造成产品正常功能不能实现时，不进行控制与测量信号接（端）口的浪涌试验。

注 3：信号接（端）口的浪涌试验仅适用于高性能产品。

b. 检验（试验）方法。试验方法见 GB/T 29482.1—2013。

④ 电压暂降和短时中断抗扰度

a. 要求。产品运行时，按 GB/T 22841—2008《工业机械电气设备　电压暂降和短时中断抗扰度试验规范》的规定，在交流输入电源（端口）任意时间电压幅值降为额定值的 70%（试验等级 U_T 为 70%，实际降了额定电压值的 30%），持续时间 500ms；电压幅值降为额定值的 40%（试验等级 U_T 为 40%，实际降了额定电压值的 60%），持续时间 200ms，相继间隔时间为 10s，两种试验等级任选一种。

按 GB 5226.1—2008（已被 GB/T 5226.1—2019 代替）中 4.3 规定，在交流输入电源（端口）任意时间电压短时中断（电压幅值降为额定值的 100%，即试验等级 U_T 为 0，实际降了额定电压值的 100%）时间 3ms，相继中断间隔时间为 10s。

电压暂降和短时中断各进行 3 次，试验中产品具备的所有控制、显示等功能均应正常。

b. 检验（试验）方法。试验方法见 GB/T 29482.1—2013。

⑤ 射频电磁场辐射抗扰度

a. 要求。产品运行时，按 GB/T 17626.3—2016《电磁兼容　试验和测量技术　射频电磁场辐射抗扰度试验》的规定，在频率范围 80～1000MHz，场强 10V/m，信号调幅 80% 幅度调制 AM（1kHz）的条件下进行试验，试验中产品具备的所有控制、显示等功能均应正常。

b. 检验（试验）方法。试验方法见 GB/T 29482.1—2013。

⑥ 射频场感应的传导骚扰抗扰度

a. 要求。产品运行时，按 GB/T 17626.6—2017《电磁兼容　试验和测量技术　射频场感应的传导骚扰抗扰度》的规定，在频率范围 0.15～80MHz，射频电压 10V，信号调幅 80% 幅度调制 AM（1kHz）的条件下进行试验，试验中产品具备的所有控制、显示等功能均应正常。

注：当使用的电源线或信号线总长度允许超过 3m 时才进行测试。

b. 检验（试验）方法。试验方法见 GB/T 29482.1—2013。

⑦ 工频磁场抗扰度

a. 要求。产品运行时，按 GB/T 17626.8—2006《电磁兼容　试验和测量技术　工频磁场抗扰度试验》的规定，在频率 50MHz，磁场强度 30A/m 的条件下进行试验，试验中数控装置具备的所有控制、显示等功能均应正常。

b. 检验（试验）方法。试验方法见 GB/T 29482.1—2013。

⑧ 抗扰度性能判据　产品抗扰度的性能判据按 GB/T 21067—2007《工业机械电气设备电磁兼容　通用抗扰度要求》第 5 章的性能判据（A、B、C）要求进行，即：

a. 性能判据 A——在标准限值内性能正常；

b. 性能判据 B——功能或性能暂时降低或丧失，但能自行恢复；

c. 性能判据 C——功能或性能暂时降低或丧失，但需要操作者干涉或系统复位才能恢复。

表 2-31 为产品及其装置（单元、部件等）性能判据的实例。

表 2-31　产品及其装置（单元、部件等）性能判据的实例

项目	性能判据实例[①]		
	A	B	C
产品一般工作性能	工作特性没有明显变化；在规定的允差之内正常工作	工作特性有明显的(可见的或可听的)变化；能自行恢复	关机，工作特性变化；保护器件触发；不能自行恢复
驱动装置的特殊转矩特性	转矩偏差在规定的允差内	动态转矩偏差超出规定的允差；能自行恢复	转矩失控；不能自行恢复
子部件性能：信息处理和检测功能	与外部装置的通信和交换数据不受骚扰	暂时通信受骚扰，不会发出可能引起外部或内部装置关机的错误报告	通信错误，数据或信息丢失；不能自行恢复；不丢失保存的程序；不丢失用户的程序；不丢失系统或装置的设置
显示和控制面板的运行	屏幕显示信息无变化，只是亮度略有波动或字符略有变动	信息有可能暂时变化，屏幕亮度不理想	关机，信息丢失或非正常工作方式，显示的信息明显错误；不丢失保存的程序；不丢失用户的程序；不丢失系统或装置的设置

① 可接受的性能判据 A、B、C；不允许误起动，误起动是指产品脱离逻辑状态"STOP（停止）"的一种未预料到的变化，它可能引起电动机运转。

2.1.11.5　可靠性

产品平均故障间工作时间 MTBF 可定为 3000h、5000h 和 10000h、20000h、30000h 各

个等级，具体产品可靠性等级由生产制造厂商确定。

产品的可靠性测试与评定方法见 GB/T 29482.1—2013 附录 A。

2.1.11.6　产品随行文件

(1) 要求

① 概述　产品随行文件包括随行技术文件、产品质量保证文件及产品包装文件。

② 产品随行技术文件

a. 内容。产品应具有为产品用户提供包括规格参数、编程操作、连接安装等在内的使用说明书（使用手册）。当用户需要时，还应提供专门的维修手册、备件手册等技术文件。

b. 编写。基本要求，标识与规范，文字、语言，表述的原则，图、表、符号、术语，目录、印制及文本，安全警告等见 GB/T 29482.1—2013。

其中在"表述的原则"中，语句表述应只包含一个要求，或最多几个密切相关的要求；最好使用主动语态，不使用被动语态；最好使用行为动词，不使用抽象名词；表述应直截了当，而不委婉要求；应果断有力，而不软弱。示例见表 2-32。

表 2-32　使用文字语句表述的举例

语句表述	正确表达	不正确表达
使用主动语态	断开电源	使电源被断开
果断有力	不允许拆卸连接片	你不应拆卸连接片
使用行为动词	避免事故	事故的避免
直截了当	拉操作杆	使用从机器拉回操作杆

其中在"安全警告"中，使用说明书（使用手册）应按下列等级和警告用语提醒用户：

ⅰ."危险"表示对高度危险要警惕；

ⅱ."警告"表示对中度危险要警惕；

ⅲ."注意"表示对轻度危险要关注。

③ 产品质量保证文件

a. 基本要求。产品质量保证文件的种类及基本要求如下。

ⅰ.产品质量保证文件的种类：

• 产品合格证明书；

• 产品保修单；

• 产品质量保证书；

• 其他文件（如产品出厂检验报告、产品型式试验报告）。

ⅱ.产品制造厂可根据有关法规、标准的规定，产品情况及合同协议中的要求提供上述某几种产品质量保证文件。

ⅲ.产品质量保证文件的表述应与所提供的产品相符。

ⅳ.厂商一般应提供产品合格证明书和产品保修单，根据用户需要可提供产品质量保证书和其他产品保证文件。

ⅴ.产品质量保证文件可作为产品制造厂、经销商与用户之间处理产品质量及其他有关争议时的凭据。

b. 基本内容。产品质量保证文件的基本内容如下。

ⅰ.产品合格证明书。产品合格证明书包括下列基本内容：

• 执行产品标准号；

• 成批交付的产品还应有批量、批号、抽样受检件的件号等；

• 检验结论；

- 成批检验日期、出厂日期、检验员签名或盖章（可用检验员代号表示）。

ⅱ. 产品保修单。产品保修单包括下列基本内容：
- 保修条件及保修期内产品免费保修规定；
- 保修期（根据产品情况按月或年计算，并应与维修点约定的保修期同步）；
- 超出保修条件及保修期的产品收费修理规定；
- 产品服务中心及维修点一览表；
- 修理记录（修理日期、修理内容及修理结果，修理人签字）；
- 修理回执（对修理状况是否满意的评价及用户代表或消费者的签字、日期）；
- 产品售出日期、出厂编号。

ⅲ. 产品质量保证书。产品质量保证书包括下列基本内容：
- 执行产品标准号；
- 产品适用范围及使用条件；
- 产品主要性能和技术参数；
- 对产品质量及服务所负的责任；
- 产品获得质量认证及经质量检验部门检测证明的情况。

ⅳ. 其他文件。产品质量保证文件根据需要可增加本部分未包括的内容。

c. 编制要求。产品质量保证文件的编制应符合下列要求。

ⅰ. 产品质量保证文件可按产品型号编制，也可按产品系列、成套性编制。按系列、成套性编制时，其型号、名称和内容不同的部分必须明显区分。

ⅱ. 产品质量保证文件一般应采用胶印。在特殊情况下可采用复印、晒印、打印等方式。

ⅲ. 产品质量保证文件根据内容多少可为单页、折页和多页。多页应装订成册。

ⅳ. 产品质量保证文件不允许随意涂改。

ⅴ. 产品质量保证文件可留有一定的空白位置，以备产品经销者填写名称和地址。必要时还可以填写用户名称、产品编号、付款凭证（发票）号码等内容。

④ 产品包装文件 应向用户提供机床数控系统产品的装箱单，内容包括箱数、产品型号、名称、数量，随行附件的名称、型号、数量，随行文件的名称、数量等。

(2) 检验

对随行文件的正确性、完整性及统一性进行视检，应符合 2.1.11.6 中（1）的要求。

2.1.11.7 包装、贮运

包装和贮运的要求和检验见 GB/T 29482.1—2013。

2.1.11.8 制造厂的保证

在符合产品的运输、贮存、安装、调试、维修及遵守正常使用规定的条件下，使用产品的用户自收货之日起一年内，因设计、制造或包装质量等原因造成产品损坏或不能正常使用时，制造厂（含销售商）应负责保修、包换、包退。

2.1.12 机械电气设备开放式数控系统通用技术条件

在 GB/T 18759.7—2017《机械电气设备 开放式数控系统 第7部分：通用技术条件》中规定了机械电气设备开放式数控系统（ONC）的通用技术要求，适用于包括金属加工机械、纺织机械、印刷机械、缝制机械、塑料橡胶机械、木工机械等在内的机械电气设备所用的开放式数控系统。其他类似用途的开放式数控系统可参照该标准。

在 GB/T 18759.7—2017 附录 A（资料性附录）中给出了 ONC 系统的功能描述。

(1) 基础性的功能

手动操作功能，自动操作功能，程序编辑功能，自诊断功能，报警显示功能，回零功能，MDI功能，手脉或单步进给功能，直线及圆弧插补功能等。

(2) 轴控制功能

ONC系统的产品具有下列轴控制功能：

① 多通道控制功能，一般为1通道～8通道及以上；

② 多轴联动功能，一般为2轴～8轴的联动（多为5轴联动及以上）；

③ 自动上下料轴控制功能；

④ PLC增加的位置控制功能；

⑤ 高速、大容量、多通道的PLC功能；

⑥ 轴同步控制功能；

⑦ 电子齿轮功能；

⑧ 双轴同步驱动功能；

⑨ 多通道、复合加工功能等。

(3) 高速、高精加工控制功能

ONC系统的产品具有下列高速、高精加工控制功能：

① 前馈（feed forward）功能；

② 预读前瞻控制功能；

注：即边输入、边运算、边执行。如预先进行插补前加减速控制（含伺服的"预先前瞻控制"）减少位置误差，多段缓冲器，插补后直线加减速，RISC（精简指令集计算机）控制。前瞻预读1000段～2000段或以上。

③ 精细加减速功能（提高加工精度）；

④ 平滑高增益的位置控制功能（减少跟踪误差）；

⑤ 加速度（加加速度）控制功能；

⑥ 小的插补周期；

⑦ HRV（high response vector）伺服控制功能；

⑧ 纳米插补控制功能；

⑨ NURBS插补、五轴联动双NURBS插补功能（实现曲面高精度直接插补）；

⑩ RTCP（rotational tool center point）旋转刀具中心编程功能；

⑪ 纳米平滑控制功能，实现自由曲面的"无研磨"平滑等。

(4) 多种插补功能

ONC系统的产品具有下列多种插补功能：

① 直线插补功能；

② 圆弧插补功能；

③ 样条（曲线）插补功能；

④ 渐开线插补功能；

⑤ 螺旋线插补功能；

⑥ 极坐标插补功能；

⑦ 指数曲线插补功能；

⑧ 圆柱插补功能；

⑨ 假想坐标插补功能；

⑩ 逆向插补功能等。

（5）误差补偿功能

ONC 系统的产品具有以下误差补偿功能：

① 反向间隙补偿功能；

② 螺距误差补偿功能；

③ 直线度补偿功能；

④ 垂直度补偿功能；

⑤ 机床坐标系补偿功能；

⑥ 工件坐标系补偿功能；

⑦ 斜角补偿功能；

⑧ 意外力矩扰动补偿功能；

⑨ 阻尼误差补偿功能；

⑩ 动态精度补偿功能；

⑪ 机械空间误差补偿功能；

⑫ 多轴联动误差补偿功能，如几何补偿、热变形补偿、力综合误差补偿等。

（6）友好的人机界面功能

ONC 系统的产品具有下列友好的人机界面功能：

① 丰富的显示功能，如具有实时图形显示、PLC 梯形图显示和多窗口等的其他显示功能；

② 丰富的编程功能，如会话式自动编程功能、图形输入自动编程功能及 CAD/CAM 功能；

③ 根据加工要求多种方便编程的固定循环；

④ PLC 在线梯形图编程及监控功能，步进流程图编程功能等；

⑤ 伺服装置数据和波形显示功能，伺服装置参数的自动设定功能等；

⑥ 快速熟练操作的引导对话方式并具备自动工作手动参与功能；

⑦ 系统的多种管理功能，如刀具及其寿命管理、故障记录、工作记录等功能；

⑧ 帮助和智能诊断功能，如显示系统报警及解决方法的功能、远程智能诊断功能等。

（7）通信与丰富的网络功能

ONC 系统的产品具有下列通信与丰富的网络功能：

① 通过 RS232、USB、CAN 等的通信功能；

② 具备符合通信协议规范标准的现场总线通信功能，如 TCP/IP 以太网通信，NCUC-Bus 总线通信，EtherCAT 总线通信等；

③ 丰富强大的网络功能，提供远程监控、远程诊断、远程维护及网络 DNC 功能等。

（8）安全功能

ONC 系统的产品具有下列基本的安全功能：

① 硬、软件的行程限位；

② 急停；

③ 多种存储式行程检查；

④ 各种互锁功能；

⑤ 卡盘和尾座干涉区的设定功能；

⑥ 各种安全报警显示功能；

⑦ 伺服监控显示功能；

⑧ 输入输出界面显示功能；

⑨ 数据备份与恢复功能;

⑩ 双检安全功能,以内嵌在 CNC 的多个处理器进行双重监控主轴及伺服驱动等。

(9) 满足特殊要求的功能

ONC 系统具有满足高档数控机械特殊要求的数控功能。

2.1.12.1 ONC 系统的综合要求

(1) ONC 系统的开放程度要求

ONC 系统按开放程度应满足以下三个层次要求。

① 第一层开放:具有可配置功能、开放的人机界面的通信接口及协议(见 GB/T 18759.1—2002《机械电气设备 开放式数控系统 第 1 部分:总则》的 4.3)。

② 第二层开放:数控装置在明确固定的拓扑结构下允许替换,增加 NC 核心中的特定模块以满足用户的特殊要求(见 GB/T 18759.1—2002《机械电气设备 开放式数控系统 第 1 部分:总则》的 4.4)。

③ 第三层开放:拓扑结构完全可变的"全开放"数控装置,ONC 系统实现重构。

(2) ONC 系统的硬件平台要求

① 概述 ONC 系统硬件平台处于 ONC 基本体系结构的最底层,是软件平台和应用软件运行的基础部件(见 GB/T 18759.4—2014《机械电气设备 开放式数控系统 第 4 部分:硬件平台》),应满足其技术要求。

② 硬件平台通用要求

a. 体系结构。

i. 集中式结构分为单总线硬件体系结构和层次化多总线硬件体系结构。

ii. 分布式硬件体系结构,由多个独立的分布式系统通过现场总线(以太网)与驱动装置等互连。

b. 处理器。包括处理器位宽、处理器数量、处理器类型及处理器计算能力。

c. 存储器。

i. 随机存储器容量(内存):KB、MB、GB、TB。

ii. 非易失性存储器容量:KB、MB、GB、TB。

d. 外设扩展总线。外设扩展总线包括 PCI、PCI-E、ISA 等。

e. 对外 PC 接口。对外 PC 接口包括 USB、RJ45、UART、PS/2、HDD、SATA、FDD、SD、CF 等。

f. 数控外设接口。数控外设接口包括模拟 I/O、脉冲 I/O、现场总线、工业以太网。

g. 驱动接口。驱动接口包括模拟 I/O、脉冲 I/O、现场总线、工业以太网。

h. 编码器接口。编码器接口包括总线式、脉冲式、模拟式。

③ 计算机子系统要求

a. 核心处理器。

i. 核心处理器内核选择 CISC 指令集架构如 x86 等。

ii. 核心处理器内核选择 RISC 指令集架构如 MIPS、PPC、ARM、Hitachi SH2/3/4、DSP 等。

b. 处理器模块功能与接口。包括功能与接口及结构形式。

c. 内、外部连接。包括直接连接、总线背板连接、分布式互联及其他自定义连接。

④ 接口与信号要求

a. 人机界面的外部接口。

i. 常用接口:人机界面常用接口应符合相关要求。

ⅱ．触摸式显示器：当 ONC 系统采用触摸式显示器其接口为 PS/2、串口等接口，应符合相关要求。

ⅲ．键盘与鼠标：ONC 系统的键盘与鼠标采用 USB、PS/2 等接口，应符合相关要求。

ⅳ．音频：ONC 系统的音频接口应符合 AC'97 的要求。

ⅴ．USB：ONC 系统的 USB 接口应符合 USB1.1/2.0/3.0 的要求。

ⅵ．触摸板：ONC 系统的触摸板采用串口、PS/2、USB 等接口，应符合相关要求。

ⅶ．轨迹球：ONC 系统的轨迹球采用串口、PS/2、USB 等接口，应符合相关要求。

ⅷ．外接显示设备：ONC 系统与外接显示设备互联，应符合相关要求。

ⅸ．RS232：ONC 系统与外部人机接口设备采用 RS232 互联，应符合 RS232 的要求。

b．驱动装置和设备接口。

ⅰ．驱动装置接口：进给伺服驱动及主轴驱动装置采用以下三种接口且应符合相关要求。

- 连接伺服驱动装置的模拟式接口。
- 连接伺服驱动装置的脉冲式接口。
- 连接伺服驱动装置的总线式接口。

ⅱ．数控设备接口：ONC 系统中除数控装置外，其他部分统称为数控设备（NCD），包括 I/O 单元、操作单元（操作站）、编码器、光栅尺、视觉传感器、激光传感器等。

- 基于 RS422/RS485 的数控设备接口，应符合 RS422/RS485 的相关要求。
- 基于现场总线/工业以太网的数控设备接口，应符合相关要求。
- ONC 系统的开关量 I/O 接口应符合相关要求。
- I/O 点式手持单元接口应符合相关要求。
- 总线式手持单元接口应符合相关要求。
- 数控装置与编码器/光栅尺等的接口应符合相关要求。

c．网络应用服务接口。

ⅰ．以太网连接：ONC 系统网络应用服务接口采用以太网连接应符合相关要求。

ⅱ．无线连接：ONC 系统网络应用服务接口采用无线连接应符合相关要求。

ⅲ．其他连接：ONC 系统网络应用服务接口采用用户自定义连接应符合相关要求。

⑤ 保护安全要求。应满足 ONC 系统硬件平台的电气安全要求及功能安全要求。

(3) ONC 系统的软件平台要求

① 概述　由应用编程接口、中间件、实时操作系统等组成的 ONC 系统软件平台，处于 ONC 系统应用软件平台和硬件平台中间，为应用软件提供实时性、可靠性及安全性的系统服务及编程接口，应满足 ONC 系统应用软件互操作及开放性要求（见 GB/T 18759.5—2016《机械电气设备　开放式数控系统　第 5 部分：软件平台》）。

② 软件平台通用要求　ONC 系统的数据结构、数据类型（基本数据类型及派生数据类型）应符合相关要求。

③ 操作系统要求

a．实时操作系统。为上层提供 POSIX 等调用，实时对操作系统资源及硬件平台资源管理及访问，主要由通用内核及实时内核组成。通用内核完成通用核心功能，如进程管理、实时及非实时进程间通信、内存管理、设备管理、网络管理等，应符合相关要求。实时内核完成实时任务调度，支持抢占式优先级调度策略，应符合相关要求。

b．任务调度。

ⅰ．保证优先调度实时任务。

ⅱ. 高优先级任务可中断低优先级任务的执行。

ⅲ. 实时任务（进程）采用先到先服务的实时调度策略。

ⅳ. 非实时任务（进程）采用时间片轮转的调度策略。

c. 实时时钟。提供高精度计时功能时钟，满足实时任务（进程）对特定设备或处理任务的精确与实时控制执行要求。

d. 实时进程间通信。实时操作系统支持一种或多种实时进程间通信：

ⅰ. FIFO 队列；

ⅱ. 共享内存；

ⅲ. 消息盒；

ⅳ. 信号量；

ⅴ. 互斥器。

e. 非实时进程间通信。

f. 内存管理。实时操作系统应提供实时任务（进程）的内存锁定，减少读取指令、数据访问及 I/O 操作等引入的延迟。

g. 设备管理。实时操作系统应提供对 I/O、磁盘、CF 卡、CD 卡等设备的数据读写及同步管理，满足数据完整性要求。

h. 网路管理。实时操作系统应提供达到相关要求的实时以太网的支持，满足 ONC 对实时以太网功能的需要。

i. 共享资源。共享资源应满足允许两个或多个线程之间可共享的数据结构或访问同一内存而不引起内存冲突的要求。

④ 中间件要求

a. 中间件。为上层应用软件提供数控功能相关的资源及服务，分为功能块和功能组件。包括：为应用软件进程提供运动控制功能调用的插补运算、运动学变换、轴控制算法、数控总线驱动等服务；为人机界面开发、坐标系转换、路径及速度规划等提供需要的图形库、数学库服务；为实时和非实时操作系统提供通信、计算、实时资源调度、设备驱动等服务。

b. 通信库。应满足数控系统间网络互联及数控系统内部非实时空间内各进程间通信的要求。

c. 图形库。图形库中间件通过提供图形库编程接口为人机界面开发提供服务，应符合相关要求。

d. 数学库。数学库中间件应提供数学库编程接口为运动控制组件、任务控制器组件等服务。包括实时数学库及非实时数学库，应满足通过调用数学库接口，使用数学库中算法资源，达到系统要求的矢量分解、样条曲线拟合、插补运算、速度控制等要求。

e. 实时操作系统模块。

ⅰ. 实时操作系统模块应提供实时操作系统接口，为上层应用软件提供实时时钟、实时线程扩展、实时通信、中断调度等。

ⅱ. 实时操作系统模块应满足实时线程调度与管理机制要求。

f. 运动学控制库。运动学控制库具有的机床运动学接口为轴运动控制功能组件提供服务，应满足各机床轴位置坐标与用户空间轨迹点的位置坐标间转换的要求。

g. 总线驱动模块。总线驱动模块具有的总线驱动接口为运动控制功能组件提供服务，应满足通过调用总线驱动接口控制硬件设备运行及获取硬件设备运行状态的要求。

⑤ 应用编程接口要求

a. 应用编程接口。主要包括通信库接口、图形库接口、数学库调用接口、实时操作系统接口、运动学控制库接口、轴孔库接口、总线驱动接口、为 ONC 系统应用软件提供独立于硬件平台的系统调用接口及运行环境支撑，实现数控系统应用软件对系统平台功能调用及资源访问。

b. 通用操作系统接口。具有的有关通用操作系统资源的访问接口，应满足用于进程管理、内存管理、设备管理、文件系统管理、局域（广域）网网络功能等系统调用及对标准 C 库函数、图形用户界面等标准库函数访问的要求。

c. 通信库接口。包括数控系统间网络互联通信接口及数控系统内部非实时空间各进程间通信接口。网络互联通信接口应满足包括面向局域网/广域网协议通信接口的相关要求，非实时空间进程间通信接口应满足包括信号、管（通）道、共享内存、消息队列等通信接口的相关要求。

d. 图形库接口。应满足调用图形接口、使用图形库系统资源进行数控系统人机界面开发的相关要求。

e. 数学库接口。由实时数学库接口及非实时数学库接口构成，应用软件通过调用数学库接口和使用数学库接口的算法资源，达到满足数控系统开发的矢量计算、样条曲线拟合、插补计算、速度控制等要求。

f. 实时操作系统接口。包括实时时钟、实时线程扩展、实时通信、中断调度等调用接口。实时时钟、实时线程扩展、中断调度等调用接口应满足实现数控系统的实时线程调度与管理功能的相关要求。实时通信调用接口的通信方式包括共享内存、FIFO 队列、消息互斥器等，应满足用于非实时空间进程与实时线程间通信及实时空间内各线程通信的相关要求。

g. 运动学控制库接口。应满足应用软件通过调用运动学接口实现不同运动学坐标之间转换的相关要求。

h. 总线驱动接口。应满足应用软件通过调用总线驱动接口实现控制硬件设备运行及获取硬件设备运行状态的相关要求。

⑥ ONC 系统组件要求

a. 系统、装置及组件配置。

ⅰ. 系统模型。系统模型中各个装置通过一种或多种通信网络互联实现数据交互，采用层次方式结构，应满足控制要求。

ⅱ. 装置模型。装置模型是在特定环境下尤其接口界定的范围执行一个或多个指定功能的物理实体，一个装置至少包括一个过程接口或通信接口（也可包括功能组件），应满足相关要求。

ⅲ. 组件模型。功能组件包含在装置里运行且具有独立控制功能的单元，为应用程序提供算法调度、管理、执行等服务。单个功能组件可以独立建立、配置、参数化、启动、删除等而不影响其他功能组件，但运行状态需要与一些其他功能组件配合，应满足安装、测试等相关要求。

ⅳ. 功能块模型。

• 功能块：功能块是一个软件组成的不可分割的功能单元，由完成执行功能的数据结构和相关执行服务组成，其典型操作是对相关数据结构的数据进行更改。功能块类型有基本功能块、组合功能块、服务功能块、其他功能块等。

• 服务功能块：服务功能块为应用提供一个或多个服务，包括通信功能块及管理功能块等，应满足基于服务原语到该功能块的事件输入、事件输出、数据输入和数据输出的映射的相关要求。

ⅴ. 配置。

- 系统配置：应满足包括该系统名、该系统应用的每一个技术规程及每一个装置与它相关功能组件的配置等要求。
  - 装置配置：应满足下列要求。
——该装置的实例名和类型名。
——该装置参数指定的配置值。
——由该装置实例支持的功能组件类型。
——每一个功能块的实例名和类型名。
——每一个数据连接和事件连接。
——该装置中每一个功能组件的配置。
  - 功能组件配置：应满足下列要求。
——功能组件的实例名和类型名。
——由该功能组件实例支持的数据类型和功能块类型。
——每一个功能块实例的实例名、类型名及初始化（在该功能组件实例中出现的）。
——每一个数据连接、事件连接及适配器连接（在该功能组件实例中出现的）。
——每一个访问路径（在该功能组件实例中出现的）。

b. 应用管理。

ⅰ. 应用模型由功能块网络组成，网络节点为功能块（或子应用）及相关参数，网络分支为数据连接和事件连接。一个应用可分布在同一个（或不同）装置的若干功能组件之间，功能组件可以响应通信和过程接口接收到的事件（或本功能组件内部事件），应满足相应要求。

ⅱ. 应满足包括 ONC 系统的功能组件管理和应用管理服务的要求。

（4）ONC 系统的接口与通信要求

① 概述　ONC 系统总线是用于连接系统装置（或单元）间的数字式、双向、多点的通信系统总成，应满足系统对周期性、实时性、同步性、可靠性、安全性及开放性的要求（见 GB/T 18759.3—2009）。

② 总线结构与总线协议

a. 总线结构。

ⅰ. ONC 系统由数控装置、伺服驱动装置（主要为伺服驱动单元及伺服电动机）、主轴驱动传感装置、I/O 装置等构成。装置（或单元）间通过总线等支持其互操作，总线由站点、通信介质与设备组成。

ⅱ. 站点是装置数据发送与接收设备，基本功能是将装置产生的命令与应答编码，变换成便于传输的信号形式，送往通信介质。产生命令的站点为主站，产生应答的站点为从站。

ⅲ. 通信介质为站点间信号传递所经的媒介。

ⅳ. 通信设备为保证信号可靠传递的插头/插座及中继器等设备。

ⅴ. 装置站点间建立连接实现 ONC 系统控制、检测、参数调整、故障诊断等功能，并生成相关功能所需的命令与应答。

b. 总线协议。

ⅰ. 周期通信：为满足装置的转矩、速度与位置等控制的采样，总线应支持周期通信方式并满足根据装置的控制进行调整的要求。

ⅱ. 实时通信：为满足装置的转矩、速度与位置等控制的响应时间，总线应支持实时通信并满足相关要求。

ⅲ. 同步传输/异步传输通信：为满足 ONC 系统的多轴联动插补与快移等功能，总线应支持同步传输/异步传输通信并满足相关要求。

ⅳ. 可靠通信：为应对工业现场不可避免的干扰，总线应具有差错处理机制并满足相关要求。

ⅴ. 安全通信：为防止总线与装置运行受损和非正常停运，总线应支持安全通信并满足相关要求。

ⅵ. 开放通信：为使不同厂商装置间能进行互操作并适应控制技术与通信技术的不断发展，总线应满足开放性的相关要求，以适应新技术新产品的引入。

③ 物理层要求　物理层协调总线在物理媒体中传送比特流所需的功能，规约总线接插件和传输媒体的机械和电气接口、总线拓扑、电磁兼容及为传输所应完成的过程与功能，应满足相关要求。

④ 数据链路层要求　数据链路层为应用层提供周期、实时、无差错的数据链路。数据链路层分为抽象数据链路子层和实时数据链路子层，以满足用户不同系统性能要求而选用不同通信技术。

总线周期、通信协议、同步抖动及链路层通信安全应满足相关要求。

⑤ 应用层要求　应用层主要由连接管理、同步传输、异步传输及传输管理服务等组成，其功能是维持站点间安全、可靠的数据传输通道，并为用户层行规的命令与应答提供传输服务。

应用层数据单元的内部规范及外部调用处理、总线同步传输、总线异步传输、网络应用服务接口等应满足相关要求。

⑥ 用户层行规要求　用户层行规规范装置特征、功能特性和行为。用户层行规以格式化数据结构形式定义，包括管理、传感器、驱动与 I/O 四种类别的数据定义，以保证装置间的互操作支持面向应用的实现。

ONC 系统调用总线的用户层行规接口过程中的数据保护、主从站通信与配置管理、用户授权、设备保护等应满足相关要求。

2.1.12.2　ONC 系统的安全要求

(1) ONC 系统的基本安全要求

① 一般要求　ONC 系统产品应满足被控机械对数控装置安全使用要求的有关规定，即：

a. 满足预期的操作条件和环境影响；

b. 设置访问口令或钥匙开关，防止程序被有意或无意改动；

c. 有关安全的软件未经授权不允许改变；

d. 其他与 ONC 系统有关的安全要求。

② 电击防护　ONC 系统的电击防护要求应符合 GB/T 29482.1—2013《工业机械数字控制系统　第 1 部分：通用技术条件》的 7.3.1 的规定。

③ 保护联结　ONC 系统的保护联结要求应符合 GB/T 29482.1—2013 的 7.4.1 的规定。

④ 绝缘电阻　ONC 系统的绝缘电阻要求应符合 GB/T 29482.1—2013 的 7.5.1 的规定。

⑤ 耐电压试验　ONC 系统的耐电压试验要求应符合 GB/T 29482.1—2013 的 7.6.1 的规定。

⑥ 外壳防护　ONC 系统的外壳防护要求应符合 GB/T 29482.1—2013 的 5.7.1 的规定。

⑦ 防火保护及非金属材料的阻燃性　ONC 系统的防火保护及非金属材料的阻燃性要求应符合 GB/T 29482.1—2013 的 7.7.1 的规定。

（2）ONC 系统的功能安全要求

ONC 系统的功能安全要求应符合 GB 28526—2012《机械电气安全　安全相关电气、电子和可编程电子控制系统的功能安全》的规定。

2.1.12.3　ONC 系统的环境要求

（1）气候环境要求

① 贮存、运输的耐干热与耐干冷　ONC 系统贮存与运输的耐干热与耐干冷要求应符合 GB/T 29482.1—2013 的 4.1.1.1 的规定。

② 高温及低温运行　ONC 系统在高温及低温气候条件下运行要求应符合 GB/T 29482.1—2013 的 4.1.2.1 的规定。

注：机箱内置的 ONC 系统，运行高温为 55℃。

③ 温度变化运行　ONC 系统的温度变化运行要求应符合 GB/T 29482.1—2013 的 4.1.3.1 的规定。

④ 耐交变湿热　ONC 系统的耐交变湿热要求应符合 GB/T 29482.1—2013 的 4.1.4.1 的规定。

（2）机械环境要求

① 振动　ONC 系统的振动要求应符合 GB/T 29482.1—2013 的 4.2.1.1 的规定。

② 冲击　ONC 系统的冲击要求应符合 GB/T 29482.1—2013 的 4.2.2.1 的规定。

③ 自由跌落　ONC 系统的数控装置自由跌落（带制造厂包装）要求应符合 GB/T 29482.1—2013 的 4.2.3.1 的规定。

（3）电源环境要求

① 工作电源条件范围　ONC 系统的工作电源条件要求应符合 GB/T 29482.1—2013 的 4.3.1.1 的规定。

② 电压谐波　ONC 系统对交流输入电源抗三次谐波电压的适应要求应符合 GB/T 29482.1—2013 的 4.3.2.1 的规定。

注：本项要求仅对高档 ONC 系统适用。

（4）特殊环境要求

ONC 系统对满足特殊环境条件的要求应符合 GB/T 29482.1—2013 的 4.4 的规定。

2.1.12.4　ONC 系统的功能要求

（1）功能及定义

包括有关功能、参数所使用的词汇、术语及定义，一般应符合 GB/T 8129—2015《工业自动化系统　机床数值控制　词汇》及有关规定（参见 GB/T 18759.7—2017 附录 A）。

（2）坐标系和轴运动

ONC 系统相关的产品坐标系和轴运动命名应符合 GB/T 19660—2005《工业自动化系统与集成　机床数值控制坐标系和运动命名》的规定。

注：由于 ONC 系统的产品门类较多，如缝制机械等的 ONC 系统可不按本条要求。

（3）基本功能和选配功能

① 各类型 ONC 系统所具有的控制功能应满足被控机械的使用要求。ONC 系统的功能（基本功能与选配功能）参见 GB/T 18759.7—2017 附录 A，但不限于其所述内容。

② ONC 系统的基本功能及主要技术指标应详细表述在产品使用文件中。

③ ONC 系统的选配功能及其主要技术指标，应在制造厂商与用户的技术协议中明确约定。

（4）高档 ONC 系统的功能

高档 ONC 系统应具有满足与高档工业机械设备性能要求相适应的功能，这些功能及主要技术指标（参数）应详细表述在产品使用文件中。

（5）特殊功能

对有特殊功能需求的 ONC 系统，应由制造厂商与用户的技术协议进行约定，特殊功能及主要技术指标（参数）也应详细补充表述在产品使用文件中。

（6）指令代码及数据格式

ONC 系统相关的产品的指令代码（如 G、M、S、F、T 等）、数据格式一般应符合 GB/T 8870.1—2012《自动化系统与集成　机床数值控制　程序格式和地址字定义　第 1 部分：点位、直线运动和轮廓控制系统的数据格式》等有关规定。

2.1.12.5　ONC 系统的设计与制造要求

（1）标识（标志）

ONC 系统的标识（标志）要求应符合 GB/T 29482.1—2013 的 5.1 的规定。

（2）颜色要求

ONC 系统的颜色要求应符合 GB/T 29482.1—2013 的 5.2 的规定。

（3）外观及结构

ONC 系统的外观及结构要求应符合 GB/T 29482.1—2013 的 5.3 的规定。

（4）控制元件的位置

ONC 系统的控制元件的位置要求应符合 GB/T 29482.1—2013 的 5.4 的规定。

（5）功能接地

ONC 系统的功能接地要求应符合 GB/T 29482.1—2013 的 5.5 的规定。

（6）导线连接

ONC 系统的导线连接要求应符合 GB/T 29482.1—2013 的 5.6 的规定。

（7）元器件质量

ONC 系统的元器件质量要求应符合 GB/T 29482.1—2013 的 5.8 的规定。

（8）操作与维修的方便性

ONC 系统的操作与维修的方便性要求应符合 GB/T 29482.1—2013 的 5.9 的规定。

2.1.12.6　ONC 系统的电磁兼容（EMC）要求

（1）ONC 系统的发射要求

ONC 系统的电磁兼容性发射分为辐射干扰及传导干扰。

ONC 系统的发射要求应符合 GB/T 29482.1—2013 的 7.9.1 的规定。

（2）ONC 系统的抗扰度要求

① 静电放电抗扰度　ONC 系统的静电放电抗扰度要求应符合 GB/T 29482.1—2013 的 7.10.1.1 的规定。

② 电快速瞬变脉冲群抗扰度　ONC 系统的电快速瞬变脉冲群抗扰度要求应符合 GB/T 29482.1—2013 的 7.10.2.1 的规定。

③ 浪涌（冲击）抗扰度　ONC 系统的浪涌（冲击）抗扰度要求应符合 GB/T 29482.1—2013 的 7.10.3.1 的规定。

④ 电压暂降和短时中断抗扰度　ONC 系统的电压暂降和短时中断抗扰度要求应符合 GB/T 29482.1—2013 的 7.10.4.1 的规定。

⑤ 射频电磁辐射抗扰度　ONC 系统的射频电磁辐射抗扰度要求应符合 GB/T 29482.1—2013 的 7.10.5.1 的规定。

⑥ 射频场感应的传导骚扰抗扰度　ONC 系统的射频场感应的传导骚扰抗扰度要求应符合 GB/T 29482.1—2013 的 7.10.6.1 的规定。

⑦ 工频磁场抗扰度　ONC 系统的工频磁场抗扰度要求应符合 GB/T 29482.1—2013 的 7.10.7.1 的规定。

2.1.12.7　ONC 系统的可靠性要求

ONC 系统的可靠性要求主要用平均故障间工作时间 MTBF 来衡量，ONC 系统的 MTBF 应不小于 10000h，或 20000h、30000h、40000h、50000h、60000h 等各个级别，由 ONC 系统的具体产品确定。

ONC 系统的可靠性测试与评定按 GB/T 29482.1—2013 的附录 A 的有关规定进行。

2.1.12.8　ONC 系统的随行文件要求

ONC 系统的随行文件包括 ONC 系统使用文件、质量保证文件及包装文件，其要求应符合 GB/T 29482.1—2013 第 9 章的规定。

2.1.12.9　ONC 包装、贮运要求

ONC 系统的包装、贮运要求应符合 GB/T 29482.1—2013 第 10 章的规定。

2.1.12.10　制造厂商的保证与用户服务

在符合 ONC 系统产品运输、贮存、安装、调试、维修及遵守正常使用规定的条件下，使用产品的用户自收货之日起一年内，因设计、制造或包装质量等原因造成产品损坏或不能正常使用时，制造厂（含销售商）应负责包修、包换、包退。

当用户有需求时，应及时提供技术服务。

2.2　液压元件、配管及液压流体

2.2.1　液压泵

2.2.1.1　液压泵的一般技术要求

液压泵是将（旋转的）机械能量（功率）转换成液压能量（功率）的元件。

除了极少数例外，所有液压泵都是容积式的，即它们带有内部密封装置，该密封装置使它们能在很宽的压力范围内保持转速与油液流量之间的相对恒定的比值，液压泵通常使用齿轮、叶片或柱塞。非容积式元件，如离心式的或涡轮式的，很少用于液压传动系统。

液压泵有定量式或变量式。定量式有预定选定的内部几何形状，保持元件轴每转中通过元件的油液体积相对恒定。变量元件有用来改变内部几何尺寸的装置，使元件轴每转中通过元件的油液体积可以改变。

作者注：在 GB/T 17446—2012 中的"液压功率"定义有问题，应为液压油液的流量与压力的乘积。

2.2.1.2　液压叶片泵的技术要求

叶片泵的基本参数应包括额定压力、额定转速和公称排量。

（1）一般要求

① 液压叶片泵的公称压力应符合 GB/T 2346《液压传动系统及元件　公称压力系列》的规定。

② 液压叶片泵的公称排量应符合 GB/T 2347《液压泵及液压马达公称排量系列》的规定。

③ 安装连接尺寸应符合 GB/T 2353《液压泵及马达的安装法兰和轴伸的尺寸系列及标注代号》的规定。

④ 油口连接螺纹尺寸应符合 GB/T 2878.1《液压传动连接　带米制螺纹和 O 形圈密封

的油口和螺柱端 第 1 部分：油口》的规定。

⑤ 壳体技术要求应符合 GB/T 7935—2005《液压元件 通用技术条件》中 4.3 的规定。

⑥ 制造商应在产品样本及相关资料中说明产品的适用条件和环境要求。

(2) 性能要求

① 排量应符合 JB/T 7039—2006《液压叶片泵》中 6.2.1 的规定。

② 容积效率和总效率应符合 JB/T 7039—2006《液压叶片泵》中 6.2.2 的规定。

③ 自吸性能应符合 JB/T 7039—2006《液压叶片泵》中 6.2.3 的规定。

④ 噪声应符合 JB/T 7039—2006《液压叶片泵》中 6.2.4 的规定。

⑤ 低温性能应符合 JB/T 7039—2006《液压叶片泵》中 6.2.5 的规定。

⑥ 高温性能应符合 JB/T 7039—2006《液压叶片泵》中 6.2.6 的规定。

⑦ 超速性能应符合 JB/T 7039—2006《液压叶片泵》中 6.2.7 的规定。

⑧ 超载性能应符合 JB/T 7039—2006《液压叶片泵》中 6.2.8 的规定。

⑨ 密封性能应符合 JB/T 7039—2006《液压叶片泵》中 6.2.9 的规定。

⑩ 压力振摆应符合 JB/T 7039—2006《液压叶片泵》中 6.2.10 的规定。

⑪ 滞环应符合 JB/T 7039—2006《液压叶片泵》中 6.2.11 的规定。

⑫ 耐久性应符合 JB/T 7039—2006《液压叶片泵》中 6.2.12 的规定。

(3) 装配和外观要求

① 液压叶片泵的装配质量应符合 JB/T 7039—2006《液压叶片泵》中 6.3 的规定。

② 液压叶片泵的外观质量应符合 JB/T 7039—2006《液压叶片泵》中 6.4 的规定。

(4) 其他要求

在与客户签订的合同或技术协议中约定的其他（特殊）要求。

(5) 说明

当选择遵守《液压叶片泵》标准时，在试验报告、产品目录和销售文件中应使用以下说明："本公司液压叶片泵产品符合 JB/T 7039—2006《液压叶片泵》的规定"。

作者注：1. 有专门（产品）标准规定的液压叶片泵除外。

2. 上述文件经常用做液压叶片泵供需双方交换的技术文件之一。

3. JB/T 7041.1—××××《液压泵 第 1 部分：叶片泵》正在制定中。

2.2.1.3 液压齿轮泵的技术要求

外啮合液压齿轮泵（以下简称齿轮泵）的基本参数应包括公称排量、额定压力和额定转速。

(1) 一般要求

① 公称排量应符合 GB/T 2347《液压泵及液压马达公称排量系列》的规定。

② 压力等级应符合 GB/T 2346《液压传动系统及元件 公称压力系列》的规定。

③ 安装连接尺寸应符合 GB/T 2353《液压泵及马达的安装法兰和轴伸的尺寸系列及标注代号》的规定。

④ 螺纹连接油口的型式和尺寸应符合 GB/T 2878.1《液压传动连接 带米制螺纹和 O 形圈密封的油口和螺柱端 第 1 部分：油口》或 GB/T 19674.1—2005《液压管接头用螺纹油口和柱端螺纹油口》的规定；法兰连接油口的型式和尺寸应符合 GB/T 34635—2017《法兰式管接头》的规定。

⑤ 其他技术要求应符合 GB/T 7935—2005《液压元件 通用技术条件》的规定。

⑥ 制造商应在产品样本及相关资料中说明产品的适用条件和环境要求。

⑦ 有特殊要求的产品，由制造商与用户协商确定。

（2）性能要求

① 空载排量应符合 JB/T 7041.2—2020《液压泵　第 2 部分：齿轮泵》中 6.2.1 的规定。

② 自吸性能应符合 JB/T 7041.2—2020《液压泵　第 2 部分：齿轮泵》中 6.2.2 的规定。

③ 空载压力应符合 JB/T 7041.2—2020《液压泵　第 2 部分：齿轮泵》中 6.2.3 的规定。

④ 容积效率和总效率应符合 JB/T 7041.2—2020《液压泵　第 2 部分：齿轮泵》中 6.2.4 的规定。

⑤ 噪声应符合 JB/T 7041.2—2020《液压泵　第 2 部分：齿轮泵》中 6.2.5 的规定。

⑥ 低温性能应符合 JB/T 7041.2—2020《液压泵　第 2 部分：齿轮泵》中 6.2.6 的规定。

⑦ 高温性能应符合 JB/T 7041.2—2020《液压泵　第 2 部分：齿轮泵》中 6.2.7 的规定。

⑧ 低速性能应符合 JB/T 7041.2—2020《液压泵　第 2 部分：齿轮泵》中 6.2.8 的规定。

⑨ 超速性能应符合 JB/T 7041.2—2020《液压泵　第 2 部分：齿轮泵》中 6.2.9 的规定。

⑩ 密封性能应符合 JB/T 7041.2—2020《液压泵　第 2 部分：齿轮泵》中 6.2.10 的规定。

⑪ 超载性能应符合 JB/T 7041.2—2020《液压泵　第 2 部分：齿轮泵》中 6.2.11 的规定。

⑫ 耐久性应符合 JB/T 7041.2—2020《液压泵　第 2 部分：齿轮泵》中 6.2.12 的规定。

（3）装配和外观要求

① 齿轮泵的装配要求应符合 JB/T 7041.2—2020《液压泵　第 2 部分：齿轮泵》中 6.3 的规定。

② 齿轮泵的外观质量应符合 JB/T 7041.2—2020《液压泵　第 2 部分：齿轮泵》中 6.4 的规定。

（4）标注说明

当制造商选择遵守该标准时，宜在测试报告、产品样本和销售文件中做下述说明："液压齿轮泵符合 JB/T 7041.2—2020《液压泵　第 2 部分：齿轮泵》的规定。"

作者注：1. 有专门（产品）标准规定的液压齿轮泵除外。

2. 上述文件经常用做液压齿轮泵供需双方交换的技术文件之一。

2.2.1.4　液压轴向柱塞泵的技术要求

轴向柱塞泵的基本参数应包括额定压力、额定转速和公称排量。

（1）一般要求

① 液压轴向柱塞泵的公称压力应符合 GB/T 2346《液压传动系统及元件　公称压力系列》的规定。

② 液压轴向柱塞泵的公称排量应符合 GB/T 2347《液压泵及液压马达公称排量系列》的规定。

③ 安装连接尺寸应符合 GB/T 2353《液压泵及马达的安装法兰和轴伸的尺寸系列及标注代号》的规定。

④ 油口连接螺纹尺寸应符合 GB/T 2878.1《液压传动连接 带米制螺纹和 O 形圈密封的油口和螺柱端 第 1 部分：油口》的规定。

⑤ 壳体技术要求应符合 GB/T 7935—2005《液压元件 通用技术条件》中 4.3 的规定。

⑥ 制造商应在产品样本及相关资料中说明产品的适用条件和环境要求。

(2) 性能要求

① 排量应符合 JB/T 7043—2006《液压轴向柱塞泵》中 6.2.1 的规定。

② 容积效率和总效率应符合 JB/T 7043—2006《液压轴向柱塞泵》中 6.2.2 的规定。

③ 自吸性能应符合 JB/T 7043—2006《液压轴向柱塞泵》中 6.2.3 的规定。

④ 变量特性应符合 JB/T 7043—2006《液压轴向柱塞泵》中 6.2.4 的规定。

⑤ 噪声应符合 JB/T 7043—2006《液压轴向柱塞泵》中 6.2.5 的规定。

⑥ 低温性能应符合 JB/T 7043—2006《液压轴向柱塞泵》中 6.2.6 的规定。

⑦ 高温性能应符合 JB/T 7043—2006《液压轴向柱塞泵》中 6.2.7 的规定。

⑧ 超速性能应符合 JB/T 7043—2006《液压轴向柱塞泵》中 6.2.8 的规定。

⑨ 超载性能应符合 JB/T 7043—2006《液压轴向柱塞泵》中 6.2.9 的规定。

⑩ 抗冲击性能应符合 JB/T 7043—2006《液压轴向柱塞泵》中 6.2.10 的规定。

⑪ 满载性能应符合 JB/T 7043—2006《液压轴向柱塞泵》中 6.2.11 的规定。

⑫ 密封性能应符合 JB/T 7043—2006《液压轴向柱塞泵》中 6.2.12 的规定。

⑬ 耐久性应符合 JB/T 7043—2006《液压轴向柱塞泵》中 6.2.13 的规定。

(3) 装配和外观要求

① 液压轴向柱塞泵的装配质量应符合 JB/T 7043—2006《液压轴向柱塞泵》中 6.3 的规定。

② 液压轴向柱塞泵的外观质量应符合 JB/T 7043—2006《液压轴向柱塞泵》中 6.4 的规定。

(4) 其他要求

在与客户签订的合同或技术协议中约定的其他（特殊）要求。

(5) 说明

当选择遵守《液压轴向柱塞泵》标准时，在试验报告、产品目录和销售文件中应使用以下说明："本公司液压轴向柱塞泵产品符合 JB/T 7043—2006《液压轴向柱塞泵》的规定"。

作者注：1. 有专门（产品）标准规定的液压轴向柱塞泵除外。

2. 上述文件经常用做液压轴向柱塞泵供需双方交换的技术文件之一。

3. JB/T 7041.3—××××《液压泵 第 3 部分：轴向柱塞泵》正在制定中。

2.2.2 液压阀

2.2.2.1 压力控制阀技术要求

其主要功能是控制压力的阀称为压力控制阀。

标准规定的压力控制阀有比例压力先导阀、液压溢流阀、液压电磁溢流阀、液压卸荷溢流阀、液压电磁卸荷溢流阀、液压减压阀和单向减压阀、内控液压顺序阀和单向顺序阀、外控液压顺序阀和单向顺序阀、电调制（比例）溢流阀、电调制（比例）减压阀、数字溢流阀、液压压力继电器，其他还有双向溢流阀（组）（制动阀）、平衡阀等。

区别于液压控制阀的液压控制是通过改变控制管路中的液压压力来操纵的控制方法，而其本身不具有控制管路中液压压力的能力。

2.2.2.1.1 液压溢流阀和电磁溢流阀的技术要求

溢流阀（液压溢流阀和电磁溢流阀统称溢流阀）的基本参数应包括公称通径、公称压力、额定压力、额定流量和调压范围。

作者注：在 JB/T 10374—2002《液压溢流阀》中规定"溢流阀的基本参数应包括：公称压力、公称流量、公称通径、额定流量、调压范围等。"

(1) 一般要求

① 溢流阀的公称压力应符合 GB/T 2346《液压传动系统及元件 公称压力系列》的规定。

② 板式连接的溢流阀的安装面应符合 GB/T 8101《液压溢流阀 安装面》的规定，叠加式溢流阀的连接安装面应符合 GB/T 2514《液压传动 四油口方向控制阀安装面》的规定。

③ 其他技术要求应符合 GB/T 7935《液压元件 通用技术条件》的规定。

④ 制造商应在产品样本及相关资料中说明产品的适用条件和环境要求。

(2) 性能要求

① 压力振摆应符合 JB/T 10374—2013《液压溢流阀》中表 A.1 的规定。

② 压力偏移应符合 JB/T 10374—2013《液压溢流阀》中表 A.1 的规定。

③ 内泄漏量应符合 JB/T 10374—2013《液压溢流阀》中表 A.1 的规定。

④ 卸荷压力应符合 JB/T 10374—2013《液压溢流阀》中表 A.1 的规定。

⑤ 压力损失应符合 JB/T 10374—2013《液压溢流阀》中表 A.1 的规定。

⑥ 稳定压力-流量特性应符合 JB/T 10374—2013《液压溢流阀》中表 A.2 的规定。

⑦ 电磁溢流阀的动作可靠性应符合 JB/T 10374—2013《液压溢流阀》中的相关规定。

⑧ 调节力矩应符合 JB/T 10374—2013《液压溢流阀》中表 A.2 的规定。

⑨ 瞬态特性应符合 JB/T 10374—2013《液压溢流阀》中表 A.3 的规定。

⑩ 噪声应符合 JB/T 10374—2013《液压溢流阀》中表 A.2 的规定。

⑪ 密封性应符合 JB/T 10374—2013《液压溢流阀》中的相关规定。

⑫ 耐压性应符合 JB/T 10374—2013《液压溢流阀》中的相关规定。

⑬ 耐久性应符合 JB/T 10374—2013《液压溢流阀》中的相关规定。

(3) 装配和外观要求

① 溢流阀的装配和外观应符合 GB/T 7935《液压元件 通用技术条件》的规定。

② 溢流阀装配及试验后的内部清洁度应符合 JB/T 7858《液压元件清洁度评定方法及液压元件清洁度指标》的规定。

(4) 说明

当选择遵守《液压溢流阀》标准时，在试验报告、产品目录和销售文件中应使用以下说明："本公司液压溢流阀（包括溢流阀、电磁溢流阀）产品符合 JB/T 10374—2013《液压溢流阀》的规定"。

作者注：1. 有专门（产品）标准规定的液压溢流阀除外。

2. 上述文件经常用做液压溢流阀供需双方交换的技术文件之一。

2.2.2.1.2 液压卸荷溢流阀和电磁卸荷溢流阀的技术要求

卸荷溢流阀（液压卸荷溢流阀和电磁卸荷溢流阀统称卸荷溢流阀）的基本参数应包括公称通径、公称压力、额定压力、额定流量、公称切换压差比率和调压范围。

作者注：在 JB/T 10371—2002《液压卸荷溢流阀》中规定"卸荷溢流阀的基本参数应包括：公称压力、公称流量、公称通径、额定流量、调压范围。"

(1) 一般要求

① 卸荷溢流阀的公称压力应符合 GB/T 2346《液压传动系统及元件 公称压力系列》

的规定。

②板式连接的卸荷溢流阀的安装面应符合 GB/T 8101《液压溢流阀 安装面》的规定。

③其他技术要求应符合 GB/T 7935《液压元件 通用技术条件》的规定。

④制造商应在产品样本及相关资料中说明产品的适用条件和环境要求。

(2) 性能要求

①压力变化率应符合 JB/T 10371—2013《液压卸荷溢流阀》中表 A.1 的规定。

②卸荷压力应符合 JB/T 10371—2013《液压卸荷溢流阀》中表 A.1 的规定。

③重复精度误差应符合 JB/T 10371—2013《液压卸荷溢流阀》中表 A.1 的规定。

④单向阀压力损失应符合 JB/T 10371—2013《液压卸荷溢流阀》中表 A.1 的规定。

⑤内泄漏量应符合 JB/T 10371—2013《液压卸荷溢流阀》中表 A.1 的规定。

⑥保压性应符合 JB/T 10371—2013《液压卸荷溢流阀》中表 A.1 的规定。

⑦电磁卸荷溢流阀的动作可靠性应符合 JB/T 10371—2013《液压卸荷溢流阀》中的相关规定。

⑧调节力矩应符合 JB/T 10371—2013《液压卸荷溢流阀》中表 A.2 的规定。

⑨瞬态特性应符合 JB/T 10371—2013《液压卸荷溢流阀》中表 A.2 的规定。

⑩噪声应符合 JB/T 10371—2013《液压卸荷溢流阀》中表 A.2 的规定。

⑪密封性应符合 JB/T 10371—2013《液压卸荷溢流阀》中的相关规定。

⑫耐压性应符合 JB/T 10371—2013《液压卸荷溢流阀》中的相关规定。

⑬耐久性应符合 JB/T 10371—2013《液压卸荷溢流阀》中的相关规定。

(3) 装配和外观要求

①卸荷溢流阀的装配和外观应符合 GB/T 7935《液压元件 通用技术条件》的规定。

②卸荷溢流阀装配及试验后的内部清洁度应符合 JB/T 10371—2013《液压卸荷溢流阀》中的相关规定。

(4) 说明

当选择遵守《液压卸荷溢流阀》标准时，在试验报告、产品目录和销售文件中应使用以下说明："本公司液压卸荷溢流阀（包括卸荷溢流阀、电磁卸荷溢流阀）产品符合 JB/T 10371—2013《液压卸荷溢流阀》的规定"。

作者注：1. 有专门（产品）标准规定的液压卸荷溢流阀除外。

2. 上述文件经常用做液压卸荷溢流阀供需双方交换的技术文件之一。

2.2.2.1.3 液压减压阀和单向减压阀的技术要求

减压阀《减压阀和单向减压阀统称减压阀》的基本参数应包括公称通径、额定压力、额定流量和调压范围。

作者注：JB/T 10367—2014 与 JB/T 10367—2002 相比主要技术变化之一是"在基本参数中，取消了公称压力、公称流量，增加了额定压力"。

(1) 一般要求

①减压阀的公称压力应符合 GB/T 2346《液压传动系统及元件 公称压力系列》的规定。

②板式连接的减压阀的安装面应符合 GB/T 8100—2006《液压传动 减压阀 顺序阀 卸荷阀 节流阀和单向阀 安装面》的规定，叠加式减压阀的连接安装面应符合 GB/T 2514《液压传动 四油口方向控制阀安装面》的规定。

③其他技术要求应符合 GB/T 7935《液压元件 通用技术条件》中 4.10 的规定。

④制造商应在产品样本及相关资料中说明产品的适用条件和环境要求。

（2）**性能要求**

① 压力振摆应符合 JB/T 10367—2014《液压减压阀》中表 A.1、A.2 的规定。

② 压力偏移应符合 JB/T 10367—2014《液压减压阀》中表 A.1、A.2 的规定。

③ 减压稳定性应符合 JB/T 10367—2014《液压减压阀》中表 A.1、A.2 的规定。

④ 外泄漏量应符合 JB/T 10367—2014《液压减压阀》中表 A.1、A.2 的规定。

⑤ 反向压力损失应符合 JB/T 10367—2014《液压减压阀》中表 A.3、A.4 的规定。

⑥ 调节力矩应符合 JB/T 10367—2014《液压减压阀》中表 A.3、A.4 的规定。

⑦ 瞬态特性应符合 JB/T 10367—2014《液压减压阀》中表 A.3、A.4 的规定。

⑧ 噪声应符合 JB/T 10367—2014《液压减压阀》中表 A.3、A.4 的规定。

⑨ 动作可靠性应符合 JB/T 10367—2014《液压减压阀》中的相关规定。

⑩ 密封性应符合 JB/T 10367—2014《液压减压阀》中的相关规定。

⑪ 耐压性应符合 JB/T 10367—2014《液压减压阀》中的相关规定。

⑫ 耐久性应符合 JB/T 10367—2014《液压减压阀》中的相关规定。

（3）**装配和外观要求**

① 减压阀的装配和外观应符合 GB/T 7935《液压元件　通用技术条件》4.4～4.9 的规定。

② 减压阀装配及试验后的内部清洁度应符合 JB/T 7858《液压元件清洁度评定方法及液压元件清洁度指标》的规定。

（4）**说明**

当选择遵守《液压减压阀》标准时，在试验报告、产品目录和销售文件中应使用以下说明："本公司液压减压阀（包括减压阀、单向减压阀）产品符合 JB/T 10367—2014《液压减压阀》的规定"。

作者注：1. 有专门（产品）标准规定的液压减压阀除外。

2. 上述文件经常用做液压减压阀供需双方交换的技术文件之一。

2.2.2.1.4　液压顺序阀和单向顺序阀的技术要求

顺序阀（液压顺序阀包括内控顺序阀、外控顺序阀、内控单向顺序阀、外控单向顺序阀，简称顺序阀）的基本参数应包括公称通径、公称压力、额定压力、额定流量和调压范围。

（1）**一般要求**

① 顺序阀的公称压力应符合 GB/T 2346《液压传动系统及元件　公称压力系列》的规定。

② 板式连接的顺序阀的安装面应符合 GB/T 8100—2006《液压传动　减压阀　顺序阀　卸荷阀　节流阀和单向阀　安装面》的规定，叠加式顺序阀的连接安装面应符合 GB/T 2514《液压传动　四油口方向控制阀安装面》的规定。

③ 其他技术要求应符合 GB/T 7935《液压元件　通用技术条件》的规定。

④ 制造商应在产品样本及相关资料中说明产品的适用条件和环境要求。

（2）**性能要求**

① 压力振摆应符合 JB/T 10370—2013《液压顺序阀》中表 A.1 的规定。

② 压力偏移应符合 JB/T 10370—2013《液压顺序阀》中表 A.1 的规定。

③ 内泄漏量应符合 JB/T 10370—2013《液压顺序阀》中表 A.1 的规定。

④ 外泄漏量应符合 JB/T 10370—2013《液压顺序阀》中表 A.1 的规定。

⑤ 卸荷压力应符合 JB/T 10370—2013《液压顺序阀》中表 A.1 的规定。

⑥ 正向压力损失应符合 JB/T 10370—2013《液压顺序阀》中表 A.1 的规定。

⑦ 反向压力损失应符合 JB/T 10370—2013《液压顺序阀》中表 A.1 的规定。

⑧ 稳态压力-流量特性应符合 JB/T 10370—2013《液压顺序阀》中表 A.2 的规定。

⑨ 动作可靠性应符合 JB/T 10370—2013《液压顺序阀》的相关规定。

⑩ 调节力矩应符合 JB/T 10370—2013《液压顺序阀》中表 A.2 的规定。

⑪ 瞬态特性应符合 JB/T 10370—2013《液压顺序阀》中表 A.3 的规定。

⑫ 噪声应符合 JB/T 10370—2013《液压顺序阀》中表 A.2 的规定。

⑬ 密封性应符合 JB/T 10370—2013《液压顺序阀》的相关规定。

⑭ 耐压性应符合 JB/T 10370—2013《液压顺序阀》的相关规定。

⑮ 耐久性应符合 JB/T 10370—2013《液压顺序阀》的相关规定。

(3) 装配和外观要求

① 顺序阀的装配和外观应符合 GB/T 7935《液压元件 通用技术条件》的规定。

② 顺序阀装配及试验后的内部清洁度应符合 JB/T 7858《液压元件清洁度评定方法及液压元件清洁度指标》的规定。

(4) 说明

当选择遵守《液压顺序阀》标准时，在试验报告、产品目录和销售文件中应使用以下说明："本公司液压顺序阀（包括内控顺序阀、外控顺序阀、内控单向顺序阀、外控单向顺序阀）产品符合 JB/T 10370—2013《液压顺序阀》的规定"。

作者注：1. 有专门（产品）标准规定的液压顺序阀除外。

2. 上述文件经常用做液压顺序阀供需双方交换的技术文件之一。

2.2.2.1.5 液压压力继电器的技术要求

压力继电器（液压压力继电器简称压力继电器）的基本参数应包括公称压力和调压范围。

作者注：JB/T 10372—2014 与 JB/T 20372—2002 相比主要技术变化之一是"在基本参数中，取消公称通径"。

(1) 一般要求

① 压力继电器的公称压力应符合 GB/T 2346《液压传动系统及元件 公称压力系列》的规定。

② 其他技术要求应符合 GB/T 7935《液压元件 通用技术条件》中 4.10 的规定。

③ 制造商应在产品样本及相关资料中说明产品的适用条件和环境要求。

(2) 性能要求

① 调压范围应符合 JB/T 10372—2014《液压压力继电器》中表 A.1 的规定。

② 灵敏度应符合 JB/T 10372—2014《液压压力继电器》中表 A.1 的规定。

③ 重复精度应符合 JB/T 10372—2014《液压压力继电器》中表 A.1 的规定。

④ 有外泄口的压力继电器的外泄漏量应符合 JB/T 10372—2014《液压压力继电器》中表 A.1 的规定。

⑤ 动作可靠性应符合 JB/T 10372—2014《液压压力继电器》的相关规定。

⑥ 瞬态特性应符合 JB/T 10372—2014《液压压力继电器》中表 A.1 的规定。

⑦ 密封性应符合 JB/T 10372—2014《液压压力继电器》的相关规定。

⑧ 耐压性应符合 JB/T 10372—2014《液压压力继电器》的相关规定。

⑨ 耐久性应符合 JB/T 10372—2014《液压压力继电器》的相关规定。

(3) 装配和外观要求

① 压力继电器的装配和外观应符合 GB/T 7935《液压元件 通用技术条件》中 4.5～

4.9 的规定。

② 压力继电器装配及试验后的内部清洁度应符合 JB/T 7858《液压元件清洁度评定方法及液压元件清洁度指标》的规定。

(4) 说明

当选择遵守《液压压力继电器》标准时，在试验报告、产品目录和销售文件中应使用以下说明："本公司液压压力继电器产品符合 JB/T 10372—2014《液压压力继电器》的规定"。

作者注：1. 有专门（产品）标准规定的液压压力继电器除外。

2. 上述文件经常用做液压压力继电器供需双方交换的技术文件之一。

2.2.2.2 流量控制阀技术要求

其主要功能是控制流量的阀称为流量控制阀。

标准规定的流量控制阀有液压调速阀和单向调速阀、液压溢流节流阀、液压节流阀和单向节流阀、液压行程节流阀和单向行程节流阀、液压节流截止阀和单向节流截止阀、电液比例流量方向复合阀、手动比例流量方向复合阀等。

作者注：JB/T 10366—2014 删除了在 JB/T 10366—2002 中的溢流节流阀；JB/T 10368—2014 删除了在 JB/T 10368—2002 中的行程节流阀和单向行程节流阀。

2.2.2.2.1 液压调速阀的技术要求

调速阀（液压传动用调速阀和单向调速阀统称调速阀）的基本参数应包括公称通径、公称压力、额定压力、额定流量和最小控制流量。

作者注：JB/T 10366—2014 与 JB/T 10366—2002 相比主要技术变化之一是"在基本参数中，取消了公称流量，增加了额定压力"。

(1) 一般要求

① 调速阀的公称压力应符合 GB/T 2346《液压传动系统及元件 公称压力系列》的规定。

② 板式连接的调速阀的安装面应符合 GB/T 8098—2003《液压传动 带补偿的流量控制阀 安装面》的规定，叠加式调速阀的连接安装面应符合 GB/T 2514《液压传动 四油口方向控制阀安装面》的规定。

③ 其他技术要求应符合 GB/T 7935《液压元件 通用技术条件》中 4.10 的规定。

④ 制造商应在产品样本及相关资料中说明产品的适用条件和环境要求。

(2) 性能要求

① 工作压力范围应符合 JB/T 10366—2014《液压调速阀》中表 A.1 的规定。

② 流量调节范围应符合 JB/T 10366—2014《液压调速阀》中表 A.1 的规定。

③ 内泄漏量应符合 JB/T 10366—2014《液压调速阀》中表 A.1 的规定。

④ 流量变化率应符合 JB/T 10366—2014《液压调速阀》中表 A.1 的规定。

⑤ 仅带单向阀结构的反向压力损失应符合 JB/T 10366—2014《液压调速阀》中表 A.1 的规定。

⑥ 调节力矩应符合 JB/T 10366—2014《液压调速阀》中表 A.1 的规定。

⑦ 瞬态特性应符合 JB/T 10366—2014《液压调速阀》中表 A.1 的规定。

⑧ 密封性应符合 JB/T 10366—2014《液压调速阀》的相关规定。

⑨ 耐压性应符合 JB/T 10366—2014《液压调速阀》的相关规定。

(3) 装配和外观要求

① 调速阀的装配和外观应符合 GB/T 7935《液压元件 通用技术条件》中 4.4～4.9 的规定。

② 调速阀装配及试验后的内部清洁度应符合 JB/T 7858《液压元件清洁度评定方法及液压元件清洁度指标》的规定。

(4) 说明

当选择遵守《液压调速阀》标准时，在试验报告、产品目录和销售文件中应使用以下说明："本公司液压调速阀（包括调速阀和单向调速阀）产品符合 JB/T 10366—2014《液压调速阀》的规定"。

作者注：1. 有专门（产品）标准规定的液压调速阀除外。

2. 上述文件经常用做液压调速阀供需双方交换的技术文件之一。

2.2.2.2.2 液压节流阀的技术要求

节流阀（液压传动用节流阀、单向节流阀、节流截止阀、单向节流截止阀统称节流阀）的基本参数应包括公称通径、额定压力、公称压力和额定流量。

作者注：JB/T 10368—2014 与 JB/T 10368—2002 相比主要技术变化之一是"在基本参数中，取消了公称流量，增加了额定压力。"

(1) 一般要求

① 节流阀的公称压力应符合 GB/T 2346《液压传动系统及元件 公称压力系列》的规定。

② 板式连接的节流阀的安装面应符合 GB/T 8100《液压传动 减压阀 顺序阀 卸荷阀 节流阀和单向阀 安装面》的规定，叠加式节流阀的连接安装面应符合 GB/T 2514《液压传动 四油口方向控制阀安装面》的规定。

③ 其他技术要求应符合 GB/T 7935《液压元件 通用技术条件》中 4.10 的规定。

④ 制造商应在产品样本及相关资料中说明产品的适用条件和环境要求。

(2) 性能要求

① 工作压力范围应符合 JB/T 10368—2014《液压节流阀》中表 A.1 的规定。

② 流量调节范围应符合 JB/T 10368—2014《液压节流阀》中表 A.1 的规定。

③ 内泄漏量应符合 JB/T 10368—2014《液压节流阀》中表 A.1 的规定。

④ 正向压力损失应符合 JB/T 10368—2014《液压节流阀》中表 A.1 的规定。

⑤ 仅带单向阀结构的反向压力损失应符合 JB/T 10368—2014《液压节流阀》中表 A.1 的规定。

⑥ 调节力矩应符合 JB/T 10368—2014《液压节流阀》中表 A.1 的规定。

⑦ 密封性应符合 JB/T 10368—2014《液压节流阀》的相关规定。

⑧ 耐压性应符合 JB/T 10368—2014《液压节流阀》的相关规定。

(3) 装配和外观要求

① 节流阀的装配和外观应符合 GB/T 7935《液压元件 通用技术条件》中 4.4～4.9 的规定。

② 节流阀装配及试验后的内部清洁度应符合 JB/T 7858《液压元件清洁度评定方法及液压元件清洁度指标》的规定。

(4) 说明

当选择遵守《液压节流阀》标准时，在试验报告、产品目录和销售文件中应使用以下说明："本公司液压节流阀（包括节流阀和单向节流阀、节流截止阀和单向节流截止阀）产品符合 JB/T 10368—2014《液压节流阀》的规定"。

作者注：1. 有专门（产品）标准规定的液压节流阀除外。

2. 上述文件经常用做液压节流阀供需双方交换的技术文件之一。

2.2.2.3 方向控制阀技术要求

其主要功能是控制油液流动方向，连通或阻断一个或多个流道的阀称为方向控制阀。

标准规定的方向控制阀有液压普通（直通、直角）单向阀和液控单向阀、液压电磁换向阀、液压手动及滚轮换向阀、液压电液动换向阀和液动换向阀、液压电磁换向座阀、液压多路换向阀、电调制（比例）三（四通）方向流量控制阀、双速换向组合阀以及高压手动球阀、液压控制截止阀、截止止回阀、蝶阀、球阀等。

电液动换向阀和液动换向阀的最低控制压力以及液控单向阀反向开启最低控制压力与调速阀的最低控制压力定义不同。

作者注："电液动换向阀"常简称为"电液换向阀"。

2.2.2.3.1 液压多路换向阀的技术要求

多路阀（液压多路换向阀简称多路阀）的基本参数应包括公称压力、公称流量和公称通径。

(1) 一般要求

① 多路阀的公称压力应符合 GB/T 2346《液压传动系统及元件　公称压力系列》的规定。

② 多路阀的公称流量应符合 JB/T 8729—2013《液压多路换向阀》的相关规定。

③ 螺纹连接油口的型式和尺寸宜符合 GB/T 2878.1《液压传动连接　带米制螺纹和 O 形圈密封的油口和螺柱端　第 1 部分：油口》的规定。

④ 在产品样本中除标明技术参数外，可绘制压力损失特性曲线、内泄漏特性曲线、安全阀等压力特性曲线等参考曲线，以便于用户参照选用。

⑤ 其他技术要求应符合 GB/T 7935《液压元件　通用技术条件》中第 4 章的规定。

⑥ 制造商应在产品样本及相关资料中说明产品的适用条件和环境要求。

(2) 性能要求

① 耐压性能应符合 JB/T 8729—2013《液压多路换向阀》的相关规定。

② 油路型式与滑阀机能应符合 JB/T 8729—2013《液压多路换向阀》的相关规定。

③ 换向性能应符合 JB/T 8729—2013《液压多路换向阀》的相关规定。

④ 内泄漏应符合 JB/T 8729—2013《液压多路换向阀》的相关规定。

⑤ 压力损失应符合 JB/T 8729—2013《液压多路换向阀》的相关规定。

⑥ 安全阀性能应符合 JB/T 8729—2013《液压多路换向阀》的相关规定。

⑦ 补油阀开启压力应符合 JB/T 8729—2013《液压多路换向阀》的相关规定。

⑧ 过载阀、补油阀泄漏量应符合 JB/T 8729—2013《液压多路换向阀》的相关规定。

⑨ 背压性能应符合 JB/T 8729—2013《液压多路换向阀》的相关规定。

⑩ 负载传感性能应符合 JB/T 8729—2013《液压多路换向阀》的相关规定。

⑪ 密封性能应符合 JB/T 8729—2013《液压多路换向阀》的相关规定。

⑫ 操纵力应符合 JB/T 8729—2013《液压多路换向阀》的相关规定。

⑬ 高温性能应符合 JB/T 8729—2013《液压多路换向阀》的相关规定。

⑭ 耐久性应符合 JB/T 8729—2013《液压多路换向阀》的相关规定。

(3) 装配和外观要求

① 多路阀的装配和外观应符合 GB/T 7935《液压元件　通用技术条件》中 4.4～4.10 的规定。

② 多路阀装配及试验后或出厂时的内部清洁度应符合 JB/T 8729—2013《液压多路换向阀》的相关规定。

（4）说明

当选择遵守《液压多路换向阀》标准时，在试验报告、产品目录和销售文件中应使用以下说明："本公司液压多路换向阀产品符合 JB/T 8729—2013《液压多路换向阀》的规定"。

作者注：1. 有专门（产品）标准规定的液压多路换向阀除外。

2. 上述文件经常用做液压多路换向阀供需双方交换的技术文件之一。

2.2.2.3.2　液压单向阀的技术要求

单向阀（液压传动用普通单向阀和液控单向阀统称单向阀）基本参数应包括公称通径、额定压力、开启压力、最大流量、额定流量等。

作者注：JB/T 10364—2014 与 JB/T 10364—2002 相比主要技术变化之一是"在技术参数中，取消了公称压力，增加了额定压力"。

（1）一般要求

① 单向阀的公称压力应符合 GB/T 2346《液压传动系统及元件　公称压力系列》的规定。

② 板式连接的单向阀的安装面应符合 GB/T 8100《液压传动　减压阀　顺序阀　卸荷阀　节流阀和单向阀　安装面》的规定，叠加式单向阀的连接安装面应符合 GB/T 2514《液压传动 四油口方向控制阀安装面》的规定。

③ 其他技术要求应符合 GB/T 7935《液压元件　通用技术条件》中 4.10 的规定。

④ 制造商应在产品样本及相关资料中说明产品的适用条件和环境要求。

（2）性能要求

① 普通单向阀的压力损失应符合 JB/T 10364—2014《液压单向阀》中表 A.1 的规定。

② 普通单向阀的开启压力应符合 JB/T 10364—2014《液压单向阀》中表 A.1 的规定。

③ 普通单向阀的内泄漏量应符合 JB/T 10364—2014《液压单向阀》中表 A.1 的规定。

④ 液控单向阀的控制活塞泄漏量应符合 JB/T 10364—2014《液压单向阀》中表 A.2 的规定。

⑤ 液控单向阀的压力损失应符合 JB/T 10364—2014《液压单向阀》中表 A.2 的规定。

⑥ 液控单向阀的开启压力应符合 JB/T 10364—2014《液压单向阀》中表 A.2 的规定。

⑦ 液控单向阀的反向开启最低控制压力应符合 JB/T 10364—2014《液压单向阀》中表 A.2 的规定。

⑧ 液控单向阀的反向关闭最高控制压力应符合 JB/T 10364—2014《液压单向阀》中表 A.2 的规定。

⑨ 液控单向阀的内泄漏量应符合 JB/T 10364—2014《液压单向阀》中表 A.2 的规定。

⑩ 密封性应符合 JB/T 10364—2014《液压单向阀》的相关规定。

⑪ 耐压性应符合 JB/T 10364—2014《液压单向阀》的相关规定。

⑫ 耐久性应符合 JB/T 10364—2014《液压单向阀》的相关规定。

（3）装配和外观要求

① 单向阀的装配和外观应符合 GB/T 7935《液压元件　通用技术条件》中 4.4～4.9 的规定。

② 单向阀装配及试验后或出厂时的内部清洁度应符合 JB/T 7858《液压元件清洁度评定方法及液压元件清洁度指标》的规定。

（4）说明

当选择遵守《液压单向阀》标准时，在试验报告、产品目录和销售文件中应使用以下说明："本公司液压单向阀（包括普通单向阀和液控单向阀）产品符合 JB/T 10364—2014《液压单向阀》的规定。"。

作者注：1. 有专门（产品）标准规定的液压单向阀除外。

2. 上述文件经常用做液压单向阀供需双方交换的技术文件之一。

2.2.2.3.3 液压电磁换向阀的技术要求

电磁换向阀（6通径和10通径液压电磁换向阀统称电磁换向阀）的基本参数应包括公称通径、额定压力、额定流量、滑阀机能和背压。

作者注：JB/T 10365—2014与JB/T 10365—2002相比主要技术变化之一是"在基本参数中，取消了公称压力，增加了额定压力"。

(1) 一般要求

① 电磁换向阀的公称压力应符合GB/T 2346《液压传动系统及元件　公称压力系列》的规定。

② 板式连接的电磁换向阀的连接安装面应符合GB/T 2514《液压传动 四油口方向控制阀安装面》的规定。

③ 电磁换向阀的滑阀机能应符合图纸要求并与铭牌标示一致。

④ 其他技术要求应符合GB/T 7935《液压元件　通用技术条件》中4.10的规定。

⑤ 制造商应在产品样本及相关资料中说明产品的适用条件和环境要求。

(2) 性能要求

① 换向性能应符合JB/T 10365—2014《液压电磁换向阀》的相关规定。

② 压力损失应符合JB/T 10365—2014《液压电磁换向阀》中表A.1的相关规定。

③ 内泄漏量应符合JB/T 10365—2014《液压电磁换向阀》中表A.1的相关规定。

④ 响应时间应符合JB/T 10365—2014《液压电磁换向阀》中表A.1的相关规定。

⑤ 密封性应符合JB/T 10365—2014《液压电磁换向阀》的相关规定。

⑥ 耐压性应符合JB/T 10365—2014《液压电磁换向阀》的相关规定。

⑦ 耐久性应符合JB/T 10365—2014《液压电磁换向阀》的相关规定。

(3) 装配和外观要求

① 电磁换向阀的装配和外观应符合GB/T 7935《液压元件　通用技术条件》中4.4～4.9的规定。

② 电磁换向阀装配及试验后或出厂时的内部清洁度应符合JB/T 7858《液压元件清洁度评定方法及液压元件清洁度指标》的规定。

(4) 说明

当选择遵守《液压电磁换向阀》标准时，在试验报告、产品目录和销售文件中应使用以下说明："本公司液压电磁换向阀产品符合JB/T 10365—2014《液压电磁换向阀》的规定"。

作者注：1. 有专门（产品）标准规定的液压电磁换向阀除外。

2. 上述文件经常用做液压电磁换向阀供需双方交换的技术文件之一。

2.2.2.3.4 液压手动及滚轮换向阀的技术要求

手动及滚轮换向阀（液压手动及滚轮换向阀简称手动及滚轮换向阀）的基本参数应包括公称通径、额定压力、额定流量、滑阀机能和背压。

作者注：JB/T 10369—2014与JB/T 10369—2002相比主要技术变化之一是"在基本参数中，取消了公称压力和公称流量，增加了额定压力"。

(1) 一般要求

① 手动及滚轮换向阀的公称压力应符合GB/T 2346《液压传动系统及元件　公称压力系列》的规定。

② 板式连接的手动及滚轮换向阀的连接安装面应符合 GB/T 2514《液压传动 四油口方向控制阀安装面》的规定。

③ 手动及滚轮换向阀的滑阀机能应符合图纸要求并与铭牌标示一致。

④ 其他技术要求应符合 GB/T 7935《液压元件 通用技术条件》中 4.10 的规定。

⑤ 制造商应在产品样本及相关资料中说明产品的适用条件和环境要求。

(2) 性能要求

① 换向性能应符合 JB/T 10369—2014《液压手动及滚轮换向阀》的相关规定。

② 压力损失应符合 JB/T 10369—2014《液压手动及滚轮换向阀》中表 A.1～表 A.5 的相关规定。

③ 内泄漏量应符合 JB/T 10369—2014《液压手动及滚轮换向阀》中表 A.1～表 A.5 的相关规定。

④ 密封性应符合 JB/T 10369—2014《液压手动及滚轮换向阀》的相关规定。

⑤ 耐压性应符合 JB/T 10369—2014《液压手动及滚轮换向阀》的相关规定。

(3) 装配和外观要求

① 手动及滚轮换向阀的装配和外观应符合 GB/T 7935《液压元件 通用技术条件》中 4.4～4.9 的规定。

② 手动及滚轮换向阀装配及试验后或出厂时的内部清洁度应符合 JB/T 7858《液压元件清洁度评定方法及液压元件清洁度指标》的规定。

(4) 说明

当选择遵守《液压手动及滚轮换向阀》标准时，在试验报告、产品目录和销售文件中应使用以下说明："本公司液压手动及滚轮换向阀产品符合 JB/T 10369—2014《液压手动及滚轮换向阀》的规定"。

作者注：1. 有专门（产品）标准规定的液压手动及滚轮换向阀除外。

2. 上述文件经常用做液压手动及滚轮换向阀供需双方交换的技术文件之一。

2.2.2.3.5 液压电液动换向阀和液动换向阀的技术要求

电液动换向阀和液动换向阀的基本参数应包括额定压力、公称压力、公称通径、额定流量、滑阀机能和背压。

作者注：在 JB/T 10373—2002《液压电液动换向阀和液动换向阀》中规定"液压电液动换向阀和液动换向阀的基本参数应包括：公称压力、公称通径、公称流量、额定流量、滑阀机能、背压"。

(1) 一般要求

① 电液动换向阀和液动换向阀的公称压力应符合 GB/T 2346《液压传动系统及元件公称压力系列》的规定。

② 板式连接的电液动换向阀和液动换向阀的连接安装面应符合 GB/T 2514《液压传动四油口方向控制阀安装面》的规定。

③ 电液动换向阀和液动换向阀的滑阀机能应符合图纸要求并与铭牌标示一致。

④ 其他技术要求应符合 GB/T 7935《液压元件 通用技术条件》中 4.10 的规定。

⑤ 制造商应在产品样本及相关资料中说明产品的适用条件和环境要求。

(2) 性能要求

① 换向性能应符合 JB/T 10373—2014《液压电液动换向阀和液动换向阀》的相关规定。

② 电液动换向阀的压力损失应符合 JB/T 10373—2014《液压电液动换向阀和液动换向

阀》中表 A. 1、表 A. 3、表 A. 5 和表 A. 7 的相关规定。液动换向阀的压力损失应符合 JB/T 10373—2014《液压电液动换向阀和液动换向阀》中表 A. 9～表 A. 12 的相关规定。

③ 电液动换向阀的内泄漏量应符合 JB/T 10373—2014《液压电液动换向阀和液动换向阀》中表 A. 2、表 A. 4、表 A. 6 和表 A. 8 的相关规定。液动换向阀的内泄漏量应符合 JB/T 10373—2014《液压电液动换向阀和液动换向阀》中表 A. 9～表 A. 12 的相关规定。

④ 电液动换向阀的响应时间应符合 JB/T 10373—2014《液压电液动换向阀和液动换向阀》中表 A. 2、表 A. 4、表 A. 6 和表 A. 8 的相关规定。液动换向阀的响应时间应符合 JB/T 10373—2014《液压电液动换向阀和液动换向阀》中表 A. 9～表 A. 12 的相关规定。

⑤ 电液动换向阀的最低控制压力应符合 JB/T 10373—2014《液压电液动换向阀和液动换向阀》中表 A. 1、表 A. 3、表 A. 5 和表 A. 7 的相关规定。液动换向阀的最低控制压力应符合 JB/T 10373—2014《液压电液动换向阀和液动换向阀》中表 A. 9～表 A. 12 的相关规定。

⑥ 密封性应符合 JB/T 10373—2014《液压电液动换向阀和液动换向阀》的相关规定。

⑦ 耐压性应符合 JB/T 10373—2014《液压电液动换向阀和液动换向阀》的相关规定。

⑧ 耐久性应符合 JB/T 10373—2014《液压电液动换向阀和液动换向阀》的相关规定。

(3) 装配和外观要求

① 电液动换向阀和液动换向阀的装配和外观应符合 GB/T 7935《液压元件 通用技术条件》中 4.4～4.9 的规定。

② 电液动换向阀和液动换向阀装配及试验后或出厂时的内部清洁度应符合 JB/T 7858《液压元件清洁度评定方法及液压元件清洁度指标》的规定。

(4) 说明

当选择遵守《液压电液动换向阀和液动换向阀》标准时，在试验报告、产品目录和销售文件中应使用以下说明："本公司液压电液动换向阀和液动换向阀产品符合 JB/T 10373—2014《液压电液动换向阀和液动换向阀》的规定"。

作者注：1. 有专门（产品）标准规定的液压电液动换向阀和液动换向阀除外。

2. 上述文件经常用做液压电液动换向阀和液动换向阀供需双方交换的技术文件之一。

2.2.2.3.6 液压电磁换向座阀的技术要求

电磁座阀（液压电磁换向座阀简称电磁座阀）的基本参数应包括公称压力、公称通径、公称流量、座阀机能和背压。

(1) 一般要求

① 电磁座阀的公称压力应符合 GB/T 2346《液压传动系统及元件 公称压力系列》的规定。

② 板式连接的电磁座阀的连接安装面应符合 GB/T 2514《液压传动 四油口方向控制阀安装面》的规定。

③ 其他技术要求应符合 GB/T 7935《液压元件 通用技术条件》的规定。

④ 制造商应在产品样本及相关资料中说明产品的适用条件和环境要求。

(2) 性能要求

① 换向性能应符合 JB/T 10830—2008《液压电磁换向座阀》的相关规定。

② 压力损失应符合 JB/T 10830—2008《液压电磁换向座阀》的相关规定。

③ 内泄漏量应符合 JB/T 10830—2008《液压电磁换向座阀》的相关规定。

④ 响应时间应符合 JB/T 10830—2008《液压电磁换向座阀》的相关规定。

⑤ 密封性应符合 JB/T 10830—2008《液压电磁换向座阀》的相关规定。

⑥ 耐压性应符合 JB/T 10830—2008《液压电磁换向座阀》的相关规定。

⑦ 耐久性应符合 JB/T 10830—2008《液压电磁换向座阀》的相关规定。

(3) 装配和外观要求

① 电磁座阀的装配和外观应符合 GB/T 7935《液压元件　通用技术条件》的规定。

② 电磁座阀装配及试验后或出厂时的内部清洁度应符合 JB/T 10830—2008《液压电磁换向座阀》的相关规定。

(4) 说明

当选择遵守《液压电磁换向座阀》标准时，在试验报告、产品目录和销售文件中应使用以下说明："本公司液压电磁换向座阀产品符合 JB/T 10830—2008《液压电磁换向座阀》的规定"。

作者注：1. 有专门（产品）标准规定的液压换向电磁座阀除外。

2. 上述文件经常用做液压换向电磁座阀供需双方交换的技术文件之一。

2.2.2.4　液压二通盖板式插装阀

在 GB/T 7934—2017《液压二通盖板式插装阀　技术条件》中规定了液压二通盖板式插装阀的技术条件，包括技术要求、安全要求、性能要求、检验规则、标识包装要求等，适用于以矿物油型液压油或性能相当的其他液体为工作介质的液压二通盖板式插装阀。

2.2.2.4.1　技术要求

(1) 阀的分类和基本参数

① 阀的分类　液压二通盖板式插装阀按功能可分为压力控制阀（溢流阀典型符号见 GB/T 7934—2017 中 A.1 或图 2-7、减压阀典型符号见 GB/T 7934—2017 中 A.2 或图 2-8）、方向控制阀（典型符号见 GB/T 7934—2017 中 A.3 或图 2-9）、流量控制阀（典型符号见 GB/T 7934—2017 中 A.4 或图 2-10）、复合功能控制阀。

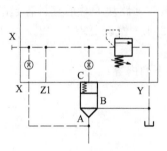

图 2-7　典型溢流阀符号
（按 GB/T 786.1 修改）

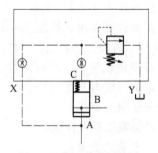

图 2-8　典型减压阀符号
（按 GB/T 786.1 修改）

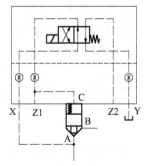

图 2-9　典型方向控制阀符号
（按 GB/T 786.1 修改）

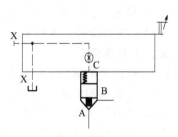

图 2-10　典型流量控制阀符号
（按 GB/T 786.1 修改）

② 阀的基本参数　阀的基本参数按表 2-33 规定。

表 2-33　阀的基本参数

公称通径/mm	16	25	32	40	50	63	80	100	125	160
额定流量/(L/min) （$\Delta p \leqslant 0.2$MPa）	100	200	400	500	1000	1500	2000	3500	5000	8000
最大流量/(L/min) （$\Delta p \leqslant 0.5$MPa）	180	400	600	1000	1500	2000	4000	7000	11500	18000

（2）一般要求

① 液压二通盖板式插装阀安装连接尺寸应符合 GB/T 2877—2007《液压二通盖板式插装阀　安装连接尺寸》（已被 GB/T 2877.2—2021《液压二通盖板式插装阀　第 2 部分：安装连接尺寸》代替）的规定。

② 液压二通盖板式插装阀公称压力应符合 GB/T 2346 的规定。

③ 液压二通盖板式插装阀图形符号应符合 GB/T 786.1 的规定，其图形符号的基本尺寸应符合 JB/T 5922 的规定。

④ 液压二通盖板式插装阀清洁度指标应符合 JB/T 7858—2006《液压件清洁度评定方法及液压件清洁度指标》中表 2 的规定。

⑤ 液压二通盖板式插装阀工作介质的固体颗粒污染度应不高于 GB/T 14039—2002《液压传动　油液固体颗粒污染等级代号》规定的 20/18/15。使用电调制液压控制阀做先导元件时，该先导元件工作介质的固体颗粒污染度应满足制造商的要求。

⑥ 液压二通盖板式插装阀允许的工作介质温度和黏度范围宜为 $-15 \sim 80$℃ 和 $15 \sim 400 \text{m}^2/\text{s}$。

⑦ 使用的密封件和密封装置应与工作介质、相邻材料、工作条件及工作环境相容。

⑧ 单件质量大于 15kg 的插入元件、控制盖板、插装阀油路块或总成宜具有起吊装置。

⑨ 产品的性能要求、性能指标和检验规则见"2.2.2.4.3 性能要求"、"2.2.2.4.4 检验规则（或 GB/T 793—2017 第 7 章）"的规定。

⑩ 产品使用说明书、产品样本、销售文件中应包括下列内容：

a. 额定工作压力及范围；

b. 额定流量及范围；

c. 主要性能指标及性能曲线；

d. 工作介质的类型；

e. 工作介质温度范围；

f. 电气参数；

g. 应急和安全功能要求；

h. 产品规格型号、图形符号、技术性能参数、安装螺钉的强度等级和紧固力矩、总装图、安装尺寸、安装说明、吊装要求，以及调试、使用和维护说明等技术文件。

（3）插入元件要求

① 插入元件内部的阀口、径向油槽、径向油口等的通流面积应按均等原则设计。

② 插入元件的结构应便于装拆。

③ 阀芯上的阻尼孔采用可更换结构时应有防松措施。

④ 阀套结构应保证有足够的刚度，防止变形影响阀的性能；阀套上的密封结构应便于安装与维修。

⑤ 阀套和阀芯的非配合面应进行防腐蚀处理。

⑥ 宜在插入元件非配合面的明显部位标记插入元件的代号、规格等。

（4）控制盖板要求

① 控制盖板的外形尺寸的极限偏差应不大于 GB/T 1804—2000《一般公差　未注公差的线性和角度尺寸的公差》规定的 m 级。

② 控制盖板与插装阀油路块配合面的表面粗糙度和平面度符合 GB/T 2877（已被 GB/T 2877.2—2021 代替）的规定。

③ 控制盖板的材料宜采用热锻钢或铸铁，采用热锻钢时其材料牌号和力学性能宜符合 GB/T 699—2015《优质碳素结构钢》的规定，采用铸铁时其材料牌号和力学性能宜符合 JB/T 12232—2015《液压传动　液压铸铁件技术条件》的规定。

④ 应对控制盖板承载后的强度和变形量进行校核。

⑤ 控制盖板安装面上控制油口 X、Z_1（Z_x）、Z_2（Z_Y）、Y 的最大尺寸应符合 GB/T 2877 的规定。

⑥ 控制盖板内装阻尼塞时，宜在盖板外表面适当部位做出识别标记。阻尼塞应具有可靠的防松措施，应便于更换；其螺纹规格和尺寸应在产品使用说明书等文件中注明。

⑦ 控制盖板上加工的先导元件安装孔、安装面等的表面粗糙度、几何公差等要求应符合相关产品的要求。

⑧ 控制盖板上应安装定位销钉。

⑨ 控制盖板表面应进行防腐蚀处理，按 GB/T 10125—2012《人造气氛腐蚀试验　盐雾试验》（已被 GB/T 10125—2021 代替）规定进行 24h 盐雾试验后防腐层抗腐蚀能力应不低于 GB/T 6461—2002《金属基体上金属和其他无机覆盖层经腐蚀试验后的试样和试件的评级》规定的 9/9vsB 级。

（5）先导元件要求

① 先导元件的技术性能应满足液压二通盖板式插装阀的控制要求，并符合有关产品标准的规定。

② 滑阀型式的电磁阀等先导元件宜采用水平安装。

③ 可调式先导元件应具有良好的调节特性，调节机构应转动灵活并有可靠的防松装置。

④ 应在非配合面标记产品代号。叠加安装型式的先导元件、电磁换向阀等应有产品铭牌，标明名称、型号、机能符号、制造厂商和出厂日期等。

（6）插装阀油路块要求

① 液压二通盖板式插装阀安装面的表面粗糙度和平面度应符合 GB/T 2877 的规定，其他元件安装面的表面粗糙度和平面度应符合相关元件制造商的要求。

② 插装阀油路块的材料宜采用热锻钢，其材料牌号和力学性能宜符合 GB/T 699 的规定。

③ 插装阀油路块的设计除满足使用功能要求外，应对内部流道的壁厚进行强度校核；内部流道的尺寸应保证工作介质的合理流速，尽量避免不合理的流道突变；其进、出油口的位置除应满足工作性能和用户要求外，还应便于安装和维修。

④ 插装阀油路块上的工艺孔应确保封堵安全可靠。

⑤ 如必要，宜在插装阀油路块上设置压力检测口。

⑥ 如采用螺纹连接油口，参见 GB/T 2878.1、GB/T 2878.2、GB/T 2878.3 的规定；如采用法兰连接油口，参见 ISO 6162-1、ISO 6162-2 或 ISO 6164 的规定。使用压力超过 21MPa 时，宜优先采用法兰连接型式的油口，特殊情况下，油口可采用经测试或现场验证是可行的连接型式，或由供需双方协商确定。

⑦ 外接油口处应有清晰永久的油口代号标识。

⑧ 插装阀油路块表面应进行防腐蚀处理，按 GB/T 10125 规定进行 24 h 盐雾试验后防腐层抗腐蚀能力应不低于 GB/T 6461 规定的 9/9vsB 级。

⑨ 应具有固定安装孔。

⑩ 其他技术要求应符合 GB/T 3766—2015《液压传动　系统及其元件的通用规则和安全要求》的规定。

2.2.2.4.2　安全要求

① 液压二通盖板式插装阀的插入元件、先导元件、控制盖板、插装阀油路块及总成产品等的结构设计、外接油口和工艺堵头型式，应确保其按设计预期安全可靠地运行。尤其应注意那些因其失效或故障可能引起危险后果的元件、工艺堵头和配管的可靠性。

② 液压二通盖板式插装阀的设计应考虑如果产生泄漏（内泄漏或外泄漏）或者局部温度过高，不应引起危险、造成人身伤害或设备的损坏。

③ 应采取必要的降低噪声或防止噪声伤害的措施。

④ 应使阀的调节机构和外接油口位于易接近的位置。

⑤ 对于控制盖板内的阻尼塞，其所处在控制油路的位置应保证其发生堵塞时，不会导致工作压力超过其允许值。

⑥ 控制盖板和叠加式先导元件的固定螺钉应进行强度校核，其机械性能应符合 GB/T 3098.1—2010《紧固件机械性能　螺栓、螺钉和螺柱》的要求。

⑦ 液压二通盖板式插装阀涉及与液压系统相关的所有重大危险，以及避免这些危险的原则，应符合 GB/T 3766 的规定。

2.2.2.4.3　性能要求

(1) 性能要求项目

① 压力控制阀。

a. 溢流阀。

ⅰ. 耐压性能。对阀的各油口（含控制油口）同时施加 1.5 倍额定压力时阀的承压能力。

ⅱ. 调压范围。在通过额定流量工况下，阀进口（插入元件油口 A）压力的稳定工作范围。

ⅲ. 压力振摆。阀在各调压范围的最高值稳定工作时，阀进口压力的摆动幅度。

ⅳ. 压力偏移。阀在各调压范围的最高值稳定工作 3min 后，阀进口压力的终值与初值之差。

ⅴ. 启闭特性。

• 开启特性。阀设定在各调压范围的最大值，阀的溢流量（油口 Y 的流量与油口 B 的流量之和）从 2L/min 增加到额定流量时，阀进口压力的最大值与最小值之差与最大值之比。

• 关闭特性。阀设定在各调压范围的最大值，阀的溢流量从额定流量减少到 2L/min 时，阀进口的压力最大值与最小值之差与最大值之比。

ⅵ. 内泄漏量。阀的调定值为其额定值，阀进口压力为其额定压力的 75% 时的泄漏量（油口 Y 的流量与油口 B 的流量之和）。

ⅶ. 压力损失。阀通过额定流量，且在进口压力最低时溢流阀的进、出口（插入元件的油口）之间的压差。

ⅷ. 卸荷压力。外控式溢流阀或电磁溢流阀插入元件的油口 C 接通零压油箱，阀通过额定流量时的进、出口压差。

ⅸ. 稳态压力-流量特性。阀在其调压范围内稳定工作，溢流量从最小到最大引起进口压力变化的关系曲线。

ⅹ．响应特性。

• 升压时间。阀通过额定流量，从卸荷状态以满足 2.2.2.4.4 中（4）④规定的瞬态工况要求迅速切换到额定压力状态，进口压力从额定值的 10% 上升到 90% 所用的时间。

• 卸压时间。阀通过额定流量，从额定压力状态以满足 2.2.2.4.4 中（4）④规定的瞬态工况要求迅速切换到卸荷状态，进口压力从额定值的 90% 下降到 10% 所用的时间。

• 压力超调率。阀通过额定流量，从开启状态以 2.2.2.4.4 中（4）④规定的瞬态工况要求迅速切换到额定压力状态，压力超调量与额定值之比。

注：超调量为瞬时压力的峰值与额定值之差。

ⅹⅰ．耐久性。阀通过额定流量，反复切换先导控制阀使溢流阀在卸荷状态和额定压力状态之间转换且能保证阀的性能符合表 2-34 规定的动作次数。

表 2-34　溢流阀性能指标

性能项目			公称通径/mm							
			16	25	32	40	50	63	80	100
耐压性能			同时向各油口施加 1.5 倍的额定压力,保压 10min,不得有外泄漏和零件损坏现象							
调压范围/MPa			0.6～8;4～16;8～21;16～31.5							
压力振摆/MPa	调压范围/MPa	0.6～8	±0.5							
		4～16								
		8～21	±1							
		16～31.5								
压力偏移/MPa	调压范围/MPa	0.6～8	±0.5							
		4～16								
		8～21	±1							
		16～31.5								
启闭特性	开启特性/%		5							
	关闭特性/%		10							
内泄漏量/(mL/min) ≤			70	120	150	220	300	350	400	450
压力损失/MPa ≤			0.5							
卸荷压力/MPa ≤			0.3							
稳态压力-流量特性/[MPa/(L/min)] ≤			3/100	2/100	1.6/100	1.4/100	0.8/100	0.5/100	0.5/100	0.5/100
响应特性	升压时间/s ≤		0.06	0.06	0.1	0.1	0.2	0.2	0.4	0.4
	卸压时间/s ≤		0.40							
	压力超调率/% ≤		25							
耐久性	动作次数/万次 ≥		150							

注：1. 其他规格的溢流阀性能指标可由供需双方商定。
2. 耐久性检验后，阀的内泄漏量允许比相应规定值增加 15%。
3. 额定压力高于 31.5MPa 的溢流阀性能要求可由供需双方商定。

b．减压阀。

ⅰ．耐压性能。对阀的各油口（含控制油口）同时施加 1.5 倍额定压力时阀的承压能力。

ⅱ．调压范围。阀通过额定流量，减压阀出口（插入元件的油口 A）压力稳定工作范围。

ⅲ．压力振摆。阀在调压范围的最高值稳定工作时，阀出口压力的摆动幅度。

ⅳ．压力偏移。阀在调压范围的最高值稳定工作 3min，阀出口压力的终值与初值之差。

ⅴ．进口压力变化引起出口压力变化量。阀通过额定流量，出口压力为调压范围的下限值工作，进口（插入元件的油口 B）压力从最低值（保证出口压力的下限值）增加到额定值引起出口压力变化的差值。

ⅵ．流量变化引起出口压力变化量。阀出口压力为调压范围的最大值，通过阀的流量从零变化到额定值引起出口压力变化的差值。

ⅶ. 外泄漏量。阀出口压力为调压范围的最低值，进口压力从最低值（保证出口压力的下限值）到额定值变化，引起先导溢流量的变化量。

ⅷ. 进口压力阶跃变化时阀出口压力响应特性。

• 压力恢复时间。阀通过额定流量，进口压力从零到额定值以满足 2.2.2.4.4 中（4）④规定的瞬态工况要求阶跃变化（时），出口压力从额定值的 10% 上升到额定值 90% 时所用的时间。

• 压力超调率。阀通过额定流量，进口压力从零到额定值以满足 2.2.2.4.4 中（4）④规定的瞬态工况要求阶跃变化时，出口压力的瞬间超调量与额定值之比。

注：超调量为瞬时的压力峰值与额定值之差。

ⅸ. 流量阶跃变化时阀出口压力响应特性。

• 压力恢复时间。阀的出口流量从额定值到零以满足 2.2.2.4.4 中（4）④规定的瞬态工况要求阶跃变化时，出口压力从额定值的 10% 上升到额定值 90% 时所用的时间。

• 压力超调率。阀的出口流量从额定值到零以满足 2.2.2.4.4 中（4）④规定的瞬态工况要求阶跃变化时，出口压力的瞬间超调量与额定值之比。

注：超调量为瞬时的压力峰值与额定值之差。

ⅹ. 耐久性。反复切换阀进口的输入流量使其从零到额定值变化，出口压力从零到额定值之间变化且能保证阀的性能符合表 2-35 规定的动作次数。

表 2-35　减压阀性能指标

性能项目			公称通径/mm							
			16	25	32	40	50	63	80	100
耐压性能			同时向各油口施加 1.5 倍的额定压力，保压 10min，不得有外泄漏和零件损坏现象							
调压范围/MPa			0.6～8；4～16；8～21；16～31.5							
压力振摆/MPa	调压范围/MPa	0.6～8	±0.5							
		4～16								
		8～21	±1							
		16～31.5								
压力偏移/MPa	调压范围/MPa	0.6～8	±0.5							
		4～16								
		8～21	±1							
		16～31.5								
进口压力变化引起出口压力变化量/MPa	调压范围/MPa	0.6～8	±0.2							
		4～16	±0.4							
		8～21	±0.6							
		16～31.5	±1							
流量变化引起出口压力变化量/[MPa/(L/min)] ≤			3/100	2/100	1.6/100	1.4/100	0.8/100	0.5/100	0.5/100	0.5/100
外泄漏量/(mL/min) ≤			2000				4000			
进口压力阶跃变化时出口压力响应特性	压力恢复时间/ms ≤		80				100		120	
	压力超调率/% ≤		30							
流量阶跃变化时出口压力响应特性	压力恢复时间/ms ≤		80				100		120	
	压力超调率/% ≤		30							
耐久性	动作次数/万次≥		150							

注：1. 其他规格的减压阀性能指标可由供需双方商定。
　　2. 耐久性检验后，阀的内泄漏量允许比相应规定值增加 15%。

② 方向控制阀

a. 耐压性能。对阀的各油口（含控制油口）同时施加 1.5 倍额定压力时阀的承压能力。

b. 开启压力。插入元件油口 A 进油通过 1％额定流量，进口压力与出口压力之差。

注：流动方向从油口 A 到油口 B，油口 C、油口 B 压力为零。

c. 压力损失。插入元件油口 A 进油通过额定流量，进口压力与出口压力之差。

d. 反向压力损失。插入元件油口 B 进油通过额定流量，进口压力与出口压力之差。

e. 内泄漏量。

ⅰ. 插入元件的油口 C 压力为额定值，油口 B 的泄漏量。

ⅱ. 插入元件的油口 B 压力为额定值，油口 C 的泄漏量。

注：油口 C 压力为零。

ⅲ. 插入元件处于关闭状态，油口 A 压力为额定值，油口 B 的泄漏量。

ⅳ. 插入元件处于关闭状态，油口 B 压力为额定值，油口 A 的泄漏量。

f. 响应特性。

ⅰ. 开启时，以满足 2.2.2.4.4 中（4）④的瞬态工况要求使插入元件从关闭到完全打开通过额定流量所用的时间。

ⅱ. 关闭时，以满足 2.2.2.4.4 中（4）④的瞬态工况要求使插入元件从全开通过额定流量到关闭所用的时间。

g. 耐久性。插入元件油口 A 的供油流量为试验流量，最高压力为额定值，油口 B 压力为零，使插入元件的阀芯在关闭状态和全开状态之间反复切换且能保证阀的性能符合表 2-36 规定的动作次数。

表 2-36 方向控制阀性能指标

性能项目			公称通径/mm							
			16	25	32	40	50	63	80	100
耐压性能			同时向各油口施加 1.5 倍的额定压力，保压 10min，不得有外泄漏和零件损坏现象							
开启压力/MPa ≤			0.4							
压力损失/MPa ≤			0.2							
反向压力损失/MPa ≤			0.2							
内泄漏量/(mL/min) ≤		C→B	105	150	200	250	320	380	450	500
		B→C								
		A→B	0							
		B→A								
响应时间	开启时间/ms ≤		90	90	120	120	120	150	150	150
	关闭时间/ms ≤		120	120	200	200	200	300	300	300
耐久性	动作次数/万次 ≥		150							

注：1. 开启压力为通过插入元件的流量为额定流量的 1％时在进油口所测得的压力。

2. 其他规格的方向控制阀性能指标可由供需双方商定。

3. 耐久性检验后，阀的内泄漏量允许比相应规定值增加 15％。

4. 对于额定压力高于 31.5MPa 的方向控制阀的性能指标可由供需双方商定。

③ 流量控制阀

a. 耐压性能。对阀的各油口（含控制油口）同时施加 1.5 倍额定压力时阀的承压能力。

b. 流量调节范围。

ⅰ. 调节范围的下限值。插入元件的进、出口压差为 1MPa 时的最小稳定流量值。

ⅱ. 调节范围的上限值。插入元件的进、出口压差为 5MPa 时的最大稳定流量值。

c. 流量变化率。在阀的流量调节范围内开口量和压差不变，30min 内阀流量的最大值和最小值之差与其平均值之比。

d. 内泄漏量。

ⅰ. 油口 A→B 的泄漏量。插入元件处于关闭状态，油口 A 的压力为额定值，油口 A 到油口 B 的泄漏量。

ⅱ. 油口 B→A 的泄漏量。插入元件处于关闭状态，油口 B 的压力为额定值，油口 B 到油口 A 的泄漏量。

ⅲ. 油口 B→C 的泄漏量。插入元件油口 B 的压力为额定值，油口 B 到油口 C 的泄漏量。

e. 压力损失。插入元件的阀口全部开启，油口 A 进油通过额定流量时的进、出油口压差。

f. 开启压力。插入元件油口 A 进油通过 1% 额定流量时进口压力与出口压力之差。

g. 调节力矩。阀的工作压力为额定值的 10% 时，调节杆的转动力矩。

④ 复合功能控制阀　复合功能控制阀的性能要求可由供需双方协商确定。

（2）性能指标

① 压力控制阀

a. 溢流阀。额定压力不超过 31.5MPa 的溢流阀性能指标应符合表 2-34 的规定。

b. 减压阀。额定压力不超过 31.5MPa 的减压阀性能指标应符合表 2-35 的规定。

② 方向控制阀　额定压力不超过 31.5MPa 的方向控制阀性能指标应符合表 2-36 的规定。

③ 流量控制阀　额定压力不超过 31.5MPa 的流量控制阀性能指标应符合表 2-37 的规定。

表 2-37　流量控制阀性能指标

性能项目		公称通径/mm							
		16	25	32	40	50	63	80	100
耐压性能		同时向各油口施加 1.5 倍的额定压力，保压 10min，不得有外泄漏和零件损坏现象							
流量调节范围/(L/min)		3～300	3～630	4～1060	4～1875	10～2430	10～3520	10～4720	10～8250
流量变化率/% ≤		10							
内泄漏量 /(mL/min) ≤	A→B	10							
	B→A	10							
	B→C	105	150	200	250	320	380	450	500
压力损失/MPa ≤		0.4	0.4	0.4	0.3	0.3	0.3	0.3	0.3
开启压力/MPa ≤		0.4							
调节力矩/(N·m)≤		10							

注：1. 其他规格的流量控制阀性能指标可由供需双方商定。
2. 对于额定压力高于 31.5MPa 的流量控制阀的性能指标可由供需双方商定。

④ 复合功能控制阀　复合功能控制阀的性能指标可由供需双方协商确定。

2.2.2.4.4　检验规则

（1）检验分类

液压二通盖板式插装阀产品检验分为出厂检验和型式检验。

（2）出厂检验

见 GB/T 7934—2017。

（3）型式检验

见 GB/T 7934—2017。

(4) 试验条件

① 工作介质

a. 工作介质为一般矿物油型液压油。

b. 除明确规定外，型式检验应在50℃±2℃下进行，出厂检验应在50℃±4℃下进行。

c. 工作介质40℃时的运动黏度为42~74mm^2/s（特殊要求另行规定）。

d. 工作介质的固体颗粒污染等级不应劣于GB/T 14039—2002中规定的—/19/16。

② 试验流量

a. 当被试阀的额定流量小于或等于200 L/min时，试验流量应为额定流量。

b. 当被试阀的额定流量大于200 L/min时，允许试验流量按200 L/min进行试验。但应经工况考核，被试阀的性能指标应满足工况的要求。

c. 压力控制阀的稳态压力-流量特性和响应特性、方向控制阀的压力损失和响应特性、流量控制阀的流量变化率和压力损失等特性推荐使用阀的额定流量进行试验。

③ 稳态工况　被控参量平均显示值的变化范围不超过表2-38的规定值为稳态工况。在稳态工况下记录试验参数的测量值。

表2-38　被控参量平均显示值允许变化范围

测量参数	测量准确度等级		
	A	B	C
流量/%	±0.5	±1.5	±2.5
压力/%	±0.5	±1.5	±2.5
温度/℃	±1.0	±2.0	±4.0
黏度/%	±5	±10	±15

注：型式检验不得低于B级测量准确度，出厂检验不得低于C级测量准确度。

④ 瞬态工况

a. 被试阀和试验回路相关部分组成油腔的表观容积刚度，应保证被试阀受测油口压力变化率在600~800MPa/s范围内。

注：进口压力变化率系指进口压力从最终稳态压力值与起始压力值之差的10%上升到90%的压力变化量与相应时间之比。

b. 阶跃加载阀与被试阀之间的相对位置，可用控制其间的压力梯度限制油液可压缩性的影响来确定。其间的压力梯度可用式（2-1）计算获得。算得的压力梯度至少应为被试阀实测的进口压力梯度的10倍。

$$\frac{\mathrm{d}p}{\mathrm{d}t} = \frac{q_{vs}K_s}{V} \tag{2-1}$$

式中　q_{vs}——被试阀设定的稳态流量；

　　　K_s——油液的等熵体积弹性模量；

　　　V——试验回路中被试阀与阶跃加载阀之间的油路连通容积。

c. 试验系统中阶跃加载阀的动作时间不应超过被试阀响应时间的10%，最大不应超过10ms。

⑤ 试验方法

a. 试验方法按照JB/T 10414—2004《液压二通插装阀　试验方法》。

b. 复合功能控制阀试验方法所涉及的特殊试验项目由供需双方协商确定。

c. 插装阀油路块总成试验条件除遵守JB/T 10414—2004外，必要时可按照供需双方约定的技术协议进行。

⑥ 测量准确度等级　见GB/T 7934—2017。

⑦ 试验报告　见GB/T 7934—2017。

2.2.2.4.5 标志、包装、运输和贮存及标注说明

见 GB/T 7934—2017。

说明

① 按照标准规划，GB/T 2877《液压二通盖板式插装阀》第 3 部分应为：GB/T 2877.3—××××《液压二通盖板式插装阀　第 3 部分：技术条件》，但现在有 GB/T 7934—2017《液压二通盖板式插装阀　技术条件》，标准名称究竟应如何协调是个问题。

② GB/T 2877.2—2021/ISO 7368：2016《液压二通盖板式插装阀　第 2 部分：安装连接尺寸》将代替 GB/T 2877—2007《液压二通盖板式插装阀　安装连接尺寸》，这将导致不注明日期的引用文件"GB/T 2877《液压二通盖板式插装阀　安装连接尺寸》"与代替标准的衔接出现问题。由此也说明一些标准大量采用不注明日期文件的做法并不普遍适用。

③ 在 GB/T 7934—2017 "1　范围"中没有规定"液压二通盖板式插装阀"的简称可为"阀"，而在其下面的内容中却多处出现了使用简称的情况，这样做不合适。

④ 在 GB/T 7934—2017 "3　术语和定义"中，几个术语的定义并不准确，如：

a. "插入元件采用滑入插装方式安装连接在插装阀油路块上的阀孔内"来定义"液压二通盖板式插装阀"，这样的定义不尽合理；

b. 而与"插入元件"的定义"……采用插入方式安装的组件"比较，显然存在不一致问题；

c. "控制盖板"的定义"用于盖住插入元件的盖板"没有体现其一般具有的"控制"这一区别特征；

d. 以"用于安装连接液压二通盖板式插装阀的立方基体"来定义"插装阀油路块"，容易将"插装阀油路块"误解为不是"液压二通盖板式插装阀"应有的组成部分。

⑤ 在 GB/T 7934—2017 的表 1 中没有对"Δp"进行注释，其他地方也没有说明；没有规定"额定压力"是液压二通盖板式插装阀的基本参数，但要求在产品使用说明书、产品样本、销售文件中应包括"额定工作压力及范围"。在其他标准规定的液压阀中，基本参数中都包括"额定压力"和/或"公称压力"。因此断定，在 GB/T 7934—2017 中给出的不包括"额定压力"的基本参数不完全。

⑥ 在 GB/T 7934—2017 的表 1 中给出的"阀的基本参数"包括"公称通径""额定流量"和"最大流量"，但要求在产品使用说明书、产品样本、销售文件中应包括的内容中没有"公称通径"。即使认为"公称通径"包括在产品规格型号中，然而，在 GB/T 7934—2017 中也没有给出液压二通盖板式插装阀的型号编制方法及示例。

⑦ 在 GB/T 7934—2017 附录 A 中给出的典型符号并不符合 GB/T 786.1 的规定。况且"液压二通盖板式插装阀图形符号应符合 GB/T 786.1 的规定，其图形符号的基本尺寸应符合 JB/T 5922 的规定。"这样的要求也有问题。

⑧ 在 GB/T 7934—2017 的 "6.1.1.2　减压阀"中，"6.1.1.2.1　耐压性能"与"6.1.1.2.7　外泄漏量"不协调。因为其表 3 规定的耐压性能指标为"……不得有外泄漏和零件损坏等现象。"

⑨ 不清楚在 "7.4.4　瞬态工况"中 "7.4.4.1　被试阀和试验回路相关部分组成油腔的表观容积刚度，……。"中提出的"表观容积刚度"有何用意。

⑩ 在 GB/T 7934—2017 中还存在一些其他问题，如：形式与型式、阻尼孔与阻尼塞混用；缺少对插入元件中弹簧的要求；将表面粗糙度、平面度、形位公差不当并列要求；在"性能要求项目"条下包括性能指标，却又单列"性能指标"条，标准内容编排不当；多处给出相同的"注：超调量……"；"性能要求项目"与表中性能项目不一致等。

2.2.2.5 电调制液压控制阀

标准名称的主体要素为"电调制液压控制阀"的现行标准包括了 GB/T 15623.1—2018 《液压传动 电调制液压控制阀 第 1 部分：四通方向流量控制阀试验方法》、GB/T 15623.2—2017《液压传动 电调制液压控制阀 第 2 部分：三通方向流量控制阀试验方法》 和 GB/T 15623.3—2012《液压传动 电调制液压控制阀 第 3 部分：压力控制阀试验方法》，但没有引导要素和主体要素为"液压传动"和"电调制液压控制阀"标准名称的产品标准。

因为比例控制阀是死区大于或等于阀芯行程的 3% 的电调制连续控制阀，伺服阀是死区小于阀芯行程的 3% 的电调制连续控制阀，所以它们都是"电调制连续控制阀"，或表述为连续控制阀包括所有类型的伺服阀和比例控制阀。

关于术语"电调制液压四通方向流量控制阀""电调制液压三通方向流量控制阀""电调制压力控制阀""电调制溢流阀""电调制减压阀"的定义见本手册附录 B，术语"比例控制阀""伺服阀"和"连续控制阀"的定义见 GB/T 17446—2012。

2.2.2.5.1 射流管电液伺服阀

在 GB/T 13854—2008《射流管电液伺服阀》中规定了射流管电液伺服阀（以下简称伺服阀）的定义、术语、分类、基本参数、要求、试验方法、检验规则及标志、包装、运输和贮存，适用于以液压油为介质的各类射流管流量控制电液伺服阀。其他类型射流管电液伺服阀也可参照该标准。

(1) 分类

① 型式 伺服阀按液压放大器级数分为单级伺服阀、两级伺服阀和三级伺服阀。

② 主要参数

a. 额定电流。伺服阀额定电流按表 2-39 的规定。

表 2-39 伺服阀额定电流   单位：mA

8	10	16	20	25	30	40	50	63	80

b. 额定压力。伺服阀额定压力按表 2-40 的规定。

表 2-40 伺服阀额定压力   单位：MPa

6.3	16	21	25	31.5

c. 额定流量。伺服阀额定流量按表 2-41 的规定。

表 2-41 伺服阀额定流量   单位：L/min

1	2	4	8	10	15	20	30	40	60	80
100	120	140	180	200	220	250	300	350	400	450

③ 型号编制方法

a. 编制方法。

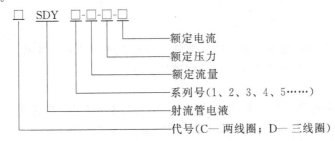

b. 产品标记示例。

ⅰ. 额定压力为 21MPa，额定流量为 30 L/min，额定电流为 8mA，系列号为 1 的两线圈通用型及船用型射流管电液伺服阀标记为：

伺服阀　GB/T 13854—2008　CSDY1-30-21-8

ⅱ. 额定压力为 16MPa，额定流量为 20 L/min，额定电流为 20mA，系列号为 2 的三线圈射流管电液伺服阀标记为：

伺服阀　GB/T 13854—2008　DSDY2-20-16-20

④ 接口

a. 液压接口。除另有规定外，伺服阀安装面尺寸应符合 GB/T 17487—1998《四油口和五油口液压伺服阀 安装面》的要求。

b. 电气接口。

ⅰ. 除另有规定外，伺服阀力矩马达线圈一般分为双线圈与三线圈两种。

ⅱ. 双线圈伺服阀线圈的连接方式、接线端标号、外引出导线颜色及输入电流极性按表 2-42 规定。

表 2-42　双线圈伺服阀力矩马达线圈的连接方式

线圈连接方式接线端标号	单线圈	串联	并联	差动
	 2　1 4　3	 2　(1, 4)　3	 2(4)　1(3)	 2　1(4)　3
外引出导线颜色	绿　红黄　蓝	绿　　　蓝	绿　　红	绿　红　蓝
控制电流的正极性	2+1−或 4+3− 供油腔通 A 腔 回油腔通 B 腔	2+　　　3− 供油腔通 A 腔 回油腔通 B 腔	2+　　1− 供油腔通 A 腔 回油腔通 B 腔	当 1+时 1 到 2 小于 1 到 3 当 1−时 2 到 1 大于 3 到 1

ⅲ. 三线圈伺服阀线圈的连接方式、外引出导线颜色及输入电流极性按表 2-43 规定。

表 2-43　三线圈伺服阀力矩马达线圈的连接方式

线圈连接方式	单线圈	并联
外引出导线颜色	红　白　黄　绿　橙　蓝	红（黄、橙）　白（绿、蓝）
控制电流的正极性	＋　−　＋　−　＋　− 供油腔通 A 腔，回油腔通 B 腔	＋　　　− 供油腔通 A 腔，回油腔通 B 腔

(2) 要求

① 一般要求

a. 产品外观。产品表面不应有压伤、毛刺、裂纹、锈蚀及其他缺陷。

b. 内部处理。内部金属件不应使用任何镀层。

② 电气要求

a. 线圈电阻。伺服阀线圈电阻偏差值，在 20℃时应为名义电阻值的±10%。同一伺服阀配对的线圈电阻值之差应不大于名义电阻值的 5%。

b. 绝缘电阻。伺服阀线圈对阀体及线圈之间的绝缘电阻，在一般环境条件下，应不小于 $50M\Omega$。在高温、低温、温度冲击、盐雾、霉菌及湿热条件下，应不小于 $5M\Omega$。

c. 绝缘介电强度。伺服阀线圈之间、线圈与阀体之间，在频率 $50Hz$ 和表 2-44 规定的交流电压下，历时 $1min$ 不应击穿。

表 2-44　伺服阀介电强度试验电压

项目	60℃	相对湿度不小于95%	10^7 次寿命试验后
电压/V	500	375	250

d. 过载电流。伺服阀应能经受 2 倍额定电流的过载电流。

③ 主要性能指标　伺服阀的主要性能指标见表 2-45。

表 2-45　伺服阀的主要性能指标

项目		性能指标	备注
静态特性	额定流量 q_n/(L/min)	$q_n\pm10\%q_n$	空载(见 GB/T 13854—2008 中图 3)
	压力增益/(MPa/mA)	$\geqslant30$	$\Delta p/1\%I_n$(见 GB/T 13854—2008 中图 1)
	零偏/%	$\leqslant2$	寿命期内不大于5% (见 GB/T 13854—2008 中图 3)
	滞环/%	$\leqslant5.0$	(见 GB/T 13854—2008 中图 3)
	遮盖/%	$+2.5\sim-2.5$	零遮盖阀的指标 [见 GB/T 13854—2008 中图 5a]
	线性度/%	$\leqslant7.5$	(见 GB/T 13854—2008 中图 4)
	对称度/%	$\leqslant10$	(见 GB/T 13854—2008 中图 4)
	分辨率/%	$\leqslant0.5$	不加励振信号
	内漏/(L/min)	$\leqslant3\%$额定流量或 0.45	(见 GB/T 13854—2008 中图 2)
	供油压力零漂/%	$\leqslant2$	供油压力在$(0.8\sim1.1)p_n$ 范围 (见 GB/T 13854—2008 中图 9)
	回油压力零漂/%	$\leqslant2$	供油压力在$(0\sim0.7)p_n$ 范围 (见 GB/T 13854—2008 中图 10)
	温度零漂/%	$\leqslant2$	$\Delta t=56℃$(见 GB/T 13854—2008 中图 11)
	极性	输入正极性控制电流时，液流从控制口"A"流出，从控制口"B"流入，规定为正极性	
频率特性	$-3dB$ 幅频/Hz	$\geqslant120\%$计算值	(见 GB/T 13854—2008 中图 13)
	$-90°$相频/Hz	$\geqslant120\%$计算值	(见 GB/T 13854—2008 中图 13)

④ 环境要求

a. 低温启动。伺服阀在环境温度和工作液温度均为 $-30℃$ 时，应能以 $\pm50\%$ 的额定电流启动，外部密封不应有明显的外部泄漏（允许不成滴的湿润存在）。

b. 高低温。伺服阀在 $-30\sim60℃$ 环境温度和 $-30\sim90℃$ 工作液温度范围时，其额定流量偏差应不大于 $\pm25\%$，分辨率应不大于 2% 或滞环应不大于 6%。高温时其绝缘电阻应不小于 $5M\Omega$，其外部密封不应有明显的外部泄漏（允许不成滴的湿润存在）。

c. 温度冲击。伺服阀经受图 2-11 所示的温度冲击 3 次循环后，其绝缘电阻应不小于 $5M\Omega$，零偏应不大于 5%。

d. 湿热。伺服阀在 GJB 4000—2000 中表 072-8 规定的湿度 95%、温度 35℃ 的湿热条件下，其绝缘电阻应不小于 $5M\Omega$，其绝缘介电强度应符合 2.2.2.5.1 中（2）②c. 的要求，其外观质量应符合下列要求：

ⅰ. 色泽无明显变暗；

ⅱ. 镀层腐蚀面积不大于 3%；

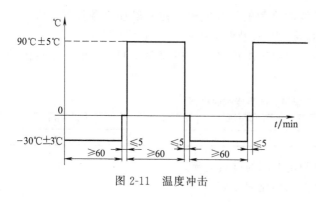

图 2-11　温度冲击

iii. 主体金属无腐蚀（在通常电镀条件下不易或不能镀到的表面，一般不做腐蚀面积计算）。

e. 盐雾。伺服阀在 GJB 4000—2000 中表 072-16 规定的盐雾条件下，其绝缘电阻应不小于 5MΩ，其外观质量应符合下述要求：

i. 色泽无明显变暗或镀层布有均匀连续的轻度膜状腐蚀；

ii. 镀层腐蚀面积小于 60%；

iii. 主体金属无腐蚀（在通常电镀条件下不易或不能镀到的表面，一般不做腐蚀面积计算）。

f. 霉菌。伺服阀在 GJB 4000—2000 中表 072-14 规定的霉菌条件下，长霉等级应不劣于 2 级，其绝缘电阻应不小于 5MΩ。

g. 振动。伺服阀在 GJB 4000—2000 中图 074-1 规定的 3 类振动条件下，不应有影响工作性能的谐振，零部件不应松动和损伤，其零偏应不大于 5%。

h. 颠震。伺服阀在 GJB 4000—2000 中表 072-23 规定的颠震等级 2 的条件下，零部件不应松动和损伤，其绝缘电阻应不小于 5MΩ，额定流量偏差不大于 ±10%，滞环应不大于 5%，零偏应不大于 5%。

i. 冲击。伺服阀在 GJB 4000—2000 中 074.4 规定的 A 级条件下，零部件应无松动和损坏，绝缘电阻应不小于 5MΩ，额定流量偏差不大于 ±10%，滞环应不大于 5%，零偏应不大于 5%。

⑤ 液压要求

a. 抗污染度。伺服阀应在油液固体颗粒污染等级不劣于 GB/T 14039—2002 规定的—/18/15 的情况下正常工作。

b. 外部泄漏。伺服阀在使用条件下不应有外部泄漏。

c. 耐压。伺服阀的进油口 P 和两个控制油口 A 和 B 应能承受 1.5 倍额定压力；回油口 T 应能承受额定压力。在施加正、反向额定电流各保持 2.5min 的情况下，其额定流量偏差不大于 ±10%，滞环应不大于 5%，零偏应不大于 5%，同时不应有外部泄漏和永久性变形。

d. 压力脉冲。伺服阀在额定压力下应能承受正、负额定电流下 2.5×10^5 次循环脉冲，其额定流量偏差不大于 ±25%，滞环应不大于 6%，零偏应不大于 5%。

e. 破坏压力。伺服阀的进油口 P 和两个控制油口 A 和 B 应能承受 2.5 倍额定压力；回油口 T 应能承受 1.5 倍额定压力历时 30s，伺服阀不应被破坏。经过破坏压力试验的阀，不可再作为产品使用。

f. 耐久性。在额定工况下，伺服阀的使用寿命应不小于 10^7 次。在寿命期内，伺服阀的额定流量偏差不大于 ±25%，滞环应不大于 6%，零偏应不大于 5%。

(3) 其他

其他如符号和单位、试验方法、检验规则、标志、包装、运输、贮存见 GB/T 13854—2008。

作者注：对 GB/T 13854—2008 有修改，具体可见参考文献 [117]。

2.2.2.5.2　电液伺服阀放大器

在 CB/T3398—2013《船用电液伺服阀放大器》中规定了船用电液伺服阀放大器（以下

简称放大器）的产品分类、定义、术语、基本参数、技术要求、试验方法、检验规则及标志、包装、运输和贮存，适用于各类船用电液伺服阀放大器的设计、生产和检验。用于驱动伺服电动机（或力矩马达）控制绕组的伺服放大器也可参照该标准。

（1）分类

① 型式　放大器按照安装方式可分为机箱式、DIN 导轨式。

② 额定电流及负载阻抗　放大器额定输出电流及对应负载（阀线圈阻抗）见表 2-46 的规定。

表 2-46　额定电流及负载阻抗

代号		1	2	3	4	5	6	7	8	9	10
单线圈	额定电流输出/mA	±8	±10	±15	±20	±25	±30	±40	±50	±64	±80
	阀线圈阻抗/Ω	1000	650	350	160	105	75	40	25	16	10.5
双线圈 并联	额定电流输出/mA	±8	±10	±15	±20	±25	±30	±40	±50	±64	±80
	阀线圈阻抗/Ω	500	325	175	80	52.5	35.5*	20	12.5	8	5.25
串联	额定电流输出/mA	±4	±5	±7.5	±10	±12.5	±15	±20	±25	±32	±40
	阀线圈阻抗/Ω	2000	1300	750*	320	210	150	80	50	32	21

注：两线圈并联时，各线圈电流占额定电流的 1/2。

作者注：在 CB/T 3398—2013 表 2（即表 2-46）中带"*"的数据有疑。

③ 标记

a. 型号编制方法。放大器的型号编制方法如图 2-12 所示。

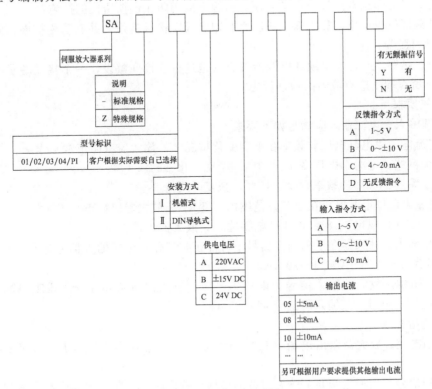

图 2-12　放大器的型号编制方法

b. 产品标记示例。

01 型标准机箱式，220VAC 供电 8mA 输出，输入/反馈指令为 0～±10V 的无颤振信号

伺服阀放大器标记为:

放大器　CB/T 3398—2013　　SA-01　　ⅠA08BBN

03 型特殊规格 DIN 导轨式, 24VDC 供电 8mA 输出, 输入/反馈指令为 4～20mA 的有颤振信号伺服阀放大器标记为:

放大器　CB/T 3398—2013　　SAZ03　　ⅡC08CCY

(2) 要求

① 一般要求

a. 产品外观。产品表面不应有压伤、起皱、裂纹、擦伤及其他缺陷。

b. 内部连接。内部所有焊接的焊点应没有虚焊和脱焊, 紧固件应没有松动的现象。

c. 原材料与元器件。原材料和元器件应符合下列要求:

ⅰ. 放大器所采用的原材料、元器件、零部件都应具有合格证或产品说明书;

ⅱ. 放大器所采用的电子元器件应按 QJ786、QJ787、QJ788、QJ789 等标准和专用技术条件进行筛选。

d. 结构与制造要求。放大器的结构与制造应符合下列要求:

ⅰ. 放大器的外壳箱体的防护等级由使用环境和安装位置定, 若放大器置于电控箱(柜)内使用时, 防护型式应符合 GB4208—2008 (已被 GB/T 4208—2017 代替) 中 IP20, 其他可采用 IP22;

ⅱ. 外壳应有良好的接地措施;

ⅲ. 放大器的部件、结构和布线应便于检修、调整或定期更换;

ⅳ. 放大器的印刷电路板应更换方便, 结构上应用防止误插错位的措施;

ⅴ. 可调部位应定位可靠, 插入式底座和印刷板应接触良好, 并有防松措施, 防止受到冲击和振动时脱开;

ⅵ. 应有足够空间, 使电缆和电线能够方便地进行连接和敷设, 一个接线端子不得超过两根接线, 所有端子应有清晰的识别标志。

② 电气要求

a. 电源输入。电源输入应满足如下要求。

ⅰ. 交流电源供电其电压和频率在下列变化情况下, 放大器应能正常工作:

• 交流网络供电时, 电压变化±10%, 频率变化±5%;

• 电压瞬变±20%, 频率瞬变±10%, 恢复时间为 3s。

ⅱ. 直流电源供电其电压在±25%范围内 (变化), 放大器应能正常工作。

例如: 24VDC 供电, 18～30VDC 电源输入, 放大器正常工作。

b. 信号输入。放大器在下列输入信号下应能正常工作:电压输入信号为 0～±10V, 电流输入信号为 0～±10mA 或 4～20mA。

c. 输入阻抗。放大器输入信号为电压信号时, 输入阻抗应不小于 33kΩ;输入信号为 4～20mA 电流信号时, 其输入阻抗应大于 250Ω。

③ 性能指标

a. 限幅电流。放大器输出电流 (I_o) 最大幅值不超过额定电流 (I_n) 的两倍, 即 $I_o \leqslant 2I_n$。

b. 颤振信号。当伺服阀要求放大器有颤振信号输出时, 其颤振信号应符合下列要求:

ⅰ. 颤振信号频率要比系统频率高, 大于 200Hz, 避开系统谐振频率;

ⅱ. 颤振信号幅值 (峰-峰值) 小于 30%额定输出电流。

c. 非线性失真。放大器的非线性失真不得大于±1%。

d. 稳定性。放大器的稳定性应符合下列要求：

ⅰ. 放大器的始动漂移不大于2%额定输出电流；

ⅱ. 在长期连续工作过程中，放大器的长期漂移应不大于额定电流的2%（含始动漂移值）。

e. 适应性。在使用环境条件下，放大器的输出电流变化率σ按式（2-2）计算，其值应不大于1%。

$$\sigma = \frac{|\Delta|}{I_n} \times 100\% \qquad (2-2)$$

式中　σ——输出电流变化率；

　　Δ——试验前后输出电流最大代数差，mA；

　　I_n——额定电流，mA。

f. 输出信号零位调节。放大器应有输出零位可调装置，零位调节范围应大于10%额定电流。

④ 使用环境要求　放大器在下列环境下，应符合下列要求，且非线性失真符合2.2.2.5.2中（2）③c. 要求，输出电流变化率符合2.2.2.5.2中（2）③e. 要求。

a. 放大器工作环境温度范围为−25~55℃。当放大器安装在有发热部件的柜（箱、台）内工作时，应能承受高温70℃1h，不失效。

b. 在温度不高于40℃时，相对湿度为95%~100%或温度高于40℃，相对湿度为70%时，放大器应能正常工作。

c. 在频率为2.0~13.2Hz，位移幅值为±1.0mm，频率在13.2~80Hz，加速度幅值为±0.7g时，应能正常工作。

d. 在±22.5°，周期10s，其线性垂直加速度为±1.0g时，应能正常工作。

e. 从安装位置向各个方向倾斜22.5°时，应能正常工作。

f. 周围环境空气中含有盐雾、霉菌时，应能正常工作。

(3) 其他

试验方法、检验规则、标志、包装、运输、贮存见CB/T 3398—2013。

2.2.3 液压缸

2.2.3.1 液压机用液压缸产品标准概述

液压机用液压缸现在还没有产品标准。在液压缸产品标准范围内或可以参考的标准，如GB/T 24946—2010《船用数字液压缸》、JB/T 2162—2007《冶金设备用液压缸（PN≤16MPa）》、JB/ZQ 4181—2006《冶金设备用UY型液压缸（PN≤25MPa）》、JB/T 6134—2006《冶金设备用液压缸（PN≤25MPa）》、JB/T 10205—2010《液压缸》（新标准正在预研中）、JB/T 11588—2013《大型液压油缸》、YB/T 028—2021《冶金设备用液压缸》、DB44/T 1169.1—2013《伺服液压缸　第1部分：技术条件》（已废止）等，因其适用范围问题，内容并不完全适用于液压机用液压缸。例如，液压机通常要求活塞杆端面与滑块应紧密贴合，而在上述各液压缸产品标准中这一要求都没有体现。

JB/T 10205—2010和JB/T 11588—2013是两项液压缸通用技术标准，分别适用于"公称压力为31.5MPa以下，以液压油或性能相当的其他矿物油为工作介质的单、双作用液压缸。对公称压力高于31.5MPa的液压缸可参照本标准执行。"和"内径不小于630mm的大型液压油缸。"

由上述两项标准的适用范围可以看出，JB/T 10205—2010比JB/T 11588—2013的适用范围更宽，几乎包括了各种类型（双作用，活塞式单作用，柱塞式，多级套筒式单、双作用）、各种公称压力级别（31.5MPa以下、高于31.5MPa）的液压缸。但在JB/T 11588—2013的"规范性引用文件"中没有引用JB/T 10205—2010，说明JB/T 11588—2013并没有将JB/T 10205—2010作为液压缸通用技术标准对待。

DB44/T 1169.1—2013地方标准已于2019年6月17日作废。尽管在JB/ZQ 4181—2006中规定其适用于公称压力PN≤25MPa的冶金设备用UY型液压缸及USY型伺服液压缸，但因其内容仅包括基本参数、安装型式与尺寸、活塞杆连接型式及代号、传感器型式与代号、标记示例和质量计算等，对液压机用比例/伺服控制液压缸设计、制造的参考意义不大。

需要说明的是，在JB/ZQ 4181—2006给出的基本参数表中，是以液压缸内径 D、活塞杆直径 d、活塞面积、活塞杆端环形面积、工作压力（分为10.0MPa、12.5MPa、16.0MPa、21.0MPa、25.0MPa）为基本参数的，其中显然将"公称压力"与"工作压力"等同了，21.0MPa也不是GB/T 2346—2003《液压传动系统及元件　公称压力系列》中规定的压力值。

液压缸是为液压机配套的关键部件之一，切不可无标设计、制造。在遵守液压机相关标准的前提下，依据JB/T 10205—2010和JB/T 11588—2013等标准设计、制造液压机用液压缸，在现在的情况下也是一种不二选择。

2.2.3.2　《液压缸》标准及其说明

JB/T 10205《液压缸》系列标准正在制定中，包括JB/T 10205.1《液压缸　第1部分：通用技术条件》正在预研中。

在JB/T 10205—2010《液压缸》中规定了单、双作用液压缸的分类和基本参数、技术要求、试验方法、检验规则、包装、运输等要求，适用于公称压力为31.5MPa以下，以液压油或性能相当的其他矿物油为工作介质的单、双作用液压缸。对公称压力高于31.5MPa的液压缸可参照本标准执行。除本标准规定外的特殊要求，应由液压缸制造商和用户协商（确定）。

作者注：在GB/T 37400.16—2019和YB/T 028—2021中已将公称压力提高至"不大于40MPa"。

2.2.3.2.1　规范性引用文件

暂且不讨论以下这些标准引用得是否合适或全面，其中一些标准已经被代替或正在修订中，具体请见括号内的注释。后缀标有"＊"的为注明日期的原标准。

① GB/T 786.1—2009《流体传动系统及元件图形符号和回路图　第1部分：用于常规用途和数据处理的图形符号》（已被GB/T 786.1—2021《流体传动系统及文件　图形符号和回路图　第1部分：图形符号》代替）。

② GB/T 2346—2003《液压传动系统及元件　公称压力系列》。

③ GB/T 2348—1993《液压气动系统及元件　缸内径及活塞杆外径》（已被GB/T 2348—2018《流体传动系统及元件　缸径及活塞杆直径》代替）。

④ GB2350—1980《液压气动系统及元件　活塞杆螺纹型式和尺寸系列》（新国标正在报批中）。

⑤ GB/T 2828.1—2003《计数抽样检验程序　第1部分：按接收质量限（AQL）检索的逐批检验抽样计划》＊（已被GB/T 2828.1—2012《计数抽样检验程序　第1部分：按接收质量限（AQL）检索的逐批检验抽样计划》代替）。

⑥ GB/T 2878—1993《液压元件螺纹连接　油口型式和尺寸》（已被GB/T 2878.1—2011《液压传动连接　带米制螺纹和O形圈密封的油口和螺柱端　第1部分：油口》代替）。

⑦ GB/T 2879—2005《液压缸活塞和活塞杆动密封沟槽尺寸和公差》。

⑧ GB 2880—1981《液压缸活塞和活塞杆窄断面动密封沟槽尺寸系列和公差》。

⑨ GB 6577—1986《液压缸活塞用带支承环密封沟槽型式、尺寸和公差》（已被 GB/T 6577—2021《液压缸活塞用带支承环密封沟槽型式、尺寸和公差》代替）。

⑩ GB/T 6578—2008《液压缸活塞杆用防尘圈沟槽型式、尺寸和公差》。

⑪ GB/T 7935—2005《液压元件 通用技术条件》*。

⑫ GB/T 9286—1998《色漆和清漆 漆膜的划格试验》*（已被 GB/T 9286—2021《色漆和清漆 划格试验》代替）。

⑬ GB/T 9969—2008《工业产品使用说明书 总则》。

⑭ GB/T 13306—1991（2011）《标牌》。

⑮ GB/T 14039—2002《液压传动 油液 固体颗粒污染等级代号》*。

⑯ GB/T 15622—2005《液压缸试验方法》*（新标准正在预研中）。

⑰ GB/T 17446—1998《流体传动系统及元件 术语》（已被 GB/T 17446—2012《流体传动系统及元件 词汇》代替，且代替 GB/T 17446—2012 的新国标正在制定中）。

⑱ JB/T 7858—2006《液压元件清洁度评定方法及液压元件清洁度指标》*。

提请读者注意，下文对不符合 GB/T 17446—2012 规定的表述未做逐条纠正。

2.2.3.2.2 分类、标记和基本参数

在 JB/T 10205—2010 中，存在的最大问题可能是以"公称压力"作为液压缸的基本参数。

（1）分类

液压缸以工作方式划分为单作用缸和双作用缸两类。

（2）标记

应在产品上适当且明显的位置做出清晰和永久的标记或铭牌。

（3）基本参数

液压缸的基本参数应包括缸内径、活塞杆直径、公称压力、行程、安装尺寸。

2.2.3.2.3 技术要求

关于 JB/T 10205—2010 中"技术要求"存在的问题，除在 2.2.3.2 中最后的"说明"中提出的一些问题外，还可参见参考文献 [100]。

（1）一般要求

① 液压缸的公称压力系列应符合 GB/T 2346 的规定。

② 液压缸内径、活塞杆（柱塞杆）外径系列应符合 GB/T 2348 的规定。

③ 油口连接螺纹应符合 GB/T 2878 的规定，活塞杆螺纹型式和尺寸系列应符合 GB/T 2350 的规定。

④ 密封沟槽应符合 GB/T 2879、GB/T 2880、GB/T 6577、GB/T 6578 的规定。

⑤ 一般情况下，液压缸工作的环境温度应在 −20～50℃ 范围，工作介质温度应在 −20～80℃ 范围。

（2）性能要求

JB/T 10205—2010 仅规定了常用规格系列液压缸的性能要求，除此之外的液压缸性能要求由制造商与用户协商确定。

① 最低起动压力 对比例/伺服控制液压缸而言，起动压力是一项很重要的性能指标，通常要求起动压力不超过 0.3MPa，亦即所谓的低摩擦力液压缸。在 DB44/T 1169.1—2013（已废止）中给出的双作用伺服液压缸的最低起动压力指标几乎为其他液压缸标准给出的指标的 1/10 或更低。活塞密封以间隙密封的静、动摩擦力为最小，但在 JB/T 10205—2010 中

却没有包括这种密封型式。

a. 双作用液压缸的最低起动压力不得大于表 2-47 的规定。

表 2-47　双作用液压缸最低起动压力　　　　单位：MPa

公称压力	活塞密封型式	活塞杆密封型式	
		除 V 型外	V 型
≤16	V 型	0.5	0.75
	O、U、Y、X 型,组合密封	0.3	0.45
>16	V 型	公称压力×6%	公称压力×9%
	O、U、Y、X 型,组合密封	公称压力×4%	公称压力×6%

注：活塞密封型式为活塞环密封时的最低起动压力要求由制造商与用户协商确定。

作者注：在 GB/T 1149.2—2010《内燃机　活塞环　第 2 部分：术语》中给出的术语"活塞环"的定义为"一种具有较大向外扩张变形的金属弹性环。它被装配到剖面与其相应的环形槽内。往复和/或旋转运动的活塞环，依靠气体或液体的压力差，在环外圆面和气缸以及环和环槽的侧面之间形成密封。"

b. 单作用液压缸。

ⅰ. 活塞式单作用液压缸的最低起动压力不得大于表 2-48 的规定。

表 2-48　活塞式单作用液压缸最低起动压力　　　　单位：MPa

公称压力	活塞密封型式	活塞杆密封型式	
		除 V 型外	V 型
≤16	V 型	0.5	0.75
	除 V 型外	0.35	0.50
>16	V 型	公称压力×3.5%	公称压力×9%
	除 V 型外	公称压力×3.4%	公称压力×6%

ⅱ. 柱塞式单作用液压缸的最低起动压力不得大于表 2-49 的规定。

表 2-49　柱塞式单作用液压缸最低起动压力　　　　单位：MPa

公称压力	活塞杆密封型式	
	O、Y 型	V 型
≤16	0.4	0.5
>16	公称压力×3.5%	公称压力×6%

c. 多级套筒式单、双作用液压缸的最低起动压力不得大于表 2-50 的规定。

表 2-50　多级套筒式单、双作用液压缸最低起动压力　　　　单位：MPa

公称压力	活塞杆密封型式	
	O、Y 型	V 型
≤16	公称压力×3.5%	公称压力×5%
>16	公称压力×4%	公称压力×6%

② 内泄漏　笔者在参考文献［96］的前言中指出："内和/或外泄漏量大可能是一台液压缸质量差的最先、最直观的表象"。液压缸常常是液压机中寿命最短的部件，其主要失效模式（类型）之一是其密封系统失效，包括液压缸静态泄漏、液压缸动态泄漏和液压缸密封性能的改变。

表 2-51、表 2-52 中给出的缸的内泄漏量限值仅与缸内径相关，而与压力（如公称压力、额定压力）无关，但缸的试验工况却是缸的内泄漏量与试验压力相关。

a. 双作用液压缸的内泄漏量不得大于表 2-51 的规定

b. 活塞式单作用液压缸的内泄漏量不得大于表 2-52 的规定。

表 2-51　双作用液压缸的内泄漏量

液压缸内径 D/mm	内泄漏量 q_v/(mL/min)	液压缸内径 D/mm	内泄漏量 q_v/(mL/min)
40	0.03(0.0421)	180	0.63(0.6359)
50	0.05(0.0491)	200	0.70(0.7854)
63	0.08(0.0779)	220	1.00(0.9503)
80	0.13(0.1256)	250	1.10(1.2266)
90	0.15(0.1590)	280	1.40(1.5386)
100	0.20(0.1963)	320	1.80(2.0106)
110	0.22(0.2376)	360	2.36(2.5434)
125	0.28(0.3067)	400	2.80(3.1416)
140	0.30(0.38465)	500	4.20(4.9063)
160	0.50(0.5024)		

注：1. 使用滑环式组合密封时，允许泄漏量为规定值的 2 倍。

2. 液压缸采用活塞环密封时的内泄漏量要求由制造商与用户协商确定。

作者注：括号内的值为笔者按（缸回程方向）沉降量 0.025mm/min 计算出的内泄漏量。

表 2-52　活塞式单作用液压缸的内泄漏量

液压缸内径 D/mm	内泄漏量 q_v/(mL/min)	液压缸内径 D/mm	内泄漏量 q_v/(mL/min)
40	0.06(0.0628)	110	0.50(0.4749)
50	0.10(0.0981)	125	0.64(0.6132)
63	0.18(0.1558)	140	0.84(0.7693)
80	0.26(0.2512)	160	1.20(1.0048)
90	0.32(0.3179)	180	1.40(1.2717)
100	0.40(0.3925)	200	1.80(1.5708)

注：1. 使用滑环式组合密封时，允许泄漏量为规定值的 2 倍。

2. 液压缸采用活塞环密封时的内泄漏量要求由制造商与用户协商确定。

3. 采用沉降量检查内泄漏时，沉降量不超过 0.05mm/min。

作者注：括号内的值为笔者按（缸回程方向）沉降量 0.05mm/min 计算出的内泄漏量。

③ 外渗漏

a. 除活塞杆（柱塞杆）处外，其他各部位不得有渗漏。

b. 活塞杆（柱塞杆）静止时不得有渗漏。

c. 外渗漏量。

ⅰ. 双作用液压缸。当行程 $L \leqslant 500$mm 时，活塞换向 5 万次；当行程 $L > 500$mm 时，允许按行程 500mm 换向，活塞换向 5 万次，活塞杆处外渗漏不成滴。换向 5 万次后，活塞每移动 100m，当活塞杆直径 $d \leqslant 50$mm 时，外渗漏量 $q_\text{v} \leqslant 0.05$mL；当活塞杆直径 $d > 50$mm 时，外渗漏量 $q_\text{v} < 0.001d$ mL。

ⅱ. 单作用液压缸。

• 活塞式单作用液压缸。当行程 $L \leqslant 500$mm 时，活塞换向 4 万次；当行程 $L > 500$mm 时，允许按行程 500mm 换向，活塞换向 4 万次，活塞杆处外渗漏不成滴。换向 4 万次后，活塞每移动 80m，当活塞杆直径 $d \leqslant 50$mm 时，外渗漏量 $q_\text{v} \leqslant 0.05$mL；当活塞杆直径 $d > 50$mm 时，外渗漏量 $q_\text{v} < 0.001d$ mL。

• 柱塞式单作用液压缸。当行程 $L \leqslant 500$mm 时，柱塞换向 2.5 万次；当行程 $L > 500$mm 时，允许按行程 500mm 换向，柱塞换向 2.5 万次，柱塞杆处外渗漏不成滴。换向 2.5 万次后，柱塞每移动 65m，当柱塞直径 $d \leqslant 50$mm 时，外渗漏量 $q_\text{v} \leqslant 0.05$mL；当柱塞直径 $d > 50$mm 时，外渗漏量 $q_\text{v} < 0.001d$ mL。

ⅲ. 多级套筒式单、双作用液压缸。当行程 $L \leqslant 500$mm 时，套筒换向 1.6 万次；当行程 $L > 500$mm 时，允许按行程 500mm 换向，套筒换向 1.6 万次，套筒处外渗漏不成滴。换向 1.6 万次后，套筒每移动 50m，当套筒直径 $D \leqslant 70$mm 时，外渗漏量 $q_\text{v} \leqslant 0.05$mL；当套筒直径 $D > 70$mm 时，外渗漏量 $q_\text{v} < 0.001D$ mL。

注：多级套筒式单、双作用液压缸，直径 D 为最终一级柱塞直径和各级套筒外径之和的平均值。

④ 低压下的泄漏　液压缸在低压试验过程中，观测：

a. 液压缸应无振动或爬行；

b. 活塞杆密封处无油液泄漏，试验结束时，活塞杆上的油膜应不足以形成油滴或油环；

c. 所有静密封处及焊接处无油液泄漏；

d. 液压缸安装的节流和/或缓冲元件无油液泄漏。

⑤ 负载效率　液压缸的负载效率不得低于 90%。

⑥ 耐久性

a. 双作用液压缸。当活塞行程 $L \leqslant 500mm$ 时，累计行程 $\geqslant 100km$；当活塞行程 $L > 500mm$ 时，允许按行程 500mm 换向，累计换向次数 $N \geqslant 20$ 万次。

b. 单作用液压缸。

ⅰ. 活塞式单作用液压缸

当活塞行程 $L \leqslant 500mm$ 时，累计行程 $\geqslant 100km$；当活塞行程 $L > 500mm$ 时，允许按行程 500mm 换向，累计换向次数 $N \geqslant 20$ 万次。

ⅱ. 柱塞式单作用液压缸

当柱塞行程 $L \leqslant 500mm$ 时，累计行程 $\geqslant 75km$；当柱塞行程 $L > 500mm$ 时，允许按行程 500mm 换向，累计换向次数 $N \geqslant 15$ 万次。

c. 多级套筒式单、双作用液压缸。当套筒行程 $L \leqslant 500mm$ 时，累计行程 $\geqslant 50km$；当套筒行程 $L > 500mm$ 时，允许按行程 500mm 换向，累计换向次数 $N \geqslant 10$ 万次。

d. 耐久性试验后，内泄漏增加值不得大于规定值的 2 倍，零件不应有异常磨损和其他形式的损坏。

⑦ 耐压性　液压缸的缸体应能承受其公称压力的 1.5 倍的压力，不得有外渗漏及零件损坏等现象。

⑧ 缓冲　液压缸对缓冲性能有要求的，由用户和制造商协商确定。

⑨ 高温性能　液压缸对高温性能有要求的，由用户和制造商协商确定。

(3) 装配质量

① 清洁度。所有零部件从制造到安装过程的清洁度控制应参照 GB/Z 19848 的要求，液压缸清洁度指标值应符合表 2-53（参见 JB/T 7858—2006 的表 2）的规定。采用"颗粒计数法"检测时，液压缸缸体内部油液固体颗粒污染等级不得高于 GB/T 14039—2002 规定的—/19/16。

表 2-53　清洁度指标

产品名称	产品规格/mm		行程为 1m 时的清洁度指标值/mg	说明
双作用液压缸	缸筒内径	$\leqslant 63$	$\leqslant 35$	实际指标值按下式计算 $G \leqslant 0.5(1+x)G_0$ 式中　G——实际指标值，mg；x——缸实际行程，m；G_0——表中给出的指标值，mg
		$80 \sim 110$	$\leqslant 60$	
		$125 \sim 160$	$\leqslant 90$	
		$180 \sim 250$	$\leqslant 135$	
		$320 \sim 500$	$\leqslant 260$	
活塞式、柱塞式单作用液压缸	缸筒内径、柱塞直径	< 40	$\leqslant 30$	
		$40 \sim 63$	$\leqslant 35$	
		$80 \sim 110$	$\leqslant 60$	
		$125 \sim 160$	$\leqslant 90$	
		$180 \sim 250$	$\leqslant 135$	
多级套筒式单、双作用液压缸	套筒外径	< 70	$\leqslant 40$	
		$80 \sim 100$	$\leqslant 70$	
		$110 \sim 140$	$\leqslant 110$	
		$160 \sim 200$	$\leqslant 150$	

注：1. 多级套筒式单、双作用液压缸套筒外径为最终一级柱塞直径和各级套筒外径之和的平均值。

2. 表中未包括的产品规格，其清洁度指标可参照同类型产品的相近规格的指标。

② 液压缸的装配应符合 GB/T 7935—2005 中 4.4～4.7 的规定。装配后应保证液压缸运动自如，所有对外连接螺纹、油口边缘等无损伤。

装配后，液压缸的活塞行程长度公差应符合表 2-54 的规定。

表 2-54　行程长度公差　　　　　　　　　　　　　　　　　单位：mm

行程 L	公差值	行程 L	公差值
$L \leqslant 500$	$+2.0 \atop 0$	$4000 < L \leqslant 7000$	$+6.0 \atop 0$
$500 < L \leqslant 1000$	$+3.0 \atop 0$	$7000 < L \leqslant 10000$	$+8.0 \atop 0$
$1000 < L \leqslant 2000$	$+4.0 \atop 0$	$L > 10000$	$+10.0 \atop 0$
$2000 < L \leqslant 4000$	$+5.0 \atop 0$		

作者注：在 GB/T 3766—2015 中"5.4.2.12　活塞行程"下有注"行程长度的公差参见 JB/T 10205。"

（4）外观要求

① 外观应符合 GB/T 7935—2005 中 4.8、4.9 的规定。

② 缸的外观质量应满足下列要求：

a. 法兰结构的缸，两法兰接合面径向错位量≤0.5mm；

b. 铸锻件表面应光洁、无缺陷；

c. 焊缝应平整、均匀美观，不得有焊渣、飞溅物等；

d. 按图纸规定的位置固定标牌，标牌应清晰、正确、平整；

e. 进、出油口及外连接表面应采取适当的防尘及保护措施。

③ 涂层附着力。液压缸表面油漆涂层附着力控制在 GB/T 9286—1998 规定的 0 级～2 级之间。

2.2.3.2.4　性能试验方法

液压缸的试验方法按 GB/T 15622—2005 的相关规定。

对特种结构的液压缸，其试验方法由制造商与用户协商确定。

2.2.3.2.5　装配和外观的检验方法

① 清洁度采用"称重法"按照 JB/T 7858—2006 的规定执行；也可在被试液压缸耐压试验后，从两腔油口采集油液，采用"颗粒计数法"测其固体颗粒污染等级，就视为被试液压缸的清洁度等级。应符合 2.2.3.2.3 中（3）①规定。

注：采用"颗粒计数法"应由制造商与用户协商确定。

② 装配和外观的检验方法按表 2-55 的规定。

表 2-55　装配和外观检验方法

序号	检验项目	检验方法	检验类型
1	装配质量	采用目测法、试验台测试	必检
2	清洁度	采用"称重法"	出厂试验抽检、型式试验必检
3	外观质量	漆膜附着力采用"划格法"	出厂试验抽检，型式试验必检
		其余采用目测法	必检

2.2.3.2.6　标志、使用说明书、包装、储存和运输

① 液压缸的标志或铭牌的内容应符合 GB/T 7935—2005 中 6.1 和 6.2 的规定。铭牌的型式、尺寸和要求应符合 GB/T 13306 的规定，图形符号应符合 GB/T 786.1 的规定。

② 液压缸的使用说明书的编写格式应符合 GB/T 9969 的规定。

③ 液压缸包装时应符合 GB/T 7935—2005 中 6.3～6.7 的规定，同时对外露螺纹予以保护，油口采用合适的防护堵或防护盖板等保护措施，并根据要求装入合适的包装架或包装箱，包装应有防锈、防碰等措施。

④ 液压缸储存时应防止相互碰撞，并有防冻、防雨淋、防暴晒、防潮、防锈等措施。

⑤ 液压缸运输时应固定牢固，并采取必要的防碰撞、防尘、防雨淋、防暴晒、防冻、防锈等措施。

2.2.3.2.7 标注说明

当选择遵守 JB/T 10205—2010 时，建议在试验报告、产品目录和销售文件中使用以下说明："液压缸产品符合 JB/T 10205—2010《液压缸》的规定。"

说明

除在上述各条中的说明外，下面仅对 JB/T 10205—2010《液压缸》中的"6.1 一般要求"再做一些说明。

① 液压缸作为液压元件应该给出其公称压力（值），并要求液压缸的公称压力值应符合 GB/T 2346 的规定。在 JB/T 10205—2010 中的这一要求的主要问题不在于应删除"系列"两字，而在于以"公称压力"作为设计、制造液压缸的基本参数，具体请见下面 2.2.3.3。

② 现在，在 JB/T 10205—2010 中的"油口连接螺纹应符合 GB/T 2878 的规定"应修改为"（螺纹）油口应符合 GB/T 2878.1 的规定"或"（螺纹）油口应符合 GB/T 2878.1 或 GB/T 19674.1 的规定"。因为 GB/T 2878—1993 已被 GB/T 2878.1—2011 代替；GB/T 19674.1—2005《液压管接头用螺纹油口和柱端螺纹油口》规定的液压管接头用螺纹油口更常见于各液压缸中。

③ 现在，在 JB/T 10205—2010 中的"密封沟槽应符合 GB/T 2879、GB/T 2880、GB/T 6577、GB/T 6578 的规定"，不仅应修改为"密封沟槽尺寸及公差应符合 GB/T 2879、GB2880、GB6577、GB/T 6578 的规定"，而且至少应增加如 GB/T 3452.3—2005《液压气动用 O 形橡胶密封圈 沟槽尺寸》、GB/T 15242.3—2021《液压缸活塞和活塞杆动密封装置尺寸系列 第 3 部分：同轴密封件安装沟槽尺寸系列和公差》等标准，因为液压缸缺失静密封件及其沟槽，可能导致无法设计、制造出液压缸；在 JB/T 10205—2010 的"术语和定义"中给出术语"滑环式组合密封"的定义，但却在"规范性引用文件"中没有引用相关密封件及沟槽，这不但使"滑环式组合密封"指向空无，而且在液压缸尤其是比例/伺服控制液压缸中同轴密封件是最常用的。

④ 工作介质的起始温度决定于工作的环境温度，以液压缸通常使用的 L-HM46 抗磨液压油为例，可以用于−10℃以上的工作环境中。所以在 JB/T 10205—2010 中规定的"一般情况下，液压缸工作的环境温度应在−20~50℃范围，工作介质温度应在−20~80℃范围"并不一定是"一般情况"，以"工作介质宜在−10~65℃范围"较为合适，对保证密封件及工作介质使用寿命都是有益的。

⑤ JB/T 10205—××××《液压缸 第 1 部分：通用技术条件》正在制定中，以上意见笔者已经提出。

2.2.3.3 关于"公称压力"与液压缸轻量化设计制造相关压力术语的关系

按照一些现行液压缸相关标准，如 JB/T 10205—2010《液压缸》设计制造的液压缸"粗大笨重"问题很严重，产生此问题的原因之一是以"公称压力"作为液压缸的基本参数来设计制造液压缸。尽管该类问题笔者多次提出，但在标准层面上迟迟得不到纠正，由此各新版设计手册也大都存在相同问题。

液压缸是最具轻量化潜力的液压元部件之一，是国家重点研发计划所涉及的项目。尽管可以通过紧凑设计、碳纤维应用和增材制造等新设计、新材料和新工艺实现液压缸（包括集成在液压缸上的油路块等）的轻量化，但是不用"公称压力"作为液压缸设计、试验、使用依据，采用"额定压力"作为液压缸基本参数来设计制造液压缸，才是实现液压缸轻量化设计制造的前提，对确实推动我国液压缸技术进步具有重要的现实意义。

2.2.3.3.1 问题的提出

现举一个设计实例，尽管不一定十分严密，但能说明问题。例如：有一台阀控液压缸系统，选择的液压阀的额定压力（或额定供油压力）为21MPa，用户还需要给出液压缸的基本参数，以便进行液压缸的选购。因21MPa压力值不是GB/T 2346—2003《流体传动系统及元件　公称压力系列》中规定的压力值，只能选择在GB/T 2346—2003中规定的25MPa压力值作为此液压缸的公称压力。

液压缸制造商依据公称压力为25MPa这一液压缸基本参数进行液压缸的设计制造。根据JB/T 10205—2010中"6.2.7　耐压性　液压缸的缸体应能承受其公称压力的1.5倍的压力，不得有外渗漏及零件损坏等现象"规定以及根据JB/T 11718—2013《液压缸　缸筒技术条件》中给出的计算公式计算，则缸筒材料强度要求的最小壁厚 δ_{01} 为

$$\delta_{01} \geqslant \frac{p_{\max}D}{2[\sigma]} = \frac{1.5p_{\mathrm{n}}D}{2[\sigma]} = 18.75\frac{D}{[\sigma]}(\mathrm{mm}) \tag{2-3}$$

式中　$p_{\max}$——缸筒耐压压力，MPa；

$\quad\quad\ \ p_{\mathrm{n}}$——公称压力，$p_{\mathrm{n}}=25\mathrm{MPa}$；

$\quad\quad\ \ D$——缸径，mm；

$\quad\quad\ \ [\sigma]$——缸筒材料的许用应力，MPa。

作者注：选择上述公式仅是考虑说明问题的方便，但在JB/T 11718—2013中给出的公式有误，现按照《液压缸设计与制造》（见参考文献［100］）中的附录D。

如按照在JB/T 3818—2014《液压机　技术条件》中"自制液压缸应进行耐压试验，其保压时间不少于10min，并不得有渗漏、永久变形及损坏现象。耐压试验压力应符合下列要求：a）当额定压力小于20MPa时，耐压试验压力应为其1.5倍；b）当额定压力大于或等于20MPa时，耐压试验压力应为其1.25倍"规定进行设计计算，则缸筒材料强度要求的最小壁厚 δ_{02} 为

$$\delta_{02} \geqslant \frac{p_{\max}D}{2[\sigma]} = \frac{1.25p_{\mathrm{e}}D}{2[\sigma]} = 13.125\frac{D}{[\sigma]}(\mathrm{mm}) \tag{2-4}$$

式中　p_{e}——额定压力，$p_{\mathrm{e}}=21\mathrm{MPa}$；

其他同上。

如果以上两种设计计算选用相同材料，且缸径相同，将式（2-3）与式（2-4）比较，则

$$\frac{\delta_{01}}{\delta_{02}} = \frac{18.75\dfrac{D}{[\sigma]}}{13.125\dfrac{D}{[\sigma]}} = 1.429$$

可以看出，按照JB/T 10205—2010设计计算出的缸筒材料强度要求的最小壁厚 δ_{01} 是按照JB/T 3818—2014设计计算出的缸筒材料强度要求的最小壁厚 δ_{02} 的1.429倍，亦即按照JB/T 10205—2010设计的液压缸存在"粗大笨重"问题。

2.2.3.3.2 对术语"公称压力"的分析

(1) 各标准中术语"公称压力"的定义的异同

在现行标准中，术语"公称压力"及其定义主要如下。

① 在GB/T 2346—2003中术语"公称压力"的定义为："为了便于表示和标识元件、

管路或系统归属的压力系列，而对其指定的压力值。"

作者注：在 GB/T 2346—2003 的前言中指出："通常，系统和元件是为指定的流体压力范围而设计和销售的。"

② 在 GB/T 17446—2012《流体传动系统及元件　词汇》中术语"公称压力"的定义为："为了便于标识并表示其所属的系列而指派给元件、配管或系统的压力值。"

尽管上述两个定义有不同之处，如在 GB/T 17446—2012 的定义中没有明确是"压力系列"或"公称压力系列"，但也有一些共同点：

① 目的是一致的，即为了便于标识和/并表示；

② 对象是一样的，即元件、配管/管路、系统；

③ 压力值的来源是一样的，即指定/指派的；

④ 指定/指派的结果是一致的，即在系列/压力系列中人为地选择一个压力值。

应当明确的是，由术语的定义即可得出："公称压力"仅是为了便于标识和/并表示目的的，液压缸是不能按其设计和工作的。

(2) 液压缸标准中"公称压力"的演变脉络

JB/T 10205—2010《液压缸》于 2010 年 2 月 11 日发布，自 2010 年 7 月 1 日实施，并代替了 JB/T 10205—2000《液压缸技术条件》。

在 JB/T 10205—2010 中规定："3　术语和定义　GB/T 17446 中确立的以及下列术语和定义适用于本标准。""5.3　基本参数　液压缸的基本参数应包括缸内径、活塞杆直径、公称压力、行程、安装尺寸。""6.2.7　耐压性　液压缸的缸体应能承受其公称压力的 1.5 倍的压力，不得有外渗漏及零件损坏等现象。"

经查阅，在 JB/T 10205—2000《液压缸技术条件》（已被代替）中没有关于液压缸参数或液压缸基本参数的规定。因此可以判定，将"公称压力"确定为液压缸基本参数应出自 JB/T 10205—2010《液压缸》。

在 JB/T 10205—2000 中定义了"3.1　公称压力　nominal pressure"，即"液压缸工作压力的名义值。即在规定条件下连续运行，并能保证设计寿命的工作压力。"并规定："4.1.1　公称压力系列应符合 GB/T 2346 的规定。""4.2.6　耐压性　液压缸的缸体应能承受其最高工作压力的 1.5 倍的压力，不得有外渗漏及零件损坏等现象。"

经以上对比，在 JB/T 10205—2000 中"公称压力"的定义与在 GB/T 2346—2003 和 GB/T 17446—2012 中"公称压力"的定义明显不同，但与 GB/T 17446—1998《流体传动系统及元件　术语》（已被代替）中"公称压力"的定义基本相同。

所以，JB/T 10205—2010 将术语的定义已经变化了的"公称压力"确定为液压缸基本参数，是造成按照 JB/T 10205—2010 设计制造的液压缸普遍存在"粗大笨重"问题的根源。

需要说明的是，在 JB/T 10205—2000 中术语"公称压力"的定义与在 GB/T 17446—2012 中术语"额定压力"的定义相近。但不清楚当时出于何种考虑，在 JB/T 10205—2000 中没有采用"额定压力"而采用了"公称压力"和"最高工作压力"。然而，在 GB/T 17446—2012 中将"最高工作压力"归属在"有关流体传动系统的压力术语"中。

作者注：1. 因在 JB/T 10205—2000 中已经声明"GB/T 17446 中所列定义以及下列定义适用于本标准"，所以在 JB/T 10205—2000 中术语"公称压力"的定义属于重新定义。尽管根据 GB/T 1.1—2009（2020）《标准化工作导则　第 1 部分：标准的结构和编写》的规定这样做是被允许的，但实际结果并不好，对导致在 JB/T 10205—2010 中误用"公称压力"提供了先例，这也同时说明在标准中一些引用文件不注明日期的做法并不普遍适用。

2. 在 GB/T 17446—1998 中术语"公称压力"的定义为"装置按基本参数所确定的名

义压力。"

3. 在 GB/T 17446—1998 中术语"额定压力"的定义为"额定工况下的压力。"

4. 在 GB/T 17446—2012 中的术语"额定压力"的定义见表 2-56。

(3)"公称压力"与其他压力术语的关系

在 GB/T 17446—2012 中术语"3.2.464 公称压力"定义下有"见 ISO 2944 和图 1"，但在其图 1 中没有"公称压力"，即无法确定"公称压力"与其他压力术语的关系。

在 ISO /DIS5598：2020（E）中文讨论稿中术语"3.2.480 nominal pressure"定义下注有"See also ISO 2944 and Figure 20"，但在其"Figure 20"中也没有"nominal pressure"，亦即还是无法确定"公称压力"与其他压力术语的关系。

两版标准都存在同一问题，究竟是疏漏还是有其他原因，笔者无从知晓。况且，根据在 GB/T 17446—2012 中术语"公称压力"的定义，其还应是与元件和配管有关的压力术语，但在 GB/T 17446—2012 中术语"3.2.464 公称压力"中的定义下及图 2 中都没有表示。

仅以 GB/T 17446—2012 中图 1 和图 2 所示的压力术语为例，在液压缸设计、制造（试验）、销售和使用中至少涉及表 2-56 所列的压力术语和定义。

表 2-56 GB/T 17446—2012 中与压力相关的术语和定义

序号	术语	定义	备注
3.2.86	爆破压力	引起元件或配管破坏和流体外泄的压力	见图 2 说明中"3—实际爆破压力""4—最低爆破压力"[①]
3.2.428	最高压力	可能暂时出现的对元件或系统性能或寿命没有任何严重影响的最高瞬时压力	见图 1 说明中"16—最高压力"[②]
3.2.429	最高工作压力	系统或子系统预期在稳定工况下工作的最高压力 注 1：对于元件和配管，见相关术语"额定压力" 注 2：对于"最高工作压力"的定义，当它涉及液压软管和软管总成时，见 ISO 8330	见图 1 说明中"15—最高工作压力"[③]
3.2.489	运行压力范围	系统、子系统、元件或配管在实现其功能时所能承受的所有压力	见图 1 说明中"17—运行压力范围"[②]
3.2.559	压力峰值	超过其响应的稳态压力，并且甚至超过最高压力的压力脉冲	见图 1 说明中"7—压力峰值"
3.2.575	耐压压力	在装配后施加的，超过元件或配管的最高额定压力，不引起损坏或后期故障的试验压力	见图 2 说明中"5—耐压压力"
3.2.597	额定压力	通过试验确定的，元件或配管按其设计、工作以保证达到足够的使用寿命的压力 参见"最高工作压力" 注：技术规格中可以包括一个最高和/或最低额定压力	见图 2 说明中"7—最高额定压力""11—最低额定压力"[③④]
3.2.780	工作压力范围	在稳态工况下，系统或子系统预期运行的极限之间的压力范围	见图 1 说明中"14—工作压力范围"

① 在图 2 及其说明中没有"爆破压力"。

② 术语的定义所涉及的范围较图 1 或图 2 所规定的范围宽泛。

③ 在图 2 及其说明中没有"额定压力"。

④ 在图 2 及其说明中还有"8—最低额定压力（气动）"。

作者注：对可能超过"最高压力"的"压力峰值"应采取措施加以限制，以防止其超过系统最高工作压力或系统任何部分的额定压力。具体请见 GB/T 3766—2015《液压传动系统及其元件的通用规则和安全要求》。

再参考 GB 150.1—2011《压力容器 第 1 部分：通用要求》中规定的与压力相关的术

语和定义，见表 2-57。

表 2-57　GB150.1—2011 中与压力相关的术语和定义摘录

序号	术语	定义
3.1.2	工作压力	在正常工作情况下,容器顶部可能达到的最高压力
3.1.3	设计压力	设定的容器顶部的最高压力,与相应的设计温度一起作为容器的基本设计载荷条件,其值不低于工作压力
3.1.4	计算压力	在相应设计温度下,用以确定元件厚度的压力,包括液柱静压力等附加载荷
3.1.5	试验压力	进行耐压试验或泄漏试验时,容器顶部的压力
3.1.6	最高允许工作压力	在指定的相应温度下,容器顶部所允许承受的最大压力。该压力是根据容器各受压元件的有效厚度,考虑了该元件承受的所有载荷而计算得到的,且取最小值 注:当压力容器的设计文件没有给出最高允许工作压力时,则可认为该压力容器的设计压力即是最高允许工作压力

作者注：在 GB 150.1—2011 中，"最高压力"或"最大压力"不是术语。

总结得出与液压缸设计制造密切相关的一些压力术语具有如下关系。

① 〈元件和配管〉爆破压力 (3.2.86) ＞〈系统、元件或配管〉公称压力 (3.2.464) ＞〈系统及元件〉最高压力 (3.2.428) 或〈元件和配管〉耐压压力 (3.2.575) ＞〈系统〉最高工作压力 (3.2.429) 或〈元件和配管〉额定压力 (3.2.597)。

② 在流体传动系统及元件中的"公称压力"或可为：最高压力或耐压压力加上其平均显示值允许上极限偏差后向上圆整至公称压力系列规定的压力值。

以"额定压力"作为液压缸的基本参数，根据所遵守的标准确定"额定压力"与"耐压压力"关系，并按②中给出关系计算后指定"公称压力"，或可成为一种新的液压缸设计、试验规范。

作者注：1. 上述给出的压力术语关系还可参考 GB/T 17446—2012 中"图 1　有关流体传动系统的压力术语的图解"和"图 2　有关流体传动元件和配管的压力术语的图解"，且"公称压力"或可成为沟通两图（即系统与元件和配管）压力术语的桥梁。

2. 尽管 GB 150.1—2011 不适用于液压缸，但在 GB 17120—2012《锻压机械安全技术条件》中有"压力容器，包括各种蓄能器的设计、制造应符合 GB 150（所有部分）的规定。"

3. 参考 GB 150.1—2011 后给出的压力术语关系为：爆破压力 (3.2.86) ＞〈系统、元件或配管〉公称压力 (3.2.464) ＞耐压试验压力〔〈系统及元件〉最高压力 (3.2.428) 或〈元件和配管〉耐压压力 (3.2.575)〕＞设计压力〔〈元件和配管〉额定压力 (3.2.597) 或〈系统〉最高工作压力 (3.2.429) 或最高允许工作压力）≥工作压力，或可说明 GB/T 17446—2012 中没有包括的一些压力术语之间的关系。一些术语如"设计爆破压力"等还可进一步参考 GB 150.1—2011 附录 B 和附录 C 等。

4. 尽管 GB/T 1048—2019《管道元件　公称压力的定义和选用》不适用于液压缸，但以下内容具有参考价值："2.1　公称压力　nominal pressure 与管道系统元件的力学性能和尺寸特性相关的字母和数字组合的标识，由字母 PN 或 Class 和后跟的无量纲数字组成。

注 1：除相关标准中另有规定外，无量纲数字不代表测量值，也不应用于计算。

注 3：管道元件的最大允许工作压力取决于管道元件的 PN 数值或 Class 数值、材料、元件设计和最高允许工作温度等。"

2.2.3.3.3　结论

通过以上分析论证，可以得出如下结论。

① 按照现行标准以"公称压力"作为液压缸基本参数设计制造液压缸，使液压缸的强度裕度过大，"粗大笨重"，严重地影响液压缸轻量化设计制造。

② 在忽略耐压压力平均显示值允许上极限偏差情况下，确立"$K \times$额定压力＝耐压压力≤公称压力"（K 为标准规定的倍数）简略压力术语关系式，对流体传动系统及元件具有重要意义。

③ 在液压缸相关标准中将"额定压力"确定为液压缸基本参数是合理的，可确实有效地推动我国液压缸的轻量化设计制造。

当前液压缸的"粗大笨重"现状，尽管对于液压缸制造商而言，以称重定价来销售液压缸是有利的，但从长远角度来看，对我国液压这个行业乃至国家层面和有效利用有限资源而言将是不利的。

在标准层面上确立以"额定压力"为液压缸的基本参数，尽管现在还有不同意见，但为了实现液压缸轻量化设计制造也势在必行。

作者注：本节主要参考了①孟玲宇，陈家正，纪丹阳撰写的《碳纤维复合材料在液压油缸中的应用》；②汪志南，陈奎生，湛从昌撰写的《CFRP 缸筒结构开发及其强度理论研究》；③张磊，祝毅，杨华勇撰写的《基于增材制造的液压复杂流道轻量化设计与成形》；④左美燕撰写的《轻量化臂架液压缸设计》等论文。

请注意 YB/T 028—2021《冶金设备用液压缸》的发布情况，其中的"公称压力"变化与之相同。

2.2.3.4 《大型液压油缸》标准及其说明

在 JB/T 11588—2013《大型液压油缸》中规定了大型液压油缸的结构型式与基本参数、技术要求、试验方法、检验规则、标志、包装、运输和贮存，适用于内径不小于 630mm 的大型液压油缸。矿物油、抗燃油、水-乙二醇、磷酸酯工作介质可根据需要选取。

2.2.3.4.1 规范性引用文件

暂且不讨论以下这些标准引用得是否合适或全面，现在又发布、实施了一些与现行的行业标准名称相同的国家标准，但它们之间的关系却没有明确，具体请见括号内的注释。标有"＊"的为注明日期的原标准。

① GB/T 1184—1996《形状和位置公差　未注公差值》＊。

② GB/T 1800.2—2009《产品几何技术规范（GPS）极限与配合　第 2 部分：标准公差等级和孔轴极限偏差》＊（已被 GB/T 1800.2—2020《产品几何技术规范（GPS）线性尺寸公差 ISO 代号体系　第 2 部分：标准公差带代号和孔、轴的极限偏差表》代替）。

③ GB/T 1801—2009《产品几何技术规范（GPS）极限与配合　公称带和配合的选择》＊（已被 GB/T 1800.1—2020《产品几何技术规范（GPS）线性尺寸公差 ISO 代号体系　第 1 部分：公差、偏差和配合的基础》代替）。

④ GB/T 7935—2005《液压元件　通用技术条件》＊。

⑤ GB/T 13384—2008《机电产品包装通用技术条件》。

⑥ GB/T 14039—2002《液压传动　油液　固体颗粒污染等级代号》＊。

⑦ JB/T 5000.3—2007《重型机械通用技术条件　第 3 部分：焊接件》（GB/T 37400.3—2019《重型机械通用技术条件　第 3 部分：焊接件》）。

⑧ JB/T 5000.8—2007《重型机械通用技术条件　第 8 部分：锻件》（GB/T 37400.8—2019《重型机械通用技术条件　第 8 部分：锻件》）。

⑨ JB/T 5000.10—2007《重型机械通用技术条件　第 10 部分：装配》（GB/T 37400.10—2019《重型机械通用技术条件　第 10 部分：装配》）。

⑩ JB/T 5000.12—2007《重型机械通用技术条件　第 12 部分：涂装》（GB/T 37400.12—2019《重型机械通用技术条件　第 12 部分：涂装》）。

⑪ ISO 6164：1994《液压传动　25MPa 至 40MPa（250bar 至 400bar）压力下使用的四螺栓整体方法兰》*。

2.2.3.4.2　结构型式与基本参数

(1) 产品的结构型式

大型液压油缸由缸筒、活塞杆、活塞、缸底、缸盖等部分组成，结构型式如 JB/T 11588—2013 中图 1 所示。

(2) 型号命名

通常液压缸的型号由两部分组成，前部分表示名称和结构特征，后部分表示压力参数、主参数及连接和安装型式。在液压缸型号中允许增加第三部分表示其他特征和其他详细说明。在 JB/T 2184—2007《液压元件　型号编制方法》中规定液压缸的主参数为缸内径（mm）×行程（mm）。

① 型号表示方法

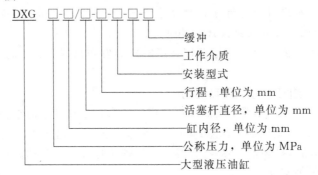

② 常用工作介质代号　不标注为矿物油；K—抗燃油；S—水-乙二醇；L—磷酸酯。

③ 安装型式代号　MF3—前端圆法兰式；MF4—后端圆法兰式；MP3—后端固定单耳环式；MP5—带关节轴承、后端固定单耳环式；MT4—中间（固定）耳轴或可调耳轴式。其他安装型式按用户要求。

④ 缓冲代号　U—无缓冲；E—有缓冲。

⑤ 标记示例　公称压力 16MPa，液压油缸内径 900mm，活塞杆外径 560mm，工作行程 2000mm，中间耳轴安装形式，有缓冲，采用矿物油的大型液压油缸的标记为：

DXG16-900/560-2000-MT4-E　大型液压油缸　JB/T 11588—2013

(3) 基本参数

由以下各液压缸安装图可以看出，在 JB/T 11588—2013 中规定的液压缸并不适用于常见的液压机，但其基本参数却具有重要参考价值。

① 大型液压油缸的进、出油口（法兰）安装图如图 2-13 所示，进、出油口尺寸应符合表 2-58 的规定，基本参数应符合表 2-59～表 2-62 的规定。

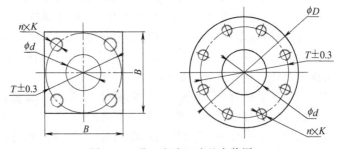

图 2-13　进、出油口法兰安装图

表 2-58 大型液压油缸进、出油口尺寸　　　　　　　　　　　　　单位：mm

编号	d	B	D	T	$n \times K$
FA40	40	100	—	98	$4 \times M16$
FA50	50	120	—	118	$4 \times M20$
FA65	65	150	—	145	$4 \times M24$
FA80	80	180	—	175	$4 \times M30$
FA100	100	—	245	200	$8 \times M24$
FA125	125	—	300	245	$8 \times M30$

注：符合 ISO 6164　方形法兰油口（PN250）。

作者注：在 GB/T 9094—2006《液压缸气缸安装尺寸和安装型式代号》中规定 FF 为法兰油口尺寸（一般尺寸）代号。

② MF3 前端圆法兰式液压油缸安装图如图 2-14 所示，MF3 前端圆法兰式液压油缸安装尺寸见表 2-59。

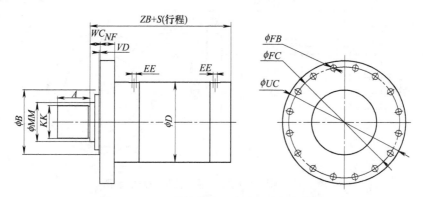

图 2-14　MF3 前端圆法兰式液压油缸安装图

作者注：对图 2-14 中左视图进行了简化处理。

表 2-59　MF3 前端圆法兰式液压油缸安装尺寸　　　　　　　　　　　　单位：mm

缸径	$\phi 630$	$\phi 710$	$\phi 800$	$\phi 900$	$\phi 950$	$\phi 1000$	$\phi 1120$	$\phi 1250$	$\phi 1500$	$\phi 2000$
MM	380	440	500	560	580	620	680	760	920	1220
	450	500	580	640	640	710	780	880	1060	1420
KK	$M320 \times 6$	$M360 \times 6$	$M400 \times 6$	$M450 \times 6$	$M500 \times 6$	$M550 \times 6$	$M600 \times 6$	$M650 \times 6$	$M760 \times 6$	$M800 \times 8$
A	320	360	400	450	500	550	600	650	760	800
VD(min)	10	15	15	15	20	20	20	20	30	30
WC	100	110	120	130	140	150	150	170	180	210
NF	140	160	180	200	220	240	270	280	300	400
$n \times \phi FB$	$16 \times \phi 60$	$20 \times \phi 68$	$20 \times \phi 76$	$20 \times \phi 85$	$20 \times \phi 90$	$20 \times \phi 95$	$20 \times \phi 100$	$20 \times \phi 105$	$28 \times \phi 115$	$36 \times \phi 130$
FC	1080	1180	1300	1420	1540	1660	1780	1930	2260	2860
UC	1200	1310	1450	1600	1720	1860	1980	2150	2480	3120
B(f8)	630	710	800	900	950	1000	1120	1250	1500	2000
D	780	900	1000	1150	1230	1330	1430	1650	2000	2600
ZB(max)	1160	1300	1440	1580	1740	1810	2010	2190	2520	3140
EE	FA40	FA50	FA50	FA65	FA65	FA65	FA80	FA80	FA100	FA125
25MPa 时的推力 /kN	7789	9893	12560	15890	17712	19625	24618	30664	44116	78500
25MPa 时的拉力 /kN	4955	6094	7654	9742	11110	12089	15543	19329	27546	49290
	3810	4987	5958	7858	9673	9732	12678	15466	22106	38928

$S=0$mm 时的质量/kg	4895	7156	9774	13793	17659	21863	27470	39077	64710	133474
每 100mm 行程增加的质量/kg	219	308	415	523	584	711	772	1071	1600	2619
	255	434	474	568	629	785	862	1192	1771	2945
S_{max}	6000									

作者注：表 2-59 中安装孔直径 FB 不符合 GB/T 5277—1985《紧固件　螺栓和螺钉通孔》的规定。以下同。

③ MF4 后端圆法兰式液压油缸安装图如图 2-15 所示，MF4 后端圆法兰式液压油缸安装尺寸见表 2-60。

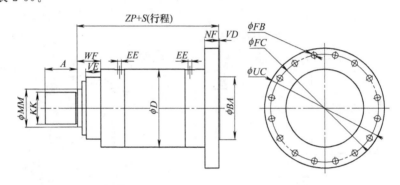

图 2-15　MF4 后端圆法兰式液压油缸安装图

作者注：对图 2-15 中左视图进行了简化处理。

表 2-60　MF4 后端圆法兰式液压油缸安装尺寸　　　　　　单位：mm

缸径	$\phi630$	$\phi710$	$\phi800$	$\phi900$	$\phi950$	$\phi1000$	$\phi1120$	$\phi1250$	$\phi1500$	$\phi2000$
MM	380	440	500	560	580	620	680	760	920	1220
	450	500	580	640	640	710	780	880	1060	1420
KK	M320×6	M360×6	M400×6	M450×6	M500×6	M550×6	M600×6	M650×6	M760×6	M800×8
A	320	360	400	450	500	550	600	650	760	800
VE	150	175	195	215	240	260	290	300	330	430
WF	240	270	300	330	360	390	420	450	480	610
NF	140	160	180	200	220	240	270	280	300	400
$n×\phi FB$	16×ϕ60	20×ϕ68	20×ϕ76	20×ϕ85	20×ϕ90	20×ϕ95	20×ϕ100	20×ϕ105	28×ϕ115	36×ϕ130
FC	1080	1180	1300	1420	1540	1660	1780	1930	2260	2860
UC	1200	1310	1450	1600	1720	1860	1980	2150	2480	3120
BA(f8)	630	710	800	900	950	1000	1120	1250	1500	2000
D	780	900	1000	1150	1230	1330	1430	1650	2000	2600
ZP	1230	1380	1530	1680	1860	1940	2180	2350	2680	3340
EE	FA40	FA50	FA50	FA65	FA65	FA65	FA80	FA80	FA100	FA125
25MPa 时的推力/kN	7789	9893	12560	15890	17712	19625	24618	30664	44116	78500
25MPa 时的拉力/kN	4955	6094	7654	9742	11110	12089	15543	19329	27546	49290
	3810	4987	5958	7858	9673	9732	12678	15466	22106	38928
$S=0$mm 时的质量/kg	5014	7332	10027	13967	18161	22364	28701	40098	66021	135615

每100mm 行程增加的质量/kg	219	308	415	523	584	711	772	1071	1600	2619
	255	434	474	568	629	785	862	1192	1771	2945
S_{max}	6000									

作者注：JB/T 11588—2013 原表 3 中缺少 VD 尺寸。

④ MP3 后端固定单耳环式液压油缸和 MP5 带关节轴承、后端固定单耳环式液压油缸安装图如图 2-16 所示，MP3 后端固定单耳环式液压油缸和 MP5 带关节轴承、后端固定单耳环式液压油缸安装尺寸见表 2-61。

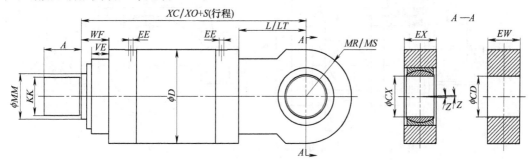

图 2-16　MP3 后端固定单耳环式液压油缸和 MP5 带关节轴承、后端固定单耳环式液压油缸安装图

作者注：图中尺寸标注"/"表示"或"。

表 2-61　MP3 后端固定单耳环式液压油缸和 MP5 带关节轴承、后端固定单耳环式液压油缸安装尺寸

单位：mm

缸径	$\phi630$	$\phi710$	$\phi800$	$\phi900$	$\phi950$	$\phi1000$	$\phi1120$	$\phi1250$	$\phi1500$	$\phi2000$
MM	380	440	500	560	580	620	680	760	920	1220
	450	500	580	640	640	710	780	880	1060	1420
KK	M320×6	M360×6	M400×6	M450×6	M500×6	M550×6	M600×6	M650×6	M760×6	M800×8
A	320	360	400	450	500	550	600	650	760	800
VE	150	175	195	215	240	260	290	300	330	430
WF	240	270	300	330	360	390	420	450	480	610
CD / CX	340	360	420	460	500	530	560	630	820	960
EW / EX	280	300	340	380	410	420	450	520	700	820
L / LT	580	620	720	780	900	950	950	1050	1100	1200
MR / MS	390	410	480	520	560	600	620	700	900	1050
倾斜角度 Z	2°									
D	780	900	1000	1150	1230	1330	1430	1650	2000	2600
XC / XO	1740	1920	2160	2360	2635	2795	2960	3230	3600	4340
EE	FA40	FA50	FA50	FA65	FA65	FA65	FA80	FA80	FA100	FA125
25MPa 时的推力/kN	7789	9893	12560	15890	17712	19625	24618	30664	44116	78500
25MPa 时的拉力/kN	4955	6094	7654	9742	11110	12089	15543	19329	27546	49290
	3810	4987	5958	7858	9673	9732	12678	15466	22106	38928
MP5：S=0mm 时的质量/kg	5051	7256	10203	14361	18315	22193	28530	41293	70967	141640

MP3：$S=0\text{mm}$ 时的质量/kg	5087	7305	10270	14465	18429	22957	28668	41530	71474	142290
每 100mm 行程	219	308	415	523	584	711	772	1071	1600	2619
增加的质量/kg	255	434	474	568	629	785	862	1192	1771	2945
$S_{\max}$	6000								

⑤ MT4 中间固定耳轴式液压油缸安装图如图 2-17 所示，MT4 中间固定耳轴式液压油缸安装尺寸见表 2-62。

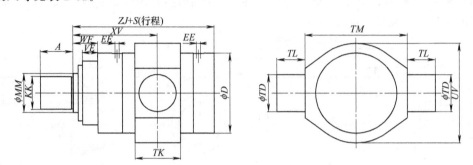

图 2-17　MT4 中间固定（或可调式耳轴）液压油缸安装图

作者注：对图 2-17 中左视图进行了简化处理。

表 2-62　MT4 中间固定耳轴式液压油缸安装尺寸　　　　单位：mm

缸径	$\phi630$	$\phi710$	$\phi800$	$\phi900$	$\phi950$	$\phi1000$	$\phi1120$	$\phi1250$	$\phi1500$	$\phi2000$
MM	380	440	500	560	580	620	680	760	920	1220
	450	500	580	640	640	710	780	880	1060	1420
KK	M320×6	M360×6	M400×6	M450×6	M500×6	M550×6	M600×6	M650×6	M760×6	M800×8
A	320	360	400	450	500	550	600	650	760	800
WF	240	270	300	330	360	390	420	450	480	610
VE	150	175	195	215	240	260	290	300	330	430
$TD(\text{f8})$	360	420	480	530	580	600	680	780	950	1200
$TL(\text{js10})$	270	290	340	370	400	420	450	520	660	800
$TM(\text{h10})$	980	1100	1200	1350	1450	1550	1650	1880	2250	2950
TK	440	500	580	630	680	700	800	900	1100	1350
$XV(\min)$	690	830	960	1065	1185	1235	1370	1470	1740	2315
D	780	900	1000	1150	1230	1330	1430	1650	2000	2600
ZJ	1160	1300	1440	1580	1735	1805	2010	2180	2500	3140
EE	FA40	FA50	FA50	FA65	FA65	FA65	FA80	FA80	FA100	FA125
25MPa 时的推力/kN	7789	9893	12560	15890	17712	19625	24618	30664	44116	78500
25MPa 时的拉力/kN	4955	6094	7654	9742	11110	12089	15543	19329	27546	49290
	3810	4987	5958	7858	9673	9732	12678	15466	22106	38928
$S=0\text{mm}$ 时的质量/kg	5539	7835	11437	15499	19973	23903	30785	44510	77110	163238
每 100mm 行程	219	308	415	523	584	711	772	1071	1600	2619
增加的质量/kg	255	434	474	568	629	785	862	1192	1771	2945
$S_{\max}$	6000								

作者注：JB/T 11588—2013 原表 5 中缺少 UV 尺寸。

2.2.3.4.3　技术要求

技术要求是液压机用液压缸设计、制造的根据，提出全面、正确、可行的技术要求是液压机用液压缸设计、制造的前提。

液压机用液压缸的技术要求应符合现行（最新）相关标准，主要应与所在液压机的产品标准要求相一致。对于没有产品标准的液压机，为其配套的液压缸的技术要求应由液压缸制造商与用户协商确定，但过高的技术要求是现在技术所无法达到的或成本过高的，应通过双方技术协议或合同规定加以避免。

以下在 JB/T 11588—2013 中规定的技术要求具有参考价值，但也存在一些问题，具体请见 2.2.3.4 中的说明。

对在 JB/T 11588—2013 中下述内容表述不一致的地方已经进行了修改。

(1) 一般要求

产品焊接件应符合 JB/T 5000.3 的规定。锻件应符合 JB/T 5000.8 的规定。装配应符合 JB/T 5000.10 的规定，涂装应符合 JB/T 5000.12 的规定。液压元件应符合 GB/T 7935 的规定。

(2) 密封

密封应符合工作介质和工况的要求。

(3) 主要件的技术要求

① 缸体应满足以下要求。

a. 缸体材料的屈服强度应不低于 280MPa 的规定。

b. 缸体内径的尺寸公差应不低于 GB/T 1801—2009（已被 GB/T 1800.1—2020 代替）或 GB/T 1800.2—2009（已被 GB/T 1800.2—2020 代替）中的 H8。

c. 缸体内孔的圆度公差应不低于 GB/T 1184—1996 中的 8 级，缸体内表面素线任意 100mm 的直线度公差应不低于 GB/T 1184—1996 中的 7 级。

d. 缸体法兰端面与缸体轴线的垂直度公差应不低于 GB/T 1184—1996 中的 7 级，缸体法兰端面圆跳动公差应不低于 GB/T 1184—1996 中的 8 级。

e. 缸体内表面的表面粗糙度值不大于 $Ra0.4\mu m$。

作者注：根据 GB/T 699—2015 的规定，力学性能为下屈服强度 R_{eL}（MPa），以下同；当要求 $R_{eL} > 280MPa$ 时，即排除了 20、25 这些牌号的钢，因为 20 钢的 R_{eL} 为 245MPa，25 钢的 R_{eL} 为 275MPa。

② 缸盖应满足以下要求。

a. 缸盖材料的屈服强度应不低于 280MPa 的规定。

b. 缸盖与缸体配合的端面与缸盖轴线的垂直度公差应不低于 GB/T 1184—1996 中的 7 级。

c. 缸盖与缸体配合处的圆柱度公差应不低于 GB/T 1184—1996 中的 8 级，同轴度公差应不低于 GB/T 1184—1996 中的 7 级。

③ 活塞应满足以下要求。

a. 活塞材料的屈服强度应不低于 280MPa 的规定。

b. 活塞外径对内孔的同轴度公差应不低于 GB/T 1184—1996 中的 8 级。

c. 活塞端面对轴线的垂直度公差应不低于 GB/T 1184—1996 中的 7 级。

④ 活塞杆应满足以下要求。

a. 活塞杆材料的屈服强度应不低于 280MPa 的规定。

b. 活塞杆导向面的外径尺寸公差应不低于 GB/T 1801—2009（已被 GB/T 1800.1—2020 代替）中的 f8。

c. 活塞杆导向面的圆度公差应不低于 GB/T 1184—1996 中的 9 级，导向面素线的直线度公差应不低于 GB/T 1184—1996 中的 8 级。

d. 活塞杆导向面与配合面的同轴度公差应不低于 GB/T 1184—1996 中的 8 级。

⑤ 缸底应满足以下要求。

a. 缸底材料的屈服强度应不低于 280MPa 的规定。

b. 缸底与缸体配合处的圆柱度公差应不低于 GB/T 1184—1996 中的 8 级，同轴度公差应不低于 GB/T 1184—1996 中的 7 级。

(4) 外观要求

① 零部件的外观应符合 GB/T 7935—2005 中 4.8、4.9 的规定。

液压油缸的外观质量应满足下列要求。

a. 按图样规定的位置固定标牌，标牌应清晰、正确、平整。

b. 油口表面、阀锁连接表面、活塞杆、缸底等处外露螺纹，耳环端面，衬套及关节轴承内孔应涂抹油脂。

c. 进、出油口及阀锁连接表面应（采取）安装合适的防护堵或防护盖板等保护措施。

d. 外露油管应排列整齐、牢固。

② 液压油缸的涂层应均匀，色泽一致，无明显的流挂、起皮、漏涂等缺陷。

(5) 装配质量

① 装配质量应符合 GB/T 7935—2005 中 4.4～4.7 以及 JB/T 5000.10 中装配的规定。

② 内部清洁度应不得高于 GB/T 14039—2002 规定的 19/15 或—/19/15。

(6) 使用性能

① 液压油缸的最低起动压力应不超过表 2-63 的规定。

表 2-63　最低起动压力　　　　　　　　　　　　　　　　单位：MPa

活塞密封型式	活塞杆密封型式		
	V 型	M 型	T 型
V 型	0.6	0.5	0.5
M 型	0.5	0.3	0.3
T 型	0.5	0.3	0.15

注：M 型为标准密封，T 型为低摩擦密封，V 型为 V 形组合密封。

② 液压油缸的内泄漏量不应超过表 2-64 的规定。

表 2-64　液压油缸内泄漏量

缸内径/mm	$\phi630$	$\phi710$	$\phi800$	$\phi900$	$\phi950$	$\phi1000$	$\phi1120$	$\phi1250$	$\phi1500$	$\phi2000$
漏油量 /(mL/min)	3.0	4.0	5.0	6.0	6.5	7.8	9.0	12.0	16.0	31.4

注：特殊规格液压油缸内泄漏量按照无杆腔加压 0.01mm/min 位移量计算。

③ 液压油缸在活塞杆（活塞）停止在两端时，不得有外渗漏。

④ 液压油缸在进行耐压试验时，不得有外渗漏、永久变形或零件损坏等现象。

⑤ 液压油缸在进行动负荷运行时，动作应平稳、灵活，各系统无异常现象。

2.2.3.4.4　试验方法

液压油缸的试验方法见 JB/T 11588—2013。

2.2.3.4.5　检验规则

液压油缸的检验规则见 JB/T 11588—2013。

2.2.3.4.6　标志、包装、运输与贮存

(1) 标志

① 每台液压缸应按图样上规定的固定位置固定产品标牌。标牌应标明下列内容：

a. 制造厂名称；

b. 产品名称型号；

c. 制造日期及出厂编号。

② 随机文件有：

a. 成套发货表及装箱清单；

b. 产品使用说明书；

c. 产品合格证；

d. 机械部分总图、基础图、安装图、备件图（不含标准件）、易损件图（不含标准件）。

(2) 包装

① 产品以部件形式发给用户，外露表面应进行防锈包扎或进行油封。

② 备件、易损件和专用工具应装箱。

③ 随机文件用塑料袋封好后装箱，并在箱外标明"文件在此箱内"字样。

④ 产品包装应符合 GB/T 13384 的规定。

作者注：在 GB/T 4863—2008《机械制造工艺基本术语》中给出了术语"油封"的定义，即"在产品装配和清洗后，用防锈剂等将其指定部位（或全部）加以保护的措施。"

(3) 运输

产品运输应符合铁路、水路和公路的运输要求。

(4) 贮存

主要部件水平放置，部件底面与地面距离 10～20mm，要求支撑可靠，有效支撑在长度方向上不少于三个，不可堆放。露天存放时要有防雨、防锈、防晒和防积水措施。贮存期超过 6 个月时应定期维护。

说明

除在上述各条中的以及 JB/T 10205—2010 下的说明外，下面仅对 JB/T 11588—2013《大型液压油缸》中的"4 技术要求"再做一些说明。

① 现在，以 GB/T 37400.3—2019《重型机械通用技术条件 第 3 部分：焊接件》代替 JB/T 5000.3—2007《重型机械通用技术条件 第 3 部分：焊接件》、以 GB/T 37400.8—2019《重型机械通用技术条件 第 8 部分：锻件》代替 JB/T 5000.8—2007《重型机械通用技术条件 第 8 部分：锻件》、以 GB/T 37400.10—2019《重型机械通用技术条件 第 10 部分：装配》代替 JB/T 5000.10—2007《重型机械通用技术条件 第 10 部分：装配》、以 GB/T 37400.12—2019《重型机械通用技术条件 第 12 部分：涂装》代替 JB/T 5000.12—2007《重型机械通用技术条件 第 12 部分：涂装》是可行的、明智的。

② 在 JB/T 11588—2013 中，以"4.2 密封应符合工作介质和工况的要求"给出的技术要求不合适，对液压机用液压缸设计、制造参考意义不大。

③ 在 JB/T 11588—2013 中缺少一些必要的技术要求，如活塞杆外径（即导向面）的表面粗糙度要求、缸底与缸体配合的端面垂直度要求以及各密封沟槽的总体要求等。

④ 在 JB/T 11588—2013 中，其表 7 注："特殊规格液压油缸内泄漏量按照无杆腔加压 0.01mm/min 位移量计算"具有重要参考价值。与 JB/T 10205—2010《液压缸》比较，其在一定程度上反映了液压缸设计、制造的技术进步。

2.2.3.5 液压机用液压缸设计与计算

在 GB 28241—2012《液压机 安全技术要求》和 JB/T 3818—2014《液压机 技术条

件》中规定了液压机用液压缸（安全）技术要求和（措施）保证等。为了更好地符合上述标准规定，研究液压机用液压缸（简称液压缸或缸）设计、制造中的材料选择及热处理、强度验算、结构设计、加工制造精度等能够进一步提高液压机安全性、可靠性及使用寿命。

2.2.3.5.1　液压缸的型式及用途

现在液压机用液压缸通常有三种结构型式，分别为单作用缸（如柱塞缸）、双作用缸（如活塞-单杆缸）和差动缸（活塞杆-双杆缸）。

根据在 GB/T 17446—2012《流体传动系统及元件　词汇》中差动缸的定义，差动缸应是一种具有活塞的双作用缸。但液压机中的差动缸却是一种单作用液压缸，且缸体（筒）内没有活塞，压力直接作用于阶梯形活塞杆，其既不是 GB/T 17446 中定义的"其活塞两侧的有效面积不同"的差动缸，也不是 GB/T 17446 中定义的液压缸"差动回路"连接，其只是在液压机中一种约定俗成的对"活塞杆-双杆缸"的称谓，实质为柱塞缸，更为准确的称谓或应是"双（出）杆柱塞缸"。

另外，现在经常使用的"柱塞"这一术语在 GB/T 17446—2012 中没有定义，但在 GB/T 17446—××××/ISO 5598：2020 中拟在"活塞杆"定义下加一条注："在柱塞缸中该零件也称为柱塞。"

(1)　柱塞缸

柱塞缸是一种缸筒内没有活塞，压力直接作用于活塞杆的单作用缸。该种液压缸在液压机中，特别是水压机中应用广泛，如用做主缸、副缸、回程缸、平衡缸等。

柱塞缸因只有一个活塞杆密封系统而没有活塞密封装置（系统），所以结构简单、制造容易、成本低。但只能单向作用，不能带动滑块（模具）做往复直线运动。如果重力不能保证活塞杆及所带动的滑块（模具）回程，一般需采用回程缸实现其缸回程。

(2)　活塞-单杆缸

活塞-单杆缸是液压力可以沿两个方向施加于活塞，只从一端伸出活塞杆的缸。活塞-单杆缸是一种双作用缸，可以带动滑块（模具）做直线往复运动，这种液压缸在液压机中，特别是中小型液压机中被广泛应用。

活塞式单作用缸（可见于 JB/T 10205—2010）是液压力仅能在一个方向施加于活塞的活塞-单杆缸，在液压机设计中究竟是选择柱塞缸还是活塞式单作用缸在一些参考资料中各有说法，选择时应慎重。

(3)　差动缸

差动缸的双杆外径不同，压力作用于活塞杆的有效面积为双杆截面积之差。因此，差动缸必须具有两套活塞杆密封系统。

由于阶梯形活塞杆被两端部的活塞杆密封系统密封、导向和支承，因此这种液压缸运动速度快、抗偏载能力强，经常在液压机中用做回程缸。

在 GB/T 9094—2006《液压缸气缸安装尺寸和安装型式代号》中将双活塞杆有法兰端定义为前端。

2.2.3.5.2　液压缸的安装和连接型式

液压机中液压缸有将缸体直接设置在横梁上的，如橡胶硫化液压机，但大多数还是将液压缸自身作为一个液压元（部）件，即为独立单元，且作为液压传动系统的一个功能件。

尽管液压缸作为一个独立单元的液压元件安装在液压机中可能减小了横梁的强度和刚度，但也有其优点：

① 液压缸可由专业工厂制造，主机厂可以外购；

② 降低了液压机机架加工制造难度；

③ 液压缸设计、制造、试验、验收和维修更换等简单、方便；

④ 更符合液压机的标准化、系列化和模块化设计要求。

液压缸在液压机中的安装型式多种多样，尽管在 GB/T 9094 中规定了 64 种安装型式，但仍没有全部涵盖现有液压缸。

(1) 缸体法兰、凸台式安装型式

液压机用液压缸安装用前或后法兰、凸台一般直接设置（计）在缸体上，而不是设置（计）在液压缸端盖上，尽管下文仍以前或后端法兰、凸台叙述，但与一般液压缸及在 GB/T 9094 中规定的有所不同。

液压缸缸体法兰有前端法兰、后端法兰和中间法兰三种安装型式；法兰也有圆法兰、方法兰和矩形法兰三种型式；法兰连接孔一般为光孔，采用螺纹孔的较为少见。

① 前端圆法兰式安装型式　前端法兰远基准点面与横梁内面紧密贴合，通过螺钉（栓）将液压缸紧固在横梁上。在工作时，由于通常此对固定接合面相互挤压，法兰需要传递力，因此法兰与缸体（筒）过渡处存在应力集中，易产生疲劳破坏。另外因法兰有连接孔，也会加剧这种破坏。

也有将前端法兰近基准点面与横梁外面紧密贴合的设计，在工作时，通常此对固定接合面趋向分离，连接螺钉（栓）受力剧增，抗偏载能力下降，且没有改善缸体（筒）受力情况。

② 后端圆法兰安装型式　后端法兰远基准点面与横梁内面紧密贴合，通过螺钉（栓）将液压缸紧固在横梁上。在工作时，尽管通常此对固定接合面相互挤压，法兰需要传递力，但与前端法兰安装型式受力方向不同，因此后端法兰安装的法兰与缸体（筒）过渡处一般没有应力集中问题，改善了缸体（筒）受力情况，从缸体（筒）受力角度讲，是一种可选的安装型式，但也有缸筒内壁最大合成当量应力较大、降低了液压缸的稳定性和增加了机架高度等问题。

也有将后端法兰近基准点面与横梁外面紧密贴合的设计，在工作时，通常此对固定接合面趋向分离，连接螺钉（栓）受力剧增，后端液压缸缸底受力趋向恶劣。

③ 前端凸台式安装型式　前端凸台远基准点面与横梁内面紧密贴合，通过压环固定该凸台、基准点远端大螺母紧固缸筒、压环通过螺钉（栓）紧固缸底或其他型式，保证这种紧密贴合。

这种安装型式最为常见，且在中小型液压机上普遍采用，但在 GB/T 9094 中没有给出这种安装型式。

这种安装型式的受力情况与前端法兰安装型式相似，但因没有法兰连接孔，受力情况一般稍有改善，但凸台与缸体（筒）过渡处应力集中问题依然存在。

(2) 活塞杆与滑块的连接型式

在 GB 28241—2012、GB/T 36484—2018 和 JB/T 4174—2014 等中定义了滑块这一术语，即完成行程运动并安装上模的液压机的主要部件（活动横梁）。活塞杆与滑块连接，将能量传递给滑块。

在 GB 2350—2020 中规定了活塞杆螺纹的三种型式（内螺纹一种、外螺纹两种）。在 GB/T 9094 中给出了带外螺纹的活塞杆端、带扳手面（带内螺纹）的活塞杆端、带柱销孔的活塞杆端、带凸缘的活塞杆端以及带内螺纹的活塞杆端的尺寸，但其活塞杆端外螺纹长度与 GB 2350—1980（已废止）规定的活塞杆（外）螺纹长度标注不同。

液压机用液压缸通常采用活塞杆用圆形法兰（见 GB/T 9094—2006 中图 18 或本手册 5.1.3 节）与滑块连接，且要求活塞杆端面与滑块应紧密贴合。

还有在活塞杆端部制有球面，通过活塞杆端部中心螺纹孔、两侧螺纹孔或压环等由螺钉紧固将球面垫块夹在活塞杆端部与滑块间，形成活塞杆与滑块的球铰连接。

① 刚性连接　活塞杆与滑块刚性连接是最为常见的一种连接型式，一般活塞杆通过附件与滑块连接。

由于活塞杆端部型式不同和附件型式多种多样，液压机活塞杆与滑块连接也有多种型式，但必须保证安全、可靠、使用寿命长，任何与液压缸连接的元（部）件都应牢固，以防由于冲击和振动引起松动，尤其滑块有意外下落危险的应进行风险评估。

具体几种活塞杆与滑块刚性连接型式：

a. 通过带螺纹的法兰的连接；

b. 由卡键和压环组成的连接；

c. 螺钉直接紧固的连接；

d. 定位套装连接。

在 GB/T 9094—2006 中带螺纹的法兰又称活塞杆用法兰。

② 摆转连接　当为销轴、耳环及关节轴承等活塞杆与滑块连接型式时，活塞杆与滑块间都可以摆动或转动，这种连接型式也是较为常见的，但因一般液压机精度要求较高且公称力较大，所以上述摆转连接实际用于金属冷加工用液压机并不多，而一种球铰支承连接却在液压机中普遍采用。

采用这种连接的活塞杆端部球面一般是去除材料的凹球面，且一般中心制有带螺纹的中心孔。活塞杆端部球面与球面垫块组成一副球铰，且这副球铰在液压机工作行程中应处于挤压状态。球铰支承连接主要是期望滑块传给活塞杆的偏心（载）力最小，或可适应滑块在工作行程中相对少量的位置变化。

液压机用液压缸还有一种特殊结构的双球铰支承连接，其特征是活塞杆没有直接传力给滑块，而是采用了中间连接杆，活塞杆通过一个球铰支承连接传力给中间连接杆，中间连接杆另一端通过球铰支承面将力再传给滑块，由此活塞杆与滑块间就有两个球铰支承连接。这种连接比单个球铰支承连接有更好的消除偏心（载）力作用，液压缸因此使用寿命更长。中间连接杆两端一般仍是去除材料的凹球面，但这种液压缸结构比较复杂，且在小型液压缸中难以实现，同时球面润滑也存在一定困难。

有参考资料介绍，这种双球铰支承连接的液压缸在大型液压机上应用效果良好。

2.2.3.5.3　主要缸零件材料、结构型式及热处理

(1) 活塞杆

在 JB/T 4174—2014 中没有活塞杆这一术语和定义，但在 GB/T 17446—2012 中定义了活塞杆，即"与活塞同轴并联为一体，传递来自活塞的机械力和运动的缸零件。"而在 GB/T 17446—2012 中又将"柱塞缸"定义为"缸筒内没有活塞，压力直接作用于活塞杆的单作用缸。"说明活塞杆不一定要与"活塞同轴并联为一体"。在柱塞缸中，活塞杆（柱塞）也可直接受压力作用向被驱动件传递机械力和运动。

① 材料　一般选用 45 或 50 优质碳素结构钢制成，采用锻造或铸造方法，对于大尺寸活塞杆，也有分段锻造或铸造后再用电渣焊焊接而成的，小的活塞杆也有采用冷硬铸铁制造的。

现在选用低合金高强度结构钢（GB/T 1591）、合金结构钢（GB/T 3077）的也很普遍，如选用牌号为 42CrMo 合金结构钢等制造液压机用液压缸活塞杆。

一些不锈钢（如按 GB/T 1220）材料如 20Cr12、06Cr19Ni10 和 06Cr17Ni12Mo2 等在特殊环境下也在液压机用液压缸偶有应用。

作者注：笔者不同意有的文献介绍的使用更高含碳量的材料如 65 钢作为活塞杆材料。

② 结构型式　与活塞同轴并联为一体的活塞杆或没有活塞的活塞杆，有实心的也有空心的，但空心活塞杆不宜做成开口向缸底侧的，那样会形成过大的无杆腔容积，而过大的容腔容积一般是有害的，且不论其可能影响液压固有频率、液压（弹簧）刚度、（阶跃和/或频率）响应特性等，如在加压终了时，缸内液体所积储的弹性能过大，泄压时可能也会引起液压机及管道的剧烈振动。

柱塞缸中的活塞杆端部还可能设有凸台，靠此凸台台肩与导向套内端面抵靠，限定缸行程并防止活塞杆脱（射）出，此凸台或可称为活塞杆头，此种活塞杆或可称为带活塞杆头的活塞杆。

有的活塞杆在端部设计有缓冲柱塞，用于在缸底处减缓活塞（杆）回程速度，以免活塞严重撞击缸底。

与外部活塞杆用法兰连接的带外螺纹的活塞杆端，因其活塞杆螺纹经常设计为只能传递缸回程输出力和缸回程运动，所以活塞杆螺纹可能不符合 GB 2350—1980《液压气动系统及元件　活塞杆螺纹型式和尺寸系列》（已被 GB/T 2350—2020 代替）的规定，其螺纹长度可能短。

③ 热处理　活塞杆在导向套中做往复运动，承受偏心载荷时还会发生倾斜或偏摆，对导向套和密封装置产生侧推力，引起摩擦与磨损，因此活塞杆表面必须具有足够高的硬度及高的表面质量（表面粗糙度值小），以免过早磨损或表面被拉毛及拉出沟槽。

活塞杆表面硬度一般应不低于 45HRC。活塞杆表面处理的方法有以下几种：

a. 可以采用调质处理，但表面硬度往往达不到要求；

b. 火焰淬火，该方法比较简单，但有时会形成软带；

c. 采用工频、中频或高频感应加热淬火；

d. 表面镀硬铬，硬度可达 800～1000HV，但镀层不应太厚，最厚为 0.10mm 左右，一般厚度应为 0.05mm 左右；

e. 表面堆焊不锈钢，热处理后硬度可达 50HRC 以上；

f. 采用氮化钢如 35CrMo、35CrAlA、38CrMoAl 等氮化，硬度可达 60HRC 以上；

g. 对 45 钢活塞杆进行离子软氮化处理，表面硬度可达 64HRC；

h. 在腐蚀条件下工作，活塞杆多采用不锈钢。

还有一些其他表面处理方法，如激光淬火、化学镀镍-磷等。

(2) 活塞

在 GB/T 17446—2012 中定义的活塞为"靠压力下的流体作用，在缸径中移动并传递机械力和运动的缸零件。"但在 JB/T 4174—2014 中定义的活塞却是"由活塞头与活塞杆组成，运动时传递液压、能量，活塞头与缸孔密封配合，将缸孔分割为两腔。"

比较上述两项标准，问题不仅在于后发布实施的行业标准与先发布实施的国家标准不符，还在于在 JB/T 4174 中定义的"活塞"本身有问题。

① 材料　活塞材料一般采用 35 或 45 优质碳素结构钢，也有采用灰口铸铁、球墨铸铁、耐磨铸铁以及铝合金等。更为细致的划分可以这样：无支承环（导向环）活塞，材料可采用灰口铸铁 HT200～HT330 或球墨铸铁及铝合金、塑料等；有支承环（导向环）活塞，材料可采用 20 钢、35 钢、45 钢或 40Cr 等材料，根据实际情况或无特殊要求，中碳钢一般可以考虑不进行热处理，但不包括旨在消除应力的热处理。

② 结构型式　活塞有整体式和组合式两种结构，其中使用 V 形圈等密封的活塞为组合式结构。

组合式结构在 GB 2880—1981《液压缸活塞和活塞杆窄断面动密封沟槽尺寸系列和公差》中又称装配式结构。

（3）导向套

在 JB/T 4174—2014 中定义的导向套为"起导向作用的套形零件。"

导向套可以与缸盖制成一（整）体结构，也可制成分体结构，即所谓缸盖式和轴套式。

① 导向套材料　液压缸导向套在活塞杆往复运动时起支承及导向作用。轴套式导向套一般可用抗压、耐磨的 ZCuSn6Pb3Zn6、ZCuSn10P1 等锡青铜铸造后加工而成；也有采用离心浇铸的铸型尼龙 6 加二硫化钼来制造导向套的，但因其抗偏载能力低，热膨胀大，加工、装配后吸湿变形等，可能出现活塞杆摆动或偏摆、抱死活塞杆和本体断裂等问题。现在采用最多的是灰口铸铁和球墨铸铁。

② 导向套结构设计　导向套的长度一般取（0.4～0.8）D，若为卧式柱塞缸，导向套长度应增加，可取为（0.8～1.5）D，活塞缸可取短一些，其中 D 为活塞杆直径。

导向套与缸筒内径配合，当 D≤500mm 时取 H7/k6 或 H8/k7，当 D>500mm 时取 H7/g6 或 H8/g7；导向套内孔与活塞杆外径配合取 H9/f8 或 H9/f9。表面粗糙度值应不大于 $Ra1.6\mu m$。

作者注：液压机用液压缸的导向套与缸筒内径配合严于一般液压缸的 H8/f7。

③ 缸盖材料　缸盖式导向套或缸盖材料，一般在公称压力 $p\leqslant 10MPa$ 时可以考虑使用铸铁，其他可使用 20、35、45 优质碳素结构钢。如需与缸筒采用焊接连接，一般使用 20 钢、35 钢，且焊接后应做消除应力处理；非焊接连接缸盖可以使用 45 钢并视情况进行调质处理。

钢制缸盖或导向套与活塞杆直接接触的是支承环。

（4）缸体

液压缸缸体的材料可根据工作介质的压力高低及液压缸尺寸大小来选择，可选择的范围很广。对于低压小尺寸的液压缸，可使用灰口铸铁，常用的为 HT200～HT350 之间各牌号灰口铸铁；要求高一些的则可选用球墨铸铁，如 QT450-10、QT500-7 及 QT600-3 等；要求再高的则可采用铸钢，如 ZG200-400、ZG230-450、ZG270-500、ZG310-570 等。对于大中型锻造液压机，则常用 35 或 40 锻钢，有时也用 20MnMo、35CrMo、38CrMoAl 等合金钢来制造液压缸缸体。而在一些大吨位的锻造或模锻液压机中，液压缸的材料有时选用 18MnMoNb 合金钢，可用大的钢锭直接锻造液压缸毛坯。

较小尺寸的液压缸常用无缝钢管做坯料，材料有 20、35、45、20Mn、25Mn 碳素结构钢，20MnVB、27SiMn、30CrMo、35CrMo、42CrMo、20MnTiB 合金结构钢，以及 Q355B（C、D、E）低合金高强度结构钢，在一些特殊环境下，12Cr13（1Cr13）、20Cr13（2Cr13）、06Cr19Ni10（0Cr18Ni9，304）、06Cr17Ni12Mo2（0Cr17Ni12Mo2，316）、12Cr18Ni9（1Cr18Ni9）不锈钢也偶有应用。这些无缝钢管加工余量小、工艺性能好、生产准备周期短，适合批量较大的生产。

还可直接采用符合 JB/T 11718—2013《液压缸　缸筒技术条件》（JB/T 10205.2—××××《液压缸　第 2 部分：缸筒技术条件》正在制定中）规定的商品缸筒，其缸内径尺寸（系列）符合 GB/T 2348—1993（2018）的规定，且可要求供方提供经过热处理的缸筒。

但冷拔高频焊管用做液压机用液压缸缸筒时，因冷拔加工的缸筒受材料和加工工艺的影响，其材料力学性能及缸筒的耐压性能应由供需双方商定，一般用做（耐）高压、超高压缸筒可能存在一定问题。

液压机用液压缸的结构型式、安装和连接型式以及主要缸零件结构型式、材料等可参见参考文献［40］。

2.2.3.5.4 受力分析与强度计算

液压缸是一种密闭的特殊压力容器，而且经常是高压或超高压压力容器。缸体是液压缸的本体，液压机用液压缸的缸体，一般型式是一端开口、一端封闭的缸形件，缸体的结构一般分为三部分，即缸底、法兰和中间厚壁圆筒（缸筒）。

液压机的液压缸荷载大，工作频繁，往往由于设计、制造或使用不当，易于过早损坏。

(1) 液压缸损坏部位、特点及模式

液压缸损坏的部位多数在法兰与缸筒连接的过渡圆弧部分，其次是在缸筒向缸底过渡的圆弧部分，尤其是在此部分开有流道的附近，少数在缸筒筒壁产生裂纹，也有因气蚀严重而破坏的。从液压缸使用情况来看，一般损坏时已承受了很多的工作加载次数（或为 20 万～150 万次），裂纹是逐步形成和扩展的，属于疲劳损坏。

① 液压缸损坏部位和特点　根据参考文献介绍及笔者实践经验的总结，具体情况如下。

a. 缸筒筒壁的裂纹一般先出现于内壁，逐步向外发展，裂纹多为纵向分布，或与缸壁母线成 45°。

b. 缸的法兰部分裂纹先在缸筒与法兰过渡圆弧处的外表面出现，裂纹逐渐向圆周及内壁扩展，最后裂透，或者裂纹扩展到螺钉孔，使法兰局部脱落，个别严重情况，甚至会沿过渡圆弧处法兰整圈开裂而脱落。

c. 缸底裂纹先出现在缸底过渡圆弧处的内表面，裂纹（环形）逐渐向外壁扩展，最后裂透。

d. 液压缸缸筒也有因气蚀产生蜂窝状麻点而损坏的。

② 液压缸损坏的失效模式　在 JB/T 5924—1991《液压元件压力容腔体的额定疲劳压力和额定静态压力试验方法》（已废止）中规定了被试压力容腔体几种失效模式和额定疲劳压力验证准则，其中列举的因额定疲劳压力作用而可能产生的几种失效模式为：

a. 结构断裂；

b. 在循环试验压力作用下，因疲劳产生的任何裂纹；

c. 因变形而引起密封处的过大泄漏。

同时，给出了被试压力容腔体几种失效模式和额定静态压力验证准则，其中列举的因额定静态压力作用而可能产生的几种失效模式为：

a. 结构断裂；

b. 在循环试验压力作用下，因疲劳产生的任何裂纹；

c. 因变形而引起密封处的过大泄漏；

d. 产生有碍压力容腔体正常工作的永久变形。

(2) 液压缸损坏原因分析

① 设计方面原因。法兰设计过薄；法兰到缸筒过渡区结构形状设计不合理；缸底到缸筒过渡圆弧设计太小等。主要是弯曲强度不够，或应力集中造成损坏。

② 加工制造方面原因。表面质量差，尤其应力集中区对表面粗糙度数值大小很敏感，表面粗糙度值大可降低疲劳强度，造成过渡圆弧处出现疲劳裂纹，直至损坏。整体锻造或铸造的缸体可能存在质量缺陷；焊接质量有问题或热处理不当等都会造成缸体损坏；缸体焊接后一定要采取适当措施消除内应力和不利的结晶组织。在采用补焊时，也要进行同样处理。

③ 法兰与横梁接合面应紧密贴合，预紧牢固后用 0.05mm 塞尺进行检验，塞尺塞入深度不应大于接合面 1/4，接合面间可塞入塞尺的部位累计长度不应大于周长的 1/10。局部接合可导致力分布不均匀，造成早期破坏。连接螺钉（栓）松动可造成缸体窜动和撞击，压陷

（溃）接合面，造成破坏。

④ 工作介质如有腐蚀，也可能降低缸体疲劳强度，因此液压机所用液压油要有很好的防锈性能并定期更换。

(3) 缸体受力分析

液压缸在工作时，高压工作介质进入缸体，作用在活塞或活塞杆上，反作用力作用于缸底，通过缸筒传递到法兰，靠法兰与横梁支承面上的支承反力来平衡。

缸体受力状况可以分为三部分来分析，即缸底、法兰和中间厚壁圆筒（缸筒）。

理论分析和应力测试均表明，只有在与法兰上表面（支承面，有过渡圆弧端）及缸底内表面（有过渡圆弧）距离各为 $0.75D_1$ 的缸筒中段，即所谓中间圆筒，才可以按厚壁圆筒进行强度计算，而其余两段（部分），因分别受到缸底与法兰弯曲力矩的影响，不能用一般的厚壁圆筒公式来计算。

缸底的应力分析也存在着同样的问题。如果按均布载荷作用下的周边固定圆形薄板弹性力学公式计算，因没有考虑缸筒的实际作用和影响，也没有考虑过渡圆弧区的应力集中，所以计算出的应力可能远小于实际应力。参考文献［40］提出的一种环壳联解法是把缸底、缸筒及法兰作为相联系的整体来分析，也考虑过渡区截面的变化，因此缸底厚度的计算结果可能更接近实际。

如果运用有限元法对缸底进行分析与计算，结果将可能更精确。

(4) 缸体的强度计算

① 缸筒的强度与变形计算　对于前端圆法兰式或前端凸台式安装型式的液压缸，由低碳钢、非淬硬中碳钢和退火球墨铸铁等塑性材料制造的缸筒中段，可根据弹性力学理论，采用冯·米塞斯（Von Mises）强度准则，即第四强度理论强度条件，缸内壁最大合成当量应力及强度条件为

$$\sigma_{\max} = \frac{\sqrt{3} R_1^2}{R_1^2 - R^2} p \leqslant [\sigma] \tag{2-5}$$

当已知缸内径 D 及材料许用应力 $[\sigma]$ 时，推导出缸筒外径 D_1 为

$$D_1 \geqslant D \sqrt{\frac{[\sigma]}{[\sigma] - \sqrt{3} p}} \tag{2-6}$$

式中　D——缸内径，$D = 2R$；

$\quad D_1$——缸筒外径，$D_1 = 2R_1$；

$\quad [\sigma]$——材料许用应力，$[\sigma] = \sigma_s / n_s$，$n_s$ 为安全系数，可取 2～2.5；

$\quad p$——液压缸耐压试验压力。

对于后端圆法兰式安装型式的液压缸，缸内壁最大合成当量应力及强度条件为

$$\sigma_{\max} = \frac{\sqrt{3R_1^4 + R^4}}{R_1^2 - R^2} p \leqslant [\sigma] \tag{2-7}$$

在缸内工作介质压力 p 作用下，液压缸缸筒中段外表面的径向位移值 u_1，亦即径向（单边）膨胀量为

$$u_1 = \frac{-3\mu R^2 R_1}{E(R_1^2 - R^2)} p \tag{2-8}$$

式中　μ——缸筒材料的泊松比；

$\quad E$——缸筒材料的弹性模量；

其他同上。

作者注：在 JB/T 12098—2014、JB/T 12099—2014 中规定的"增压缸应进行超声检测，并在增压缸试验压力为 1.1 倍的最高工作压力下保压 3min，不应有渗漏现象，且缸筒变形量在外径中段的测量值应小于公差 H8 的规定值。"具有重要参考价值。

② 缸底的强度计算 锻造的缸形缸体其缸底型式多为平盖形缸底，而非凹面形；其缸底中心一般还开设有进、出油孔（口）或充液阀安装孔等通孔以及开设有缓冲腔孔等非通孔，因此在其受力分析和强度计算中，现在一般将其视为四周固定或嵌住的圆形薄板或圆盘。到现在为止仍没有一个较为简便、权威的缸底厚计算公式，究其原因，除液压缸缸底工况确定困难外，主要是用于推导强度计算公式的力学模型有问题。

现在常用的是米海耶夫（В. А. Михеев）推荐的强度计算公式

$$\sigma_d = 0.75 \frac{pR^2}{\varphi\delta^2} \leqslant [\sigma] \tag{2-9}$$

式中 σ_d——计算应力，MPa；

p——液压缸耐压试验压力，MPa；

R——缸筒半径，mm；

δ——缸底厚度，mm；

φ——系数，与缸底油孔半径 R_k 有关，即 $\varphi = \dfrac{R - R_k}{R}$；

$[\sigma]$——材料许用应力，$[\sigma] = \sigma_s/n_s$，安全系数取 $n_s \geqslant 4 \sim 4.5$。

其他还有罗萨诺夫（Б. В. Розанов）推荐的强度计算公式

$$\sigma_d = \frac{pR^2}{\varphi\delta^2} \leqslant [\sigma] \tag{2-10}$$

式中 φ——系数，取 $0.7 \sim 0.8$。

和缪勒（EMüller）推荐的强度计算公式

$$\sigma_d = 0.68 \frac{pR^2}{\delta^2} \leqslant [\sigma] \tag{2-11}$$

以上三个公式均来源于均布载荷下周边固定的圆形薄板弹性力学解，而前两个公式以 φ 来考虑缸底开孔的影响。

对于室温下碳钢和低合金钢的缸底与缸筒全焊透对接连接结构的无孔或有孔平盖形缸底，其强度验算笔者建议采用公式

$$\sigma = \frac{KpD^2}{\phi\delta^2} \leqslant [\sigma] \tag{2-12}$$

式中 K——结构特征系数，$K = 0.44\delta/\delta_c$，δ_c 为缸筒有效壁厚，K 应 $> 0.3 \sim 0.5$；

ϕ——焊接接头系数，全焊透对接焊缝且全部经无损检测的取 $\phi = 1$，局部无损检测的取 $\phi = 0.85$；

$[\sigma]$——常温下的材料许用应力，MPa。

其他同上。

如采用上述公式进行平盖形缸底设计，则此无孔或有孔平盖形缸底已被加强，但如采用轧制板材直接加工制造缸底，设计时则应对板材提出抗层状撕裂性能的附加要求。

铸造的半球形缸底可按内压球壳的强度公式计算。

对于铸钢的半球形缸底，采用冯·米塞斯（VonMises）强度准则，即第四强度理论强度条件，其当量计算应力及强度条件为

$$\sigma_d = \frac{1.5R_2^3}{R_2^3 - R_1^3} p \leqslant [\sigma] \tag{2-13}$$

式中 R_1——球壳内半径，mm；

$\quad\quad R_2$——球壳外半径，mm；

其他同上。

对于铸铁（不含退火球墨铸铁）的半球形缸底，采用第二强度理论强度条件，其当量计算应力及强度条件为

$$\sigma_d = \frac{0.65R_2^3 + 0.4R_1^3}{R_2^3 - R_1^3} \leqslant [\sigma] \tag{2-14}$$

式中 $[\sigma]$——材料的许用应力，$[\sigma] = \sigma_b/n$，MPa。

2.2.3.5.5 液压缸的一些设计准则

① 缸底到缸筒的过渡圆弧半径一般不应小于 $D/8$，D 为缸内径。

② 应力集中区的圆弧表面的粗糙度值一般应不大于 $Ra3.2\mu m$。

③ 环向焊缝与缸底内表面的距离应尽可能不小于 $0.75D_1$，与法兰上表面的距离也不应小于 $(0.75\sim1.0)D_1$，D_1 为缸筒外径。

④ 令 $K = D_1/D$，当 $K \leqslant 1.15$ 时，承受内压的缸筒可按薄壁筒公式计算，即可以忽略径向应力的影响，而认为切向应力沿壁厚均匀分布。

⑤ 由公式 $D_1 = D\sqrt{\dfrac{[\sigma]}{[\sigma] - \sqrt{3}\,p}}$ 得出，当 $p = \dfrac{[\sigma]}{\sqrt{3}}$ 时，$D_1 = \infty$。如果材料许用应力 $[\sigma] <$ $\sqrt{3}\,p$ 时，则无法保证强度条件。因此，当公称压力过高时，仅靠增加缸筒壁厚，并不一定能保证液压缸有足够的强度，而必须采取其他措施，如采用组合式缸筒或钢丝缠绕预应力结构等。

⑥ 在单层（非预应力结构）缸筒的液压缸设计中，各（基本）参数间最合理的关系如下。

公称出力

$$F = \frac{1}{4}\pi D^2 p \tag{2-15}$$

缸筒外径

$$D_1 = \sqrt{2}\,D \tag{2-16}$$

公称压力

$$p = \frac{1}{2\sqrt{3}}[\sigma] \tag{2-17}$$

公称出力另一表达式

$$F = \frac{1}{4}\pi D^2 p = \frac{1}{4}\pi D^2 \times \frac{1}{2\sqrt{3}}[\sigma] = \frac{1}{8\sqrt{3}}\pi D^2[\sigma] \tag{2-18}$$

考虑到液压缸的安全性等因素，实际设计的液压缸的最高额定压力不应高于 $p = \dfrac{1}{2\sqrt{3}}[\sigma]$，一般在 $(0.7\sim0.8)p$ 之间为宜。

⑦ 有孔的平盖形缸底厚度强度公式 [米海耶夫（В. А. Михеев 公式] 为

$$\sigma = 0.1875 \frac{pD^3}{(D-d)\delta^2} \leqslant [\sigma] \tag{2-19}$$

或

$$\delta \geqslant 0.433D \sqrt{\frac{Dp}{(D-d)[\sigma]}}$$ (2-20)

但此公式计算结果可能偏小，仅可作为粗略估算。

⑧ 导向套端台阶孔壁厚计算更为复杂，其内壁上的合成应力为弯曲应力与拉应力之和，即

$$\sigma = \frac{F}{\frac{\pi}{4}(D_1^2 - D^2)} + \frac{6M}{\delta_1^3} \leqslant [\sigma]$$ (2-21)

式中　M——弯曲力矩；

　　　δ_1——台阶孔壁厚；

其他同上。

作者注：上述公式引于参考文献［1］，相同公式又见于参考文献［40］，但笔者认为该公式中 $6M/\delta_1^2$ 项量纲存在问题，现已修改。

具体计算时请按相关参考文献。

笔者认为液压机应具有足够的刚度，也应具有足够的强度，刚度要求不一定能代替强度要求，液压机用液压缸也是如此。

尽管液压机用液压缸尤其是缸体的主要失效形式是疲劳失效，但静载失效绝对不可忽视。

2.2.4　其他液压元件

2.2.4.1　液压过滤器

在液压系统中，固体颗粒污染物通过加剧磨损、卡滞、淤积和加速液压油液氧化变质等方式危害系统和元件，导致可靠性降低、故障率增高、元件寿命缩短等问题。液压过滤器用来控制液压系统中循环的污染颗粒数量，使液压油液的污染度等级满足液压元件的污染耐受度以及用户需要的可靠性要求。

2.2.4.1.1　液压系统过滤器的选择与使用规范

在 JB/T 12921—2016《液压传动　过滤器的选择与使用规范》中规定了液压系统过滤器的选择、使用与贮存的基本规范，以及所提供的相关技术指导，主要适用于液压系统中进行油液固体颗粒污染控制的过滤器。

（1）过滤器和滤芯的种类

① 过滤器的种类　用于液压系统的过滤器可分为以下几类：

a. 吸油管路过滤器（滤网），用于泵的吸油管路；

b. 回油管路过滤器，用于低压回油管路；

c. 压力管路过滤器，用于系统压力管路，根据系统全压力和所处位置的循环负载进行设计；

d. 油箱空气过滤器，安装于油箱之上，防止污染物或者水蒸气进入油箱；

e. 离线过滤器，用于主系统以外，通常用于单独的油液循环系统。

② 滤芯的种类　滤芯按工作压差，一般可以分为：

a. 低压差滤芯，使用压差较低，一般需要旁通阀保护；

b. 高压差滤芯，能够承受接近系统压力的压差，制造坚固，一般不需要配备旁通阀。

（2）过滤器的选择

① 选择程序　液压系统过滤器选择包括以下步骤：

a. 确定目标清洁度（RCL）值；

b. 确定过滤精度；

c. 确定安装位置；

d. 确定过滤器尺寸规格；

e. 选择符合条件的过滤器；

f. 验证选择的过滤器。

② 确定 RCL 值

a. 一般原则。液压系统正常运行时，确定污染物数量及尺寸取决于两个因素：

ⅰ. 相关零部件对污染物的敏感度；

ⅱ. 系统设计者和用户所要求的可靠性水平及零部件的使用寿命要求。

液压油液的污染度与系统所表现出的可靠性之间的关系如 JB/T 12921—2016 中图 1 所示。

b. 确定 RCL 的方法。

ⅰ. 确定 RCL 的背景条件：

- 所使用的元件及其污染敏感度；
- 元件保护或磨损控制的理由；
- 污染物生成率和污染源；
- 可行并且首选的过滤器位置；
- 允许的压差或要求的压力（在回油管路或低压应用中必须提供）；
- 流体流量和流量冲击（尺寸规格合格的过滤器用以处理最大流量）；
- 工作压力，包括短暂的压力波动及冲击（考虑疲劳冲击影响后过滤器的正确应用）；
- 油液的类型、工作温度和压力范围内油液的黏度；
- 使用间隔要求；
- 系统安装空间大气环境污染水平。

利用这些信息，系统设计者可以为系统选择与设计目标相符的 RCL 等级。

ⅱ. 确定 RCL 的首选方法是以系统具体工作环境为基础的综合法，即首先对系统的特性及运行方式进行评估，然后建立一个加权或计分档案，最后经过不断累积确定 RCL。这种方法所确定的 RCL 主要考虑以下几个参数：

- 工作压力和工作周期；
- 元件对污染物的敏感度；
- 预期寿命；
- 元件更换费用；
- 停机时间；
- 安全责任；
- 环境因素。

ⅲ. 确定 RCL 的第二种方法是系统设计者依据自身的使用案例或者经外部咨询得到的信息，如由生产商提供的经过一系列标准测试（参见 JB/T 12921—2016 附录 F）的过滤器信息。系统设计者应用外部案例时必须谨慎，因为运行条件、环境及维护措施会存在差异。

ⅳ. 确定 RCL 的第三种方法是参照 JB/T 12921—2016 中图 1 选用。

注：由于这些推荐值通常较为笼统，使用时应谨慎。

ⅴ. 确定 RCL 的第四种方法是征求系统中对污染最为敏感元件的生产商的建议。

c. 补充规定。当 RCL 值不能用数据准确确定和核准时，系统设计人员可根据以往相似系统的使用案例结合新设计系统的独特性进行修正。

③ 确定过滤精度

a. 根据表 2-65 评定环境污染水平，选择与环境污染物水平相当的环境因素。

表 2-65　环境污染水平和因素

环境污染水平	案例	环境因素
良好	洁净区域,实验室,只有极少污染物侵入点的系统,带有注油过滤器和油箱空气过滤器的系统	0
一般/较差	一般机械工厂。电梯,带有污染物侵入点控制的系统	1
差	运行环境极少控制的系统	3
最差	污染物高度侵入的潜在系统,例如铸造厂、实体工厂、采石场、部件试验装置中	5

b. 使用图 2-18，其 x 轴表示 RCL，向上画一条垂直线与对应的环境因素（EF）曲线相交。

c. 画一条水平线至 y 轴，读取推荐的以 μm（c）为单位的最小过滤尺寸 x。

d. 通过分析系统运行时过滤器的性能参数判断过滤器选择是否正确。

作者注：　"μm（c）"见于 GB/T 20079—2006 附录 B。

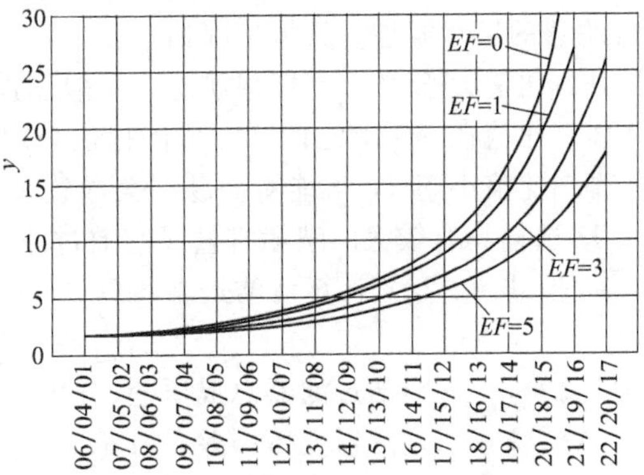

④ 确定过滤器的安装位置　液压过滤器有许多安装位置，图 2-19 给出了过滤器的可能安装位置。过滤器的安装应考虑以下因素：

a. 安装于容易观察的位置，以便于观察压差指示器或过滤器堵塞指示器，滤芯容易更换；

b. 在偶发的流量冲击及吸空时能得到有效保护；

图 2-18　选择推荐的过滤器精度

x—目标清洁度（RCL），根据 GB/T 14039 表述；

y—推荐的过滤器精度 x，当 $\beta_{x(e)}=200$ 时，

单位为 μm（c）；EF—环境因素

注：此处 $\beta_{x(e)}$ 的值与 GB/T 20079—2006 《液压过滤器技术条件》规定的值 100 存在差异。

c. 提供足够的保护使关键元件不受泵失效的影响；

d. 使污染物受流量冲击或反向流动的作用而脱离过滤材料的现象减至最小；

e. 在对特定元件进行直接保护时，应就近安装在此元件的上游；

f. 为了控制潜在的污染源，应安装在此污染源的下游；

g. 为了总体的污染控制，可安装在能够流通绝大部分流量的任何管路上。

⑤ 确定过滤器的尺寸规格

a. 确定过滤器尺寸规格时，不应通过增加最大允许压差的方法来延长滤芯的使用寿命，应考虑的因素如下：

ⅰ. 以往过滤器使用的案例、过滤器制造商的指导以及特定应用环境；

ⅱ. 油液的流量冲击、温度和压力对油液黏度的影响；

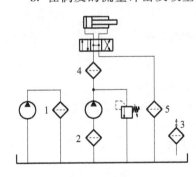

图 2-19　液压过滤器安装
位置示意图

1—离线过滤器；2—吸油管路
过滤器（滤网、粗过滤器）；
3—油箱空气过滤器；4—压力
管路过滤器；
5—回油管路过滤器

ⅲ. 工作油液对过滤器及滤芯材料的影响，参见 JB/T 10607—2006《液压系统工作介质使用规范》中的表 7 及其附录 B。

b. 对于系统不同部位使用的过滤器，其初始压差应符合有关技术文件的规定。如没有规定，其最大值推荐如下：

ⅰ. 油箱空气过滤器 2.2kPa；

ⅱ. 吸油管路过滤器 10.0kPa；

ⅲ. 回油管路过滤器 50.0kPa；

ⅳ. 离线过滤器 50.0kPa；

ⅴ. 压力管路过滤器 100.0kPa（带旁通阀），120.0kPa（不带旁通阀）。

c. 以旁通阀设定值（取较低允许值）除以洁净滤芯压差（取较高黏度下）的比值来确定过滤器的尺寸规格。具体情况如下：

ⅰ. 比值大于 10，是理想状态，一般能提供最佳过滤器寿命；

ⅱ. 比值在 5～10 之间，一般能提供合理的过滤器寿命；

ⅲ. 比值小于 5，可能有问题，会导致过滤器寿命短。

d. 选择具有较大的纳垢容量或有效过滤面积的过滤器应用于较差的操作环境中。

e. 按式（2-22）计算清洁过滤器总成压差 $\Delta p_{总}$。

$$\Delta p_{总} = \Delta p_{壳体} + \Delta p_{滤芯} \tag{2-22}$$

式中　$\Delta p_{总}$——清洁过滤器总成压差，kPa；

$\Delta p_{壳体}$——过滤器壳体压差，kPa；

$\Delta p_{滤芯}$——清洁滤芯压差，kPa。

$\Delta p_{壳体}$ 与工作油液密度成正比，查某型号过滤器壳体压差-流量曲线，在指定的流量下按式（2-23）计算 $\Delta p_{壳体}$。

$$\Delta p_{壳体} = \frac{工作油液实际密度}{\rho_{试验}} \times 所查压差值 \tag{2-23}$$

式中　$\rho_{试验}$——试验油液密度，kg/m^3。

$\Delta p_{滤芯}$ 与工作油液黏度成正比，查某型号过滤器壳体压差-流量曲线，在指定的流量下按式（2-24）计算 $\Delta p_{滤芯}$。

$$\Delta p_{滤芯} = \frac{工作油液实际运动黏度}{\nu_{试验}} \times 所查压差值 \tag{2-24}$$

式中　$\nu_{试验}$——试验油液运动黏度，mm^2/s。

最后计算出的 $\Delta p_{总}$ 值应不超过 2.2.4.1.1 中（2）⑤b. 规定的数值。

注：以上公式是行业选型所公认的经验公式，为过滤器选型提供了一种可行的数据估算方法。

⑥ 选择符合条件的过滤器

a. 系统设计者应了解各备选过滤器在类似应用上的性能表现。

b. 对已经在用的过滤器优先考虑。

c. 系统设计者应实际检查具有代表性的过滤器，并获取接近实际应用条件下的最新试验数据。

d. 在选择过程中，系统设计者应明白并相对熟悉多个备选过滤器的解决方案。

⑦ 验证选择的过滤器　对于一个新的应用，采用以下步骤来验证选择的过滤器。

a. 备选过滤器可以在某些应用中预先进行试用和评定，此时应尽可能地复制或模拟预期的最终应用环境。

b. 当一个新的过滤系统投入生产时，通常要检测过滤器在试运行阶段或正式试用中的性能。过滤器使用性能的评价以其是否保证 RCL、满足设计压差要求以及其所保护元件/系统的使用寿命要求为判断依据。

c. 通过进行现场跟踪，观察受保护元件的性能。现场跟踪的范围由各自的需要或实际应用中新系统与在用旧系统的差异来定。

d. 为了保证过滤系统能连续保持良好的性能，系统设计者应能根据过滤器的生产商及零件编号明确识别出满足要求的过滤器。

(3) 过滤器的使用

① 过滤器应配备压差指示装置以显示过滤器是否堵塞，若没有配备压差指示装置，则应按照保养手册上建议的时间更换滤芯。

作者注：JB/T 12921—2016 的规范性引用文件中包括了 GB/T 17446，但没有包括 GB/T 25132—2010《液压过滤器 压差装置试验方法》（可见本手册 5.4.3 节）。在 GB/T 17446—2012 中没有"压差指示装置"这一术语；在 JB/T 12921—2016 中也没有定义该术语。在 GB/T 25132—2010 中给出了术语"动作压差""低温锁定"和"旁通阀状态指示器"的定义。

② 当压差指示装置显示滤芯堵塞或者达到了规定更换滤芯的压差值，应尽快更换或清洗滤芯。

③ 确保更换具有正确型号和过滤效率的滤芯。

④ 应定期检查油箱上的注油过滤器，如污染严重，就应进行清洗或更换。

⑤ 由金属丝做成的可清洗的滤芯（包括泵入口处的吸油滤网）可通过清洁的溶剂对滤网进行反冲使之得以清洁。可使用超声波清洗设备使卡在孔隙内的污染物松动脱落以达到清洗目的。

⑥ 可清洗滤芯（滤网）通常对所要求过滤尺寸的过滤比不高，而且在更换前被清洗的次数是有限的，不应无限次使用。

⑦ 过滤器上的密封件在每次拆卸时都应仔细检查，如出现损坏或变硬，需及时更换。

(4) 过滤器及滤芯的贮存

滤芯应采用密封包装，并进行防潮处理。

过滤器及滤芯应存放在干燥和通风的仓库内，不应与酸类及容易引起锈蚀的物品和化学药品存放在一起。

(5) 标注说明

当选择遵守 JB/T 12921—2016 时，建议制造商在试验报告、产品目录和产品销售文件中采用以下说明："液压系统过滤器的选择与使用符合 JB/T 12921—2016《液压传动 过滤器的选择与使用规范》"。

2.2.4.1.2 液压过滤器技术条件

在 GB/T 20079—2006《液压过滤器技术条件》中规定了液压过滤器（以下简称过滤器）的通用技术要求以及试验、检验、标志、包装和贮存的要求，适用于以液压油液为工作介质的过滤器。

(1) 基本技术参数要求

① 过滤器的过滤精度应符合产品技术文件的规定。

过滤精度（μm）宜在 3、5、10、15、20、25、40 中选取。当过滤精度大于 $40\mu m$ 时，由制造商自行确定。

② 过滤器的额定流量（L/min）宜在下列等级中选择：16、25、40、63、100、160、

250、400、630、800、1000。当额定流量大于 1000L/min 时，由制造商自行确定。

③ 压力管路过滤器的公称压力应按 GB/T 2346 中的规定选择。

④ 在产品的技术文件中应规定过滤器在额定流量下的纳垢容量。

⑤ 装配有发讯器的过滤器，在产品技术文件中应表明发讯压降。

⑥ 装配有旁路阀的过滤器，在产品技术文件中应标明开启压降。在旁通阀压（力）降分别达到规定开启压降的 80% 和规定开启压降时，泄漏量应符合 GB/T 20079—2006 中表 1 的规定。旁通阀关闭压降应不小于规定开启压降的 65%。通过旁通阀的流量达到过滤器的额定流量时，其压降应不大于开启压降的 1.7 倍。

⑦ 当过滤器同时安装发讯器和旁通阀时，应符合下式要求：

旁通阀开启压降的 65%≤发讯压降≤旁路阀开启压降 80%

⑧ 在产品技术文件中应规定过滤器在额定流量下的初始压降。

⑨ 在产品技术文件中应提供在试验条件下的过滤器的流量-压降特性曲线。

(2) 材料要求

① 过滤器选用的材料应符合有关材料标准或技术协议的规定。

② 选用的材料应与工作介质相容。

③ 金属材料应耐腐蚀或加以保护处理，使过滤器在正常贮存和使用中具有抗盐雾、湿热及其他恶劣条件的良好性能。

(3) 性能要求

① 低压密封性。过滤器在 1.5kPa 压力下，外部不应有油液渗漏现象。

② 高压密封性。过滤器在 1.5 倍的公称压力下，外部不应有油液渗漏和永久性变形现象。

③ 爆破压力。过滤器在 3 倍的公称压力下不应爆裂。

④ 压降-流量特性。在产品技术文件中应规定过滤器的压降-流量特性。

(4) 连接尺寸

在没有特殊规定时，过滤器与管路的连接尺寸应根据连接方式优先从 GB/T 20079—2006 中表 2 中选取。

(5) 设计与制造

① 过滤器应按照产品图样和产品技术文件的规定制造，其技术要求应符合本标准的规定。

② 过滤器宜设计成不需拆卸管接头或固定件就可拆换滤芯的结构型式。

③ 过滤器应设计成能有效防止滤芯不正确安装的结构型式。

④ 当过滤器安装有旁路阀时，设计结构应避免沉积的污染物直接通过旁路阀。

⑤ 过滤器表面不应有压伤、裂纹、腐蚀、毛刺等缺陷。表面涂层在正常贮存、运输、使用过程中不允许开裂、起皮和剥落。

⑥ 过滤器应规定出厂清洁度指标，出厂时所有油口都应安装防尘盖。

(6) 标注说明（引用本标准）

当决定遵守 GB/T 20079—2006 标准时，建议制造商在试验报告、产品样本和销售文件中采用以下说明："液压过滤器符合 GB/T 20079—2006《液压过滤器技术条件》。"

作者注：1. 有专门（产品）标准规定的液压过滤器除外。

2. 上述文件经常用做液压过滤器供需双方交换的技术文件之一。

2.2.4.1.3　液压滤芯技术条件

在 GB/T 20080—2017《液压滤芯技术条件》中规定了液压滤芯（以下简称滤芯）的通用技术条件，以及试验、检验、标志、包装和贮存的要求，适用于以液压油液为工作介质的滤芯。

（1）分类

① 按安装位置分类

a. 吸油滤芯：安装在油箱内吸油口或吸油过滤器中的滤芯。

b. 回油滤芯：安装在油箱内回油口或回油过滤器中的滤芯。

c. 压力管路滤芯：安装在压力管路过滤器中的滤芯。

d. 其他滤芯：具有综合性能的滤芯，如吸回油滤芯。

② 按所用滤材分类

a. 玻璃纤维滤芯：过滤材料为玻璃纤维滤材。

b. 纸质滤材：过滤材料为植物纤维滤纸。

c. 金属网滤芯：过滤材料为金属丝编织网。

d. 其他滤芯：包括化学纤维滤芯、金属纤维毡滤芯、烧结粉末滤芯、高分子材料滤芯等。

（2）技术要求

① 性能参数

a. 过滤比。滤芯过滤比应符合产品技术文件的规定。过滤比对应的颗粒尺寸 $[\mu m$ (c)] 宜在 4、6、10、14、20、25 中选取。

b. 纳垢容量。滤芯额定流量下，纳垢容量应符合产品技术文件的规定。

作者注：在 GB/T 18853—2015《液压传动过滤器　评定滤芯过滤性能的多次通过方法》中规定了术语"纳垢容量"的定义，即"滤芯达到其极限压差时有效截留的指定颗粒污染物的总量。"

c. 结构完整性　滤芯的初始冒泡点应符合产品技术文件的规定。

d. 材料与液体相容性。滤芯选用材料应符合有关材料标准或技术文件的规定，与工作介质相容。

e. 压降-流量特性。滤芯压降-流量特性应符合产品技术文件的规定。

f. 结构强度。

ⅰ. 抗压溃（破裂）强度。滤芯在承受产品技术文件规定的压溃（破裂）值时，应不产生变形和损伤。

ⅱ. 轴向强度。滤芯在承受产品技术文件规定的轴向载荷时，应不产生变形和损伤。

g. 流动疲劳特性。在规定的流量和压降条件下，滤芯的流动疲劳循环次数应符合产品技术文件的规定。

h. 洁净滤芯压降。洁净滤芯压降应符合产品技术文件的规定。若未规定，应符合表 2-66 的规定。

表 2-66　洁净滤芯压降

滤芯类型	洁净滤芯压降/MPa
压力管路滤芯	≤0.10
回油滤芯	≤0.05
吸油滤芯	≤0.01

i. 滤芯极限压降。滤芯极限压降应符合产品技术文件的规定。

j. 滤芯额定流量。滤芯额定流量（L/min）宜在 16、25、40、63、100、160、200、250、320、400、630、800、1000 中选取，当额定流量大于 1000L/min 时，由制造商自行确定。

② 设计与制造

a. 滤芯应按照产品图样和产品技术文件的规定制造，其技术要求应符合标准的规定。

b. 滤芯的金属零件表面应具有防锈蚀能力，表面镀（涂）层应完整、致密、美观。

c. 端盖应清除毛刺、飞边和焊瘤，焊缝应牢固并修整平滑。端盖在安装使用过程中不应发生永久性变形、破裂或损坏。

d. 骨架应清除毛刺、飞边和焊瘤，毛面应背离滤材。

e. 密封件应无明显破损，保证在安装、使用过程中无油液泄漏。

f. 生产环境的清洁等级应满足产品生产工艺要求，滤芯宜采用塑料袋封装，应保证在运输、贮存期间清洁和干燥。

g. 过滤材料的缺陷可采用不影响外观质量的树脂或其他材料进行修补，修补面积应不超过过滤面积的 5%。

h. 圆筒折波式滤芯折波应平行于中心线，波距均匀，折波数量应符合产品图样和专用技术文件的规定，折波数允许偏差为 ±4%。

i. 滤芯高度尺寸偏差应符合 GB/T 1800.2—2009（已被 GB/T 1800.2—2020 代替）中轴的极限偏差 js16 的规定。

j. 滤芯中心线对端面的垂直度偏差应符合 GB/T 1184—1996 中 L 级的规定。

2.2.4.2　液压隔离式蓄能器

2.2.4.2.1　隔离式充气蓄能器压力和容积范围及特征量

在 GB/T 2352—2003《液压传动　隔离式充气蓄能器压力和容积范围及特征量》中规定了液压传动系统中使用的隔离式充气蓄能器所需的特征量及压力和容积范围。

(1) 应用

① 储存能量　在蓄能器所在回路处于低能耗时，蓄能器储存能量（即工作液）。当回路需要补充流量、临时替代泵的排放或确保应急操作时，蓄能器所储存的能量（即工作液）重新返回到回路中。

② 降低脉动或冲击　蓄能器可吸收工作液以减缓压力上升，并在压力下降时释放工作液进行补偿。因此蓄能器降低了其所在回路内的压力脉动或冲击。

③ 热补偿　蓄能器可补偿回路中某一隔离部分的工作液因温度变化所引起的体积变化。

(2) 特征量

表 2-67 所列特征量用于定义和设计蓄能器。

表 2-67　特征量

特征量	符号	定义和注释
压力/MPa	p_0	充气压力，即当液压回路不承受压力(初始状态)和温度在 20℃±5℃ 的条件下蓄能器中的气体压力
	p_1	液压回路的最低工作压力
	p_2	液压回路的最高工作压力
	p_3	安装了溢流阀的蓄能器回路中的溢流阀设定压力
	p_4	许用压力，即蓄能器设计或由试验验证的最高许用压力
	p_5 或 p_t	液压试验压力；p_5 与 p_4 的比值由相关的国家法规或设计规范确定
	p_2/p_0	许用压力比，蓄能器只能在低于此值下使用
容积/L	V	气室的容积
	V_0	压力 p_0 下的气体体积
	V_1,V_2	蓄能器和附加气瓶分别在 p_1 和 p_2(如上述定义)下所容纳气体的体积
	V_s	活塞式蓄能器的工作容积
	ΔV	在压力 p_1 和 p_2 之间可以储存或排放的液体体积
流量/(L/min)	q_{in}	流入蓄能器的最大流量
	q_{out}	流出蓄能器的最大流量

特征量	符号	定义和注释
温度/℃	t_1	工作液或环境的最低工作温度，取两者的低值
	t_2	工作液或环境的最高工作温度，取两者的高值
	$t_{c,min}$	最低设计温度；$t_{c,min}$ 应低于或等于 t_1
	$t_{c,max}$	最高设计温度；$t_{c,max}$ 应高于或等于 t_2

作者注：在 GB/T 2352—2003 中规定压力单位应为 MPa，同时在括号中标出以 bar 为单位的相同压力值；容积（体积）的单位应为 L；流量单位应为 L/min；温度单位应为℃。

(3) 压力和容积的范围

① 公称压力范围 6.3（63），10（100），16（160），20（200），25（250），31.5（315），40（400），50（500），63（630）。

压力单位为 MPa，括号中是以 bar 为单位的相同压力值。

对于要求较低或较高压力的特殊应用，使用的压力值应符合优先系数的 R10 系列（见 GB/T 321）。

② 公称容积范围 0.25，0.4，0.5，0.63，1.0，1.6，2.5，4.0，6.3，10，16，20，25，32，40，50，63，100，160，200。

容积单位为 L。

对于要求较小或较大容积的特殊应用，使用的容积值应符合优先系数的 R10 系列（见 GB/T 321）。

2.2.4.2.2 隔离式充气蓄能器优先选择的液压油口

在 GB/T 19925—2005《液压传动 隔离式充气蓄能器优先选择的液压油口》中规定了液压传动系统中使用的隔离式充气蓄能器优先选择的液压油口的型式和尺寸。

隔膜式蓄能器的油口尺寸见表 2-68。

表 2-68 隔膜式蓄能器的油口尺寸

按照 ISO 6149-1 优先选择的油口	M14×1.5	M18×1.6	M22×1.5	M27×1.5
现有应用按 ISO 1179-1 选择的油口	G1/4	G3/8	G1/2	G3/4
容积/L ≤0.4				
>0.4,≤1.6				
>1.6,≤6.3				

注：阴影部分表示优先选择的油口尺寸。

作者注：GB/T 2878.1—2011《液压传动连接 带米制螺纹和 O 形圈密封的油口和螺柱端 第 1 部分：油口》使用翻译法等同采用 ISO 6149-1：2006。表 2-69 同。

囊式或活塞式蓄能器的油口尺寸见表 2-69。

表 2-69 囊式或活塞式蓄能器的油口尺寸

按照 ISO 6149-1 优先选择的螺纹油口	M14×1.5	M18×1.5	M22×1.5	M27×2	M33×2	M42×2	M48×2	M60×2
现有应用按 ISO 1179-1 选择的螺纹油口	G1/4	G3/8	G1/2	G3/4	G1	G1¼	G1½	G2[②]
按 ISO 6162 或 ISO 6164 选择法兰油口[①] DN	—	—	—	15	20	25	32	40
容积/L ≤0.4								
>0.4,≤1								
>1,≤10								
>10								

注：阴影部分表示优先选择的油口尺寸。

① 法兰油口系列按照蓄能器的许用压力（p_4）选择，即蓄能器设计和验证的最高许用压力（见 GB/T 2352）。

② ISO 1179-1 未指定该油口用于液压系统。

2.2.4.2.3 充气式蓄能器气口尺寸

在 GB/T 19926—2005《液压传动 充气式蓄能器 气口尺寸》中规定了液压传动系统中使用的充气式蓄能器的气口尺寸和型式。它包括充气式蓄能器的充气端口的两种外螺纹气口。这两种气口按下列方式标明。

① 带有符合 GB/T 193 和 GB/T 196 的 M16×2 螺纹的外螺纹气口。新设计的应优先选用。

② 带有符合 GB9765 的 8V1 螺纹的外螺纹气口。

作者注：现行标准为 GB9765—2009《轮胎气门嘴螺纹》。

2.2.4.2.4 液压隔膜式蓄能器型式和尺寸

在 JB/T 7034—2006《液压隔膜式蓄能器 型式和尺寸》中规定了液压隔膜式蓄能器的型式和尺寸，适用于公称压力为 6.3～40MPa，公称容积为 0.25～16L，以氮气/石油基液压油、乳化液或水为工作介质，工作温度为 −10～70℃的蓄能器。

(1) 型式和尺寸

液压隔膜式蓄能器按结构分为 A 型、B 型、C 型三种。液压隔膜式蓄能器的型式和尺寸见 JB/T 7034—2006 中的相关图、表规定。

液压隔膜式蓄能器的公称压力和公称容积应符合 GB/T 2352 的规定。

(2) 标记方法

① 液压隔膜式蓄能器的型号规定

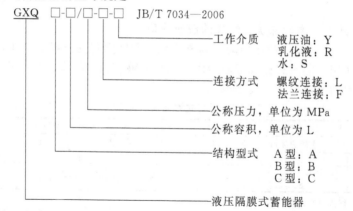

② 标记示例 公称压力为 6.3MPa，公称容积为 10L，法兰连接，工作介质为水的 B 型蓄能器标记为：

$$GXQB-10/6.3-F-S \quad JB/T\ 7034—2006$$

2.2.4.2.5 液压囊式蓄能器型式和尺寸

在 JB/T 7035—2006《液压囊式蓄能器 型式和尺寸》中规定了液压囊式蓄能器的型式和尺寸，适用于公称压力为 10～63MPa，公称容积为 0.4～250L，以氮气/石油基液压液或乳化液为工作介质，工作温度为 −10～70℃的蓄能器。

(1) 型式和尺寸

液压囊式蓄能器按结构分为 A 型、B 型、C 型三种，每一种结构型式按连接方式又分为螺纹连接和法兰连接。液压囊式蓄能器的型式和尺寸见 JB/T 7035—2006 中的相关图、表规定。

液压囊式蓄能器的公称压力和公称容积应符合 GB/T 2352 的规定。

(2) 标记方法

① 液压囊式蓄能器的型号规定

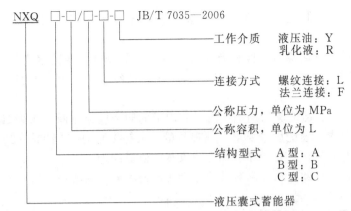

NXQ □-□/□-□-□ JB/T 7035—2006

工作介质　液压油：Y
　　　　　乳化液：R

连接方式　螺纹连接：L
　　　　　法兰连接：F

公称压力，单位为 MPa

公称容积，单位为 L

结构型式　A 型：A
　　　　　B 型：B
　　　　　C 型：C

液压囊式蓄能器

② 标记示例　公称压力为 10MPa，公称容积为 16L，螺纹连接，工作介质为普通液压油的 A 型蓄能器标记为：

NXQA-16/10-L-Y　JB/T 7035—2006

2.2.4.2.6　液压隔离式蓄能器技术条件

在 JB/T 7036—2006《液压隔离式蓄能器　技术条件》中规定了液压隔离式蓄能器（以下简称蓄能器）的技术要求、试验方法、检验规则及标志、包装、运输和贮存，适用于公称压力不大于 63MPa、公称容积不大于 250L，工作温度为 -10～70℃，以氮气/石油基液压油或乳化液为工作介质的蓄能器。

技术要求如下。

① 一般技术要求。

a. 蓄能器的公称压力、公称容积（系列）应符合 GB/T 2352 的规定。

b. 蓄能器的型式应符合 JB/T 7035 或 JB/T 7034 的规定。

c. 蓄能器胶囊型式与尺寸应符合 HG 2331—1992《液压隔离式蓄能器用胶囊》的规定。

d. 试验完成后，蓄能器胶囊中应保持 0.15～0.30MPa 的剩余压力。

e. 蓄能器应符合 GB/T 7935 的相关规定。

② 技术要求及指标。

a. 气密性试验后，不应漏气。

b. 蓄能器密封性能试验和耐压试验过程中，各密封处不应漏气、漏油。

c. 蓄能器（经）反复动作试验后，充气压力下降值不应大于预充压力值的 10%，各密封处不应漏油。

d. 蓄能器经反复动作试验后，做漏气检查试验，不应漏气。

e. 渗油检查：蓄能器经反复动作试验和漏气检查（试验）后，充气阀阀座部位渗油不应大于 JB/T 7036—2006 中表 1 的规定值。

f. 蓄能器解体检查：胶囊或隔膜不应有剥落、浸胀、龟裂老化现象，所有零件不应损坏，配合精度不应降低。

g. 清洁度检查：蓄能器内部的污染物质量不应大于 JB/T 7036—2006 中表 2 的规定值。

③ 蓄能器壳体的技术要求应按照 JB/T 7038 的规定。

④ 蓄能器胶囊的技术要求应按照 HG2331 的规定。

⑤ 安全要求。

a. 在使用蓄能器的液压系统中应装有安全阀，其排放能力必须大于或等于蓄能器排放量，开启压力不应超过蓄能器设计压力。

b. 蓄能器内的隔离气体只能是氮气，且充气压力不应大于 0.8 倍的公称压力值。

c. 蓄能器在设计、制造、检验等方面应执行《压力容器安全技术监察规程》的有关规定。

d. 蓄能器应进行定期检验。检验周期按《压力容器安全技术监察规程》的规定，检验方法按《在用压力容器检验规程》的规定，检验结果应符合《压力容器安全技术监察规程》的有关规定。

e. 蓄能器在贮存、运输和长期不用时，其内部的剩余应力应低于 0.3MPa。

⑥ 装配工艺要求、装配质量要求、外观质量要求等按照 JB/T 7036—2006 的相关规定。

作者注：1. 有专门（产品）标准规定的液压蓄能器除外。

2. 上述文件经常用做液压蓄能器供需双方交换的技术文件之一。

2.2.4.3　列管式油冷却器

2.2.4.3.1　液压系统用冷却器基本参数

在 JB/T 5921—2006《液压系统用冷却器　基本参数》中规定了液压系统用冷却器的基本参数，适用于以液压油液为工作介质的各类液压系统用冷却器。

冷却器的基本参数包括公称传热面积和公称压力，应在表 2-70 中选取。

公称面积超出表 2-70 的规定时，按 GB/T 321—2005《优先数和优先数系》中 R20 选择，并且按 GB/T 19764—2005《优先数和优先数化整值系列的选用指南》选用第二化整值。

表 2-70　冷却器基本参数

公称传热面积/m²			公称压力/MPa
0.1	1.0	10.0	
	(1.05)		
	1.1	11.0	
0.12	1.2	12.0	
	(1.3)		
	1.4	14.0	
	(1.5)		
0.15	1.6	16.0	
	(1.7)		
	1.8	18.0	
	(1.9)		
0.2	2.0	20.0	
	(2.1)		
	2.2	22.0	0.63
	(2.4)		1.0
0.25	2.5	25.0	1.6
	(2.6)		2.5
	2.8	28.0	
0.3	3.0	30.0	
	(3.4)		
	3.5	35.0	
	(3.8)		
0.4	4.0	40.0	
	(4.2)		
	4.5	45.0	
	(4.8)		
0.5	5.0	50.0	
	(5.3)		
	5.5	55.0	

公称传热面积/m²			公称压力/MPa
0.6	6.0	60.0	
	(6.7)		
	7.0	70.0	0.63
	(7.5)		1.0
0.8	8.0	80.0	1.6
	(8.5)		2.5
	9.0	90.0	
	(9.5)		

注：表中加括号值不推荐采用。

作者注：1. 在 JB/T 5921—2006 中术语"公称压力"的定义为"冷却器所能承受的最高工作压力"，其与在 GB/T 17446—2012 中术语"公称压力"的定义不同。

2. JB/T 5921—2006 中"0.15"值可能有误，或应为"0.16"。

2.2.4.3.2 列管式油冷却器

在 JB/T 7356—2016《列管式油冷却器》中规定了列管式油冷却器（以下简称冷却器）的型式、基本参数与外形尺寸、技术要求、试验方法、检验规则、标志、包装、运输和贮存，适用于稀油润滑装置和液压系统中做冷却油液用的冷却器。

(1) 型式、基本参数与外形尺寸

① 型式

a. GLC 型：换热管型式为翅片管，水侧通道为双管程填料函浮动管板式。

b. GLL 型：换热管型式为裸管，水侧通道为双管程或四管程填料函浮动管板式。GLL5、GLL6、GLL7 系列具有立式型式。

② 基本参数 冷却器的公称压力和公称冷却面积应符合表 2-71 的规定。实际冷却面积应不低于表 2-71 的规定。

表 2-71 基本参数

型号	公称压力/MPa	公称冷却面积/m²							
GLC1		0.4	0.6	0.8	1	1.2	—	—	—
GLC2		1.3	1.7	2.1	2.6	3	3.5	—	—
GLC3		4	5	6	7	8	9	10	11
GLC4		13	15	17	19	21	23	25	27
GLC5	0.63	30	34	37	41	44	47	51	54
GLC6	1.0	55	60	65	70	75	80	85	90
GLL3	1.6	4	5	6	7	—	—	—	—
GLL4		12	16	20	24	28	—	—	—
GLL5		35	40	45	50	60	—	—	—
GLL6		80	100	120	—	—	—	—	—
GLL7		160	200	—	—	—	—	—	—

③ 外形尺寸

a. GLC 型冷却器外形尺寸应符合 JB/T 7356—2016 中图 1、表 2 的规定。

b. GLL 型卧式冷却器外形尺寸应符合 JB/T 7356—2016 中图 2、表 3 的规定。

c. GLL 型立式冷却器外形尺寸应符合 JB/T 7356—2016 中图 3、表 4 的规定。

④ 型号说明

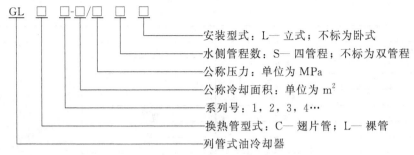

安装型式：L— 立式；不标为卧式

水侧管程数：S— 四管程；不标为双管程

公称压力：单位为 MPa

公称冷却面积：单位为 m²

系列号：1，2，3，4…

换热管型式：C— 翅片管；L— 裸管

列管式油冷却器

⑤ 标记示例

示例 1

公称冷却面积为 0.4m²、公称压力为 1.0MPa、换热管型式为翅片管的列管式油冷却器，标记为：

GLC-0.4/1.0 冷却器 JB/T 7356—2016

示例 2

公称冷却面积为 60m²、公称压力为 0.63MPa、换热管型式为裸管、水侧通道为四管程的立式列管式油冷却器，标记为：

GLL-60/0.63SL 冷却器 JB/T 7356—2016

(2) 技术要求

① 使用介质　GLC 型冷却器的使用介质为黏度等级为 N10～N100 的工业润滑油；GLL 型冷却器的适用介质为黏度等级为 N10～N460 的工业润滑油。使用水质为工业用水或海水。油温不高于 100℃，水温不高于 40℃。

② 热交换性能　冷却器热交换性能应符合表 2-72 的规定。

表 2-72　冷却器热交换性能

型号	介质黏度/ （mm²/s）	进油温度 /℃	进水温度 /℃	压力损失/MPa		油、水流 量比	热交换系数 /[J/(s·m²·℃)]
				油侧	水侧		
GLC	61.2～74.8	55±1	≤30	≤0.1	≤0.05	1:1	≥350
GLL		50±1				1:1.5	≥230

③ 密封性要求　冷却器油侧和水侧在公称压力下，各焊接、胀接及其他接合处不应有渗漏现象。

④ 耐冲击性　GLC1 和 GLC2 型冷却器在公称压力下连续冲击 30 万次应无变形、泄漏和损坏。

⑤ 零部件

a. 换热管：换热管材料应符合表 2-73 的规定。裸管换热管壁厚不小于 1mm，翅片管换热管壁厚不小于 0.6mm。

表 2-73　换热管材料

换热器型式		翅片管		裸管	
		牌号	标准号	牌号	标准号
材料	用于淡水	T2 H68	GB/T 1527—2006	H68 HSn70-1	GB/T 8890—2015
	用于海水	HAl77-2 BFe30-1-1	GB/T 8890—2015	HAl77-2 BFe30-1-1	GB/T 8890—2015

作者注：GB/T 1527—2006《铜及铜合金拉制管》已被 GB/T 1527—2017《铜及铜合金拉制管》代替。

b. 管束的要求见 JB/T 7356—2016。

c. 壳体的要求如下。

ⅰ. 焊缝：壳体的焊缝质量应符合 JB/T 5000.3 的规定。

ⅱ. 壁厚减薄量：壳体加工后，其壁厚减薄量应不大于壁厚的 1/5。

ⅲ. 法兰面对壳体内径轴线的垂直度：两端法兰面对壳体内径轴线的垂直度应不低于 GB/T 1184—1996 中 9 级精度。

ⅳ. 回水盖、后盖、回水座、上盖的铸件质量应符合 JB/T 5100 的规定，焊接件质量应符合 JB/T 5000.3 的规定。

作者注：JB/T 5100—1991《熔模铸造碳钢件　技术条件》已于 2017 年 5 月 12 日废止。

⑥ 连接尺寸偏差　冷却器连接尺寸的偏差应符合 JB/T 7356—2016 中图 5 的规定。

⑦ 清洁度　GLC1、GLC2 型冷却器内部清洗出的杂质质量应不大于 400mg/m^2。

注：m^2 为公称冷却面积单位。

⑧ 表面涂装　冷却器表面涂装应符合 JB/T 5000.12 的规定。

⑨ 寿命　冷却器在正常使用、维护的情况下，使用寿命应不少于三年。实际可使用冷却面积为公称冷却面积的 95%，视为冷却器的寿命极限。

2.2.5　配管

在 GB/T 17446—2012 中术语"配管"的定义为："允许流体在元件之间流动的管接头、软管接头、硬管和/或软管的任何组合。"但"配管"还可以是管子的装配，具体请见本手册 5.6.1 节。

2.2.5.1　液压气动管接头及其相关元件公称压力系列

在 GB/T 7937—2008《液压气动管接头及其相关元件公称压力系列》中规定了液压气动管接头及其相关元件的公称压力。

GB/T 7937—2008 中规定的液压气动管接头及其相关元件的公称压力见表 2-74。

表 2-74　公称压力系列　　　　　　　　单位：MPa

0.25	4	[21]	50	160
0.63	6.3	25	63	
1	10	31.5	80	
1.6	16	[35]	100	
2.5	20	40	125	

注：方括号中为非推荐值。

作者注：1. 公称压力应按压力等级，分别以 kPa 或 MPa 表示。

2. 当没有具体规定时，公称压力应被视为表压，即相对于大气压的压力。

3. 本标准规定之外的公称压力应从 GB/T 2346—2003 中选择。

2.2.5.2　流体传动系统及元件用硬管外径和软管内径

GB/T 2351—2021《流体传动系统及元件　硬管外径和软管内径》中规定了在流体传动系统及元件中使用的刚性或半刚性硬管公称外径及软管公称内径尺寸系列：

① 硬管的公称外径尺寸系列，不考虑材料成分；

② 橡胶或塑料软管的公称内径尺寸系列。

注：硬管的实际外径和公差可参照 ISO 3304 和 ISO 3305；软管的实际内径尺寸和公差可参照 ISO 1307。

元件通过其油口（气口）和相关的流体导管、管接头相互连接。硬管是刚性或半刚性导管；软管是柔性导管。

硬管公称外径和软管公称内径从表 2-75 中选择。

表 2-75　硬管公称外径和软管公称内径系列　　　　　　　　单位：mm

硬管外径	软管内径	硬管外径	软管内径
3	3.2	28	63
4	4	30	76
5	5	32	90
6	6.3	35	100
8	8	38	125
10	10	42	150
12	12.5	50	
15	16	60	
16	19	75	
18	25	90	
20	31.5	100	
22	38	115	
25	51	140	

2.2.5.3　硬管

2.2.5.3.1　输送流体用无缝钢管

在 GB/T 8163—2018《输送流体用无缝钢管》中规定了输送流体用无缝钢管的订货内容、尺寸、外形、重量、技术要求、试验方法、检验规则、包装、标志和质量证明书，适用于输送普通流体用无缝钢管。

(1) 订货内容

按 GB/T 8163—2018 订购钢管的合同或订单应包括下列内容：

① 标准编号；

② 产品名称；

③ 钢的牌号，有质量等级的应包括质量等级；

④ 尺寸规格；

⑤ 订货数量（总重量或总长度）；

⑥ 交货状态；

⑦ 特殊要求。

(2) 尺寸、外形和重量

① 外径和壁厚　钢管的公称外径 D 和公称壁厚 S 应符合 GB/T 17395—2008《无缝钢管尺寸、外形、重量及允许偏差》的规定。根据需方要求，经供需双方协商，可供应其他外径和壁厚的钢管。

② 外径和壁厚的允许偏差

a. 钢管的外径允许偏差应符合表 2-76 的规定。

表 2-76　钢管的外径允许偏差　　　　　　　　单位：mm

钢管种类	外径允许偏差
热轧（扩）钢管	$\pm1\%D$ 或 ±0.5，取其中较大者
冷拔（轧）钢管	$\pm0.75\%D$ 或 ±0.3，取其中较大者

b. 热轧（扩）钢管的壁厚允许偏差应符合表 2-77 的规定。

c. 冷拔（轧）钢管的壁厚允许偏差应符合表 2-78 的规定。

d. 根据需方要求，经供需双方协商，并在合同中注明，可供应表 2-76～表 2-78 规定以外尺寸允许偏差的钢管。

表 2-77　热轧（扩）钢管壁厚允许偏差　　　　　　　　　　　　　单位：mm

钢管种类	钢管公称外径 D	S/D	壁厚允许偏差
热轧钢管	≤102	—	±12.5%S 或±0.4,取其中较大者
	>102	≤0.05	±15%S 或±0.4,取其中较大者
		>0.05～0.10	±12.5%S 或±0.4,取其中较大者
		>0.10	+12.5%S −10%S
热扩钢管	—		+17.5%S −12.5%S

表 2-78　冷拔（轧）钢管壁厚允许偏差　　　　　　　　　　　　　单位：mm

钢管种类	钢管公称壁厚 S	允许偏差
冷拔（轧）	≤3	$^{+15\%S}_{-10\%S}$ 或±0.15,取其中较大者
	>3～10	+12.5%S −10%S
	>10	±10%S

③ 长度、弯曲度、不圆度和壁厚不均、端头外形、重量见 GB/T 8163—2018。

（3）技术要求

① 钢的牌号和化学成分

a. 钢管由 10、20、Q345、Q390、Q420、Q460 牌号的钢制造。

b. 各牌号钢的化学成分及允许偏差见 GB/T 8163—2018。

c. 根据需方要求，经供需双方协商，可供应其他牌号或化学成分的钢管。

② 制造方法　　见 GB/T 8163—2018。

③ 交货状态

a. 热轧（扩）钢管可以热轧（扩）状态或热处理状态交货。需方要求热处理状态交货时，应在合同中注明。

b. 冷拔（轧）钢管应以退火或高温回火状态交货。根据需方要求，经供需双方协商，并在合同中注明，冷拔（轧）钢管可以冷拔（轧）或其他热处理状态交货。

④ 力学性能　　见 GB/T 8163—2018。

⑤ 工艺性能　　压扁、扩口、弯曲等工艺性能要求见 GB/T 8163—2018。

⑥ 液压

a. 钢管应逐根进行液压试验。试验压力按式（2-25）计算，最大试验压力不超过 19.0MPa。在试验压力下，稳定时间应不少于 5s，钢管不应出现渗漏现象。

$$p = 2SR/D \tag{2-25}$$

式中　p——试验压力，MPa，当 $p<7$MPa 时修约到最接近的 0.5MPa，当 $p \geqslant 7$MP 时修约到最接近的 1MPa；

　　　S——钢管的公称壁厚，mm；

　　　D——钢管的公称外径，mm；

　　　R——许用应力 MPa，取规定下屈服强度的 60%。

b. 供方可采用以下一种无损检测代替液压试验。

ⅰ. 用涡流检测时，应符合 GB/T 7735—2016《无缝和焊接（埋弧焊除外）钢管缺欠的自动涡流检测》中的验收等级 E4H 或 E4 的规定。

ⅱ. 用漏磁检测时，应符合 GB/T 12606—2016《无缝和焊接（埋弧焊除外）铁磁性钢管纵向和/或横向缺欠的全圆周自动漏磁检测》中验收等级 F4 或 ISO 10893-1 的规定。

⑦ 表面质量　钢管的内、外表面不应有目视可见的裂纹、折叠、结疤、轧折和离层。这些缺陷应完全清除，清除深度应不超过公称壁厚的下偏差，清理处的实际壁厚应不小于壁厚所允许的最小值。不超过壁厚下偏差的其他局部缺欠允许存在。

⑧ 超声检测　根据需方要求，经供需双方协商，并在合同中注明，钢管可进行超声检测，验收等级为 GB/T 5777—2008 中 L4。

作者注：GB/T 5777—2008《无缝钢管超声波探伤检验方法》已被 GB/T 5777—2019《无缝和焊接（埋弧焊除外）钢管纵向和/或横向缺欠的全圆周自动超声检测》代替。

⑨ 镀锌层　根据需方要求，经供需双方协商，并在合同中注明，钢管可镀锌交货。当钢管镀锌交货时，镀锌层的相关要求应符合 GB/T 8163—2018 附录 A 的规定。

(4) 试验方法和检验规则

见 GB/T 8163—2018。

(5) 包装、标志和质量证明书

① 钢管的包装、标志和质量证明书应符合 GB/T 2102—2006《钢管的验收、包装、标志和质量证明书》的规定。

② 根据需方要求，并在合同中注明，钢管的内、外表面可涂保护层。

2.2.5.3.2　流体输送用不锈钢无缝钢管

在 GB/T 14976—2012《流体输送用不锈钢无缝钢管》中规定了流体输送用不锈钢无缝钢管的分类和代号、订货内容、尺寸、外形、重量、技术要求、试验方法、检验规则、包装、标志和质量证明书，适用于流体输送用不锈钢无缝钢管（以下简称钢管）。

(1) 分类和代号

① 钢管按产品加工方式分为两类，类别和代号为：

a. 热轧（挤、扩）钢管　W-H；

b. 冷拔（轧）钢管　W-C。

② 钢管按尺寸精度分为两级，级别和代号为：

a. 普通级　PA；

b. 高级　PC。

③ 下列代号适用于 GB/T 14976—2012：

D—外径或公称外径；

S—壁厚或公称壁厚；

S_{min}—最小壁厚。

(2) 订货内容

按 GB/T 14976—2012 订购钢管的合同或订单应包括但不限于下列内容：

① 标准编号；

② 产品名称；

③ 钢的牌号；

④ 尺寸规格；

⑤ 订货数量（总重量或总长度）；

⑥ 交货状态；

⑦ 选择性要求；

⑧ 其他特殊要求。

（3）尺寸、外形及重量

① 外径和壁厚

a. 钢管应按公称外径和公称壁厚交货。根据需方要求，经供需双方协商，钢管可按公称外径和最小壁厚或其他尺寸规格交货。

b. 钢管外径和壁厚应符合 GB/T 17395 的相关规定。根据需方要求，经供需双方协商，可供应 GB/T 17395 规定以外的其他尺寸钢管。

c. 钢管按公称外径和公称壁厚交货时，其公称外径和公称壁厚的允许偏差应符合表 2-79 的规定。钢管按公称外径和最小壁厚交货时，其公称外径的允许偏差应符合表 2-79 的规定，壁厚的允许偏差应符合表 2-80 的规定。

表 2-79 外径和壁厚的允许偏差 单位：mm

热轧（挤、扩）钢管			冷拔（轧）钢管		
尺寸	允许偏差		尺寸	允许偏差	
	普通级 PA	高级 PC		普通级 PA	高级 PC
公称外径 D 68~159	$\pm 1.25\%D$	$\pm 1\%D$	公称外径 D 6~10	± 0.20	± 0.15
			>10~30	± 0.30	± 0.20
			>30~50	± 0.40	± 0.40
>159	$\pm 1.5\%D$		>50~219	$\pm 0.85\%D$	$\pm 0.75\%D$
			>219	$\pm 0.9\%D$	$\pm 0.8\%D$
公称壁厚 S <15	$+15\%S$ $-12.5\%S$	$\pm 12.5\%S$	公称壁厚 S ≤3	$\pm 12\%S$	$\pm 10\%S$
≥15	$+20\%S$ $-15\%S$		>3	$+12.5\%S$ $-10\%S$	$\pm 10\%S$

表 2-80 钢管最小壁厚的允许偏差 单位：mm

制造方式	尺寸	允许偏差	
		普通级 PA	高级 PC
热轧（挤、扩）钢管 W-H	$S_{min} < 15$	$+25\%S_{min}$ 0	$+22.5\%S_{min}$ 0
	$S_{min} \geqslant 15$	$+32.5\%S_{min}$ 0	
冷拔（轧）钢管 W-C	所有壁厚	$+22\%S$ 0	$+20\%S$ 0

d. 当需方未在合同中注明钢管尺寸允许偏差级别时，钢管外径和壁厚的允许偏差应符合普通尺寸精度的规定。当需方要求高级尺寸精度时，应在合同中注明。

e. 根据需方要求，经供需双方协商，并在合同中注明，可供应表 2-79 和表 2-80 规定以外尺寸允许偏差的钢管。

② 长度、弯曲度、端头外形、不圆度和壁厚不均、重量 见 GB/T 14976—2012。

（4）技术要求

① 钢的牌号和化学成分

a. 钢的牌号和化学成分（熔炼分析）应符合 GB/T 14976—2012 中表 3 的规定。钢管按熔炼成分验收。

根据需方要求，经供需双方协商，并在合同中注明，可供应 GB/T 14976—2012 中表 3 规定以外但符合 GB/T 20878—2007《不锈钢和耐热钢 牌号及化学成分》规定的牌号或化学成分的钢管。

b. 如需方要求进行成品分析时，应在合同中注明。成品钢管的化学成分允许偏差应符合 GB/T 222—2006《钢的成品化学成分允许偏差》的规定。

② 制造方法 见 GB/T 14976—2012。

③ 交货状态

a. 钢管应经热处理并酸洗后交货。凡经整体磨、镗或保护气氛热处理的钢管，可不经酸洗交货。成品钢管的推荐热处理制度见表 2-81。

b. 对于奥氏体型热挤压钢管，如果在热变形后按表 2-81 规定的热处理温度范围进行直接水冷或其他方式快冷，则应认为已符合钢管热处理要求。

c. 根据需方要求，经供需双方协商，并在合同中注明，奥氏体型冷拔（轧）钢管也可以冷加工状态交货，其弯曲度、力学性能、压扁试验等由供需双方协商。

d. 经供需双方协商，并在合同中注明，钢管可采用表 2-81 规定以外的其他热处理制度。

表 2-81　推荐热处理制度、钢管力学性能及密度

组织类型	序号	GB/T 20878		牌号	力学性能			密度 $\rho/$ (kg/cm^3)
		序号	统一数字代号		抗拉强度 R_m/MPa	规定塑性延伸强度 $R_{p0.2}/MPa$	断后伸长率 $A/\%$	
					不小于			
奥氏体型	1	13	S30210	12Cr18Ni9	520	205	35	7.93
	2	17	S30438	06Cr19Ni10	520	205	35	7.93
	3	18	S30403	022Cr19Ni10	480	175	35	7.90
	4	23	S30458	06Cr19Ni10N	550	275	35	7.93
	5	24	S30478	06Cr19Ni9NbN	685	345	35	7.98
	6	25	S30453	022Cr19Ni10N	550	245	40	7.93
	7	32	S30908	06Cr23Ni13	520	205	40	7.98
	8	35	S31008	06Cr25Ni20	520	205	40	7.98
	9	38	S31608	06Cr17Ni12Mo2	520	205	35	8.00
	10	39	S31603	022Cr17Ni12Mo2	480	175	35	8.00
	11	40	S31609	07Cr17Ni12Mo2	515	205	35	7.98
	12	41	S31668	06Cr17Ni12Mo2Ti	530	205	35	7.90
	13	43	S31658	06Cr17Ni12Mo2N	550	275	35	8.00
	14	44	S31653	022Cr17Ni12Mo2N	550	245	40	8.04
	15	45	S31688	06Cr18Ni12Mo2Cu2	520	205	35	7.96
	16	46	S31683	022Cr18Ni14Mo2Cu2	480	180	35	7.96
	17	49	S31708	06Cr19Ni13Mo3	520	205	35	8.00
	18	50	S31703	022Cr19Ni13Mo3	480	175	35	7.98
	19	55	S32168	06Cr18Ni11Ti	520	205	35	8.03
	20	56	S32169	07Cr19Ni11Ti	520	205	35	7.93
	21	62	S34778	06Cr18Ni11Nb	520	205	35	8.03
	22	63	S34779	07Cr18Ni11Nb	520	205	35	8.00
铁素体型	23	78	S11348	06Cr13Al	415	205	20	7.75
	24	84	S11510	10Cr15	415	240	20	7.70
	25	85	S11710	10Cr17	415	240	20	7.70
	26	87	S11863	022Cr18Ti	415	205	20	7.70
	27	92	S11972	019Cr19Mo2NbTi	415	275	20	7.75
马氏体型	28	97	S41008	06Cr13	370	180	22	7.75
	29	98	S41010	12Cr13	415	205	20	7.70

④ 力学性能　见 GB/T 14976—2012。

⑤ 液压试验

a. 钢管应逐根进行液压试验，试验压力按式（2-26）计算。当钢管外径≤88.9mm 时，最大试验压力为 17MPa；当钢管外径＞88.9mm 时，最大试验压力为 19MPa。

$$p = 2SR/D \tag{2-26}$$

式中　R——许用应力，MPa，按表 2-81 中规定塑性延伸强度最小值的 60%；

其他同上。

在试验压力下，稳定时间应不少于10s，钢管不允许出现渗漏现象。

b. 根据需方要求，经供需双方协商，并在合同中注明，可采用其他试验压力进行液压试验。

c. 供方可用超声波探伤或涡流探伤代替液压试验。用超声波探伤时，对比样管人工缺陷应符合GB/T 5777—2008（已被代替）中验收等级L3的规定；用涡流探伤时，对比样管人工缺陷应符合GB/T 7735—2004（已被代替）中验收等级A级的规定。

⑥ 工艺性能　压扁试验、扩口试验见GB/T 14976—2012。

⑦ 晶间腐蚀试验　见GB/T 14976—2012。

⑧ 表面质量

a. 钢管的内、外表面不允许有裂纹、折叠、轧折、离层和结疤。这些缺陷应完全清除，清除深度应不超过壁厚的10%，缺陷清理处的实际壁厚应不小于壁厚所允许的最小值。

b. 钢管内、外表面的直道允许深度应符合如下规定。

ⅰ.热轧（挤、扩）钢管：不大于壁厚的5%，且直径不大于140mm的钢管其最大允许深度为0.5mm，直径大于140mm的钢管其最大允许深度为0.8mm。

ⅱ.冷拔（轧）钢管：不大于壁厚的4%，且最大允许深度为0.3mm，但对壁厚小于1.4mm的钢管直道允许深度为0.05mm。

c. 不超过壁厚负偏差的其他局部缺陷允许存在。

⑨ 无损检测　根据需方要求，经供需双方协议，钢管可进行超声波探伤或涡流探伤。用超声波探伤时，对比样管人工缺陷应符合GB/T 5777—2008（已被代替）中验收等级L3的规定；用涡流探伤时，对比样管人工缺陷应符合GB/T 7735—2004（已被代替）中验收等级A级的规定。

(5) 试验方法、检验规则

见GB/T 14976—2012。

(6) 包装、标志和质量证明书

钢管的包装、标志和质量证明书应符合GB/T 2102的规定。

2.2.5.3.3　焊接式液压金属管总成

在JB/T 10760—2017《工程机械　焊接式液压金属管总成》规定了工程机械用焊接式液压金属管总成的分类和标记、要求、试验方法、检验规则、标志、包装、贮存和运输，适用于焊接式液压金属管总成（以下简称金属管总成）。

因该标准是由全国土方机械标准化技术委员会（SAC/TC334）归口，所以仅供参考。

(1) 分类和标记

① 分类

a. 型式。典型金属管总成按接头连接型式分为平面O形圈密封式、24°锥O形圈密封式、24°内锥外螺纹式和对分法兰式四种，如图2-20～图2-23所示。连接总成两端的不同型式在公称通径相同时可组合，这依据用户提出的要求确定。金属管部位可以为直形或者折弯，折弯部位的弯曲半径为R，如图2-24所示。

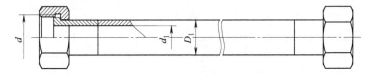

图2-20　平面O形圈密封式金属管总成

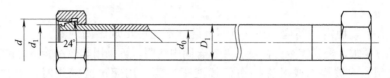

图 2-21　24°锥 O 形圈密封式金属管总成

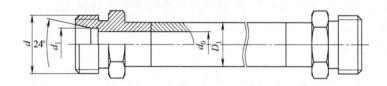

图 2-22　24°内锥外螺纹式金属管总成

作者注：图 2-22 中的尺寸 d_1 与 D_1 的关系，与表 2-84 中两者的关系不一致。

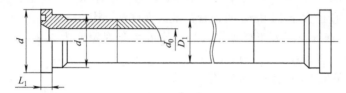

图 2-23　对分法兰式金属管总成

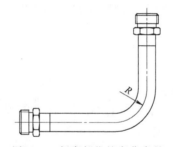

图 2-24　折弯部位的弯曲半径

b. 基本参数及尺寸。基本参数及尺寸见表 2-82～表 2-85。

表 2-82　平面 O 形圈密封式金属管总成基本参数及连接尺寸

管子外径 D_1/mm	公称通径 d_1/mm	连接螺纹 d/mm	最高工作压力 p/MPa	最小弯曲半径 R （至管径中心）/mm
6	2	M14×1.5	63.0	
8	3	M16×1.5	63.0	
10	4	M18×1.5	63.0	
12	6	M22×1.5	63.0	
16	10	M27×1.5	40.0	
20	13	M30×1.5	40.0	
25	16	M36×2	40.0	2 倍管外径
28	18	M39×2	40.0	
30	22	M42×2	25.0	
35	27	M45×2	25.0	
38	28	M52×2	25.0	
42	32	M60×2	25.0	

注：特殊要求可由用户与制造商商定。

表 2-83　24°锥 O 形圈密封式金属管总成基本参数及连接尺寸

系列	管子外径 D_1/mm	公称通径 d_0/mm	d_1/mm	连接螺纹 d/mm	最高工作 压力 p/MPa	最小弯曲半径 R（至管径 中心）/mm
轻型系列（L）	6	3	6	M12×1.5	25.0	2 倍管外径
	8	5	8	M14×1.5	25.0	
	10	7	10	M16×1.5	25.0	
	12	8	12	M18×1.5	25.0	
	15	10	15	M22×1.5	25.0	
	18	13	18	M26×1.5	16.0	
	22	17	22	M30×2	16.0	
	28	23	28	M36×2	10.0	
	35	29	35	M45×2	10.0	
	42	36	42	M52×2	10.0	
重型系列（S）	6	2.5	6	M14×1.5	63.0	
	8	4	8	M16×1.5	63.0	
	10	5	10	M18×1.5	63.0	
	12	6	12	M20×1.5	63.0	
	16	10	16	M24×1.5	40.0	
	20	12	20	M30×2	40.0	
	25	16	25	M36×2	40.0	
	30	22	30	M42×2	25.0	
	38	28	38	M52×2	25.0	

注：特殊要求可由用户与制造商商定。

表 2-84　24°内锥外螺纹式金属管总成基本参数及连接尺寸

系列	管子外径 D_1/mm	公称通径 d_0/mm	d_1/mm	连接螺纹 d/mm	最高工作压力 p/MPa	最小弯曲半 径 R（至管径 中心）/mm
轻型系列（L）	6	3	6	M12×1.5	25.0	2 倍管外径
	8	5	8	M14×1.5	25.0	
	10	7	10	M16×1.5	25.0	
	12	8	12	M18×1.5	25.0	
	15	10	15	M22×1.5	25.0	
	18	13	18	M26×1.5	16.0	
	22	17	22	M30×2	16.0	
	28	23	28	M36×2	10.0	
	35	29	35	M45×2	10.0	
	42	36	42	M52×2	10.0	
重型系列（S）	6	2.5	6	M14×1.5	63.0	
	8	4	8	M16×1.5	63.0	
	10	5	10	M18×1.5	63.0	
	12	6	12	M20×1.5	63.0	
	16	10	16	M24×1.5	40.0	
	20	12	20	M30×2	40.0	
	25	16	25	M36×2	40.0	
	30	22	30	M42×2	25.0	
	38	28	38	M52×2	25.0	

注：特殊要求可由用户与制造商商定。

表 2-85　对分法兰式金属管总成基本参数及连接尺寸

系列	管子外径 D_1/mm	公称通径 d_0/mm	d/mm	d_1(max)/mm	($L_1 \pm 0.13$)/mm	最高工作压力 p/MPa	最小弯曲半径 R(至管径中心)/mm
标准系列 （S）	20	13	30.20	23.9	6.8	35	2 倍管外径
	28	19	38.10	31.8	6.8	35	
	34	25	44.45	38.1	8.00	32	
	42	32	50.80	43.2	8.00	28	
	50	38	60.35	50.3	8.00	21	
高压系列 （H）	20	13	31.75	23.9	7.8	42	
	28	19	41.30	31.8	8.8	42	
	34	25	47.65	38.1	9.5	42	
	42	32	54	43.7	10.3	42	
	50	38	63.50	50.8	12.6	42	

注：特殊要求可由用户与制造商商定。

② 标记

a. 金属管总成标记由产品名称代号、接头连接型式代号、主参数、标准编号组成，具体如下：

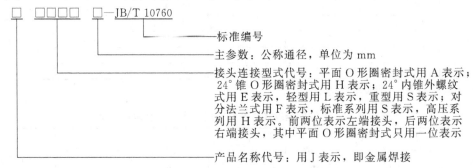

标准编号

主参数：公称通径，单位为 mm

接头连接型式代号：平面 O 形圈密封式用 A 表示；24°锥 O 形圈密封式用 H 表示；24°内锥外螺纹式用 E 表示，轻型用 L 表示，重型用 S 表示；对分法兰式用 F 表示，标准系列用 S 表示，高压系列用 H 表示。前两位表示左端接头，后两位表示右端接头，其中平面 O 形圈密封式只用一位表示

产品名称代号：用 J 表示，即金属焊接

示例

公称通径为 10mm，接头连接型式左端为对分法兰式标准系列，右端为 24°锥 O 形圈密封式轻型系列的焊接式液压金属管总成标记为：

液压金属管总成　JFSHL10—JB/T 10760

b. 金属管总成也可按主机用户液压系统中金属管总成的代号标记。

（2）要求

① 零部件要求

a. 金属管总成钢管、接头、螺母、法兰的材料按表 2-86 的规定。

表 2-86　金属管总成钢管、接头、螺母、法兰材料

零件名称	材料	
	抗拉强度/MPa	标准编号
冷拔无缝钢管	≥410	GB/T 3639、GB/T 8163（交货状态均为正火）
接头、螺母	≥530	GB/T 699
法兰	≥380	GB/T 699

注：若选其他材料，供需双方协商。

b. 平面 O 形圈密封式金属管总成的焊接钢管要求应符合 GB/T 3639—2009《冷拔或冷轧精密无缝钢管》的规定，平面 O 形圈密封式接头的其他要求应符合 JB/T 966—2005《用于流体传动和一般用途的金属管接头　O 形圈平面密封接头》的规定。

c. 24°锥 O 形圈密封式、24°内锥外螺纹式接头的其他要求应符合 GB/T 14034.1—2010

《流体传动金属管连接 第1部分：24°锥形管接头》的规定。

d. 对分法兰式接头的其他要求应符合 ISO 6162-1：2012《液压传动 带分离式或一体式法兰夹和米制或英制螺纹的凸缘连接器 第1部分：3.5MPa 至 35MPa（35bar 至 350bar）压力下使用的 DN13 至 DN127 的凸缘连接器》和 ISO 6162-2：2018《液压传动 带分离式或一体式法兰夹和米制或英制螺纹的凸缘连接器 第2部分：42MPa（420bar）压力下使用的 DN13 至 DN76 的凸缘连接器》的规定。

e. 所有零件应清洁干净，内、外表面不允许有任何污物（如油污、铁屑、毛刺、锈蚀、纤维状杂质等）存在，并严禁用棉纱、纸张等纤维易脱落物擦拭元件内腔及配合面。

f. 锻造零件的非机械加工表面应干净、光滑，不应有影响外观质量的缺陷。

g. 金属管总成的弯曲部位截面的长短轴之比 $a/b \leqslant 1.1$。用户有特殊要求的按用户要求。

h. 金属管总成的弯管零件弯曲部位的内、外侧不应有锯齿形、凹凸不平、压坏或扭坏现象。

② 总成基本要求

a. 金属管总成应符合 GB/T 7935 和 JB/T 10760—2017 的规定。

b. 金属管总成应能在 $-40 \sim 120$℃ 范围内正常工作。

c. 金属管总成连接尺寸、外形尺寸应符合设计文件的规定，长度偏差按表 2-87 的规定。

表 2-87 金属管总成长度偏差　　　　　　　　　　　　　　单位：mm

金属管形状	长度尺寸范围													
	≤100		>100～500		>500～1000		>1000～1500		>1500～2000		>2000～3000		>3000～10000	
	长度极限偏差													
	精密	一般	精密	一般	精密	一般	精密	一般	精密	一般	精密	一般	精密	一般
直管或弯一处	±1	±2	±2	±3	±3	±4	±3	±4	±4	±5	±4	±5	±5	±6
弯两处											±5	±6	±6	±7
弯两处以上	±2	±3	±3	±4	±4	±5	±4	±5	±5	±6	±6	±7	±7	±8

注：1. 图样上采用 GB/T 3639 精密无缝钢管时，按精密尺寸控制；采用 GB/T 8163 输送流体用无缝钢管时，按一般尺寸控制。

2. 有特殊要求时供需双方商定。

d. 工作压力小于 0.3MPa 的金属管总成应进行密封性试验，在水中引入 0.14MPa 的压缩空气时，其各处不应有气泡。

e. 工作压力不小于 0.3MPa 的金属管总成应进行耐压试验，在 2 倍工作压力下不应出现渗漏和破裂等异常现象。

f. 金属管总成内部污染物质量不应大于 $100 \mathrm{mg/m^2}$，或内部油液的固体颗粒污染等级不应大于 GB/T 14039—2002 规定的 —/18/15。

③ 装配和焊接要求

a. 所有零件在装配前应清洁干净，内、外表面不允许有任何污物（如油污、铁屑、毛刺、锈蚀、纤维状杂质等）存在，并严禁用棉纱、纸张等纤维易脱落物擦拭元件内腔及配合面。

b. 装配要求应符合 GB/T 7935 的规定，应使用经检验合格的零件和外购件，按相应产品标准或技术文件的规定和要求进行装配，任何变形、损伤和锈蚀的零件及外购件不应用于装配。

c. 金属管总成焊接应符合 JB/T 5943—2018《工程机械 焊接件通用技术条件》的规定，焊缝应均匀、美观，不得有漏焊、裂纹、弧坑、气孔、夹渣、烧穿、咬边等缺陷，飞溅、焊渣必须清除干净。

d. 焊缝内部质量等级一般不低于 GB/T 3323—2005《金属熔化焊焊接接头射线照相》中的Ⅱ级要求。

e. 金属管总成装配密封件时，不应使用有缺陷及超过主机厂规定的有效使用期限的密封件。

④ 表面质量要求

a. 金属管总成内、外表面不应有锈蚀、裂纹、毛刺、飞边、凹痕、刮伤、磕碰等影响使用的缺陷。

b. 除制造商和用户之间另有协议规定外，焊接金属管总成应用合适的镀层或涂层进行保护，涂层不包括内孔、密封面及连接螺纹等影响使用性能的部位。

c. 金属管总成表面镀锌处理应符合 GB/T 9799—2011《金属及其他无机覆盖层　钢铁上经过处理的锌电镀层》的规定。镀锌层应光亮均匀，呈银白色或按客户要求，不应有明显可见的镀层缺陷，诸如起泡、粗糙、锈蚀或局部无镀层等。镀层厚度为 $10\sim25\mu m$。

d. 金属管总成表面磷化处理应符合 GB/T 6807—2001《钢铁工件涂装前磷化处理技术条件》的规定。磷化膜的颜色应为灰黑色，膜层应结晶致密、连续和均匀，不允许存在疏松的磷化膜层、腐蚀或绿斑、局部无磷化膜及表面严重挂灰等缺陷。

e. 金属管总成涂装应符合 JB/T 5946—2018《工程机械　涂装通用技术条件》的规定。涂膜应光滑平整、色泽均匀，无鼓泡、气孔、皱褶、漏涂、剥落、明显流挂等缺陷，以及无灰尘、油污等污染物。涂层厚度一般为 $60\sim120\mu m$，颜色按客户要求。

f. 内孔无镀层或涂层要求处，以及不要求涂装的密封面、连接螺纹等，均不应生锈。

(3) 试验方法

① 密封性试验　工作压力小于 0.3MPa 的金属管总成，用堵头封闭总成各接口，然后浸入水中，内腔引入 0.14MPa 压缩空气，至少保压 60s，不应有气泡。若在焊缝上发现渗漏，应将缺陷部分铲除重焊后，再行试验。

② 耐压试验　工作压力不小于 0.3MPa 的金属管总成，将一端接口与液压源连接，另一端接入系统（或封堵），其余各端口封闭，内腔通入介质，以 2 倍的工作压力进行耐压试验，至少保压 5min，不应有渗漏、破损和其他异常现象。若在焊缝上发现渗漏或潮湿，应将缺陷部分铲除重焊后，再行试验。

③ 污染物检测

a. 污染物检测分为称重法和颗粒度检测法两种，可根据用户要求选择。

b. 称重法按照 JB/T 7158—2010《工程机械　零部件清洁度测定方法》执行，金属管总成内部污染物质量不应大于 $100mg/m^2$。

c. 颗粒度检测法中污染物收集方法应符合 GB/T 20110—2006《液压传动　零件和元件的清洁度与污染物的收集、分析和数据报告相关的检验文件和准则》的规定，采用晃动法；判定方法应符合 GB/T 14039—2002 的要求，采用自动颗粒计数器进行污染物的分级，污染度等级不应高于—18/15。介质建议采用液压油或 120 号工业汽油，试验用液压油的油液污染度等级不应高于—/16/13。

④ 焊缝检验

a. 焊缝表面质量：按 2.2.5.3.3 中（2）③c. 采用目测法检测。

b. 焊缝的几何形状与尺寸：按 JB/T 5943 的规定，焊缝等级按关键焊缝，采用通用量具或样板检查。

c. 焊缝内部检测：按 GB/T 3323 采用射线照相法。

d. 焊缝的密封性及耐压性能检测：按照密封性试验和耐压试验进行检测。

⑤ 厚度检测　镀层或涂层的颜色及厚度检测：颜色采用色板检查，厚度采用覆层测厚仪测量。

⑥ 附着力和光泽度检测　涂层的附着力、光泽度等均按 JB/T 5946 检测，或根据用户要求。

（4）检验规则

见 JB/T 10760—2017。

（5）标志、包装、贮存和运输

① 标志

a. 除非用户与制造商另有协议，金属管总成应在产品的明显位置，同时具备永久性标志和产品合格证。

b. 永久性标志，应包括以下内容：

ⅰ. 产品名称、规格型号或出厂编号；

ⅱ. 制造商名称、商标或代码；

ⅲ. 制造日期。

c. 金属管总成应在产品的外表面粘贴产品合格证，产品合格证应包括以下内容：

ⅰ. 产品规格型号；

ⅱ. 制造日期；

ⅲ. 检验签章。

② 包装

a. 金属管总成包装前各接口应封堵。

b. 金属管总成外表面应有保护层防止划痕或磕碰，并防止雨雪浸淋。

c. 金属管总成根据批量、规格大小、重量等情况不同，进行捆扎或用货架定位；捆扎后外加包装箱，包装箱或货架承重应符合要求，箱内应附有装箱单，包装箱外表至少有下列标记：

ⅰ. 制造商名称；

ⅱ. 产品名称、产品型号或规格；

ⅲ. 数量。

③ 贮存　金属管总成应存放在通风良好、清洁、干燥、无腐蚀性物质、相对湿度不大于 80% 的仓库内。

④ 运输

a. 包装好的金属管总成的运输应符合水路、陆路和航空运输及装载的要求。

b. 金属管总成在运输中应避免磕碰、撞击、雨雪浸淋，杜绝与腐蚀性物品混装。

2.2.5.4　液压软管总成（含高温高压、液压软管总成）

2.2.5.4.1　液压软管总成

在 JB/T 8727—2017《液压软管总成》中规定了 5 种连接型式和 2 种软管类型（钢丝编织型和钢丝缠绕型）液压软管总成的术语和定义、产品标识、基本参数、连接尺寸、性能要求、其他要求、试验项目、试验方法、装配和外观的检验项目及方法、检验规则、标志、包装、运输、贮存和标注说明，适用于以液压油液为工作介质，工作温度为 −40～100℃ 的钢丝编织型液压软管总成和 4SP、4SH 钢丝缠绕型液压软管总成，以及工作温度范围为 −40～120℃ 的 R12、R13 和 R15 钢丝缠绕型液压软管总成。

（1）产品标识

① 液压软管总成型式　液压软管总成按接头型式分为 O 形圈端面密封式、24°锥密封式

和卡套式、法兰式、螺柱式、37°扩口式（见 JB/T 8727—2017 中图 1～图 18）。

②产品标记方法

a. 软管总成产品的标记方式如下：

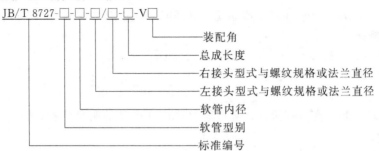

b. 液压软管总成接头型式代号为 A（O 形圈端面密封式）、C（37°扩口式）、F（法兰式）、H（24°锥密封式）、HB（卡套式）、L（螺柱式），标记方法按 JB/T 8727—2017 附录 A（共 42 种）的规定。

c. 液压软管总成两端接头型式相同时，只标注一端接头。

d. 液压软管总成两端均为弯接头时，两端弯接头间装配角度 V 的测量方法及图示按 JB/T 8727—2017 附录 B 的规定。

e. 液压软管总成两端均为直通接头或一端为弯接头时不标注装配角度 V。

f. 软管型别见 GB/T 3683—2011《橡胶软管及软管组合件　油基或水基流体适用的钢丝编织增强液压型　规范》和 GB/T 10544—2013（2022）《橡胶软管及软管组合件　油基或水基流体适用的钢丝缠绕增强外覆橡胶液压型　规范》的规定。

示例 1

软管总成使用 2SN 型钢丝编织增强型软管，软管内径为 16mm；左端为米制螺纹 O 形圈端面密封直通软管接头，螺纹为 M27×1.5；右端为轻系列 24°锥密封 45°弯软管接头，螺纹为 M26×1.5；总成长度为 1000mm，标记为：

$$\text{JB/T 8727-2SN-16-AM27×1.5/H45LM26×1.5-1000}$$

示例 2

软管总成使用 4SH 型钢丝缠绕增强型软管，软管内径为 25mm；左端为统一螺纹 O 形圈端面密封直通软管接头，螺纹为 17/16-12UN；右端为重系列法兰式 45°中弯软管接头，法兰尺寸为 47.6mm；总成长度为 1000mm，标记为：

$$\text{JB/T 8727-4SH-25-AU17/16-12UN/FS45M47.6-1000}$$

示例 3

软管总成使用 1SN 型钢丝编织增强型软管，软管内径为 19mm；左端为米制螺纹 37°扩口端 90°长弯软管接头，螺纹为 M30×1.5；右端为统一螺纹内 37°扩口端 90°长弯软管接头，螺纹为 15/16-12UNF；装配角度 V 为 225°，总成长度为 1000mm，标记为：

$$\text{JB/T 8727-1SN-19-C90LM30×1.5/CU90L15/16-12UNF-1000-V225°}$$

示例 4

软管总成使用 1SN 型钢丝编织增强型软管，软管内径为 19mm，左右两端同为米制螺纹 37°扩口端 90°长弯软管接头，螺纹为 M30×1.5，装配角度 V 为 90°，总成长度为 1000mm，标记为：

$$\text{JB/T 8727-1SN-19-C90LM30×1.5-1000-V90°}$$

（2）基本参数与连接尺寸

①O 形圈端面密封式液压软管总成（A 型）

a. O 形圈端面密封式（米制螺纹）直通（SWS）液压软管总成结构型式、基本参数与连接尺寸应符合图 2-25 和表 2-88 的规定。

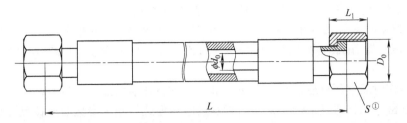

图 2-25　O 形圈端面密封式（米制螺纹）直通（SWS）液压软管总成

注：1. 连接部位的细节参见 ISO 8434-3：2005。
2. 液压软管总成长度 L 由供需双方确定。
① 螺母六角形相对平面尺寸（扳手尺寸）。

表 2-88　O 形圈端面密封式（米制螺纹）直通（SWS）液压软管总成基本参数与连接尺寸

软管内径 /mm	钢丝编织液压软管总成 最高工作压力[①]/MPa		钢丝缠绕液压软管总成 最高工作压力[①]/MPa					螺纹 D_0/mm	d_0[②] 最小 /mm	L_1[③] /mm	s /mm
	1ST,1SN, R1ATS 型	2ST,2SN, R2ATS 型	4SP	4SH	R12	R13	R15				
5	25.0	41.4	—	—	—	—	—	M12×1.25	2.5	14	14
6.3	22.5	40.0	45.0	—	—	—	—	M14×1.5	3	15	17
8	21.0	35	—	—	—	—	—	M14×1.5	5	15	17
								M16×1.5	5	15.5	19
								M18×1.5	5	17	22
10	18.0	33	44.5	—	28.0	—	42.0	M18×1.5	6	17	22
								M22×1.5	6	19	27
12.5	16.0	27.5	41.5	—	28.0	—	42.0	M22×1.5	8	19	27
								M27×1.5	8	21	32
16	13.0	25.0	35.0	—	28.0	—	—	M27×1.5	11	21	32
								M30×1.5	11	22	36
19	10.5	21.5	35.0	40.0	28.0	35.0	40.0	M30×1.5	14	22	36
								M36×2	14	24	41
25	8.7	16.5	28.0	38.0	28.0	35.0	40.0	M36×2	19	24	41
								M39×2	19	26	46
								M42×2	19	27	50
31.5	6.2	12.5	21.0	25.0	21.0	25.0	25.0	M42×2	25	27	50
								M52×2	25	30	60
38	5.0	9.0	18.5	25.0	17.5	25.0	25.0	M52×2	31	30	60
51	4.0	8.0	16.5	25.0	17.5	25.0	—	M64×2	42	37	75

① 软管总成的最高工作压力应取 ISO 8434-3：2005 中给定的相同规格的管接头压力和相同规格软管压力的较低值。

② 软管接头和软管装配之前，软管接头内孔的最小直径。装配后应满足最小通过量的要求。

③ 允许使用扣压式螺母，其六角头宽度见 GB/T 9065.1—2015《液压软管接头　第 1 部分：O 形圈端面密封软管接头》的附录 A。

　　b. O 形圈端面密封式（统一螺纹）直通（SWS）液压软管总成结构型式、基本参数与连接尺寸应符合 JB/T 8727—2017 中图 2 和表 2 的规定。

　　c. O 形圈端面密封式（米制螺纹）45°弯头（SWE45）液压软管总成结构型式、基本参数与连接尺寸应符合 JB/T 8727—2017 中图 3 和表 3 的规定。

　　d. O 形圈端面密封式（统一螺纹）45°短弯头（SWE45S）和中弯头（SWE45M）液压软管总成结构型式、基本参数与连接尺寸应符合 JB/T 8727—2017 中图 4 和表 4 的规定。

　　e. O 形圈端面密封式（米制螺纹）90°弯头（SWE）液压软管总成结构型式、基本参数与连接尺寸应符合 JB/T 8727—2017 中图 5 和表 5 的规定。

f. O 形圈端面密封式（统一螺纹）90°短弯头（SWES）、中弯头（SWEM）和长弯头（SWEL）液压软管总成结构型式、基本参数与连接尺寸应符合 JB/T 8727—2017 中图 6 和表 6 的规定。

② 24°锥密封式液压软管总成（H 型）和卡套式液压软管总成（HB 型）

a. 24°锥密封式直通（SWS）液压软管总成结构型式、基本参数与连接尺寸应符合图 2-26 和表 2-89 的规定。

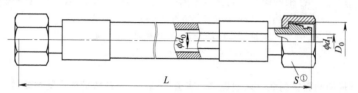

图 2-26　24°锥密封式直通（SWS）液压软管总成

注：1. 连接部位的细节参见 GB/T 14034.1—2010。

2. 液压软管总成长度 L 由供需双方确定。

① 螺母六角形相对平面尺寸（扳手尺寸）

表 2-89　24°锥密封式直通（SWS）液压软管总成基本参数与连接尺寸

系列	软管内径/mm	钢丝编织液压软管总成最高工作压力[①]/MPa		钢丝缠绕液压软管总成最高工作压力[①]/MPa					螺纹 D_0 /mm	d_0[②] 最小/mm	d_1[③] 最大/mm	s/mm
		1ST,1SN,R1ATS 型	2ST,2SN,R2ATS 型	4SP	4SH	R12	R13	R15				
轻系列（L）	5	25.0	25.0	—	—	—	—	—	M12×1.25	2.5	3.2	14
	6.3	22.5	25.0	25.0	—	—	—	—	M14×1.25	3	5.2	17
	8	21.0	25.0	—	—	—	—	—	M16×1.25	5	7.2	19
	10	18.0	25.0	25.0	—	25.0	—	25.0	M18×1.25	6	8.2	22
	12.5	16.0	25.0	25.0	—	25.0	—	25.0	M22×1.25	8	10.2	27
	16	13.0	16.0	16.0	—	16.0	—	—	M26×1.25	11	13.2	32
	19	10.5	16.0	16.0	16.0	16.0	16.0	16.0	M30×2	14	17.2	36
	25	8.7	10.0	10.0	10.0	10.0	10.0	10.0	M36×2	19	23.3	41
	31.5	6.2	10.0	10.0	10.0	10.0	10.0	10.0	M45×2	25	29.2	50
	38	5.0	9.0	10.0	10.0	10.0	10.0	10.0	M52×2	31	34.3	60
重系列（S）	5	25.0	41.5	—	—	—	—	—	M16×1.5	2.5	4.2	19
	6.3	22.5	40.5	45.0	—	—	—	—	M18×1.5	3	6.2	22
	8	21.5	35.0	—	—	—	—	—	M20×1.5	5	8.2	24
	10	18.0	33.0	44.5	—	28.0	—	41.0	M20×1.5	6	8.2	24
	12.5	16.0	27.5	40.0	—	28.0	—	40.0	M24×1.5	8	11.2	30
	16	13.0	25.0	35.0	—	28.0	—	—	M30×2	11	14.2	36
	19	10.5	21.5	35.0	40.0	28.0	35.0	40.0	M36×2	14	18.2	46
	25	8.7	16.5	25.0	25.0	25.0	25.0	25.0	M42×2	19	23.2	50
	31.5	6.2	12.5	21.0	25.0	21.0	25.0	25.0	M52×2	25	30.2	60

① 软管总成的最高工作压力应取 GB/T 14034.1—2010 中给定的相同规格的管接头压力和相同规格软管压力的较低值。若按 GB/T 3683—2011 或 GB/T 10544—2013 的规定选择更高的软管总成工作压力，应向管接头制造商咨询。

② 软管接头和软管装配之前，软管接头内孔的最小直径。装配后应满足最小通过量的要求。

③ d_1 尺寸符合 GB/T 14034.1—2010 的规定，且 d_1 的最小值应不小于 d_0，在直径 d_0（接头芯尾部）与 d_1（管接头端内径）之间应平滑过渡，以减小应力集中。

b. 24°锥密封式 45°（SWE45）液压软管总成结构型式、基本参数与连接尺寸应符合 JB/T 8727—2017 中图 8 和表 8 的规定。

c. 24°锥密封式 90°（SWE）液压软管总成结构型式、基本参数与连接尺寸应符合 JB/T 8727—2017 中图 9 和表 9 的规定。

d. 卡套式液压软管总成结构型式、基本参数与连接尺寸应符合 JB/T 8727—2017 中图 10 和表 10 的规定。

作者注：在 GB/T 3683—2011 的型别中、JB/T 10759—2017 附录 A 中规定的软管总成型式代号中，都没有 JB/T 8727—2017 表 10 中的"R1AT 型"和"R2AT 型"软管。

③ 法兰式液压软管总成（F 型）

a. 法兰式直通（S）液压软管总成结构型式、基本参数与连接尺寸应符合图 2-27 和表 2-90 的规定。

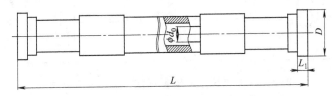

图 2-27　法兰式直通（S）液压软管总成

注：1. 接头细节和 O 形圈规格参见 ISO 6162-1：2012 或 ISO 6162-2：2018。
　　2. 液压软管总成长度 L 由供需双方确定。

表 2-90　法兰式直通（S）液压软管总成基本参数与连接尺寸

| 系列 | 软管内径/mm | 钢丝编织液压软管总成最高工作压力[①]/MPa | | 钢丝缠绕液压软管总成最高工作压力[①]/MPa | | | | | $(D\pm0.25)$ /mm | d_0[②] 最小 /mm | $(L_1\pm0.15)$ /mm |
		1ST,1SN,R1ATS 型	2ST,2SN,R2ATS 型	4SP	4SH	R12	R13	R15			
轻系列（L）	12.5	16.0	27.5	34.5	—	28.0	—	34.5	30.2	8	6.8
	16	13.0	25.0	34.5	—	28.0	—	—	38.1	11	6.8
	19	10.5	21.5	34.5	34.5	28.0	34.5	34.5	38.1	14	6.8
		10.5	21.5	34.5	34.5	28.0	34.5	34.5	44.4	14	6.8
	25	8.7	16.5	28.0	34.5	28.0	34.5	34.5	44.4	19	8
		8.7	16.5	28.0	34.5	28.0	34.5	34.5	50.8	19	8
	31.5	6.2	12.5	21.0	27.6	21.0	27.6	27.6	50.8	25	8
		6.2	12.5	21.0	27.6	21.0	27.6	27.6	60.3	25	8
	38	5.0	9.0	18.5	20.7	17.5	20.7	20.7	60.3	31	8
		5.0	9.0	18.5	20.7	17.5	20.7	20.7	71.4	31	9.6
	51	4.0	8.0	16.5	20.7	17.5	20.7	—	71.4	42	9.6
重系列（S）	12.5	16.0	27.5	41.4	—	28.0	—	41.4	31.8	8	7.8
	16	13.0	25.0	35.0	—	28.0	—	—	41.3	11	8.8
	19	10.5	21.5	35.0	41.4	28.0	35.0	41.4	41.3	14	8.8
		10.5	21.5	35.5	41.4	28.0	35.0	41.4	47.6	14	9.5
	25	8.7	16.5	28.0	38.0	28.0	35.0	41.4	47.6	19	9.5
		8.7	16.5	28.0	38.0	28.0	35.0	41.4	54	19	10.3
	31.5	6.2	12.5	21.0	32.5	21.0	35.0	41.4	54	25	10.3
		6.2	12.5	21.0	32.5	21.0	35.0	41.4	63.5	25	12.6
	38	5.0	9.0	18.5	29.0	17.5	35.0	41.4	63.5	31	12.6
		5.0	9.0	18.5	29.0	17.5	35.0	41.4	79.4	31	12.6
	51	4.0	8.0	16.5	25.0	17.5	35.0	—	79.4	42	12.6

① 软管总成的最高工作压力应取 ISO 6162-1：2012、ISO 6162-2：2018 中给定的相同规格的管接头压力和相同规格软管压力的较低值。若按 GB/T 3683—2011 或 GB/T 10544—2013 的规定选择更高的软管总成工作压力，应向管接头制造商咨询。

② 软管接头和软管装配之前，软管接头内孔的最小直径。装配后应满足最小通过量的要求。

b. 法兰式 45°短弯头（E45S）和中弯头（E45M）液压软管总成结构型式、基本参数与连接尺寸应符合 JB/T 8727—2017 中图 12 和表 12 的规定。

c. 法兰式 90°短弯头（ES）和中弯头（EM）液压软管总成结构型式、基本参数与连接尺寸应符合 JB/T 8727—2017 中图 13 和表 13 的规定。

④ 米制螺柱式液压软管总成（L 型）

a. 米制螺柱式直通（SDS）液压软管总成结构型式、基本参数与连接尺寸应符合图 2-28 和表 2-91 的规定。

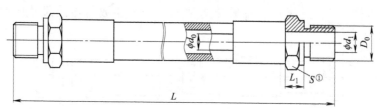

图 2-28　米制螺柱式直通（SDS）液压软管总成

注：1. 接头细节参见 GB/T 2878.2 或 GB/T 2878.3。

2. 液压软管总成长度 L 由供需双方确定。

① 螺母六角形相对平面尺寸（扳手尺寸）。

表 2-91　米制螺柱式直通（SDS）液压软管总成基本参数与连接尺寸

系列	软管内径 /mm	钢丝编织液压软管总成最高工作压力[①]/MPa		钢丝缠绕液压软管总成最高工作压力[①]/MPa					螺纹 D_0/mm	d_0[②] 最小 /mm	d_1[③] 最大 /mm	L_1 最小 /mm	s /mm
		1ST,1SN, R1ATS 型	2ST,2SN, R2ATS 型	4SP	4SH	R12	R13	R15					
轻系列 (L)	6.3	22.5	40.0	40.0	—	—	—	—	M12×1.5	3	6	9	17
	8	21.0	35.0	—	—	—	—	—	M14×1.5	5	7.5	10	19
	10	18.0	31.5	31.5	—	28.0	—	31.5	M16×1.5	6	9	11	22
	12.5	16.0	27.5	31.5	—	28.0	—	31.5	M18×1.5	8	11	12	24
	16	13.0	25.0	31.5	—	28.0	—	—	M22×1.5	11	14	13	27
	19	10.5	20.0	20.0	20.0	20.0	20.0	20.0	M27×2	14	18	15	32
	25	8.7	16.5	20.0	20.0	20.0	20.0	20.0	M33×2	19	23	18	41
	31.5	6.2	12.5	20.0	20.0	20.0	20.0	20.0	M42×2	25	30	20	50
	38	5.0	9.0	18.5	20.0	17.5	20.0	20.0	M48×2	31	36	21	55
重系列 (S)	6.3	22.5	40.0	45.0	—	—	—	—	M12×1.5	3	4	9	17
	8	21.0	35.0	—	—	—	—	—	M14×1.5	5	6	10	19
	10	18.0	33.0	44.5	—	28.0	—	42.0	M16×1.5	6	7	11	22
	12.5	16.0	27.5	41.5	—	28.0	—	42.0	M18×1.5	8	9	12	24
	16	13.0	25.0	35.0	—	28.0	—	—	M22×1.5	11	12	13	27
	19	10.5	21.5	35.0	40.0	28.0	35.0	40.0	M27×2	14	15	15	32
	25	8.7	16.5	28.0	38.0	28.0	35.0	40.0	M33×2	19	20	18	41
	31.5	6.2	12.5	21.0	25.0	21.0	25.0	25.0	M42×2	25	26	20	50
	38	5.0	9.0	18.5	25.0	17.5	25.0	25.0	M48×2	31	32	21	55

① 软管总成的最高工作压力应取 GB/T 2878.2 或 GB/T 2878.3 中给定的不可调节型相同规格的管接头压力和相同规格软管压力的较低值。若按 GB/T 3683—2011 或 GB/T 10544—2013（2022）的规定选择更高的软管总成工作压力，应向管接头制造商咨询。

② 软管接头和软管装配之前，软管接头内孔的最小直径。装配后应满足最小通过量的要求。

③ d_1 的最小值不能小于 d_0，d_1 的尺寸应符合 GB/T 2878.2 或 GB/T 2878.3 的规定。软管接头两端的内径 d_0 与 d_1 之间应平滑过渡，以减小应力集中。

b. 米制可调节螺柱式 90°弯（SDE）液压软管总成结构型式、基本参数与连接尺寸应符合 JB/T 8727—2017 中图 15 和表 15 的规定。

⑤ 37°扩口式液压软管总成（C）

a. 37°扩口式直通（SWS）液压软管总成结构型式、基本参数与连接尺寸应符合图 2-29 和表 2-92 的规定。

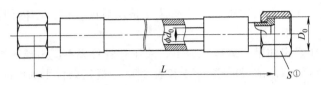

图 2-29 37°扩口式直通（SWS）液压软管总成

注：1. 连接部位的细节参见 ISO 8434-2：2007。

2. 液压软管总成长度 L 由供需双方确定。

① 螺母六角形相对平面尺寸（扳手尺寸）。

表 2-92 37°扩口式直通（SWS）液压软管总成基本参数与连接尺寸

软管内径 /mm	钢丝编织液压软管总成 最高工作压力[①]/MPa		钢丝缠绕液压软管总成 最高工作压力[①]/MPa					米制螺纹 D_0/mm	d_0[②] 最小 /mm	s[③] /mm
	1ST,1SN, R1ATS 型	2ST,2SN, R2ATS 型	4SP	4SH	R12	R13	R15			
6.3	22.5	35.0	35.0	—	—	—	—	M14×1.5	3	17
8	21.5	35.0	—	—	—	—	—	M16×1.5	5	19
10	18.5	33.0	35.0	—	28.0	—	35.0	M18×1.5	6	22
12.5	16.0	27.5	31.0	—	28.0	—	31.0	M22×1.5	8	27
16	13.0	24.0	24.0	—	24.0	—	—	M27×1.5	11	32
19	10.5	21.5	24.0	24.0	24.0	24.0	24.0	M30×2	14	36
25	8.7	16.5	21.0	21.0	21.0	21.0	21.0	M39×2	19	46
31.5	6.2	12.5	17.0	17.0	17.0	17.0	17.0	M42×2	25	50
38	5.0	9.0	14.0	14.0	14.0	14.0	14.0	M52×2	31	60
51	4.0	8.0	10.5	10.5	10.5	10.5	—	M64×2	42	75

① 软管总成的最高工作压力应取 ISO 8434-2：2007 中给定的相同规格的管接头压力和相同规格软管压力的较低值。若按 GB/T 3683—2011 或 GB/T 10544—2013（2022）的规定选择更高的软管总成工作压力，应向管接头制造商咨询。

② 软管接头和软管装配之前，软管接头内孔的最小直径。装配后应满足最小通过量的要求。

③ 螺母六角形相对平面尺寸（扳手尺寸），见 GB/T 9065.5—2010 的附录 A。

作者注：统一螺纹见 JB/T 8727—2017 中表 16。

b. 37°扩口式 45°短弯头（SWE45S）和中弯头（SWE45M）液压软管总成结构型式、基本参数与连接尺寸应符合 JB/T 8727—2017 中图 17 和表 17 的规定。

c. 37°扩口式 90°短弯头（SWES）、中弯头（SWEM）和长弯头（SWEL）液压软管总成结构型式、基本参数与连接尺寸应符合 JB/T 8727—2017 中图 18 和表 18 的规定。

(3) 性能要求

① 长度变化 液压软管总成在最高工作压力下的长度变化应符合表 2-93 的规定。

表 2-93 长度变化

软管类型	钢丝编织液压软管		钢丝缠绕液压软管				
	1ST,1SN,R1ATS 型	2ST,2SN,R2ATS 型	4SP	4SH	R12	R13	R15
长度变化	−4%～+2%		±2%				

② 低温弯曲性　在−40℃低温条件下，液压软管总成弯曲时不应出现表面龟裂或渗漏现象。

③ 耐压性　在耐压压力下，液压软管总成不应出现泄漏和其他失效迹象。

④ 泄漏　在70%的最小爆破压力下，液压软管总成不应出现泄漏和其他失效现象。

⑤ 最小通过量　软管总成扣压后，接头芯受挤压后内孔的最小内切圆直径不应小于扣压前该直径的90%。

⑥ 爆破性能　在规定的最小爆破压力下，液压软管总成不应出现泄漏和破裂现象。

⑦ 耐久性　液压软管总成经受表2-94和表2-95中规定条件下的脉冲次数，不应出现失效现象。

表 2-94　钢丝编织液压软管总成脉冲试验次数及条件

软管类型	软管内径/mm	脉冲压力/MPa	脉冲次数/次	试验温度/℃
1ST,1SN, R1ATS 型	5～25	最高工作压力的125%	150000	100±3
	25～51	最高工作压力的100%		
2ST,2SN, R2ATS 型	5～51	最高工作压力的133%	200000	

表 2-95　钢丝缠绕液压软管总成脉冲试验次数及条件

软管型别	脉冲压力/MPa	脉冲次数/次	试验温度/℃
4SP	最高工作压力的133%	400000	100±3
4SH	最高工作压力的133%	400000	100±3
R12	最高工作压力的133%	500000	120±3
R13	最高工作压力的120%	500000	120±3
R15	最高工作压力的120%	500000	120±3

(4) 其他要求

① 液压软管接头　零件的材料应按表2-96的规定。

表 2-96　零件的材料

零件名称	抗拉强度 R_m/MPa	牌号(推荐)
螺母	≥530	35
接头芯	530～600	35、45
接头外套	≥410	20
卡套接头芯	≥410	20

注：若选用其他材料，供需双方协商确定，并在订货合同中注明。

② 螺纹

a. 普通螺纹基本尺寸应符合 GB/T 196 的规定。

b. 统一螺纹基本尺寸应符合 GB/T 20670 的规定。

c. 普通螺纹公差应符合 GB/T 197—2003（已被 GB/T 197—2018《普通螺纹　公差》代替）的规定：内螺纹为 6H 级，外螺纹为 6f 级或 6g 级。

d. 统一螺纹公差符合 GB/T 20666—2006 的规定：内螺纹为 2B 级，外螺纹为 2A 级。

e. 螺纹收尾、肩距、退刀槽和倒角尺寸应符合 GB/T 3 的规定。

f. 外螺纹的表面粗糙度应为 $Ra \leqslant 3.2\mu m$，内螺纹的表面粗糙度应为 $Ra \leqslant 6.3\mu m$。

③ 零件加工

a. 零件中六方端面（包括过孔式螺母、扣压式螺母、外螺纹型式的六方接头芯六方部位）倒角约为30°，倒角直径 $d_w \approx 0.95s$，如 JB/T 8727—2017 中图19所示。

b. 零件六方头部的几何公差应符合 GB/T 3103.1 的规定。

c. 机械加工的零件六方头部 s 尺寸极限偏差应符合表 2-97 的规定。

表 2-97　机械加工的零件六方头部 s 尺寸极限偏差　　　　　　单位：mm

s	14～22	24～30	32～50	55～75
极限偏差	0 −0.27	0 −0.33	0 −0.62	0 −0.74

d. 铸造或模锻加工的 s 尺寸极限偏差应符合表 2-98 的规定。

表 2-98　铸造或模锻加工的 s 尺寸极限偏差　　　　　　单位：mm

s	16～22	24～30	32～50	55～75
极限偏差	0 −0.43	0 −0.84	0 −1.00	0 −1.20

e. 零件中机械加工部位未注公差尺寸的极限偏差应不低于 GB/T 1804—2000 规定的 m 级（中等级）。

f. 零件中未注的几何公差应不低于 GB/T 1184—1996 规定的 K 级。

g. 需要弯曲的接头芯，其弯曲部位截面的长短轴之比应满足 $a/b \leqslant 1.10$，如 JB/T 8727—2017 中图 20 所示。

h. 外螺纹连接型式的软管总成接头芯六方前端端面有密封作用时，其端面与螺纹轴线垂直度极限偏差应为 ±0.05mm。

i. 45°和 90°弯接头芯，弯曲后两轴线夹角极限偏差应为 ±3°。

j. 除非制造商和用户另有商定，所有碳钢零件的外表面和螺纹都应选择适当的材料进行电镀或涂覆，并按 GB/T 10125 的规定通过 72h 的中性盐雾试验。在盐雾试验过程中任何部位出现了红色的锈斑，应视为不合格，下列指定部位除外：

ⅰ. 所有内部流道；

ⅱ. 棱角，如六角形尖角、锯齿状部位和螺纹牙顶，这些会因批量生产或运输的影响使电镀层或涂层产生机械变形的部位；

ⅲ. 由扣压、扩口、弯曲或其他电镀后的金属成形操作所引起的机械变形区域；

ⅳ. 零件在盐雾试验箱中悬挂或固定处出现冷凝物凝聚的部位。

零件的内部流道应采取保护措施，以防止贮存期间被腐蚀。

注：出于对环境的考虑，不赞成镀镉。电镀产生的变化可能影响装配力矩，需重新验证。

④ 液压软管　液压软管总成选用符合 GB/T 3683—2011 和 GB/T 10544—2013（2022）规定的液压橡胶软管。如有其他要求，供需双方协商确定，应在订货合同中注明。

⑤ 装配要求

a. 液压软管总成的装配应符合 GB/T 7935 的规定。

b. 液压软管总成接头零件表面不应有裂纹、毛刺、飞边、凹凸痕迹、划伤、锈蚀等影响产品质量的缺陷。

c. 液压软管与软管接头的扣压连接应平整，内壁应光滑、畅通、无拉伤内胶层现象。

d. 液压软管在切割、剥胶、装配过程中不应损伤钢丝增强层，不允许出现钢丝外露现象。

e. 液压软管总成产品的内部清洁度应符合 JB/T 7858 的规定。

f. 液压软管总成装配扣压后的长度极限偏差按 JB/T 8727—2017 附录 C 的规定。

(5) 试验项目和试验方法

试验项目和试验方法应按表 2-99 的规定。

表 2-99　试验项目和试验方法

序号	试验项目	试验方法	备注
1	长度变化试验	按 GB/T 7939 的规定	
2	低温弯曲试验	按 GB/T 7939 的规定	本试验视为破坏性试验,试验后试件报废
3	耐压试验	按 GB/T 7939 的规定	
4	泄漏试验	按 GB/T 7939 的规定	本试验视为破坏性试验,试验后试件报废
5	爆破试验	按 GB/T 7939 的规定	本试验视为破坏性试验,试验后试件报废
6	耐久性试验	按 GB/T 7939 的规定	本试验视为破坏性试验,试验后试件报废

作者注：GB/T ××××.3—××××《液压传动连接　试验方法　第 3 部分：软管总成》/ISO 6605：2017 正在征求意见。

(6) 装配和外观的检验项目及方法

① 装配和外观的检验项目及方法应按表 2-100 的规定。

表 2-100　装配和外观的检验项目及方法

序号	检验项目	检验方法
1	装配质量	目测法
2	外观质量	目测法
3	内部清洁度	按 JB/T 7858 的规定
4	最小通过量	按 2.2.5.4.1 中(6)②的规定

② 最小通过量的检验方法：将规定尺寸的芯棒或钢球放入扣压后的液压软管总成接头芯内孔，芯棒或钢球应能顺利通过，以此确定总成的最小通过量。芯棒或钢球的直径见表 2-101。

表 2-101　芯棒或钢球的直径　　　　　　　　　　　　单位：mm

软管公称直径	芯棒或钢球的直径	软管公称直径	芯棒或钢球的直径
5	$2^{+0.25}_{+0.15}$	19	$13^{-0.4}_{-0.58}$
6.3	$3^{-0.3}_{-0.42}$	25	$17^{+0.1}_{-0.1}$
8	$4^{+0.5}_{+0.38}$	31.5	$22^{+0.5}_{+0.3}$
10	$5^{+0.4}_{+0.25}$	38	$28^{-0.2}_{-0.35}$
12.5	$7^{+0.2}_{+0.05}$	51	$38^{-0.2}_{-0.45}$
16	$10^{-0.1}_{-0.28}$		

(7) 检验规则

见 JB/T 8727—2017。

(8) 标志、包装、运输和贮存

① 检验合格的液压软管总成产品两端应封堵，防止污染物进入。

② 液压软管总成产品的标志、包装和运输应符合 GB/T 9577—2001《橡胶和塑料软管及软管组合件　标志、包装和运输规则》的要求。

③ 液压软管总成产品的贮存应符合 GB/T 9576—2019《橡胶和塑料软管及软管组合件选择、贮存、使用和维护指南》的规定。制造商应保证从出厂日期起，在不超过一年贮存期内，其使用性能符合 JB/T 8727—2017 的规定。

④ 液压软管总成产品合格证应包括：

a. 制造商名称；

b. 液压软管总成名称及型号；

c. 生产日期；

d. 质检部门签章。

(9) 标注说明

决定遵守 JB/T 8727—2017 时，建议制造商在试验报告、产品样本和销售文件中采用以下说明："液压软管总成符合 JB/T 8727—2017《液压软管总成》。"

2.2.5.4.2　高温高压液压软管总成

在 JB/T 10759—2017《工程机械　高温高压液压软管总成》中规定了公称内径为 5～51mm 的钢丝编织增强液压软管总成（以下简称钢丝编织软管总成）和钢丝缠绕增强外覆橡胶的液压橡胶软管总成（以下简称钢丝缠绕软管总成）的分类和标记、基本参数和结构型式、要求、试验方法、检验规则、标志、包装、运输和贮存，适用于以 GB/T 7631.2—2003 定义的 HH、HL、HM、HR 和 HV 油基液压流体为介质，温度范围为 −40～100℃ 的钢丝编织软管总成，以及温度范围为 −40～100℃ 的 4SP 型和 4SH 型、温度范围为 −40～120℃ 的 R12 型、R13 型及 R15 型的钢丝缠绕软管总成（以下统称软管总成）。

JB/T 10759—2017 和 JB/T 8727—2017 同为 2017 年 4 月 12 日发布、2018 年 1 月 1 日实施的行业标准，只是分别归口于全国土方机械标准化技术委员会（SAC/TC334）和全国液压气动标准化技术委员会（SAC/TC3），且其中有三家起草单位相同。

JB/T 10759—2017 与 JB/T 8727—2017 比较，其所规定的液压软管总成适用范围相同，亦即 JB/T 10759—2017 所规定的液压软管总成并非可以适用于更高的压力和更高的温度。但是其在以下几个方面具有参考价值。

(1) 分类不同

尽管 JB/T 10759—2017 将 JB/T 8727 作为其"规范性引用文件"，但其与 JB/T 8727—2017 的分类有所不同。JB/T 10759—2017 规定的分类如下。

软管总成按接头结构型式分为：

① O 形圈端面密封软管总成（简称 A 型端面密封式）；

② 37°扩口端软管总成（简称 C 型扩口式）；

③ 法兰端软管总成（简称 F 型法兰式）；

④ 24°外锥密封端软管总成（简称 H 型 24°外锥密封式）；

⑤ 24°内锥密封端软管总成（简称 E 型 24°内锥密封式）；

⑥ 卡套直管端软管总成（简称 B 型卡套式）。

(2) 标记方法不同

在 JB/T 10759—2017 中规定：软管总成的标记是由软管总成型式代号、左端接头芯外连接型式代号、右端接头芯外连接型式代号、左端接头芯规格代号、右端接头芯规格代号、软管总成内径规格代号、软管总成长度、护套型式代号、软管总成两端弯头芯空间角度代号组成。具体如下：

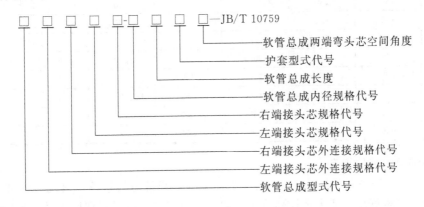

示例

软管内径为 10mm 的两层（2SN）钢丝编织软管总成，左端接头芯外连接型式为 H 型 24°外锥密封式，轻系列 12L，弯头角度为 45°，右端接头芯外连接型式为 H 型 24°外锥型密封式，重系列 12S，弯头角度为 90°，软管总成长度为 1000mm，软管总成两端弯头芯空间角度为 88°，软管总成标记为：

2SNHEH4121206-1000V88°—JB/T 10759

其中软管总成型式代号、两端接头芯外连接型式代号和规格、软管总成内径规格代号和护套型式代号的表示方法分别见 JB/T 10759—2017 中的附录 A、B、C 和 D。

(3) 软管总成型式代号的规定

在 JB/T 10759—2017 附录 A（规范性附录）中规定了软管总成型式代号。软管总成型式代号见表 2-102。

表 2-102　软管总成型式代号

软管总成型式代号	说明
1SN	具有单层钢丝编织增强层和薄外覆层的软管
1ST	具有单层钢丝编织增强层和厚外覆层的软管
R1ATS	具有单层钢丝编织增强层和薄外覆层的软管
2SN	具有两层钢丝编织增强层和薄外覆层的软管
2ST	具有两层钢丝编织增强层和厚外覆层的软管
R2ATS	具有两层钢丝编织增强层和薄外覆层的软管
4SP	四层钢丝缠绕的中压软管
4SH	四层钢丝缠绕的高压软管
R12	四层钢丝缠绕高温中压重型软管
R13	多层钢丝缠绕的高温高压重型软管
R15	多层钢丝缠绕的高温超高压重型软管

(4) 各型软管的最小弯曲半径

在 JB/T 10759—2017 中规定各型软管的最小弯曲半径见表 2-103，软管总成的使用弯曲半径不应小于表 2-103 的规定，否则，软管总成的承压能力或工作寿命将会大幅度下降。

表 2-103　各型软管的最小弯曲半径　　　　　　　　　　　　　单位：mm

软管内径	最小弯曲半径						
	1ST,1SN,R1ATS 型	2ST,2SN,R2ATS 型	4SP 型	4SH 型	R12 型	R13 型	R15 型
5	90	90	—	—	—	—	—
6.3	100	100	150	—	—	—	—
8	115	115	—	—	—	—	—
10	130	130	180	—	130	—	150
12.5	180	180	230	—	180	—	200
16	200	200	250	—	200	—	—
19	240	240	300	280	240	240	265
25	300	300	340	340	300	300	330
31.5	420	420	460	460	420	420	445
38	500	500	560	560	500	500	530
51	630	630	660	700	630	630	—

(5) 内部清洁度的规定

在 JB/T 10759—2017 中规定：软管总成产品出厂前应进行清洗，清洗后内部清洁度指标的测定方法可根据用户要求选择称重或颗粒度检测法。当采用称重法时，其评定方法按 JB/T 7858 的规定，内部清洁度指标应不大于表 2-104 的规定。

表 2-104　内部清洁度指标

软管内径/mm	5	6.3	8	10	12.5	16	19	22	25	31.5	38	51
清洁度指标值/mg	1.57L	1.98L	2.52L	3.15L	3.93L	5.03L	5.98L	6.92L	7.86L	9.91L	11.95L	16.04L

注：L 为软管长度，单位为 m。

2.2.5.5　管接头

2.2.5.5.1　管接头概述

管接头是把硬管和软管或管子相互连接或连接到元件的连接件。

在 GB/T 14034.1—2010/ISO 8434-1：2007《流体传动金属管连接　第 1 部分：24°锥形管接头》的前言中指出："GB/T 14034《流体传动金属管连接》分为 5 部分"，但除了第 1 部分 GB/T 14034.1—2010 于 2010 年 12 月 23 日发布、2011 年 6 月 1 日实施外，其他如第 2 部分 37°扩口管接头、第 3 部分 O 形圈端面密封管接头、第 4 部分带 O 形圈焊接接头体的 24°锥形管接头、第 5 部分带或不带 O 形圈的 60°锥形管接头等都没有再发布。

在 JB/T 10760—2017《工程机械　焊接式液压金属管总成》中规定的典型金属管总成按接头连接型式分为平面 O 形圈密封式、24°锥 O 形圈密封式、24°内锥外螺纹式和对分法兰式四种，其"规范性引用文件"分别为 JB/T 966—2005《用于流体传动和一般用途的金属管接头　O 形圈平面密封接头》、GB/T 14034.1—2010《流体传动金属管连接　第 1 部分：24°锥形管接头》、ISO 6162-1：2012《液压传动　带分离式或一体式法兰夹和米制或英制螺纹的凸缘连接器　第 1 部分：3.5MPa 至 35MPa（35bar 至 350bar）压力下使用的 DN13 至 DN127 的凸缘连接器》或 ISO 6162-1：2012《液压传动　带分体式或整体式法兰以及米制或英制螺栓的法兰管接头　第 1 部分：用于 3.5MPa 至 35MPa（35bar 至 350bar）压力下，DN13 至 DN127 的法兰管接头、油口和安装面》、ISO 6162-2：2018《液压传动　带分离式或一体式法兰夹和米制或英制螺纹的凸缘连接器　第 2 部分：42MPa（420bar）压力下使用的 DN13 至 DN76 的凸缘连接器》或 ISO 6162-2：2018《液压传动　带分体式或整体式法兰以及米制或英制螺栓法兰管接头　第 2 部分：用于 42MPa（420bar）压力下，DN13 至 DN76 的法兰管接头、油口和安装面》，其中"24°内锥外螺纹式"金属管总成端的接头为 GB/T 14034.1—2010 规定的"24°锥形管接头"中的"管接头体"。

请注意 GB/T 19674《液压管接头用螺纹油口和柱端》系列标准。在 GB/T 19674.2—2005《液压管接头用螺纹油口和柱端　填料密封柱端（A 型和 E 型）》中规定了三种"填料密封圈"的型式和尺寸，分别为轻载（L 系列）A 型柱端用填料密封圈、重载（S 系列）A 型柱端用填料密封圈和轻载（L 系列）E 型柱端用填料密封圈，其中重载（S 系列）A 型柱端用填料密封圈（适用螺纹规格 M10×1～M48×2）与已作废 JB982—77《组合密封垫圈》（适用螺纹尺寸 M8～M60）相应部分的型式和尺寸几乎完全一致。

作者注：有密封件制造商将轻载（L 系列）E 型柱端用填料密封圈称为 ED 密封圈（流体接头密封圈）。

在 JB/T 8727—2017《液压软管总成》中给出的液压软管总成接头型式的标记见表 2-105。

表 2-105　液压软管总成接头型式的标记

标记	描述	相关标准
A	米制螺纹 O 形圈端面密封直通软管接头	GB/T 9065.1—2015 SWS
AU	统一螺纹 O 形圈端面密封直通软管接头	GB/T 9065.1—2015 SWS
A45	米制螺纹 O 形圈端面密封 45°弯软管接头	GB/T 9065.1—2015 SWE45
AU45S	统一螺纹 O 形圈端面密封 45°短弯软管接头	GB/T 9065.1—2015 SWE45S
AU45M	统一螺纹 O 形圈端面密封 45°中弯软管接头	GB/T 9065.1—2015 SWE45M

标记	描述	相关标准
A90	米制螺纹 O 形圈端面密封 90°弯软管接头	GB/T 9065.1—2015 SWE
AU90S	统一内螺纹 O 形圈端面密封 90°短弯软管接头	GB/T 9065.1—2015 SWES
AU90M	统一内螺纹 O 形圈端面密封 90°中弯软管接头	GB/T 9065.1—2015 SWEM
AU90L	统一内螺纹 O 形圈端面密封 90°长弯软管接头	GB/T 9065.1—2015 SWEL
HL	轻系列 24°锥密封直通软管接头	GB/T 9065.2—2010 SWS L 系列
HS	重系列 24°锥密封直通软管接头	GB/T 9065.2—2010 SWS S 系列
H45L	轻系列 24°锥密封 45°弯软管接头	GB/T 9065.2—2010 SWE45 L 系列
H45S	重系列 24°锥密封 45°弯软管接头	GB/T 9065.2—2010 SWE45 S 系列
H90L	轻系列 24°锥密封 90°弯软管接头	GB/T 9065.2—2010 SWE L 系列
H90S	重系列 24°锥密封 90°弯软管接头	GB/T 9065.2—2010 SWE S 系列
HBL	轻系列卡套式直通软管接头	GB/T 9065.2—2010 SWS L 系列
HBS	重系列卡套式直通软管接头	GB/T 9065.2—2010 SWS S 系列
FL	轻系列法兰式直通软管接头	ISO 12151-3 S-L 系列
FS	重系列法兰式直通软管接头	ISO 12151-3 S-S 系列
FL45S	轻系列法兰式 45°短弯软管接头	ISO 12151-3 E45S-L 系列
FL45M	轻系列法兰式 45°中弯软管接头	ISO 12151-3 E45M-L 系列
FS45S	重系列法兰式 45°短弯软管接头	ISO 12151-3 E45S-S 系列
FS45M	重系列法兰式 45°中弯软管接头	ISO 12151-3 E45M-S 系列
FL90S	轻系列法兰式 90°短弯软管接头	ISO 12151-3 ES-L 系列
FL90M	轻系列法兰式 90°中弯软管接头	ISO 12151-3 EM-L 系列
FS90S	重系列法兰式 90°短弯软管接头	ISO 12151-3 ES-S 系列
FS90M	重系列法兰式 90°中弯软管接头	ISO 12151-3 EM-S 系列
LL	轻系列普通外螺纹端面密封直通软管接头	ISO 12151-4SDSL 系列
LS	重系列普通外螺纹端面密封直通软管接头	ISO 12151-4SDSS 系列
LL90	轻系列普通外螺纹端面密封 90°弯软管接头	ISO 12151-4SDE
C	米制螺纹 37°扩口端直通软管接头	GB/T 9065.5—2010 SWS
CU	统一内螺纹 37°扩口端直通软管接头	GB/T 9065.5—2010 SWS
C45S	米制螺纹 37°扩口端 45°短弯软管接头	GB/T 9065.5—2010 SWE45S
C45M	米制螺纹 37°扩口端 45°中弯软管接头	GB/T 9065.5—2010 SWE45M
CU45S	统一螺纹 37°扩口端 45°短弯软管接头	GB/T 9065.5—2010 SWE45S
CU45M	统一螺纹 37°扩口端 45°中弯软管接头	GB/T 9065.5—2010 SWE45M
C90S	米制螺纹 37°扩口端 90°短弯软管接头	GB/T 9065.5—2010 SWES
C90M	米制螺纹 37°扩口端 90°中弯软管接头	GB/T 9065.5—2010 SWEM
C90L	米制螺纹 37°扩口端 90°长弯软管接头	GB/T 9065.5—2010 SWEL
CU90S	统一螺纹 37°扩口端 90°短弯软管接头	GB/T 9065.5—2010 SWES
CU90M	统一螺纹 37°扩口端 90°中弯软管接头	GB/T 9065.5—2010 SWEM
CU90L	统一螺纹 37°扩口端 90°长弯软管接头	GB/T 9065.5—2010 SWEL

其中涉及的软管接头分别为 ISO 12151-3：2010《液压软管接头 第 3 部分：带 ISO 6161-1 和 ISO 6162-2 法兰端头的软管接头》、ISO 12151-4：2007《液压软管接头 第 4 部分：带 ISO 6149 米制螺柱端的软管接头》、GB/T 9065.1—2015《液压软管接头 第 1 部分：O 形圈端面密封软管接头》、GB/T 9065.2—2010《液压软管接头 第 2 部分：24°锥密封端软管接头》和 GB/T 9065.5—2010《液压软管接头 第 5 部分：37°扩口端软管接头》等标准规定的软管接头。

以 GB/T 9065.1—2015 为例，其规定了 O 形圈端面密封软管接头设计和性能的一般要求及尺寸要求。这类软管接头由碳钢制成（经制造商与用户商定，也可采用碳钢以外的材料），适用于 GB/T 2351 规定的软管内径，其包括两种连接螺纹：一种是符合 ISO 8434-3：2005 规定的 O 形圈端面密封端，采用统一螺纹，适用的软管公称内径为 6.3～38mm；另一种采用普通（米制）螺纹，适用的软管公称内径为 5～51mm。

这类软管接头与满足相应软管标准要求的软管装配后适用于液压传动系统，与适当的软管装配后可用于一般应用，但对用于道路车辆上液压或气动制动装置的软管接头，请参见 ISO 4038、ISO 4039-1 和 ISO 4039-2。

软管总成的（最高）工作压力应取 ISO 8434-3：2005 中规定的相同规格的管接头压力和相同规格软管压力的最低值。

2.2.5.5.2 管端挤压式高压管接头

在 JB/T 12942—2016《管端挤压式高压管接头》中规定了钢管外径≤42mm 的管端挤压式高压管接头（以下简称接头）的型式与尺寸、型号与标记示例、技术要求、试验方法与检测规则、标志、包装、运输和贮存，适用于冶金设备、工程机械、钻井平台、海洋船舶流体系统管路中使用的管接头。

(1) 型式与尺寸

① 管接头基本结构型式如图 2-30 所示。

② 米制螺纹胶垫密封端直通管接头结构及尺寸应符合图 2-31 和表 2-106 的规定。

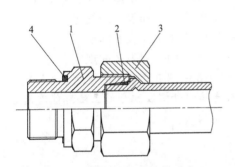

图 2-30　管接头基本结构型式

1—管接头体；2—密封圈；3—连接螺母；4—柱端密封

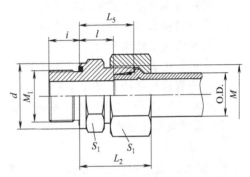

图 2-31　米制螺纹胶垫密封端直通管接头结构

注：S_1、S_2 为六方对边尺寸。

表 2-106　米制螺纹胶垫密封端直通管接头尺寸　　　　　　　　单位：mm

系列	工作压力/MPa	管子外径 O.D.	管接头型号	M_1	M	L_5	L_2	l	i	d	S_1	S_2
L	31.5	6	WF-GE06LM10WD	M10×1	M12×1.5	15.5	23.0	8.5	8.0	13.9	14	14
		8	WF-GE08LM12WD	M12×1.5	M14×1.5	17.0	25.0	10.0	12.0	16.9	17	17
		10	WF-GE10LM14WD	M14×1.5	M16×1.5	18.0	26.0	11.0	12.0	18.9	19	19
		10	WF-GE10LM18WD	M18×1.5	M16×1.5	19.5	27.0	12.5	12.0	23.9	24	19
		10	WF-GE10LM22WD	M22×1.5	M16×1.5	20.0	27.5	13.0	14.0	26.9	27	19
		12	WF-GE12LM16WD	M16×1.5	M18×1.5	19.5	27.0	12.5	12.0	21.9	22	22
		12	WF-GE12LM18WD	M18×1.5	M18×1.5	17.0	27.0	12.5	12.0	23.9	24	22
		12	WF-GE12LM22WD	M22×1.5	M18×1.5	20.0	27.5	13.0	14.0	26.9	27	22
		15	WF-GE15LM18WD	M18×1.5	M22×1.5	20.5	29.0	13.5	12.0	23.9	24	27
		15	WF-GE15LM22WD	M22×1.5	M22×1.5	21.0	29.0	14.0	14.0	26.9	27	27
		18	WF-GE18LM22WD	M22×1.5	M26×1.5	22.0	30.0	14.0	14.0	26.9	27	32
		18	WF-GE18LM18WD	M18×1.5	M26×1.5	21.5	31.0	14.5	12.0	23.9	27	32
	25	22	WF-GE22LM26WD	M26×1.5	M30×2	24.0	33.0	16.5	16.0	31.9	32	36
		28	WF-GE28LM33WD	M33×2	M36×2	25.0	34.0	17.5	18.0	39.9	41	41
		35	WF-GE35LM42WD	M42×2	M45×2	28.0	39.0	17.5	20.0	49.9	50	50
		42	WF-GE42LM48WD	M48×2	M52×2	30.0	42.0	19.0	22.0	54.9	55	60

系列	工作压力/MPa	管子外径 O.D.	管接头型号	M_1	M	L_5	L_2	l	i	d	S_1	S_2
S	63	6	WF-GE06SM12WD	M12×1.5	M14×1.5	20.0	28.0	13.0	12.0	16.9	17	17
		8	WF-GE08SM14WD	M14×1.5	M16×1.5	22.0	30.0	15.0	12.0	18.9	19	19
		10	WF-GE10SM16WD	M16×1.5	M18×1.5	22.5	31.0	15.0	12.0	21.9	22	22
		12	WF-GE12SM18WD	M18×1.5	M20×1.5	24.5	33.0	17.0	12.0	23.9	24	24
	40	16	WF-GE16SM22WD	M22×1.5	M24×1.5	27.0	37.0	18.5	14.0	26.9	27	30
		20	WF-GE20SM27WD	M27×2	M30×2	31.0	42.0	20.5	16.0	31.9	32	36
		25	WF-GE25SM33WD	M33×2	M36×2	35.0	47.0	23.0	18.0	39.9	41	46
		30	WF-GE30SM42WD	M42×2	M42×2	37.0	50.0	23.5	20.0	49.9	50	50
	31.5	38	WF-GE38SM48WD	M48×2	M52×2	42.0	57.0	26.0	22.0	54.9	55	60

③ 管螺纹胶垫密封端直通管接头结构及尺寸应符合 JB/T 12942—2016 中图 3 和表 2 的规定。

④ 55°密封管螺纹端直通管接头结构及尺寸应符合 JB/T 12942—2016 中图 4 和表 3 的规定。

⑤ 锥螺纹端直通管接头结构及尺寸应符合 JB/T 12942—2016 中图 5 和表 4 的规定。

⑥ 直通管接头结构及尺寸应符合 JB/T 12942—2016 中图 6 和表 5 的规定。

⑦ 直角管接头结构及尺寸应符合 JB/T 12942—2016 中图 7 和表 6 的规定。

⑧ 三通管接头结构及尺寸应符合 JB/T 12942—2016 中图 8 和表 7 的规定。

⑨ 过板管接头结构及尺寸应符合 JB/T 12942—2016 中图 9 和表 8 的规定。

作者注：在 JB/T 12942—2016 中，管接头体与连接螺母螺纹配合的画法可能有问题。

(2) 型式与标记示例

① 型号

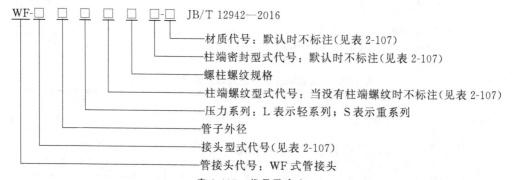

表 2-107 代号及含义

材质代号	默认	SS	SU	316Ti	—
含义	45	06Cr19Ni10	022Cr17Ni12Mo2	06Cr17Ni12Mo2Ti	—
柱端螺纹型式代号	M	G	R	NPT	—
含义	米制螺纹	55°圆柱管螺纹	55°圆锥管螺纹	60°圆锥管螺纹	—
柱端密封型式代号	默认	WD	ZH	OR	—
含义	金属棱角密封	胶垫密封	组合垫密封	O 形圈密封	—
接头型式代号	GE	GV	WV	TV	GSV
含义	端直通管接头	直通管接头	直角管接头	三通管接头	过板管接头

② 管接头标记示例

示例 1

管子外径为 30mm，材质为 45 钢的直角管接头，标记为：

示例 2

管子外径为 8mm，柱端螺纹 M12×1.5 的胶垫密封，材质为 06Cr19Ni10 的轻系列的端直通管接头，标记为：

WF-GE08LM12WD-SS JB/T 12942—2016

(3) 技术要求

① 一般要求 所有管接头体和配件不应有裂纹、气孔、砂眼、毛刺、飞边、凹痕、刮伤以及影响使用的缺陷。不进行机械加工的零件表面允许有不超过其尺寸公差一半的凹痕和压痕。

② 材料要求

a. 接头体及连接螺母。接头体及连接螺母材料根据传输介质采用碳钢和不锈钢，碳钢抗拉强度≥205MPa，不锈钢抗拉强度≥177MPa。碳钢材质应符合 GB/T 699 的规定，不锈钢材质应符合 GB/T 1220 的规定。连接螺母尺寸应符合 GB/T 3759—2008《卡套式管接头用连接螺母》的规定。

b. 被连接管要求。被连接碳钢管材质应符合 GB/T 8163 的规定，其他技术条件应符合 GB/T 3639 中的低碳钢正火态（NBK）无缝钢管的规定；不锈钢管材质应符合 GB/T 14976 的规定，其他技术条件应符合 GB/T 3639 中退火态（GBK）无缝钢管的规定。

c. 密封圈。除非另有规定，钢管成形端配用密封圈的橡胶材料应采用邵氏硬度 A90±5 的氟橡胶（FPM），其具体温度范围如下。

最低温度范围：−45～−20℃。

最高温度范围：干燥空气 150～200℃；水、蒸汽 100～150℃；液压油 150～170℃。

温度超出上述范围时，应在合同中注明。

作者注：1. 根据 GB/T 17446—2012 的规定，"技术规格中可以包括一个最高和/或最低额定温度"，而不是所谓的"最低温度范围"和/或"最高温度范围"。

2. 根据 GB/T 3452.5—××××《液压气动用 O 形橡胶密封圈 第 5 部分：弹性体材料规范》（正在报批中）的规定，选用氟橡胶（FPM）密封圈并不合适。

③ 加工要求

a. 锻制扳拧对边尺寸小于或等于 24mm 时的极限偏差为 $_{-0.8}^{0}$mm，大于 24mm 时的极限偏差为 $_{-1.0}^{0}$mm。

b. 六方对边尺寸 S 的公差应符合 GB/T 3103.1—2002 的 B 级产品要求。六方对边尺寸应不小于 1.092S，扳拧边长不小于 0.43S。如果无另外规定或标注，六方应倒角 10°～30°，倒角直径应等于六方对边尺寸 S，倒角直径极限偏差应为 $_{-0.4}^{0}$mm。

c. 零件上金属切削部位未注尺寸的公差按 GB/T 1804 的规定，孔为 H13，轴为 h12，长度尺寸为 JS13 或 js13。

成形端的 24°内锥座对其外螺纹中径的跳动公差应为 0.25mm，柱端螺纹中径对密封面的垂直度公差应为 0.10mm。零件的未注形状和位置公差按 GB/T 1184—1996 中的 C 级规定。

标准中规定的尺寸是指包括镀层或表面处理层厚度在内的成品尺寸，所有未注尺寸公差应为±0.4mm。

d. 管接头体通道从两头加工时，汇合点的不重合偏差不应大于 0.4mm，交叉通道的交汇截面积不应低于规定的最小通道截面积。

e. 规格不大于 10mm 的直角和三通的端口轴线的角度公差应为±2.5°，规格大于 10mm

的直角和三通的端口轴线的角度公差应为±1.5°。

f. 所有未注棱边应倒钝角, 倒角尺寸不大于 0.15mm。

④ 锻件要求　若采用锻件加工时, 锻件应符合 GB/T 12363—2005《锻件功能分类》中的Ⅱ类锻件的规定。

⑤ 螺纹要求

a. 普通螺纹基本尺寸应符合 GB/T 196 的规定, 公差应符合 GB/T 197 的规定, 内螺纹为 6H, 外螺纹为 6g, 端面应倒角。零件的螺纹收尾、退刀槽、倒角按 GB/T 3 的规定。电镀后, 外螺纹用 6h 级通规验收。

b. 55°圆柱管螺纹应符合 GB/T 7307—2001《55°非密封管螺纹》中 A 级的规定, 端面应倒角。

c. 55°圆锥管螺纹应符合 GB/T 7306（所有部分）《55°密封管螺纹》的规定, 端面应倒角。

d. 60°圆锥管螺纹应符合 GB/T 12716—2011《60°密封管螺纹》的规定, 端面应倒角。

⑥ 表面粗糙度要求　所有密封面的表面粗糙度 $Ra \leqslant 3.2\mu m$。未标注要求的所有机械加工表面的表面粗糙度 $Ra \leqslant 6.3\mu m$。外螺纹的表面粗糙度 $Ra \leqslant 3.2\mu m$, 内螺纹的表面粗糙度 $Ra \leqslant 6.3\mu m$。

⑦ 表面处理要求。碳钢零件一般进行镀锌处理, 若需其他表面处理, 由供需双方商定。

如果供需双方没有其他协议, 所有碳钢零件的外表面和螺纹应镀涂适当材料, 通过 72h 的中性盐雾试验。中性盐雾试验应符合 GB/T 10125 的规定。除下列区域外的位置出现任何盐雾试验红斑都应视为镀涂不合格：

a. 孔内壁表面；

b. 在批量生产的镀涂操作中或交付运输中可能碰伤的六角顶、齿状结构顶、螺纹牙顶等；

c. 折、扩、弯或其他镀后成形操作有损伤镀涂的区域；

d. 试验中的悬挂或固定处（有可能有盐雾淤积）。

⑧ 装配要求

a. 管子挤压成形后的结构及尺寸见 JB/T 12942—2016 附录 A。

b. 直管最小成形长度及弯管最小折成形长度见 JB/T 12942—2016 附录 B。

c. 装配时成形端装配力矩见表 2-108。

表 2-108　成形端装配力矩

轻系列(L)			重系列(S)		
管子外径/mm	成形端装配力矩/(N·m)		管子外径/mm	成形端装配力矩/(N·m)	
	钢	不锈钢		钢	不锈钢
6	30	30	6	35	35
8	35	35	8	40	40
10	40	40	10	55	55
12	55	55	12	70	70
15	80	80	16	110	110
18	110	120	20	150	170
22	140	170	25	210	260
28	210	250	30	280	370
35	300	380	38	410	590
42	400	520			

d. 钢管装入接头前应用管端挤压成形设备（参见 JB/T 12942—2016 附录 D）对管端进

行挤压成形。

上述设备适用于表 2-109 规定的管子外径及壁厚。

表 2-109 适用的管子外径及壁厚　　　　　　　　　　　　单位：mm

管子外径	适用的管壁厚-碳钢管								
	壁厚								
	1	1.5	2	2.5	3	3.5	4	5	6
6	▲								
8	▲								
10	▲								
12	▲	●							
15		●	●	●					
16			●	●					
18			●	●					
20			●	●					
22			●	●					
25			●	●					
28			●	●	●				
30				●	●				
35				●	●				
38					●		●		
42					●	●	●		

管子外径	适用的管壁厚-不锈钢管								
	1	1.5	2	2.5	3	3.5	4	5	6
6	▲								
8	▲								
10	▲								
12	▲								
15		●	●						
16			●	●					
18			●	●					
20			●	●					
22			●	●					
25			●	●					
28			●	●	●				
30				●	●				
35					●				
38					●		●		
42					●				

注：▨ 无内部支撑再成形；● 有内部支撑再成形；▲ 使用过渡接头环。

(4) 试验方法与检验规则

① 试验方法

a. 耐压试验。无焊接管端挤压成形高压管接头的耐压试验应按 GB/T 26143—2010《液压管接头　试验方法》规定的耐压试验方法进行。试验压力为 2 倍工作压力，至少保压 60s。经过耐压试验后，无泄漏或其他失效迹象，则认为通过了该试验。

b. 爆破压力试验。无焊接管端挤压成形高压管接头的爆破压力试验应按 GB/T 26143 规定的爆破压力试验方法进行。试验压力为 4 倍工作压力。在规定的最小爆破压力下，呈现泄漏、爆破或失效，应拒绝验收。

c. 压力脉冲试验。将成品管接头装入试验装置中，保持压力脉动波形为 0.5～1Hz（30～60 次/min）的频率进行 100 万次的脉冲试验，应无泄漏，拆卸后检查零件应无损伤。

d. 其他型式试验。如供应商和采购商另有约定的其他型式试验，该型式试验应符合 GB/T 26143 的规定。

② 检验规则　见 JB/T 12942—2016。

(5) 标志、包装、运输和贮存

① 标志　除供需双方另有规定外，管接头体和螺母应有永久性的制造商名称、商标或代码等标记。管接头体和螺母还应标记规格和压力系列。

标志的位置不应影响零件的性能和表面保护层，其字迹或符号应清晰；标志的大小和方法由制造商确定。

② 包装

a. 成品应清除污垢及金属屑，无镀层的零件金属表面应涂有防锈剂。

b. 制造厂根据产品条件，进行内、外包装。

c. 包装应附有印记或标签，其内容如下：

ⅰ. 制造厂名称；

ⅱ. 产品名称；

ⅲ. 产品数量；

ⅳ. 制造日期或生产批号；

ⅴ. 产品合格证。

d. 产品合格证的内容：

ⅰ. 制造厂名称；

ⅱ. 部件或零件名称；

ⅲ. 制造日期或生产批号；

ⅳ. 技术检查部门签章。

③ 运输

a. 在正常运输和保管条件下，自出厂日期起，半年内不应锈蚀。

b. 在正常运输和保管中，不应因包装不当而损坏或遗失零件。

④ 贮存　产品贮存时环境温度应保持在 −15～35℃ 范围内，应通风，避免雨、雪喷淋。

2.2.5.5.3　法兰式管接头

在 GB/T 34635—2017《法兰式管接头》中规定了法兰式管接头的类型与参数、尺寸与公差、材料、选型、表面处理、标识、标记及性能和试验要求等，适用于最高工作压力为 3.5～42MPa，公称直径为 DN10～DN127 液压流体传动和一般用途的法兰式管接头。

(1) 类型与参数

① 法兰式管接头按照法兰压板的型式分为对开或整体法兰式管接头、方形法兰式管接头两种。

a. 对开或整体法兰式管接头及组件（包括螺栓）的型式见图 2-32。

b. 方形法兰式管接头及组件见图 2-33。

② 法兰式管接头根据其所适用的压力范围分为轻系列和重系列。

a. 轻系列对开或整体法兰式管接头适用的最高工作压力为 3.5～35MPa、公称直径为 DN13～DN127；重系列对开或整体法兰式管接头适用的最高工作压力为 42MPa、公称直径为 DN13～DN76。

b. 轻系列方形法兰式管接头适用的最高工作压力为 25MPa、公称直径为 DN10～DN63；重系列方形法兰式管接头适用的最高工作压力为 40MPa、公称直径为 DN10～DN80。

③ 法兰式管接头及其组件的尺寸、力矩和最高工作压力应符合以下要求。

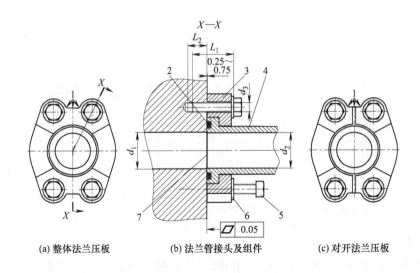

(a) 整体法兰压板　　　(b) 法兰管接头及组件　　　(c) 对开法兰压板

图 2-32　对开或整体法兰式管接头及组件

1—可选形状；2—O 形圈；3—法兰压板；4—法兰接头；5—螺栓；6—硬质垫圈；7—过渡块、泵等油口面

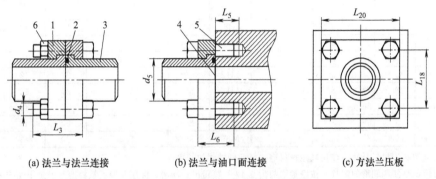

(a) 法兰与法兰连接　　　(b) 法兰与油口面连接　　　(c) 方法兰压板

图 2-33　方形法兰式管接头及组件

1—法兰压板；2—O 形圈；3—法兰接头；4—过渡块、泵等的油口面；5—螺栓；6—螺母

　　a. 轻系列对开或整体法兰式管接头及其组件的尺寸、力矩和最高工作压力应符合表 2-110 的规定；重系列对开或整体法兰式管接头及其组件的尺寸、力矩和最高工作压力应符合表 2-111 的规定。

　　b. 轻系列方形法兰式管接头及其组件的尺寸、力矩和最高工作压力应符合表 2-112 的规定；重系列方形法兰式管接头及其组件的尺寸、力矩和最高工作压力应符合表 2-113 的规定。

表 2-110　轻系列对开或整体法兰式管接头及其组件的尺寸、力矩和最高工作压力

法兰公称直径 DN	$d_{1-1.5}^{\ 0}$ /mm	d_2(max) /mm	O 形圈尺寸 /mm	平垫尺寸 /mm	10.9 级米制螺栓			L_2(min) /mm	最高工作压力 /MPa	最小爆破压力 /MPa
					d_3	$L_1^①$/mm	拧紧力矩[②][③]$^{+10\%}_{\ 0}$ /(N·m)			
13	13.0	13.0	18.64×3.53	8	M8	25	32	16	35	140
19	19.2	19.2	24.99×3.53	10	M10	30	70	18	35	140
25	25.6	25.6	32.92×3.53	10	M10	30	70	18	32	128
32	32.0	32.0	37.69×3.53	10	M10	30	70	18	28	112
38	38.2	38.2	47.22×3.53	12	M12	35	130	23	21	84

法兰公称直径 DN	$d_1{}_{-1.5}^{\ 0}$ /mm	d_2(max) /mm	O形圈尺寸 /mm	平垫尺寸 /mm	10.9 级米制螺栓			L_2(min) /mm	最高工作压力 /MPa	最小爆破压力 /MPa
					d_3	$L_1^{①}$/mm	拧紧力矩$^{②,③}{}_{\ 0}^{+10\%}$ /(N·m)			
51	51.0	51.0	56.74×3.53	12	M12	35	130	23	21	84
64	63.5	63.5	69.44×3.53	.12	M12	40	130	23	17.5	70
76	76.2	76.2	85.32×3.53	16	M16	50	295	30	16	64
89	89.0	89.0	98.02×3.53	16	M16	50	295	30	3.5	14
102	101.6	101.6	110.72×3.53	16	M16	50	295	30	3.5	14
127	127.0	127.0	136.12×3.53	16	M16	56	295	30	3.5	14

① 螺纹长度按碳钢材料计算，使用其他材料应选择不同的螺纹长度。

② 以上力矩值是使用润滑的螺栓，按摩擦因数为 0.17 计算得出；润滑、镀层及表面粗糙度等因素影响拧紧力矩。

③ 应根据 GB/T 34635—2017 附录 A 的装配要求对法兰式管接头进行安装。

表 2-111　重系列对开或整体法兰式管接头及其组件的尺寸、力矩和最高工作压力

法兰公称直径 DN	$d_1{}_{-1.5}^{\ 0}$ /mm	d_2(max) /mm	O形圈尺寸 /mm	平垫尺寸 /mm	10.9 级米制螺栓			L_2(min) /mm	最高工作压力 /MPa	最小爆破压力 /MPa
					d_3	$L_1^{①}$/mm	拧紧力矩$^{②,③}{}_{\ 0}^{+10\%}$ /(N·m)			
13	13.0	13.0	18.64×3.53	8	M8	30	32	16	42	168
19	19.2	19.2	24.99×3.53	10	M10	35	70	18	42	168
25	25.6	25.6	32.92×3.53	12	M12	45	130	23	42	168
32	32.0	32.0	37.69×3.53	12	M12	45	130	23	42	168
38	38.2	38.2	47.22×3.53	16	M16	55	295	27	42	168
51	51.0	51.0	56.74×3.53	20	M20	70	550	35	42	168
64	63.0	63.0	69.44×3.53	24	M24	80	550	50	42	168
76	76.0	76.0	85.32×3.53	30	M30	90	650	60	42	168

① 螺纹长度按碳钢材料计算，使用其他材料应选择不同的螺纹长度。

② 以上力矩值是使用润滑的螺栓，按摩擦因数为 0.17 计算得出；润滑、镀层及表面粗糙度等因素影响拧紧力矩。

③ 应根据 GB/T 34635—2017 附录 A 的装配要求对法兰式管接头进行安装。

表 2-112　轻系列方形法兰式管接头及其组件的尺寸、力矩和最高工作压力

法兰公称直径 DN	d_5(max) /mm	O形圈尺寸 /mm	平垫尺寸 /mm	10.9 级米制螺栓				L_5(min) /mm	最高工作压力 /MPa	最小爆破压力 /MPa
				d_4	L_3(min) /mm	$L_6^{①}$ (min) /mm	拧紧力矩$^{②}{}_{\ 0}^{+10\%}$ /(N·m)			
10	12.5	17.12×2.62	6	M6	45	30	12.5	12.5	25	100
13	15	18.64×3.53	8	M8	50	35	31	15.5	25	100
19	20	24.99×3.53	8	M8	55	35	31	**13.5**	25	100
25	25	32.92×3.53	10	M10	65	40	66	15.5	25	100
32	32	37.69×3.53	12	M12	76	50	118	20.5	25	100
38	38	47.22×3.53	16	M16	90	60	275	24.5	25	100
51	47	56.74×3.53	16	M16	100	65	275	25.5	25	100
56	58	69.44×3.53	20	M20	110	80	480	33	25	100
63	70	85.32×3.53	20	M20	120	90	480	33	25	100

① 螺纹长度按碳钢材料计算，使用其他材料应选择不同的螺纹长度。

② 以上力矩值是使用润滑的螺栓，按摩擦因数为 0.2 计算得出；润滑、镀层及表面粗糙度等因素影响拧紧力矩。

作者注：表中黑体字或有误。

表 2-113　重系列方形法兰式管接头及其组件的尺寸、力矩和最高工作压力

| 法兰公称直径 DN | d_5(max) /mm | O 形圈尺寸 /mm | 平垫尺寸 /mm | 10.9 级米制螺栓 | | | | L_5(min) /mm | 最高工作压力 /MPa | 最小爆破压力 /MPa |
				d_4	L_3(min) /mm	$L_6^{①}$(min) /mm	拧紧力矩$^{②}{}^{+10\%}_{0}$ /(N·m)			
10	12.5	17.12×2.62	6	M6	45	30	12.5	12.5	25	100
13	15	18.64×3.53	8	M8	50	35	31	15.5	25	100
19	18	24.99×3.53	8	M8	55	35	31	**13.5**	40	160
25	22	32.92×3.53	10	M10	65	40	66	15.5	40	160
32	29	37.69×3.53	12	M12	75	50	118	20.5	40	160
38	35	47.22×3.53	16	M16	90	60	275	24.5	40	160
51	43	56.52×5.33	16	M16	100	65	275	25.5	40	160
56	53	69.22×5.33	20	M20	130	80	480	31	40	160
63	58	75.57×5.33	24	M24	130	90	1000	37.5	40	160
70	63	85.09×5.33	24	M24	150	100	1000	38.5	40	160
80	74	88.27×5.33	30	M30	170	120	2000	48.5	40	160

① 螺纹长度按碳钢材料计算，使用其他材料应选择不同的螺纹长度。

② 以上力矩值是使用润滑的螺栓，按摩擦因数为 0.2 计算得出；润滑、镀层及表面粗糙度等因素影响拧紧力矩。

作者注：表中黑体字或有误。

④ 压力和温度要求如下。

a. 表 2-110 和表 2-111 中相应的最高工作压力对碳钢管接头流体温度在 −40～120℃。

b. 表 2-110 和表 2-111 中相应的最高工作压力对不锈钢管接头流体温度在 −60～50℃。

作者注：50℃疑为 250℃。

不锈钢管接头最高工作压力随流体温度而改变：

50～100℃，最高工作压力下降 4％；

100～200℃，最高工作压力下降 11％；

200～250℃，最高工作压力下降 20％。

注：带合成橡胶密封圈的管接头，其温度范围取决于密封圈的温度限制。

c. GB/T 34635—2017 规定的法兰连接件不能在低于 −20℃ 的温度下装配。

(2) 尺寸与公差

① 对开或整体法兰式管接头的尺寸与公差

a. 法兰压板。轻系列对开式法兰压板尺寸应符合图 2-34 和表 2-114 的规定；重系列对开式法兰压板尺寸应符合图 2-34 和表 2-115 的规定。

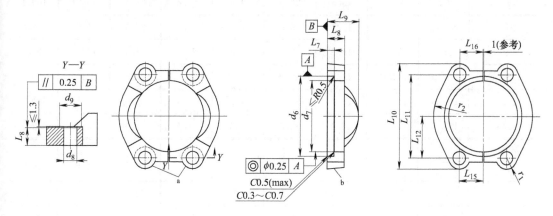

a 可选形状。　b 拔模斜度最大为 6°。

未注棱边倒角0.1×45°。

图 2-34　对开式法兰压板

轻系列整体式法兰压板尺寸应符合图 2-35 和表 2-114 的规定；重系列整体式法兰压板尺寸应符合图 2-35 和表 2-115 的规定。

拔模斜度最大为 6°，分模面可以是图 2-34 或图 2-35 所示 B 面，也可是上下两平面中间。

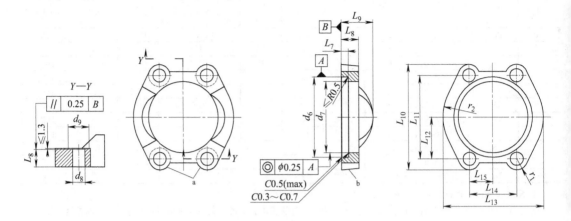

a 可选形状。 b 拔模斜度最大为 6°。

未注棱边倒角0.1×45°。

图 2-35 整体式法兰压板

作者注：图中的剖切符号位置或有误。

表 2-114 轻系列对开式或整体式法兰压板尺寸 单位：mm

法兰公称直径 DN	$d_6 \pm 0.25$	$d_7 \pm 0.25$	$d_8 \pm 0.15$	d_9(min)	$L_7 \pm 0.15$	$L_8 \pm 0.5$	$L_9 \pm 0.8$	L_{10}	
								max	min
13	30.95	24.25	8.9	16.5	6.2	12.7	19.0	54.9	53.1
19	38.90	32.15	10.6	20.5	6.2	14.2	22.5	65.8	64.3
25	45.25	38.50	10.6	20.5	7.5	15.8	24.0	70.6	69.1
32	51.60	43.70	10.6	24.5	7.5	14.2	22.5	80.3	78.5
38	61.10	50.80	13.3	26.0	7.5	15.8	25.5	94.5	93.0
51	72.25	62.75	13.5	26.0	9.0	15.8	26.0	103.1	100.1
64	84.95	74.95	13.5	26.0	9.0	19.1	38.0	115.8	112.8
76	102.40	90.95	16.7	32.5	9.0	22.4	41.0	136.7	133.4
89	115.10	102.40	16.7	32.5	10.7	22.4	28.5	153.9	150.9
102	127.80	115.10	16.7	32.5	10.7	25.4	35.0	163.6	160.3
127	153.20	140.50	16.7	32.5	10.7	28.5	41.0	185.7	182.6
法兰公称直径 DN	$L_{11} \pm 0.25$	$L_{12} \pm 0.25$	$L_{13} \pm 0.8$	$L_{14} \pm 0.25$	$L_{15} \pm 0.25$	$L_{16} \pm 0.4$	$L_{17} \pm 0.8$	r_1 (参考)	r_2 (参考)
13	38.1	19.05	46.0	17.5	8.75	7.9	21.8	8.0	23.0
19	47.6	23.80	52.3	22.2	11.10	10.2	24.9	8.5	26.0
25	52.4	26.20	58.7	26.2	13.10	12.2	28.2	8.5	29.5

法兰公称直径 DN	$L_{11}\pm0.25$	$L_{12}\pm0.25$	$L_{13}\pm0.8$	$L_{14}\pm0.25$	$L_{15}\pm0.25$	$L_{16}\pm0.4$	$L_{17}\pm0.8$	r_1（参考）	r_2（参考）
32	58.7	29.35	73.2	30.2	15.10	14.2	35.3	10.5	36.5
38	69.9	34.95	82.6	35.7	17.85	17.0	40.1	12.0	41.5
51	77.8	38.90	96.8	42.9	21.45	20.6	47.2	12.0	48.5
64	88.9	44.45	108.7	50.8	25.40	24.4	53.1	12.5	54.5
76	106.4	53.20	131.1	61.9	30.95	30.0	64.3	14.0	65.5
89	120.7	60.35	139.7	69.9	34.95	34.0	68.6	15.5	70.0
102	130.2	65.10	152.4	77.8	38.90	37.8	74.9	15.5	76.0
127	152.4	76.20	180.9	92.1	46.05	45.2	89.4	15.5	90.5

作者注：表2-114中一些尺寸重复，如 L_{11} 和 L_{12}、L_{15} 和 $L_{16}+1^{\text{Ref}}$ 等；缺对开处高度尺寸。

表2-115　重系列对开式或整体式法兰压板尺寸　　　　单位：mm

法兰公称直径 DN	$d_6\pm0.25$	$d_7\pm0.25$	$d_8\pm0.15$	d_9（min）	$L_7\pm0.15$	$L_8\pm0.5$	$L_9\pm0.8$	L_{10}	
								max	min
13	32.50	24.65	8.9	16.5	7.2	15.7	22.5	57.2	55.6
19	42.00	32.50	10.6	20.5	8.2	19.1	28.5	72.1	70.6
25	48.40	38.85	13.3	26.0	9.0	23.9	33.5	81.8	80.3
32	54.75	44.45	13.3	26.0	9.8	26.9	38.0	96.0	94.5
38	64.25	51.55	16.7	32.5	12.1	30.2	43.0	114.3	111.3
51	80.15	67.55	20.6	38.0	12.1	36.6	52.5	134.9	131.8
64	108.50	89.50	25.0	45.0	20.0	48.0	—	176.9	174.8
76	132.50	114.5	31.0	57.0	25.0	58.0	—	216.0	208.0

法兰公称直径 DN	$L_{11}\pm0.25$	$L_{12}\pm0.25$	$L_{13}\pm0.8$	$L_{14}\pm0.25$	$L_{15}\pm0.25$	$L_{16}\pm0.4$	$L_{17}\pm0.8$	r_1（参考）	r_2（参考）
13	40.5	20.25	47.8	18.2	9.1	8.1	22.6	8.0	24.0
19	50.8	25.4	60.5	23.8	11.9	10.9	29.0	10.5	30.0
25	57.2	28.6	69.9	27.8	13.9	13.0	33.8	12.0	35.0
32	66.7	33.35	77.7	31.8	15.9	15.0	37.6	14.0	39.0
38	79.4	39.7	95.3	36.5	18.2	17.3	46.5	17.0	48.5
51	96.8	48.4	114.3	44.5	22.25	21.3	55.9	18.0	57.0
64	123.8	61.9	150	58.7	29.35	28.4	74.0	26.0	75.0
76	152.4	76.2	176	71.4	35.7	34.7	88.0	29.0	89.0

b. 法兰接头。轻系列对开或整体法兰式管接头用法兰接头尺寸应符合图2-36和表2-116的规定；重系列对开或整体法兰式管接头用法兰接头尺寸应符合图2-36和表2-117的规定。

表2-116　轻系列对开或整体法兰式管接头用法兰接头尺寸　　　　单位：mm

法兰公称直径 DN	d_2（max）	d_{14}（max）	d_{15}（max）	$d_{16}\pm0.25$	d_{17}		d_{18}（max）	$L_{22}\pm0.15$	L_{23}（参考）
					max	min			
13	13.0	23.9	25.3	30.20	25.53	25.40	14.2	6.8	13
19	19.2	31.8	33.2	38.10	31.88	31.75	21.0	6.8	14
25	25.6	38.1	39.5	44.45	39.75	39.62	27.0	8.0	14
32	32.0	43.2	44.6	50.80	44.58	44.45	33.3	8.0	14

法兰公称直径 DN	d_2 (max)	d_{14} (max)	d_{15} (max)	$d_{16}\pm0.25$	d_{17} max	d_{17} min	d_{18} (max)	$L_{22}\pm0.15$	L_{23} (参考)
38	38.2	50.3	51.7	60.35	53.98	53.72	39.6	8.0	16
51	51.0	62.2	63.6	71.40	63.50	63.25	52.3	9.6	16
64	63.5	74.2	75.6	84.10	76.33	76.07	65.0	9.6	18
76	76.2	90.2	91.6	101.60	92.08	91.82	77.7	9.6	19
89	89.0	101.6	103.0	114.30	104.52	104.01	90.4	11.3	22
102	101.6	114.3	115.7	127.00	117.22	116.71	103.1	11.3	25
127	127.0	139.7	141.1	152.40	142.62	142.11	129.0	11.3	28

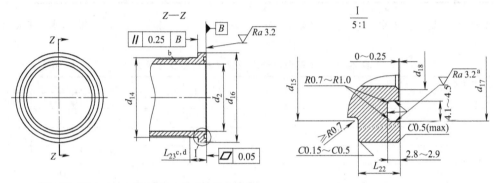

[a] 使用槽刀将表面加工到符合2.2.5.5.3中(5)⑦的要求。

[b] 可选轮廓线。

[c] 接头 L_{23} 长度的设计，需要提供足够的螺栓安装及维修空间。

[d] 为区别轻和重系列法兰接头，在重系列法兰接头上需制作一个宽1~1.5mm，深0.5~0.75mm 的环形沟槽，其距离根据 L_{23} 来定义，位于法兰接头面(如图2-36中参考面B)L_{23}-3mm处。

图 2-36　对开或整体法兰式管接头用法兰接头

作者注：沟槽侧面可加工成3°以内的斜面，但沟槽棱圆角半径应在0.1~0.3mm之内。

表 2-117　重系列对开或整体法兰式管接头用法兰接头尺寸　　　　单位：mm

法兰公称直径 DN	d_2 (max)	d_{14} (max)	d_{15} (max)	$d_{16}\pm0.25$	d_{17} max	d_{17} min	d_{18} (max)	$L_{22}\pm0.15$	L_{23} (参考)
13	13.0	23.9	25.3	31.75	25.53	25.40	14.2	7.8	14
19	19.2	31.8	33.2	41.3	31.88	31.75	21.0	8.8	18
25	25.6	38.1	39.5	47.65	39.75	39.62	27.0	9.5	21
32	32.0	43.7	45.1	54.0	44.58	44.45	33.3	10.3	25
38	38.2	50.8	52.2	63.5	53.98	53.72	39.6	12.6	30
51	51.0	66.5	67.9	79.4	63.50	63.25	52.3	12.6	38
64	63.5	89.0	90.4	107.7	76.35	76.05	65.0	20.5	50
76	76.2	113.5	114.9	131.7	92.01	91.80	80.0	26.0	65

　　c. 油口端。轻系列对开式或整体式法兰连接的油口端尺寸及法兰块的宽度应符合图2-37 和表2-118的规定；重系列对开式或整体式法兰连接的油口端尺寸及法兰块的宽度应符合图2-37 和表2-119的规定。

表 2-118　轻系列对开式或整体式法兰连接的油口端尺寸及法兰块的宽度　单位：mm

法兰公称直径 DN	$d_{1-1.5}^{0}$	r_4（参考）	r_5（参考）	O形圈尺寸	L_{11} ±0.25	L_{12} ±0.25	L_{14} ±0.25	L_{15} ±0.25	L_{24}（参考）	L_{25}（min）	L_{26}（min）	L_{27}（min）	L_{28}（min）	L_{29}（min）
13	13.0	8.0	23.0		38.1	19.05	17.5	8.75	50	33	59	55	51	58
19	19.0	8.5	26.0		47.6	23.80	22.2	11.10	56	41	70	63	57	69
25	25.6	8.5	29.5		52.4	26.20	26.2	13.10	63	47	75	69	64	74
32	32.0	10.5	35.5		58.7	29.35	30.2	15.10	77	53	84	81	78	83
38	38.2	12.0	41.5	见表 2-110	69.9	34.95	35.7	17.85	86	63	99	93	87	98
51	51.0	12.0	48.5		77.8	38.90	42.9	21.45	101	76	107	104	102	106
64	63.5	12.5	54.5		88.9	44.45	50.8	25.40	113	88	120	117	114	119
76	76.2	14.0	65.5		106.4	53.20	61.9	30.95	135	106	141	138	136	140
89	89.0	15.5	70.0		120.7	60.35	69.9	34.95	144	119	158	151	145	157
102	101.6	15.5	76.0		130.2	65.10	77.8	38.90	156	131	168	162	157	167
127	127.0	15.5	90.5		152.4	76.20	92.1	46.05	185	157	190	188	186	189

注：使用 GB/T 34635—2017 时，如果碳钢材料不能满足，应选择合适的油口材料来达到工作压力的要求。

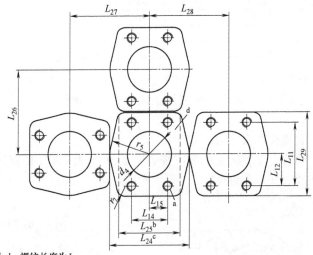

[a] 4 螺栓孔的大径为 d，螺纹长度为 L。

[b] 法兰块最小宽度。

[c] 法兰块的推荐宽度。

[d] 根据 GB/T 131 MRR（文字表达的去除材料标注表面结构的完整图形符号），最大表面粗糙度 Ra 为 3.2 μm。

图 2-37　对开式或整体式法兰连接的油口端尺寸及法兰块的宽度

表 2-119　重系列对开式或整体式法兰连接的油口端尺寸及法兰块的宽度　单位：mm

法兰公称直径 DN	$d_{1-1.5}^{0}$	r_4（参考）	r_5（参考）	O形圈尺寸	L_{11} ±0.25	L_{12} ±0.25	L_{14} ±0.25	L_{15} ±0.25	L_{24}（参考）	L_{25}（min）	L_{26}（min）	L_{27}（min）	L_{28}（min）	L_{29}（min）
13	13.0	8.0	24		40.5	20.25	18.2	9.1	52	38	61	57	53	60
19	19.2	10.5	30		50.8	25.4	23.8	11.9	64	47	76	70	65	75
25	25.6	12	35		57.2	28.6	27.8	13.9	74	53	86	80	75	85
32	32.0	14	39	见表 2-111	66.7	33.35	31.8	15.9	82	60	100	91	83	99
38	38.2	17	48.5		79.4	39.7	36.5	18.25	99	69	118	109	100	117
51	51.0	18	57		96.8	48.4	44.5	22.25	118	85	139	129	119	138
64	63.0	26	75		123.8	61.9	58.7	29.35	150.8	113	183	169	156	176.9
76	76.0	29	89		152.4	76.2	71.4	35.7	178.8	132	218	202	184	211.5

注：使用 GB/T 34635—2017 时，如果碳钢材料不能满足，应选择合适的油口材料来达到工作压力的要求。

d. O 形圈。O 形圈的尺寸应符合表 2-120 的规定。

表 2-120　O 形圈的尺寸　　　　　　　　　　单位：mm

O 形圈尺寸	O 形圈内径 D		O 形圈截面直径 d	
	直径	公差	直径	公差
17.12×2.62	17.12	±0.23	2.62	±0.08
18.64×3.53	18.64	±0.25	3.53	±0.10
24.99×3.53	24.99	±0.25	3.53	±0.10
32.92×3.53	32.92	±0.30	3.53	±0.10
37.69×3.53	37.69	±0.35	3.53	±0.10
47.22×3.53	47.22	±0.46	3.53	±0.10
56.74×3.53	56.74	±0.51	3.53	±0.10
69.44×3.53	69.44	±0.61	3.53	±0.10
85.32×3.53	85.32	±0.61	3.53	±0.10
98.02×3.53	98.02	±0.71	3.53	±0.10
110.72×3.53	110.72	±0.76	3.53	±0.10
136.12×3.53	136.12	±0.89	3.53	±0.10
56.52×5.33	56.52	±0.46	5.33	±0.13
69.22×5.33	69.22	±0.51	5.33	±0.13
75.57×5.33	75.57	±0.61	5.33	±0.13
85.09×5.33	85.09	±0.61	5.33	±0.13
88.27×5.33	88.27	±0.61	5.33	±0.13

e. 公差。除非特殊规定，未注公差应符合 GB/T 1804—2000 中 m 级（中级）的规定。表中提供的尺寸及公差数据，适用于机械加工成品件。电镀件及经其他处理的零件由采购商指定。

② 方形法兰式管接头的尺寸与公差

a. 法兰压板。轻系列方形法兰压板应符合图 2-38 和表 2-121 的规定；重系列方形法兰压板应符合图 2-38 和表 2-122 的规定。

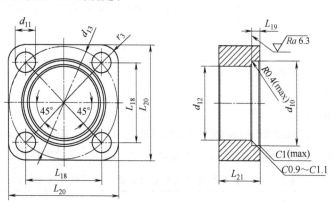

图 2-38　方形法兰压板

表 2-121　轻系列方形法兰压板　　　　　　　　单位：mm

法兰公称直径 DN	L_{18}	d_{10}H12	d_{11}[①]H13	d_{12}H11	d_{13}±0.2	$L_{19}{}^{0}_{-0.2}$	L_{20}	L_{21}[②]	r_3(max)
10	24.7	25	6.6	18.5	35	6.2	40	18	6
13	29.7	31	9	24.3	42	6.2	45	20	8
19	35.4	38.9	9	32.2	50	6.2	50	22	8

法兰公称直径 DN	L_{18}	d_{10} H12	d_{11}[1] H13	d_{12} H11	$d_{13}\pm0.2$	$L_{19{-0.2}}^{\ 0}$	L_{20}	L_{21}[2]	r_3(max)
25	43.8	45.3	11	38.5	62	7.5	65	25	10
32	51.6	51.6	13.5	43.7	73	7.5	75	30	12
38	60.1	61.1	17.5	50.8	85	7.5	90	36	14
51	69.3	72.3	17.5	62.8	98	9	100	40	16
56	83.4	88	22	76.6	118	9	120	45	20
63	102.5	102.3	22	90.8	145	9	140	52	20

①法兰的上表面（背面）可以是任何形式，用于安装螺栓的尺寸应和L_{19}及L_{21}一致。

② 可选。

表 2-122　重系列方形法兰压板　　　　　　　　　单位：mm

法兰公称直径 DN	L_{18}	d_{10} H12	d_{11}[1] H13	d_{12} H11	$d_{13}\pm0.2$	$L_{19{-0.2}}^{\ 0}$	L_{20}	L_{21}[2]	r_3(max)
10	24.7	26.4	6.6	18.5	35	7.2	40	18	6
13	29.7	32.6	9	24.7	42	7.2	45	20	8
19	35.4	42.1	9	32.5	50	8.2	50	22	8
25	43.8	48.4	11	38.9	62	9	65	25	10
32	51.6	54.8	13.5	44.6	73	9.8	75	30	12
38	60.1	64.3	17.5	51.6	85	12	90	36	14
51	69.3	80.2	17.5	67.6	98	12	100	40	16
56	83.4	95	22	80.5	118	16.1	120	50	20
63	102.5	111	26	90.5	145	16.1	150	52	20
70	113.1	120	26	102.5	160	17.5	160	60	20
80	123.7	136	33	114.5	175	21	180	70	24

① 法兰的上表面可以是任何形式，用于安装螺栓的尺寸应和L_{19}及L_{21}一致。

② 可选。

b. 法兰接头。轻系列方形法兰式管接头用法兰接头尺寸应符合图 2-39 和表 2-123 的规定；重系列方形法兰式管接头用法兰接头尺寸应符合图 2-39 和表 2-124 的规定。

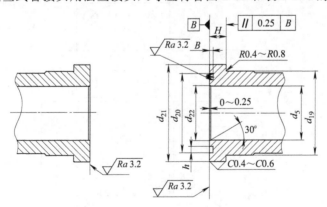

图 2-39　方形法兰式管接头用法兰接头

表 2-123　轻系列方形法兰式管接头用法兰接头尺寸　　　　　　单位：mm

法兰公称直径 DN	$h\pm0.25$	d_5(max)	d_{19}(max)	d_{20} max	d_{20} min	$d_{21}\pm0.25$	d_{22}	$H\pm0.15$	B
10	3.2	12.5	18	22.05	21.9	24.5	14	6.8	2.2
13	4.2	15	24	25.65	25.5	30.2	16	6.8	2.9

法兰公称直径 DN	$h\pm0.25$	d_5 (max)	d_{19} (max)	d_{20}		$d_{21}\pm0.25$	d_{22}	$H\pm0.15$	B
				max	min				
19	4.2	20	31.5	31.75	31.6	38.1	22	6.8	2.9
25	4.2	25	38	39.25	39.1	44.5	27	8	2.9
32	4.2	32	43	44.15	44	50.8	34	8	2.9
38	4.2	38	50	53.9	53.7	60.4	40	8	2.9
51	4.2	47	62	62.7	62.5	71.4	50	9.6	2.9
56	4.2	58	76	75.5	75.3	87.2	60	12	2.9
63	4.2	70	90	91.3	91.1	101.6	74	15	2.9

表 2-124 重系列方形法兰式管接头用法兰接头尺寸　　　　　单位：mm

法兰公称直径 DN	$h\pm0.25$	d_5 (max)	d_{19} (max)	d_{20}		$d_{21}\pm0.25$	d_{22}	$H\pm0.15$	B
				max	min				
10	3.2	11	18	22.05	21.9	26	13	7.8	2.2
13	4.2	14	24	25.65	25.5	31.8	15	7.8	2.9
19	4.2	18	32	31.75	31.6	41.3	19	8.8	2.9
25	4.2	22	38	39.25	39.1	47.6	24	9.5	2.9
32	4.2	29	44	44.15	44	54	32	10.3	2.9
38	4.2	35	51	53.9	53.7	63.5	38	12.6	2.9
51	6.7	43	67	65.7	65.5	79.4	46	12.6	4
56	6.7	53	80	78.8	78.6	94.2	56	16.5	4
63	6.7	58	90	84.8	84.6	104	59	18	4
70	6.7	63	102	94.6	94.4	119	65	20	4
80	6.7	74	114	97	96.8	131	76	23.5	4

　　c. 油口端。轻系列方形法兰管接头连接的油口尺寸应符合图 2-40 和表 2-125 的规定；重系列方形法兰式管接头连接的油口尺寸应符合图 2-40 和表 2-126 的规定。

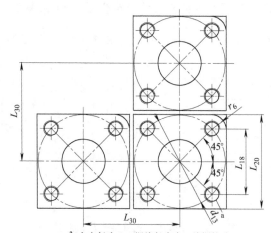

^a4 个直径为 d_4、螺纹长度为 L_5 的螺栓孔。

图 2-40　方形法兰式管接头油口

　　d. O 形圈。O 形圈的尺寸应符合表 2-120 的规定。

　　e. 公差。除非特殊规定，未注公差应符合 GB/T 1804—2000 中 m 级（中级）的规定。表中提供的尺寸及公差数据，适用于机械加工成品件。电镀件及经其他处理的零件由采购商指定。

(3) 材料

① 法兰式管接头 法兰压板和接头材料应为钢铁材料，且成品力学性能应符合表 2-127 的规定。

表 2-125 轻系列方形法兰式管接头油口尺寸　　　　单位：mm

法兰公称直径 DN	L_{30}	d_4	L_5	L_{18}	$d_{13}\pm0.2$	r_6(max)
10	43			24.7	35	6
13	48			29.7	42	8
19	53			35.4	50	8
25	68			43.8	62	10
32	80	见表 2-112		51.6	73	12
38	95			60.1	85	14
51	105			69.3	98	16
56	125			83.4	118	20
63	145			102.5	145	20

注：L_{30} 为推荐尺寸。

表 2-126 重系列方形法兰式管接头油口尺寸　　　　单位：mm

法兰公称直径 DN	L_{30}	d_4	L_5	L_{18}	$d_{13}\pm0.2$	r_6(max)
10	43			24.7	35	6
13	48			29.7	42	8
19	53			35.4	50	8
25	68			43.8	62	10
32	80			51.6	73	12
38	95	见表 2-113		60.1	85	14
51	105			69.3	98	16
56	125			83.4	118	20
63	155			102.5	145	20
70	165			113.1	160	20
80	185			123.7	175	24

注：L_{30} 为推荐尺寸。

表 2-127 法兰式管接头及组件的材料力学性能

法兰式管接头及组件	公称直径范围	力学性能要求
轻系列对开式或整体式法兰压板	公称直径 DN13	屈服强度≥220MPa 断后伸长率≥3%
	其他公称直径[①]	屈服强度≥330MPa 断后伸长率≥3%
重系列对开式或整体式法兰压板	全系列公称直径	屈服强度≥330MPa 断后伸长率≥3%
方形法兰压板	全系列公称直径	屈服强度≥330MPa 断后伸长率≥20%
全部法兰接头	全系列公称直径	屈服强度≥215MPa 断后伸长率≥10%

① 当管接头出现泄漏等特殊状况时，屈服强度宜提高到≥415MPa。

② 紧固件 除非特殊规定，应使用以下紧固件。

a. 符合 GB/T 5783—2016《六角头螺栓　全螺纹》的六角头螺栓，机械性能不低于 GB/T 3098.1 规定的 10.9 级。

b. 符合 GB/T 70.1—2008《内六角圆柱头螺钉》的内六角圆柱头螺钉，机械性能不低于 GB/T 3098.1 规定的 10.9 级。

c. 符合 GB/T 6170 的螺母，机械性能不低于 GB/T 3098.2 规定的 10 级。

作者注：GB/T 6170 是"六角螺母（部分）"系列国家标准之一，该系列包括 8 项标准，因此上述要求有问题。

③ O 形圈　除非另有说明，当管接头的使用温度和压力符合 2.2.5.5.3 中（1）④和表 2-110 或表 2-111 规定时，O 形圈采用 NBR 材料，橡胶硬度值为（90±5）IRHD，表 2-110 和表 2-111 中 O 形圈尺寸公差应符合表 2-120 的规定，质量验收标准应符合 GB/T 3452.2—2007 中的 N 级。如管接头的使用温度高于 2.2.5.5.3 中（1）④的规定，O 形圈应采用能满足更高温度要求的材料。

注：法兰接头部件包括弹性密封件。除非另有说明，该接头配有弹性密封件，用于石油基液压油，并在规定的温度范围内使用。若用于其他液压流体可能导致工作温度范围减小或接头失效。若有要求，制造商可以提供带有适用于非石油基液压流体弹性密封件的接头并满足指定的工作温度范围。

④ 平垫圈　建议使用硬质平垫圈。当使用硬质平垫圈时，应选用 GB/T 97.1—2002 《平垫圈》中规定的硬度等级为 300HV 的 A 级平垫圈。

(4) 选型

① 符合 GB/T 34635—2017 的法兰式管接头，应注意轻、重系列最高工作压力和尺寸的区别，轻、重系列的法兰式管接头不可互换。

② 对于对开或整体法兰式管接头，根据法兰接头内径或法兰块的最大孔径相对应的法兰公称直径（DN）来选择法兰式管接头的尺寸；当最高工作压力为 2MPa 时，推荐使用 GB/T 34635—2017 附录 C 中的对角 2 个螺栓孔法兰压板。

③ 对于对开或整体法兰式管接头，法兰压板、油口端及法兰接头的公称尺寸（DN）需一致。

④ 如需将法兰安装在法兰块上，需要测量螺栓孔的距离，以及螺栓孔的尺寸来选择合适的法兰接头及法兰压板，以防止轻系列和重系列之间的混淆，测量距离时需要精确到 1mm 甚至更高精度。

⑤ 如需与法兰接头配合安装，测量直径及厚度需要精确到 0.5mm 甚至更高精度。

⑥ 选择相应的法兰压板型式：整体式法兰压板、对开式法兰压板或方形法兰压板。

⑦ 在进行系统设计时需考虑系统中峰值压力高于最大压力时可能会降低法兰连接性能。

(5) 表面处理

① 供应商或者采购方特殊要求除外，所有碳钢法兰接头（除焊接法兰接头外）、法兰压板外表面都需要进行表面处理，并应通过 GB/T 10125 要求的至少 72h 盐雾试验；供应商或者采购方特殊要求除外，焊接法兰接头应进行浸油或磷化处理，或采用其他不会破坏其焊接性能的表面处理方式，但需要通过 GB/T 10125 规定的 16h 中性盐雾试验。

② 螺栓及垫圈需要进行浸油或磷化处理，或采用其他不会产生氢脆的处理方式，并达到其至超过 GB/T 10125 要求的 16h 盐雾试验测试。

③ 除以下情况外，在上述盐雾试验中任何部位出现红斑，都应判定不合格：

a. 所有内孔；

b. 可能出现机械变形的地方，如螺母的六角边，螺纹的牙顶或者是批量生产或运输等影响的试验样件；

c. 经过扣压、扩口、弯管等其他机械变形处理后，影响了镀层表面；

d. 零件被悬挂的部分或在试验时粘贴和冷凝物的积聚表面。

④ 符合 GB/T 34635—2017 的零件的表面处理不应使用含铬镀锌的方法。

⑤ 储存及运输时，应对内部流体通道做防腐蚀处理。

⑥ 所有连接部件应去毛刺、去氧化皮及清除废屑等，这些因素会影响产品的使用寿命。除另有规定，所有机械加工表面的表面粗糙度 $Ra \leqslant 6.3\mu m$。

⑦ 应保证密封面的表面粗糙度，环形刀痕的表面粗糙度 $Ra \leqslant 3.2\mu m$。O 形槽内和槽底不得有径向且宽度大于 0.13 mm 的垂直、射线或螺旋形划痕。

(6) 标识

法兰接头上应带有永久性标识，信息至少包括制造商名称或商标。

(7) 标记

① 标记方法

材料 碳钢：Fe，可省略
不锈钢：Cr
铜：Cu

接头系列 分为轻、重系列(L、S 系列)

法兰公称直径 DN XX

产品名称编码 法兰压板(对开式 FCS、整体式 FC、方法兰式 FCF)
法兰油口(对开式或整体式 P、方法兰式 PF)
法兰接头(对开式或整体式 FH，方法兰式 FFH)

产品标准编号 GB/T 34635—2017

② 标记示例

示例 1

对开式或整体式法兰压板，公称直径为 DN32，接头轻系列，材料为碳钢，分别标记为：
GB/T 34635—2017 对开式法兰压板 DN32LFe；简称 GB/T 34635—2017FCS32L
GB/T 34635—2017 整体式法兰压板 DN32LFe；简称 GB/T 34635—2017FC32L

示例 2

对开式或整体式法兰油口，公称直径为 DN25，接头重系列，材料为不锈钢，标记为：
GB/T 34635—2017 法兰油口 DN25SCr；简称 GB/T 34635—2017P25SCr

示例 3

对开式或整体式法兰接头，公称直径为 DN51，接头重系列，材料为碳钢，标记为：
GB/T 34635—2017 法兰接头 DN51SFe；简称 GB/T 34635—2017FH51S

(8) 性能和试验要求

① 一般要求

警示：GB/T 34635—2017 拟定的某些测试是有危险的，因此在试验时，应严格遵守相应的安全防护措施，特别防范爆裂、细喷（能穿透皮肤）和气体膨胀造成的危险。为了降低气体膨胀造成的能量释放，在加压试验前，应排尽试验样件中的空气。试验人员需经过培训。

a. 试验块不得有镀层，硬度值应为 35～45HRC。试验油口的尺寸应不小于同规格法兰油口的尺寸。

b. 根据以下的装配要求对法兰式管接头进行安装。

ⅰ. 确认选择法兰连接类型是符合应用的要求的（如额定压力）。

ⅱ. 确认选择的符合 GB/T 34635—2017 的法兰连接使用了正确的螺栓或螺钉。

ⅲ. 确认密封面上无毛刺、划痕、刮伤及其他外来材料。

ⅳ. 为了防止 O 形圈擦伤，必要时，使用系统液压油或者其他兼容性的液压油对 O 形圈进行一定的润滑。但应特别注意，过多的润滑油会导致在连接处渗出，并且引起假渗漏。

ⅴ. 将法兰式管接头及法兰压板放到位。

ⅵ. 应硬质垫圈放在螺栓上，然后将螺栓穿过法兰板的孔。

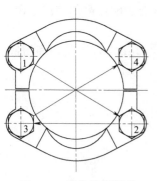

图 2-41　螺栓拧紧顺序

ⅶ. 按图 2-41 所示顺序用手拧紧螺栓，确认所有螺栓同步拧紧，以避免法兰压板倾斜，从而导致在达到最终力矩时压板破裂。

ⅷ. 按表 2-128 或表 2-129 使用相应的扳手规格，按图 2-41 的顺序，通过两轮或更多轮逐步拧紧到表 2-110 和表 2-111 推荐的拧紧力矩。

c. 试验应在 15～80℃ 温度下进行。

② 泄漏试验（出厂试验免检项目）　泄漏试验应符合下列要求。

a. 法兰式管接头 3 组测试总成放入水中进行泄漏测试，确认法兰式管接头的气密性。

表 2-128　轻系列对开或整体法兰式管接头及组件装配用扳手尺寸

公称直径 DN	最高工作压力/MPa	米制		
		螺纹	扳手	
			六角头螺栓/mm	内六角圆柱头螺钉/mm
13	35	M8	13	6
19	35	M10	16	8
25	31.5	M10	16	8
32	25	M10	16	8
38	20	M12	18	10
51	20	M12	18	10
64	16	M12	18	10
76	16	M16	24	14
89	3.5	M16	24	14
102	3.5	M16	24	14
127	3.5	M16	24	14

作者注：表 2-128 中公称直径对应的最高工作压力与表 2-110 中的不一致。

表 2-129　重系列对开或整体法兰式管接头及组件装配用扳手尺寸

公称直径 DN	最高工作压力/MPa	米制		
		螺纹	扳手	
			六角头螺栓/mm	内六角圆柱头螺钉/mm
13	42	M8	13	6
19	42	M10	16	8
25	42	M12	18	10
32	42	M12	18	10
38	42	M16	24	14
51	42	M20	30	17
64	42	M24	36	19
76	42	M30	46	22

b. 使用空气、氮气或氦气作为测试介质，并应记录入测试报告。

c. 持续加压至法兰式管接头的 15% 最高工作压力或按相关标准规定的压力，最高不超过 6.3MPa。保压时间至少为 3min，保压期内无气泡从试验总成中冒出。

d. 通过本试验的零件可继续用于其他试验，但不准许投入实际使用或退回库房。

③ 耐压试验（出厂试验必检项目）　耐压试验应符合下列要求。

a. 法兰式管接头 3 组测试总成在空气中加压，加压前应仔细排除试验总成中的气体，确认无任何渗漏。

b. 使用符合 GB/T 7631.2 要求的黏度不大于 GB/T 3141 规定的 VG32 液压油或水，并应如实记录入测试报告。

c. 持续加压至法兰式管接头最高工作压力的 2 倍，升压速率每秒不得超过最高工作压力值的 16%，保压时间不少于 1min。

d. 通过本试验的零件可继续用于爆破试验，允许投入实际使用或退回库房。

④ 爆破试验和循环脉冲试验（出厂试验免检项目）　见 GB/T 34635—2017。

2.2.6　液压流体

在 GB/T 17446—2012《流体传动系统及元件　词汇》中给出的术语为"液压油液"，在 GB/T 17446—××××/ISO 5598：2020 中文讨论稿中拟将其修改为"液压流体"。

2.2.6.1　液压油牌号及主要应用

GB/T 7631.1 规定了润滑剂、工业用油和有关产品（L类）的分类原则，GB/T 7631.2《润滑剂、工业用油和有关产品（L类）的分类：第 2 部分：H 组（液压系统）》属于 GB/T 7631 系列标准的第 2 部分，本类产品的类别名称用英文字母"L"为字头表示。

液压系统常用工作介质应按 GB/T 7631.2 规定的牌号选择。根据 GB/T 7631.2 的规定，将液压油分为 L-HL 抗氧防锈液压油、L-HM 抗磨液压油（高压、普通）、L-HV 低温液压油、L-HS 超低温液压油和 L-HG 液压导轨油五个品种。笔者特别强调："在存在火灾危险处，应考虑使用难燃液压油液。"

表 2-130 给出了液压系统常用工作介质的牌号及主要应用。

表 2-130　H 组（液压系统）常用工作介质的牌号及主要应用

工作介质		组成、特征和主要应用介绍
工作介质牌号	黏度等级	
L-HH	15 22 32 46 68 100 150	本产品为无（或含有少量）抗氧剂的精制矿物油 适用于对液压油无特殊要求（如低温性能、防锈性、抗乳化性和空气释放能力等）的一般循环润滑系统、低压液压系统和十字头压缩机曲轴箱等的循环润滑系统。 也可用于轻负荷传动机械、滑动轴承和滚动轴承等油浴式非循环润滑系统 无本产品时可选用 L-HL 液压油
L-HL	15 22 32 46 68 100	本产品为精制矿物油，并改善其防锈和抗氧性的液压油 常用于低压液压系统，也可用于要求换油期较长的轻负荷机械的油浴式非循环润滑系统 无本产品时可用 L-HM 液压油或其他抗氧防锈型液压油
L-HM	15 22 32 46 68 100 150	本产品为在 L-HL 液压油基础上改善其抗磨性的液压油 适用于低、中、高压液压系统，也可用于中等负荷机械润滑部位和对液压油有低温性能要求的液压系统 无本产品时，可用 L-HV 和 L-HS 液压油
L-HV	15 22 32 46 68 100	本产品为在 L-HM 液压油基础上改善其黏温性的液压油 适用于环境温度变化较大和工作条件恶劣的低、中、高压液压系统和中等负荷的机械润滑部位，对油有更高的低温性能要求 无本产品时，可用 L-HS 液压油

工作介质		组成、特征和主要应用介绍
工作介质牌号	黏度等级	
L-HR	15	本产品为在 L-HL 液压油基础上改善其黏温性的液压油 适用于环境温度变化较大和工作条件恶劣的(野外工程和远洋船舶等)低压液压系统和其他轻负荷机械的润滑部位。对于有银部件的液压元件,在北方可选用 L-HR 油,而在南方可选用对青铜或银部件无腐蚀的无灰型 HM 和 HL 液压油
	32	
	46	
L-HS	10	本产品为无特定难燃性的合成液,它可以比 L-HV 液压油的低温黏度更小 主要应用同 L-HV 液压油,可用于北方寒冷季节,也可全国四季通用
	15	
	22	
	32	
	46	
L-HG	32	本产品为在 L-HM 液压油基础上改善其黏温性的液压油 适用于液压和导轨润滑系统合用的机床,也可用于要求有良好黏附性的机械润滑部位
	68	

作者注:各产品可用统一的形式表示。一个特定的产品可用一种完整的形式表示为 ISO-L-HV32,或用缩写形式（简式）表示为 L-HV32,数字表示 GB/T 3141—1994《工业液体润滑剂　ISO 粘度分类》中规定的黏度等级（40℃时中间点运动黏度）。

2.2.6.2　抗磨液压油的技术要求

GB 11118.1—2011《液压油（L-HL、L-HM、L-HV、L-HS、L-HG）》规定的液压系统常用的 L-HM（高压、普通）抗磨液压油的技术要求见表 2-131,试验方法见 GB 11118.1—2011 中表 2。但一些试验标准已经更新,现行标准目录见附表 A-4,表 2-132~表 2-134 同。

表 2-131　L-HM（高压、普通）抗磨液压油的技术要求

项目		质量指标									
		L-HM(高压)				L-HM(普通)					
黏度等级(GB/T 3141)		32	46	68	100	22	32	46	68	100	150
密度[①](20℃)/(kg/m³)		报告				报告					
色度/号		报告				报告					
外观		透明				透明					
闪点/℃ 开口	不低于	175	185	195	205	165	175	185	195	205	215
运动黏度/(mm²/s) 40℃		28.8~35.2	41.4~50.6	61.2~74.8	90~110	19.8~24.2	28.8~35.2	41.4~50.6	61.2~74.8	90~110	135~165
0℃	不大于	—	—	—	—	300	420	780	1400	2560	—
黏度指数[②]	不小于	95				85					
倾点[③]/℃	不高于	−15	−9	−9	−9	−15	−15	−9	−9	−9	−9
酸值[④]/(mgKOH/g)		报告				报告					
水分(质量分数)/%	不大于	痕迹				痕迹					
机械杂质		无				无					
清洁度		[⑤]				[⑤]					
铜片腐蚀(100℃,3h)/级	不大于	1				1					
硫酸盐灰分/%		报告				报告					
液相腐蚀(24h) A法		—				无锈					
B法		无锈									
泡沫性(泡沫倾向/泡沫稳定性)/(mL/mL) 程序Ⅰ(24℃)	不大于	150/0				150/0					
程序Ⅱ(93.5℃)	不大于	75/0				75/0					
程序Ⅲ(后 24℃)	不大于	150/0				150/0					

项目		质量指标									
		L-HM(高压)				L-HM(普通)					
空气释放值(50℃)/min	不大于	6	10	13	报告	5	6	10	13	报告	报告
抗乳化性(乳化液到3mL的时间)/min											
54℃	不大于	30	30	30	—	30	30	30	30	—	—
82℃	不大于	—	—	—	报告	—	—	—	—	30	30
密封适应性指数	不大于	12	10	8	报告	13	12	10	8	报告	报告
氧化安定性											
1500h后总酸值/(mgKOH/g) 不大于		2.0				—					
1000h后总酸值/(mgKOH/g) 不大于		—				2.0					
1000h后油泥/mg		报告				报告					
旋转氧弹(150℃)/min		报告				报告					
抗磨性 齿轮机试验[6]/失效级 不小于		10	10	10	10	—	10	10	10	10	10
叶片泵试验(100h,总失重)/mg 不大于		—	—	—	—	100	100	100	100	100	100
磨斑直径(392N,60min,75℃,1200r/min)/mm		报告				报告					
双泵(T6H20C)试验[6] 叶片和柱销总失重/mg 不大于		15									
柱塞总失重/mg 不大于		300									
水解安定性											
铜片失重/(mg/cm²) 不大于		0.2				—					
水层总酸度/mgKOH 不大于		4.0				—					
铜片外观		未出现灰、黑色				—					
热稳定性(135℃,168h)											
铜棒失重/(mg/200mL) 不大于		10				—					
钢棒失重/(mg/200mL)		报告				—					
总沉渣重/(mg/100mL) 不大于		100				—					
40℃运动黏度变化率/%		报告				—					
酸值变化率/%		报告				—					
铜棒外观		报告				—					
钢棒外观		不变色				—					
过滤性/s											
无水 不大于		600				—					
2%水[7] 不大于		600				—					
剪切安定性(250次循环后,40℃运动黏度下降率)/% 不大于		1				—					

① 测定方法也包括用 SH/T 0604。

② 测定方法也包括用 GB/T 2541。结果有争议时,以 GB/T 1995 为仲裁方法。

③ 用户有特殊要求时,可与生产单位协商。

④ 测定方法也包括用 GB/T 264。

⑤ 由供需双方协商确定。也包括用 NAS 1638 分级。

⑥ 对于 L-HM(普通)油,在产品定型时,允许只对 L-HM22(普通)进行叶片泵试验,其他各黏度等级油所含功能剂类型和量应与产品定型时 L-HM22(普通)试验油样相同。对于 L-HM(高压)油,在产品定型时,允许只对 L-HM32(高压)进行齿轮机试验和双泵试验,其他各黏度等级油所含功能剂类型和量应与产品定型时 L-HM32(高压)试验油样相同。

⑦ 有水时的过滤时间不超过无水时的过滤时间的 2 倍。

2.2.6.3　15 号航空液压油的质量指标要求

GJB 1177A—2013《15 号航空液压油规范》规定的成品油的质量指标应符合表 2-132 要求。15 号航空液压油是以精制的石油馏分为基础油,加入多种添加剂调合而成的。

表 2-132 成品油的质量指标要求

项目		质量指标	试验方法
外观		无悬浮物,红色透明液体	目测
钡含量/(mg/kg)	不大于	10	GB/T 17476
密度(20℃)/(kg/m³)		报告	GB/T 1884
运动黏度/(mm²/s)			
100℃	不小于	4.90	
40℃	不小于	13.2	GB/T 265
−40℃	不大于	600	
−54℃	不大于	2500	
倾点/℃	不高于	−60	GB/T 3535
闪点(闭口)/℃	不低于	82	GB/T 261
酸值/(mgKOH/g)	不大于	0.20	GB/T 7304
水溶性酸或碱		无	GB/T 259
橡胶膨胀率(NBR-L 型标准胶)/%		19.0~30.0	SH/T 0691
蒸发损失(71℃,6 h)/%(质量分数)不大于		20	GB/T 7325
铜片腐蚀(135℃,72 h)/级		2e	GB/T 5096
水分/%(质量分数)	不大于	0.01	GB/T 11133
磨斑直径(75℃,1200r/min,392N,60min)/mm	不大于	1.0	SH/T 0189
腐蚀和氧化安定性(160℃,100h)			GJB 563—1998
40℃运动黏度变化/%		−5~20	
氧化后酸值/(mgKOH/g)	不大于	0.04	
油外观[1]		无不溶物或沉淀	
金属腐蚀(质量变化)/(mg/cm²)			
钢(15 号)	不大于	±0.2	
铜(T2)	不大于	±0.6	
铝(LY12)	不大于	±0.2	
镁(MB2)	不大于	±0.2	
阳极镉[2](Cd-0)	不大于	±0.2	
金属片外观		金属表面上不应有点蚀或看得见的腐蚀,铜片腐蚀不大于 3 级	用 20 倍放大镜观察
低温稳定性(−54℃±1℃,72 h)		合格	SH/T 0644
剪切安定性			
40℃黏度下降率/%	不大于	16	SH/T 0505
−40℃黏度下降率/%	不大于	16	
固体颗粒杂质			GJB 380.4A—2004
自动颗粒计数仪法			
可允许的颗粒数/(个/100mL)			
5~15μm	不大于	10000	
>15~25μm	不大于	1000	
>25~50μm	不大于	150	
>50~100μm	不大于	20	
>100μm	不大于	5	
重量法/(mg/100mL)	不大于	0.3	GJB 1177A—2013 附录 A
过滤时间/min	不大于	15	GBJ 1177A—2013 附录 A
泡沫性能(24℃)			GB/T 12579
吹起 5min 后泡沫体积/mL	不大于	65	
静置 10min 后泡沫体积/mL		0	
贮存安定性(24℃±3℃,12 个月)		无混浊、沉淀、悬浮物等,符合全部技术要求	SH/T 0451

① 试验结束后立即观察。

② 阳极镉的组装为 GJB 563—1998 图 2 中银的位置。

2.2.6.4 磷酸酯抗燃油质量标准

DL/T 571—2014《电厂用磷酸酯抗燃油运行维护导则》规定的新磷酸酯抗燃油的质量标准应符合表 2-133 的规定，油中颗粒污染度分级标准见 DL/T 571—2014 附录 B。

表 2-133 新磷酸酯抗燃油质量标准

序号	项目		指标	试验方法
1	外观		透明,无杂质或悬浮物	DL/T 429.1
2	颜色		无色或淡黄	DL/T 429.2
3	密度(20℃)/(kg/m³)		1130～1170	GB/T 1884
4	运动黏度(40℃)/ (mm²/s)	ISO VG32	28.8～35.2	GB/T 265
		ISO VG46	41.4～50.6	
5	倾点/℃		≤-18	GB/T 3535
6	闪点(开口)/℃		≥240	GB/T 3536
7	自燃点/℃		≥530	DL/T 706
8	颗粒污染度 SAE AS4059F/级		≤6	DL/T432
9	水分/(mg/L)		≤600	GB/T 7600
10	酸值/(mgKOH/g)		≤0.05	GB/T 264
11	氯含量/(mg/kg)		≤50	DL/T 433 或 DL/T 1206
12	泡沫特性/(mL/mL)	24℃	≤50/0	GB/T 12579
		93.5℃	≤10/0	
		后 24℃	≤50/0	
13	电阻率(20℃)/(Ω·cm)		≥1×10¹⁰	DL/T 421
14	空气释放值(50℃)/min		≤6	SH/T 0308
15	水解安定性/(mgKOH/g)		≤0.5	EN 14833
16	氧化安定性	酸值/(mgKOH/g)	≤1.5	EN 14832
		铁片质量变化/mg	≤1.0	
		铜片质量变化/mg	≤2.0	

2.2.6.5 水-乙二醇型难燃液压液

GB/T 21449—2008《水-乙二醇型难燃液压液》规定的水-乙二醇型难燃液压液的技术要求和试验方法见表 2-134。

表 2-134 水-乙二醇型难燃液压液的技术要求和试验方法

项目		质量指标				试验方法
黏度等级(按 GB/T 3141)		22	32	46	68	—
运动黏度(40℃)/(mm²/s)		19.8～24.2	28.8～35.2	41.4～50.6	61.2～74.8	GB/T 265
外观		清澈透明①				目测
水分(质量分数)/%	不小于	35				SH/T 0246
倾点/℃		报告				GB/T 3535
泡沫特性(泡沫倾向/泡沫稳定性)/(mL/mL)						GB/T 12579
25℃	不大于	300/10				
50℃	不大于	300/10				
空气释放值(50℃)/min	不大于	20	20	25	25	SH/T 0308
pH 值(20℃)		8.0～11.0				ISO 20843
剪切安定性						SH/T 0505
黏度变化率(20℃)/%		报告				
黏度变化率(40℃)/%		报告				
剪切前后 pH 值变化	不大于	±1.0				ISO 20843
剪切前后水分变化/%	不大于	8				SH/T 0246
抗腐蚀性(35℃±1℃,672h±2h)②		通过				SH/T 0752

项目		质量指标	试验方法
密度(20℃)/(kg/m³)		报告	GB/T 1884,GB/T 1885 或 GB/T 2540 或 SH/T 0604
橡胶相容性(60℃,168h) 丁腈橡胶(NBRⅠ)			GB/T 14832
体积变化率/%	不大于	7	
硬度变化	不小于/不大于	−7/+2	
拉伸强度变化率/%		报告	
扯断伸长率变化率/%		报告	
芯式燃烧持久性		通过	SH/T 0785
歧管燃烧试验		通过	SH/T 0567
喷射燃烧试验		③	ISO 15029-1
老化特性			ISO 4263-2
pH 增长		③	
不溶物/%		③	
四球机试验			
最大无卡咬负荷 P_B 值/N		③	GB/T 3142
磨斑直径(1200r/min,294N,30min,常温)/mm		③	SH/T 0189
FZG 齿轮机试验		③	SH/T 0306

    ① 用一个直径大约 10cm 的干净玻璃容器盛装水-乙二醇型难燃液压液,并在室温可见光下观察,外观应是清澈透明的,并且无可见的颗粒物质。

    ② 抗腐蚀试验所用的金属试片由生产单位和使用单位协商确定。若仅使用铜片,可采用 GB/T 5096 石油产品铜片腐蚀试验法（条件为 T2 铜片,50℃,3h),作为出厂检验项目,不大于 1 级为通过。

    ③ 指标值由供应者和使用者协商确定。

    注：本产品一般以配好的成品供应。根据 GB/T 16898《难燃液压液使用导则》,使用温度一般为 −20～50℃。

2.3 液压回路

2.3.1 液压回路图的绘制规则

    液压回路图是使用规定的图形符号表示的液压传动系统或其局部功能的图样。

    在 GB/T 786.2—2018《流体传动系统及元件 图形符号和回路图 第 2 部分：回路图》中规定了绘制液压和气动回路图的规则,适用于液压和气动回路图,也适用于冷却系统、润滑系统以及与流体传动相关的应用特殊气体的系统。

    作者注：在 GB/T 15565—2020《图形符号 术语》中给出的术语"图形符号"的定义为"以图形为主要特征,信息的传递不依赖于语言的符号。"其中"图形"是二维空间以点、线和面构建的可视形状；"符号"是表达一定事物或概念、具有简化特征的视觉形象。

2.3.1.1 总则

(1) 一般要求

    ① 回路图应标识清晰,并能实现系统所要求的动作和控制功能。

    ② 回路图应表示出所有流体传动元件及其连接关系。

    ③ 回路图不必考虑元件及配管在实际装配中的位置关系。关于元件本身及其在系统中的装配关系的信息（包括图样和其他相关细节信息）,应按 GB/T 3766—2015 和 GB/T 7932—2017 的相关要求编制完整的技术文件。

    ④ 应按照流体传动介质的种类绘制各自独立的回路图。

    例如：使用气压作为动力源（如气液油箱或增压器）的液压传动系统应绘制单独的气动

回路图。

作者注：在 GB/T 17446—2012 中没有"气液油箱"，而有术语"压力油箱"；"增压器"不一定是气液的，如在 GB/T 7785—2013《往复泵分类和名词术语》中规定的"增压器"；或应为"气液（增压）转换器"。

(2) 幅面

纸质版回路图应采用 A4 或 A3 幅面。如果需要提供 A3 幅面的回路图，应按 GB/T 14689—2008《技术制图　图纸幅面和格式》规定的方法将回路图折叠成 A4 幅面。在供需双方同意的前提下，可以使用其他载体形式传递回路图，其要求应符合 GB/T 14691—1993《技术制图　字体》的规定。

(3) 布局

① 元件之间的连接处应使用最少的交叉点来绘制。连接处的交叉应符合 GB/T 786.1 的规定。

② 元件名称及说明不得与元件连接线及符号重叠。

③ 代码和标识的位置不应与元件和连接线的预留空间重叠。

④ 根据系统的复杂程度，回路图应根据其控制功能来分解成各种功能模块。一个完整的控制功能模块（包括执行元件）应尽可能绘制在一张图样上，并用双点画线作为各功能模块的分界线。

⑤ 由执行元件操纵的元件，如限位阀和限位开关，其元件的图形符号应绘制在执行元件（如液压缸）运动的位置上，并标记一条标注线和其标识代码。如果执行元件是单向运动，应在标注线上加注一个箭头符号（→）。

⑥ 回路图中，元件的图形符号应按照从底部到顶部，从左到右的顺序排列，规则如下。

a. 动力源：左下角。

b. 控制元件：从下向上，从左到右。

c. 执行元件：顶部，从左到右。

⑦ 如果回路图由多张图样组成，并且回路图从一张延续到另一张，则应在相应的回路图中用连接标识对其标记，使其容易识别。连接标识应位于线框内部，至少由标识代码（相应回路图中的标识代码应标识一致）、"—"符号，以及关联页码组成，见 GB/T 786.2—2018 中图 1。如果需要，连接标识可进一步说明回路图类型（如液压回路、气动回路等）以及连接标识在图样中网格坐标或路径，见 GB/T 786.2—2018 中图 2。

(4) 元件

① 流体传动元件的图形符号应符合 GB/T 786.1 的规定。

② 依据 GB/T 786.1 的规定，回路图中元件的图形符号表示的是非工作状态。在特殊情况下，为了更好地理解回路的功能，允许使用与 GB/T 786.1 中不一致的图形符号。例如：活塞杆伸出的液压缸（待命状态）；机械控制型方向阀正在工作的状态。

2.3.1.2　回路图中元件的标识规则

(1) 元件和软管总成的标识代码

元件和软管总成的标识代码见 GB/T 786.2—2018，其中规定的传动介质代码的字母符号为：H，液压传动介质；P，气压传动介质；C，冷却介质；K，冷却润滑介质；L，润滑介质；G，气体介质。

(2) 连接口标识

在回路图中，连接口应按照元件、底板、油路块的连接口特征进行标识。

为清晰表达功能性连接的元件或管路，必要时，在回路图中的元件上或附近宜添加所有隐含的连接口标识。

(3) 管路标识代码

以应用标识代码的首字符表示回路图中不同类型的管路时，应使用以下字母符号：P，压力供油管路和辅助压力供油管路；T，回油管路；L、X、Y、Z，其他的管路标识代码，如先导管路、泄油管路等。

作者注：在 GB/T 17446—2012 中没有"压力供油管路""辅助压力供油管路"和"先导管路"。

如果回路中使用了多种传动介质，管路应用代码应包含传动介质代码。如果只使用一种介质，传动介质代码可以省略。

其他管路标识代码参见 GB/T 786.2—2018。

2.3.1.3 回路图中的技术信息

(1) 总则

① 回路功能、电气参考名称和元件要求的技术信息应包含在回路图中，标识在相关符号或回路图的附近。可包含额外的技术信息，且应满足"布局"的要求。

② 在同一回路中，应避免同一参数（如流量或压力等）使用不同的量纲单位。

(2) 回路功能

功能模块的每个回路应根据其功能进行规定，如夹紧、举升、翻转、钻孔或驱动。该信息应标识在回路图中每个回路的上方位置。

(3) 电气参考名称

电气原理图中使用的参考名称应在回路图所指示的电磁铁或其他电气连接元件处进行说明。

(4) 元件

① 油箱、储气罐、稳压罐

a. 对于液压油箱，回路图中应给出以下信息：

ⅰ. 最大推荐容量，单位为 L；

ⅱ. 最小推荐容量，单位为 L；

ⅲ. 符合 GB/T 3141—1994《工业液体润滑剂 ISO 粘度分类》、GB/T 7631.2—2003《润滑剂、工业用油和相关产品（L 类）的分类 第 2 部分：H 组（液压系统）》的液压传动介质型号、类别以及黏度等级；

ⅳ. 当油箱与大气不连通时，油箱最大允许压力，单位为 MPa。

b. 对于气体储气罐、稳压罐，回路图中应给出以下信息：

ⅰ. 容量，单位为 L；

ⅱ. 最大允许压力，单位为 kPa 或 MPa。

② 泵

a. 对于定量泵，回路图中应给出以下信息：

ⅰ. 额定流量，单位为 L/min；

ⅱ. 排量，单位为 mL/r；

ⅲ. ⅰ. 和 ⅱ. 同时标记。

b. 对于带有转速控制功能的原动机驱动的定量泵，回路图中应给出以下信息：

ⅰ. 最大旋转速度，单位为 r/min；

ⅱ. 排量，单位为 mL/r。

c. 对于变量泵，回路图中应给出以下信息：

ⅰ. 额定最大流量，单位为 L/min；

ⅱ. 最大排量，单位为 mL/r；

ⅲ. 设置控制点。

③ 原动机　回路图中应给出以下信息：

a. 额定功率，单位为 kW；

b. 转速或转速范围，单位为 r/min。

④ 方向控制阀

a. 方向控制阀的控制机构应使用元件上标示的图形符号在回路图中给出标识。为了准确地表达工作原理，必要时，应在回路中、元件上或元件附近增加所有缺失的控制机构的图形符号。

b. 回路图中应给出方向控制阀处于不同的工作位置对应的控制功能。

⑤ 流量控制阀、节流孔和固定节流阀

a. 对于流量控制阀，其设定值（如角度位置或转速）及受其影响的参数（如缸运行时间），应在回路图中给出。

b. 对于节流孔或固定节流阀，其节流口尺寸应在回路图上给出标识，由符号"ϕ"后用直径表示（如 $\phi 1.2$ mm）。

作者注：在 GB/T 17446—2012 中定义了术语"固定节流阀"，但在 GB/T 786.1—2009（已被 GB/T 786.1—2021 代替）中没有"固定节流阀"及其图形符号。

⑥ 缸　回路图中应给出以下信息：

a. 缸径，单位为 mm；

b. 活塞杆直径，单位为 mm（仅为液压缸要求，气缸不做此要求）；

c. 最大行程，单位为 mm。

示例：液压缸的信息为缸径 100mm，活塞杆直径 56mm，最大行程 50mm，可以表示为 $\phi 100/56 \times 50$。

⑦ 蓄能器

a. 对于所有种类的蓄能器，回路图中应给出容量信息，单位为 L。

b. 对于气体加载式蓄能器，除上条要求的以外，回路图中应给出以下信息：

ⅰ. 在指定温度（单位为℃）范围内的预充压力（p_0），单位为 MPa；

ⅱ. 最大工作压力（p_2）以及最小工作压力（p_1），单位为 MPa；

ⅲ. 气体类型。

⑧ 过滤器

a. 对于液压过滤器，回路图中应给出过滤比信息。过滤比应按照 GB/T 18853—2015《液压传动过滤器　评定滤芯过滤性能的多次通过方法》的规定。

b. 对于气体过滤器，回路图中应给出公称过滤精度信息，单位为 μm 或被使用过的过滤系统的具体参数值。

⑨ 管路

a. 对于硬管，回路图中应给出符合 GB/T 2351—2005《液压气动系统用硬管外径和软管内径》（已被 GB/T 2351—2021《流体传动系统及元件硬管外径和软管内径》代替）规定的公称外径和壁厚信息，单位为 mm（如 $\phi 38 \times 5$）。必要时，外径和内径信息均应在回路图中给出，单位为 mm（如 $\phi 8/5$）。

b. 对于软管或软管总成，回路图中应给出符合 GB/T 2351—2021 或相关软管标准规定的软管公称内径尺寸信息（如 $\phi 16$）。

⑩ 液位指示器　回路图中应给出以适当单位标识的介质容量报警液面的参考信息。

⑪ 温度计　回路图中应给出介质的报警温度信息，单位为℃。

⑫ 恒温控制器　回路图中应给出温度设置信息，单位为℃。

⑬ 压力表　回路图中应给出最大压力或压力范围信息，单位为 kPa 或 MPa。

⑭ 计时器　回路图中应给出延迟时间或计时范围信息，单位为 s 或 ms。

2.3.1.4　补充信息

① 元件清单作为补充信息，应在回路图中给出或单独提供，以便保证元件的标识代码与其资料信息保持一致。

元件清单应至少包含以下信息：

a. 标识代码；

b. 元件型号；

c. 元件描述。

元件清单示例参见 GB/T 786.2—2018 附录 B。

② 功能图作为补充信息，其使用是非强制性的。可以在回路图中给出或单独提供，以便进一步说明回路图中的电气元件处于受激励状态和非受激励状态时，所对应动作或功能。

功能图应至少包含以下信息：

a. 电气参考名称；

b. 动作或功能描述；

c. 动作或功能与对应处于受激励状态和非受激励状态的电气元件的对应标识。

说明

① 在 GB/T 786.2—2018《流体传动系统及元件　图形符号和回路图　第 2 部分：回路图》中的一些表述并不十分准确，如"回路图应标识清晰，并按照回路实现系统所有的动作和控制功能。"因为回路图可能只是系统局部功能的图样，对其不能笼统表述为可"实现系统所有的动作和控制功能。"

② 在 GB/T 786.2—2018 中使用很多没有被 GB/T 17446—2012 界定的术语和定义。一些如"表示""标记""标识""标示"等，存在名词、动词混用，以及它们相互之间混用问题。

作者注：在 GB/T 38155—2019《重要产品追溯　追溯术语》中规定了术语"标志""标示""标识"的定义，或可参考。

③ 在 GB/T 786.2—2018 中的一些表述不好理解，如"电气原理图中使用的参考名称应在回路图所指示的电磁铁或其他电气连接元件处进行说明。"其问题在于要求不明确，是要求参考名称应表示在电磁铁或其他电气连接元件处，还是要求应对电磁铁或其他电气连接元件进行说明，或是要求应对电气原理图中使用的参考名称进行说明。

④ 在 GB/T 786.2—2018 中的一些规定不尽合理，如"方向控制阀的控制机构应使用元件上标示的图形符号在回路图中给出标识。"因为在绘制回路图时所选用的元件不一定都有库存，设计者可能看不到实际"元件上标示的图形符号"，而且一些元件上的图形符号也不一定符合 GB/T 786.1—2009（已被 GB/T 786.1—2021 代替）的规定。

⑤ 在 GB/T 786.2—2018 中的一些规定自相矛盾，如"回路图中应给出方向控制阀处于不同的工作位置对应的控制功能。"其与该标准中第 4.4.2 条、7.2 条矛盾，且在回路图绘制中也不一定能够做到，是否必须也是个问题。

⑥ 在 GB/T 786.2—2018 中没有给出功能图示例，也没有明确指出应是 GB 5226.1—2008（已被 GB/T 5226.1—2019 代替）中规定的功能图，因此可能造成不统一的问题。

⑦ 在 GB/T 786.2—2018 中规定的"过滤比应按照 GB/T 18853 的规定"值得商榷，而按照 GB/T 20080—2017《液压滤芯技术条件》选取过滤比更为恰当；同时，在 GB/T 20079—2006《液压过滤器技术条件》中规定过滤精度是过滤器的基本技术参数，回路图中宜给出过滤精度信息。

2.3.2　动力液压源回路

动力液压源（或简称动力源）是产生和维持有压力流体的流量的能源，是执行元件如液压缸或液压马达所要转换成机械能的液压能量源，主要区别于控制液压源，但它们都是"流体动力源"。

动力源回路图是使用规定的图形符号表示的液压传动系统该部分（局部）功能的图样。在回路图中，动力源回路应排列在图样的左下角。

一些动力源回路及其特点见表 2-135。

表 2-135　动力源回路及其特点

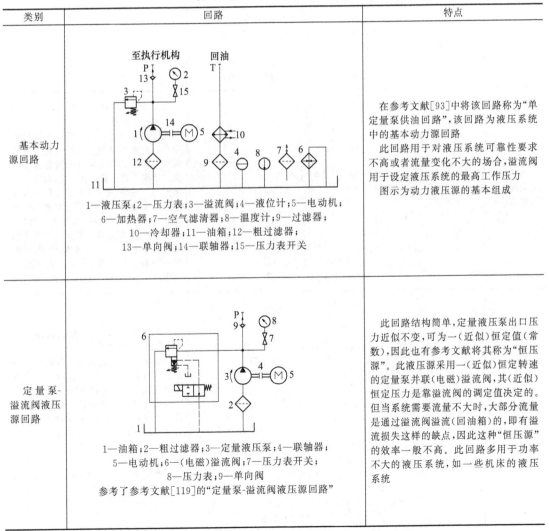

类别	回路	特点
基本动力源回路	1—液压泵；2—压力表；3—溢流阀；4—液位计；5—电动机；6—加热器；7—空气滤清器；8—温度计；9—过滤器；10—冷却器；11—油箱；12—粗过滤器；13—单向阀；14—联轴器；15—压力表开关	在参考文献[93]中将该回路称为"单定量泵供油回路"，该回路为液压系统中的基本动力源回路 此回路用于对液压系统可靠性要求不高或者流量变化不大的场合，溢流阀用于设定液压系统的最高工作压力 图示为动力液压源的基本组成
定量泵-溢流阀液压源回路	1—油箱；2—粗过滤器；3—定量液压泵；4—联轴器；5—电动机；6—（电磁）溢流阀；7—压力表开关；8—压力表；9—单向阀 参考了参考文献[119]的"定量泵-溢流阀液压源回路"	此回路结构简单,定量液压泵出口压力近似不变,可为一（近似）恒定值（常数），因此也有参考文献将其称为"恒压源"。此液压源采用一（近似）恒定转速的定量泵并联（电磁）溢流阀,其（近似）恒定压力是靠溢流阀的调定值决定的。但当系统需要流量不大时,大部分流量是通过溢流阀溢流（回油箱）的,即有溢流损失这样的缺点,因此这种"恒压源"的效率一般不高。此回路多用于功率不大的液压系统,如一些机床的液压系统

类别	回路	特点
定量泵-减压阀液压源回路	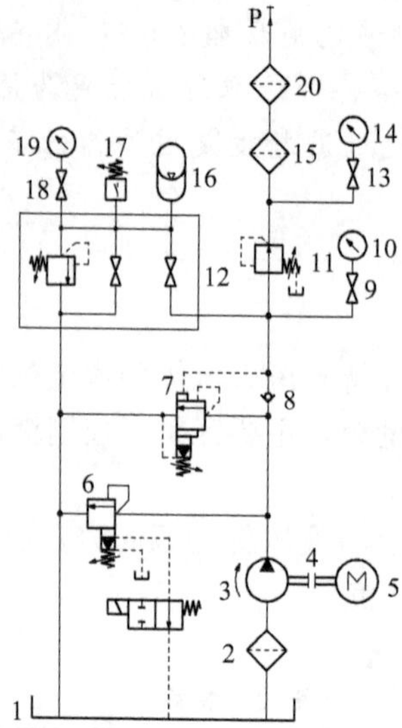 1—油箱;2—粗过滤器;3—定量液压泵;4—联轴器; 5—电动机;6—电磁溢流阀;7—卸荷溢流阀;8—单向阀; 9,13,18—压力表开关;10,14,19—压力表;11—减压阀; 12—液压蓄能器控制阀组;15—压力管路过滤器Ⅰ; 16—蓄能器;17—压力继电器;20—压力管路过滤器Ⅱ	在参考文献[119]中将类似回路称为"定量泵-减压阀液压源回路" 参考文献[119]介绍,这种恒压源多用于瞬间流量变化大的(电液)伺服系统中。为保证电液伺服系统执行元件(如液压缸)快速动作的需要,此类恒压系统的动态响应快,因此瞬间功率也大。蓄能器可以满足瞬间大流量的要求,减小泵的规格尺寸,避免能源浪费。在泵出口的压力管路上安装了直动式减压阀,使快速响应的减压阀起到滤波的作用,将此动力液压源波动滤出
变量泵-安全阀液压源回路	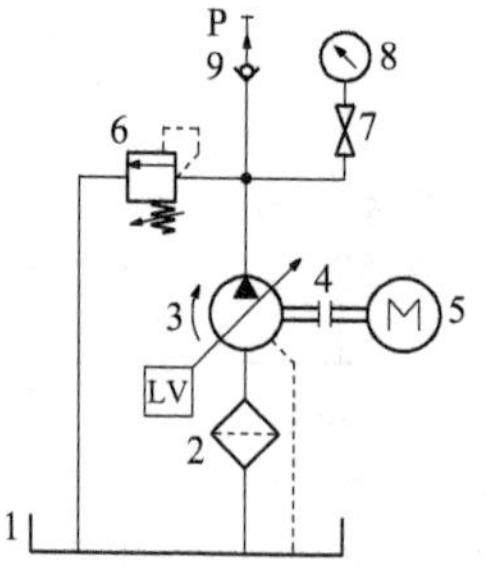 1—油箱;2—粗过滤器;3—恒功率变量液压泵; 4—联轴器;5—电动机;6—溢流阀;7—压力 表开关;8—压力表;9—单向阀	在参考文献[113]中将该回路称为"变量泵-安全阀液压源回路" 此回路中的变量液压泵在运转过程中可以实现排量调节。使用变量液压泵作为液压源的主泵可在没有溢流损失的情况下使系统正常工作,但为了系统安全,一般都在泵出口设置一个溢流阀作为安全阀,以限定系统最高工作压力。此种回路性能好,效率高,但缺点是结构复杂、价格高。在图示回路中的变量泵可为限压式、恒功率、恒压、恒流量和伺服变量泵等,但不包括手动变量泵
高低压双泵液压源回路	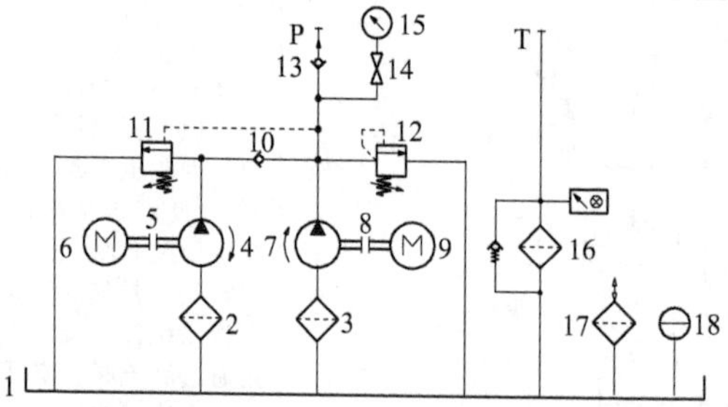 1—油箱;2,3—粗过滤器;4—低压大流量液压泵; 5,8—联轴器;6,9—电动机;7—高压小流量液压泵; 10—单向阀;11—卸荷阀;12—溢流阀;13—单向阀; 14—压力表开关;15—压力表;16—带旁路单向阀、 带光学阻塞指示器的(回油)过滤器; 17—油箱通气过滤器;18—液位指示(装置)	在参考文献[119]中将该回路称为"高低压双泵液压源回路" 此回路可以为系统提供所需的不同的供给流量。当系统的执行元件所驱动的负载较小而又要求其快速运动时,两泵同时供油以使执行元件驱动负载取得高速;当负载增大而又要求执行元件驱动其运动较慢时,系统工作压力升高,卸荷阀打开,低压大流量液压泵卸荷,此时只有高压小流量液压泵单独供油。此回路由双泵协同供油,提高了液压系统效率,同时也减小了功率消耗

类别	回路	特点
高低压双泵液压源回路	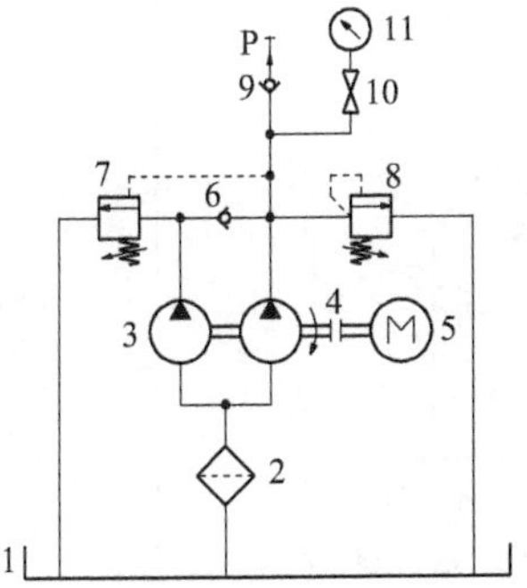 1—油箱；2—粗过滤器；3—高低压双联液压泵； 4—联轴器；5—电动机；6,9—单向阀；7,8—溢流阀； 10—压力表开关；11—压力表	在参考文献[113]中将该回路称为"高低压双泵液压源回路—双联泵回路" 此回路工作原理与上面所述双泵回路相同，只是此回路中采用了高低压双联液压泵
多泵并联供油液压源回路	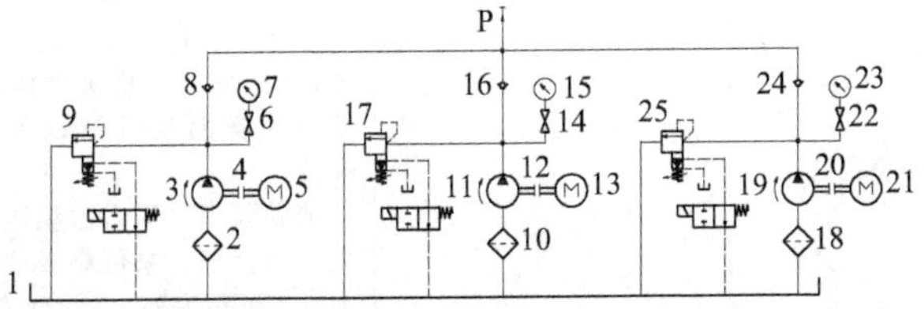 1—油箱；2,10,18—粗过滤器；3,11,19—液压泵； 4,12,20—联轴器；5,13,21—电动机；6,14,22—压力表开关；7,15,23—压力表；8,16,24—单向阀； 9,17,25—电磁溢流阀	在参考文献[93]和[113]中将该回路分别称为"多定量泵供油回路"和"多泵并联供油液压源回路"，该回路采用多台液压泵并联向系统供给压力油 此回路用于要求液压系统可靠性较高的设备和场合，采用数台工作一台备用的工作方式；当系统流量变化较大时也可采用此回路，如系统需要流量小时，一部分液压泵工作，其余液压泵卸荷，当需要大流量时，液压泵全部投入工作，达到节省能源的目的 各泵调定压力应该相同，设置于各泵出口的电磁溢流阀可使各泵具有卸荷功能，单向阀可使不工作的泵不受压力流体作用 在参考文献[119]中介绍，此回路中的三台定量泵的流量分别为 $q_3 > q_2 > q_1$；$q_3 > q_1 + q_2$。根据各台定量泵是否工作，图示液压源可以提供七种不同的供给流量
液压泵并联交替供油液压源回路	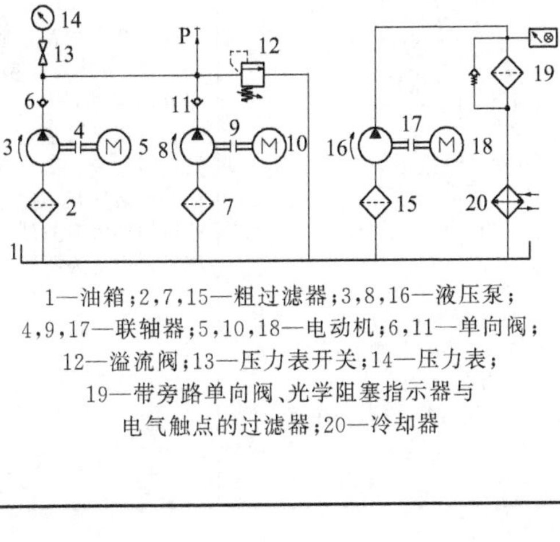 1—油箱；2,7,15—粗过滤器；3,8,16—液压泵； 4,9,17—联轴器；5,10,18—电动机；6,11—单向阀； 12—溢流阀；13—压力表开关；14—压力表； 19—带旁路单向阀、光学阻塞指示器与 电气触点的过滤器；20—冷却器	在参考文献[93]和[119]中将该回路分别称为"定量泵辅助循环泵供油回路"和"辅助循环泵液压源回路" 两台液压缸一台是工作的，另一台是备用的。当工作的液压泵出现故障，备用的液压泵起动，使液压系统正常工作 回路中设置的两个单向阀，可防止工作的液压泵输出的液压流体流入不工作的液压泵，使其反转 为了提高对系统温度、污染度的控制，此回路采用了独立的过滤、冷却循环回路。即使主系统不工作，采用这种设计同样可以对系统进行过滤和冷却，主要用于对液压流体的污染度和温度要求较高的场合

类别	回路	特点
液压泵并联交替供油液压源回路	1—油箱;2,10—粗过滤器;3,11—液压泵; 4,12—联轴器;5,13—电动机;6,14—溢流阀; 7,15—单向阀;8,16—压力表开关;9,17—压力表	原理同上。但仅就液压泵并联交替供油液压源回路而言,此回路更为典型
液压泵串联供油液压源回路	1—油箱;2—粗过滤器;3—辅助液压泵;4,10—联轴器; 5,11—电动机;6,12—溢流阀;7,13—压力表开关; 8,14—压力表;9—主液压泵;15—单向阀	在参考文献[119]中将该回路称为"辅助泵供油液压源回路" 有时为了满足液压系统所要求的较高性能,选取了自吸能力较低的高压泵,因此采用了自吸性能较好、流量脉动小的辅助泵供油以保证主泵可靠吸油 辅助泵出口压力由溢流阀调定,压力大小以保证主泵可靠吸油为原则,一般为 0.5MPa 左右
阀控液压源回路	1—油箱;2,11—粗过滤器;3—手动变量液压泵; 4,13—联轴器;5,14—电动机;6,15—溢流阀; 7,16—压力表开关;8,17—压力表;9,18—二位三通电磁(液)换向阀;10,19—单向阀;12—定量液压泵	通过两个二位三通电磁(液)换向阀的切换,可使两台液压泵分别供油和合流共同供油;当一台液压泵供油时,另一台液压泵可通过二位三通电磁(液)换向阀卸荷。其中一台液压泵选择手动变量液压泵,对扩展该阀控液压回路的适用性大有益处,尤其在液压系统调试过程中更为明显

类别	回路	特点
阀控液压源回路	 1—油箱；2,13—粗过滤器；3,14—液压泵； 4,15—联轴器；5,16—电动机；6,17—溢流阀； 7,18—单向阀；8,19—压力表开关；9,20—压力表； 10—二位三通电磁换向阀；11,21—三位四通 手动换向阀；12,22—液压缸	在参考文献[93]中将该回路称为"改变泵组连接调速回路" 在参考文献[93]中介绍，采用换向阀改变泵组连接，实现有级调速。两台液压泵分别通过相连接的三位四通手动换向阀向各自液压缸供油，此时为低速状态；若二位三通电磁换向阀的电磁铁得电且相连的三位四通手动换向阀处于中位，则两台液压泵合流共同向一台液压缸供油，此时为高速状态
	 1—油箱；2,13—粗过滤器；3,14—液压泵； 4,15—联轴器；5,16—电动机；6,17—溢流阀； 7,11,18—单向阀；8,19—压力表开关； 9,20—压力表；10—二位四通电液换向阀； 12,21—三位四通电液换向阀	两台液压泵分别通过两个三位四通电液换向阀向两条支路供油，当二位四通电液换向阀换向后，两台液压缸合流共同向一条支路供油，可使此支路的液压缸得到两级速度
	 1—油箱；2,10,16—粗过滤器；3,11,17—液压泵； 4,12,18—联轴器；5,13,19—电动机；6,14,21—单向阀； 7,15,20—二位二通电磁换向阀；8—压力表开关； 9—压力表；22—溢流阀	在参考文献[93]中将该回路称为"改变泵组连接调速回路" 在参考文献[93]中介绍，由三台泵构成的调速回路，改变各换向阀的通断电状态，即可达到调速的目的。各泵出口的单向阀防止三泵之间干扰

类别	回路	特点
闭式液压系统液压源回路	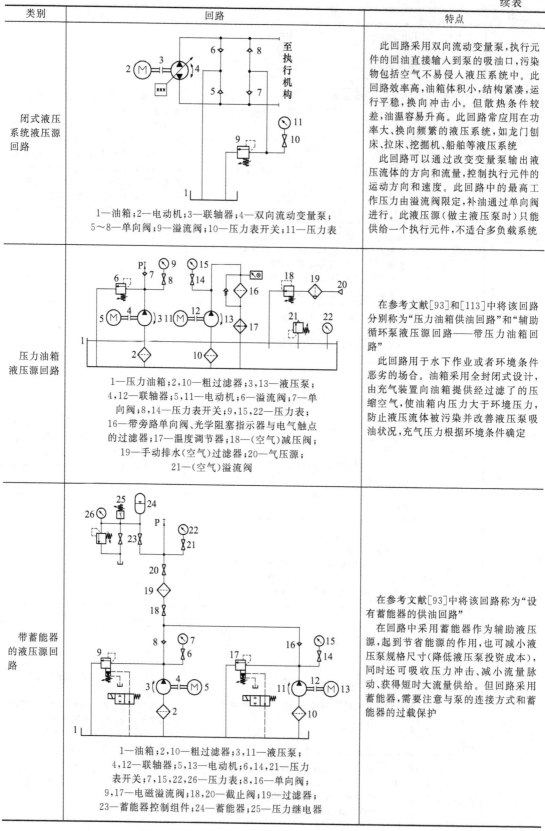 1—油箱;2—电动机;3—联轴器;4—双向流动变量泵; 5~8—单向阀;9—溢流阀;10—压力表开关;11—压力表	此回路采用双向流动变量泵,执行元件的回油直接输入到泵的吸油口,污染物包括空气不易侵入液压系统中。此回路效率高,油箱体积小,结构紧凑,运行平稳,换向冲击小。但散热条件较差,油温容易升高。此回路常应用在功率大、换向频繁的液压系统,如龙门刨床、拉床、挖掘机、船舶等液压系统 此回路可以通过改变变量泵输出液压流体的方向和流量,控制执行元件的运动方向和速度。此回路中的最高工作压力由溢流阀限定,补油通过单向阀进行。此液压源(做主液压泵时)只能供给一个执行元件,不适合多负载系统
压力油箱液压源回路	1—压力油箱;2,10—粗过滤器;3,13—液压泵; 4,12—联轴器;5,11—电动机;6—溢流阀;7—单向阀;8,14—压力表开关;9,15,22—压力表; 16—带旁路单向阀、光学阻塞指示器与电气触点的过滤器;17—温度调节器;18—(空气)减压阀; 19—手动排水(空气)过滤器;20—气压源; 21—(空气)溢流阀	在参考文献[93]和[113]中将该回路分别称为"压力油箱供油回路"和"辅助循环泵液压源回路——带压力油箱回路" 此回路用于水下作业或者环境条件恶劣的场合。油箱采用全封闭式设计,由充气装置向油箱提供经过滤了的压缩空气,使油箱内压力大于环境压力,防止液压流体被污染并改善液压泵吸油状况,充气压力根据环境条件确定
带蓄能器的液压源回路	1—油箱;2,10—粗过滤器;3,11—液压泵; 4,12—联轴器;5,13—电动机;6,14,21—压力表开关;7,15,22,26—压力表;8,16—单向阀; 9,17—电磁溢流阀;18,20—截止阀;19—过滤器; 23—蓄能器控制组件;24—蓄能器;25—压力继电器	在参考文献[93]中将该回路称为"设有蓄能器的供油回路" 在回路中采用蓄能器作为辅助液压源,起到节省能源的作用,也可减小液压泵规格尺寸(降低液压泵投资成本),同时还可吸收压力冲击、减小流量脉动、获得短时大流量供给。但回路采用蓄能器,需要注意与泵的连接方式和蓄能器的过载保护

2.3.3 控制液压源回路

控制液压源是液压控制信号产生和维持有压力流体的（流量的）能源，如电磁铁操纵先导级供油和液压操作主阀的方向控制阀的外部先导供油。

控制液压源回路图是用图形符号表示液压传动系统该部分（局部）功能的图样。在回路图中，流体动力源回路应排列在图样的左下角。

一些控制液压源回路及其特点见表 2-136。

表 2-136　控制液压源回路及其特点

类别	回路	特点
独立的(先导)控制液压源	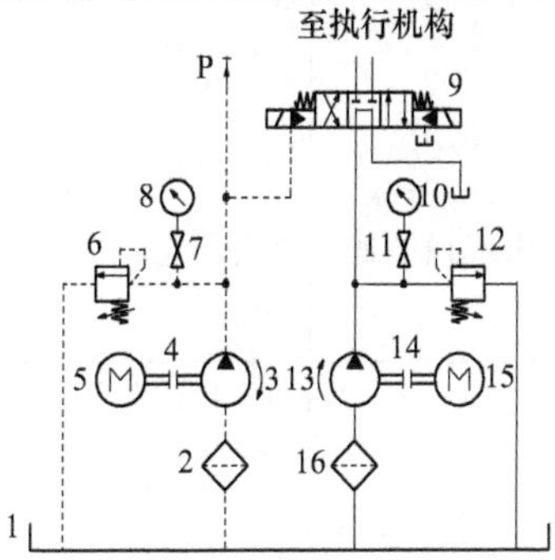 至执行机构 1—油箱；2，16—粗过滤器；3—低压液压泵； 4，14—联轴器；5，15—电动机；6，12—溢流阀； 7，11—压力表开关；8，10—压力表； 9—电液换向阀；13—高压液压泵	在参考文献[93]中将该回路称为"主辅泵供油回路" 此回路采用两台液压泵向系统供给液压流体。主泵为高压、大流量液压泵(在[93]中为恒功率变量泵)；辅助泵为低压、小流量定量泵，其主要用于向系统提供控制压力油
	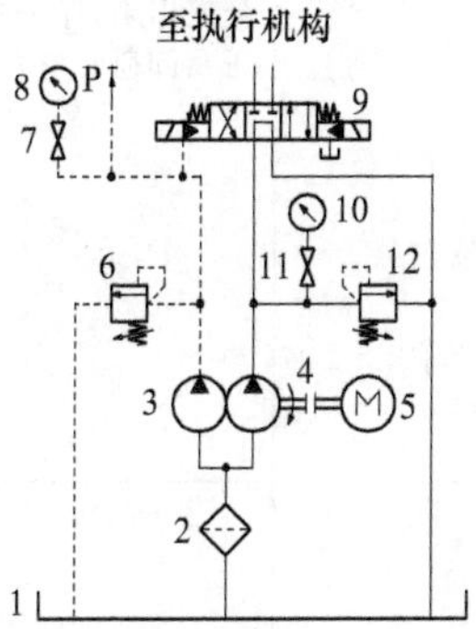 至执行机构 1—油箱；2—粗过滤器；3—双联液压泵；4—联轴器； 5—电动机；6，12—溢流阀；7，11—压力表开关； 8，10—压力表；9—电液换向阀	此回路工作原理与上面所述双泵回路相同，只是此回路中采用了双联液压泵
主系统分支出的(先导)控制液压源	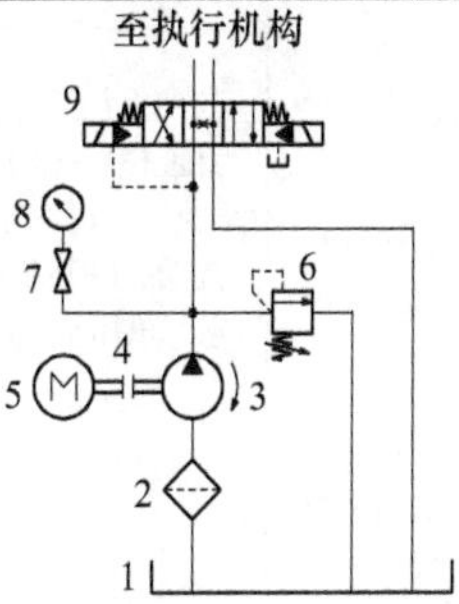 至执行机构 1—油箱；2—粗过滤器；3—液压泵；4—联轴器； 5—电动机；6—溢流阀；7—压力表开关； 8—压力表；9—三位四通电液换向阀	控制油路由滑阀节流中位上游分支出来，保证控制液压源的最低压力，但液压泵不能完全卸荷

类别	回路	特点
主系统分支出的(先导)控制液压源	**至执行机构** 1—油箱;2—粗过滤器;3—液压泵;4—联轴器; 5—电动机;6—溢流阀;7—压力表开关;8—压力表; 9—三位四通电液换向阀;10—带复位弹簧的单向阀	控制油路由回油路设置带复位弹簧的单向阀的上游分支出来,保证控制液压源的最低压力,但液压泵卸荷时有背压
	至执行机构 1—油箱;2—粗过滤器;3—液压泵;4—联轴器; 5—电动机;6—溢流阀;7—压力表开关;8—压力表;9—三位四通电液换向阀;10—节流阀	控制油路由回油路设置节流器(阀)的上游分支出来,保证控制液压源的最低压力,但液压泵卸荷时有背压
	至执行机构 1—油箱;2—粗过滤器;3—液压泵;4—联轴器; 5—电动机;6—(定比)减压阀;7—溢流阀; 8—压力表开关;9—压力表;10—顺序阀; 11—三位四通电液换向阀	在以上三个液压回路中,控制液压的控制压力随主系统的压力变化而变化,有时压力可能很高。当控制压力超过一定值时,分支出的(先导)控制液压源油路需要安装(定比)减压阀。减压阀出口一般应设置检测口

类别	回路	特点
内外部结合式（先导）控制液压源	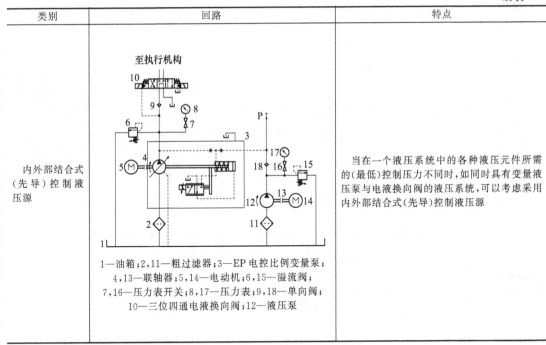 1—油箱；2,11—粗过滤器；3—EP 电控比例变量泵； 4,13—联轴器；5,14—电动机；6,15—溢流阀； 7,16—压力表开关；8,17—压力表；9,18—单向阀； 10—三位四通电液换向阀；12—液压泵	当在一个液压系统中的各种液压元件所需的（最低）控制压力不同时，如同时具有变量液压泵与电液换向阀的液压系统，可以考虑采用内外部结合式（先导）控制液压源

2.3.4 应急液压源回路

"应急"是有确切含义的（应付急迫），针对的是事故险情或事故，涉及机械安全。为了使机器在预定使用范围内具备安全性，降低或减小在紧急情况下的安全风险，或可保证其继续执行预定功能的能力，液压系统可以考虑设置应急液压源。

应急液压源是一种在紧急情况下使用的液压动力源，应急液压源回路是在紧急情况下可以为液压系统提供一定压力和流量工作介质的动力源液压回路。

一些应急液压源回路及其特点见表 2-137。

表 2-137 应急液压源回路及其特点

类别	回路	特点
备用泵应急液压源回路	1—油箱；2,8—粗过滤器；3—液压泵Ⅱ； 4,10—联轴器；5,11—电动机；6,12—溢流阀； 7,13—单向阀；9—液压泵Ⅰ；14—压力 表开关；15—压力表	系统正常工作时，由一台液压泵供油，另一台液压泵（备用泵）不工作。当供油的液压泵损坏后，可用备用泵供油，液压系统不致发生停车事故。该应急液压源用于生产周期固定，生产连续性强的场合。溢流阀调定系统压力。单向阀隔离双泵，使两台泵可以单独工作。备用泵应急液压源在一般情况下不使用，但也不能长期闲置，一般应不超过六个月就应起动、运行 8h 以上，否则就可能应不了急，备用变成了无用。备用泵应在低压下起动，通过溢流阀逐级升压，且不可在高压或溢流阀没有设定好的情况下与原运行的液压系统进行切换。如有备用液压泵壳体内需在起动前充满油液的要求，在起动备用液压泵时应特别注意，必要时应在明显处设置警示标志

类别	回路	特点
手动泵应急液压源回路	 1—油箱；2,5,11—单向阀；3—手动泵； 4,10—溢流阀；6—粗过滤器；7—液压泵； 8—联轴器；9—电动机；12—压力表开关； 13—压力表	该回路是用手动泵组成的备用液压源回路。系统正常工作时，由电动机驱动的液压泵单独供油，手动泵不工作。在停电等紧急情况时，电动泵不能供油，可由手动泵继续供油，避免发生事故。手动泵的流量很小，不能使执行机构得到所需的运动速度，只能暂时使执行机构继续运动。可用于工程机械、起重运输设备等的液压系统
	 1—油箱；2,13—粗过滤器；3—变量液压泵；4—联轴器； 5—电动机；6—电磁溢流阀；7,14,17—单向阀； 8,18—压力表开关；9,19—压力表；10—二位四 通电磁换向阀；11—二位二通液控换向阀；12—液压缸； 15—手动泵；16—溢流阀；20—二位四通液控换向阀	当电动机驱动的变量液压泵不能正常工作时，可由手动泵供油。压力油首先使液控换向切换、液压缸无杆腔接通油箱，然后进入液压缸有杆腔，使缸回程直至终点，避免发生事故
蓄能器应急液压源回路	 1—油箱；2—粗过滤器；3—液压泵；4—联轴器； 5—电动机；6—电磁溢流阀；7—单向阀； 8—压力表开关；9,12—压力表；10—三位 四通手动换向阀；11—截止阀；13—蓄能器	当停电或液压泵出现故障时，蓄能器可短时提供压力油，使系统保持压力，可用于机床液压系统等

类别	回路	特点
蓄能器应急液压源回路	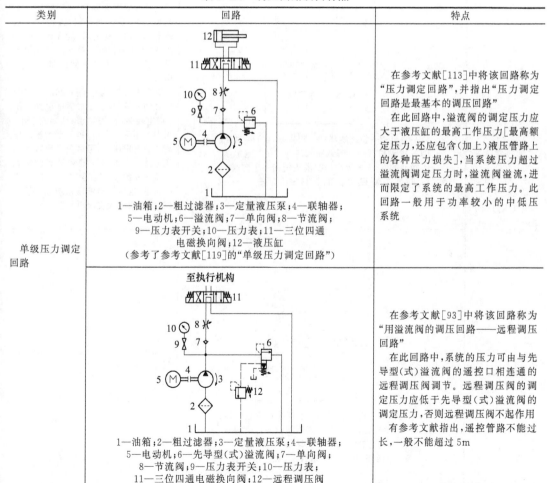 1—液压源;2—二位四通电磁换向阀;3—液控单向阀;4、8—截止阀;5—单向阀;6—液压缸;7—蓄能器;9—压力表开关;10—压力表	所谓应急液压源,是在作为夹紧用液压缸的无杆腔压力降低或失压且无法通过原液压源保压或补压时,方可采用的一种备用液压源。这种备用液压源不应参加正常工作,只是在应急时才可使用。如图所示,在该液压回路正常工作时,两个截止阀全部关闭,蓄能器内充压至液压缸无杆腔最高工作压力;当出现紧急情况,如液压缸无杆腔降压或失压时而靠原液压源无法保压或补压时,则可手动开启与单向阀并联的截止阀,使蓄能器与液压缸无杆腔连通。蓄能器中液压流体的压力可由压力表指示,也可开启截止阀 8 泄压

2.3.5 调压回路

调压回路是指控制液压系统或子系统（局部）的液压流体压力,使之保持恒定或限制（定）其最高工作压力的液压回路。

一些调压回路及其特点见表 2-138。

表 2-138 调压回路及其特点

类别	回路	特点
单级压力调定回路	1—油箱;2—粗过滤器;3—定量液压泵;4—联轴器;5—电动机;6—溢流阀;7—单向阀;8—节流阀;9—压力表开关;10—压力表;11—三位四通电磁换向阀;12—液压缸（参考了参考文献[119]的"单级压力调定回路"）	在参考文献[113]中将该回路称为"压力调定回路",并指出"压力调定回路是最基本的调压回路" 在此回路中,溢流阀的调定压力应大于液压缸的最高工作压力[最高额定压力,还应包含(加上)液压管路上的各种压力损失],当系统压力超过溢流阀调定压力时,溢流阀溢流,进而限定了系统的最高工作压力。此回路一般用于功率较小的中低压系统
	至执行机构 1—油箱;2—粗过滤器;3—定量液压泵;4—联轴器;5—电动机;6—先导型(式)溢流阀;7—单向阀;8—节流阀;9—压力表开关;10—压力表;11—三位四通电磁换向阀;12—远程调压阀	在参考文献[93]中将该回路称为"用溢流阀的调压回路——远程调压回路" 在此回路中,系统的压力可由与先导型(式)溢流阀的遥控口相连通的远程调压阀调节。远程调压阀的调定压力应低于先导型(式)溢流阀的调定压力,否则远程调压阀不起作用 有参考文献指出,遥控管路不能过长,一般不能超过 5m

类别	回路	特点
单级压力调定回路	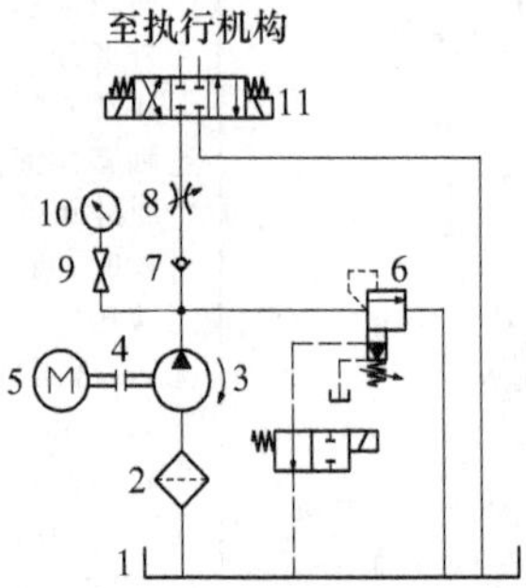 至执行机构 1—油箱；2—粗过滤器；3—定量液压泵； 4—联轴器；5—电动机；6—电磁溢流阀； 7—单向阀；8—节流阀；9—压力表开关； 10—压力表；11—三位四通电磁换向阀	图示为带电磁溢流阀的单级压力调定回路
多级压力调定回路	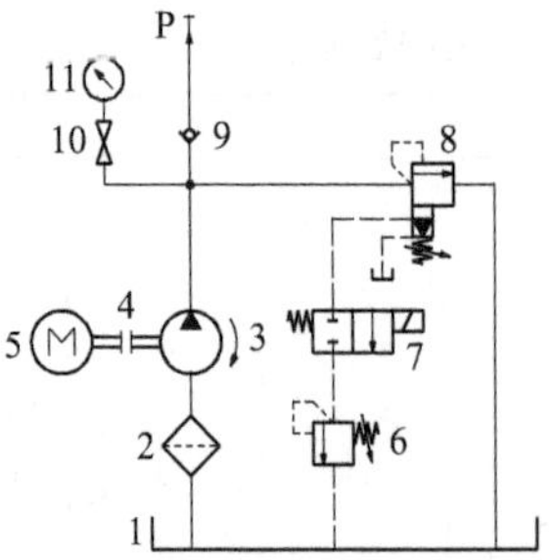 1—油箱；2—粗过滤器；3—液压泵；4—联轴器； 5—电动机；6—远程调压阀；7—二位二通电磁换向阀；8—先导型（式）溢流阀；9—单向阀； 10—压力表开关；11—压力表	图示为二级压力调定回路。远程调压阀通过二位二通电磁换向阀与先导型（式）溢流阀的遥控口相连。当电磁换向阀失电时，先导型（式）溢流阀工作，系统压力较高；当二位二通电磁换向阀得电后，远程调压阀工作，系统压力较低。该回路经常用于压力机中，以产生不同的最高工作压力 有参考文献指出，阀6和阀7安装位置调换后，当二位二通电磁换向阀7得电换向后，先导型（式）溢流阀8压力不用降至零后，再升至远程调压阀6的调定压力，可避免产生较大的压力冲击。但这样安装可能使远程调压阀6的T口在其不工作时处于高压下，这可能给液压系统成液压机（械）"造成重大安全事故"
	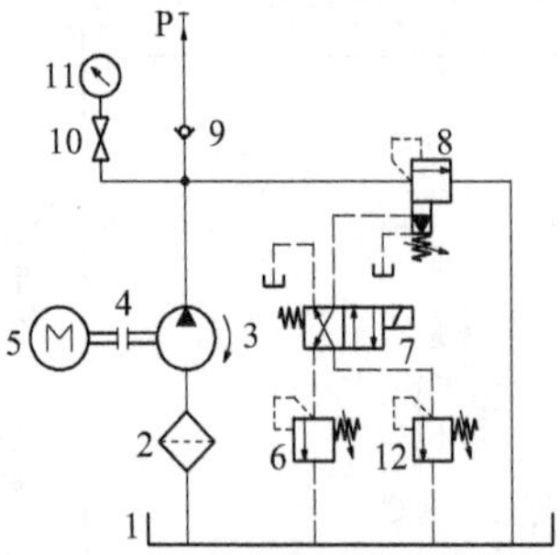 1—油箱；2—粗过滤器；3—液压泵；4—联轴器； 5—电动机；6,12—远程调压阀；7—二位四通电磁换向阀；8—先导型（式）溢流阀； 9—单向阀；10—压力表开关；11—压力表	原理同上。但先导型（式）溢流阀仅作为安全阀

类别	回路	特点
多级压力调定回路	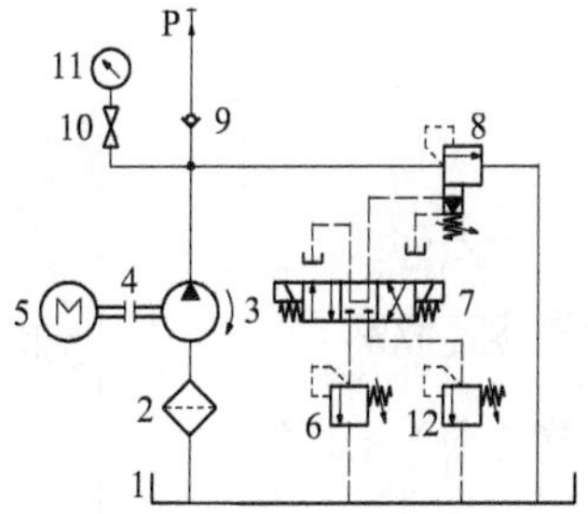 1—油箱;2—粗过滤器;3—液压泵;4—联轴器; 5—电动机;6,12—远程调压阀;7—三位四通电 磁换向阀;8—先导型(式)溢流阀;9—单向阀; 10—压力表开关;11—压力表	原理同上。但在三位四通电磁换向阀处于中位时,液压泵卸荷
	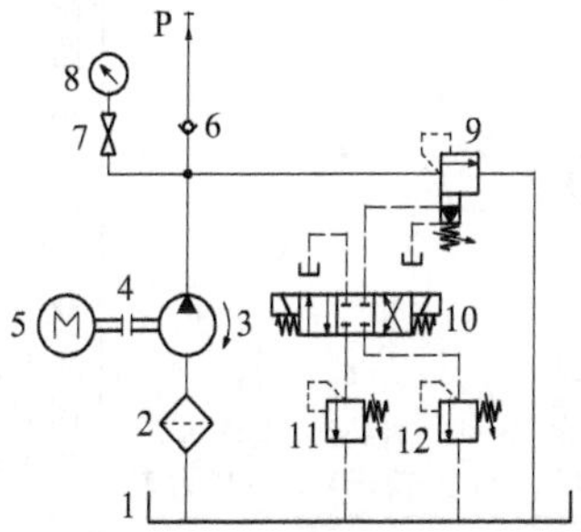 1—油箱;2—粗过滤器;3—液压泵;4—联轴器; 5—电动机;6—单向阀;7—压力表开关;8—压力表; 9—先导型(式)溢流阀;10—三位四通电磁换向阀; 11,12—远程调压阀	在参考文献[93]和[119]中将该回路分别称为"用溢流阀的调压回路——远程调压回路"和"多级压力调定回路" 　　在此回路中,采用两个远程调压阀通过一个三位四通电磁换向阀与先导型(式)溢流阀这个主溢流阀的遥控口连接,使系统可有三个不同的压力调定值。三位四通电磁换向阀处于中位,系统压力由先导型(式)溢流阀调定;三位四通电磁换向阀左、右电磁铁分别得电,系统压力由两台远程调压阀分别调定。但必须使主溢流阀的调定值高于两台远程调压阀的调定值,否则两台远程调压阀无效,系统只能有一个压力调定值
	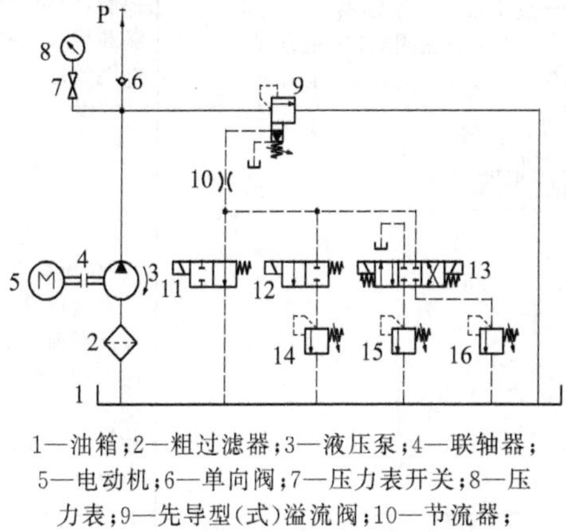 1—油箱;2—粗过滤器;3—液压泵;4—联轴器; 5—电动机;6—单向阀;7—压力表开关;8—压 力表;9—先导型(式)溢流阀;10—节流器; 11,12—二位二通电磁换向阀;13—三位四 通电磁换向阀;14～16—远程调压阀	图示为四级压力调定回路

类别	回路	特点
多级压力调定回路	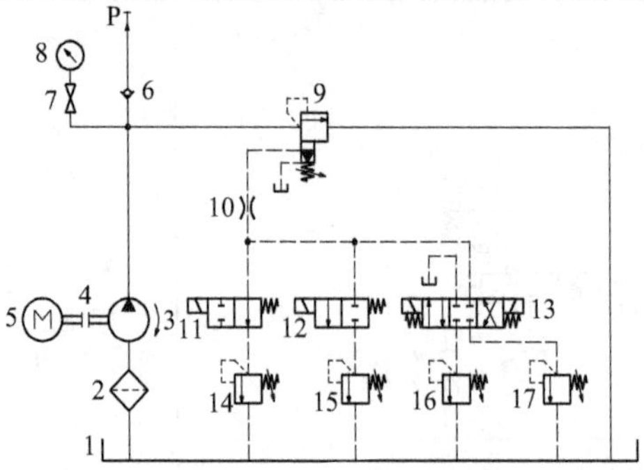 1—油箱；2—粗过滤器；3—液压泵；4—联轴器；5—电动机； 6—单向阀；7—压力表开关；8—压力表；9—先导型(式) 溢流阀；10—节流器；11，12—二位二通电磁换向阀； 13—三位四通电磁换向阀；14~17—远程调压阀	图示为五级压力调定回路
无级压力调定回路	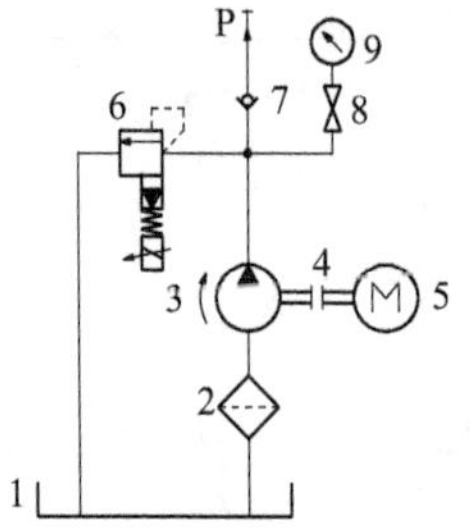 1—油箱；2—粗过滤器；3—液压泵；4—联轴器；5—电动机； 6—先导式比例溢流阀；7—单向阀；8—压力表开关；9—压力表	在参考文献[93]和[119]中将该回路分别称为"用溢流阀的调压回路——远程调压回路"和"无级压力调定回路" 在此回路中，采用先导式比例溢流阀的无级压力调定回路适用于载荷变化比较大的系统，随着外载荷的不断变化，实现自动控制(调节)系统的压力。与普通溢流阀比较，比例溢流阀的调压范围广，压力冲击小，且内带安全阀，可保证系统的安全
	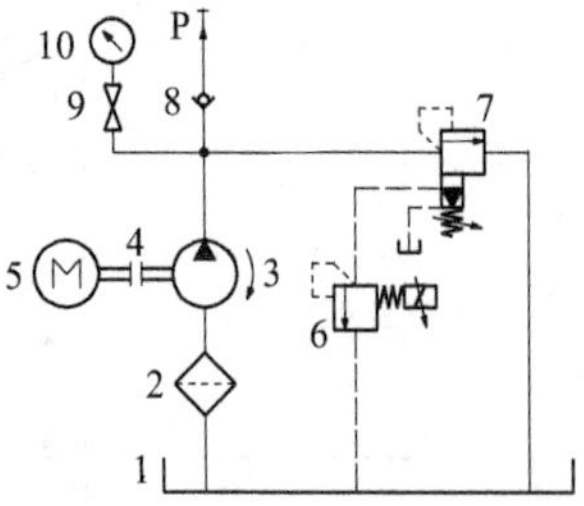 1—油箱；2—粗过滤器；3—液压泵；4—联轴器；5—电动机； 6—比例先导压力阀(直动式比例溢流阀)；7—先导型(式) 溢流阀；8—单向阀；9—压力表开关；10—压力表	在参考文献[93]中将该回路称为"用溢流阀的调压回路——远程调压回路" 在此回路中，采用比例先导压力阀(直动式比例溢流阀)与先导型(式)溢流阀(主溢流阀)的遥控口连接，实现无级调压。其特点是采用一个小型的比例先导压力阀(直动式比例溢流阀)，即可实现连续控制和远距离控制，但由于受到主溢流阀性能的限制和增加了控制管路，所以一般控制性能较差，适用于大流量控制
变量泵调压回路	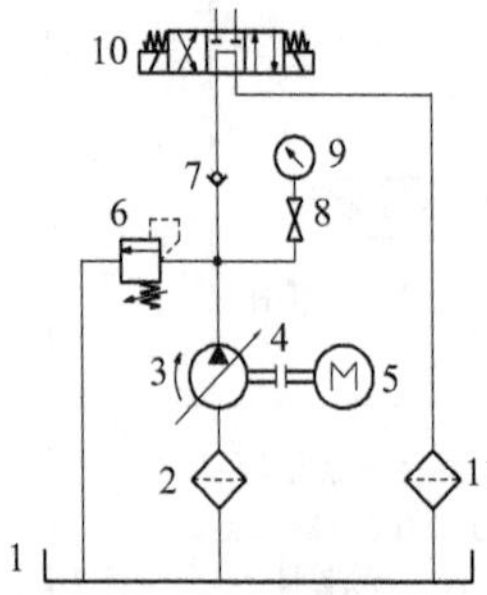 1—油箱；2—粗过滤器；3—变量液压泵；4—联轴器； 5—电动机；6—溢流阀；7—单向阀；8—压力表开关； 9—压力表；10—三位四通电磁换向阀；11—回油过滤器	在参考文献[93]中将该回路称为"用变量泵的调压回路" 在此回路中，当采用非限压式变量液压泵时，系统的最高工作压力由溢流阀(参考文献[93]推荐一般采用直动溢流阀为好)调定。当采用限压式变量液压泵时，系统的最高工作压力由泵调节，其值为泵处于无流量输出时的压力值

类别	回路	特点
插装阀组调压回路	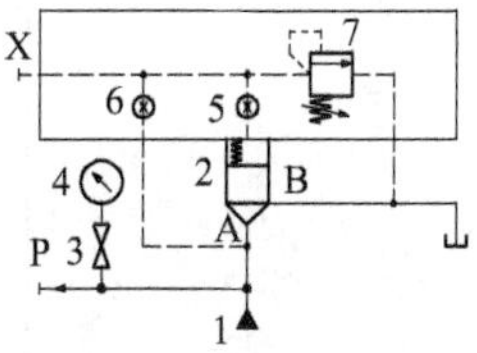 1—液压源;2—插入元件;3—压力表开关;4—压力表; 5,6—可代替的节流孔;7—带溢流阀(先导元件)的控制盖板	图示中包括在 GB/T 786.1—2009(已被 GB/T 786.1—2021 代替)中的"带溢流阀功能的二通插装阀"
	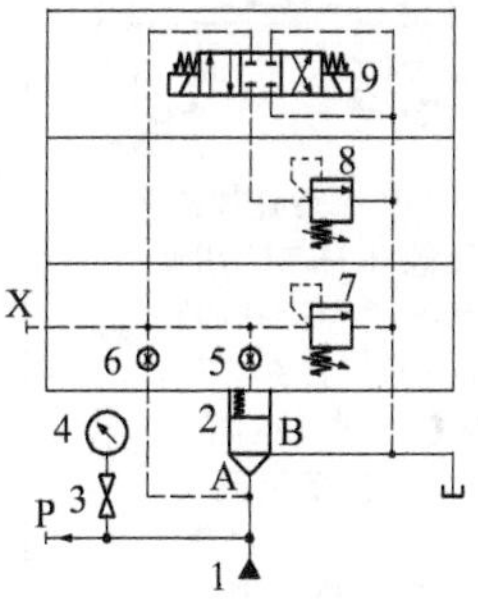 1—液压源;2—插入元件;3—压力表开关;4—压力表; 5,6—可代替的节流孔;7—带溢流阀(先导元件)的控制盖板;8—叠加式溢流阀;9—三位四通电磁换向阀(先导元件)	在参考文献[93]中将该回路称为"用插装阀组成的调压回路" 此回路具有高低压选择和卸荷控制功能。插装阀组成的调压回路适用于大流量的液压系统
	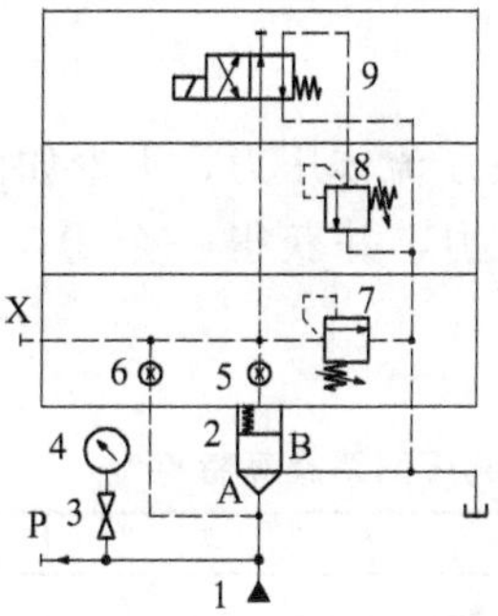 1—液压源;2—插入元件;3—压力表开关;4—压力表; 5,6—可代替的节流孔;7—带溢流阀的控制盖板; 8—叠加式溢流阀;9—二位四通电磁换向阀	图示中包括在 GB/T 786.1—2009(已被 GB/T 786.1—2021 代替)中的"带溢流功能和可选第二级压力的二通插装阀"
	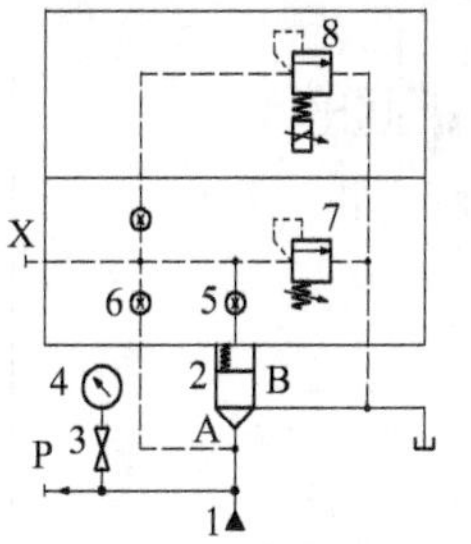 1—液压源;2—插入元件;3—压力表开关;4—压力表; 5,6—可代替的节流孔;7—带溢流阀的 控制盖板;8—比例溢流阀	图示中包括在 GB/T 786.1—2009(已被 GB/T 786.1—2021 代替)中的"带比例压力调节和手动最高(工作)压力溢流功能的二通插装阀"

类别	回路	特点
叠加阀组调压回路	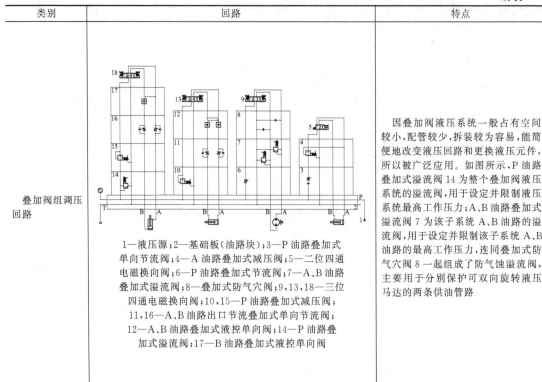 1—液压源;2—基础板(油路块);3—P油路叠加式单向节流阀;4—A油路叠加式减压阀;5—二位四通电磁换向阀;6—P油路叠加式节流阀;7—A、B油路叠加式溢流阀;8—叠加式防气穴阀;9,13,18—三位四通电磁换向阀;10,15—P油路叠加式减压阀;11,16—A、B油路出口节流叠加式单向节流阀;12—A、B油路叠加式液控单向阀;14—P油路叠加式溢流阀;17—B油路叠加式液控单向阀	因叠加阀液压系统一般占有空间较小,配管较少,拆装较为容易,能简便地改变液压回路和更换液压元件,所以被广泛应用。如图所示,P油路叠加式溢流阀14为整个叠加阀液压系统的溢流阀,用于设定并限制液压系统最高工作压力;A、B油路叠加溢流阀7为该子系统A、B油路的溢流阀,用于设定并限制该子系统A、B油路的最高工作压力,连同叠加式防气穴阀8一起组成了防气蚀溢流阀,主要用于分别保护可双向旋转液压马达的两条供油管路

2.3.6　减压回路

　　减压回路是指控制子系统（局部）的液压流体压力，无论如何，使之低于液压源或其他子系统的工作压力或所设定的最高工作压力，并获得一个稳定的子系统工作压力的液压回路。

　　一些减压回路及其特点见表 2-139。

表 2-139　减压回路及其特点

类别	回路	特点
一级减压回路	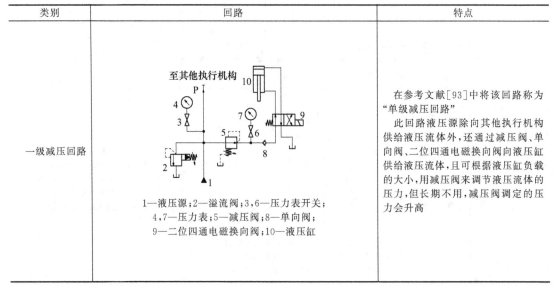 1—液压源;2—溢流阀;3,6—压力表开关;4,7—压力表;5—减压阀;8—单向阀;9—二位四通电磁换向阀;10—液压缸	在参考文献[93]中将该回路称为"单级减压回路" 　此回路液压源除向其他执行机构供给液压流体外,还通过减压阀、单向阀、二位四通电磁换向阀向液压缸供给液压流体,且可根据液压缸负载的大小,用减压阀来调节液压流体的压力,但长期不用,减压阀调定的压力会升高

类别	回路	特点
一级减压回路	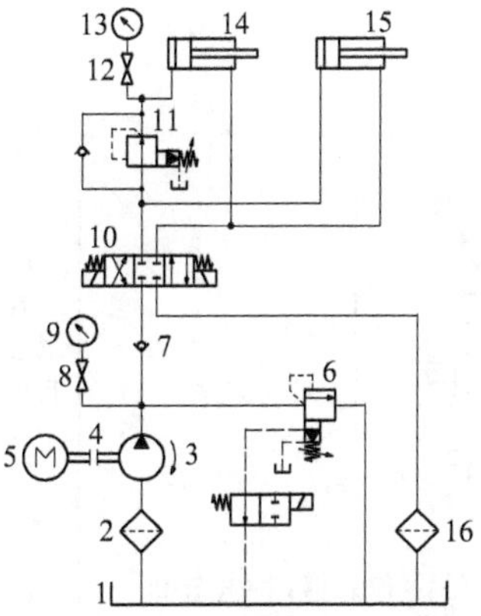 1—油箱;2—粗过滤器;3—液压泵;4—联轴器;5—电动机; 6—电磁溢流阀;7—单向阀;8,12—压力表开关; 9,13—压力表;10—三位四通电磁换向阀; 11—单向减压阀;14,15—液压缸;16—回油过滤器	在参考文献[93]中将该回路称为"单级减压回路" 在此回路中,进入没有单向减压阀的液压缸的液压流体的(最高工作)压力由溢流阀调定;进入有单向减压阀的液压缸(无杆腔)的液压流体的(最高工作)压力由减压阀调节。减压阀在工作中会有一定的泄漏,在设计时应该考虑这部分流量损失
	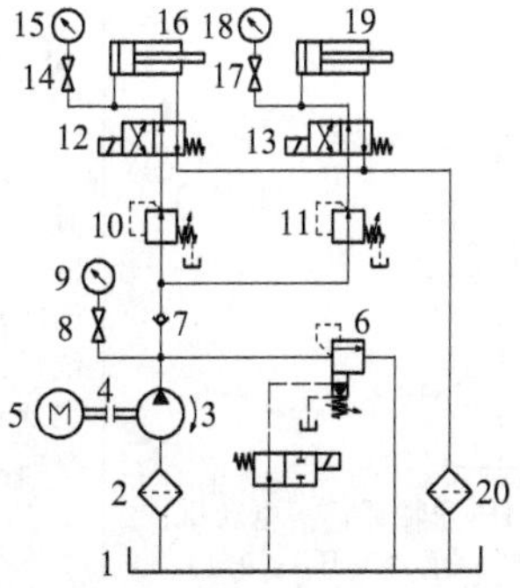 1—油箱;2—粗过滤器;3—液压泵;4—联轴器; 5—电动机;6—电磁溢流阀;7—单向阀;8,14, 17—压力表开关;9,15,18—压力表; 10,11—减压阀;12,13—二位四通 电磁换向阀;16,19—液压缸;20—回油过滤器	在此回路中的两条支路上分别安装了减压阀。两台液压缸间的动作和压力互不干扰,适用于工作中负载变化的场合
二级减压回路	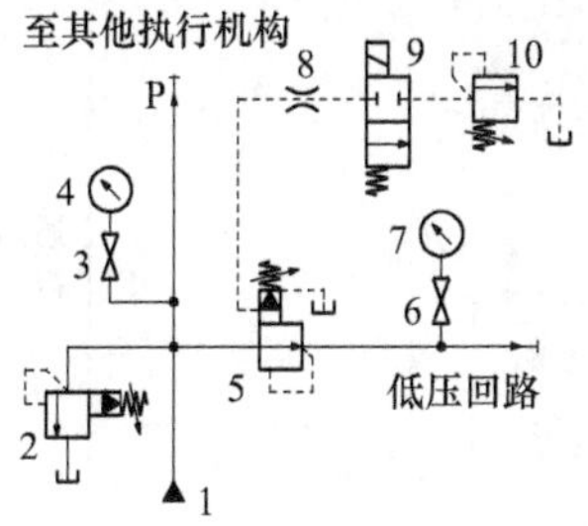 1—液压源;2—溢流阀;3,6—压力表开关; 4,7—压力表;5—先导式减压阀;8—节流器; 9—二位二通电磁换向阀;10—远程调压阀	在参考文献[93]中将类似回路称为"二级减压回路" 在先导式减压阀的遥控口上通过节流器、二位二通电磁换向阀连接远程调压阀,使低压回路获得了两种预定的压力。如图所示,低压回路压力由先导式减压阀调定;当二位二通电磁换向阀换向后,低压回路的另一个较低压力由远程调压阀调定。节流器可使压力转换时冲击较小

类别	回路	特点
二级减压回路	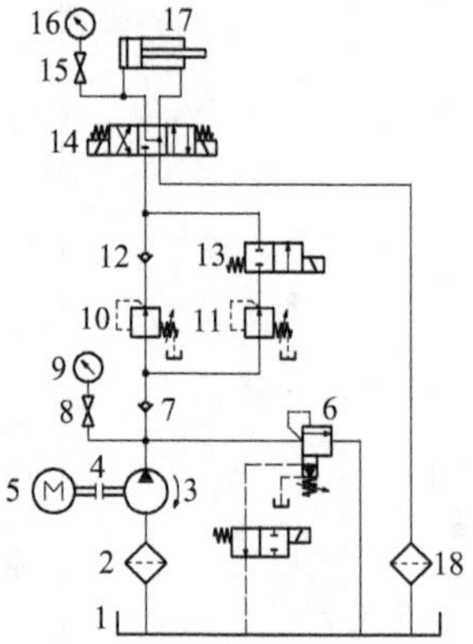 1—油箱;2—粗过滤器;3—液压泵;4—联轴器;5—电动机; 6—电磁溢流阀;7,12—单向阀;8,15—压力表开关; 9,16—压力表;10,11—减压阀;13—二位二通电磁换向阀; 14—三位四通电磁换向阀;17—液压缸;18—回油过滤器	在此回路中两台减压阀并联安装,通过二位二通电磁换向阀转换,可获得两级(减压后的)压力
二级减压回路	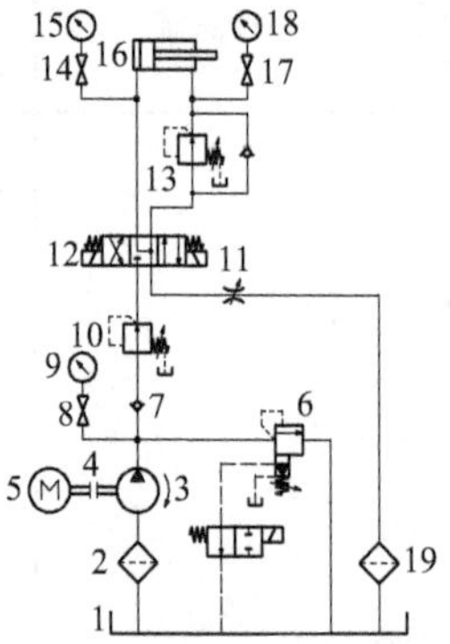 1—油箱;2—粗过滤器;3—液压泵;4—联轴器;5—电动机; 6—电磁溢流阀;7—单向阀;8,14,17—压力表开关;9,15, 18—压力表;10—减压阀;11—节流阀;12—三位四通电磁 换向阀;13—单向减压阀;16—液压缸;19—回油过滤器	在参考文献[93]中将类似回路称为"二级减压回路" 如图所示,液压缸进行缸进程运动时,系统供给液压缸的最高工作压力由三位四通电磁换向阀前的减压阀调定;液压缸进行缸回程运动时,系统供给液压缸的最高工作压力由三位四通电磁换向阀前后的减压阀和单向减压阀调定
多级(支)减压回路	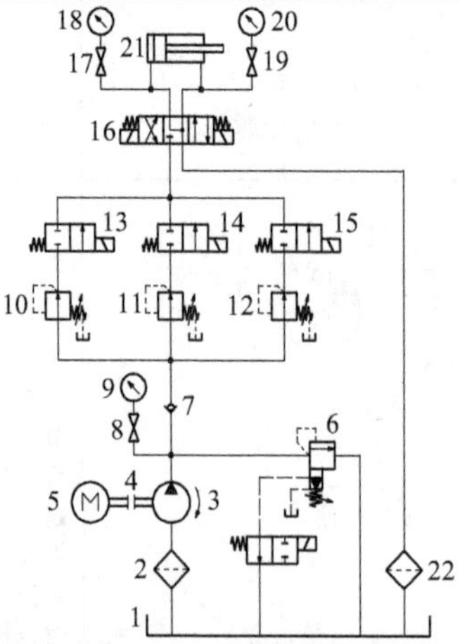 1—油箱;2—粗过滤器;3—液压泵;4—联轴器;5—电动机; 6—电磁溢流阀;7—单向阀;8,17,19—压力表开关;9,18, 20—压力表;10~12—减压阀;13~15—二位二通电磁换向阀; 16—三位四通电磁换向阀;21—液压缸;22—回油过滤器	在此回路中三个减压阀并联安装,通过二位二通电磁换向阀转换,可获得三级(减压后的)压力

类别	回路	特点
多级（支）减压回路	 1—油箱；2—粗过滤器；3—液压泵；4—联轴器；5—电动机； 6—电磁溢流阀；7—单向阀；8,16,19,22—压力表开关； 9,17,20,23—压力表；10～12—减压阀；13～15—三位四 通电磁换向阀；18,21,24—液压缸；25—回油过滤器	此回路为多支减压回路。在此回路中的每条支路上分别安装了减压阀。三台液压缸间的动作和压力互不干扰，适用于工作中负载变化的场合
无级减压回路	 1—油箱；2—粗过滤器；3—液压泵；4—联轴器；5—电动机； 6—电磁溢流阀；7—单向阀；8,12—压力表开关；9,13—压力表； 10—先导式比例减压阀；11—三位四通电磁换向阀； 14—液压缸；15—回油过滤器	在参考文献[93]中将类似回路称为"无级减压回路" 在此回路中，用先导式比例减压阀组成减压回路，可使分支回路实现无级减压，并易实现遥控
	 1—油箱；2—粗过滤器；3—液压泵；4—联轴器；5—电动机； 6—电磁溢流阀；7—单向阀；8,13—压力表开关；9,14—压力表； 10—先导式减压阀；11—比例压力先导阀；12—三位四通电磁 换向阀；15—液压缸；16—回油过滤器	在参考文献[93]中将类似回路称为"无级减压回路" 在此回路中，用小规格的比例压力先导阀连接在先导式减压阀的遥控口上，可使分支油路实现连续无级减压

2.3.7 增压回路

增压回路是指控制子系统（局部）的液压流体压力，使之（远）高于液压源或其他子系统的工作压力或所设定的最高工作压力的液压回路。

设置增压回路通常是为了在一定时间内获得更大的液压缸输出力或液压马达的输出转矩。

一些增压回路及其特点见表 2-140。

表 2-140　增压回路及其特点

类别	回路	特点
单作用增压器增压回路	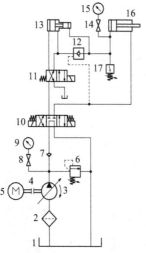　1—油箱；2—粗过滤器；3—液压泵；4—联轴器；5—电动机；6—溢流阀；7，11—压力表开关；8，12—压力表；9—二位四通电磁换向阀；10—单作用增压器；13—（补油）单向阀；14—弹簧复位单作用缸	在参考文献[93]中将该回路称为"用增压器的增压回路" 此回路用单作用增压器(在参考文献[93]中称增压液压缸)进行增压，弹簧复位单作用缸靠弹簧力返回，补油装置用来补充高压回路泄漏损失。在气液并用的系统中，可用气液增压器增压，即以压缩空气为动力获得高压液体
	1—油箱；2—粗过滤器；3—变量液压泵；4—联轴器；5—电动机；6—溢流阀；7—单向阀；8，14—压力表开关；9，15—压力表；10—三位四通电磁换向阀；11—二位四通电磁换向阀；12—液控单向阀；13—单作用增压器；16—液压缸；17—压力继电器	如图所示，当三位四通电磁换向阀处于右位、二位四通电磁换向阀处于左位时，液压源向单作用增压器有杆腔、小活塞腔及液压缸无杆腔供油，单作用增压器或左移返程、液压缸右移缸进程；当液压缸无杆腔压力达到压力继电器设定压力时，二位四通电磁换向阀电磁铁得电阀换向至右位，单作用增压器对液压缸无杆腔进行增（高）压 当增压(保压)结束后，二位四通电磁换向阀电磁铁失电阀换向至左位，单作用增压器左移返程，液压缸无杆腔进行降(高)压；然后，三位四通电磁换向阀换向至左位，液压源向液压缸有杆腔供油，液压缸回油经液控单向阀、二位四通电磁换向阀回油箱，液压缸缸回程至终点，二位四通电磁换向阀回中位，即完成一次工作循环 采用(手动)变量液压泵可在一定范围内对液压缸运动速度进行调整，或可对单作用增压器增压速率进行调整 该回路中的电磁换向阀或可为电液换向阀、溢流阀可明确为先导式溢流阀 采用该回路时需注意调整二位四通电磁换向阀相对三位四通电磁换向阀的换向时间，避免液压缸 16 无杆腔出现负压

类别	回路	特点
单作用增压器增压回路	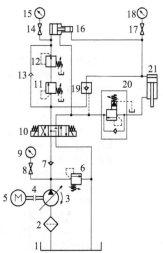 1—油箱;2—粗过滤器;3—变量液压泵;4—联轴器; 5—电动机;6—溢流阀;7,13—单向阀;8,14,17—压力 表开关;9,15,18—压力表;10—三位四通电磁换向阀; 11—顺序阀;12—减压阀;16—单作用增压器; 19—液控单向阀;20—平衡阀;21—液压缸	如图所示,当三位四通电磁换向阀处于右位时,液压源向液压缸无杆腔供油,液压缸回油经平衡阀等回油箱,液压缸进行缸进程;当液压缸无杆腔压力升高使顺序阀开启,液压源通过顺序阀、减压阀向单作用增压器大活塞腔供油,单作用增压器对液压缸无杆腔增(高)压。调节减压阀可以控制单作用增压器的初级流体进口压力,进而控制单作用增压器的次级流体出口压力 当增压(保压)结束后,三位四通电磁换向阀换向至左位时,液压源通过平衡阀中的单向阀向液压缸有杆腔供油,液压缸无杆腔油液首先进入单作用增压器小活塞腔使单作用增压器返程;当单作用增压器返程结束后,液压缸无杆腔油液(回油)经液控单向阀、三位四通电磁换向阀回油箱 该回路中的溢流阀、顺序阀和减压阀可为先导型(式)的,电磁换向阀也可为液电(动)型(式)的 该液压系统及回路可用于上置式液压机,其中以减压阀调定液压缸的缸输出力的设计,在单作用增压器增压回路中较为特殊
	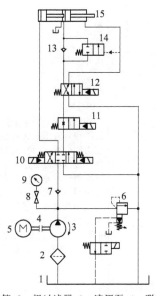 1—油箱;2—粗过滤器;3—液压泵;4—联轴器; 5—电动机;6—电磁溢流阀;7,13—单向阀; 8—压力表开关;9—压力表;10—三位四通 电液换向阀;11—电液减速阀;12—二位四 通电液换向阀;14—二位二通液控换向阀; 15—组合式液压缸	如图所示,当三位四通电液换向阀处于左位、电液减速阀处于右位、二位四通电液换向阀处于右位时,液压流体向组合式液压缸中的单出杆活塞缸(简称液压缸)无杆腔供油,液压缸快速缸进程;当触发行程控制开关后,电液减速阀随即复位至左位进行节流,液压缸转为慢速缸进程;经一定时间延时后,三位四通电液换向阀换向至右位,液压源向组合式液压缸中的增压缸的大活塞腔供油,增压缸对液压缸无杆腔增(高)压,液压缸的缸输出力增大到设定值 当三位四通电液换向阀处于左位、电液减速阀处于右位、二位四通电液换向阀处于左位时,液压源向液压缸有杆腔供油;当供油压力达到一定值后,二位二通液控换向阀换向至右位,液压缸无杆腔内油液经二位二通液控换向阀、二位四通电液换向阀回油箱,液压缸进行缸回程。在液压缸进行缸回程过程中,将顶着增压缸大、小活塞等使增压缸返程,此时,增压缸回油接油箱。在该液压系统及回路中,单作用增压器(缸)与单出杆活塞液压缸组合而成组合式液压缸,此种结构的液压缸在液压机(械)中较为常见,其是一种增大液压缸的缸输出力的有效方法;电液减速阀或电液节流阀没有现行标准,选用时应与制造商预先联系,在叠加阀系列中有一种电磁节流阀或可替代

类别	回路	特点
单作用增压器增压回路	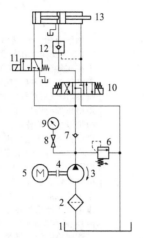 1—油箱;2—粗过滤器;3—液压泵;4—联轴器; 5—电动机;6—溢流阀;7—单向阀;8—压力表 开关;9—压力表;10—三位四通电磁换向阀; 11—二位三通电磁换向阀;12—液控单向阀; 13—组合式液压缸	如图所示,当三位四通电磁换向阀处于右位、二位三通电磁换向阀处于右位时,液压源向组合式液压缸中的单出杆活塞缸(简称液压缸)无杆腔供油,液压缸进行缸进程;当触发行程控制开关后,二位三通电磁换向阀换向至左位,液压源同时向组合式液压缸中的增压缸大活塞腔供油,增压缸对液压缸无杆腔增(高)压,液压缸的缸输出力增大到设定值 当增压(保压)结束后,三位四通电磁换向阀换向至左位、二位三通电磁换向阀复位至右位,液压源向液压缸有杆腔供油;当供油压力足以开启液控单向阀后,液压缸进行缸回程,并在缸回程过程中,将顶着增压缸大、小活塞等使增压缸返程,增压缸大活塞腔油液通过二位三通电磁换向阀11回油箱
	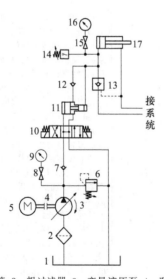 1—油箱;2—粗过滤器;3—变量液压泵;4—联轴器; 5—电动机;6—溢流阀;7,12—单向阀;8,15—压力 表开关;9,16—压力表;10—三位四通电磁换向阀; 11—单作用增压器;13—液控单向阀; 14—压力继电器;17—液压缸	如图所示,当由系统液压源供油,液压缸进行缸进程且液压缸无杆腔压力达到一定值时触发压力继电器,三位四通电磁换向阀换向至右位,增压液压源向单作用增压器的大活塞腔供油,单作用增压器对液压缸无杆腔增(高)压;当单作用增压器结束增压(保压)时,三位四通电磁换向阀可复中位对高压进行泄压;不管液压缸处于何种状态如停止或回程,通过三位四通电磁换向阀换向至左位,增压液压源向单作用增压器返程腔(或和小活塞腔)供油,都可使单作用增压器返程

类别	回路	特点
双作用增压器增压回路	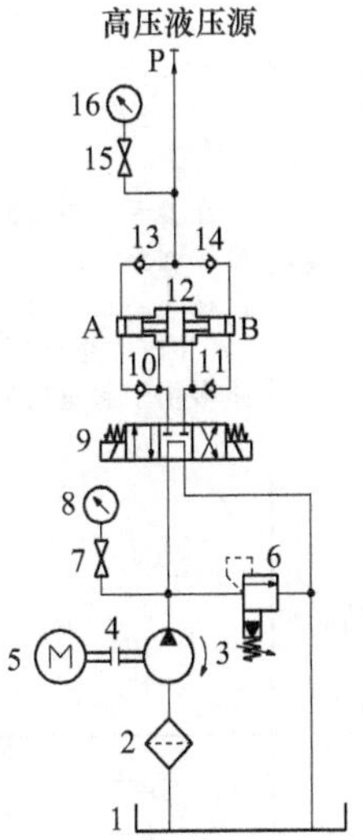 高压液压源 1—油箱;2—粗过滤器;3—液压泵;4—联轴器; 5—电动机;6—先导式溢流阀;7,15—压力表开关; 8,16—压力表;9—三位四通电磁换向阀; 10,11,13,14—单向阀;12—双作用增压器	采用双作用增压器,以系统较小的压力获得供给执行元件较大的压力。如图所示,当三位四通电磁阀换向至左位时,增压器的活塞右行,其高压腔经单向阀输出高压油;反之,当三位四通电磁阀换向至右位时,高压腔经单向阀也输出高压油。该回路适用于双向增压,如挤压机等双向载荷相同,要求压力相同的增压回路中,以及水射流机床增压系统
	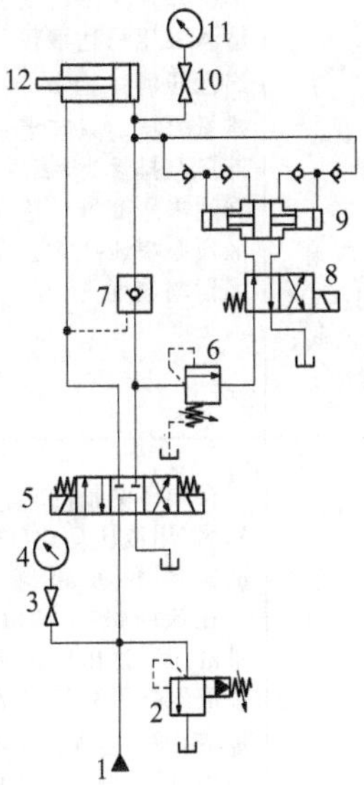 1—液压源;2—先导式溢流阀;3,10—压力表开关; 4,11—压力表;5—三位四通电磁换向阀;6—顺序阀; 7—液控单向阀;8—二位四通电磁换向阀; 9—双作用增压器;12—液压缸	在参考文献[93]中将该回路称为"用增压器的增压回路" 此回路利用双作用增压器实现双向增压,保证连续输出高压液压流体。当液压缸进行缸进程中遇到较大载荷时,系统压力升高,顺序阀打开,液压流体经顺序阀、二位四通电磁换向阀进入双作用增压器,无论增压器是左行还是右行,其均能输出高压液压流体到液压缸的无杆腔。只要换向阀不断地切换,就能使增压器不断地往复运动并连续地输出高压液压流体,可使液压缸的缸进程进行较长的行程

类别	回路	特点
液压泵增压回路	 1—油箱；2—粗过滤器；3,10,11—液压泵；4—联轴器；5—电动机；6,12,15—先导型(式)溢流阀；7,13,16—压力表开关；8,14,17—压力表；9—液压马达	在参考文献[93]中将该回路称为"用液压泵的增压回路" 在此回路中，两支路上的液压泵由液压马达驱动，并与主路液压泵串联，从而实现增压。该回路多用于起重机的液压系统
	  1—液压源；2,13—先导型(式)溢流阀；3,15—压力表开关；4,16—压力表；5—三位四通电磁换向阀；6—二位三通电磁换向阀；7,12—单向阀；8—节流阀；9—高压液压泵；10—液压马达；11—液控单向阀；14—压力继电器；17—液压缸	在参考文献[93]中将该回路称为"用液压泵的增压回路" 在此回路中，液压马达与液压泵刚性连接，当三位四通电磁换向阀换向至右位时，液压缸进行缸进程运动，如遇到较大载荷，系统压力升高致使压力继电器动作，控制二位三通电磁换向阀换向，液压流体输入液压马达并带动液压泵旋转输出高压液压流体。该液压流体的最高工作压力由并联在泵出口的先导型(式)溢流阀限定。若输入液压马达液压流体压力为 p_0，则液压泵输出液压流体为 $p_1 = \alpha p_0$，α 为液压马达与液压泵排量之比。只有当 $\alpha > 1$ 亦即液压马达排量大于液压泵排量时，液压泵才具有增压作用。若液压马达采用变量马达，则可通过改变其排量来改变液压泵增压压力。节流阀可用来调节液压缸往复运动速度
液压马达增压回路	 1—液压源；2—三位四通电磁换向阀；3—二位二通电磁换向阀；4—定量液压马达(泵)；5—变量液压马达；6—单向节流阀；7—压力表开关；8—压力表；9—液压缸	在参考文献[93]、[113]和[119]中都将该回路称为"用液压马达(的)增压回路"，但实质上还是液压泵增压回路 在该回路中，两液压马达的轴为刚性连接，变量液压马达出口接油箱，定量液压马达(泵)出口接液压缸无杆腔。若马达进口压力为 p_0，则定量液压马达(泵)的出口压力为 $p_1 = (1 + \alpha)p_0$，α 为两马达的排量之比。若 $\alpha = 2$，则 $p_1 = 3p_0$，实现了增压的目的。因采用了变量液压马达，则可以通过改变其排量来改变增压压力。二位二通电磁换向阀主要用于快速缸回程。该回路适用于现有液压泵不能实现的而又需要连续高压的场合

类别	回路	特点
串联缸增压回路	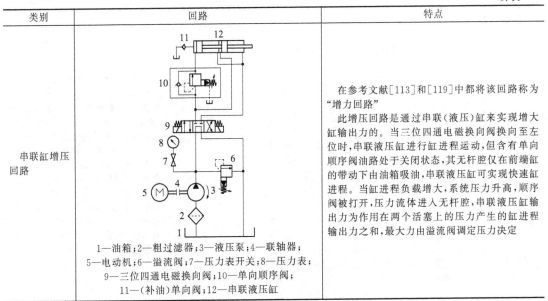 1—油箱；2—粗过滤器；3—液压泵；4—联轴器； 5—电动机；6—溢流阀；7—压力表开关；8—压力表； 9—三位四通电磁换向阀；10—单向顺序阀； 11—（补油）单向阀；12—串联液压缸	在参考文献[113]和[119]中都将该回路称为"增力回路" 此增压回路是通过串联（液压）缸来实现增大缸输出力的。当三位四通电磁换向阀换向至左位时，串联液压缸进行缸进程运动，但含有单向顺序阀油路处于关闭状态，其无杆腔仅在前端缸的带动下由油箱吸油，串联液压缸可实现快速缸进程。当缸进程负载增大，系统压力升高，顺序阀被打开，压力流体进入无杆腔，串联液压缸输出力为作用在两个活塞上的压力产生的缸进程输出力之和，最大力由溢流阀调定压力决定

2.3.8 保压回路

保压回路是指控制液压系统或子系统（局部）的液压流体压力，使之在工作循环的某一阶段和/或某一时间内保持（在）规定的压力值（上）或范围内的液压回路。

一些保压回路及其特点见表 2-141。

表 2-141 保压回路及其特点

类别	回路	特点
液压泵保压回路	1—油箱；2—粗过滤器；3—定量液压泵；4—联轴器；5—电动机； 6—溢流阀；7—单向阀；8—压力表开关；9—压力表；10—三位 四通电磁换向阀；11—液压缸；12—回油过滤器	在参考文献[119]中将该回路称为"用泵保压的回路——用定量泵保压的回路" 当液压缸停止往复运动时，可使液压泵继续运转，输出的液压流体除少量补偿液压缸泄漏外，其余大量通过溢流阀溢流，系统压力因此保持在溢流阀的调定压力值上。此保压方法简单可靠，但能量损失大，液压流体温升高，一般只能用于 3kW 以下的小功率液压系统中
	1—油箱；2—粗过滤器；3—压力控制变量液压泵；4—联轴器； 5—电动机；6—溢流阀；7—单向阀；8—压力表开关；9—压力表； 10—三位四通电磁换向阀；11—液压缸；12—回油过滤器	在参考文献[93]和[119]中将该回路分别称为"用压力补偿变量泵的保压回路"和"用泵保压的回路——用压力补偿变量泵保压的回路" 在夹紧装置等需要保压的回路中，采用压力控制变量液压泵可以长期保持液压缸的压力，而且效率较高。因为液压缸中压力升高后，液压泵的输出流量会自动减至补偿泄漏所需的流量，并能随泄漏量的变化自动调整

类别	回路	特点
液压泵保压回路	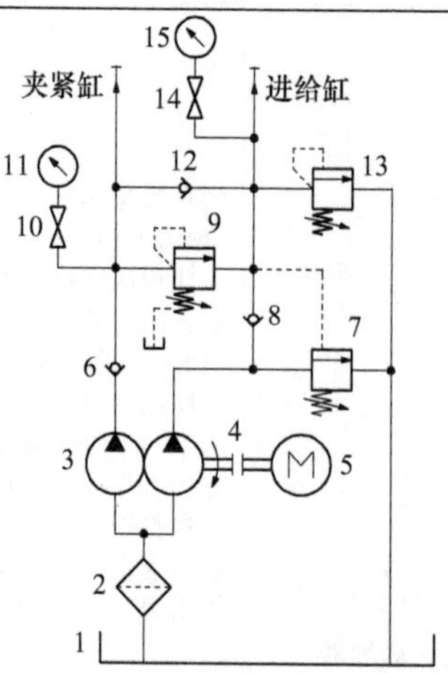 1—油箱；2—粗过滤器；3—双联液压泵；4—联轴器；5—电动机；6,8,12—单向阀；7—卸荷阀；9—顺序阀；10,14—压力表开关；11,15—压力表；13—溢流阀	在参考文献[93]中将该回路称为"用辅助泵的保压回路" 在夹紧装置回路中，夹紧缸运动时，双联液压泵中小、大排量泵同时输出流体；夹紧后夹紧缸停止运动，系统压力升高，打开顺序阀，小排量液压泵输出的流体经顺序阀后，与大排量液压泵输出的流体一起供给进给缸，此时进给缸处于快进状态；当进给缸负载增大，系统压力升高致使卸荷阀打开，大排量液压泵卸荷，进给缸只有小排量泵供给液压流体，其处于慢进状态
	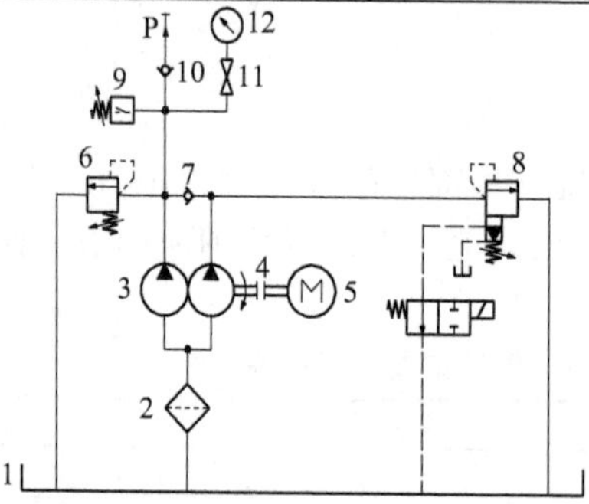 1—油箱；2—粗过滤器；3—双联液压泵；4—联轴器；5—电动机；6—卸荷阀；7,10—单向阀；8—电磁溢流阀；9—压力继电器；11—压力表开关；12—压力表	在参考文献[93]中将该回路称为"用辅助泵的保压回路" 此回路为液压机械中常用的液压泵保压回路。当系统压力较低时，低压大排量泵和高压小排量泵同时向系统输出较低压力液压流体；当系统压力升高到卸荷阀调定的压力时，低压大流量泵卸荷，只有高压小流量泵输出液压流体，且压力可达到电磁溢流阀的调定压力。由于在保压状态系统对流量供给需求较少，仅用高压小排量泵满足其需要，故可减少系统发热，节省能源
蓄能器保压回路	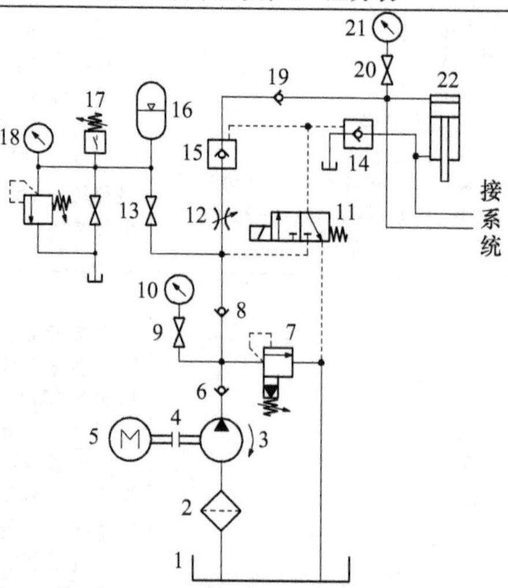 1—油箱；2—粗过滤器；3—液压泵；4—联轴器；5—电动机；6,8,19—单向阀；7—溢流阀；9,20—压力表开关；10,18,21—压力表；11—二位三通电磁换向阀；12—节流阀；13—蓄能器控制阀组；14,15—液控单向阀；16—蓄能器；17—压力继电器；22—液压缸	在参考文献[93]中将该回路称为"用蓄能器的保压回路" 在大流量液压系统用蓄能器保压时，往往由于大规格换向阀的泄漏量比较大，使蓄能器的保压时间大为减少。为了解决这一问题，如图所示，采用液控单向阀和小规格的二位三通电磁换向阀，其泄漏低得多。液压缸无杆腔保压时，二位三通电磁换向阀电磁铁得电换向，液控单向阀被反向开启，蓄能器与液压缸无杆腔连通，压力相等。当压力下降达到压力继电器设定低压值，开启液压泵为蓄能器及液压缸补压；当压力升高到压力继电器高压值，液压泵停止运转，各单向阀关闭，蓄能器内液压流体无法通过溢流阀和液压缸泄漏

类别	回路	特点
蓄能器保压回路	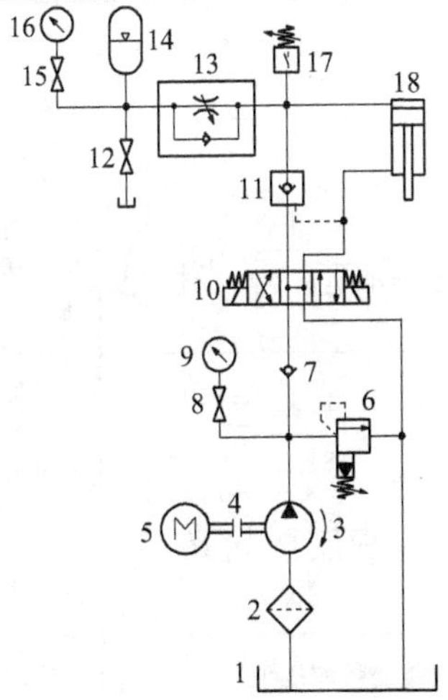 1—油箱；2—粗过滤器；3—液压泵；4—联轴器；5—电动机； 6—溢流阀；7—单向阀；8,15—压力表开关；9,16—压力表； 10—三位四通电磁换向阀；11—液控单向阀；12—截止阀； 13—单向节流阀；14—蓄能器；17—压力继电器；18—液压缸	如图所示，当液压缸无杆腔压力达到压力继电器设定压力时，压力继电器动作，使三位四通电磁换向阀失电复中位，液压泵卸荷，此后由蓄能器保持液压缸无杆腔的压力。其中单向节流阀的作用是防止当换向阀切换时，因蓄能器突然泄压所产生的压力冲击。采用小型蓄能器保压，功率消耗小，保压时间长，压力下降慢，应用于如压力离心铸造机中的拔管钳的保压回路。进一步还可在蓄能器管路上设置换向阀，以避免液压缸每次回程时蓄能器都要泄压
	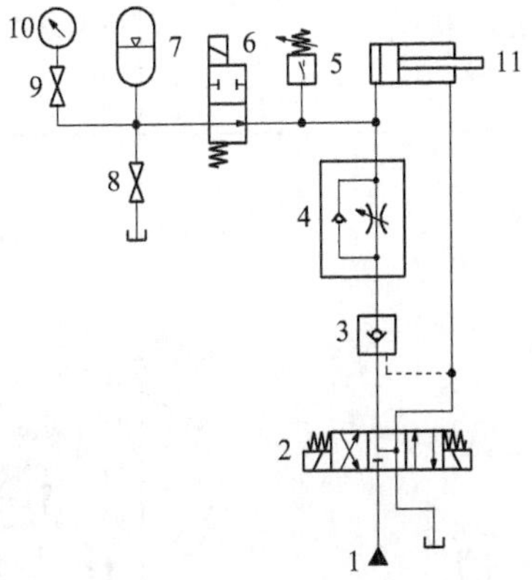 1—液压源；2—三位四通电磁换向阀；3—液控单向阀；4—单向 节流阀；5—压力继电器；6—二位二通电磁换向阀；7—蓄能器； 8—截止阀；9—压力表开关；10—压力表；11—液压缸	在参考文献[93]中将该回路称为"用蓄能器和液控单向阀的保压回路" 当三位四通电磁换向阀换向至右位时，液压缸进行缸程运动，如其夹紧或压紧工件，则系统压力升高，同时向蓄能器充液，直至达到压力继电器设定压力，由其控制的三位四通电磁换向阀失电并回中位，在液控单向阀和蓄能器共同作用下，保持了液压缸无杆腔的压力。此回路保压时间长，压力稳定、压力保持可靠
	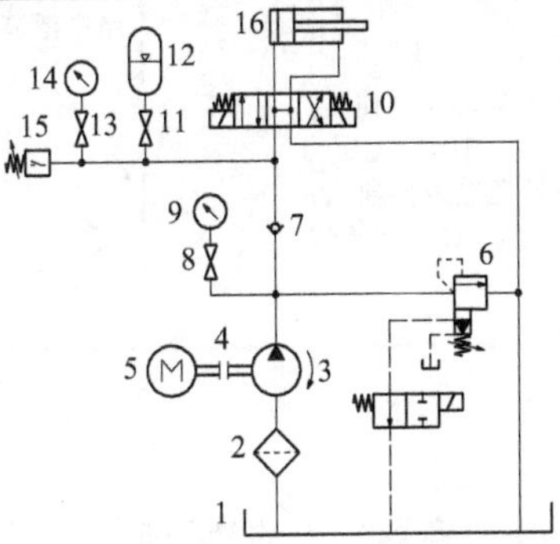 1—油箱；2—粗过滤器；3—液压泵；4—联轴器；5—电动机； 6—电磁溢流阀；7—单向阀；8,13—压力表开关；9,14—压力表； 10—三位四通电磁换向阀；11—截止阀；12—蓄能器； 15—压力继电器；16—液压缸	如图所示，当三位四通电磁换向阀处于左位时，液压泵的供给流量同时输入液压缸的无杆腔和蓄能器，使液压缸进行缸程；当外负载使液压缸无杆腔压力升高时，蓄能器压力也同步升高；当供油压力达到压力继电器设定压力时，压力继电器动作，控制电磁溢流阀将液压泵卸荷；此后，蓄能器的反向压力将单向阀关闭，液压缸无杆腔由蓄能器保压。进一步还可通过继电器控制保压的最低压力，即通过控制电磁溢流阀使液压泵重新加载，对蓄能器和液压缸无杆腔供油，直至压力升高使压力继电器再次动作，电磁溢流阀再次卸荷。同样，该液压回路也可对液压缸的有杆腔进行保压；还可在蓄能器管路上设置换向阀、单向节流阀或固定阻尼器等

类别	回路	特点
液压缸保压回路	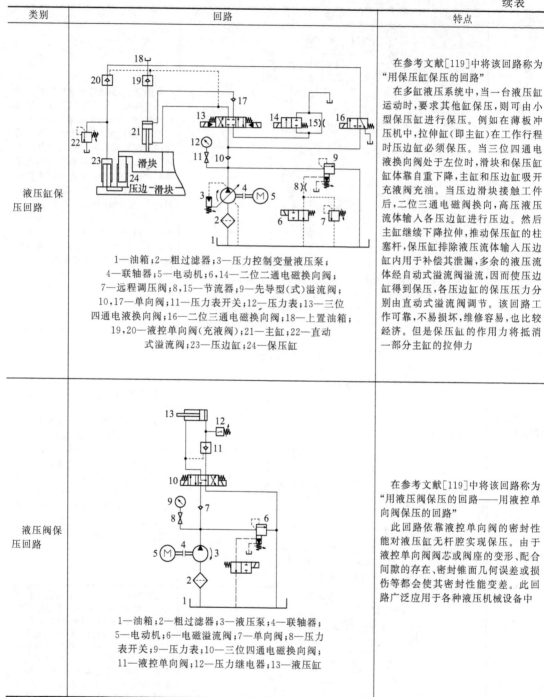 1—油箱；2—粗过滤器；3—压力控制变量液压泵；4—联轴器；5—电动机；6,14—二位二通电磁换向阀；7—远程调压阀；8,15—节流器；9—先导型(式)溢流阀；10,17—单向阀；11—压力表开关；12—压力表；13—三位四通电液换向阀；16—二位三通电磁换向阀；18—上置油箱；19,20—液控单向阀(充液阀)；21—主缸；22—直动式溢流阀；23—压边缸；24—保压缸	在参考文献[119]中将该回路称为"用保压缸保压的回路" 在多缸液压系统中，当一台液压缸运动时，要求其他缸保压，则可由小型保压缸进行保压。例如在薄板冲压机中，拉伸缸(即主缸)在工作行程时压边缸必须保压。当三位四通电液换向阀处于左位时，滑块和保压缸缸体靠自重下降，主缸和压边缸吸开充液阀充油。当压边缸滑块接触工件后，二位三通电磁换向阀换向，高压液压流体输入各压边缸进行压边。然后主缸继续下降拉伸，推动保压缸的柱塞杆，保压缸排除液压流体输入压边缸内用于补偿其泄漏，多余的液压流体经自动式溢流阀溢流，因而使压边缸得到保压，各压边缸的保压压力分别由直动式溢流阀调节。该回路工作可靠，不易损坏，维修容易，也比较经济。但是保压缸的作用力将抵消一部分主缸的拉伸力
液压阀保压回路	1—油箱；2—粗过滤器；3—液压泵；4—联轴器；5—电动机；6—电磁溢流阀；7—单向阀；8—压力表开关；9—压力表；10—三位四通电磁换向阀；11—液控单向阀；12—压力继电器；13—液压缸	在参考文献[119]中将该回路称为"用液压阀保压的回路——用液控单向阀保压的回路" 此回路依靠液控单向阀的密封性能对液压缸无杆腔实现保压。由于液控单向阀阀芯或阀座的变形、配合间隙的存在、密封锥面几何误差或损伤等都会使其密封性能变差。此回路广泛应用于各种液压机械设备中

2.3.9 泄压回路

泄压回路是指液压缸（或蓄能器——压力容器）内的液压流体压力（能）在一定条件下能够逐渐从高到低的降低（释放）的液压回路。

作者注：在 JB/T 4174—2014 中定义了术语"泄压"。

一些泄压回路及其特点见表 2-142。

表 2-142　泄压回路及其特点

类别	回路	特点
用节流阀泄压的回路	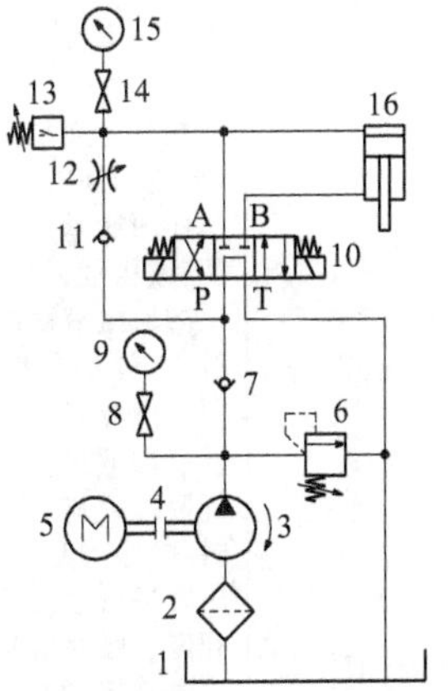 1—油箱；2—粗过滤器；3—液压泵；4—联轴器；5—电动机；6—溢流阀；7、11—单向阀；8、14—压力表开关；9、15—压力表；10—三位四通电磁换向阀；12—节流阀；13—压力继电器；16—液压缸	如图所示，当液压缸缸进程结束后，三位四通电磁换向阀复位至中位，液压泵通过滑阀中位卸荷；同时，液压缸无杆腔的高压油液通过节流阀、单向阀及三位四通电磁换向阀中位 P 与 T 油口连通泄压。当液压缸无杆腔压力降至压力继电器设定压力后，三位四通电磁换向阀换向至左位，液压缸缸回程 　液压缸无杆腔泄压速率可通过节流阀调节，采用液压节流阀截止后，甚至可将该油路关闭。该回路可应用于液压缸缸径较大、压力较高的场合。有参考文献建议一般在缸径大于250mm，工作压力大于 7(8)MPa 时，就必须采用措施对液压缸容腔内的(中)高压油液进行泄压，以减小换向时产生的急剧压力冲击 　单向阀与节流阀串联或可组成一个总成，选用时可与液压件制造商联系
	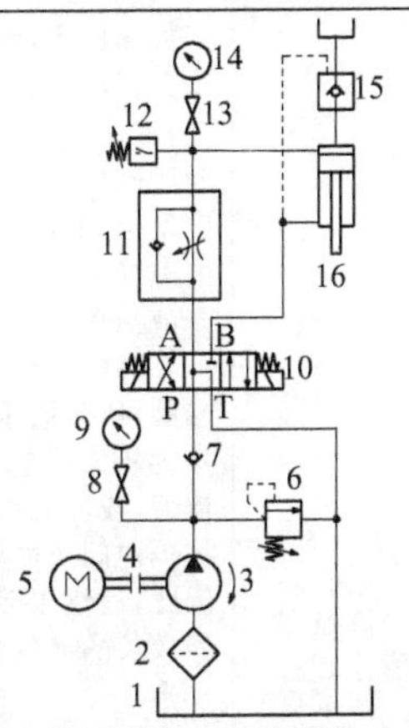 1—油箱；2—粗过滤器；3—液压泵；4—联轴器；5—电动机；6—溢流阀；7—单向阀；8、13—压力表开关；9、14—三位四通电磁换向阀；11—单向节流阀；12—压力继电器；15—液控单向阀(充液阀)；16—液压缸	如图所示，当液压缸缸进程结束后，三位四通电磁换向阀复位至中位，液压泵通过滑阀中位卸荷；同时，液压缸无杆腔的高压油液通过单向节流阀中的节流阀及三位四通电磁换向阀中位 P、A 与 T 油口连通泄压。当液压缸无杆腔压力降至压力继电器设定压力后，三位四通电磁换向阀换向至左位，液控单向阀(充液阀)被打开，液压缸无杆腔大部分油液通过液控单向阀回油箱，液压缸进行缸回程 　设置在 A 油路上的单向节流阀为出口节流，其主要作用不是为了对液压缸的缸回程进行调速，而是为了在换向前对液压缸无杆腔的高压油液进行泄压 　在液压缸上置式安装的液压机液压系统中，一般要求液压缸的缸回程速度要快，因此必须设置液控单向阀(充液阀)。该泄压回路换向过程分为泄压和回程两步，由压力继电器发讯转换。该回路主要应用于液压机等液压机械上
	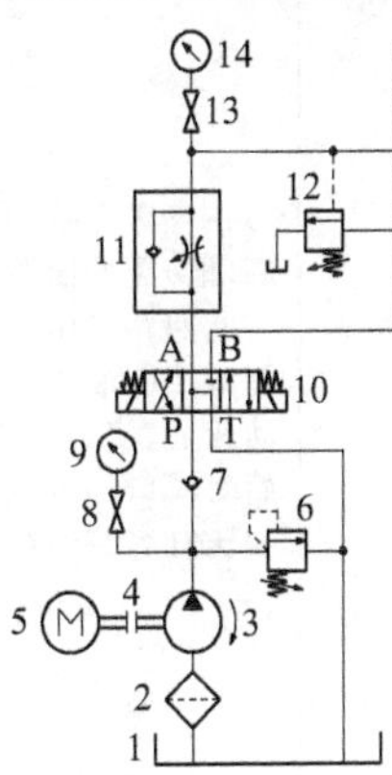 1—油箱；2—粗过滤器；3—液压泵；4—联轴器；5—电动机；6—溢流阀；7—单向阀；8、13—压力表开关；9、14—压力表；10—三位四通电磁换向阀；11—单向节流阀；12—卸荷阀；15—液控单向阀(充液阀)；16—液压缸	如图所示，当液压缸缸进程结束时，三位四通电磁换向阀换向至左位，液压泵供给流量通过卸荷阀回油箱，液压泵卸荷；同时，液压缸无杆腔的高压油液通过单向节流阀中的节流阀及三位四通电磁换向阀泄压。当液压缸无杆腔压力降至卸荷阀设定压力以下时，卸荷阀关闭，液压缸有杆腔开始升压，并打开液控单向阀(充液阀)，液压缸开始缸回程；当液压缸缸回程结束时，三位四通电磁换向阀换向至中位，液压泵通过三位四通电磁换向阀中位 P、A 与 T 油口连通卸荷 　该泄压回路允许一次换向，即由缸进程直接换向至缸回程，不用在换向阀中位处停留，且可保证液压缸无杆腔的高压油液先泄压，然后液压缸再回程 　该回路的其他特点与上图所示回路相同，其应用也相同

类别	回路	特点
用节流阀泄压的回路	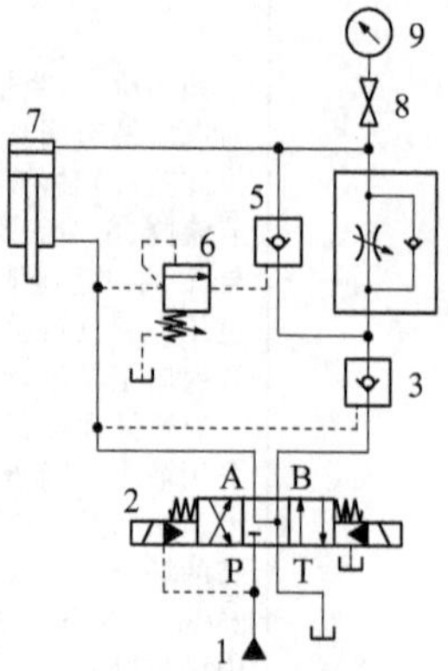 1—液压源；2—三位四通电液换向阀；3,5—液控单向阀；4—单向节流阀；6—顺序阀；7—液压缸；8—压力表开关；9—压力表	在参考文献[113]和[119]中将该回路称为"节流阀卸(泄)压(的)回路" 如图所示，当三位四通电液换向阀换向至左位，液压缸无杆腔加压。当此加压结束后，三位四通电液换向阀换向至右位，液压缸有杆腔升压，首先将串联于单向节流阀油路上的液控单向阀开启，液压缸上腔液压流体经节流阀及开启的液控单向阀接油箱泄压。当液压缸无杆腔压力进一步升高，达到顺序阀调定压力时，顺序阀开启，其控制的液控单向阀开启，液压缸进行缸回程。泄压速率取决于节流阀的开度及顺序阀的调定压力
	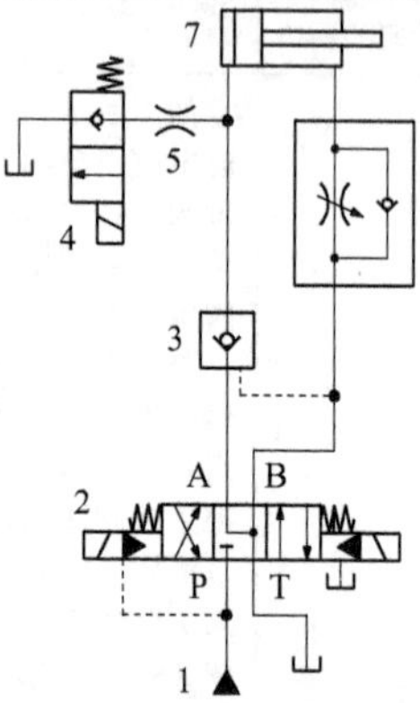 1—液压源；2—三位四通电液换向阀；3—液控单向阀；4—电磁换向座阀；5—节流器；6—单向节流阀；7—液压缸	如图所示，当三位四通电液换向阀复位至中位且保压一段时间后，电磁换向座阀得电换向，液压缸无杆腔高压油液经节流器、电磁换向座阀回油箱完成泄压。当电磁换向座阀失电复位、液压缸无杆腔泄压结束后，三位四通电磁换向阀换向至左位，B油路压力升高、打开液控单向阀，液压缸进行缸回程 在A(或B)油路旁路上采用较小规格的换向阀，作为液压缸容腔内高压油液的泄压阀是一种较为简单、可靠的设计；换向阀上游的节流器(或节流阀)可以降低或调节泄压速率；液控单向阀及电磁换向座阀都可保压较长时间，因此，该泄压回路可用于较大型且要求保压时间较长的液压机等液压机械上
用换向阀泄压的回路	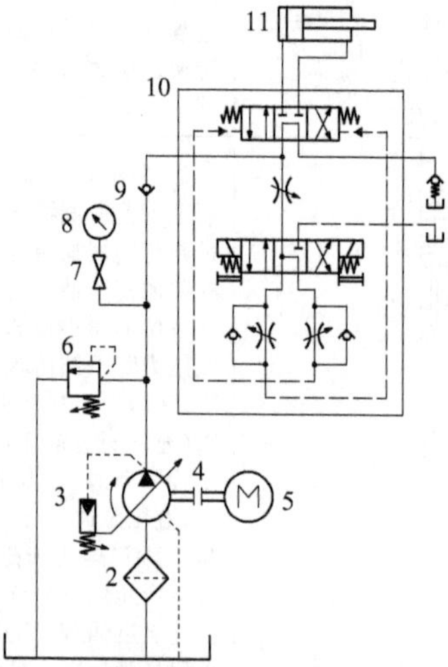 1—油箱；2—粗过滤器；3—压力控制变量液压泵；4—联轴器；5—电动机；6—溢流阀；7—压力表开关；8—压力表；9—单向阀；10—三位四通电液换向阀；11—液压缸	在参考文献[119]中将该回路称为"换向阀卸(泄)压的回路" 此回路采用三位四通电液换向阀泄压，通过调节控制油路上的节流阀，可以控制主阀芯滑动速度，使其阀口缓慢打开。液压缸因换向开始时阀口的节流作用而逐渐泄压，因此可避免液压缸容腔的突然泄压

类别	回路	特点
用液控单向阀卸压的回路	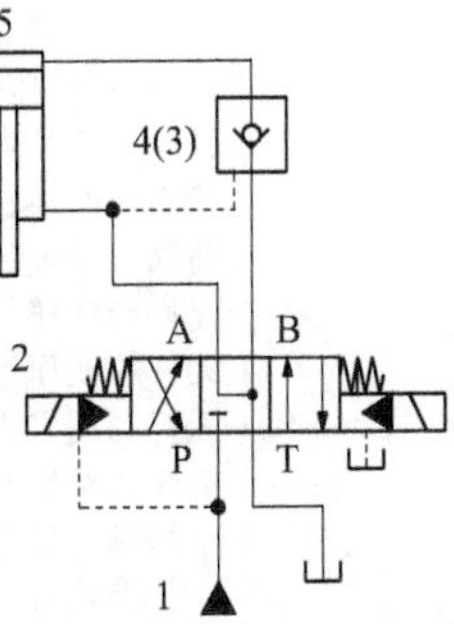 1—液压源；2—三位四通电液换向阀； 3—液控单向阀 4 的两级先导阀； 4—液控单向阀(主阀)；5—液压缸	在参考文献[119]中将该回路称为"液控单向阀卸(泄)压的回路——用三级液控单向阀卸(泄)压的回路" 当三位四通电液换向阀换向至右位时，主液控单向阀的两级先导阀逐级打开，液压缸的无杆腔逐渐泄压，最后才打开主液控单向阀，液压缸进行缸回程。采用这种结构的液控单向阀(三级液控单向阀)的回路适用于高压大型液压缸
	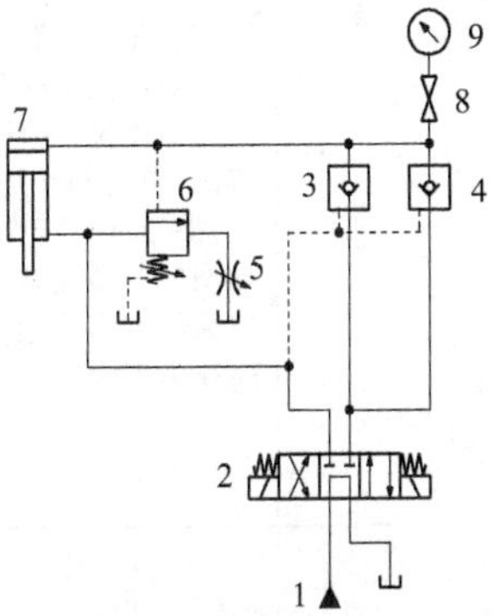 1—液压源；2—三位四通电磁换向阀；3—液控单向阀(先导阀)；4—液控单向阀(主阀)；5—节流阀； 6—顺序阀；7—液压缸；8—压力表开关；9—压力表	在参考文献[119]中将该回路称为"液控单向阀卸(泄)压的回路——用二级液控单向阀卸(泄)压的回路" 如图所示，当三位四通电磁换向阀换向至左位，液压缸无杆腔加压。当此加压结束后，三位四通电磁换向阀直接换向至右位，此时顺序阀仍处于开启状态，液压源经换向阀供给的液压流体通过顺序阀和节流阀回油箱，节流阀使回油压力保持在 2MPa 左右，此压力不足以使液压缸回程，但可以打开作为先导阀的液控单向阀，使液压缸无杆腔压力油经此先导阀回油箱，无杆腔压力缓慢降低。当液压缸无杆腔的压力降至顺序阀调定压力(一般为 2~4MPa)下，顺序阀关闭，液压缸有杆腔压力上升并打开作为主阀的液控单向阀，液压缸进行缸回程。在参考文献[119]中指出，顺序阀的调定压力应大于节流阀产生的背压，主液控单向阀的控制压力应大于顺序阀的调定压力，系统才能正常工作
	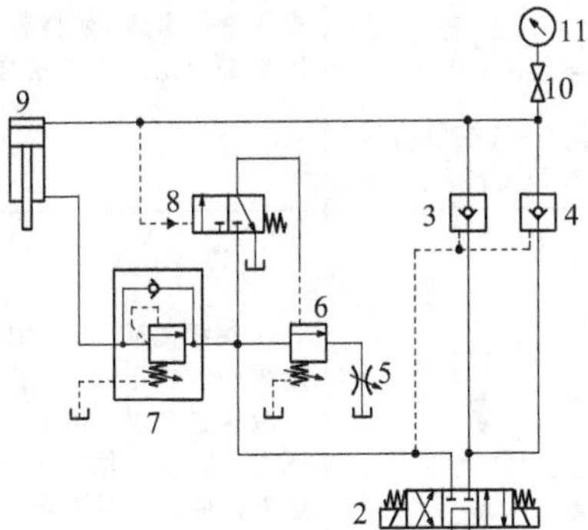 1—液压源；2—三位四通电磁换向阀；3—液控单向阀 4 先导阀；4—液控单向阀(主阀)；5—节流阀； 6—顺序阀；7—单向顺序阀；8—二位三通液控换向阀；9—液压缸；10—压力表开关；11—压力表	如图所示，当液压缸无杆腔加压结束后，三位四通电磁换向阀由左位换向至右位，因液压缸无杆腔高压油液还没有泄压，所以由二位三通液控换向阀(处于左位)控制的顺序阀仍处于开启状态，液压源供给油液经三位四通电磁换向阀、顺序阀、节流阀回油，此时，由节流阀节流产生的压力还不足以使液压缸回程，但却可以打开液控单向阀的先导阀，使液压缸无杆腔高压油液泄压；当液压缸无杆腔泄压使二位三通液控换向阀复位至右位，顺序阀外控油路接油箱，顺序阀关闭，液压缸有杆腔压力升高，打开液控单向阀主阀，液压缸进行缸回程 该泄压回路兼有液压缸无杆腔泄压和有杆腔支承两项功能。对常闭式充液阀而言，具有预泄机能的充液阀相当于具有一级先导阀的液控单向阀，还有一些特殊结构的液控单向阀(充液阀)如具有两级先导阀的液控单向阀可供选用，但应先与液压阀制造商联系

类别	回路	特点
用溢流阀泄压的回路	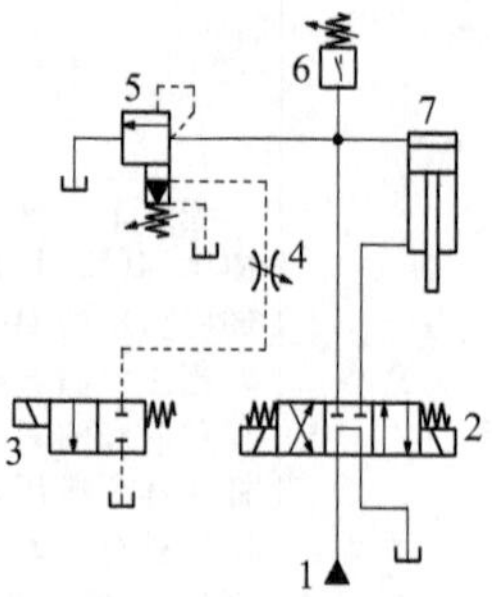 1—液压源；2—三位四通电磁换向阀；3—二位二通电磁换向阀；4—节流阀(节流器)；5—先导式溢流阀；6—压力继电器；7—液压缸	如图所示，当液压缸无杆腔加压结束后，三位四通电磁换向阀复位至中位，液压源卸荷；同时，已被液压缸无杆腔高压触发的压力继电器经延时后控制二位二通电磁换向阀换向，先导式溢流阀遥控口通过节流阀、二位二通电磁换向阀接通油箱，先导式溢流阀泄压，亦即液压缸无杆腔泄压。通过调节节流阀，可控制液压缸无杆腔泄压速率；先导式溢流阀可作为液压缸无杆腔的安全阀。如液压缸有保压要求，可将滑阀式换向阀改换成电磁换向座阀；工况变化小的场合也可采用固定式节流器代替节流阀 与液压源(液压泵)卸荷不同，液压缸的泄压通常流量很小，且持续时间很短，因此一般需要选用小规格($\phi6$)的先导型(式)溢流阀。普遍适用于一般液压机械
	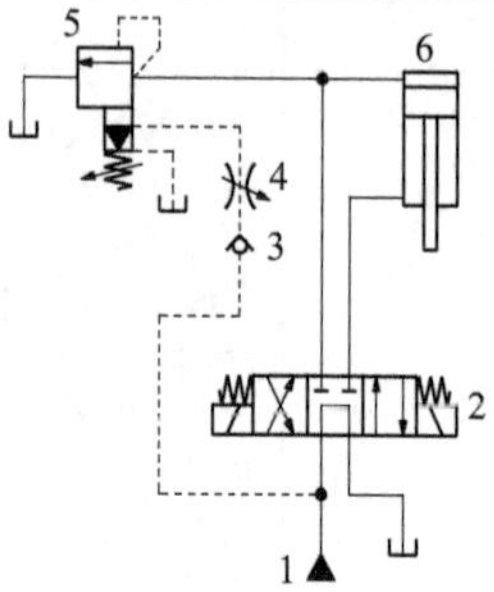 1—液压源；2—三位四通电磁换向阀；3—单向阀；4—节流阀；5—先导型(式)溢流阀；6—液压缸	在参考文献[119]中将该回路称为"溢流阀卸(泄)压的回路" 当液压缸工作行程结束时，三位四通电磁换向阀回中位，先导型(式)溢流阀的遥控口经节流阀、单向阀接通油箱，先导型(式)溢流阀开启，液压缸无杆腔泄压。调节流阀可改变先导型(式)溢流阀的开启速率，进而可调节液压缸无杆腔泄压速率。先导型(式)溢流阀可同时作为安全阀
用手动截止阀泄压的回路	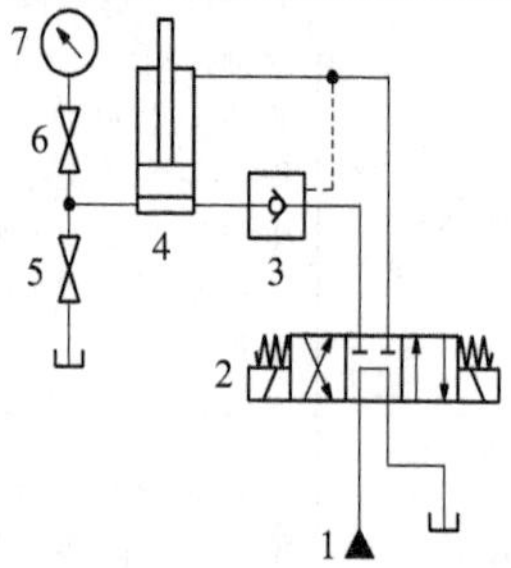 1—液压源；2—三位四通电磁换向阀；3—液控单向阀；4—液压缸；5—手动截止阀；6—压力表开关；7—压力表	在参考文献[119]中将该回路称为"手动截止阀卸(泄)压的回路" 采用手动截止阀对液压缸无杆腔进行泄压，这种泄压方式结构简单，但泄压时间长，每次泄压都需手工操作，一般用于使用不频繁的超高压液压系统，如材料试验机，但此手动截止阀也必须是耐超高压的
用双向变量液压泵泄压的回路	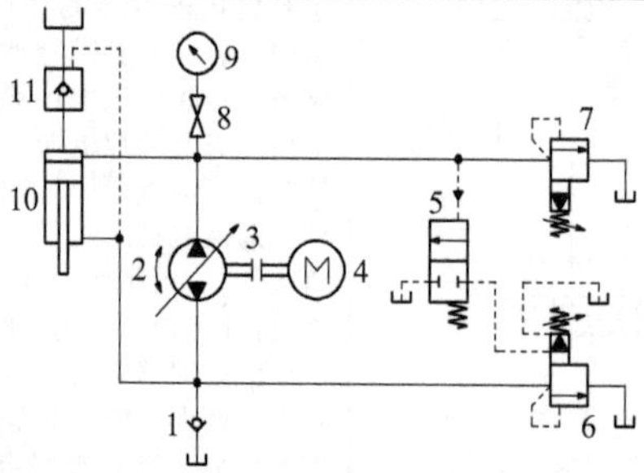 1—补油阀(单向阀)；2—双向变量液压泵；3—联轴器；4—电动机；5—二位二通液控换向阀；6—先导型(式)溢流阀；7—安全阀；8—压力表开关；9—压力表；10—液压缸；11—液控单向阀(充液阀)	在参考文献[119]中将该回路称为"双向变量泵卸(泄)压的回路" 液压缸在进行缸进程加压中，液压缸无杆腔压力(油)使二位二通液控换向阀换向，与液压缸有杆腔连接的先导型(式)溢流阀的遥控口经此液控换向阀接油箱。当双向变量液压泵向液压缸有杆腔供油时，泵的吸油将液压缸无杆腔泄压，输出油经溢流阀回油箱。只有当液压缸无杆腔压力低到可使液控换向阀复位，液压缸进行缸回程

2.3.10　卸荷回路

卸荷回路是指当液压系统不需要供油时，使液压泵输出的液压流体在最低压力下返回油箱的液压回路。

一些卸荷回路及其特点见表2-143。

表2-143　卸荷回路及其特点

类别	回路	特点
无保压液压系统的卸荷回路	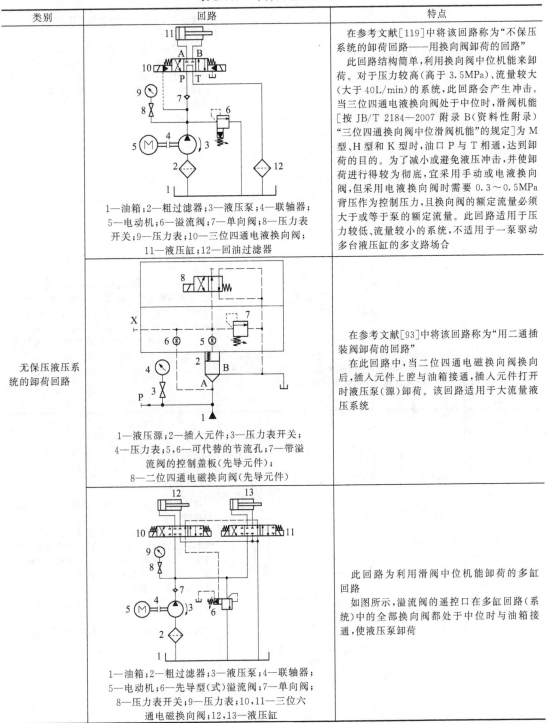1—油箱；2—粗过滤器；3—液压泵；4—联轴器；5—电动机；6—溢流阀；7—单向阀；8—压力表开关；9—压力表；10—三位四通电液换向阀；11—液压缸；12—回油过滤器	在参考文献[119]中将该回路称为"不保压系统的卸荷回路——用换向阀卸荷的回路" 此回路结构简单，利用换向阀中位机能来卸荷。对于压力较高(高于3.5MPa)、流量较大(大于40L/min)的系统，此回路会产生冲击。当三位四通电液换向阀处于中位时，滑阀机能[按JB/T 2184—2007附录B(资料性附录)"三位四通换向阀中位滑阀机能"的规定]为M型、H型和K型时，油口P与T相通，达到卸荷的目的。为了减小或避免液压冲击，并使卸荷进行得较为彻底，宜采用手动或电液换向阀，但采用电液换向阀时需要0.3～0.5MPa背压作为控制压力，且换向阀的额定流量必须大于或等于泵的额定流量。此回路适用于压力较低、流量较小的系统，不适用于一泵驱动多台液压缸的多支路场合
	1—液压源；2—插入元件；3—压力表开关；4—压力表；5,6—可代替的节流孔；7—带溢流阀的控制盖板(先导元件)；8—二位四通电磁换向阀(先导元件)	在参考文献[93]中将该回路称为"用二通插装阀卸荷的回路" 在此回路中，当二位四通电磁换向阀换向后，插入元件上腔与油箱接通，插入元件打开时液压泵(源)卸荷。该回路适用于大流量液压系统
	1—油箱；2—粗过滤器；3—液压泵；4—联轴器；5—电动机；6—先导型(式)溢流阀；7—单向阀；8—压力表开关；9—压力表；10,11—三位六通电磁换向阀；12,13—液压缸	此回路为利用滑阀中位机能卸荷的多缸回路 如图所示，溢流阀的遥控口在多缸回路(系统)中的全部换向阀都处于中位时与油箱接通，使液压泵卸荷

类别	回路	特点
无保压液压系统的卸荷回路	 1—油箱；2—粗过滤器；3—液压泵；4—联轴器；5—电动机；6—先导型(式)溢流阀；7—单向阀；8—压力表开关；9—压力表，10,11—三位六通手动换向阀；12,13—液压缸	在参考文献[93]中将该回路称为"多缸系统的卸荷回路" 由一台液压泵向两台或多台液压缸供给液压流体，形成多缸系统的卸荷回路。当两个三位六通手动换向阀处于中位时，先导型(式)溢流阀的遥控口通过这两个阀与油箱连通，液压泵卸荷
	 1—油箱；2—粗过滤器；3—液压泵；4—联轴器；5—电动机；6—电磁换向座阀；7—溢流阀；8—单向阀；9—压力表开关；10—压力表	在参考文献[119]中将该回路称为"用换向阀卸荷的回路" 此回路结构简单，液压泵出口经电磁换向座阀(其电磁铁处于失电状态)与油箱相通，液压泵卸荷。该回路特别适用于低压小流量系统，但在选用电磁换向座阀(或二位二通电磁换向阀)时应使其额定流量大于或等于液压泵的额定流量
保压液压系统的卸荷回路	 1—液压源；2—先导型(式)溢流阀；3—压力表开关；4,10—压力表；5—单向阀；6—二位二通电磁换向阀；7—截止阀；8—蓄能器；9—压力继电器	在参考文献[93]中将该回路称为"用溢流阀卸荷的回路" 此回路中先导型(式)溢流阀的遥控口与小规格二位二通电磁换向阀连接，能自动控制使液压泵(源)卸荷。当系统压力达到压力继电器调定压力，压力继电器动作使二位二通电磁换向阀换向，先导型(式)溢流阀的遥控口直通油箱，液压泵(源)卸荷。单向阀可使系统在液压泵(源)卸荷状态下保压。该回路广泛应用于自动控制系统中，如一般机械和锻压机械

类别	回路	特点
	 1—液压源；2—先导型(式)溢流阀；3—压力表开关； 4,11—压力表；5—单向阀；6—二位二通液控换向阀； 7—顺序阀；8—截止阀；9—蓄能器；10—压力继电器	在参考文献[93]中将该回路称为"用溢流阀卸荷的回路" 此回路与上述回路相似，不同的是采用顺序阀来操纵二位二通液控换向阀，使液压泵(源)卸荷。由于先导型(式)溢流阀安装了控制管路，增加了控制腔的容积，工作中容易出现不稳定现象，为此，可在控制管路上加设阻尼器，以改善其性能
保压液压系统 的卸荷回路	 1—油箱；2—粗过滤器；3—液压泵；4—联轴器； 5—电动机；6—卸荷溢流阀；7—压力表开关； 8,12—压力表；9—蓄能器控制阀组； 10—蓄能器；11—压力继电器	在参考文献[93]中有称为"卸荷阀卸荷回路" 当系统压力升高到卸荷溢流阀调定压力时，卸荷溢流阀打开，液压泵通过卸荷溢流阀卸荷，而系统压力用蓄能器保持。若蓄能器压力降低到允许(调定)的最低值，卸荷溢流阀关闭，液压泵重新向蓄能器及系统供油，以保证液压系统的压力在一定范围内
	 1—油箱；2—粗过滤器；3—液压泵；4—联轴器； 5—电动机；6—二位二通液控换向阀；7—单向阀； 8—压力表开关；9,14—压力表；10—溢流阀； 11—蓄能器控制阀组；12—蓄能器；13—压力继电器	在参考文献[119]中将该回路称为"用蓄能器保持系统压力的卸荷回路" 蓄能器充液至所需压力时，二位二通液控换向阀换向，液压泵卸荷。当系统压力下降到二位二通液控换向阀复位压力时，二位二通液控换向阀复位，液压缸停止卸荷。该回路适用于泵卸荷、系统保压的场合

2.3.11 平衡（支承）回路

平衡回路是指用维持液压执行元件的压力的方法，使其能在任何位置上支承住（锁紧）所带负载，防止负载因自重下落或下行超速的液压回路，也称为支承（撑）回路。

GB 17120—2012《锻压机械 安全技术条件》中规定："液压传动的做垂直往复运动的工作部件，以最大速度向下运行而被紧急停止时，其惯性下降值应符合产品技术文件的规定。"

一些平衡回路及其特点见表 2-144。

表 2-144 平衡回路及其特点

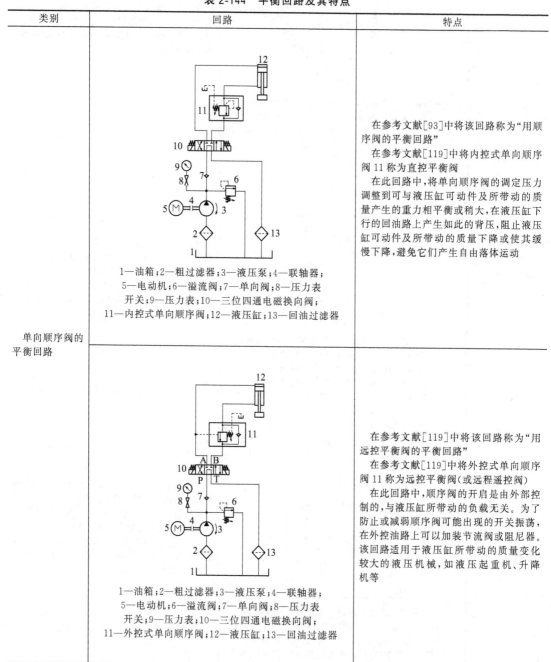

类别	回路	特点
单向顺序阀的平衡回路	1—油箱；2—粗过滤器；3—液压泵；4—联轴器； 5—电动机；6—溢流阀；7—单向阀；8—压力表 开关；9—压力表；10—三位四通电磁换向阀； 11—内控式单向顺序阀；12—液压缸；13—回油过滤器	在参考文献[93]中将该回路称为"用顺序阀的平衡回路" 在参考文献[119]中将内控式单向顺序阀 11 称为直控平衡阀 在此回路中，将单向顺序阀的调定压力调整到可与液压缸可动件及所带动的质量产生的重力相平衡或稍大，在液压缸下行的回油路上产生如此的背压，阻止液压缸可动件及所带动的质量下降或使其缓慢下降，避免它们产生自由落体运动
	1—油箱；2—粗过滤器；3—液压泵；4—联轴器； 5—电动机；6—溢流阀；7—单向阀；8—压力表 开关；9—压力表；10—三位四通电磁换向阀； 11—外控式单向顺序阀；12—液压缸；13—回油过滤器	在参考文献[119]中将该回路称为"用远控平衡阀的平衡回路" 在参考文献[119]中将外控式单向顺序阀 11 称为远控平衡阀（或远程遥控阀） 在此回路中，顺序阀的开启是由外部控制的，与液压缸所带动的负载无关。为了防止或减弱顺序阀可能出现的开关振荡，在外控油路上可以加装节流阀或阻尼器。该回路适用于液压缸所带动的质量变化较大的液压机械，如液压起重机、升降机等

类别	回路	特点
单向节流阀和液控单向阀的平衡回路	1—油箱；2—粗过滤器；3—液压泵；4—联轴器；5—电动机；6—电磁溢流阀；7—单向阀；8—压力表开关；9—压力表；10—三位四通电磁换向阀；11—液控单向阀；12—单向节流阀；13—液压缸	在参考文献[93]中将该回路称为"用单向节流阀和液控单向阀的平衡回路" 　此回路是用单向节流阀限速、液控单向阀锁紧的平衡回路。在液压缸活塞和活塞杆以及所带动的质量下降时，单向节流阀处于节流限速工作状态；当三位四通电磁换向阀处于中位时，液控单向阀将液压缸有杆腔管路封闭，阻止液压缸下行，该回路锁紧性能良好
单向节流阀的平衡回路	1—油箱；2—粗过滤器；3—溢流阀；4—液压泵；5—联轴器；6—电动机；7—压力表开关；8—压力表；9—三位四通手动换向阀；10—单向节流阀；11—液压缸	在参考文献[93]中将该回路称为"用单向节流阀的平衡回路" 　此回路是用单向节流阀和换向阀组成的平衡回路。当三位四通手动换向阀处于右位时，液压缸无杆腔回油经单向节流阀时被节流，适当调节其中的节流阀，就可防止液压缸可动件及其所带动的质量超速下降。当三位四通手动换向阀处于中位时，液压缸两腔被封闭，但一般换向阀都有泄漏，因此用滑阀式换向阀锁紧液压缸，其锁紧性能不佳，又由于此种回路受载荷大小影响，液压缸可动件及其所带动的质量下降速度不稳定，但可用单向调速阀代替以改善其调速性能。这种回路常用于对速度稳定性及锁紧要求不高、功率不大或功率虽然较大，但工作不频繁的定量泵回路中
	1—液压源；2—升降机阀组；3—液压缸	此回路为采用节流阀产生、维持液压缸的压力，使其能保持住重物负载，防止重物负载下行超速的平衡回路

类别	回路	特点
插装阀的平衡回路	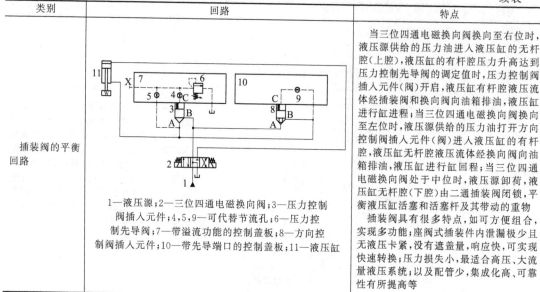 1—液压源；2—三位四通电磁换向阀；3—压力控制阀插入元件；4、5、9—可代替节流孔；6—压力控制先导阀；7—带溢流功能的控制盖板；8—方向控制阀插入元件；10—带先导端口的控制盖板；11—液压缸	当三位四通电磁换向阀换向至右位时，液压源供给的压力油进入液压缸的无杆腔(上腔)，液压缸的有杆腔压力升高达到压力控制先导阀的调定值时，压力控制阀插入元件(阀)开启，液压缸有杆腔液压流体经插装阀和换向阀向油箱排油，液压缸进行缸进程；当三位四通电磁换向阀换向至左位时，液压源供给的压力油打开方向控制阀插入元件(阀)进入液压缸的有杆腔，液压缸无杆腔液压流体经换向阀向油箱排油，液压缸进行缸回程；当三位四通电磁换向阀处于中位时，液压源卸荷，液压缸无杆腔(下腔)由二通插装阀闭锁，平衡液压缸活塞和活塞杆及其带动的重物 插装阀具有很多特点，如可方便组合，实现多功能；座阀式插装件内泄漏极少且无液压卡紧，没有遮盖量，响应快，可实现快速转换；压力损失小，最适合高压、大流量液压系统；以及配管少，集成化高、可靠性有所提高等

2.3.12 调（减）速回路

调速回路是指调整或控制液压源供给流量和/或液压系统或子系统（局部）输入执行元件的流量的液压回路。

调速回路一般是通过减少流量使执行元件减速，即为减速回路。调速回路通常划分为容积调速回路和节流调速回路，其中节流调速回路可分为进油（路）节流调速、回油（路）节流调速、旁（油）路节流调速和（进、回油路）双向节流调速回路四种基本型式。

有参考文献将进、回油路双向节流调速回路称为复合油路节流调速回路。

除旁油路节流调速回路外，其他三种基本型式的节流调速回路中节流元件与执行元件都是串联的，因此又可称为串联油路节流调速回路，而旁油路节流调速回路也可称为并联油路节流调速回路。

一些调（减）速回路及其特点见表 2-145。

2.3.13 增速回路

增速回路是指在不增加液压源供给流量的前提下，使执行元件速度增高的液压回路，即为快速回路。

一些增速回路及其特点见表 2-146。

2.3.14 缓冲制动回路

液压执行元件所带动的运动件如果速度较高和/或质量较大，若突然停止或换向时，由于运动件及液压工作介质有惯性，就会产生很大的冲击和振动。为了减小或消除这种冲击和振动，就需要缓冲。缓冲是指运动件在趋近其运动终点时借以减速的手段，缓冲回路就是采取一些方法、措施以实现运动件减速停止的液压回路。

采用缓冲是为了使运动件平稳停止和/或换向，使运动件（较）迅速停止即为制动。制动回路是利用溢流阀等元件在执行元件（主要是液压马达）回油路上产生背压，使执行元件受到阻力（矩）而被平稳制动的液压回路。

表 2-145　调（减）速回路及其特点

类别	回路	特点
节流调速回路	 1—油箱；2—粗过滤器；3—定量液压泵；4—联轴器； 5—电动机；6—溢流阀；7—节流阀；8—压力表开关； 9—压力表；10—三位四通电磁换向阀； 11—液压缸；12—回油过滤器	工作时，液压泵输出的液压流体经可调节流阀、三位四通电磁换向阀进入液压缸无杆腔，驱动液压缸进行缸进程，此时液压缸有杆腔的液压流体经换向阀回油箱。液压泵输出多余的液压流体经溢流阀回油箱，压力由溢流阀调定。由于溢流阀处于溢流状态，因此泵的出口压力保持恒定 　　调节通过节流阀的流量，即可无级调节液压缸的往复运动速度。但液压缸可调速的前提条件是定量泵有多余的液压流体经溢流阀流回油箱。如果溢流阀不能溢流，定量泵的流量只能全部进入液压缸，而不能实现调速功能。但已调定的速度会随负载的增大而减小，且在重载和/或高速情况下减小得更严重，亦即速度刚性更差，所以这种调速回路适用于低速、轻载的场合 　　因进油节流调速回路存在着溢流的功率损失和节流的功率损失，所以这种调速回路液压功率的利用效率较低 　　当液压缸的负载造成容腔内的压力等于溢流阀的调定压力时，节流阀两端压差即为"零"，节流阀因此也再没有油液通过，液压缸的运动也就停止了。此时的负载即为液压缸的最大负载，液压泵的输出流量全部经溢流阀回油箱 　　当溢流阀调定压力高于液压缸的负载造成的空腔内压力时，这种回路即不能调速 　　尽管溢流阀处于溢流状态是所有串联油路节流调速回路能够正常工作的必要条件，但尽量使液压缸工作时溢流阀少溢流，是这种回路设计、调试者的技术水平的表现 　　该回路结构简单，成本低，使用维修方便，但它的能量损失大，效率低，发热大。进油节流调速回路适用于低速、轻载、负载变化不大和对速度稳定性要求不高的小功率场合
	 1—油箱；2—粗过滤器；3—定量液压泵； 4—联轴器；5—电动机；6—溢流阀； 7—单向阀；8—压力表开关；9—压力表； 10—调速阀；11—三位四通电磁换向阀； 12—液压缸；13—回油过滤器	为了改善或克服上述采用节流阀的 P 油路进油节流调速回路的速度负载特性较软（即速度刚性或负载特性差）的问题，对变载荷下的运动平稳要求较高的液压系统及装置，可采用调速阀代替节流阀

类别	回路	特点
节流调速回路	11—液压缸;10—三位四通电磁换向阀;9—压力表;8—压力表开关;7—电调制(比例)流量阀;6—溢流阀;5—电动机;4—联轴器;3—定量液压泵;2—粗过滤器;1—油箱;12—回油过滤器 1—油箱;2—粗过滤器;3—定量液压泵;4—联轴器;5—电动机;6—溢流阀;7—电调制(比例)流量阀;8—压力表开关;9—压力表;10—三位四通电磁换向阀;11—液压缸;12—回油过滤器	P油路进油节流调速回路是一种总进油节流调速回路,其不能对液压缸的往复运动速度分别进行调节。为了适应工作循环中各个阶段的不同速度要求或实现无级调速,提高工作效率和液压功率的利用效率,可考虑采用电调制(比例)流量阀代替节流阀
	1—油箱;2—粗过滤器;3—定量液压泵;4—联轴器;5—电动机;6—溢流阀;7—单向阀;8—压力表开关;9—压力表;10—三位四通电磁换向阀;11—单向调速阀;12—液压缸;13—回油过滤器	在参考文献[93]中将该回路称为"进口节流调速回路",或称"A油路进油节流调速回路" 此回路将单向调速阀装在液压缸无杆腔管路上,适用于驱动正载荷(阻力负载)的液压缸。液压泵以溢流阀设定压力工作,多余的流量经溢流阀溢流,因此这种回路效率低,液压流体容易发热,只能单向调速,但调速范围大,适用于低速、轻载工况。采用调速阀比节流阀调速稳定性好,因此在对速度稳定性要求较高的场合一般选择调速阀
	1—油箱;2—粗过滤器;3—定量液压泵;4—联轴器;5—电动机;6—溢流阀;7—单向阀;8—压力表开关;9—压力表;10—三位四通电磁换向阀;11—单向调速阀;12—液压缸;13—回油过滤器	在参考文献[93]中将该回路称为"出口节流调速回路",或称"B油路回油节流调速回路" 此回路将单向调速阀装在液压缸有杆腔管路上,适用于驱动负载荷(拉力负载)或载荷突然减小的液压缸。液压泵以溢流阀设定压力工作,多余的流量经溢流阀溢流,且液压缸需要克服背压才能动作,缸输出力减小,因此这种回路效率低,液压流体容易发热,只能单向调速,但其可产生背压,以抑制负载荷,防止突进,运动比较平稳,应用较多,但多为低速场合

类别	回路	特点
节流调速回路	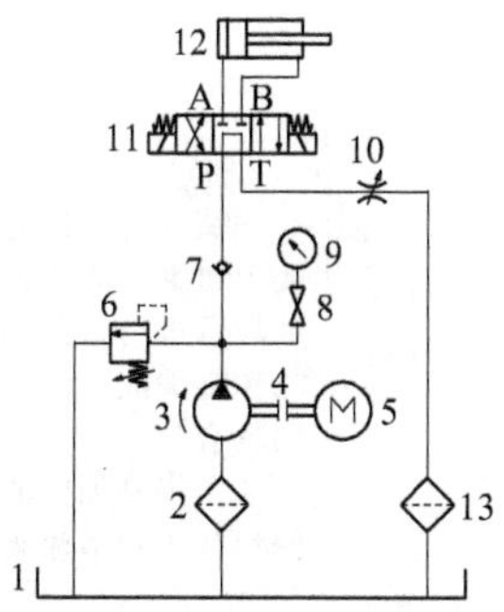 1—油箱；2—粗过滤器；3—定量液压泵； 4—联轴器；5—电动机；6—溢流阀； 7—单向阀；8—压力表开关；9—压力表； 10—节流阀；11—三位四通电磁换向阀； 12—液压缸；13—回油过滤器	借助节流阀控制液压缸的回油量，实现液压缸往复运动速度的调节。用节流阀调节流出液压缸的流量，也就调节了输入液压缸的流量，定量泵多余的液压流体经溢流阀溢流回油箱。溢流阀始终处于溢流状态，泵的出口压力保持恒定 　节流阀装在回油路上，回油路上有较大的背压，因此在外负载变化时可起缓冲作用，运动的平稳性比进油节流调速要好，甚至具有承受负值负载（超越负载）的能力 　当外负载很小或为零时，单出杆活塞缸的有杆腔压力可能很高，甚至超过液流阀设定的压力，尤其当两腔面积比大时，此问题更加突出，由此可能造成液压缸泄漏、发热严重，甚至造成缸零部件或配管变形、损坏 　回油节流调速回路广泛应用于功率不大，负载变化较大或运动平稳性要求较高的液压系统中 　同样，为了提高 T 油路回油节流调速回路的各项调速性能，可采用调速阀代替节流阀；为了适应工作循环中各个阶段的不同速度要求或实现无级调速，提高工作效率和液压功率的利用效率，可考虑采用电调制（比例）流量阀代替节流阀
	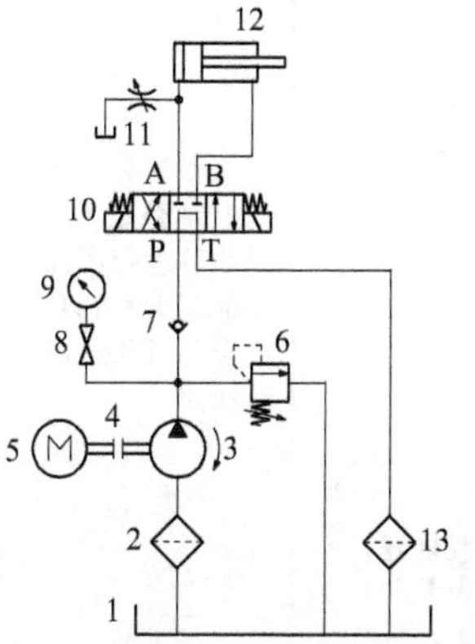 1—油箱；2—粗过滤器；3—定量液压泵；4—联轴器； 5—电动机；6—溢流阀；7—单向阀；8—压力表开关； 9—压力表；10—三位四通电磁换向阀；11—节流阀； 12—液压缸；13—回油过滤器	在参考文献[119]中将该回路称为"节流调速回路——旁油路节流调速回路"，或称"A 油路旁路节流调速回路" 　此回路将节流阀装在与液压缸无杆腔连接的支路上，利用其将液压泵供给液压缸无杆腔的液压流体的一部分排回油箱，以实现缸进程单向调速。液压泵的供给压力随负载变化而变化，溢流阀作为安全阀使用，此回路效率比 A 油路进油节流调速回路和 B 油路回油节流调速回路要高，但调速范围较小。常用于速度较高、载荷较大和载荷变化较小的场合，但其速度稳定性较低，不宜用在负载荷的场合
	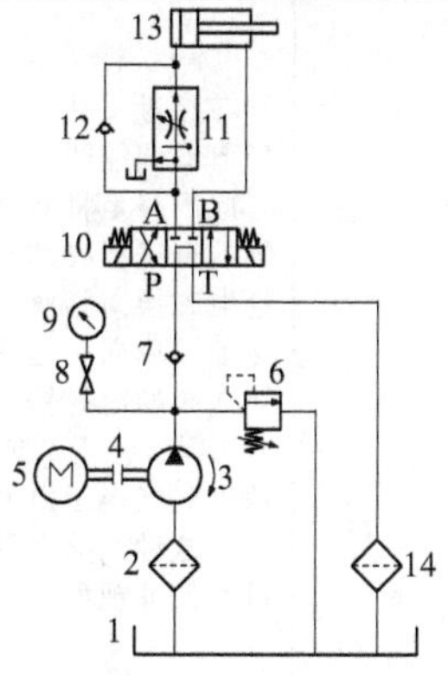 1—油箱；2—粗过滤器；3—定量液压泵；4—联轴器； 5—电动机；6—溢流阀；7,12—单向阀；8—压力表 开关；9—压力表；10—三位四通电磁换向阀； 11—溢流节流阀；13—液压缸；14—回油过滤器	如图所示，其为采用溢流节流阀的节流调速回路 　因液压源的供给压力随负载大小而变化，所以采用溢流节流阀的液压系统及回路效率较高、发热较小，可应用在较大功率的液压系统中，但其速度稳定性稍差 　另外，安装在 P 油路上的溢流节流阀如果带有安全阀，则液压系统可不必另行配置安全阀；溢流节流阀现在的另一称谓是旁通式调速阀

类别	回路	特点
节流调速回路	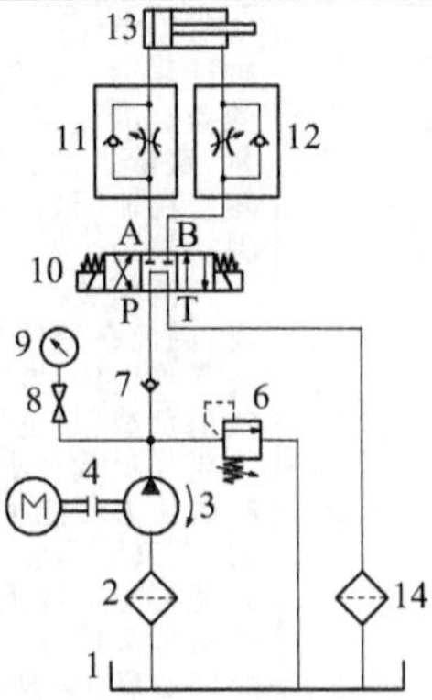 1—油箱;2—粗过滤器;3—定量液压泵;4—联轴器; 5—电动机;6—溢流阀;7—单向阀;8—压力表开关; 9—压力表;10—三位四通电磁换向阀; 11,12—单向节流阀;13—液压缸;14—回油过滤器	如图所示,其为双向进油节流调速回路。A、B油路上都安装单向节流阀,液压缸往复运动均可进行进油节流调速。但该回路效率低,功率损失大,油容易发热。适用于低速、轻载的场合 为了提高回路的调速性能,可采用单向调速阀代替单向节流阀
	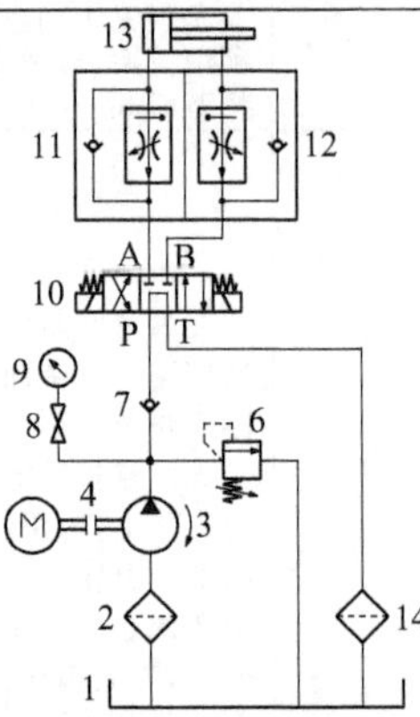 1—油箱;2—粗过滤器;3—定量液压泵;4—联轴器; 5—电动机;6—溢流阀;7—单向阀;8—压力表开关; 9—压力表;10—三位四通电磁换向阀; 11,12—单向调速阀;13—液压缸;14—回油过滤器	如图所示,其为双向回油节流调速回路。A、B油路上都安装单向调速阀,液压缸往复运动均可进行回油节流调速。该回路效率低,功率损失大,油容易发热。应用于低速、轻载的场合,如压力管离心铸造机中扇形浇包装置液压回路
	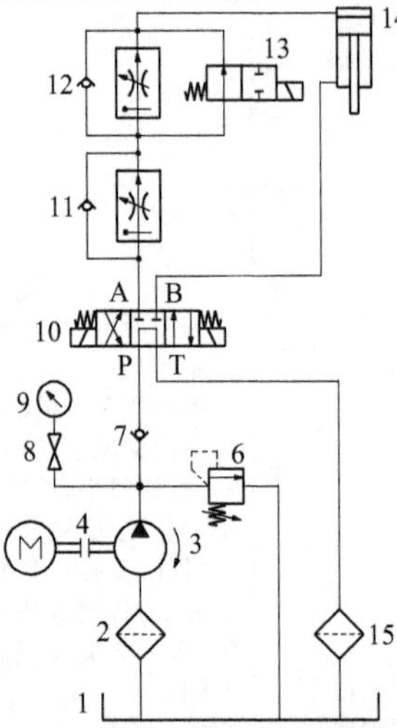 1—油箱;2—粗过滤器;3—定量液压泵;4—联轴器;5—电动机;6—溢流阀;7—单向阀;8—压力表开关;9—压力表;10—三位四通电磁换向阀;11,12—单向调速阀;13—二位二通电磁换向阀;14—液压缸;15—回油过滤器	在参考文献[93]中将该回路称为"进口、出口节流调速回路" 此回路是将两个调速阀串联配置,实现液压缸的缸进程在两种速度之间切换。当三位四通电磁换向阀换向至右位时,液压缸的缸进程速度以单向调速阀11调定;当二位二通电磁换向阀的电磁铁也得电后,单向调速阀11和12串联,调整单向调速阀12,液压缸的缸进程速度只能小于由单个单向调速阀11调定的速度。这种回路在两种速度切换时液压缸一般没有前冲现象

类别	回路	特点
节流调速回路	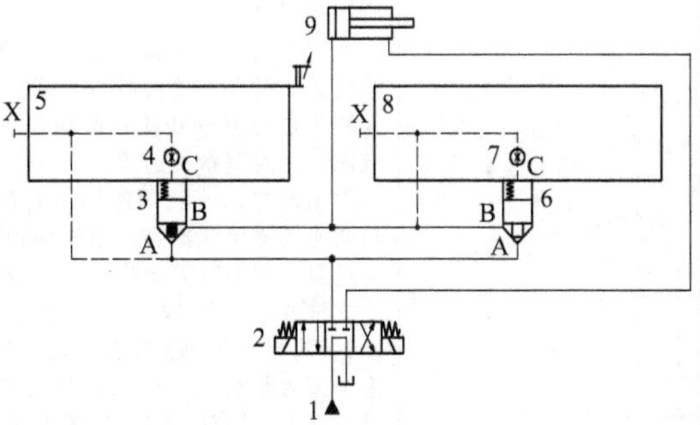 1—液压源；2—三位四通电磁换向阀；3—带节流端的流量控制阀插入元件；4,7—可代替节流孔；5—带行程限制器的控制盖板；6—方向控制阀插入元件；8—方向控制阀(标准)控制盖板；9—液压缸	如图所示，当三位四通电磁换向阀换向至左位时，方向控制阀插入元件被开启，液压源供给的压力油经三位四通电磁换向阀、方向控制阀插入元件(插装式单向阀)输入液压缸的无杆腔，液压缸有杆腔的油经三位四通电磁换向阀回油箱，液压缸进行缸进程；当三位四通电磁换向阀换向至右位时，液压源供给的压力油经三位四通电磁换向阀输入液压缸有杆腔，此时，液压缸无杆腔压力升高，致使方向控制阀插入元件被关闭，亦即插装式单向阀反向关闭；但带节流端的流量控制阀插入元件(插装式节流阀)被开启，亦即插装式节流阀进行回油节流调速；液压缸无杆腔油液经带节流端的流量控制阀插入元件、三位四通电磁换向阀回油箱，液压缸进行缸回程；缸回程速度可通过带行程限制器的控制盖板上的行程限制器调节；当三位四通电磁换向阀复中位时，液压缸停止，液压源卸荷
	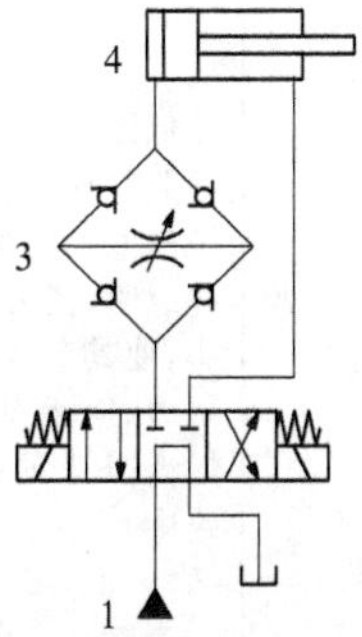 1—液压源；2—三位四通电磁换向阀；3—单向阀桥式整流节流阀组(调速器)；4—液压缸	在参考文献[93]中将该回路称为"进口、出口节流调速回路"，或称"A油路单向阀桥式整流进、回油双向节流调速回路" 此回路采用一个节流阀和四个单向阀组成的调速器实现双向节流调速。桥式布置的四个单向阀能够保证液压流体沿一个方向流经节流阀；如采用调速阀，则可保证调速阀中的定差减压阀起压力补偿作用。由于节流阀(调速阀)对液压缸同一容腔进行节流调速，因此，即使是单出杆活塞缸，也能实现往复运动速度相等
容积调速回路	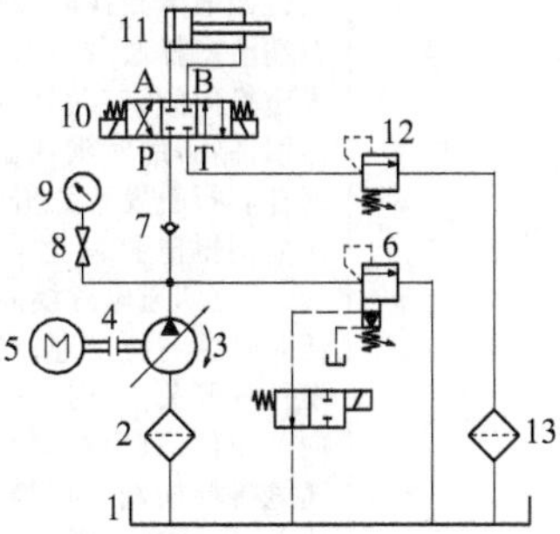 1—油箱；2—粗过滤器；3—变量液压泵；4—联轴器；5—电动机；6—电磁溢流阀；7—单向阀；8—压力表开关；9—压力表；10—三位四通电磁换向阀；11—液压缸；12—溢流阀(做背压阀)；13—回油过滤器	在参考文献[93]和[119]中将该回路分别称为"变量泵-液压缸调速回路"和"变量泵-液压缸容积调速回路" 此回路为变量液压泵-液压缸组成的容积调速回路。改变变量液压泵的供给流量，可调节液压缸的往复运动速度。电磁溢流阀在系统正常工作时做安全阀。在参考文献[119]中介绍："由于变量泵径向力不平衡，当负载增加压力升高时，其泄漏量增加，使活塞速度明显降低，因此活塞低速运动时其承载能力受到限制。常用于拉床、插床、压力机及工程机械等大功率的液压系统中。"

类别	回路	特点
容积调速回路	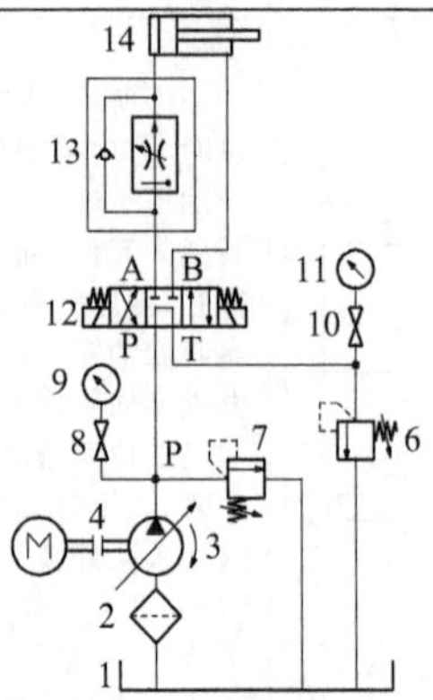 1—油箱;2—粗过滤器;3—限压式变量泵;4—联轴器;5—电动机;6—溢流阀(背压阀);7—溢流阀(安全阀);8,10—压力表开关;9,11—压力表;12—三位四通电磁换向阀;13—单向调速阀;14—液压缸	在参考文献[119]中将该回路称为"容积节流调速回路" 容积节流调速回路的基本原理是采用压力补偿式变量泵供油、调速阀(或节流阀)调节进入液压缸的流量并使泵的输出流量自动地与液压缸所需流量相适应 常用的容积节流调速回路有限压式变量泵与调速阀等组成的容积节流调速回路,变压式变量泵与节流阀等组成的容积调速回路 这种调速回路的运动稳定性、速度负载特性、承载能力和调速范围均与采用调速阀的节流调速回路相同。此回路只有节流损失而无溢流损失,具有效率较高、提速较平稳、结构较简单等优点。目前已广泛应用于负载变化不大的中小功率组合机床的液压系统中
减速回路	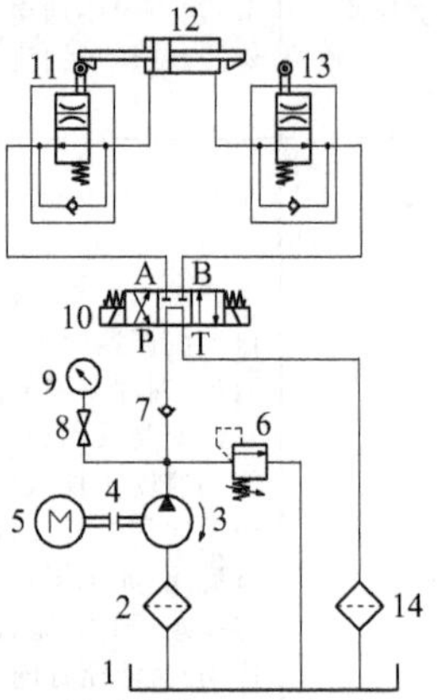 1—油箱;2—粗过滤器;3—液压泵;4—联轴器;5—电动机;6—溢流阀;7—单向阀;8—压力表开关;9—压力表;10—三位四通电磁换向阀;11,13—单向行程节流阀;12—双出杆缸;14—回油过滤器	如图所示,其为采用单向行程节流阀的减速回路。该回路用两个单向行程节流阀实现液压缸双向减速的目的。当活塞接近左、右行程终点时,活塞杆上的挡块压下行程节流阀的触头,使其节流口逐渐关小,增加了液压缸回油阻力,使活塞逐渐减速。适用于行程终了需要慢慢减速的回路中,如注塑机、灌装机等回路中
	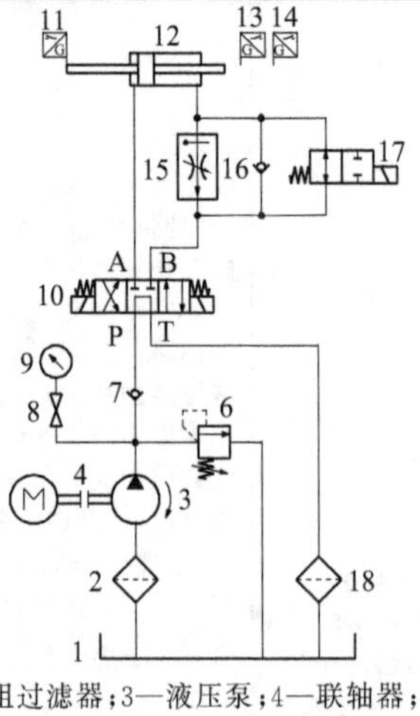 1—油箱;2—粗过滤器;3—液压泵;4—联轴器;5—电动机;6—溢流阀;7,16—单向阀;8—压力表开关;9—压力表;10—三位四通电磁换向阀;11,13,14—行程开关;12—双出杆缸;15—调速阀;17—二位二通电磁换向阀;18—回油过滤器	如图所示,其为采用换向阀的减速回路。当三位四通电磁换向阀换向至右位时,双出杆缸右端活塞杆向右伸出,缸右腔油液经二位二通电磁换向阀、三位四通电磁换向阀、回油过滤器回油箱,此时液压缸为右行快进;当右端活塞杆右行触发行程开关13时,二位二通电磁换向阀得电换向至右位,缸右腔油液经调速阀、三位四通电磁换向阀、回油过滤器回油箱,此时缸为右行工进;当右端活塞杆继续右行触发行程开关14时,三位四通电磁换向阀可换向至中位,双出杆缸停止运动,也可使三位四通电磁换向阀直接换向至左位,双出杆缸左行快退,此时也可使二位二通电磁换向阀失电复位;当左端活塞杆左行触发行程开关11时,三位四通电磁换向阀换向至中位,双出杆缸停止运动,由此"这一回路可使执行元件完成"快进→工进→(停止)→快退→停止"这一自动工作循环"。该回路速度转换时平稳性以及换向精度较差

类别	回路	特点
减速回路	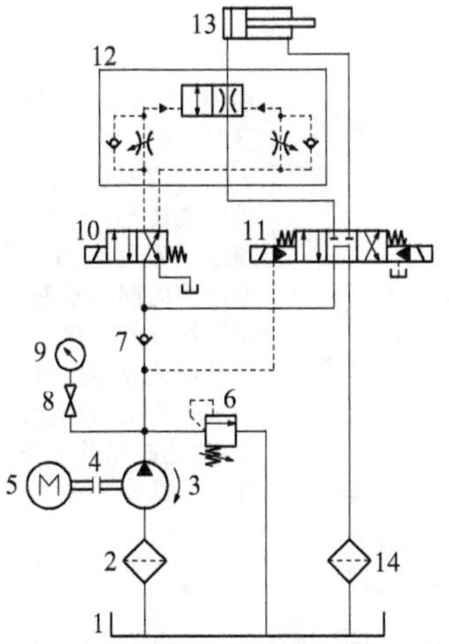 1—油箱;2—粗过滤器;3—液压泵;4—联轴器; 5—电动机;6—溢流阀;7—单向阀;8—压力表 开关;9—压力表;10—二位四通电磁换向阀; 11—三位四通电液换向阀;12—液控调速阀 (专用阀);13—液压缸;14—回油过滤器	如图所示,其为采用专用阀的减速回路。当三位四通电液换向阀换向至左位,二位四通电磁换向阀失电处于左位,液压泵供给液压流体输入液压缸无杆腔,使液压缸进行缸进程。减速时,使二位四通电磁换向阀换向至右位,专用阀逐渐转换到右位,输入液压缸无杆腔的液压流体经过专用阀的节流阀,缸进程速度减慢。该回路减速时没有冲击,但减速时间较长,用于全液压升降机的液压回路

表 2-146 增速回路及其特点

类别	回路	特点
液压泵增速回路	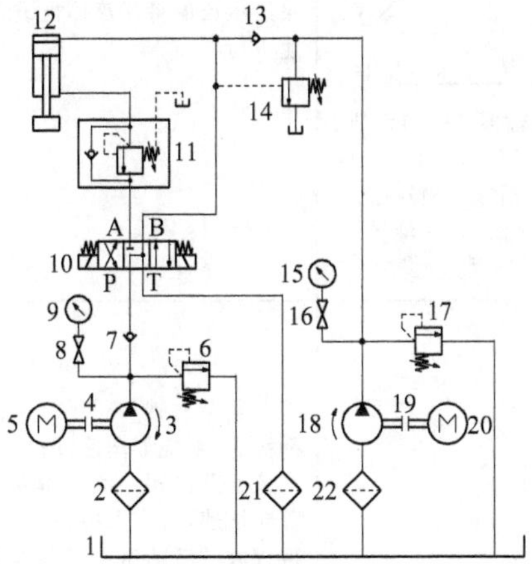 1—油箱;2,22—粗过滤器;3—高压液压泵; 4,19—联轴器;5,20—电动机;6,17—溢流阀; 7,13—单向阀;8,16—压力表开关;9,15—压力表; 10—三位四通电磁(液)换向阀;11—平衡阀; 12—液压缸;14—卸荷阀;18—低压 液压泵;21—回油过滤器	如图所示,当三位四通电磁(液)换向阀换向至左位后,两泵同时向液压缸无杆腔(上腔)供油,活塞和活塞杆及所带动的部件快速下降。该运动部件接触工件后,液压缸上腔压力升高,打开卸荷阀使低压液压泵卸荷,由高压液压泵单独供油,液压缸转为慢速加压行程;当三位四通电磁(液)换向阀换向至右位时,由高压液压泵供油到液压缸的有杆腔(下腔),上腔的回油流回油箱,液压缸进行缸回程,这时低压液压泵通过单向阀13、三位四通电磁(液)换向阀卸荷。活塞和活塞杆及运动部件的质量由平衡阀支承。该回路适用于运动部件质量大和快慢速度比值大的压力机

类别	回路	特点
液压缸增速回路	 1—油箱;2—粗过滤器;3—液压泵;4—联轴器;5—电动机; 6—溢流阀;7—单向阀;8—压力表开关;9—压力表; 10—三位四通电液换向阀;11—二位三通电磁换向阀; 12—增速缸;13—回油过滤器	在参考文献[113]和[119]中将该回路分别称为"增速缸的增速回路"和"增速缸增速的回路" 当三位四通电液换向阀处于右位时,液压泵供给液压流体输入增速缸小腔,增速缸进行快速缸进程运动,此时增速缸大腔通过二位三通电磁换向阀从油箱内自吸补油。当二位三通电磁换向阀的电磁铁得电、阀换向,液压泵供给液压流体通过该阀输入增速缸大腔,增速缸的缸进程变为了慢速。在参考文献[119]中介绍,增速缸结构复杂,增速缸的外壳构成了工作缸的活塞部件,应用于中小型液压机中
	 1—油箱;2—粗过滤器;3—液压泵;4—联轴器;5—电动机; 6—溢流阀;7—单向阀;8—压力表开关;9—压力表;10—三位 四通电磁换向阀;11—平衡阀;12,14—活塞式液压缸 (辅助缸);13—柱塞缸(主缸);15—顺序阀;16—液控 单向阀(充液阀);17—上置油箱;18—回油过滤器	在参考文献[93]中将该回路称为"辅助缸增速回路" 辅助缸增速回路多用于大中型液压机中,为了减小泵的规格尺寸,设置成对的辅助缸。在滑块快速下降时,液压泵只向辅助缸供给液压流体,主缸通过充液阀从上置油箱中充油,直到滑块接触工件,压力上升,顺序阀打开,液压泵所供给的液压流体也进入主缸,滑块转为慢速下行
蓄能器增速回路	 1—油箱;2—粗过滤器;3—液压泵;4—联轴器;5—电动机; 6—卸荷溢流阀;7—单向阀;8—压力表开关;9,14—压力 表;10—三位四通电磁换向阀;11—液压缸; 12,13—截止阀;15—蓄能器	在参考文献[93]、[113]和[119]中将该回路都称为"蓄能器增速(的)回路" 此回路采用一个大容量的蓄能器使液压缸双向增速,可在采用小流量液压泵的情况下获得较大的液压缸往复运动速度。当换向阀处于中位时,液压泵对蓄能器充油直至达到卸荷溢流阀调定压力,液压泵卸荷。当换向阀处于左或右位时,液压泵和蓄能器同时向液压缸供给液压流体,使液压缸增速。但此回路必须有足够时间供蓄能器充油;卸荷溢流阀的调定压力也应高于系统的最高工作压力

类别	回路	特点
充液阀增速回路	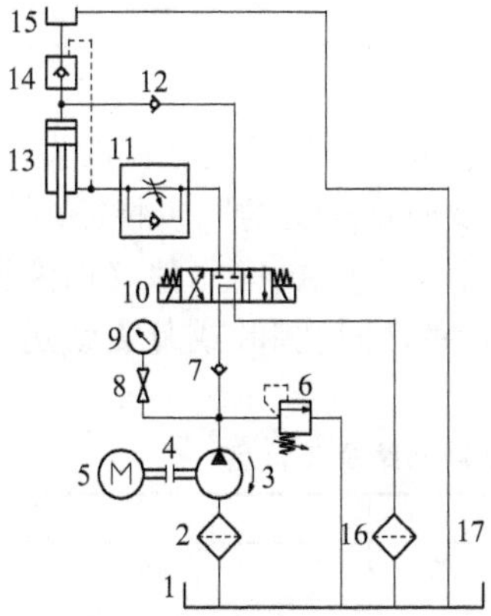 1—油箱;2—粗过滤器;3—液压泵;4—联轴器; 5—电动机;6—溢流阀;7,12—单向阀;8—压力 表开关;9—压力表;10—三位四通电磁(液)换向阀; 11—单向节流阀;13—液压缸;14—液控单向阀(充液阀); 15—上置油箱;16—回油过滤器;17—上置油箱溢流管	在参考文献[93]、[113]和[119]中将该回路分别称为"自动补油增速回路""自重补油增速回路"和"自重补油增速的回路" 此回路常用于液压缸垂直安装、所带动的运动部件较大的液压机中。当换向阀处于左位时,活塞和活塞杆及其所带动运动部件由于自重而快速下降(下降速度可由节流阀调节),液压缸无杆腔所需流量超过了液压泵供给流量,液压缸无杆腔出现了负压,充液阀被打开,上置油箱内的液压流体补充到液压缸无杆腔。当运动部件(如模具)接触到工件时,压力升高,充液阀被关闭,液压缸无杆腔只有液压泵供给流量,活塞和活塞杆及其所带动运动部件慢速下降对工件加压。当换向阀处于右位时,液压泵向液压缸有杆腔供给液压流体,同时打开充液阀泄压并接通上置油箱,液压缸上腔液压流体流回上置油箱,液压缸完成缸回程
差动回路	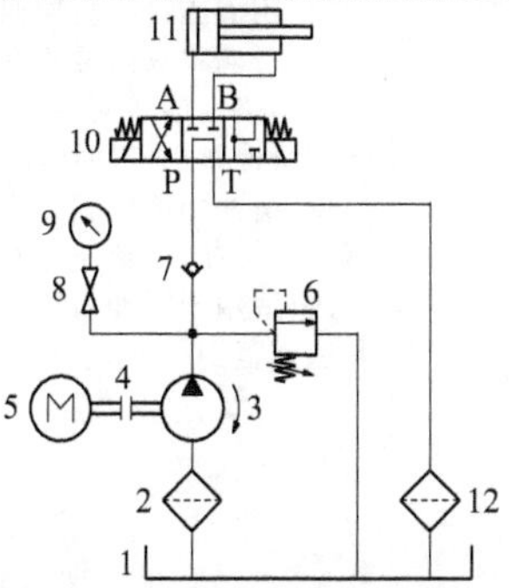 1—油箱;2—粗过滤器;3—液压泵;4—联轴器;5—电动机; 6—溢流阀;7—单向阀;8—压力表开关;9—压力表; 10—三位四通电磁换向阀;11—液压缸;12—回油过滤器	在参考文献[93]、[113]和[119]中将该回路分别称为"差动缸增速回路""差动连接增速回路"和"差动式缸增速的回路" 此回路采用三位四通电磁换向阀实现单出杆活塞式液压缸的差动连接,以达到增速的目的。当三位四通电磁换向阀换向至右位时,液压缸无杆腔和有杆腔同时通压力油,由于两腔压力相同而缸有效面积不同,故液压缸进行缸进程运动,液压缸有杆腔回油也输入无杆腔,所以液压缸的缸进程增速。若两腔面积比为2,则此回路可使液压缸的往复运动速度相等,此速度与两腔面积差(活塞杆截面积)成反比。在参考文献[93]中提示:该回路在设计应用时,一定要考虑有杆腔反作用力
差动回路	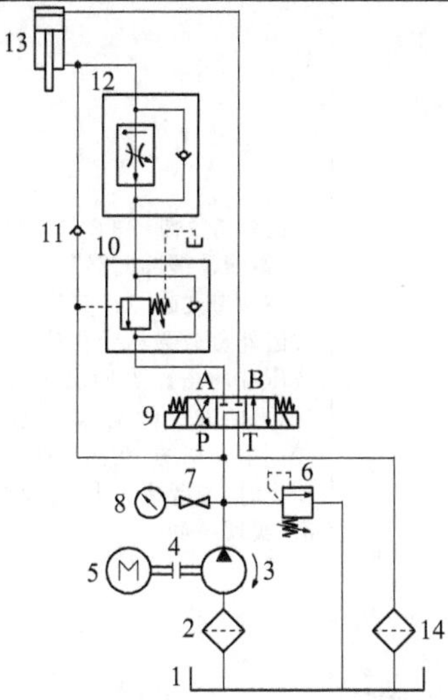 1—油箱;2—粗过滤器;3—液压泵;4—联轴器;5—电动机; 6—溢流阀;7—压力表开关;8—压力表;9—三位四通电磁 换向阀;10—单向顺序阀;11—单向阀;12—单向调速阀; 13—液压缸;14—回油过滤器	如图所示,当三位四通电磁换向阀换向至左位时,液压泵供给的液压流体通过三位四通电磁换向阀输入液压缸无杆腔,液压缸有杆腔的液压流体通过单向阀11与液压泵供给液压流体合流一起输入液压缸无杆腔,组成差动回路,实现液压缸的快速缸进程运动(快进);当液压缸承受负载增加,液压缸无杆腔压力升高,同时液压缸有杆腔压力降低,则单向阀11被反向压力关闭,顺序阀被此压力打开,液压缸有杆腔液压流体与液压泵供给流量合流油路被堵死,差动回路解除,液压缸有杆腔液压流体改为通过单向调速阀、单向顺序阀、三位四通电磁换向阀、回油过滤器回油箱,实现液压缸的可调慢速缸进程运动(工进);当三位四通电磁换向阀处于右位时,液压泵供给的液压流体通过三位四通电磁换向阀、单向顺序阀中的单向阀、单向调速阀中的单向阀输入液压缸有杆腔,液压缸进行缸回程,液压缸无杆腔液压流体经三位四通电磁换向阀、回油过滤器回油箱。该回路可用于压块机液压系统中

制动回路还包括利用液压制动器产生摩擦阻力（矩）使执行元件平稳制动的液压回路。一些缓冲制动回路及其特点见表2-147。

2.3.15　速度同步回路

在 GB/T 17446—2012 中定义的同步回路是多路运行受控在同时发生的回路。但此定义缺少基本内涵，没有反映液压技术所涉及的同步回路应有的同步特征。

液压技术所涉及的同步回路，至少应是两个（台）执行元件（如液压缸）或多个（台）执行元件间速度和/或行程的比较，即活塞和活塞杆间往和/或复直线运动速度和/或行程的同步。

表 2-147　缓冲制动回路及其特点

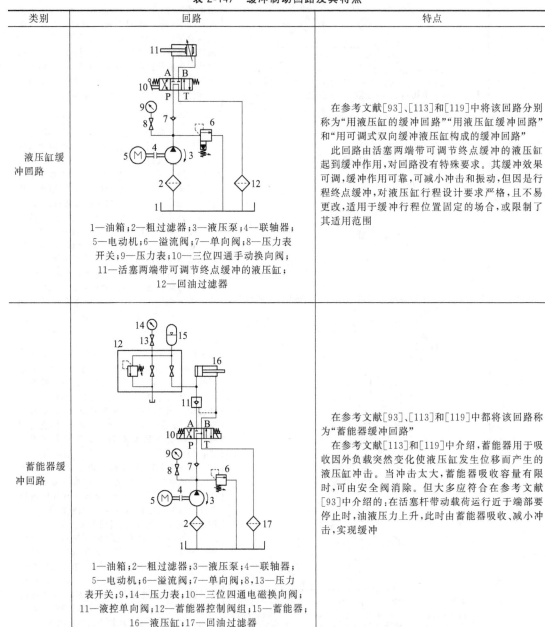

类别	回路	特点
液压缸缓冲回路	1—油箱；2—粗过滤器；3—液压泵；4—联轴器；5—电动机；6—溢流阀；7—单向阀；8—压力表开关；9—压力表；10—三位四通手动换向阀；11—活塞两端带可调节终点缓冲的液压缸；12—回油过滤器	在参考文献[93]、[113]和[119]中将该回路分别称为"用液压缸的缓冲回路""用液压缸缓冲回路"和"用可调式双向缓冲液压缸构成的缓冲回路" 此回路由活塞两端带可调节终点缓冲的液压缸起到缓冲作用，对回路没有特殊要求。其缓冲效果可调，缓冲作用可靠，可减小冲击和振动，但因是行程终点缓冲，对液压缸行程设计要求严格，且不易更改，适用于缓冲行程位置固定的场合，或限制了其适用范围
蓄能器缓冲回路	1—油箱；2—粗过滤器；3—液压泵；4—联轴器；5—电动机；6—溢流阀；7—单向阀；8，13—压力表开关；9，14—压力表；10—三位四通电磁换向阀；11—液控单向阀；12—蓄能器控制阀组；15—蓄能器；16—液压缸；17—回油过滤器	在参考文献[93]、[113]和[119]中都将该回路称为"蓄能器缓冲回路" 在参考文献[113]和[119]中介绍，蓄能器用于吸收因外负载突然变化使液压缸发生位移而产生的液压缸冲击。当冲击太大，蓄能器吸收容量有限时，可由安全阀消除。但大多应符合在参考文献[93]中介绍的；在活塞杆带动载荷运行近于端部要停止时，油液压力上升，此时由蓄能器吸收、减小冲击，实现缓冲

类别	回路	特点
液压阀缓冲制动回路	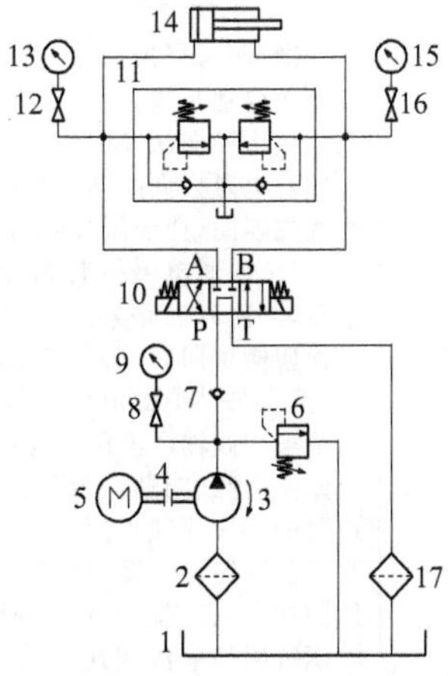 1—油箱;2—粗过滤器;3—液压泵;4—联轴器; 5—电动机;6—溢流阀;7—单向阀;8,12,16—压力 表开关;9,13,15—压力表;10—三位四通电磁换向阀; 11—双向防气蚀溢流阀;14—液压缸;17—回油过滤器	在参考文献[93]、[113]和[119]中将该回路分别称为"用溢流阀的缓冲回路""溢流阀的缓冲回路"和"溢流阀缓冲回路" 此回路可使液压缸进行双向缓冲。分别设置在液压缸两腔的直动式溢流阀和单向阀,在液压缸起动或停止时可以减缓或消除液压冲击并对产生负压的容腔进行补油(即防气蚀),适用于经常换向且会产生冲击的场合,如压路机振动部分的液压回路
	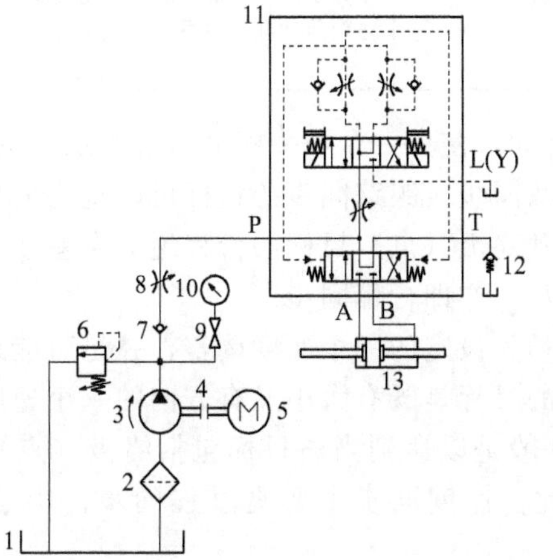 1—油箱;2—粗过滤器;3—液压泵;4—联轴器; 5—电动机;6—溢流阀;7—单向阀;8—节流阀; 9—压力表开关;10—压力表;11—三位四通电液 换向阀;12—带有复位弹簧的单向阀(背压阀); 13—活塞两端带终点位置缓冲的双出杆缸	在参考文献[113]和[119]中都将该回路称为"电液换向阀缓冲回路" 在此回路中,调节三位四通电液换向阀主阀与先导阀之间的节流阀的开口量,限制流入主阀控制腔的流量,延长主阀芯的换向时间,达到缓冲目的。此种回路缓冲效果较好,用于经常换向且可产生较大冲击的场合 在参考文献[93]的"用电液阀的缓冲回路"中,三位四通电液换向阀先导阀用控制油来源于系统溢流阀的遥控口,涉及控制油压力(逐渐)上升,换向阀主阀在低压下逐渐切换,液压缸工作压力逐渐上升等
	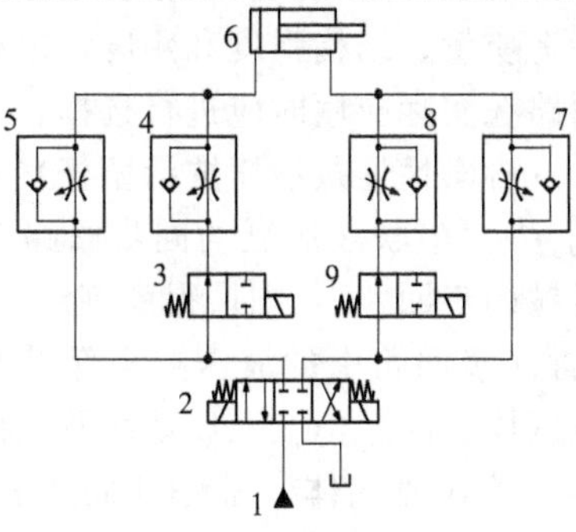 1—液压源;2—三位四通电磁换向阀;3,9—二位二 通电磁换向阀;4,5,7,8—单向节流阀;6—液压缸	在参考文献[93]、[113]和[119]中将类似的回路分别称为"用节流阀的缓冲回路""用节流阀缓冲回路"和"节流阀缓冲回路" 在液压缸往复运动接近行程端时,其相应回油管路上的二位二通电磁换向阀换向,该管路断开,仅剩与之并联的、包括(小规格)单向节流阀这条管路回油,其中节流阀节流起到缓冲作用。该回路可应用于大型、需要经常换向的场合,如牛头刨床中 各参考文献与本回路主要不同之处在于,与二位二通电磁换向阀串联的是节流阀,而非图示的单向节流阀

类别	回路	特点
液压阀缓冲制动回路	 1—油箱;2—粗过滤器;3—液压泵;4—联轴器; 5—电动机;6—溢流阀;7—单向阀;8—压力表 开关;9—压力表;10—三位四通电磁换向阀; 11—液压缸;12—调速阀;13—二位二通 电磁换向阀;14—回油过滤器	如图所示,当液压泵起动后,液压泵供给的液压流体主要通过单向阀、三位四通电磁换向阀、二位二通电磁换向阀及回油过滤器回油箱(卸荷);当三位四通电磁换向阀准备换向时,二位二通电磁换向阀优先换向,使液压泵供给液压流体全部通过单向阀、三位四通电磁换向阀、调速阀及回油过滤器回油箱,并使回油路具有一定的背压;当三位四通电磁换向阀换向后,二位二通电磁换向阀延迟(时)复位,液压泵供给的液压流体通过单向阀、三位四通电磁换向阀输入液压缸,液压缸回油通过三位四通电磁换向阀、调速阀及回油过滤器回油箱,因为调速阀的节流调速作用,回油存在一定的背压,所以在三位四通电磁换向阀换向时,液压缸不会发生突然前冲。当二位二通电磁换向阀延迟(时)复位后,液压缸回油节流调速取消,液压缸开始快速运动。当液压缸接近行程终点(停止)时,触发行程开关发讯,二位二通电磁换向阀得电换向,液压缸回油节流调速恢复,液压缸转为慢速运动,达到了缓冲的目的。在该回路中采用调速阀,只是考虑在液压工作介质温度、黏度等发生变化时,可尽量保证该回路防前冲和缓冲两项性能不变

以一台液压缸往和/或复直线运动为目标,使另一台或一些液压缸跟踪此液压缸的运动,并尽可能地与之趋近或保持同步,此为跟踪同步。跟踪同步的目标可以是当前目标,但主要是终极(点)目标;同步精度一般是以达到终极(点)目标的行程绝对误差或行程相对误差来描述的。因此,跟踪同步主要是结果同步,亦即行程同步。

两台液压缸或两台以上液压缸各自按预先设定的一个速度调整,并尽可能地使之趋近或保持这一速度,此为速度同步。速度同步的目标是既有大小又有方向的一个速度设定值,且可能是时间和/或行程的函数;同步精度一般是以达到当前目标包括终极(点)目标的行程绝对误差或行程相对误差来描述的。因此,速度同步主要是过程同步,当然也包括结果同步。

速度同步和行程同步都是液压技术要研究的课题,其中速度同步是一个过程和结果的同步问题,达到一定精度的速度同步是当今液压技术中的一个关键技术。

下列几种回路都是用来解决两个(台)或两个(台)以上执行元件(主要是指液压缸)速度同步问题的,但因下列几种速度同步回路所能达到的速度同步精度不同,加之各个执行元件所承受的外部负载、所受内外摩擦力、制造质量、结构强度和刚度、内外泄漏及其安装连接型式等各不相同,所以这几种速度同步回路在实际应用时应进行选择、论证。

下列速度同步回路不包括使用机械的方法(含刚性连接液压缸活塞杆)强制执行元件速度同步,亦即机械同步。但如参考文献[119]将"串联液压缸的同步回路"和"带有补偿装置的(串联液压缸)同步回路"归类到"机械同步回路",则值得商榷。

下列速度同步回路包括第2.3.19节的位置同步回路中的液压缸全部带有排气器,其所在位置能够将液压系统油液中所含空气或其他气体排净,但在液压系统及回路图中没有特别表示这一功能。排净液压系统油液中所含空气或其他气体,是保证同步精度的基本条件之一。

一些速度同步回路及其特点见表2-148。

表 2-148　速度同步回路及其特点

类别	回路	特点
液压泵同步回路	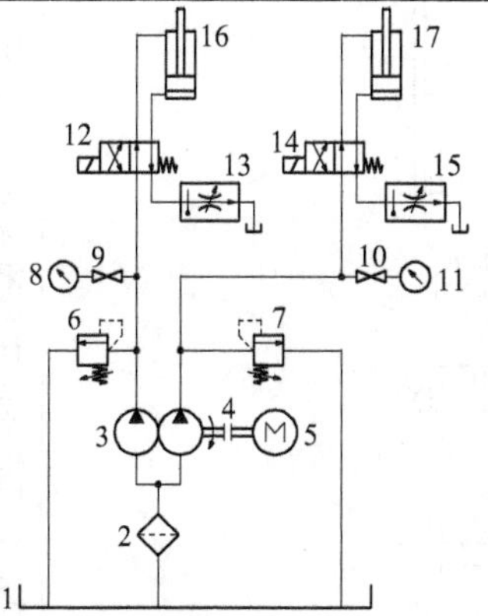 1—油箱；2—粗过滤器；3—双联等排量液压泵； 4—联轴器；5—电动机；6,7—溢流阀；8,11—压力表； 9,10—压力表开关；12,14—二位四通电磁换向阀； 13,15—调速阀；16,17—液压缸	在参考文献[93]、[113]和[119]中将类似的回路分别称为"用泵的同步回路""用泵同步回路"和"泵同步回路" 在此回路中，采用一台电动机驱动双联等排量(定量)液压泵，并通过两个同时切换的换向阀与两台液压缸各自连接，两台液压缸相应的缸有效面积和行程相同，实现两台液压缸同步运行。采用液压缸单独动作或调整调速阀可修正同步误差。该回路结构简单，效率较高，且两台液压缸控制互不干扰，适用于高压、大流量、同步精度要求高(参考文献[119]介绍同步精度可达 2%~5%)的场合
液压马达同步回路	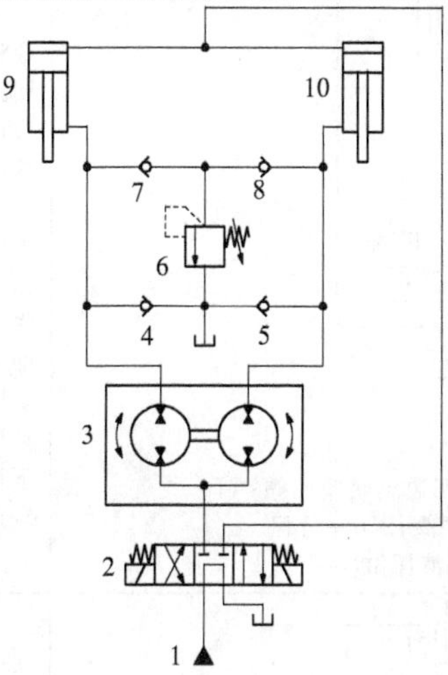 1—液压源；2—三位四通电磁换向阀；3—齿轮式同步马达 (分流器)；4,5,7,8—单向阀；6—溢流阀；9,10—液压缸	在参考文献[93]、[113]和[119]中将类似的回路分别称为"用马达的同步回路""并联马达同步回路"和"容积调速同步回路——同步马达同步回路" 在此回路中，采用两台同轴等排量液压马达与两台有效面积相等的液压缸连接，实现缸进程、缸回程双向同步。用单向阀和溢流阀组成的安全补油回路可在行程终点消除位置误差。这种并联马达同步回路的同步精度要比流量控制阀的同步精度高，参考文献[113]介绍可达 2%~5%，但成本较高，适用于大载荷、大容量液压系统 在参考文献[119]的"同步马达同步回路"中，没有如图所示的"安全补油回路"，但在两台液压缸有杆腔间设置了节流阀用于行程端点消除两缸位置误差
串联缸速度(位置)同步回路	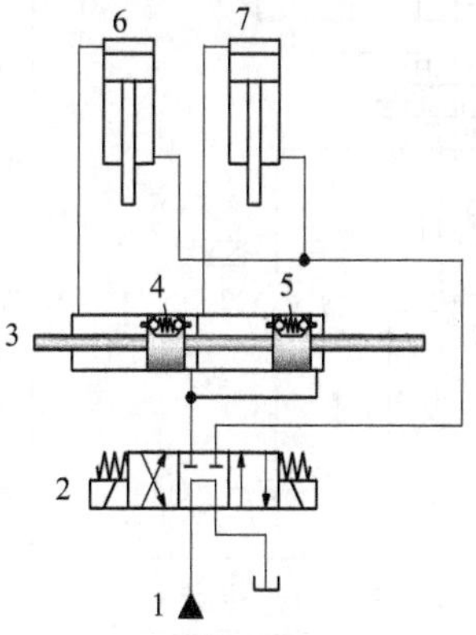 1—液压源；2—三位四通电磁换向阀；3—串联缸(同步缸)； 4,5—双作用单向阀；6,7—液压缸	在参考文献[93]、[113]和[119]中将类似回路分别称为"用同步缸的同步回路""同步缸同步回路" 在此回路中，串联缸是两尺寸相同的活塞串联在同一活塞杆上，与之分别连接的两台液压缸的缸有效面积相同，且串联缸的容积大于液压缸。两台液压缸的无杆腔同时输入或排出的液压流体由串联缸控制，其同步精度主要取决于加工精度及液压缸密封性能，一般为 2%~5%或更高。因在串联缸两活塞上设置了双作用单向阀，每次到达行程终点都对两液压缸的同步误差进行修正。该回路可用于负载变化较大的场合

类别	回路	特点
液压缸串联速度(位置)同步回路	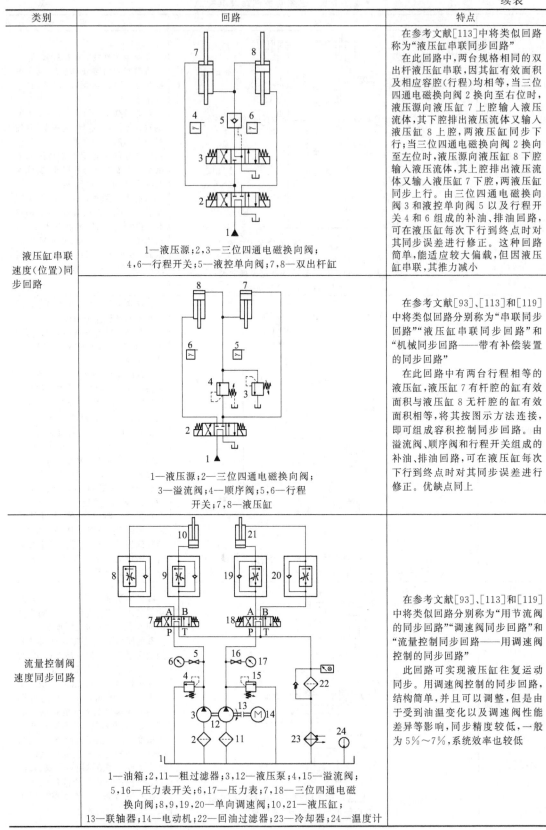 1—液压源;2,3—三位四通电磁换向阀; 4,6—行程开关;5—液控单向阀;7,8—双出杆缸	在参考文献[113]中将类似回路称为"液压缸串联同步回路" 在此回路中,两台规格相同的双出杆液压缸串联,因其缸有效面积及相应容腔(行程)均相等,当三位四通电磁换向阀 2 换向至右位时,液压源向液压缸 7 上腔输入液压流体,其下腔排出液压流体又输入液压缸 8 上腔,两液压缸同步下行;当三位四通电磁换向阀 2 换向至左位时,液压源向液压缸 8 下腔输入液压流体,其上腔排出液压流体又输入液压缸 7 下腔,两液压缸同步上行。由三位四通电磁换向阀 3 和液控单向阀 5 以及行程开关 4 和 6 组成的补油、排油回路,可在液压缸每次下行到终点时对其同步误差进行修正。这种回路简单,能适应较大偏载,但因液压缸串联,其推力减小
	1—液压源;2—三位四通电磁换向阀; 3—溢流阀;4—顺序阀;5,6—行程 开关;7,8—液压缸	在参考文献[93]、[113]和[119]中将类似回路分别称为"串联同步回路""液压缸串联同步回路"和"机械同步回路——带有补偿装置的同步回路" 在此回路中有两台行程相等的液压缸 7 有杆腔的缸有效面积与液压缸 8 无杆腔的缸有效面积相等,将其按图示方法连接,即可组成容积控制同步回路。由溢流阀、顺序阀和行程开关组成的补油、排油回路,可在液压缸每次下行到终点时对其同步误差进行修正。优缺点同上
流量控制阀速度同步回路	1—油箱;2,11—粗过滤器;3,12—液压泵;4,15—溢流阀; 5,16—压力表开关;6,17—压力表;7,18—三位四通电磁 换向阀;8,9,19,20—单向调速阀;10,21—液压缸; 13—联轴器;14—电动机;22—回油过滤器;23—冷却器;24—温度计	在参考文献[93]、[113]和[119]中将类似回路分别称为"用节流阀的同步回路""调速阀同步回路"和"流量控制同步回路——用调速阀控制的同步回路" 此回路可实现液压缸往复运动同步。用调速阀控制的同步回路,结构简单,并且可以调整,但是由于受到油温变化以及调速阀性能差异等影响,同步精度较低,一般为 5%～7%,系统效率也较低

类别	回路	特点
分流集流阀速度同步回路	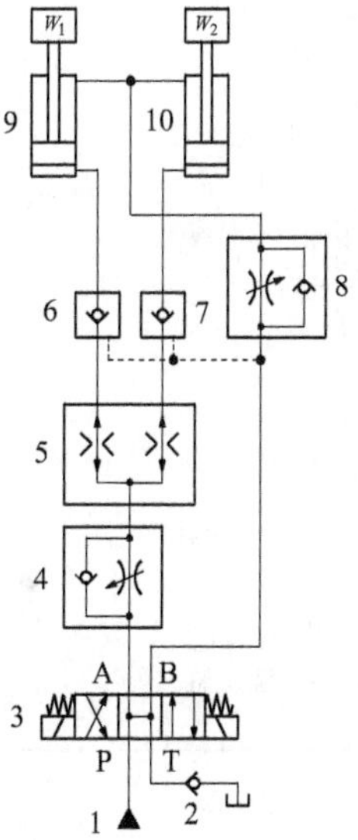 1—液压源;2—单向阀;3—三位四通电磁换向阀;4,8—单向节流阀;5—分流集流阀;6,7—液控单向阀;9,10—液压缸	如图所示,当三位四通电磁换向阀换向至右位时,液压源供给液压流体经三位四通电磁换向阀、单向节流阀中的单向阀、分流集流阀(此时作为分流阀使用)、两个液控单向阀分别输入两台液压缸无杆腔,实现双液压缸缸进程的同步运动;当三位四通电磁换向阀换向至左位时,液压流体经三位四通电磁换向阀换、单向节流阀中的节流阀输入两缸的有杆腔,同时反向导通两个液控单向阀,双缸无杆腔液压流体经分流集流阀(此时作为集流阀使用)、单向节流阀中的节流阀、三位四通电磁换向阀、单向阀(作为背压阀)回油,实现双缸退回同步运动。安装在B油路上的单向节流阀用于防止液压缸起动时可能产生的前冲,安装在T油路上的单向阀用于防止分流集流阀管路中出现"中空"。有资料介绍,在完全偏载时两缸同步精度为 1% ~3%
	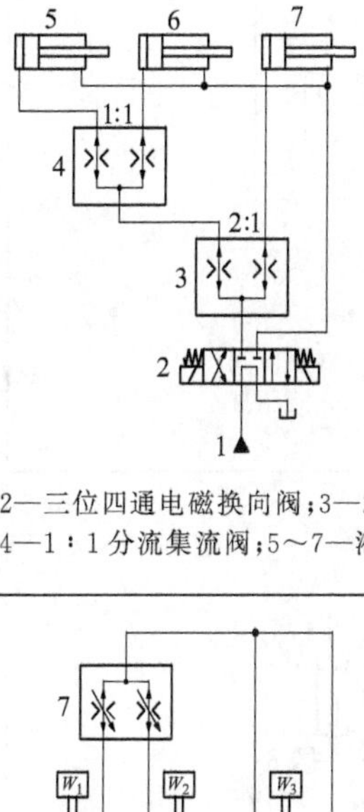 1—液压源;2—三位四通电磁换向阀;3—2:1分流集流阀;4—1:1分流集流阀;5~7—液压缸	如图所示,此回路通过分流比为 2:1 和 1:1 的两个分流集流阀给三台液压缸分配相等的流量,实现三缸同步运动
	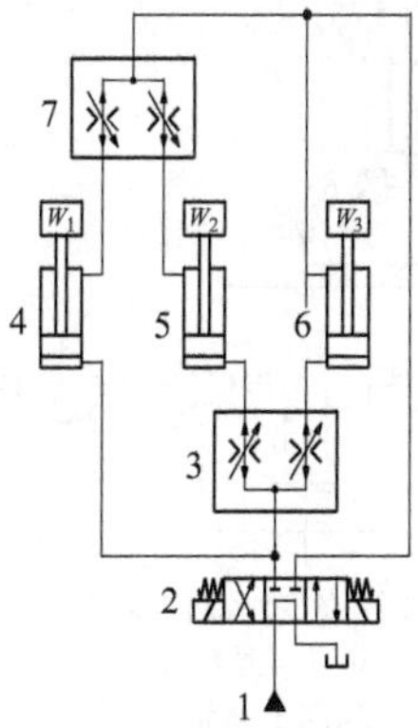 1—液压源;2—三位四通电磁换向阀;3,7—可调式分流集流阀;4~6—液压缸	如图所示,其为采用可调式分流集流阀的三缸同步回路

类别	回路	特点
分流集流阀速度同步回路	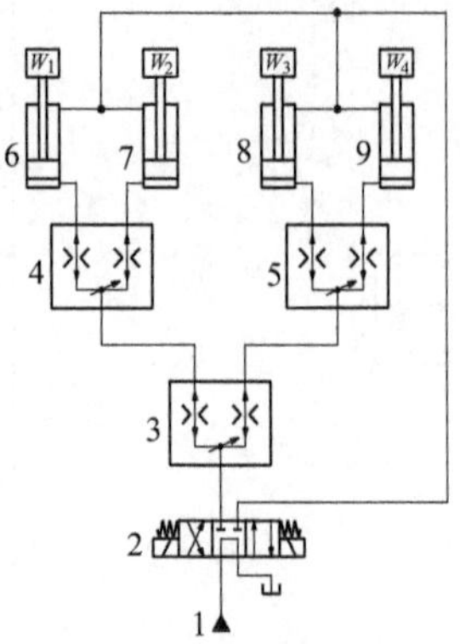 1—液压源;2—三位四通电磁换向阀; 3~5—自调式分流集流阀;6~9—液压缸	如图所示,其为采用自调式分流集流阀的四缸同步回路
	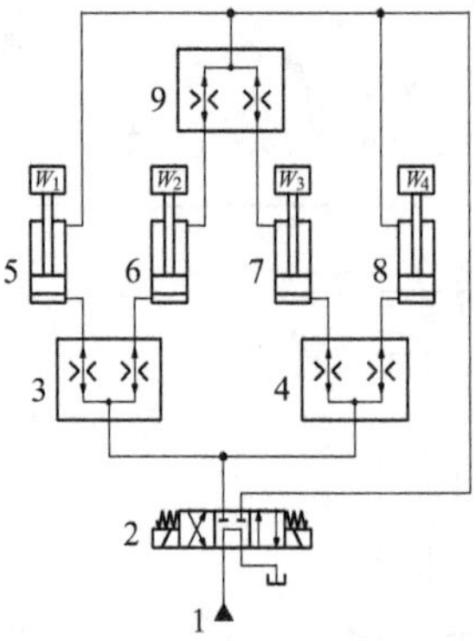 1—液压源;2—三位四通电磁换向阀; 3,4,9—分流集流阀;5~8—液压缸	如图所示,其为采用分流集流阀的四缸同步回路
伺服、比例、数字变量泵速度(位置)同步回路	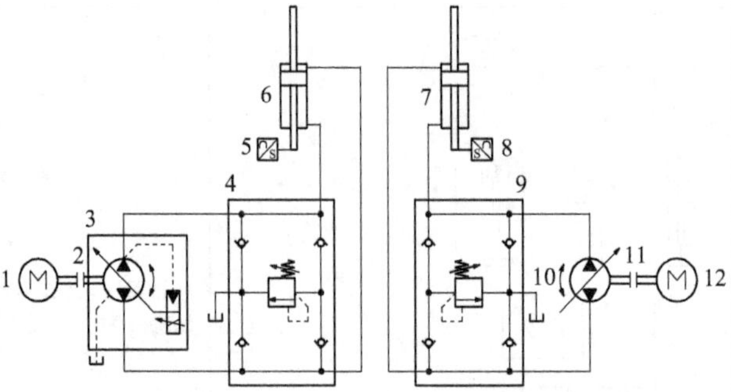 1,12—电动机;2,11—联轴器;3—电液伺服控制双向变量液压泵;4,9—防气蚀溢流阀;5,8—以模拟信号输出的速度信号转换器;6,7—双出杆缸;10—双向变量液压泵	如图所示,其为泵控式电液速度控制系统。以双向变量液压泵所在的液压系统中的液压缸为基准,通过检测到的两台液压缸位移(速度)差来控制电液伺服控制双向变量液压泵,使其所在液压系统中的液压缸跟随作为基准的液压缸,进而尽量达到两缸同步。有资料介绍,此种液压系统的两缸同步精度一般在 0.5% 左右。适用于高压、大流量、同步精度要求高的液压系统

类别	回路	特点
比例阀速度（位置）同步回路	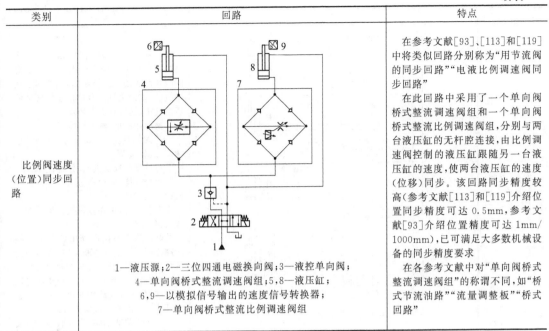 1—液压源；2—三位四通电磁换向阀；3—液控单向阀； 4—单向阀桥式整流调速阀组；5,8—液压缸； 6,9—以模拟信号输出的速度信号转换器； 7—单向阀桥式整流比例调速阀组	在参考文献[93]、[113]和[119]中将类似回路分别称为"用节流阀的同步回路""电液比例调速阀同步回路" 在此回路中采用了一个单向阀桥式整流调速阀组和一个单向阀桥式整流比例调速阀组，分别与两台液压缸的无杆腔连接，由比例调速阀控制的液压缸跟随另一台液压缸的速度，使两台液压缸的速度（位移）同步。该回路同步精度较高（参考文献[113]和[119]介绍位置同步精度可达0.5mm，参考文献[93]介绍位置精度可达1mm/1000mm），已可满足大多数机械设备的同步精度要求 在各参考文献中对"单向阀桥式整流调速阀组"的称谓不同，如"桥式节流油路""流量调整板""桥式回路"

2.3.16　换向回路

换向回路是指通过控制输入执行元件油流的通断及改变其流动方向来实现执行元件的启动、停止或变换运动方向的液压回路。

一些换向回路及其特点见表2-149。

表2-149　换向回路及其特点

类别	回路	特点
手动（多路）换向阀换向回路	1—油箱；2,13—粗过滤器；3,14—液压泵； 4,15—联轴器；5,16—电动机；6,17—溢流阀； 7,18—压力表开关；8,19—压力表；9—三位四通液动换向阀（主阀）；10—液压缸；11—单向阀； 12—回油过滤器；20—（手动）转阀型换向阀（先导阀）；21—双单向节流阀	在参考文献[113]中将该回路称为"换向阀换向回路" 如图所示为手动转阀（先导阀）控制液动换向阀的换向回路。回路中单独设置了控制液压源，主阀换向控制油路上设置了单向节流阀，可以调节主阀的换向速度，减小压力冲击

类别	回路	特点
手动(多路)换向阀换向回路	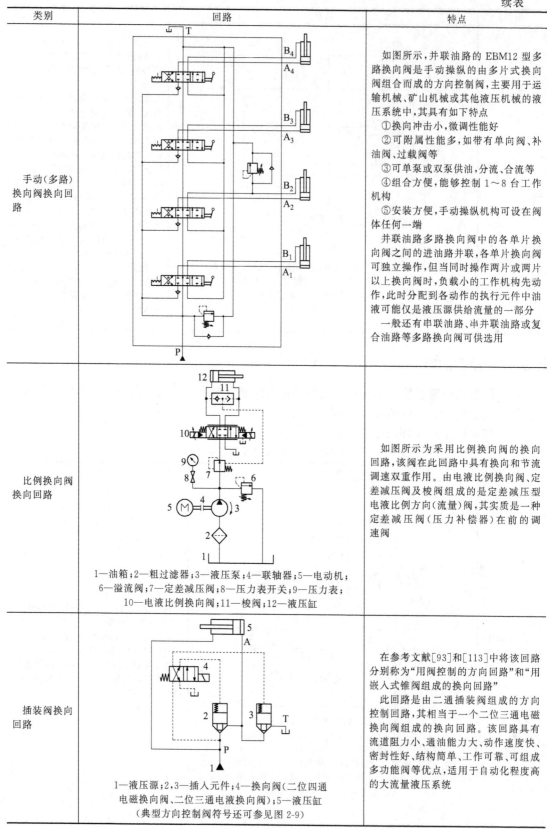	如图所示,并联油路的 EBM12 型多路换向阀是手动操纵的由多片式换向阀组合而成的方向控制阀,主要用于运输机械、矿山机械或其他液压机械的液压系统中,其具有如下特点 ①换向冲击小,微调性能好 ②可附属性能多,如带有单向阀、补油阀、过载阀等 ③可单泵或双泵供油,分流、合流等 ④组合方便,能够控制 1~8 台工作机构 ⑤安装方便,手动操纵机构可设在阀体任何一端 　并联油路多路换向阀中的各单片换向阀之间的进油路并联,各单片换向阀可独立操作,但当同时操作两片或两片以上换向阀时,负载小的工作机构先动作,此时分配到各动作的执行元件中油液可能仅是液压源供给流量的一部分 　一般还有串联油路、串并联油路或复合油路等多路换向阀可供选用
比例换向阀换向回路	1—油箱;2—粗过滤器;3—液压泵;4—联轴器;5—电动机; 6—溢流阀;7—定差减压阀;8—压力表开关;9—压力表; 10—电液比例换向阀;11—梭阀;12—液压缸	如图所示为采用比例换向阀的换向回路,该阀在此回路中具有换向和节流调速双重作用。由电液比例换向阀、定差减压阀及梭阀组成的是定差减压型电液比例方向(流量)阀,其实质是一种定差减压阀(压力补偿器)在前的调速阀
插装阀换向回路	1—液压源;2,3—插入元件;4—换向阀(二位四通电磁换向阀,二位三通电液换向阀);5—液压缸 (典型方向控制阀符号还可参见图 2-9)	在参考文献[93]和[113]中将该回路分别称为"用阀控制的方向回路"和"用嵌入式锥阀组成的换向回路" 此回路是由二通插装阀组成的方向控制回路,其相当于一个二位三通电磁换向阀组成的换向回路。该回路具有流道阻力小、通油能力大、动作速度快、密封性好、结构简单、工作可靠、可组成多功能阀等优点,适用于自动化程度高的大流量液压系统

类别	回路	特点
双向泵换向回路	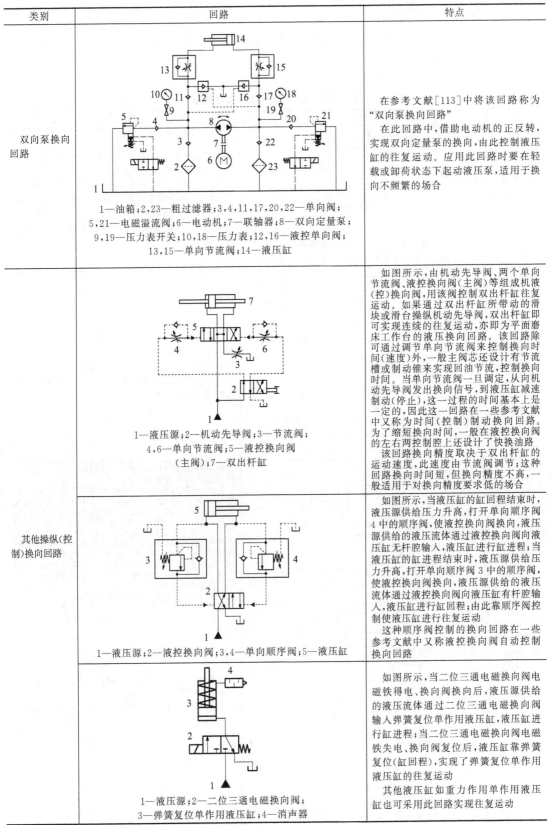 1—油箱；2,23—粗过滤器；3,4,11,17,20,22—单向阀；5,21—电磁溢流阀；6—电动机；7—联轴器；8—双向定量泵；9,19—压力表开关；10,18—压力表；12,16—液控单向阀；13,15—单向节流阀；14—液压缸	在参考文献[113]中将该回路称为"双向泵换向回路" 在此回路中，借助电动机的正反转，实现双向定量泵的换向，由此控制液压缸的往复运动。应用此回路时要在轻载或卸荷状态下起动液压泵，适用于换向不频繁的场合
其他操纵（控制）换向回路	1—液压源；2—机动先导阀；3—节流阀；4,6—单向节流阀；5—液控换向阀（主阀）；7—双出杆缸	如图所示，由机动先导阀、两个单向节流阀、液控换向阀（主阀）等组成液（控）换向阀，用该阀控制双出杆缸往复运动。如果通过双出杆缸所带动的滑块或滑台操纵机动先导阀，双出杆缸即可实现连续的往复运动，亦即为平面磨床工作台的液压换向回路。该回路除可通过调节单向节流阀来控制换向时间（速度）外，一般主阀芯还设计有节流槽或制动锥来实现回油节流，控制换向时间。当单向节流阀一旦调定，从向机动先导阀发出换向信号，到液压缸减速制动（停止），这一过程的时间基本上是一定的，因此这一回路在一些参考文献中又称为时间（控制）制动换向回路。为了缩短换向时间，一般在液压换向阀的左右两控制腔上还设计了快换油路 该回路换向精度取决于双出杆缸的运动速度，此速度由节流阀调节；这种回路换向时间短，但换向精度不高，一般适用于对换向精度要求低的场合
	1—液压源；2—液控换向阀；3,4—单向顺序阀；5—液压缸	如图所示，当液压缸的缸回程结束时，液压源供给压力升高，打开单向顺序阀4中的顺序阀，使液控换向阀换向，液压源供给的液压流体通过液控换向阀向液压缸无杆腔输入，液压缸进行缸进程；当液压缸的缸进程结束时，液压源供给压力升高，打开单向顺序阀3中的顺序阀，使液控换向阀换向，液压源供给的液压流体通过液控换向阀向液压缸有杆腔输入，液压缸进行缸回程；由此靠顺序阀控制使液压缸进行往复运动 这种顺序阀控制的换向回路在一些参考文献中又称液控换向阀自动控制换向回路
	1—液压源；2—二位三通电磁换向阀；3—弹簧复位单作用液压缸；4—消声器	如图所示，当二位三通电磁换向阀电磁铁得电、换向阀换向后，液压源供给的液压流体通过二位三通电磁换向阀输入弹簧复位单作用液压缸，液压缸进行缸进程；当二位三通电磁换向阀电磁铁失电、换向阀复位后，液压缸靠弹簧复位（缸回程），实现了弹簧复位单作用液压缸的往复运动 其他液压缸如重力作用单作用液压缸也可采用此回路实现往复运动

2.3.17 连续动作回路

连续动作回路是指通过控制输入执行元件油流的流动方向来实现（一台）执行元件变换运动方向的液压回路。

一些连续动作回路及其特点见表 2-150。

表 2-150 连续动作回路及其特点

类别	回路	特点
压力继电器控制的连续动作回路	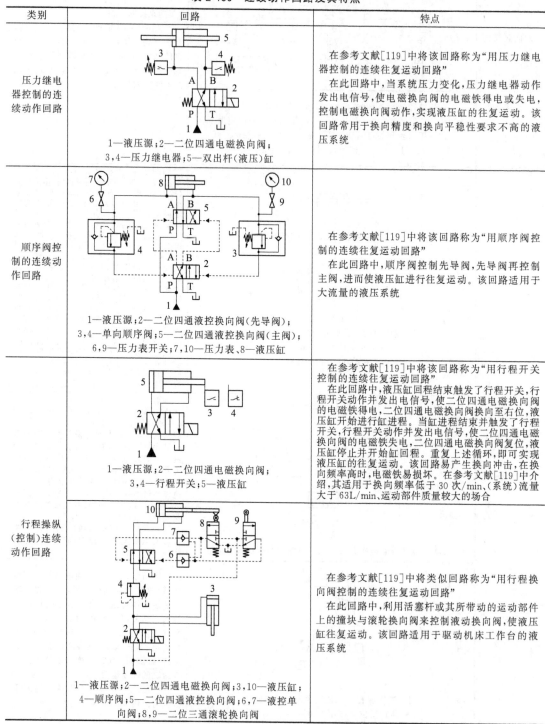1—液压源；2—二位四通电磁换向阀；3,4—压力继电器；5—双出杆（液压）缸	在参考文献[119]中将该回路称为"用压力继电器控制的连续往复运动回路" 在此回路中，当系统压力变化时，压力继电器动作发出电信号，使电磁换向阀的电磁铁得电或失电，控制电磁换向阀动作，实现液压缸的往复运动。该回路常用于换向精度和换向平稳性要求不高的液压系统
顺序阀控制的连续动作回路	1—液压源；2—二位四通液控换向阀（先导阀）；3,4—单向顺序阀；5—二位四通液控换向阀（主阀）；6,9—压力表开关；7,10—压力表、8—液压缸	在参考文献[119]中将该回路称为"用顺序阀控制的连续往复运动回路" 在此回路中，顺序阀控制先导阀，先导阀再控制主阀，进而使液压缸进行往复运动。该回路适用于大流量的液压系统
行程操纵（控制）连续动作回路	1—液压源；2—二位四通电磁换向阀；3,4—行程开关；5—液压缸	在参考文献[119]中将该回路称为"用行程开关控制的连续往复运动回路" 在此回路中，液压缸回程结束触发了行程开关，行程开关动作并发出电信号，使二位四通电磁换向阀的电磁铁得电，二位四通电磁换向阀换向至右位，液压缸开始进程缸进程。当缸进程结束并触发了行程开关，行程开关动作并发出电信号，使二位四通电磁换向阀的电磁铁失电，二位四通电磁换向阀复位，液压缸停止并开始缸回程。重复上述循环，即可实现液压缸的往复运动。该回路易产生换向冲击，在换向频率高时，电磁铁易损坏。在参考文献[119]中介绍，其适用于换向频率低于 30 次/min、（系统）流量大于 63L/min、运动部件质量较大的场合
	1—液压源；2—二位四通电磁换向阀；3,10—液压缸；4—顺序阀；5—二位四通液控换向阀；6,7—液控单向阀；8,9—二位三通滚轮换向阀	在参考文献[119]中将类似回路称为"用行程换向阀控制的连续往复运动回路" 在此回路中，利用活塞杆或其所带动的运动部件上的撞块与滚轮换向阀来控制液动换向阀，使液压缸往复运动。该回路适用于驱动机床工作台的液压系统

2.3.18 顺序动作回路

顺序动作回路是指控制两台或两台以上执行元件依次动作的液压回路。按其控制方法的不同可分为压力控制、行程控制和时间控制等液压回路。

根据相关标准规定,"只要可行,应使用靠位置检测的顺序控制,且当压力或延时控制的顺序失灵可能引起危险时,应始终使用靠位置检测的顺序控制。"

一些顺序动作回路及其特点见表 2-151。

表 2-151　顺序动作回路及其特点

类别	回路	特点
压力控制顺序动作回路	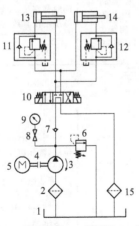 1—油箱;2—粗过滤器;3—液压泵;4—联轴器;5—电动机;6—溢流阀;7—单向阀;8—压力表开关;9—压力表;10—节流阀;11—三位四通手动换向阀;12,13—液压缸;14—回油过滤器	在参考文献[113]和[119]中都将该回路称为"负载压力决定的顺序动作回路" 在此回路中,如果 $W_1 > W_2$,当三位四通手动换向阀处于左位时,一定是举升 W_2 的液压缸首先动作,直至到系统压力进一步上升(如达行程终点),举升 W_1 的液压缸才开始动作。该回路结构简单,但受负载变化的影响大。当负载可造成的两液压缸压力差不大时,即不能实现可靠的顺序动作
	1—油箱;2—粗过滤器;3—液压泵;4—联轴器;5—电动机;6—溢流阀;7—单向阀;8—压力表开关;9—压力表;10—三位四通电磁换向阀;11,12—单向顺序阀;13,14—液压缸;15—回油过滤器	在参考文献[93]、[113]和[119]中将该回路分别称为"压力控制顺序动作回路""顺序阀控制的顺序动作回路"和"压力控制的多缸顺序动作回路——用顺序阀控制的多缸顺序动作回路" 在此回路中,当三位四通电磁换向阀处于右位时,无杆腔管路上没有单向顺序阀的液压缸 14 首先开始缸进程动作,当系统压力升高达到单向顺序阀 11 的调定压力,该阀所控制的液压缸 13 才开始缸进程动作;当三位四通电磁换向阀换向至左位时,同样是液压缸 13 首先开始缸回程动作,然后才是液压缸 14 开始缸回程动作。该回路动作灵敏,安装连接较为方便,但可靠性不高,位置精度低,且增加了功率损失。在参考文献[119]中介绍,其可靠性很大程度上取决于顺序阀的性能及其压力调定值。顺序阀的调定压力应比先动作的液压缸的最高工作压力高 0.8~1.0MPa,以免在系统压力波动时发生误动作。如果要改变动作的顺序,就需要对单向顺序阀在油路中的安装位置进行调整。这种回路适用于液压缸数目不多、负载变化不大的场合。常用于机床液压系统,满足先将工件夹紧,然后动力滑台进行切削加工的动作顺序要求

类别	回路	特点
压力控制顺序动作回路	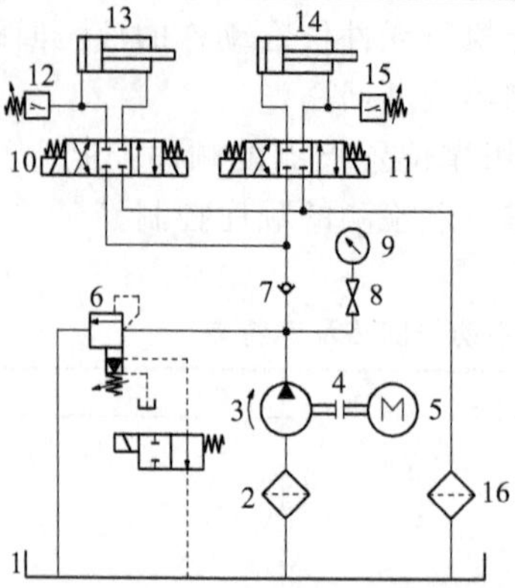 1—油箱；2—粗过滤器；3—液压泵；4—联轴器；5—电动机；6—电磁溢流阀；7—单向阀；8—压力表开关；9—压力表；10，11—三位四通电磁换向阀；12，15—压力继电器；13，14—液压缸；16—回油过滤器	在参考文献[93]和[113]中将该回路分别称为"压力控制顺序动作回路""压力继电器控制的顺序动作回路" 在此回路中，通过两个压力继电器控制两个电磁换向阀的四个电磁铁得电、失电，使换向阀处于不同的工作位置，进一步控制两台液压缸顺序动作。在参考文献[119]的相似回路中，两台液压缸的两腔都设置了压力继电器（共四个）。该回路为了防止压力继电器在前一液压缸动作未完成时发生误动作，压力继电器的调定压力要比前一液压缸动作时的最高工作压力高 0.3～0.5MPa，同时，为了使压力继电器可靠地发出电信号，其调定压力应比系统溢流阀的调定压力低 0.3～0.5MPa。这种回路只适用于系统中执行元件数目不多、负载变化不大的场合
行程操纵（控制）顺序动作回路	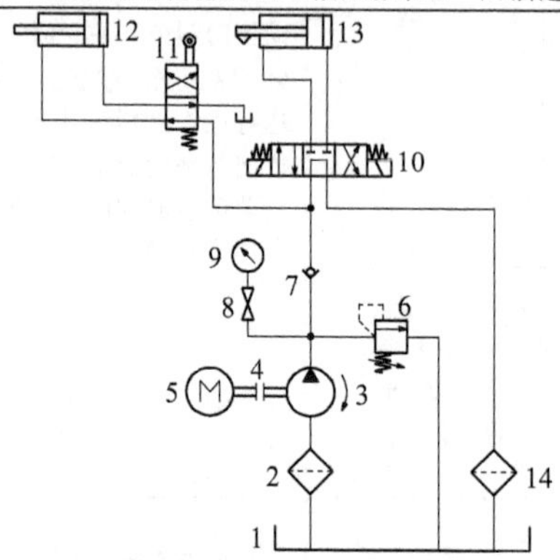 1—油箱；2—粗过滤器；3—液压泵；4—联轴器；5—电动机；6—溢流阀；7—单向阀；8—压力表开关；9—压力表；10—三位四通电磁换向阀；11—二位四通滚轮换向阀；12，13—液压缸；14—回油过滤器	在参考文献[93]、[113]和[119]中将该回路分别称为"行程控制顺序动作回路""行程阀控制的顺序动作回路"和"行程控制的多缸顺序动作回路——用行程换向阀控制的多缸顺序动作回路" 在此回路中，当三位四通电磁换向阀处于右位时，液压缸 13 进行缸进程，在缸进程终点处使二位四通滚轮换向阀换向，液压缸 12 进行缸进程。当三位四通电磁换向阀换向至左位时，液压缸 13 进行缸回程，在使二位四通滚轮换向阀复位后，液压缸 12 也开始进行缸回程。该回路工作可靠，但改变动作顺序比较困难，同时管路长，布置较麻烦。适用于机械加工设备的液压系统
	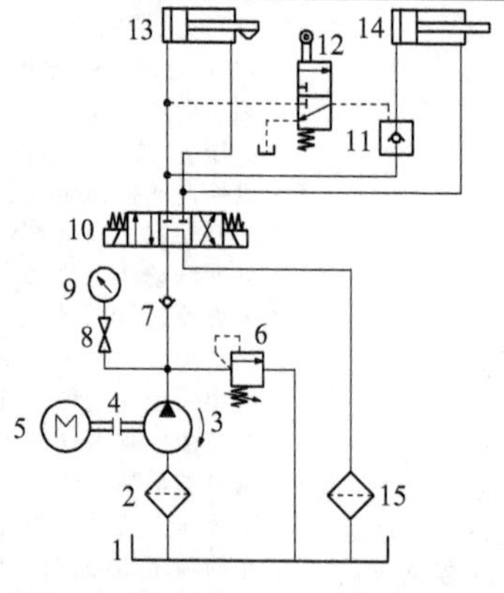 1—油箱；2—粗过滤器；3—液压泵；4—联轴器；5—电动机；6—溢流阀；7—单向阀；8—压力表开关；9—压力表；10—三位四通电磁换向阀；11—液控单向阀；12—二位三通滚轮换向阀；13，14—液压缸；15—回油过滤器	如图所示，当三位四通电磁换向阀换向至左位后，液压缸 13 进行缸进程；当其活塞杆上的挡块压下行程换向阀的触头时，液控单向阀打开，液压缸 14 进行缸进程；当三位四通电磁换向阀换向至右位后，两台液压缸进行缸回程 本回路采用行程换向阀和液控单向阀来实现多缸顺序动作，回路可靠性比采用顺序阀高，不易产生误动作，但改变动作顺序困难 根据参考文献介绍，此液压回路可用于冶金及机械加工设备的液压系统

类别	回路	特点
行程操纵（控制）顺序动作回路	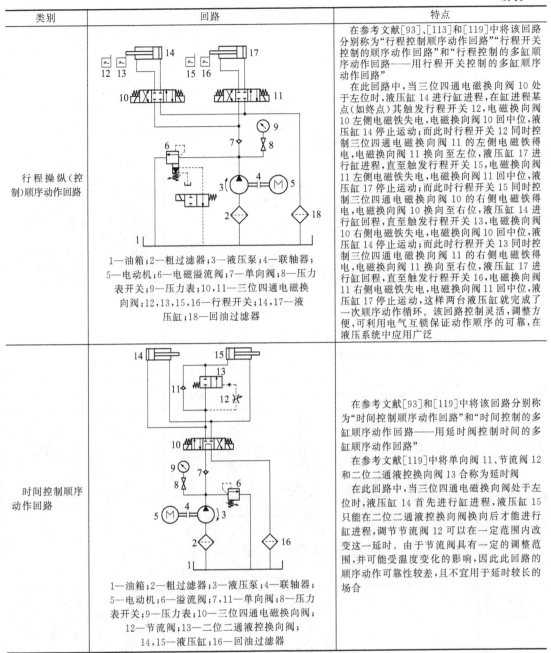1—油箱；2—粗过滤器；3—液压泵；4—联轴器；5—电动机；6—电磁溢流阀；7—单向阀；8—压力表开关；9—压力表；10，11—三位四通电磁换向阀；12，13，15，16—行程开关；14，17—液压缸；18—回油过滤器	在参考文献[93]、[113]和[119]中将该回路分别称为"行程控制顺序动作回路""行程开关控制的顺序动作回路"和"行程控制的多缸顺序动作回路——用行程开关控制的多缸顺序动作回路" 在此回路中，当三位四通电磁换向阀 10 处于左位时，液压缸 14 进行缸进程，在缸进程某点（如终点）其触发行程开关 12，电磁换向阀 10 左侧电磁铁失电，电磁换向阀 10 回中位，液压缸 14 停止运动；而此时行程开关 12 同时控制三位四通电磁换向阀 11 的左侧电磁铁得电，电磁换向阀 11 换向至左位，液压缸 17 进行缸进程，直至触发行程开关 15，电磁换向阀 11 左侧电磁铁失电，电磁换向阀 11 回中位，液压缸 17 停止运动；而此时行程开关 15 同时控制三位四通电磁换向阀 10 的右侧电磁铁得电，电磁换向阀 10 换向至右位，液压缸 14 进行缸回程，直至触发行程开关 13，电磁换向阀 10 右侧电磁铁失电，电磁换向阀 10 回中位，液压缸 14 停止运动；而此时行程开关 13 同时控制三位四通电磁换向阀 11 的右侧电磁铁得电，电磁换向阀 11 换向至右位，液压缸 17 进行缸回程，直至触发行程开关 16，电磁换向阀 11 右侧电磁铁失电，电磁换向阀 11 回中位，液压缸 17 停止运动，这样两台液压缸就完成了一次顺序动作循环。该回路控制灵活，调整方便，可利用电气互锁保证动作顺序的可靠，在液压系统中应用广泛
时间控制顺序动作回路	1—油箱；2—粗过滤器；3—液压泵；4—联轴器；5—电动机；6—溢流阀；7，11—单向阀；8—压力表开关；9—压力表；10—三位四通电磁换向阀；12—节流阀；13—二位二通液控换向阀；14，15—液压缸；16—回油过滤器	在参考文献[93]和[119]中将该回路分别称为"时间控制顺序动作回路"和"时间控制的多缸顺序动作回路——用延时阀控制时间的多缸顺序动作回路" 在参考文献[119]中将单向阀 11、节流阀 12 和二位二通液控换向阀 13 合称为延时阀 在此回路中，当三位四通电磁换向阀处于左位时，液压缸 14 首先进行缸进程，液压缸 15 只能在二位二通液控换向阀换向后才能进行缸进程，调节节流阀 12 可以在一定范围内改变这一延时。由于节流阀具有一定的调整范围，并可能受温度变化的影响，因此此回路的顺序动作可靠性较差，且不宜用于延时较长的场合

2.3.19　位置同步回路

同步回路中两执行元件如液压缸的位置同步精度，可由其行程的绝对误差或相对误差来描述。当液压缸 A 和液压缸 B 同时动作，其各自行程分别为 s_A 和 s_B，则绝对误差和相对误差分别如下。

绝对误差
$$\Delta = |s_A - s_B|$$

相对误差
$$\delta = \frac{2|s_A - s_B|}{s_A + s_B} \times 100\%$$

一些位置同步回路及其特点见表 2-152。

表 2-152　位置同步回路及其特点

类别	回路	特点
可调行程缸位置同步回路	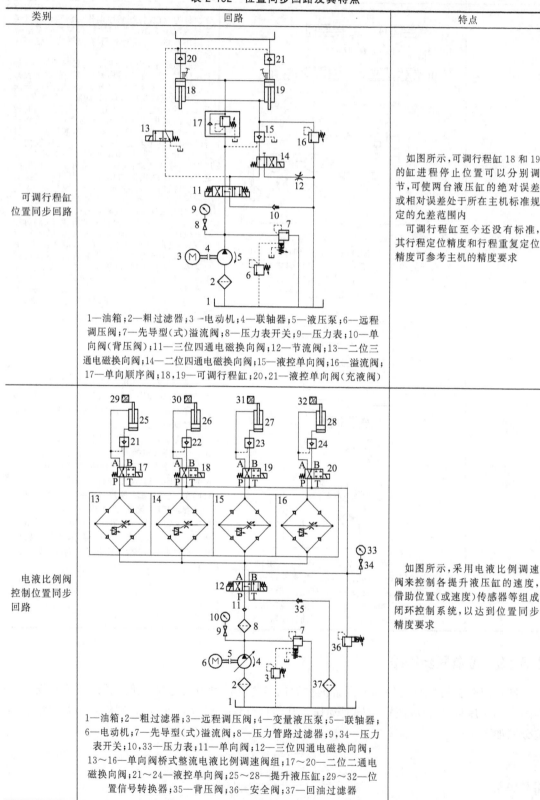 1—油箱；2—粗过滤器；3—电动机；4—联轴器；5—液压泵；6—远程调压阀；7—先导型(式)溢流阀；8—压力表开关；9—压力表；10—单向阀(背压阀)；11—三位四通电磁换向阀；12—节流阀；13—二位三通电磁换向阀；14—二位四通电磁换向阀；15—液控单向阀；16—溢流阀；17—单向顺序阀；18,19—可调行程缸；20,21—液控单向阀(充液阀)	如图所示,可调行程缸 18 和 19 的缸进程停止位置可以分别调节,可使两台液压缸的绝对误差或相对误差处于所在主机标准规定的允差范围内 可调行程缸至今还没有标准,其行程定位精度和行程重复定位精度可参考主机的精度要求
电液比例阀控制位置同步回路	1—油箱；2—粗过滤器；3—远程调压阀；4—变量液压泵；5—联轴器；6—电动机；7—先导型(式)溢流阀；8—压力管路过滤器；9,34—压力表开关；10,33—压力表；11—单向阀；12—三位四通电磁换向阀；13~16—单向阀桥式整流电液比例调速阀组；17~20—二位二通电磁换向阀；21~24—液控单向阀；25~28—提升液压缸；29~32—位置信号转换器；35—背压阀；36—安全阀；37—回油过滤器	如图所示,采用电液比例调速阀来控制各提升液压缸的速度,借助位置(或速度)传感器等组成闭环控制系统,以达到位置同步精度要求

类别	回路	特点
电液伺服比例阀控制位置同步回路	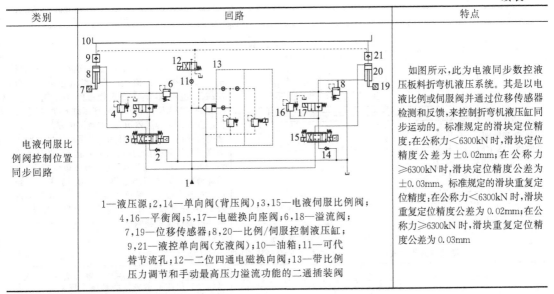 1—液压源；2,14—单向阀（背压阀）；3,15—电液伺服比例阀；4,16—平衡阀；5,17—电磁换向座阀；6,18—溢流阀；7,19—位移传感器；8,20—比例/伺服控制液压缸；9,21—液控单向阀（充液阀）；10—油箱；11—可代替节流孔；12—二位四通电磁换向阀；13—带比例压力调节和手动最高压力溢流功能的二通插装阀	如图所示，此为电液同步数控液压板料折弯机液压系统。其是以电液比例或伺服阀并通过位移传感器检测和反馈，来控制折弯机液压缸同步运动的。标准规定的滑块定位精度：在公称力＜6300kN 时，滑块定位精度公差为±0.02mm；在公称力≥6300kN 时，滑块定位精度公差为±0.03mm。标准规定的滑块重复定位精度：在公称力＜6300kN 时，滑块重复定位精度公差为 0.02mm；在公称力≥6300kN 时，滑块重复定位精度公差为 0.03mm

2.3.20　限程与多位定位回路

本节的限程回路即限制液压缸行程回路是指通过控制输入（输出）液压缸流体的通过、截止，以达到限制液压缸行程的目的的液压回路。当然，通过设置于液压缸内部或外部装置或结构也可实现这一目的，但其不是本节的内容。

多位定位回路是指可使液压缸除了静止位置外，至少还可达到两个分开的指定位置的液压回路。

一些限程与多位定位回路及其特点见表 2-153。

表 2-153　限程与多位定位回路及其特点

类别	回路	特点
液压缸限程回路	1—液压源；2—三位四通电磁换向阀；3—平衡阀；4—二位二通滚轮换向阀；5—液压缸	如图所示，当三位四通电磁换向阀换向至右位时，液压源供给的液压流体输入液压缸的无杆腔（上腔），液压缸进行缸进程；当活塞杆运动到限定位置时，其上安装的撞块使二位二通滚轮换向阀切换，液压缸上腔与油箱接通而泄压，活塞和活塞杆及其带动的运动部件由平衡阀支承，其不会继续运动而撞到缸盖，实现限程。该回路通常用于液压机液压系统
	1—液压源；2—三位四通电磁换向阀；3—平衡阀；4—单向阀；5—液压缸	如图所示，当活塞运动到一定位置，液压缸无杆腔即通过单向阀与油箱接通泄压，活塞和活塞杆及其带动的运动部件由平衡阀支承，其不会继续运动而撞到缸盖，实现限程

类别	回路	特点
缸-阀控制多位定位回路	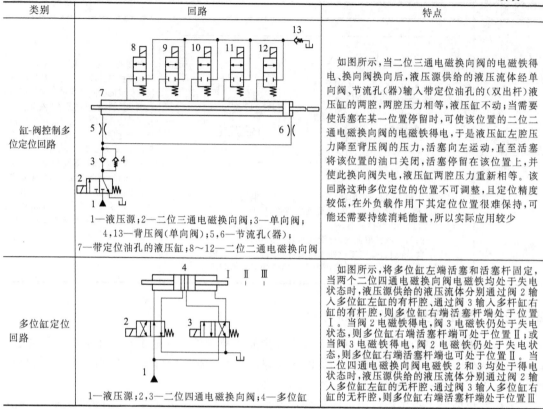 1—液压源;2—二位三通电磁换向阀;3—单向阀; 4,13—背压阀(单向阀);5,6—节流孔(器); 7—带定位油孔的液压缸;8~12—二位二通电磁换向阀	如图所示,当二位三通电磁换向阀的电磁铁得电,换向阀换向后,液压源供给的液压流体经单向阀、节流孔(器)输入带定位油孔的(双出杆)液压缸的两腔,两腔压力相等,液压缸不动;当需要使活塞在某一位置停留时,可使该位置的二位二通电磁换向阀的电磁铁得电,于是液压缸左腔压力降至背压阀的压力,活塞向左运动,直至活塞将该位置的油口关闭,活塞停留在该位置上,并使此换向阀失电,液压缸两腔压力重新相等。该回路这种多位定位的位置不可调整,且定位精度较低,在外负载作用下其定位位置很难保持,可能还需要持续消耗能量,所以实际应用较少
多位缸定位回路	1—液压源;2,3—二位四通电磁换向阀;4—多位缸	如图所示,将多位缸左端活塞和活塞杆固定,当两个二位四通电磁换向阀电磁铁均处于失电状态时,液压源供给的液压流体分别通过阀2输入多位缸左缸的有杆腔、通过阀3输入多位缸右缸的有杆腔,则多位缸右端活塞杆端处于位置Ⅰ。当阀2电磁铁得电,阀3电磁铁仍处于失电状态,则多位缸右端活塞杆端可处于位置Ⅱ;或当阀3电磁铁得电,阀2电磁铁仍处于失电状态,则多位缸右端活塞杆端也可处于位置Ⅱ。当二位四通电磁换向阀电磁铁2和3均处于得电状态时,液压源供给的液压流体分别通过阀2输入多位缸左缸的无杆腔、通过阀3输入多位缸右缸的无杆腔,则多位缸右端活塞杆端处于位置Ⅲ

2.3.21 锁紧回路

锁紧回路是使执行元件在停止工作时,将其锁紧在要求的位置上的液压回路。

为了使液压执行元件能在任意位置上停止或者在停止工作时,准确地停止在原定(或既定)位置上,不因外力作用而发生移(转)动(沉降)或窜动,可以采用锁紧回路。

锁紧回路一般以锁紧精度(位置精度)和锁紧效果及可靠性加以评价。

一些锁紧回路及其特点见表2-154。

表2-154　锁紧回路及其特点

类别	回路	特点
液压阀锁紧回路	1—油箱;2—粗过滤器;3—液压泵;4—联轴器;5—电动机; 6—溢流阀;7—单向阀;8—压力表开关;9—压力表; 10—三位四通电磁换向阀;11—液压缸;12—回油过滤器	在参考文献[93]、[113]和[119]中将该回路分别称为"用换向阀的锁紧回路""用换向阀锁紧的回路" 在此回路中,采用M型中位滑阀机能的三位四通电磁换向阀,当换向阀处于中位时,液压缸无杆腔和有杆腔油口都被封闭(即所谓双向锁紧),可以将活塞和活塞杆及其所带动的运动部件锁紧在某个位置(或表述为保持在既定位置)上。但该回路锁紧精度较低,锁紧效果较差。由于滑阀式换向阀不可避免地存在泄漏,这种锁紧方式不够可靠,只适用于锁紧时间较短且锁紧精度要求不高的场合

类别	回路	特点
液压阀锁紧回路	 1—液压源;2,5—单向阀;3,6—二位三通 电磁换向座阀;4—双出杆液压缸	在参考文献[93]、[113]和[119]中将类似的回路分别称为"用单向阀的锁紧回路""用单向阀锁紧的回路" 在此回路中,当液压源卸荷、两个二位三通电磁换向座阀电磁铁失电时,液压缸即可被(双向)锁紧在某一位置 对于在参考文献[93]、[113]和[119]中给出的类似回路,因只有一个单向阀和一个二位四通换向阀(滑阀式),所以液压缸一般只能被单向锁紧,而只有在活塞一侧抵靠端盖,另一侧所在容腔被单向阀封闭的情况下液压缸才能被"双向锁紧"
	  1—油箱;2—粗过滤器;3—液压泵;4—联轴器; 5—电动机;6—电磁溢流阀;7—单向阀;8—压力 表开关;9—压力表;10—三位四通电磁换向阀; 11—液压锁;12—液压缸	在参考文献[93]、[113]和[119]中将该回路分别称为"用单向阀的锁紧回路""液控单向阀锁紧回路"和"用液控单向阀的锁紧回路" 在此回路中,串联在液压缸两腔油路中的两个液控单向阀(又称液压锁),在换向阀处于中位时,可以将液压缸锁紧在行程中任何位置。为了使液控单向阀在换向阀换向至中位后立即关闭,换向阀中位机能应选择 H 型或 Y 型(按 JB/T 2184—2007),且液控单向阀应靠近换向阀安装。因液控单向阀密封性能良好,该回路锁紧精度一般只受液压缸内泄漏影响。在参考文献[119]中介绍,这种回路常用于汽车起重机的支腿油路中,也用于采掘机械的液压支架和飞机起落架的锁紧回路中
	  1—液压源;2—三位四通电磁换向阀;3,4—外控 单向顺序阀;5—溢流阀;6—二位三通电磁 换向座阀;7,8—单向阀;9,10—液压缸	在参考文献[93]和[119]中都将类似回路称为"用液控顺序阀的锁紧回路" 在此回路中,当三位四通电磁换向阀处于中位时,且外负载包括液压缸活动件作用于液压缸产生的负载压力小于两个外控单向顺序阀调定压力时,两台液压缸被锁紧。因顺序阀有泄漏,所以该回路适用于锁紧时间不长、锁紧精度要求不高的场合

类别	回路	特点
锁紧缸锁紧回路	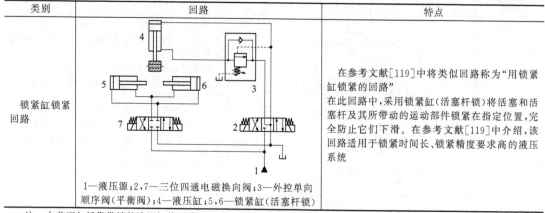 1—液压源;2,7—三位四通电磁换向阀;3—外控单向顺序阀(平衡阀);4—液压缸;5,6—锁紧缸(活塞杆锁)	在参考文献[119]中将类似回路称为"用锁紧缸锁紧的回路" 在此回路中,采用锁紧缸(活塞杆锁)将活塞和活塞杆及其所带动的运动部件锁紧在指定位置,完全防止它们下滑。在参考文献[119]中介绍,该回路适用于锁紧时间长、锁紧精度要求高的液压系统

注:本节不包括靠带锁的液压缸将活塞及活塞杆保持在缸行程末端的回路。

2.3.22 互不干涉回路

具有两个(台)或多个(台)执行元件的液压系统可能存在压力和/或流量相互干扰的问题,即不同时动作的执行元件可能造成液压系统压力波动,或要求同时动作的却出现先后动作或快慢不一,以及因速度快慢不同而在动作上的相互干扰。

互不干涉回路的功能就是使几个(台)执行元件在完成各自的(循环)动作时彼此互不影响。

一些互不干涉回路及其特点见表 2-155。

表 2-155 互不干涉回路及其特点

类别	回路	特点
液压阀互不干涉回路	1—液压源;2—溢流阀;3—压力表开关;4—压力表;5~7—单向阀;8~10—二位三通电磁换向阀;11~13—柱塞缸	如图所示,在各分支油路的换向阀的进油口前的管路上加装单向阀来防止其他液压缸动作时可能造成的系统压力下降。该回路常用于夹紧缸等的保压,保压时间短
	1—液压源;2—溢流阀;3—单向阀;4—压力表开关;5—压力表;6—顺序阀;7,8—二位四通电磁换向阀;9,10—液压缸	如图所示,液压缸 10 先进行缸进程,当其夹紧工件后液压系统压力升高,到达顺序阀调定压力后,顺序阀开启,液压缸 9 进行缸进程;在此过程中,液压缸 10 无杆腔压力即为顺序阀调定压力,没有因液压缸 9 动作而下降,顺序阀起到了保压作用

类别	回路	特点
液压阀互不干涉回路	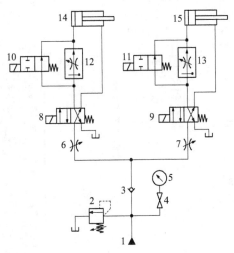 1—液压源;2—溢流阀;3—单向阀; 4—压力表开关;5—压力表;6,7—节流阀; 8,9—二位四通电磁换向阀;10,11—二位二通电磁换向阀; 12,13—调速阀;14,15—液压缸	如图所示,在各分支油路的换向阀的进油口前的管路上加装节流阀来防止其他液压缸动作时可能造成的相互干涉。此回路液压源供给流量足够,供给压力恒定
	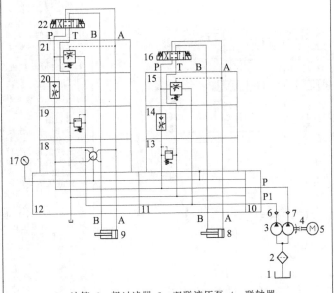 1—油箱;2—粗过滤器;3—双联液压泵;4—联轴器; 5—电动机;6,7—单向阀;8,9—液压缸; 10～12—油路块;13—P油路溢流阀;14,20—P油路单向节流阀; 15,21—顺序节流阀;16,22—三位四通电磁(液)换向阀; 17—压力表;18—压力表开关;19—P1油路溢流阀	如图所示,当两个三位四通电磁(液)换向阀同时处于右位时,两台液压缸快速进行缸进程,此时两个(远程控制)顺序节流阀由于控制压力较低而关闭;如果某一台液压缸先完成快速缸进程,则其无杆腔压力升高,顺序节流阀的阀口被打开,高压小流量泵的液压流体经此被打开的顺序节流阀中的节流阀口进入此液压缸的无杆腔,此时另一台液压缸仍由低压大流量泵供给液压流体进行快速缸进程;同样,当这台液压缸也完成了缸进程,顺序节流阀打开,高压小流量泵的液压流体经此被打开的顺序节流阀中的节流阀口进入此液压缸的无杆腔。当两个三位四通电磁(液)换向阀同时处于左位时,两台液压缸进行缸回程。这种回路动作可靠性较高,被广泛应用于组合机床的液压系统中

类别	回路	特点
双泵供油互不干涉回路	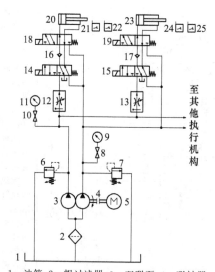 1—油箱;2—粗过滤器;3—双联泵;4—联轴器;5—电动机;6,7—溢流阀;8,10—压力表开关;9,11—压力表;12,14,19,21—调速阀;13,15,18,20—单向阀;16,17—二位四通电磁换向阀;22,24—滚轮换向阀;23,25—行程开关;26,27—液压缸（液压泵可能带载起动,但没有进一步修改）	如图所示,两台液压缸都分别要完成"快进→工进→快退"的自动循环。双联泵中出口接两个调速阀的为高压小流量泵,双联泵中出口接两个单向阀的为低压大流量泵,它们的压力分别由各自的溢流阀调定。当按动起动按钮开始工作时,两个二位四通电磁换向阀的电磁铁同时得电,双联泵中的高、低压泵一起向两台液压缸的无杆腔输入液压流体,使两台液压缸同时进行快速缸进程(快进),其中高压小流量泵的供给流量是由两个调速阀控制的。如当一台液压缸快进时达某一位置时,致使滚轮换向阀换向,则此液压缸由快进转为(慢速)工进;此时该回路上的调速阀出口压力升高,单向阀关闭,向液压缸无杆腔输入流体的只有双联泵中高压小流量泵,其向液压缸的供给流量亦即液压缸的工进速度由调速阀调定。这时另一台液压缸仍在继续快进,其对工进的液压缸没有干扰。如当两台液压缸都转换成了工进,且一台液压缸率先完成工进,触发行程开关发讯,使所在回路二位四通电磁换向阀的电磁铁失电,双联泵向液压缸的有杆腔输入液压流体,使该液压缸快退。而另一台液压缸仍可由高压小流量泵供给液压流体,继续进行工进
	1—油箱;2—粗过滤器;3—双联泵;4—联轴器;5—电动机;6,7—溢流阀;8,10—压力表开关;9,11—压力表;12,13—调速阀;14,15,18,19—二位五通电磁换向阀;16,17—单向阀;20,23—液压缸;21,22,24,25—行程开关（液压泵可能带载起动,但没有进一步修改）	如图所示,两台液压缸各自都需要完成"快进→工进→快退"的自动工作循环。双联泵中出口接两台调速阀的为高压小流量泵,双联泵中的另一台为低压大流量泵。在图示状态下,两台液压缸处于原位停止。当阀18、阀19的电磁铁得电时,两台液压缸均由双联泵中的低压大流量泵供给液压流体并差动快进。这时如某一液压缸例如液压缸20先完成快进动作,由挡铁触发行程开关21发讯使阀14电磁铁得电,阀18电磁铁失电,此时低压大流量泵通往液压缸20的油路被切断,而双联泵中高压小流量泵供给液压流体经阀12、阀14、阀16、阀18输入液压缸20无杆腔,同时,液压缸20有杆腔油液经阀18、阀14回油箱,液压缸20工进速度由调速阀12调节。此时液压缸23仍快进,互不影响。当两台液压缸都转为工进后,它们全由高压小流量泵供油。此后,若液压缸20又率先完成工进,由挡铁触发行程开关22发讯使阀14和阀18的电磁铁得电,液压缸20即由低压大流量泵供给液压流体快退;当各电磁铁均失电时,各缸都停止运动,并被锁在所在的位置上。由此可见,这种回路之所以能够防止多缸的快慢速度互不干扰,是快速和慢速各由一个液压泵分别供油,再由相应的电磁换向阀进行控制的缘故

类别	回路	特点
蓄能器互不干涉回路	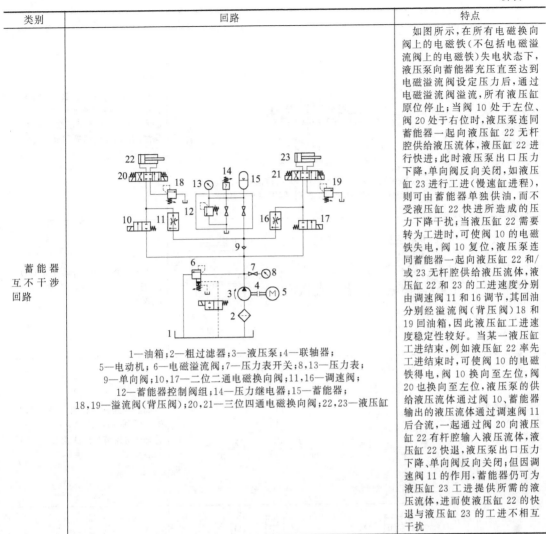 1—油箱;2—粗过滤器;3—液压泵;4—联轴器; 5—电动机;6—电磁溢流阀;7—压力表开关;8,13—压力表; 9—单向阀;10,17—二位二通电磁换向阀;11,16—调速阀; 12—蓄能器控制阀组;14—压力继电器;15—蓄能器; 18,19—溢流阀(背压阀);20,21—三位四通电磁换向阀;22,23—液压缸	如图所示,在所有电磁换向阀上的电磁铁(不包括电磁溢流阀上的电磁铁)失电状态下,液压泵向蓄能器充压直至达到电磁溢流阀设定压力后,通过电磁溢流阀溢流,所有液压缸原位停止;当阀10处于左位、阀20处于右位时,液压泵连同蓄能器一起向液压缸22无杆腔供给液压流体,液压缸22进行快进,此时液压泵出口压力下降,单向阀反向关闭,如液压缸23进行工进(慢速缸行程),则可由蓄能器单独供油,而不受液压缸22快进所造成的压力下降干扰;当液压缸22需要转为工进时,可使阀10的电磁铁失电,阀10复位,液压泵连同蓄能器一起向液压缸22和/或23无杆腔供给液压流体,液压缸22和23的工进速度分别由调速阀11和16调节,其回油分别经溢流阀(背压阀)18和19回油箱,因此液压缸工进速度稳定性较好。当某一液压缸工进结束,例如液压缸22率先工进结束时,可使阀10的电磁铁得电,阀10换向至左位,阀20也换向至左位,液压泵的供给液压流体通过阀10、蓄能器输出的液压流体通过调速阀11后合流,一起通过阀20向液压缸22有杆腔输入液压流体,液压缸22快退,液压泵出口压力下降、单向阀反向关闭;但因调速阀11的作用,蓄能器仍可为液压缸23工进提供所需的液压流体,进而使液压缸22的快退与液压缸23的工进不相互干扰

2.3.23 比例/伺服控制液压缸回路

比例/伺服控制液压缸回路是由连续控制阀如比例阀、伺服阀控制液压缸的回路。

一些比例/伺服阀控制液压缸回路及其特点见表2-156。

表2-156 比例/伺服阀控制液压缸回路及其特点

类别	回路	特点
活塞缸动态试验液压原理	1—控制用液压源;2—液压源;3—油箱;4—单向阀; 5—比例/伺服阀;6—比例/伺服放大器;7—比例/伺服控制液压缸	E型阀芯P→A和B→T或P→B和A→T各节流面积是一样的,故宜采用双出杆液压缸。在参考文献[93]中,单向阀可造成背压为0.3MPa

类别	回路	特点
等节流面积E型阀芯（REXROTH）的应用回路	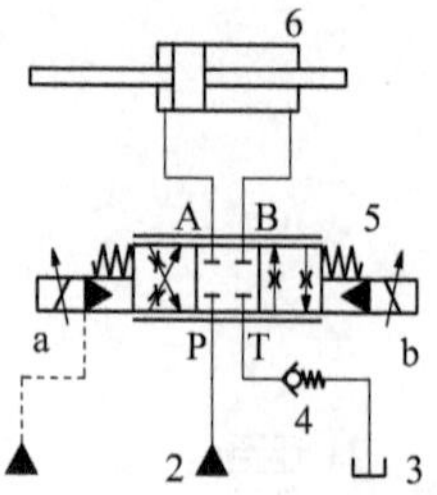 1—控制用液压源；2—液压源；3—油箱；4—单向阀；5—电液比例/伺服阀；6—比例/伺服控制液压缸	E型阀芯P→A和B→T或P→B和A→T各节流面积是一样的，故宜采用双出杆液压缸。在参考文献[93]中，单向阀可造成背压，为0.3MPa
采用E、E_3、W_3型阀芯的差动回路	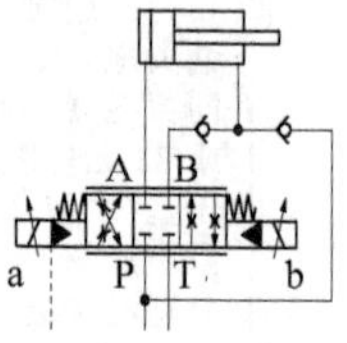 配用E型阀芯 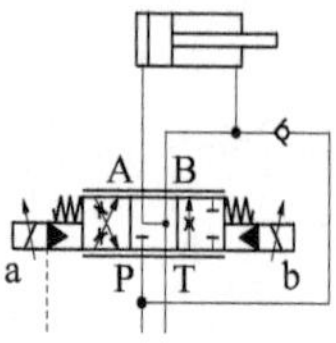　　配用E_3型阀芯 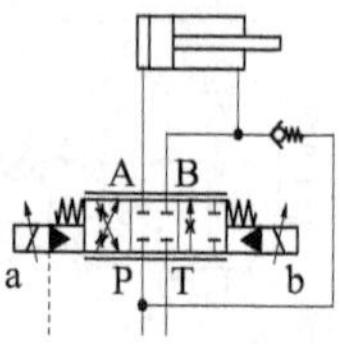　　配用W_3型阀芯	为了实现差动控制，可采用E、E_3及W_3型阀芯，组成差动控制回路
不等节流面积E_1、W_1型阀芯的应用回路	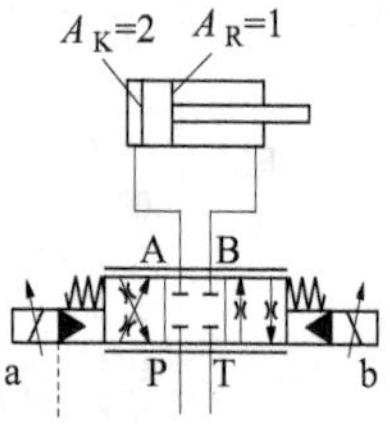 配用E_1型阀芯 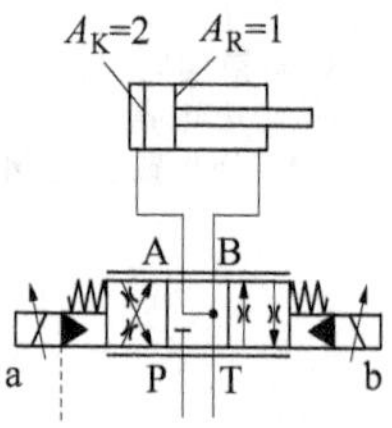　　配用W_1型阀芯	如液压缸是单出杆活塞式液压缸，其两腔面积比$A_K：A_R=2：1$，则应选用节流面积比为2：1的阀芯
液压缸垂直配置采用W_1型阀芯的比例控制回路	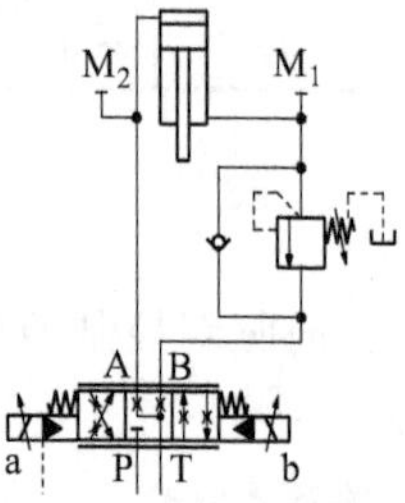 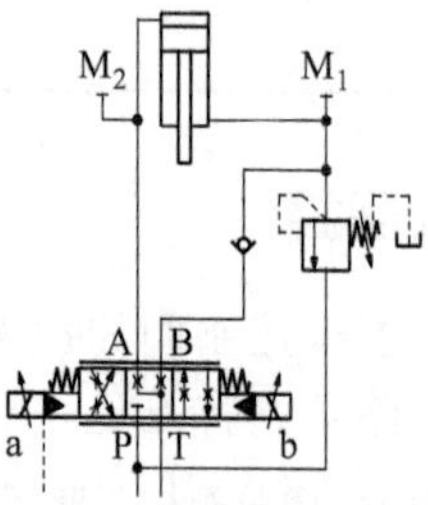	对于控制系统中垂直配置的单出杆液压缸组成的回路，应在液压缸的下腔（回）油路上配用顺序阀或平衡阀进行重力平衡，而其配用的比例方向节流阀可采用W_1型阀芯
步进链式运输机（热轧钢卷用）的速度、加（减）速度控制回路	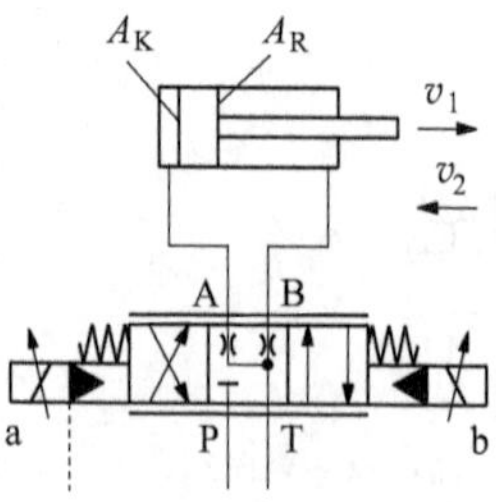	在参考文献[93]中介绍，重载运移设备，要求进行加（减）速度控制，以便实现稳定、快速和准确的定位，应采用如图所示的电液比例控制回路。仅用一个电液比例方向节流阀，就可实现液压缸的运动方向、速度、加（减）速度控制，起动和制动。所要求的运行速度，均可很简单地在比例放大器中调节，控制可靠，操作简单

类别	回路	特点
粗轧机带钢宽度 AWC 控制液压阀台	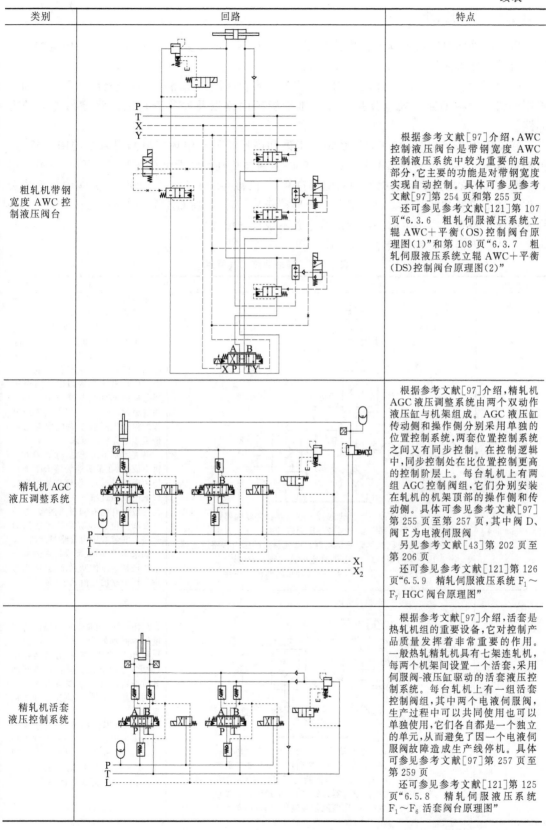	根据参考文献[97]介绍，AWC 控制液压阀台是带钢宽度 AWC 控制液压系统中较为重要的组成部分，它主要的功能是对带钢宽度实现自动控制。具体可参见参考文献[97]第 254 页和第 255 页 还可参见参考文献[121]第 107 页"6.3.6　粗轧伺服液压系统立辊 AWC＋平衡(OS)控制阀台原理图(1)"和第 108 页"6.3.7　粗轧伺服液压系统立辊 AWC＋平衡(DS)控制阀台原理图(2)"
精轧机 AGC 液压调整系统		根据参考文献[97]介绍，精轧机 AGC 液压调整系统由两个双动作液压缸与机架组成。AGC 液压缸传动侧和操作侧分别采用单独的位置控制系统，两套位置控制系统之间又有同步控制。在控制逻辑中，同步控制处在比位置控制更高的控制阶层上。每台轧机上有两组 AGC 控制阀组，它们分别安装在轧机的机架顶部的操作侧和传动侧。具体可参见参考文献[97]第 255 页至第 257 页，其中阀 D、阀 E 为电液伺服阀 另见参考文献[43]第 202 页至第 206 页 还可参见参考文献[121]第 126 页"6.5.9　精轧伺服液压系统 F_1～F_7 HGC 阀台原理图"
精轧机活套液压控制系统		根据参考文献[97]介绍，活套是热轧机组的重要设备，它对控制产品质量发挥着非常重要的作用。一般热轧精轧机具有七架连轧机，每两个机架间设置一个活套，采用伺服阀-液压缸驱动的活套液压控制系统。每台轧机上有一组活套控制阀组，其中两个电液伺服阀，生产过程中可以共同使用也可以单独使用，它们各自都是一个独立的单元，从而避免了因一个电液伺服阀故障造成生产线停机。具体可参见参考文献[97]第 257 页至第 259 页 还可参见参考文献[121]第 125 页"6.5.8　精轧伺服液压系统 F_1～F_6 活套阀台原理图"

2.3.24 辅助回路

以"辅助回路"命名本节所涉及的液压回路并不一定确切,因为在液压系统中这些回路所具有的功能可能是必须的,如滤油回路。

除液压源、压力控制、速度控制、方向和位置控制液压回路外,一般将滤油回路、油温控制回路、润滑回路、安全保护回路、维护管理回路以及冲(清)洗回路等归类为辅助回路。

在 GB/T 38276—2019《润滑系统 术语和图形符号》中规定了润滑系统的图形符号,但根据其规范性引用文件 GB/T 786.1—2009《流体传动系统及元件图形符号和回路图 第1部分:用于常规用途和数据处理的图形符号》(已被 GB/T 786.1—2021《流体传动系统及元件 图形符号和回路图 第1部分:图形符号》代替),在 GB/T 38276—2019"表1 润滑系统图形符号"中给出的一些图形符号并不规范(标准)。

一些辅助回路及其特点见表 2-157。

表 2-157　辅助回路及其特点

类别	回路	特点
滤油回路	 1—油箱;2—粗过滤器;3—液压泵;4—联轴器; 5—电动机;6—溢流阀;7—压力表开关;8—压力表; 9—带旁路单向阀、光学阻塞指示器与电气触点的压力管路过滤器; 10—单向阀;11—三位四通电磁换向阀;12—液压缸; 13—带压差指示器与电气触点的回油过滤器	如图所示,此滤油回路在吸油管路上安装了粗过滤器(或吸油过滤器),在压力管路(压油管路)上安装了压力管路过滤器,在回油管路上(或可在油箱回油口处)安装了回油过滤器,以便将使用中的工作介质的颗粒污染物限定在适合于所选择的元件和预期应用所要求的等级内(或表述为以便使液压流体的污染度适合于系统中对污染最敏感的元件的要求) 需要特别指出的是,除非需与供方商定,在泵吸油管路上不推荐使用吸油过滤器,但容许使用吸油口滤网或粗过滤器 一般含有电液伺服比例阀、电液伺服阀的液压控制系统都在压力管路上安装有压力管路过滤器 如果是重要、大型或精密的液压系统包括液压控制系统,宜适当考虑应用独立的过滤系统(装置)
油温控制回路	 1—油箱;2—粗过滤器;3—液压泵;4—联轴器; 5—电动机;6—溢流阀;7—单向阀;8—压力表开关; 9—压力表;10—三位四通电磁换向阀;11—带压差指示器 与电气触点的回油过滤器;12—带模拟量输出的温度计;13—冷却器;14—比例流量控制阀;15—冷却水源	如图所示,由带模拟量输出的温度计检测油箱内工作介质温度并以模拟量输出,通过比例阀控制(放大)器控制比例流量控制阀使其按设定温度要求调节输入冷却器的冷却水流量,实现工作介质恒温控制 所谓"油温维持恒定"或实现工作介质恒温控制,一般以温度平均显示值变动量在±4.0℃内即为恒温,更为精密的控制可要求达到±2.0℃,但实际很难做到

类别	回路	特点
润滑回路	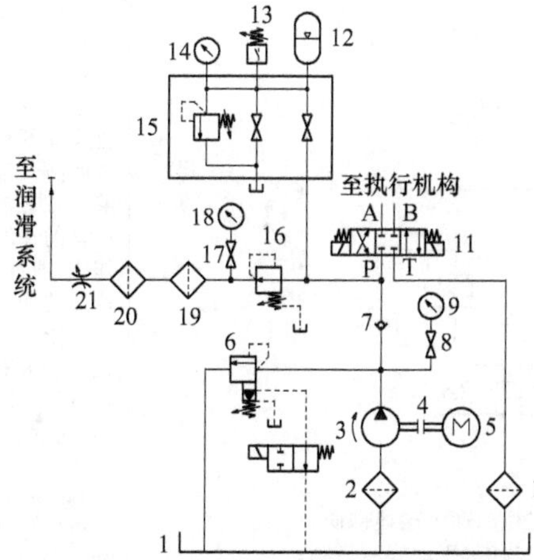 1—油箱;2—粗过滤器;3—液压泵;4—联轴器; 5—电动机;6—电磁溢流阀;7—单向阀; 8,17—压力表开关;9,14,18—压力表; 10—回油过滤器;11—三位四通电磁换向阀; 12—蓄能器;13—压力继电器;15—蓄能器控制阀组; 16—减压阀;19,20—过滤器;21—液压截止节流阀	如图所示,润滑系统的液压源及一些元件含附件与常见的液压系统没有区别,但根据润滑点的要求不同,可能需要多点、间歇、定量、比例、分时、强制等润滑方式。因此,还需要采用不同的控制和分配元件及控制方法。况且,润滑系统一般所依据的标准也与液压系统不同,即机床及其他类型的通用机械可按照 GB/T 6576—2002《机床润滑系统》的相关规定设计。 只有当液压系统与润滑系统(使)用相同液压流体时,液压系统和润滑系统才可考虑合在一起,但务必除去杂质,如设置过滤器 为防止突然停电或液压泵等发生故障时立即终止润滑的情况,设置了蓄能器及控制阀组等,使其在一定延长时间内可以保证正常润滑 其实集中润滑系统(稀油润滑装置)有专门的术语和分类、图形符号和技术条件标准,一些机械(器)也机床也有润滑系统标准,设计时可遵照执行,具体可参考第2.1.8节"机床润滑系统"
安全保护回路	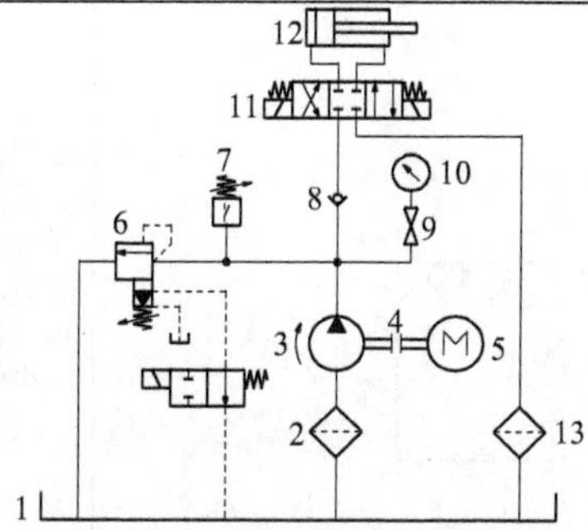 1—油箱;2—粗过滤器;3—液压泵;4—联轴器; 5—电动机;6—电磁溢流阀;7—压力继电器; 8—单向阀;9—压力表开关;10—压力表; 11—三位四通电磁换向阀;12—液压缸;13—回油过滤器	如图所示,在液压系统正常工作时,系统的最高工作压力由电磁溢流阀调定。当系统压力由于溢流阀失灵而升高时,预调的压力继电器动作,使电动机断电停转,防止其他事故发生。该回路可以防止系统压力过载,压力继电器的调定值要高于系统的最高工作压力10%
	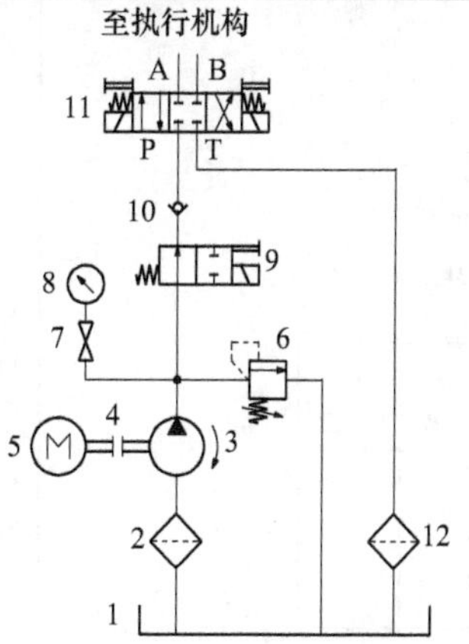 至执行机构 1—油箱;2—粗过滤器;3—液压泵;4—联轴器; 5—电动机;6—溢流阀;7—压力表开关;8—压力表; 9—切断阀(带手动应急操作的二位二通电磁换向阀);10—单向阀; 11—带手动应急操作的三位四通电磁换向阀;12—回油过滤器	如图所示,在紧急情况下,除了可以使驱动液压泵的电动机(立即)停止运转外,还可以设置安全装置切断液压泵的液压流体供给(输出)。采用带手动应急操作的二位二通电磁换向阀作为应急切断阀十分必要,而且三位四通电磁换向阀也应带手动应急操作。在发生事故尤其是人身伤害事故时,其对解救被困人员非常实用 在液压系统及回路中,应急停止或急停通常是靠设置急停装置(如急停按钮)来实现的。有标准规定:当存在可能影响成套机械装置或包括液压系统的整个区域的危险(如火灾危险)时应提供一个或多个急停装置(如急停按钮)。至少应有一个急停按钮是远程控制的

类别	回路	特点
安全保护回路	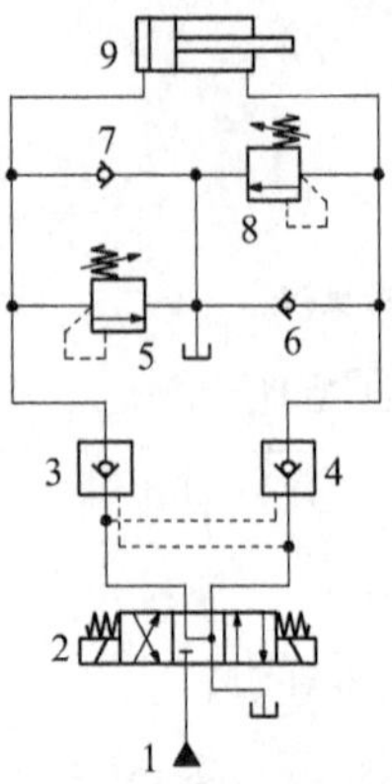 1—液压源；2—三位四通电磁换向阀； 3,4—液控单向阀；5,8—直动式溢流阀； 6,7—单向阀（补油阀）；9—双作用液压缸	如图所示，由单向阀（补油阀）7和直动式溢流阀 8 等组成的双作用液压缸无杆腔防气蚀溢流阀和由单向阀（补油阀）6 和直动式溢流阀 5 等组成的双作用液压缸有杆腔防气蚀溢流阀，可以在双作用液压缸被液控单向阀 3 和 4 双向锁紧的情况下，防止由于负载惯性作用（或冲击、碰撞等）或异常情况造成的压力剧增和气蚀的发生 对于可以预判发生上述状况的无杆腔或有杆腔，可以采用单腔防护，但一般防气蚀与限压两项功能不可分割 用于防止液压缸（主要是有杆腔）超压的安全阀应是直动式的，其设定压力应高出最高工作压力的 10%，但前提是液压缸可以承受该压力
	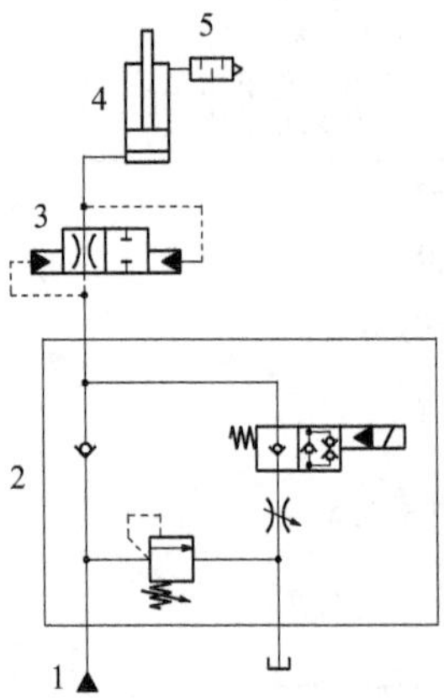 1—液压源；2—升降机复合阀；3—防爆阀； 4—液压缸；5—消声器	如图所示，在正常的情况下，防爆阀保持常开状态。当液压系统的流量突然不正常地增加，超过防爆阀设定的流量，如管路爆裂、负载超过额定值或节流阀被调大流量，此时防爆阀将瞬间关闭，保护液压机械及负载的安全
	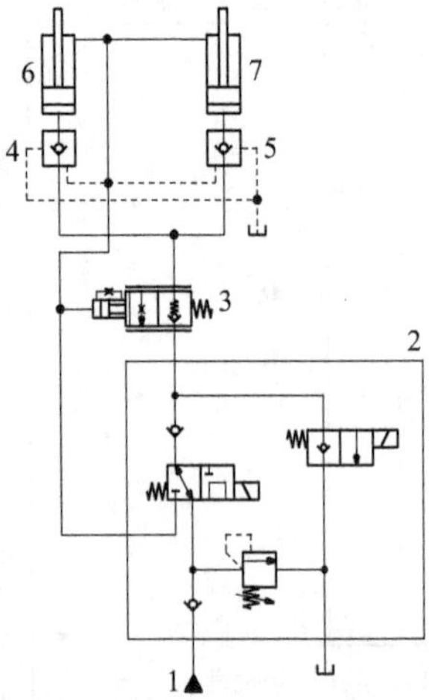 1—液压源；2—升降机复合阀；3—FD 型平衡阀； 4,5—液控单向阀；6,7—液压缸	如图所示，某公司的 FD 型平衡阀在液压系统中用来控制液压执行元件的速度，使之与负载无关；同时，其附加的单向阀功能，可作为防止管路故障的保护，但安装负载压力不得超过 20MPa

类别	回路	特点
	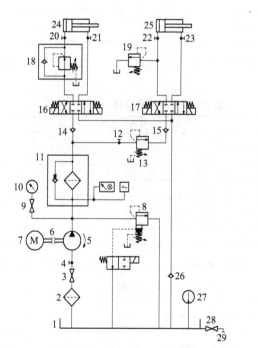 1—油箱;2—粗过滤器;3—截止阀;4—液压泵; 5—联轴器;6—电动机;7—电磁溢流阀;8,16~19,22,23—单向阀; 9—压力表开关;10,13—压力表;11,20—带旁路单向阀、 光学阻塞指示器与电气触点的压力管路过滤器;12—蓄能器控制阀组; 14—压力继电器;15—蓄能器;21—节流阀; 24~26—三位四通电磁换向阀;27~29—液压缸	如图所示,粗过滤器下游的截止阀用于液压泵的检查或更换;电磁溢流阀可用于液压泵限压和卸荷;单向阀8主要用于防止蓄能器内液压流体倒流进入液压泵;蓄能器控制阀组中的截止阀可将蓄能器与系统切断及泄压,并设置了安全阀、压力表及压力继电器,以便于蓄能器的使用、检查、维护或更换;各三位四通电磁换向阀P(T)油口处的单向阀既可防止各液压缸间串油,又可将管式单向阀反接以截止向其所在的换向阀供油,以便在拆下该换向阀后,液压系统中其他液压缸还可动作,各三位四通电磁换向阀T油口处的单向阀还兼做背压阀 对于板式换向阀,可采用盖板(堵板、垫板或冲洗板)封闭原来安装面上的各油孔(口)
维护管理回路	1—油箱;2—粗过滤器;3—截止阀;4,12,20~23—测量点; 5—液压泵;6—联轴器;7—电动机;8—电磁溢流阀;9—压力表开关; 10—压力表;11—带旁路单向阀、光学阻塞指示器与电气触点的 压力管路过滤器;13—顺序阀;14,15,26—单向阀; 16,17—三位四通电磁换向阀;18—单向减压阀;19—溢流阀; 24,25—液压缸;27—温度计;28—截止阀;29—油液取样点油口	如图所示,除取样点油口外,其他压力测量点如4、12、20、21、22、23等在一般情况下,均可作为液压工作介质的取样点油口,并根据GB/T 17489—1998《液压颗粒污染分析 从工作系统管路提取液样》等相关标准规定操作;除油箱温度由温度计测量外,还可在离压力测量点(2~4)d(d为管道内径)处设置温度测量点(图中未示出);液压缸的内部清洁度(污染度)评定可参照相关标准或参考《液压缸设计与制造》等专著。对于大型液压油缸清洁度的检验可以利用一腔加压另一腔排油,用油污检测仪对液压油缸排出的油液进行检测 如需较为准确地检测液压缸容腔内工作介质的污染度,则应按相关标准要求设置油液的取样点油口 对于大型、精密、贵重的液压设备,还可安装工作介质污染度在线监测装置(如在线颗粒计数器) 根据GB/T 17490—1998的规定,取样点油口标识为"M" 如果在高压管路中设计、安装用于液压油液取样的取样阀,应安放高压喷射危险的警告标志,使其在取样点清晰可见,并应遮护取样阀 在GB/T 17489—××××《液压传动 颗粒污染分析 从工作系统管路中提取液样》中给出了一种采用取样阀的取样方法,其取样管路(和取样阀)安装在油箱壁上1/2液面高度处 关于"从刚停止工作的油箱中取样方法或程序"可参见6.1.5.3

2.4 光栅线位移测量装置

光栅线位移测量装置是由光栅线位移传感器感受线位移量，并用光栅数字显示仪表显示其长度的测量装置。在 JB/T 10030—2012《光栅线位移测量装置》中规定了光栅线位移测量装置的术语和定义、要求、电气安全性能、环境适应性、连续运行试验、试验与检验方法、检验规则、标志与包装等，适用于机床、仪器等的坐标线位移检测与测量的光栅线位移传感器和光栅数字显示仪表相连组成光栅线位移测量装置（以下简称测量装置）。

在 JB/T 10080.2—2011《光栅线位移测量系统　第 2 部分：光栅线位移传感器》"1 范围"的"注"中指出，光栅线位移传感器（光栅尺）与光栅数显表或 PC 计数卡相连组成线位移测量系统，也可以作为位置反馈功能部件和数控系统相连，它主要用于机床、仪表的坐标位置测量。

(1) 要求

① 基本参数　测量装置的基本参数见表 2-158。

表 2-158　基本参数

基本参数	参数值
分辨力/μm	0.1,0.2,0.5,1.0,2.0,5.0,10
测量长度/mm	70,120,170,…,920,1020,1140,1240,1440,…,30040
	50,100,150,…,1050,…,1850,2050,2250,…,3050,…,3500,4000,4500,5000,5500,6000
最大移动速度/(m/min)	480,360,240,180,120,60,48,24,18,12
供电电压(AC)/V	110,220,100～230

② 准确度　测量装置的准确度用最大间隔误差的 1/2 冠以"±"号表示，准确度等级分为 5 级，见表 2-159。

表 2-159　准确度等级　　　　　　　　　　　　单位：mm

有效量程	准确度等级				
	1	2	3	4	5
≤200	±0.0003	±0.0005	±0.001	±0.002	±0.003
>200～500	±0.0005	±0.001	±0.002	±0.004	±0.008
>500～1000	±0.001	±0.002	±0.004	±0.008	±0.015
>1000～1500	±0.003	±0.006	±0.012	±0.025	±0.050
>1500～2000	±0.006	±0.012	±0.025	±0.050	±0.080
>2000～3500	±0.015	±0.030	±0.050	±0.080	±0.120

③ 重复精度　测量装置在有效量程内任一点上的重复精度应符合表 2-160 的规定。

表 2-160　重复精度　　　　　　　　　　　　单位：μm

分辨力	重复精度	分辨力	重复精度
0.1,0.2	≤0.2	2.0	≤2.0
0.5	≤0.5	5.0	≤5.0
1.0	≤1.0	10	≤10

④ 基本功能

a. 计数。测量装置在有效量程内应正确计数，且显示数值。

b. 清零。测量装置应具有清零功能。

⑤ 外观及相互作用

a. 外观。测量装置的表面不得有明显的凹痕、划伤、裂纹和变形，表面涂层或镀层不应有气泡、龟裂、脱落和锈蚀等缺陷。

b. 标志。测量装置机壳和面板上的开关、按钮、灯、插座等均应有表示其功能的标志，标志应牢固、清晰、美观、耐久。

c. 颜色。连接导线和线径的颜色及面板上的开关、按钮和灯的颜色应符合 GB 5226.1—2008（已被 GB/T 5226.1—2019 代替）的规定。

d. 相互作用。各紧固和焊接部位应牢固，插头与插座应接触可靠、松紧适度，传感器各运动部分应灵活平稳，无阻滞和松动现象。

⑥ 防护等级（IP） 测量装置应具有防护能力，敞开式光栅线位移传感器防护等级不应低于 IP50，封闭式光栅线位移传感器防护等级不应低于 IP53，光栅数字显示仪表的机箱防护等级不应低于 IP43，面板的防护等级不应低于 IP54〔按 GB 4208—2008（已被 GB/T 4208—2017 代替）的规定〕。

⑦ 抗干扰能力

a. 抗静电干扰能力。测量装置工作时，对操作人员经常触及的所有部位进行接触放电电压为 4kV、空气放电电压为 8kV 的抗静电干扰能力试验，试验过程中的测量系统应能正常工作。

b. 抗快速瞬变电脉冲群干扰能力。

ⅰ. 测量装置工作时，在交流供电电源端和保护接地之间施加脉冲群（见表 2-161），进行抗快速瞬变电脉冲群抗干扰能力试验，试验过程中测量装置应能正常工作。

表 2-161 抗快速瞬变电脉冲群试验等级

脉冲群持续时间/ms	脉冲群间隔时间/ms	单脉冲宽度/ns	脉冲上升沿/ns	脉冲幅度/kV	脉冲重复率/kHz	正、负脉冲群干扰时间/min
15	300	50×(1±30%)	50×(1±30%)	2	5	1

ⅱ. 测量装置工作时，传感器信号电缆用耦合夹施加脉冲群（脉冲幅度为 1kV）进行抗快速瞬变脉冲群抗干扰能力试验，试验过程中的测量装置应能正常工作。

c. 抗电压冲击干扰能力。测量装置工作时，输入电源中叠加脉冲电压（见表 2-162）进行抗电压冲击抗干扰能力试验，试验过程中的测量装置应能正常工作。

表 2-162 抗电压冲击试验等级

叠加脉冲电压的前沿/μs	叠加脉冲电压的宽度/μs	叠加脉冲电压的峰值/kV	叠加脉冲电压的脉冲重复率/(次/min)	叠加脉冲电压的极性	叠加脉冲电压的试验次数
1.2×(1±30%)	50×(1±20%)	2×(1±10%)	1	正极/负极	正、负各 5 次

d. 抗电压暂降、短时中断干扰能力。测量装置工作时，在交流供电电源端口使电压（见表 2-163）发生变化进行电压暂降、短时中断抗干扰能力试验，试验过程中的测量装置应能正常工作。

表 2-163 抗电压暂降、短时中断试验等级

项目	持续周期	时间/ms	项目	持续周期	时间/ms
0	0.15	3	70%U_T	5	100
40%U_T	1	20			

⑧ 稳定度 在试验条件下，测量装置的数显仪表装置输入标定后的光栅线位移传感器信号，数显仪表的显示数字漂移不应超过±1 个分辨力。

（2）电气安全性能

① 接地保护

a. 机壳应有保护接地，有 PE 标志。电源中线 N 不应与 PE 相连，且不应相互替代。

b. 电气与机械的导体件都应用黄/绿双色导线连接到保护接地电路上，连接要牢固。保护接地电路的连续性应符合 GB 5226.1—2008（已被 GB/T 5226.1—2019 代替）的规定。

② 绝缘电阻　在工作环境下，电源线 L、N 端子和保护接地线之间施加 500V 直流电压时，测得绝缘电阻不应小于 1MΩ。

③ 耐电压强度　电源线 L、N 端子和保护接地线之间应能经受交流电压为 1000V（有效值）、频率为 50Hz、时间为 10s 和漏电流不应大于 5mA 的耐压试验，试验中不应有击穿和飞弧现象。

（3）环境适应性

① 气候环境　适应于测量装置的气候环境要求见表 2-164。

表 2-164　气候环境

气候环境	环境温度	相对湿度[①]
工作时	0～45℃	≤95%
贮存、运输时	−25～70℃	

① 指在温度为 45℃±2℃时的相对湿度。

② 力学环境

a. 机械振动（正弦）。承受一定机械振动（见表 2-165）后的测量装置，其外观仍应符合（1）⑤的规定，测量装置仍应能正常工作。

表 2-165　机械振动（正弦）条件

振动幅度 /mm	扫频范围 /Hz	扫频速率 /(倍频程/min)	振动方向	持续时间 /min
0.15	10～55～10	≤1	X、Y、Z	30

注：倍频程表示频率比为 2 的两个频率之间的频段。

b. 冲击。承受一定冲击（见表 2-166）后的测量装置，其外观不应有明显的损伤和变形；通电后，测量装置仍应能正常工作。

表 2-166　冲击试验条件

冲击加速度/(m/s²)	持续时间/ms	冲击波形	冲击次数
300	11	半正弦波	3

③ 周围环境　测量装置在运输、存放和使用时，不应置于潮湿、油雾、超量污染物和强振动环境中，不能和强电磁直接接触。

④ 电源　在稳态电压值为 85%～110% 的额定电压、98%～102% 的额定频率的电源条件下，测量装置应能正常工作。

（4）连续运行试验

在温度为 40℃±2℃、相对湿度为 30%～60% 的环境条件下，对测量装置进行不少于 2 个循环的连续运行试验（见表 2-167）后，测量装置不应出现故障。

注：每 24h 为 1 个循环，2 个循环即为 48h。

表 2-167　连续运行试验条件

1 个循环的试验步骤	工作电压	试验时间/h	1 个循环的试验步骤	工作电压	试验时间/h
1	电压额定值	4	3	电压额定值	4
2	110% 的电压额定值	8	4	85% 的电压额定值	8

(5) 试验与检验方法

① 试验与检验条件　测量装置的测定应在温度为 20℃±2℃、相对湿度为 30%～60% 及大气压力为 86～106kPa 的条件下进行。

② 试验与检验项目及方法

a. 准确度试验。在（5）①的要求下，使用高于测量装置准确度 1/3 的计量器具做等距离静态位置对比。以任意最大间隔误差值的 1/2 冠以 "±" 号表示其结果，试验结果应符合表 2-159 的规定。

b. 重复精度试验。在（5）①的要求下，检测的同时在线位移测试仪器和被测测量装置上读一个起始数值或置零，然后改变读数头与光栅尺的相对位置（大于 5mm），再恢复到线位移测试仪器的起始位置，重复 10 次，线位移测试仪器与被测测量装置读数的最大差值应符合表 2-160 的规定。

c. 稳定度试验。在（5）①的要求下，用标定后的光栅传感器信号输入数显仪表构成测量装置，开机 10min 后，每隔 30min 记录 1 次，连续记录 4h，试验结果应符合（1）⑧的规定。

d. 连续运转试验。步骤如下：

ⅰ. 将测量装置放入试验箱内；

ⅱ. 温度调至 40℃±2℃，至少 1h 后，待达到热平衡，打开受试品电源；

ⅲ. 通电运行 48h，并且每 4h 检查 1 次，其 24h 的电源波动（用调压器调节）见表 2-167。

试验过程中，受试品显示值漂移量不应超过 ±2 个最小示值，且能正常工作。

e. 其他。功能检验、外观及相互作用检验、抗扰性试验（实验室条件下）、环境适应性试验等见 JB/T 10030—2012。

(6) 检验规则

见 JB/T 10030—2012。

(7) 标志与包装

① 标志

a. 测量装置上应标志：

ⅰ. 制造厂厂名或注册商标；

ⅱ. 产品名称和型号；

ⅲ. 额定电压和额定功率（或电流）；

ⅳ. 测量长度、准确度等级；

ⅴ. 产品制造日期及产品序列号。

b. 测量装置外包装的标志应符合 GB/T 191、GB/T 6388 和 GB/T 13384 的规定。

② 包装

a. 包装应符合 GB/T 4879 和 GB/T 5048 的规定。

b. 经检查符合 JB/T 10030—2012 要求的，应具有符合 GB/T 14436 规定的产品合格证，产品合格证上应标有 JB/T 10030—2012 标准号、产品序列号和出厂日期，以及符合 GB/T 9969 规定的使用说明书、装箱单。

2.5　数控系统

2.5.1　剪板机用数控系统

在 JB/T 11214—2012《剪板机用数控系统》中规定了剪板机用数控系统（以下简称数

控系统）的术语和定义、技术要求、试验方法、检验规则、标志、包装、运输和贮存，适用于配套剪板机使用的数控系统。

(1) 要求

① 一般要求

a. 运行环境。数控系统应能在以下气候环境中正常运行：环境温度为 0～40℃（对于高温及寒冷环境，须提出额外要求）；相对湿度为 30%～95%（无冷凝水）。

b. 运输和贮存环境。数控系统应能在－40～55℃温度范围内、湿度不大于 95%（无冷凝水）条件下运输和贮存，且应采取防潮湿、防振和抗冲击措施，避免意外损坏。

c. 振动和冲击。数控系统应能承受表 2-168 所列的振动和冲击。试验后，其外观和装配质量不变，且能正常运行。

表 2-168　振动和冲击试验

振动(正弦)试验		冲击试验	
频率范围	10～55Hz	冲击加速度	300m/s²
扫描速率	1 倍频程/min	冲击波形	半正弦波
振动峰值	0.15mm	持续时间	18ms
移动方向	X、Y、Z	方向	垂直于底面
扫描循环数	10 次	冲击次数	3 次

d. 电磁兼容性。

ⅰ. 静电放电抗扰度试验。

ⅱ. 电快速瞬变脉冲群抗扰度试验。

ⅲ. 浪涌（冲击）抗扰度试验。

ⅳ. 电压暂降、短时中断和电压变化抗扰度试验。

数控系统以上四项要求见 JB/T 11214—2012，但 GB/T 17626.2—2006 已被 GB/T 17626.2—2018《电磁兼容　试验和测量技术　静电放电抗扰度试验》代替、GB/T 17626.4—2008 已被 GB/T 17626.4—2018《电磁兼容　试验和测量技术　电快速瞬变脉冲群抗扰度试验》代替、GB/T 17626.5—2008 已被 GB/T 17626.5—2019《电磁兼容　试验和测量技术　浪涌（冲击）抗扰度试验》代替。

e. 防护等级。数控系统的防护等级至少应为 IP54，外露表面及接缝应考虑防止侵蚀性液体、油雾或气体的作用。

f. 电源适应性。数控系统的电源适应性应满足 GB 5226.1—2008 中 4.3（已被 GB/T 5226.1—2019 代替）的规定。

采用直流供电的数控系统内部电路应采取适当保护措施，防止因正、负极接反造成损坏。

g. 噪声。数控系统噪声的声功率级应不超过 55dB（A）。

h. 可靠性。数控系统的平均无故障工作时间（MTBF）应不小于 8000h。

i. 连续运行。数控系统出厂前应进行不少于 48h 的连续运行试验，试验过程中不应出现故障。其试验条件见表 2-169，环境温度为 40℃。

表 2-169　连续运行试验

工作电压	额定值	110%的额定值	额定值	85%的额定值
时间/h	4	8	4	8

注：24h 为一个循环，共运行两个循环。

j. 外观。数控系统外观应光滑、平整，色泽均匀，表面无剥落、划伤、碰伤等缺陷，文字及图形符号清晰、明确，颜色使用符合 GB 5226.1—2008（已被 GB/T 5226.1—2019 代替）中 10.3.2 的要求。

作者注：GB 5226.1—2008 和 GB/T 5226.1—2019 中的 10.3.2 均为"10.3　指示灯和显示器　10.3.2　颜色"。

k. 接插件。电源和控制信号使用的接插件应防止可能的错误连接。接插件的连接方式应避免意外松动。

l. 操作面板。操作面板应牢固、耐用，其上的文字、符号应能有效降低磨损造成的模糊不清。操作面板应具有带状态指示的"启动"和"停止"按钮或按键，用以启动和停止数控系统的定位操作。

m. 随机技术文件。数控系统出厂时，应随机提供下述文件：

ⅰ. 符合 GB/T 9969—2008《工业产品使用说明书　总则》规定的产品说明书；

ⅱ. 符合 GB/T 14436—1993《工业产品保证文件　总则》规定的检验报告、合格证书和保修单；

ⅲ. 装箱单，内容包括装箱数、产品型号、名称、数量，随机附件的名称、型号、数量，技术文件的名称、数量等。

② 功能要求

a. 坐标命名。数控系统坐标轴的命名应符合下述要求。

X：垂直于下刀片立面的轴线。

Z：平行于工作台平面和下刀片立面的轴线。

A：上刀与工作台平面的夹角。

G：上、下刀口之间的间隙。

S：刀架剪切行程。

b. 计数方向设定。应能通过参数设定改变数控系统对位置的计数方向。

c. 输入、输出。数控系统至少应具备"机床准备好""退让""换步"输入信号和"系统准备好""定位结束"和"行程结束"输出信号。

数控系统自检完成后，应输出"系统准备好"信号。各数控轴（S 除外）定位结束后，数控系统应输出"定位结束"信号。刀架运行到规定行程的最低点，数控系统应输出"行程结束"信号。

"换步"信号的上升沿到来时，开始换步；"退让"信号上升沿到来时，开始退让。

d. 软限位。数控系统应根据参数设定限制（各）数控轴的运行范围。

e. 锁定。数控系统应具有软件密码锁定功能或者通过硬件加锁。

f. 误差补偿。数控系统应接受补偿数据，自动修正偏差。例如数控系统应自动计算 G 轴调节带来的 X 轴偏差。

g. 单边定位。X 轴应具有单边定位功能，其超程距离可以通过参数设定加以调整。

h. 退让。X 轴应具有退让功能，退让过程应采用较高速度，退让过程中的定位精度不做要求。

i. 安全区。X 轴和 Z 轴应有安全区功能，安全区的最小值不应小于 20mm，在安全区内的运行速度不应超过 10mm/s。

j. 互锁。没有"机床准备好"信号时，数控系统不应启动定位操作。A 轴和 G 轴调节过程中，X 轴和 Z 轴不能运动。

k. 工件计数。数控系统应具有工件计数功能，计数方式可以是增计数，也可以是减计数。

l. 寻参。X 轴和 Z 轴应具有寻参功能，寻参过程中的速度不应超过 10mm/s。不需要寻参操作的场合，数控系统还应提供示教功能。

m. 工作模式。数控系统至少应具有调整模式、手动模式和/或自动模式。自动模式下，数控系统应具有换步功能和工件计数到达自动停止运行的功能。

n. 数据存储。数控系统意外失电时，应能保存相关的加工数据，如当前程序、工件计数等。数控系统正常存放一年内，其保存的数据通电后应能正常使用。

o. 端口指示。数控系统正常工作过程中，应易于检查输入、输出端口的工作状态，例如通过端口指示装置或显示界面查询。

p. 辅助诊断。数控系统应提供专用界面帮助操作者诊断下述部件是否工作正常：输入端口；输出端口；按键；显示单元；数据存储器。

q. 异常信息。数控系统应能显示运行过程中产生的异常信息，如：存储器异常；通信异常；程序异常等。

(2) 检验方法

① 一般试验条件　除试验项目对环境有特殊要求外，其他各项试验均应在下述条件下进行：环境温度为 15～35℃；相对湿度为 45%～75%；大气压强为 86～106kPa（海拔1000m 以下）。

试验时数控系统不加任何包装保护。环境试验要求改变温度时，其温升或降温速率均不大于 1℃/min，温度改变过程中不应出现凝露、结冰。若凝露、结冰不可避免，则允许将数控系统在不影响试验的条件下使用聚苯乙烯薄膜给予密封，必要时也可以在密封袋内加入适量的吸潮剂。

② 试验方法　见 JB/T 11214—2012。

(3) 检验规则

见 JB/T 11214—2012。

(4) 标志、包装、运输和贮存

① 标志　应在数控系统的适当位置固定铭牌或标签，文字应清晰、美观、耐久。铭牌或标签上应标明下述内容：产品型号；产品名称；制造厂名；制造日期；额定电压（相数）；额定电流或功率。

② 包装　数控系统应采用纸箱包装，内衬防振材料，并有防潮措施。包装箱上应标明下述内容：符合 GB 191 要求的"小心轻放""向上""怕湿""禁止码垛"等图形标志；制造厂名称；产品名称及型号；数量；装箱日期。

③ 运输和贮运

数控系统应在满足 2.5.1 节中（1）①b. 的条件下运输和贮存，同时应采取防潮湿、防振和抗冲击措施。运输过程中不应露天贮存，注意防雨雪、防尘和避免机械损伤。

说明

在 JB/T 11214—2012《剪板机用数控系统》规范性引用文件中没有术语或词汇标准，但在其"3　术语和定义"中给出的"3.15　双机联动功能""多机联动功能""角度自动计算"和"折弯校正"术语，根据其定义应属于折弯机用数控系统的术语，不应被纳入剪板机用数控系统的术语中。

2.5.2 板料折弯机用数控系统

在 JB/T 11216—2012《板料折弯机用数控系统》中规定了板料折弯机用数控系统的术语和定义、技术要求、试验方法、检验规则、标志、包装、运输和贮存，适用于配套板料折弯机使用的数控系统。

（1）要求

① 一般要求 见 JB/T 11216—2012 或参见 JB/T 11214—2012。

② 功能要求

a. 坐标命名。数控系统坐标轴的命名应符合下述要求：

Y：滑块的上下运动轴线；

X：挡料脚的前后运动轴线；

Z：挡料脚的左右运动轴线；

R：挡料脚的上下运动轴线；

I：模具的前后运动轴线；

V：工作台加凸的运动轴线。

b. 计数方向设定。应能通过参数设定改变数控系统对位置的计数方向。

c. 输入、输出。数控系统应具备"机床准备好""退让""换步"输入信号和"系统准备好""定位结束"输出信号。

数控系统自检完成后，应输出"系统准备好"信号。各数控轴（工作台补偿除外）定位结束后，数控系统应输出"定位结束"信号。

"换步"信号的上升沿到来时，开始换步；"退让"信号的上升沿到来时，开始退让。

d. 软限位。数控系统应根据参数设定限制各数控轴的运行范围。

e. 锁定。数控系统应具有软件密码锁定功能或者通过硬件加锁。

f. 误差补偿。数控系统应接受补偿数据，自动修正偏差。

g. 单边定位。X 轴和 R 轴应具有单边定位功能，其超程距离可以通过参数设定加以调整。

h. 退让。X 轴应具有退让功能，退让过程应采用较高速度，退让过程中的定位精度不做要求。

i. 安全区。X 轴、R 轴和 Z 轴应有安全区功能，安全区的最小值不应小于 20mm，在安全区内的运行速度不应超过 10mm/s。

j. 互锁。没有"机床准备好"信号时，数控系统不应启动各数控轴的定位操作。

k. 干涉规避。R 轴和 Z 轴应自动规避可能的与模具的干涉。

l. 工件计数。数控系统应具有工件计数功能，计数方式可以是增计数，也可以是减计数。计数达到设定值后数控系统应控制机床停止运行。

m. 寻参。X 轴、R 轴、Z 轴应具有寻参功能，寻参速度不应超过 10mm/s。不需要寻参操作的场合，数控系统还应提供示教功能。

n. 工作模式。数控系统至少应具有调整模式、手动模式和自动模式。自动模式下，数控系统应具有换步功能。

o. 联动。实现双机或多机联动的数控系统应能够控制单机的正常工作。

p. 数据存储。数控系统意外失电时，应能保存相关的加工数据，如当前程序、模具、工件计数、当前工步等。数控系统正常存放一年内，其保存的数据通电后应能正常使用。

q. 端口指示。数控系统正常工作过程中，应易于检查输入、输出端口的工作状态，例如通过端口指示装置或显示界面查询。

r. 辅助诊断。数控系统应提供专用界面帮助操作者诊断下述部件是否工作正常：输入端口；输出端口；按键；显示单元；数据存储器。

s. 异常信息。数控系统应能显示运行过程中产生的异常信息，如：存储器异常；通信异常；程序异常等。

(2) 检验方法

① 一般试验条件　见 JB/T 11216—2012 或参见 JB/T 11214—2012。

② 试验方法　见 JB/T 11216—2012。

(3) 检验规则

见 JB/T 11216—2012。

(4) 标志、包装、运输和贮存

见 JB/T 11216—2012 或参见 JB/T 11214—2012。

第**3**章

液压机型式与基本参数、技术条件、精度

　　不管是通用液压机、专用液压机、双机联动或多机联动液压机，以及由液压机组成的生产线，只要是有现行产品标准的都可称为标准液压机，而没有产品标准的液压机则可称为非标液压机。本章涉及几乎我国全部液压机现行产品标准，其为标准液压机选型、检验、使用与维护提供了依据，也为非标液压机的设计、制造、试验、使用和维护提供了参考。

　　横向比较，一些液压机产品标准存在相互"套着起草"的问题，内容高度雷同，其没有能根据该液压机的特点规定出区别于其他液压机的要求，这在某种程度上反映了我国液压机行业的现状。但是标准应当被遵守，尤其是涉及安全的标准必须被严格遵守。

　　作者注：在标准中，遵守用于在实现符合性过程中涉及的人员或组织采取的行动的条款，即需要"人"做到的用"遵守"（表述）。

　　在本手册中一些标准后的说明或可给读者一些提示，以便更好地应用这些标准。

3.1　四柱液压机

3.1.1　四柱液压机型式与基本参数

　　一些液压机的型式都是四柱式的，这些液压机的精度也应符合 GB/T 9166—2009《四柱液压机　精度》的要求。

　　四柱液压机是用上横梁、工作台和四柱构成受力框架机身的工艺通用性较大的液压机。在 JB/T 9957.2—1999《四柱液压机　型式与基本参数》中规定了一般用途四柱液压机的型式及基本参数；在 GB/T 9166—2009 中规定了四柱液压机的精度检验项目、检验工具、精度允差和精度检验方法。上述两项标准适用于（新设计的）一般用途四柱液压机。

　　作者注：在 GB/T 36484—2018 中术语"四柱液压机"的定义为"用上横梁、工作台和四个（根）立柱构成受力框架机身的、工艺通用性较大的液压机。"

　　(1) 四柱液压机型式

　　一般用途四柱液压机根据其适应不同工艺要求可分为无顶出装置与有顶出装置两种型式，如图 3-1 和图 3-2 所示。

　　(2) 四柱液压机主参数和基本参数

　　① 四柱液压机主参数为公称力。

　　② 四柱液压机的基本参数应符合表 3-1 的规定。

　　③ 四柱液压机工作台和滑块下平面上紧固模具用槽、孔的分布形式与尺寸应符合 JB/T 9957.2—1999 附录 A（标准的附录）的规定。

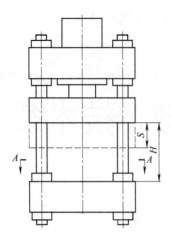

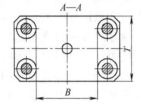

图 3-1　无顶出装置四柱液压机

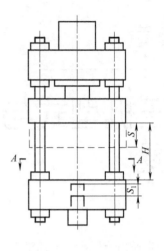

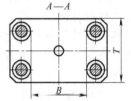

图 3-2　有顶出装置四柱液压机

表 3-1　四柱液压机的基本参数

公称力 P/kN			400		630		1000		1600		2000		2500	
滑块行程 S/mm			400		450		500		560		710		710	
开口高度 H/mm			600		710		800		900		1120		1120	
滑块速度 ≥	速度分级		1	2	1	2	1	2	1	2	1	2	1	2
	空程下行/(mm/s)		40	150	40	150	40	150	40	150	100	120	100	120
	工作 /(mm/s)	<30%P	25	25	25	25	15	25	15	25	15	25	20	25
		=100%P	10	10	10	10	5	10	5	10	5	10	5	10
	回程/(mm/s)		60	120	60	120	60	120	60	120	80	120	80	120
工作台面有效尺寸 左右×前后 $(B×T)$/mm	基型		400×400		500×500		630×630		800×800		900×900		1000×1000	
	变型		500×500		630×630		800×800		1000×1000		630×630		800×800	
			—		—		—		—		1120×1120		1250×1250	
有顶出 装置型	顶出力 P_1/kN		63		100		250		250		400		400	
	顶出行程 S_1/mm		140		160		200		200		250		250	
公称力 P/kN			3150		4000		5000		6300		8000		10000	
滑块行程 S/mm			800		800		900		900		1000		1000	
开口高度 H/mm			1250		1250		1500		1500		1800		1800	
滑块速度 ≥	速度分级		1	2	1	2	1	2	1	2	1	2	1	2
	空程下行/(mm/s)		100	150	120	150	120	200	120	200	120	250	120	250
	工作 /(mm/s)	<30%P	12	25	15	25	15	25	12	25	15	25	12	25
		=100%P	5	10	5	10	5	10	5	10	5	10	5	10
	回程/(mm/s)		60	120	80	120	80	120	60	120	80	150	60	150
工作台面有效尺寸 左右×前后 $(B×T)$/mm	基型		1120×1120		1250×1250		1400×1400		1600×1600		2200×1600		2500×1800	
	变型		900×900		1000×1000		1120×1120		1250×1250		1600×1600		2000×1400	
			1400×1400		1600×1600		2000×1400		2500×1600		3150×2000		3150×2000	
有顶出 装置型	顶出力 P_1/kN		630		630		1000		1000		1250		1250	
	顶出行程 S_1/mm		300		300		300		300		350		350	

注：1. 1 型速度推荐用于校正、压装、压制类的工艺要求，2 型速度推荐用于钣金加工、浅成形、冷挤压等工艺要求。

2. 工作速度仅考核满负荷下的速度。

3.1.2 四柱液压机精度

(1) 一般要求

① 工作台面是液压机精度检验的基准面。

② 精度检验前，液压机应调整水平，其工作台面纵、横向水平偏差不得超过0.20mm/1000mm。

③ 装有移动工作台的，须使其处在液压机的工作位置并锁紧牢固。

④ 液压机的精度检验应在空运转和满负荷运转试验后分别进行，以满负荷运转试验后的精度实测值作为合格与否的判定依据。

⑤ 精度检验应符合 GB/T 10923—2009 的规定，也可采用其他等效的检验方法。

⑥ 在检验平面时，当被测平面的最大长度 $L \leqslant 1000$mm 时，不检测长度 l 为 0.1L；当 $L > 1000$mm 时，不检测长度 l 为 100mm。

⑦ 检测垂直度的实际长度应大于液压机最大行程的 1/4，但不小于 100mm；液压机最大行程小于 100mm 时按最大行程测量，滑块在起动、停止和反向运行时出现的瞬间跳动误差不计。

(2) 精度检验

① 工作台上平面及滑块下平面的平面度

a. 检验方法。

ⅰ. 用平尺、量块检验。此方法一般用于长度尺寸小于或等于 1600mm 的平面。

将三个等高量块放在被测平面上选择的三个基准点 A、B、C 上。将平尺放在 A 和 C 量块上，在被测平面上的 E 处放一可调量块使其与平尺下平面接触，再将平尺放在 B 和 E 量块上，在 D 处放一可调量块使其与平尺下平面接触。此时，A、B、C、D、E 量块的上平面同在一平面内，依次将平尺放在 AB、DC、AD、BC 上，即可测量平尺下平面与被测平面之间各点的垂直偏差。用同样方法在被测平面的 F、G 点检测，以各测点偏差的最大读数作为该平面的平面度误差 [见图 3-3 (a)]。

对于中心有孔的平面使用上述方法时，可通过孔周围的过渡点按同样方法测量 [见图 3-3 (b)]。

ⅱ. 用水平仪检验。此方法一般用于长度尺寸大于或等于 1600mm 的平面。

通过被测平面上的三点 A、B、D 的平面作为基准面平面。先沿着 AB、AD 按图 3-4

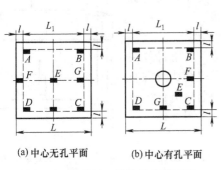

(a) 中心无孔平面　(b) 中心有孔平面

图 3-3　用平尺、量块检验平面度

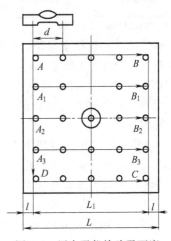

图 3-4　用水平仪检验平面度

所示的箭头方向依次移动测量距离 d，采用作图的两点联锁法测定其轮廓，其他依次再按箭头方向测定它们的轮廓使得包括整个平面，这样被测平面上的各测点到基准平面的坐标值，即为各测点相对于基准平面的偏差，其最大读数差值作为该平面的平面度误差。

注：d 为 $(0.1\sim0.2)L_1$，且不大于 500mm。

滑块下平面的平面度可以在加工完成后按上述方法进行测量。

b. 允差。工作台上平面及滑块下平面的平面度允差不应超过表 3-2 的规定。

c. 检验工具。包括平尺、等高量块、可调量块、水平仪、桥板。

铸铁平尺的精度不低于 JB/T 7977—1999（已废止，现行标准为 GB/T 24760—2009《铸铁平尺》）的 1 级精度；水平仪的精度不低于 GB/T 16455—2008 的 1 级精度。

② 滑块下平面对工作台上平面的平行度

a. 检验方法。在工作台上可用支撑棒支在滑块下平面中心位置，指示表坐于工作台上的平尺上，按左右及前后方向四条线上测量，指示表读数最大差值即为测定值（见图 3-4、图 3-5），对角线不测。

在下限位置和下限位置前的 1/3 行程位置处分别进行测量。

注：支撑棒与滑块下平面接触的部位，需选用带有铰接的支撑棒，支撑处有孔时，可以垫板覆盖后进行支撑。

b. 允差。滑块下平面对工作台上平面的平行度允差在左右及前后方向均不应超过表 3-3 的规定。

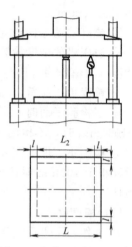

图 3-5　滑块下平面对工作台上平面的平行度检验

表 3-2　工作台上平面及滑块下平面的平面度允差　单位：mm

被测平面的有效长度	允差
$L\leqslant1000$	$0.02+\dfrac{0.045}{1000}L_1$
$L>1000\sim2000$	$0.03+\dfrac{0.06}{1000}L_1$
$L>2000$	$0.04+\dfrac{0.075}{1000}L_1$

注：L_1 为检测长度，$L_1=L-2l$。

表 3-3　滑块下平面对工作台上平面的平行度允差　单位：mm

工作台面的有效长度	允差
$L\leqslant1000$	$0.04+\dfrac{0.09}{1000}L_2$
$L>1000\sim2000$	$0.06+\dfrac{0.12}{1000}L_2$
$L>2000$	$0.08+\dfrac{0.15}{1000}L_2$

注：L_2 为检测长度，$L_2=L-2l$。

c. 检验工具。包括支撑棒、平尺、指示表。

铸铁平尺的精度不低于 JB/T 7977—1999（已废止，现行标准为 GB/T 24760—2009《铸铁平尺》）的 1 级精度。

③ 滑块运动轨迹对工作台面的垂直度

a. 检验方法。在工作台面上中央处放一平尺，直角尺放在平尺上，将指示表紧固在滑块下平面上，并使指示表测头触在直角尺上，当滑块上下运动时，在通过中心的左右和前后方向上分别进行测量，指示表读数的最大差值即为测定值（见图 3-6）。

在下限位置前 1/2 行程范围内测量。

b. 允差。滑块运动轨迹对工作台面的垂直度允差在左右及前后方向均不应超过表 3-4 的规定。

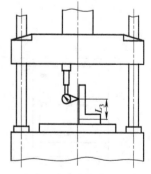

图 3-6　滑块运动轨迹对工作台面的垂直度检验

表 3-4　滑块运动轨迹对工作台面的垂直度允差

单位：mm

工作台面的有效长度	允差
$L \leqslant 1000$	$0.02 + \dfrac{0.025}{100}L_3$
$L > 1000 \sim 2000$	$0.03 + \dfrac{0.025}{100}L_3$
$L > 2000$	$0.04 + \dfrac{0.025}{100}L_3$

注：L_3 为滑块行程实际测量长度。

c. 检验工具。包括直角尺、平尺、指示表。

直角尺精度不低于 GB/T 6092—2004（已被 GB/T 6092—2021 代替）的 0 级精度；铸铁平尺的精度不低于 JB/T 7977—1999（已废止，现行标准为 GB/T 24760—2009《铸铁平尺》）的 1 级精度。

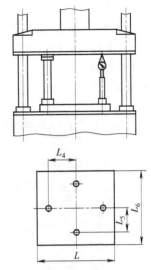

图 3-7　由偏载引起的滑块下平面对工作台面的倾斜度

④ 由偏载引起的滑块下平面对工作台面的倾斜度

a. 检验方法。在工作台上用带有铰接的支撑棒按图 3-7 所示位置点分别支撑在滑块下平面上，用指示表在支撑点旁及对称点处测量，指示表读数的差值即为测定值。在图 3-7 所示各点处分别测量，按最大测定值计。

测量高度在滑块最大行程下限位置及下限位置前 1/3 行程处之间。

注：L_4 为 $L/3$，L_5 为 $L_6/3$。

b. 允差。偏载引起的滑块下平面对工作台面的倾斜度允差为 $\dfrac{1}{1000}L_4$，单位为 mm。

c. 检验工具。包括支撑棒、指示表。

> **说明**
>
> ① 按 JB/T 9957.2—1999《四柱液压机　型式与基本参数》选择四柱液压机机身用于非标液压机设计制造，通常是一个较为快捷且能降低制造成本的办法。
>
> ② 四柱液压机精度可能因偶尔超载或长期使用而降低或丧失，因此，应在一定情况下定期对其进行精度检验。
>
> ③ 没有滑块的非标液压机如仅凭液压缸自身导向，一般结构的液压机用液压缸的使用寿命通常较低，应尽量避免这样的设计。

3.2　单柱液压机型式与基本参数

在 GB/T 36484—2018《锻压机械　术语》中定义了"单柱液压机"，即"机身是 C 形单柱式结构的液压机。"在 JB/T 9958.1—1999 中规定了单柱液压机的型式和基本参数，适用于校正压装、拉伸以及一般用途的中小型单柱液压机。

(1) 型式

① 单柱液压机按其滑块速度分为以下三种型式。

a. Ⅰ型——低速型，具有可卸的校正工作台和精密校正装置，一般适用于手动控制。

b. Ⅱ型——中速型，具有调节滑块空程和工作行程速度及调节滑块和下顶料装置的工作力和行程的结构，一般适用于半自动控制。

c. Ⅲ型——高速型，除具有中速型要求的结构外，还应能实现自动化生产线的可能性，一般适用于自动控制。

② 单柱液压机的外形如图 3-8 所示（此图不决定液压机结构）。

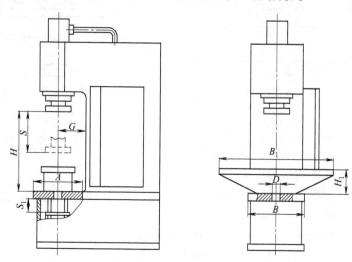

图 3-8　单柱液压机的外形

(2) 参数

① 单柱液压机的主参数为公称力。

② 单柱液压机的基本参数应符合表 3-5 的规定。

表 3-5　单柱液压机的基本参数

项目		参数值													
		Ⅰ	Ⅱ	Ⅰ	Ⅱ	Ⅰ	Ⅱ	Ⅰ	Ⅱ	Ⅰ	Ⅱ	Ⅰ	Ⅱ	Ⅰ	Ⅱ	Ⅲ
公称力/kN		16		25		40		63		100		160		250		
滑块行程 S/mm		125	160	125	160		200		400	250	400	320	500	360	
开口高度 H/mm		200	300	200	300	250	360	320	360	630	450	630	520	710	560	
喉深 $G(\geqslant)$/mm		110				125	160		180	250	200	250	200	320	250	
工作台面尺寸$(\geqslant)$/mm	左右 B	300				320		360		400		500		560		
	前后 A	200				220	250	320		380				480		
校正工作台面尺寸/mm	左右 B_1	—						1000	—	1000	—	1250	—		
	高 H_1	—						180	—	180	—	200	—		
滑块（活塞杆）速度$(\geqslant)$/(mm/s)	空程下行	60	150	60	150	60	150	60	150	63	230	50	125	40	250	
	工作	20	40	20	40	15	40	15	40	12.5	25	12.5	20	10	20	25
	回程	150	350	150	350	150	350	100	350	150	350	150	300	150	350	400
顶出（液压垫）公称力/kN		—								20 (40)	—	32 (63)	—	50 (100)		
顶出（液压垫）行程 S_1/mm		—								100	—	100	—	140		

项目		\multicolumn{15}{参数值}													
		I	II	III	I	II	III	I	II	III	I	II	III	I	II	III
公称力/kN		400			630			1000			1600			2500		
滑块行程 S/mm		500	400		500	400		500	450		500					
开口高度 H/mm		710	600		800	650		800	710		1000	750		1000	800	
喉深 G(≥)/mm		320	280		320						360					
工作台面尺寸(≥)/mm	左右 B	630			710						800			850		
	前后 A	520			600			630								
校正工作台面尺寸/mm	左右 B₁	1250	—	—	1600	—	—	2000	—	—	2000	—	—	2000	—	—
	高 H₁	200	—	—	250	—	—	300	—	—	350	—	—	350	—	—
滑块(活塞杆)速度(≥)/(mm/s)	空程下行	40	250		32	220	250	20	180	250	20	180	200	20	125	200
	工作	10	16	20	8	10	12.5	5	8	10	5	6.3	8	4	4	6.3
	回程	150	350	400	125	300	350	100	240	300	80	180	250	70	110	150
顶出(液压垫)公称力/kN		—	80(160)	—		125(250)	—		200(400)	—		320(630)	—		500(1000)	
顶出(液压垫)行程 S₁/mm		—	140			160			160			200			200	

（3）**紧固模具用槽、孔及工作台落料孔尺寸**

紧固模具用槽、孔及工作台上的落料孔应符合 JB/T 9958.1—1999 附录 A（标准的附录）的规定。

（4）**单位能量消耗**

单位能量消耗见 JB/T 9958.1—1999 附录 B（提示的附录）。

3.3　单臂冲压液压机型式与基本参数

在 GB/T 8541—2012、GB/T 36484—2018、JB/T 2098—2010 和 JB/T 4174—2014 中都没有"单臂冲压液压机"这一术语和定义。在 JB/T 2098—2010《单臂冲压液压机　型式与基本参数》中规定了单臂冲压液压机的型式与基本参数。该标准适用于完成中、厚板的冷弯、热弯、成形、折边及板材、结构件矫正等工序的单臂冲压液压机。

作者注：在 GB/T 8541—2012 中有"单臂式压力机"这一术语和定义。

（1）**液压机的型式**

单臂冲压液压机为油泵直接传动的单臂式油压机。

（2）**液压机的基本参数**

单臂冲压液压机的基本参数应符合图 3-9、表 3-6 的规定。

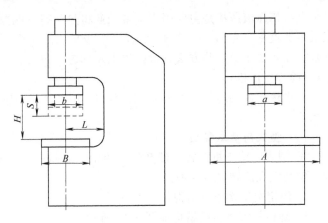

图 3-9　单臂冲压液压机简图

表 3-6　单臂冲压液压机的基本参数

名称	基本参数				
垂直缸公称压力/MN	1.6	3.15	5	8	12.5
回程缸公称压力/MN	0.2	0.4	0.63	1	1.3
垂直缸工作行程 S/mm	600	800	1000	1200	1400
压头下平面至工作台面的最大距离 H/mm	1100	1500	1900	2300	2600
压头中心至机臂的距离(喉深) L/mm	1000	1300	1600	1800	2000
压头尺寸($a \times b$)/mm	850×600	1200×1000	1500×1200	1600×1800	2000×2000
工作台面尺寸($A \times B$)/mm	1200×1200	1800×1800	2300×2500	2600×3000	3200×3800
最大工作速度/(mm/s)	8	10	10	10	10
空程下降速度/(mm/s)	100	100	100	100	100
回程速度/(mm/s)	65	80	80	80	80
系统工作压力/MPa	20	20	21	25	25

(3) 水平缸的基本参数

根据使用需要，单臂冲压液压机可配置水平缸，其基本参数应符合表 3-7 的规定。

表 3-7　水平缸基本参数

名称	基本参数				
垂直缸公称压力/MN	1.6	3.15	5	8	12.5
水平缸工作压力/MN	—	0.63	1	1.6	2.5
水平缸工作行程/mm	—	700	800	900	1000

(4) 配置吊车的基本参数

单臂冲压液压机上允许配置起重吊车，其吊车的基本参数应参照 JB/T 2098—2010 附录 A 的规定。

3.4　电极挤压液压机

电极挤压液压机是主要用于碳素工业将热状态下混捏后的原料糊经凉料后按所需规格挤压成型的设备。在 JB/T 1808—2005《电极挤压液压机》中规定了电极挤压机的型式与基本参数、技术要求、试验方法、检验规则及标志、包装、运输和贮存，适用于电极挤压液压机（以下简称挤压机）。

作者注：在 GB/T 36484—2018 和 JB/T 4174—2014 中有"碳极压制液压机"这一术语和定义。

(1) 型式与基本参数

① 型式　挤压机型式为带高位油箱油泵直接传动的碳素电极成型挤压液压机，料室分为固定料室和旋转料室两种。

a. 固定料室挤压机结构如图 3-10 所示。

b. 旋转料室挤压机结构如图 3-11 所示。

② 基本参数　电极挤压液压机的基本参数应符合表 3-8 的规定。

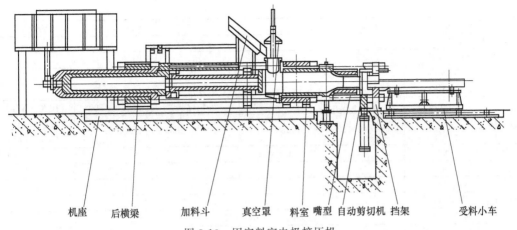

机座　后横梁　　　加料斗　　真空罩　料室　嘴型 自动剪切机 挡架　　　受料小车

图 3-10　固定料室电极挤压机

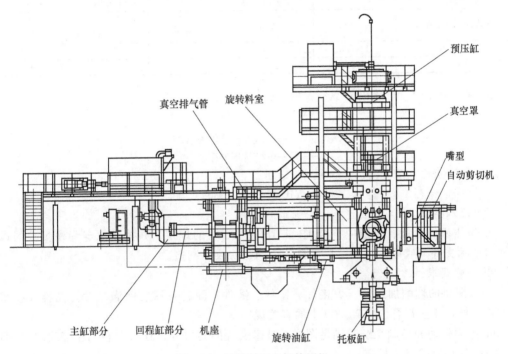

图 3-11　旋转料室电极挤压机

表 3-8　电极挤压液压机的基本参数

挤压机型号		YJD-6.3	YJD-12.5	YJD-16.3	YJD-25	YJD-35
参数名称		基本参数				
公称力	挤压/MN	6.3	12.5	16.3	25	35
	预压/MN	—	—	15	—	25
	封口/MN	—	—	5	—	10
料室型式		固定	固定	旋转	固定	旋转
料室直径/mm		600	850	1000	1200	1420
料室长度/mm		1500	2000	2500	2000	3200
工作行程	挤压/mm	2000	2700	2800	2900	3500
	预压/mm	—	—	2100	—	2550
	封口/mm	—	—	200	—	200

挤压机型号	YJD-6.3	YJD-12.5	YJD-16.3	YJD-25	YJD-35
参数名称	基本参数				
液体工作压力/MPa	22	22	28	31.5	25
料室面压 挤压/MPa	22	22	21	22	22
料室面压 预压/MPa	—	—	16	—	17
嘴型规格 圆形/mm	φ110～φ300	φ150～φ350	φ200～φ500	φ300～φ500	φ320～φ720
嘴型规格 长方形/mm	(40×185)～(50×250)		(50×250)～(400×400)		(400×400)～(525×625)
挤压速度/(mm/s)	0～4			0～8	
真空度/kPa	—	—	≤7	≤7	≤7
加热温度 料室/℃	90～130				
加热温度 嘴型/℃	110～165				
加热温度 嘴型口/℃	180～230			—	
加热温度 预压、挤压头/℃	—	—		90～150	
剪切型式	固定剪与立剪	自动剪与立剪	自动剪	自动剪	自动剪
电动机功率/kW	2×30	2×55	2×45 1×132	2×45 2×132	2×55 2×132
产量/(t/h)	1～1.5	2～4	3～4	4～5	6～8
质量/t	87	200	300	320	610

③ 型号与标记　挤压机的型号表示方法如下：

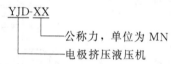

标记示例：公称力为 35MN 的挤压机的标记为

挤压机 YJD-35　JB/T 1808—2005

(2) 技术要求

① 挤压机的设计、制造应符合 JB/T 1808—2005 的规定，并按经规定程序批准的设计图样和技术文件（或用户和制造厂签订的合同、协议）制造。

② 一般要求。

a. 挤压机的切削加工件、焊接件、铸件、锻件、配管及涂装除满足设计图样及技术文件的要求外，还应符合 JB/T 5000 中的有关规定。

b. 电力传动和控制系统除满足图样及技术文件的要求外，还应符合 GB 5226.1（GB/T 5226.1—2019）的有关规定。

③ 结构要求。

a. 旋转料室能按规定回转 90°，并能满足料室在水平或垂直位置的定位要求。

b. 各种规格的嘴型及嘴套应能互换。

c. 嘴套及嘴型的加热装置能达到要求的工作温度。

d. 真空罩与料室结合严密，密封结构应在抽真空时达到规定的真空度要求。

e. 挤出的电极按所需的长度剪切，并能根据电极的不同规格选取相应的冷却时间。

f. 剪切电极的端部的平面度公差小于 6mm。

g. PLC 可编程序控制器所编制的操作程序应能保证设备正常安全运行，对于误操作的信号不予理会（除紧急停车按钮）。

h. 电极规格变化对生产能力的影响，可通过改变挤压参数来弥补。

④ 安全要求。

a. 挤压机应设置机械安全装置，保证工作人员的人身安全。

b. 电气控制和液压系统均有过载及联锁安全保护装置。

c. 嘴型、料室与挤压头的加热元件安全可靠，用导热油加热的管道和接头不得渗漏，用电加热的元件必须绝缘可靠，用 500V-MΩ 表测量时，绝缘电阻值不小于 0.5MΩ。

d. 挤压机工作时的噪声不得大于 85dB（A）。

⑤ 装配精度要求。

a. 挤压机本体的机座装配后，其上平面的平面度为 0.1mm/1000mm。

b. 主缸台肩、张力柱的螺母与前后横梁端面应紧密贴合，用 0.08mm 塞尺检查，插入深度不得超过 10mm，累计插入长度不得大于周长的 10%。

c. 挤压头在料室全长内移动时，不允许有擦边现象。允许上下间隙在料室外口调整为上紧下松，在料室底部调整为上松下紧，但最小单侧间隙应大于 0.2mm。

⑥ 成套性。

a. 挤压机应包括本体、液压站、剪切装置、电气控制系统、抽真空装置等。圆筒凉料机、嘴型更换机、冷却辊道可以选配，供货范围按订货合同的规定。

b. 配套件（包括电动机、液压泵、真空装置、液压和电气元件以及密封件等）应符合现行有关标准，并取得其合格证书。

c. 按合同规定随机备件。

d. 随机提供的技术文件应包括如下内容：

ⅰ. 合格证书；

ⅱ. 使用说明书；

ⅲ. 安装图及易损件图；

ⅳ. 装箱单。

⑦ 可靠性与寿命。

a. 挤压机在规定的使用条件下使用寿命不少于 3000h。

b. 挤压机从开始使用到第一次大修累计工作时间不少于 15000h。

(3) 其他

试验方法与检验规则，标志、包装、运输和贮存，制造保证等见 JB/T 1808—2005。

> **说明**
>
> ① 液压机用液压缸的设计与选型前必须清楚、准确了解液压缸的使用工况，其中液压缸及其所带动的滑块调整范围很重要。
>
> ② 液压缸的耐久性规定可能与液压机的可靠性与寿命规定不同，但通常液压机用液压缸的寿命应与液压机的寿命相当。
>
> ③ 液压机规定了成套性，其中配套件中液压缸密封件很重要。

3.5 粉末冶金液压机型式与基本参数

在 GB/T 8541—2012、GB/T 36484—2018、JB/T 4174—2014 和 JB/T 12519.1—2015 中都没有"粉末冶金液压机"这一术语和定义。在 JB/T 12519.1—2015《粉末冶金液压机 第 1 部分：型式与基本参数》中规定了 1000～25000kN 粉末冶金液压机的型式与基本参数，适用于一般用途的粉末冶金液压机（以下简称液压机）。

(1) 型式

液压机根据机身的结构可分为两种基本型式：四柱式（见图 3-12）和框架式（见图 3-13）。

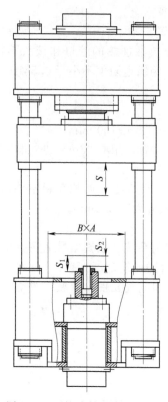

图 3-12 四柱式粉末冶金液压机

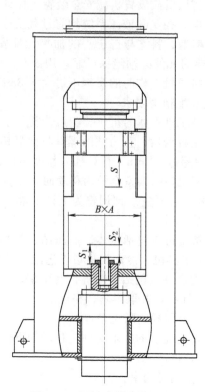

图 3-13 框架式粉末冶金液压机

(2) 基本参数

① 液压机的主参数为公称力。

② 液压机的型式应符合图 3-12 和图 3-13 的规定（图 3-12 和图 3-13 不确定液压机的结构）。

③ 液压机的基本参数应符合表 3-9 的规定。

表 3-9 粉末冶金液压机的基本参数

参数名称		参数值											
公称力/kN		1000	1600	2000	2500	3150	5000	6300	8000	10000	16000	20000	25000
滑块行程 S/mm		300	300	300	300	350	350	350	350	350	400	400	400
下主缸拉下力/kN		400	650	800	1000	1250	2000	2500	3200	4000	6000	8000	10000
下主缸行程 S_1/mm		200	200	200	200	250	250	250	250	250	300	300	300
台面有效尺寸 ($B \times A$)/mm	左右	720	800	1000	1000	1000	1200	1300	1400	1600	1800	2000	2200
	前后	580	650	940	940	960	1140	1200	1200	1320	1500	1500	1500
最大加料高度 H/mm		200	200	200	200	250	250	250	250	250	300	300	300
芯杆缸顶出力/kN		60	100	120	150	200	300	400	500	600	1000	1200	1500
芯杆缸退回力/kN		35	60	70	90	100	180	200	300	360	600	700	900
芯杆缸行程 S_2/mm		130	130	130	130	150	150	150	150	150	180	180	180

作者注：因为 JB/T 12519.2《精度》和 JB/T 12519.3《技术条件》两项标准至今没有发布，所以关于这两部分内容暂缺。

3.6 粉末制品液压机精度

粉末制品液压机是压制粉末制品的液压机。在 JB/T 3819—2014《粉末制品液压机 精度》中规定了粉末制品液压机精度检验项目、公差及检验方法，适用于框架式和四柱式结构型式的粉末制品液压机（以下简称液压机），但不适用于侧压式粉末制品液压机。

作者注：在 GB/T 36484—2018 中有"侧压式粉末制品液压机"这一术语和定义。

（1）精度检验说明

① 工作台面是总装精度检验的基准面。

② 精度检验前，液压机应调整水平，其工作台面纵、横向水平偏差不得超过 0.20mm/1000mm。

③ 装有移动工作台的，须使其处在液压机的工作位置并锁紧牢固。

④ 精度检验应在空运转和负荷运转后分别进行，以负荷运转后的精度检验值为准。

⑤ 精度检验应符合 GB/T 10923 的规定。

⑥ 在检验平面时，当被测平面的最大长度 $L \leqslant 1000$mm 时，不检测长度 l 为 0.1L；当 $L > 1000$mm 时，不检测长度 l 为 100mm。

⑦ 工作台上平面及滑块下平面的平面度允许在装配前检验。

（2）精度检验

① 工作台上平面及滑块下平面的平面度

a. 检验方法。

ⅰ. 用平尺、量块检验。见 JB/T 3819—2014。

ⅱ. 用水平仪检验。此方法一般用于长度尺寸大于 1600mm 的平面。

应符合 GB/T 10923—2009 中 5.3.2.4.1 的规定。由两条直线 OmX 和 $OO'Y$ 确定测量基准面。直线 OX 和 OY 最好选择相互垂直并分别平行于被测平面的轮廓边。从被测平面上的角点 O 沿 OX 方向开始，按 GB/T 10923—2009 中 5.2.1.2.2 的方向沿 OA 和 OC 线测定，然后沿 $O'A'$、$O''A''$…和 CB 线测定（见 JB/T 3819—2014 中图 3 或参见图 3-4）。

将测得数值进行数据处理，便可得到被测平面的平面度数值。

b. 公差。工作台上平面及滑块下平面的平面度公差应符合表 3-10 的规定。

c. 检验工具。包括平尺、等高量块、可调量块、水平仪、桥板。

铸铁平尺的精度不低于 GB/T 24760—2009 中 1 级精度；水平仪的分度值为 0.02mm/m。

② 滑块下平面对工作台面的平行度

a. 检验方法。在工作台上可用支撑棒支在滑块下平面中心位置，指示表置于工作台上的平尺上，按左右及前后方向四条线上测量，指示表读数的最大差值即为测定值。

测量点：在下限位置和下限位置前的 1/3 行程处进行测量，对角线方向不测。

注：支撑棒所支撑的重量只是滑块自身的重量，支撑棒与滑块下平面接触的部位，需选用带有铰接的支撑棒（支撑处有孔时，可用垫板覆盖后进行支撑）。

b. 公差。滑块下平面对工作台面的平行度公差应符合表 3-11 的规定。

表 3-10　工作台上平面及滑块下平面的平面度公差　单位：mm

工作台面的有效长度	平面度公差	
	框架式	四柱式
$L \leqslant 1000$	$0.02 + \dfrac{0.03}{1000}L_1$	$0.02 + \dfrac{0.04}{1000}L_1$
$1000 < L \leqslant 2000$	$0.02 + \dfrac{0.03}{1000}L_1$	$0.03 + \dfrac{0.05}{1000}L_1$
$L > 2000$	$0.02 + \dfrac{0.04}{1000}L_1$	$0.04 + \dfrac{0.06}{1000}L_1$

注：L_1 为测量范围，$L_1 = L - 2l$，最小值为 200mm。

表 3-11　滑块下平面对工作台面的平行度公差　单位：mm

工作台面的有效长度	平行度公差	
	框架式	四柱式
$L \leqslant 1000$	$0.02 + \dfrac{0.06}{1000}L_2$	$0.04 + \dfrac{0.08}{1000}L_2$
$1000 < L \leqslant 2000$	$0.03 + \dfrac{0.08}{1000}L_2$	$0.06 + \dfrac{0.10}{1000}L_2$
$L > 2000$	$0.04 + \dfrac{0.10}{1000}L_2$	$0.08 + \dfrac{0.12}{1000}L_2$

注：L_2 为测量范围，$L_2 = L - 2l$，最小值为 200mm。

c. 检验工具。包括支撑棒、指示表、平尺。

③ 滑块运动轨迹对工作台面的垂直度

a. 检验方法。在工作台上中央处放一直角尺（下面可放一平尺），将指示表紧固在滑块下平面上，并使指示表测头触在直角尺上，当滑块上下运动时，在通过中心的左右和前后方向上分别进行测量，指示表读数的最大差值即为测定值。

测量位置在下极限前 1/2 行程范围内。

b. 公差。滑块运动轨迹对工作台面的垂直度公差应符合表 3-12 的规定。

c. 检验工具。包括直角尺、平尺、指示表。

直角尺精度不低于 GB/T 6092—2004（已被 GB/T 6092—2021 代替）中 0 级精度；铸铁平尺的精度不低于 GB/T 24760—2009 中 1 级精度。

④ 由偏心引起的滑块下平面对工作台面的倾斜度

a. 检测方法。在工作台上用带有铰接的支撑棒（支撑棒仅承受运动部分自重，长度任意选取）依次分别支撑在滑块下平面的左右和前后支撑点上，用指示表在各支撑点旁及其对称点分别按左右（$2L_4$）和前后（$2L_5$）方向测量工作台上平面和滑块下平面间的距离，指示表读数的最大差值即为测定值，但对角不进行测量。

测量高度在滑块最大行程下限位置及下限位置前 1/3 行程处之间。

滑块中心起至支撑点的距离 L_4 为 $L/3$（L 取工作台左右和前后较长的尺寸），滑块中心起至支撑点的距离 L_5 为 $L_6/3$（L_6 为工作台窄面尺寸）。

b. 公差。由偏心引起的滑块下平面对工作台面的倾斜度公差应符合表 3-13 的规定。

c. 检验工具。包括支撑棒、指示表。

表 3-12　滑块运动轨迹对工作台面的垂直度公差　　单位：mm

工作台面的有效长度	垂直度公差	
	框架式	四柱式
$L \leqslant 1000$	$0.01 + \dfrac{0.015}{100}L_3$	$0.03 + \dfrac{0.025}{100}L_3$
$1000 < L \leqslant 2000$	$0.02 + \dfrac{0.015}{100}L_3$	$0.04 + \dfrac{0.025}{100}L_3$
$L > 2000$	$0.03 + \dfrac{0.015}{100}L_3$	$0.05 + \dfrac{0.025}{100}L_3$

注：L_3 为滑块行程，最小值为 20mm。

表 3-13　由偏心引起的滑块下平面对工作台面的倾斜度公差　　单位：mm

结构型式	倾斜度公差	结构型式	倾斜度公差
框架式	$\dfrac{1}{3000}L_4$	四柱式	$\dfrac{1}{2000}L_4$

3.7　塑料制品液压机精度

塑料制品液压机是压制塑料制品的液压机。在 JB/T 3820—2015《塑料制品液压机　精度》中规定了塑料制品液压机的精度检验，适用于塑料制品液压机（以下简称液压机），但不适用于注塑机。

(1) 检验说明

① 工作台面是液压机总装精度检验的基准面。

② 精度检验前，液压机应调整水平，其工作台面纵、横向水平偏差不得超过 0.20mm/1000mm。

③ 装有移动工作台的，须使工作台处在液压机的工作位置并锁紧牢固。

④ 精度检验应在空运转和负荷运转后分别进行，以负荷运转后的精度检验值为准。

⑤ 精度检验应符合 GB/T 10923—2009 的规定，也可采用其他等效的检验方法。

⑥ L 为被测平面的最大长度，l 为不检测长度。当 $L \leqslant 1000$mm 时，l 为 $L/10$；当 $L >$

1000mm 时，$l＝100$mm。

⑦ 工作台上平面及滑块下平面的平面度允许在装配前检验。

⑧ 在总装精度检验前，滑块与导轨间隙的调整原则：应在保证总装精度的前提下，导轨不发热，不拉毛，并能形成油膜。表 3-14 推荐的导轨总间隙仅作为参考值。

表 3-14　塑料制品液压机的导轨总间隙　　　　　单位：mm

导轨间距	总间隙推荐值	导轨间距	总间隙推荐值
≤1000	≤0.10	>1600～2500	≤0.22
>1000～1600	≤0.16	>2500	≤0.30

注：1. 导轨总间隙是指垂直于机器正面或平行于机器正面的两导轨内间隙之和，应将最大实测总间隙值记入产品合格证明书内作为参考。

2. 在液压机滑块运动的极限位置用塞尺测量导轨的上下部位的总间隙，也可将滑块推向固定导轨一侧，在单边测量其总间隙。

⑨ 液压机的精度按其用途分为 Ⅰ 级、Ⅱ 级，用户可根据其产品的用途选择精度级别。精度级别见表 3-15。

表 3-15　塑料制品液压机的精度级别

等级	用途	型式
Ⅰ 级	精密塑料制品压制	框架式
Ⅱ 级	一般塑料制品压制	框架式、柱式

(2) 精度检验

① 工作台上平面及滑块下平面的平面度　检验方法、允差、检验工具见 JB/T 3820—2015。

② 滑块下平面对工作台面的平行度　检验方法、允差、检验工具见 JB/T 3820—2015。

③ 滑块运动轨迹对工作台面的垂直度

a. 检验方法。在工作台的中心位置放一直角尺（下面可放一平尺），将指示表紧固在滑块下平面上，并使指示表测头触在直角尺上。当滑块上下运动时，在通过中心的左右和前后方向上分别进行测量，指示表读数的最大差值即为测定值。

测量位置在下极限前 1/2 行程范围内。

b. 允差。滑块运动轨迹对工作台面的垂直度允差应符合表 3-16 的规定。

c. 检验工具。包括直角尺、平尺、指示表。

表 3-16　滑块运动轨迹对工作台面的垂直度允差　　单位：mm

工作台面的有效长度	允差	
	Ⅰ 级	Ⅱ 级
$L≤1000$	$0.01+\dfrac{0.015}{100}L_3$	$0.03+\dfrac{0.025}{100}L_3$
$L>1000～2000$	$0.02+\dfrac{0.015}{100}L_3$	$0.04+\dfrac{0.025}{100}L_3$
$L>2000$	$0.03+\dfrac{0.015}{100}L_3$	$0.05+\dfrac{0.025}{100}L_3$

注：L_3 为最大实际检测的滑块行程，L_3 的最小值为 50mm。

④ 由偏心引起的滑块下平面对工作台面的倾斜度

a. 检测方法。在工作台上用仅承受滑块自重的支撑棒，依次分别支撑在滑块下平面的左右和前后支撑点上，支撑棒长度任意选取。用指示表在各支撑点旁及其对称点分别按左右（$2L_4$）和前后（$2L_5$）方向测量工作台上平面和滑块下平面间的距离，指示表读数的最大差值即为测定值，对角线方向不进行测量。

测量位置为行程的下限和下限前的 1/3 行程处。

L_4、L_5 为从滑块中心至支撑点的距离，$L_4＝L/3$（L 为工作台面长边的尺寸），$L_5＝L_6/3$（L_6 为工作台面短边的尺寸）。

b. 允差。由偏心引起的滑块下平面对工作台面的倾斜度允差应符合表 3-17 的规定。

表 3-17　由偏心引起的滑块下平面对工作台面的倾斜度允差

等级	允差	等级	允差
Ⅰ级	$\dfrac{1}{3000}L_4$	Ⅱ级	$\dfrac{1}{2000}L_4$

c.检验工具。包括支撑棒、指示表。

说明

① 液压机用液压缸在运行中同样涉及"导轨不发热，不拉毛，并能形成油膜"问题。

② 对"支承棒"缺少更为具体的要求。

③ 如按"亦可将滑块推向导轨一侧，在单边测量其总间隙"方法检验，则可能造成液压机用液压缸损伤，尤其当间隙超差时。

④ JB/T 3820—2015 与 GB/T 9166—2009 不同，其检验的是"由偏心引起的滑块下平面对工作台面的倾斜度"，而非检验的是"由偏载引起的滑块下平面对工作台面的倾斜度"。

3.8　双动薄板拉伸液压机

双动薄板拉伸液压机是有两个分别传动的滑块的薄板拉伸液压机。在 JB/T 8493—1996《双动薄板拉伸液压机　基本参数》中规定了双动薄板拉伸液压机的基本参数和尺寸，适用于 Y28 系列双动薄板拉伸液压机；在 JB/T 3821—2014《双动薄板拉伸液压机　精度》中规定了双动薄板拉伸液压机的精度检验，适用于双动薄板拉伸液压机（以下简称液压机）。

3.8.1　双动薄板拉伸液压机基本参数

(1) 参数示意图

① 液压机的参数示意图如图 3-14 所示。

② 液压机的参数示意图仅表达基本参数和尺寸，不限制用户的选型和生产厂家的设计。

③ 液压机的参数示意图中代号的含义见 JB/T 8493—1996。

(2) 基本参数和尺寸

双动薄板拉伸液压机的基本参数和尺寸见表 3-18。

(3) 液压机有关参数、尺寸的选用原则

① 一个公称力（规格）只选用一个液压垫力参数。

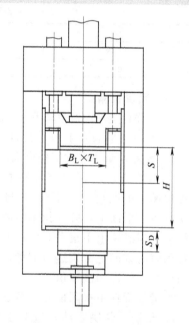

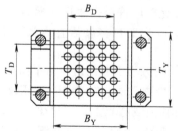

图 3-14　双动薄板拉伸液压机参数示意图

表 3-18　双动薄板拉伸液压机的基本参数和尺寸

总力 P/kN	1600				2500				3150				4000			
拉伸力 P_L/kN	1000				1600				2000				2500			
压边力 P_Y/kN	630				1000				1250				1600			
液压垫力 P_D/kN	250	400	500	630	400	630	800	1000	500	800	1000	1250	630	1000	1250	1600

拉伸滑块开口高 H/mm		800		1000		1100		1300		1600			
拉伸滑块行程 S/mm			400		500		600		700		850			
液压垫行程 S_D/mm				160		200		250		300		350		
拉伸滑块尺寸/mm	左右 B_L		700	850	1000				1200	1300	1500			
	前后 T_L		450	600	700				750	850	1000			
液压垫的顶杆孔分布尺寸/mm	左右 B_D		600	750	900				1050	1200	1350			
	前后 T_D		300	450	600				600	750	900			
压边滑块及工作台尺寸/mm	左右 B_Y		1200	1300	1500				1600	1800	2000			
	前后 T_Y		850	1000	1200				1200	1300	1500			
拉伸滑块速度/(mm/s)	空程下行 V_K	100	150	200	250	300	350	400	450	500			
	工作 V_G			5	10	15	20						

总力 P/kN	5000				6500				8000			
拉伸力 P_L/kN	3150				4000				5000			
压边力 P_Y/kN	2000				2500				3150			
液压垫力 P_D/kN	800	1250	1600	2000	1000	1600	2000	2500	1250	2000	2500	3150

拉伸滑块开口高 H/mm		1400		1600		1800		2000				
拉伸滑块行程 S/mm			800		900		1000		1100			
液压垫行程 S_D/mm			300		350		400		450			
拉伸滑块尺寸/mm	左右 B_L		1600	1800	2000		2000	2400	2500	2800		
	前后 T_L		1000	1200	1300		1300	1500	1600	1800		
液压垫的顶杆孔分布尺寸/mm	左右 B_D		1500	1650	1800		1800	2500	2400	2700		
	前后 T_D		900	1050	1200		1200	1350	1500	1650		
压边滑块及工作台尺寸/mm	左右 B_Y		2000	2200	2500		2800	3000	3200	3600		
	前后 T_Y		1500	1600	1800		2000	2200	2400	2600		
拉伸滑块速度/(mm/s)	空程下行 V_K	100	150	200	250	300	350	400	450	500	
	工作 V_G			5	10	15	20				

总力 P/kN	10300				13000				16000			
拉伸力 P_L/kN	6300				8000				10000			
压边力 P_Y/kN	4000				5000				6300			
液压垫力 P_D/kN	1600	2500	3150	4000	2000	3150	4000	5000	2500	4000	5000	6300

拉伸滑块开口高度 H/mm		1800		2000		2200		2500			
拉伸滑块行程 S/mm			1200		1300		1500		1700		
液压垫行程 S_D/mm			350		400		450		500		
拉伸滑块尺寸/mm	左右 B_L	2000	2400	2500	2800		2500	2800	3000	3200	
	前后 T_L	1300	1500	1600	1800		1500	1600	1800	2000	
液压垫的顶杆孔分布尺寸/mm	左右 B_D	1800	2250	2400	2700		2400	2700	2850	3000	
	前后 T_D	1200	1350	1500	1650		1350	1500	1650	1800	
压边滑块及工作台尺寸/mm	左右 B_Y	2800	3000	3200	3600		3200	3400	3600	4000	
	前后 T_Y	2000	2200	2400	2600		2200	2400	2500	2800	
拉伸滑块速度/(mm/s)	空程下行 V_K	100	150	200	250	300	350	400	450	500	
	工作 V_G			5	10	15	20				

② 拉伸滑块的开口高度、滑块行程和液压垫行程可按表 3-18 所列的参数对应采用，也可交叉选用。

③ 压边滑块的开口高度、行程与拉伸滑块的开口高度、行程原则上保持一致，特殊情况下压边滑块的开口高度、行程可稍小于拉伸滑块的开口高度和行程（但其尾数应取百位

整数)。

④ 拉伸滑块尺寸、液压垫的顶杆孔分布尺寸、压边滑块及工作台尺寸，可以按表 3-18 所列的尺寸对应采用，也可交叉选用。

⑤ 速度。

a. 拉伸滑块速度。

ⅰ. 一个公称力（规格）的产品，只选用一个空程下行速度和一个工作速度参数。

ⅱ. 回程速度应大于或等于空程下行速度参数的 2/3。

b. 压边滑块速度。压边滑块的空程下行速度和回程速度应大于或等于拉伸滑块对应参数的 2/3。

⑥ 如遇特殊情况，JB/T 8493—1996 规定的工作台尺寸、滑块尺寸及液压垫的顶杆孔分布尺寸不敷使用时，可参照采用 JB/T 8493—1996 附录 A（提示的附录）推荐的尺寸。

3.8.2 双动薄板拉伸液压机精度

(1) 检验说明

① 工作台面是液压机总装精度检验的基准面。

② 精度检验前，液压机应调整水平，其工作台面纵、横向水平偏差不得超过 0.20mm/1000mm。液压机主操作者所在位置为前，其右为右。

③ 装有移动工作台的液压机，须使工作台处在液压机的工作位置并锁紧牢固。

④ 精度检验应在空运转试验和负荷运转试验后分别进行，以负荷运转试验后的精度检验值为准。

⑤ 精度检验应符合 GB/T 10923—2009 的规定，也可采用其他等效的检验方法。

⑥ L 为被测平面的最大长度，l 为不检测长度。当 $L \leqslant 1000$mm 时，l 为 $L/10$；当 $L > 1000$mm 时，$l = 100$mm。

⑦ 工作台上平面及滑块下平面的平面度允许在装配前检验。

⑧ 在总装精度检验前，滑块与导轨间隙的调整原则，应在保证总装精度的前提下，导轨不发热，不拉毛，并能形成油膜。表 3-19 推荐的导轨总间隙仅作为参考值。

表 3-19 双动薄板拉伸液压机的导轨总间隙　　　　　　　　　　　　　单位：mm

导轨间距	≤1000	>1000~1600	>1600~2500	>2500
总间隙	≤0.10	≤0.16	≤0.22	≤0.30

注：1. 在液压机滑块运动的极限位置用塞尺测量导轨的上下部位的总间隙，也可将滑块推向固定导轨一侧，在单边测量其总间隙。

2. 总间隙是指垂直于机器正面或平行于机器正面的两导轨内间隙之和，并应将最大实测总间隙值记入产品合格证明书内作为参考。

⑨ 液压机的精度按其用途分为Ⅰ级、Ⅱ级，用户可根据其产品的用途选择精度级别。级别见表 3-20。

表 3-20 双动薄板拉伸液压机的精度级别

等级	用途	型式
Ⅰ级	精密拉伸冲压件	框架式
Ⅱ级	较精密拉伸冲压件	框架式、柱式

(2) 精度检验

① 工作台上平面及拉伸滑块下平面的平面度　检验方法、允差、检验工具见 JB/T 3821—2014。

② 压边滑块下平面的直线度

a. 检验方法。用平尺、量块（或指示器）检验和精密水平仪检验等方法进行检验，见GB/T 10923—2009 中 5.2.1.2 的规定。

b. 允差。压边滑块下平面的直线度允差应符合表 3-21 的规定。

表 3-21　压边滑块下平面的直线度允差　　　　　　　　单位：mm

等级	允差	等级	允差
Ⅰ 级	$0.012+\dfrac{0.04}{1000}L_1$	Ⅱ 级	$\dfrac{0.10}{1000}L_1$

注：L_1 为被测平面的最大实际检测长度，$L_1=L-2l$，L_1 的最小值为 200mm。

c. 检验工具。包括平尺、等高量块、可调量块、精密水平仪、桥板、指示器。

③ 滑块下平面对工作台面的平行度　检验方法、允差、检验工具见 JB/T 3821—2014。

④ 滑块运动轨迹对工作台面的垂直度

a. 检验方法。在工作台的中心位置放一直角尺（下面可放一平尺），将指示表紧固在滑块下平面上，并使指示表测头触在直角尺上。当滑块上下运动时，指示表读数的最大差值即为测定值。

测量位置在下极限前 1/2 行程范围内。

拉伸滑块和压边滑块须分别进行测量。拉伸滑块按 JB/T 3821—2014 图 5 所示在通过中心的两个相互垂直的方向 $A—A'$ 和 $B—B'$ 进行测量。压边滑块按 JB/T 3821—2014 图 5 所示在两个相互垂直的 $B/2$ 和 $b/2$ 中线上的两点处进行测量。

注：B 和 b 分别为压边滑块边宽。

b. 允差。滑块运动轨迹对工作台面的垂直度允差应符合表 3-22 的规定。

c. 检验工具。包括直角尺、平尺、指示表。

表 3-22　滑块运动轨迹对工作台面的垂直度允差　　单位：mm

工作台面的有效长度	允差	
	Ⅰ 级	Ⅱ 级
$L\leq1000$	$0.01+\dfrac{0.015}{100}L_3$	$0.03+\dfrac{0.025}{100}L_3$
$L>1000\sim2000$	$0.02+\dfrac{0.015}{100}L_3$	$0.04+\dfrac{0.025}{100}L_3$
$L>2000$	$0.03+\dfrac{0.015}{100}L_3$	$0.05+\dfrac{0.025}{100}L_3$

注：L_3 为最大实际检测的滑块行程，L_3 的最小值为 50mm。

⑤ 滑块下平面对工作台面的倾斜度（左右方向、前后方向）

a. 检测方法。在工作台上用仅承受滑块自重的支撑棒，依次分别支撑在滑块下平面的左右和前后支撑点上，拉伸滑块用一根，压边滑块用两根，支撑棒长度任意选取。用指示表在各支撑点旁及对称点分别按左右（$2L_4$）和前后（$2L_5$）方向测量工作台上平面和滑块下平面间的距离，指示表读数的最大差值即为测定值，对角不进行测量。

测量位置为行程下限和下限前的 1/3 行程处。

拉伸滑块和压边滑块须分别进行测量，测量位置见 JB/T 3821—2014。L_4、L_5 为滑块中心起至支撑点的距离，$L_4=L/3$（L 取工作台左右尺寸和前后尺寸较大者），$L_5=L_6/3$（L_6 为工作台窄面尺寸）。

b. 允差。滑块下平面对工作台面的倾斜度允差应符合表 3-23 的规定。

表 3-23　滑块下平面对工作台面的倾斜度允差

等级	允差	等级	允差
Ⅰ 级	$\dfrac{1}{3000}L_4$	Ⅱ 级	$\dfrac{1}{2000}L_4$

c. 检验工具。包括支撑棒、指示表。

3.9 金属挤压液压机

金属挤压液压机是用于黑色金属及有色金属挤压成形（包括正挤压、反挤压和复合挤压等工艺），也可用于模具型腔的挤压、粉末制品的压制和板料拉深成形等工作的液压机。在JB/T 3844.1—2015《金属挤压液压机　第1部分：基本参数》中规定了金属挤压液压机的基本参数，在JB/T 3844.2—2015《金属挤压液压机　第2部分：精度》中规定了金属挤压液压机的精度，其适用于（立式）金属挤压液压机（以下简称液压机）。

作者注：在 GB/T 36484—2018、JB/T 4174—2014 等标准中将金属挤压液压机定义为"金属坯料挤压成形用的液压机"。

3.9.1 金属挤压液压机基本参数

① 液压机的主参数为公称力。
② 液压机的基本参数按图 3-15 和表 3-24 的规定。

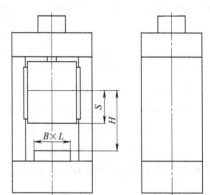

图 3-15　金属挤压液压机

表 3-24　金属挤压液压机的基本参数

参数名称	参数值						
公称力/kN	1600	2500	4000	6300	10000	16000	25000
滑块行程 S/mm	400	500	600	800	1000	1200	1400
开口高度 H/mm	750	850	1000	1300	1800	2200	2600
工作台左右尺寸 B/mm	500	630	800	1000	1200	1400	1600
工作台前后尺寸 L/mm	500	630	800	1000	1200	1400	1600
预出力/kN	250	400	630	1000	1600	2500	4000
顶出行程/mm	200	250	300	350	400	500	600
滑块空程下行速度/(mm/s)	≥200				≥100		
滑块工作速度/(mm/s)	10～30		10～25		10～20		
滑块回程速度/(mm/s)	≥150				≥75		

3.9.2 金属挤压液压机精度

(1) 检验说明

除在检验级别中用途不同外，其他检验说明与 JB/T 3820—2015 中规定的塑料制品液压机的检验说明相同。

液压机的精度按其用途分为Ⅰ级、Ⅱ级，用户可根据其产品的用途选择精度级别。精度级别见表 3-25。

表 3-25　金属挤压液压机的精度级别

等级	用途	型式
Ⅰ级	精密金属挤压	框架式
Ⅱ级	一般金属挤压	框架式、柱式

(2) 精度检验

其与 JB/T 3820—2015 中规定的塑料制品液压机的精度检验相同。

3.10 单双动卧式铝挤压机

在 JB/T 12228—2015《单双动卧式铝挤压机》中规定了铝及铝合金液压直接传动、单双动卧式正向铝挤压机的产品型式与基本参数、技术要求、制造质量、检查、试验方法、工作精度的检验规则以及标志、包装、运输和贮存，适用于在热状态下挤压铝及铝合金管、棒、型材的单双动卧式正向铝挤压机（以下简称铝挤压机）。

(1) 型式与基本参数

① 铝挤压机基本型式与结构组成

a. 基本型式。铝挤压机的基本型式有单动短行程（包括前上料和后上料）及单动长行程铝挤压机与双动短行程（包括内置式穿孔装置和外置式穿孔装置）及双动长行程（包括内置式穿孔装置和外置式穿孔装置）铝挤压机。

b. 铝挤压机的结构组成。单双动正向卧式铝挤压机由预应力框架、主工作缸、侧缸、挤压动梁、挤压筒装置、主剪、移动摸座、模内剪、快换模、挤压工具、液压控制装置、电气控制装置等组成，双动铝挤压机除上述装置外还设有独立的穿孔系统装置。

预应力框架是应用拉杆、压套、螺母及前梁、后梁经预紧后组成的组合式框架。

单双动卧式铝挤压机的挤压动梁和挤压筒装置的下导向方式一般为可调节式水平导向和垂直导向。挤压筒装置与双动铝挤压机动梁除设有下导向装置外，还设有可调节的斜置式上导向装置。挤压动梁、挤压筒装置的下导向装置也可为可调节式的斜置式导向装置，称做 X 形导向结构。

② 单动铝挤压机

a. 单动短行程铝挤压机。单动短行程铝挤压机按其上料方式可分为短行程前上料铝挤压机和短行程后上料铝挤压机，具体如下。

ⅰ. 前上料铝挤压机供坯锭时，挤压筒在挤压轴位，坯锭在挤压模与挤压筒之间。单动短行程前上料铝挤压机如 JB/T 12228—2015 图 1 所示。

ⅱ. 后上料铝挤压机供坯锭时，挤压筒在模具锁紧位，坯锭在挤压筒与挤压梁之间，此时挤压轴必须水平或垂直移离铝挤压机中心位。单动短行程后上料铝挤压机如 JB/T 12228—2015 图 2 所示。

b. 单动长行程铝挤压机。单动长行程铝挤压机供坯锭时，挤压筒在模具的锁紧位，坯锭在挤压筒和挤压轴之间。单动长行程铝挤压机如 JB/T 12228—2015 图 3 所示。

③ 双动铝挤压机 双动铝挤压机一般分为两种型式：双动短行程铝挤压机和双动长行程铝挤压机。

双动铝挤压机的穿孔装置根据穿孔装置布置方式的不同分为内置式穿孔装置和外置式穿孔装置，其定针控制按照控制方式有液压定针和机械定针两种。

a. 双动短行程铝挤压机：双动短行程内置式穿孔装置铝挤压机如 JB/T 12228—2015 图 4 所示；双动短行程外置式穿孔装置铝挤压机如 JB/T 12228—2015 图 5 所示。

b. 双动长行程铝挤压机：双动长行程铝挤压机的穿孔装置与短行程铝挤压机基本相同。双动长行程内置式穿孔装置铝挤压机如 JB/T 12228—2015 图 6 所示；双动长行程外置式穿孔装置铝挤压机如 JB/T 12228—2015 图 7 所示。

④ 穿孔装置 外置式穿孔装置的定位控制一般为机械定针，也可为液压定针，如 JB/T 12228—2015 图 5、图 7 所示。

内置式穿孔装置的定位控制可为液压定针，如 JB/T 12228—2015 图 8 所示；也可为机械定针，如 JB/T 12228—2015 图 9 所示。

在 JB/T 12228—2015 中所列图示铝挤压机结构型式为几种典型示例，其他的液压泵直接传动四柱铝挤压机适用时也可参照执行 JB/T 12228—2015。

⑤ 基本参数　单动短行程铝挤压机系列的基本参数见表 3-26；单动长行程铝挤压机系列的基本参数见表 3-27；双动短行程铝挤压机系列的基本参数见表 3-28；双动长行程铝挤压机系列的基本参数见表 3-29。

表 3-26　单动短行程铝挤压机系列的基本参数

参数名称	参数值										
	型号										
	8MN	12.5MN	16MN	25MN	36MN	50MN	75MN	90MN	100MN	125MN	150MN
公称力/MN	8	12.5	16	25	36	50	75	90	100	125	150
回程力/MN	0.56	0.8	1.1	1.5	2.37	2.95	4.4	5.0	6.6	8.3	13.0
挤压筒锁紧力/MN	0.86	1.12	1.42	2.53	4.25	5.06	9.8	11.5	**15**	**12**	20
主剪力/MN	0.43	0.56	0.88	1.27	1.69	1.97	3.2	4.1	4.76	5.0	5.7
主柱塞行程/mm	1000	1150	1210	1580	1850	2150	2250	2650	2850	3150	3300
挤压筒行程/mm	1150	1300	1360	1630	2000	2300	2450	2850	3050	3350	3500
挤压速度/(mm/s)	0.2~20	0.2~20	0.2~20	0.2~20	0.2~20	0.2~20	0.2~20	0.2~20	0.2~20	0.2~20	0.2~20
挤压筒内径/mm	125~150	130~170	150~200	210~250	280~320	320~400	420~520	460~560	520~600	580~650	600~700
挤压筒长度/mm	600	700	800	1100	1350	1500	1650	1850	2000	2200	2300
介质压力/MPa	25~28	25~28	25~28	25~28	25~28	28~30	28~30	28~30	28~30	28~30	31.5

注：1. 表中公称力值是按表中所列介质压力（主泵压力）的计算值，当选用其他介质压力时各公称压力值允许有差异。

2. 主柱塞行程为采用固定挤压垫行程，当采用活动垫时允许有差异。

3. 挤压筒行程参数为锁紧缸行程参数，此时锁紧缸布置在后梁，当锁紧缸布置在前梁时允许有差异。

作者注：表中黑体字或有误。

表 3-27　单动长行程铝挤压机系列的基本参数

参数名称	参数值										
	型号										
	8MN	12.5MN	16MN	25MN	36MN	50MN	75MN	90MN	100MN	125MN	150MN
公称力/MN	8	12.5	16	25	36	50	75	90	100	125	150
回程力/MN	0.56	0.8	1.1	1.5	2.37	2.95	4.4	5.0	6.6	8.3	13.0
挤压筒锁紧力/MN	0.86	1.12	1.42	2.53	4.25	5.06	9.8	11.5	**15**	**12**	20
主剪力/MN	0.43	0.56	0.88	1.27	1.69	1.97	3.2	**4.76**	4.76	5.0	5.7
主柱塞行程/mm	1300	1500	1700	2350	2750	3050	3300	3750	4050	4500	4800
挤压筒行程/mm	800	900	1200	1600	1900	2100	2300	2800	3000	3200	3400
挤压速度/(mm/s)	0.2~20	0.2~20	0.2~20	0.2~20	0.2~20	0.2~20	0.2~20	0.2~20	0.2~20	0.2~20	0.2~20
挤压筒内径/mm	125~150	130~170	150~200	210~250	280~320	320~400	420~520	460~560	520~600	580~650	600~700
挤压筒长度/mm	600	700	**900**	1100	1350	1500	1650	1850	2000	2200	2300
介质压力/MPa	25~28	25~28	25~28	25~28	25~28	28~30	28~30	28~30	28~30	28~30	31.5

注：1. 表中公称力值是按表中所列介质压力（主泵压力）的计算值，当选用其他介质压力时各公称压力值允许有差异。

2. 主柱塞行程为采用固定挤压垫行程，当采用活动垫时允许有差异。

3. 挤压筒行程参数为锁紧缸行程参数，此时锁紧缸布置在后梁，当锁紧缸布置在前梁时允许有差异。

作者注：表中黑体字或有误。

表 3-28　双动短行程铝挤压机系列的基本参数

参数名称	参数值										
	型号										
	8MN	12.5MN	16MN	25MN	36MN	50MN	75MN	90MN	100MN	125MN	150MN
公称力/MN	8	12.5	16	25	36	50	75	90	100	125	150
回程力/MN	0.56	0.8	1.1	1.5	2.37	2.95	4.4	5.0	6.6	8.3	13.0
挤压筒锁紧力/MN	0.86	1.12	1.42	2.53	4.25	5.06	9.8	11.5	**15**	**12**	20
穿孔力/MN	2.5	3.8	4.8	7.5	11.8	15	22.5	27	30	37.5	45
主剪力/MN	0.43	0.56	0.88	1.27	1.69	1.97	3.2	4.1	4.76	5.0	5.7
主柱塞行程/mm	1000	1150	1360	1750	2000	3050	3300	3750	3050	3350	3500
穿孔行程/mm	640	740	840	1150	1400	1550	1700	1900	2050	2250	2350
挤压筒行程/mm	1000	1150	1360	1750	2000	2100	2300	2800	2250	3200	3400
挤压速度/(mm/s)	0.2～20	0.2～20	0.2～20	0.2～20	0.2～20	0.2～20	0.2～20	0.2～20	0.2～20	0.2～20	0.2～20
挤压筒内径/mm	125～150	130～170	150～200	210～250	280～320	320～400	420～520	460～560	520～600	580～650	600～700
挤压筒长度/mm	600	700	900	1100	1350	1500	1650	1850	2000	2200	2300
介质压力/MPa	25～28	25～28	25～28	25～28	25～28	28～30	28～30	28～30	28～30	28～30	31.5

注：1. 表中公称力值是按表中所列介质压力（主泵压力）的计算值，当选用其他介质压力时各公称压力值允许有差异。

2. 表中穿孔力值是采用内置式穿孔结构型式、液压定针时确定的，取值约为公称力值的30%，当选用其他结构型式时穿孔力值允许有差异。

作者注：表中黑体字或有误。

表 3-29　双动长行程铝挤压机系列的基本参数

参数名称	参数值										
	型号										
	8MN	12.5MN	16MN	25MN	36MN	50MN	75MN	90MN	100MN	125MN	150MN
公称力/MN	8	12.5	16	25	36	50	75	**80**	100	125	150
回程力/MN	0.56	0.8	1.1	1.5	2.37	2.95	4.4	5.0	6.6	8.3	13.0
挤压筒锁紧力/MN	0.86	1.12	1.42	2.53	4.25	5.06	9.8	11.5	**15**	**12**	20
穿孔力/MN	2.5	3.8	4.8	7.5	11.8	15	22.5	27	30	37.5	45
主剪力/MN	0.43	0.56	0.88	1.27	1.69	1.97	3.2	4.1	4.76	5.0	5.7
主柱塞行程/mm	1300	1500	1700	2350	2750	3050	3300	3750	4050	4500	4800
穿孔行程/mm	640	740	**1200**	1150	1400	1550	1700	1900	2050	2250	2350
挤压筒行程/mm	800	900	**840**	1600	1900	2100	2300	2800	3000	3200	3400
挤压速度/(mm/s)	0.2～20	0.2～20	0.2～20	0.2～20	0.2～20	0.2～20	0.2～20	0.2～20	0.2～20	0.2～20	0.2～20
挤压筒内径/mm	125～150	130～170	150～200	210～250	280～320	320～400	420～520	460～560	520～600	580～650	600～700
挤压筒长度/mm	600	700	800	1100	1350	1500	1650	1850	2000	2200	2300
介质压力/MPa	25～28	25～28	25～28	25～28	25～28	28～30	28～30	28～30	28～30	28～30	31.5

注：1. 表中公称力值是按表中所列介质压力（主泵压力）的计算值，当选用其他介质压力时各公称压力值允许有差异。

2. 表中穿孔力值是采用内置式穿孔结构型式、液压定针时确定的，取值约为公称力值的30%，当选用其他结构型式时穿孔力值允许有差异。

作者注：表中黑体字或有误。

⑥ 其他基本参数推荐值

a. 铝挤压机的油介质压力推荐在 25～31.5MPa 范围内选用。应用时也可采用其他压力数值。

b. 参数中未列入的主缸力、侧缸力和模内剪力的取值参见 JB/T 12228—2015 附录 A.1。

c. 对于参数中未列入扁挤压筒的内径尺寸，根据产品工艺的需求，大中型铝挤压机的扁挤压筒内径尺寸的取值参见 JB/T 12228—2015 附录 A.2。

d. 对于非挤压时间不做规定，需要时可参照 JB/T 12228—2015 附录 A.3 中的推荐值。

⑦ 铝挤压机型号说明

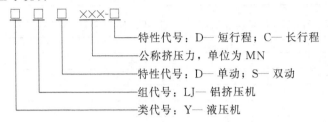

示例

公称挤压力为 50MN 液压泵直接传动的单动短行程铝挤压机标记为：

YLJD50-D

公称挤压力为 50MN 液压泵直接传动的单动长行程铝挤压机标记为：

YLJD50-C

公称挤压力为 50MN 液压泵直接传动的双动长行程铝挤压机标记为：

YLJS50-C

（2）技术要求

① 一般要求

a. 铝挤压机的机型。

ⅰ. 铝挤压机按照布置方式不同可分为左型机或右型机。以操作台为准，面对铝挤压机，一般以左手出料为左型机，以右手出料为右型机。

ⅱ. 铝挤压机设备的布置应紧凑、合理，并为其他工艺设备设施及管路系统的安全操作、维护留有适当的空间。如果有特殊的工作环境要求，应在技术协议中说明。

b. 铝挤压机的使用要求。

ⅰ. 铝挤压机的通用技术条件应符合 JB/T 3818 的规定。

ⅱ. 铝挤压机（包括泵站、控制系统）的工作环境温度一般为 5～40℃，相对湿度低于 95%，海拔低于 2500m。

作者注：在 GB/T 5226.1—2019 中规定"电气设备应能在海拔 1000m 以下正常工作。对于要在高海拔地区使用的设备，有必要降低下列因素：介电强度；和装置的开关能力；和空气的冷却效应。"

ⅲ. 铝挤压机的产品说明书应能提供铝挤压机全面的产品参数、性能、使用操作、维护修理、安全卫生等技术说明，以及与预期功能相适应的使用信息和注意事项。

ⅳ. 铝挤压机的操作应由熟悉该设备性能并经过严格培训的人员执行。

② 铝挤压机的成套性

a. 铝挤压机设备的成套范围。铝挤压机成套设备一般包括铝挤压机本体、液压传动控制系统、电气控制系统和机械化设备等。

单动铝挤压机机械化设备由供锭装置、运锭装置、推锭装置、压余处理装置和挤压垫润滑系统等组成；双动铝挤压机机械化设备由供锭装置、运锭装置、推锭装置、活动垫片供垫机械手（或为活动垫片循环装置）、压余处理装置和挤压垫润滑系统等组成。

b. 铝挤压机的配套件。铝挤压机的外购配套件应符合现行标准的规定，并须有合格证。

c. 随机技术文件。随机技术文件包括：

ⅰ. 产品说明书；

ⅱ. 产品合格证；

ⅲ. 按供需双方技术协议所规定的产品安装、使用、维护用图样，易损件清单等技术文件；

ⅳ. 装箱单。

③ 安全防护及环保卫生

a. 安全卫生。

ⅰ. 设备安全卫生的设计应符合 GB 5083—1999 中第 4 条基本原则的规定。

ⅱ. 安全防护应符合 JB/T 3915（已废止）和 JB/T 3818 的规定。

ⅲ. 铝挤压机及其机械化设备应设有安全联锁和行程极限保护装置。

ⅳ. 液压系统必须设有过载安全保护装置和机、电、液安全联锁装置。

ⅴ. 液压管路、法兰、接头、紧固件等的设计等级应与其所承受的压力相适应。

ⅵ. 电力传动和控制系统方面的安全要求应符合 GB 5226.1（GB/T 5226.1—2019）的规定。

ⅶ. 显示器和视觉警示装置应便于察看，清晰易辨，经久耐用，准确无误。

ⅷ. 产品说明书中应明确提出灭火安全指南，要求工程设计和施工设置防火设施。

b. 环保卫生。

ⅰ. 对于报废或渗漏的工作介质应回收处理，不得随意倾倒和排放，污染环境。

ⅱ. 铝挤压机的噪声限值应符合 JB 9967（已废止）的规定，噪声应在距操作台 1m 处测定，应不大于 85dB（A）。

ⅲ. 对于泵站布置在地坑或地下的设备，对工程设计要明确提出配备有效的排水措施。

④ 主要零部件质量要求

a. 预应力框架的强度和刚度条件。

铝挤压机的框架应采用计算机三维有限元法（FEM）进行优化设计，对其应力和变形进行分析和验算，尤其应注重对高应力集中处的分析，后梁、前梁、压套、拉杆的强度、刚度应满足设计和生产工艺的要求。

b. 主要零部件的材质和力学性能。

ⅰ. 材料的化学成分和力学性能应符合所选材料标准的规定。

ⅱ. 铸钢件铸后应进行消除应力热处理，必要时还应进行二次消除应力处理。

ⅲ. 拉杆采用（大型）碳素结构钢或（大型）合金结构钢锻件制造，对拉杆应进行调质处理。锻件的检验项目和取样数量按 JB/T 5000.8—2007 中分组验收的第 Ⅴ 组级别的规定执行。

ⅳ. 各工作缸体采用大型碳素结构钢或大型合金结构钢整体锻件加工制造。对于大型的工作缸体，可采用锻造焊接结构制造。焊前应进行调质处理，焊后应进行消除应力处理。锻件应检验切向力学性能，检验指标包括 R_{eL}（$R_{p0.2}$）、R_m、A、Z、A_k 值，检验项目和取样数量按 JB/T 5000.8—2007 中分组验收的第 Ⅴ 组级别的规定执行。

ⅴ. 柱塞或活塞杆件采用大型碳素结构钢和合金钢锻件制造，也可采用冷硬铸铁件制造，应进行相应的热处理，并应进行表面硬化处理，其工作面的硬度应大于 45HRC，硬化层厚度应不小于 3mm。

ⅵ. 挤压筒、挤压轴应采用热作模具合金钢锻件加工制造。其锻件用的热作模具合金钢化学成分应符合 GB/T 1299—2014《工模具钢》中热作模具合金钢的规定。锻件材料要求用电弧炉或其他特种冶金设备冶炼。锻件应进行淬火、回火处理。

ⅶ. 组合机架的压套可采用焊接件、铸件、锻焊件。

c. 铸件、锻件、焊接件质量要求。

ⅰ. 大型铸钢件的通用技术条件应符合 JB/T 5000.6 的规定。

ⅱ. 铸钢件的补焊通用技术条件应符合 JB/T 5000.7 的规定。补焊后补焊处应按 JB/T 5000.14 的规定进行超声检测及磁粉检测。

ⅲ. 铸钢件无损检测的通用技术条件应符合 JB/T 5000.4 的规定。

ⅳ. 要求力学性能试验的铸件和锻件，其力学性能要求应在图样技术要求中说明，试件应在母体上预留。

ⅴ. 有色金属铸件的通用技术条件应符合 JB/T 5000.5 的规定。

ⅵ. 铸铁件的通用技术条件应符合 JB/T 5000.4 的规定。

ⅶ. 锻件的通用技术条件应符合 JB/T 5000.8 的规定。

ⅷ. 锻件的无损检测的通用技术条件应符合 JB/T 5000.15 的规定。

ⅸ. 焊接件的通用技术条件应符合 JB/T 5000.3 的规定。

ⅹ. 火焰切割加工的零件的通用技术条件应符合 JB/T 5000.2 的规定。

ⅺ. 要求进行超声检测或磁粉检测的重要零部件部位和检验等级应在图样技术要求中标明。具体要求如下。

• 采用铸造或锻造的前梁、后梁、挤压动梁、穿孔梁等的加工面应进行超声检测，一般不大于 400mm，超声检测等级按 3 级执行。

• 挤压筒、挤压轴、穿孔针等应进行超声检测，检测方法应符合 GB/T 6402—2008 《钢锻件超声检测方法》的规定。超声检测的判定参照 GB/T 11880—2008《模锻锤和大型机械锻压机用模块技术条件》中 3.8.1～3.8.3 的规定。

• 缸体锻件超声检测等级按 JB/T 5000.15—2007 中Ⅲ级执行。对于锻造焊接结构的缸体和空心柱塞应对焊缝进行超声检测，检测等级按 GB/T 11345—2013 中 BⅡ级执行。缸底圆弧和缸法兰与缸壁连接处圆弧应进行磁粉检测，检测等级按 JB/T 5000.1—2007 中Ⅱ级执行。

• 主柱塞、活塞杆、挤压筒、挤压轴等外表面应进行磁粉检测，按 NB/T 47013.4 磁粉检测部分执行。

• 拉杆应进行超声检测和磁粉检测，拉杆的超声检测距外圆表面 100mm 内按 JB/T 5000.15—2007 中Ⅱ级执行，其余按Ⅲ级执行，表面磁粉检测按 NB/T 47013.4 磁粉检测部分执行。

• 铝挤压机焊接件应符合 JB/T 5000.3 的规定。重要件应在图样技术条件中说明精度等级和焊后消除应力。

d. 切削加工质量。

ⅰ. 切削加工零部件的质量应符合技术图样的要求。

ⅱ. 切削加工件在图样中未注明的技术要求应符合 JB/T 5000.9 的规定。

ⅲ. 铝挤压机关键零部件切削加工的几何公差的精度不低于 7 级。

ⅳ. 各关键零部件切削加工的表面粗糙度如下。

• 前梁、后梁、挤压梁、穿孔梁、压套、拉杆、螺母、承压垫的主要工作表面的表面粗糙度 Ra 为 3.2μm。

• 工作缸缸底圆弧及法兰台肩过渡圆弧，法兰台肩与梁的贴合面处表面粗糙度 Ra 为 1.6μm。活塞缸内壁表面粗糙度 Ra 为 0.4μm。

• 对于各种柱塞、活塞杆的表面要求镀铬或镀镍磷的，其单边镀层厚应为 0.03～0.05mm，镀后应进行抛光，对于表面要求堆焊不锈钢的柱塞，其堆焊厚度在切削加工后为 2～3mm，柱塞表面的表面粗糙度 Ra 为 0.4～0.8μm。

• 拉杆与拉杆螺纹表面粗糙度 Ra 为 1.6μm，圆柱表面粗糙度 Ra 为 3.2μm。

• 挤压筒为过盈装配件，挤压筒内圆表面粗糙度 Ra 为 $0.8\mu m$。挤压轴外圆表面粗糙度 Ra 为 $1.6\mu m$。穿孔针外圆表面粗糙度 Ra 为 $0.4\mu m$。

e. 装配质量。

ⅰ. 铝挤压机装配应按 JB/T 5000.10 的规定执行。

ⅱ. 装配中的各零部件均应符合图样要求，经检验合格，各种检验和试验报告应齐全。所有的外购配套件必须有生产厂家的检验合格证，符合质量要求，其性能、型号和规格符合图样的规定。

ⅲ. 重要的接合面装配后均进行接触检验，包括：

• 拉杆螺母与前、后梁的接合端面；
• 液压缸法兰与梁的接合端面；
• 压套与梁的接合面；
• 挤压筒与模具接合端面；
• 导滑板与导板的接合面。

保证其最大接触面积装配紧固后用 0.05mm 塞尺进行检查时，局部塞入深度不大于 10mm，超差部分的累计长度不大于检测周长的 10%。

作者注：此项要求有问题。

ⅳ. 框架的预紧可采用超压预紧、加热预紧或液压拉伸预紧方式。

ⅴ. 每台铝挤压机出厂前均应在制造厂进行总装配，并进行空载试车及耐压测试。

ⅵ. 铝挤压机总装配后进行精度检测，并将检测数据记入出厂文件，本体装配精度检测项目应符合表 3-30 的规定。

表 3-30　本体装配精度检测项目　　　　　　　　　　　单位：mm

检测项目	允许值	
	单动	双动
框架下导轨在纵、横两个方向的水平度	≤0.10/1000，全长范围内≤0.20	≤0.05/1000，全长范围内≤0.20
主柱塞在 1/3～2/3 行程处的水平度	≤0.05/1000	≤0.05/1000
挤压轴与挤压筒的同轴度	≤ϕ0.10	≤ϕ0.10
挤压筒与模具的同轴度	≤ϕ0.10	≤ϕ0.05
穿孔针与模具在穿孔全行程中的同轴度		≤ϕ0.05
前梁内端面与后梁内端面对水平面的垂直度	≤0.10/1000	≤0.10/1000
挤压轴的水平度	≤0.10/1000	≤0.05/1000

作者注：在 JB/T 12228—2015 原表 5 中为"前梁内端面与后梁内端面的垂直度偏差"。

⑤ 液压系统装置与管路配置

a. 液压系统装置。

ⅰ. 液压系统的通用技术条件应符合 JB/T 6996 与 GB/T 3766 的规定。

ⅱ. 外购和自制的液压元件的技术要求和连接尺寸应符合 GB/T 7935 的规定。

ⅲ. 外购或外协的液压阀集成阀块系统应在供方进行阀的启闭性能与调压性能试验，并进行耐压试验，试验压力为工作压力的 1.25 倍，保压时间为 10～15min，液压阀集成阀块不得有渗漏和影响强度的现象。

ⅳ. 对于自制液压阀类（如充液阀），其密封处均应做煤油渗漏试验及启闭性能和调压性能试验。

ⅴ. 液压油应符合设计要求。系统中液压油（液）的使用可按 JB/T 10607 规定的牌号选择。一般采用 HM（优等品）抗磨液压油。

ⅵ. 油箱应做渗漏试验，不得有任何渗漏现象，并应设置油位、油温等便于观测以及发讯的装置。

ⅶ. 液压系统的清洁度应符合 JB/T 9954 的规定。

b. 管路。

ⅰ. 液压、气动、润滑的管路配作原则上按设计图样进行。通用技术条件应符合 JB/T 5000.11 和 JB/T 5000.3 的规定。

ⅱ. 弯管的最小弯曲半径应符合有关标准的规定。弯曲部位应圆滑，不应有皱折、压扁和其他变形现象。

ⅲ. 液压管路焊接时应采取钨极氩弧焊或钨极氩弧焊打底。高压连接法兰推荐采用高颈法兰，法兰连接螺栓采用高强度螺栓。

ⅳ. 软管通径的选择应符合有关规范的规定，连接活动部件的软管，其长度应满足总的运动范围内不超过允许的最小半径，同时应避免拉伸和扭转应力以及外部损伤。

ⅴ. 液压系统中应设置必要的排气及放油装置，并能方便地排气和放油。

ⅵ. 液压管路装配应先进行预装。预装后拆下管子进行管子内部清理和酸洗，完全彻底清理干净后及时采取防锈措施，并进行管路二次装配敷设。

ⅶ. 液压管路中无缝钢管的精度应符合 GB/T 8163 的规定。

⑥ 润滑与气动　润滑、气动元件的技术要求与连接尺寸应符合 GB/T 7932 的规定，其密封处的表面粗糙度应达到图样的要求。

⑦ 电气系统

a. 电气系统基本要求。

ⅰ. 铝挤压机上电气设备及其线路敷设应保证安全可靠。电气设备的一般要求应符合 GB 5226.1（GB/T 5226.1—2019）的规定。除此之外，还应符合下列基本要求。

· 元器件和配线种类应符合电气设计要求。

· 装设在机身上的电气操作盘、接线盒、线槽、线管固定应牢固可靠，并应采取防振措施。

· 在意外和突然消失的电压恢复时，应能防止电力驱动装置自然接通。

ⅱ. 铝挤压机自动化与过程控制采用的可编程序控制器（PLC）和工业控制计算机（IPC）的配置的工作精度应符合专业厂家和现行标准的规定。

b. 铝挤压机的操作制度。

ⅰ. 铝挤压机一般应具有调整、手动、半自动（主机单循环）、自动四种工作制度。调整制度用于铝挤压机的调试和特殊状态下的点动操作。

ⅱ. 在操作台上应能显示铝挤压机的工作运行过程，并可实现故障诊断和报警，还应设有紧急停止按钮。

⑧ 外观要求

a. 外观质量。

ⅰ. 铝挤压机的外表面不应有图样上未规定的凸起、凹陷、粗糙不平和其他损伤等影响表面美观的缺陷。

ⅱ. 各零部件接合面的边缘应整齐均匀，不应有明显的错位。

ⅲ. 外露焊缝应光滑均称、平直均匀，如有缺陷应修磨平整。

ⅳ. 未要求加工为铸件的铝挤压机零件和附件，其表面质量应符合 GB/T 15056 的规定。

ⅴ. 铝挤压机外露的液压润滑管路和电气线路等按其外轮廓敷设安装时应排列整齐，敷设平直，避免相互交叉，并不应与相对运动的零部件发生摩擦，安装后应使拆卸、维护方便。

ⅵ. 铝挤压机的标牌应清晰、美观，标牌应固定在其明显位置，应平直牢固。

b. 涂装。铝挤压机的涂装应符合 JB/T 5000.12 的规定，且着色应符合图样安装或用户所提供的色板要求。不同颜色的涂料应界限分明。涂料必须适应于工作油液和环保要求，涂料质量应符合环保规定，外购件保留原色。

(3) 试验方法、检验及验收规则

① 总则　见 JB/T 12228—2015，或参见 JB/T 12470—2015。

② 铝挤压机型式与基本参数检验

a. 铝挤压机的型式应符合设计的规定。

b. 铝挤压机总装后应具备完成试验和检验的工作条件。

c. 基本参数的检验应在空运转和负荷运转试验时进行，其中工作压力和工作速度测验可在负荷运转试验时进行。

d. 基本参数的检测项目允许偏差见表 3-31 与表 3-32。

表 3-31　公称数值的允许偏差

试验项目	单位	允差	检验条件
公称力：主缸、穿孔缸、侧缸、挤压筒移动缸、主剪缸	MN	设计量的 ±2.5%	负荷运转
行程量：挤压行程、穿孔行程、挤压筒移动行程、模架行程	mm	设计量的 0～20%	空运转
速度量：铝挤压机空程和回程速度、穿孔速度及空程和回程速度、挤压筒压紧和松开速度	mm/s	设计量的 ±5%	空运转

表 3-32　挤压速度精度允许偏差

项目		指标	检验条件
挤压时稳定速度/(mm/s)	±6%	0.2～1	负荷运转
	±5%	>1～10	空运转
	±3%	>10～20	空运转

③ 铝挤压机的性能试验项目及要求　见 JB/T 12228—2015，或参见 JB/T 12470—2015。

④ 铝挤压机的空运转试验　见 JB/T 12228—2015，或参见 JB/T 12470—2015。

⑤ 铝挤压机的噪声级　见 JB/T 12228—2015，或参见 JB/T 12470—2015。

⑥ 铝挤压机的负荷运转试验　铝挤压机的负荷运转试验应根据产品验收技术条件的规定先按照逐级升压的调压方法进行，并符合下列规定。

a. 负荷运转试验应在空运转试验检验合格后进行。

b. 负荷运转试验的检验内容同空运转试验的检验内容。

⑦ 铝挤压机的超负荷试验　超负荷试验是指超过铝挤压机公称力的试验。超负荷试验不做运行动作。铝挤压机一般不做超负荷试验。需要做超负荷试验时，安全阀（包括作为安全阀使用的溢流阀）的开启压力一般应不大于额定压力的 1.1 倍，动作应灵敏可靠。对于 50MN 以上的铝挤压机，其压力一般应不大于额定压力的 1.05 倍。各零部件不得有任何损坏和永久变形。液压系统不得有渗漏及其他不正常现象。

⑧ 铝挤压机空运转试验及负荷试验后的精度检验　见 JB/T 12228—2015。

⑨ 铝挤压机的验收　见 JB/T 12228—2015，或参见 JB/T 12470—2015。

(4) 标志、包装、运输和贮存

见 JB/T 12228—2015。

3.11 卧式双动黑色金属挤压机

在 JB/T 12470—2015《卧式双动黑色金属挤压机》中规定了卧式双动黑色金属挤压机的型式与基本参数、技术要求、试验方法、检验及验收规则，以及标志、包装、运输和贮存，适用于热态下挤压碳素钢、低合金钢、不锈钢、高温合金、难熔金属及难变形金属管、棒、型材的卧式双动黑色金属挤压机；适用于四柱式预应力框架结构型式，以及主要采用矿物油型液压油为工作介质的液压泵直接传动或液压泵-蓄势器传动方式，而介质压力在 25～31.5MPa 的卧式双动黑色金属挤压机（以下简称挤压机）。

(1) 型式与基本参数

① 基本型式　JB/T 12470—2015 列出了四柱式预应力框架的挤压机：挤压机由预应力框架、主工作缸、侧缸、穿孔缸、挤压动梁、穿孔动梁、挤压筒装置、热锯、移动模座、快换模、挤压工具等组成。

预应力框架是应用拉杆、压套、螺母及前梁、后梁经预紧后组成的组合式框架。

挤压机的挤压动梁和挤压筒装置的下导向方式一般为可调节式水平导向和垂直导向。而挤压筒装置除设有下导向装置外，还设有可调节的斜置式上导向装置。挤压动梁、挤压筒的下导向装置也可为可调式的斜置式导向装置，称做 X 形导向结构。穿孔动梁在挤压动梁中移动。

挤压机如图 3-16 所示。

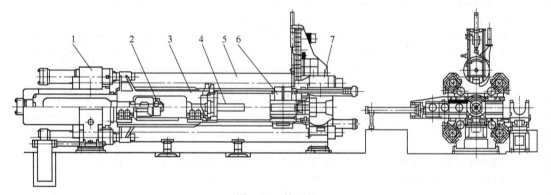

图 3-16　挤压机

1—后梁；2—穿孔装置；3—挤压动梁；4—挤压工具；5—压套、拉杆；6—挤压筒装置；7—前梁

② 基本参数　卧式双动黑色金属挤压机的基本参数见表 3-33。

表 3-33　卧式双动黑色金属挤压机的基本参数

参数名称	参数值								
	8MN	12.5MN	16MN	25MN	36MN	45MN	63MN	75MN	100MN
公称力 /MN	8	12.5	16	25	36	45	63	75	100
压力分级 /级数	2	2	2	4	4	5	5	5	6
主缸力 /MN	7.05	10.6	13.3	17.8	24.2	27	39.8	46.15	60
侧锁紧力 /MN	1.01	1.9	3	4	6.3	9	11.8	14.77	20

参数名称	参数值								
	8MN	12.5MN	16MN	25MN	36MN	45MN	63MN	75MN	100MN
回程力/MN	0.56	1.0	1.3	2.2	2.9	4	5.7	7.5	**6.6**
穿孔力/MN	1.28	1.76	2.8	4	6.3	9	11.8	14.77	20
挤压筒锁紧力/MN	0.65	0.95	1.2	2.1	3.6	4.5	6.1	7.7	15
主柱塞行程/mm	1250	1450	1650	2200	2850	3000	3150	3450	4050
锁紧缸行程/mm	600	600	800	1500	1600	1700	1800	2300	3000
穿孔针行程/mm	600	700	800	1100	1400	1500	1600	**5150**	**6050**
挤压速度/(mm/s)	50～300	50～300	50～300	50～300	50～300	50～300	50～300	50～300	50～300
挤压筒内径/mm	100～150	130～180	160～200	170～250	200～320	200～400	230～450	300～550	330～600
挤压筒长度/mm	600	700	800	1100	1400	1500	1600	1700	2000
模座尺寸/mm	$\phi300\times350$	$\phi350\times400$	$\phi370\times450$	$\phi450\times500$	$\phi520\times560$	$\phi600\times630$	$\phi750\times850$	$\phi960\times1035$	$\phi1200\times1300$
介质压力/MPa	21～28	21～28	21～28	21～28	28～30	28～30	28～30	28～30	28～30

注：1. 表中公称力值是按表中所列介质压力（主泵压力）计算的值，如选用其他压力时各公称压力值允许有差异。

2. 表中穿孔力值是采用外置式穿孔结构型式时的，取为公称力值的18%～20%，当选用其他结构型式时穿孔力值允许有差异。

3. 表中压力分级是指主缸、侧缸和穿孔缸单独作用或三缸力之间互相搭配工作后所产生的不同的挤压力级数。

作者注：表中黑体字或有误。

③ 其他基本参数推荐值　JB/T 12470—2015 中挤压机的油介质压力推荐在 25～31.5MPa 范围内选用，应用时也可采用其他的压力数值，但应在协议或合同中规定。

④ 型号说明

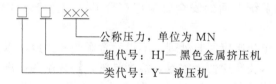

示例

公称挤压力为 25MN 的卧式双动黑色金属挤压机标记为：

YHJ25

(2) 技术要求

① 一般性要求

a. 挤压机的通用技术条件应符合 JB/T 3818 的规定。

b. 挤压机的设计应符合 JB/T 12470—2015 和相应的设计图样及技术文件的规定。

c. 挤压机应符合技术协议规定的技术参数、功能和性能。

d. 挤压机根据布置方式不同，可分为左型机或右型机，订货时应在协议或合同中明确规定。

e. 挤压机设备的布置应紧凑、合理，并为其他工艺设备设施及管路系统的安全操作、维护留有适当的空间。

f. 挤压机（包括泵站、控制系统）的工作环境温度为 $5\sim40℃$，相对湿度小于 85%，海拔低于 2500m。如有特殊的工作环境要求，应在技术协议中说明。

g. 挤压机的产品使用说明书应能提供挤压机全面的产品参数、性能、使用操作、维护修理、安全卫生等技术说明，以及与预期功能相适应的使用信息和注意事项。

h. 挤压机应由熟悉其性能并经过严格培训的人员执行操作。

② 挤压机的成套性

a. 挤压机成套设备一般包括挤压机本体、液压传动控制系统、电气控制系统、机械化设备等。

挤压机机械化设备由供锭装置、运锭装置、推锭装置、供垫机械手、压余处理装置、快换模装置和坯锭润滑系统等组成。具体供货范围应按照订货合同的规定执行。

b. 挤压机的外购配套件应符合现行标准的规定，并应有合格证。

c. 挤压机的外协配套件，应按技术图样生产、制造、检验，并提供详细的质量检验报告。

d. 挤压机的随机技术文件包括：

ⅰ. 产品使用说明书；

ⅱ. 产品合格证书；

ⅲ. 按供需双方技术协议所规定的产品安装、使用、维护用图样，易损件清单等技术文件；

ⅳ. 装箱单。

③ 安全卫生环保

a. 设备安全卫生的设计应符合 GB 5083—1999 中第 2 章基本原则的规定与 3.6.1.5 和 4.5 的规定。

b. 安全防护应符合 JB/T 3915（已废止）和 JB/T 3818 的规定。

c. 挤压机及其机械化设备应设有安全联锁和行程极限保护装置。

d. 液压系统必须设有过载安全保护装置和机、电、液安全联锁装置。

e. 液压管路、法兰、接头、紧固件等的设计等级应与其所承受的压力相适应。

f. 电力传动和控制系统方面的安全要求应符合 GB 5226.1（GB/T 5226.1—2019）的规定。

g. 报废或渗漏的工作介质应回收处理，不得随意倾倒和排放，以防污染环境。

h. 显示器和视觉警示装置应便于察看，清晰易辨，经久耐用，准确无误。

i. 挤压机的噪声限值应符合 JB 9967（已废止）的规定，噪声测定位置应在操作台附近。

j. 产品使用说明书中应明确提出灭火安全指南，要求工程设计和施工设置防火设施。

k. 防护栏的设计应符合 JB/ZQ 4637—2006《栏杆的设计规范》的规定。

④ 主要零部件质量

a. 预应力框架的强度和刚度条件。

挤压机的框架应采用计算机三维有限元法（FEM）进行优化设计，对其应力和变形进行分析和验算，尤其应注重对高应力集中处的分析，后梁、前梁、压套、拉杆的强度、刚度应满足设计和生产工艺的要求。

b. 主要零部件的材质和力学性能。

挤压机的主要零部件有前梁、后梁、挤压动梁、穿孔梁、压套、拉杆、主工作缸、柱塞、挤压筒、挤压轴等。

ⅰ. 材料的化学成分和力学性能应符合所选材料标准的规定。

ⅱ. 铸钢件铸后应进行消除应力热处理，必要时还应进行二次消除应力处理。

ⅲ. 拉杆采用大型碳素结构钢或大型合金结构钢锻件制造，应进行调质处理。锻件的检验项目和取样数量按 JB/T 5000.8—2007 中分组验收的第 Ⅴ 组级别的规定执行。

ⅳ. 各工作缸体采用大型碳素结构钢或大型合金结构钢整体锻件加工制造。大型的工作缸体可采用锻造焊接方法制造，焊前应进行调质处理，焊后应进行消除应力处理。锻件应检验切向力学性能，检验指标包括 R_{eL}（$R_{p0.2}$）、R_m、A、Z、A_k 值，检验项目和取样数量按 JB/T 5000.8—2007 中分组验收的第 Ⅴ 组级别的规定执行。

ⅴ. 柱塞或活塞杆件采用大型碳素结构钢和合金钢锻件制造，也可采用冷硬铸铁件制造，应进行相应的热处理，并应进行表面硬化处理，其工作面的硬度应大于 45HRC，硬化层厚度应不小于 3mm。

ⅵ. 挤压筒、挤压轴应采用热作模具合金钢锻件加工制造。其锻件用的热作模具合金钢化学成分应符合 GB/T 1299—2014《工模具钢》中热作模具合金钢的规定。锻件材料要求用电弧炉或其他特种冶金设备冶炼。锻件应进行淬火、回火处理。

ⅶ. 组合机架的压套可采用焊接件、铸件、锻焊件。

c. 铸件、锻件、焊接件质量要求。

ⅰ. 大型铸钢件的通用技术条件应符合 JB/T 5000.6 的规定。

ⅱ. 铸钢件的补焊通用技术条件应符合 JB/T 5000.7 的规定。补焊后补焊处应按 JB/T 5000.14 的规定进行超声检测及磁粉检测。

ⅲ. 铸钢件无损检测的通用技术条件应符合 JB/T 5000.4 的规定。

ⅳ. 要求力学性能试验的铸件和锻件，其力学性能要求应在图样技术要求中说明，试件应在母体上预留。

ⅴ. 有色金属铸件的通用技术条件应符合 JB/T 5000.5 的规定。

ⅵ. 铸铁件的通用技术条件应符合 JB/T 5000.4 的规定。

ⅶ. 锻件的通用技术条件应符合 JB/T 5000.8 的规定。

ⅷ. 锻件的无损检测的通用技术条件应符合 JB/T 5000.15 的规定。

ⅸ. 焊接件的通用技术条件应符合 JB/T 5000.3 的规定。

ⅹ. 火焰切割加工的零件的通用技术条件应符合 JB/T 5000.2 的规定。

ⅺ. 要求进行超声检测或磁粉检测的重要零部件部位和检验等级应在图样技术要求中标明。具体要求如下。

• 采用铸造或锻造的前梁、后梁、挤压动梁、穿孔梁等的加工面应进行超声检测，超声检测等级按 3 级执行。

• 挤压筒、挤压轴、穿孔针等应进行超声检测，检测方法应符合 GB/T 6402—2008《钢锻件超声检测方法》的规定。超声检测的判定参照 GB/T 11880—2008《模锻锤和大型机械锻压机用模块技术条件》中 3.8.1～3.8.3 的规定。鼓励企业内部制定高于以上所规定和参照的标准，也可执行其企业内部的高标准规定。

• 缸体锻件超声检测等级按 JB/T 5000.15—2007 中Ⅲ级执行。对于锻造焊接结构的缸体和空心柱塞应对焊缝进行超声检测，检测等级按 GB/T 11345—2013 中 BⅡ级执行。缸底圆弧和缸法兰与缸壁连接处圆弧应进行磁粉检测，检测等级按 JB/T 5000.1—2007 中Ⅱ级执行。

- 主柱塞、活塞杆、挤压筒、挤压轴等外表面应进行磁粉检测，按 NB/T 47013.4 磁粉检测部分执行。
- 拉杆应进行超声检测和磁粉检测，拉杆的超声检测距外圆表面 100mm 内按 JB/T 5000.15—2007 中Ⅱ级执行，其余按Ⅲ级执行，表面磁粉检测按 NB/T 47013.4 磁粉检测部分执行。
- 挤压机焊接件应符合 JB/T 5000.3 的规定。重要件应在图样技术条件中说明精度等级和焊后消除应力。

d. 切削加工质量。

ⅰ. 切削加工零部件的质量应符合技术图样的要求。

ⅱ. 切削加工件在图样中未注明的技术要求应符合 JB/T 5000.9 的规定。

ⅲ. 挤压机关键零部件切削加工的几何公差的精度不低于 7 级。

ⅳ. 各关键零部件切削加工的表面粗糙度如下。

- 前梁、后梁、挤压梁、穿孔梁、压套、拉杆、螺母、承压垫的主要工作表面的表面粗糙度 Ra 为 3.2μm。
- 工作缸缸底圆弧及法兰台肩过渡圆弧，法兰台肩与梁的贴合面处表面粗糙度 Ra 为 1.6μm。活塞缸内壁表面粗糙度 Ra 为 0.4~0.6μm。
- 对于各种柱塞、活塞杆的表面要求镀铬或镀镍磷的，其单边镀层厚应为 0.03~0.05mm，镀后应进行抛光，对于表面要求堆焊不锈钢的柱塞，其堆焊厚度在切削加工后为 2~3mm，柱塞表面的表面粗糙度 Ra 为 0.4~0.6μm。
- 拉杆与拉杆螺纹表面粗糙度 Ra 为 1.6μm，圆柱表面粗糙度 Ra 为 3.2μm。
- 挤压筒为过盈装配件，挤压筒内圆表面粗糙度 Ra 为 0.8μm。挤压轴外圆表面粗糙度 Ra 为 1.6μm。穿孔针外圆表面粗糙度 Ra 为 0.4μm。

e. 装配质量。

ⅰ. 挤压机装配应按 JB/T 5000.10 的规定执行。

ⅱ. 装配中的各零部件均应符合图样要求，且检验合格，各种检验和试验报告应齐全。所有的外购配套件必须有生产厂家的检验合格证，符合质量要求，其性能、型号和规格符合图样的规定。

ⅲ. 重要的接合面装配后均进行接触检验，包括：

- 拉杆螺母与前、后梁的接合端面；
- 液压缸法兰与梁的接合端面；
- 压套与梁的接合面；
- 挤压筒与模具接合端面；
- 导滑板与导板的接合面。

保证其最大接触面积装配紧固后用 0.05mm 塞尺进行检查，局部塞入深度不大于 10mm，超差部分的累计长度不大于检测周长的 10%。

作者注：此项要求有问题。

ⅳ. 框架的预紧可采用超压预紧、加热预紧或液压拉伸预紧方式。预紧应按技术图样或产品说明书的规定及工艺规程的要求进行。

ⅴ. 挤压机出厂前均应在制造厂进行总装配，并进行空载试车及耐压测试。

ⅵ. 挤压机总装配后进行精度检测，并将检测数据记入出厂文件，本体装配精度检测项目应符合表 3-34 的规定，其检测方法按 JB/T 12470—2015 中表 4 执行。

表 3-34　本体装配精度检测项目　　　　　　　　　　　单位：mm

检查项目	公差
框架下导轨在纵、横两个方向的水平度	0.05/1000，全长范围内为 0.20
主柱塞在 1/3～2/3 行程处的水平度	0.05/1000
挤压轴与挤压筒的同轴度	$\phi 0.10$
挤压筒与模具的同轴度	$\phi 0.05$
穿孔针与模孔在穿孔全行程中的同轴度	$\phi 0.10$
前梁、后梁内端面对水平面的垂直度	0.10/1000
挤压轴的水平度	0.05/1000

⑤ 液压系统

a. 液压系统的通用技术条件应符合 JB/T 6996 与 GB/T 3766 的规定。

b. 外购和自制的液压元件的技术要求和连接尺寸应符合 GB/T 7935 的规定。

c. 外购或外协的液压阀集成阀块系统应在供方进行阀的启闭性能与调压性能试验，并进行耐压试验，试验压力为工作压力的 1.25 倍，保压时间为 10～15min，液压阀集成阀块不得有渗漏和影响强度的现象。

d. 对于自制液压阀类（如充液阀），其密封处均应做煤油渗漏试验及启闭性能和调压性能试验。

e. 液压油应符合设计要求。系统中液压油（液）可按 GB 7632—1987《机床用润滑剂的选用》规定的牌号和有关油（液）品专业厂家的规定选择，一般采用 HM（优等品）抗磨液压油。

f. 油箱须做渗漏试验，不得有任何渗漏现象，并应设置油位、油温等便于观测以及发讯的装置。

g. 液压系统的清洁度应符合 JB/T 9954 的规定。

⑥ 润滑与气动　润滑、气动元件的技术要求与连接尺寸应符合 GB/T 7932 的规定，其密封处的表面粗糙度应达到图样的要求。

⑦ 配管

a. 液压、气动、润滑的管路配作原则上按设计图样进行。通用技术条件应符合 JB/T 5000.11 和 JB/T 5000.3 的规定。

b. 弯管的最小弯曲半径应符合有关标准的规定。弯曲部位应圆滑，不应有起皱、压扁和其他变形现象。

c. 液压管路焊接时应采取钨极氩弧焊或钨极氩弧焊打底。高压连接法兰推荐采用高颈法兰，法兰连接螺栓采用高强度螺栓。

d. 软管通径的选择应符合有关规范的规定，连接活动部件的软管应避免拉伸和扭转应力以及外部损伤，其长度应满足总的运动范围内不超过允许的最小半径。

e. 液压系统中应设置必要的排气及放油装置，并能方便地排气和放油。

f. 液压管路应先进行预装。预装后拆下管子进行管子内部清理和酸洗，完全彻底清理干净后及时采取防锈措施，并进行管路二次装配敷设。

g. 液压管路中钢管应符合 GB/T 8163 的规定。钢管材料可选用 20 钢或 Q345。

⑧ 电气系统

a. 挤压机上电气设备及其线路敷设应保证安全可靠。电气设备的一般要求应符合 GB 5226.1（GB/T 5226.1—2019）的规定。除此之外，还应符合下列基本要求。

ⅰ. 配线种类应符合电气设计要求。

ⅱ. 装设在机身上的电气操作盘、接线盒、线槽、线管的固定应牢固可靠，并应采取防振措施。

ⅲ. 在意外和突然消失的电压恢复时, 应能防止电力驱动装置自然接通。

b. 挤压机自动化与过程控制采用的可编程序控制器 (PLC) 和工业控制计算机 (IPC) 的配置, 应保证其工作精度符合专业厂家和现行的有关标准的规定。

c. 挤压机一般应具有手动、半自动、自动三种工作制度。

d. 在操作台上应能显示挤压机的工作运行过程, 并可实现故障诊断和报警, 还应设有紧急停止按钮。

⑨ 外观质量

a. 挤压机的外表面不应有图样上未规定的凸起、凹陷、粗糙不平和其他损伤等影响表面美观的缺陷。

b. 各零部件接合面的边缘应整齐均匀, 不应有明显的错位。

c. 外露焊缝应光滑匀称、平直均匀, 如有缺陷应修磨平整。

d. 挤压机零件和附件未要求加工的表面质量应符合有关标准的规定。铸件的表面质量应符合 GB/T 15056 的规定。

e. 挤压机外露的液压润滑管路和电气线路等按其外轮廓敷设安装时, 应排列整齐, 敷设平直, 避免相互交叉, 并不应与相对运动的零部件发生摩擦, 安装后应使拆卸、维护方便。

f. 挤压机的标牌应清晰、美观, 固定在其明显位置, 平直牢固。

⑩ 涂装 挤压机的涂装应符合 JB/T 5000.12 的规定, 且着色应符合图样安装或用户所提供的色板要求。不同颜色的油漆应界限分明。涂料必须适应于工作油液和环保要求。涂料质量必须符合有关环保的规定。外购件保留原色。

⑪ 检测项目 挤压机精度的检测项目与方法见 JB/T 12470—2015 中表 4。

(3) 试验方法、检验及验收规则

① 总则

a. 挤压机的检验和试验的通用技术条件应符合 JB/T 5000.1 和 JB/T 3818 的规定。

b. 设备出厂前应在制造厂总装并进行空运转试验和耐压试验。

c. 总装试验时, 应按产品标准和有关技术文件的规定进行检验, 检验的数值应有记录。

d. 挤压机精度检验量具应是按有关标准校正后的量具, 且均应符合有关标准中Ⅰ级的规定。

e. 挤压机设备应经检验部门检验合格并出具合格证明书后方能出厂。

f. 挤压机总装与试验的项目为:

· 型式与基本参数;

· 性能;

· 空运转试验;

· 负荷运转试验 (非工艺性);

· 精度检验。

② 型式与基本参数检验

a. 挤压机的型式应符合设计的规定。

b. 挤压机总装后应具备完成试验和检验的工作条件。

c. 基本参数的检验应在空运转和负荷运转试验时进行, 其中工作压力和工作速度测验可在负荷运转试验时进行。

d. 基本参数的检测项目允差见表 3-35。

表 3-35　基本参数的检测项目允差

试验项目	单位	允差	检验条件
公称力：主缸、穿孔缸、侧缸、挤压筒移动缸	MN	设计量的 ±2.5%	负荷运转
行程量：挤压行程、穿孔行程、挤压筒移动行程、模架行程	mm	设计量～设计量 +50	空运转
速度量：挤压机空程和回程速度、穿孔速度及空程和回程速度、挤压筒压紧和松开速度	mm/s	设计量的 ±5%	空运转

③ 性能试验项目及要求

a. 各工作缸的运转性能试验在空运转和负荷运转试验中进行，试验项目按试车大纲和产品使用说明书规定的项目进行，并达到所规定的试验要求。试验的数值应进行记录，记录数值必须与实测数值相一致。

b. 各工作缸与梁的运转试验项目及要求如下。

• 液压缸的启动、停止试验。连续运行 10～15 次，动作应灵活可靠，无泄漏和渗漏现象。

• 挤压动梁、穿孔动梁、挤压筒装置的全行程连续试动。在空程速度范围内，连续动作 10 次以上。运动平稳，启停可靠，无爬行现象。

c. 机械、液压、气动、润滑、冷却系统，以及电气控制设备、安全联锁和防护装置等工作状况应正常。

d. 复检电气柜的电气接线、电气开关、按钮、显示器，以及压力、行程指示发讯元件，声光报警装置等工作的可靠、准确。

④ 空运转试验　挤压机应在空负荷状态下进行运转试验，试验中应对其电力、温度变化、安全保护装置进行检测。

a. 空运转试验是指包括本体、液压系统、机械化设备、行程指示和行程检测与电控设备等进行调整和联合试验。

b. 空运转试验是以最大行程进行单次行程和连续行程空负荷运转。（手动、半自动、全自动）空负荷运转时间一般不少于 4h。

c. 测定各泵电动机的电流、温度应符合有关规定。

d. 采用的轴承应符合轴承的规定条件，其温升为：

• 滚动轴承温升不应超过 40℃；最高温度不应超过 70℃；

• 滑动轴承温升不应超过 35℃；最高温度不应超过 70℃；

• 各滑板处的温升不应超过 15℃；最高温度不应超过 50℃。

e. 油箱油泵吸油区的油液温度不应超过 55℃。

f. 检查液压系统中管路接头、法兰处、油箱，阀块与阀、法兰与阀门等连接处，以及其他连接接缝处，润滑管路、气路、冷却管路等的密封性，不得有渗漏的现象和相互混入状况。

g. 各指示、发讯元件等安全保护装置准确可靠，无任何故障。

h. 挤压机在空运转试验合格后，应按产品使用说明书和工艺规范进行额定压力试验。额定压力试验应按逐级升压（如 5MPa、10MPa、15MPa、20MPa、25MPa、31.5MPa）的规则进行。耐压试验后各零部件不得发生变形。各密封处不得有渗漏油现象。

⑤ 噪声级　挤压机噪声级的测量，应在挤压机最大负荷时，正常生产的条件下，在全行程工作范围内进行，测量方法应符合 GB/T 23281 和 GB/T 23282 的规定。在规定位置（如工作台附近）进行测试，噪声 A 计权声压级一般不应超过 85～90dB（A）。

⑥ 负荷运转试验　挤压机的负荷运转试验一般不在制造厂进行，若需方要求在制造厂

内进行，则按双方协商拟定的协议书进行。

a. 负荷运转试验应在空运转试验检验合格后进行。

b. 负荷运转试验的检验内容同空运转试验的检验内容。

c. 负荷运转试验的承压材料由用户提供［如用不经加热软质材料（如纯铜）的锭］。

⑦ 超负荷试验　超负荷试验是指超过挤压机公称力的试验。超负荷试验不做运行动作。挤压机一般不做超负荷试验，对于用户有要求进行超负荷试验的，应在技术协议书中商定。

超负荷试验安全阀（包括作为安全阀使用的溢流阀），其开启压力一般应不大于额定压力的 1.1 倍。其压力一般应不大于额定压力的 1.05 倍。各零部件不得有任何损坏和永久变形。液压系统不得有渗漏及其他不正常现象。

⑧ 空运转试验及负荷运转试验后的精度检验　见 JB/T 12470—2015。

⑨ 验收

a. 挤压机在空运转试验和负荷运转试验按规定检验合格后，即可进行简单的工艺性负荷试车。

b. 负荷试车时间和内容按合同和技术协议的规定执行。

c. 负荷试车达到合同或协议的规定要求时，应进行挤压机的验收。

(4) 标志、包装、运输和贮存

见 JB/T 12470—2015。

说明

① JB/T 12470—2015《卧式双动黑色金属挤压机》于 2015 年 10 月 10 日发布、2016 年 3 月 1 日实施，其晚于 2015 年 4 月 30 日发布、2015 年 10 月 1 日实施的 JB/T 12228—2015《单双动卧式铝挤压机》。比较以上两项标准，JB/T 12470—2015 有一定程度的技术进步。

a. 给出了挤压机主要零部件明细："挤压机的主要零部件有前梁、后梁、挤压动梁、穿孔梁、压套、拉杆、主工作缸、柱塞、挤压筒、挤压轴等。"

b. 在"挤压筒、挤压轴、穿孔针等应进行超声检测，检测方法应符合 GB/T 6402—2008《钢锻件超声检测方法》的规定。超声检测的判定参照 GB/T 11880—2008《模锻锤和大型机械锻压机用模块技术条件》中 3.8.1～3.8.3 的规定。"后增加了"鼓励企业内部制定高于以上所规定和参照的标准，也可执行其企业内部的高标准规定。"

c. 在"框架的预紧可采用超压预紧、加热预紧或液压拉伸预紧方式。"后增加了"预紧应按技术图样或产品说明书的规定及工艺规程的要求进行。"

d. 在"液压管路中钢管应符合 GB/T 8163 的规定。"后增加了"钢管材料可选用 20 钢或 Q345。"

e. 在 JB/T 12228—2015 中为"气元器件和配线种类应符合电气设计要求"，而在 JB/T 12470—2015 中为"配线种类应符合电气设计要求"，至少"气元器件"前的"气"字可能是错误的。

f. 在 JB/T 12228—2015 中规定为"柱塞表面的粗糙度 $Ra\ 0.4～0.8\mu m$"；而在 JB/T 12470—2015 中规定为"柱塞表面的表面粗糙度 Ra 为 $0.4～0.6\mu m$。"

② 但是，在 JB/T 12228—2015 中规定为："液压油应符合设计要求。系统中液压油（液）的使用可按 JB/T 10607 规定的牌号选择。一般采用 HM（优等品）抗磨液压油。"而在 JB/T 12470—2015 中规定为："液压油应符合设计要求。系统中液压油（液）可按 GB 7632 规定的牌号和有关油（液）品专业厂家的规定选择，一般采用 HM（优等品）抗磨液压油。"是否是技术进步则值得商榷。

③ JB/T 12470—2015 和 JB/T 12228—2015 中存在"空负载运转"与"空负荷运转"并用,以及其他术语使用不规范问题。

④ 内容重复,如"4.4.5 装配质量 4.4.5.5 挤压机出厂前均应在制造厂进行总装配,并进行空负载试车及耐压测试。"和"5 试验方法、检验及验收规则 5.1 总则 5.1.2 设备出厂前应在制造厂总装并进行空负荷试验和耐压试验。"

⑤ "对于各种柱塞、活塞杆的表面要求镀铬或镀镍磷的,其单边镀层厚应为 0.03～0.05mm,镀后应进行抛光,对于表面要求堆焊不锈钢的柱塞,其堆焊厚度在切削加工后为 2～3mm,柱塞表面的表面粗糙度 Ra 为 0.4～0.6μm。"具有重要参考价值。

作者注:"Ra 为 0.6μm"不是在 GB/T 1031—2009 表 1 中规定的"轮廓的算术平均偏差 Ra 的数值"和表 A.1 中规定的"Ra 的补充系列值"。

3.12 磨料制品液压机

磨料制品液压机是压制砂轮、油石用的液压机。在 JB/T 3863—1999《磨料制品液压机 型式与基本参数》中规定了磨料制品液压机的型式与基本参数,适用于直线往复和环形回转多工位全自动磨料制品液压机;在 JB 3864—1985《磨料制品液压机 精度》中规定了磨料制品液压机的精度,适用于磨料制品液压机。

3.12.1 磨料制品液压机型式与基本参数

① 磨料制品液压机的主参数为公称力。

② 磨料制品液压机典型结构型式以四柱直线往复式为例(见 JB/T 3863—1999 中图 1),对于四(三)柱环形回转式、多工位直线往复式的磨料制品液压机型式均可参照设计。

③ 磨料制品液压机型式及基本参数应符合 JB/T 3863—1999 中图 1 和表 3-36 的规定。

表 3-36 磨料制品液压机的基本参数

公称力/kN		16	63	250	630	1000	1600	2500	4000	6300	10000	16000	31500	50000
典型结构型式		立式四(三)柱式												
成型砂轮最大直径/mm		35	70	150	200	250	350	450	500	750	900	1100	1600	2200
滑块下平面至工作台面最大距离 H/mm		320			400		630		800		1000		1250	
滑块行程 S/mm		200			250		320		400		500		630	
工作台尺寸/mm	左右 B	200	240	360	400	450	560	600	750	950	1120	1320	1900	2500
	前后 T	200	240	360	400	450	560	600	750	950	1120	1320	1900	2500
工作台面距离地面高度 h/mm		(710)							(800)					
滑块下行速度/(mm/s)	空程	—						(50)						
	低压	(40)				(20)	(15)		(10)		(8)		(5)	(3)
	高压	>8				5～3				4～2		3～1	2～1	1.5～0.5
滑块回程速度/(mm/s) ≥		(80)								(60)				
模套浮动压力/kN		—			(25)	(40)	(63)		(100)	(160)	(250)	(400)	(630)	
模套浮动行程/mm		—				(25)				(35)		(40)		
卸模顶出压力/kN		—		25	40	63	100	160	250	400			630	
转盘直径 D/mm		—		340	400	500	560	630	900	1060	1250	1800	2400	
转盘转速/(r/min)	最大	—		70	65	60	55	50	40	35	30	25	20	
	最小	—		50	45	40	35	30	25	20	15	10	5	

注:括号内的数值为参考数值。

3.12.2 磨料制品液压机精度

(1) 基本要求

① 精度检验基准 工作台面是液压机精度的检测基准面。

② 精度检测的条件

a. 精度检测前，液压机应调整安装水平，其工作台面的水平偏差不得超过 0.20mm/1000mm。

b. 液压机的精度检测，应在空运转和满负荷运转试验后分别进行，并以满负荷运转试验后的实测值记入合格证书内。

c. 在液压机精度检测过程中，不许对影响精度的机构和零件进行调整。

③ 对检测方法的要求 制造厂或用户可采用其他等效的方法进行精度检测，但仲裁时应严格按 JB 3864—1985 规定执行。

④ 对量检具的要求 具体见 JB 3864—1985。

⑤ 对压试块进行精度检测的规定 对无法按 JB 3864—1985 规定的方法进行精度检测的其他类型磨料制品液压机可用压试块方法进行检测。精度检测的公差和方法应符合 JB 3864—1985 附录 A 规定。

⑥ 公差计算方法和尾数圆整 各检测项目的精度公差值，须按规定的公式计算，计算结果，其微米数字小于 5 以 5 计，大于 5 以 10 计。

⑦ 标准中的代号 具体见 JB 3864—1985。

(2) 公差值的给定及其检测方法

具体见 JB 3864—1985。但此标准过于陈旧，是否采用由制造商与用户商定。

3.13 磁性材料液压机技术条件

在 GB/T 8541—2012、GB/T 36484—2018、JB/T 4174—2014 和 JB/T 6584—1993 中都没有"磁性材料液压机"这一术语和定义。在 JB/T 6584—1993《磁性材料液压机 技术条件》中规定了磁性材料制品液压机的技术要求与试验方法、检验规则、包装、标志和运输，适用于永磁材料压制成型的磁性材料液压机（以下简称磁材压机）。

(1) 技术要求

① 图样及技术文件要求 磁材压机应按规定程序批准的图样和技术文件制造。

② 型式与基本参数 磁材压机的型式与基本参数应符合相应的标准。

③ 成套要求

a. 磁材压机一般配有相应的辅助装置。

ⅰ. 湿式成型的辅助装置：包括浆料自动输送装置，充磁、退磁装置，真空吸水装置，通用模架等配套辅助装置。

ⅱ. 干式成型的辅助装置：包括送粉装置，充磁、退磁装置，通用模架等配套辅助装置。

b. 磁材压机应备有必需的工具、附件和易损件，并保证其使用性能和互换性，特殊附件的供应由供需双方商定。

④ 外购配套件要求 磁材压机外购配套件的质量，应符合相应标准的规定，出厂时应与整机同时进行运行试验。

⑤ 安全与防护

a. 磁材压机应具有对操作者可靠的安全与防护装置，保护装置应符合 JB 3915（已废止）的要求。

b. 磁材压机应具有可靠的超载、超程等保护装置。

c. 磁材压机应设有紧急停止和意外电压恢复时防止电力驱动的装置。

⑥ 压机性能

a. 磁材压机应具有浮动压制、双向压制等工艺动作。

b. 磁材压机的压力及行程可根据工艺要求分别进行调整。

c. 磁材压机的压制速度应可调，其调整范围按设计文件的规定。

d. 磁材压机的滑动摩擦副应采取耐磨措施，并有合理的硬度差。

e. 磁材压机的运行必须灵敏、可靠、平稳，液压驱动件（如活塞、柱塞等）在规定的行程速度的范围内不应有振动、爬行和阻滞现象，换向不应有影响正常工作的冲击现象。

f. 磁材压机应具有持续加压性能，持续加压时间应可调。

g. 磁材压机与其配套的辅助装置连接动作应协调、可靠。

h. 磁材压机的刚度应符合有关标准或设计要求。

i. 磁材压机的噪声限值应符合 ZB J62 006.1（已废止）的规定，其测量方法按 JB 3623（已废止）的规定。

j. 磁材压机的精度应不低于 GB 9166（现行标准为 GB/T 9166—2009）的规定。

⑦ 配套装置性能

a. 浆料自动输送装置。

b. 自动送粉装置。

c. 真空吸水装置。

d. 充磁、退磁装置。

e. 通用模架要求。

具体的配套装置性能要求详见 JB/T 6584—1993。

⑧ 铸、锻、焊接件及质量

a. 磁材压机上所有的铸、锻、焊接件应符合标准的规定及图样、工艺文件的技术要求，对不影响使用和外观的铸件缺陷，在保证质量的条件下，允许按有关标准的规定进行修补。

b. 重要铸件的工作表面不应有气孔、缩孔、砂眼、夹渣和偏析等缺陷。

c. 重要的铸、锻和焊接件，应进行消除内应力处理。

d. 加工后同一导轨表面的硬度应均匀，其硬度差应符合 JB 3818（现行标准为 JB/T 3818—2014）的规定。

e. 零件加工后应符合设计图样、工艺和有关标准的要求；已加工表面不应有毛刺、斑痕和其他机械损伤；除特殊规定外，不应有锐棱和尖角。

f. 零件刻度部分的刻线、数字和标记应准确、均匀、清晰。

⑨ 装配质量

a. 磁材压机应按装配工艺规程进行装配，不得因装配损坏零件及其表面和密封件唇口等，装配后各机构动作应灵活、准确、可靠。

b. 重要固定接合面应紧密贴合，预紧牢固后以 0.05mm 塞尺进行检验，只允许局部插入，其插入部分累计不大于可检长度的 10％。

重要固定接合面有：

ⅰ. 立柱台肩与工作台面的固定接合面；

ⅱ. 立柱调节螺母、锁紧螺母与上横梁和工作台的固定接合面；

ⅲ．油缸锁紧螺母与上横梁的固定接合面；

ⅳ．活塞台肩与滑块的固定接合面。

c. 液压、冷却系统的管路通道和油箱的内表面，在装配前应进行彻底的防锈去污处理。

d. 全部管路、管接头、法兰及其他固定连接与活动连接的密封处，应连接可靠、密封良好、不得有渗漏现象。

⑩ 液压、气动、电气装置质量

a. 液压装置质量。

ⅰ．液压装置应符合 JB 3818（现行标准为 JB/T 3818—2014）第 6 章的规定。

ⅱ．油箱。

ⅲ．设计液压系统时，应使发热降低到最小程度，并使油液能有效地散热，油箱内的油温（或者液压泵入口的油温）不应超过 60℃。

ⅳ．磁材压机液压系统中应设有磁性滤油器。

ⅴ．磁材压机的液压系统清洁度应符合 ZB J62 001（已废止）的规定。

b. 气动装置应符合 JB 1829（现行标准为 JB/T 1829—2014）中第 5.3 条的规定。

c. 电气设备应符合 GB 5226（已被 GB/T 5226.1—2019 代替）的规定。

⑪ 外观质量

a. 磁材压机的外观质量应符合 JB 3818（现行标准为 JB/T 3818—2014）的规定。

b. 磁材压机的涂漆应符合 ZB J50 011（已废止）的规定。

(2) 试验方法

① 磁材压机的试验条件

a. 试验前应将压机调平，其工作台面纵、横向的水平偏差不大于 0.20mm/1000mm。

b. 配套辅助装置应与压机一起试验。

c. 试验应在电压、液压、气压、润滑正常的条件下进行。

② 性能试验

a. 起动、停止试验：连续进行，不少于 3 次，动作应灵敏、可靠。

b. 滑动运行试验：连续进行，不少于 3 次，动作应平稳、可靠。

c. 滑块行程调整试验：按最大行程长度进行调整，动作应准确、可靠。

d. 滑块行程限位器试验：一般可结合滑块行程调整试验进行，动作应准确、可靠。

e. 滑块行程速度试验：按最大空行程速度进行试验，动作应准确、可靠。行程速度应符合有关标准或技术文件规定。

f. 压力调整试验：压力从低压到高压分级进行调试，每级压力均应平稳、可靠。

g. 配套辅助装置试验：浆料自动输送装置，真空吸水装置，充磁、退磁装置，通用模架以及其他配套辅助装置的动作试验，均应协调、准确、可靠。

h. 持续加压试验：按系统额定压力进行持续加压 10 s，压力应稳定，压力偏移不大于 ±0.8MPa。

i. 安全装置试验：结合机器性能试验进行，其动作应安全、可靠。

j. 安全阀试验：结合超负荷试验进行，动作试验不少于 3 次，应灵敏、可靠。

说明

① 在 JB/T 6584—1993 中提出的重要固定接合面包括"油缸锁紧螺母与上横梁的固定接合面"对液压机用液压缸设计具有意义。

② 在持续加压试验中提出的"按系统额定压力进行持续加压 10s"对液压机用液压缸制造具有意义。

③ 在性能试验中的各种描述，如"灵敏、可靠""平稳、可靠""准确、可靠"和"协调、准确、可靠"等具有参考价值。

3.14 超硬材料六面顶液压机技术条件

在 GB/T 8541—2012、GB/T 36484—2018、JB/T 4174—2014 和 JB/T 8779—2014 中都没有"超硬材料六面顶液压机"这一术语和定义。在 JB/T 8779—2014《超硬材料六面顶液压机 技术条件》中规定了超硬材料六面顶液压机的型号与基本参数、精度、技术要求、试验方法、检验规则、包装、运输和贮存等，适用于以矿物油类为传动介质、用泵单独传动（或带增压器）的超硬材料六面顶液压机（以下简称压机）。

(1) 型号与基本参数

① 压机的型号名称应符合 GB/T 28761 的规定。

② 压机的参数与尺寸应采用经规定程序批准的参数与尺寸。

(2) 精度

① 压机的精度检验应符合 GB/T 10923 的规定。

② 精度检验前，应调整压机的安装水平，在压机下液压缸法兰面上，沿相互垂直的方向放置水平仪，水平仪的读数不应大于 0.20mm/1000mm。

③ 专用检验工具及精度检验见 JB/T 8779—2014。

(3) 技术要求

① 一般要求

a. 压机应符合 JB/T 1829 的规定，并应按经规定程序批准的图样和技术文件制造。

b. 造型和布局要考虑工艺美学的要求，外形要美观，要便于使用、维修、装配、拆卸和运输。

c. 备件、附件应能互换，并应符合有关标准及技术文件的规定。

d. 随机技术文件包括产品检验合格证、装箱单和产品使用说明书。产品使用说明书应符合 GB/T 9969 的规定，其内容应包括性能与结构简介、安装、运输、贮存、使用和安全等。

e. 分装的零部件及液压元件，应有相关的识别标记，其中管路和液压元件的通道口应有防尘措施。

② 刚度　压机应具有足够的刚度，并应符合技术文件的规定。

③ 耐磨措施　重要的摩擦副（如缸、套、活塞）应采取必要的耐磨措施，并符合技术文件的规定。

④ 安全防护

a. 压机的安全防护应符合 GB 28241 的规定，不论是结构、元件、液压系统的设计及选择、应用、配置、调节和控制等，均应考虑在各种使用和维修情况下能保证人身的安全。

b. 在主机及其模具（顶锤）的超高压工作区附件，需方应设置人身安全保护装置，如防护板（墙），若需要供方提供时，应注明在合同或协议中。

c. 需方应制定压机超高压零部件的定期检修、更换和压机报废制度，以确保压机的工作安全。

d. 在主机及增压器上应设置超程保护装置，以防止发生意外事故。

e. 主机外露窗口应有护板，外露的联轴器应有防护罩。

f. 可能自动脱落的零件如销杆等，应有防脱落装置。

g. 单向旋转的电动机应在明显部位标出旋转方向的箭头。

h. 所有液压元件的选用均不应超出该元件规定的技术规范。

i. 液压系统中影响安全的有关组成部分，应设有超负荷、超程等安全防护装置（如安全阀、工作超程蜂鸣器、警告指示灯以及电气系统自行切断装置等）。

j. 液压回路、电气回路应在执行元件的起动、停止、空运转、调整和液压故障等工况下，防止产生失控运动与不正常的动作顺序。

k. 在压机关闭时，应能使其液压自动释放，或使其可靠地与液压系统截断，属气体蓄能器者，则充以氮气或者其他惰性气体，并应远离热源且垂直安装。

l. 噪声不应超过 GB 26484 的规定。

⑤ 铸锻件

a. 压机的铸钢件应符合技术文件的规定。对不影响安全使用、寿命和外观的缺陷，在保证质量的前提下，可按有关规定进行修补。

b. 重要的铸锻件（如铰链梁、工作缸、增压缸、超高压缸和工作活塞）应进行消除内应力处理。

⑥ 加工

a. 加工零件的质量应符合设计图样和技术文件的规定，不应有降低压机的安全使用性能和影响外观的缺陷。

b. 加工表面不应有锈蚀、毛刺、磕碰和划伤等缺陷。

c. 铸钢件铰链耳边上非平面型缺陷质量等级为 GB 7233.2—2010 规定的 1 级，其余部分及其他铸钢件的非平面型缺陷质量等级皆为 GB 7233.2—2010 规定的 3 级。

d. 超高压工作缸应进行无损检测，其结果应符合技术文件的规定。

⑦ 装配

a. 在部装和总装时，不应安装图样上没有的垫片等零件。

b. 压机的重要固定接合面应紧密贴合，用 0.05mm 塞尺检验，塞尺塞入的深度不应大于接触面宽度的 1/4，塞尺塞入的累计长度不应大于周长的 1/10。

c. 压机应按装配工艺进行装配。六个活塞与其缸体的配合间隙在加工范围内选择装配，保证装配间隙差值小于 0.05mm。不应因装配而损坏零件及其表面和密封件，装配的零部件（包括外购、外协件）均应符合质量要求。

d. 液压系统、冷却系统的管路和油箱的内表面，在装配前均应进行彻底的除锈去污处理。

e. 全部管路、管接头、法兰及其他固定与活动连接处，均应连接可靠、密封良好、不应有渗漏现象。

⑧ 电气设备　压机及加热系统的电气设备应符合 GB 5226.1（已被 GB/T 5226.1—2019 代替）的规定。

⑨ 液压系统

a. 承受液压的超高压阀体等应符合技术文件的规定，并应在装配前做耐压试验。自制的液压缸类压力容器的耐压试验应按下列要求进行，其保压时间应大于或等于 10min，并不应有永久变形及其他损坏：

ⅰ. 当额定压力小于或等于 20MPa 时，耐压试验压力应为额定压力的 1.5 倍；

ⅱ. 当额定压力大于 20MPa，且小于或等于 70MPa 时，耐压试验压力应为额定压力的 1.25 倍；

ⅲ. 当额定压力大于 70MPa 时，耐压试验压力应为额定压力的 1.1 倍。

b. 自制液压件壳体的耐压试验压力和保压时间及要求：高压液压件应符合 GB/T 7935 的规定，超高压液压件应符合表 3-37 的规定。

表 3-37　自制液压件壳体的耐压试验压力和保压时间及要求

额定压力/MPa	耐压试验压力为额定压力的倍数	保压时间/min	要求
>70~100	≥1.3	10	不应有渗漏、永久变形及其他损坏现象
>100	≥1.2	10	

c. 液压驱动件（活塞、柱塞）在规定行程速度的范围内，不应有振动、爬行现象，在换向和泄压时，不应有影响正常工作的冲击现象。

d. 液压系统的安全技术要求应符合 3.14 节中（3）④的规定。

e. 根据需要设置必要的排气装置，并能方便排气。

f. 压力表的量程一般为额定压力的 1.5~2 倍。

g. 设计液压系统时，应采取必要措施保证油箱内的油温（或液压泵入口的温度）为 15~60℃。

使用热交换器的地方应采用自动热交换器，并应分别设置工作油液和冷却介质的测温点。在使用加热器时，其表面散热功率不应大于 $0.7W/cm^2$。

h. 压机的保压性能（保压精度）应符合表 3-38 的规定。

表 3-38　保压性能（保压精度）

额定压力/MPa	单缸公称力/kN	保压 5min 时的压力降/MPa	额定压力/MPa	单缸公称力/kN	保压 5min 时的压力降/MPa
≤100	≤6000	≤4.5	>100	>1000~6000	≤5
	>6000~10000	≤4		>6000~10000	≤4.5
	>10000			>10000	

i. 油箱应符合技术文件的规定。

j. 液压元件的技术要求和连接尺寸应符合 GB/T 7935 及有关规定。当采用插装或叠加的液压元件时，在执行液压元件与其相应的流量控制元件之间，一般应设置方便的检测口。对于安全阀，其开启压力一般不大于额定压力的 1.1 倍，工作应灵敏可靠，为防止因随便调压而引起事故，必须设有锁紧机构。调压阀的技术要求应符合 GB/T 7935 的规定，并满足压机调压范围的要求，与压力继电器配合调压者，其调压重复精度应符合技术文件的规定。

k. 低压控制系统的控制压力应稳定可靠。

⑩ 外观

a. 外露表面不应有图样未规定的凸起、凹陷和粗糙不平等缺陷。

b. 沉头螺钉的头部不应突出于零件外表面，且与沉头（孔）之间不应有明显的偏心，定位销应略突出于零件外表面，螺钉尾端应略突出于螺母之外。

c. 零部件接合面的边缘应整齐匀称，不应有明显的错位。门、盖与接合面不应有明显的缝隙。

d. 外露的焊缝应修整平直，均匀。

e. 电气、液压等管路外露部分应布置紧凑、排列整齐，并不应与相对运动的零部件接触，必要时采用管夹固定。

⑪ 标牌　标牌应符合 GB/T 13306 的规定。各种标牌应清晰、耐久，标牌应固定在明显位置，标牌的固定位置应正确、平整、牢固、不歪斜。每台压机的外部应在明显位置固定标牌。标牌上至少包括下列内容：

a. 制造企业的名称和地址；

b. 压机的型号与基本参数；

c. 出厂年份和编号。

（4）试验方法

① 一般要求

a. 在检验前应安装、调整好压机，其安装水平应符合 3.14 节中（2）②的规定。

b. 在检验过程中，不应调整对压机性能、精度有影响的结构和零件，否则应重做试验。

c. 检验应在装配完毕的整机上进行，除标准、技术文件中规定在检验时需拆卸的零部件外，不应拆卸其他零部件。

d. 检验时电源供应应正常。

e. 检验时应接通压机的所有执行机构。

② 基本性能检验　应在空运转试验和负荷试验过程中结合进行。一般性能检验方法如下。

a. 起动、停止检验：连续进行，应大于或等于 3 次，动作应灵敏、可靠。

b. 主机、增压机活塞的运转试验：连续进行大于或等于 3 次的试验，动作应灵活、可靠。

c. 主机活塞行程的限位调整试验：在活塞行程范围内进行调整，动作应准确、可靠。

d. 主机活塞行程速度调整试验：按规定的最大空行程速度进行调整，动作应准确、可靠，并符合有关标准或技术文件的规定。

e. 压力调整试验：按技术文件的规定从低压到高压分级测量，每个压力级的压力试验均应平稳、可靠。

f. 安全装置试验：紧急停止和紧急卸压、意外电压恢复时防止电力驱动装置的自行接通等的动作试验，均应安全、可靠。

g. 安全阀试验：结合超负荷试验进行，动作试验次数应大于或等于 3 次，应灵活、可靠。

③ 空运转试验

a. 压机的活塞做全程往复运动的空运转试验，连续空运转时间应不少于 4h。型式检验时，每次连续空运转时间不少于 8h，累计连续空运转时间不少于 68h。

b. 空运转试验后，测量油箱内油温（或液压泵入口的温度），达到稳定值时记录其温度。温度不应高于 60℃。

c. 空运转试验过程中检查各机构的工作情况：

ⅰ. 检查执行机构运动的正确性、平稳性；

ⅱ. 检查全部高压和低压液压系统、冷却系统等的管路、接头、法兰及其他连接接缝处，均应密封良好，不应有油、水外渗及相互混杂等情况；

ⅲ. 检验各显示装置是否准确、可靠。

④ 负荷试验

a. 每台压机在空运转试验合格后，应做满负荷试验。

b. 调压试验：按分定的压力等级逐级升压，运转应平稳、可靠。检查升温、渗漏应符合规定。

c. 在额定压力下，连续运转试验应不少于 15h，检查系统的温升、渗漏、公称力和主电动机的电流，应符合规定。

d. 在额定压力下进行保压试验，其压力降应符合表 3-38 的规定。

e. 负荷试验时各机构的工作应正常。

⑤ 超负荷试验　超负荷试验应使安全阀调到 1.1 倍的额定压力下进行，其次数不少于 3 次，压机的零部件不应有任何损坏和永久变形，液压系统不应有渗漏及其他不正常现象。

说明

① 在 JB/T 8779—2014《超硬材料六面顶液压机　技术条件》规范性引用文件中，引用文件"GB 7935　液压元件　通用技术条件"不正确。

② 不仅是超硬材料六面顶液压机"需方应制定压机超高压零部件的定期检修、更换和压机报废制度，以确保压机的工作安全。"其他液压机也应如此，尤其是需方应制定液压机的报废制度。

③ 尽管在 JB/T 8779—2014 中的液压缸耐压试验压力与自制液压件壳体的耐压试验压力相互抵触，但对于公称（或额定）压力大于 31.5MPa 的液压机用液压缸而言，其具有重要的参考价值。

④ 在 JB/T 8779—2014 中："设计液压系统时，应采取必要措施保证油箱内的油温（或液压泵入口的温度）为 15～60℃。"较其他标准表述得更为明确。

⑤ 在 JB/T 8779—2014 中压机的保压性能（保压精度）也具有一定的参考价值。

3.15　25MN 金刚石液压机

金刚石液压机是合成金刚石用的液压机。在 JB/T 6998—2010《25MN 金刚石液压机》中规定了 25MN 金刚石液压机的型式与基本参数，技术要求，试验方法与检验规则，标志、包装、运输和贮存，适用于 25MN 金刚石液压机。

(1) 型式与基本参数

25MN 金刚石液压机由单主机单辅机组成。主机机架采用预应力高强度钢丝缠绕框架结构。结构示意图如图 3-17 所示，基本参数应符合表 3-39 的规定。

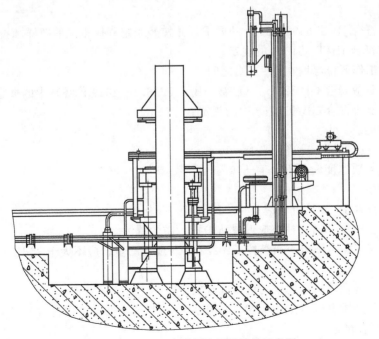

图 3-17　25MN 金刚石液压机结构示意图

表 3-39　25MN 金刚石液压机基本参数

参数名称		单位	数值
主机	公称力	MN	25
	工作介质单位压力　超高压	MPa	100
	工作介质单位压力　高压	MPa	25
	工作介质单位压力　低压	MPa	14/6.3
	回程力	MN	0.2
	活动横梁空程速度	mm/s	5.5
	活动横梁负载速度	mm/s	0.21
	活动横梁回程速度	mm/s	6
	开档	mm	800
	活动横梁行程	mm	300
	工作台尺寸	mm	850×850
	力值精度　一次	Fs	±1%
	力值精度　循环	Fs	±0.5%
辅机	模具提升速度	mm/s	86
	顶料速度	mm/s	<18
	设备外形尺寸	mm	≈5530×5090×3165
	设备总重	kg	约42000
	合成人造金刚石模具腔体	mm	$\phi 40, \phi 50$
其他	加热　5000～6000A,4V,15kV·A		0.05～5Hz
	电动机总容量	kW	130
	缠绕机架的预紧力	kN	(1.25～1.3)×25

作者注：表中 Fs 为满量程。

(2) 技术要求

① 基本要求。

a. 产品应符合 JB/T 6998—2010 的要求，并按经规定程序批准的图样和技术文件制造。

b. 产品应符合 JB/T 3818 中的规定。

c. 产品的工作环境温度在 5～45℃ 之间。

d. 电气设备应符合 GB 5226.1（已被 GB/T 5226.1—2019 代替）中的规定。

e. 液压系统应符合 GB/T 3766 中的规定。

② 使用性能。

a. 产品操纵应灵敏、准确、平衡、可靠。

b. 产品的各项速度偏差不大于±10%。

③ 安全卫生。

a. 安全应符合 JB 3915（已废止）中的规定。

b. 机架、主柱塞、回程柱塞应设置防护罩、防尘罩。

c. 设备负荷工作时噪声声压级按 GB 23281 的规定测量，应不大于 80dB（A）。

④ 成套性。

a. 产品按订货合同规定的全套机械成套供应。

b. 产品的外购配套件（如电动机、液压元件、电气元件、密封件等）应符合有关现行标准，并取得其合格证。

c. 随机技术文件应包括：

ⅰ. 产品合格证明书；

ⅱ. 产品使用说明书；

ⅲ. 产品安装图；

ⅳ. 装箱单。

⑤ 可靠性与寿命。

a. 在用户遵守产品使用、维护、保养规则的条件下，整机不发生故障的时间为 1500h。

b. 在用户遵守产品使用、维护、保养规则的条件下，产品从开始使用到第一次大修时间应不少于 2800h。

⑥ 外观质量。

a. 产品应造型美观，边缘整齐匀称，不应有明显的凹凸不平等缺陷。

b. 产品涂装应符合 JB/T 5000.12 的规定。

⑦ 重要零部件质量要求。

a. 一般要求。

ⅰ. 机械加工件应符合 JB/T 5000.9 的规定。

ⅱ. 焊接件应符合 JB/T 5000.3 的规定。

ⅲ. 铸件应符合 JB/T 5000.6 的规定。

ⅳ. 锻件应符合 JB/T 5000.8 的规定，立柱、主缸和主柱塞按Ⅴ组规定验收。

ⅴ. 装配应符合 JB/T 5000.10 的规定。

b. 主要零件的材质要求见表 3-40。

表 3-40　主要零件的材质要求

名称	钢号	力学性能 $\geqslant$					标准号
		σ_s /(N/mm^2)	σ_b /(N/mm^2)	δ /%	ψ /%	硬度 /HBW	
上半圆梁 下半圆梁	ZG35CrMo	400	600	12	20	—	JB/T 6402
主缸	34CrNi3Mo	785	900	14	40	269～341	JB/T 6396
主柱塞	34CrNi1Mo	500	650	14	32	290～320	
立柱	34CrNi1Mo	500	650	14	32	290～320	
活动梁	45	345	640	17	35	240～280	
钢带	65Mn	1500～1700	1500～1700				

c. 主要零件的加工质量见表 3-41。

表 3-41　主要零件的加工质量

序号	零件名称	项目	单位	指标	图示
1	主缸	孔径 D 尺寸公差带 孔径 D 尺寸圆柱度公差 B 面对基准 A 的垂直度公差 D 内圆柱面粗糙度 Ra 缸底面粗糙度 Ra 缸底 B 面粗糙度 Ra	μm mm mm μm μm μm	H8 0.03 0.06 0.4 3.2 6.3	

序号	零件名称	项目	单位	指标	图示
2	主柱塞	轴径 d_1 尺寸公差带	μm	f9	
		轴径 d_2 尺寸公差带	μm	f9	
		轴径 d_3 尺寸公差带	μm	d11	
		轴径 d_1 尺寸圆柱度公差	mm	0.024	
		轴径 d_2 轴线对基准 A 的同轴度公差	mm	0.05	
		B 面对基准 A 全跳动公差	mm	0.06	
		C 面对基准 A 全跳动公差	mm	0.05	
		表面粗糙度 Ra	μm	按图示	

作者注：在 GB/T 1801—2009（已被 GB/T 1800.1—2020 代替）中未见有将公差带代号给出单位的，因此在表 3-41 中将公差带代号给出"μm"单位不一定正确。

⑧ 装配精度应符合 JB/T 6998—2010 中表 4 的规定。

⑨ 液压传动装置在工作速度范围内不应发生爬行、振动、停滞和冲击现象。

（3）试验方法及检验规则

① 每台产品须经检验部门检验合格后方能出厂，并附有产品合格证明书。

② 产品在制造厂装配完毕后应进行主机空运转，运动部件以全行程往返试运转应不少于五次，且运动灵活无卡死现象。

③ 主要零部件的加工和装配精度应符合 JB/T 6998—2010 中表 3 和表 4 的规定。

④ 每台产品必须在制造厂进行总装和空运转试车。在用户有特殊要求的情况下可经双方协商拟定试车协议书。

⑤ 空负荷试车。

a. 空负荷试车主要对本体、辅机、操纵（液压、电控）等部分进行联合试车及调整。

b. 空负荷试车可按试车大纲和产品使用说明书中规定的项目进行。

c. 空负荷试车时，各机构在全行程往返运行不少于 10 次，机械、液压、电控设备应工作正常可靠。

⑥ 负荷试车。

a. 空负荷试车合格后方可进行负荷试车。

b. 试车项目应符合试车大纲和产品使用说明书中的规定。

c. 试车时，所有密封处不得有泄漏现象。

d. 试车后复检主机精度且要达到 JB/T 6998—2010 的各项技术要求，并做出全面记录。

e. 试车时液控单向阀在反向压力达 90MPa 以上，保压 5min 不泄漏，性能好（在用户提供成熟条件后方可实施）。

作者注：上文"……，性能好"所要表达的含义不甚清楚。

3.16 单动薄板冲压液压机基本参数

单动薄板冲压液压机是有一个滑块的薄板冲压液压机。在 JB/T 8492—1996《单动薄板冲压液压机　基本参数》中规定了单动薄板冲压液压机的基本参数和尺寸，适用于 Y27 系列单动薄板冲压液压机。

（1）参数示意图

① 单动薄板冲压液压机的参数示意图如图 3-18 所示。

② 单动薄板冲压液压机的参数示意图仅表达基本参数和尺寸，不限制用户的选型和生

产厂家的设计。

③ 单动薄板冲压液压机的参数示意图中代号的含义见 JB/T 8492—1996。

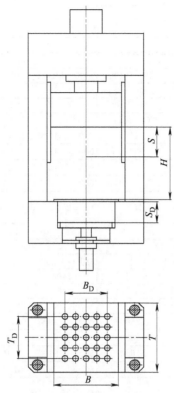

图 3-18　单动薄板冲压液压机的参数示意图

(2) 基本参数和尺寸

单动薄板冲压液压机的基本参数和尺寸见表3-42。

表 3-42　单动薄板冲压液压机的基本参数和尺寸

公称力 P/kN		400				630				800				1000			
液压垫力 P_D/kN		100	125	160	200	160	200	250	315	200	250	315	400	250	315	400	500
开口高度 H/mm			600		700	800				800		900		1000		1100	
滑块行程 S/mm			400		450	500				450		500		600		700	
液压垫行程 S_D/mm			160		180	200				180		200		250		300	
滑块及工作台尺寸/mm	左右 B					550		700		850		1000					
	前后 T					450		550		600		750					
液压垫的顶杆孔分布尺寸/mm	左右 B_D					300		450		600		750					
	前后 T_D					酌定		300		450		600					
滑块速度/(mm/s)	空程下行 V_K			100		150		200	250		300		350	400		450	500
	工作 V_G						5		10		15		20				

公称力 P/kN		1600				2000				2500			
液压垫力 P_D/kN		400	500	630	800	500	630	800	1000	630	800	1000	1250
开口高度 H/mm		800	900	1000	1100		1000		1100	1200		1400	
滑块行程 S/mm		450	500	600	700		500		600	700		800	
液压垫行程 S_D/mm		180	200	250	300		200		250	300		350	
滑块及工作台尺寸/mm	左右 B			850		1000		1300		1600			
	前后 T				600		850		1000		1300		

液压垫的顶杆孔分布尺寸/mm	左右 B_D				600	750	900	1200		
	前后 T_D				450	600	750	900		
滑块速度/(mm/s)	空程下行 V_K	100	150	200	250	300	350	400	450	500
	工作 V_G			5	10	15	20			

公称力 P/kN	3150				4000				5000			
液压垫力 P_D/kN	800	1000	1250	1600	1000	1250	1600	2000	1250	1600	2000	2500
开口高度 H/mm	1000	1100	1200	1400	1200		1400		1500		1600	
滑块行程 S/mm	500	600	700	800	700		800		900		1000	
液压垫行程 S_D/mm	200	250	300	350	250		300		350		400	

滑块及工作台尺寸/mm	左右 B				1300	1600	1900	2200
	前后 T				1000	1300	1500	1800
液压垫的顶杆孔分布尺寸/mm	左右 B_D				900	1200	1500	1650
	前后 T_D				600	900	1200	1350
滑块速度/(mm/s)	空程下行 V_K	100	150	200	250	300	350	400	450	500
	工作 V_G			5	10	15	20			

公称力 P/kN	6300				8000				10000			
液压垫力 P_D/kN	1600	2000	2500	3150	2000	2500	3150	4000	2500	3150	4000	5000
开口高度 H/mm	1200	1400	1500	1600	1400		1600		1800	2000	2200	2500
滑块行程 S/mm	700	800	900	1000	900		1000		1200	1400	1500	1800
液压垫行程 S_D/mm	250	300	350	400	300		350		400	450	500	550

滑块及工作台尺寸/mm	左右 B		2500	2800	3000	3200	3600	4000
	前后 T		1800	2000	2200	2500	2800	3000
液压垫的顶杆孔分布尺寸/mm	左右 B_D		1650	1800	2100	2400	2700	3000
	前后 T_D		1200	1500	1800	2100	2400	2550
滑块速度/(mm/s)	空程下行 V_K	100	150	200	250	300	350	400	450	500
	工作 V_G			5	10	15	20			

公称力 P/kN	12500				16000				20000			
液压垫力 P_D/kN	3150	4000	5000	6300	4000	5000	6300	8000	5000	6300	8000	10000
开口高度 H/mm	1400		1600		1800	2000	2200	2500				
滑块行程 S/mm	900		1000		1200	1400	1500	1800				
液压垫行程 S_D/mm	300		350		400	450	500	550				

滑块及工作台尺寸/mm	左右 B	2500 2800 3000 3200 3600 4000	3000	3600	4000	4500	4800
	前后 T	1800 2000 2200 2500 2800 3000	2000	2200	2500	2800	3000
液压垫的顶杆孔分布尺寸/mm	左右 B_D	1650 1800 2100 2400 2700 3000	1800	2100	2400	2700	3000
	前后 T_D	1200 1500 1800 2100 2400 2550	1500	1800	2100	2400	2550
滑块速度/(mm/s)	空程下行 V_K	100	150	200	250	300	350	400	450	500
	工作 V_G			5	10	15	20			

(3) 单动薄板冲压液压机有关参数、尺寸的选用原则

① 一个公称力 (规格) 只选用一个液压垫力参数。

② 开口高度、滑块行程和液压垫行程、工作台 (左右、前后) 尺寸、液压垫的顶杆孔分布 (左右、前后) 尺寸，可以按表 3-42 所列的参数和尺寸对应采用，也可交叉选用。

③ 速度。

a. 一个公称力 (规格) 的产品只分别选用一个空程下行速度参数和一个工作速度参数。

b. 一般情况下，滑块回程速度应大于或等于滑块空程下行速度的 2/3。

c. 如遇特殊情况，JB/T 8492—1996 规定的滑块及工作台尺寸和液压垫的顶杆孔分布尺寸不敷使用时，可参照采用 JB/T 8492—1996 附录 A（提示的附录）推荐的尺寸。

3.17 单双动薄板冲压液压机

单动薄板冲压液压机即是有一个滑块的薄板冲压液压机，而双动薄板冲压液压机就应是有两个滑块的薄板冲压液压机。在 JB/T 7343—2010《单双动薄板冲压液压机》中规定了框架式和立柱式的单双动薄板冲压液压机的产品型式、基本参数与技术条件，主要适用于单双动薄板冲压液压机（以下简称液压机或单动液压机和双动液压机）。

(1) 型式与基本参数

① 型式　框架式单动液压机的型式如图 3-19 所示；框架式双动液压机的型式如图 3-20 所示；立柱式单动液压机的型式如图 3-21 所示；立柱式双动液压机的型式如图 3-22 所示。

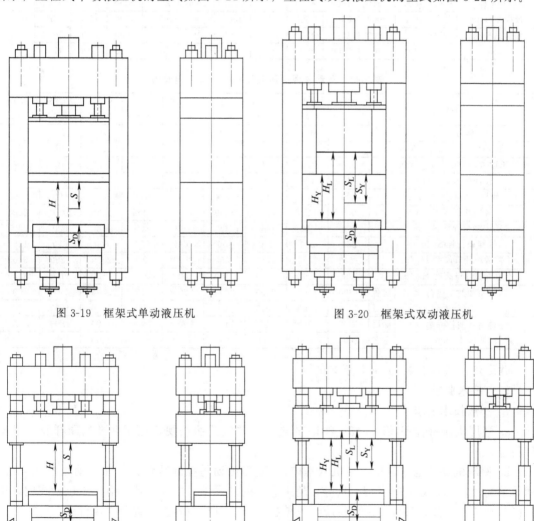

图 3-19　框架式单动液压机　　　　　图 3-20　框架式双动液压机

图 3-21　立柱式单动液压机　　　　　图 3-22　立柱式双动液压机

② 基本参数

a. 基本参数应符合 JB/T 7343—2010 中表 1~表 15 的规定，它们之间没有必然的对应关系。

b. 单动薄板冲压液压机的参考系列参数见表 3-43，双动薄板冲压液压机的参考系列参数见表 3-44。

表 3-43　单动薄板冲压液压机的参考系列参数

参数		YCBD 3.15	YCBD 4	YCBD 5	YCBD 6.3	YCBD 8	YCBD 10	YCBD 12.5	YCBD 16	YCBD 20	YCBD 25	YCBD 31.5	YCBD 42
公称力 P/MN		3.15	4	5	6.3	8	10	12.5	16	20	25	31.5	42
拉伸垫力 P_d/MN		1.25	1.6	2	2.5	3.15	4	5	6.3	8	10	12.5	15
假设拉伸深度 h/mm		400	400	400	500	500	500	500	600	600	600	600	600
滑块行程 S/mm		900	900	900	1100	1100	1200	1200	1400	1400	1600	1600	1600
开口高度 H/mm		1400	1400	1400	1600	1600	1800	1800	2200	2200	2400	2400	2700
拉伸垫行程 S_d/mm		450	450	450	550	550	550	550	650	650	650	650	650
滑块及工作台面尺寸/mm	前后	1600	1600	1600	1800	1800	2000	2000	2200	2200	2500	2500	2800
	左右	3000	3000	3000	3500	3500	4000	4000	4500	4500	4500	5000	7000
拉伸垫台面尺寸/mm	前后	1000	1000	1000	1200	1200	1400	1400	1600	1600	1800	1800	2100
	左右	2400	2400	2400	3000	3000	3600	3600	4000	4000	4000	4500	6000

表 3-44　双动薄板冲压液压机的参考系列参数

参数		YCBS 2.5/1.6	YCBS 4/2.5	YCBS 5/3.15	YCBS 6.3/4	YCBS 8/5	YCBS 10/6.3	YCBS 12.5/8	YCBS 16/10	YCBS 25/17
公称力 P/MN		4	6.3	8	10	12.5	16	20	25	42
拉伸滑块公称力 P_L/MN		2.5	4	5	6.3	8	10	12.5	16	25
压边滑块公称力 P_Y/MN		1.6	2.5	3.15	4	5	6.3	8	10	17
拉伸垫力 P_d/MN		1	1.6	2	2.5	3.15	4	5	6.3	8
假设拉伸深度 h/mm		400	500	500	600	600	600	600	600	1200
拉伸滑块行程 S_L/mm		950	1150	1150	1350	1350	1450	1450	1450	2300
压边滑块行程 S_Y/mm		500	600	600	700	700	800	800	800	2300
拉伸垫行程 S_d/mm		350	350	450	450	550	550	650	650	1250
拉伸滑块开口高度 H_L/mm		1450	1750	1750	2050	2050	2250	2250	2350	3500
压边滑块开口高度 H_Y/mm		1000	1200	1200	1400	1400	1600	1600	1700	3500
压边滑块及工作台面尺寸/mm	前后	1800	1800	2000	2000	2200	2200	2500	2500	4000
	左右	3000	3500	3500	4000	4000	4500	4500	4500	4000
拉伸滑块或拉伸垫台面尺寸/mm	前后	1200	1200	1400	1400	1600	1600	1800	1800	$\phi 2700$
	左右	2600	3000	3000	3600	3600	4000	4000	4000	$\phi 2700$

作者注：原标准表 17 中型号有误。

(2) 技术要求

① 一般技术要求

a. 液压机应符合 JB/T 7343—2010 的规定，并应按照经规定程序批准的图样及技术文件制造。

b. 液压机成套范围包括：主机（本体），液压传动与控制装置，电气传动与控制装置，润滑系统及装置，必需的专用工具等，随机应带的易损件。备件、特殊附件不包括在内，用户可与制造厂协商，备件可随机供应，或单独供货，供货内容按订货合同执行。

c. 液压机的外购配套件应符合现行标准。

d. 出厂产品应带出厂技术文件，随机提供的技术文件应装入包装箱内，文件包括：

ⅰ. 产品合格证书；

ⅱ．产品使用说明书；

ⅲ．产品安装、维护用图样，易损件图样；

ⅳ．装箱单。

e．液压机在正确使用和正常维护保养条件下，从开始使用到第一次大修的工作时间不少于 28000h。

f．液压机的性能良好，使用可靠，操纵灵敏。

g．液压机的工作环境温度为 5～40℃，相对湿度≤70%，海拔在 1000m 以下。如果环境条件不符合上述要求，用户在订货时应说明。

h．用户在遵守液压机正常运输、保管、安装、调整使用和维护保养条件下，在表 3-45 规定的时间内，液压机因制造不良发生损坏或不能正常工作时，制造厂负责免费为用户修理或更换零件（易损件除外），时间以先到期者计算。

表 3-45　规定的时间

液压机特性	从制造厂发货之日算起	从用户开始使用之日算起
单动液压机	12 个月	6 个月
双动液压机	12 个月	6 个月

② 安全环保

a．安全防护应符合 JB 3915（已废止）的规定。

b．液压系统必须设有安全保护装置。液压垫与移动工作台必须设有安全联锁装置。

c．电气传动与控制方面的安全要求应符合 GB 5226.1（已被 GB/T 5226.1—2019 代替）的规定。

d．液压机应设有紧急停车按钮。

e．液压机的噪声声功率级与声压级应按 GB 23281 的规定。

③ 铸锻焊件质量

a．铸钢件的一般技术要求应符合 JB/T 5000.6 的规定。

b．铸钢件缺陷补焊的质量应符合 JB/T 5000.7 的规定。

c．锻件的一般要求应符合 JB/T 5000.8 的规定。

d．焊接件的一般要求应符合 JB/T 5000.3 的规定。

e．管道的焊接应符合 JB/T 5000.11 的规定。

f．上横梁、滑块、底座、工作台，采用铸钢件，应不低于 GB/T 11352—2009 中 ZG270-500 的要求。

g．上横梁、滑块、底座等主要件采用焊接结构：

ⅰ．材质应符合 GB/T 700、GB/T 1591 规定，不低于 Q235；

ⅱ．钢材需经预处理，喷丸、除锈、校平；

ⅲ．焊后需进炉退火消除应力。

h．立柱（梁柱式液压机中的立柱）、拉柱（预应力机架压机中的拉柱）：

ⅰ．立柱和拉柱，其材质不应低于 JB/T 6397—2006 中 45 钢的要求，并且锻件应符合 JB/T 5000.8—2007 中 Ⅴ 组的要求。

ⅱ．梁柱式液压机立柱工作面（导轨面）硬度不低于 280HBW。

i．工作缸：

ⅰ．铸、锻、锻焊制作的工作缸，均需逐件检验切向力学性能 R_{eL}、R_m、A、Z、KU_2（缺口深 2mm）。

ⅱ. 铸、锻焊工作缸要求中间试压，按 1.5 倍的工作液体压力，做耐压试验，试验时间为 10min。按最高工作液体压力做外部渗漏试验。对焊接工作缸，若制造厂有相应的锻件（分锻件）和焊缝的相应的无损检测规范等工艺保证，可不做耐压试验。

ⅲ. 整体锻造工作缸以力学性能及无损检测为准，可不做中间试验。

j. 柱塞、活塞杆

柱塞及活塞杆工作面硬度不低于 40HRC，硬化层厚度不小于 3mm，大中型件硬化层推荐堆焊。

④ 加工件质量

a. 零件加工的一般要求应符合 JB/T 5000.9 的规定。

b. 主要件加工要求如下。

ⅰ. 上横梁、滑块、底座、机架、工作台：

• 主要工作面表面粗糙度为 $Ra6.3\mu m$；

• 主要形位公差不低于 7 级；

• 梁柱式液压机的立柱孔中心距极限偏差为 ±0.15mm。

ⅱ. 柱塞、活塞杆：

• 工作面表面粗糙度为 $Ra1.6\mu m$；

• 主要形位公差不低于 7 级。

ⅲ. 工作缸：

• 活塞缸内孔表面粗糙度为 $Ra1.6\mu m$；

• 缸底 R 及法兰台肩处 R 表面粗糙度为 $Ra3.2\mu m$；

• 主要形位公差不低于 7 级。

ⅳ. 立柱（梁柱式液压机中的立柱）：

• 螺纹受力面及 R 处表面粗糙度为 $Ra3.2\mu m$；

• 导轨面表面粗糙度为 $Ra1.6\mu m$。

⑤ 装配质量

a. 装配的一般技术要求应符合 JB/T 5000.10 的规定。

b. 重要的接合面，紧固后应紧密贴合，其间隙不大于表 3-46 的规定。超差部分累计长度不大于检验长度的 10%，且塞入深度不大于 10mm。重要的接合面为：

ⅰ. 大螺母与横梁（上梁、底座）；

ⅱ. 上梁、底座与机架（指框架式中的立柱）；

ⅲ. 液压缸法兰台肩与横梁；

ⅳ. 活塞杆、柱塞端面与滑块；

ⅴ. 工作台与底座。

表 3-46　间隙允差

液压机公称力/MN	接触间隙/mm	液压机公称力/MN	接触间隙/mm
≤6	≤0.04	>20	≤0.1
>6~20	≤0.06		

c. 每台液压机在制造厂均应进行总装配，大型液压机因制造厂条件限制不能进行总装配时，由制造厂与用户协商，制造厂在用户处总装并按双方协议或合同执行。

⑥ 液压机精度

a. 液压机的精度按其用途分为特级及Ⅰ级、Ⅱ级三个等级，用户可根据用途选择精度级别，制造厂可按用户要求设计、制造、定价。精度级别见表 3-47。

表 3-47　精度级别

等级	用途	型式
特	要求特别高的精密冲压件	框架式
Ⅰ	精密冲压机	框架式
Ⅱ	一般冲压件	柱式、框架式

b. 总装配精度的检验项目。

ⅰ. 工作台（或底座）上平面及滑块下平面的平面度；

ⅱ. 滑块下平面对工作台（或底座）上平面的平行度；

ⅲ. 滑块上下运动对工作台（或底座）面的垂直度；

ⅳ. 由偏心引起的滑块倾斜。

c. 检验前，应将液压机安置在适当的基础上，并按该液压机的具体规定调整水平。调整水平时，不应采取局部加压的方法使其强制变形。

d. 检查用量检具、平面度和垂直度及倾斜度公差值、检测方法等见 JB/T 7343—2010。

⑦ 涂装质量　涂装质量应符合 JB/T 5000.12 的规定。

⑧ 液压、润滑、气动装置的质量

a. 外购和自制的液压元件的技术要求和连接尺寸应符合 GB/T 7935 的规定。

b. 液压缸总装试压，试验压力为工作压力的 1.25 倍，保压时间不少于 10min，不得渗漏，不得有影响强度的任何迹象。

c. 液压阀集成块应进行耐压试验，试验压力为工作压力的 1.25 倍，保压时间不少于 10min，不得渗漏，同时应进行启闭性能及调压性能试验。

d. 液控单向阀、充液阀、闸门等阀门密封处均需做煤油渗漏试验及启闭性能试验。

e. 铸造液压缸、锻焊液压缸原则上规定粗加工后应做耐压试验，试验压力为工作压力的 1.25 倍，保压时间不少于 10min，不得渗漏，无永久变形。整体锻造缸、锻焊结构液压缸如有焊接无损检测等工艺保证，可不做中间试压。

f. 润滑元件、气动元件的技术要求及连接尺寸应符合现行有关标准。

g. 油箱必须做煤油渗漏试验，不得渗漏；开式油箱设空气滤清器。

h. 液压系统的一般技术要求应符合 JB/T 6996 的规定。

⑨ 配管质量

a. 液压、气动、润滑系统选用的管子内壁应光滑，无锈蚀、无压扁等缺陷，系统压力小于或等于 31.5MPa 时选用 GB/T 8163—2008（2018）中材质为 20 钢，或性能相当的其他材料的无缝钢管。

b. 管路应进行二次安装，一次安装后拆下管子，清理管子内部并酸洗，酸洗后应及时采取防锈措施。

⑩ 电气设备质量

a. 电气设备的一般要求应符合 GB 5226.1（已被 GB/T 5226.1—2019 代替）的规定。

b. 当采用可编程序控制器或微机控制时，应符合现行有关标准。

⑪ 外观质量

a. 液压机的外表面不应有图样上未规定的凸起、凹陷、粗糙不平和其他影响外表美观的缺陷。

b. 零件的接合面边缘应整齐均匀，不应有明显的错位。门、盖等接合面不应有明显的缝隙。

c. 外露的焊缝应平滑匀称，如有缺陷应修磨平整。

d. 液压机的铸造梁应涂腻子。

e. 标牌应固定在液压机的明显位置，标牌应清晰、美观、耐久。

(3) 试验方法及检验规则

① 型式与基本参数检查

a. 型式与基本参数检查在空运转试验时进行，其中工作压力和工作速度检查可放在负荷运转试验时进行。

b. 型式与基本参数检查的项目按设计规定，基本参数允差见表 3-48。

表 3-48　基本参数允差

检查项目	单位	偏差	检查项目	单位	偏差
公称力（滑块、液压垫）	MN	±3%	辅助机构行程	mm	+5% 0
行程	mm	+10% 0	滑块各运行速度	mm/s	±3%
开口高度	mm	+10% 0			

② 负荷运转试验

a. 负荷运转试验必须在空运转试验合格后进行。

b. 负荷运转试验的时间及检查内容同空运转试验。

c. 负荷运转试验用的模具及冲压件材料由用户提供，如无模具，只进行满负荷试压。

说明

① 在设计单动薄板冲压液压机时，应确认标准。

② 因在"液压缸总装试压，试验压力为工作压力的 1.25 倍，保压时间不少于 10min，不得渗漏，不得有影响强度的任何迹象"中"工作压力"无法确定，所以这样的规定有问题。

③ "柱塞及活塞杆工作面硬度不低于 40HRC，硬化层厚度不小于 3mm，大中型件硬化层推荐堆焊"是设计该种液压机用液压缸的依据。

④ "系统压力小于或等于 31.5MPa 时选用 GB/T 8163—2008（2018）《输送流体用无缝钢管》中材质为 20 钢，或性能相当的其他材料的无缝钢管"对液压机用液压缸设计有参考价值。

⑤ "基本参数允差"是设计该种液压机用液压缸的依据。

⑥ "负荷运转试验"中也未规定"工作压力"，但在其他一些标准如 JB/T 12510—2015 中则有关于"工作压力"的规定。

3.18　双动厚板冲压液压机

在 GB/T 8541—2012、GB/T 36484—2018、JB/T 4174—2014 和 JB/T 7678—2007 中都没有"双动厚板冲压液压机"这一术语和定义。在 JB/T 7678—2007《双动厚板冲压液压机》中规定了立柱式和框架式双动厚板冲压液压机的型式、基本参数与技术条件，适用于双动厚板冲压液压机（以下简称液压机）。

作者注：1. 在 GB/T 36484—2018 中有"双动液压机"这一术语和定义。

2. 在 JB/T 7678—2007 中还规定了"精度检验""试验方法与检验规则""标志、包装、运输和贮存"。

(1) 结构型式与基本参数

① 结构型式

a. 立柱式见 JB/T 7678—2007 中图 1 或参见图 3-22。

b. 框架式见 JB/T 7678—2007 中图 2 或参见图 3-20。

② 基本参数　双动厚板冲压液压机的基本参数应符合表 3-49 的规定。

表 3-49　双动厚板冲压液压机的基本参数

参数名称	型 号					
	2YCH0305	2YCH0507	2YCH0812	2YCH1622	2YCH3140	2YCH4052
公称力/MN	5.15	7.5	12	22.3	41.5	52.5
拉伸滑块公称力/MN	3.15	5	8	16	31.5	40
压边滑块公称力/MN	2	2.5	4	6.3	10	12.5
顶出器公称力/MN	1.4	2	2.7	3.4	5	6
滑块行程[①]/mm	500　600	1100　1200	1700　1800	2300　2400	2800　2900	3400　3500
	700　800	1300　1400	1900　2000	2500　2600	3000　3100	3600　3700
	900　1000	1500　1600	2100　2200	2700　2800	3200　3300	3800　3900
开启高度[①]/mm	1000　1100	2000　2100	2900　3000	3600　3700	4100　4200	4600　4700
	1200　1300	2200　2300	3100　3200	3800　3900	4300　4400	4800　4900
	1400　1500	2400　2500	3300　3400	4000　4100	4500　4600	5000　5100
	1600　1700	2600　2700	3500　3600	4200　4300	4700　4800	5200　5300
	1800　1900	2800　2900	3700　3800	4400	4900	5400　5500
工作台面尺寸[①]/mm	φ800	φ1700	φ2900	φ3800	φ4400	φ5300
	φ1100	φ2000	φ3200	φ4100	φ4700	φ5600
	φ1400	φ2300	φ3500	φ4400	φ5000	φ5900
	φ1700	φ2600	φ3800	φ4700	φ5300	φ6200

① 此参数无法与另几项基本参数一一对应，因此需在订货时协商确定。

作者注：在 JB/T 7678—2007 附录 A（资料性附录）中还有"双动厚板冲压液压机的参考系列参数"可以参考。

(2) 技术要求

① 基本技术要求

a. 液压机的设计、制造应符合 JB/T 7678—2007 的规定，并按照经规定程序批准的图样及技术文件制造。

b. 液压机成套范围包括主机（本体）、液压传动及控制系统、电气传动及控制系统、润滑系统，供货范围按订货合同。

c. 备件可根据用户需要按合同供货。

d. 制造厂应保证液压机的配套外购件符合现行标准，并有合格证。

e. 液压机在正常包装、运输、保管、安装、调整、使用和保养的条件下，在表 3-50 规定的时间内，如因制造不良而发生损坏或不能正常工作时，制造厂应负责免费为用户修理或更换零部件（易损件除外）。

f. 液压机从开始使用到首次大修的工作时间（寿命）应符合表 3-50 的规定。

表 3-50　免费修理期限与首次大修时间

拉伸滑块公称力	<16MN	≥16MN
免费修理期限（从制造厂发货之日算起）	12 个月	12 个月
首次大修时间	25000h	28000h

g. 液压机的工作环境温度为 5~40℃。如超过上述要求，用户在订货时应说明。

② 安全卫生

a. 安全防护应符合 JB 3915（已废止）的规定。

b. 拉伸滑块与压力边滑块的锁紧和松开应有信号灯显示。

c. 移动工作台与顶出器应有联锁装置。

d. 电力传动与控制方面的要求应符合 GB 5226.1（已被 GB/T 5226.1—2019 代替）的有关规定。

e. 液压机的噪声级应按 JB/T 3623 的规定，其值不超过 85 dB（A）。

f. 外购成品件（如电动机、泵等）的噪声应符合与其有关的标准规定。

③ 加工、装配质量

a. 焊接件应符合 JB/T 5000.3 的规定。

b. 铸钢件应符合 JB/T 5000.6 的规定。

c. 铸钢件缺陷补焊的质量应符合 JB/T 5000.7 的规定。

d. 锻件应符合 JB/T 5000.8 的规定。

e. 管道的焊接应符合 JB/T 5000.11 的规定。

f. 切削加工件应符合 JB/T 5000.9 的规定。

g. 装配应符合 JB/T 5000.10 的规定。

h. 工作台与滑板接触应均匀，其接触面积不得少于应接触面积的 70%～80%。

i. 重要的固定接合面应紧密贴合，用塞尺［塞尺应符合 JB/T 8788（已废止）的规定］进行检验，塞尺插入度不应大于 10mm，其可插入部分累计不大于检验长度的 10%，其间隙应符合表 3-51 的规定，重要的固定接合面为：

ⅰ. 立柱或拉杆螺母与横梁（上横梁、底座）；

ⅱ. 液压缸法兰台肩与横梁；

ⅲ. 上横梁、底座与机架。

表 3-51　间隙允差

液压机公称力/MN	接触面间隙/mm
≤22	≤0.06
>22	0.1

④ 液压、润滑、气动装置的质量

a. 外购和自制的液压元件的技术要求和连接尺寸应符合 GB/T 7935 的规定。

b. 液压系统应符合 GB/T 3766 的规定。

c. 液压机制造厂自制的各种液压缸、液压阀应做耐压试验。试验压力为工作压力的 1.25 倍，保压时间应大于 5min（停机保压），不得有渗漏、损坏等不正常现象，管路和管路附件的公称压力和试验压力按 GB/T 1048—2005《管道元件　PN（公称压力）的定义和选用》（已被 GB/T 1048—2019《管道元件　公称压力的定义和选用》代替）的规定执行。

d. 润滑、气动元件的技术要求和连接尺寸应符合 JB/T 7943.2 的规定。

e. 液压系统的清洁度应符合 JB/T 9954 的规定。

f. 压力容器的设计与制造，应由取证单位进行，并符合 GB 150 的规定。压力容器出厂时按原劳动部颁发的《压力容器安全技术监督规程》（1999 年版）的规定提供技术文件。

g. 液压、润滑、气动、冷却系统不得有渗漏现象。

h. 液压、润滑、气动系统的管子内壁应光滑、无锈蚀、无任何污物，并进行二次安装。管路应排列整齐、美观。

⑤ 电气设备质量

a. 液压机的电气设备应符合 GB 5226.1（已被 GB/T 5226.1—2019 代替）的规定。

b. 在意外的电压恢复时，应防止电力驱动装置自动接通。

c. 当采用可编程序控制器或微机时，应符合相关标准。

⑥ 外观质量

a. 液压机的外表面不应有图样上未规定的凸起和凹陷、粗糙不平等影响外表面美观的缺陷。

b. 零件的接合面边缘应整齐均匀，不应有明显的错位和缝隙。

c. 外露的焊缝应平滑匀称，如有缺陷应修磨平整。

d. 所有的管路应敷设平直，整齐美观，不得与运动的零部件相摩擦。

e. 液压机的涂装应符合 JB/T 5000.12 的规定。不同颜色的油漆应界限分明，不得相互污染。

(3) 精度检验

① 精度检验规定

a. 精度检验的基准为工作台的上平面。

b. 精度的允差按实际可检验长度折算，计算结果小于 0.005mm 时以 0.005mm 计，大于 0.005mm 不足 0.01mm 时以 0.01mm 计。

c. 检验时液压机应处于室温，并在空负荷状态下运行。

② 精度检验项目　液压机精度检验项目见 JB/T 7678—2007 中表 4。

(4) 试验方法与检验规则

① 检验规则　每台液压机（主机）均应在制造厂进行总装及空负荷试车检验，有特殊情况经用户同意，也可在用户现场进行总装及试车验收。

② 液压机项目试验和检验　试验和检验的项目如下：

a. 型式与基本参数检查；

b. 空运转试验；

c. 负荷运转试验；

d. 精度检验。

③ 型式与基本参数检查

a. 型式与基本参数检查应在空运转试验时进行，其中公称力等参数检查可放到负荷运转试验时进行。

b. 检查项目按设计规定，允差见表 3-52。

表 3-52　检查项目及允差

检查项目	允差	检查项目	允差
公称力/MN	±10%	最大开启高度/mm	±5%
行程/mm	±2%	滑块运行速度/(mm/s)	±10%

说明

① 在"液压机制造厂自制的各种液压缸、液压阀应做耐压试验。试验压力为工作压力的 1.25 倍，保压时间应大于 5min（停机保压）"中明确了"停机保压"，具有参考价值。

② 将液压机用液压缸的行程允差规定为"±2%"，值得商榷。

③ 在 JB/T 7678—2007 中引用 GB/T 1048—2005《管道元件　PN（公称压力）的定义和选用》是否合适，值得商榷。

3.19　打包液压机

金属打包液压机和非金属打包液压机在 GB/T 36484—2018 和 JB/T 4174—2014 中都有术语和定义。金属打包液压机是将废金属薄板料、线材等压缩成包块用的液压机，而将金属屑压缩成团块用的液压机称为金属屑压块液压机；非金属打包液压机是将非金属制品、材料或废料等压缩成包用的液压机。

3.19.1 液压棉花打包机

在 GB/T 19820—2005《液压棉花打包机》中规定了 MDY 型液压棉花打包机的结构型式、产品分类及基本参数、技术要求、试验方法、检验规则及标志、包装与贮存要求，适用于液压棉花打包机（以下简称打包机）的设计制造及质量检测。

(1) 产品分类

① 产品型号及主要参数　液压棉花打包机的产品型号及主要参数见表 3-53。

表 3-53　液压棉花打包机的产品型号及主要参数

型号	公称力/kN	包型	包型尺寸（长×宽×高）/mm	压缩系数	包重/kg	生产能力/(kg/h)
400	4000	I	1400×530×700	≥1.4	227±10	≥4000
500	5000					
200	2000	II	800×400×600	≥1.4	85±5	≥1700

作者注：1. 在 GB/T 9653—2006《棉花打包机系列参数》中的表 1 打包机系列参数与表 3-53 相同，但多了一条注，即"压缩系数应在回潮率为 6% 时满足要求。"

2. 在 GB/T 9653—2006 中给出了术语"压缩系数"的定义，即"棉花成包后的自然高度与其在打包压缩终止后上、下板之间的距离之比。"

② 产品型式

a. 下压式（A）：由上向下压缩棉纤维的打包机；

b. 上顶式（S）：由下向上压缩棉纤维的打包机；

c. 卧式（W）：水平方向压缩棉纤维的打包机。

③ 产品型号　产品型号见 GB/T 19820—2005。

(2) 技术要求

① 一般要求

a. 打包机应符合 GB/T 19820—2005 的要求，并按照经规定程序批准的符合有关现行标准规定的图样及技术文件制造。

b. 打包机应符合 GB 18399—2001《棉花加工机械安全要求》的要求。

c. 原材料应有入厂验收记录和质量合格证。

d. 不得使用不标准和无合格证的外购件、机电配套件。

e. 液压系统的设计与调整应符合 GB/T 3766 的规定。

f. 液压系统中油液的清洁度不低于 GB/T 14039—2002 中的 20/17 级。

g. 液压系统工作的油液温度范围应满足元件及油液的使用要求，应在油温不高于 60℃ 范围内正常工作。

h. 油箱、管道安装前均需要进行酸洗、中和水冲洗及防锈处理。

② 整机性能及质量

a. 打包机的公称力应符合表 3-53 的规定，成包后的尺寸及棉包质量（kg）应符合 GB/T 6975—2013《棉花包装》的规定。

b. 生产能力在规定的生产条件下应符合表 3-53 的规定。

c. 公称力不低于 4000kN 的打包机应有取样装置。所取棉样应满足公检要求，棉样质量 125g。

d. 在公称力下成包时，其包箱侧壁位移量不大于 5mm。

e. 打包机应有足够的刚度和强度。在 1.25 倍公称力下成包时，其机架受压梁挠度不大于 1mm/800mm。

f. 空载噪声不大于 85dB（A）。

g. 在规定的生产试验条件下，吨皮棉耗电量不大于 18kW·h。

h. 液压系统无外泄漏。

i. 各运动部件操作要灵活可靠，液压、电气装置有过载保护、接地保护及必要的联锁装置。

③ 主要零部件质量

a. 包箱内壁应光滑平整。

b. 主要结构件若有焊接工序应进行消除应力处理。主油缸缸体受力焊缝需进行无损检测，其结果应满足 JB 4730（已废止）中 Ⅱ 级要求。

c. 主油缸孔及导向套的加工尺寸公差不低于 10 级精度，圆度公差不低于 10 级精度，表面粗糙度值不大于 $Ra1.6\mu m$。

d. 主油缸活塞杆或柱塞的材料抗拉强度不低于 200MPa，金属切削加工公差不低于 9 级精度，圆柱度公差不低于 9 级精度，表面粗糙度值不大于 $Ra0.8\mu m$。

e. 主油缸活塞杆或柱塞表面应采取耐磨处理。

f. 主油缸应符合 JB/T 10205 的规定，其他液压元件也应符合 GB/T 7935 的规定，液压元件的清洁度要求符合 JB/T 7858 的规定。

④ 装配质量

a. 进入装配的零部件（包括外购、外协件）应经检验合格后方可进行装配。

b. 零件在装配前应清洁和清洗干净，不得有毛刺、飞边、切屑、焊渣，装配过程中零件不得磕碰、划伤。

c. 包箱横截面的对角线长度公差小于或等于 5mm。

d. 主油缸活塞杆或柱塞在全行程内，包箱内壁平面对其轴线的对称度小于或等于 6mm。

e. 主油缸活塞杆或柱塞在全行程内，其轴线对受压梁的垂直度小于或等于 1.5mm/1000mm。

f. 液压元件及管路的安装要防止密封件被擦伤，保证无外泄漏，外露管路要排列整齐、牢固。

g. 电气装置要有可靠的接地装置，元件的绝缘电阻不小于 1MΩ。

h. 电气线路敷设应整齐、美观、可靠。

⑤ 外观质量

a. 整机的外表面应平整，不得有毛刺、飞边和焊渣。

b. 零件的外露加工表面均应进行防锈处理。

⑥ 涂装质量

a. 所有需要进行涂装的钢铁制件表面在涂装前，应将铁锈、氧化皮、焊渣及污物去除。

b. 涂层应光洁、均匀，无皱皮、气泡、露底、明显流痕等缺陷。

c. 机器的面漆颜色，同色处色泽一致。

(3) 试验方法

① 空运转试验　打包机按使用说明书安装调整后，进行空运转试验。运转时间不少于 20min，达到正常工作要求后，检查表 3-54 中的各项规定。

表 3-54 空运转试验规定

序号	试验项目	技术要求
1	工作机构,操纵机构	相互协调
2	安全阀和主油泵工作压力	达到设计压力
3	主液压缸回程	无爬行、无冲击
4	控制系统工作压力	达到控制压力
5	柱(活)塞的各种规范操作	平稳、可靠
6	提箱、转箱	无卡阻、定位准确、到位平稳无冲击
7	包箱运动	安全、可靠
8	电气系统	控制灵敏、可靠
9	液压系统	管道连接牢固、密封无泄漏
10	控制电路电压	波动范围不超过±10%

② 负载试验

a. 负载试验应在空运转试验合格后进行不少于 24h 试生产，达到正常工作状态后，进行负载试验。

b. 调整好棉包成包密度，使打包机工作压力达到公称力后再进行试验，试验次数不少于 10 次。记下各次主液压缸工作压力，用式（3-1）计算各次打包机实际工作压力，取其平均值为打包机公称力的实测值。

$$F = 10^3 Sp \tag{3-1}$$

式中　F——打包机实际工作压力，kN；

　　　S——主液压缸有效工作面积，m^2；

　　　p——主液压缸工作压力，MPa。

③ 液压系统检验

a. 主液压系统按公称压力 1.25 倍做耐压试验，无异常情况。

b. 用温度计在油箱内测量开机前和打包机正常工作 8h 后的油温。

④ 超负载试验与受压梁挠度检验　超负载试验与受压梁挠度检验同步进行。受压梁挠度检验在公称压力的 1.25 倍下进行，方法按 GB/T 19820—2005 中 A.3.2 规定执行。试验次数不少于两次。

> **说明**
>
> ① 在 GB/T 19820—2005 中表 8 给出了主要零件加工质量（如主油缸缸孔或导向套、主油缸柱塞或活塞杆）的技术要求，但像"主油缸缸孔及导向套的加工尺寸公差不低于 10 级精度，圆度公差不低于 10 级精度，表面粗糙度值不大于 $Ra1.6\mu m$"等这样的要求，是现在可见的标准中关于液压缸及其零部件要求最低的，其是否合适有待商榷。
>
> ② 将"主液压系统按公称压力 1.25 倍做耐压试验"和"受压梁挠度检验（超负载试验）在公称压力的 1.25 倍下进行"中的试验压力确定为一个压力值，值得商榷，但对于液压机用液压缸设计制造可以参考。

3.19.2　金属打包液压机技术条件

在 JB/T 8494.2—2012《金属打包液压机　第 2 部分：技术条件》中规定了金属打包液压机的技术要求、检验或试验方法、检验规则、标志、包装、运输和贮存，适用于将各种轻薄型生产和生活废钢、各种塑性较强的有色金属（如铝合金、铜材）打包的金属打包液压机（以下简称打包机）。

作者注：JB/T 8494.1—××××《金属打包液压机 第1部分：型式与基本参数》至今未见发布。

(1) 技术要求

① 一般要求

a. 打包机应符合 JB/T 1829—1997（2014）和 JB/T 8494.2—2012 的规定，并按经规定程序批准的图样及技术文件制造。

b. 打包机应有足够的刚度，在超负荷试验后不得出现任何损伤和永久变形，机架受压梁挠度应不大于 1mm/600mm。

c. 打包机打成的包块密度应符合 GB 4223（GB/T 4223—2017《废钢铁》）的规定，打成的以钢铁材质为准的包块密度为 1200～2500kg/m³。如用户有特殊要求可与制造厂家商定。

d. 打包机的参数应符合技术文件的规定，用户对打包公称力有特殊要求时可与制造厂家协商定制。

e. 打包机的随机技术文件应包括该产品的合格证明书、装箱单和使用说明书。使用说明书的内容应符合 GB/T 9969 的规定。

② 配套

a. 打包机出厂时应保证其完整性，并备有技术文件中规定的专用附件及备件易损件。特殊附件由用户和制造厂共同商定，或随机供应或单独订货。

b. 制造厂应保证打包机外购件（如液压、电气元件）符合标准，并应附有生产商的合格证方可使用，且须安装在主机上同时进行运转试验。

③ 安全

a. 打包机应具有可靠的安全保护装置，并符合 JB 3915（已废止）的规定。

b. 打包机的操纵机构应安全可靠，当打包机做单次循环动作时，不得发生下一循环的连续动作。

c. 打包机的机盖应有防止自动下落的措施。

d. 打包机急停后，机盖的惯性下降值以推动缸活塞杆的惯性伸出量计算，在 3min 内不得超过 20mm。

e. 打包机液压系统的操纵力应符合 GB/T 3766 的规定。

f. 打包机电气设备的安全与防护应符合 GB 5226.1（已被 GB/T 5226.1—2019 代替）的规定。

④ 铸、锻、焊接件

a. 铸铁件、铸钢件、锻件、焊接件和有色金属件均应符合技术文件的规定，灰铸铁应符合 JB/T 5775 的规定，焊接件应符合 JB/T 8609 的规定，对铸、锻、焊接件的缺陷，在保证使用要求和外观质量的条件下，允许按技术文件的规定进行修补。

b. 打包机重要的铸、锻、焊接件，应进行消除内应力处理。

c. 高压室护板与压头护板应采取耐磨措施。

⑤ 加工

a. 打包机零件的加工质量，应符合设计图样、工艺规程的要求；已加工的表面不应有毛刺、斑痕和其他机械损伤，除特殊规定外，均应将锐角倒钝。

b. 图样上未注明尺寸公差要求的切削加工尺寸，其极限偏差应符合技术文件的规定。

c. 打包机主要零件液压缸缸体内径的加工精度应达到 H9 以上；活塞杆外圆加工精度应达到 f8 以上。

⑥ 装配

a. 打包机应按装配工艺规程进行装配，不允许装入图样上未规定的垫片、套类等零件。

b. 供货配用的零部件（包括外购、外协件）均应符合技术文件的规定。

c. 机身和拉杆螺母贴合面、液压缸固定接合面应贴合良好，用 0.05mm 塞尺进行检验，只允许局部插入，其插入深度一般不应超过径向贴合宽度的 20%，其可插入部分的累计长度一般不超过可检周长的 10%。

d. 打包机各级压头两侧护板与压缩室护板的间隙之和应符合 JB/T 8494.2—2012 中表 1 的规定。

e. 液压、冷却系统的管路通道及油箱表面，在装配前均应进行防锈去污处理。

f. 全部管路、管接头、法兰及其他固定连接处、密封处均应连接可靠、密封良好，不应有渗漏现象。

⑦ 液压和润滑系统

a. 打包机的液压系统应符合 GB/T 3766 和 JB/T 3818 的规定。

b. 液压系统工作压力一般应不大于 20MPa。

c. 液压传动部件在工作范围内，不允许产生爬行、振动、停滞和显著的冲击现象。

d. 液压系统中应设置过滤器。

e. 液压系统的清洁度应符合 JB/T 9954 的规定。

f. 打包机应有润滑装置，保证各运转部位的润滑，润滑管路及润滑点应与产品说明书相符。

⑧ 电气系统　打包机的电气系统应符合 GB 5226.1（已被 GB/T 5226.1—2019 代替）的规定。

⑨ 外观

a. 打包机的外表面，不应有图样上未规定的凸起、凹陷、粗糙不平和其他损伤。

b. 底架、侧架、前架、后架、门梁、支撑梁各接合处应平整，不应有明显的缝隙和错位。

c. 外露的焊缝应修整平直、均匀，并符合有关标准的规定。

d. 液压、润滑管路和电气线路沿打包机外轮廓安装时，应排列整齐、美观，并不得与相对运动的零部件接触。

e. 沉头螺钉不应突出于零件外表面；螺栓尾端应突出于螺母之外，但突出部分不应过长和参差不齐。

f. 打包机上的各种铭牌、标牌，固定位置应明显、平整牢固、不歪斜。

⑩ 涂漆与防锈

a. 打包机的涂漆质量应符合 JB/T 5000.12 的规定。

b. 打包机的防锈应符合 GB/T 4879 的规定。

⑪ 噪声　打包机的噪声限值应符合 JB 9967（已废止）的规定。

(2) 检验或试验方法

① 基本参数的检验　按 JB/T 8494.2—2012 的要求或产品设计文件的规定检验打包机的基本参数，打包机基本参数的允差应符合表 3-55 的规定。

表 3-55　基本参数允差

检验项目	参数单位	允差
公称力	kN	符合标准或设计规定值
压头最大行程	mm	符合 JS9 公差要求，只许为负公差
空运转单次循环时间	s	±10%

② 超负荷试验

a. 打包机进行超负荷试验，应不少于 3 次工作循环，试验方法可采用金属打包或其他加载措施。

b. 超负荷试验应与安全阀的调定检验结合进行，超负荷试验压力一般应符合表 3-56 的规定。

表 3-56　超负荷试验压力

液体最大工作压力 p	≤25MPa	>25MPa
超负荷试验压力	120p%	110p%

c. 打包机在超负荷试验中和试验后，零部件不得有任何损坏和永久变形，液压系统不得有渗漏及其他不正常现象。

> **说明**
>
> 在打包机用液压缸设计制造中，以下内容可供参考。
> ①"打包机急停后，机盖的惯性下降值以推动缸活塞杆的惯性伸出量计算，在 3min 内不得超过 20mm。"
> ②"液压缸缸体内径的加工精度应达到 H9 以上；活塞杆外圆加工精度应达到 f8 以上。"
> ③"液压系统工作压力一般应不大于 20MPa。"
> ④压头最大行程"符合 JS9 公差要求，只许为负公差"。
> ⑤表 3-56 所示超负荷试验压力。
> 但是，压头最大行程"符合 JS9 公差要求，只许为负公差"不好理解。

3.19.3　重型液压废金属打包机技术条件

在 JB/T 11394—2013《重型液压废金属打包机　技术条件》中规定了重型液压废金属打包机的结构型式及主要技术参数、技术要求、试验方法、检验与检验规则、涂装、包装、储运和标志，适用于主（或称末级）挤压力为 8000～20000kN 级别的重型液压废金属打包机（以下简称打包机）。

(1) 结构型式及主要技术参数

① 结构型式　由机身、各级液压缸及压头、液压系统、管路系统、自动润滑系统、液压油加热与冷却系统、电气控制系统等部分组成的自动完成废金属挤压打包成块（正方体或长方体）的生产设备。

采用三向挤压方式，生产的废钢包块密度为 2.5～3.5t/m³，应符合 GB 4223—2004（已被 GB/T 4223—2017《废钢铁》代替）中 I 类废钢打包块的规定。

② 机器型号　打包机型号按照国家锻压机械产品分类型谱执行。

③ 主要技术参数　重型液压废金属打包机主要技术参数见表 3-57。

表 3-57　重型液压废金属打包机主要技术参数

项目	型号				
	Y81Ⅲ-800	Y81Ⅲ-1000	Y81Ⅲ-1250	Y81Ⅲ-1600	Y81Ⅲ-2000
一级挤压力/kN	3200	4000	5000	6000	8000
二级挤压力/kN	8000	10000	12500	16000	20000
三级挤压力/kN	8000	10000	12500	16000	20000
最大工作压力/MPa	26.5	28	26.5	28	26.5
包块尺寸 ($L×W×H$)/mm	(600～900)× 600×600	(600～1000)× 700×600	(800～1200)× 800×800	(1000～1400)× 1000×1000	(1200～1600)× 1200×1200

项目	型号				
	Y81Ⅲ-800	Y81Ⅲ-1000	Y81Ⅲ-1250	Y81Ⅲ-1600	Y81Ⅲ-2000
包块密度/(t/m³)	2.2～3.0	2.5～3.2	2.5～3.5	2.2～3.2	2.2～3.2
料箱尺寸 (L×W×H)/mm	5500×2000× 1250	6500×2000× 1450	6500×2000× 1450	7000×2000× 1450	7500×2000× 1550
单次工作循环时间/s	≤90	≤90	≤90	≤95	≤95
主电动机功率/kW	75×4	75×5	75×6	75×7	75×8

(2) 技术要求

① 锻件应符合 JB/T 5000.8 的规定。

② 铸铁件应符合 JB/T 5000.4 的规定，铸钢件应符合 JB/T 5000.6 的规定，有色金属铸件应符合 JB/T5000.5 的规定。

③ 焊接件应符合 JB/T 5000.3 的规定。

④ 切削加工件应符合 JB/T 5000.9 的规定。

⑤ 各液压缸活塞杆表面应经淬硬处理或表面镀硬铬。

⑥ 液压缸活塞杆密封应采用可外部压缩调整结构。

⑦ 构成打包机料箱压缩室的六表面护板应经硬化处理或采用耐磨钢板制造。其表面硬度应达到 380～450HBW。压缩室两侧和底板护板应设置有刮屑槽。

⑧ 打包机应设置自动上料斗装置。

⑨ 打包机应设置将高出料箱的废金属料压进料箱的机盖或剪断的剪切机构。

⑩ 出包口采用无约束宽敞门洞结构。

⑪ 门导轨和从上向下运动的二级压头导轨处应设置递进式自动润滑装置。

⑫ 打包机制造质量应符合如下要求：

a. 打包机所有机械加工零部件应符合设计图样要求；

b. 焊接件、铸钢件、铸铁件的未注尺寸公差应符合 GB/T 1800.1—2009（已被 GB/T 1800.1—2020 代替）中 IT16 的规定；

c. 机械加工零部件未注尺寸公差应符合 GB/T 1800.1—2009（已被 GB/T 1800.1—2020 代替）中 IT14 的规定。

⑬ 打包机装配质量应符合如下要求：

a. 打包机装配不允许装入图样上未规定的垫片、调整套类等零件；

b. 打包机机身和料箱、拉杆螺母的贴合面应贴合良好，用 0.05mm 的塞尺进行检验，允许局部插入，其插入深度不应超过贴合面宽度的 20%；

c. 打包机一、二、三级压头两侧护板与料箱和压缩室护板之间的间隙之和应符合 JB/T 11394—2013 中表 2 的规定；

d. 液压装配质量应符合 GB/T 3766 的规定；

e. 全部管路、管接头、法兰及其他固定连接处、密封处应连接可靠、密封良好，不应有液体渗漏现象，应符合 JB/T 5000.11 的规定；

f. 打包机液压、冷却与加热系统的管路通道及油箱内表面，在装配前均应进行除锈去污处理，应符合 GB/T 3766 的规定；

g. 打包机的电气控制系统所有元器件与装配均应符合 GB 5226.1（已被 GB/T 5226.1—2019 代替）的规定；

h. 液压系统的装配应符合 GB/T 3766 的规定；

i. 液压系统所用液压泵、压力阀、方向阀、顺序阀等所配套装机的液压元器件应附有产品合格证，并应符合 GB/T 7935 的规定。

⑭ 打包机应具有如下可靠的安全保护装置，并应符合 GB 17120 的规定：

a. 打包机应设置每次工作循环开始的灯光与声响警示装置；

b. 打包机的从上向下运行的二级压头应有防止自行落下的措施；

c. 打包机的从上向下运行的机盖应有防止自行落下的措施；

d. 液压缸驱动的二级压头、门、机盖、料斗分别运行到任一位置停止后，其惯性下滑值应≤20mm/3min。

e. 当打包机单次循环动作停止时，不得自行发生下一次循环的动作；

f. 电气控制系统的安全与防护应符合 GB 5226.1（已被 GB/T 5226.1—2019 代替）的规定。

⑮ 外观质量应符合如下要求：

a. 打包机的外表面不应有图样上未规定的凸起、凹陷、粗糙不平和其他损伤；

b. 打包机各零部件安装接合处应平整，不应有明显的缝隙和错位；

c. 外露焊缝应修整平直、均匀，并应符合 JB/T 5000.3 的规定；

d. 液压、润滑管路及电气线路沿打包机外轮廓安装时，应排列整齐、美观，不得与有相对运动的零部件接触；

e. 沉头螺钉不应突出零件表面；

f. 打包机的各种铭牌、标牌，其固定位置应明显、清晰、平整、牢固，应符合 GB/T 13306 的规定。

⑯ 涂装应符合如下要求：

a. 涂装质量应符合 JB/T 5000.12 的规定；

b. 料斗、机盖、门等可见运动件应在明显处涂上油漆安全色，并应符合 GB 2893 的规定。

(3) 检验要求

① 基本参数的检验　打包机基本参数允差应符合表 3-58 的规定。

表 3-58　基本参数允差

检验项目	允差	检测工具
公称力（共三级挤压）/kN	符合表 3-57 的规定值	测压接头（带表）
压头最大行程/mm	±0.5%	游标卡尺、钢卷尺
空运行单次循环时间/s	±5%	秒表
包块密度/(t/m³)	符合表 3-57 的规定值	磅秤、钢直尺

② 超负荷试验　超负荷试验在负荷试验后进行，且不少于 2 次工作循环。采用废金属材料打包或其他加载方式进行。

超负荷试验压力应符合表 3-59 的规定。

表 3-59　超负荷试验压力

液体最大工作压力 p	≤26.5MPa	>26.5MPa
超负荷试验压力 p_c	120%p	110%p

打包机在超负荷试验后，所有零部件不得有任何损坏和永久变形。

说明

在重型液压废金属打包机用液压缸设计制造中，以下内容可供参考。

①"机械加工零部件未注尺寸公差应符合 GB/T 1800.1—2009（已被 GB/T 1800.1—2020 代替）中 IT14 的规定。"

② "液压缸驱动的二级压头、门、机盖、料斗分别运行到任一位置停止后，其惯性下滑值应≤20mm/3min。"

③ 压头最大行程允差为±0.5%。

④ 超负荷试验压力值。

但是，以下要求不尽合理，仅供参考：

① "各液压缸活塞杆表面应经淬硬处理或表面镀硬铬。"

② "液压缸活塞杆密封应采用可外部压缩调整结构。"

3.19.4　卧式全自动液压打包机

在 JB/T 12096—2014《卧式全自动液压打包机》中规定了卧式全自动液压打包机的型号与基本参数、技术要求、检验或试验方法、检验规则、标志、包装、运输和贮存，适用于将废纸、废塑料、秸秆等非金属物料压制成包块，以便运输和贮存的卧式全自动液压打包机（以下简称打包机）。

(1) 型号与基本参数

① 型号的编制方法　打包机型号编制应符合 GB/T 28761 的规定。

② 基本参数　卧式全自动液压打包机的基本参数应符合表 3-60 的规定。

表 3-60　卧式全自动液压打包机的基本参数

基本参数项目	基本参数值					
打包公称推力/kN	500、630、800、1000、1250、1600、1800、2000、2500					
包块尺寸/mm	720×720、1100×720、1100×900、1100×1100、1100×1250					
包括密度/(kg/m³)	废黄版纸≥400；废塑料≥250；稻、麦秸秆≥180					
主压头行程/mm	1240	2050	2400	2600	2800	3000
加料口尺寸/mm	900×720	1450×1100	1800×1100	2000×1100	2200×1100	2400×1100

注：打包公称推力为优先选用规格，特殊规格可根据客户要求确定。

(2) 技术要求

① 一般要求

a. 打包机应符合 JB/T 12096—2014 的规定，并按经规定程序批准的图样及技术文件制造。

b. 打包机所有外购电气元件、液压元件、零配件和紧固件应符合技术文件的规定，并应附有生产商的合格证方可使用，且须安装在主机上同时进行运转试验。外协件也应有生产厂的质量合格凭证。

c. 打包机出厂时应保证其完整性，并备有技术文件中规定的备用易损件及专用附件；特殊附件由用户与制造厂共同商定，随机供应或单独订货。附件、备件和工具应能互换，并应符合技术文件的规定。

d. 产品使用说明书应符合 GB/T 9969 的规定。

② 结构和功能

a. 打包机的机体必须有足够的强度和刚度，并应符合技术文件的规定。

b. 主液压缸和压料头应采用浮动连接。

c. 压料头在载荷偏离中心 1/4 高度尺寸的情况下，应仍能在导轨上顺利滑行。

d. V 形剪切刀的刀片应足够锋利，能将余料切断。

e. 将废纸、废塑料、秸秆等非金属物料压制成包块。

f. 打包机应有自动穿丝、剪丝和打结功能的自动捆扎机构。

③ 机械加工

a. 打包机的切削加工件应符合设计图样、工艺规程规定的要求；已加工的表面不应有毛刺、斑痕和其他机械损伤；除特殊要求外，均应将锐角倒钝。

b. 图样上未注明公差要求的切削加工尺寸，其极限偏差应符合技术文件的规定。

c. 重要的铸件、锻件、焊接件均应有合格证，除符合图样上注明的技术要求外，还应符合 JB/T 1829 的规定，焊接件还应符合 JB/T 8609 的规定。

d. 对于铸件、锻件、焊接件的缺陷，在保证使用要求和外观质量的条件下，允许按技术文件的规定进行修补。

e. 剪丝刀的硬度应达到 53～55HRC。

④ 装配

a. 打包机应按装配工艺规程进行装配，不允许装入图样上未规定的垫片、套类等零件以及不合格的零部件。

b. 轴承装配时应保持其位置正确、受力均匀、无损伤现象。

c. 紧固件的连接要符合标准的预紧力，有可能松脱的零部件应有防松措施。装配后的螺栓、螺钉头部和螺母的端面应与被紧固零件的平面均匀接触，不应倾斜和留有间隙。装配在同一部位的螺钉，其长度应一致。紧固的螺钉、螺栓和螺母不应有松动现象，影响精度的螺钉紧固力应一致。

d. 密封件不应有损伤现象，装配前密封件和密封面应涂上润滑脂。装配重叠的密封圈时，要相互压紧，开口应朝向压力大的一侧。

e. 机体上压料头导轨的直线度误差在每米长度上不大于 1mm，全长不超过 5mm。两侧面导轨的平行度误差在每米长度上不大于 2mm，全长不超过 6mm。

f. 液压系统的管路通道和油箱内表面在装配前均应进行防锈去污处理，不允许有任何污物存在，液压系统的清洁度应符合 JB/T 9954 的规定。

g. 全部管路、管接头、法兰及其他固定连接处、密封处均应连接可靠、密封良好、不应有渗漏现象。

⑤ 液压系统

a. 打包机的液压系统应符合 GB/T 3766 的规定。

b. 液压缸必须进行耐压试验，其保压时间不应少于 10min，并不得有渗漏、永久变形及损坏。耐压试验压力应为额定工作压力的 1.2 倍。

c. 液压系统的各种阀门应动作灵敏、工作可靠。

d. 冷却系统应满足液压油的温度、温升要求。保证在正常工作时，油箱内的进油口的油温不应超过 60℃。

e. 液压系统和冷却系统不应有渗漏现象。

f. 液压系统清洁度应符合 JB/T 9954 的规定。

⑥ 噪声　打包机空运转时，其噪声限值应符合 GB 26484 的规定。

⑦ 电气系统

a. 打包机的电气系统应符合 GB 5226.1（已被 GB/T 5226.1—2019 代替）的规定。

b. 打包机的保护接地电路的连续性应符合 GB 5226.1（已被 GB/T 5226.1—2019 代替）的规定。

c. 打包机的电路接地保护、绝缘电阻应符合 GB 5226.1（已被 GB/T 5226.1—2019 代替）的规定。

d. 打包机的电气系统耐电压性能应符合 GB 5226.1（已被 GB/T 5226.1—2019 代替）

的规定。

⑧ 安全与防护

a. 打包机的设计与制造应符合 GB 17120 的规定。

b. 打包机的液压泵起动后，在不按动工作按钮的情况下，必须保证工作部件不动作。

c. 液压系统应装备有防止液压超载功能的安全装置。

d. 液压系统的压力表应安装在操作人员容易观察到的地方，对突然失压或中断情况应有保护措施和必要的信号显示。

e. 打包机电气系统的安全与防护应符合 GB 5226.1（已被 GB/T 5226.1—2019 代替）的规定。

⑨ 外观与涂装

a. 打包机的外表面不应有图样上未规定的凸起、凹陷、粗糙不平和其他损伤，各接合面应平整，不应有明显的缝隙和错位。

b. 外露加工表面不应有磕碰、划伤和锈蚀等缺陷。各类紧固件端部不应有扭伤、锤伤等缺陷。

c. 外露焊缝应平滑、匀称。

d. 液压管路与电气线路应排列整齐、固定牢固，不得与有相对运动的零部件相触碰。

e. 铭牌和各种标牌应平整、端正。

f. 打包机的涂层表面应平整、色泽均匀，不应有流挂、露底等缺陷。不同颜色的油漆应界限分明，不得相互污染。

g. 打包机其他非涂装面（与加工物质直接接触的表面除外）应采用涂防锈油的方法进行防锈处理，并应符合 GB/T 4879 的规定。

h. 需经常拧动的调节螺栓和螺母不应涂漆。

(3) 检验或试验方法

① 基本参数检验

a. 基本参数的检验应在空运转试验和负荷运转试验中进行。而其工作压力和工作速度的检验可在负荷运转试验时进行。

b. 按 JB/T 12096—2014 与技术文件的规定检验打包机的基本参数，基本参数的要求应符合表 3-61 的规定。

表 3-61　基本参数的要求

检验项目	单位	要求
打包公称推力的偏差	kN	−3%～10%的打包公称推力
包块密度	kg/m³	废黄版纸≥400；废塑料≥250；稻、麦秸秆≥180
压料头最大行程的偏差	mm	0～10%的压料头最大行程

② 空运转试验

a. 应在无载荷状态下进行空运转试验，空运转试验时间不少于 4h。其中，每次循环之间不间断的空运转试验应不少于 2h，其余时间可做单次循环或单台液压缸的动作试验。

b. 试验时从低压向高压逐级加压，每级压力运转时间不应少于 5min，然后在最高压力下进行空运转试验。

c. 打包机空运转试验时，检验各工作部件运转平稳、灵活、可靠、无异常现象与异常声响。

d. 检验液压缸活塞在规定行程速度的范围内运行时，不应有明显振动、爬行和停滞现象，在换向和泄压时不应有影响正常工作的冲击现象。

e. 检验液压系统的各种阀门动作灵敏性与工作的可靠性。

f. 检验全部管路、管接头、法兰及其他固定连接处、密封处连接的可靠性、密封性。

g. 检验打包机的运转声音应正常、均匀，不应有尖叫及不规则的冲击声。

h. 检验打包机操作灵活性、动作灵敏性与可靠性；点动时不产生误动作，自动时按规定顺序动作。

i. 检验打包机的操纵机构安全可靠性，当打包机做单次循环动作时，不得发生下次循环动作。

j. 打包机在空运转试验中测量噪声，测量方法应符合 GB/T 23281 的规定。

③ 超负荷试验

a. 试验时应将试验压力调到公称压力的 1.1 倍，进行实际加料打包操作，打出的包块应不少于 3 包。

b. 打包机在超负荷试验后，零部件不应有任何损坏和永久变形，液压系统不应有渗漏及其他不正常现象。

说明

在卧式全自动液压打包机用液压缸设计制造中，以下内容可供参考。

① "打包机的机体必须有足够的强度和刚度"。

② "主液压缸和压料头应采用浮动连接。"

③ "打包机应按装配工艺规程进行装配，不允许装入图样上未规定的垫片、套类等零件以及不合格的零部件。"

④ "液压缸必须进行耐压试验，其保压时间不应少于 10min，并不得有渗漏、永久变形及损坏。耐压试验压力应为额定工作压力的 1.2 倍。"

⑤ 压料头最大行程的偏差为 "0～10％的压料头最大行程"。

⑥ 超负荷试验时 "试验时应将试验压力调到公称压力的 1.1 倍，进行实际加料打包操作，打出的包块应不少于 3 包。"

3.20 模具研配液压机

模具研配液压机是研配大型模具用的液压机。在 JB/T 12092.1—2014《模具研配液压机 第 1 部分：型式与基本参数》中规定了模具研配液压机的型式与基本参数，在 JB/T 12092.2—2014《模具研配液压机 第 2 部分：精度》中规定了模具研配液压机的精度检验，适用于模具研配液压机（以下简称液压机）。

作者注：JB/T 12092.3—××××《模具研配液压机 第 3 部分：技术条件》至今没有发布。

3.20.1 模具研配液压机型式与基本参数

(1) 型式

① 液压机的型号表示方法应符合 GB/T 28761 的规定。

② 液压机分为以下两种基本型式：带翻转板的液压机（见图 3-23）；无翻转板的液压机（见图 3-24）。

(2) 基本参数

① 液压机的主参数为公称力。

② 带翻转板的液压机的基本参数按表 3-62 的规定。

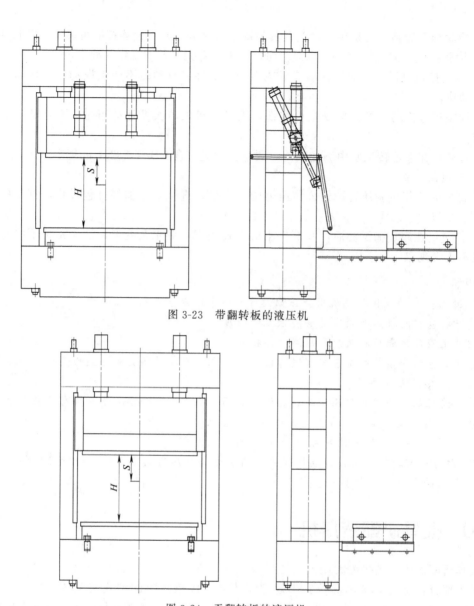

图 3-23　带翻转板的液压机

图 3-24　无翻转板的液压机

表 3-62　带翻转板的液压机的基本参数

参数名称	参数值					
公称力/kN	1000	1600	2000	3150	4000	5000
开口高度 H/mm	2800	2800	2800	2800	2800	2800
滑块快降速度/(mm/s)	100	100	100	100	100	100
滑块慢降速度/(mm/s)	3～15	3～15	3～15	3～15	3～15	3～15
滑块研磨速度/(mm/s)	0.5～5	0.5～5	0.5～5	0.5～3	0.5～3	0.5～2
滑块慢回速度/(mm/s)	10	10	10	10	10	10
滑块快回速度/(mm/s)	100	100	100	100	100	100
翻转板翻转角度/(°)	180	180	180	180	180	180
翻转板最大载重/t	10	10	15	20	30	30
工作台面尺寸系列 （左右×前后）/mm	4000×2500	4000×2500	4000×2500	4000×2500	4000×2500	4000×2500
	4600×2500	4600×2500	4600×2500	4600×2500	4600×2500	4600×2500
	5000×2600	5000×2600	5000×2600	5000×2600	5000×2600	5000×2600

注：1. 快降速度指滑块无负载时的下降速度。

2. 快回速度指不安装上模具时滑块的回程速度。

③ 无翻转板的液压机的基本参数按表 3-63 的规定。

表 3-63　无翻转板的液压机的基本参数

参数名称	参数值					
公称力/kN	1000	1600	2000	3150	4000	5000
开口高度 H/mm	2500	2500	2500	2500	2500	2500
滑块行程 S/mm	1900	1900	1900	1900	1900	1900
滑块快降速度/(mm/s)	100	100	100	100	100	100
滑块慢降速度/(mm/s)	3～15	3～15	3～15	3～15	3～15	3～15
滑块研磨速度/(mm/s)	0.5～5	0.5～5	0.5～5	0.5～3	0.5～3	0.5～2
滑块慢回速度/(mm/s)	10	10	10	10	10	10
滑块快回速度/(mm/s)	100	100	100	100	100	100
工作台面尺寸系列 （左右×前后）/mm	4000×2500	4000×2500	4000×2500	4000×2500	4000×2500	4000×2500
	4600×2500	4600×2500	4600×2500	4600×2500	4600×2500	4600×2500
	5000×2600	5000×2600	5000×2600	5000×2600	5000×2600	5000×2600

3.20.2　模具研配液压机精度

(1) 检验说明

① 工作台面是液压机总装精度检验的基准面。

② 精度检验前，液压机应调整水平，其工作台面纵、横向水平偏差不得超过 0.20mm/1000mm。液压机主操作者所在位置为前，其右为右。

③ 对装有移动工作台的液压机，须使移动工作台处在液压机的工作位置并锁紧牢固。

④ 精度检验应在空运转试验和负荷运转试验后分别进行，以负荷运转试验后的精度检验值为准。

⑤ 精度检验应符合 GB/T 10923—2009 的规定，也可采用其他等效的检验方法。

⑥ L 为被检测面的最大长度，l 为不检测长度。当 $L \leqslant 1000$mm 时，l 为 $L/10$；当 $L >$ 1000mm 时，$l = 100$mm。

⑦ 工作台上平面及滑块下平面的平面度允许在装配前检验。

⑧ 在总装精度检验前，滑块与导轨间隙的调整原则：应在保证总装精度的前提下，导轨不发热，不拉毛，并能形成油膜。表 3-64 推荐的导轨总间隙仅作为参考值。

表 3-64　导轨总间隙　　　　　　　　　　　　　　单位：mm

导轨间距	≤1000	>1000～1600	>1600～2500	>2500
总间隙	≤0.10	≤0.16	≤0.22	≤0.30

注：1. 在液压机滑块运动的极限位置用塞尺测量导轨的上下部位的总间隙，也可将滑块推向固定导轨一侧，在单边测量其总间隙。

2. 总间隙是指垂直于机器正面或平行于机器正面的两导轨内间隙之和，应将最大实测总间隙值记入产品合格证明书内作为参考。

(2) 精度检验

① 工作台上平面及滑块下平面的平面度　见 JB/T 12092.2—2014。

② 滑块下平面对工作台的平行度　见 JB/T 12092.2—2014。

③ 滑块运动轨迹对工作台面的垂直度

a. 检验方法。在工作台的中心位置放一直角尺（下面可放一平尺），将指示表紧固在滑块下平面上，并使指示表测头触在直角尺上。当滑块上下运动时，在通过中心的左右和前后方向上分别进行测量，指示表读数的最大差值即为测定值。

测量位置在行程下极限前 1/2 行程范围内。

b. 允差。滑块运动轨迹对工作台面的垂直度允差应符合表 3-65 的规定。

表 3-65　滑块运动轨迹对工作台面的垂直度允差　　　　　　　单位：mm

工作台面的有效长度 L	允差
L≤1000	$0.01+\dfrac{0.015}{100}L_3$
L>1000～2000	$0.02+\dfrac{0.015}{100}L_3$
L>2000	$0.03+\dfrac{0.015}{100}L_3$

注：L_3 为最大实际检测的滑块行程，L_3 的最小值为 50mm。

c. 检验工具。包括直角尺、平尺、指示表。

④ 滑块下平面对工作台面的倾斜度

a. 检测方法。在工作台上用仅承受滑块自重的支撑棒，依次分别支撑在滑块下平面的左右支撑点和前后支撑点上，支撑棒长度任意选取。用指示表在各支撑点旁及其对称点分别按左右（长度为 $2L_4$）方向和前后（长度为 $2L_5$）方向测量工作台上平面和滑块下平面间的距离，指示表读数的最大差值即为测定值，对角线方向不进行测量。

测量位置为行程的下极限和下极限前 1/3 行程处。

L_4、L_5 为滑块中心起至支撑点的距离，$L_4=L/3$（L 为工作台面的长边尺寸），$L_5=L_6/3$（L_6 为工作台面的短边尺寸）。

b. 允差。滑块下平面对工作台面的倾斜度的允差应为 $\dfrac{1}{3000}L_4$，单位为 mm。

c. 检验工具。包括支撑棒、指示表。

3.21　充液成形液压机

尽管 JB/T 12098—2014 和 JB/T 12099—2014 两项标准有很多相同之处，且每项标准中也有重复表述的内容，如在一般要求中关于标牌与使用说明书、在结构与性能和液压系统中关于设置介质回收和过滤装置等，但是对于适用于该液压机的液压缸（包括增压器）都规定了要求，其是板材充液成形液压机用液压缸、管材充液成形液压机用液压缸选型设计应该满足的。

3.21.1　板材充液成形液压机

在 GB/T 8541—2012、GB/T 36484—2018、JB/T 4174—2014 和 JB/T 12098—2014 中都没有"板材充液成形液压机"这一术语和定义。在 JB/T 12098—2014《板材充液成形液压机》中规定了板材充液成形液压机的型号与基本参数、要求、试验方法、检验规则、包装、运输和贮存，适用于板材充液成形液压机（以下简称液压机）。

作者注：在 GB/T 8541—2012 和 GB/T 36484—2018 中有术语"板材液压成形"和定义。

(1) 型号与基本参数

① 型号　液压机的型号编制应符合 GB/T 28761 的规定。

② 基本参数　液压机基本参数包括公称力、压边力、液压成形最大压力等。

(2) 要求

① 一般要求

a. 液压机应明示其基本参数，并按经规定程序批准的图样及技术文件的要求进行制造。

b. 液压成形工艺应符合 GB/T 28273—2012《管、板液压成形工艺分类》的规定。

c. 每台产品应在适当的明显位置固定产品标牌，标牌应符合 GB/T 13306 规定的要求。产品的标牌应至少有产品名称、型号、基本参数、制造日期和出厂编号、制造厂名称及地址等内容。

d. 产品使用说明书的编写应符合 GB/T 9969 规定的要求，其内容应包括产品名称、型号、产品主要性能〔主液压缸及压边缸的公称力和最大行程，液压系统的（最高或最大）工作压力，增压缸最大工作压力、容积，活动横梁到工作台距离，活动横梁升降速度，工作台有效尺寸，电动机功率等〕、产品执行标准编号、制造厂名称及地址、使用方法、保养、维修要求等。

② 外观

a. 液压机的外表面，不应有图样上未规定的凸起、凹陷、粗糙不平和其他损伤。

b. 零部件接合面的边缘应整齐匀称，不应有明显的错位。门、盖与接合面不应有明显的缝隙。

c. 外露的焊缝应修整平直、均匀。

d. 液压管路、润滑管路和电气线路等沿液压机外轮廓安装时，应排列整齐，并不得与相对运动的零部件接触。

e. 沉头螺钉不应突出于零件表面，其头部与沉孔之间不应有明显的偏心。定位销应略突出于零件表面，螺栓尾端应突出于螺母，但突出部分不过长和参差不齐。

f. 液压机的涂漆应符合技术文件的规定。需经常拧动的调节螺栓和螺母不应涂漆。液压机的非机械加工的金属外表面应涂漆，或采用规定的其他方法进行防护。不同颜色的油漆分界线应清晰，可拆卸的装配接合面的接缝处，在涂漆后应切开，切开时不应扯破边缘。

g. 标牌、商标等应固定在液压机的明显位置上。各种标牌的固定位置应正确、牢固、平直、整齐，并应清晰、耐久。

③ 装配

a. 液压机装配应符合装配工艺规程，不应因装配而损坏零件及其表面和密封圈的唇部等，所装配的零部件（包括外购件、外协件）均应符合质量要求。

b. 重要的固定接合面应紧密贴合，预紧牢固后用 0.05mm 塞尺进行检验，允许塞尺塞入深度不应大于接触面宽度的 1/4，接触面间可塞入塞尺部位累计长度不应大于周长的 1/10。重要的固定接合面有：

ⅰ. 立柱台肩与工作台面的固定接合面；

ⅱ. 立柱调节螺母、锁紧螺母与上横梁和工作台的固定接合面；

ⅲ. 液压缸锁紧螺母与上横梁或机身梁的固定接合面；

ⅳ. 活（柱）塞台肩与滑块的固定接合面；

ⅴ. 机身与导轨的固定接合面和滑块与镶条的固定接合面等；

ⅵ. 组合式框架机身的横梁与立柱的固定接合面；

ⅶ. 工作台板与工作台的固定接合面等。

c. 带支承环密封结构的液压缸，其支承环应松紧适度和锁紧可靠。以自重快速下滑的运动部件（包括活塞、活动横梁或滑块等）在快速下滑时不应有阻滞现象。

d. 液压系统、润滑系统、冷却系统的管路通道以及充液装置和油箱的内表面，在装配前均应进行除锈去污处理，液压系统的清洁度应符合 JB/T 9954 的规定。

e. 全部管道、管接头、法兰及其他固定或活动连接的密封处，均应连接可靠，密封良好，不应有油液渗漏现象。

④ 精度　液压机的精度应符合 GB/T 9166 的要求。

⑤ 结构与性能

a. 液压机由机架、主液压缸、压边缸、超高压发生装置、超高压液室、液压控制系统、电气系统、超高压安全防护系统等部分构成。

b. 液压机运动部件动作应正确、平稳、可靠。

c. 在规定的行程速度范围内，不应有振动、爬行和停滞现象。

d. 在换向和泄压时，不得有影响正常工作的冲击现象。

e. 液压机应具有可控制制品成形液体压力（增压缸压力）和主液压缸、压边缸压力及行程的功能。

f. 液压机应配置有增压缸，当超过设定工作压力时，设备应能自动卸荷并报警。

g. 系统工作压力的显示精度、最小设定量均应不大于 0.2MPa。

h. 在空运转、负荷运转和超负荷运转中，液压元件、管路等各密封处不应有渗漏现象，油箱的油温不应超过 60℃。

i. 安全阀（包括作为安全阀使用的溢流阀）开启压力一般应不大于额定压力的 1.1 倍。为防止随意调压，应设有防护措施。

j. 液室成形介质采用液压油或乳化液；应设置有介质回收和过滤装置。

⑥ 耐压性能

a. 主液压缸在试验压力为 1.25 倍的最大工作压力下保压 10min，不应有渗漏、永久变形及损坏现象。

b. 压边缸在试验压力为 1.25 倍的最大工作压力下保压 10min，不应有渗漏、永久变形及损坏现象。

c. 增压缸应进行超声检测，并在试验压力为 1.1 倍的最大工作压力下保压 3min，不应有渗漏现象，且缸筒变形量在外径中段的测量值应小于 H8 的规定值。

d. 超高压液室和超高压金属硬管应经超声检测合格，并在试验压力为 1.1 倍的最大工作压力下保压 3min，不应有渗漏、永久变形及损坏，管道不破裂。

⑦ 液压系统

a. 液压系统应无漏油现象。

b. 油箱内的油温和液压泵入口温度不应超过 60℃。

c. 液室成形介质采用液压油或乳化液，在液室周围及工作台上应设置介质回收和过滤装置。

⑧ 噪声　液压机噪声限值应符合 GB 26484 的规定。

⑨ 安全

a. 应符合 GB 17120 和 GB 28241 的规定。

b. 液压机应在工作区间、模具四周安装安全防护门和防护罩。

c. 增压缸应安装安全防护装置。

d. 超高压管道应安装保护套。

e. 卸压装置应工作可靠。

f. 在充液拉伸过程中加工工件一旦拉裂，充液系统立即卸压，液压机应自动停止动作并报警。

g. 活动防护装置应与电气系统联锁控制，确保防护门关闭后，液压机方可进行合模、成形动作。

h. 液压机电气安全应符合 GB 5226.1（已被 GB/T 5226.1—2019 代替）的规定。

3.21.2 管材充液成形液压机

在 GB/T 8541—2012、GB/T 36484—2018、JB/T 4174—2014 和 JB/T 12099—2014 中都没有"管材充液成形液压机"这一术语和定义。在 JB/T 12099—2014《管材充液成形液压机》中规定了管材充液成形液压机的型号与基本参数、要求、试验方法、检验规则、包装、运输和贮存，适用于管材充液成形液压机（以下简称液压机）。

作者注：在 GB/T 8541—2012 和 GB/T 36484—2018 中有术语"管液压成形（内高压成形）"和定义。

(1) 型号与基本参数

① 型号　液压机的型号编制应符合 GB/T 28761 的规定。

② 基本参数　液压机基本参数包括锁模公称力、轴向进给公称力、液压成形最大压力等。

(2) 要求

① 一般要求

a. 液压机应明示其基本参数，并按经规定程序批准的图样及技术文件的要求进行制造。

b. 液压成形工艺应符合 GB/T 28273—2012《管、板液压成形工艺分类》的规定。

c. 每台产品应在适当的明显位置固定产品标牌，标牌应符合 GB/T 13306 规定的要求。产品标牌应至少有产品名称、型号、主要技术参数、制造日期和出厂编号、制造厂名称及地址等内容。

d. 产品使用说明书的编写应符合 GB/T 9969 规定的要求，其内容应包括产品名称、型号、产品主要性能（锁模缸及轴向进给缸的公称力和最大行程，液压系统的最大工作压力，增压缸最大工作压力、容积，活动横梁到工作台距离、活动横梁升降速度，工作台有效尺寸，电动机功率等）、产品执行标准编号、制造厂名称及地址、使用方法、保养、维修要求等。

② 外观

a. 液压机的外表面，不应有图样上未规定的凸起、凹陷、粗糙不平和其他损伤。

b. 零部件接合面的边缘应整齐匀称，不应有明显的错位。门、盖与接合面不应有明显的缝隙。

c. 外露的焊缝应平直、均匀。

d. 液压管路、润滑管路和电气线路等应排列整齐，并不得与相对运动的零部件接触。

e. 沉头螺钉不应突出于零件表面，其头部与沉孔之间不应有明显的偏心。定位销应略突出于零件表面，螺栓尾端应突出于螺母，但突出部分不应过长和参差不齐。

f. 液压机的涂漆应符合技术文件的规定。需经常拧动的调节螺栓和螺母不应涂漆。液压机的非机械加工的金属外表面应涂漆，或采用规定的其他方法进行防护。不同颜色的油漆分界线应清晰，可拆卸的装配接合面的接缝处，在涂漆后应切开，切开时不应扯破边缘。

g. 标牌、商标等应固定在液压机的明显位置上。各种标牌的固定位置应正确、牢固、平直、整齐，并应清晰、耐久。

③ 装配

a. 液压机装配应符合装配工艺规程，不应因装配而损坏零件及其表面和密封圈的唇部等，所装配的零部件（包括外购件、外协件）均应符合质量要求。

b. 重要的固定接合面应紧密贴合，预紧牢固后用 0.05mm 塞尺进行检验，允许塞尺塞入深度不应大于接触面宽的 1/4，接触面间可塞入塞尺部位累计长度不应大于周长的 1/10。重要的固定接合面有：

　　ⅰ. 立柱台肩与工作台面的固定接合面；

　　ⅱ. 立柱调节螺母、锁紧螺母与上横梁和工作台的固定接合面；

　　ⅲ. 液压缸锁紧螺母与上横梁或机身梁的固定接合面；

　　ⅳ. 活（柱）塞台肩与滑块的固定接合面；

　　ⅴ. 机身与导轨的固定接合面和滑块与镶条的固定接合面等；

　　ⅵ. 组合式框架机身的横梁与立柱的固定接合面；

　　ⅶ. 工作台板与工作台的固定接合面等。

　　c. 带支承环密封结构的液压缸，其支承环应松紧适度和锁紧可靠。以自重快速下滑的运动部件（包括活塞、活动横梁或滑块等）在快速下滑时不应有阻滞现象。

　　d. 液压系统、润滑系统、冷却系统的管路通道以及充液装置和油箱的内表面，在装配前均应进行除锈去污处理，液压系统的清洁度应符合 JB/T 9954 的规定。

　　e. 全部管道、管接头、法兰及其他固定或活动连接的密封处，均应连接可靠，密封良好，不应有油液的外渗漏现象。

　　④ 精度　液压机的精度应符合 GB/T 9166 的要求。

　　⑤ 结构与性能

　　a. 液压机由机架、锁模缸、轴向进给缸、超高压发生装置、液压控制系统、电气系统、超高压安全防护系统等部分构成。

　　b. 液压机运动部件动作应正确、平稳、可靠。

　　c. 在规定的行程速度范围内，不应有振动、爬行和停滞现象。

　　d. 在换向和泄压时，不得有影响正常工作的冲击现象。

　　e. 液压机应具有可控制制品成形液体压力（增压缸压力）、锁模缸工作压力、轴向进给缸工作压力、轴向进给缸活塞位移的功能。

　　f. 液压机应配置有增压缸，当超过设定工作压力时，设备应能自动卸荷并报警。

　　g. 系统工作压力的显示精度、最小设定量均应不大于 0.2MPa。

　　h. 在空运转、负荷运转和超负荷运转中，液压元件、管路等各密封处不应有渗漏现象，油箱的油温不应超过 60℃。

　　i. 安全阀（包括作为安全阀使用的溢流阀）开启压力一般应不大于额定压力的 1.1 倍。为防止随意调压，应设有防护措施。

　　j. 液室成形介质采用液压油或乳化液；应设置有介质回收和过滤装置。

　　⑥ 耐压性能

　　a. 锁模缸在试验压力为 1.25 倍的最大工作压力下保压 10min，不应有渗漏、永久变形及损坏现象。

　　b. 轴向进给缸在试验压力为 1.25 倍的最大工作压力下保压 10min，不应有渗漏、永久变形及损坏现象。

　　c. 增压缸应进行超声检测，并在试验压力为 1.1 倍的最大工作压力下保压 3min，不应有渗漏现象，且缸筒变形量在外径中段的测量值应小于 H8 的规定值。

　　d. 超高压金属硬管应经超声检测合格，并在试验压力为 1.1 倍的最大工作压力下保压 3min，不应有渗漏、永久变形及损坏，管道不破裂。

　　⑦ 液压系统

　　a. 液压系统应无漏油现象。

b. 油箱内的油温和液压泵入口温度不应超过 60℃。

c. 液室成形介质采用液压油或乳化液，设置介质回收和过滤装置，且工作可靠。

⑧ 噪声　液压机噪声限值应符合 GB 26484 的规定。

⑨ 安全

a. 应符合 GB 17120 和 GB 28241 的规定。

b. 液压机应在工作区间、模具四周安装安全防护门和防护罩，且工作可靠。

c. 增压缸应安装安全防护装置。

d. 超高压管道应有保护套。

e. 卸压装置应工作可靠。

f. 在充液成形过程中加工工件一旦破裂，充液系统立即卸压，液压机应自动停止动作并报警。

g. 活动防护装置应与电气系统联锁控制，确保防护门关闭后，液压机方可进行合模、成形动作。

h. 电气安全应符合 GB 5226.1（已被 GB/T 5226.1—2019 代替）的规定。

3.22　精密伺服校直液压机

精密伺服校直液压机是采用液压伺服驱动技术，校直工件时压头重复定位精度不大于 0.1mm 的液压机，主要用于对轴、管、棒类工件进行校直。在 JB/T 12100—2014《精密伺服校直液压机》中规定了精密伺服校直液压机的型式与基本参数、技术要求、试验方法及验收规则、标志、包装、运输和贮存及制造厂和用户的保证，适用于精密伺服校直液压机（以下简称液压机）。

注：不大于 0.1mm 指加载时压头在行程范围内任意位置的重复定位精度。

(1) 型式与基本参数

① 型式

a. 液压机的型号表示方法应符合 GB/T 28761 的规定。

b. 液压机分为以下两种基本型式：单柱式液压机（见图 3-25）；框架式液压机（见图 3-26）。

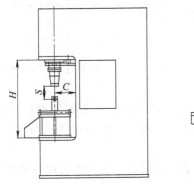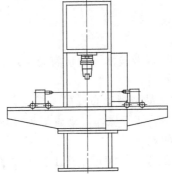

图 3-25　单柱式液压机

② 基本参数

a. 液压机的主参数为公称力。

b. 单柱式液压机的基本参数见表 3-66。

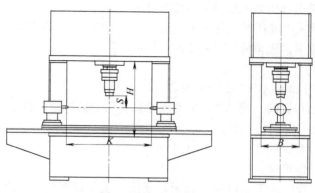

图 3-26　框架式液压机

表 3-66　单柱式液压机的基本参数

参数名称	参数值					
公称力/kN	160	200	250	400	630	1000
开口高度 H/mm	800	800	950	950	1100	1100
压头行程 S/mm	150	150	200	200	250	250
喉深 C/mm	200	200	250	250	300	300
快降速度/(mm/s)	≥40	≥40	≥50	≥50	≥60	≥60
校直时工作速度/(mm/s)	≤5	≤5	≤10	≤10	≤15	≤15
回程速度/(mm/s)	≥30	≥30	≥40	≥40	≥50	≥50

c. 框架式液压机的基本参数见表 3-67。

表 3-67　框架式液压机的基本参数

参数名称	参数值					
公称力/kN	800	1000	1600	2000	4000	6300
开口高度 H/mm	900	900	1000	1000	1100	1100
压头行程 S/mm	200	200	250	250	300	300
工作开档 K/mm	1100	1100	1500	1500	2000	2000
工作台宽度 B/mm	400	400	500	500	600	600
快降速度/(mm/s)	≥50	≥50	≥50	≥40	≥40	≥40
校直时工作速度/(mm/s)	≤5	≤5	≤5	≤10	≤10	≤10
回程速度/(mm/s)	≥40	≥40	≥40	≥30	≥30	≥30

(2) 技术要求

① 一般要求

a. 液压机的图样及技术文件应符合 JB/T 12100—2014 的规定，并应按规定程序经批准后方能投入生产使用。

b. 液压机的产品造型和布局要考虑工艺美学和人机工程学的要求，各部件及装置应布局合理、高度适中，便于操作者观察加工区域。手轮、手柄和按钮应布置合理、操作方便，并符合设计文件的规定。

c. 液压机的配置应能满足生产工艺的要求，其配置的工作能力应与液压机相匹配。

d. 液压机应便于使用、维修、装配、拆卸和运输。

e. 液压机安装应符合 GB/T 50272—2009《锻压设备安装工程施工及验收规范》和设计文件的规定。

f. 液压机在下列环境条件下应能正常工作。

ⅰ. 环境温度：5～40℃，对于非常热的环境（如热带气候、钢厂）或寒冷环境，须提出额外要求。

ⅱ．相对湿度：当最高温度为 40℃时，相对湿度不超过 50%，液压机就应能正常工作。温度低则允许较高的相对湿度，如最高温度为 20℃时相对湿度允许为 90%。

ⅲ．海拔：液压机应能在海拔 1000 m 以下正常工作。

g．液压机在正确的使用和正常的维护保养条件下，从开始使用到第一次大修的工作时间应符合 JB/T 1829 的规定。

② 性能、结构与功能

a．液压机应具有足够的刚度。在最大载荷工况条件下试验，液压机应能正常工作。

b．压头的速度应符合技术文件的要求，实现快速下降、精密伺服控制校直、回程等功能。

c．液压机控制系统采用伺服控制技术，应具有位置保持功能，且保压时间可调。

d．液压机具有对轴、管、棒类工件进行校直的功能。

e．液压机数控系统可控制压头压力、压头行程等，并可通过多轴的伺服运动的控制来实现精密校直功能。

f．压头行程可根据工艺要求分别进行调整。

g．液压机的滑动摩擦副应采取耐磨措施，并有合理的硬度差。

h．液压机的运行应平稳、可靠，液压执行元件在规定的行程和速度范围内不应有振动、爬行和阻滞现象，换向不应有影响正常工作的冲击现象。

i．液压系统具有针对压力超载、油温超限、油位低等情况的自动报警功能和保护措施。

j．液压机可根据需求配置上下料装置的机械、液压、气动、电气等接口。

k．液压机与其配套的辅助装置连接动作应协调、可靠。

③ 安全

a．液压机在按规定制造、安装、运输和使用时，不得对人员造成危险，并应符合 GB 17120 的规定。

b．液压机电气传动与控制方面的安全要求应符合 GB 5226.1（已被 GB/T 5226.1—2019 代替）的规定。

④ 噪声

液压机噪声应符合 GB 26484 的规定。

⑤ 随机附件、工具和技术文件

a．液压机出厂时应保证成套性，并备有设备正常使用的附件，以及所需的专用工具，特殊附件的供应由供需双方商定。

b．制造厂应保证用于液压机的外购件（包括液压元件、电气元件、气动元件、冷却元件）质量，并应符合相应标准的规定。出厂时外购件应与液压机同时进行空运转试验。

c．随机技术文件应包括产品使用说明书，产品检验合格证，装箱单，产品安装与维护用附图，易损件图样。产品使用说明书应符合 GB/T 9969 的规定，其内容应包括安装、运输、贮存、使用、维修和安全卫生等要求。

d．随机提供的液压机备件或易损件应具有互换性。备件、特殊附件不包括在随机必备附件内，用户可与制造厂协商，备件可随机供应，或单独供货，供货内容按订货合同执行。

⑥ 标牌与标志

a．液压机应有铭牌、润滑和安全等各种标牌或标志。标牌的型式与尺寸、材料、技术要求应符合 GB/T 13306 的规定。

b．标牌应端正地固定在液压机的明显部位，并保证清晰。

c. 液压机铭牌上至少应包括以下内容：

ⅰ. 制造厂名称和地址；

ⅱ. 产品的型号和基本参数；

ⅲ. 出厂年份和编号。

⑦ 铸件、锻件、焊接件

a. 铸件、锻件、焊接件的一般要求应符合 JB/T 1829 和 JB/T 3818 的规定。

b. 用于制造液压机的重要零件的铸件、锻件应有合格证，并应符合技术文件的规定。

c. 液压机的灰铸铁件应符合 JB/T 5775 的规定，铸钢件、有色金属铸件应符合技术文件的规定。重要铸件应采用热处理或其他降低应力的方法消除内应力。

d. 重要锻件应进行无损检测，并应采用热处理或其他降低应力的方法消除内应力。

e. 焊接结构件和管道焊接应符合 JB/T 8609 的规定。主要焊接结构材质应符合 GB/T 700、GB/T 1591 的规定。重要的焊接金属构件应采用热处理或其他降低应力的方法消除内应力。

⑧ 机械加工

a. 零件加工的一般要求应符合 JB/T 1829 和 JB/T 3818 的规定。

b. 液压机上各种加工零件材料的牌号和力学性能应满足液压机功能需求，并符合技术文件的规定。

c. 主要件的加工要求应符合技术文件的规定。

d. 已加工表面不应有毛刺、斑痕和其他机械损伤，不应有降低液压机使用质量和恶化外观的缺陷。除特殊规定外，均应将锐边倒钝。

e. 移动副表面加工精度和表面粗糙度应保证达到液压机的精度要求和技术要求。

⑨ 装配

a. 装配的一般要求应符合 JB/T 3818 的规定。

b. 液压机应按技术文件及图样进行装配，不应因装配损坏零件及其表面和密封件的唇口等，装配后各机构动作应灵活、准确、可靠。

c. 装配后的螺栓、螺钉头部和螺母的端面应与被紧固的零件平面均匀接触，不应倾斜和留有间隙。装配在同一部位的螺钉，其长度一般应一致。紧固的螺钉、螺栓和螺母不应有松动现象，影响精度的螺钉紧固力应一致。

d. 密封件不应有损伤现象，装配前密封件和密封面应涂上润滑脂。其装配方向应保证介质工作压力将其唇部压紧。装配重叠的密封圈时，各圈要相互压紧，开口置于压力大的一侧。

e. 移动部件、转动部件装配后，运转应平稳、灵活、轻便、无阻滞现象。

f. 每台液压机在制造厂均应进行总装配，具体按双方协议或合同执行。

⑩ 电气设备　液压机的电气系统应符合 GB 5226.1（已被 GB/T 5226.1—2019 代替）的规定。

⑪ 液压系统、气动系统、冷却系统和润滑系统

a. 液压系统的一般要求应符合 GB/T 3766 的要求。

b. 外购和自制的液压元件的技术要求和连接尺寸应符合 GB/T 7935 的规定。

c. 液压机在工作时液压系统油箱内进油口的油温一般不应超过 50℃。

d. 液压系统中应设置精密滤油装置。

e. 液压系统、冷却系统的管路通道和油箱内表面，在装配前应进行彻底的防锈去污处理。

f. 液压系统的清洁度应符合 JB/T 9954 的规定。

g. 气动系统应符合 GB/T 7932 的规定，排除冷凝水一侧的管道的安装斜度不应小于 1：500。

h. 冷却系统应满足液压机的温度、温升要求。

i. 润滑系统、冷却系统应按需要连续性或周期性地将润滑剂或冷却剂输送到规定的部位。

j. 液压系统、气动系统、润滑系统和冷却系统不应漏油、漏水、漏气。冷却液不应混入液压系统和润滑系统。

⑫ 配管

a. 液压系统、气动系统、润滑系统选用的管子内壁应光滑，无锈蚀、压扁等缺陷。

b. 内外表面经防腐处理的钢管可直接安装使用。未做防腐处理的钢管应进行酸洗，酸洗后应及时采取防锈措施。

c. 钢管在安装或焊接前需去除管口毛刺，焊接管路需清除焊渣。

⑬ 外观

a. 液压机的外观应符合 JB/T 1829 和 JB/T 3818 的规定。

b. 液压机零部件、电气柜、机器面板的外表面不得有明显的凹痕、划伤、裂缝、变形，表面涂镀层不得有气泡、龟裂、脱落或锈蚀等缺陷。

c. 涂装质量应符合技术文件的规定。

d. 非机械加工表面应整齐美观。

e. 文字说明、标志、图案等应清晰。

f. 防护罩、安全门应平整、匀称，不应翘曲、凹陷。

(3) 精度

① 精度检验说明

a. 工作台面是液压机总装精度检验的基准面。

b. 精度检验前，液压机应调整水平，其工作台面纵、横向水平偏差不得超过 0.20mm/1000mm。液压机主操作者所在位置为前，其右为右。

c. 如装有移动工作台或移动校直辅具，须使其处在液压机的工作位置并锁紧牢固。

d. 精度检验应在空运转试验和负荷运转试验后分别进行，以负荷运转试验后的精度检验值为准。

e. 精度检验方法应符合 GB/T 10923—2009 的规定，也可采用其他等效的检验方法。

f. L 为被检测面的最大长度，l 为不检测长度。当 $L \leqslant 1000$mm 时，l 为 $L/10$；当 $L > 1000$mm 时，$l = 100$mm。

g. 工作台平面度在装配后检验。如有移动工作台，使移动工作台运动到压头正下方并固定后，用同样方法检验移动工作台平面度。

② 精度检验

a. 压头运动轨迹对工作台面的垂直度。

ⅰ. 检验方法。在工作台的中心位置放一直角尺（下面可放一平尺），将指示表紧固在滑块下平面上，并使指示表测头触在直角尺上，当压头上下运动时，在通过中心的左右和前后方向上分别进行测量，指示表读数的最大差值即为测定值。

测量位置在行程下极限前 1/2 行程的范围内。

ⅱ. 允差。压头运动轨迹对工作台面的垂直度允差应为 0.05mm，如有移动工作台，则压头运动轨迹对移动工作台面的垂直度允差应符合表 3-68 的规定。

表 3-68　压头运动轨迹对移动工作台的垂直度允差　　　　　　　　单位：mm

移动工作台面的有效长度	允差
≤1000	$0.01+\dfrac{0.015}{100}L_2$
>1000~2000	$0.02+\dfrac{0.015}{100}L_2$
>2000	$0.03+\dfrac{0.015}{100}L_2$

注：L_2 为最大实际检测的滑块行程，L_2 的最小值为50mm。

ⅲ．检验工具。包括直角尺、平尺、指示表。

b. 压头重复定位精度。

ⅰ．检验方法。在压头运动至正下方时，将指示表固定在工作台上。由控制系统设定压头移动目标值，当压头移动的距离到达目标值时，使压头下平面接触指示表测头。压头移动到目标位5次，分别读取指示表读数，5次指示表读数最大值为该目标位压头重复定位精度。在压头行程范围内（0~S）内取3点目标位（分别为10mm、$S/2$、S）分别进行检测，3点目标位压头重复定位精度最大值即为测定值。

如有移动工作台，应将移动工作台固定在压头正下方，才能检测压头重复定位精度。

ⅱ．允差。压头重复定位精度的允差应符合表3-69的规定。

表 3-69　压头重复定位精度的允差

公称力/kN	允差/mm	公称力/kN	允差/mm
≤250	0.05	>2000	0.10
>400~1600	0.08		

ⅲ．检验工具。主要是指示表。

说明

① 有成套性要求，但不清楚液压机的具体组成。

② 对液压系统油箱内（泵）进油口的油温提出了更高要求，限制其"不应超过50℃"。

③ 要求在液压系统中设置精密滤油装置，说明对液压系统的清洁度有更高要求。

④ 缺少对润滑系统的要求，如"液压机的润滑系统应符合GB/T 6576的规定"这样的要求。

⑤ 在"压头重复定位精度"中存在诸多问题，具体请见参考文献［100］中"行程定位精度和行程重复定位精度检验问题"。

3.23　中厚钢板压力校平液压机

中厚钢板压力校平液压机是采用高压液体传动、用于校平钢板的液压机。在 JB/T 12510—2015《中厚钢板压力校平液压机》中规定了中厚钢板压力校平液压机的术语和定义、型式、基本参数、技术要求、试验方法、检验及验收规则、标志、包装、运输和贮存，适用于采用矿物油型液压油为工作介质的中厚钢板压力校平液压机（以下简称压平机）。

(1) 型式与基本参数

① 型式　压平机本体结构基本型式如图3-27所示。

② 基本参数　压平机的基本参数见表3-70。

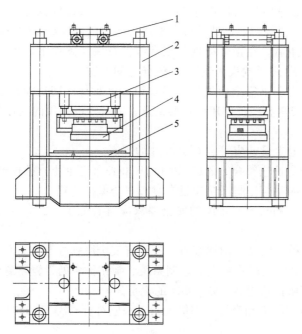

图 3-27　压平机本体结构基本型式

1—压头横移小车；2—预应力框架；3—工作缸；4—压头；5—工作台

表 3-70　压平机的基本参数

公称力/MN	20	25	42	50	60	80
主柱塞直径/mm	$\phi1000$	$\phi1100$	$\phi1380$	$\phi1500$	$\phi1650$	$\phi1900$
工作介质压力/MPa	25.5	26.5	28.5	28.3	28.3	28.3
回程力/MN	0.5	0.6	1.2	1.6	2	3.5
压头压下行程/mm	600	600	750	750	900	1000
压头横移距离/mm	±1050	±1350	±1400	±1450	±1700	±1900
压头尺寸/mm	1500×1500	1600×1600	1800×1800	1900×1900	2000×2000	2300×2300
工作台尺寸(长×宽)/mm	3600×1760	4300×2000	4600×2300	4800×2300	5400×2600	6100×2600
行程控制精度/mm	±1	±1	±1	±1	±1	±1
压头快降速度/(mm/s)	20～120	20～120	20～120	20～120	20～120	20～120
工作速度/(mm/s)	0.5～5	0.5～5	0.5～5	0.5～5	0.5～5	0.5～5
压头回程速度/(mm/s)	10～150	10～150	10～150	10～150	10～150	10～150
上梁变形量/mm	≤1/5000	≤1/5000	≤1/5000	≤1/5000	≤1/5000	≤1/5000
下梁变形量/mm	≤1/5000	≤1/5000	≤1/5000	≤1/5000	≤1/5000	≤1/5000

注：压平机能够校平钢板的规格，与钢板的材料屈服强度、厚度、宽度和钢板弯曲大小都有关。

(2) 技术要求

① 一般技术要求

a. 压平机装配的通用技术要求应符合 JB/T 5000.10 的规定。

b. 压平机设备范围包括：压平机本体，液压传动与控制系统（包含泵站、操纵阀及管道等），电气传动与控制系统（包含控制柜、操作台及管线等），机械化设备及附属装置。

c. 压平机的机械化设备及附属装置由平台、辊轮升降机构、大托辊、链条移送装置、润滑系统、专用工具、气路、行程及位置检测装置、平台梯子栏杆、备品备件等组成。

d. 压平机的主要备品备件应在合同或协议中规定。

e. 压平机（含泵站）的工作环境温度可为 0～40℃，最大（相对）湿度为 60%。如有特殊工作环境要求，应在技术协议中明确。

f. 压平机从负荷试车验收之日算起 12 个月内，在正确使用和正常维护及保养条件下，因设计和制造原因发生损坏时，制造厂应免费进行相应的修理或零件更换（易损件除外）。

g. 压平机投入使用后，在正确使用和正常维护及保养条件下，第一次综合检修的时间安排在负荷工作 28500h 之后或投入使用 4～6 年之间为宜。

h. 压平机的产品说明书应全面提供产品知识，以及与预期功能相适应的使用方法。其中应包含有关压平机安全和经济使用的重要信息，以及随机提供的图样和技术文件。

② 安全环保

a. 压平机的安全卫生设计应符合 GB 5083 的规定。

b. 压平机的安全防护应符合 GB 17120 和 JB 3915（已废止）的规定。

c. 压平机的液压传动与控制系统应设有过载安全保护装置。

d. 压平机的电气传动与控制系统的安全要求应符合 GB 5226.1（已被 GB/T 5226.1—2019 代替）的规定。

e. 压平机及其机械化设备及附属装置，应设有安全联锁控制和行程极限保护装置。

f. 压平机应在控制室的操作台上、控制系统、泵站等多处设置紧急停车按钮。

g. 压平机的噪声限值应符合 GB 26484 的规定。

h. 压平机的噪声声压级和声压功率级测量方法应符合 GB/T 23281 和 GB/T 23282 的规定。

i. 压平机报废的或泄漏的工作介质，应委托有资质的专业公司回收处理，或按照当地环保部门的要求进行处理，禁止自行焚烧或随意倾倒、遗弃和排放。

j. 压平机采用矿物油型液压油为工作介质，是一台由液压泵直接传动可以产生力的设备，且带有液压力和气压力装置。因此，压平机的设计和使用的防火要求应与公认的防火安全标准相一致。

③ 机架的强度和刚度条件

a. 应采用计算机三维有限元（FEM）对压平机机架的应力和变形进行计算和分析，尤其应注重对高应力集中处（如过渡圆角、截面剧烈变化处）的优化设计。

b. 机架的计算等效应力和刚度的取值可采用表 3-71 规定的数值。其中，上、下横梁的刚度以其在最大公称力的工况下，立柱宽面中心距之间每 5 m 跨度上的挠度表示；立柱刚度以其在最大公称力的工况下，立柱在每米长度上水平方向的挠度表示。

表 3-71　机架等效应力和刚度的取值

梁压应力一侧局部等效应力/MPa	梁拉应力一侧局部等效应力/MPa	立柱间每 5m 跨度上挠度/mm		立柱每米长度上水平方向的挠度/mm
		上横梁	下横梁	
≤150	≤140	≤1	≤1	≤0.1

④ 主要零部件技术要求

a. 组合机架中上横梁、下横梁和立柱，一般采用 JB/T 700 规定的碳素结构钢钢板焊接结构，焊接件符合 JB/T 5000.3 的规定，焊后应进行消除应力热处理，粗加工后还应进行二次热处理。按计算应力选择适宜的材料和 σ_s 值，安全系数宜为 2～2.5（小型液压机取上限，大型液压机取下限）。材料的化学成分和力学性能应符合所选材料标准的规定。

b. 组合机架中的拉杆一般采用 JB/T 699 规定的碳素结构钢锻件制造，并应进行调质热处理。按计算应力选择适宜的材料和 σ_s 值，安全系数宜为 2.5～3。材料的化学成分和力学性能应符合所选材料标准的规定，检验项目和取样数量应符合 JB/T 5000.8—2007 中锻件验收分组第 V 组级别的规定。

c. 主缸和回程缸一般采用 JB/T 6397 规定的碳素结构钢整体锻件制造，也可采用分体锻件焊接的方法制造。锻件应进行调质热处理，按计算应力选择适宜的材料和 σ_s 值，安全系数宜大于或等于 3。材料的化学成分和力学性能应符合所选材料标准的规定，检验项目和取样数量应符合 JB/T 5000.8—2007 中锻件验收分组第 Ⅴ 组级别的规定，并应逐件检验切向力学性能 R_m、R_{eL}、A、Z、KU_2。

　　d. 工作缸柱塞一般采用 JB/T 6397 规定的碳素结构钢整体锻件制造，也可采用分体锻件焊接的方法制造，并应进行相应的热处理。材料的化学成分和力学性能应符合所选材料标准的规定。柱塞表面应进行硬化处理，其工作面的硬度不应低于 48HRC，硬化层厚度宜大于 3mm。

　　e. 固定在上横梁上工作缸的水平及侧面导板表面硬度不应低于 269HBW。

　　f. 固定在上横梁上支撑横移小车辊轮的上导板表面硬度不应低于 269HBW。

　　⑤ 锻件、铸件、焊接件

　　a. 产品有色金属铸件的通用技术条件应符合 JB/T 5000.5 的规定。

　　b. 产品锻件的通用技术条件应符合 JB/T 5000.8 的规定。

　　c. 产品焊接件的通用技术条件应符合 JB/T 5000.3 的规定。

　　d. 产品制造过程中火焰切割件的通用技术条件应符合 JB/T 5000.2 的规定。

　　e. 产品焊接件中熔透焊缝质量评定等级为 BK、BS 级，按 GB/T 11345 的规定做超声检测。

　　f. 上横梁、下横梁和立柱在粗加工后进行超声检测的部位和等级应在图样中明确标出。

　　g. 各梁的上、下加工平面与立柱的上、下端加工面，其无损检测深度小于或等于 400mm 时，超声检测等级按 3 级。

　　h. 工作缸锻件超声检测等级按 JB/T 5000.15—2007 规定的 Ⅲ 级，缸体焊缝超声检测按 GB/T 11345 的规定。

　　i. 工作缸柱塞距外表面 350mm 内的超声检测等级按 JB/T 5000.15—2007 规定的 Ⅲ 级，大于 350mm 的按 Ⅳ 级；柱塞为焊接结构时，锻件和焊缝超声检测等级与工作缸相同。

　　j. 拉杆距外圆表面 100mm 内的超声检测等级按 JB/T 5000.15—2007 规定的 Ⅱ 级，其余按 Ⅲ 级。

　　⑥ 切削加工件

　　a. 产品切削加工件通用技术条件应符合 JB/T 5000.9 的规定。

　　b. 上横梁、下横梁和立柱，工作台应符合下列要求：

　　ⅰ. 主要工作面表面粗糙度 Ra 最大允许值为 $3.2\mu m$；

　　ⅱ. 主要几何公差不低于 7 级。

　　c. 工作缸应符合下列要求：

　　ⅰ. 缸底过渡圆弧 R、法兰台肩过渡圆弧 R_1 处的表面粗糙度 Ra 最大允许值为 $1.6\mu m$；

　　ⅱ. 缸内孔表面、法兰台肩、与梁的配合面的表面粗糙度 Ra 最大允许值为 $3.2\mu m$；

　　ⅲ. 主要几何公差不低于 7 级。

　　d. 工作缸柱塞应符合下列要求：

　　ⅰ. 外圆表面粗糙度 Ra 允许值为 $0.8\sim1.6\mu m$；

　　ⅱ. 主要几何公差不低于 7 级。

　　e. 拉杆应符合下列要求：

　　ⅰ. 螺纹受力面及螺纹的根部圆弧半径 R 处的表面粗糙度 Ra 最大允许值为 $0.8\mu m$；

　　ⅱ. 螺纹外径、螺纹尾部过渡圆弧及直径所对应的外圆表面粗糙度 Ra 最大允许值为 $1.6\mu m$；

ⅲ. 拉杆直径所对应的外圆表面粗糙度 Ra 的最大允许值为 $3.2\mu m$。

⑦ 装配

a. 产品装配通用技术条件应符合 JB/T 5000.10 的规定。

b. 产品出厂前应进行总装。对于特大型产品或成套的设备等，因受制造厂条件所限而不能总装的，应进行试装。试装时必须保证所有连接或配合部位均符合设计要求。

c. 产品应在验收合格的基础上进行压平机本体安装，并应按该压平机的装配工艺规定进行过程调整和精度检验。无论进行何种精度调整，不应采用使构件产生局部强制变形的方法。

d. 本体重要的固定接合面应紧密贴合，以保证其最大接触面积。装配紧固后，应采用 $0.05mm$ 塞尺检查，接合面间的局部允许塞入的深度不应大于深度方向的接触长度的 20%，塞尺塞入部分的累计可移动长度不应大于可检验长度的 10%。（重要的固定接合面）包括：

ⅰ. 拉杆螺母与紧固面之间；

ⅱ. 上、下横梁分别与立柱之间；

ⅲ. 工作缸法兰台肩与安装面之间；

ⅳ. 工作缸柱塞、工作缸的球面垫与支承座之间；

ⅴ. 固定在上横梁上工作缸的水平、侧面导板以及支撑横移下车辊轮的上导板分别与其固定面之间。

e. 工作缸柱塞、工作缸的球面垫与支承座之间以及双球面垫之间的接触应均匀、良好，其装配前的接触面积应大于 70%，局部间隙不应大于 $0.05mm$。

f. 本体装配精度检验项目应符合表 3-72 的规定。

表 3-72　本体装配精度检验项目　　　　　　　　　　单位：mm

序号	检验项目	允许值
1	工作台垫板的水平度(纵向、横向)	0.1/1000,0.38/全长范围内
2	工作台垫板上平面的平面度	0.38/全长范围内
3	压头下平面的平面度	0.1/1000
4	压头下平面与工作台上平面的平行度	0.1/全长范围内
5	横移小车导板的水平度	0.1/1000
6	上横梁下平面支撑板的水平度	0.1/1000
7	上横梁侧导板与台板的平行度	0.1/1000
8	上横梁侧导板与台板的垂直度	0.1/1000

g. 检验用水平仪的测量长度为 $200mm$，精度为 $0.02mm/格$。

h. 工作台垫板的平面度、水平度、压头下平面的平面度以及压头下平面与工作台上平面平行度的检验方法和规则，横移小车导板的水平度的检验方法和规则，上横梁下平面支撑板水平度的检验方法和规则，上横梁侧导板与台板垂直度的检验方法和规则，上横梁侧导板与台板平行度的检验方法和规则等见 JB/T 12510—2015。

i. 压平机（机架）的预紧力及预紧方式为：

ⅰ. 组合机架预紧时，预紧系数可在 $1.3\sim1.5$ 之间选择；

ⅱ. 预紧方式宜采用超高压液压螺母拉伸预紧；

ⅲ. 预紧后，各拉杆之间的应力误差不应大于 3%。

⑧ 涂装　产品涂装通用技术条件应符合 JB/T 5000.12 的规定。

⑨ 液压、润滑和气动系统

a. 液压系统通用技术条件应符合 JB/T 6996 和 JB/T 3818 的规定。

b. 外购和自制的液压元件的技术要求和连接尺寸应符合 GB/T 7935 的规定。

c. 外购的液压缸应在供方进行耐压试压，试验压力为工作压力的 1.25 倍，保压时间不少于 10min，不得有任何渗漏和影响强度的现象。

d. 外购的液压阀集成阀块系统应在供方进行耐压试验，试验压力为工作压力的 1.25 倍，保压时间不少于 10min，不得有任何渗漏现象；同时，应进行阀的启闭性能及调压性能试验。

e. 自制的液控单向阀、充液阀、闸门等的阀门密封处均应做煤油渗漏试验和启闭性能试验。

f. 液压系统主要管道的流速一般采用：高压为 6~8m/s，低压为 2~4m/s。

g. 采用整体锻件制造或采用分体锻件焊接方法制造的液压缸，应对锻件和焊缝分别进行无损检验，并提供合格的无损检验报告。

h. 液压泵站应隔离安装，设置在靠近压平机的一个封闭的区域内，并应符合以下要求：

ⅰ. 泵站的设计应优先考虑安全和环保要求；

ⅱ. 泵站的布置应充分考虑足够的安装和维护空间；

ⅲ. 泵房的工程设计应采取必要的通风散热措施和用于维护的起重设施。

i. 油箱必须做煤油渗漏试验，不得有任何渗漏现象。

j. 液压传动系统工作介质一般采用 HM 抗磨液压油（优等品），其介质特性和质量应符合相应介质的规定。

k. 液压泵站与操纵系统总装完毕后，应按有关工艺规范对整个系统进行循环冲洗，其清洁度应符合设计要求的规定。

⑩ 配管

a. 管路系统配管通用技术条件应符合 JB/T 5000.11 和 JB/T 5000.3 的规定。

b. 液压、气动系统管路用无缝管应符合 GB/T 8163 的规定，管子内壁应光滑，应无锈蚀、无压扁等缺陷。

c. 润滑系统管路宜采用不锈钢或铜管，管子内壁应光滑，应无锈蚀、无压扁等缺陷。

d. 液压和润滑管路焊接时，应采用钨极氩弧焊或以钨极氩弧焊打底，高压连接法兰宜采用高颈法兰。

e. 当液体最大工作压力大于 31.5MPa 时，应对焊缝进行无损检验，并提供合格的无损检验报告。

f. 液压管路应进行预装。预装后，应拆下管子进行管子内部清理和酸洗；彻底清洗干净后，应及时采取防锈措施；然后，进行管路二次装配敷设。

⑪ 电气系统

a. 电气设备的通用技术条件应符合 GB 5226.1（已被 GB/T 5226.1—2019 代替）的规定。

b. 液压泵站对于总装机功率较小的中小型压平机，一般可采用 380 V 电动机。

c. 基础自动化和过程控制的可编程序控制器（PLC）和工业计算机（IPC）应实现对压平机工作过程的控制和管理，以及设备的实时运行信息显示、报警和故障诊断。

d. 压平机应具有手动、半自动两种工作制度。

e. 操作台应靠近设备本体，高低位置应方便观察和操作。

⑫ 外观

a. 压平机的外表面不应有非图样表示的凸起、凹陷、粗糙不平和其他影响外表美观的缺陷。

  b. 零件的接合面边缘应整齐均匀。

  c. 焊缝应平滑匀称，如有缺陷应修磨平整。

  ⑬ 安装施工及验收 压平机的安装工程施工及验收通用规范见 GB 50231 和 GB 50272 的规定。

说明

  ① 压平机缺少如"通用技术条件应符合 JB/T 1829 与 JB/T 3818 的规定"。

  ② 或缺少铸铁件、铸钢件的通用技术条件。

  ③ 工作缸柱塞"外圆表面粗糙度 Ra 允许值为 $0.8\sim1.6\mu m$"要求偏低。

  ④ 外购的液压缸"试验压力为工作压力的 1.25 倍，保压时间不少于 10min，不应有任何渗漏和影响强度的现象"，外购的液压阀集成阀块系统"试验压力为工作压力的 1.25 倍，保压时间不少于 10min，不应有任何渗漏现象"，这样的技术要求有问题。

  ⑤ 在负荷运转（非工艺性）检验中，"负荷运转密封耐压试验的液体工作压力按设计文件规定。如设计文件无规定，应符合下列要求：

  a. 液体最大工作压力小于或等于 31.5MPa 时，其试验压力为液体最大工作压力的 $1\sim1.25$ 倍；

  b. 液体最大工作压力大于 31.5MPa 且小于或等于 35MPa 时，其试验压力为液体最大工作压力的 $1\sim1.1$ 倍；

  c. 液体最大工作压力大于 35MPa 且小于或等于 42MPa 时，其试验压力为液体最大工作压力的 $1\sim1.05$ 倍；

  d. 耐压试验的保压时间应大于或等于 5min，不应有渗漏现象。"对液压机用液压缸设计、制造具有重要意义。

3.24 数控内高压成形液压机

  在 GB/T 8541—2012、GB/T 36484—2018、JB/T 4174—2014、JB/T 12381.1—2015 和 JB/T 12381.2—2015 中都没有"数控内高压成形液压机"这一术语和定义。在 JB/T 12381.1—2015《数控内高压成形液压机 第 1 部分：基本参数》中规定了 6300～63000kN 数控内高压成形液压机的基本参数，在 JB/T 12381.2—2015《数控内高压成形液压机 第 2 部分：技术条件》中规定了成形液体压力不大于 500MPa 的数控内高压成形液压机的技术要求、试验方法、检验规则、包装、运输和贮存，在 JB/T 12381.3—2015《数控内高压成形液压机 第 3 部分：精度》中规定了成形液体压力不大于 500MPa 的数控内高压成形液压机的检验要求、精度检验，上述三项标准适用于数控内高压成形液压机（以下简称液压机）。

  作者注：在 GB/T 8541—2012 和 GB/T 36484—2018 中有术语"管液压成形（内高压成形）"和定义。

3.24.1 数控内高压成形液压机基本参数

(1) 型式
  ① 液压机型式分为四柱式（见图 3-28）和框架式（见图 3-29）。

  ② 液压机的型号编制应符合 GB/T 28761 的规定。

(2) 基本参数

① 液压机的主参数为公称力。

② 基本参数应符合表 3-73 的规定。

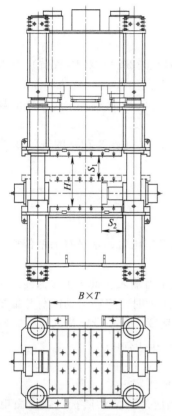

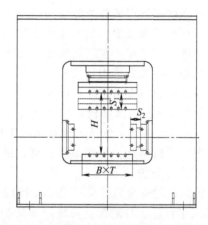

图 3-28　数控内高压成形液压机（四柱式）示意图　　图 3-29　数控内高压成形液压机（框架式）示意图

作者注：在图 3-29 中省略了如防护栏等安全装置的示意。

表 3-73　数控内高压成形液压机的基本参数

参数名称	参数值					
公称力/kN	6300	10000	20000	31500	40000	63000
液压系统最大工作压力/MPa	25	25	25	25	25	25
内高压最大工作压力/MPa	500	500	500	500	500	500
开口高度 H/mm	1200	1200	1300	1400	1600	1800
滑块行程 S_1/mm	600	600	700	700	800	900
水平缸最大推力/kN	1000	1600	2500	3150	4000	6300
水平缸行程 S_2/mm	150	150	200	200	250	250
工作台有效尺寸($B \times T$)/mm	1200×1100	1400×1200	1800×1600	2500×1800	3000×2000	4000×2500
滑块空载下行速度/(mm/s)	≥180	≥180	≥200	≥200	≥250	≥250
滑块慢速下行速度/(mm/s)	10	10	10	10	10	10
滑块回程速度/(mm/s)	≥150	≥150	≥180	≥180	≥200	≥200
水平缸挤压速度/(mm/s)	0.2~10	0.2~10	0.2~10	0.2~10	0.2~10	0.2~10

3.24.2　数控内高压成形液压机技术条件

(1) 技术要求

① 一般要求

a. 液压机的图样及技术文件应符合 JB/T 12381.2—2015 的要求，并按规定程序经批准后方可投入生产。

b. 液压机的产品造型和布局要考虑工艺美学和人机工程学的要求，并便于使用、维修、装配和运输。

c. 液压机应符合 JB/T 3818 的规定。

d. 液压机在下列环境条件下应能正常工作：

ⅰ. 环境空气温度符合 GB 5226.1—2008（已被 GB/T 5226.1—2019 代替）中 4.4.3 的规定；

ⅱ. 湿度符合 GB 5226.1—2008（已被 GB/T 5226.1—2019 代替）中 4.4.4 的规定；

ⅲ. 海拔 1000 m 以下。

② 基本参数　液压机的基本参数应符合 JB/T 12381.1（见表 3-73）的规定或满足合同约定。

③ 结构、性能与功能

a. 液压机应具有足够的强度和刚度。

b. 液压机具有按照预定的指令连续工作的能力。

c. 液压机应具有可控制制品成形液体压力、水平缸工作压力、水平缸活塞位移的功能。

d. 液压机应配置管内排气系统，排气时间可控制。

e. 液压机能够输出制品成形液体压力曲线，水平缸压力输入、输出工作曲线。

f. 配置增压缸的液压机，当超过设定（最大）工作压力时，应能自动卸荷并报警。

g.（液压）系统工作压力和水平缸工作压力的显示精度、最小设定量均应≤0.2MPa。

h. 各水平缸活塞位移的显示精度、最小设定量均应≤0.02mm。

④ 安全与防护

a. 液压机的安全防护应符合 GB 17120、GB 28241 的规定。

b. 工作台左、右侧面宜安装固定防护门。前、后侧应采用活动防护门，并由电气系统联锁控制，确保防护门关闭后，液压机方可进入合模、成形动作。

c. 换模或修模时应采用滑块锁紧装置。

d. 油箱配有液位报警装置。

e. 液压系统应有超载保护功能，设有液压安全阀，确保液压机不会超载工作。

⑤ 噪声　液压机运行时的声音应正常，其噪声限值应符合 GB 26484 的规定。

⑥ 精度　液压机的精度应符合 JB/T 12381.3 的规定。

⑦ 标志

a. 液压机应有铭牌和润滑、安全等各种标牌或标志。标牌的型式与尺寸、材料、技术要求应符合 GB/T 13306 的规定。标牌上的形象化符号应符合 JB/T 3240 的规定。

b. 标牌应端正地固定在液压机的明显部位，并保证清晰。

c. 液压机铭牌上至少应包括以下内容：

ⅰ. 制造企业的名称和地址；

ⅱ. 产品的型号和基本参数；

ⅲ. 出厂年份和编号。

⑧ 随机附件、工具和技术文件

a. 液压机出厂时应保证成套性，并备有设备正常使用的附件，以及所需的专用工具，特殊附件的供应由供需双方商定。

b. 制造厂应保证用于液压机的外购件（包括电气、气动、液压件）质量，并符合相应标准的规定。

c. 随机技术文件应包括使用说明书、合格证明书和装箱单。

d. 随机提供的液压机备件或易损件应具有互换性。

⑨ 加工及装配

a. 零件加工质量应符合设计图样、工艺和有关现行标准的规定。

b. 零件加工表面不应有锈蚀、毛刺、磕碰、划伤和其他缺陷。

c. 液压机装配应符合装配工艺规程，装配到液压机上的零部件（包括外购、外协件）均应符合质量要求，不允许安装产品图样上没有的垫片、套等零件。

d. 重要的固定接合面应紧密贴合，紧固后用 0.05mm 塞尺进行检验，允许塞尺塞入深度不应大于接触面宽的 1/4，接触面间可塞入塞尺部位累计长度不应大于周长的 1/10。重要的固定接合面有：

ⅰ. 立柱调节螺母、锁紧螺母与上横梁和工作台的固定接合面；

ⅱ. 液压缸锁紧螺母与上横梁或机身梁的固定接合面；

ⅲ. 活（柱）塞端面与滑块的固定接合面；

ⅳ. 组合式框架机身的横梁与立柱的固定接合面；

ⅴ. 滑块的底板与垫板、工作台垫板与工作台的固定接合面等。

e. 液压、润滑、冷却系统的管路通道以及充液装置和油箱的内表面，在装配前均应进行彻底的除锈去污处理，液压系统的清洁度应符合 JB/T 9954 的规定。

f. 全部管道、管接头、法兰及其他固定或活动连接的密封处，均应连接可靠，密封良好，不应有油液渗漏现象。

⑩ 电气系统　液压机的电气系统应符合 GB 5226.1（已被 GB/T 5226.1—2019 代替）的规定。

⑪ 液压系统　液压机的液压系统应符合 GB/T 3766 规定。液压系统中所用的液压元件应符合 GB/T 7935 的规定。

⑫ 数控系统

a. 数控系统的环境适应性、安全性、电源适应能力、电磁兼容性和制造质量应符合 JB/T 8832（已废止）的规定。

b. 数控系统应满足液压机的功能要求，应具有点动、手动、半自动操作，以及程序编辑、自诊断、报警显示功能。

⑬ 外观　外观应符合 JB/T 3818 的规定。

(2) 试验方法

① 性能试验

a. 起动、停止试验：连续进行，不少于 3 次，动作应灵敏、可靠。

b. 滑块的运转试验：连续进行，不少于 3 次，动作应平稳、可靠。

c. 滑块行程的调整试验：按最大行程长度进行调整，动作应平稳、可靠，并大于或等于规定值。

d. 滑块行程限位器试验：可结合滑块行程的调整试验进行，动作应准确、可靠。

e. 滑块速度调整试验：按最大空行程速度进行调整，动作应准确、可靠（不包括减速动作区域），并大于或等于规定值。

f. 压力调整试验：按系统压力 12MPa、18MPa、25MPa 进行压力调整的操作试验，每级压力各试验 3 次，试验动作的平稳性与可靠性。上缸压力重复精度为 ±1.5MPa。制品成形液体压力曲线和水平缸压力的输入、输出工作曲线对应的系统工作压力误差应≤0.8MPa

（预设总时间 t 中，起始后与结尾前的各 $t/10$ 的时间段不做考核），动作应准确、可靠。

g. 水平缸活塞位移调整试验：按最大水平缸活塞位移进行调整，输入、输出工作曲线，工作速度为 5mm/s 时，位移误差应≤0.10mm（预设总时间 t 中，起始后与结尾前的各 $t/10$ 的时间段不做考核），动作应准确、可靠。

h. 安全装置试验：紧急停止、意外电压恢复时防止电力驱动装置的自行接通、防护门的电气联锁、电气箱开门断电及数控系统设置的互锁程序，均应安全、可靠。

i. 安全阀试验：结合超负荷试验进行，动作试验不少于 3 次，应灵活、可靠，安全阀（包括作为安全阀使用的溢流阀）的开启压力一般应不大于额定压力的 1.1 倍，工作应灵敏、可靠。为防止随意调压引起事故，须设有防护措施。

j. 预设总时间 t 为从主缸合模保压，水平缸封模，管内充液完成后开始计时，到水平缸运行到设定位置，增压缸达到设定压力时结束的时间。

② 空运转试验

a. 液压机在空负荷状态下进行运转试验，并对所需电力、温度变化、噪声等项目进行检测。

b. 连续空运转试验的时间一般不少于 4h。其中驱动滑块、水平缸做全行程运行累计时间一般不应少于 2h；其余时间（包括有关性能试验所用时间）可做单次全行程连续运转试验。无连续运行要求的，只做单次全行程连续运转试验（包括有关性能试验所用时间）。

c. 空运转过程中，检查电气和液压系统工作是否正常。滑块、水平缸运行不得有窜动和爬行现象，各密封处不得泄漏。

d. 空运转过程中测量的油箱内油温或液压泵入口的油温不应超过 60℃。

e. 液压机的噪声应符合 GB 26484 的规定。

f. 在空运转过程中测量主电动机功率。

g. 增压缸工作时不应有窜动和爬行现象，各密封处不得漏油。

h. 检查安全装置连续运行是否可靠。

i. 操纵各按钮，使机器做出相应的动作，观察各种动作是否正常。

③ 负荷运转试验

a. 负荷运转试验应在空运转试验合格后进行，并对其公称力、所需电力、温度变化、噪声等项目进行检测。

b. 调整液体工作压力，按 12MPa、18MPa、25MPa 逐级调高上缸、水平缸、增压缸输入压力，在各级压力下持续 3s 并重复 3 次，上缸压力重复精度为 ±1.5MPa，水平缸压力重复精度为 ±0.8MPa，动作应准确、可靠。

c. 在系统压力 25MPa 负荷情况下进行工作循环，检查发讯元件是否可靠，液压和电气系统是否灵敏可靠。

d. 在负荷运转中，各液压元件、管路等密封处不得有渗漏现象，油箱的油温不应超过 60℃。

e. 在负荷运转中，电动机电流应符合规定要求。

f. 液压机的噪声应符合 GB 26484 的规定。

g. 以上检测合格后，再以半自动方式进行 4h 连续负荷运转检测。

④ 超负荷试验　超负荷试验应与安全阀的许可调定值试验结合进行。增压缸超负荷试验仅试验初级压力。超负荷试验压力为 27.5MPa，试验不少于 3 次，每次持续 3s，液压机的零部件不得有任何损坏和永久变形，液压系统不得有渗漏及其他不正常现象。

⑤ 刚度检验　刚度检验应符合技术文件的要求。

(3) 包装、运输和贮存

a. 液压机的包括应符合 JB/T 8356.1 的规定，在保证产品质量和运输安全的前提下，允许按供需双方的约定实施简易包装。

b. 液压机的包装标志应符合 GB/T 191 的规定。

c. 液压机的零件、部件、附件和备件的外露加工面防锈应符合有关标准的规定。

d. 液压机的包装应符合水路、陆路运输规定，在运输中不得产生机械性损害。

e. 液压机应在干燥、通风、防雨、无毒、无强磁场、无腐蚀的地方贮存。

3.24.3 数控内高压成形液压机精度

(1) 检验要求

① 工作台面是液压机总装精度检验的基准面。

② 精度检验前，液压机应调整水平，其工作台面纵、横向水平偏差不得超过 0.20mm/1000mm。

③ 装有移动工作台的，须使工作台处在液压机的工作位置并锁紧牢固。

④ 液压机的精度检验应在空运转和满负荷运转试验后分别进行，以满负荷运转试验后的精度实测值为准，将其记入出厂合格证明书内。

⑤ 精度检验方法、检验工具和装置应符合 GB/T 10923 的规定，也可采用其他等效的检验方法。

⑥ 在检验平面时，当被检验平面的最大长度 $L \leqslant 1000$mm 时，不检测长度 $l = 0.1L$；当 $L > 1000$mm 时，不检测长度 $l = 100$mm。

⑦ 检测垂直度的实际长度应大于液压机最大行程的 1/4，但不小于 100mm；液压机最大行程小于 100mm 时按最大行程测量，滑块在起动、停止和反向运行时出现的瞬间跳动误差不计。

⑧ 工作台上平面及滑块下平面的平面度允许在装配前检验。

⑨ 精度允差的计算结果应按 GB/T 8170 的规定修约，保留两位小数。

(2) 精度检验

① 工作台（垫板）上平面和滑块（垫板）下平面的平面度 应符合 GB/T 9166—2009 中 4.1 的规定。

② 滑块（垫板）下平面对工作台（垫板）上平面的平行度 应符合 GB/T 9166—2009 中 4.2 的规定。

③ 滑块（垫板）运动轨迹对工作台（垫板）上平面的垂直度 应符合 GB/T 9166—2009 中 4.3 的规定。

④ 水平缸活塞运动轨迹垂直方向对工作台（垫板）上平面的平行度

a. 检验方法。在工作台（垫板）上放一平尺，将百分表座吸在侧向垫板上，在水平缸活塞全行程运动过程中，用百分表测头触及平尺平面，百分表读数的最大差值即为测定值。

b. 允差。水平缸活塞运动轨迹垂直方向对工作台（垫板）上平面的平行度允差应符合表 3-74 的规定。

表 3-74 水平缸活塞运动轨迹垂直方向对工作台（垫板）上平面的平行度允差

单位：mm

水平缸行程	允差	水平缸行程	允差
$S_2 \leqslant 200$	$0.06 + \dfrac{0.01}{100} S_2$	$S_2 > 200$	$0.08 + \dfrac{0.01}{100} S_2$

c. 检验工具。包括平尺、指示表。平尺的精度不低于 GB/T 24760—2009 规定的 1 级准确度；指示表的精度不低于 GB/T 1219—2008《指示表》规定的 0.01mm 分度值。

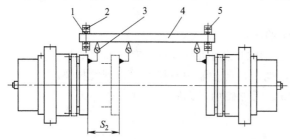

图 3-30　水平缸活塞运动轨迹水平方向相对平行度检测
1—U 形卡口；2—调节螺钉；3—百分表；
4—平尺；5—等高量块

⑤ 水平缸活塞运动轨迹水平方向相对平行度

a. 检验方法。在工作台（垫板）上安装可固定的等高量块，等高量块带有 U 形可调卡口，将平尺置于等高量块的 U 形卡口内；在水平缸滑块上固定百分表；驱动一侧水平缸，调节平尺，使百分表在行程范围内压表读数一致；将百分表安装在另一侧水平缸上，并压表于平尺；驱动另一侧水平缸，测得全行程范围内（最大）读数差即为水平缸活塞运动轨迹水平方向相对平行度误差（见图 3-30）。

b. 允差。水平缸活塞运动轨迹水平方向相对平行度允差应符合表 3-75 的规定。

表 3-75　水平缸活塞运动轨迹水平方向相对平行度允差　　　　单位：mm

水平缸行程	允差	水平缸行程	允差
$S_2 \leqslant 200$	$0.04 + \dfrac{0.01}{100} S_2$	$S_2 > 200$	$0.06 + \dfrac{0.01}{100} S_2$

c. 检验工具。包括平尺、指示表。平尺的精度不低于 GB/T 24760—2009 规定的 1 级准确度；指示表的精度不低于 GB/T 1219—2008《指示表》规定的 0.01mm 分度值。

说明

① 空运转过程中，"滑块、水平缸运行不得有窜动和爬行现象，各密封处不得泄漏"对液压缸的试运行有参考价值。

②"液压机应在干燥、通风、防雨、无毒、无强磁场、无腐蚀的地方贮存"中的"无毒"要求较为特殊。

③"水平缸活塞运动轨迹垂直方向对工作台（垫板）上平面的平行度"和"水平缸活塞运动轨迹水平方向相对平行度"的检测方法，对液压缸的偏摆检测有参考价值。

3.25　快速数控薄板冲压液压机

快速数控薄板冲压液压机是滑块快降及回程速度不小于 300mm/s、压制速度为 15～40mm/s，可对压力、行程、保压时间、闭合高度实现自动控制的框架薄板冲压及拉伸液压机，其用于对各种金属薄板件进行弯曲、冲孔、落料、拉伸、整形、成形等工艺。在 JB/T 12769—2015《快速数控薄板冲压液压机》中规定了快速数控薄板冲压液压机的术语和定义、技术要求、试验方法、检验规则、包装、运输、贮存和保证，适用于快速数控薄板冲压液压机（以下简称液压机）。

注：15mm/s 指 100% 公称力时的压制速度，40mm/s 指不小于 30% 公称力时的压制速度。

(1) 型式与基本参数

① 型式

a. 液压机型号表示方法应符合 GB/T 28761 的规定。

b. 液压机分为以下三种基本型式：工作台前移式（见图 3-31）；工作台侧移式（见图 3-32）；固定工作台式。

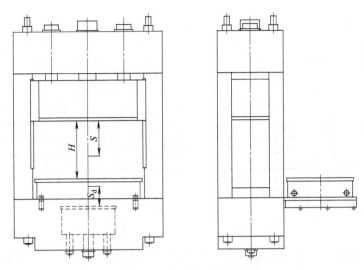

图 3-31　工作台前移式液压机

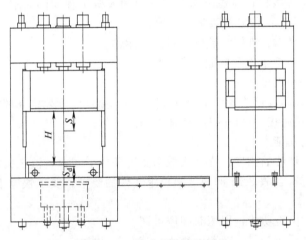

图 3-32　工作台侧移式液压机

② 基本参数

a. 液压机的主参数为公称力。

b. 液压机的基本参数见表 3-76。

表 3-76　快速数控薄板冲压液压机的基本参数

参数名称	参数值					
公称力/kN	5000	6300	8000	10000	16000	20000
开口 H/mm	1500	1500	1800	1800	2000	2000
行程 S/mm	1000	1000	1200	1200	1400	1400
快降速度/(mm/s)	≥300	≥300	≥300	≥300	≥300	≥300
100%公称力时滑块的压制速度/(mm/s)	15	15	15	15	15	15
30%公称力时滑块的压制速度/(mm/s)	40	40	40	40	40	40
回程速度/(mm/s)	≥300	≥300	≥300	≥300	≥300	≥300
液压垫力/kN	1500	2000	2500	3150	5000	6300
液压垫行程 S_d/mm	300	300	400	400	400	400

参数名称	参数值					
工作台面尺寸系列 （左右×前后）/mm	2500×1600	2500×1600	3200×2000	3200×2000	4000×2200	4000×2200
	2800×1800	2800×1800	3500×2000	3500×2000	4500×2500	4500×2500
	3200×2000	3200×2000	4000×2200	4000×2200	—	—
	3500×2000	3500×2000	4500×2500	4500×2500	—	—
液压垫尺寸系列 （左右×前后）/mm	1700×1100	1700×1100	2300×1400	2300×1400	3200×1700	3200×1700
	2000×1400	2000×1400	2600×1400	2600×1400	3800×1700	3800×1700
	2300×1400	2300×1400	3200×1700	3200×1700	—	—
	2600×1400	2600×1400	3800×1700	3800×1700	—	—

注：1. 快降速度指滑块无负载时的下降速度。

2. 回程速度指不安装上模具时滑块的回程速度。

(2) 技术要求

① 一般要求

a. 液压机的图样及技术文件应符合 JB/T 12769—2015 的要求，并应按规定程序经批准后方能投入生产。

b. 液压机的产品造型和布局要考虑工艺美学和人机工程学的要求，各部件及装置应布局合理、高度适中，便于操作者观察加工区域。

c. 液压机应便于使用、维修、装配、拆卸和运输。

d. 液压机在下列环境条件下应能正常工作：

ⅰ. 环境温度 5～40℃；

ⅱ. 相对湿度当最高温度为 40℃时不超过 50％，温度低则允许高的相对湿度；

ⅲ. 液压机应能在海拔 1000m 以下正常工作。

② 性能、结构与功能

a. 液压机应具有足够的刚度。在最大载荷工况条件下试验，液压机应能正常工作。

b. 滑块的速度应符合表 3-76 的规定和技术文件的要求，实现快速下降、压制、回程的功能。

c. 液压机应具有保压功能，保压时间应可调。

d. 液压机具有冲压、拉伸、落料、整形、成形等功能。

e. 液压机数控系统可控制滑块压力、液压垫力、滑块行程、液压垫行程等，并可实现同步或单独动作。

f. 滑块和液压垫的压力及行程可根据工艺要求分别进行调整。

g. 液压机的滑动摩擦副应采取耐磨措施，并有合理的硬度差。

h. 液压机的运行应平稳、可靠，液压执行元件在规定的行程和速度范围内不应有振动、爬行和阻滞现象，换向不应有影响正常工作的冲击现象。

i. 当系统压力超载、油温超限、油位低于下限时，液压机应自动停机并报警，控制系统具有检测过滤器阻塞报警功能。

j. 液压机可配备缓冲装置，缓冲装置应有效地吸收冲裁过程中产生的能量，冲裁缓冲过程应平稳、低噪声，其缓冲作用点可在规定范围内调节。

k. 液压机可根据需求配置上下料装置的机械、液压、电气等接口。

l. 液压机与其配套的辅助装置连接动作应协调、可靠。

③ 安全与防护

a. 液压机在按规定制造、安装、运输和使用时，不应对人员造成危险，并应符合 GB 28241 和 GB 17120 的规定。

b. 液压机电气的安全要求应符合 GB 5226.1（已被 GB/T 5226.1—2019 代替）的规定。

④ 噪声 液压机的噪声声压级测量方法应按 GB/T 23281 的规定，声功率级测量方法应按 GB/T 23282 的规定。液压机噪声限值应符合 GB 26484 的规定。

⑤ 随机附件、工具和技术文件

a. 液压机出厂时应保证成套性，并备有设备正常使用的附件，以及所需的专用工具，特殊附件的供应由供需双方商定。

b. 制造厂应保证用于液压机的外购件（包括液压件、电气件、气动件、冷却件）质量，并应符合相应标准的规定。出厂时外购件应与液压机同时进行空负荷运转试验。

c. 随机技术文件应包括产品使用说明书，产品合格证明书，装箱单，产品安装、维护用附图，易损件图样。使用说明书应符合 GB/T 9969 的规定，其内容应包括安装、运输、贮存、使用、维修和安全卫生等要求。

d. 随机提供的液压机备件或易损件应具有互换性。备件、特殊附件不包括在随机必备附件内，用户可与制造厂协商，备件可随机供应，或单独供货，供货内容按订货合同执行。

⑥ 标牌与标志

a. 液压机应有铭牌以及指示润滑和安全等要求的各种标牌或标志。标牌的型式与尺寸、材料、技术要求应符合 GB/T 13306 的规定。

b. 标牌应端正地固定在液压机的明显部位，并保证清晰。

c. 液压机铭牌上至少应包括以下内容：

ⅰ. 制造企业的名称和地址；

ⅱ. 产品的型号和基本参数；

ⅲ. 出厂年份和编号。

⑦ 铸件、锻件、焊接件

a. 用于制造液压机的重要零件的铸件、锻件应有合格证。

b. 液压机的灰铸铁件应符合 JB/T 5775 的规定，铸钢件、有色金属铸件应符合技术文件的规定。重要铸件应采用热处理或其他降低应力的方法消除内应力。

c. 重要锻件应进行无损检测，并进行热处理。

d. 焊接结构件和管道焊接应符合 JB/T 8609 的规定。主要焊接结构件材质应符合 GB/T 700、GB/T 1591 的规定，不低于 Q235。重要的焊接金属构件，应采用热处理或其他降低应力的方法消除内应力。

e. 拉杆的要求应符合技术文件的规定。

f. 柱塞及活塞杆的要求应符合技术文件的规定。

⑧ 机械加工

a. 液压机上各种加工零件材料的牌号和力学性能应满足液压机功能的要求和符合相应标准的规定。

b. 主要件的加工要求应符合技术文件的规定。

c. 已加工表面，不应有毛刺、斑痕和其他机械损伤，不应有降低液压机的使用质量和恶化外观的缺陷。除特殊规定外，均应将锐边倒钝。

d. 导轨面加工精度和表面粗糙度应保证达到液压机的精度要求和技术要求。

e. 导轨工作面接触应均匀，其接触面积累计值，在导轨的全长上不应小于 80%，在导轨宽度方向上不应小于 70%。

⑨ 装配

a. 液压机应按技术文件及图样的规定进行装配，不得因装配而损坏零件及其表面和密封圈的唇口等，装配后各机构动作应灵敏、准确、可靠。

b. 装配后的螺栓、螺钉头部和螺母的端面应与被紧固的零件平面均匀接触，不应倾斜和留有间隙。装配在同一部位的螺钉，其长度一般应一致。紧固的螺钉、螺栓和螺母不应有松动现象，影响精度的螺钉的拧紧力矩应一致。

c. 密封件不应有损伤现象，装配前密封件和密封面应涂上润滑脂。其装配方向的选择应保证使介质工作压力将其唇部压紧。装配重叠的密封圈时，各圈要相互压紧，开口方向应置于压力大的一侧。

d. 移动、转动部件装配后，运动应平稳、灵活、轻便、无阻滞现象。滚动导轨面与所有滚动体应均匀接触，运动应轻便、灵活、无阻滞现象。

e. 重要的接合面紧固后应紧密贴合，其间隙不大于表 3-77 的规定。允许塞尺塞入深度不得超过接触面宽的 1/4，接触面间可塞入塞尺部位累计长度不应超过周长的 1/10。重要的接合面为：

ⅰ. 大螺母和横梁（上横梁、下横梁）的接合面；

ⅱ. 上横梁、下横梁与机架（指框架式中的立柱）的接合面；

ⅲ. 液压缸法兰台肩与横梁的接合面；

ⅳ. 活塞杆、柱塞端面与滑块的接合面；

ⅴ. 工作台与下横梁的接合面。

表 3-77　接合面接触间隙

液压机公称力/kN	接触间隙/mm	液压机公称力/kN	接触间隙/mm
≤6000	≤0.04	>20000	≤0.1
>6000～20000	≤0.06		

f. 每台液压机在制造厂均应进行总装配，大型液压机因制造厂条件限制不能进行总装配时，由制造厂与用户协商，在用户处总装配并按双方协议或合同执行。

⑩ 电气设备

a. 液压机的电气设备应符合 GB 5226.1（已被 GB/T 5226.1—2019 代替）的规定。

b. 数控系统应符合 JB/T 8832（已废止）的规定。

⑪ 液压、气动、润滑、冷却系统

a. 液压机的液压系统应符合 GB/T 3766 的要求。

b. 外购和自制的液压元件的技术要求和连接尺寸应符合 GB/T 7935 的规定。

c. 液压机铸造液压缸、锻焊液压缸原则上规定粗加工后应做耐压试验，试验压力为工作压力的 1.25 倍，保压时间不少于 10min，不得渗漏、无永久变形。整体锻造缸、锻焊结构液压缸如有焊接无损检测等工艺保证，可不做中间试压。

d. 液压机在工作时液压系统油箱内进油口的油温一般不应超过 60℃。

e. 液压系统中应设置滤油装置。

f. 油箱必须做煤油渗漏试验；开式油箱设空气过滤器。

g. 液压、冷却系统的管路通道和油箱内表面，在装配前应进行彻底的防锈去污处理。

h. 液压系统的清洁度应符合 JB/T 9954 的规定。

i. 液压机的气动系统应符合 GB/T 7932 的规定，排除冷凝水一侧的管道的安装斜度不应小于 1∶500。

j. 液压机的润滑系统应符合 GB/T 6576 的规定。

k. 液压机的重要摩擦部位的润滑一般应采用集中润滑系统，只有当不能采用集中润滑系统时才可以采用分散润滑装置。

l. 冷却系统应满足液压机的温度、温升要求。

m. 润滑、冷却系统应按需要连续或周期性地将润滑剂、冷却剂输送到规定的部位。

n. 液压、气动、润滑和冷却系统不应漏油、漏水、漏气。冷却液不应混入液压系统和润滑系统。

⑫ 配管

a. 液压、气动、润滑系统选用的管子内壁应光滑，无锈蚀、压扁等缺陷。

b. 内外表面经防腐处理的钢管可直接安装使用。未做防腐处理的钢管应进行酸洗，酸洗后应及时采取防锈措施。

⑬ 外观

a. 液压机的外观应符合 JB/T 1829 的规定。

b. 液压机零部件、电气柜、机器面板的外表面不得有明显的凹痕、划伤、裂缝、变形，表面涂镀层不得有气泡、龟裂、脱落或锈蚀等缺陷。

c. 涂装质量应符合技术文件的规定。

d. 非机械加工表面应整齐美观。

e. 文字说明、标记、图案等应清晰。

f. 防护罩、安全门应平整、匀称，不应翘曲、凹陷。

(3) 试验方法

① 一般要求

a. 试验时应注意防止环境温度变化、气流、光线和强磁场的干扰、影响。

b. 在试验前应安装调整好液压机，一般应自然调平，其安装水平偏差在纵、横向不应超过 0.20mm/1000mm。

c. 在试验过程中，不应调整影响液压机性能、精度的机构和零件，如调整应复检（受影响的）有关项目。

d. 试验应在液压机装配完毕后进行，除标准、技术文件中规定在试验时需要拆卸的零部件外，不得拆卸其他零部件。

e. 试验时电、气的供应应正常。

f. 液压机因结构限制而影响检验或不具备标准所规定的测试工具时，可用与标准规定等效的其他方法和测试工具进行检验。

② 型式与基本参数检验

a. 液压机的型式与基本参数，应符合图样、技术文件及 3.25 节中（1）的规定。

b. 型式与基本参数检验在空负荷运转试验时进行，其中工作压力和压制速度检验可放在负荷运转试验时进行。

c. 型式与基本参数检验的项目按设计规定，基本参数允差见表 3-78。

表 3-78　基本参数允差

检验项目	单位	允差
公称力（滑块、液压垫）	kN	$\pm 3\%$
行程	mm	$^{+10\%}_{0}$
开口高度	mm	$^{+10\%}_{0}$
辅助机构行程	mm	$^{+5\%}_{0}$
滑块各运行速度	mm/s	$^{+15\%}_{-5\%}$

③ 空负荷运转试验

a. 液压机的空负荷运转试验是以最大行程进行单次行程和连续行程空负荷运转，并对其所需电力、温度、噪声、运转状态等项目进行检测。

b. 连续空负荷运转的时间不少于 4h，其中滑块全行程连续空负荷运转试验不少于 2h，其余时间（包括有关性能试验所用时间）可做单次全行程空负荷运转试验。

c. 滑块和液压垫空负荷运转时的速度应符合技术文件的规定。

d. 在空负荷运转时间内测量主电动机的电流。

e. 在空负荷运转时间内检查液压系统、润滑系统、冷却系统、气压系统的管路、接头、法兰及其他连接接缝处，均应密封良好，无油、水、气渗漏及互相混入等情况。

f. 在空负荷运转试验过程中应测量温度和温升的稳定值，不应超过表 3-79 的规定。

表 3-79　温度和温升的限值　　　　　　　　　　　　　　　　　　单位：℃

测量部位	最高温度	温升
滑动导轨	50	15
滑动轴承	70	40
滚动轴承	70	40
液压系统的油温（油箱液压泵吸油区）	60	30

注：当液压机经过一定时间运转后，若被测部位的温度梯度不大于 5℃/h，即可认为达到了稳定值。

g. 空负荷运转试验结束后，检查各机构动作性能，应正常、准确、平稳、可靠。

ⅰ. 各种安全装置；

ⅱ. 各种运行规范的操作试验；

ⅲ. 各种可进行调整或调节的装置；

ⅳ. 各种附属装置；

ⅴ. 液压装置或气动装置；

ⅵ. 电气设备和数控系统；

ⅶ. 其他要求；

ⅷ. 动作检验。

h. 温升试验。温升试验应符合以下要求：

ⅰ. 试验时液压机的动作规范应连续；

ⅱ. 试验时液压机各辅助装置应按规定运转；

ⅲ. 试验过程中按 3.2.5 节中（3）③g. 的要求检验，液压机的功能、性能和电气、液压、气动、润滑、冷却系统动作应正常；

ⅳ. 试验时测量各部位的温度、温升，应符合 3.25 节中③f. 的规定。

④ 超负荷试验　超负荷试验应与安全阀的调定检验结合进行，超负荷试验压力一般应不大于额定压力的 1.1 倍，试验不少于 3 次，液压机的零部件不得有任何损伤和永久变形，液压系统不得有渗漏及其他不正常现象。

⑤ 其他　其他检验或试验如外观检验，附件和工具检验，性能、结构与功能检验，机械加工检验，安全检验，装配和配管检验，噪声检验，电气设备、数控系统检验，液压、气动、冷却和润滑系统检验，负荷运转试验，精度检验，清洁度检验等见 JB/T 12769—2015；另外还包括，按产品的技术文件或供需双方合同中所列的其他内容检验。

(4) 精度

① 液压机的精度等级　液压机的精度按其用途分为特级和Ⅰ级，用户可根据用途选择精度级别，制造厂可按用户要求设计、制造、定价。精度级别见表 3-80。

② 液压机的精度检验的条件

a. 精度检验前，液压机应调整水平，其工作台面纵、横向水平偏差不得超过 0.20mm/1000mm。

b. 装有移动工作台的，须使其处在液压机的工作位置并锁紧牢固。

表 3-80　精度级别

等级	用途	型式
特级	要求特别高的精密冲压件	框架式
Ⅰ级	精密冲压件	框架式

c. 液压机的精度检验应在空负荷运转和满负荷运转试验后分别进行，以满负荷运转试验后的精度检测值记入出厂合格证明书内，并有精度实测记录存档备查。

d. 精度检验方法、检验工具和装置应符合 GB/T 10923 的规定，也可采用其他等效的检验方法。

e. 在总装精度检验前，属框架结构者，其滑块与导轨间隙的调整原则：应在保证总装精度前提下，导轨不发热、不拉毛，并能形成油膜。

f. 在检验平面时，当被检测平面的最大长度 $L \leqslant 1000$mm 时，不检测长度 $l = 0.1L$；当 $L > 1000$mm 时，不检测长度 $l = 100$mm。

③ 总装配精度的检验项目

a. 滑块运动轨迹对工作台面的垂直度。

ⅰ. 检验方法。在工作台上中央位置放一直角尺（下面可放一平尺），将指示器紧固在滑块下平面上，并使指示器测头触在直角尺上，当滑块上下运动时，在通过中心的左右和前后方向分别进行测量，指示器读数的最大差值即为测定值。

测量位置在下极限前 1/2 行程范围内。

ⅱ. 公差。滑块运动轨迹对工作台面的垂直度公差应符合表 3-81 的规定。

表 3-81　滑块运动轨迹对工作台面的垂直度公差　　　　单位：mm

工作台面的有效长度 L	公差	
	特级	Ⅰ级
$L \leqslant 1000$	$0.008 + \dfrac{0.008}{100}L_3$	$0.01 + \dfrac{0.015}{100}L_3$
$L > 1000 \sim 2000$	$0.015 + \dfrac{0.008}{100}L_3$	$0.02 + \dfrac{0.015}{100}L_3$
$L > 2000$	$0.025 + \dfrac{0.008}{100}L_3$	$0.03 + \dfrac{0.015}{100}L_3$

注：L_3 为最大实际检测的滑块行程，L_3 的最小值为 50mm。

ⅲ. 检验工具。包括直角尺、平尺、指示器。

b. 由偏心引起的滑块下平面对工作台面的倾斜度。

ⅰ. 检测方法。在工作台上用带有铰接的支撑棒（支撑棒仅承受滑块自重）依次分别支撑在滑块下平面的左右和前后支撑点上，支撑棒仅承受运动部分自重，用指示器在各支撑点旁及其对称点分别按左右（$2L_4$）和前后（$2L_5$）方向测量工作台上平面和滑块下平面间的距离，指示器读数的最大差值即为测定值，但对角线方向不进行测量。

测量位置为行程的下限和行程下限前 1/3 行程处。

注：L_4、L_5 为滑块中心起至支撑点的距离，$L_4 = L/3$（L 为工作台面长边尺寸），$L_5 = L_6/3$（L_6 为工作台面短边尺寸）。

ⅱ. 公差。由偏心引起的滑块下平面对工作台面的倾斜度公差应符合表 3-82 的规定。

表 3-82　由偏心引起的滑块下平面对工作台面的倾斜度公差

等级	公差
特级、Ⅰ级	$\dfrac{1}{3000}L_4$

ⅲ. 检验工具。包括支撑棒、指示器。

① "用户可根据用途选择精度级别，制造厂可按用户要求设计、制造、定价"的要求对液压机用液压缸的设计、制造也很有意义。

② 作为数控液压机，如采用比例/伺服控制液压缸，则液压系统中应设置精密滤油装置。

③ 试验时测量各部位的温度、温升［包括液压系统的油温（油箱液压泵吸油区）］，应符合 JB/T 12769—2015 中 5.9.6 条的规定，对液压机液压系统具有重要参考价值。

④ "超负荷试验应与安全阀的调定检验结合进行，超负荷试验压力一般应不大于额定压力的 1.1 倍，试验不少于 3 次，液压机的零部件不得有任何损坏和永久变形，液压系统不得有渗漏及其他不正常现象"的要求对液压机用液压缸设计、制造很重要。

3.26 快速薄板冲压及拉伸液压机

快速薄板冲压及拉伸液压机是滑块快降及回程速度不小于 300mm/s、压制速度不小于 15~45mm/s 的框架薄板冲压及拉伸液压机。在 JB/T 12994.1—2017《快速薄板冲压及拉伸液压机　第 1 部分：型式与基本参数》中规定了快速薄板冲压及拉伸液压机的型式与基本参数，在 JB/T 12994.2—2017《快速薄板冲压及拉伸液压机　第 2 部分：技术条件》中规定了快速薄板冲压及拉伸液压机的技术要求、试验方法、检验规则、包装、运输、贮存和保证，JB/T 12994.3—2017《快速薄板冲压及拉伸液压机　第 3 部分：精度》中规定了快速薄板冲压及拉伸液压机的精度检验，适用于快速薄板冲压及拉伸液压机。

注：1. 主要用于对各种金属薄板件进行弯曲、冲孔、落料、拉伸、整形、成形等工艺。

2. 15mm/s 指 100% 公称力时的压制速度，40mm/s 指不小于 30% 公称力时的压制速度。

3.26.1 快速薄板冲压及拉伸液压机型式与基本参数

(1) 型式

① 液压机分为以下三种基本型式：工作台前移式（见 JB/T 12994.1—2017 中图 1 或参见图 3-31）；工作台侧移式（见 JB/T 12994.1—2017 中图 2 或参见图 3-32）；固定工作台式。

② 液压机型号表示方法应符合 GB/T 28761 的规定。

(2) 基本参数

① 液压机的主参数为公称力。

② 液压机的基本参数见表 3-83。

表 3-83 快速薄板冲压及拉伸液压机的基本参数

参数名称	参数值					
公称力/kN	5000	6300	8000	10000	16000	20000
开口 H/mm	1500	1500	1800	1800	2000	2000
行程 S/mm	1000	1000	1200	1200	1400	1400
快降速度/(mm/s)	≥300	≥300	≥300	≥300	≥300	≥300
100% 公称力时滑块的工作速度/(mm/s)	15	15	15	15	15	15
30% 公称力时滑块的工作速度/(mm/s)	40	40	40	40	40	40
回程速度/(mm/s)	≥300	≥300	≥300	≥300	≥300	≥300
液压垫力/kN	1500	2000	2500	3150	5000	6300

参数名称	参数值					
液压垫行程 S_d/mm	300	300	400	400	400	400
工作台面尺寸系列 （左右×前后）/mm	2500×1600	2500×1600	3200×2000	3200×2000	4000×2200	4000×2200
	2800×1800	2800×1800	3500×2000	3500×2000	4500×2500	4500×2500
	3200×2000	3200×2000	4000×2200	4000×2200	—	—
	3500×2000	3500×2000	4500×2500	4500×2500	—	—
液压垫尺寸系列 （左右×前后）/mm	1700×1100	1700×1100	2300×1400	2300×1400	3200×1700	3200×1700
	2000×1400	2000×1400	2600×1400	2600×1400	3800×1700	3800×1700
	2300×1400	2300×1400	3200×1700	3200×1700	—	—
	2600×1400	2600×1400	3800×1700	3800×1700	—	—

注：1. 快降速度指滑块无负载时的下降速度。

2. 回程速度指不安装上模具时滑块的回程速度。

3.26.2 快速薄板冲压及拉伸液压机技术条件

(1) 技术要求

① 一般要求

a. 液压机的图样及技术文件应符合 JB/T 12994.2—2017 的要求，并应按规定程序经批准后方可投入生产。

b. 液压机的产品造型和布局要考虑工艺美学和人机工程学的要求，各部件及装置应布局合理、高度适中，便于操作者观察加工区域。

c. 液压机应便于使用、维修、装配、拆卸和运输。

d. 液压机在下列环境条件下应能正常工作：

ⅰ. 环境温度为 5～40℃，对于非常热的环境（如热带气候、钢厂）及寒冷环境，须提出额外要求；

ⅱ. 当最高温度为 40℃时，相对湿度不超过 50%；温度低则允许较高的相对湿度，如20℃时相对湿度为 90%；

ⅲ. 海拔 1000 m 以下。

e. 液压机在正确的使用和正常的维护保养条件下，从开始使用到第一次大修的工作时间应符合 JB/T 1829 的规定。

② 型式与基本参数 液压机的型式与基本参数应符合 JB/T 12994.1—2017 的规定。

③ 性能、结构与功能

a. 液压机应具有足够的刚度。在最大载荷工况条件下试验，液压机应能工作正常。

b. 滑块的速度应符合 JB/T 12994.1—2017 的规定和技术文件的要求，实现快速下降、压制、回程的功能。

c. 液压机应具有保压功能，保压时间应可调。

d. 液压机具有冲压、拉伸、落料、整形、成形等功能。

e. 液压机数控系统应可控制滑块压力、液压垫力、滑块行程、液压垫行程等，并可实现同步或单独动作。

f. 滑块和液压垫的压力及行程可根据工艺要求分别进行调整。

g. 液压机的滑动摩擦副应采取耐磨措施，并有合理的硬度差。

h. 液压机运行应平稳、可靠，液压执行元件在规定的行程和速度范围内不应有振动、爬行和阻滞现象，换向时不应有影响正常工作的冲击现象。

i. 当出现系统压力超载、油温超限、油位低于下限时，液压机应自动停机并报警。

j. 液压机可配备缓冲装置，缓冲装置应有效地吸收冲裁过程中产生的能量，冲裁缓冲过程应平稳、低噪声，其缓冲作用点可在规定范围内调节。

k. 液压机可根据需求配置上下料装置的机械、液压、电气等接口。

l. 液压机与其配套的辅助装置连接动作应协调、可靠。

④ 安全与防护

a. 液压机在按规定制造、安装、运输和使用时，不应对人员造成危险，并应符合 GB 28241 和 GB 17120 的规定。

b. 液压机电气传动与控制方面的安全要求应符合 GB 5226.1（已被 GB/T 5226.1—2019 代替）的规定。

⑤ 噪声　液压机噪声限值应符合 GB 26484 的规定。

⑥ 精度　液压机的几何精度、工作精度应符合 JB/T 12994.3—2017 的规定。

⑦ 随机附件、工具和技术文件

a. 液压机出厂时应保证成套性，并备有设备正常使用的附件，以及所需的专用工具，特殊附件的供应由供需双方商定。

b. 制造厂应保证用于液压机的外购件（包括液压、电气、气动、冷却件）的质量，并应符合相应标准的规定。出厂时外购件应与液压机同时进行空运转试验。

c. 随机技术文件应包括产品使用说明书，产品合格证明书，装箱单，产品安装、维护用附图，易损件图样。产品使用说明书应符合 GB/T 9969 的规定，其内容应包括安装、运输、贮存、使用、维修和安全卫生等要求。

d. 随机提供的液压机备件或易损件应具有互换性。备件、特殊附件不包括在随机必备附件内，用户可与制造厂协商，备件可随机供应，或单独供货，供货内容按订货合同执行。

⑧ 标牌与标志

a. 液压机应有铭牌和润滑、安全等各种标牌或标志。标牌的型式与尺寸、材料、技术要求应符合 GB/T 13306 的规定。

b. 标牌应端正地固定在液压机的明显部位，并保证清晰。

c. 液压机铭牌上至少应包括以下内容：

ⅰ. 制造企业的名称和地址；

ⅱ. 产品的型号和基本参数；

ⅲ. 出厂年份和编号。

⑨ 铸件、锻件、焊接件

a. 用于制造液压机的重要零件的铸件、锻件应有合格证。

b. 液压机的灰铸铁件应符合 JB/T 5775 的规定，铸钢件、有色金属铸件应符合技术文件的规定。重要铸件应采用热处理或其他降低应力的方法消除内应力。

c. 重要锻件应进行无损检测，并进行热处理。

d. 焊接结构件和管道焊接应符合 JB/T 8609 的规定。主要焊接结构件材质应符合 GB/T 700、GB/T 1591 的规定，不低于 Q235。重要的焊接金属构件，应采用热处理或其他降低应力的方法消除内应力。

e. 拉杆的要求应符合技术文件的规定。

f. 柱塞及活塞杆的要求应符合技术文件的规定。

⑩ 机械加工

a. 液压机上各种加工零件材料的牌号和力学性能应满足液压机功能和符合技术文件的规定。

b. 主要件的加工要求应符合技术文件的规定。

c. 已加工表面，不应有毛刺、斑痕和其他机械损伤，不应有降低液压机使用质量和恶化外观的缺陷。除特殊规定外，均应将锐边倒钝。

d. 导轨面加工精度和表面粗糙度应保证达到液压机的精度要求和技术要求。

e. 导轨工作面接触应均匀，其接触面积累计值，在导轨的全长上不应小于80%，在导轨宽度上不应小于70%。

⑪ 装配

a. 液压机应按技术文件及图样进行装配，不应因装配损坏零件及其表面和密封件的唇口等，装配后各机构动作应灵敏、准确、可靠。

b. 装配后的螺栓、螺钉头部和螺母的端面应与被紧固的零件平面均匀接触，不应倾斜和留有间隙。装配在同一部位的螺钉，其长度一般应一致。紧固的螺钉、螺栓和螺母不应有松动现象，影响精度的螺钉紧固力应一致。

c. 密封件不应有损伤现象，装配前密封件和密封面应涂上润滑脂。其装配方向应使介质工作压力将其唇部压紧。装配重叠的密封圈时，各圈要相互压紧，开口方向应置于压力大的一侧。

d. 移动、转动部件装配后，运动应平稳、灵活、轻便、无阻滞现象。滚动导轨面与所有滚动体应均匀接触，运动应轻便、灵活、无阻滞现象。

e. 重要的接合面紧固后应紧密贴合，其接触间隙应符合表3-84的规定。允许塞尺塞入深度不应超过接触面宽的1/4，接触面间可塞入塞尺部位累计长度不应超过周长的1/10。重要的接合面为：

i. 大螺母和横梁（上横梁、下横梁）；

ii. 上横梁、下横梁与机架（指机架式中的立柱）；

iii. 液压缸法兰台肩与横梁；

iv. 活塞杆、柱塞端面与滑块；

v. 工作台与下横梁。

表 3-84　接合面接触间隙

液压机公称力/kN	接触间隙/mm	液压机公称力/kN	接触间隙/mm
≤6000	≤0.04	>20000	≤0.1
>6000~20000	≤0.06		

f. 每台液压机在制造厂均应进行总装配，大型液压机因制造厂条件限制不能进行总装配时，通过制造厂与用户协商，由制造厂在用户处总装配并按双方协议或合同执行。

⑫ 电气设备

a. 液压机的电气设备应符合 GB 5226.1（已被 GB/T 5226.1—2019 代替）的规定。

b. 当采用可编程序控制器或微机控制时，应符合现行有关标准的规定。

⑬ 液压、气动、润滑、冷却系统

a. 液压机的液压系统应符合 GB/T 3766 的要求。

b. 外购和自制的液压元件的技术要求和连接尺寸应符合 GB/T 7935 的规定。

c. 液压机铸造液压缸、锻造液压缸原则上规定粗加工后应做耐压试验，试验压力为工作压力的 1.25 倍，保压时间不少于 10min，试验后液压缸不应渗漏、无永久变形。整体锻造缸、锻造结构液压缸如有焊接无损检测等工艺保证，可不做中间试压。

d. 液压机工作时液压系统油箱内进油口的油温一般不应超过 60℃。

e. 液压系统中应设置滤油装置。

f. 油箱必须做煤油渗漏试验；开式油箱设空气过滤器。

g. 液压、冷却系统的管路通道和油箱内表面，在装配前应进行彻底的防锈去污处理。

h. 液压系统的清洁度应符合 JB/T 9954 的规定。

i. 液压机的气动系统应符合 GB/T 7932 的规定，排除冷凝水一侧的管道的安装斜度不应小于 1∶500。

j. 液压机的润滑系统应符合 GB/T 6576 的规定。

k. 液压机的重要摩擦部位的润滑一般应采用集中润滑系统，只有当不能采用集中润滑系统时才可以采用分散润滑装置。

l. 冷却系统应满足液压机的温度、温升要求。

m. 润滑、冷却系统应按需要连续或周期性地将润滑剂、冷却剂输送到规定的部位。

n. 液压、气动、润滑和冷却系统不应漏油、漏水、漏气。冷却液不应混入液压系统和润滑系统。

⑭ 配管

a. 液压、气动、润滑系统选用的管子内壁应光滑，无锈蚀、压扁等缺陷。

b. 内外表面经防腐处理的钢管可直接安装使用。未做防腐处理的钢管应进行酸洗，酸洗后应及时采取防锈措施。

⑮ 外观

a. 液压机外观应符合 JB/T 1829 的规定。

b. 液压机零部件、电气柜、机器面板的外表面不应有明显的凹痕、划伤、裂缝、变形，表面涂镀层不应有气泡、龟裂、脱落或锈蚀等缺陷。

c. 涂装应符合技术文件的规定。

d. 非机械加工表面应整齐美观。

e. 文字说明、标记、图案等应清晰。

f. 防护罩、安全门应平整、匀称，不应翘曲、凹陷。

(2) 试验方法

试验方法的一般要求、型式与基本参数检验、空运转试验、负荷试验、超负荷试验等见 JB/T 12994.2—2017 或上节 JB/T 12769—2015 中相关内容。

(3) 包装、运输和贮存及保证

见 JB/T 12994.2—2017。

3.26.3 快速薄板冲压及拉伸液压机精度

(1) 检验说明

① 工作台面是液压机总装精度检验的基准面。

② 精度检验前，液压机应调整水平，其工作台面纵、横向水平偏差不得超过 0.20mm/1000mm。

③ 装有移动工作台的，须使移动工作台处在液压机的工作位置并锁紧牢固。

④ 精度检验应在空运转和满负荷运转试验后分别进行，以满负荷运转试验后的精度检验值为准。

⑤ 精度检验应符合 GB/T 10923 的规定。

⑥ 在检验平面时，当被检测平面的最大长度 $L \leqslant 1000$mm 时，不检测长度 l 为 $0.1L$，当 $L > 1000$mm 时，不检测长度 l 为 100mm。

⑦ 工作台上平面及滑块下平面的平面度允许在装配前检验。

⑧ 在总装精度检验前，滑块与导轨间隙的调整原则：应在保证总装精度的前提下，导轨不发热，不拉毛，并能形成油膜。表 3-85 推荐的导轨总间隙值仅作为参考值。

表 3-85　导轨总间隙　　　　　　　　　　　　　　　　　　　　单位：mm

导轨间距	总间隙推荐值	导轨间距	总间隙推荐值
≤1000	≤0.10	>1600～2500	≤0.22
>1000～1 600	≤0.16	>2500	≤0.30

注：1. 在液压机滑块运动的极限位置用塞尺测量导轨的上下部位的总间隙，也可将滑块推向导轨一侧，在单边测量其总间隙。

2. 总间隙是指垂直于机器正面或平行于机器正面的两导轨内间隙之和。应将最大实测总间隙值记入产品合格证明书内作为参考。

(2) 精度检验

① 滑块运动轨迹对工作台面的垂直度

a. 检验方法。在工作台上中央位置放一直角尺（下面可放一平尺），将指示表紧固在滑块下平面上，并使指示表测头触在直角尺上，当滑块上下运动时，在通过中心的左右和前后方向上分别进行测量，指示表读数的最大差值即为测定值。

测量位置在行程下限前 1/2 行程范围内。

b. 公差。滑块运动轨迹对工作台面的垂直度公差应符合表 3-86 的规定。

表 3-86　滑块运动轨迹对工作台面的垂直度公差　　　　　　　　单位：mm

工作台面的有效长度 L	公差	工作台面的有效长度 L	公差
$L \leqslant 1000$	$0.01 + \dfrac{0.015}{100}L_3$	$L > 2000$	$0.03 + \dfrac{0.015}{100}L_3$
$1000 < L \leqslant 2000$	$0.02 + \dfrac{0.015}{100}L_3$		

注：L_3 为实际检测行程，最小值为 20mm，导轨要保持充分润滑状态。

c. 检验工具。包括直角尺、平尺、指示表。

② 由偏心引起的滑块下平面对工作台面的倾斜度

a. 检测方法。在工作台上用带有铰接的支撑棒（支撑棒仅承受滑块自重）依次分别支撑在滑块下平面的左右和前后支撑点上，用指示表在各支撑点旁及其对称点分别按左右（$2L_4$）和前后（$2L_5$）方向测量工作台上平面和滑块下平面间的距离，指示表读数的最大差值即为测定值，但对角线方向不进行测量。

测量位置为行程下限和行程下限前 1/3 行程处。

注 1：支撑棒长度按需要选取，支撑棒仅承受运动部分自重。

注 2：L_4、L_5 为滑块中心至支撑点的距离，$L_4 = L/3$（L 取工作台面的长边尺寸），$L_5 = L_6/3$（L_6 为工作台面的短边的尺寸）。

b. 公差。由偏心引起的滑块下平面对工作台面的倾斜度公差应为 $\dfrac{1}{3000}L_4$。

c. 检验工具。包括支撑棒、指示表。

说明

① 精度检验说明与精度检验的内容与 JB/T 3820—2015 基本相同。

② 技术要求、精度的内容与 JB/T 12769—2015 基本相同。

③ 技术要求中的"整体锻造缸、锻造（焊）结构液压缸如有焊接无损检测等工艺保证，可不做中间试压"应有问题。

3.27 数控液压冲钻复合机

在 GB/T 8541—2012、GB/T 36484—2018、JB/T 4174—2014 和 JB/T 33639—2017 中都没有"数控液压冲钻复合机"这一术语和定义。在 JB/T 33639—2017《数控液压冲钻复合机》中规定了数控液压冲钻复合机的制造和验收的技术要求、精度、试验方法、检验规则及标志、包装、储运，适用于对各种平板类件进行冲孔、钻孔、打字的数控液压冲钻复合机，也适用于单独冲孔、打字的数控液压冲钻复合机（以下简称复合机）。

(1) 技术要求

① 一般要求

a. 复合机应符合 JB/T 33639—2017 的规定，并按经规定程序批准的图样和技术文件制造。

b. 制造复合机所用材料应符合设计规定，材料的牌号和力学性能应符合相应标准的规定。

c. 应保证复合机的成套性，包括电气设备、液压和气动元件、专用工具和地脚螺栓等。

② 安全防护

a. 应保证复合机的安全性，通过设计尽量避免和减小发生危险的可能。

b. 复合机上有可能危及人身安全或造成设备损坏的部位应配置安全装置或采取安全措施。其安全防护应符合 GB 17120 的有关规定。

c. 复合机各种机构动作应可靠联锁。在输入参数正确的条件下，若操作或编程错误时不应产生动作干涉或机件损坏。

d. 含有蓄能器的液压回路，在系统关机时，蓄能器的压力应能自动卸除或能安全地使回路与蓄能器隔离。同时应在醒目位置设置警示标牌，说明"注意——在维修工作开始前装置必须卸压！"。

e. 蓄能器上应设置有如下内容的警示标牌，并应在说明书中说明：小心——压力容器；只允许用氮气；气压 3～3.2MPa。

f. 蓄能器应由经国家指定的安全监察机构批准的设计和生产单位设计、制造，并应有合格证明。

g. 蓄能器的充气和安装应符合制造厂的规定。蓄能器的安装位置应使维修易于接近。蓄能器和所属的受压元件应固定牢固，安全可靠。

③ 铸、锻、焊件

a. 复合机各焊接件的焊接质量应符合 JB/T 8609 的规定。

b. 锻件不应有夹层、折叠、裂纹、锻伤、结痕、夹渣等缺陷。

c. 铸造件不应有砂眼、气孔、缩松、冷隔、夹渣、裂纹等影响工作性能和外观的铸造缺陷。

d. 对不影响安全使用、寿命和外观的缺陷，在保证质量的条件下，允许按有关规定进行修补。

e. 重要的焊接金属构件和铸、锻件，如机身、工作台、底座、油缸缸体、钻削动力头箱体等，应进行消除内应力处理。人工时效处理的零件应保证时效效果。

f. 重要的铸、锻、焊件应进行探伤检查，其结果应符合有关标准和技术文件的规定。

④ 零件加工

a. 零件的加工面不应有毛刺以及降低复合机使用质量和恶化外观的缺陷，如磕碰、划伤和锈蚀等。

b. 机械加工零件上的尖锐边缘和尖角，在图样中未注明要求的，均应倒钝。

c. 零件的刮研面不应有先前加工的痕迹，整个刮研面内的刮研点应均匀。

⑤ 电气系统　复合机电气系统应符合 GB 5226.1（已被 GB/T 5226.1—2019 代替）的规定。

⑥ 数控系统

a. 复合机数控系统的环境适应性、安全性、电源适应能力、电磁兼容性和制造质量应符合 JB/T 8832（已废止）的有关规定。

b. 数控系统应满足复合机的使用要求，应具有自动、手动操作功能，程序编辑功能，自诊断功能和报警显示功能。

c. 数控轴线的定位精度和重复定位精度的确定应符合 GB/T 17421.2 的规定。

⑦ 液压、气动、冷却和润滑系统

a. 复合机的液压系统应符合 GB/T 3766 的规定。

b. 液压系统的油箱、油缸、阀体、管路等均应严格清洗，内部不得有铁屑和污物，毛刺应清除干净。所有进入复合机油箱和液压系统的工作介质应保证清洁，工作油（液）的牌号应符合技术文件的规定。

c. 液压系统清洁度应符合 JB/T 9954 的规定。

d. 液压系统在稳定连续工作时，油箱内吸油口的油温不应超过 60℃。

e. 高压胶管总成及管接头应符合技术文件的要求。

f. 复合机钻削部分的冷却系统应循环畅通，无渗漏，冷却液不得混入液压系统和润滑系统。

g. 复合机的气动系统应符合 GB/T 7932 的规定。

h. 复合机的各润滑点应有明显标志，并便于润滑。

i. 各种管子不应有凹痕、皱折、压扁、破裂等缺陷。管路弯曲应圆滑。软管不应有扭转现象，不应与运动部件产生摩擦、碰撞或被挤压。管路的排列应便于使用、调整和维修。

⑧ 装配

a. 在部装和总装时，不应装入图样上没有规定的垫片、套等零件。

b. 复合机的重要固定接合面应紧密贴合，用 0.04mm 塞尺只允许局部插入，插入深度不大于 20mm，其可插入部分累计不大于可检长度的 10%。重要固定接合面为：导轨及滑块与其相配件的接合面、丝杠支座及螺母座与其相配件的接合面、冲头导向座与床身接合面、阴模座与床身接合面、冲头油缸与床身接合面、主轴箱安装面与其相配件的接合面。

c. 工作台上的万向球顶部高度应一致，包络万向球顶部的假想平面与阴模上平面应在一个平面内，其最大高度差不大于 0.60mm，且只允许阴模上平面低。

d. 两夹钳钳口定位面应在一个平面内，其最大高度差不大于 0.10mm。

e. 两夹钳下爪的上平面应低于包络万向球顶部的假想平面，高度差为 0.30~0.50mm。

f. 冲头处于下位时，应保证冲头进入阴模部分的深度不小于 4mm。

g. 冲头进入阴模后四周间隙应均匀，应保证最大间隙与最小间隙之差不大于 0.20mm。

h. 钻头处于下位进入垫模圆孔后的四周间隙应均匀，应保证最大间隙和最小间隙之差不大于 1.0mm。

i. 各运动轴线安装的滚珠丝杠副，装配后应进行多次运转，其反向间隙不应大于 0.05mm。

j. 拖链应固定端正，拖链中软管和电缆排列整齐，无缠绕、交叉现象。运动部件移动时拖链不应偏移和变形。

k. 紧固螺栓和螺钉应拧紧，防松垫圈防松有效。同一部位的同规格螺栓、螺母，其形状及表面处理应一致。装入沉孔的螺钉不应突出零件表面。

l. 各行程开关安装牢固、位置正确、感应距离合适。

⑨ 噪声　复合机在运转时不应有异常振动、不规则的冲击声和尖叫声。其空运转噪声等效连续声压级不应大于 85 dB（A）。测量方法应符合 GB/T 23281 的规定。

⑩ 外观

a. 复合机的外表面不应有图样未规定的凸起、凹陷、粗糙不平和其他损伤。外露的加工表面不应有磕碰、划伤和锈蚀。

b. 外露的焊缝应呈光滑的或均匀的鳞片状波纹，表面溅沫应清理干净，并应打磨平整。

c. 非加工表面要打腻子磨平，漆面颜色应均匀，不得有脱皮、气泡、流痕及漏喷等缺陷。不同颜色的漆面分界线应清晰。

d. 螺栓、螺母、油杯、非金属管路以及其他不需要喷漆的表面，均不应挂有油漆。

e. 各种管线、线路的外露部分，应布置紧凑、排列整齐、固定牢靠。

f. 复合机上的各种标牌应符合 GB/T 13306 的规定，其运动指向应正确，文字说明应明确易懂，安装位置应醒目恰当，固定应端正、美观，钢印打字应清洗可辨。

g. 复合机上的电镀、发蓝、发黑等零件的保护层应完整，不应有褪色、龟裂、脱落和锈蚀等缺陷。

h. 复合机的防护罩表面应平整，不应翘曲或凹陷。

作者注：在 JB/T 8609—2014 中未见有"溅沫"这样的表述。

⑪ 随机技术文件和附件

a. 随机附件、工具和备件应齐全。复合机的易损件应便于更换。

b. 复合机随机技术文件应包括产品使用说明书，产品合格证明书和装箱单。随机技术文件的编制应符合 GB/T 23571 的有关规定。使用说明书应符合 GB/T 9969 的规定。

(2) 其他

复合机的运转试验、精度、检验规则和标志、包装、储运等见 GB/T 33639—2017。

3.28　切边液压机型式与基本参数

在 GB/T 8541—2012、GB/T 36484—2018、JB/T 4174—2014 和 JB/T 1881—2010 中都没有"切边液压机"这一术语和定义。在 JB/T 1881—2010《切边液压机　型式与基本参数》中规定了切边液压机的型式与基本参数，适用于切除热态模锻件飞边与冲孔工艺的切边液压机（以下简称液压机）。

作者注：在 GB/T 8541—2012 中有术语"切边"的定义。

(1) 型式与基本参数

① 液压机的型式为油泵直接传动的三梁四柱式液压机，见 JB/T 1881—2010 中图 1。

② 液压机的主参数应符合 JB/T 611（已废止）的规定，见表 3-87。

作者注：在 JB/T 1881—2010 中图 1 的液压缸安装型式为 MF7 带后部对中的前部圆法兰；活塞杆连接型式为（带外螺纹的活塞杆端或带凸缘的活塞杆端）法兰。

(2) 基本参数

切边液压机的基本参数应符合表 3-87 的规定。

表 3-87　切边液压机的基本参数

公称力/MN		10	20	31.5	50	80
活动横梁最大行程 S/mm		800	900	1000	1250	1600
最大净空距 H/mm		1600	1800	2200	2700	3000
工作台尺寸/mm	B	1400	1600	2000	2500	3000
	L	1800	2500	3000	4000	5000
回程缸公称压力/MN		1	2	3.2	5	8
空行程速度 v_k/(mm/s)		200	150	150	150	150
工作行程速度 v_g/(mm/s)		≥15	≥10	≥10	≥10	≥10
回程速度 v_h/(mm/s)		150	100	100	100	100

注：1. 80MN 液压机的基本参数为推荐值。

2. 在特殊情况下，允许采用水压传动，但基本参数仍应符合规定。

作者注：根据 GB/T 36484—2018 中的给出的术语，应采用"公称力"而不是"公称压力"。

3.29　液压快速压力机

在 GB/T 8541—2012、GB/T 36484—2018、JB/T 4174—2014、JB/T 12297.1—2015、JB/T 12297.2—2015 和 JB/T 12297.3—2015 中都没有"液压快速压力机"这一术语和定义。在 JB/T 12297.1—2015《液压快速压力机　第 1 部分：基本参数》中规定了液压快速压力机的基本参数，在 JB/T 12297.2—2015《液压快速压力机　第 2 部分：技术条件》中规定了液压快速压力机的技术要求、试验方法、检验规则、包装、运输和贮存，在 JB/T 12297.3—2015《液压快速压力机　第 3 部分：精度》中规定了液压快速压力机的几何精度、允差及检验方法，适用于一般用途（新设计的）液压快速压力机（以下简称快压机）。

3.29.1　液压快速压力机基本参数

① 快压机的主参数为公称力。

② 快压机的结构型式如图 3-33 所示。

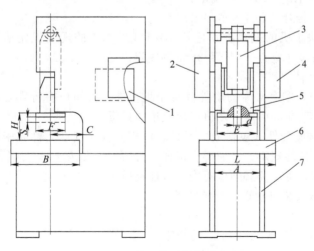

图 3-33　快压机的结构型式

1—油箱；2—液压系统；3—液压缸；4—电气系统；

5—滑块；6—工作台；7—机架

第 3 章　液压机型式与基本参数、技术条件、精度　485

③ 快压机的基本参数应按表 3-88 的规定优先选用，如用户有特殊需求，可由用户与制造商共同商定。

表 3-88　快压机的基本参数

基本参数名称		单位	基本参数值								
公称力 p_g		kN	250	500	630	800	1000	1250	1600	2000	2500
滑块行程 S		mm	130	130	150	180	180	220	220	220	220
滑块最大行程次数 n_{max}		次/min	50	50	40	40	40	30	30	30	30
滑块最小行程次数 n_{min}		次/min	10	10	10	10	10	10	10	10	10
开口高度 H		mm	315	320	445	470	470	520	520	520	520
立柱间距离 A		mm	300	300	350	400	400	500	570	570	570
滑块中心至机身距离（喉深 C）		mm	210	235	260	310	310	350	350	350	350
工作台板尺寸	左右 L	mm	600	630	710	850	850	1000	1000	1000	1000
	前后 B	mm	400	450	500	600	600	650	650	650	650
工作台孔尺寸	左右 L_1	mm	250	310	350	390	425	460	500	560	625
	前后 B_1	mm	170	220	250	275	300	325	350	380	425
	直径 D	mm	$\phi100$	$\phi150$	$\phi150$	$\phi180$	$\phi180$	$\phi200$	$\phi200$	$\phi240$	**$\phi200$**
滑块底面尺寸	左右 E	mm	250	320	440	500	500	600	680	680	680
	前后 F	mm	220	270	320	400	400	500	540	540	540
滑块模柄孔直径 d		mm	$\phi40$	$\phi50$	$\phi50$	$\phi60$	$\phi60$	$\phi60$	$\phi65$	$\phi65$	$\phi70$

作者注：表中黑体字或有误。

④ 快压机工作台孔的形状与尺寸见 JB/T 12297.1—2015 中图 2、表 3-88。

⑤ 快压机的紧固模具用槽、孔的分布形式与尺寸，应符合 JB/T 3847 的要求。

3.29.2　液压快速压力机技术条件

(1) 技术要求

① 一般要求

a. 快压机的产品图样、技术要求及技术文件应符合规定，并应按规定程序经批准后方可投入生产。

b. 快压机应符合 JB/T 1829 的规定。

c. 使用说明书应符合 GB/T 9969 的规定。

② 基本参数　快压机的基本参数应按 JB/T 12297.1 的规定优先选用，其紧固模具用槽、孔的分布形式与尺寸应符合 JB/T 3847 的规定。

③ 配套件与配套性

a. 快压机出厂时应配有必需的附件及备用易损件。若用户有特殊要求，附件及备用易损件可由用户与制造商共同商定，随机供应或单独订货。

b. 快压机的外购配套件（包括液压元件、电气元件、气动元件和密封件等）及外协加工件，应符合技术文件的规定，并取得合格证，且须安装在快压机上进行运行试验。凡需通过安全认证的配套件，生产商必须取得安全认证资质。

c. 快压机应具备安装自动送料装置的条件。

④ 安全与防护

a. 快压机的安全应符合 GB 17120 的规定。

b. 快压机的操作应使用双手操作按钮。

c. 快压机的操作应安全可靠，在单次行程规范时不允许发生连续行程的现象。

d. 快压机操作应轻便、灵活，对于经常使用的手柄、手轮及脚踏开关的操作力均不应大于 50 N。

e. 快压机在工作时容易发生松动的零部件，应装有可靠的防松装置。

f. 液压系统中应装有防止液压过载的安全装置。

g. 快压机上应有安全保护装置，其型式可由用户按照 GB 5091—2011《压力机用安全防护装置技术要求》的规定选定。

⑤ 铸件、锻件、焊接件

a. 快压机的铸件、焊接件的质量，应分别符合 JB/T 5775 和 JB/T 8609 的规定。锻件质量符合技术文件的规定。

b. 机架、工作台、滑块及导轨等重要铸件、锻件、焊接件应进行消除（内）应力处理。

c. 对不影响使用和外观的缺陷，在保证质量的条件下，允许按规定的技术要求进行修补。

⑥ 加工　加工的技术要求见 JB/T 12297.2—2015。

⑦ 装配

a. 零部件的外露接合面边缘和缝隙要整齐、匀称，不应有明显的错位，其错位和不匀称量不应超过表 3-89 的规定。

表 3-89　错位和不匀称量　　　　　　　　　　　单位：mm

接合面边缘及门、盖边缘尺寸	错位量	错位不匀称量	贴合缝隙值	缝隙不匀称量
≤500	1	1	1	1
>500～1259	1	1	1.5	1.5
>1250～3150	1.5	1.5	2	2

b. 电气、润滑、液压、冷却等系统的管路，应布置紧凑、排列整齐，且用管卡固定。管子不应扭曲折叠，弯曲处应圆滑，不应压扁或打皱。

c. 其他技术要求见 JB/T 12297.2—2015。

⑧ 润滑　润滑技术要求见 JB/T 12297.2—2015。

⑨ 标牌　标牌技术要求见 JB/T 12297.2—2015。

⑩ 液压系统

a. 快压机的液压系统应符合 GB/T 3766 的要求。

b. 快压机在工作时（空运转试验时），液压泵进油口的油温一般不超过 60℃。

⑪ 数控系统　快压机的数控系统应符合 JB/T 8832（已废止）的要求。

⑫ 电气控制系统及设备　快压机的电气控制系统及设备应符合 GB 5226.1（已被 GB/T 5226.1—2019 代替）的要求。

⑬ 噪声

a. 快压机工作机构应运行平稳，液压等部件工作时应声音均匀，不得有不规则的冲击声和周期性的尖叫声。

b. 连续空运转时的噪声 A 计权声压级 L_{pA} 应符合 GB 26484 的规定。

⑭ 外观　外观技术要求见 JB/T 12297.2—2015。

⑮ 刚度

a. 快压机应具有足够的刚度。

b. 机身的角刚度应不低于其许用角刚度。许用角刚度按式（3-2）计算：

$$[C_a] = 0.001 p_g \qquad (3-2)$$

式中　$[C_a]$——机身的许用角刚度，kN/μrad；

p_g——快压机公称力，kN。

作者注：在 GB/T 36484—2018 中给出了术语"整机刚度"的定义，即：在压力机工作台面和滑块底面之间规定的范围内，施加相当于公称力的均布载荷时，公称力除以工作台面与滑块底面之间给定位置的平均相对变形量。

⑯ 精度　精度应符合 JB/T 12297.3 的要求。

(2) 试验方法

① 基本参数检验

a. 快压机的基本参数允许按批抽检，每批不少于 10%，但不得少于一台。检验项目及允差应符合表 3-90 的要求。

表 3-90　检验项目及允差

序号	检验项目	单位	允差
1	滑块行程	mm	行程量的 ±1%
2	开口高度	mm	尺寸的 $^{+5\%}_{0}$
3	滑块行程次数	次/min	行程次数的 $^{+10\%}_{0}$

注：1. 表中第 3 项误差应在电源电压正常和空运转时检验。

2. 允差折算结果修约到个位。

b. 使用分辨率为 0.05mm 的高度游标卡尺、秒表等相关计量器具，对基本参数进行检验。

② 空运转试验

a. 快压机的空运转试验不应少于 2h，其中连续空运转试验不应少于 1.5h，单次行程运转时间不应少于 0.5h。

b. 滑动导轨的温度和温升，在空运转试验中，用点温计在零件发热最高的可测部位进行测量，其最高温度不应超过 50℃，温升不应超过 15℃。

c. 液压油箱内油液温度（尽量靠近液压泵吸油口处）一般不应超过 60℃。

d. 在空运转试验中检查全部高压和低压液体、润滑剂冷却系统的管路、接头、法兰及其他元件，均应密封良好，不得发生阻滞和渗漏。

e. 在连续空运转试验时，按 GB/T 23281 的要求，检验快压机在规定位置的噪声 A 计权声压级 L_{pA}。

③ 满负荷试验

a. 满负荷试验方法，应根据制造厂或用户要求选择以下一种。

i. 用冲裁法做满负荷试验。其试验次数不应少于 3 次，其冲裁力的计算和对模具、试件的要求，应符合 JB/T 6580.1—2014《开式压力机　第 1 部分：技术条件》的规定。

ii. 用精压铜棒法或其他相应的方法进行模拟负荷试验，试验时间不少于 2h，其中单次和连续行程各不少于 1h，试验要求和方法应符合 JB/T 6580.2—2014《开式压力机　第 2 部分：性能要求与试验方法》的要求。

b. 采用模拟负荷试验者，可不另做空运转试验。

④ 超负荷试验

a. 对于新产品或改进设计的产品，应按公称力的 120% 做超负荷试验，其次数不少于 5 次。

b. 带有液压超负荷保护装置的产品，应考核其工作的正确性和可靠性。

(3) 包装、运输和贮存

见 JB/T 12297.2—2015。

3.29.3 液压快速压力机精度

(1) 检验要求

① 快压机精度检验前的要求应符合 GB/T 10923 的规定。

② 检验项目的精度允差值，应按实际检验长度进行折算，折算的结果按四舍五入法精确至 0.01mm。

③ 在 JB/T 12297.3—2015 中的精度检验项目的次序，并不表示实际检验次序，为了装拆检验工具和检验方便，可按任意次序进行检验。

④ 在精度检验过程中，不允许对影响精度的零件和机构进行调整或修配。

⑤ 用户有特殊要求时，可不按 JB/T 12297.3—2015 的规定进行全部项目的检验。

⑥ G1、G2 平面度的检验可采用 GB/T 11337—2004《平面度误差检测》规定的方法。

⑦ 检验应符合 GB/T 23280—2009《开式压力机 精度》中 A.1、A.2、A.3 的要求。

(2) 几何精度、允差及检验方法

① 检验项目 序号为 G5 的检验项目为滑块行程对工作台板上平面的垂直度，其中 a) 左右垂直度、b) 前后垂直度。

② 允差 当公称力 $p_g \leqslant 630kN$ 时，a) 和 b) 垂直度允差为 0.03mm/100mm；当 $p_g >$ 630~2500kN 时，a) 和 b) 垂直度允差为 0.04mm/100mm。

③ 检验方法 参照 GB/T 10923—2009 中 5.5.2.2.1 的规定。

在工作台板上放一平尺，平尺上放一直角尺，将指示器紧固在滑块上，使其测头触在直角尺检验面上，当滑块自上死点向下运行时，按 a)、b) 方向分别进行测量。在最大和最小装模高度分别进行检测。误差以指示器在可测量范围内最大和最小值之差计。在 b) 方向，指示器在行程上位的读数应不小于在行程下位的读数。若快压机无工作台板，则在工作台上做同样检验。

其他序号 G1（工作台板上平面的平面度）、G2（滑块下平面的平面度）、G3（滑块下平面对工作台板上平面的平行度）、G4（模柄孔对滑块下平面的垂直度）等检验项目、允差、检验方法见 JB/T 12297.3—2015。

说明

因在 JB/T 12297《液压快速压力机》系列标准中规定的"液压快速压力机"没有定义，不清楚其与其他液压机比较所应具有的区别特征。JB/T 12297—2015 系列标准还有一些不清楚或可以参考的地方。

作者注：在 GB/T 28761—2012 中有"高速"功能说明，具体见表 1-5"通用特性或结构特性代号"。

① 缺少成套性要求，即不清楚快压机的组成。

② "快压机的外购配套件（包括液压元件、电气元件、气动元件和密封件等）及外协加工件，……，须安装在快压机上进行运行试验。"这样的技术要求不尽合理，因为密封件一般不允许二次装用。

③ 液压缸的往复运动速度，是此种液压机用液压缸设计与选型中需要的，现根据表 3-88 中参数，初步计算见表 3-91。

④ 快压机的许用刚度计算和在前后向垂直度测量值要求（即指示器在行程上位的读数应不小于在行程下位的读数），对快压机用液压缸设计与选型有参考价值。

⑤ 检验模柄孔（中心线）对工作台板上平面在行程范围内的垂直度，对此种压力机应更有意义。

表 3-91　液压缸的往复运动速度

参数名称	单位	参数值								
公称力 p_g	kN	250	500	630	800	1000	1250	1600	2000	2500
滑块行程 S	mm	130	130	150	180	180	220	220	220	220
滑块最大行程次数 n_{max}	次/min	50	50	40	40	40	30	30	30	30
$\Phi=2$										
滑块空载下行速度Ⅰ	mm/s	162.5	162.5	150	180	180	165	165	165	165
滑块回程速度Ⅰ	mm/s	325	325	300	360	360	330	330	330	330
$\Phi=2.5$										
滑块空载下行速度Ⅱ	mm/s	151.7	151.7	140	168	168	154	154	154	154
滑块回程速度Ⅱ	mm/s	379.2	379.2	350	420	420	385	385	385	385
$\Phi=5$										
滑块空载下行速度Ⅲ	mm/s	130	130	120	144	144	132	132	132	132
滑块回程速度Ⅲ	mm/s	650	650	600	720	720	660	660	660	660

　　作者注：1. 设定快压机用液压缸为双作用单杆缸，由液压泵直接供油，在三种规格的液压缸面积比 ϕ 分别为2、2.5、5时计算其往复运动速度。

　　2. 未考虑工作行程速度的变化及行程两端的停止。

　　3. 单就滑块空载下行速度而言，在 JB/T 12297.1—2015 中规定的基本参数不尽合理。

3.30　热冲压高速液压机

　　热冲压高速液压机是用于高速冲压耐热高强度钢板、同时实现钢板淬火、制造超高强度热冲压件的液压机。在 JB/T 13906.1—2020《热冲压高速液压机　第1部分：型式与基本参数》中规定了热冲压高速液压机的型式与基本参数，在 JB/T 13906.2—2020《热冲压高速液压机　第2部分：技术条件》中规定了热冲压高速液压机的技术要求、试验方法、验收规则、包装、运输、贮存和保证，在 JB/T 13906.3—2020《热冲压高速液压机　第3部分：精度》中规定了热冲压高速液压机的精度检验，适用于热冲压高速液压机。

3.30.1　热冲压高速液压机型式与基本参数

(1) 型式

　　① 热冲压高速液压机型号表示方法应符合 GB/T 28761 的规定。

　　② 热冲压高速液压机分为以下两种基本型式：工作台前移式（示意图见 JB/T 13906.1—2020 中图1或参见图3-31）；工作台侧移式（示意图见 JB/T 13906.1—2020 中图2或参见图3-32）。

(2) 基本参数

　　① 热冲压高速液压机的主参数为公称力。

　　② 热冲压高速液压机的基本参数见表3-92。

表 3-92　热冲压高速液压机的基本参数

参数名称	参数值					
公称力/kN	6300	8000	10000	12000	16000	20000
开口 H/mm	1800	1800	2000	2200	2200	2300
行程 S/mm	1000	1000	1100	1200	1200	1300
快降速度/(mm/s)	≥700	≥700	≥800	≥1000	≥1000	≥1000
100%公称力时滑块的工作速度/(mm/s)	≥30	≥30	≥30	≥30	≥25	≥25
30%公称力时滑块的工作速度/(mm/s)	≥180	≥200	≥200	≥200	≥200	≥200

参数名称	参数值					
回程速度/(mm/s)	≥300	≥300	≥400	≥500	≥500	≥600
工作台尺寸/mm	2500×2000	3000×2200	3000×2200	3200×2400	3500×2500	4000×2500
立柱左右内间距/mm	≥2700	≥3200	≥3600	≥3600	≥3800	≥4500

注：1. 快降速度指滑块无负载时的下降速度。

2. 回程速度指不安装上模具时滑块的回程速度。

3.30.2 热冲压高速液压机技术条件

(1) 技术要求

① 一般要求

a. 热冲压高速液压机（以下简称液压机）的图样及技术文件应符合 JB/T 13906.2—2020 的要求，并应按规定程序经批准后方能投入生产。

b. 液压机的产品造型和布局要考虑工艺美学和人机工程学的要求，各部件及装置应布局合理、高度适中，便于操作者观察加工区域。

c. 液压机应便于使用、维修、装配、拆卸和运输。

d. 液压机在下列环境条件下应能正常工作。

ⅰ. 环境温度：5~40℃，对于非常热的环境（如热带气候、钢厂）及寒冷环境，须提出额外要求。

ⅱ. 相对湿度：当最高温度为 40℃时，相对湿度不超过 50%，液压机应能正常工作，温度低则允许高的相对湿度，如 20℃时为 90%。

ⅲ. 海拔：液压机应能在海拔 1000 m 以下正常工作。

② 型式与基本参数　液压机的型式与基本参数应符合 JB/T 13906.1—2020 的规定。

③ 性能、结构与功能

a. 液压机应具有足够的刚度，滑块和工作台的挠度不超过 1mm/6000mm；在最大载荷工况条件下试验，液压机应工作正常。

b. 滑块能实现快速下降、压制、回程的功能。

c. 液压机具有快速成形及保压等功能，保压时间应可调。

d. 液压机数控系统可控制滑块压力、行程。滑块的压力及行程可根据工件的工艺要求分别进行调整。

e. 液压机的滑动摩擦副应采取耐磨措施，硬度差应符合技术文件的规定。

f. 液压机的运行应平稳、可靠，液压执行元件在规定的行程和速度范围内不应有振动、爬行和阻滞现象，换向不应有影响正常工作的冲击现象。

g. 当出现系统压力超载、油温超限、油位低于下限时液压机应自动停机并报警。

h. 液压机可根据需求配置上下料装置的机械、液压、电气等接口。

i. 液压机可根据需求配置模具水冷系统、水温检测系统等相关接口。

j. 液压机与其配套的加热、自动上料、检测等辅助装置连接，其动作应协调、可靠。

④ 安全与防护

a. 液压机的安全与防护应符合 GB 28241 和 GB 17120 的规定。

b. 液压机电气的安全要求应符合 GB/T 5226.1 的规定。

c. 液压机应有应对管道爆裂、液压油泄漏和失火等情况的安全防护措施。

⑤ 噪声　液压机噪声限值限应符合 GB 26484 的规定。

⑥ 精度　液压机的精度应符合 JB/T 13906.3—2020 的规定。

⑦ 随机附件、工具和技术文件

a. 液压机出厂应保证成套性，并备有设备正常使用的附件，以及所需的专用工具，特殊附件的供应由供需双方商定。

b. 制造厂应保证用于液压机的外购件（包括液压、电气、气动、冷却件）质量，并应符合相应标准的规定，出厂时应与液压机同时进行空运转试验。

c. 随机技术文件应包括产品使用说明书、产品合格证明书、装箱单和产品安装、维护用附图、易损件图样。使用说明书应符合 GB/T 9969 的规定，其内容应包括安装、运输、贮存、使用、维修和安全卫生等要求。

d. 随机提供的液压机备件或易损件应具有互换性。备件、特殊附件不包括在随机必备附件内，用户可与制造厂协商，备件可随机供应，或单独供货，供货内容按订货合同执行。

⑧ 标牌与标志

a. 液压机应有铭牌、润滑和安全等各种标牌或标志。标牌的型式与尺寸、材料、技术要求应符合 GB/T 13306 的规定。

b. 标牌应端正地固定在液压机的明显部位，并保证清晰。

c. 液压机铭牌上至少应包括以下内容：

ⅰ. 制造企业的名称和地址；

ⅱ. 产品的型号和基本参数；

ⅲ. 出厂年份和编号。

⑨ 铸件、锻件、焊接件

a. 用于制造液压机的重要零件的铸件、锻件应有合格证。

b. 液压机的灰铸铁件应符合 JB/T 5775 的规定，铸钢件、有色金属铸件应符合技术文件的规定。重要铸件采用热处理或其他降低应力的方法消除内应力。

c. 锻件应符合技术文件的规定。重要锻件应进行无损检测，并进行热处理。

d. 焊接结构件和管道焊接应符合 JB/T 8609 的规定。主要焊接结构件的材质应符合 GB/T 700、GB/T 1591 的规定，不低于 Q235。重要的焊接金属构件，应采用热处理或其他降低应力的方法消除内应力。

⑩ 机械加工

a. 液压机上各种加工零件材料的牌号和力学性能应满足液压机功能和符合技术文件的规定。

b. 主要件加工要求应符合技术文件的规定。

c. 已加工表面，不应有毛刺、斑痕和其他机械损伤，不应有降低液压机的使用质量和恶化外观的缺陷。除特殊规定外，均应将锐边倒钝。

d. 导轨面加工精度和表面粗糙度应保证达到液压机的精度要求。

e. 导轨工作面接触应均匀，其接触面积累计值，在导轨的全长上不应小于 80%，在导轨宽度上不应小于 70%。

f. 图样上未注明公差要求的切削加工尺寸，应符合 GB/T 1804—2000 中 m 级的规定。未注明精度等级的普通螺纹应按外螺纹 8h 和内螺纹 7H 级精度制造。

⑪ 装配

a. 液压机装配应按技术文件及图样进行装配，不应因装配损坏零件及其表面和密封圈唇口等，装配后各机构动作应灵活、准确、可靠。

b. 装配后的螺栓、螺钉头部和螺母的端面应与被紧固的零件平面均匀接触，不应倾斜和留有间隙。装配在同一部位的螺钉，其长度应一致。紧固的螺钉、螺栓和螺母不应有松动现象，影响精度的螺钉紧固力应一致。

c. 滑块和活塞杆的连接螺钉按技术文件的规定采用扭力扳手预紧，预紧时螺钉受力应均匀，且做标记。保证其连接安全、稳定、可靠。

d. 密封件不应有损伤现象，装配前密封件和密封面应涂上润滑脂。其装配方向应使介质工作压力将其唇部压紧。装配重叠的密封圈时，各圈要相互压紧，开口方向应置于压力大的一侧。

e. 带支承环密封结构的液压缸，其支承环应松紧适度和锁紧可靠。以自重快速下滑的运动部件（包括活塞、活动横梁等），在快速下滑时不应有阻滞现象。

f. 移动、转动部件装配后，运动应平稳、灵活、轻便，无阻滞现象。滚动导轨面与所有滚动体应均匀接触，运动应轻便、灵活、无阻滞现象。

g. 重要的接合面，紧固后应紧密贴合，其接触间隙不大于表 3-93 的规定，允许塞尺塞入深度不应超过接触面宽的 1/4，接触面间可塞入塞尺部位累计长度不应超过周长的 1/10。重要的接合面为：

ⅰ. 立柱台肩与工作台面的固定接合面；

ⅱ. 立柱调节螺母、锁紧螺母与上横梁和工作台的固定接合面；

ⅲ. 液压缸锁紧螺母与上横梁或机身的固定接合面；

ⅳ. 活（柱）塞台肩与运动部件的固定接合面；

ⅴ. 机身与导轨和运动部件与镶条的固定接合面；

ⅵ. 组合式框架机身的横梁与支柱的固定接合面；

ⅶ. 工作台板与工作台的固定接合面；

ⅷ. 工作台与下横梁等的固定接合面。

表 3-93　重要接合面的接触间隙

液压机公称力/kN	接触间隙/mm	液压机公称力/kN	接触间隙/mm
≤6300	≤0.04	≥20000	≤0.10
>6300～20000	≤0.06		

h. 每台液压机应在制造厂进行总装配，经与用户协商，制造厂可按双方协议在用户处总装配。

⑫ 电气设备

a. 液压机的电气设备应符合 GB/T 5226.1 的规定。

b. 当采用可编程序控制器或微机控制时，应符合技术文件的规定。

⑬ 液压、气动、冷却和润滑系统

a. 液压机的液压系统应符合 GB/T 3766 的要求。

b. 外购和自制的液压元件应符合 GB/T 7935 和技术文件的规定。

c. 液压装置质量应符合 JB/T 3818 的规定。

d. 液压机铸造液压缸、锻焊液压缸原则上规定粗加工后应做耐压试验，试验压力为工作压力的 1.25 倍，保压时间不少于 10min，耐压试验过程中应无渗漏，无永久变形。整体锻造缸、锻焊结构液压缸如有焊接无损检测等工艺保证，可不做耐压试验。

e. 液压机工作时液压系统的油温（油箱内液压泵入口处）不应超过 60℃。

f. 液压系统中应设置滤油装置。

g. 油箱应做煤油渗漏试验；开式油箱应设空气过滤器。

h. 液压、润滑、冷却系统的管路通道和油箱内表面，在装配前应进行除锈去污处理。

i. 全部管路、管接头、法兰及其他固定与活动连接的密封处，均应连接可靠，密封良好，不应有油液外渗漏现象。

j. 液压系统的清洁度应符合 JB/T 9954 的规定。

k. 液压机的气动系统应符合 GB/T 7932 的规定，排除冷凝水一侧的管道的安装斜度不应小于 1∶500。

l. 液压机的润滑系统应符合 GB/T 6576 的规定。

m. 液压机的重要摩擦部位的润滑应采用集中润滑系统，只有当不能采用集中润滑系统时才可以采用分散润滑装置。

n. 冷却系统应满足液压机的温度、温升要求。

o. 润滑、冷却系统应按需要连续或周期性地将润滑剂、冷却剂输送到规定的部位。

p. 液压、气动、润滑和冷却系统不应漏油、漏水、漏气。冷却液不应混入液压系统和润滑系统。

q. 液压、气动、润滑和冷却系统的渗漏不应引起危险。

r. 应采取防护措施防止高压流体的飞溅。

s. 液压系统中应装备防止液压超载的安全装置。

⑭ 配管

a. 液压、气动、润滑系统选用的管子规格应符合技术文件的规定，管子内壁应光滑，无锈蚀，无压扁等缺陷。

b. 钢管在安装或焊接前需去除管口毛刺并倒角，清除管子内部附着的杂物及浮锈，焊接管路需清除焊渣。

c. 不锈钢管路的制作与碳钢管路的制作应隔离，防止不锈钢管路受到污染。

d. 内外表面经防腐处理的钢管清洗后可直接安装使用。未做防腐处理的钢管应进行酸洗、中和、清洗吹干及防锈处理。

e. 管路应进行二次安装，一次安装后，应拆下管子清理管子内部并酸洗，酸洗后应及时采取防锈措施。

f. 配管时应考虑加热工件带来的火灾隐患，采取防火措施，如加热的工件上方不允许安装油管、水管、电线等。

⑮ 外观

a. 液压机的外观应符合 JB/T 1829 和 JB/T 3818 的规定。

b. 液压机零部件、电气柜、机器面板的外表面不得有明显的凹痕、划伤、裂缝、变形，表面涂镀层不应有气泡、龟裂、脱落或锈蚀等缺陷。

c. 涂装应符合技术文件的规定。不同颜色的油漆分界线应清晰，可拆卸的装配接合面的接缝处，在涂漆后应切开，切开时不应扯破边缘。

d. 液压机的非机械加工的金属外表面应涂漆，或采用规定的其他方法进行防护，非机械加工表面应平滑匀称，整齐美观。

e. 文字说明、标记、图案等应清晰，美观耐久。

f. 防护罩、安全门应平整、匀称，不应翘曲、凹陷，不应有明显缝隙。

g. 需经常拧动的调节螺栓和螺母不应涂漆。

h. 沉头螺钉头部不应突出零件表面，且与沉孔之间不应有明显的偏心，定位销应略突出零件外表面，螺栓应略突出螺母表面，外露轴端应突出包容件的端面，其突出量为倒角值。

i. 电气、液压、气动、润滑、冷却管道外露部分应布置紧凑、排列整齐，且用管夹固定，管子不应扭曲折叠，在弯曲处应圆滑，不应压扁或打折。与运动件连接的软管应尽可能短，且不应与其他件产生摩擦。

(2) 试验方法

① 一般要求

a. 试验时应注意防止环境温度变化、气流、光线和强磁场的干扰、影响。

b. 在试验前应安装调整好液压机，液压机应调整水平，其安装水平偏差在纵、横向不应超过 0.20mm/1000mm。

c. 在试验过程中，不应调整影响液压机性能、精度的机构和零件，如调整应复检有关项目。

d. 试验应在液压机装配完毕后进行，除标准、技术文件中规定在试验时需要拆卸的零部件外，不得拆卸其他零部件。

e. 试验时电、气的供应应符合产品技术文件的规定。

② 型式与基本参数检验

a. 液压机的型式与基本参数应符合 JB/T 13906.1—2020 或技术文件的规定。

b. 型式与基本参数检验在空运转试验时进行，其中工作压力和工作速度可在负荷试验时检验。

c. 型式与基本参数检验的项目应符合设计规定，允差见表 3-94。

表 3-94　检验项目及允差

检验项目	单位	偏差
公称力	kN	$\pm 3\%$
行程	mm	$^{+10\%}_{0}$
开口高度	mm	$^{+10\%}_{0}$
辅助机构行程	mm	$^{+5\%}_{0}$
滑块各运行速度	mm/s	$^{+20\%}_{-5\%}$

③ 性能、结构与功能检验

a. 性能检验应按产品技术文件的规定进行以下项目的检验：

ⅰ. 滑块的起动与停止试验，连续进行 3 次，动作要平稳、可靠；

ⅱ. 滑块的全行程运行试验，连续进行 3 次，动作要平稳、可靠；

ⅲ. 滑块行程调整试验，不少于 3 次，调整要方便、可靠；

ⅳ. 移动工作台起动与停止试验，连续进行 3 次，动作要灵活、可靠；

ⅴ. 移动工作台全行程运行试验，连续进行 3 次，动作要平稳、可靠；

ⅵ. 移动工作台上升、下降及夹紧等动作，动作要平稳、可靠；

ⅶ. 速度检测试验，对滑块空行程、工作行程以及回程速度，对工作台进出速度检测，要求调整方便、可靠，速度稳定，并达到设计规定；

ⅷ. 压力调整试验，按规定从低压到高压分级调试，每个压力级的压力试验均应平稳、可靠，并达到设计规定；

ⅸ. 滑块力可在公称力的 15%～100% 范围内连续调节；

ⅹ. 保压与补压试验，按额定压力进行保压试验，应符合技术文件的规定，补压试验应灵活、可靠；

ⅺ. 附属装置试验，自动上料装置、出料装置、移动工作台、机械手以及其他附属装置的动作试验，均应协调、准确、可靠。

ⅻ. 安全装置试验，装有紧急停止和紧急回程，意外电压恢复时防止电力驱动装置的自动接通、警铃（或蜂鸣器）和警告灯以及光电保护装置等，安全装置的动作试验，均应安全、可靠；

ⅹⅲ．安全阀试验：结合超负荷试验进行，动作试验不少于 3 次，应灵活、可靠。

b．结构与功能的检验应按产品技术文件的规定进行以下项目的检验：

ⅰ．执行机构的起动、停止、单次、自动连续、止动、快速等各种规范（动作）是否正确、灵活、可靠，辅助机构的动作是否与执行机构动作协调一致、准确、可靠；

ⅱ．操作用按钮、手柄、手轮、脚踏装置应操作准确、平稳、可靠；

ⅲ．送料机构送料的准确性；

ⅳ．调整、夹紧、锁紧机构和其他附属装置是否灵活、可靠；

ⅴ．各显示装置是否准确、可靠；

ⅵ．液压、润滑和冷却系统的工作平稳性；

ⅶ．刚度应符合设计要求。

④ 外观、附件和工具、机械加工、安全、装配和配管检验　见 JB/T 13906.2—2020。

⑤ 空运转试验

a．液压机应在无外加载荷状态下进行空运转试验，空运转试验应以最大行程进行单次行程和连续行程空负荷运转，滑块空运转时的速度应符合技术文件的规定。

b．连续空运转试验时间不应少于 4h，其中滑块全行程连续空运转试验时间不少于 2h，其余时间（包括有关性能试验所用时间）可做单次全行程空运转试验。

c．在空运转时间内，液压、润滑、冷却、气压系统的管路、接头、法兰及其他连接接缝处应密封良好，无油、水、气的渗漏及互相混入等情况；测量主电动机的电流；测量温度与温升，温度与温升值不应超过表 3-95 的规定。

表 3-95　温度、温升限值

单位：℃

测量部位	最高温度	温升
滑动导轨	50	15
滑动轴承	70	40
滚动轴承	70	40
液压系统的油温	60	30

注：当液压机经过一定时间运转后，若被测部位的温度梯度不大于 5℃/h，即可认为达到了稳定值。

d．空运转试验结束后，检查各机构的动作性能，应正常、准确、平稳、可靠。

ⅰ．各种安全装置；

ⅱ．各种运行规范的操作试验；

ⅲ．各种可进行调整或调节的装置；

ⅳ．各种附属装置；

ⅴ．润滑装置；

ⅵ．液压装置或气动装置；

ⅶ．电气设备；

ⅷ．其他要求。

e．温升试验应符合以下要求：

ⅰ．试验时液压机的动作规范应连续；

ⅱ．试验时液压机各辅助装置应按规定运转；

ⅲ．试验过程中液压机的功能、性能和电气、液压、气动、润滑、冷却系统的动作应正常；

ⅳ．试验时测量各部位的温度、温升，应符合 3.30.2 节中（2）⑤c．的规定。

⑥ 噪声、电气、液压、气动、润滑、冷却系统检验　见 JB/T 13906.2—2020。

⑦ 负荷试验

a. 负荷试验应在空运转试验合格后进行，负荷试验时负荷为液压机公称力的100％。负荷试验用的模具及冲压件材料由用户提供，若无模具，只进行满负荷试压，试验方法应符合技术文件的规定。

b. 负荷试验的时间及检查内容与空运转试验相同。负荷试验时各机构、各辅助装置工作应正常，各系统的密封情况应符合规定，性能、功能应正常。

c. 负荷试验过程中若出现异常或故障，在查明原因进行调整或排除后，应重新进行负荷试验。

⑧ 精度检验　液压机的精度检验应在负荷试验后进行，检验方法应按JB/T 13906.3—2020的规定执行。最后将负荷试验后的精度检验数据记入出厂资料。

⑨ 超负荷试验　超负荷试验应与安全阀的调定检验结合进行，超负荷试验压力应为额定压力的1.1倍，试验不少于3次，液压机的零部件不应有任何损坏和永久变形，液压系统不应有渗漏及其他不正常现象。

⑩ 清洁度检验　液压机的清洁度应符合JB/T 9954的规定。

(3) 检验规则

见JB/T 13906.2—2020。

(4) 包装、运输与贮存

见JB/T 13906.2—2020。

(5) 保证

① 制造厂　在用户遵守液压机的运输、保管、安装、调试、维修和使用规程的条件下，液压机自用户收货之日起一年内，因设计、制造或包装质量不良等原因损坏或不能正常使用时，制造厂应负责包修。

② 用户　按使用说明书安装、调试、维修和使用液压机，不应超负荷使用。

3.30.3　热冲压高速液压机精度

(1) 检验说明

① 工作台面是液压机总装精度检验的基准面。

② 精度检验前，液压机应调整水平，其工作台面纵、横向水平偏差不得超过0.20mm/1000mm。液压机主操作者所在位置为前，其右为右。

③ 装有移动工作台的，须使其处在液压机的工作位置并锁紧牢固。

④ 精度检验应在空运转试验和负荷试验后分别进行，以负荷试验后的精度检验值为准。

⑤ 精度检验应符合GB/T 10923的规定，也可采用其他等效的检验方法。

⑥ L 为被检测面的最大长度，l 为不检测长度。当 $L \leqslant 1000$mm 时，$l = 0.1L$；$L > 1000$mm 时，$l = 100$mm。

⑦ 工作台上平面及滑块下平面的平面度允许在装配前检验。

⑧ 支撑棒所支撑的重量只是滑块自身的重量，需选用带有铰接的支撑棒。

⑨ 精度检验前，滑块与导轨间隙应满足精度的要求，导轨温升应满足技术文件的规定，并保证能形成油膜。滑块与导轨间隙见表3-96。

(2) 精度检验

① 工作台上平面及滑块下平面的平面度　见JB/T 13906.3—2020。

② 滑块下平面对工作台面的平行度

a. 检验方法。在工作台上用支撑棒支撑在滑块下平面中心位置（支撑处有孔时，可用垫板覆盖后进行支撑），在行程下极限和下极限前 1/3 行程处进行测量。指示表坐于工作台上，按左右及前后方向四条线上测量（见 JB/T 13906.3—2020 中图 3 或参见图 3-5），指示表读数的最大差值即为测定值。

b. 公差。滑块下平面对工作台面的平行度公差应符合表 3-97 的规定。

表 3-96　滑块与导轨间隙　　　　　　　　单位：mm

导轨间距	≤1000	>1000~1600	>1600~2500	>2500
总间隙推荐值	≤0.10	≤0.16	≤0.22	≤0.30

注：1. 在液压机滑块运动的极限位置用塞尺测量导轨的上下部位的总间隙，也可将滑块推向导轨一侧，在单边测量其总间隙。

2. 总间隙是指垂直于机器正面或平行于机器正面的两导轨内间隙之和，并应将最大实测总间隙值记入产品合格证明书内作为参考。

表 3-97　滑块下平面对工作台面的平行度公差　　　　　　　　单位：mm

工作台面的有效尺寸(长度)L	公差	工作台面的有效尺寸(长度)L	公差
≤1000	$0.02+\dfrac{0.06}{1000}L_2$	>2000	$0.04+\dfrac{0.1}{1000}L_2$
>1000~2000	$0.03+\dfrac{0.08}{1000}L_2$		

注：L_2 为测量范围，$L_2=L-2l$。

c. 检验工具。包括支撑棒、指示表。

③ 滑块运动轨迹对工作台面的垂直度

a. 检验方法。在工作台上中央位置放一直角尺（下面可放一平尺），将指示表紧固在滑块下平面上，并使指示表测头触在直角尺上，检测范围为下极限前 1/2 行程范围内。当滑块上下运动时，在通过中心的左右和前后方向分别进行测量（见 JB/T 13906.3—2020 中图 4 或参见图 3-6），指示表读数的最大差值即为测定值。

b. 公差。滑块运动轨迹对工作台面的垂直度公差应符合表 3-98 的规定。

表 3-98　滑块运动轨迹对工作台面的垂直度公差　　　　　　　　单位：mm

工作台面的有效尺寸(长度)L	允差	工作台面的有效尺寸(长度)L	允差
≤1000	$0.01+\dfrac{0.015}{100}L_3$	>2000	$0.03+\dfrac{0.015}{100}L_3$
>1000~2000	$0.02+\dfrac{0.015}{100}L_3$		

注：L_3 为检测行程。

c. 检验工具。包括直角尺、平尺、指示表。

④ 由偏心引起的滑块下平面对工作台面的倾斜度

a. 检验方法。在工作台上用带有铰接的支撑棒依次分别支撑在滑块下平面的左右和前后支撑点上，用指示表在支撑点旁及对称点分别按左右（$2L_4$）和前后（$2L_5$）方向测量工作台上平面和滑块下平面间的距离，指示表读数的最大差值即为测定值（见 JB/T 13906.3—2020 中图 5 或参见图 3-7）。在行程的下极限和下极限前 1/3 行程处分别进行测量。

注：L_4、L_5 为滑块中心起至支撑点的距离，$L_4=L/3$，$L_5=L_6/3$（L_6 为工作台面短边尺寸）。

b. 公差。由偏心引起的滑块下平面对工作台面的倾斜度公差为 $\dfrac{1}{3000}L_4$。

c. 检验工具。包括支撑棒、指示表。

说明

① 在 JB/T 13906—2020《热冲压高速液压机》系列标准中有一些值得参考的内容，如：

a. "液压执行元件在规定的行程和速度范围内不应有振动、爬行和阻滞现象";

b. "随机提供的液压机备件或易损件应具有互换性";

c. "滑块和活塞杆的连接螺钉按技术文件的规定采用扭力扳手预紧,预紧时螺钉受力应均匀,且做标记。保证其连接安全、稳定、可靠";

d. "不锈钢管路的制作与碳钢管路的制作应隔离,防止不锈钢管路受到污染";

e. "配管时应考虑加热工件带来的火灾隐患,采取防火措施,如加热的工件上方不允许安装油管、水管、电线等"。

② 在 JB/T 13906—2020《热冲压高速液压机》系列标准中有一些内容值得商榷,应用时应加以注意,如:

a. "液压机与其配套的加热、自动上料、检测等辅助装置连接,其动作应协调、可靠。"

b. "未注明精度等级的普通螺纹应按外螺纹 8h 和内螺纹 7H 级精度制造";

c. "带支承环密封结构的液压缸,其支承环应松紧适度和锁紧可靠";

d. "活(柱)塞台肩与运动部件的固定接合面";

e. "螺栓应略突出螺母表面,外露轴端应突出包容件的端面,其突出量为倒角值"。

f. "液压、气动、润滑和冷却系统的渗漏不应引起危险。"

上述指出的内容已在其他章节中进行过说明,包括"液压机出厂应保证成套性"没有具体规定,此处不再赘述。

3.31 封头液压机

在 GB/T 8541—2012、GB/T 36484—2018、JB/T 4174—2014、JB/T 12995.1—2017、JB/T 12995.2—2017 和 JB/T 12995.3—2017 中都没有"封头液压机"这一术语和定义。在 JB/T 12995.1—2017《封头液压机 第1部分:型式与基本参数》中规定了封头液压机的型式与基本参数,在 JB/T 12995.2—2017《封头液压机 第2部分:技术条件》中规定了封头液压机的技术要求、试验方法、检验规则、包装、运输、贮存和保证,在 JB/T 12995.3—2017 规定了封头液压机的精度检验,适用于封头液压机,但 JB/T 12995.3—2017《封头液压机 第3部分:精度》不适用于在用户现场加工制造的超大型封头液压机。

3.31.1 封头液压机型式与基本参数

(1) 型式

① 封头液压机分为以下四种基本型式:框架式热压封头液压机(见图 3-34);四柱式热压封头液压机(见图 3-35);框架式冷压封头液压机(见图 3-36);四柱式冷压封头液压机(见图 3-37)。

② 封头液压机的型号表示方法应符合 GB/T 28761 的规定。

(2) 基本参数

① 封头液压机的主参数为公称总力。

② 封头液压机移动工作台左右及前后尺寸如 JB/T 12995.1—2017 中的图 5 所示;热压封头液压机拉伸滑块尺寸、压边滑块左右及前后尺寸如 JB/T 12995.1—2017 中的图 6 所示;冷压封头液压机拉伸滑块尺寸和压边滑块内开孔尺寸如 JB/T 12995.1—2017 中的图 7 所示。

③ 热压封头液压机的基本参数见表 3-99。

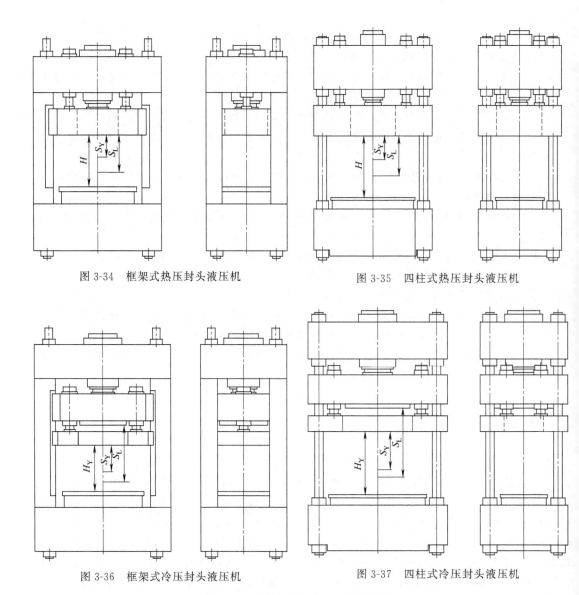

图 3-34　框架式热压封头液压机　　　　图 3-35　四柱式热压封头液压机

图 3-36　框架式冷压封头液压机　　　　图 3-37　四柱式冷压封头液压机

表 3-99　热压封头液压机的基本参数

参数名称	参数值								
公称总力/kN	8800	14000	22300	28000	35000	44000	70000	111500	160000
拉伸滑块公称力/kN	6300	10000	16000	20000	25000	31500	50000	80000	120000
压边滑块公称力/kN	2500	4000	6300	8000	10000	12500	20000	31500	40000
拉伸滑块行程 S_L/mm	1200	1400	1800	2300	2800	3000	3200	3500	4000
压边滑块行程 S_Y/mm	400	600	700	800	900	1100	1200	1300	1500
拉伸和压边滑块 开口高度 H/mm	2200	2800	3300	4400	5000	5500	6000	6600	7700
工作台面和压边滑块 左右尺寸 X_0/mm	2000	2500	3000	4000	4500	5000	5500	6000	7000
工作台面和压边滑块 前后尺寸 Y_0/mm	2000	2500	3000	4000	4500	5000	5500	6000	7000
拉伸滑块尺寸 ϕD/mm	1200	1300	1600	2100	2500	2700	3000	3300	3800

注：公称总力为拉伸滑块公称力与压边滑块公称力之和。

④ 冷压封头液压机的基本参数见表 3-100。

表 3-100　冷压封头液压机的基本参数

参数名称	参数值					
公称总力/kN	6300	16000	20000	40000	60000	90000
拉伸滑块公称力/kN	6300	16000	20000	40000	60000	90000
压边滑块公称力/kN	3150	8000	10000	20000	30000	45000
拉伸滑块行程 S_L/mm	1500	1900	2200	2500	3000	3800
压边滑块行程 S_Y/mm	600	750	900	1000	1200	1500
压边滑块开口高度 H_Y/mm	2100	2600	3000	3500	4200	5500
工作台面左右尺寸 X_0/mm	2000	2500	3000	3600	4000	5000
工作台面前后尺寸 Y_0/mm	2000	2500	3000	3600	4000	5000
拉伸滑块尺寸 ϕD_1/mm	1600	2000	2400	2900	3200	4000
压边滑块内开孔尺寸 ϕD_2/mm	2000	2500	3000	3600	4000	5000

作者注：原表中没有"公称总力为拉伸滑块公称力与压边滑块公称力之和"这种关系。由此"公称总力"能否能成为冷压封头液压机主参数、其定义是否适用于冷压封头液压机都是问题。

3.31.2　封头液压机技术条件

(1) 技术条件

① 一般要求

a. 封头液压机的图样及技术文件应符合 JB/T 12995.2—2017 的要求，并应按规定程序经批准后方能投入生产。

b. 封头液压机的产品造型和布局要考虑工艺美学和人机工程学的要求，各部件及装置应布局合理、高度适中，便于操作者观察加工区域。

c. 封头液压机应便于使用、维修、装配、拆卸和运输。

d. 封头液压机在下列环境条件下应能正常工作：

ⅰ. 环境温度为 5～40℃，对于非常热的环境（如热带气候、钢厂）及寒冷环境，须提出额外要求。

ⅱ. 当最高温度为 40℃时，相对湿度不超过 50%；温度低则允许较高的相对湿度，如 20℃时相对湿度为 90%。

ⅲ. 海拔 1000 m 以下。

e. 封头液压机在正确的使用和正常的维护保养条件下，从开始使用到第一次大修的工作时间应符合 JB/T 1829 的规定。

② 型式与基本参数　封头液压机的型式与基本参数应符合 JB/T 12995.1—2017 的规定，合同另有约定的，应符合合同要求。

③ 结构与性能

a. 封头液压机应具有足够的刚度。在最大载荷工况条件下试验，封头液压机应工作正常。

b. 封头液压机应具有封头拉伸、压边、顶出、落下、模具移进和移出等功能。

c. 封头液压机数控系统应可控制封头拉伸力、压边力、拉伸行程、压边行程及顶出、退回动作。

d. 拉伸滑块和压边滑块的压力及行程可根据工艺要求分别进行调整。

e. 封头液压机的滑动摩擦副应采取耐磨措施，并有合理的硬度差。

f. 封头液压机根据需求可配置封头承压及模具更换装置、压边圈更换装置、封头自动上料及下料装置、封头坯料自动定位装置等功能部件。

g. 封头液压机运行应平稳、可靠,液压执行元件在规定的行程和速度范围内不应有振动、爬行和阻滞现象,换向时不应有影响正常工作的冲击现象。

h. 当出现系统压力超载、油温超限、油位低于下限时,封头液压机应自动停机并报警。

i. 封头液压机与其配套的辅助装置连接动作应协调、可靠。

④ 安全与防护

a. 封头液压机在按规定制造、安装、运输和使用时,不得对人员造成危险,并应符合 GB 28241 和 GB 17120 的规定。

b. 封头液压机电气传动与控制的安全要求应符合 GB 5226.1(已被 GB/T 5226.1—2019 代替)的规定。

⑤ 噪声   封头液压机噪声限值应符合 GB 26484 的规定。

⑥ 精度   封头液压机的精度应符合 JB/T 12995.3—2017 的规定。

⑦ 随机附件、工具和技术文件

a. 封头液压机出厂时应保证成套性,并备有设备正常使用的附件,以及所需的专用工具,特殊附件的供应由供需双方商定。

b. 制造厂应保证用于封头液压机的外购件(包括液压、电气、气动、冷却件)质量,并应符合技术文件的规定。出厂时外购件应与封头液压机同时进行空运转试验。

c. 随机技术文件应包括产品使用说明书,产品合格证明书,装箱单,产品安装、维护用附图,易损件图样。产品使用说明书应符合 GB/T 9969 的规定,其内容应包括安装、运输、贮存、使用、维修和安全卫生等要求。

d. 随机提供的封头液压机备件或易损件应具有互换性。备件、特殊附件不包括在随机必备附件内,用户可与制造厂协商,备件可随机供应,或单独供货,供货内容按订货合同执行。

⑧ 标牌与标志

a. 封头液压机应有铭牌和润滑、安全等各种标牌或标志。标牌的型式与尺寸、材料、技术要求应符合 GB/T 13306 的规定。

b. 标牌应端正地固定在封头液压机的明显部位,并保证清晰。

c. 封头液压机铭牌上至少应包括以下内容:

ⅰ. 制造企业的名称和地址;

ⅱ. 产品的型号和基本参数;

ⅲ. 出厂年份和编号。

⑨ 铸件、锻件、焊接件

a. 用于制造封头液压机的重要零件的铸件、锻件应有合格证。

b. 液封头压机的灰铸铁件应符合 JB/T 5775 的规定,铸钢件、有色金属铸件应符合技术文件的规定。重要铸件应采用热处理或其他降低应力的方法消除内应力。

c. 重要锻件应进行无损检测,并进行热处理。

d. 焊接结构件和管道焊接应符合 JB/T 8609 的规定。主要焊接结构件材质应符合 GB/T 700、GB/T 1591 的规定,不低于 Q235。重要的焊接金属件构,应采用热处理或其他降低应力的方法消除内应力。

e. 拉杆的要求应符合技术文件的规定。

f. 柱塞及活塞杆的要求应符合技术文件的规定。

⑩ 机械加工

a. 封头液压机上各种加工零件材料的牌号和力学性能应满足封头液压机功能和符合技术文件的规定。

b. 主要件的加工要求应符合技术文件的规定。

c. 已加工表面，不应有毛刺、斑痕和其他机械损伤，不应有降低封头液压机使用质量和恶化外观的缺陷。除特殊规定外，均应将锐边倒钝。

d. 导轨面加工精度和表面粗糙度应保证达到封头液压机的精度要求和技术要求。

e. 导轨工作面接触应均匀，其接触面积累计值，在导轨的全长上不应小于 80%，在导轨宽度上不应小于 70%。

⑪ 装配

a. 封头液压机应按技术文件及图样进行装配，不得因装配损坏零件及其表面和密封圈的唇口等，装配后各机构动作应灵敏、准确、可靠。

b. 装配后的螺栓、螺钉头部和螺母的端面应与被紧固的零件平面均匀接触，不应倾斜和留有间隙。装配在同一部位的螺钉，其长度一般应一致。紧固的螺钉、螺栓和螺母不应有松动现象，影响精度的螺钉紧固力应一致。

c. 密封件不应有损伤现象，装配前密封件和密封面应涂上润滑脂。其装配方向应使介质工作压力将其唇部压紧。装配重叠的密封圈时，各圈要相互压紧，开口方向应置于压力大的一侧。

d. 移动、转动部件装配后，运动应平稳、灵活、轻便、无阻滞现象。滚动导轨面与所有滚动体应均匀接触，运动应轻便、灵活、无阻滞现象。

e. 重要的接合面，紧固后应紧密贴合，其间隙应符合表 3-101 的规定。允许塞尺塞入深度不得超过接触面宽的 1/4，接触面间可塞入塞尺部位的累计长度不应超过周长的 1/10。重要的接合面为：

ⅰ. 大螺母和横梁（上横梁、下横梁）；

ⅱ. 上横梁、下横梁与机架（指框架式封头液压机中的立柱）；

ⅲ. 液压缸法兰台肩与横梁；

ⅳ. 活塞杆、柱塞端面与滑块；

ⅴ. 工作台与下横梁。

表 3-101　接合面间隙

液压机公称力/kN	接触间隙/mm	液压机公称力/kN	接触间隙/mm
≤6000	≤0.04	>20000	≤0.1
>6000~20000	≤0.06		

f. 每台封头液压机在制造厂均应进行总装配，大型封头液压机因制造厂条件限制不能进行总装配时，通过制造厂与用户协商，由制造厂在用户处总装配并按双方协议或合同执行。

⑫ 电气设备

a. 封头液压机的电气设备应符合 GB 5226.1（已被 GB/T 5226.1—2019 代替）的规定。

b. 当采用可编程序控制器或微机控制时，应符合现行有关标准的规定。

⑬ 液压、气动、润滑、冷却系统

a. 封头液压机的液压系统应符合 GB/T 3766 的要求。

b. 外购和自制的液压元件应符合 GB/T 7935 的规定。

c. 封头液压机铸造液压缸、锻造液压缸粗加工后一般应做耐压试验，试验压力为工作压力的 1.25 倍，保压时间不少于 10min，试验后液压缸不得渗漏，无永久变形。整体锻造缸、锻焊结构液压缸如有焊接无损检测等工艺保证，可不做中间试压。

d. 封头液压机工作时液压系统油箱内进油口的油温一般不应超过 60℃。

e. 液压系统中应设置滤油装置。

f. 油箱必须做煤油渗漏试验；开式油箱设空气过滤器。

g. 液压、冷却系统的管路通道和油箱内表面，在装配前应进行彻底的防锈去污处理。

h. 液压系统的清洁度应符合 JB/T 9954 的规定。

i. 封头液压机的气动系统应符合 GB/T 7932 的规定，排除冷凝水一侧的管道的安装斜度不应小于 1∶500。

j. 封头液压机的润滑系统应符合 GB/T 6576 的规定。

k. 封头液压机的重要摩擦部位的润滑一般应采用集中润滑系统，只有当不能采用集中润滑系统时才可以采用分散润滑装置。

l. 冷却系统应满足封头液压机的温度、温升要求。

m. 润滑、冷却系统应按需要连续或周期性地将润滑剂、冷却剂输送到规定的部位。

n. 液压、气动、润滑和冷却系统不应漏油、漏水、漏气。冷却液不应混入液压系统和润滑系统。

⑭ 配管

a. 液压、气动、润滑系统选用的管子内壁应光滑，无锈蚀、压扁等缺陷。

b. 内外表面经防腐处理的钢管可直接安装使用。未做防腐处理的钢管应进行酸洗，酸洗后应及时采取防锈措施。

c. 钢管在安装或焊接前需去除管口毛刺，焊接管路需清除焊渣。

⑮ 外观

a. 封头液压机的外观应符合 JB/T 1829 的规定。

b. 液压机零部件、电气柜、机器面板的外表面不得有明显的凹痕、划伤、裂缝、变形，表面涂镀层不得有气泡、龟裂、脱落或锈蚀等缺陷。

c. 涂装应符合技术文件的规定。

d. 非机械加工表面应整齐美观。

e. 文字说明、标记、图案等应清晰。

f. 防护罩、安全门应平整、匀称、不应翘曲、凹陷。

(2) 试验方法

① 超负荷试验　超负荷试验应与安全阀的调定检验结合进行，超负荷试验压力一般应不大于额定压力的 1.1 倍，试验不少于 3 次，封头液压机的零部件不得有任何损坏和永久变形，液压系统不得有渗漏及其他不正常现象。

② 其他　试验方法的一般要求，外观检验，附件和工具检验，参数检验，结构与性能检验，机械加工检验，安全检验，装配和配管检验，空运转试验，噪声检验，电气系统检验，液压、气动、润滑、冷却系统检验，负荷试验，精度检验，清洁度检验以及其他内容的检验，见 JB/T 12995.2—2017。

3.31.3　封头液压机精度

(1) 检验说明

① 工作台面是封头液压机总装精度检验的基准面。

② 精度检验前，封头液压机应调整水平，其工作台面纵、横向水平偏差不得超过

0.20mm/1000mm。

③ 装有移动工作台的，须使移动工作台处于液压机的工作位置并锁紧牢固。

④ 精度检验应在空运转试验和满负荷试验后分别进行，以满负荷试验后的精度检验值为准。

⑤ 精度检验应符合 GB/T 10923—2009 的规定，也可采用其他等效的检验方法。

⑥ 在检验平面时，当被检测平面的最大长度 $L \leqslant 1000$mm 时，不检测长度 l 为 $0.1L$，当 $L > 1000$mm 时，不检测长度 l 为 100mm。

⑦ 实际检验行程 L_3 应不小于滑块行程的 30%。

⑧ 工作台上平面、拉伸滑块和压边滑块下平面的平面度允许在装配前检验。

⑨ 封头液压机的精度按用途分为Ⅰ级、Ⅱ级、Ⅲ级、Ⅳ级，用户可根据其产品的用途选择精度等级，封头液压机的精度等级见表 3-102。

表 3-102　封头液压机的精度等级

等级	适用型式	用途
Ⅰ级	框架式	冷压封头
Ⅱ级	框架式	热压封头
Ⅲ级	柱式	冷压封头
Ⅳ级	柱式	热压封头

(2) 精度检验

① 工作台板或移动工作台上平面及拉伸滑块下平面的平面度

a. 检验方法。见 JB/T 12955.3—2017。

b. 公差。工作台板或移动工作台上平面及拉伸滑块下平面的平面度公差应符合表 3-103 的规定。

表 3-103　工作台板或移动工作台上平面及拉伸滑块下平面的平面度公差　单位：mm

等级	公差	等级	公差
Ⅰ级	$0.02 + \dfrac{0.045}{1000}L_1$	Ⅲ级	$0.04 + \dfrac{0.075}{1000}L_1$
Ⅱ级	$0.03 + \dfrac{0.06}{1000}L_1$	Ⅳ级	$0.05 + \dfrac{0.09}{1000}L_1$

注：L_1 为测量范围，$L_1 = L - 2l$，最小值为 200mm。

c. 检验工具。包括平尺、等高量块、可调量块、水平仪、桥板。

② 压边滑块下平面的直线度　见 JB/T 12955.3—2017。

③ 滑块下平面对工作台面的平行度

a. 检验方法。见 JB/T 12955.3—2017。

b. 公差。

ⅰ. 拉伸滑块下平面对工作台上平面的平行度公差应符合表 3-104 的规定。

表 3-104　拉伸滑块下平面对工作台上平面的平行度公差　单位：mm

等级	公差	
	$L \leqslant 3000$	$L > 3000$
Ⅰ级	$0.06 + \dfrac{0.12}{1000}L_2$	$0.08 + \dfrac{0.15}{1000}L_2$
Ⅱ级	$0.12 + \dfrac{0.17}{1000}L_2$	$0.16 + \dfrac{0.20}{1000}L_2$
Ⅲ级	$0.18 + \dfrac{0.22}{1000}L_2$	$0.24 + \dfrac{0.25}{1000}L_2$
Ⅳ级	$0.24 + \dfrac{0.27}{1000}L_2$	$0.32 + \dfrac{0.30}{1000}L_2$

注：L_2 为测量范围，$L_2 = L - 2l$，最小值为 200mm。

ⅱ. 压边滑块下平面对工作台上平面的平行度公差应符合表 3-105 的规定。

表 3-105　压边滑块下平面对工作台上平面的平行度公差　　　　单位：mm

等级	公差	
	$L \leqslant 3000$	$L > 3000$
Ⅰ级	$0.12 + \dfrac{0.18}{1000}L_2$	$0.16 + \dfrac{0.22}{1000}L_2$
Ⅱ级	$0.24 + \dfrac{0.25}{1000}L_2$	$0.32 + \dfrac{0.29}{1000}L_2$
Ⅲ级	$0.36 + \dfrac{0.33}{1000}L_2$	$0.48 + \dfrac{0.37}{1000}L_2$
Ⅳ级	$0.48 + \dfrac{0.40}{1000}L_2$	$0.64 + \dfrac{0.44}{1000}L_2$

注：L_2 为测量范围，$L_2 = L - 2l$，最小值为 200mm。

c. 检验工具。包括支撑棒、指示表。

④ 滑块运动轨迹对工作台面的垂直度

a. 检验方法。在工作台中央位置放一直角尺（下面可放一平尺），将指示表紧固在滑块下平面上，并使指示表测头触在直角尺上，当滑块上下运动时，在通过中心的左右和前后方向上分别进行测量，指示表读数的最大差值即为测定值。

测量位置在行程下限前 1/2 行程范围内。

拉伸滑块和压边滑块须分别进行测量。

b. 公差。拉伸滑块运动轨迹对工作台面的垂直度公差应符合表 3-106 的规定。

表 3-106　拉伸滑块运动轨迹对工作台面的垂直度公差　　　　单位：mm

等级	公差	
	$L \leqslant 3000$	$L > 3000$
Ⅰ级	$0.04 + \dfrac{0.025}{100}L_3$	$0.05 + \dfrac{0.025}{100}L_3$
Ⅱ级	$0.08 + \dfrac{0.03}{100}L_3$	$0.10 + \dfrac{0.03}{100}L_3$
Ⅲ级	$0.12 + \dfrac{0.04}{100}L_3$	$0.15 + \dfrac{0.04}{100}L_3$
Ⅳ级	$0.16 + \dfrac{0.05}{100}L_3$	$0.20 + \dfrac{0.05}{100}L_3$

注：L_3 为实际检测行程。

压边滑块运动轨迹对工作台面的垂直度公差应符合表 3-107 的规定。

表 3-107　压边滑块运动轨迹对工作台面的垂直度公差　　　　单位：mm

等级	公差	
	$L \leqslant 3000$	$L > 3000$
Ⅰ级	$0.08 + \dfrac{0.035}{100}L_3$	$0.12 + \dfrac{0.035}{100}L_3$
Ⅱ级	$0.16 + \dfrac{0.045}{100}L_3$	$0.20 + \dfrac{0.045}{100}L_3$
Ⅲ级	$0.24 + \dfrac{0.055}{100}L_3$	$0.28 + \dfrac{0.055}{100}L_3$
Ⅳ级	$0.32 + \dfrac{0.065}{100}L_3$	$0.36 + \dfrac{0.065}{100}L_3$

注：L_3 为实际检测行程。

c. 检验工具。包括直角尺、平尺、指示表。

3.32 移动回转压头框式液压机

移动回转压头框式液压机是压头与移动工作台可以同时或单独左右移动，压头与回转工作台可以同时或单独360°回转的框式液压机。在 JB/T 12996.1—2017《移动回转压头框式液压机　第1部分：型式与基本参数》中规定了 6000～20000kN 移动回转压头框式液压机的型式与基本参数，在 JB/T 12996.2—2017《移动回转压头框式液压机　第2部分：技术条件》中规定了移动回转压头框式液压机的技术要求、检验规则、试验方法、精度检验、标志、包装与随机文件，在 JB/T 12996.3—2017《移动回转压头框式液压机　第3部分：精度》中规定了移动回转压头框式液压机的精度检验项目、公差及检验方法，适用于组装后压头精度不可调整、压头与移动工作台可以移动，压头与回转工作台可以回转的移动回转压头框式液压机（以下简称液压机）。

3.32.1 移动回转压头框式液压机型式与基本参数

(1) 型式
液压机的基本型式为组合框架式结构，如图 3-38 所示。

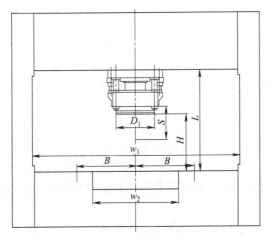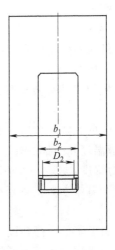

图 3-38　组合框架式结构

(2) 基本参数
① 液压机的主参数为公称力。
② 液压机的基本参数应符合 JB/T 12996.1—2017 中图1和表 3-108 的规定。

表 3-108　基本参数

参数名称	参数值				
公称力/kN	6000	10000	12500	15000	20000
液压系统最大工作压力/MPa	25	25	25	25	25
压头下平面至工作台上平面最大距离 H/mm	1600	1800	1800	1800	2000
上横梁下平面至工作台上平面最大距离 L/mm	2500	3000	3000	3200	3400
压头直径 D_1/mm	$\phi1100$	$\phi1100$	$\phi1100$	$\phi1200$	$\phi1500$
压头工作行程 S/mm	600	1000	1000	1000	1000
压头和移动工作台允许移动距离 B/mm	±1500	±1800	±1800	±2000	±2000

参数名称	参数值				
压头和回转工作台允许 回转范围/(°)	±360	±360	±360	±360	±360
工作台有效尺寸 $(w_1 \times b_1)$/mm	5000×2500	6000×2700	6000×2700	6500×3000	6800×3100
移动工作台有效尺寸 $(w_2 \times b_2)$/mm	1700×1000	2700×1200	2700×1200	2700×1500	2700×1500
回转工作台直径 D_2/mm	$\phi800$	$\phi1000$	$\phi1000$	$\phi1200$	$\phi1200$
压头空载下行速度/(mm/s)	60~100	60~100	60~100	60~100	60~100
压头工作下行速度/(mm/s)	2.5~5	2.5~5	2.5~5	2.5~5	2.5~5
压头回程速度/(mm/s)	60~100	60~100	60~100	60~100	60~100
压头和移动工作台 移动速度/(mm/s)	20	20	20	20	20
压头和回转工作台 回转速度/(r/min)	0.5	0.5	0.5	0.5	0.5

3.32.2 移动回转压头框式液压机技术条件

(1) 技术要求

① 一般要求

a. 液压机的图样及技术文件应符合 JB/T 12996.2—2017 的要求，并应按规定程序经批准后方能投入生产。

b. 液压机的产品造型和布局要考虑工艺美学和人机工程学的要求，并便于使用、维修、装配和运输。

c. 液压机在下列环境条件下应能正常工作。

ⅰ. 环境温度：-10~40℃。

ⅱ. 相对湿度：30%~90%。

② 型式与基本参数　液压机的型式与基本参数应符合 JB/T 12996.2—2017 的规定。

③ 加工

a. 零件加工质量应符合设计图样、工艺和有关现行标准的规定。

b. 零件加工表面不应有锈蚀、毛刺、磕碰、划伤、不必要的锐棱尖角等缺陷。

④ 装配

a. 液压机应按装配工艺规程进行装配，不得因装配而损坏零件及其表面，特别是密封圈的唇部等，装配上的零部件（包括外购件、外协件）均应符合质量要求。

b. 重要的固定接合面应紧密贴合。预紧牢固后用 0.05mm 塞尺进行检验，允许塞尺塞入深度不应大于接触面宽的 1/4，允许塞尺塞入部位累计长度不应大于周长的 1/10。重要的固定接合面有：

ⅰ. 紧固螺母与支柱、上横梁和下横梁的接合面；

ⅱ. 在液压缸夹紧状态下，液压缸台肩与上横梁下方导轨面的接合面；

ⅲ. 活（柱）塞端面与移动回转压头过渡盘的固定接合面；

ⅳ. 在压头夹紧状态下，移动回转压头过渡盘与移动回转压头的固定接合面；

ⅴ. 移动工作台下平面与下横梁承压台肩平面的固定接合面等。

c. 压头与移动工作台移动位置误差应符合设计要求，压头与回转工作台回转角度误差应符合设计要求。

d. 全部管路、管接头、法兰及其他固定与活动连接的密封处，均应连接可靠、密封良好，不应有油液渗漏现象。

e. 空运转时间应符合 JB/T 3818—2014 中 5.14.2 的规定，在空运转时间内测量油箱内油温（或液压泵入口的油温）不应超过 60℃。

f. 液压机的噪声应符合 GB 26484 的规定。

⑤ 电气设备　电气设备应符合 GB 5226.1（已被 GB/T 5226.1—2019 代替）的规定。

⑥ 液压装置　液压装置质量应符合 JB/T 3818—2014 中 4.5 的规定。

⑦ 外观　外观应符合 JB/T 3818—2014 中 4.14 的规定。

⑧ 液压、润滑、冷却系统　管路通道以及充液装置和油箱内表面，在装配前均应进行彻底的除锈去污处理，液压系统的清洁度应符合 JB/T 9954—1999 中 3.2.2 的规定，取样方法按 JB/T 9954—1999 中附录 A 的规定。

（2）检验规则

① 检验条件　产品在装配完整（除油漆涂封外）和试验后，才能进行性能验收检查。

② 检验方法　检验方法应符合 JB/T 3818—2014 中第 5 章的规定。

（3）试验方法

① 一般规定　试验方法应符合 JB/T 3818—2014 中 5.1 的规定。

② 性能试验　性能试验应符合 JB/T 3818—2014 中 5.13 的规定。

③ 空运转试验　空运转试验应符合 JB/T 3818—2014 中 5.14.3 的规定及以下规定：

a. 接通电源，起动电动机，使油泵做空负荷运转，检查电动机和油泵的起动性能及有无不正常的振动和噪声；

b. 操纵各按钮，使机器做出相应的动作，观察各种动作是否正常；

c. 空运转时间不得少于 4h，其中移动回转压头做全行程上下运行累计时间不得少于 2h；

d. 空运转中，检查电气和液压系统工作是否正常，各密封处不得漏油；

e. 压头和工作台在运行中不得有卡阻、爬行和跳动等现象；

f. 检查移动回转压头与移动工作台移动位置误差应符合设计要求，检查移动回转压头与回转工作台回转角度误差应符合设计要求。

④ 负荷运转试验　负荷运转试验时，压头应在左右极限位置和中心位置分别进行负荷运转试验。负荷运转试验应符合 JB/T 3818—2014 中 5.15 的规定及以下规定：

a. 用溢流阀调整液体工作压力，按 8MPa、15MPa、20MPa、25MPa 逐级升压，在各级压力下持续 3 s 并重复 3 次，压力重复精度不应超过 ±1MPa；

b. 在 25MPa 负荷情况下进行工作循环，检查发讯元件是否可靠，液压和电气系统是否灵敏可靠；

c. 在负荷运转中，各液压元件、管路等密封处不得有渗漏现象，油箱油温不得超过 60℃；

d. 在负荷运转中，运动部位不得有卡阻、爬行和跳动等现象；

e. 在负荷运转后，检查移动回转压头和移动工作台的移动位置误差应符合设计要求，检查移动回转压头和回转工作台的回转角度误差应符合设计要求；

f. 在负荷运转中，电动机电流应符合规定要求；

g. 液压机的噪声应符合 GB 26484 的规定。

以上检测合格后，再以半自动方式进行 3.5h 连续负荷运转检测。

⑤ 超负荷试验　超负荷试验应与安全阀的许可调定值试验结合进行。超负荷试验压力

为 27MPa。试验不少于 3 次，每次持续时间 3 s。液压机的零部件不得有任何损坏和永久变形，液压系统不得有渗漏及其他不正常现象。超负荷试验时，压头和移动工作台应在左右极限位置和中心位置分别进行超负荷试验。

⑥ 精度检验　液压机的精度检验应在负荷运转试验后进行，检验方法应符合 JB/T 12996.3—2017 的规定。

3.32.3　移动回转压头框式液压机精度

(1) 精度检验说明

① 工作台面是总装精度检验的基准面。

② 精度检验前，液压机应调整水平，其工作台面纵、横向水平偏差不得超过 0.20mm/1000mm。

③ 精度检验应在空运转试验和负荷运转试验后分别进行，以负荷运转试验后的精度检验值为准。

④ 精度检验方法应符合 GB/T 10923 的规定，也可采用其他等效的检验方法。

(2) 精度检验

① 压头下平面对移动工作台面的平行度

a. 检验方法。见 JB/T 12996.3—2017。

b. 公差。压头下平面对移动工作台面的平行度公差应为 $0.80\mathrm{mm}+\dfrac{0.60}{1000}L_1$。

注：L_1 为压头下平面的最大实际测量长度，$L_1=\dfrac{19}{20}L$；L 为被测量平面的最大长度，即压头下平面的直径。

c. 检验工具。包括平尺、指示表。

② 压头运动轨迹对移动工作台面的垂直度

a. 检验方法。在移动工作台上平面左极限位置、中心位置及右极限位置分别进行测量。测量时在移动工作台上测量处放一平尺，直角尺放在平尺上，将指示表紧固在压头下平面上，并使指示表测头触及直角尺的测量面，当压头在行程下限前 1/3 行程范围内往复运动时，在通过中心的左右和前后方向上分别进行测量，指示表读数的最大差值即为测定值（压头在起动、停止和反向运动时出现的瞬时跳动误差不计）。取三处测量位置测定值的最大值作为压头运动轨迹对工作台面的垂直度的误差值。

测量位置在行程下限前 1/3 行程范围内。

b. 公差。压头运动轨迹对工作台面的垂直度公差应为 $0.50\mathrm{mm}+\dfrac{0.10}{100}L_2$。

注：L_2 为压头运动轨迹的被测量范围，L_2 大于压头行程的 1/4 长度。

c. 检验工具。包括直角尺、平尺、指示表。

作者注：在 JB/T 12996.3—2017 中"压头下平面对工作台面垂直度"或"压头下平面的对工作台面的垂直度"这样的表述有问题。

说明

① JB/T 12996.2—2017《移动回转压头框式液压机　第 2 部分：技术条件》过于简要。

② 以下内容可供移动回转压头框式液压机用液压缸设计制造时参考：

a. "压头和工作台在运行中不得有卡阻、爬行和跳动等现象"；

b. "按 8MPa、15MPa、20MPa、25MPa 逐级升压，在各级压力下持续 3 s 并重复 3 次，压力重复精度不应超过 ±1MPa"；

c. "超负荷试验压力为 27MPa"。

3.33 蒸压砖自动液压机

在 GB/T 36484—2018、JB/T 4174—2014 和 JC/T 2034—2010 中都没有"蒸压砖自动液压机"这一术语和定义。在 JC/T 2034—2010《蒸压砖自动液压机》中规定了蒸压砖自动液压机的术语和定义、分类、技术要求、试验方法、检验规则及标志、包装、运输和贮存等，适用于以煤灰沙石等为主要原料压力成型的自动液压机（以下称液压机）。

(1) 分类、型号、基本参数

① 型式

a. 按机架结构分类。液压机按机架结构特点分为梁柱式和整体焊接式。

ⅰ. 梁柱式。梁柱式液压机的机架由上横梁、下横梁、立柱通过螺纹连接组成。

ⅱ. 整体焊接式。整体焊接式液压机的机架由整体焊接而成。

b. 按压制特性分类。液压机按其压制特性分为上压式、下压式和双向加压式。

ⅰ. 上压式。主油缸装在上横梁，带动上模芯做向下运动实现压制动作。

ⅱ. 下压式。主油缸装在下横梁，带动下模芯做向上运动实现压制动作。

ⅲ. 双向加压式。

• 上、下油缸双向加压式。上、下横梁分别装主油缸，带动上、下模芯做相向运动，实现双向压制。

• 下活动横梁浮动双向加压式。利用主油缸与模框浮动油缸运行速度差实现双向压制。

② 型号

a. 型号表示方法如下：

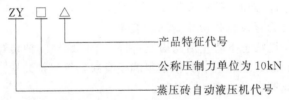

b. 型号编写方法见 JC/T 2034—2010。

③ 基本参数　蒸压砖自动液压机的基本参数见表 3-109。

表 3-109　蒸压砖自动液压机的基本参数

公称压制力 F/kN	空循环次数/(次/min)	脱模力/kN	立柱净间距/mm
F≤3000	≥8	≥450	≥600
3000＜F≤6000	≥8	≥1100	≥1000
6000＜F≤11000	≥8	≥1500	≥1400
11000＜F≤20000	≥8	≥2200	≥1700

注：特殊要求按供需双方协商决定。

(2) 技术要求

① 基本要求

a. 液压机应符合 JC/T 2034—2010 的要求，并按经规定程序批准的图样及技术文件制造。

b. 液压机的基本参数应符合表 3-109 的规定，公称压制力不小于型号表示的标定值。

② 整机要求

a. 液压机工作时应运转平稳，性能可靠，在各种设定工作规范下的运行应协调。

b. 各可调部位的调整应灵活，各种工作规范间转换应灵敏、准确。

c. 搅拌式布料机构应按工艺要求，自动强制布料，不应有明显的漏料现象。

d. 夹坯机构应运行平稳可靠，不应有掉坯、破损现象。

e. 液压机工作时，滚动轴承的温升不应超过 30℃，最高温度不应超过 70℃；滑动导轨的温升不应超过 15℃，最高温度不应超过 50℃。

f. 液压驱动件（如活塞、柱塞、活动横梁等）工作时不应有爬行和停滞现象。

g. 机架正常使用期限不低于 50000h。

h. 精度。蒸压砖自动液压机的几何精度应符合表 3-110 的规定。

表 3-110 蒸压砖自动液压机的几何精度

序号	项目	立柱净间距 L/mm	公差/mm
1	工作台面的平面度	$600 \leqslant L < 1000$	0.05
2	上活动横梁工作平面的平面度 下活动横梁工作平面的平面度	$1000 \leqslant L < 1400$	0.07
		$1400 \leqslant L < 1700$	0.13
		$L \geqslant 1700$	0.15
3	上活动横梁工作平面对工作台面的平行度 下活动横梁工作平面对工作台面的平行度	$600 \leqslant L < 1000$	0.15
		$1000 \leqslant L < 1400$	0.20
		$1400 \leqslant L < 1700$	0.30
		$L \geqslant 1700$	0.40
4	活动横梁运动轨迹对工作台面的垂直度	每 100mm 测量长度为 0.06mm	

i. 刚度。

ⅰ. 液压机上活动横梁的允许挠度不大于 0.10mm/1000mm。

ⅱ. 液压机下活动横梁的允许挠度不大于 0.15mm/1000mm。

③ 安全防护

a. 液压机应设置急停按钮，保证操作安全、可靠。

b. 人体易接触的外露运动部件应设置防护装置。

c. 液压机应设置停机状态下防止活动横梁自行下落的联锁防护装置。

d. 液压机应设置超载、超行程、料槽缺料和模具缺料等保护装置。

e. 液压机的噪声应符合表 3-111 的规定。

表 3-111 噪声声压级

公称压制力 F/kN	$F \leqslant 3000$	$3000 < F \leqslant 6000$	$6000 < F \leqslant 20000$
声压级/dB(A)	$\leqslant 85$	$\leqslant 90$	$\leqslant 93$

④ 铸、锻、焊件质量

a. 液压机所有铸件、锻件、焊接件均应符合图样及技术文件的要求。

b. 所有铸件表面喷砂处理。

c. 重要的铸件、锻件和焊接件应进行消除内应力处理。

d. 对不影响使用和外观的铸造缺陷，在保证使用质量的条件下，允许按有关标准的规定进行修补。

e. 机架和主油缸等重要承载件应有材料性质的证明。

f. 关键件进行内部探伤检验，应符合 GB/T 6402 的要求。

⑤ 零件和装配质量

a. 机械加工件质量应符合 JB/T 8828 的规定。

b. 装配质量应符合 JB/T 5994 的规定。

c. 重要的固定接合面应紧密贴合，紧固后用 0.05mm 塞尺检验，只允许局部塞入，其塞入深度不应超过接合面宽度的 20%，其可塞入部分累计不应大于接合面长度的 10%。

重要的固定接合面应包括：

ⅰ．梁柱式液压机的立柱台肩、锁紧螺母与上横梁及下横梁的固定接合面；

ⅱ．主油缸或主活塞（柱塞）端部与活动横梁的固定接合面。

⑥ 液压、气动系统和电气设备

a．液压机的液压系统应符合 GB/T 3766 的规定。液压系统中所有的液压元件应符合 GB/T 7935 的规定。

b．液压系统工作时油箱内油液温度不应超过 55℃。

c．液压系统的清洁度等级应符合 JB/T 9954—1999 中表 2 的规定。

d．液压机的气动系统应符合 GB/T 7932 的规定。

e．液压机电气设备的动力电路导线和保护接地电路之间施加 500V d.c. 时，其绝缘电阻应不小于 10MΩ。

f．电气设备所有电路导线和保护接地电路之间应经受 1min 时间电压 1000V 的耐压试验，不得发生击穿。

作者注：在 JC/T 2034—2010 中"液压系统的清洁度等级应符合 JB/T 5994—1999 中表 2 的规定"有误。

⑦ 外观质量

a．液压机的表面不应有图样上未规定的凹凸、粗糙不平等缺陷。

b．零件接合面的边缘应整齐匀称，错位量不大于 1mm，门、盖等接合面处不应有明显的缝隙。

c．外露的液压、气动、电气等管道应排列整齐、安装牢固，并不得与相对运动的零部件接触。

d．液压机的油漆应符合 JB/T 5000.12—2007 中 5.7 的规定。

(3) 试验方法

① 性能试验。

a．试验条件。

ⅰ．空运转试验及负荷运转试验，分别在活动横梁和工作台面安装高度与实际使用模具相应的垫块。

ⅱ．负荷运转试验应设在自动循环工作状态，在额定公称压制力下连续运转时间不小于 2h。

ⅲ．负压坯试验前，应装上模具。

b．空运转试验。

ⅰ．油泵启动、停止试验。试验在空载状态下进行，启动、停止油泵不少于 3 次，检查动作的可靠性。

ⅱ．液压系统工作压力调整试验。从低压到高压分级调整系统工作压力，最后调至额定压力值，检查压力调整的平稳性和可靠性。

ⅲ．手动操作试验。在手动工作规范下，试验活动横梁、搅拌式布料机构、夹坯机构等动作，检验动作的准确性和运动平稳性。

ⅳ．行程和速度调整试验。在规定的范围从小到大分别对上活动横梁、下活动横梁、搅拌式布料机构的行程和速度进行调整，检验调整的准确性和可靠性。

ⅴ．自动空循环试验。自动空循环试验时活动横梁的运动方式一般按 JC/T 2034—2010 中图 1 或图 2 或图 3 或图 4 进行（上活动横梁的动作为快速下落、减速制动下落、快速上升），不施加压制力，搅拌式布料机构、夹坯机构等应同步运行，检验液压机空载运转的协调性及稳定性。

ⅵ. 空循环次数。在上述自动循环试验中用秒表测量，其中上活动横梁及搅拌式布料机构的行程应符合表3-112的规定。

表3-112　上活动横梁及搅拌式布料机构的行程

公称压制力 F/kN	F≤3000	3000<F≤6000	6000<F≤20000
上活动横梁行程/mm	≥300	≥300	≥320
搅拌式布料机构的行程/mm	700	700	700

c. 负荷运转试验。

ⅰ. 自动循环试验。自动循环试验时活动横梁的运动方式一般按JC/T 2034—2010中图5或图6或图7或图8进行（上活动横梁的动作为快速下落、减速制动下落、第一次加压、排气、第二次加压、排气、第三次加压、泄压、回程上升、顶出），搅拌式布料机构、夹坯机构等应同步运行，检验液压机负荷运转的协调性及稳定性。

ⅱ. 压制力调整试验。从小到大分级调整各压制力，第一次加压的压制力在规定范围内调整，第二次加压的压制力逐步调至公称值。检验调整的可靠性和各循环之间压制力的稳定性。

ⅲ. 超载保护性能试验。按表3-113的超载系数设定第二次加压的压制力，检验超载保护系统的性能，本试验不少于3次。

表3-113　超载系数

公称压制力 F/kN	F≤3000	3000<F≤6000	6000<F≤20000
超载系数	≤1.1	≤1.06	≤1.04

ⅳ. 公称压制力和脱模力。负荷运转试验时分别测取主油缸和顶出器或脱模机构中油缸的油压，并按式（3-3）计算出压制力和脱模力。

$$F = 10^3 A p \tag{3-3}$$

式中　F——公称压制力或脱模力，kN；

　　　A——活塞（柱塞）有效作用面积，m^2；

　　　p——油缸油压，MPa。

② 其他检验

精度、挠度、液压和气动系统、电气设备、外观质量等检验见JC/T 2034—2010。

3.34　耐火砖自动液压机

在GB/T 36484—2018、JB/T 4174—2014和JC/T 2178—2013中没有"耐火砖自动液压机"这一术语和定义。在JC/T 2178—2013《耐火砖自动液压机》中规定了耐火砖自动液压机的术语和定义、型式、型号与基本参数、技术要求、试验方法、检验规则以及标志、包装、运输和贮存等，适用于耐火砖自动液压机（以下简称液压机）。

作者注：在GB/T 36484—2018和JB/T 4174—2014中给出术语"耐火砖液压机"的定义，即压制耐火砖用的液压机。

(1) 型式、型号与基本参数

① 型式　液压机按其压制方式分为上、下油缸双向加压式和主油缸与模框浮动双向加压式。

a. 上、下油缸双向加压式。上、下横梁分别装主油缸，驱动上、下模芯做相向运动，实现双向压制，用S表示。

b. 主油缸与模框浮动双向加压式。利用上主油缸或下主油缸与模框驱动油缸以不同运行速度实现双向压制，用 C 表示。

② 型号　耐火砖自动液压机型号表示方法如下：

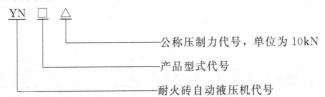

公称压制力代号，单位为 10kN
产品型式代号
耐火砖自动液压机代号

③ 基本参数　耐火砖自动液压机的基本参数见表 3-114。

表 3-114　耐火砖自动液压机的基本参数

公称压制力 F/kN	空循环次数/(次/min)	脱模力/kN	填料深度/mm
<10000	≥5	≥0.1F	≥300
10000～25000	≥4		≥350
>25000	≥3		≥500

注：特殊要求按供需双方协商决定。

(2) 技术要求

① 基本要求

a. 液压机应符合 JC/T 2178—2013 的要求，并按经规定程序批准的图样及技术文件制造。

b. 图纸上未注公差的线性尺寸、倒圆半径和倒角高度、角度尺寸极限偏差值，切削加工部位应符合 GB/T 1804—2000 表 1～表 3 中 m 级的规定，非切削加工部位应符合 GB/T 1804—2000 表 1～表 3 中 v 级的规定。

c. 图样上形状和位置公差的未注公差应不低于 GB/T 1184—1996 表 1～表 4 中 K 级的规定。

d. 机械加工件应符合 JB/T 5000.9 的规定。

e. 铸钢件、锻件和焊接件应分别符合 JB/T 5000.6、JB/T 5000.8 和 JB/T 5000.3 的规定。

f. 装配质量应符合 JB/T 5000.10 的规定。

g. 液压机的液压系统应符合 GB/T 3766 的规定。液压系统中所用的液压元件应符合 GB/T 7935 的规定。

h. 液压机的气动系统应符合 GB/T 7932 的规定。

② 整机要求

a. 液压机的基本参数应符合表 3-114 的规定。

b. 液压机工作时应运转平稳，性能可靠，在各种设定规范下的运行应协调。

c. 各可调部位的调整应灵活，各种工作规范间转换应灵敏、准确。

d. 搅拌式布料机构应按工艺要求，自动强制布料，不应有明显的漏料现象。

e. 夹坯机构应运行平稳，动作准确，不应有掉坯、破损现象。

f. 液压机工作时，滚动轴承的温升应不超过 30℃，最高温度应不超过 70℃；滑动导轨的温升应不超过 15℃，最高温度应不超过 50℃。

g. 液压驱动件（如活塞、柱塞、活动横梁等）工作时不应有爬行和停滞现象。

h. 应具有砖厚自动检测、自动调整装置及尺寸超差自动报警装置。

i. 耐火砖自动液压机的几何精度应符合表 3-115 的规定。

j. 挠度应满足以下要求：

ⅰ. 液压机上活动横梁的挠度不大于 0.10mm/1000mm；上、下油缸双向加压式的下活动横梁的挠度应不大于 0.10mm/1000mm。

表 3-115　耐火砖自动液压机的几何精度

序号	项目	公称压制力/kN	允差/mm
1	上活动横梁下平面对工作台面的平行度	<10000	0.20
	下活动横梁的模具安装面对工作台面的平行度	10000～25000	0.25
		>25000	0.30
2	上、下活动横梁运动轨迹对工作台面的垂直度	每 100mm 测量长度为 0.06mm	

ⅱ. 液压机下横梁的挠度不大于 0.15mm/1000mm。

③ 安全防护

a. 液压机应设置急停按钮，并应符合 GB 16754—2008 中 4.4.4 和 4.4.5 的规定。

b. 液压机应设有保护人身安全的光电保护装置。

c. 人体易接触的外露运动部件应设置防护装置和警示标志，警示标志应符合 GB 2894 的规定。

d. 液压机应设置停机状态下防止活动横梁自行下落的联锁防护装置。

e. 液压机应设置超载、超行程、料仓缺料、搅拌框缺料和模具缺料等保护装置。

f. 液压机的噪声应符合表 3-116 的规定，当噪声声压级超过 85 dB（A）时，应采取防护措施。

表 3-116　噪声声压级

公称压制力 F/kN	<21000	21000～25000	>25000
声压级/dB(A)	≤85	≤90	≤93

④ 零部件和装配质量

a. 立柱、主油缸等重要锻件应进行无损探伤检验，并符合 JB/T 5000.15—2007 表 1 中 Ⅱ级的要求。

b. 上横梁、下横梁等重要铸钢件应进行无损探伤检验，并符合 JB/T 5000.14—2007 表 3 中 3 级的要求。

c. 重要的铸钢件和焊接件应进行消除内应力处理。

d. 外购件应符合相关的标准，重要的外购件应有质量保证书。

e. 重要的固定接合面应紧密贴合，重要的固定接合面应包括：

ⅰ. 梁柱式液压机的立柱台肩、锁紧螺母与上横梁及下横梁的固定接合面；

ⅱ. 主油缸或主活塞（柱塞）端部与活动横梁的固定接合面。

f. 主活塞（柱塞）、导轨等重要运动副应采取耐磨措施。

⑤ 液压系统和电气设备

a. 油箱内表面应做耐油防腐处理。

b. 液压系统的清洁度等级应符合 JB/T 9954—1999 中表 2 或表 3 的规定。

c. 液压系统工作时油箱内油液温度，应不超过 55℃。

d. 电气设备的动力电路导线和保护接地电路之间施加 500V d.c. 时，其绝缘电阻应不小于 2 MΩ。

e. 电气设备所有电路导线和保护接地电路之间应经受 3s 时间电压 1000V 的耐压试验，不得发生击穿。

f. 电气柜及暴露电气元器件的防护等级不低于 IP54。

g. 电气设备的其他要求应符合 GB 5226.1（已被 GB/T 5226.1—2019 代替）的规定。

⑥ 外观质量

a. 液压机的表面不应有图样上未规定的凹凸、粗糙不平等缺陷。

b. 零件接合面的边缘应整齐匀称，错位量应不大于 1mm，门、盖等接合面处不应有明显的缝隙。

c. 外露的液压、气动、电气等管道应排列整齐、安装牢固，并不得与相对运动的零部件接触。

d. 液压机的涂装应符合 JB/T 5000.12—2007 中 5.7 的规定。

(3) 试验方法

① 性能试验

a. 空循环次数。空循环次数在自动空循环试验中用秒表测量，其中各活动横梁及搅拌式布料机构的行程应符合表 3-117 的规定。

表 3-117　各活动横梁及搅拌式布料机构的行程

公称压制力/kN	<10000	10000~25000	>25000
上活动横梁的行程/mm	≥400	≥400	≥450
下活动横梁的行程/mm	150	150	200
模框活动横梁的行程/mm	150	150	200
搅拌式布料机构的行程/mm	700	700	700

b. 超载保护性能试验。按表 3-118 规定的超载系数设定第二次加压的压制力，检验超载保护系统的性能，本试验不少于 3 次。

表 3-118　超载系数

公称压制力 F/kN	<10000	10000~25000	>25000
超载系数	≤1.1	≤1.06	≤1.04

c. 公称压制力和脱模力。负荷运转试验时分别测取主油缸或脱模机构中油缸的油压，并按式（3-4）计算出压制力和脱模力。

$$F = 10^3 A p \tag{3-4}$$

式中　F——公称压制力或脱模力，kN；

　　　A——活塞（柱塞）有效作用面积，m^2；

　　　p——油缸油压，MPa。

② 其他检验　精度检验、挠度检验、质量装配检验、液压和气动系统检验、电气设备检验、外观质量检验等见 JC/T 2178—2013。

3.35　陶瓷砖自动液压机

陶瓷砖自动液压机是在全自动控制下，通过液压压力将坯料制成砖坯的成形机械。在 JC/T 910—2013《陶瓷砖自动液压机》中规定了陶瓷砖自动液压机的术语和定义、分类、型号与基本参数、技术要求、试验方法、检验规则以及标志、包装、运输和贮存等，适用于陶瓷砖自动液压机（以下简称压砖机）。

(1) 分类、型号与基本参数

① 分类　压砖机按机架结构特点分为四种型式：

a. 梁柱式，压砖机的机架由上横梁、下横梁、立柱通过螺纹连接组成；

b. 板框式，压砖机的机架由上横梁、下横梁和框板组成；

c. 整体铸造式，压砖机的机架由整体铸造而成；

d. 钢丝缠绕式，压砖机的机架由上横梁、下横梁、立柱通过钢丝缠绕而成。

② 型号　压砖机的型号表示方法如下：

③ 基本参数　压砖机的基本参数见表 3-119。

表 3-119　压砖机的基本参数

公称压制力/kN	空循环次数/(次/min)	顶出器顶出力/kN	活动横梁行程/mm	立柱净间距/mm
≤10000	≥26	≥90	≥125	≥800
>10000~25000	≥22	≥150	≥140	≥1400
>25000~50000	≥18			≥1600
>50000~80000	≥14	≥180	≥160	≥1750
>80000	≥10	≥220	≥180	≥1900

(2) 技术要求

① 基本要求

a. 压砖机应符合 JC/T 910—2013 的要求，并按经规定程序批准的图样及技术文件制造。

b. 图样上未注公差的线性尺寸、倒圆半径和倒角高度、角度尺寸极限偏差值，切削加工部位应符合 GB/T 1804—2000 表 1～表 3 中 m 级的规定，非切削加工部位应符合 GB/T 1804 表 1～表 3 中 v 级的规定。

c. 图样上形状和位置公差的未注公差不应低于 GB/T 1184—1996 表 1～表 4 中 K 级的规定。

d. 机械加工件应符合 JB/T 5000.9 的规定。

e. 压砖机的液压系统应符合 GB/T 3766 的规定。液压系统中所用的液压元件应符合 GB/T 7935 的规定。

f. 压砖机的气动系统应符合 GB/T 7932 的规定。

g. 压砖机的电气系统应符合 GB 5226.1—2008（已被 GB/T 5226.1—2019 代替）的规定。

h. 装配质量应符合 JB/T 5000.10 的规定。

i. 铸钢件、锻件和焊接件应分别符合 JB/T 5000.6、JB/T 5000.8 和 JB/T 5000.3 的规定。

j. 重要的铸钢件（如上横梁、下横梁等）、重要的焊接件（如框板）应进行消除内应力处理。

k. 油箱内表面应做耐油防腐处理。

l. 外购主要配套件及外协件应符合有关标准并取得合格证明书。

② 整机性能要求

a. 压砖机的基本参数应符合表 3-119 的规定。

b. 压砖机工作时应运转平稳，性能可靠，运行协调。

c. 各可调部位的调整应灵活，各种工作规范转换应灵敏、准确。

d. 压砖机工作时，滚动轴承的温升应不超过 30℃，最高温度应不超过 70℃；滑动导轨的温升应不超过 15℃，最高温度应不超过 50℃。

e. 液压执行机构（如主油缸、顶出器等）工作时不应有爬行和停滞现象。

f. 压砖机应满足粉料压制成形的工艺要求。

g. 布料系统应按压制成形工艺要求自动布送粉料，不应有明显的漏粉料现象。

③ 安全防护

a. 人体易接触的外露运动部件应设置防护装置和警示标志，警示标志应符合 GB 2894 的规定。

b. 压砖机应设有停机状态下的防止活动横梁自行下落的联锁防护装置。

c. 压砖机的噪声声压级应符合表 3-120 的规定。

表 3-120　噪声声压级

公称压制力 F/kN	≤10000	>10000～25000	>25000
声压级/dB(A)	≤87	≤90	≤93

d. 压砖机应设置急停按钮，并应符合 GB 16754—2008 中 4.4.4 和 4.4.5 的规定。

e. 压砖机应设置超载、超行程、料槽缺料和模具缺料等保护装置。

f. 保护接地电路的设置应按 GB 5226.1—2008（已被 GB/T 5226.1—2019 代替）中 5.2 和 8.2 的规定。

g. 动力电路与保护联结电路之间的绝缘电阻应不小于 1MΩ。

h. 动力电路与保护联结电路之间应能承受工频电压 1000V，历时 1s 的耐压试验，而不发生击穿现象。

④ 零部件和装配质量

a. 主油缸、主活塞和导轨等重要运动副应采取耐磨措施。

b. 重要的固定接合面应紧密贴合，塞尺塞入深度不超过可检深度的 20%，可塞入部分累计应不大于可检长度的 10%。重要的固定接合面包括：

ⅰ. 梁柱式压砖机的立柱台肩、锁紧螺母与上横梁及下横梁的固定接合面；

ⅱ. 主油缸或主活塞（柱塞）端部与活动横梁的固定接合面。

c. 立柱、主油缸等重要锻件应进行无损探伤检验，并符合 JB/T 5000.15—2007 表 1 中 Ⅱ级的要求。

d. 上横梁和下横梁等重要铸钢件应进行无损探伤检验，并符合 JB/T 5000.14—2007 表 3 中 3 级的要求。

⑤ 精度和挠度

a. 压砖机的几何精度应符合表 3-121 的规定。

表 3-121　压砖机的几何精度

序号	项目	立柱净间距/mm	允差/mm
1	工作台面的平面度	≤1100	0.07
		>1100～1400	0.10
2	活动横梁下平面的平面度	>1400～1700	0.13
		>1700	0.15
3	上活动横梁下平面对工作台面的平行度	≤1100	0.16
		>1100～1400	0.19
		>1400～1700	0.23
		>1700	0.28
4	活动横梁运动轨迹对工作台面的垂直度	每 100mm 测量长度误差不超过 0.06mm	

b. 压砖机活动横梁的允许挠度应不大于 0.10mm/1000mm。

c. 压砖机下横梁的允许挠度应不大于 0.12mm/1000mm。

⑥ 液压和电气设备

a. 液压系统工作时油箱内的油液温度应不超过 55℃。

b. 液压系统的清洁度等级应符合 JB/T 9954—1999 中表 2 或表 3 的规定。

c. 电气控制系统应控制准确、安全可靠。

⑦ 外观质量

a. 压砖机的表面不应有图样上未规定的凹凸、粗糙不平等缺陷。

b. 零部件接合面的边缘应整齐匀称，不应有明显的错位，门、盖等接合面处不应有明显的缝隙。

c. 液压、气动、电气等管道应排列整齐、安装牢固，并不得与相对运动的零部件接触。

d. 压砖机的涂漆防锈应符合 JC/T 402—2006 中 4.7 和 4.8 的规定。

(3) 试验方法

① 压砖机整机试验　按照 JC/T 910—2013 附录 A 给出的方法进行空运转试验、负荷运转试验和压砖试验。

其中的超载保护性能试验，按表 3-122 规定的超载系数设定第二次加压的压制力，本试验应不少于 3 次。

表 3-122　超载系数

公称压制力/kN	≤10000	>10000～25000	>25000～50000	>50000～80000	>80000
超载系数	≤1.08	≤1.06	≤1.04	≤1.02	

② 整机性能要求检验

a. 基本参数按下列方法进行检验。

ⅰ. 公称压制力和顶出力在负荷运转试验时分别测取主油缸和顶出器中油缸的油压，按式 (3-5) 计算压制力和顶出力。

$$F = 10^3 Ap \qquad (3-5)$$

式中　F——公称压制力或顶出力，kN；

A——活塞（柱塞）有效作用面积，m^2；

p——油缸油压，MPa。

ⅱ. 空循环次数在 JC/T 910—2013 附录 A.2.5 自动空循环试验中用秒表测量，其中活动横梁和送料小车的行程按表 3-123 的规定。

表 3-123　活动横梁和送料小车的行程

公称压制力/kN	≤10000	>10000～25000	>25000～50000	>50000～80000	>80000
活动横梁行程/mm	≥90	≥100	≥100	≥110	≥120
送料小车行程/mm	≥350	≥450	≥500	≥600	

b. 其他

其他测量与检验见 JC/T 910—2013。

> **说明**
>
> ① JC/T 910—2013《陶瓷砖自动液压机》和 JC/T 2178—2013 与 JC/T 2034—2010 比较，内容更为准确、丰富，在一定程度上体现了科技进步；JC/T 910—2013 与 JC/T 2178—2013 比较，仅在内容编排上有一些不同，两者内容差别不大。
>
> ② 对液压机用液压缸设计、制造而言，以下内容可供进一步参考应用：
>
> a. 横梁的允许挠度限值；
>
> b. 超载系数；
>
> c. 公称压制力和顶出力（脱模力）计算；
>
> d. 行程。
>
> ③ 三项标准都没有型式图示，也都没有成套性要求；只有 JC/T 2034—2010 规定了机架正常使用期限。

3.36 液压榨油机

液压榨油机是利用帕斯卡定律，使油料在饼圈内受到挤压而将油脂取出的压榨设备。在GB/T 25732—2010《粮油机械 液压榨油机》中规定了液压榨油机的相关术语和定义、工作原理、分类、型号及基本参数、技术要求、试验方法、检验规则、标志、包装、运输和储存要求，适用于总压力不大于 20t 的间歇式液压榨油机。

(1) 工作原理

液压榨油机利用帕斯卡的力学原理，以液体作为压力传递的介质产生工作压力，使油料在饼圈内受到挤压而将油脂榨出，是由液压系统和榨油机本体两大部分组成的一个封闭回路系统。

(2) 分类

① 按活塞板运动方式的不同分

a. 立式液压榨油机：活塞板垂直运动；

b. 卧式液压榨油机：活塞板水平运动。

② 按动力源的不同分

a. 手动加压式液压榨油机；

b. 电动加压式液压榨油机。

(3) 型号及基本参数

① 型号编制方法

a. 液压榨油机的型号编制方法。型号由专业代号、品种代号、型式代号以及产品的主要规格四部分组成。

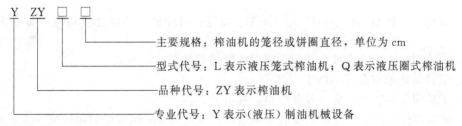

b. 型号示例。

YZYL42：笼径为 42cm 的液压笼式榨油机。

YZYQ40：饼圈直径为 40cm 的液压圈式榨油机。

② 基本参数项目 液压榨油机的基本参数项目包括型号规格、生产能力、电动机功率、外形尺寸、整机质量、工作压力、总压力、关键零部件（如活塞板及饼圈）的使用寿命和首次故障前工作时间等，在使用说明书等技术文件中应明确标明。

(4) 技术要求

① 一般要求

a. 液压榨油机应符合 GB/T 25732—2010 的规定，并按照经规定程序批准的图样和技术文件制造。

b. 原材料、外购件、外协件等应附有合格证，经验收合格后才能使用。

c. 板件、板型钢构件应符合 GB/T 24857 的规定。

d. 铸件应符合 GB/T 24856 的规定。

e. 焊接件应符合 LS/T 3501.6 的规定。

f. 主要零件的质量应符合 LS/T 3501.2 的规定。

g. 装配应符合 GB/T 24855 的规定。

h. 产品涂装应符合 GB/T 25218 的规定。

i. 液压系统选用材料及机械加工质量应符合 GB/T 3766 的规定。

② 机械性能

a. 运转应正常，平稳、无异常振动、声响。

b. 各调节、操纵、显示等装置必须齐全、灵敏、准确、可靠。

c. 正常运行时，空载噪声应不大于 85dB（A）。

d. 主油缸活塞杆或柱塞在全行程内，其轴线对受压梁的垂直度应小于或等于 1.5mm/1000mm。

e. 液压元件及管路的安装要防止密封件被擦伤，保证无外泄漏。外露管路要排列整齐、牢固。

f. 榨油机对饼面单位压力不低于 9MPa。

g. 在耐压试验中，液压系统应无外泄漏；稳定 15min 压力下降小于工作压力的 4%。

③ 安全要求

a. 安全警示标志应符合 GBZ 158—2003《工作场所职业病危害警示标识》的规定。

b. 设备电气安全应符合 GB 5226.1（已被 GB/T 5226.1—2019 代替）的规定，其过载保护、接地保护应有联锁装置。

c. 液压系统应有过载保护装置。

(5) 试验方法

① 试验条件及要求

a. 试验的场地和样机应能满足测定项目的要求，并按榨油工艺的要求安装必要的辅助设备。

b. 在同一次试验过程中，样机的操作、测定、检验和油品的化验均应配备固定的熟练人员。

c. 试验用的液压油应符合使用说明书中规定的液压油要求。

d. 试验场地的室温应不低于 20℃。

e. 试验用仪器、仪表应经校验合格，在有效期内。

f. 试验操作允许采用电动加压或手动加压。用电动时，试验电源电压应为 380 V，偏差不超过 ±5% 的范围。试验时电动机负荷不应超过标定功率的 10%。

② 机械性能测定

a. 耐压试验：对榨油机连续进行 5 次加压至安全阀跳阀，观察每次跳阀时压力表的读数并记录；安全阀试验完毕，进行整机耐压试验，对榨油机加压，活塞伸出最大行程，压力表读数为工作压力 1.25 倍时停止加压，稳定 15min，记录压力表上的读数，并观察液压系统是否有漏油情况；卸压后，观察、测定各零部件变形情况。

b. 垂直度检验：用试验工具检验主油缸活塞杆或柱塞在全行程内其轴线对受压梁的垂直度是否符合要求。

c. 噪声的测定、其他参数的检验等见 GB/T 25732—2010。

说明

① 不同标准起草单位起草的标准各具特点，本节只是为液压机用液压缸设计与选型提供依据。

② 以下内容在参考应用时需要注意，其与其他液压机相关标准规定有所不同或不符合

相关标准规定：

　　a. "液压系统选用材料及机械加工质量应符合 GB/T 3766 的规定"；

　　b. "液压元件及管路的安装要防止密封件被擦伤，保证无外泄漏"；

　　c. "榨油机对饼面单位压力不低于 9MPa"；

　　d. "在耐压试验中，液压系统应无外泄漏；稳定 15min 压力下降小于工作压力的 4%"；

　　e. "对榨油机连续进行 5 次加压至安全阀跳阀，观察每次跳阀时压力表的读数并记录"；

　　f. "对榨油机加压，活塞伸出最大行程，压力表读数为工作压力 1.25 倍时停止加压"。

　　③ 在 GB/T 25732—2010 中没有规定基本参数、型式图示，也没有成套性要求，给液压榨油机以及所配套的液压缸设计与制造带来困难。

3.37　胶合板热压机

　　在 LY/T 2167—2013《胶合板热压机》中规定了胶合板热压机的参数、要求、检验规则及标志、包装和贮存等，适用于胶合板生产用框架式热压机（简称胶合板热压机）。

(1) 简图

胶合板热压机结构简图如图 3-39 所示。

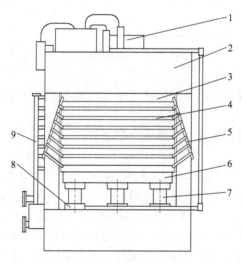

图 3-39　胶合板热压机结构简图

1—液压系统；2—机架；3—固定横梁；4—热压板；5—同时闭合机构或快速闭合机构；6—活动横梁；7—柱塞；8—油缸；9—加热介质管道

(2) 参数

胶合板热压机参数应符合表 3-124 规定。

表 3-124　胶合板热压机参数

主参数	热压板幅面尺寸/mm	宽度	2100,2300,2700
		长度	1070,1370,2100
第二主参数	总压力/MN		4.5,5,6.7

(3) 要求

① 一般要求

a. 胶合板热压机制造与验收除应符合 LY/T 2167—2013 的规定外，还应符合 GB/T 18262—2000《人造板机械通用技术条件》和 GB/T 5856—1999《热压机通用技术条件》的有关规定。

b. 电气系统应符合 GB/T 5226.1 的有关规定，液压系统应符合 GB/T 3766 的有关规定，气动系统应符合 GB/T 7932 的有关规定。胶合板热压机配套的电气、液压、气动元件及其配套件应有合格证。

c. 胶合板热压机的零部件应符合质量要求，并按照装配工艺规程进行装配，不应装有图样未规定的垫片、套等。

d. 胶合板热压机应装有热介质温度显示装置，热压板应装有板面温度显示装置。

e. 胶合板热压机宜采用横向进料结构。

f. 15 层以上胶合板热压机应具有同时闭合机构或快速闭合结构。

g. 胶合板热压机应符合安全技术要求，应设有过载保护、限位停机、压力指示及操作安全保护装置。

h. 出厂的胶合板热压机应保证成套性，并备有正常使用的维修所需的专用工具、附件及备件。

② 主要零部件要求

a. 机架

ⅰ. 焊接结构机架板的焊缝应进行探伤检查，焊缝内不应有裂纹、未焊透、未熔合及大面积密集缺陷。

ⅱ. 机架板平面度为 2mm/1000mm。

ⅲ. 机架组装后，机架上、下内平面的平面度不应低于 GB/T 1184—1996 表 B1 公差等级 8 级的规定。

ⅳ. 机架内框下平面对内框中心线的垂直度不应低于 GB/T 1184—1996 表 B3 公差等级 8 级的规定。

ⅴ. 机架内框圆弧过渡处表面粗糙度不应低于 $Ra6.3\mu m$。

b. 热压板

ⅰ. 热压板应符合 LY/T 1004—2013《热压机热压板技术条件》的各项规定。

ⅱ. 表面粗糙度采用便携式触针表面粗糙度测量仪，在距离边缘 50mm 的热压板内部均布 9 点测量，不应低于 $Ra3.2\mu m$。四周边表面粗糙度不应低于 $Ra12.5\mu m$。

ⅲ. 应以不低于热介质最大工作压力 1.5 倍进行压力试验，保压 5min 不应渗漏。

ⅳ. 工作表面应经耐磨、耐蚀处理，表面硬度不应低于 45HRC。

ⅴ. 热介质通孔道两端孔轴线偏移不应大于 2mm，通孔道内部无阻塞。

c. 柱塞缸

ⅰ. 安装平面对衬套孔轴线的端面跳动，不应低于 GB/T 1184—1996 表 B4 公差等级 7 级的规定。

ⅱ. 与柱塞或衬套配合的内孔尺寸精度和径向跳动应符合 GB/T 1800.2 中 H7 级规定和 GB/T 1184—1996 表 B4 公差等级 6 级的规定。

ⅲ. 与柱塞或衬套配合的内孔表面粗糙度为 $Ra1.6\mu m$。

ⅳ. 安装平面与外圆过渡圆角处表面粗糙度为 $Ra6.3\mu m$。

ⅴ. 以最大工作压力的 1.25 倍进行试验，保压 5min 不应渗漏。

d. 柱塞

ⅰ. 工作表面应经耐磨、耐蚀处理，表面硬度不应低于 450HV。

ⅱ. 外径跳动应符合 GB/T 1184—1996 表 B4 公差等级 6 级的规定。

ⅲ. 外圆表面粗糙度为 $Ra0.8\mu m$。

ⅳ. 圆柱度不应低于 GB/T 1184—1996 表 B2 公差等级 9 级的规定。

ⅴ. 与活动横梁相接触的柱塞端面对轴线的垂直度不应低于 GB/T 1184—1996 表 B3 公差等级 7 级的规定。

e. 活动横梁

ⅰ. 安装平面对工作台面的平行度应符合 GB/T 1184—1996 表 B3 公差等级 7 级的规定。

ⅱ. 活动横梁上平面表面粗糙度为 $Ra6.3\mu m$。

ⅲ. 周边安装面对活动横梁上平面的垂直度小于 0.4mm。

③ 几何精度

a. 胶合板热压机检验前应自然调平，下热压板纵向和横向水平偏差调至 0.10mm/1000mm。

b. 几何精度检验应在空运转试验后进行。

c. 几何精度检验顺序允许调整。

d. 几何精度检验应符合 LY/T 2167—2013 中表 2 的规定，摘录见表 3-125。

表 3-125　几何精度检验

序号	检验项目	检验图示	检验方法	检验工具	允差
G6	活动横梁台面对固定横梁台面的平行度	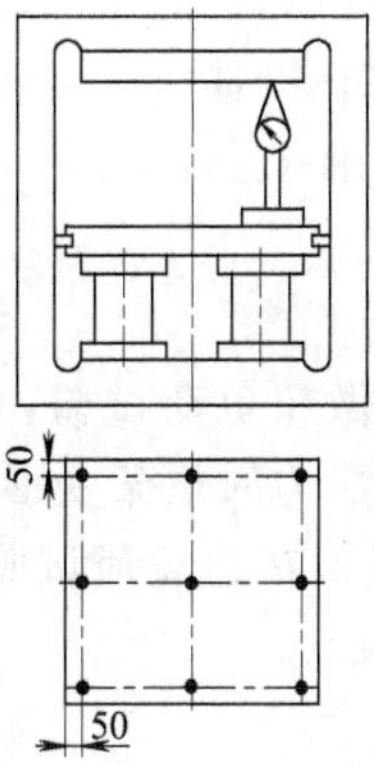	活动横梁下降到最低位置，使之静止。指示器置于活动横梁台面的平尺上。按图示布点测量，以指示器最大与最小读数差为测定值	指示器 平尺	0.15mm
G7	活动横梁的运动轨迹对固定横梁台面的垂直度	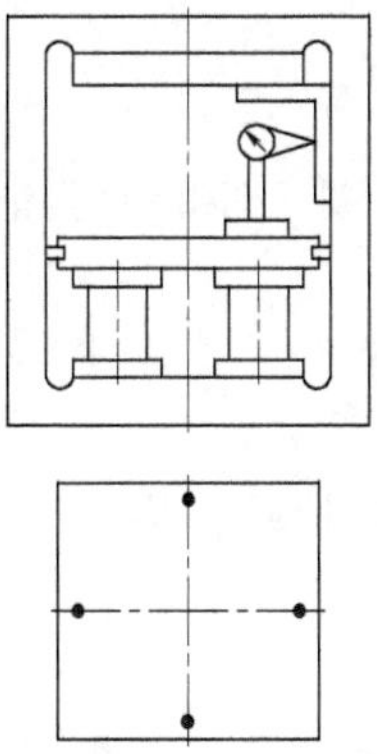	1m 角尺放在固定横梁台面上，指示器固定在活动横梁上，活动横梁反复运动。按图示布点测量，以指示器最大与最小读数差为测定值	角尺 指示器	2.5mm/1000mm

④ 工作精度

a. 工作精度检验应在几何精度试验后进行，工作精度检验允许在用户处进行。

b. 条状胶合板厚度差不大于 0.1mm。

c. 工作精度检验应符合 LY/T 2167—2013 中表 3 的规定，其中加压厚度的允差为 0.30mm。

⑤ 空运转试验　每台胶合板热压机均需进行空运转试验，试验时可以采用试验管道，柱塞连续往复运动 20 次后检验下列项目：

a. 各运转机构动作应平稳、协调、可靠；

b. 柱塞运动应灵活、平稳，不应有冲击和爬行；

c. 15 层以下胶合板热压机闭合速度不应低于 45mm/s，15 层至 25 层胶合板热压机闭合速度不应低于 55mm/s，25 层以上胶合板热压机闭合速度不应低于 75mm/s。

⑥ 负荷试验、超负荷试验

a. 每台胶合板热压机均需进行满负荷试验，试验次数不应少于 3 次，试验时应在热压板间放置与热压板幅面相应的胶合板或类似胶合板的材料，负荷试验与超负荷试验可在用户方进行。

b. 负荷试验应检验下列项目：

ⅰ. 胶合板热压机升至最大工作压力，保压 30min 后，压力降不应超过 5%；

ⅱ. 所有机构在满负荷试验时应正常可靠；

ⅲ. 胶合板热压机的动作顺序应符合设计要求；

ⅳ. 电气、液压、气动、冷却系统应工作正常可靠，液压、气动、加热管道不应渗漏；

ⅴ. 热压板闭合速度、升压速度、降压速度符合设计热压机要求；

ⅵ. 胶合板热压机操纵台处噪声不应超过 85 dB（A）；

ⅶ. 各紧固件无松动现象。

c. 超负荷试验应检验下列项目：

ⅰ. 胶合板热压机，应按工作压力的 1.25 倍做超负荷试验，试验次数不少于 2 次。应力值不许超过材料的屈服极限，达到 1.25 倍工作压力时机架变形量不超过 3mm。

ⅱ. 整机刚度、强度应符合有关规定，所有机构在超负荷试验时应正常、可靠，零部件不应有塑性变形和损坏现象，整机不允许有明显晃动。

(4) 检验规则

① 出厂检验

a. 每台胶合板热压机均应进行出厂检验，检验合格后方允许出厂。凡因条件限制，在制造厂试验及检验有困难时，可在用户方验收。

b. 出厂检验包括下列各项：

ⅰ. 外观检验，对胶合板热压机制造过程中主要工序的检验记录进行验证；

ⅱ. 基本参数、尺寸规格检验；

ⅲ. 几何精度检验；

ⅳ. 空运转试验。

c. 出厂检验所有各项都合格后，才能判定出厂检验合格。

② 型式检验　见 LY/T 2167—2013。

(5) 标志、包装和贮存

① 胶合板热压机的储运指示标志，应符合 GB/T 191 的规定。

② 标牌应符合 GB/T 13306 的规定。

③ 包装箱的制作、装箱要求、包装标记、运输要求均应符合 GB/T 13384 的规定。

④ 产品在长期保管中，应放置于室内或棚内保管，保管时应保证胶合板热压机防腐蚀，电气设备防潮湿，保证机器零部件、专用工具及随机备件等完整无损。

⑤ 随机文件应包括产品合格证明书、产品使用说明书和产品装箱单等。

3.38 平板硫化机

平板硫化机是有两块或两块以上热板，使橡塑半成品或预先置于模型中的胶料在热板间受压加热硫化的机械，包括模压硫化机和胶带硫化机/胶板硫化机。在 GB/T 25155—2010《平板硫化机》中规定了平板硫化机的型号与基本参数、技术要求、安全要求、试验、检验规则、标志、包装、运输及贮存，适用于模压成型橡塑制品和胶带（板）的平板硫化机，但不适用于实验室用平板硫化机。

在 GB 25432—2010《平板硫化机安全要求》中规定了对平板硫化机和辅助装置，特别是和装模、卸模装置之间相互作用引起的附加危险的基本安全要求。对辅助装置本身的安全要求未予规定。该标准适用于具有垂直锁模运动、行程超过 6mm 的模压成型橡塑制品和胶带（板）的平板硫化机。

(1) 型号与基本参数

① 型号　平板硫化机的型号编制应符合 GB/T 12783—2000《橡胶塑料机械产品型号编制方法》的规定。根据 GB/T 12783—2000 的规定，平板硫化机的基本代号为 XLB。

② 基本参数

a. 公称合模力（MN）应优先选用 GB/T 321—2005 中 R10 数系。

b. 热板规格 [宽(mm)×长(mm)] 应优先选用 GB/T 321—2005 中 R40 数系。

c. 热板间距（mm）应优先选用 GB/T 321—2005 中 R20 数系。

(2) 技术要求

① 平板硫化机应符合标准的各项要求，并按经规定程序批准的图样和技术文件制造。

② 液压系统应符合以下要求。

a. 液压系统应符合 GB/T 3766 的规定。

b. 当工作液达到工作压力时保压 1h，液压系统的压力降：

ⅰ. 合模力大于 2.5 MN 的平板硫化机，压力降不应大于工作压力的 10%；

ⅱ. 合模力不大于 2.5 MN 的平板硫化机，压力降不应大于工作压力的 15%。

c. 当液压系统的压力降超过规定值时，液压系统应有自动补压至工作压力的功能。

d. 液压系统应进行 1.25 倍工作压力的耐压试验，保压 5min，不应有外泄漏。

③ 热板应能达到的最高工作温度：蒸汽加热为 180℃，油加热为 200℃。

④ 当温度达到稳定状态时，热板工作面温差：

a. 蒸汽加热、油加热不应超过 ±3℃。

b. 电加热时，热板尺寸不大于 1000mm×1000mm 不应超过 ±3℃，热板尺寸大于 1000mm×1000mm 不应超过 ±5℃。

⑤ 平板硫化机应装有自动调温装置，在温度达到稳定状态时，调温误差不应大于 ±1.5%。

⑥ 热板加压后，相邻两热板的平行度应符合 GB/T 1184—1996 表 B.3 中 8 级公差值的规定。

⑦ 热板工作面的表面粗糙度：

a. 用于带模具硫化制品的平板硫化机，$Ra \leqslant 3.2\mu m$；

b. 用于不带模具硫化制品的平板硫化机，$Ra \leqslant 1.6\mu m$。

⑧ 热板开启和闭合速度：

a. 硫化胶板、胶带的平板硫化机不应低于 6mm/s；

b. 橡胶塑料发泡的平板硫化机，开模速度不应低于 160mm/s；

c. 其他平板硫化机不应低于 12mm/s。

⑨ 加热系统应进行最高工作压力的试验，保压 30min，不应有渗漏：

a. 蒸汽加热系统应进行蒸汽试验；

b. 油加热系统应进行热油试验。

⑩ 有真空要求的平板硫化机，真空度不应低于 0.09MPa。

⑪ 平板硫化机的涂漆要求应符合 HG/T 3228 的规定，外观要求应符合 HG/T 3120 的规定。

(3) 安全要求

平板硫化机的安全要求符合 GB 25432—2010 的规定。

(4) 试验

① 空运转试验　空运转试验在整机装配后进行。应按"(2)技术要求"中的②、⑥、⑦、⑧、⑪的规定检验，合格后方可进行负荷运转试验。

② 负荷运转试验

a. 负荷运转试验应按"(2)技术要求"中的②、③、④、⑤、⑨、⑩的规定进行。

b. 平板硫化机安全要求按 GB 25432—2010 进行检验。

注：符合运转试验可在用户厂进行。

c. 检验方法按 HG/T 3229 的要求进行。

d. 经空运转试验或负荷运转试验检查合格后，在交付包装、运输或贮存之前，应将各管路内的水和减速器内的油放净，并将各管路阀门置于开启位置，以防止设备在贮存和运输中冻坏或污损。

(5) 检验规则

见 GB/T 25155—2010。

(6) 标志、包装、运输及贮存

见 GB/T 25155—2010。

说明

对于一项产品标准 GB/T 25155—2010《平板硫化机》，还专门有一项 GB 25432—2010《平板硫化机安全要求》，这种标准编制比较特殊。

在 GB 25432—2010 中规定不涵盖注射成型机，充气轮胎硫化机，内胎、各类胶囊硫化机，热成型机，反应注射成型机；也不包括具有潜在爆炸环境下使用的设备及防护系统的要求、排风通风系统的设计要求。

尽管 GB 25432—2010 早于 GB 28241—2012《液压机　安全技术要求》发布、实施，且其中的一些规范性引用文件已经被代替，但其还是有一些值得参考的地方。

① "4.3.1　机械危险　4.3.1.1　以下情况引起的挤压和/或剪切危险：5MPa 以上高压胶管的鞭击。"

② "4.3.1.2　压力下的液体危险　液压、气动或加热调温系统，特别是 5MPa 以上高压胶管和接头的液压流体意外泄放可致使眼睛和皮肤受到伤害。"

③"为了防止胶管在5MPa以上压力下产生抽打危险，其接头的设计应能防止在固定处受拉断裂以及在连接点处意外脱开。

应采用防扯断配件，例如在胶管与配件之间采用固定配合接头，以防止扯断。胶管采用固定包封〔见 GB/T 8196—2003（已废止）中 3.2.1〕，或者采用附加配件（例如用固定链加固），以防止抽打危险。

为防止从连接点意外脱开，不应使用剖分接头。合适的接头有：法兰接头、扩口接头与锥管接头等。"

作者注：GB/T 8196—2003《机械安全 防护装置 固定式和活动式防护装置设计与制造一般要求》已被 GB/T 8196—2018《机械安全 防护装置 固定式和活动式防护装置的设计与制造一般要求》代替。

④"制造厂商应：就过滤器的清洁和更换、液压系统液压介质补加及废油处置的程序步骤和时间间隔等予以规定"。

⑤"制造厂商应声明：只对由其设计接口系统的带有辅助装置的平板硫化机，它们之间的相互作用，才负有责任。制造厂商应声明：如果辅助装置拆除，则平板硫化机应按其原始设计加以防护"。

不限于上述所列，在平板硫化机以及其他液压机设计、制造、使用及维护中，（强制）遵守相关的安全技术要求如 GB 25432—2010、GB 28241—2012 等标准是必须的。

3.39 纤维增强复合材料自动液压机

在 JC/T 2486—2018《纤维增强复合材料自动液压机》中规定了纤维增强复合材料自动液压机（以下简称复材压机）的术语和定义、类型、型号和基本参数、技术要求、试验方法、检验规则以及标志、包装、运输和贮存，适用于以纤维增强树脂基热塑性或热固性复合材料为原料高速模压成型的液压机。

作者注：在 JC/T 2486—2018 的规范性引用文件 JB/T 4174—2004《液压机 名词术语》中，没有"纤维增强复合材料自动液压机"这一术语和定义。

(1) 类型、型号和基本参数

① 类型

a. 复材压机按模压成型工艺分为热固性、热塑性和热固性及热塑性兼容三种类型。

b. 复材压机按增强材料分为玻璃纤维、碳纤维两种类型。

② 型号 型号表示方法如下：

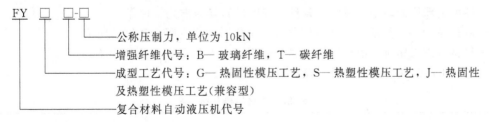

FY □ □-□

——公称压制力，单位为 10kN

——增强纤维代号：B— 玻璃纤维，T— 碳纤维

——成型工艺代号：G— 热固性模压工艺，S— 热塑性模压工艺，J— 热固性及热塑性模压工艺（兼容型）

——复合材料自动液压机代号

示例：

公称压制力为 25000kN，热塑性模压工艺，碳纤维增强的复合材料自动液压机标记为

纤维增强复合材料自动液压机 FYST-2500 JC/T 2486—2018

③ 基本参数 复材压机的基本参数见表 3-126。

表 3-126 复材压机的基本参数

序号	参数值					
	公称压制力 (F)/kN	回程力 (F_1)/kN	开模力 (F_2)/kN	压制速度/(mm/s)		
				热固性	热塑性	热固性及热塑性兼容
1	2000	≥80	≥300	0.5～20	25～80	1～50
2	3150	≥126	≥472.5			
3	5000	≥200	≥750			
4	6300	≥252	≥945			
5	8000	≥320	≥1200			
6	10000	≥400	≥1500			
7	15000	≥450	≥1800			
8	20000	≥600	≥2400			
9	25000	≥750	≥3000			
10	30000	≥900	≥3600			
11	35000	≥1050	≥4200			
12	40000	≥1200	≥4800			

注：$F \leqslant 10000$kN 时，$F_1 \geqslant 0.04F$，$F_2 \geqslant 0.15F$；$F > 10000$kN 时，$F_1 \geqslant 0.03F$，$F_2 \geqslant 0.12F$。

(2) 技术要求

① 基本要求

a. 复材压机应符合 JC/T 2486—2018 的要求，并按经规定程序批准的图样及技术文件制造。

b. 复材压机的液压系统应符合 GB/T 3766 规定；液压元件应符合 GB/T 7935 的规定。

c. 复材压机的气动系统应符合 GB/T 7932 的规定。

d. 复材压机的电气系统应符合 GB 5226.1—2008（已被 GB/T 5226.1—2019 代替）的规定。

e. 机械加工件质量应符合 JB/T 8828 的规定。其未注公差的线性尺寸和角度尺寸的极限偏差不应低于 GB/T 1804—2000 中的 m 级；形状和位置公差的直线度、平面度和圆跳动的未注公差等级不应低于 GB/T 1184—1996 中的 K 级。

f. 焊接件的质量应符合 JC/T 532—2007《建材机械钢焊接件通用技术条件》的规定，其中焊接接头的表面质量等级不应低于Ⅲ级；未注公差的尺寸和角度的极限偏差不应低于 B 级；未注直线度、平面度的公差等级不应低于 F 级。

g. 装配质量应符合 JB/T 5994 的规定。

h. 复材压机的安全应符合 GB/T 28241 的要求。

② 整机性能要求

a. 复材压机的基本参数应符合表 3-126 的规定。

b. 复材压机在各种设定状态下工作应运转平稳，性能可靠，运行协调。

c. 各可调部位的调整应灵活，各种工况间的转换应准确、可靠。

d. 液压驱动件（如活塞、活动横梁等）工作时不应有爬行和停滞现象。

e. 复材压机工作时，滑动导轨的温升应不超过 15℃，最高温度应不超过 50℃。

f. 复材压机的几何精度应符合表 3-127 的规定。

表 3-127 复材压机几何精度

序号	项目		允差
1	活动横梁下平面对 工作台面的平行度	公称压制力≤10000kN	0.07mm/1000mm
		公称压制力>10000kN～25000kN	0.08mm/1000mm
		公称压制力>25000kN～40000kN	0.09mm/1000mm
2	活动横梁运动轨迹对工作台面的垂直度		每 500mm 测量长度小于 0.08mm

g. 复材压机活动横梁挠度应不大于 0.10mm/1000mm；下横梁的挠度应不大于 0.15mm/1000mm。

h. 配备四角调平系统的复材压机，其四角调平精度应符合表 3-128 的规定。

表 3-128　四角调平精度

序号	压制速度/(mm/s)	调平精度/mm
1	≤1	≤0.06
2	>1～5	≤0.10
3	>5～10	≤0.15
4	>10～25	≤0.25
5	>25～40	≤0.40
6	>40～80	≤0.60

注：制品的反作用力的合力是在下横梁允许的最大偏心距区域内时（具体设计确定），四角调平才能有效工作。

③ 安全防护

a. 复材压机应设置停机、放料和取件状态下防止活动横梁自行下落的联锁防护装置，并符合 GB 5091 的规定。

b. 复材压机应设有光电保护装置，并设有防止在压机开动状态时人员从侧边进入的装置，并符合 GB/T 4584 的规定。

c. 人体易接触的外露运动部件应设置防护装置和警示标志，警示标志应符合 GB 2894 的规定。

d. 复材压机应设置急停按钮，急停装置的设计应符合 GB 16754 的规定。

e. 复材压机应设置超载、超行程等保护装置。

f. 复材压机的噪声应符合 GB 26484—2011 中表 2 的规定。

g. 蓄能器的安全应符合 JB/T 7036 的规定。

h. 碳纤维复材压机应把模具所处的压制空间予以密封，并通过吸尘系统形成一定的负压，避免碳纤维的飞扬。

i. 碳纤维复材压机的电动机和电气系统应具有防爆措施。

j. 复材压机的高空作业平台、防护围栏、直梯和斜梯等，应分别符合 GB 17888.2、GB 17888.3 和 GB 17888.4 的规定。

④ 零部件和装配质量

a. 主活塞和导轨等重要运动副应采取耐磨措施和润滑措施。

b. 主油缸和拉杆等重要锻件和框架焊接件应进行消除内应力处理。

c. 主油缸和拉杆等重要锻件的超声波探伤应符合 GB/T 6402—2008 表 4 中 3 级的要求；液压缸焊缝探伤应符合 NB/T 47013.3—2015 中 Ⅱ 级的要求。

d. 框架式复材压机的支柱面、锁紧螺母与上横梁及下横梁的固定接合面，主油缸或主活塞端部与活动横梁的固定接合面，框架组合面及框架（或活动梁）与主油缸组合面，这三处的固定接合面应紧密贴合，符合 JB/T 1829—2014 中表 2 的规定。

⑤ 液压系统

a. 液压系统的清洁度等级应符合 JB/T 9954—1999 中表 3 的规定。

b. 液压系统启动时油箱内油液最低温度应不低于 20℃，工作时油液温度应不超过 55℃，应设有油温超限报警装置。

⑥ 电气控制系统

a. 保护接地电路的设置应按 GB 5226.1—2008（已被 GB/T 5226.1—2019 代替）中 5.2 和 8.2 的规定。

b. 电气设备的动力电路导线和保护接地电路之间施加 500V d. c. 时，其绝缘电阻应不小于 1MΩ。

c. 电气设备所有电路导线和保护接地电路之间应经受 1s 时间电压 1000V 的耐压试验，不应发生击穿。

d. 电气柜及暴露电气元件的防护等级应不低于 IP54。

e. 电气控制系统应将所有控制器、机器人、伺服驱动器及其他智能仪表均配置以太网接口，全部纳入以太网，以实现对整个系统进行集中监控。

f. 电气控制系统应具有手动、自动两种控制模式，可实现复材压机的全部控制功能以及模具可编程功能，并有故障监控及报警功能。

g. 人机界面应包括工作参数和生产工艺参数设置、设备故障和工艺操作提示、历史数据显示和工作状态显示等内容。

⑦ 外观质量

a. 复材压机的外观应符合 JB/T 1829—2014 中 3.14 的规定。

b. 复材压机的涂装质量应符合 JC/T 402—2006《水泥机械涂漆防锈技术条件》中 4.7 和 4.8 的规定。

(3) 检验规则

检验分类、出厂检验、型式检验、判定规则见 JC/T 2486—2018。

(4) 试验方法

① 试验条件

a. 空运转试验及负荷运转试验，分别在活动横梁和工作台面安装高度与实际使用模具相应的垫块。

b. 负荷运转试验应设在自动循环工作状态，在额定公称压制力下连续运转时间不小于 2h。

② 负荷运转试验

a. 负荷循环试验。负荷循环试验时活动横梁的运动方式按 JC/T 2486—2018 中图 A.2 进行，如有取、放料机构，则同步运行，分阶段加压累计压制次数不应少于 1.5 万次。

b. 超载保护性能试验。

i. 按表 3-129 规定的超载系数设定加压的压制力，检验超载保护系统的性能，本试验次数不少于 3 次。

表 3-129　超载系数

公称压制力/kN	≤10000	>10000～25000	>25000～40000
超载系数	≤1.1	≤1.06	≤1.04

ii. 试压模具的大小，在长、宽方向均不小于工作台面的 60%。

(5) 标志、包装、运输和贮存

见 JC/T 2486—2018。

3.40　等温锻造液压机

等温锻造液压机是一种适用于等温锻造工艺的精密锻造液压机。在 JB/T 12517.1—2015《等温锻造液压机　第 1 部分：型式与基本参数》中规定了 3150～100000kN 等温锻造液压机的术语和定义、型式与基本参数，在 JB/T 12517.2—2015《等温锻造液压机　第 2 部分：精度》中中规定了等温锻造液压机的精度检验，适用于等温锻造液压机（以下简称液压机）。

作者注：JB/T 12517《等温锻造液压机》仅有上述两项标准，而没有技术条件。

3.40.1 等温锻造液压机型式与基本参数

(1) 型式

液压机基本型式有两种：组合框架式结构（见图3-40）；三梁四柱式结构（见图3-41），此种结构仅限于公称力为30000kN以下的液压机。

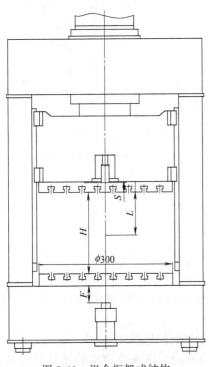

图 3-40 组合框架式结构

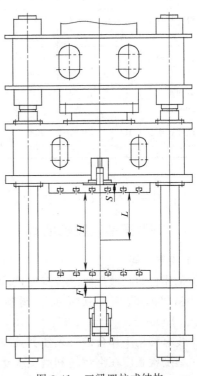

图 3-41 三梁四柱式结构

(2) 基本参数

① 液压机的主参数为公称力。

② 液压机基本参数应符合表 3-130 的规定。

表 3-130 等温锻造液压机的基本参数

参数名称	参数值										
公称力/kN	3150	5000	6300	10000	20000	30000	40000	50000	63000	80000	100000
液压系统最大工作压力/MPa	25	25	25	25	25	25	28	28	28	28	28
最大开口高度 H/mm	1500	1800	2000	2200	2400	2600	2800	3000	3200	3500	4000
最大工作行程 L/mm	800	900	1000	1100	1200	1300	1500	1600	1700	1900	2200
上顶出缸顶出力/kN	150	150	200	200	500	500	800	800	1000	1000	1000
上顶出缸顶出行程 S/mm	50～100	50～100	50～100	50～100	50～100	50～100	50～100	50～100	50～100	50～100	50～100
下顶出缸顶出力/kN	500	750	800	1000	1250	1500	2000	3150	4000	5000	6300

参数名称	参数值										
下顶出缸顶出行程 F/mm	100～350	100～350	100～350	100～400	150～400	150～400	200～500	200～500	200～600	300～800	300～800
工作台有效尺寸（长×宽）/mm	1300×1300	1500×1500	1500×1500	1600×1600	1800×1800	2000×2000	2500×2500	2700×2700	2900×2900	3200×3200	3500×3500
滑块空行程速度/(mm/s)	100～120	100～120	100～120	100～120	100～120	100～120	100～120	100～120	100～120	100～120	100～120
滑块一般工作速度/(mm/s)	0.5～10	0.5～10	0.5～10	0.5～10	0.5～10	0.5～10	0.5～10	0.5～10	0.5～10	0.5～10	0.5～10
滑块微速工作速度/(mm/s)	0.002～0.5	0.002～0.5	0.002～0.5	0.002～0.5	0.002～0.5	0.002～0.5	0.005～0.5	0.005～0.5	0.005～0.5	0.005～0.5	0.005～0.5
滑块慢速回程速度/(mm/s)	0.1～2	0.1～2	0.1～2	0.1～2	0.1～2	0.1～2	0.1～2	0.1～2	0.1～2	0.1～2	0.1～2
滑块快速回程速度/(mm/s)	100～120	100～120	100～120	100～120	100～120	100～120	100～120	100～120	100～120	100～120	100～120

（3）型号

液压机型号应符合 GB/T 28761 的规定。

3.40.2　等温锻造液压机精度

（1）检验说明

① 工作台面是液压机总装精度检验的基准面。

② 精度检验前，液压机应调整水平，其工作台面纵、横向水平偏差不应超过 0.20mm/1000mm。

③ 装有移动工作台的，须使其处在液压机的工作位置并锁紧牢固。

④ 精度检验应在空运转和满负荷运转试验后分别进行，以满负荷运转试验后的精度检验值为准。

⑤ 精度检验应符合 GB/T 10923 的规定，也可采用其他等效的检验方法。

⑥ 精度检验工具应符合 GB/T 10923 的规定。

⑦ 在检验平面时，当被检测平面的最大长度 $L\leqslant1000$mm 时，不检测长度 l 为 $0.1L$，当 $L>1000$mm 时，不检测长度 $l=100$mm。

⑧ 工作台上平面及滑块下平面的平面度允许在装配前检验。

⑨ 在总装精度检验前，滑块与导轨间隙的调整原则：应在保证总装精度的前提下，导轨不发热，不拉毛，并能形成油膜。表 3-131 推荐的导轨总间隙仅作为参考值。

表 3-131　导轨总间隙　　　　　　　　　　　　　　　　　单位：mm

导轨间距	≤1000	>1000～1600	>1600～2 500	>2500
总间隙值	≤0.10	≤0.16	≤0.22	≤0.30

注：1. 在液压机滑块运动的极限位置用塞尺测量导轨的上下部位的总间隙，也可将滑块推向固定导轨一侧，在单边测量其总间隙。

　　2. 最大实测总间隙值记入产品合格证明书以作为参考。

⑩ 液压机的精度按其用途分为Ⅰ级、Ⅱ级，可根据其产品用途选择精度级别，级别见表 3-132。

表 3-132 等温锻造液压机的精度级别

等级	用途	型式
Ⅰ级	精密制件	框架式
Ⅱ级	普通制件	四柱式、框架式

⑪ 上述规定的检验程序并不表示实际检验程序，为了拆装检验工具和检测方便，允许按任意次序进行检测。

⑫ 在精度检测过程中，不允许对影响精度的机构和零件进行调整。

⑬ 各检验项目的公差，须按 JB/T 12517.2—2015 第 4 章规定的公式计算。计算结果保留两位小数。

(2) 精度检验

① 工作台上平面及滑块下平面的平面度

a. 检验方法。见 JB/T 12517.2—2015。

b. 公差。工作台上平面及滑块下平面的平面度公差应符合表 3-133 的规定。

表 3-133 工作台上平面及滑块下平面的平面度公差　　　　单位：mm

等级	公差		
	工作台面有效尺寸长度 L		
	$L \leqslant 1000$	$1000 < L \leqslant 2000$	$L > 2000$
Ⅰ级	$0.01 + \dfrac{0.03}{1000}L_1$	$0.015 + \dfrac{0.04}{1000}L_1$	$0.02 + \dfrac{0.05}{1000}L_1$
Ⅱ级	$0.02 + \dfrac{0.045}{1000}L_1$	$0.03 + \dfrac{0.06}{1000}L_1$	$0.04 + \dfrac{0.075}{1000}L_1$

注：L_1 为测量范围，$L_1 = L - 2l$，L_1 最小为 200mm。

作者注：在 JB/T 12517.2—2015 原表 2 中的"注"应有误。

c. 检验工具。包括平尺、等高量块、可调量块、水平仪、桥板。

② 滑块下平面对工作台上平面的平行度

a. 检验方法。见 JB/T 12517.2—2015。

b. 公差。滑块下平面对工作台上平面的平行度公差应符合表 3-134 的规定。

表 3-134 滑块下平面对工作台上平面的平行度公差　　　　单位：mm

等级	公差		
	工作台面有效尺寸长度 L		
	$L \leqslant 1000$	$1000 < L \leqslant 2000$	$L > 2000$
Ⅰ级	$0.02 + \dfrac{0.06}{1000}L_2$	$0.03 + \dfrac{0.08}{1000}L_2$	$0.04 + \dfrac{0.10}{1000}L_2$
Ⅱ级	$0.04 + \dfrac{0.09}{1000}L_2$	$0.06 + \dfrac{0.12}{1000}L_2$	$0.08 + \dfrac{0.15}{1000}L_2$

注：L_2 为测量范围，$L_2 = L - 2l$，L_2 最小为 200mm。

c. 检验工具。包括支撑棒、指示表。

③ 滑块运动轨迹对工作台面的垂直度

a. 检验方法。在工作台上中央位置放一直角尺（下面可放一平尺），将指示表紧固在滑块下平面上，并使指示表测头触在直角尺上，当滑块上下运动时，在通过中心的左右和前后方向分别进行测量，指示表读数的最大差值即为测定值。

测量位置在下极限前 1/2 行程范围内。

b. 公差。滑块运动轨迹对工作台面的垂直度公差应符合表 3-135 的规定。

表 3-135　滑块运动轨迹对工作台面的垂直度公差　　　　　　　单位：mm

等级	公差		
	工作台面的有效长度 L		
	$L\leqslant 1000$	$1000 < L\leqslant 2000$	$L > 2000$
Ⅰ级	$0.01 + \dfrac{0.015}{100}L_3$	$0.02 + \dfrac{0.015}{100}L_3$	$0.03 + \dfrac{0.015}{100}L_3$
Ⅱ级	$0.03 + \dfrac{0.025}{100}L_3$	$0.04 + \dfrac{0.025}{100}L_3$	$0.05 + \dfrac{0.025}{100}L_3$

注：L_3 为（最大实际检测的）滑块行程，最小值为 20mm。

作者注：在 JB/T 12517.2—2015 原表中的"注：L_3 为滑块行程，最小值为 20mm"有问题。

c. 检验工具。包括直角尺、平尺、指示表。

④ 由偏心引起的滑块下平面对工作台面的倾斜度

a. 检测方法。在工作台上用带有铰接的支撑棒（支撑棒仅承受滑块自重，支撑棒长度任意选取）依次分别支撑在滑块下平面的左右和前后支撑点上，用指示表在各支撑点旁及其对称点分别按左右（$2L_4$）和前后（$2L_5$）方向测量工作台上平面和滑块平面间的距离，指示表读数的最大差值即为测定值，但对角线方向不进行测量。

测量位置为行程的下限和下限前 1/3 行程范围内。

注：L_4、L_5 为自滑块中心起至支撑点的距离，$L_4 = L/3$（L 为工作台面长边尺寸），$L_5 = L_6/3$（L_6 为工作台面短边尺寸）。

b. 公差。由偏心引起的滑块下平面对工作台面的倾斜度公差应符合表 3-136 的规定。

表 3-136　由偏心引起的滑块下平面对工作台面的倾斜度公差　　　　　单位：mm

等级	公差
Ⅰ级	$L_4/3000$
Ⅱ级	$L_4/2000$

c. 检验工具。包括支撑棒、指示表。

3.41　多向模锻液压机

在 JB/T 13898.1—2020《多向模锻液压机　第 1 部分：型式与基本参数》中规定了多向模锻液压机的型式与基本参数，在 JB/T 13898.2—2020《多向模锻液压机　第 2 部分：技术条件》中规定了多向模锻液压机的技术要求、试验方法、检验规则、包装、运输、贮存和保证，在 JB/T 13898.3—2020《多向模锻液压机　第 3 部分：精度》中规定了多向模锻液压机的精度检验，适用于多向模锻液压机。

作者注：现在没有查到有标准定义"模锻液压机"或"多向模锻液压机"，但在 JB/T 13898.2—2020 中规定"液压机具有整形、成形、精密锻造等功能"。

3.41.1　多向模锻液压机型式与基本参数

(1) 型式

① 多向模锻液压机型号编制方法应符合 GB/T 28761 的规定。

② 多向模锻液压机分为以下三种基本型式（图 3-42、图 3-43、图 3-44 为型式示意图，仅供参考）：单向侧缸式（见图 3-42）；双向侧缸式（见图 3-43）；三向侧缸式（见图 3-44）。

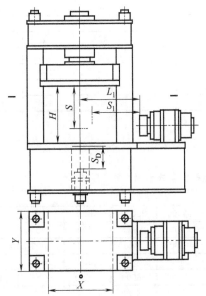

图 3-42　单向侧缸式多向模锻液压机示意图

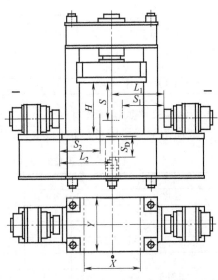

图 3-43　双向侧缸式多向模锻液压机示意图

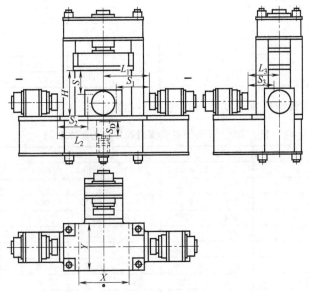

图 3-44　三向侧缸式多向模锻液压机示意图

(2) 基本参数

① 多向模锻液压机的主参数为主缸公称力。

② 单向侧缸式模锻液压机的基本参数见表 3-137。

表 3-137　单向侧缸式模锻液压机的基本参数

参数名称	参数值						
公称力/kN	8000	10000	15000	18000	22000	25000	30000
开口 H/mm	1800	2000	2500	2600	3000	3000	4500
主缸行程 S/mm	1400	1500	1700	1800	2100	2100	**2000**
顶出缸力/kN	1000	1000	1000	1000	2000	2000	2000
右侧缸力/kN	5000	6300	8000	9000	10000	12500	15000

参数名称	参数值						
顶出缸行程 S_D/mm	400	400	400	400	400	400	500
侧缸行程 S_1/mm	1600	1600	2050	2500	2500	2600	2600
侧缸至压机中心距离 L_1/mm	3300	3300	4000	4700	4700	5100	5100
工作台左右尺寸 X/mm	2500	2500	3000	3500	3800	4000	4500
工作台前后尺寸 Y/mm	1500	1500	2000	2200	2400	2400	3000

作者注：表中黑体字或有误。

③ 双向侧缸式模锻液压机的基本参数见表 3-138。

表 3-138 双向侧缸式模锻液压机的基本参数

参数名称	参数值							
公称力/kN	6300	8000	10000	15000	22000	25000	30000	60000
开口 H/mm	1200	1500	1500	1800	1800	1800	1800	2500
主缸行程 S/mm	700	1000	1000	1000	1000	1000	1000	1000
顶出缸力/kN	500	1250	1250	2500	2500	2500	2500	2500
左侧缸力/kN	4000	6300	8000	12000	18000	21000	24000	26000
右侧缸力/kN	4000	6300	8000	12000	18000	21000	24000	26000
顶出缸行程 S_D/mm	200	400	400	500	500	500	500	500
左侧缸行程 S_2/mm	300	400	600	900	900	900	900	900
右侧缸行程 S_1/mm	300	400	600	900	900	900	900	900
左侧缸至压机中心距离 L_2/mm	500	700	800	1000	1100	1200	1200	1400
右侧缸至压机中心距离 L_1/mm	500	700	800	1000	1100	1200	1200	1400
工作台左右尺寸 X/mm	1200	1400	1500	2000	2200	2500	2800	3000
工作台前后尺寸 Y/mm	1200	1400	1500	1800	1800	2000	2200	2200

④ 三向侧缸式模锻液压机的基本参数见表 3-139。

表 3-139 三向侧缸式模锻液压机的基本参数

参数名称	参数值							
公称力/kN	6300	8000	10000	15000	22000	25000	30000	60000
开口 H/mm	1200	1500	1500	1800	1800	1800	1800	2500
主缸行程 S/mm	700	1000	1000	1000	1000	1000	1000	1000
顶出缸力/kN	500	1250	1250	2500	2500	2500	2500	2500
左侧缸力/kN	4000	6300	8000	12000	18000	21000	24000	26000
右侧缸力/kN	4000	6300	8000	12000	18000	21000	24000	26000
后侧缸力/kN	4000	6300	8000	12000	18000	21000	24000	26000
顶出缸行程 S_D/mm	200	400	400	500	500	500	500	500
左侧缸行程 S_2/mm	300	400	600	900	900	900	900	900
右侧缸行程 S_1/mm	300	400	600	800	900	900	900	900
后侧缸行程 S_3/mm	300	400	600	800	900	900	900	900
左侧缸至压机中心距离 L_2/mm	500	700	800	1000	1100	1200	1200	1400
右侧缸至压机中心距离 L_1/mm	500	700	800	1000	1100	1200	1200	1400
后侧缸至压机中心距离 L_3/mm	500	700	800	1000	1100	1200	1200	1400
工作台左右尺寸 X/mm	1200	1400	1500	2000	2200	2500	2800	3000
工作台前后尺寸 Y/mm	1200	1400	1500	1800	1800	2000	2200	2200

3.41.2 多向模锻液压机技术条件

(1) 技术条件

① 一般要求

a. 多向模锻液压机（以下简称液压机）的图样及技术文件应符合 JB/T 13898.2—2020 的要求，并应按规定程序经批准后方能投入生产。

b. 液压机的产品造型和布局要考虑工艺美学和人机工程学的要求，各部件及装置应布局合理、高度适中，便于操作者观察加工区域。

c. 液压机应便于使用、维修、装配、拆卸和运输。

d. 液压机在下列环境条件下应能正常工作。

ⅰ. 环境温度：5～40℃，对于非常热的环境（如热带气候、钢厂）及寒冷环境，须提出额外要求。

ⅱ. 相对湿度：当最高温度为 40℃ 时，相对湿度不超过 50%，液压机应能正常工作，温度低则允许高的相对湿度，如 20℃ 时为 90%。

ⅲ. 海拔：液压机应能在海拔 1000m 以下正常工作。

② 型式与基本参数　液压机的型式与基本参数应符合 JB/T 13898.1—2020 的规定，合同另有约定的应符合合同要求。

③ 性能、结构与功能

a. 液压机应具有足够的刚度。在最大载荷工况条件下试验，液压机工作应正常。

b. 液压机具有保压功能，保压时间应可调。

c. 液压机具有整形、成形、精密锻造等功能。

d. 液压机数控系统可控制滑块压力、侧缸力、顶出力、滑块行程、侧缸行程、顶出缸行程等。滑块、侧缸、顶出缸的压力及行程可根据工件的工艺要求分别进行调整。

e. 液压机的滑动摩擦副应采取耐磨措施，并有合理的硬度差。

f. 液压机的运行应平稳、可靠，液压执行元件在规定的行程和范围内不应有振动、爬行和阻滞现象，换向不应有影响正常工作的冲击现象。

g. 当出现系统压力超载、油温超限、油位低于下限时液压机应自动停机并报警。

h. 液压机可根据需求配置上下料装置的机械、液压、电气等接口。

i. 液压机与其配套的自动上料、加热等辅助装置连接动作应协调、可靠。

j. 侧缸动作可参与液压机的联动，也可单独控制。

④ 安全　液压机的安全与防护应符合 GB 28241 和 GB 17120 的规定。

⑤ 噪声　液压机噪声限值应符合 GB 26484 的规定。

⑥ 精度　液压机的精度应符合 JB/T 13898.3—2020 的规定。

⑦ 随机附件、工具和技术文件

a. 液压机出厂应保证成套性，并备有设备正常使用的附件，以及所需的专用工具，特殊附件的供应由供需双方商定。

b. 制造厂应保证用于液压机的外购件（包括液压、电气、气动、冷却件）质量，并应符合相应技术文件的规定，出厂时应与液压机同时进行空运转试验。

c. 随机技术文件应包括产品使用说明书、产品合格证明书、装箱单和产品安装、维护用附图、易损件图样。使用说明书应符合 GB/T 9969 的规定，其内容应包括安装、运输、贮存、使用、维修和安全卫生等要求。

d. 随机提供的液压机备件或易损件应具有互换性。备件、特殊附件不包括在随机必备附件内，用户可与制造厂协商，备件可随机供应，或单独供货，供货内容按订货合同执行。

⑧ 标牌与标志

a. 液压机应有铭牌、润滑和安全等各种标牌或标志。标牌应符合 GB/T 13306 的规定。

b. 标牌应端正地固定在液压机的明显部位，并保证清晰。

c. 液压机铭牌上至少应包括以下内容：

ⅰ. 制造企业的名称和地址；

ⅱ. 产品的型号和基本参数；

ⅲ. 出厂年份和编号。

⑨ 铸件、锻件、焊接件

a. 用于制造液压机的重要零件的铸件、锻件应有合格证。

b. 液压机的灰铸铁件应符合 JB/T 5775 的规定，铸钢件、有色金属铸件应符合技术文件的规定。重要铸件采用热处理或其他降低应力的方法消除内应力。

c. 锻件应符合技术文件的规定。重要锻件应进行无损检测，并进行热处理。

d. 焊接结构件和管道焊接应符合 JB/T 8609 的规定。主要焊接结构件材质应符合 GB/T 700、GB/T 1591 的规定，不低于 Q235。重要的焊接金属构件应采用热处理或其他降低应力的方法消除内应力。

⑩ 机械加工

a. 液压机上各种加工零件材料的牌号和力学性能应满足液压机功能的要求。

b. 主要件加工要求应符合技术文件的规定。

c. 已加工表面不应有毛刺、斑痕和其他机械损伤，不应有降低液压机的使用质量的缺陷。除特殊规定外，均应将锐边倒钝。

d. 导轨面加工精度和表面粗糙度应保证达到液压机的精度要求和技术要求。

e. 导轨工作面接触应均匀，其接触面积累计值在导轨的全长上不应小于 80%，在导轨宽度上不应小于 70%。

f. 图样上未注明公差要求的切削加工尺寸，应符合 GB/T 1804—2000 中 m 级的规定。未注明精度等级的普通螺纹应按外螺纹 8h 级精度和内螺纹 7H 级精度制造。

⑪ 装配

a. 液压机装配应按技术文件（及图样）进行，不应因装配损坏零件及其表面和密封圈唇口等，装配后各机构动作应灵活、准确、可靠。

b. 装配后的螺栓、螺钉头部和螺母的端面应与被紧固的零件平面均匀接触，不应倾斜和留有间隙。装配在同一部位的螺钉，其长度应一致。紧固的螺钉、螺栓和螺母不应有松动现象，影响精度的螺钉紧固力应一致。

c. 密封件不应有损伤现象，装配前密封件和密封面应涂上润滑脂。其装配方向应使介质工作压力将其唇部压紧。装配重叠的密封圈时，各圈要相互压紧，开口方向应置于压力大的一侧。

d. 带支承环密封结构的液压缸，其支承环应松紧适度和锁紧可靠。以自重快速下滑的运动部件（包括活塞、活动横梁等），在快速下滑时不应有阻滞现象。

e. 移动、转动部件装配后，运动应平稳、灵活、轻便，无阻滞现象。滚动导轨面与所有滚动体应均匀接触，运动应轻便、灵活、无阻滞现象。

f. 重要的接合面，紧固后应紧密贴合，其接触间隙不大于表 3-140 的规定，允许塞尺塞入深度不应超过接触面宽的 1/4，接触面间可塞入塞尺部位累计长度不应超过周长的 1/10。重要的接合面为：

ⅰ. 立柱台肩与工作台面的固定接合面；

ⅱ. 立柱调节螺母、锁紧螺母与上横梁和工作台的固定接合面；

ⅲ. 液压缸锁紧螺母与上横梁或机身的固定接合面；

ⅳ. 活（柱）塞台肩与运动部件的固定接合面；

ⅴ. 机身与导轨和运动部件与镶条的固定接合面；

ⅵ. 组合式框架机身的横梁与支柱的固定接合面；

ⅶ. 工作台板与工作台的固定接合面；

ⅷ. 工作台与下横梁等的固定接合面。

表 3-140　重要接合面的接触间隙

液压机公称力/kN	接触间隙/mm	液压机公称力/kN	接触间隙/mm
≤6000	≤0.04	≥20000	≤0.10
>6000~20000	≤0.06		

作者注：在 JB/T 13898.1—2020 中规定的多向模锻液压机，其最小主缸公称力（主参数）为 6300kN。

g. 每台液压机原则上在制造厂进行总装配，如制造厂与用户协商并经用户允许，制造厂可在用户处总装配并按双方协议或合同执行。

⑫ 电气设备

a. 液压机的电气设备应符合 GB/T 5226.1 的规定。

b. 当采用可编程序控制器或微机控制时，应符合技术文件的规定。

⑬ 液压、气动、冷却和润滑系统

a. 液压机的液压系统应符合 GB/T 3766 和 JB/T 3818 的要求。

b. 外购和自制的液压元件应符合 GB/T 7935 的规定。

c. 液压机铸造液压缸、锻焊液压缸原则上规定粗加工后应做耐压试验，试验压力为工作压力的 1.25 倍，保压时间不少于 10min，不应渗漏，无永久变形。整体锻造缸、锻焊结构液压缸若有焊接无损检测等工艺保证，可不做耐压试验。

d. 液压机工作时液压系统的油温（液压泵入口处）不应超过 60℃。

e. 液压系统中应设置滤油装置。

f. 油箱应做煤油渗漏试验；开式油箱应设空气过滤器。

g. 液压、润滑、冷却系统的管路通道和油箱内表面，在装配前应进行除锈去污处理。

h. 全部管路、管接头、法兰及其他固定与活动连接的密封处，均应连接可靠，密封良好，不应有油液的外渗漏现象。

i. 液压系统的清洁度应符合 JB/T 9954 的规定。

j. 液压机的气动系统应符合 GB/T 7932 的规定，排除冷凝水一侧的管道的安装斜度不应小于 1∶500。

k. 液压机的润滑系统应符合 GB/T 6576 的规定。

l. 液压机的重要摩擦部位的润滑应采用集中润滑系统，只有当不能采用集中润滑系统时才可以采用分散润滑装置。

m. 冷却系统应满足液压机的温度、温升要求。

n. 润滑、冷却系统应按需要连续或周期性地将润滑剂、冷却剂输送到规定的部位。

o. 液压、气动、润滑和冷却系统不应漏油、漏水、漏气。冷却液不应混入液压系统和润滑系统。

p. 应采取防护措施防止高压流体的飞溅。

q. 液压系统中应装备防止液压超载的安全装置。

⑭ 配管

a. 液压、气动、润滑系统选用的管子规格应符合技术文件的规定，管子内壁应光滑，无锈蚀，无压扁等缺陷。

b. 钢管在安装或焊接前需去除管口毛刺并倒角，清除管子内部附着的杂物及浮锈，焊接管路需清除焊渣。

c. 不锈钢管路的制作与碳钢管路的制作应隔离，防止不锈钢管路受到污染。

d. 内外表面经防腐处理的钢管清洗后可直接安装使用。未做防腐处理的钢管应进行酸洗、中和、清洗吹干及防锈处理。

e. 管路应进行二次安装，一次安装后，应拆下管子清理管子内部并酸洗，酸洗后应及时采取防锈措施。

⑮ 外观

a. 液压机外观应符合 JB/T 1829 和 JB/T 3818 的规定。

b. 液压机零部件、电气柜、机器面板的外表面不得有明显的凹痕、划伤、裂缝、变形，表面涂镀层不应有气泡、龟裂、脱落或锈蚀等缺陷。

c. 涂装应符合技术文件的规定。不同颜色的油漆分界线应清晰，可拆卸的装配接合面的接缝处，在涂漆后应切开，切开时不应扯破边缘。需经常拧动的调节螺栓和螺母不应涂漆。

d. 液压机的非机械加工的金属外表面应涂漆，或采用规定的其他方法进行防护，非机械加工表面应平滑匀称，整齐美观。

e. 文字说明、标记、图案等应清晰、美观。

f. 防护罩、安全门应平整、匀称，不应翘曲、凹陷，不应有明显缝隙。

g. 沉头螺钉头部不应突出零件表面，且与沉孔之间不应有明显的偏心，定位销应略突出零件外表面，螺栓应略突出螺母表面，外露轴端应突出包容件的端面，其突出量为倒角值。

h. 电气、液压、气动、润滑、冷却管道外露部分应布置紧凑、排列整齐，且用管夹固定，管子不应扭曲折叠，在弯曲处应圆滑，不应压扁或打折。与运动件连接的软管应尽可能短，且不应与其他件产生摩擦。

(2) 试验方法

① 一般要求

a. 试验时应注意防止环境温度变化、气流、光线和强磁场的干扰、影响。

b. 在试验前应安装调整好液压机，应自然调平，其安装水平偏差在纵、横向不应超过 0.20mm/1000mm。

c. 在试验过程中，不应调整影响液压机性能、精度的机构和零件，如调整应复检有关项目。

d. 试验应在液压机装配完毕后进行，除标准、技术文件中规定在试验时需要拆卸的零部件外，不得拆卸其他零部件。

e. 试验时电、气的供应应符合产品技术文件的规定。

② 型式与基本参数检验　型式与基本参数检验在空运转试验时进行，工作压力和工作速度在负荷试验时检验。基本参数检验允差见表 3-141。

表 3-141　检验项目及允差

检验项目	单位	偏差
公称力	kN	±3%
行程	mm	$^{+10\%}_{0}$

检验项目	单位	偏差
开口高度	mm	+10％ 0
辅助机构行程	mm	+5％ 0
滑块各运行速度	mm/s	+15％ -5％

③ 性能、结构与功能检验

a. 性能检验应在空运转试验和负荷试验过程中结合进行，按产品制造与验收技术条件中的试验规范进行试验。性能检验的内容如下：

ⅰ. 滑块的起动与停止试验，连续进行 3 次，动作要平稳、可靠；

ⅱ. 滑块的全行程运行试验，连续进行 3 次，动作要平稳、可靠；

ⅲ. 滑块行程调整试验，不少于 3 次，调整要方便、可靠；

ⅳ. 侧缸、顶出缸全行程试验，连续进行 3 次，动作要平稳、可靠；

ⅴ. 速度检测试验，对滑块空行程、工作行程以及回程速度，对顶出缸上升和下降、侧缸前进和后退、工作台进出速度分别检测，要求调整方便、可靠，速度稳定，并达到设计规定；

ⅵ. 压力调整试验，对滑块力、顶出力、侧缸力以及有压力调整的机构进行压力调整试验，要求调整方便、可靠，压力稳定，并达到设计规定；

ⅶ. 滑块力、顶出力、侧缸力可在公称力的 15％～100％ 范围内连续调节；

ⅷ. 保压与补压试验，按额定压力进行保压试验，应符合技术文件的规定，补压试验应灵活、可靠；

ⅸ. 安全阀试验，结合超负荷试验进行，动作试验不少于 3 次，应灵活、可靠。

ⅹ. 液压机的辅助机构的动作按技术文件的规定进行试验，其动作应协调、准确、可靠。

b. 结构与功能按下列项目进行检验：

ⅰ. 执行机构的起动、停止、单次、自动连续、止动、快速等各种动作是否正确、灵活、可靠，辅助机构的动作是否与执行机构动作协调一致、准确、可靠；

ⅱ. 操作用按钮、手柄、手轮、脚踏装置应操作准确、平稳、可靠；

ⅲ. 送料机构送料的准确性；

ⅳ. 调整、夹紧、锁紧机构和其他附属装置是否灵活、可靠；

ⅴ. 显示装置是否准确、可靠；

ⅵ. 液压和润滑冷却系统的工作平稳性；

ⅶ. 刚度应符合设计要求。

④ 安全、噪声检验　见 JB/T 13898.2—2020。

⑤ 精度检验　液压机的精度检验应在负荷试验后进行，检验方法按 JB/T 13898.3—2020 的规定执行。负荷试验后的精度检查数据记入出厂资料。

⑥ 附件和工具、机械加工、装配和配管检验　见 JB/T 13898.2—2020。

⑦ 电气系统检验　电气系统应符合 GB 5226.1 的规定。

⑧ 液压、气动、润滑、冷却系统检验及外观检验　见 JB/T 13898.2—2020。

⑨ 空运转试验

a. 液压机应在无外加载荷状态下以空负荷、最大行程进行单次行程和连续行程运转试验，滑块、顶出缸、侧缸空运转时的速度应符合技术文件的规定。

b. 连续空运转试验时间不应少于 4h，其中滑块全行程连续空运转试验时间不少于 2h，其余时间（包括有关性能试验所用时间）可做单次全行程空运转试验。

c. 在空运转时间内检验温度、噪声、运转状态、主电动机的电流等项目。检查液压、润滑、冷却、气压系统的管路、接头、法兰及其他连接接缝处应密封良好，无油、水、气的渗漏及互相混入等情况。在空运转试验过程中测量的温度与温升值不应超过表 3-142 的规定。

表 3-142　温度、温升限值　　　　　　　　　　　　　单位：℃

测量部位	最高温度	温升
滑动导轨	50	15
滑动轴承	70	40
滚动轴承	70	40
液压系统的油温（油箱油泵吸油区）	60	30

d. 空运转试验结束后，检查各机构的动作性能，应正常、准确、平稳、可靠：

ⅰ. 各种安全装置；

ⅱ. 各种运行规范的操作试验；

ⅲ. 各种可进行调整或调节的装置；

ⅳ. 各种附属装置；

ⅴ. 润滑装置；

ⅵ. 液压装置或气动装置；

ⅶ. 电气设备。

⑩ 负荷试验

a. 负荷试验应在空运转试验合格后进行，负荷试验的负荷为液压机公称力的 100%。负荷试验的时间及检验要求与空运转试验相同。负荷试验方法应符合技术条件的规定。

b. 负荷试验用的模具及加工件的材料由用户提供，若无模具，只进行满负荷试压。

c. 负荷试验时各机构、辅助装置的工作应正常；各系统的密封情况应符合规定；试验过程中性能、功能应正常，无故障发生，若出现异常或故障，在查明原因进行调整或排除后，应重新进行试验。

⑪ 超负荷试验　超负荷试验应与安全阀的调定检验结合进行，超负荷试验压力应为额定压力的 1.1 倍，试验不少于 3 次，液压机的零部件不应有任何损坏和永久变形，液压系统不应有渗漏及其他不正常现象。

(3) 检验规则

见 JB/T 13898.2—2020。

(4) 包装、运输与贮存

见 JB/T 13898.2—2020。

(5) 保证

① 制造厂　在用户遵守液压机的运输、保管、安装、调试、维修和使用规程的条件下，液压机自用户收货之日起一年内，因设计、制造或包装质量不良等原因而损坏或不能正常使用时，制造厂应负责包修。

② 用户　按使用说明书安装、调试、维修和使用液压机，不应超负荷使用。

3.41.3　多向模锻液压机精度

(1) 检验要求

① 工作台上平面是液压机总装精度检验的基准面。

② 精度检验前，液压机应调整水平，其工作台面纵、横向水平偏差不应超过 0.20mm/1000mm。液压机主操作者所在位置为前，其右位右。

③ 装有移动工作台的，须使其处在液压机的工作位置并锁紧牢固。

④ 精度检验应在空运转试验和负荷试验后分别进行，以负荷试验后的精度检验值为准。

⑤ 精度检验应符合 GB/T 10923—2009 的规定，也可采用其他等效的检验方法。

⑥ 检验工作台上平面和滑块下平面时，其不检测范围应符合下列规定：

a. 当被检测面的长边 $L \leqslant 1000mm$ 时，距边缘各 $0.1L$ 的范围内为不检测长度范围；

b. 当被检测面的长边 $L > 1000mm$ 时，距边缘各 100mm 的范围内为不检测长度范围；

c. 被检测面有中间孔时，孔周围不检测范围为其相应平面不检测范围值的一半。

⑦ 工作台上平面及滑块下平面的平面度允许在装配前检验。

⑧ 支撑棒所支撑的重量只是滑块自身的重量，需选用带有铰接的支撑棒。支撑处有孔时，可用垫板覆盖后进行支撑。

⑨ 精度检验前，滑块与导轨间隙应满足精度的要求，导轨温升应满足技术文件的规定，并保证能形成油膜。

⑩ 液压机的精度按其用途分为 Ⅰ 级、Ⅱ 级，用户可根据其产品的用途按表 3-143 的规定选择精度级别。

表 3-143　液压机型式、精度等级及用途

等级	用途	型式
Ⅰ级	精密锻件	框架式
Ⅱ级	一般锻件	框架式、柱式

(2) 精度检验

① 工作台上平面及滑块下平面的平面度　见 JB/T 13898.3—2020。

② 滑块下平面对工作台面的平行度

a. 检验方法。在工作台上用支撑棒支撑在滑块下平面中心位置，指示表坐于工作台上，按左右及前后方向四条线，在行程下极限和下极限前 1/3 行程处进行测量（见 JB/T 13898.3—2020 中图 3 或参见图 3-5）。指示表读数的最大差值即为测定值。

b. 公差。滑块下平面对工作台面的平行度公差应符合表 3-144 的规定。

表 3-144　滑块下平面对工作台面的平行度公差　　　　　　　单位：mm

工作台面长度 L	公差	
	Ⅰ级	Ⅱ级
≤2000	$0.03 + \dfrac{0.08}{1000}L_2$	$0.06 + \dfrac{0.12}{1000}L_2$
>2000	$0.04 + \dfrac{0.1}{1000}L_2$	$0.08 + \dfrac{0.15}{1000}L_2$

注：L_2 为被检平面的长边检测长度。

c. 检验工具。包括支撑棒、指示表。

③ 滑块运动轨迹对工作台面的垂直度

a. 检验方法。在工作台上中央位置放一直角尺（下面可放一平尺），将指示表紧固在滑块下平面上，并使指示表测头触在直角尺上，检测行程范围为下极限前 1/2 行程范围。当滑块上下运动时，在通过中心的左右和前后方向分别进行测量，指示表读数的最大差值即为测定值（见 JB/T 13898.3—2020 中图 4 或参见图 3-6）。

b. 公差。滑块运动轨迹对工作台面的垂直度公差应符合表 3-145 的规定。

表 3-145　滑块运动轨迹对工作台面的垂直度公差　　　　　　　单位：mm

工作台面长度 L	公差	
≤2000	$0.02+\dfrac{0.015}{100}L_3$	$0.04+\dfrac{0.025}{100}L_3$
>2000	$0.03+\dfrac{0.015}{100}L_3$	$0.05+\dfrac{0.025}{100}L_3$

注：L_3 为实际检测的滑块行程。

c. 检验工具。包括直角尺、平尺、指示表。

④ 侧缸运动轨迹对工作台面的平行度

a. 检验方法。在工作台上放一平尺，将指示表紧固在侧缸滑块（或侧缸活塞杆）端面上，并使指示表测头触在平尺上，检测范围为侧缸运动至极限位置前 1/2 行程范围，当侧缸滑块运动时，在通过侧缸中心的上下或前后方向分别进行测量，指示表读数的最大差值即为测定值（见图 3-45）。

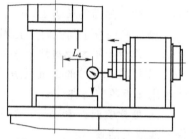

图 3-45　侧缸运动轨迹对工作台上平面的平行度检测

b. 公差。侧缸运动轨迹对工作台面的平行度公差应符合表 3-146 的规定。

表 3-146　平行度公差　　　　　　　单位：mm

工作台面长度 L	公差	
≤2000	$0.08+\dfrac{0.035}{100}L_4$	$0.16+\dfrac{0.045}{100}L_4$
>2000	$0.12+\dfrac{0.035}{100}L_4$	$0.20+\dfrac{0.045}{100}L_4$

注：L_4 为实际检测的侧缸滑块最大行程。

c. 检验工具。包括平尺、指示表。

说明

① JB/T 13898—2020《多向模锻液压机》和 JB/T 13906—2020《热冲压高速液压机》系列标准同为 2020 年 4 月 16 日发布、2021 年 1 月 1 日实施，在以上两项标准中存在相同的问题，笔者认为其不是巧合，而是两项标准"套着起草"的结果，现列举如下。

a. "未注明精度等级的普通螺纹应按外螺纹 8h 级精度和内螺纹 7H 级精度制造。"

b. "带支承环密封结构的液压缸，其支承环应松紧适度和锁紧可靠。"

c. "以自重快速下滑的运动部件（包括活塞、活动横梁或运动部件等）"的问题在于运动部件不能再包括运动部件，正确的陈述应为："以自重快速下滑的运动部件（包括活塞和/或活塞杆、活动横梁和/或滑块等）"。

d. "活（柱）塞台肩与运动部件的固定接合面"的问题在于不清楚什么是"活（柱）塞台肩"，"活塞"也不能与运动部件直接连接，因此不可能存在"接合面"。

② 经过对 JB/T 13898.2—2020《多向模锻液压机　第 2 部分：技术条件》和 JB/T 13906.2—2020《热冲压高速液压机　第 2 部分：技术条件》两项标准的比对，除删除和修改几处外，两项标准的其他内容高度雷同。

JB/T 13898.2—2020 删除了 JB/T 13906.2—2020 中的：

a. 第 3.13.3 条"液压装置质量应符合 JB/T 3818 的规定"；

b. 第 3.13.17 条"液压、气动、润滑和冷却系统的渗漏不应引起危险"；

c. 第3.14.6条"配管时应考虑加热工件带来的火灾隐患，采取防火措施，如加热的工件上方不允许安装油管、水管、电线等"；

d. 第4.5.1条1) 项"安全装置试验：装有紧急停止和紧急回程，意外电压恢复时防止电力驱动装置的自动接通、警铃（或蜂鸣器）和警告灯以及光电保护装置等的动作试验，均应安全、可靠"等。

但笔者认为这些删除并非一定都合适。

JB/T 13898.2—2020修改了JB/T 13906.2—2020中的：

a. 将JB/T 13906.2—2020中的第3.3.10条"液压机与其配套的加热、自动上料、检测等辅助装置连接，其动作应协调、可靠"修改为JB/T 13898.2—2020中的第3.3.9条"液压机与其配套的自动上料、加热等辅助装置连接动作应协调、可靠"。

b. 将JB/T 13906.2—2020中的第4.9.3条"在空运转时间过程中"修改为JB/T 13898.2—2020中的第4.13.3条"在空运转时间内"。

笔者认为以上两条的修改是正确的。

③ 不管是在JB/T 13906.2—2020中的规定"3.13.1 液压机的液压系统应符合GB/T 3766的要求。3.13.2 外购和自制的液压元件应符合GB/T 7935的规定。3.13.3 液压装置质量应符合JB/T 3818的规定。"还是在JB/T 13898.2—2020中的规定"3.13.1 液压机的液压系统应符合GB/T 3766和JB/T 3818的要求。3.13.2 外购和自制的液压元件应符合GB/T 7935的规定。"都有问题，应这样规定：液压机的液压系统和元件应符合GB/T 3766、GB/T 7935和JB/T 3818的规定。

④ 在JB/T 13898.2—2020中一些其他问题见第3.30节中说明。

3.42 油泵直接传动双柱斜置式自由锻造液压机

自由锻造液压机是采用高压液体传动，用于自由锻造加工的液压机。在我国自由锻造液压机的第一项产品标准JB/T 12229—2015《油泵直接传动双柱斜置式自由锻造液压机》中规定了油泵直接传动双柱斜置式自由锻造液压机的型式与技术参数、技术条件、试验方法、检验及验收规则、标志、包装、运输及贮存，适用于采用矿物油型液压油为工作介质的油泵直接传动双柱斜置式自由锻造液压机（以下简称双柱式锻造液压机）。

(1) 型式与技术参数

① 型式 双柱式锻造液压机机架有两种基本型式，即双柱斜置式预应力组合机架和双柱斜置式整体机架。主（侧）缸的传动型式分别为上传动式和下传动式，适用时，也可采用下传动型式的双柱斜置式预应力组合机架，以及"缸动"型式的双柱斜置式机架。

主（侧）缸一般为柱塞式，其与活动横梁或与整体机架的连接方式宜采用双球铰摆杆轴结构；活动横梁或整体机架的导向方式采用可调间隙的平面导向结构。

作者注：在JB/T 12229—2015中定义了"双柱式组合机架"和"双柱式整体机架"。

双柱斜置式预应力组合机架上传动锻造液压机的型式如图3-46所示。

双柱斜置式整体机架下传动锻造液压机的型式如图3-47所示。

② 技术参数

a. 主参数（公称力）系列。双柱式锻造液压机的主参数（公称力）系列按GB/T 321规定的优先数R10的圆整值作为公比，近似于等比数列排列，见表3-147。

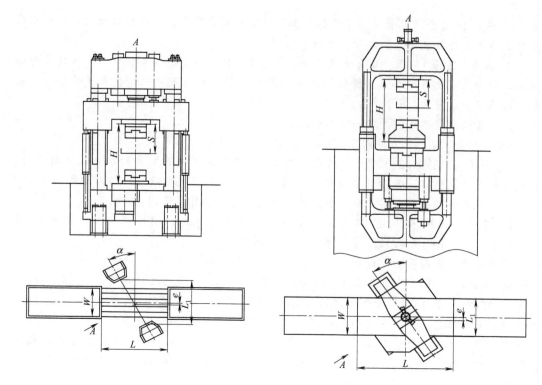

图 3-46　双柱斜置式预应力组合机架
上传动锻造液压机的型式

图 3-47　双柱斜置式整体机架
下传动锻造液压机的型式

作者注：在图 3-46 和图 3-47 中的 L_1，在 JB/T 12229—2015 中图 1a 和图 1b 中为 L。

表 3-147　双柱式锻造液压机的主参数（公称力）系列　　　　　单位：MN

公称力系列								
5	6.3	8	10	12.5	16	20	25	31.5,30[①]
40,35[①]	50,45[①]	63,60[①]	80	100	125,120[①]	160,165[①]	200,185[①]	

① 适用时,该数值作为相应公称力的可选参数。

双柱式锻造液压机主参数系列的回程力参数见表 3-148。

表 3-148　双柱式锻造液压机主参数系列的回程力参数　　　　　单位：MN

公称力	5	6.3	8	10	12.5	16	20	25	31.5
回程力	0.5	0.8	1	1.2	1.5	2	2.5	3	4
公称力	40	50	63	80	100	125	160	200	
回程力	4.5	6	8	10	12.5	16	20	25	

注：适用于带有压力充液罐和具有快速精整锻造特性的双柱式上传动锻造液压机；带有上油箱自吸式充液系统时,
回程力可适当减小；双柱式整体机架下传动锻造液压机由于机架自身质量的增加,回程力应相应加大。

b. 液体最大工作压力和锻造力分级。双柱式锻造液压机的液体最大工作压力系列以及不同锻造工况时的锻造力分级见表 3-149。

表 3-149　双柱式锻造液压机的液体最大工作压力系列和锻造力分级

锻造工况	常锻			镦粗
液体最大工作压力系列/MPa	25,31.5,35,42[①]			
锻造力(MN)分级	一级	二级	三级	公称力[②]
三个等直径缸	主缸	侧缸	三缸	三缸
三个不等直径的缸	侧缸	主缸	三缸	三缸

① 当采用 42MPa 的流体最大工作压力时,应对产品的适宜性进行综合评价。

② 可采用较低的液体工作压力与较大的主（侧）缸柱塞面积来达到规定的公称力。

作者注：在 JB/T 12229—2015 中定义了"液压系统最大工作压力""常锻"等。

公称力大于或等于 63 MN 时，宜设置三个等直径缸；三个不等直径缸设置时，主缸应为大直径缸，侧缸应为小直径缸；公称力小于 25 MN 时，一般为单缸设置。

作者注：对于回程缸的设置见 JB/T 12229—2015 资料性附录 A。

一般情况下，常锻工况使用的三级锻造力小于公称力；镦粗时，液体工作压力可根据变形需要调整到最大工作压力，即达到液压机的公称力。

单缸设置时，可通过液压系统工作压力的设置进行力的分级。

c. 基本参数。双柱式锻造液压机的基本参数见表 3-150。

表 3-150　双柱式锻造液压机的基本参数

公称力/MN		5	6.3	8	10	12.5	16	20	25	31.5
开口高度 H/mm		1800	2000	2200	2350	2600	2900	3200	3900	4000
最大行程 S/mm		800	850	1000	1100	1200	1400	1600	1800	2000
横向内侧净空距 L/mm		1300	1500	1700	1800	1900	2000	2200	2500	2800
移动工作台的台面尺寸（长×宽）/mm		2800×900	3000×1000	3200×1200	3350×1300	3500×1400	4000×1500	4500×1800	5000×2000	5200×2100
移动工作台的行程/mm	向操作机侧	1100	1200	1500	1500	1750	2000	2000	2500	2500
	离操作机侧	400	400	500	500	750	1000	1000	1500	1500
	双向相等时	750	800	1000	1000	1300	1500	1500	2000	2000
横向偏心矩 e/mm		100	100	120	130	140	160	180	200	250
空程速度/(mm/s)		≥250	≥250	≥250	≥250	≥250	≥250	≥250	≥250	≥250
回程速度/(mm/s)		≥250	≥250	≥250	≥250	≥250	≥250	≥250	≥250	≥250
工作速度/(mm/s)		≥100	≥95	≥95	≥90	≥90	≥90	≥90	≥90	≥90
行程控制精度/mm		±1	±1	±1	±1	±1	±1	±1	±1	±1
常锻频次≈/(次/min)		50	45	45	45	45	45	45	45	25
精整频次≈/(次/min)		85	85	85	85	82	82	82	80	80

公称力/MN		40	50	63	80	100	125	160	200
开口高度 H/mm		4400	4800	5500	6000	6500	7500	8000	8500
最大行程 S/mm		2200	2400	2600	3000	3200	3500	4000	4500
横向内侧净空距 L/mm		3000	3400	3800	4200	5200	6000	7500	8000
移动工作台的台面尺寸（长×宽）/mm		5500×2400	5700×2800	6000×3200	7000×3400	8000×3700	10000×4000	12000×5000	13000×5500
移动工作台的行程/mm	向操作机侧	2800	3000	4000	4000	4500	5000	6500	7500
	离操作机侧	1700	2000	2000	2000	2000	2500	2500	2500
	双向相等时	2250	2500	3000	3000	3250	3500	4500	5000
横向偏心矩 e/mm		250	250	300	300	300	350	350	400
空程速度/(mm/s)		≥250	≥250	≥250	≥200	≥200	≥200	≥200	≥200
回程速度/(mm/s)		≥250	≥250	≥250	≥200	≥200	≥200	≥200	≥200
工作速度/(mm/s)		≥85	≥85	≥85	≥85	≥85	≥85	≥80	≥65
行程控制精度/mm		±1	±1	±1	±1	±1.5	±1.5	±2	±2
常锻频次≈/(次/min)		12	10	9	8	7	6	5	4
精整频次≈/(次/min)		80	70	60	50	40	30	25	20

注：常锻频次指三缸同时工作的锻造频次，精整频次指两侧小缸同时工作或单缸工作时的小压下量的锻造频次。

双柱式锻造液压机宜靠近厂房立柱轴线一侧布置。将移动工作台的移动方向确定为液压机的纵向，与移动工作台成正交的砧子横向移动的方向确定为液压机的横向，双立柱的中心连线与砧子横向移动中心线之间的夹角为机架的斜置角度 α。

适宜的斜置角度 α 应符合表 3-150 规定的立柱的横向净空距的要求；应兼顾立柱的纵向净空距，使横向和纵向的允许偏心距最大化，并宜将砧子横向移动装置设置于立柱之间；应方便操作人员从控制室中观察液压机上砧、操作机夹持锻件的状态，并考虑起重机主钩的可接近性。

移动工作台的长度尺寸至少应满足布置下镦粗台和一副砧子的需要,砧具之间应留有适当的间隔距离。移动工作台的行程应满足将砧具移出液压机,方便起重机更换砧具、放入和取出锻件,以及其他辅助操作的需要,可选择双向相等的移动行程,也可选择向操作机侧和离操作机侧各不相同的移动行程。

根据产品锻造工艺需要,允许对移动工作台的台面尺寸和行程进行调整;工作台的厚度尺寸取值参见 JB/T 12229—2015 附录 A。活动横梁或整体机架上梁的下平面与上砧之间应设置上砧垫板,其厚度尺寸取值参见 JB/T 12229—2015 附录 A。

在常锻工况下,液压机的工作速度应符合表 3-149 的规定。镦粗工况的工作速度应在合同或协议中另行规定。

常锻频次和精整频次均为液压机每分钟工作循环次数的计算值,与压下量、回程量及其相应的工作速度等参数有关。其中,压下量的选择范围较大,与液压机的公称力大小、锻件材料、变形工艺、操作方式等因素密切相关。在热态常锻时,一般可按锻造工艺通常采用的压下量计算;在热态精整时,最小压下量一般可在 3～30mm 内选择。

双柱式锻造液压机的锻造能力及其与锻造操作机主参数的匹配参见 JB/T 12229—2015 附录 B。

(2) 技术要求

① 一般技术要求

a. 双柱式锻造液压机的通用技术条件应符合 JB/T 1829 与 JB/T 3818 的规定。

b. 双柱式锻造液压机设备范围包括:液压机本体(包含上砧旋转与快换装置),液压传动与控制系统(包含泵站、操作阀及管道等),电气传动与控制系统(包含控制柜、操作台及管线等),润滑系统,专用工具,一副上、下平砧及砧座,随机附带必要的易损件。

c. 双柱式锻造液压机的机械化设备及附属装置(如砧子横向移动装置、砧库、钢锭旋转升降台或钢锭运送小车、锻件温度测量装置等)和其他锻造工具(如各种异形砧具、旋转锻造台以及备品备件等),可根据实际生产需要选择。

d. 双柱式锻造液压机(含泵站)的工作环境温度可为 5～40℃,相对湿度小于或等于85%,海拔低于 2500m。如果有特殊工作环境要求,应在技术协议中明确。

e. 双柱式锻造液压机从负荷试车验收之日算起 12 个月内,在正确使用和正常维护及保养条件下,因设计和制造原因发生损坏时,制造厂应免费进行相应的修理或零件更换(易损件除外)。

f. 双柱式锻造液压机投入使用后,在正确使用和正常维护及保养条件下,第一次综合检修安排在负荷工作 28500h 之后或投入使用 4～6 年之间进行为宜。

g. 双柱式锻造液压机的产品说明书应全面提供产品知识,以及与预期功能相适应的使用方法,其中应包含有关液压机安全和经济使用的重要信息,以及随机提供的图样和技术文件。这些信息应有助于预防危险、降低维修成本和减少停产时间,以及提高液压机的可靠性和使用寿命。

② 安全环保

a. 双柱式锻造液压机的安全卫生设计应符合 GB 5083 的规定。

b. 双柱式锻造液压机的安全防护应符合 GB 17120 和 JB/T 3915(已废止)的规定。

c. 双柱式锻造液压机的液压传动与控制系统应设有过载安全保护装置。

d. 双柱式锻造液压机的电气传动与控制系统的安全要求应符合 GB 5226.1(已被 GB/T 5226.1—2019 代替)的规定。

e. 双柱式锻造液压机及其机械化设备及附属装置应设有安全联锁控制和行程极限保护装置。

f. 双柱式锻造液压机应在控制室的操作台上、控制系统、泵站等多处设置紧急停车按钮。

g. 双柱式锻造液压机的噪声限值应符合 GB 26484 的规定。

h. 双柱式锻造液压机的噪声声压级和声压功率级测量方法应符合 GB/T 23281 和 GB/T 23282 的规定。

i. 双柱式锻造液压机报废的或泄漏的工作介质应委托有资质的专业公司回收处理，或按照当地环保部门的要求进行处理，禁止自行焚烧或随意倾倒、遗弃和排放。

j. 双柱式锻造液压机以矿物油型液压油为工作介质，是一台由液压泵直接传动产生力的设备，且带有油压力和气压力装置。因此，液压机的设计和使用（的防火要求）应与公认的防火安全标准相一致。除此之外，还应符合以下要求：

ⅰ. 带压力的充液罐应充入氮气或其他惰性气体，并宜设置在泵站内或地面以下；

ⅱ. 充液罐的充液出口管路上应设置应急快速隔离闸阀，或在充液罐的气体侧设置应急快速放气阀，并应与操作台上的紧急停止按钮联锁控制；

ⅲ. 设置于液压机顶部的所有液压装置应强调可靠性设计、正确的安装和维护；

ⅳ. 液压管路、法兰、紧固件的设计等级应与其可能承受到的压力相适应；

ⅴ. 液压机顶部的油箱、法兰、接头、阀块处应设计防喷油设施；

ⅵ. 各工作缸、泵站、阀块、管路等应设置可靠的漏油收集装置；

ⅶ. 产品说明书中应明确列出灭火安全指南，提出设置火灾报警、防止火灾扩大和蔓延的工程设计要求。

k. 鼓励各方研究采用适宜的氧化皮清理与收集的措施和装置。

③ 机架的强度和刚度条件

a. 双柱式锻造液压机应采用计算机三维有限元（FEM）对其机架的应力和变形进行计算和分析，尤其应注意对高应力集中处（如出砂孔、过渡圆角、截面剧烈变化处）的优化设计。

b. 机架的计算等效应力和刚度的取值可采用表 3-151 规定的数值。其中，上、下横梁的刚度以其立柱宽面中心距之间每米跨度上的挠度表示，立柱刚度为在拔长工况且在允许的锻造偏心距时立柱水平方向的挠度。

c. 组合机架每根立柱中的拉杆宜采用高强度多拉杆设计，对于小型（公称力小于或等于 25 MN）或其他特殊结构设计的双柱式锻造液压机也可采用单根拉杆。

d. 下横梁在工作台移动方向的最短长度应能承受芯轴扩孔时的压下力，其长度取值参见 JB/T 12229—2015 附录 A。

表 3-151　机架等效应力和刚度的取值

公称力/MN	梁压应力一侧局部等效应力/MPa	梁拉应力一侧局部等效应力/MPa	立柱间每米跨度上挠度/mm		立柱每米长度上水平挠度/mm
			上横梁	下横梁	
≥16～80	≤160	≤140	≤0.30	≤0.25	≤0.28
>80			≤0.25	≤0.20	

④ 关键件的制造和性能

a. 组合机架中上横梁、活动横梁、下横梁、立柱及整体机架中的机架和固定梁一般采用 JB/T 6402 规定的低合金钢铸件制造，并应进行消除应力热处理，粗加工后还应进行二次热处理。按计算应力选择适宜的材料和 R_{eL} 值，安全系数宜为 2～2.5（小型液压机取上限，大型液压机取下限）。材料的化学成分和力学性能应符合所采用（所选材料）标准的规定。

b. 组合机架中的拉杆一般采用 JB/T 6396 规定的合金结构钢锻件制造，并应进行调质热处理，按计算应力选择适宜的材料和 R_{eL} 值，安全系数宜为 2.5～3。材料的化学成分和力学性能应符合所选材料标准的规定，检验项目和取样数量应符合 JB/T 5000.8—2007 中锻件验收分组第 V 组级别的规定。

c. 主（侧）缸和回程缸一般采用 GB/T 1591、NB/T 47008 和 JB/T 6396 规定的合金结构钢或 JB/T 6397 规定的碳素结构钢整体锻件制造，也可采用分体锻件焊接的方法制造。锻件应进行调质热处理，按计算应力选择适宜的材料和 R_{eL} 值，安全系数宜大于或等于 3。材料的化学成分和力学性能应符合所采用（所选材料）标准的规定，检验项目和取样数量应符合 JB/T 5000.8—2007 中锻件验收分组第 V 组级别的规定，并应逐件检验切向力学性能 R_{eL}、R_m、Z、A、A_k。

d. 工作缸柱塞一般采用 JB/T 6396 规定的合金结构钢或 JB/T 6397 规定的碳素结构钢锻件制造，并应进行相应的热处理。材料的化学成分和力学性能应符合所选材料标准的规定。柱塞表面应进行硬化处理，其工作面的硬度不应低于 45HRC，硬化层厚度宜大于 3mm。

e. 立柱导向板表面硬度不应低于 400HBW。

f. 下横梁上滑板材料的抗拉强度应与移动工作台下滑板良好匹配。

⑤ 铸件、锻件、焊接件

a. 产品铸钢件的通用技术条件应符合 JB/T 5000.6 的规定。

b. 产品有色金属铸件的通用技术条件应符合 JB/T 5000.5 的规定。

c. 产品铸铁件的通用技术条件应符合 JB/T 5000.4 的规定。

d. 产品锻件的通用技术条件应符合 JB/T 5000.8 的规定。

e. 产品焊接件的通用技术条件应符合 JB/T 5000.3 的规定。

f. 产品制造过程中火焰切割件的通用技术条件应符合 JB/T 5000.2 的规定。

g. 产品铸钢件的补焊通用技术条件应符合 JB/T 5000.7 的规定，对补焊处应按 JB/T 5000.14 的规定进行超声检测及磁粉检测。

h. 产品铸钢件的无损检测通用技术条件应符合 JB/T 5000.14 的规定，除此之外还应符合以下要求：

ⅰ. 上横梁、活动横梁、下横梁、立柱或整体机架和固定梁在粗加工后进行超声检测或磁粉检测的部位和等级应在图样中明确标记出；

ⅱ. 当各梁的上、下加工平面与立柱的上、下端加工面的无损检测深度小于或等于 400mm 时，超声检测等级按 3 级；

ⅲ. 对各梁重要的过渡圆弧面与立柱上、下端加工面，磁粉检测等级按 2 级。

i. 产品锻钢件的无损检测通用技术条件应符合 JB/T 5000.15 的规定，除此之外还应符合以下要求：

ⅰ. 工作缸锻件超声检测等级按 JB/T 5000.15—2007 规定的 Ⅲ 级，缸体焊缝超声检测等级按 GB/T 11345—2013 规定的 BⅡ级，当缸体厚度大于 300mm 时，应增加串列式扫查；缸底圆弧处磁粉检测等级按 JB/T 5000.15—2007 规定的 Ⅱ 级，适用时也可按 JB/T 4730.3（已废止）的规定执行。

ⅱ. 工作缸柱塞距外表面 350mm 内的超声检测等级按 JB/T 5000.15—2007 规定的 Ⅲ 级，大于 350mm 按 Ⅳ 级；柱塞为焊接结构时，锻件和焊缝超声检测等级与工作缸相同。柱塞外表面应进行磁粉检测，不允许存在任何裂纹等缺陷；适用时也可按 JB/T 4730.4 或 JB/T 4730.5 的规定执行（JB/T 4730—2005 系列标准已于 2015 年 9 月 1 日作废）。

ⅲ．拉杆距外表面100mm内的超声检测等级按JB/T 5000.15—2007规定的Ⅱ级，其余按Ⅲ级；拉杆表面应进行磁粉检测，不允许存在任何裂纹等缺陷。

⑥ 切削加工件

a. 产品切削加工件的通用技术条件应符合JB/T 5000.9的规定。

b. 关键件主要工作面的表面粗糙度和几何公差应符合下列要求。

ⅰ．上横梁、活动横梁、下横梁、立柱或整体机架和固定梁、移动工作台应符合下列要求：

- 主要工作面表面粗糙度上限Ra为3.2μm；
- 主要几何公差不低于7级；
- 外部出砂孔应加工和倒圆角，其表面粗糙度上限Ra为6.3μm。

ⅱ．工作缸应符合下列要求：

- 缸底过渡圆弧R、法兰台肩过渡圆弧R处的表面粗糙度上限Ra为1.6μm；
- 缸内孔表面、法兰台肩、与梁的配合面表面粗糙度上限Ra为3.2μm；
- 主要几何公差不低于7级。

ⅲ．工作缸柱塞应符合下列要求：

- 外圆表面粗糙度Ra为0.4～0.6μm；
- 主要几何公差不低于7级。

ⅳ．拉杆应符合下列要求：

- 螺纹受力面及螺纹的根部圆弧半径R处的表面粗糙度上限Ra为0.8μm；
- 螺纹大径与螺纹尾部过渡圆弧及直径的外圆表面粗糙度上限Ra为1.6μm；
- 拉杆直径外圆表面粗糙度上限Ra为3.2μm。

⑦ 装配

a. 产品装配通用技术条件应符合JB/T 5000.10的规定。

b. 产品出厂前应进行总装。对于特大型产品或成套的设备等，因受制造厂条件所限而不能总装的应进行试装。总装和试装时应保证所有连接或配合部位均符合设计要求，并经检验合格。

c. 产品总装和用户现场安装时应按该液压机的装配工艺的规定进行精度调整和检验。

d. 本体装配精度检验项目应在设计图样和文件中给出，并应在装配调整后进行检验。

本体重要的固定接合面应紧密贴合，以保证其最大接触面积。装配紧固后，应采用0.05mm塞尺检查，接合面间的局部允许塞入的深度不应大于深度方向的接触长度的20%，塞尺塞入部分的累计可移动长度不应大于可检验长度的10%。

重要的固定接合面为：

ⅰ．拉杆螺母与紧固面之间；

ⅱ．上、下梁分别与立柱之间；

ⅲ．工作缸法兰台肩与安装面之间；

ⅳ．工作缸柱塞或工作缸的双球铰式摇杆轴的球面与支承座之间；

ⅴ．移动工作台滑板、下横梁或固定梁滑板、立柱导向板、上砧垫板分别与其固定面之间。

工作缸柱塞或工作缸的双球铰式摇杆轴的球面与支承座的接触应均匀、良好，其装配前的接触面积应大于70%，局部间隙不应大于0.05mm。

本体装配精度检验项目应符合表3-152的规定。

表 3-152　本体装配精度检验项目　　　　　　　　　　　　　　　　单位：mm

序号	检验项目	允许值
1	下横梁或固定梁上平面的水平度(纵向/横向)	≤0.1/1000,≤0.2/全长范围内
2	移动工作台上平面的水平度(纵向/横向)	≤0.15/1000,≤0.2/工作范围内
3	立柱导向板面相对下横梁或固定梁上平面的垂直度(四面)	≤0.1/1000,≤0.2/工作范围内
4	上横梁下平面的水平度(纵向/横向)	≤0.1/1000
5	立柱外侧导向板与活动横梁或整体机架导滑板之间的间隙	0.2~0.3
6	立柱内侧导向板与活动横梁或整体机架导滑板之间的间隙	1.5~2.5

检验用平尺的精度应符合 GB 24761 中一级精度的要求，水平仪的测量长度为 200mm，精度为 0.02mm/格。

e. 双柱式预应力组合机架的预紧力及预紧方式为：

ⅰ. 组合机架预紧时，预紧系数可在 1.3～1.5 之间选择，即预紧力等于公称力的 1.3～1.5 倍；

ⅱ. 预紧方式宜采用超高压液压螺母拉伸预紧，适用时可采用加热预紧和机械预紧方式；

ⅲ. 预紧后各拉杆之间的应力误差不应大于 3%。

f. 组合式活动横梁的预紧、辅座与下横梁的预紧，以及有预紧要求的构件，其预紧螺杆的预紧力应符合设计文件的规定；当设计文件无规定时，预紧螺杆的最大拉应力宜为螺杆材料的屈服强度值的 0.5～0.7 倍。

⑧ 涂装　产品涂装通用技术条件应符合 JB/T 5000.12 的规定。

⑨ 液压、润滑和气动系统

a. 液压系统通用技术条件应符合 JB/T 6996 和 JB/T 3818 的规定。

b. 外购和自制的液压元件的技术要求和连接尺寸应符合 GB/T 7935 的规定。

c. 外购的液压缸应在供方进行耐压试压，试验压力为工作压力的 1.25 倍，保压时间不少于 10min，不得有任何渗漏和影响强度的现象。

d. 外购的液压阀集成阀块系统应在供方进行耐压试验，试验压力为工作压力的 1.25 倍，保压时间不少于 10min，不得有任何渗漏现象；同时，应进行阀的启闭性能及调压性能试验。

e. 自制的液控单向阀、充液阀、闸门等的阀门密封处均应做煤油渗漏试验和启闭性能试验。

f. 液压系统主要管道的流速一般采用：高压为 6～8m/s，低压为 2～4m/s，带压力充液管道为 3.5～4.5m/s。

g. 采用整体锻件制造或采用分体锻件焊接方法制造的液压缸，应对锻件和焊缝分别进行无损检测，并提供合格的无损检测报告。

h. 液压机活动横梁与立柱间的导向板、移动工作台与下横梁间的导向板和各工作缸柱塞的球铰处的润滑应采用自动集中干油润滑系统，其他装置的轴承和传动副的润滑可采用人工定时加油方式润滑。应保证各润滑点有适量的润滑油。

i. 气动系统通用技术条件应符合 GB/T 7932 的规定。

j. 液压泵站应隔离安装，设置在靠近锻造液压机的一个封闭的厂房内，并应符合以下要求：

ⅰ. 泵站的设计应优先考虑安全和环保要求；

ⅱ. 泵站的布置应充分考虑足够的安装和维护空间；

ⅲ. 泵房的工程设计应采取必要的通风散热措施和用于维护的起重设施。

k. 油箱必须做煤油渗漏试验，不得有任何渗漏现象。

l. 液压传动系统工作介质一般采用 HM 抗磨液压油（优等品），其介质特性和质量应符合相应介质的规定。

m. 液压泵站与操纵系统总装完毕后应按有关工艺规范对整个系统进行循环冲洗，其清洁度应符合设计要求的规定。

⑩ 配管

a. 管路系统配管通用技术条件应符合 JB/T 5000.11 和 JB/T 5000.3 的规定。

b. 液压、气动系统管路用无缝钢管应符合 GB/T 8163 的规定，管子内壁应光滑，无锈蚀，无压扁等缺陷。

c. 润滑系统管路宜采用不锈钢管或铜管，管子内壁应光滑，无锈蚀，无压扁等缺陷。

d. 液压和润滑管路焊接时必须采用钨极氩弧焊或以钨极氩弧焊打底，高压连接法兰宜采用高颈法兰。

e. 当液体最大工作压力大于 31.5MPa 时，应对焊缝进行无损检测，并提供合格的无损检测报告。

f. 液压管路应进行预装。预装后应拆下管子进行管子内部清理和酸洗，完全彻底清洗干净后应及时采取防锈措施，然后进行管路二次装配敷设。

⑪ 电气系统

a. 电气设备的通用技术条件应符合 GB 5226.1（已被 GB/T 5226.1—2019 代替）的规定。

b. 液压泵站主电动机的单台功率大于 200kW 时应优先选用 10kV 或 6kV 高压电动机，对于总装机功率较小的中小型液压机，一般可采用 380V 电动机。

c. 基础自动化和过程控制的可编程序控制器（PLC）和工业控制计算机（IPC）的配置应符合现行有关标准的规定；应实现对液压机工作过程的控制和管理，以及设备的实时运行信息显示、报警和故障诊断。

d. 液压机应具有手动、半自动、自动和与操作机联机自动控制四种工作制度。

e. 操作台应具备一个人操作锻造液压机和锻造操作机的条件，但不包括属于操作机的所有软硬件配置，对操作员左、右手的操作分工按合同或协议的规定执行。

⑫ 外观

a. 液压机的外表面不应有非图样表示的凸起、凹陷、粗糙不平和其他影响外表美观的缺陷。

b. 零件接合面边缘应整齐均匀，不应有明显的错位；台、柜、盒的门和/或盖等接合面不应有超过规定的缝隙。

c. 焊缝应平滑匀称，如果有缺陷应修磨平整。

d. 铸件表面应修磨平整。

e. 标牌应固定在液压机的明显位置，标牌应清晰、美观、耐久。

⑬ 安装施工及验收

a. 双柱式锻造液压机的安装工程施工及验收通用规范见 GB 50231 的规定。

b. 双柱式锻造液压机的安装工程施工及验收规范见 GB 50272—2009 中第 1 章、第 3章、5.1、5.2、第 11 章的规定。

说明

① JB/T 12229—2015《油泵直接传动双柱斜置式自由锻造液压机》给出的"机架的强度和刚度条件"非常重要，是液压机这种产品设计制造的正确理念。同时其关系到主缸是否可能发生早期破坏。

② 尽管在 JB/T 12229—2015 附录 D（资料性附录）中给出了"其他工作介质与传动方式的应用"，但以矿物油型液压油为工作介质的双柱式锻造液压机，在热态锻造时存在火灾隐患，应是一种本质不安全设计。

③ 外购的液压缸"试验压力为工作压力的 1.25 倍，保压时间不少于 10min，不得有任何渗漏和影响强度的现象"，外购的液压阀集成阀块系统"试验压力为工作压力的 1.25 倍，保压时间不少于 10min，不得有任何渗漏现象"，这样的技术要求有问题。

④ 在负荷运转（非工艺性）检验中，"负荷运转密封耐压试验的液体工作压力按设计文件规定，当设计文件无规定时，应符合下列要求：

a. 液体最大工作压力小于或等于 31.5MPa 时，其试验压力为液体最大工作压力的 1～1.25 倍；

b. 液体最大工作压力大于 31.5MPa 且小于或等于 35MPa 时，其试验压力为液体最大工作压力的 1～1.1 倍；

c. 液体最大工作压力大于 35MPa 且小于或等于 42MPa 时，其试验压力为液体最大工作压力的 1～1.05 倍；

d. 耐压试验的保压时间应大于或等于 5min，不应有渗漏现象。"

a.～d. 四项要求对液压机用液压缸设计、制造具有重要意义。

3.43　钢丝缠绕式冷等静压机

在 GB/T 8541—2012、GB/T 36484—2018、JB/T 4174—2014 和 JB/T 7348－2005 中都没有"钢丝缠绕式冷等静压机"这一术语和定义。在 JB/T 7348—2005《钢丝缠绕式冷等静压机》中规定了钢丝缠绕式冷等静压机（以下简称压机）的型式、基本参数和技术要求，适用于最高工作压力不大于 300MPa 压机。

作者注：在 GB/T 8541—2012 和 GB/T 36484—2018 中定义了术语"静压挤压"。

(1) 型式、结构与基本参数

① 型式　压机的型式如图 3-48 所示。

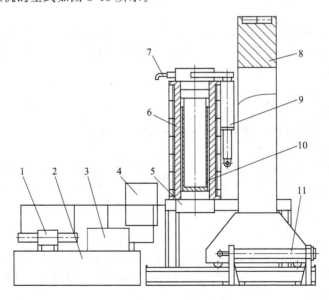

图 3-48　压机的型式

1—超高压源；2—供油站；3—高压组合阀（含安全阀、二级卸压阀）；4—压力表组件
（含手动卸压阀、压力表、压力传感器）；5—下端盖；6—缠绕缸体；7—排气阀；8—缠绕机架；
9—上端盖提升装置；10—双介质用油水隔离筒；11—机架驱动装置

② 结构　压机的结构见表 3-153。

表 3-153　压机的结构

部件名称	结构特点	部件名称	结构特点
缠绕机架	预应力钢丝缠绕组合式机架	下端盖	浮动式
机架驱动装置	液压驱动	超高压源	增压器、高压泵
缠绕缸体	预应力钢丝缠绕缸体	卸压阀	液压式及手动式
上端盖	浮动式，装有排气阀，能自动进、排气	安全阀	爆破片型
上端盖提升装置	液压驱动	电气控制系统	可编程序控制器或继电器控制

③ 基本参数　压机的基本参数应符合表 3-154 的规定。

表 3-154　压机缸径和缸体有效高度优选系列

缸径/mm	缸体有效高度/mm									
	(320)	400	600	800	1000	1250	(1300)	1500	1600	1800
100						—	—		—	—
160				规					—	
200	—									
230										
250	—	—				格				
(320)	—	—								
400	—	—	—							
(420)	—	—	—							
500	—	—	—			范				
630	—	—	—	—						
710	—	—	—	—						
800	—	—	—	—					围	
(830)	—	—	—	—						
900	—	—	—	—						
1000	—	—	—	—	—	—	—			
(1100)	—	—	—	—	—	—	—			
1250	—	—	—	—	—	—	—	—	—	—
1400	—	—	—	—	—	—	—	—	—	—
1600	—	—	—	—	—	—	—	—	—	—
1800	—	—	—	—	—	—	—	—	—	—
2000	—	—	—	—	—	—	—	—	—	—
(2150)	—	—	—	—	—	—	—	—	—	—
2240	—	—	—	—	—	—	—	—	—	—
2500	—	—	—	—	—	—	—	—	—	—

缸径/mm	缸体有效高度/mm									
	2000	2300	2500	3000	(3200)	4000	(4200)	4500	(4700)	5000
100	—	—	—	—	—	—	—	—	—	—
160	—	—	—	—	—	—	—	—	—	—
200			—	—	—	—	—	—	—	—
230				—	—	—	—	—	—	—
250					—	—	—	—	—	—
(320)						—	—	—	—	—
400							—	—	—	—
(420)		规					—	—	—	—
500								—	—	—
630										—
710					格					—
800										
(830)										
900										
1000							范			
(1100)										
1250	—									
1400	—									
1600	—								围	
1800		—	—	—	—					
2000		—	—	—	—					
(2150)		—	—	—	—					
2240	—	—	—	—	—	—	—			
2500	—	—	—	—	—	—	—			

注：1. 本表所列缸径和缸体有效高度系列尺寸可以任意组合成基本型压机。尽可能不采用括号中的规格。

2. 配置不同的压力级别、升压时间、电气控制方式组合成派生型压机。

3. 在 JB/T 7348—2005 表 2 中阴影部分的压机为市场已有产品，但本表略。

4. 压力级别：100MPa、150MPa、160MPa、180MPa、200MPa、250MPa、280MPa、300MPa。

④ 型号与标记

a. 型号。

型号表示方法：

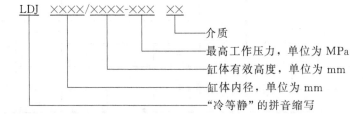

注1：介质可根据压机的实际使用情况（单介质或双介质）表示为"YS""YY""SS"或"S"。

注2：介质中的符号"Y"表示油介质，"S"表示水介质。

注3：若压机中为单一的油介质时，则符号"Y"不标注。

b. 标记。

标记示例：缸体内径为500mm，缸体有效高度为1500mm，最高工作压力为300MPa，油水双介质的压机，标记为

冷等静压机　LDJ500/1500-300YS　JB/T 7348—2005

(2) 技术要求

① 基本要求

a. 设计制造要求。压机应符合 JB/T 7348—2005 的要求，并按规定程序批准的图样和技术文件制造。

b. 环境适应性要求。压机应能在 0～45℃、相对湿度不大于 90％ 的环境下正常工作。

② 压机的调节与自控性能

a. 应有自动进、排气功能。

b. 应有保压时间控制及自动补压功能。

c. 泄压方式可按需要设定，经设定后能自动或手动控制。

d. 使用压力可在最高工作压力范围内按需要设定，并能自动控制。

e. 应有应急手动泄压功能。

f. 应有自动和手动紧急停机功能，并能自动泄压。

③ 主要零件材料的技术要求

a. 芯筒、端盖、增压器高压缸。

ⅰ. 芯筒、端盖、增压器高压缸所用材料应符合以下要求，无损检测应符合 JB 4730（已被 NB/T 47013.1—2015 代替）的规定。

- 35CrMo 应符合 JB 4726（已被 NB/T 47008—2017 代替）的规定；
- 25Cr2Ni4MoV 和 34CrNi3MoV 的力学性能应符合表 3-155 的规定。

表 3-155　25Cr2Ni4MoV 和 34CrNi3MoV 的力学性能

钢号	拉伸性能				冲击性能		试验温度 /℃
	试验温度	σ_b/MPa	$\sigma_{0.2}$/MPa	δ/％	ψ/％	A_{kV}/J		
						三个试样平均值	单个试样	
25Cr2Ni4MoV	常温	≥1070	≥960	≥12.5	≥40	≥34	≥27	4.5
34CrNi3MoV		≥930	≥820	≥14	≥45	≥41	≥34	

作者注：在 NB/T 47008—2017 中没有表 3-155 中两种材料的"锻件力学性能"。

ⅱ. 芯筒及增压器高压缸用材料应进行金相检验，其晶粒度的测定方法按 YB/T 5148（已被 GB/T 6394—2017《金属平均晶粒度测定方法》代替）的规定，非金属夹杂物的检测方法按 GB/T 10561 的规定。

b. 缠绕用扁钢丝。

ⅰ. 材质 65Mn，σ_b≥1685MPa，δ_{100}≥3％。

ⅱ. 厚度×宽度：1.5mm×6mm，1mm×4mm。

ⅲ. 截面尺寸应均匀一致，轧材不许有裂纹、折叠、锈蚀、扭曲等缺陷，局部划伤深度或轧痕深度应小于截面尺寸负偏差。

ⅳ. 供货的钢丝盘中，不许有对接钢丝出现，每盘钢丝长度不短于 2000m。

c. 立柱及半圆梁。立柱及半圆梁所用材料 35CrMo、45 应分别符合 JB 4726（已被 NB/

T 47008—2017《承压设备用碳素钢和合金钢锻件》代替）、JB/T 6400（JB/T 6400—1992《大型压力容器锻件用钢》已废止）的规定，无损检测应符合 JB 4730（已被 NB/T 47013.1—2015《承压设备无损检测 第1部分：通用要求》代替）的规定。

d. 高压螺管。高压螺管所用材料 30CrMnSiA 应符合 GJB 2608（已被 GJB 2608A—2008《航空用结构钢厚壁无缝管规范》代替）的规定，无损检测按 JB4730（已被代替）的规定。

e. 高压阀体及高压接头。高压阀体及高压接头中的主要件所用的材料，可根据使用情况选用，符合 GB/T 3077 或 GB/T 1220 的规定，无损检测按 JB 4730（已被代替）的规定。

④ 主要零件加工要求

a. 芯筒内工作面的圆柱度公差为 0.1mm，表面粗糙度 Ra 为 $0.8\mu m$。

b. 增压器柱塞外表面粗糙度 Ra 为 $0.4\mu m$，直径尺寸精度等级不低于 6 级。

c. 高压管路系统凡连接处均应加工减压泄漏通道，其连接螺纹精度不低于 6H/6h，牙侧表面粗糙度 Ra 为 $3.2\mu m$。

d. 安全阀的爆破片必须由取得国家压力容器安全监察主管机构颁发的生产许可证的单位制造。

e. 大型锻件未注加工要求应符合 JB/T 5000.9 的有关规定。

⑤ 钢丝缠绕要求

a. 缠绕过程中同一钢丝层内不允许出现超过两个以上的钢丝焊接接头。

b. 钢丝焊接接头的强度不低于 1080MPa。

c. 保护层中不允许有钢丝焊接接头存在。

⑥ 装配要求

a. 单轨水平度公差应不大于 0.2mm/1000mm，两轨同一水平度公差应不大于 0.1mm/1000mm，两轨间侧面平行度公差应不大于 0.3mm/1000mm。

b. 机架下半圆梁承压面水平度公差应不大于 0.5mm/1000mm。

c. 缸体上、下端面平行度公差应不大于 0.1mm/1000mm。

d. 缸体（工作位置）上、下端盖与机架承压板间的间隙值按设计图规定，间隙差不大于 0.15mm（缸径≤ϕ630mm 时）或不大于 0.25mm（ϕ630mm＜缸径≤ϕ1250mm 时）或不大于 0.5mm（ϕ1250mm＜缸径≤ϕ2500mm 时）。

e. 机架厚度和宽度的共同中心与缸体轴线的重合度不大于 2mm（缸径≤ϕ630mm 时）或不大于 2.5mm（ϕ630mm＜缸径≤ϕ1250mm 时）或不大于 5mm（ϕ1250mm＜缸径≤ϕ2500mm 时）。

f. 增压器的装配应符合以下要求：

ⅰ. 空载时的推动压力不大于 0.35MPa；

ⅱ. 活塞左右移动往复自如，无噪声、爬行、抖动现象；

ⅲ. 换向发讯装置灵活、可靠，无卡滞形象；

ⅳ. 空载噪声不大于 70dB（A）。

g. 管路中的配管应符合 JB/T 5000.11 中的有关规定。

⑦ 成套性

a. 压机的成套性包括主机系统、加压系统、液压驱动系统、抽油系统（双介质配置）、充抽液系统、电气控制系统、监控系统（选项）。

b. 随机提供的技术文件应包括：

ⅰ. 产品合格证；

ⅱ. 使用说明书；

ⅲ．装箱清单；

ⅳ．交货清单。

⑧ 可靠性与寿命

a．在规定的使用条件下，平均无故障工作时间不少于 300h。

b．在规定的使用条件下，从开始使用到第一次大修前的累计使用时间不少于 1×10^4 h。

c．在规定的使用条件下，缠绕缸体和机架的使用寿命不少于 5×10^4 次或 15 年。

⑨ 电气系统

a．当压力超过最高工作压力时，必须报警、停机、自动卸压。

b．在加压中，当机架脱离工作缸中心位置时，应自动停止加压并卸压。

c．电气系统必须设置安全互锁功能，保证压机的安全运行。

d．电气系统的其余要求应符合 GB 5226.1（已被代替）中的有关规定。

⑩ 液压系统 液压系统的技术要求应符合 GB/T 3766 中的有关规定。

⑪ 涂装 涂装应符合 JB/T 5000.12 中的有关规定。

⑫ 噪声 压机工作时的噪声应不大于 85dB（A）。

⑬ 其他 压机的操作平台或地坑盖板采用花纹钢板，平台周围栏杆高度不低于 1000mm。

(3) 试验方法

① 每台压机均应在制造厂进行总装和运转试验。

② 高压螺管、高压接头、高压阀体应按最高工作压力的 1.5 倍进行耐压试验。

③ 安全阀必须进行爆破压力试验，安全阀中的爆破片应在最高工作压力的 1.03～1.15 倍范围内破裂。

④ 压机噪声的检测按 JB/T 3623（已被 GB/T 23281—2009 涵盖）的规定。

⑤ 压机的整机试验应符合表 3-156 的规定。

表 3-156　压机的整机试验

名称	要求	试验方法
运转试验	压机工作循环动作可靠，空运转 2h 后，分别在最高工作压力范围内分级试验 2h，加压用介质温度不高于 60℃，电气、液压系统工作正常	空运转结束后，预设工作压力，按工作循环状态分别进行带载试验
最高工作压力负荷试验	所有机构在最高负荷试验下，动作应协调、可靠，压力指标应正确，液压系统密封可靠 在最高工作压力下保压 5min，压力降不得大于最高工作压力的 3%。加压用介质温度不高于 60℃	在工作循环状态下，预设工作压力，做工作循环试验，逐次升压到最高工作压力
耐压试验	在耐压试验下，零件不应有损坏现象。保压 2min，压力降不得大于规定压力的 3%。加压用介质温度不高于 60℃。进行缸体、机架预紧复检，符合图样规定值	按最高工作压力的 1.1～1.25 倍做耐压试验

说明

① 在 JB/T 7348—2005《钢丝缠绕式冷等静压机》中规定了钢丝缠绕式冷等静压机适用于最高工作压力不大于 300MPa 压机。压力级别：100MPa、150MPa、160MPa、180MPa、200MPa、250MPa、280MPa、300MPa。

② 根据 JB/T 4174—2014 中术语"泄压"的定义，在 JB/T 7348—2005 中的"应有应急手动卸压功能""应有自动和手动紧急停机功能，并能自动卸压"等都应是"泄压"。

③ 增压器高压缸所用材料如符合 NB/T 47008—2017 的 35CrMo 以及表 3-155 中的 25Cr2Ni4MoV 和 34CrNi3MoV，对其他高压液压缸选材具有参考价值。

④ 增压器的装配要求具有参考价值。

⑤ 明确规定了压机的成套性，包括主机系统、加压系统、液压驱动系统、抽油系统（双介质配置）、充抽液系统、电气控制系统、监控系统（选项）。

⑥ 明确规定了压机的使用寿命："在规定的使用条件下，缠绕缸体和机架的使用寿命不少于 $5×10^4$ 次或 15 年。"

⑦ 在压机的整机试验中，"在最高工作压力下保压 5min，压力降不得大于最高工作压力的 3‰""按最高工作压力的 1.1~1.25 倍做耐压试验""在耐压试验下，保压 2min，压力降不得大于规定压力的 3‰"具有重要参考价值。

3.44 钢丝缠绕式热等静压机

在 GB/T 8541—2012、GB/T 36484—2018、JB/T 4174—2014 和 JB/T 13116—2017 中都没有"钢丝缠绕式热等静压机"这一术语和定义。在 JB/T 13116—2017《钢丝缠绕式热等静压机》中规定了钢丝缠绕式热等静压机（以下简称压机）的术语和定义、型式与基本参数、型号与标记、技术要求、安全装置要求、试验方法、检验规则、标志、包装、运输和贮存，适用于最高工作压力不大于 200MPa、最高工作温度不大于 2000℃ 的压机的制造与订货等。

作者注：在 GB/T 8541—2012 和 GB/T 36484—2018 中定义了术语"静压挤压"。

(1) 型式与基本参数

① 型式 压机的型式如图 3-49 所示。

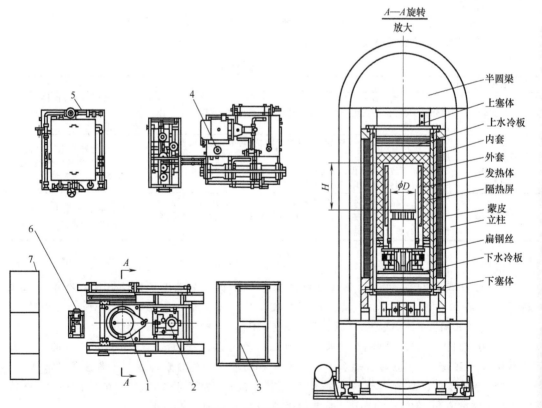

图 3-49 压机的型式

1—等静压装置；2—液压系统；3—加热系统；4—气动系统；5—冷却系统；6—真空系统；7—电气系统

② 基本参数

a. 压机的最高工作压力分为以下三挡：100MPa；150MPa；200MPa。

b. 压机的最高工作温度分为以下三挡：1000℃；1400℃；2000℃。

c. 压机的有效热区直径与高度按表 3-157 的规定。

表 3-157　压机的有效热区直径与高度　　　　单位：mm

有效热区直径 φD	有效热区高度 H														
	250	400	700	1000	1200	1500	2000	2200	2500	2800	3000	3200	3500	3800	4500
100			—	—	—	—	—	—	—	—	—	—	—	—	—
150				—	—	—	—	—	—	—	—	—	—	—	—
300					—	—	—	—	—	—	—	—	—	—	—
400	—	商				—	—	—	—	—	—	—	—	—	—
500	—						—	—	—	—	—	—	—	—	—
650	—	—		品				—	—	—	—	—	—	—	—
800	—	—							—	—	—	—	—	—	—
1000	—	—	—			规				—	—	—	—	—	—
1250	—	—	—								—	—	—	—	—
1400	—	—	—	—			格					—	—	—	—
1600	—	—	—	—	—								—	—	—
1800	—	—	—	—	—	—				范				—	—
2000	—	—	—	—	—	—	—								—
2240	—	—	—	—	—	—	—	—				围			
2500	—	—	—	—	—	—	—	—	—						

（2）型号与标记

① 型号

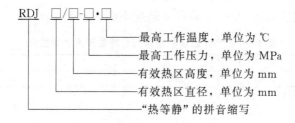

RDJ □/□-□·□

- 最高工作温度，单位为 ℃
- 最高工作压力，单位为 MPa
- 有效热区高度，单位为 mm
- 有效热区直径，单位为 mm
- "热等静"的拼音缩写

② 标记

标记示例：有效热区直径为 150mm，有效热区高度为 250mm，最高工作压力为 200MPa，最高工作温度为 1400℃ 的钢丝缠绕式热等静压机，标记为

热等静压机　RDJ150/250-200·1400　JB/T 13116—2017

（3）技术要求

① 一般要求　压机一般要求如下：

a. 电气系统符合 GB 5226.1（已被 GB/T 5226.1—2019 代替）的规定；

b. 气动系统配管符合 JB/T 5000.11 的规定；

c. 液压系统符合 GB/T 3766 的规定；

d. 压机的涂装符合 JB/T 5000.12 的规定。

② 主要零部件要求

a. 内套、外套、上塞体、下塞体、上水冷板、下水冷板。

ⅰ. 采用锻件制造，锻造比≥3，锻造缺陷不允许补焊。

ⅱ. 锻件化学成分要求按表 3-158 的规定，同时严格控制其中氢气含量≤$2×10^{-6}$（质量分数）、氧气含量≤$3×10^{-5}$（质量分数）、氮气含量≤$6.5×10^{-5}$（质量分数）、有害痕量元素（如砷、锡、锑、铅、铋等）含量均≤$9×10^{-5}$（质量分数）。

表 3-158　内套、外套、上塞体、下塞体、上水冷板、下水冷板锻件化学成分

（质量分数）

C	Si	Mn	S	P	Cr	Ni	Mo	V
0.16%～0.25%	≤0.35%	0.20%～0.50%	≤0.005%	≤0.012%	1.40%～2.00%	3.25%～4.00%	0.40%～0.60%	0.04%～0.15%

ⅲ. 锻件热处理后力学性能要求按表 3-159 的规定，同时提供锻件 $FATT_{50}$ 值，当改变冶炼、锻造或热处理工艺时，应再次提供锻件的 K_{IC} 值和 $FATT_{50}$ 值。

表 3-159　内套、外套、上塞体、下塞体、上水冷板、下水冷板锻件热处理后力学性能

R_m	R_{eL}	A	Z	KV_2	侧膨胀值 LE	K_{IC}
≥930MPa	≥820MPa	≥16%	≥40%	≥41J	≥0.53mm	≥130MPa$\sqrt{m}$

注：KV_2 指夏比（V 形缺口）冲击吸收能量。

b. 立柱、半圆梁。

ⅰ. 采用锻件制造，锻件级别为 NB/T 47008—2010 中Ⅱ级，锻造缺陷不允许补焊。

ⅱ. 锻件热处理后力学性能要求按表 3-160 的规定。

表 3-160　立柱、半圆梁锻件热处理后力学性能

R_m	R_{eL}	A	KV_2
≥650MPa	≥460MPa	≥15%	≥41J

注：KV_2 指夏比（V 形缺口）冲击吸收能量。

c. 气体压缩机高压气缸。

ⅰ. 热处理后力学性能按表 3-161 的规定。

ⅱ. 内壁表面粗糙度 Ra≤0.8μm 且尺寸精度不低于 8 级。

表 3-161　气体压缩机高压气缸热处理后力学性能

R_m	R_{eL}	A	Z	KV_2
≥930MPa	≥820MPa	≥16%	≥40%	≥41J

注：KV_2 指夏比（V 形缺口）冲击吸收能量。

d. 扁钢丝。

ⅰ. 截面尺寸：（1.5±0.06）mm×（6±0.15）mm 或（1.0±0.06）mm×（4±0.15）mm。

ⅱ. 材质为 65Mn，化学成分符合 GB/T 1222 的规定。

ⅲ. 材料力学性能要求按表 3-162 的规定。

表 3-162　扁钢丝材料力学性能

R_m	R_{eL}	A_{100}
≥1650MPa	≥1450MPa	≥3%

ⅳ. 扁钢丝焊接接头强度≥1080MPa。

ⅴ. 截面尺寸均匀一致，轧材表面无裂纹、折叠、锈蚀、扭曲等缺陷，局部划伤或轧痕深度小于厚度下极限偏差值。

e. 缠绕缸体和缠绕机架。

ⅰ. 采用预应力钢丝缠绕结构。

ⅱ. 不允许焊接（扁钢丝、蒙皮除外）。

ⅲ. 机架移进、上塞体下降应设置双到位发讯开关。

③ 配套系统要求

a. 气动系统。

ⅰ. 气动系统压力介质使用氮气、氩气等，其纯度≥99.99%（质量分数）。

ⅱ. 高压管路（工作压力＞35MPa）连接不允许采用焊接形式，其连接螺纹的精度不低于 6H/6h，牙侧表面粗糙度 Ra≤1.6μm，连接处应有泄漏孔。

ⅲ. 气动系统配置压力表、压力传感器、安全阀和爆破阀等附件并具有手动卸压功能。

ⅳ. 高压气控阀设置动作检测元件，具备安全互锁功能。

ⅴ. 超高压压力表满量程为最高压力的 1.5～2.0 倍，表盘直径≥150mm，且准确度不低于 1.6 级。

b. 真空系统。在室温且无制件情况下，真空度≤1500Pa。

c. 冷却系统。

ⅰ. 采用独立内循环对压机进行冷却。

ⅱ. 主要管路、接头、阀件、水箱等材料采用不锈钢。

ⅲ. 具备冷却水压力、流量调节功能以及流量、温度检测功能。

ⅳ. 具有冷却水流量不足报警功能，系统设置应急水接口，在紧急情况下可将应急水转入内循环系统进行应急冷却。

ⅴ. 内循环系统设置备用水泵。

d. 加热系统。

ⅰ. 具备手动和自动两种加热方式。

ⅱ. 碳/碳、石墨发热体电压一般不超过 50V，金属发热体电压一般不超过 100V。

ⅲ. 每个加热区至少设置一只温控热电偶和一只备用热电偶。

ⅳ. 隔热屏采用倒杯式多层结构，至少设置一只侧面热电偶及一只顶部热电偶。

④ 装配要求　压机装配要求如下：

a. 导轨座单轨水平度公差为 0.30mm/1000mm，两轨同一水平度公差为 0.40mm/1000mm，两轨间侧面平行度公差为 0.50mm/1000mm；

b. 缠绕机架横截面几何中心与缠绕缸体轴线的重合度要求按表 3-163 的规定；

c. 缠绕机架承压面与上塞体和下塞体间隙差要求按表 3-163 的规定。

表 3-163　重合度与间隙差　　　　　　　　　　　　　单位：mm

有效热区直径	重合度	间隙差
≤φ800	≤φ4	≤0.20
φ800～1250	≤φ5	≤0.35
≥φ1250	≤φ6	≤0.50

（4）安全装置要求

① 压机具有压力、温度、加热电流、加热电压超上限报警及超极限停机功能。

② 压机设置急停按钮。

③ 加热系统变压器外安装防护网。

④ 变压器外部裸露的铜排采用绝缘保护。

⑤ 真空系统与气动系统安全互锁。

（5）试验方法

① 耐压试验

a. 等静压装置。

ⅰ. 等静压装置耐压试验要求：等静压装置由国家质检总局核准的检验检测机构进行监督检验。

ⅱ. 等静压装置耐压试验方法如下。

• 最低试验压力 p_T 按式（3-6）计算。

$$p_T = 1.12p \frac{R_{p0.2}}{R_{p0.2}^t} \tag{3-6}$$

式中　p——超高压容器的设计压力（对于在用超高压容器可取最高工作压力），MPa；

$R_{p0.2}$——试验温度下材料的屈服强度，MPa；

$R_{p0.2}^t$——设计温度下材料的屈服强度，MPa。

• 试验介质一般采用煤油和变压器油混合液或者设计图样要求的试验介质。

• 耐压试验时，超高压容器壁温和试验用介质温度应不至于引起容器的脆性破坏，一般不得低于 15℃。

• 超高压容器中应充满液体，排净滞留在容器内的气体。容器外表面应保持干燥，待容器壁温与液体温度接近时，先缓慢升压至规定试验压力的 10%，保压 5～10min，并对所有连接部位进行初次检查。若无泄漏可继续升压到规定试验压力的 50%。若无异常现象，其后按规定试验压力的 10% 逐级缓慢升压至设计压力，每级保压 3～5min，确认无泄漏后继续升压到规定的试验压力，根据容器容积大小保压 10～30min，然后将压力缓慢降到设计压力保压并进行检查。检查期间压力应保持不变，不得采用连续加压方法维持试验压力不变。确认无泄漏后再按升压级差缓慢逐级卸压。升压或者降压时每级保压时间内，压力读数应保持不变，不得带压调整紧固件。

• 耐压试验时应安装两个量程相同、经校验合格的压力表，并且装在试验装置上便于观察的位置。

• 耐压试验后应及时将试验介质排净，并且将容器内外表面清理干净，不得有锈痕。

ⅲ. 等静压装置耐压试验合格判据如下。

• 等静压装置在试验过程中无渗漏。

• 各元件无可见的异常变形。

• 等静压装置在试验过程中无异常响声。

• 耐压试验后，应对单层筒体内表面进行超声检测和表面磁粉检测或者渗透检测。超声检测比例不少于 20%；表面检测的比例为 100%。

• 超声检测验收应符合 JB/T 13116—2017 的要求。

• 磁粉（渗透）检测验收应符合 JB/T 13116—2017 的要求。

• 制造单位应认真做好无损检测的原始记录，准确详细地填写报告，有关报告和资料保存期限不应少于 10 年。

b. 高压管路、高压接头、高压阀体。按最高工作压力的 1.15 倍进行耐压试验，试验介质为水或油，保压时间不低于 10min，试验过程中高压管路、高压接头、高压阀体应无渗漏、异常响声和塑性变形。

② 气密性试验。压机气密性试验应符合以下规定。

a. 压机在最高工作压力±1MPa 下进行气密性试验，保温、保压 5min，试验过程中应无明显泄漏和异常响声，各元件无可见的异常变形。

b. 压机由国家质检总局核准的检测机构进行监督检验。

③ 性能试验　压机在最高工作压力±1MPa、最高工作温度±5℃下进行性能试验，保

温、保压 5min，试验过程中应无明显泄漏和异常响声，各元件无可见的异常变形。

(6) 检验规则

① 无损检测　内套、外套、上塞体、下塞体、上水冷板、下水冷板、立柱、半圆梁、气动系统高压接头（工作压力＞35MPa）、高压气缸的无损检测见 JB/T 13116—2017。

② 扁钢丝焊接强度检测　扁钢丝焊接接头的强度应采用在线检测方法，焊接接头强度应≥1080MPa。

③ 检验项目　见 JB/T 13116—2017。

④ 出厂检验

a. 压机中的等静压装置由国家质检总局核准的检验检测机构进行监督检验并合格后方可出厂。

b. 压机经制造单位质量检验部门检验合格并出具产品质量证明书。

⑤ 定期检验　压机自交付用户之日起，在正常操作和维护情况下，工作 300 炉次或 2 年后，需每年定期进行一次缠绕缸体及机架预紧检验，未经定期检验或检验不合格的不应继续使用。

(7) 标志、包装、运输和贮存

见 JB/T 13116—2017。

说明

① JB/T 13116—2017《钢丝缠绕式热等静压机》规定的钢丝缠绕式热等静压机适用于最高工作压力不大于 200MPa、最高工作温度不大于 2000℃的压机。压机的最高工作压力分为以下三挡：100MPa、150MPa、200MPa。

② 在压机主要零部件要求中，采用锻件制造，锻造比≥3，锻造缺陷不允许补焊。同时要严格控制其中的含气量等具有重要的参考价值。

③ 除在"一般要求"中规定"液压系统符合 GB/T 3766 的规定"外，在"配套系统要求"中没有关于液压系统的进一步规定。

④ 等静压装置耐压试验的试验介质一般采用煤油和变压器油混合液。

⑤ 将"不得低于15℃"确定为"不至于引起容器的脆性破坏"，具有参考价值。

⑥ 在 JB/T 13116—2017 中给出的等静压装置耐压试验方法，如"超高压容器中应充满液体，排净滞留在容器内的气体""不得采用连续加压方法维持试验压力不变""不得带压调整紧固件""耐压试验时应安装两个量程相同、经校验合格的压力表，并且装在试验装置上便于观察的位置"以及等静压装置耐压试验合格判据，都具有重要参考价值。

⑦ 压机气密性试验和性能试验要求几乎相同，但"气密性试验"没有给出保温温度，而"性能试验"给出了"在最高工作温度±5℃下进行性能试验，保温、保压 5min"。

⑧ 在 JB/T 13116—2017 中没有对压机的耐久性与寿命进行规定。

3.45　电液锤

在 GB/T 8541—2012、GB/T 36484—2018、JB/T 4174—2014、GB/T 25718—2010 和 GB/T 25719—2010 中都没有"电液锤"这一术语和定义。在 GB/T 25718—2010《电液锤型式与基本参数》中规定了电液锤的型式与基本参数，适用于有砧座式气液驱动和液压驱动的电液锤，在 GB/T 25719—2010《电液锤　技术条件》中规定了电液锤的技术要求、试验方法、检验规则及标志、包装、运输和贮存，适用于电液锤（包括有砧座式自由锻电液锤、模锻电液锤、数控模锻电液锤），也适用于改造蒸-空锻锤的电液动力头。

作者注：在 GB/T 25718—2010 中定义了"双臂式自由锻电液锤""单臂式自由锻电液锤""桥式自由锻电液锤""模锻电液锤""数控模锻电液锤"等术语。

3.45.1 电液锤型式与基本参数

(1) 电液锤的型式

电液锤可分为以下型式：双臂式自由锻电液锤（见 GB/T 25718—2010 中图 1）；桥式自由锻电液锤（见 GB/T 25718—2010 中图 2）；单臂式自由锻电液锤（见 GB/T 25718—2010 中图 3）；模锻电液锤（见图 3-50）；数控模锻电液锤（见图 3-51）。

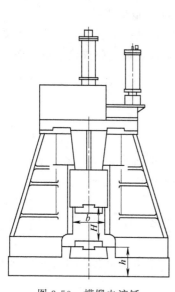

图 3-50　模锻电液锤

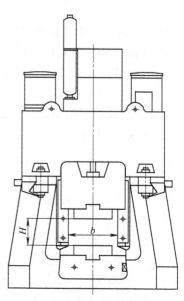

图 3-51　数控模锻电液锤

(2) 电液锤的基本参数

① 双臂式自由锻电液锤的基本参数应符合表 3-164 的规定。

表 3-164　双臂式自由锻电液锤的基本参数

公称打击能量/kJ	打击频次/min⁻¹	最大行程 H/mm	工作区间宽度 S/mm	工作区间高度 H_1/mm	下砧块上平面至地面高度 h/mm	砧座质量/kg
35	60	1000	1800	1250	750	15000
70	60	1250	2300	1380	750	30000
105	55	1450	2700	1470	760	45000
140	50	1500	2700	1470	760	60000
175	50	1700	3700	2000	880	75000
210	50	1850	3700	2150	880	90000
245	45	2000	4000	2200	900	105000
280	45	2200	4200	2250	900	120000
350	45	2400	4400	2250	900	150000

② 桥式自由锻电液锤的基本参数应符合表 3-165 的规定。

表 3-165　桥式自由锻电液锤的基本参数

公称打击能量/kJ	打击频次/min⁻¹	最大行程 H/mm	工作区间宽度 S/mm	工作区间高度 H₁/mm	下砧块上平面至地面高度 h/mm	砧座质量/kg
175	50	1700	3700	2000	880	75000
210	50	1850	3700	2150	880	90000
245	45	2000	4000	2300	900	105000
280	45	2200	4200	2460	900	120000
350	45	2400	4400	2650	900	150000

③ 单臂式自由锻电液锤的基本参数应符合表 3-166 的规定。

表 3-166　单臂式自由锻电液锤的基本参数

公称打击能量/kJ	打击频次/min⁻¹	最大行程 H/mm	锤杆中心线至锤身距离 L/mm	工作区间高度 H₁/mm	下砧块上平面至地面高度 h/mm	砧座质量/kg
35	60	1000	730	1750	750	13000
70	60	1250	840	2150	750	26000
105	55	1450	960	2340	750	32000
140	50	1500	960	2400	750	45000
175	50	1700	1250	2200	760	60000
210	50	1850	1300	2300	760	70000
280	45	2200	1400	2300	780	96000

④ 模锻电液锤的基本参数应符合表 3-167 的规定。

表 3-167　模锻电液锤的基本参数

公称打击能量/kJ	连打次数及时间	平均打击频次/min⁻¹	最大行程 H/mm	模具最小闭合高度（不计燕尾）/mm	导轨间距 b/mm	下砧块上平面至地面高度 h/mm	砧座质量/kg
25	8 次/7s	45	1000	220	540	840	20000
50	7 次/7s	45	1200	260	600	850	40000
75	7 次/7s	45	1250	350	700	930	60000
125	7 次/7s	40	1300	400	740	850	100000
200	6 次/6s	40	1350	430	900	865	160000
250	5 次/7s	30	1400	450	1000	875	200000
400	3 次/5s	30	1500	500	1200	900	320000

⑤ 数控模锻电液锤的基本参数应符合表 3-168 的规定。

表 3-168　数控模锻电液锤的基本参数

公称打击能量/kJ	最大打击频率/min⁻¹	最小打击频率/min⁻¹	最大行程 H/mm	模具最小闭合高度（不计燕尾）/mm	模具最大闭合高度（不计燕尾）/mm	导轨间距 b/mm
6.3	110	70	555	100	275	380
8	110	70	570	100	275	410
10	100	60	570	140	280	440
12.5	100	60	580	150	300	480
16	90	50	640	160	320	520
20	90	50	660	180	360	570
25	90	50	685	180	370	608
31.5	85	45	700	200	400	664
40	85	45	710	220	430	700

公称打击能量/kJ	最大打击频率/min⁻¹	最小打击频率/min⁻¹	最大行程 H/mm	模具最小闭合高度(不计燕尾)/mm	模具最大闭合高度(不计燕尾)/mm	导轨间距 b/mm
50	85	45	740	220	450	766
63	80	40	760	220	460	800
80	75	35	810	280	530	850
100	75	35	850	300	550	850
125	75	35	1000	500	730	1000
160	70	30	1050	600	830	1040

3.45.2 电液锤技术条件

(1) 技术要求

① 基本要求

a. 电液锤应符合 JB/T 1829 和 GB/T 25719—2010 的规定,并按经规定程序批准的图样及技术文件制造。

b. 铸铁件应符合 JB/T 5775 的规定,焊接件应符合 JB/T 8609 的规定。

c. 使用说明书应符合 GB/T 9969 的规定。

d. 重要锻件应进行超声波探伤(如锤杆、锤头、砧块等),超声波探伤应符合 JB/T 8467 的规定,并做好有关记录。

e. 电液锤的随机备件、附件应能互换,并符合有关技术文件的规定。

f. 电液动力头和机身所用的所有紧固件应采取防松措施,动力头与机身应有减振垫。

② 型式与基本参数 电液锤的型式与基本参数应符合 GB/T 25718 的规定,用户有特殊要求的除外。

③ 性能

a. 电液锤操作系统应安全可靠、灵活自如。

b. 自由锻电液锤、模锻电液锤应能实现锤头提升、悬置、重击、轻击、慢降、压紧和急停收锤等工作规范;改变锤头的提升高度,即可改变电液锤的打击能量;数控模锻电液锤能实现提升、重击、轻击和慢降等工作规范,通过调整打击阀闭合时间的长短,可精确控制电液锤的打击能量,以满足锻造工艺要求的使用功能。数控模锻电液锤打击能量控制精度为 $\pm 3\%$。

c. 电液锤的运动部件,如锤头系统(含锤头和锤杆)应在有效行程内灵活自如,无卡阻现象。

d. 自由锻电液锤、模锻电液锤在正常的使用中,提锤应能使锤头从闭合位置上升至行程高度的任意位置;如不立即进行打击,允许悬置锤头有微量滑动,但 5s 内的滑动距离不应大于 10mm。

e. 自由锻电液锤、模锻电液锤在实施打击的瞬间,如发现误操作应能立即实施急停收锤,此防误操作工作规范只在应急时使用。

f. 数控模锻电液锤在慢降过程中应为点动动作,停止状态下 5s 内滑动距离不应大于 5mm。

g. 应设置回程限止装置,以保证锤头系统在最大回程速度下无刚性冲撞。

h. 用户有要求时,模锻电液锤、数控模锻电液锤应带上顶料装置,顶料力应不小于锤头重力的 10 倍。

i. 数控模锻电液锤打击能量的调整应方便，更换不同模具后，将模具闭合高度参数重新输入，打击能量应能自动调整。

④ 外观

a. 电液锤的外观质量应符合 JB/T 1829 的规定。

b. 铸件外表面清除粘砂、结疤、多肉后，用 500mm 的直尺检查不加工表面的平面度，偏差不应大于 2.5mm。

c. 外部不加工表面清除铁锈、型砂与油污后，根据表面情况打底、抹腻子、涂漆。砧座及埋入件只涂防锈漆。铆焊件可不抹腻子。腻子厚度不应大于 1.5mm，局部加厚处不应大于 3mm。

d. 机器表面不应有图样未规定的凸起、凹陷和粗糙不平，用板料加工的盖不应出现边缘不齐的现象，其接合缝隙不应超过表 3-169 的规定。

表 3-169　允许错偏量　　　　　　　　　　　　　　单位：mm

零部件接合面的边缘尺寸	允许错偏量	零部件接合面的边缘尺寸	允许错偏量
≤500	1	>1000	3
>500～1000	2		

注：边缘尺寸系指直径或相应边长。

e. 电气、润滑、液压、冷却管道外露部分应布置紧凑、排列整齐，且用管夹固定，管子不应扭曲折叠，在弯曲处应圆滑，不应压扁或打折。

⑤ 装配

a. 装配质量应符合 JB/T 1829 的规定。

b. 电气、液压、气动管路应固定牢固，不应与运动部件发生摩擦。

c. 装配前应清洗管路及充液装置。

d. 全部液压、气动管路、管接头、法兰以及其他固定和活动连接均应连接可靠、密封良好、不应有油、气渗漏现象。

e. 电液动力头重要固定接合面应紧密贴合，预紧后用 0.05mm 塞尺检查，只允许局部塞入，其塞入部分长度累计不应大于可检长度的 10%。

⑥ 液压系统

a. 液压系统应符合 GB/T 3766 的规定。

b. 液压系统油箱应有合理容积，油箱不应有渗漏现象；所配备的油液冷却器应保证油温不高于 60℃。

c. 液压系统清洁度应符合 JB/T 9954 的规定。

d. 液压系统中应设置滤油器。

⑦ 润滑系统

a. 润滑系统应符合 GB/T 6576 的规定。

b. 重要的摩擦部位的润滑应采用集中润滑系统，只有当不能采用集中润滑系统时才采用分散润滑装置。

⑧ 气动系统

a. 气动系统的结构与安全要求应符合 GB/T 7932 的规定。

b. 气缸、气罐和蓄能器的充气介质应使用氮气。

⑨ 电气　电气设备应符合 GB 5226.1（已被 GB/T 5226.1—2019 代替）的规定。

⑩ 噪声　空运转的声音应正常，其 A 计权噪声声压级不应大于 90dB（A）。测量方法应符合 GB/T 23281 的规定。

⑪ 安装精度

a. 安装精度的检验应符合 GB/T 10923 的规定。

b. 自由锻电液锤、模锻电液锤、数控模锻电液锤的整体安装精度要求见 GB/T 25719—2010。

⑫ 安全与防护

a. 安全与防护应符合 GB 17120 的规定。

b. 电液锤应有防止锤杆意外断裂而引起高压油喷泄的防护装置。

c. 数控模锻电液锤应有防止锤头意外下落的安全销装置，安全销开关应与打击操作开关互锁。

d. 电液锤上有可能对人身和设备造成损伤的部分，应采取相应的安全防护措施和警示。

(2) 试验方法

① 空运转试验

a. 空运转试验不应少于 2h。

b. 在空运转试验时间内，连续试验时间不应少于 1.5h。

c. 试验时各部分应运转平稳，不应有不正常的尖叫声。

d. 电动机、油泵启动和停止试验连续进行，不少于 3 次，应灵敏可靠。

e. 电动机、油泵空运转试验不少于 30min，应无异常。

f. 全行程提锤、慢降、锤头悬置试验连续进行 10 次，应灵活、轻便、平稳、准确、无卡滞现象，尤异常声响。提锤时锤头应能快速提升；自由锻电液锤、模锻电液锤锤头悬置试验时，锤头在任何位置都能停住；慢降时锤头应缓慢下落，慢降过程中锤头在任何位置可随时停住；操纵部件处于打击位置时，锤头能快速实现打击。

g. 按 GB/T 23281 的规定测定噪声，其声压级不超过 90dB（A）。

h. 电液动力头的空运转试验，应在试验台架上进行。

② 负荷运转试验

a. 试验在用户使用现场结合当时的锻件进行，可试锻两种典型锻件，使用功能应发挥正常。

b. 锤的打击能量采用镦粗铜柱法进行测量，试验用试件材料应符合 GB/T 25719—2010 附录 A 的规定。也可用典型镦粗工序所需镦击能量做比照经验评定。

c. 其他技术要求应在两个班次的连续工作后进行评定。

d. 实际打击能量按式（3-7）计算。

$$E = \frac{1}{2}mv^2 \tag{3-7}$$

式中　E——打击能量，J；

m——落下部分实际质量，kg；

v——上、下砧块或上、下模块闭合时的速度，m/s。

e. 自由锻电液锤、模锻电液锤最大打击能量不应小于 GB/T 25718 中规定的公称打击能量。

f. 试验数控模锻电液锤打击能量控制精确度。

说明

①"应设置回程限止装置，以保证锤头系统在最大回程速度下无刚性冲撞"这样的技术要求，对于液压机用液压缸设计很重要。

② 在液压机用液压缸设计中，应充分考虑安全与防护中的要求，如意外断裂、意外下落。

③ 根据 GB/T 7935—2005 的规定，液压元件（液压缸）表面不应涂腻子。

④"电气、液压、气动管路应固定牢固，不应与运动部件发生摩擦"。软管与软管之间也不应发生摩擦，笔者曾参与处理过电液锤因软管间摩擦而破裂所造成的事故，后果严重。

⑤"试验时各部分应运转平稳，不应有不正常的尖叫声"具有参考价值。

3.46　液压剪板机

根据 JB/T 1826.1—1999《剪板机　名词术语》规定，剪板机是一个刀片相对另一刀片做往复直线运动剪切板材的机器，摆式剪板机是上刀架绕支点摆动的剪板机，而液压剪板机则是用液压驱动的剪板机，液压摆式剪板机是用液压驱动的摆式剪板机。在 JB/T 1826—1991《剪板机　型式与基本参数》中规定了剪板机的型式和基本参数，在 JB/T 5197.2—2015《剪板机　第 2 部分：技术条件》中规定了剪板机的技术要求、试验方法、检验规则、包装、运输、贮存、制造厂的保证，在 GB/T 14404—2011《剪板机　精度》中规定了剪板机的精度检验、检验精度允许值及检验方法，适用于（新设计的）一般用途的剪板机。

作者注：在 JB/T 1826.1—1999 中术语"剪板机"与"摆式剪板机"的定义有矛盾。

3.46.1　剪板机型式与基本参数

(1) 剪板机的型式

剪板机可分为以下两种型式：闸式剪板机（剪板机），见图 3-52（图 3-52 不决定剪板机的结构）；摆式剪板机，见图 3-53（图 3-53 不决定剪板机的结构）。

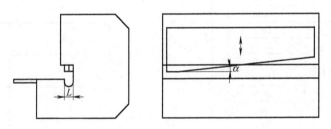

图 3-52　闸式剪板机（剪板机）

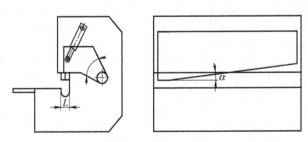

图 3-53　摆式剪板机

(2) 剪板机的基本参数

① 剪板机主参数为可剪板厚 t 和可剪板宽 b。

② 剪板机基本参数应符合如下规定。

a. 喉口深度 L 一般应选用 0mm，100mm，300mm，500mm。

b. 剪板机基本参数应符合表 3-170 的规定。

表 3-170　剪板机基本参数

可剪板厚 t/mm	可剪板宽 b/mm	额定剪切角 α/(°)	行程次数/(次/min) 空运转	行程次数/(次/min) 满负载
1	1000	1°	100	40
	1250			
2.5	1250	1°	65	30
	1600			
	2000			
	2500			
	3200			
4	2000	1°30′	60	22
	2500			
	3200		55	20
	4000			
6	2000	1°30′	50	18
	2500			
	3200			14
	4000			
	5000		—	12
	6300			
8	2000	1°30′	50	14
	2500			
	3200		45	12
	4000			
	5000		—	10
	6300			
10	2000	2°	45	12
	2500			
	3200		40	10
	4000			
	5000		—	8
	6300			
12	2000	2°	40	10
	2500			
	3200		35	8
	4000			
	5000		—	
	6300			
16	2000	2°30′	30	8
	2500			
	3200			
	4000			
	5000		—	6
	6300			
20	2000	2°30′	20	6
	2500			
	3200			
	4000			
	5000		—	5
	6300			

可剪板厚 t/mm	可剪板宽 b/mm	额定剪切角 α/(°)	行程次数/(次/min)	
			空运转	满负载
25	2000	3°	20	5
	2500			
	3200			
	4000			
	5000		—	4
	6300			
32	2500	3°30′	15	4
	3200			
	4000			
	5000		—	3
	6300			
40	2500	3°30′	15	3
	3200			
	4000			

注：1. 板材选用 $\sigma_b \leqslant 450$MPa。
2. 对液压传动剪板机，只规定满负荷行程次数。

3.46.2 剪板机技术条件

(1) 剪板机的技术要求

① 一般要求

a. 剪板机应符合 JB/T 1829 的规定。

b. 剪板机的图样及技术文件应符合 JB/T 5197.2—2015 等标准的规定，并应按照规定程序经过批准后方能投入生产。

c. 剪板机的刚度应符合技术文件的规定。

d. 使用说明书应符合 GB/T 9969 的规定。

作者注：原文中"剪板机的图样及技术文件应符合技术文件的规定"这样的表述有问题。

② 型式与基本参数　剪板机的型式与基本参数应符合 JB/T 1826 的规定。剪板机用刀片应符合 JB/T 1828.1、JB/T 1828.2 的规定。

作者注：原文中"……应符合 JB/T 1829 的规定"与上文重复。

③ 配套件与配套性

a. 剪板机出厂时应保证其完整性，并备有正常使用和维修所需的专用附件及备用易损件。特殊附件由用户与制造厂共同商定随机供应或单独订货。

b. 制造厂应保证剪板机配套的外购件（包括电气、液压、气动元件等）取得合格证，并须与主机同时进行运转试验。

④ 安全与防护　剪板机的安全与防护应符合 GB 28240 的规定。

⑤ 结构与性能

a. 剪板机的刚度应符合技术文件的规定。

b. 结构与性能的其他要求见 JB/T 5197.2—2015。

⑥ 标牌

a. 剪板机应有铭牌和指示润滑、操纵、安全等要求的各种标牌和标志，标牌的要求应符合 GB/T 13306 的规定。标牌上的形象化符号应符合 JB/T 3240 的规定。

b. 标牌应端正牢靠地固定在明显合适的位置。

⑦ 铸件、锻件、焊接件

a. 灰铸铁应符合 JB/T 5775 的规定。球墨铸铁应符合 GB/T 1348 的规定。铸造碳钢件应符合 GB/T 11352 的规定。焊接件应符合 JB/T 8609 的规定。锻件和有色金属铸件应符合技术文件的规定。对不影响使用和外观的缺陷，在保证质量的条件下，允许按技术文件的规定进行修补。使用的复合件应符合技术文件的规定，钢体铜衬复合件应符合 JB/T 11196 的规定。

b. 机架（左立柱、右立柱）、上刀架、工作台（下刀架）、连杆、大齿轮、飞轮、偏心轮、缸体、活塞、主（曲）轴、调节螺杆、活塞杆、刀片、减速箱体等重要的铸件、锻件及焊接件应进行消除内应力的处理。

⑧ 机械加工

a. 零件加工应符合设计、工艺技术文件的要求，已加工表面不应有毛刺、斑痕和其他机械损伤，除特殊要求外，均应将锐边倒钝。

b. 机架、上刀架、主（曲）轴、活塞杆、缸体、转键、滑销、月牙叉（闸刀）等主要摩擦副应采取耐磨措施。

c. 机械加工的其他要求见 JB/T 5197.2—2015。

⑨ 电气设备　剪板机的电气设备应符合 GB 5226.1（已被 GB/T 5226.1—2019 代替）的规定。

⑩ 液压、润滑、气动系统

a. 剪板机的液压系统应符合 GB/T 3766 的规定。液压元件应符合 GB/T 7935 的规定。气动系统应符合 GB/T 7932 的规定。工作部件在规定的范围内不应有爬行、停滞及振动，在换向和泄压时不应有明显的冲击现象。

b. 压力容器的设计、制造、检验应符合技术文件的规定。

c. 剪板机应有可靠的润滑装置，润滑管路和润滑点应有对应的标志，保证各运转部位得到正常润滑。

d. 液压、润滑、气动系统的油、气不应有渗漏现象。

e. 转动部位的油不得甩出，对非循环稀油润滑部位应有集油回收装置。

⑪ 装配

a. 剪板机应按装配工艺规程进行装配。装配在剪板机上的零部件均应符合质量要求，不允许装入图样上未规定的垫片、套等零件。

b. 同一运动副内，可卸换导轨的硬度应低于不可卸换导轨的硬度；小件导轨的硬度应低于大件导轨的硬度。

c. 剪板机的液压系统清洁度应符合 JB/T 9954 的规定。

d. 装配的其他要求见 JB/T 5197.2—2015。

⑫ 噪声　剪板机的齿轮传动机构及电气、液压、气动部件等工作时声音应均匀，不得有不规则的冲击声和周期性的尖叫声。剪板机的噪声应符合 GB 24389 的规定。

⑬ 外观

a. 剪板机的外表面不应有图样未规定的凸起、凹陷或粗糙不平，零部件接合面的边缘应整齐、匀称，其错偏量误差应符合有关标准的规定。

b. 沉头螺钉不应凸出零件外表面；定位销一般应略凸出零件外表面，凸出值为其倒角值；螺栓尾端应凸出螺母之外，凸出值应不大于其直径的 1/5；外露轴端应凸出其包容件端面，凸出值约为倒角值。

c. 剪板机的主要零部件外露加工表面不应有磕碰、划伤、锈蚀等痕迹。

d. 各种管、线路系统安装应整齐、美观，不应与其他零部件发生摩擦或碰撞，管子弯曲处应圆滑。

e. 剪板机的涂漆应符合技术文件的规定。

(2) 剪板机的试验方法

① 基本参数检验

a. 剪板机的基本参数检验应在无负荷情况下进行，剪板机的基本参数应符合设计的要求。

b. 成批生产的定型剪板机允许抽检，每批抽检数不少于10%，且不少于1台。

c. 剪板机参数的允许偏差应符合表3-171的规定。

表 3-171　剪板机参数的允许偏差

检验项目			允许偏差
行程量	上刀架行程量/mm	曲柄传动	行程量的±1%
		杠杆传动	行程量的−2%～3%
		其他传动	行程量的±2%
	辅助机构行程量/mm		行程量的−2%～3%
调节量	上刀架和辅助机构的调节量/mm		调节量的0～12%
	上刀架和辅助机构的角度调节量/(°)		角度调节量的0～12%
	上刀架每分钟行程次数/(次/min)		次数的0～10%

注：1. 在电源正常的情况下进行检验，具体见剪板机精度检验一般要求。

2. 偏差折算结果（长度、角度、次数）按 GB/T 8170—2008《数值修约规则与极限数值的表示和判定》的规定修约到小数点后一位。

3. 上刀架每分钟行程次数小于或等于5次/min时，偏差折算结果按 GB/T 8170—2008 的规定修约到个位数的0.5单位。

d. 基本参数中未注公差尺寸的极限偏差，对于两个切削加工面间的尺寸按 GB/T 1804 中 m 级的规定计算；对于两个非切削加工面或其中只有一个切削加工面的尺寸，按 GB/T 1804 中 c 级的规定计算（涂漆腻子及漆膜厚度不计）。

② 负荷试验

a. 每台剪板机应进行满负荷试验，试验次数不应少于2次。满负荷试验时，应剪切厚度和长度分别为可剪板厚和可剪板宽，采用 R_m 为450MPa 的金属板材。成批生产的剪板机可按 3.46.2 节中（2）①b. 的规定抽检。

b. 对新产品或更新产品，试制鉴定时应进行超负荷试验，机械传动的剪板机应按其剪切力的120%、液压传动的剪板机应按不大于额定压力的110%进行，试验次数不少于3次。超负荷试验时，用剪切金属板材或用加载器加载方法进行试验。

c. 剪板机的所有机构、工作系统在负荷试验时动作应协调可靠，带有超负荷保护装置的应灵敏可靠。

③ 精度检验

a. 剪板机应在满负荷试验后进行精度检验。

b. 剪板机的精度检验应符合 GB/T 14404 的规定。

剪板机的其他试验与检验及包装、运输和贮存等技术要求见 JB/T 5197.2—2015。制造厂的保证应符合 JB/T 1829 的规定。

3.46.3　剪板机精度

(1) 一般要求

① 应满足电源电压偏差在±10%范围内和环境温度在5～40℃范围内的检验条件。

② 剪板机精度检验前，应调整其安装水平，在工作台中间及左右位置，沿剪板机纵向

和横向放置水平仪，水平仪的读数均不得超过 0.20mm/1000mm。

③ 在检验过程中不应对影响精度的机构和零件进行调整。

④ 精度检验和检验用量检具应符合 GB/T 10923 的有关规定。

⑤ 当实际测量长度小于允差规定的长度时，应按实际测量长度折算，其折算结果按 GB/T 8170 修约至微米位数。

⑥ 上刀架做倾斜往复运动的剪板机，不检验"与下刀片贴合的垂直支承面对上刀架行程的平行度"。

⑦ 摆式剪板机不检验"与下刀片贴合的垂直支承面对上刀架行程的平行度""与上刀片贴合的垂直支承面对上刀架行程的平行度"。

(2) 工作精度的检验条件

① 试件长度应符合表 3-172 的规定。

表 3-172　试件长度　　　　　　　　　　　　　　　　　单位：mm

剪板机可剪板宽 B	试件长度 L
≤4000	B
>4000	4000

作者注：在 JB/T 1826—1991 中可剪板宽代号为"b"。

② 试件宽度为试件厚度的 20 倍，但不小于 80mm。

③ 试件厚度为剪板机可剪板厚的一半。

④ 试件材料为 Q235A 钢板，其抗拉强度 σ_b≤450MPa。

⑤ 试件件数不少于 3 件。

⑥ 当试件长度小于被检剪板机可剪板宽时，工作精度检验用试件应分别在被检剪板机可剪范围左、中、右三个位置获取。

⑦ 在距试件端部 10 倍试件厚度长度范围内不做检验。

⑧ 工作精度应在满负荷试验后进行检验。

(3) 剪板机精度检验

① 几何精度

a. 与下刀片贴合的垂直支承面对上刀架行程的平行度。

ⅰ. 允差。与下刀片贴合的垂直支承面对上刀架行程的平行度允差应符合表 3-173 的规定。

表 3-173　与下刀片贴合的垂直支承面对上刀架行程的平行度允差　　　　单位：mm

可剪板厚	允差
≤10	在 100 行程长度上为 0.20
>10	在 100 行程长度上为 0.24

注：上刀架向下运动时，与上刀片和下刀片贴合的两垂直支承面的距离只许增大。

ⅱ. 检验方法。按照 GB/T 10923—2009 的 5.4.2.2.1，将指示表依次紧固在上刀架 A、B 及 C 点上，使指示表测头顶在与下刀片贴合的垂直支承面上，当上刀架向下运行时进行测量，误差以指示表的最大读数差值计。检验时允许不拆刀片而检验与下刀片贴合的垂直支承面对上刀架行程的平行度。

b. 与上刀片贴合的垂直支承面对上刀架行程的平行度。与上刀片贴合的垂直支承面对上刀架行程的平行度的允差及检验方法见 GB/T 14404—2011。

② 工作精度　试件的直线度与平行度允差及检验方法见 GB/T 14404—2011。

3.46.4　数控剪板机

数控剪板机是刀架和/或挡料装置采用数控系统控制的剪板机。在 GB/T 28762—2012《数控剪板机》中规定了数控剪板机的术语和定义、技术要求、精度、试验方法、检验规则、标志、标牌、包装、运输和贮存，适用于数控剪板机，具有数控送料装置的剪板机也可参照使用。

(1) 技术要求

① 一般要求

a. 数控剪板机的图样及技术文件应符合 GB/T 28762—2012 等标准的规定，并应按照规定程序经过批准后方能投入生产。

b. 数控剪板机出厂时应保证其完整性，并备有正常使用和维修所需的配套件和工具；特殊附件由用户和制造厂共同商定，随机供应或单独订货。外购件（包括电气、液压、气动元件等）应符合技术文件的规定，并须与主机同时进行运转试验。

c. 数控剪板机的工作机构和操作、调整机构动作应准确、协调；当一个操作循环完成时，刀架应可靠地停在上死点。

d. 操作用手柄、脚踏装置等动作应安全、灵活、可靠。

e. 数控剪板机设计时应满足两班制工作，且在遵守使用规则的条件下，其至第一次计划大修前的使用时间应不低于 5 年。

f. 使用说明书应符合 GB/T 9969 的规定，使用说明书的内容应包括安装、运输、贮存、使用维护和安全方面的要求及说明。

② 参数　数控剪板机的参数应符合 JB/T 1826 或产品技术文件的规定。

③ 刚度　数控剪板机的刚度应符合技术文件的规定。

④ 安全与防护　数控剪板机的安全与防护应符合 GB 17120 和 JB 8781（已废止）的要求。

⑤ 铸、锻、焊接件

a. 灰铸铁件应符合 JB/T 5775 的规定，球墨铸铁件应符合 GB/T 1348 的规定，焊接件应符合 JB/T 8609 的规定，锻件和有色金属铸件应符合 JB/T 1829 和技术文件的规定，对不影响使用和外观的缺陷，在保证质量的条件下，允许按技术文件的规定进行修补。

b. 机架、刀架、工作台、缸体、活塞、调节螺杆、活塞杆、刀片等重要的铸、锻件和焊接件应进行消除内应力的处理。

⑥ 零件加工

a. 零部件的加工应符合设计、工艺技术文件的要求，已加工表面不应有毛刺、斑痕和其他机械损伤，除特殊要求外，均应将锐边倒钝。

b. 数控剪板机的主要导轨、刀架、缸体、活塞杆等主要摩擦副应采取耐磨措施。

c. 零件加工等其他技术要求见 GB/T 28762—2012。

⑦ 装配

a. 数控剪板机应按装配工艺规程进行装配，装配到数控剪板机上的零部件均应符合质量要求，不允许装入图样上未规定的垫片、套等零件。

b. 装配的其他技术要求见 GB/T 28762—2012。

⑧ 电气设备和数控系统

a. 数控剪板机的电气设备应符合 GB 5226.1（已被 GB/T 5226.1—2019 代替）的规定。

b. 数控系统应符合 JB/T 8832（已废止）的规定，数控系统的平均无故障工作时间不小于 5000 h，并应具有以下基本功能。

ⅰ. 单向定位功能。

ⅱ. 限制数控轴线可以运行的范围。

ⅲ. 接受补偿数据、修正误差的功能。

ⅳ. 自动退让的控制功能。

ⅴ. 为挡料装置的最小和最大行程位置保留安全区设置，挡料在安全区内应以低速运行。

ⅵ. 记录加工次数的功能，计数方向应可以选择。

ⅶ. 计数完成后的处理可以采取下述方法之一：

- 计数到达设定值后停机（增数计）；
- 计数到达 0 后停机（减数计）。

ⅷ. 自动寻参考点的功能，寻参考点速度应采用低速。

ⅸ. 提供示教功能代替寻参考点操作。

ⅹ. 至少应具备手动、自动操作模式。

ⅺ. 断电后，数控系统应能保存加工相关数据。

ⅻ. 提供监控数字量 I/O 端口状态的方法。

ⅹⅲ. 至少应为下述系统部件提供诊断的方法：

- 输入端口；
- 输出端口；
- 按键；
- 显示部件（LED、LCD）；
- 数据存储器。

作者注：现有标准 JB/T 11214—2012《剪板机用数控系统》，但其不是 GB/T 28762—2012 的规范性引用文件。

⑨ 液压和气动系统

a. 数控剪板机的液压系统应符合 GB/T 3766 的规定，液压元件应符合 GB/T 7935 的规定，气动系统应符合 GB/T 7932 的规定。

b. 工作部件在规定的范围内不应有爬行、停滞、振动，在换向和泄压时不应有明显的冲击现象。

c. 对于有比例或伺服阀的液压系统，液压泵的出油口应设置高压滤油器。

d. 液压、气动系统的油、气不应有渗漏现象。

e. 数控剪板机的液压系统的清洁度应符合 JB/T 9954 的规定。

f. 液压泵进口的油液温度不应超过 60℃。

⑩ 润滑系统

a. 数控剪板机应有可靠的润滑装置，润滑管路的润滑点应有对应的编号标志，保证各运转部位得到正常润滑，润滑系统应符合 GB/T 6576 的规定。

b. 重要摩擦部位的润滑一般应采用集中润滑系统，只当不能采用集中润滑系统时才可以采用分散润滑装置，分散润滑应单独设置润滑标牌，标牌上应注明润滑部位。

c. 润滑系统的油不应有渗漏现象。

d. 转动部位的油不得甩出，对非循环稀油润滑部位应有集油回收装置。

⑪ 噪声　数控剪板机的齿轮传动机构及电气、液压部件等工作时声音应均匀，不得有不规则的冲击声和周期性的尖叫声，其噪声应符合 GB 24389 的规定。

⑫ 外观

a. 数控剪板机的外表面不应有图样未规定的凸起、凹陷或粗糙不平。零部件接合面的边缘应整齐、匀称，其错偏量和门盖缝隙允差应符合 GB/T 28762—2012 的规定。

b. 数控剪板机的防护罩应平整、匀称，不应有翘曲、凹陷。

c. 沉头螺钉不应突出零件外表面；定位销一般应略突出零件外表面，突出值约为倒角值；螺栓尾端应突出螺母之外，突出值应不大于其直径的 1/5；外露轴端应突出其包容件端面，突出值约为轴端倒角值。

d. 需经常拧动的调节螺栓和螺母及非金属管道不应涂漆。

e. 非机械加工的金属外表面应涂漆，或采用其他方法进行防护。涂漆应符合技术文件的规定，漆膜应平整、清洁，色泽应一致，无明显突出颗粒和黏附物，不允许有明显的凹陷不平、砂纸道痕、流挂、起泡、发白及失光。部件装配接合面的漆层必须牢固、界限分明、边角线条清楚、整齐。不同颜色的油漆分界线应清晰，可拆卸的装配接合面的接缝处，在涂漆后应切开，切开时不应扯破边缘。对于已经过表面防锈处理（如发蓝、镀铬、镀镍、镀锌、喷塑等）的零部件表面，不允许再涂漆。

f. 外露的焊缝要平直、均匀。

g. 各种系统的管、线路安装应整齐、美观，并用管夹固定，不应与其他零部件发生摩擦或碰撞。管子弯曲处应圆滑，并应符合其最小弯曲半径的要求。

h. 数控剪板机的主要零部件外露加工表面不应有磕碰、划伤、锈蚀痕迹。

(2) 精度

① 几何精度及检验方法

a. 与下刀片贴合的垂直支承面对上刀架行程的平行度。

ⅰ. 允差。与下刀片贴合的垂直支承面对上刀架行程的平行度允差应符合表 3-174 的规定。

表 3-174　与下刀片贴合的垂直支承面对上刀架行程的平行度允差　　单位：mm

可剪板厚	允差
≤10	在 100 行程长度上为 0.18
>10	在 100 行程长度上为 0.22

注：上刀架向下运动时，与上刀片和下刀片贴合的两垂直支承面的距离只许增大。

ⅱ. 检验方法。按照 GB/T 10923—2009 的 5.4.2.2.1，将指示表依次紧固在上刀架 A、B 及 C 点上，使指示表测头顶在与下刀片贴合的垂直支承面上，当上刀架向下运行时进行测量，误差以指示表的最大读数差值计。检验时允许不拆刀片而检验与下刀片贴合的垂直支承面对上刀架行程的平行度。

b. 与上刀片贴合的垂直支承面对上刀架行程的平行度。与上刀片贴合的垂直支承面对上刀架行程的平行度允差及检验方法见 GB/T 28762—2012。

② 工作精度及检验方法　　试件的直线度与平行度允差及检验方法见 GB/T 28762—2012。

(3) 试验方法

① 一般要求　　数控剪板机试验时的一般要求见 GB/T 28762—2012。

② 参数检验

a. 采用剪切钢板的方法检验主参数，应符合 3.46.4 节中（1）②或产品设计文件的规定。

b. 用通用量具测量基本参数，应符合 3.46.4 节中（1）②或产品设计文件的规定。

c. 成批生产的数控剪板机允许抽样检验，每批检验数量不低于 3 台。

d. 数控剪板机的参数偏差不应超过表 3-175 的规定。

表 3-175　数控剪板机的参数偏差

检验项目		偏差
行程量	刀架行程量/mm　曲柄传动	±1%
	刀架行程量/mm　杠杆传动	+3% −2%
	刀架行程量/mm　其他传动	±2%
	辅助机构行程量/mm	+3% −1%
调节量	刀架和辅助机构的调节量/mm	+10% 0
	刀架和辅助机构的角度调节量/(°)	+3% 0
行程次数/(次/min)		+10% 0

注：1. 在电源正常的情况下进行检验。

2. 偏差折算结果（长度、次数）小于 1，仍以 1 计算。

e. 基本参数中未注公差尺寸的极限偏差，对于两个切削加工面间的尺寸按 GB/T 1804—2000 的中等 m 级计算；对于两个非切削加工面或其中只有一个切削加工面的尺寸，按 GB/T 1804—2000 的粗糙 c 级计算（涂漆腻子及漆膜厚度不计）；基本参数中未注形位公差值，对于两个切削加工面间的尺寸按 GB/T 1184—1996 中的 K 级计算，对于两个非切削加工面或一个切削加工面的尺寸，按 GB/T 1184—1996 中的 L 级计算（涂漆腻子及漆膜厚度不计）。

③ 满负荷试验　每台数控剪板机应进行满负荷试验，试验次数不应少于 2 次。满负荷试验时所加载荷应为公称力的 100%。满负荷试验时各机构及辅助装置应工作正常。

④ 超负荷试验　型式试验时应进行超负荷试验，机械传动的剪板机一般应按其公称力的 120%、液压传动的剪板机一般应按不大于公称力的 110% 进行超负荷试验，试验次数不少于 3 次。各机构、工作系统动作应协调、可靠，带有超负荷保护装置、联锁装置的，应灵敏可靠。

3.47　液压板料折弯机

板料折弯机是以模具的相对运动折弯板材的机器，而液压板料折弯机是用液压驱动滑块的板料折弯机。在 JB/T 2257.2—1999《板料折弯机　型式与基本参数》中规定了板料折弯机的型式与基本参数，在 JB/T 2257.1—2014《板料折弯机　第 1 部分：技术条件》中规定了的板料折弯机的技术要求、试验方法、检验规则、包装、运输和贮存，在 GB/T 14349—2011《板料折弯机　精度》中规定板料折弯机的精度检验、检验精度允许值及检验方法，适用于板料折弯机或一般用途的板料折弯机。

3.47.1　板料折弯机型式与基本参数

(1) 型式

板料折弯机分为下列三种传动型式。

① 型式 I：机械上传动（适用于公称力小于或等于 1600kN），见 JB/T 2257.2—1999

中图1。

 ② 型式Ⅱ：液压上动式（适用于公称力小于或等于10000kN），见图3-54。

 ③ 型式Ⅲ：液压下传式（适用于公称力小于或等于4000kN），见图3-55。

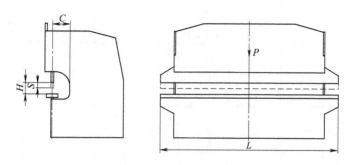

图3-54 液压上动式

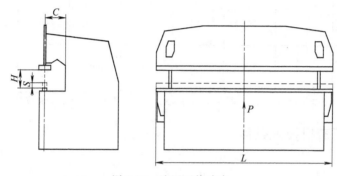

图3-55 液压下传动式

（2）主参数与基本参数

 ① 板料折弯机的主参数为公称力和可折最大宽度，见表3-176。

 ② 板料折弯机的基本参数应符合表3-176的规定。

表3-176 板料折弯机的基本参数

公称力 P/kN	可折最大宽度 L/mm	喉口深度 C/mm	滑块行程 S/mm	最大开启高度 H/mm	滑块行程 S/mm	最大开启高度 H/mm	滑块行程调节量 ΔH/mm	行程次数 $n\geqslant$ /min^{-1}	工作速度 $V\geqslant$ /(mm/s)
			活塞与滑块间相对位置不可改变的		活塞与滑块间相对位置可改变的			液压传动（空载）	液压传动
250	1600	200	100	300	100	300	80	11	8
400	2000	200	100	300	100	300	80	11	8
	2500								
630	2000	250	100	320	100	320	100	10	8
	2500								
	3200								
1000	2500	320	100	320	100	320	100	10	7
	3200								
	4000								
1600	3200	320	200	450	150	450	125	6	7
	4000								
	5000								

公称力 P/kN	可折最 大宽度 L/mm	喉口深度 C/mm	滑块行程 S/mm	最大开 启高度 H/mm	滑块行程 S/mm	最大开 启高度 H/mm	滑块行 程调节量 ΔH/mm	行程次数 n≥ /min⁻¹	工作速度 V≥ /(mm/s)
			活塞与滑块间 相对位置不可改变的		活塞与滑块间 相对位置可改变的			液压传动 (空载)	液压传动
2500	3200 4000 5000 6300	400	250	560	200	560	160	3	6
4000	4000 5000 6300	400	320	630	280	630	160	2.5	6
6300	5000 6300 8000	400	320	630	280	630	160	2.5	6
8000	5000 6300 8000	500	360	710	320	800	200	2	5
10000	6300 8000 10000	500	450	800	400	1000	250	1.5	5

注：立柱间的距离，公称力＜6300kN，推荐取（0.7～0.85）L；公称力≥6300kN，推荐取（0.6～0.65）L。

3.47.2　板料折弯机技术条件

(1) 技术要求

① 一般要求

a. 应符合 JB/T 1829 的规定。

b. 板料折弯机的图样及技术文件应符合 JB/T 2257.1—2014 等标准的规定，并应按照规定程序经过批准后，方能投入生产使用。

c. 板料折弯机的刚度应符合技术文件的规定。

d. 使用说明书应符合 GB/T 9969 的规定。

② 型式与基本参数　板料折弯机的型式与基本参数应符合 JB/T 2257.2 的规定。

③ 配套件与配套性

a. 板料折弯机出厂时应保证其完整性，并备有正常使用和维修所需的专用附件及备用易损件。特殊附件由用户与制造厂共同商定，随机供应或单独订货。

b. 制造厂应保证板料折弯机配套的外购件（包括电气、液压、气动元件等）符合技术文件的规定和取得合格证，并应与主机同时进行运转试验。

c. 板料折弯机用上折弯模应符合 JB/T 11634 的规定。

d. 板料折弯机用下折弯模应符合 JB/T 11635 的规定。

④ 安全

a. 板料折弯机必须具有可靠的安全防护装置，并应符合 GB 17120 的规定。

b. 液压板料折弯机应符合 GB 28243 的规定。

c. 用电动机调节滑块封闭高度的调节机构，其上、下调节限位开关应动作灵敏、可靠。

d. 在气动或液压系统中，当气压或液压突然失压或供气、供液中断时，应有保护措施和必要的显示。

e. 有关安全的其他技术要求见 JB/T 2257.1—2014。

⑤ 噪声 板料折弯机的传动机构、电气部件、液压部件、气动部件等工作时的声音应均匀，不得有不规则的冲击声和周期性的尖叫声。板料折弯机的噪声应符合 GB 24388 的规定。

⑥ 标牌

a. 板料折弯机应有铭牌和指示润滑、操纵、安全等要求的各种标牌和标志，标牌的要求应符合 GB/T 13306 的规定。标牌上的形象化符号应符合 JB/T 3240 的规定。

b. 标牌应端正牢靠地固定在明显合适的位置。

⑦ 铸件、锻件、焊接件

a. 灰铸铁件应符合 GB/T 9439 的规定。球墨铸铁件应符合 GB/T 1348 的规定。铸造碳钢件应符合 GB/T 11352 的规定。焊接件应符合 JB/T 8609 的规定。锻件和有色金属铸件应符合有关标准的规定，如无相关标准，则应符合图样及技术文件的要求。对不影响使用和外观的缺陷，在保证质量的条件下，允许按技术文件的规定进行修补。

b. 机架（左立柱、右立柱）、滑块（上动式）、上横梁（下动式）、工作台、连杆、大齿轮、飞轮、偏心轮、缸体、活塞、主（曲）轴、调节螺杆、活塞杆、模具等重要的铸件、锻件及焊接件应进行消除内应力的处理。

⑧ 加工

a. 零件加工应符合设计、工艺和有关标准规定的要求，已加工表面不应有毛刺、斑痕和其他机械损伤，除特殊要求外，均应将锐边倒钝。

b. 机架、滑块、主（曲）轴、活塞杆、缸体、转键、滑销、月牙叉（闸刀）等主要摩擦副应采取耐磨措施。

c. 有关加工的其他技术要求见 JB/T 2257.1—2014。

⑨ 电气设备 板料折弯机的电气设备应符合 GB 5226.1（已被 GB/T 5226.1—2019 代替）的规定。

⑩ 液压、润滑、气动系统

a. 板料折弯机的液压系统应符合 GB/T 3766 的规定。液压元件应符合 GB/T 7935 的规定。

b. 气动系统应符合 GB/T 7932 的规定。

c. 工作部件在规定的范围内不应有爬行、停滞及振动现象，在换向和泄压时不应有明显的冲击现象。

d. 液压系统的保压性能应符合技术文件的规定。

e. 液压系统的清洁度应符合 JB/T 9954 的规定。

f. 板料折弯机应有可靠的润滑装置，润滑管路和润滑点应有对应的标志，保证各运转部位得到正常润滑。

g. 转动部位的油不得甩出，对非循环稀油润滑部位应有集油回收装置。

h. 液压系统、气动系统、润滑系统的油、气不应有渗漏现象。

⑪ 装配

a. 板料折弯机应按装配工艺规程进行装配。装配在板料折弯机上的零部件均应符合质量要求，不允许装入图样上未规定的垫片、套等零件。

b. 同一运动副内，可卸换导轨的硬度应低于不可卸换导轨的硬度；小件导轨的硬度应低于大件导轨的硬度。

c. 有关装配的其他技术要求见 JB/T 2257.1—2014。

⑫ 外观

a. 板料折弯机的外表面不应有图样未规定的凸起、凹陷或粗糙不平等缺陷，零部件接合面的边缘应整齐、匀称，其错偏量允差应符合有关标准的规定。

b. 沉头螺钉头部不应突出零件外表面；定位销一般应略突出零件外表面，突出值为其倒角值；螺栓尾端应突出螺母之外，突出值应不大于其直径的 1/5；外露轴端应突出其包容件的端面，突出值约为其倒角值。

c. 板料折弯机的主要零部件外露加工表面不应有磕碰、划伤、锈蚀等痕迹。

d. 各种管路系统、线路系统安装应整齐、美观，不应与其他零部件发生摩擦或碰撞，管子弯曲处应圆滑。

e. 板料折弯机涂装的技术要求应符合技术文件的规定。

(2) 试验方法

① 基本参数检验

a. 板料折弯机的基本参数检验应在无负荷情况下进行。

b. 成批生产的板料折弯机允许抽检，每批抽检数不少于 10%，且不少于 1 台。

c. 板料折弯机参数的允许偏差应符合表 3-177 的规定。

表 3-177　板料折弯机参数的允许偏差

检验项目			允许偏差
行程量	滑块行程量/mm	曲柄传动	不超过行程量的 ±1%
		杠杆传动	不超过行程量的 −2%～3%
		其他传动	不超过行程量的 ±2%
	辅助机构行程量/mm		不超过行程量的 −1%～3%
调节量	滑块和辅助机构的调节量/mm		调节量的 0～10%
	滑块和辅助机构的角度调节量/(°)		角度调节量的 0～3%
滑块每分钟行程次数/(次/min)			次数的 0～10%

注：1. 在电源正常的情况下进行检验。
　　2. 偏差（长度、角度、次数）折算结果按 GB/T 8170 的规定修约到个位数的 0.5 单位。

d. 基本参数中未注公差尺寸的极限偏差，对于两个切削加工面间的尺寸按 GB/T 1804—2000 中 m 级计算；对于两个非切削加工面或其中只有一个切削加工面的尺寸，按 GB/T 1804—2000 中 c 级计算（涂漆腻子及漆膜厚度不计）。

② 负荷试验　每台板料折弯机应进行满负荷试验，试验次数不应少于 2 次。满负荷试验时，应采用 R_m 为 450MPa 的钢板或其他方式进行试验。成批生产的板料折弯机可按 3.47.2 节中（2）①b. 的规定进行抽检。

③ 超负荷试验

a. 机械传动的板料折弯机应按其额定压力的 120%、液压传动的板料折弯机应按不大于额定压力的 110% 进行超负荷试验，试验次数不少于 3 次，超负荷试验时，应采用 R_m 为 450MPa 的钢板或其他方式进行试验。

b. 板料折弯机的所有机构、工作系统在超负荷试验时动作应协调可靠。带有超负荷保护装置的，其装置应灵敏可靠。

④ 精度检验

a. 板料折弯机应在满负荷试验后，进行精度检验。

b. 板料折弯机的精度检验应符合 GB/T 14349 的规定。

板料折弯机的其他试验与检验，包装、运输和贮存等技术要求见 JB/T 2257.1—2014。

3.47.3 板料折弯机精度

(1) 精度检验说明

① 一般要求

a. 在精度检验前应调整板料折弯机的安装水平，机床调平后，在纵、横方向水平偏差均不应超过 0.20mm/1000mm。

b. 几何精度的检验应在无负载的条件下进行。

c. 工作精度应在满负荷试验后进行检验。

d. 在精度检验过程中，不应对影响精度的机构和零件进行调整。

e. 精度检验和检验用量检具应符合 GB/T 10923 的有关规定。

f. 当实际测量长度小于允差规定的长度时，应按实际测量长度折算，其折算结果按 GB/T 8170 修约至微米位数。

g. 试件长度、宽度极限偏差为 ±2mm，试件厚度极限偏差为 ±0.3mm。

② 工作精度检验条件

a. 试件长度应符合表 3-178 的要求。

表 3-178 试件长度　　　　　　　　　　　单位：mm

工作台长度 L	试件长度 l	工作台长度 L	试件长度 l
≤2000	L	>3200～5000	3000
>2000～3200	2000	>5000	4000

b. 试件宽度不应小于 100mm。

c. 试件厚度应符合表 3-179 的要求。

表 3-179 试件厚度

公称力/kN	试件厚度/mm	公称力/kN	试件厚度/mm
≤1000	2	>2500～6300	4
>1000～2500	3	>6300	6

d. 试件材料为 Q235A 钢板，其抗拉强度 $\sigma_b ≤ 450MPa$。

e. 试件件数不少于 3 件。

f. 试验用下模开口尺寸为试件厚度的 8～10 倍。

g. 试件应放置在工作台中间位置。

h. 试件折弯角度为 90°。

i. 从距试件端部 100mm 处开始测量。

j. 热切割的试件，需经机械加工去除热应力影响区。

(2) 精度检验

① 几何精度

a. 工作台面的平面度、与上模贴合面的水平支承面对工作台面的平行度的允差、检验方法见 GB/T 14349—2011。

b. 滑块行程对工作台面的垂直度（下动式为滑块行程对上横梁与上模贴合面的水平支承面的垂直度）。

ⅰ. 滑块行程对工作台面的垂直度允差应符合表 3-180 的要求。

表 3-180　滑块行程对工作台面的垂直度允差　　　　　　　　　　　单位：mm

滑块行程	允差	滑块行程	允差
≤100	0.20	>250～500	0.40
>100～250	0.25		

注：滑块向下运行时，只许滑块向内偏向机架一侧。

ⅱ．检验方法。按照 GB 10923—2009 的 5.5.2.2.1，在工作台的 A 处放一把角尺，指示表紧固在滑块上或上横梁上，使指示表测头触及角尺检验面，当滑块向下至最大行程时读出示值差。在 B 处重复上述检验。误差以 A、B 两处示值差较大者计（下动式见 GB/T 14349—2011）。

② 工作精度　试件折弯角度、试件折弯直线度允差及检验方法见 GB/T 14349—2011。如试件材料应力差异较大，允许用两次折弯的折弯试件对机床工作精度进行检验。

3.47.4　数控板料折弯机技术条件

根据在 GB/T 34376—2017《数控板料折弯机　技术条件》中的术语和定义，数控液压板料折弯机是滑块和/或挡料装置采用数控系统控制的液压板料折弯机；电液同步数控液压板料折弯机是以电液比例或伺服阀驱动油缸运动、并通过位移从传感器检测和反馈，来控制折弯机油缸同步运动的数控液压板料折弯机；扭力轴同步数控液压板料折弯机是以机械（或液压）方式保持折弯机油缸同步运动的数控液压板料折弯机。在 GB/T 34376—2017 中规定了数控板料折弯机的术语和定义、要求、精度、试验方法、检验规则、标志、包装、运输和贮存，在 GB/T 33644—2017 中规定了数控板料折弯机精度的检验要求、允许值及检验方法，适用于数控（液压）板料折弯机（以下简称数控折弯机）。

作者注：GB/T 34376—2017《数控板料折弯机　技术条件》的标准名称与其范围"适用于数控液压板料折弯机"不一致；其中规定的术语和定义"电液同步数控液压板料折弯机""扭力轴同步数控液压板料折弯机"等也存在一些问题，如"以电液比例或伺服阀驱动油缸运动"这样的表述有问题，"以机械（或液压）方式保持折弯机油缸同步运动"与"扭力轴同步"矛盾等。

(1) 要求

① 图样及技术文件　数控折弯机的图样及技术文件应符合规定，并应按照规定程序经批准后，方能投入生产。

② 型式和参数　数控折弯机的基本型式和参数宜符合 JB/T 2257.2 的规定。

③ 备配件与配套性

a. 数控折弯机出厂时应保证其完整性，并备有正常使用和维修所需的专用附件及备用易损件，特殊附件由用户和制造厂共同商定，随机供应或单独订货。

b. 制造厂应保证数控折弯机配套的外购件（包括电气、液压、气动元件等）符合现行标准和取得其合格证，并须与主机同时进行运转试验。

④ 安全与防护　数控折弯机的安全与防护应符合 GB 28243 的要求。

⑤ 刚度　数控折弯机的刚度应符合技术文件的规定。

⑥ 滑块停止位置　数控折弯机的工作机构和操作机构动作应协调，当一个操作循环完成时，滑块应可靠地停在上死点。

⑦ 标牌　数控折弯机应有铭牌和指示润滑、操纵和安全等要求的各种标牌和标志，标牌的要求应符合 GB/T 13306 的规定。标牌上的形象化符号应符合 JB/T 3240 的规定，标牌应端正牢固地固定在明显、合适的位置。

⑧ 铸、锻、焊接件

a. 灰铸铁件应符合 JB/T 5775 的规定，球墨铸铁件应符合 GB/T 1348 的规定，焊接件、锻件和有色金属铸件应符合技术文件的规定，如无标准，则应符合图样及工艺文件的技术要求，对不影响使用和外观的缺陷，在保证质量的条件下，允许按技术文件的规定进行修补。

b. 机架、滑块、连接横梁、工作台、缸体、活塞、活塞杆、调节螺杆、模具等重要的铸、锻件及焊接件应进行消除内应力处理。

⑨ 零件加工

a. 零部件加工应符合设计、工艺和有关标准的要求，已加工表面不应有毛刺、斑痕和其他机械损伤，除特殊规定外，均应将锐边倒钝。

b. 数控折弯机的主要导轨、导轴、滑块、缸体、活塞杆等主要摩擦副应采取耐磨措施。

c. 零件加工的其他要求见 GB/T 34376—2017。

⑩ 电气设备和数控系统

a. 数控折弯机的电气设备应符合 GB 5226.1 的规定。

b. 数控系统应符合 JB/T 8832（已废止）和 JB/T 11216 的规定，数控系统的平均无故障工作时间不小于 5000 h，并应具有以下基本功能。

ⅰ. 单向定位功能。

ⅱ. 限制数控轴可以运行的范围。

ⅲ. 接受补偿数据、修正误差的功能。

ⅳ. 自动退让的控制功能。

ⅴ. 为挡料装置的最小和最大行程位置保留安全区设置，挡料在安全区内应以低速运行。

ⅵ. 自动寻参考点的功能，寻参考点速度应采用低速。

ⅶ. 提供示教功能代替寻参考点操作。

ⅷ. 计数控制功能。

ⅸ. 至少应具备手动、自动操作模式。

ⅹ. 断电后，数控系统应能保存加工相关数据。

ⅺ. 提供监控数字量 I/O 端口状态的方法。

ⅻ. 至少应为下述系统部件提供诊断的方法：

• 输入端口；

• 输出端口；

• 按键；

• 显示部件（LED、LCD）；

• 数据存储器。

⑪ 液压、气动和润滑系统

a. 数控折弯机的液压系统应符合 GB/T 3766 的规定，液压元件应符合 GB/T 7935 的规定。

b. 工作部件在规定的范围内不应有爬行、停滞、振动，在换向和泄压时不应有明显的冲击现象。

c. 以单向阀为主实现保压功能的液压系统，其保压性能应符合表 3-181 的规定。

表 3-181 保压性能

额定压力/MPa	数控折弯机公称力/kN	保压 10min 时的压力降/MPa
≤20	≤1000	≤3.43
	>1000～2500	≤2.45
	>2500	≤1.96

额定压力/MPa	数控折弯机公称力/kN	保压 10min 时的压力降/MPa
>20	≤1000	≤3.92
	>1000~2500	≤2.94
	>2500	≤2.45

d. 对于有比例或伺服阀的液压系统，液压泵的出油口应设置高压滤油器。

e. 气动系统应符合 GB/T 7932 的规定。

f. 数控折弯机应有可靠的润滑装置，润滑管路的润滑点应有对应的编号标志，保证各运转部位得到正常的润滑，润滑系统应符合 GB/T 6576 的规定。

g. 重要摩擦部位的润滑一般应采用集中润滑系统，只有当不能采用集中润滑系统时才可以采用分散润滑装置，分散润滑应单独设置润滑标牌，标牌上应注明润滑部位。

h. 转动部位的油不得甩出，对非循环稀油润滑部位应有集油回收装置。

i. 液压、润滑和气动系统的油、气不应有渗漏现象。

⑫ 装配

a. 数控折弯机应按装配工艺规程进行装配，装配到数控折弯机上的零部件均应符合质量要求，不准许装入图样上未规定的垫片、套等零件。

b. 数控折弯机的液压系统的清洁度应符合 JB/T 9954 的规定。

c. 装配的其他要求见 GB/T 34376—2017。

⑬ 噪声　数控折弯机的齿轮传动机构及电气、液压部件等工作时的声音应均匀，不得有不规则的冲击声和周期性的尖叫声，其噪声应符合 GB 24388 的规定。

⑭ 温升　数控折弯机主要部件的温升应符合下列规定：

a. 滑动轴承的温升不应超过 35℃，最高温度不应超过 70℃。

b. 滚动轴承的温升不应超过 40℃，最高温度不应超过 70℃。

c. 滑动导轨的温升不应超过 15℃，最高温度不应超过 50℃。

d. 液压泵吸油口的油液温度不应超过 60℃。

⑮ 精度　应符合 GB/T 33644 的要求。

⑯ 寿命　数控折弯机在两班制工作且在遵守使用规则的条件下，其至第一次大修的时间应为 4~5 年。

⑰ 外观

a. 数控折弯机的外表面，不应有图样未规定的凸起、凹陷或粗糙不平。零部件接合面的边缘应整齐、匀称，其错偏量允差应符合 GB/T 34376—2017 中表 5 的规定。

b. 数控折弯机的防护罩应平整、匀称，不应有翘曲、凹陷。

c. 沉头螺钉不应突出零件外表面；定位销一般应略突出零件外表面，突出值约为倒角值；螺栓尾端应突出螺母之外，突出值不应大于其直径的 1/5；外露轴端应突出其包容件端面，突出值约为轴端倒角值。

d. 需经常拧动的调节螺栓和螺母及非金属管道不应涂漆。

e. 非机械加工的金属外表面应涂漆，或采用其他方法进行防护。漆膜应平整、清洁，色泽应一致，无明显突出颗粒和黏附物，不允许有明显的凹陷不平、砂纸道痕、流挂、起泡、发白及失光。部件装配接合面的漆层应牢固、界限分明、边角线条清楚、整齐。不同颜色的油漆分界线应清晰，可拆卸的装配接合面的接缝处，在涂漆后应切开，切开时不应扯破边缘。对于已经过表面防锈处理（如发蓝、镀铬、镀镍、镀锌、喷塑等）的零部件表面，不准许再涂漆。数控折弯机的涂漆技术要求应符合有关标准的规定。

f. 外露的焊缝要平直、均匀。

g. 各种系统的管、线路安装应整齐、美观，并用管夹固定，不应与其他零部件发生摩擦或碰撞。管子弯曲处应圆滑，并应符合其最小弯曲半径的要求。

h. 数控折弯机的主要零部件外露加工表面不应有磕碰、划伤、锈蚀痕迹。

（2）试验方法

① 一般要求　数控折弯机试验时的一般要求见 GB/T 34376—2017。

② 参数

a. 数控折弯机的参数偏差应符合表 3-182 的规定。

表 3-182　数控折弯机的参数偏差

检验项目		偏差
行程量	滑块行程量(液压传动)/mm	$+3\%$ -2%
	辅助机构行程量/mm	$+3\%$ -1%
调节量	滑块和辅助机构的调节量/mm	$+10\%$ 0
工作台面与滑块(上横梁)间最大封闭高度/mm		$+5\%$ 0
工作速度/(mm/s)		$+10\%$ 0

注：1. 在电源正常的情况下进行检验。

2. 偏差折算结果（长度、次数）小于 1，仍以 1 计算。

作者注：因为工作速度的单位不可能是毫米，或应为 mm/s（见 JB/T 2257.2—1999），所以 GB/T 34376—2017 中表 6 以全表"单位为毫米"应有问题。

b. 基本参数中未注公差尺寸的极限偏差，对于两个切削加工面间的尺寸按 GB/T 1804 的中等 m 级计算，对于两个非切削加工面或其中只有一个切削加工面的尺寸，按 GB/T 1804 的粗糙 c 级计算（涂漆腻子及漆膜厚度不计）；基本参数中未注形位公差值，对于两个切削加工面间的尺寸按 GB/T 1184 中的 K 级计算，对于两个非切削加工面或一个切削加工面的尺寸，按 GB/T 1184 中的 L 级计算（涂漆腻子及漆膜厚度不计）。

c. 其他参数的试验方法见 GB/T 34376—2017。

③ 负荷试验

a. 加载方法。采用下列加载方法之一，对数控折弯机加载进行负荷试验：

ⅰ. 用折弯板料的方法；

ⅱ. 安装执行机构挡块；

ⅲ. 其他模拟加载方法。

b. 满负荷试验。

ⅰ. 每台数控折弯机应进行满负荷试验，试验次数不应少于 2 次。满负荷试验时，可采用 3.47.4 节中（2）③a. 所规定的加载方法之一。

ⅱ. 满负荷试验时所加载荷应为公称力的 100%。

ⅲ. 满负荷试验时各机构及辅助装置应工作正常。

c. 超负荷试验。对于新产品或改进设计产品试制鉴定时，数控折弯机一般应按不大于公称力的 110% 进行超负荷试验，试验次数不少于 3 次。超负荷试验时，可采用 3.47.4 节中（2）③a. 所规定的加载方法之一。

d. 性能检验。数控折弯机的所有机构、工作系统在负荷试验下动作应协调、可靠，带有超负荷保护装置、联锁装置的应灵敏可靠。

④ 精度检验

a. 在满负荷试验后进行精度检验。

b. 数控折弯机精度的检验按 3.47.4 节中（1）⑮的规定进行。

(3) 精度检验

① 几何精度

a. 工作台面的平行度、与上模贴合面的水平支承面对工作台面的平行度的允差、检验方法见 GB/T 33644—2017。

b. 滑块行程对工作台面的垂直度（下动式为滑块行程对上横梁与上模贴合的水平支承面的垂直度）

ⅰ. 允差。滑块行程对工作台面的垂直度允差应符合表 3-183 的要求。

表 3-183　垂直度允差　　　　单位：mm

滑块行程	允差	滑块行程	允差
≤100	0.20	>250～500	0.40
>100～250	0.25	>500	0.50

注：滑块向下运行时，只许滑块向内偏向机架一侧。

ⅱ. 检验方法。按照 GB 10923—2009 的 5.5.2.2.1，在工作台的 A 处放一把角尺，指示表紧固在滑块上或上横梁上，使指示表测头触及角尺检验面，当滑块向下至最大行程时读出示值差。在 B 处重复上述检验。误差按 A、B 两处示值差较大者计（下动式见 GB/T 33644—2017）。

c. 滑块定位精度

ⅰ. 允差。滑块定位精度允差应符合表 3-184 的规定。

表 3-184　滑块定位精度允差

公称力/kN	允差/mm	
	伺服同步	扭力同步
<6300	±0.02	±0.04
≥6300	±0.03	±0.06

ⅱ. 检验方法。以滑块下 2/3 行程作为测量范围。至少选定五个目标位置 P_i，对于每个选定的目标位置，滑块分五次从上死点开始以工作速度趋近，用数字式位移测量装置、深度尺、大量程百分表在工作台中间位置测量并记录每次测量到的实际位置数值。

计算每次实际位置与目标位置之差，并保留差值的正负号。定位精度误差以所有差值中的最大正差值和最小负差值计。

d. 滑块重复定位精度

ⅰ. 允差。滑块重复定位精度允差应符合表 3-185 的规定。

表 3-185　滑块重复定位精度允差

公称力/kN	允差/mm	
	伺服同步	扭力同步
<6300	0.02	0.04
≥6300	0.03	0.06

ⅱ. 检验方法。以滑块下 2/3 行程作为测量范围。至少选定五个目标位置作为下死点目标位置 P_i，对于每个选定的目标位置，滑块分五次从上死点开始以工作速度趋近，用数字

式位移测量装置、深度尺、大量程百分表在工作台中间位置测量并记录每次测量到的实际位置数值。

计算每个目标位置测量到的最大实际位置减去最小实际位置的差值，以所有差值中最大值作为滑块的重复定位精度。

作者注：在GB/T 34376—2017中定义的"下死点"为"当前设定的滑块运动轨迹的最下极限位置"。

② 工作精度　试件折弯角度、试件折弯直线度允差及检验方法见GB/T 33644—2017。如试件材料应力差异较大，允许用两次折弯的折弯试件对工作精度进行检验。

说明

① 除名称不同外，GB/T 34376—2017《数控板料折弯机　技术条件》与GB/T 28762—2012《数控剪板机》中的技术要求差异不大。

② 滑块的定位精度允差、检验方法，重复定位精度允差、检验方法等对板料折弯机用液压缸（可调行程缸）设计选型具有重要参考价值。

③ 在GB/T 34376—2017中存在一些瑕疵，如在规范性引用文件中GB/T 3766的标准名称已于2016年7月1日改为《液压传动　系统及其元件的通用规则和安全要求》，而不是在GB/T 34376—2017中的《液压系统通用技术要求》；一些术语已经在其他一些标准中定义过，且又不是改写，也没有表明该定义出自的标准；数控折弯机的完整性没有具体内容，不清楚其究竟应包括哪些组成部分数控板料折弯机才算完整；"数控折弯机在运输中应避免振动、……。"这样的运输要求不尽合理，应给出耐运输颠簸性能要求等。

④ 在GB/T 34376—2017中有"图1　数控折弯机常用各数控轴示意图"有一定参考价值，具体见图3-56。

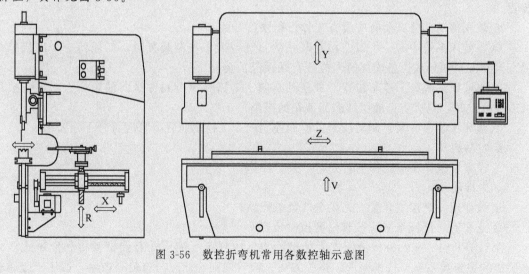

图 3-56　数控折弯机常用各数控轴示意图

3.48　液压式万能试验机

液压式万能试验机是采用液压系统加力和测力进行试验的万能试验机。在GB/T 2611—2007《试验机　通用技术条件》中规定了试验机的基本要求，并规定了装配及机械安全、机械加工件、铸件和焊接件、电气设备、液压设备、外观质量、随机技术文件等要求，适用于金属材料试验机、非金属材料试验机、平衡机、振动台、冲击台与碰撞试验台、力与变形检测仪器、工艺试验机、包装试验机及无损检测仪器（以下统称试验机）。

作者注：万能试验机是能进行拉伸、压缩、弯曲试验及三种以上试验的材料试验机，万能试验机有机械、液压式、电子式及电液伺服等型式，能测定材料的弯曲强度、挠度等力学性能，也能进行材料弯曲变形的延性试验（称为冷弯（或热弯）试验），这类试验属于工艺性能试验。

其中关于液压设备（即 GB/T 2611—2007 第 8 章）有如下要求。

① 液压系统的活塞、油缸、阀门等零件的工作表面不得有裂纹和划伤。

② 液压传动部分在工作速度范围内不应发生超过规定范围的振动、冲击和停滞现象。

③ 液压系统应有排气装置和可靠的密封，且不应有漏油现象。

④ 油箱结构和形状应满足下列要求：

a. 在正常工作情况下，应能容纳从系统中流来的全部液压油；

b. 防止溢出和漏出的污染液压油直接回到油箱中去；

c. 底部的形状应能将液压油排放干净；

d. 应便于清洗，并设有加油和放油口；

e. 应有油面指示器。

⑤ 液压系统应采取防水防尘措施。为消除液压油中的有害杂质，应装有滤油装置，使液压油达到规定的清洁度。含有伺服阀、比例阀的系统应在压力油口处设置无旁通的滤油器。

⑥ 滤油装置的安装处应留有足够的空间，以便更换。

⑦ 所有回油管和泄油管的出口应深入油面以下，以免产生泡沫和进入空气。

⑧ 当液压系统回路中工作压力或流量超出规定而可能引起危险或事故时，应有保护装置。

⑨ 液压传动部分必要时应设有工作行程限位开关。

⑩ 当液压系统中有一个以上相互联系的自动或人工控制装置时，如任何一个出故障会危及人身安全和导致设备损坏时，应装有联锁保护装置。

⑪ 当液压系统处于停车位置，液压油从阀、管路和执行元件泄回油箱会引起设备损坏或造成危险时，应有防止液压油泄回油箱的措施。

⑫ 液压系统应有紧急制动或紧急返回控制的人工控制装置，且应符合下列要求：

a. 容易识别；

b. 设置在操作人员工作位置处，并便于操作；

c. 立即动作；

d. 只能用一个控制装置去完成全部紧急操纵。

⑬ 必要时，液压系统应装有温度控制装置。

在 GB/T 3159—2008《液压式万能试验机》中规定了液压式万能试验机和液压式压力试验机的主参数系列、技术要求、检验方法、检验规则、标志与包装等内容，适用于金属材料力学性能试验用的液压式万能试验机和液压式压力试验机，也适用于非金属材料力学性能试验用的液压式万能试验机和液压式压力试验机（以下简称试验机）。卧式液压拉力试验机也可参照使用。

作者注：1. 在 GB/T 3159—2008《液压式万能试验机》规范性引用文件中包括了 GB/T 2611—2007《试验机　通用技术要求》和 GB/T 16825.1—2008《静力单轴试验机的检验　第 1 部分：拉力和（或）压力试验机测力系统的检验与校准》等标准。

2. 在 GB/T 3159—2008 术语和定义中规定"《试验机词汇　第 1 部分：材料试验机》确

立的术语和定义适用于本标准"，而现行标准为 GB/T 36416.1—2018《试验机词汇　第 1 部分：材料试验机》）。

(1) 试验机主参数系列

试验机的主参数为试验机的最大试验力并按主参数划分试验机的规格。试验机的主参数也表征试验机的最大容量，每种规格试验机的主参数应从表 3-186 的优先数系中选取，试验机的主参数系列和各规格试验机划分的每个力的示值范围应符合表 3-186 的规定。

表 3-186　试验机主参数系列

试验机	最大容量/kN	各挡力的示值范围/kN
主参数系列	50	1~10,0~20[0~25],0~50
	100	0~20,0~50,0~100
	200	0~50[0~40],0~100,0~200
	(300)	0~60,0~150,0~300
	500	0~100,0~200[0~250],0~500
	(600)	0~120,0~300,0~600
	1000	0~200,0~500,0~1000
	2000	0~500[0~400],0~1000,0~2000
	3000	0~600,0~1500,0~3000
	5000①	0~1000,0~2000,0~5000
	10000①	0~2000,0~5000,0~10000

注：1. 圆括号"（ ）"内的参数为不优先推荐的参数。
2. 方括号"[ ]"内的示值范围适用于数字式指示装置的试验机。
① 主参数适用于液压式压力试验机。

(2) 技术要求

① 环境与工作条件　在下列环境与工作条件下试验机应能正常工作：

a. 室温 10~35℃ 的范围内；

b. 相对湿度不大于 80%；

c. 周围无振动、无腐蚀性介质的环境中；

d. 电源电压的波动范围在额定电压的 ±10% 以内；

e. 在稳固的基础上水平安装，水平度为 0.2mm/1000mm。

② 试验机测力系统的各项技术指标和分级

a. 试验机应按表 3-187 和表 3-188 规定的各项技术指标划分级别。

表 3-187　试验机测力系统的各项技术指标和分级

试验机级别	最大允许值/%				
	示值相对误差 q	示值重复性相对误差 b	示值进回程相对误差 v	零点相对误差 f_0	相对分辨力 a
0.5	±0.5	0.5	±0.75	±0.05	0.25
1	±1.0	1.0	±1.5	±0.10	0.50
2	±2.0	2.0	±3.0	±0.20	1.00

表 3-188　同轴度

试验机级别	同轴度最大允许值/%	
	自动调心夹头	非自动调心夹头
0.5	10	15
1	12	20
2	15	25

b. 分级后的每一力的测量范围至少应为力的标称范围的 20%~100% 方为合格。

如果试验机具有多个力的测量范围，每个范围又分成不同的级别，则应以这些级别中最低的级别为试验机定级。

③ 加力系统

a. 一般要求。

ⅰ. 试验机机架应具有足够的刚性（度）和试验空间，应便于进行各种试验，并易于装卸试样、试样夹具、辅具以及试验机附件和标准测力仪。

ⅱ. 试验机在施加和卸除力的过程中应平稳、无冲击和振动现象。

ⅲ. 试验力保持时间不应少于 30 s，在此期间，力的示值变动范围不应超过试验机最大力的 0.2%。

ⅳ. 试验机应有加力速度的指示装置。

b. 试验机的液压系统和装置应符合 GB/T 2611—2007 中第 8 章的有关规定。

c. 试验机的拉伸试验夹持装置技术要求见 GB/T 3159—2008。

d. 试验机的压缩试验装置技术要求见 GB/T 3159—2008。

e. 试验机的弯曲试验装置技术要求见 GB/T 3159—2008。

④ 测力系统

a. 试验机的模拟式指示装置技术要求见 GB/T 3159—2008。

b. 试验机的数字式指示装置技术要求见 GB/T 3159—2008。

c. 试验机力指示装置的示值和分辨力 r 应以力的单位表示。力指示装置的相对分辨力 a 的最大允许值见表 3-187。

d. 力的指示装置在施加力的过程中应能随时、准确地指示出加在试样上的试验力值。利用从动针或其他方法应能准确地指示出加在试样上的最大试验力。

e. 力的指示装置应有调零机构，标度盘各标尺（或各挡示值范围）的零点应重合。试样断裂或卸除力以后，主动针（或示值）应回零位。

f. 试验机测力系统力的示值相对误差 q、示值重复性相对误差 b、示值进回程相对误差 v（根据需要规定）和零点相对误差 f_0 应符合表 3-187 的规定。

g. 试验机的记录装置技术要求见 GB/T 3159—2008。

⑤ 安全保护装置

a. 试验机的安全装置应灵活、可靠，当施加的力超过试验机最大容量的 2%～5% 时，安全装置应立即动作，使试验机停止加力。

b. 当试验机的移动夹头运动到其工作范围的极限位置时，限位装置应立即动作，使其停止移动。

⑥ 缓冲器　在试验力急剧下降时，缓冲器应起到缓冲作用。

⑦ 噪声　试验机工作时声音应正常，噪声声压级应符合表 3-189 的规定。

表 3-189　噪声声压级

试验机最大容量/kN	噪声声压级/dB(A)
≤1000	≤75
>1000	≤80

⑧ 耐运输颠簸性能　试验机及其附件在包装条件下，应能承受运输颠簸试验而无损坏。试验后，试验机不经调修（不包括操作程序准许的正常调整）仍应能满足 GB/T 3159—2008 的全部要求。

⑨ 电气设备　试验机的电气设备应符合 GB/T 2611—2007 中第 7 章的有关规定。

⑩ 其他要求　试验机的基本要求、装配质量、机械安全防护和外观质量等要求应分别

符合 GB/T 2611—2007 中第 3 章、第 4 章和第 10 章的有关规定。

说明

① 根据试验机主参数应能确定液压系统、液压缸等的（基本）参数。

② 液压式万能试验机的"环境与工作条件"技术要求，也是试验机用液压缸的技术要求。

③ "试验机测力系统的各项技术指标和分级"等，是试验机的液压系统、控制系统、测量系统等（精度）的设计依据。

④ 根据"当施加的力超过试验机最大容量的 2%～5% 时，安全装置应立即动作，使试验机停止加力"可确定试验机用液压缸最高额定压力。

3.49　电液伺服试验机

3.49.1　电液伺服万能试验机

电液伺服万能试验机是采用液压系统加力、电子测量和液压伺服控制技术进行试验的万能试验机。在 GB/T 16826—2008《电液伺服万能试验机》中规定了以液压为力源，采用电子测量和伺服控制技术测量力学性能参数的电液伺服万能试验机的主参数系列、技术要求、检验方法、检验规则、标志与包装等内容，适用于金属、非金属材料的拉伸、压缩、弯曲和剪切等力学性能试验用的最大试验力不大于 3000kN 的电液伺服万能试验机（以下简称试验机）。也适用于电液伺服压力试验机。最大试验力大于 3000kN 的试验机也可参照使用。

作者注：1. GB/T 16826—2008《电液伺服万能试验机》代替了 GB/T 16826—1997《电液式万能试验机》。

2. 在 GB/T 16826—2008 规范性引用文件中包括了 GB/T 2611—2007《试验机　通用技术要求》、GB/T 16825.1—2008《静力单轴试验机的检验　第 1 部分：拉力和（或）压力试验机测力系统的检验与校准》、GB/T 22066—2008《静力单轴试验机计算机数据采集系统的评定》和 JB/T 6146—2007《引伸计　技术条件》等标准。

3. 在 GB/T 16826—2008 术语和定义中规定"《试验机词汇　第 1 部分：材料试验机》确立的术语和定义适用于本标准"，而现行标准为 GB/T 36416.1—2018《试验机词汇　第 1部分：材料试验机》。

(1) 试验机主参数系列

试验机的主参数为试验机的最大试验力并按主参数划分试验机的规格。试验机的主参数也表征试验机的最大容量，每种规格试验机的主参数应从表 3-190 的优先数系中选取，试验机的主参数系列应符合表 3-190 的规定。

表 3-190　试验机主参数系列

试验机	主参数系列
最大容量/kN	50、100、200(300)、500(600)、1000、2000、3000

注：圆括号"（）"内的参数为不优先推荐的参数。

(2) 技术要求

① 环境与工作条件　在下列环境与工作条件下试验机应能正常工作：

a. 室温 10～35℃ 的范围内；

b. 相对湿度不大于 80％；

c. 周围无振动、无腐蚀性介质和无较强电磁场干扰的环境中；

d. 电源电压的波动范围在额定电压的±10％以内；

e. 在稳固的基础上水平安装，水平度为 0.2mm/1000mm。

② 试验机的分级　试验机按其测量力的量值和变形量值与其他参数所具有的准确度，以及试验机性能能够达到的各项技术指标划分为 0.5 级和 1 级两个级别。

试验机分级的各项技术指标见表 3-191～表 3-195。

表 3-191　试验机分级的各项技术指标

试验机级别	最大允许值/％				
	示值相对误差 q	示值重复性相对误差 b	示值进回程相对误差 v	零点相对误差 f_0	相对分辨力 a
0.5	±0.5	0.5	±0.75	±0.25	0.25
1	±1.0	1.0	±1.5	±0.5	0.5

③ 加力系统

a. 一般要求。

ⅰ. 试验机机架应具有足够的刚性（度）和试验空间，便于进行各种试验，并易于装卸试样、试样夹具、辅具以及试验机附件和标准测力仪。

ⅱ. 试验机在施加和卸除力的过程中应平稳、无冲击和振动现象。

b. 液压系统和装置。试验机液压系统和装置应符合 GB/T 2611—2007 中第 8 章的有关规定。

c. 拉伸试验夹持装置。在加力过程中，拉伸试验夹持装置在任意位置上，其上下夹头和试样钳口的中心线应与试验机加力轴线同轴。对应试验机的级别，其同轴度应分别符合表 3-192 的规定。

表 3-192　同轴度

试验机级别	同轴度最大允许值/％
0.5	12
1	15

d. 压缩试验装置。试验机的压缩试验装置见 GB/T 16826—2008。

e. 弯曲试验装置。试验机的弯曲试验装置见 GB/T 16826—2008。

④ 测力系统

a. 一般要求。

ⅰ. 在施加和卸除力的过程中，随着力的增加和减少，力的示值应连续稳定变化，无停滞和跳动现象。

ⅱ. 试验力保持时间不少于 30s，在此期间内，力的示值变化范围不应超过试验机最大试验力的 0.2％。

ⅲ. 测力系统通过计算机显示器或数字式指示装置（或记录装置）应能实时、连续、准确地指示施加到试样上的试验力值。

ⅳ. 试验机应能记录和存储试验过程中的试验数据或最大力值。

ⅴ. 试验机测力系统应具有调零和（或）清零的功能，当卸除力并在所指示的最大试验力消失后，力的示值应回零位，其零点相对误差 f_0 应符合表 3-191 的规定。

ⅵ. 若力的测量范围需要分挡，则力的测量放大器衰减倍数应从 1、2、5、10、20 数系中选取，不得少于四挡。

ⅶ. 试验机使用前，预热时间不应超过 30min，在 15min 内的零点漂移应符合表 3-193 的规定。

表 3-193　零点漂移允许值

试验机级别	零点漂移允许值 z/%
0.5	±0.5
1	±1

ⅷ. 试验机应有加力速度的指示装置。

ⅸ. 试验机宜采用力传感器进行测力。

注：如使用液压式压强传感器应考虑温度对示值的影响。

b. 力指示装置。

ⅰ. 测力系统的计算机显示器或数字式指示装置应以力的单位直接显示力值。显示的数据和（或）图形应清晰、完整、易于读取，并应能显示各示值范围的零点和最大值以及力的方向（例如"+"或"−"）。

ⅱ. 力的指示装置的分辨力定义为：当试验机的电动机、驱动机构和控制系统均启动，在零试验力的情况下，若数字示值的变动不大于一个增量，则分辨力 r 为数字示值的一个增量；若数字示值变动大于一个增量，则分辨力 r 为变动范围的一半加上一个增量。

ⅲ. 力指示装置的分辨力应以力的单位（例如 N、kN）表示。

c. 测量系统的鉴别力阈。试验机测量系统的鉴别力阈不应大于 0.25%F_{L}。

d. 测力系统的各项允许误差和指示装置的相对分辨力。试验机测力系统力的示值相对误差 q、示值重复性相对误差 b、示值进回程相对误差 v（根据需要规定）和指示装置的相对分辨力 a 等技术指标，按照试验机的级别应分别符合表 3-191 的规定。

⑤ 变形测量系统　变形测量系统由变形传感器和试验机的变形信号测量显示单元组成，该系统以下统称为引伸计。

术语"引伸计"是指变形测量装置并包括指示或记录该变形的系统。

a. 一般要求。

ⅰ. 引伸计的一般要求应符合 JB/T 6146—2007 中 5.2 的规定。

ⅱ. 引伸计应有调零和（或）清零的功能，变形测量过程中应能连续准确地指示出试样的变形量。

ⅲ. 如果变形放大器需要分挡，其衰减倍数应从 1、2、5、10 数系中选取，不得少于四挡。

b. 引伸计允许误差。各级别引伸计的标距相对误差 q_{Le}、变形示值相对误差 q_{e}、变形示值绝对误差 q'_{e}、示值进回程相对误差 u、相对分辨力 a_{e} 和绝对分辨力 r_{e} 的最大允许值应符合表 3-194 的规定。

表 3-194　各级别引伸计的技术指标

引伸计级别	标距相对误差 q_{Le}/%	分辨力[①]		示值误差[①]		示值进回程相对误差 u/%
		相对 a_{e}/%	绝对 r_{e}/μm	相对误差 q_{e}/%	绝对误差 q'_{e}/μm	
0.2	±0.2	0.10	0.2	±0.2	±0.6	±0.30
0.5	±0.5	0.25	0.5	±0.5	±1.5	±0.75
1	±1.0	0.50	1.0	±1.0	±3.0	±1.50

注：1. 宜根据试验方法与变形测量的准确度要求来配备和选用合适级别的引伸计。

2. 配备引伸计时，引伸计的级别宜与试验机的级别一致。

① 取其中较大者。

⑥ 控制系统

a. 一般要求。控制系统应具有应力（力）控制和应变（变形）控制两种闭环控制方式，在不同控制方式的转换过程中，试验机运行应平顺、无影响试验结果的振动和过冲。

b. 试验机对应力（力）速率和应变（变形）速率的控制能力应符合表 3-195 的规定。

表 3-195　应力（力）速率和应变（变形）速率控制的各项技术指标

试验机级别	最大允许值/%			
	应力(力)速率控制相对误差	应力(力)保持相对误差	应变(变形)速率控制相对误差	应变(变形)保持相对误差
0.5	±1	±1	±1	±1
1	±2	±2	±2	±2

c. 制造者应在产品使用说明书或技术文件中给出试验机能够控制的应力（力）速率范围和应变（变形）速率范围。

d. 试验机的控制软件除能实现试验机的全部功能以外，还应具有供检验（或校准）使用的软件。

⑦ 计算机数据采集系统　在试验机型式评价时、硬件更新设计和软件升级后均应按 GB/T 22066—2008 对计算机数据采集系统进行评定并出具评定报告。

⑧ 安全保护装置

a. 试验机的安全装置应灵活、可靠，当施加的力超过试验机最大容量的 2%～5% 时，安全保护装置应立即动作，自动停机。

b. 当试样断裂后，试验机应能自动停机。

c. 移动夹头到达极限位置时，限位装置应立即动作，使其停止移动。

⑨ 噪声　试验机工作时声音应正常，噪声声压级应符合表 3-196 的规定。

表 3-196　噪声声压级

试验机最大容量/kN	噪声声压级/dB(A)
≤1000	≤75
>1000	≤80

⑩ 耐运输颠簸性能　试验机在包装条件下，应能承受运输颠簸试验而无损坏。试验后试验机不经调修（不包括操作程序准许的正常调整）仍应能满足 GB/T 16826—2008 的全部要求。

⑪ 电气设备　试验机的电气设备应符合 GB/T 2611—2007 中第 7 章的有关规定。

⑫ 其他要求　试验机的基本要求、装配质量、机械安全防护和外观质量等要求应符合 GB/T 2611—2007 中第 3 章、第 4 章和第 10 章的有关规定。

> **说明**
> ① 术语"引伸计"和定义，对一些液压缸试验具有参考价值。
> ② 因为"控制系统应具有应力（力）控制和应变（变形）控制两种闭环控制方式"，所以试验机采用的一定是比例/伺服控制液压缸。

3.49.2　电液伺服动静万能试验机

（电液伺服）动静万能试验机是采用电液伺服控制系统，既可施加静态力，也可施加动态力，兼有电子万能试验机和疲劳试验机功能的试验机。在 JB/T 8612—2015《电液伺服动静万能试验机》中规定了电液伺服动静万能试验机的符号与说明、试验机主参数系列、技术要求、检验方法、检验规则、标志与包装，适用于金属材料和非金属材料进行静态、动态力学性能试验用的电液伺服动静万能试验机（以下简称试验机）。

作者注：1. JB/T 8612—2015《电液伺服动静万能试验机》代替了 JB/T 8612—1997《电液伺服万能试验机》。

2. 在 JB/T 8612—2015 规范性引用文件中包括了 GB/T 2611—2007《试验机　通用技术要求》、GB/T 16825.1—2008《静力单轴试验机的检验　第 1 部分：拉力和（或）压力试验机测力系统的检验与校准》、GB/T 25917—2010《轴向加力疲劳试验机动态力校准》和JB/T 6146—2007《引伸计　技术条件》等标准。

3. 在 JB/T 8612—2015 中删除了试验机的分级（1997 版的 4.2）。

(1) 试验机主参数系列

试验机的主参数为最大静态试验力，并按主参数划分试验机规格，同时也表征试验机的最大容量。

试验机主参数宜按表 3-197 的规定选取。

表 3-197　试验机主参数系列　　　　　　　　　　　　　　　　单位：kN

试验机	主参数系列						
最大静态试验力	10	20	50	100	200	500	1000

(2) 技术要求

① 环境与工作条件　试验机应能在下列条件下正常工作：

a. 室温 10～35℃ 的范围内；

b. 相对湿度不大于 80%；

c. 周围无腐蚀性介质的环境中；

d. 电源电压的波动范围在额定电压的 ±10% 以内；

e. 在稳固的基础上正确安装，水平度为 0.2mm/1000mm。

② 加力系统

a. 一般要求。

ⅰ. 试验机机架应具有足够的刚度和试验空间，应能方便地进行各种试验，并便于试样、试样夹持装置和试验机附件的装卸以及标准测力仪的安装与使用。

ⅱ. 试验机应在其给定的幅频特性内正常工作。

ⅲ. 试验机在施加和卸除力的过程中应平稳、无冲击和振动现象。

b. 液压系统的液压缸、活塞、阀、管路及接头等应符合 GB/T 2611—2007 中第 8 章的规定。

c. 试验机的拉伸试验试样夹持装置技术要求见 JB/T 8612—2015。

d. 试验机的压缩试验装置技术要求见 JB/T 8612—2015。

e. 试验机的弯曲试验装置技术要求见 JB/T 8612—2015。

③ 测力系统

a. 一般要求。

ⅰ. 测力系统通过计算机显示器或数字式指示装置应能实时连续地指示力值。指示装置显示的数字应清晰，易于读取，并有加力方向的指示（如"＋"或"－"）。无论何种类型的指示装置均应以力的单位直接显示力值。

ⅱ. 试验机应能准确地存储、指示和记录试验过程中循环力峰值和谷值。

ⅲ. 测力系统应具有调零和（或）清零的功能。

ⅳ. 试验机预热时间不应超过 30min。预热后，在 15min 内的零点漂移的最大允许值为力测量范围下限值的±1%。

b. 静态力。

ⅰ. 静态力示值相对误差的最大允许值为±1%。

ⅱ. 静态力示值重复性应不大于 1%。

ⅲ. 示值进回程（可逆性）差的最大允许值为±1.5%。

ⅳ. 零点相对误差的最大允许值为±0.5%。

ⅴ. 试验机测力系统的最低相对分辨力为 0.5%，测力系统的鉴别阈应不大于测量范围下限值的 0.25%。

c. 循环力。

ⅰ. 循环力示值相对误差的最大允许值为±2%。

ⅱ. 循环力示值重复性应不大于 2%。

d. 引伸计系统。引伸计系统由引伸计和试验机变形信号测量显示单元组成。

e. 位移测量系统。

ⅰ. 位移横梁位移指示装置的最低分辨力为 0.001mm。

ⅱ. 在测量范围内，位移横梁位移示值相对误差的最大允许值为±1%。

f. 控制系统。试验机的控制系统技术要求见 JB/T 8612—2015。

g. 安全保护。

ⅰ. 试验机应有力的过载保护装置，当施加的力超过试验机最大容量的 2%~10% 时，过载保护装置应保证试验机自动停机。

ⅱ. 试验机应有油温、液位达到极限值和过滤器堵塞的报警或自动停机保护功能。

ⅲ. 试验过程中当试样破断后，试验机应自动停机。

h. 噪声。试验机（不含液压源）工作时的噪声声压级，不应超过 75dB（A）。

i. 耐运输颠簸性能。试验机在包装条件下，应能承受运输颠簸试验而无损坏。试验后，试验机不经调修（不包括操作程序准许的正常调整）仍应能满足 GB/T 8612—2015 的全部要求。

j. 其他要求。试验机的装配质量、机械安全要求和外观质量等，应符合 GB/T 2611—2007 中第 4 章和第 10 章的规定。

> **说明**
>
> ① 在合同或协议中应明确所遵守的标准，如是 GB/T 16826—2008 还是 JB/T 8612—2015，以便确定是为何种试验机设计、制造液压缸。
>
> ② 在液压缸试验中，应充分考虑标准中的相关要求（如测力系统），以使液压缸可以满足试验机的要求。
>
> ③ 在控制系统中的函数发生器发出正弦波、方波、三角波等波形信号时，试验机（液压缸）输出的工作波形不应有明显畸变。

3.49.3 电液伺服水泥压力试验机

电液伺服水泥压力试验机是采用液压系统加力、电子测量和液压伺服控制技术对水泥等建筑材料及其制品进行压缩试验的压力试验机。在 JB/T 8763—2013《电液伺服水泥压力试验机 技术条件》中规定了电液式水泥压力试验机的技术要求、检验方法、检验规则、标志与包装、随行文件等内容，适用于最大试验压力不大于 300kN 的电液式水泥压力试验机

（以下简称试验机）。

技术要求如下。

① 环境与工作条件　在下列环境与工作条件下试验机应能正常工作：

a. 室温 10～35℃ 范围内；

b. 相对湿度不大于 80%；

c. 周围无振动、无腐蚀性介质和无较强电磁场干扰的环境中；

d. 电源电压的波动范围应在额定电压的 ±10% 以内；

e. 在稳固的基础上水平安装，水平度为 0.2mm/1000mm。

② 加力系统

a. 试验机机架应具有足够的刚性（度）和试验空间，以便于装卸试样、试样夹具、标准测力仪及其他辅助装置。

b. 试验机在施加和卸除力的过程中，应平稳、无冲击和振动的现象。

c. 试验机上、下压板的中心线应与加力轴线重合。

d. 下压板的工作面上，应清晰地刻有定位用的不同直径的同心圆刻线或互成 90° 的刻线，刻线的最小深度和宽度以易于观察，并不影响试验结果为准。

e. 压板的工作表面应光滑、平整，表面粗糙度 Ra 的上限值为 $0.8\mu m$；压板的洛氏硬度不应低于 55HRC。

f. 试验机应能以恒定加力速率自动进行压缩试验。在整个试验过程中应按 GB/T 17671—1999 中 9.3 的规定以 2400N/s±200N/s 的速率均匀地对试样加力。

③ 测力系统

a. 试验机测力系统特性值见表 3-198。

b. 力指标装置应能实时、准确地指示施加到试样上的力值。

c. 试验机测力系统应能记录和存储试验过程中的试验数据、试样破碎时或卸除试验力之前的最大力值。

d. 试验机测力系统应具有标定值修正、调零的功能；在卸除力后所指示的最大试验力消失后，力的示值应回零位，其零点相对误差应符合表 3-198 的规定。

表 3-198　试验机测力系统的特性值

试验机级别	最大允许值/%				
	示值相对误差 q	示值重复性 b	零点相对误差 f_0	相对分辨力 a	零点漂移值 z
0.5	±0.5	0.5	±0.25	0.25	±0.5
1	±1.0	1.0	±0.5	0.5	±1.0

e. 力的保持时间应不少于 30 s，在此期间内力的示值变动范围不应超过试验机最大力的 0.2%。

f. 当试样破碎时，试验机应能自动停止加力，并返回到初始设置的试验位置。

g. 试验机使用前，预热时间不应超过 30min，在 15min 内的零点漂移应符合表 3-198 的规定。

h. 试验机测力系统宜具有力的信号输出接口和与打印设备相连的接口。

④ 安全保护装置

a. 试验机的安全保护装置应灵敏可靠，当施加的力超过试验机最大容量的 2%～5% 时，安全装置应立即动作，停止加力。

b. 试验机应有限位保护装置，当移动部件运行到其工作范围的极限位置时，限位装置应立即动作，使其停止移动。

⑤ 噪声　试验机工作时声音应正常，噪声声压级不应大于 75dB（A）。

⑥ 耐运输颠簸性能　试验机在包装条件下，应能承受运输颠簸试验而无损坏。试验后试验机不经调修（不包括操作程序准许的正常调整）仍应满足 JB/T 8763—2013 规定的全部技术要求。

⑦ 装配质量、电气设备、液压设备和外观质量要求　试验机装配质量、电气设备、液压设备和外观质量要求等其他要求应符合 GB/T 2611—2007 中 4.1、第 7 章、第 8 章和第 10 章的规定。

⑧ 功能要求　试验机应具有下列功能：

a. 恒定加力速率下试样破型循环试验；

b. 存储全部试验结果，并能查阅及读取试验结果；

c. 对试验数据进行自动处理和运算。

第**4**章

液压机液压系统及其控制设计

4.1　液压系统及其控制设计步骤和内容

　　液压系统设计是液压机主机设计的重要组成部分，其应与液压机总体设计（包括机械、电气设计）同时进行，液压机液压系统及其控制设计就是要满足液压机的技术条件（要求），包括满足安全性、可靠性、耐久性及经济性等要求。

　　液压系统及其控制设计应从实际出发，重视调查研究，注意及时吸收国内外先进技术，尤其是应吸取以往失败的经验和教训，力求设计出体积小、重量轻、结构简单、工作可靠、性能优良、成本低、效率高、操纵简单及维护方便的液压传动及控制系统。

　　液压系统设计应注意遵守液压机的标准化、系列化和模块化设计要求。

　　作者注：在GB/T 39589—2020《机械产品零部件模块化设计评价规范》中给出了术语"模块化设计"的定义［GB/T 30438—2013，定义3.4］。

4.1.1　液压系统及其控制设计流程

　　现在还没有标准规定液压系统及其（电气）控制设计流程。图4-1所示是目前常规设计的一般流程，在实际设计中还可能是变化的。对于简单的液压系统可以简化设计流程；对于重大工程中的大型复杂液压系统，应首先进行评估论证、方案筛选，在初步设计的基础上，还应增加子系统的验证试验或利用计算机进行仿真试验，反复改进、充分论（验）证后才能最后确定设计方案。

4.1.2　明确设计要求

　　技术要求是进行液压系统设计的基本（原始）依据，通常是在主机的设计任务书或协议书中一同列出。

　　① 主机的概况，包括主要用途、工作特点、性能指标、工艺流程、作业环境、总体布局等。

　　② 液压系统必须完成的动作、动作顺序及彼此联锁关系。

　　③ 液压执行机构的运动形式、运动速度及行程。

　　④ 各动作机构的负载大小及其性质。

　　⑤ 对调速范围、运动平稳性、转换精度、控制精度等性能方面的要求。

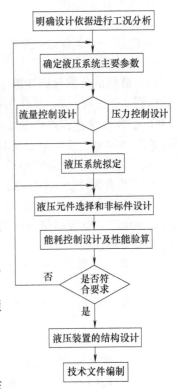

图 4-1　常规设计的一般流程

⑥ 自动化程度、操作控制方式的要求。

⑦ 对防尘、防爆、防寒、噪声的控制要求。

⑧ 对效率、成本、经济性和可靠性的要求等。

总之，在进行每项工程设计时，按照 GB/T 3766—2015 的相关规定对该液压系统的技术要求进行详细的研究是必须的。

作者注：GB/T 37400.16—2019 中"设计条件"可供参考。

4.1.3　计算液压系统主要参数

通过工况分析，可以清楚地了解液压执行元件在工作过程中速度和负载的变化情况，为确定液压系统及各执行元件的参数提供依据。

参考文献［113］指出，液压系统的主要参数是压力和流量，它们是设计液压系统、选择液压元件的主要依据。压力决定于外负载；流量取决于液压执行元件的运动速度和结构尺寸。

在 GB/T 3766—2015《液压传动　系统及其元件的通用规则和安全要求》中没有关于系统参数、系统工作参数或系统主要参数的规定（表述），但在附录 B（资料性附录）"用于收集液压系统和元件数据的表格"中给出了"B.1.6　系统要求（见 5.2.7）"，具体包括的内容见本手册 6.4.1 节中（2）。

然而，在 GB/T 3766—2015 中规定的"5.2.7　液压系统操作和功能的要求"为：

"应规定下列操作和功能的技术规范：

a）工作压力范围；

b）工作温度范围；

c）使用液压油液的类型；

d）工作流量范围；

e）吊装规定；

f）应急、安全和能量隔离（例如，断开电源、液压源）的要求；

g）涂漆或保护涂层。"

（1）液压缸负载分析计算

以图 4-2 为例，F_W 是作用在活塞杆上的外部负载，其包括工作负载 F_g、导轨的摩擦力 F_f 和由于速度变化而产生的惯性力 F_a。而 F_m 是液压缸运动零部件的摩擦阻力，其作用方向与导轨的摩擦力 F_f 一样，总与活塞和/或活塞杆的运动方向相反。

① 工作负载 F_g　常见的工作负载有作用于活塞杆轴线上的切削力和挤压力等。其作用方向与活塞和/或活塞杆运动方向相同时为负负载（或称超越负载），与活塞和/或活塞杆运动方向相反时为正负载。

② 导轨的摩擦力 F_f　对于平导轨，则导轨的摩擦力 F_f 为

$$F_f = \mu(G + F_N) \tag{4-1}$$

对于 V 形导轨，则导轨的摩擦力 F_f 为

$$F_f = \mu(G + F_N)/\sin\frac{\alpha}{2} \tag{4-2}$$

式中　μ——摩擦因数，见表 4-1；

　　　　G——运动部件所受的重力，N；

　　　　F_N——外载荷作用于导轨上的正压力，N；

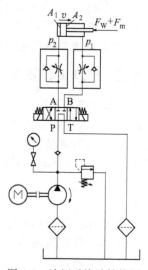

图 4-2　液压系统计算简图

α——V 形导轨的夹角，一般为 $90°$。

表 4-1　摩擦因数 μ

导轨类型	导轨材料	运动状态	摩擦因数
滑动导轨	铸铁对铸铁	起动时 低速($v \leqslant 0.16\mathrm{m/s}$) 高速($v > 0.16\mathrm{m/s}$)	$0.15 \sim 0.20$ $0.10 \sim 0.12$ $0.05 \sim 0.08$
滚动导轨	铸铁对滚柱（珠） 淬火钢导轨对滚柱		$0.005 \sim 0.02$ $0.003 \sim 0.006$
静压导轨	铸铁		0.005

作者注：表 4-1 摘自参考文献［113］表 21.4-1。

③ 惯性力 F_a

$$F_a = m \frac{\Delta v}{\Delta t} \tag{4-3}$$

式中　m——液压缸活塞和/或活塞杆及其所带动的零部件质量，kg；

　　　Δv——速度变化量，m/s；

　　　Δt——起动或制动时间，s。

作者注：加在质量为 1kg 的物体上使之产生 $1\mathrm{m/s^2}$ 的加速度的力为 1N。

一般机械的 $\Delta t = 0.1 \sim 0.5\mathrm{s}$，对低速、轻载运动部件取小值；对高速、重载运动部件取大值。行走机械一般取 $\Delta v/\Delta t = 0.5 \sim 1.5\mathrm{m/s^2}$。

以上三种负载和力之和称为液压缸的外部负载 F_W。

在起动加速时

$$F_W = F_g + F_f + F_a \tag{4-4}$$

在稳态运动时

$$F_W = F_g + F_f \tag{4-5}$$

在减速制动时

$$F_W = F_g + F_f - F_a \tag{4-6}$$

除外部负载 F_W 外，作用于活塞和/或活塞杆上的力还包括液压缸运动零部件的摩擦阻力 F_m 和背压产生的阻力 F_b。

活塞密封系统和/活塞杆密封系统的摩擦阻力难于精确计算，一般可估算为

$$F_m = (1 - \eta_m)F \tag{4-7}$$

式中　η_m——液压缸的机械效率，一般取 $0.90 \sim 0.95$；

　　　F——缸理论输出力，N。

背压产生的阻力 F_b 可按式（4-8）计算，但背压产生的阻力 F_b 有时被忽略或不存在。

$$F_b = A p_b \tag{4-8}$$

式中　A——背压作用的缸有效面积，$\mathrm{mm^2}$；

　　　p_b——背压，MPa。

作者注：根据实际情况，背压作用的缸有效面积 A 或为 A_1 或为 A_2。

(2) 初选液压系统工作压力范围

液压系统最高工作压力或工作压力范围的选择，应根据负载大小和设备类型而定，还要综合考虑液压缸的安装空间、经济条件以及市场供应情况等方面的限制。在负载大小一定的情况下，最高工作压力选择得越低，液压缸的缸径就需越大；但最高工作压力选择得太高，液压元件成本就要增加，在一些特殊情况下可能采购也会出现困难。

在参考文献［113］中介绍，一般来讲，对于不同应用场合的液压系统工作压力的选择可参考表 4-2 和表 4-3。

表 4-2　按负载选择工作压力

负载/kN	＜5	5～10	10～20	20～30	30～50	＞50
工作压力/MPa	＜0.8～1	1.5～2	2.5～3	3～4	4～5	≥5

表 4-3　各种机械常用的系统工作压力

机械类型	机床				农业机械 小型工程机械 建筑机械 液压凿岩机	液压机 大中型挖掘机 重型机械 起重运输机械
	磨床	组合机床	龙门刨床	拉床		
工作压力/MPa	0.8～2	3～5	2～8	8～10	8～18	20～32

作者注：笔者不同意以"工作压力"作为液压系统及元件的基本参数，但此处"工作压力"或可按 GB/T 32799—2016《液压破碎锤》给出的定义理解，即"液压破碎锤工作时所需的供油压力。"

（3）计算液压缸的基本参数

在 JB/T 10205—2010 中规定："液压缸的基本参数应包括缸内径、活塞杆直径、公称压力、行程、安装尺寸。"

作者注：在 JB/T 10205.1—××××《液压缸　第 1 部分：通用技术条件》讨论稿中规定"液压缸的基本参数应包括缸径、活塞杆（柱塞）直径、公称压力、额定压力、行程、安装尺寸和安装型式。"

液压缸的主要设计参数如图 4-3 所示。

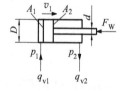

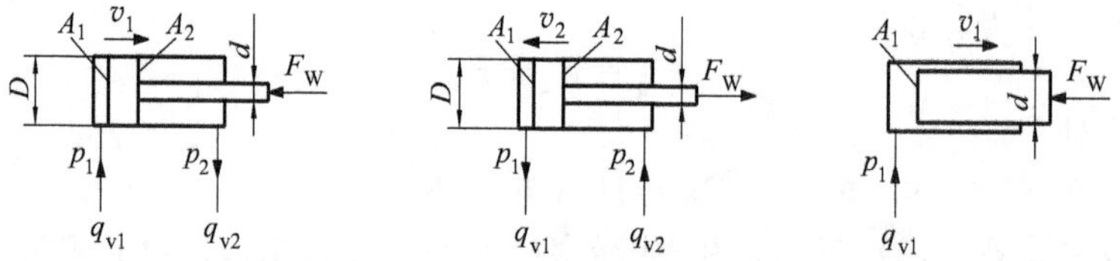

(a) 活塞杆处于受压状态　　(b) 活塞杆处于受拉状态　　(c) 柱塞处于受压状态

图 4-3　液压缸的主要设计参数

当活塞杆处于受压状态时，双作用缸的缸理论输出（推）力为

$$F = \frac{F_W}{\eta} = p_1 A_1 - p_2 A_2 \tag{4-9}$$

当活塞杆处于受拉状态时，双作用缸的缸理论输出（拉）力为

$$F = \frac{F_W}{\eta} = p_2 A_2 - p_1 A_1 \tag{4-10}$$

式中　A_1——无杆腔缸有效面积，$A_1 = \frac{\pi}{4} D^2$，mm^2；

$\quad\quad A_2$——有杆腔缸有效面积，$A_2 = \frac{\pi}{4}(D^2 - d^2)$，$mm^2$；

$\quad\quad p_1$——无杆腔（额定）压力，MPa；

$\quad\quad p_2$——有杆腔（额定）压力，MPa；

$\quad\quad D$——缸径，mm；

d——活塞杆直径，mm；

η——缸输出力效率。

当活塞杆处于受压状态时，p_2 即为背压；当活塞杆处于受拉状态时，p_1 即为背压。背压是因下游阻力产生的压力，其值根据回路的具体情况而定，初步计算时可参照表 4-4 取值。

表 4-4　液压缸背压 p_b　　　　　　　　　　　　　　　　　　单位：MPa

系统类型	背压 p_b	系统类型	背压 p_b
简单系统或轻载节流调速系统	0.2～0.5	用补油泵的闭式回路	0.8～1.5
回油路带调速阀的系统	0.4～0.6	回油路较复杂的工程机械	1.2～3.0
回油路设置有背压阀的系统	0.5～1.5	回油路较短且直接回油箱	可忽略不计

当柱塞仅可处于受压状态时，柱塞缸的缸理论输出（推）力为

$$F=\frac{F_W}{\eta}=p_1 A_1 \tag{4-11}$$

式中　A_1——活塞杆（也称柱塞）截面积，$A_1=\frac{\pi}{4}d^2$，mm^2；

p_1——（额定）压力，MPa；

其他同上。

一般液压缸是在活塞杆处于受压状态下工作的，其无杆腔缸有效面积 A_1 为

$$A_1=\frac{F+p_2 A_2}{p_1} \tag{4-12}$$

应用式 (4-12) 时需要先确定 A_1 和 A_2 的关系，或是缸径 D 和活塞杆直径 d 的关系。一般可根据 JB/T 7939—2010《单活塞杆液压缸两腔面积比》或 GB/T 2348—2018《流体传动系统及元件　缸径及活塞杆直径》中表 4"两腔面积比（φ）"（见表 4-5），以及 GB/T 2348—2018 中规定的缸径和活塞杆直径确定它们的关系。

$$D=\sqrt{\frac{4F}{\pi\left(p_1-\dfrac{p_2}{\varphi}\right)}} \tag{4-13}$$

表 4-5　两腔面积比（φ）（摘自 GB/T 2348—2018）

$\varphi\approx$		100	(110)	125	140	160	(180)	200	220	250	280	320	(360)	400	(450)	500
	AL	100	(110)	125	140	160	(180)	200	220	250	280	320	(360)	400	(450)	500
	A_1	78.5	95	123	154	201	254	314	380	491	616	804	1018	1257	1590	1963
1.06	MM	25	28	32	36	40	45	50	56	63	70	80	90	100	110	125
	A_2	73.6	88.9	115	144	188	239	295	356	460	577	754	954	1178	1495	1841
	φ	1.07	1.07	1.07	1.07	1.07	1.07	1.07	1.07	1.07	1.07	1.07	1.07	1.07	1.06	1.07
1.12	MM	32	36	40	45	50	56	63	70	80	90	100	110	125	140	160
	A_2	70.5	84.9	110	138	181	230	283	342	441	552	726	923	1134	1436	1762
	φ	1.11	1.12	1.11	1.12	1.11	1.11	1.11	1.11	1.11	1.12	1.11	1.10	1.11	1.11	1.11
1.25	MM	45	50	56	63	70	80	90	100	110	125	140	160	180	200	220
	A_2	62.6	75.4	98.1	123	163	204	251	302	396	493	650	817	1002	1276	1583
	φ	1.25	1.26	1.25	1.25	1.24	1.25	1.25	1.26	1.24	1.25	1.24	1.25	1.25	1.25	1.24
1.33	MM	50	56	63	70	80	90	100	110	125	140	160	180	200	220	250
	A_2	58.9	70.4	94.4	115	151	191	236	285	368	462	603	763	942	1210	1473
	φ	1.33	1.35	1.30	1.33	1.33	1.33	1.33	1.33	1.33	1.33	1.33	1.33	1.33	1.31	1.33
1.4	MM	56	63	70	80	90	100	110	125	140	160	180	200	220	250	280
	A_2	53.9	63.9	81.2	104	137	178	219	257	337	415	550	704	877	1100	1348
	φ	1.46	1.49	1.46	1.48	1.46	1.45	1.43	1.48	1.46	1.48	1.46	1.45	1.43	1.45	1.45

$\varphi\approx$	AL	100	(110)	125	140	160	(180)	200	220	250	280	320	(360)	400	(450)	500
	A_1	78.5	95	123	154	201	254	314	380	491	616	804	1018	1257	1590	1963
1.6	MM	63	70	80	90	100	110	125	140	160	180	200	220	250	280	320
	A_2	47.4	56.5	72.5	90.3	123	159	191	226	290	361	490	638	766	975	1159
	φ	1.66	1.68	1.69	1.7	1.64	1.6	1.64	1.68	1.69	1.7	1.64	1.6	1.64	1.63	1.69
2	MM	70	80	90	100	110	125	140	160	180	200	220	250	280	320	360
	A_2	40.1	41.8	59.1	75.4	106	132	160	179	236	302	424	527	641	786	946
	φ	1.96	2.12	2.08	2.04	1.9	1.93	1.96	2.12	2.08	2.04	1.9	1.93	1.96	2.02	2.08
2.5	MM	80	90	100	110	125	140	160	180	200	220	250	280	320	360	400
	A_2	28.3	31.4	44.2	58.9	78.3	101	113	126	177	236	313	402	452	573	707
	φ	2.78	3.03	2.78	2.61	5.57	2.53	2.78	3.03	2.78	2.61	2.57	2.53	2.78	2.78	2.78
5	MM	90	100	110	125	140	160	180	200	220	250	280	320	360	400	450
	A_2	14.9	16.5	27.7	31.2	47.1	53.4	59.7	66	111	125	188	214	239	334	373
	φ	5.26	5.76	4.43	4.93	4.27	4.76	5.26	5.76	4.43	4.93	4.27	4.76	5.26	4.76	5.25

注: 直径单位为 mm, 面积单位为 cm^2。

作者注: 1. 在 GB/T 2348—2018 中规定, 缸径的符号为 AL (或 ϕAL), 活塞杆的符号为 MM (或为 ϕMM), 单位均为 mm。

2. 在 JB/T 7939—2010 中两腔面积比的符号为 "ϕ", 对于每个缸径值, 该标准给出了一系列活塞杆直径 d 的标准值, 使其构成的面积比 ϕ 大致与下列优先数之一相当: 1.06、1.12、1.25、1.32、1.4、1.6、2、2.5、5。

3. 经比较, 除两腔面积比符号 (φ 与 ϕ)、系列 (1.33 与 1.32) 不同外, 两项标准还有一些其他不同, 提请读者注意。

4. 在一些参考文献中, 有以符号 "φ" 表示液压缸速比的, 且定义速比等于两腔面积比。

当液压缸采用差动连接且要求其往复运动速度 (近似) 相同时, 应取 $d=\dfrac{\sqrt{2}}{2}D\approx0.71D$。

对安装距加行程为 l 且与活塞杆 (柱塞) 直径 d 比 $l/d>10$ 的受压活塞杆 (柱塞), 还要做压杆稳定性验算。

当液压缸运动速度很低时, 还需按最低速度要求验算液压缸尺寸。

$$A_1\geqslant\frac{q_{v1\min}}{v_{1\min}}\tag{4-14}$$

式中　A_1——无杆腔缸有效面积, m^2;

$\quad q_{v1\min}$——系统供给液压缸无杆腔的最小稳定流量, 在节流调速中取决于回路中相关阀的最小稳定流量, 在容积调速中取决于变量泵的最小稳定流量, m^3/s;

$\quad v_{1\min}$——要求的缸进程最低速度, m/s。

在参考文献 [113] 中指出: "如果液压缸的有效工作面积 A 不能满足最低稳定速度的要求, 则应按最低稳定速度确定液压缸的结构尺寸。"

(4) 计算液压缸所需流量

对双作用单出杆液压缸, 其缸进程所需供给流量 q_{v1} (L/min) 为

$$q_{v1}=60A_1v_1\times10^{-6}\tag{4-15}$$

式中　A_1——无杆腔缸有效面积, mm^2;

$\quad v_1$——缸进程速度, mm/s。

对双作用单出杆液压缸, 其缸回程所需供给流量 q_{v2} (L/min) 为

$$q_{v2}=60A_2v_2\times10^{-6}\tag{4-16}$$

式中　A_2——有杆腔缸有效面积，mm^2；

　　　v_2——缸回程速度，mm/s。

液压系统设计时应注意或重视以下两个问题。

① 如果 $q_{v1}=q_{v2}$，因 A_2（d）$<A_1$（D），所以 $v_2>v_1$。在一些情况下，液压缸无杆腔排油流量是该系统的最大流量，甚至超过系统的额定流量。

② 应区别和重视"缸进程排量"和"缸回程排量"，其在油箱设计、液压缸污染度检测以及液压系统轻量化等方面都有应用。

4.1.4　绘制液压系统工况图

参考文献［113］介绍，工况图包括压力循环图、流量循环图和功率循环图。它们是调整液压系统参数及选择液压元件的依据。

① 压力循环图——p-t 图　通过已确定的液压缸结构尺寸，再根据实际负载，计算出液压缸在动作循环各阶段的（最高）工作压力，绘制成 p-t 图。

② 流量循环图——q_v-t 图　根据已确定的缸有效面积，结合其运动速度计算出动作循环中各阶段的供给流量，绘制成 q_v-t 图。若液压系统中有多个执行元件同时工作，则应把它们各自的 q_v-t 图叠加起来绘制成总的 q_v-t 图。

③ 功率循环图——P-t 图　给出压力循环图和流量循环图后，根据 $P=pq_v$，即可绘制出 P-t 图。

4.1.5　确定系统压力控制方案

一般在节流调速系统中，通常由定量泵供油，用溢流阀调节所需压力，并保持恒定。在容积调速系统中，用变量泵供油，用溢流阀作为安全阀起安全保护作用。在有些液压系统中，有时需要流量不大的高压油，这时可以考虑采用增压回路得到高压油，而不用单设高压泵。液压缸在工作循环中的某段时间不需对其供油但又不便停泵的情况下，需考虑选择卸荷回路。在系统的某个局部，其工作压力需要低于主液压源压力时，要考虑采用减压回路来获得所需的工作压力。

具体可根据本手册 2.3 节"液压回路"来确定系统的压力控制方案。

4.1.6　确定液压缸的控制和调速方案

（1）确定顺序动作方案

主机上的各液压缸的顺序动作，根据设备类型不同，有的按预先输入的程序运行，有的则不然。工程机械的操纵机构多为手动，一般用手动多路换向阀控制。加工机械的各执行机构的顺序动作多采用行程控制，当工作部件移动到一定位置时，通过电气行程开关等发出电信号给电磁铁推动电磁阀，或直接压下行程阀来控制顺序动作。行程开关安装比较方便，而用行程阀需要连接相应的油路，因此只适用于管路连接比较方便的场合。

另外，还有时间控制和压力控制等。例如，液压泵空载起动，经过一段时间，当泵正常运转后，使卸荷阀关闭，建立起正常的工作压力。压力控制多用于带有液压夹具的机床、挤压机和压力机等场合。当某一液压缸完成预定动作时，回路中的压力升高并达到一定值，通过压力继电器等元件发出电信号或打开顺序阀使压力油通过，起动下一个动作。

根据相关标准规定，"只要可行，应使用靠位置检测的顺序控制，且当压力或延时控制的顺序失灵可能引起危险时，应始终使用靠位置检测的顺序控制。"

(2) 确定调速方案

传统的速度控制是通过改变输入和/或输出液压缸的流量，或者利用密封空间的容积变化来实现的。相应的调速方式有节流调速、容积调速以及两者的结合——容积节流调速。

节流调速一般采用定量泵供油，用流量控制阀改变输入和/或输出液压缸的流量来调节其往和/或复速度，此种调速方式结构简单。由于这种系统必须用溢流阀溢流或旁路分流，因此效率低，发热量大，多用于功率不大的场合。

容积调速是靠改变液压泵的排量来达到调速目的的。其优点是没有溢流、旁路和节流损失，效率较高。但为了散热和补充泄漏，需要辅助泵。此种调速方式适用于功率大（流量大）的场合。

容积节流调速一般采用变量泵供油，用流量控制阀调节输入和/或输出液压缸的流量。此种调速方式效率较高，速度稳定性较好，但其结构比较复杂。

通过控制伺服电动机转速来控制液压泵供给流量，进而控制液压缸往复运动速度，包括两台液压缸速度的同步精度，现在已在液压板料折弯机上广泛应用。

(3) 选择液压动力源

液压系统的工作介质完全由液压动力源（动力液压源）提供。在无其他辅助油源的情况下，节流调速系统液压泵的供给流量要大于液压缸所需的输入流量，多出的部分经溢流阀或旁路阀回到油箱，溢流阀同时起到了控制并稳定油源压力的作用。容积调速系统多采用变量泵供油，用溢流阀限定系统的最高工作压力。

在一些没有单独设置控制液压源的场合，如电磁铁操纵先导级供油和液压操作主阀的方向控制阀的外部先导供油也是由液压动力源提供的。

为了提高效率，液压泵的供给流量要尽量与系统所需流量相匹配。

在电液伺服阀控制系统中，对液压动力源的功能和要求或更高，但压力波动小、液压流体清洁、油温控制在一个合适（如 40℃±6℃）且较小的范围内是液压系统的普遍要求，具体还可参见参考文献 [117]。

4.1.7 草拟液压系统原理图

整机的液压系统图由拟好的控制回路和液压源组合而成。各回路相互组合时要去掉重复多余的元件，力求结构简单，但必须能实现系统所要求的动作和控制功能。注意各元件的联锁关系，避免误动作发生。要尽量减少能量损失环节，提高系统的能量利用率。

为了便于液压系统的维护和监测，在系统的油箱、油路块及一些元件和管路上要设置必要的检测口、检测元件［如压力表（传感器）、温度计（传感器）、颗粒计数器等］。

大型设备的关键部位要有备用操作机构，以便在意外事件发生时能迅速更换，保证主机能连续工作。

各液压元件应尽量采用通用标准型号或按 GB/T 3766—2015 的规定。除特殊情况外，在图中要按国家标准规定的液压元件图形符号的常态位置（非工作状态）绘制，并按 GB/T 786.2—2018 的规定进行标识。对于自行设计的非标准元件可用结构原理图示出。

系统图中应注明各液压执行元件的名称和动作，注明各液压元件的序号以及各电磁铁的代号，并有电磁铁、行程阀和其他控制元件的动作表。

关于回路图中要求的技术信息等，还可进一步参见本手册 2.3.1 节 "液压回路的绘制规则"。

4.1.8 选择、确定液压泵

(1) 确定液压泵的额定压力

额定压力 p_{pe} 是液压泵的基本参数，其必须高于或等于液压泵实际使用时可能达到的最

高工作压力 p_{pmax}，且应为

$$p_{pe} \geqslant p_{pmax} \geqslant p_{1max} + \sum \Delta p \qquad (4\text{-}17)$$

式中　p_{1max}——液压缸最高工作压力，MPa；

　　　$\sum \Delta p$——从液压泵出口到液压缸之间总的压力损失，MPa。

$\sum \Delta p$ 的较为准确计算要等到元件选定并绘制出管路图后才能进行，初步计算可按经验数据选取。在参考文献 [113] 中介绍，管路简单、流速不大的取 $\sum \Delta p = 0.2 \sim 0.5 MPa$，管路复杂、串联有调速阀的取 $\sum \Delta p = 0.5 \sim 1.5 MPa$。

作者注：参考图 4-2，液压缸最高工作压力还可用 "p_{2max}" 表示。

(2) 确定液压泵的流量

"公称排量"和"额定转速"也都是液压泵的基本参数，其乘积即为液压泵的额定流量 q_{vpe}。在多台液压缸同时工作时，液压泵的额定流量应为

$$q_{vpe} \geqslant K(\sum q_{v1max}) \qquad (4\text{-}18)$$

式中　K——液压系统泄漏系数，一般取 $K = 1.1 \sim 1.3$；

　　$\sum q_{v1max}$——同时动作的液压缸总的最大流量，可从 $q_v\text{-}t$ 图上查得。对于节流调速系统还需加上溢流阀的最小溢流量，在参考文献 [113] 中介绍，一般取 $0.5 \times 10^{-4} m^3/s$，或按 JB/T 10374—2013 中表 A.2 给出的"稳态压力-流量特性（溢流量）的性能指标"。

当液压系统使用液压蓄能器作为辅助动力源时

$$q_{vpe} \geqslant \sum_{i=1}^{z} \frac{KV_i}{T} \qquad (4\text{-}19)$$

式中　K——液压系统泄漏系数，一般取 $K = 1.2$；

　　　V_i——每台液压缸在工作周期中的总耗油量，m^3；

　　　T——液压设备工作周期，s；

　　　z——液压缸的台数。

(3) 确定液压泵的型号

根据以上确定的额定压力 p_{pe} 和额定流量 q_{vpe} 值，按液压系统中拟定的液压泵型式，在产品样本或手册中选择相应的液压泵。为了使液压泵具有一定的压力储备，所选的液压泵的额定压力一般要比实际使用时可能达到的最高工作压力 p_{pmax} 高 25%～60%。

(4) 确定液压泵的驱动功率

在工作循环中，如果液压泵的供给压力和供给流量变化不大，即 $p\text{-}t$ 图和 $q_v\text{-}t$ 图变化比较平缓，则液压泵的驱动功率 P（kW）可为

$$P = \frac{p_{pmax} q_{vpe}}{60 \eta_p} \qquad (4\text{-}20)$$

式中　p_{pmax}——液压泵的最高工作压力，MPa；

　　　q_{vpe}——液压泵的（额定）流量，L/min；

　　　η_p——液压泵的总效率，参考表 4-6 选择。

作者注：在 GB/T 17446—2012 中，泵总效率是以符号 "η_t^p" 表示的。

表 4-6　液压泵的总效率

液压泵类型	齿轮泵	螺杆泵	叶片泵	柱塞泵
总效率	0.6～07	0.65～0.80	0.60～0.75	0.80～0.85

作者注：1. 摘自参考文献 [113] 的表 21.4-5。现行标准规定的齿轮泵总效率为

65%～82%。

2. 齿轮泵的容积效率和总效率见 JB/T 7041.2—2020《液压泵 第 2 部分：齿轮泵》中表 2。

3. JB/T 7041.1—××××《液压泵 第 1 部分：叶片泵》和 JB/T 7041.3—××××《液压泵 第 1 部分：轴向柱塞泵》正在制定中，注意及时更新、采用新标准数据。

在工作循环中，如果液压泵的供给压力和供给流量变化较大，即 p-t 图和 q_v-t 图起伏变化较大，则需分别计算出各个动作阶段内所需功率，液压泵的驱动功率取其平均功率 P_{pc}（kW）。

$$P_{pc} = \sqrt{\frac{P_1^2 t_1 + P_2^2 t_2 + \cdots + P_n^2 t_n}{t_1 + t_2 + \cdots + t_n}} \tag{4-21}$$

式中　P_1，P_2，$\cdots$，P_n——一个循环中每个动作阶段内所需的驱动功率，kW；

　　　t_1，t_2，$\cdots$，t_n——一个循环中每个动作阶段内所需该驱动功率的时间，s。

按平均功率选择电动机后，还要验算那些超过电动机功率的超载量是否在电动机允许的范围内。参考文献 [113] 介绍，电动机允许的短时间超载量一般为 25%。具体选用时应咨询电动机供应商或制造商。

4.1.9　选择、确定其他液压元件

(1) 液压阀的选择、确定

根据系统的最高工作压力和实际通过该阀的最大流量，选择额定压力及额定流量与之相应的液压阀。溢流阀按液压泵的最大流量选取；选择节流阀和调速阀时，要考虑最小稳定流量应满足液压缸最低稳定速度的要求。阀的流量一般要选得比实际通过的流量大一些，但必要时也允许有 120% 以内的短时超流量。

从产品样本或手册中选择相应的液压阀时应注意，有的阀型号中参数较多，应逐项确定，以免在安装、调试和使用中带来不便。

作者注：在 JB/T 10374—2013《液压溢流阀》中规定"溢流阀的基本参数应包括公称通径、公称压力、额定压力、额定流量、调压范围"。

(2) 液压蓄能器的选择、确定

根据液压蓄能器在液压系统中的作用，确定其主要参数、型号。

① 液压缸短时快速运动，由蓄能器来补充供油，其有效工作容积 ΔV（m³）为

$$\Delta V = \sum K A_i s_i - q_{vp} t \tag{4-22}$$

式中　K——液压流体损失系数，一般取 $K = 1.2$；

　　　A_i——缸有效面积，m²；

　　　s_i——缸行程，m；

　　　q_{vp}——液压泵流量，m³/s；

　　　t——动作时间，s。

② 做应急能源，其有效工作容积 ΔV（m³）为

$$\Delta V = \sum K A_i s_i \tag{4-23}$$

式中　$A_i s_i$——要求应急动作的液压缸总的工作容积，m³。

有效工作容积 ΔV 算出后，根据有关蓄能器的相应计算公式，求出蓄能器的容积，再根据其他性能要求，按产品样本或手册选择、确定蓄能器型号。

(3) 油箱容量的确定

在参考文献［113］中介绍了一种油箱容积确定方法，即初步设计时可先按经验公式（4-24）确定油箱容量，等系统确定后，再按散热的要求进行校核。

确定油箱容积 V（m^3）的经验公式为

$$V = \alpha q_{vp} \tag{4-24}$$

式中　α——经验系数，按表 4-7 选取；

q_{vp}——液压泵每分钟输出的液压油容积，m^3。

表 4-7　经验系数 α

系统类型	行走机械	低压系统	中压系统	锻压机械	冶金机械
α	1~2	2~4	5~7	6~12	7~10

作者注：根据参考文献［93］对冶金机械经验系数进行了修改。

在确定油箱尺寸时，一方面要满足液压系统正常工作时液面不能低于"最低工作液面"，另一方面还要保证在所有缸回程结束时油箱内的液压流体不溢出。具体要求见本手册 5.3 节"油箱设计与制造"。

(4) 硬管尺寸的选择、确定

在参考文献［113］中介绍了管道内径和管道壁厚的计算，在设计时可供参考。

① 硬管内径 d（m）

$$d = \sqrt{\frac{4q_v}{\pi v}} \tag{4-25}$$

式中　q_v——通过硬管内的流量，m^3/s；

v——硬管内允许流速，m/s，按表 4-8 选取。

表 4-8　硬管内允许流速推荐值

管道	推荐流速
液压泵吸油管道	0.5~1.5m/s，一般常取 1m/s 以下
液压系统压油管道	3~6m/s，压力高、管道短、黏度低时取大值
液压系统回油管道	1.5~2.6m/s

作者注：1. 表 4-8 摘自参考文献［113］的表 21.4-6。

2. 进一步可参考本手册 2.1.6 节中表 2-12"系统金属管路的油液流速推荐值"。

② 硬管壁厚 δ（mm）

$$\delta = \frac{pd}{2[\sigma]} \tag{4-26}$$

式中　p——管道内最高工作压力，MPa；

d——管道内径，mm；

$[\sigma]$——管道材料的许用应力，MPa，$[\sigma] = \dfrac{R_m}{n}$；

R_m——管道材料的抗拉强度，MPa；

n——安全系数，对于钢管，$p < 7$MPa 时，取 $n = 8$；7MPa $\leqslant p < 17.5$MPa 时，取 $n = 6$；$p \geqslant 17.5$MPa 时，取 $n = 4$。

作者注：1. 参考文献［113］中为"……；$p > 17.5$MPa 时，取 $n = 4$。"

2. 在 GB/T 8163—2018《输送流体用无缝钢管》中规定"钢管的公称外径 D 和公称壁厚 S 应符合 GB/T 17395 的规定。"

3. 在 JB/T 10760—2017《工程机械 焊接式液压金属管总成》中规定的"基本参数及尺寸"包括管子外径、公称通径、连接螺纹、最高工作压力和最小弯曲半径。

4. 在"缸筒材料强度要求的最小壁厚 δ_0 的计算"中，式（4-26）即为其在 $\delta/D < 0.08$ 时给出的推荐公式，其中 D 为缸径，具体见参考文献 [100]。

计算出硬管内径 d 和壁厚 δ 后，按标准系列选取相应的钢管。

4.1.10　验算液压系统性能

液压系统初步设计的某些参数是由经验或估计给出的，当各液压回路、液压元件以及连接管路等完全确定后，应当对液压系统进行性能验算。计算液压回路各段压力损失、发热温升和压力冲击等。如果某项参数达不到设计要求，就需要重新设计或对设计进行调整或采取相应的措施，保证系统能够安全可靠地工作。

(1) 液压系统压力损失计算

液压系统的压力损失包括管路的沿程损失 Δp_1、管路的局部损失 Δp_2 和阀类元件的局部损失 Δp_3，总的压力损失为

$$\Delta p = \Delta p_1 + \Delta p_2 + \Delta p_3 \tag{4-27}$$

$$\Delta p_1 = \lambda\,\frac{l}{d} \times \frac{\rho v^2}{2} \tag{4-28}$$

$$\Delta p_2 = \zeta\,\frac{\rho v^2}{2} \tag{4-29}$$

式中　l——管道的长度，m；

d——管道内径，m；

ρ——液体密度，kg/m³；

v——管道内液体的平均流速，m/s；

λ——沿程阻力系数；

ζ——局部阻力系数。

λ 和 ζ 的具体值可参考（各版液压、机械设手册中）流体力学相关内容。注意将 Δp_1 和 Δp_2 单位换算成 MPa。

$$\Delta p_3 = \Delta p_{fe}\left(\frac{q_{vf}}{q_{vfe}}\right)^2 \tag{4-30}$$

式中　Δp_{fe}——阀的额定压力损失，MPa；

q_{vf}——通过阀的实际流量，L/min；

q_{vfe}——阀的额定流量，L/min。

对于液压泵到液压缸之间的压力损失，当计算出的 Δp 比选择泵时估计的管路损失大很多时，应该重新调整泵以及其他元件的规格尺寸（如适当加大液压缸缸径）等参数。

液压系统的调整压力

$$p_{pT} = p_{1max} + \Delta p \tag{4-31}$$

式中　p_{pT}——液压泵的供给压力或支路的调整压力，MPa；

P_{1max}——液压缸最高工作压力，MPa。

(2) 液压系统功率损失计算

液压系统工作时，除执行元件（液压缸）驱动外负载输出有用功率外，其余功率几乎全部转化为了热量，如果散热不及时、充分，则使液压流体温度升高。

液压系统的功率损失主要有以下几种形式并按下列公式计算。

① 液压泵的功率损失 P_{h1}

$$P_{h1} = \frac{1}{T_t} \sum_{i=1}^{z} P_{ri}(1 - \eta_{pi})t_i \qquad (4\text{-}32)$$

式中　T_t——工作循环周期，s；

　　　z——投入工作的液压泵的台数；

　　P_{ri}——液压泵的输入功率，W；

　　η_{pi}——各台液压泵的泵总效率；

　　t_i——第 i 台液压泵工作时间，s。

作者注：在 GB/T 17446—2012 中"机械输入功率"或"机械功率"是以符号"P_m"表示的。

② 液压缸的功率损失 P_{h2}

$$P_{h2} = \frac{1}{T_t} \sum_{j=1}^{m} P_{rj}(1 - \eta_{pj})t_j \qquad (4\text{-}33)$$

式中　T_t——工作循环周期，s；

　　　m——投入工作的液压缸的台数；

　　P_{rj}——液压缸的输入功率，W；

　　η_{pj}——液压缸的效率；

　　t_j——第 j 台液压缸工作时间，s。

③ 溢流阀的功率损失 P_{h3}

$$P_{h3} = p_y q_{vy} \qquad (4\text{-}34)$$

式中　p_y——溢流阀的调定压力，Pa；

　　q_{vy}——经溢流阀溢流回油箱的流量，m^3/s。

④ 液压流体流经阀和管路的功率损失 P_{h4}

$$P_{h4} = \Delta p q_{v1} \qquad (4\text{-}35)$$

式中　Δp——流经阀和管路的压力损失，Pa；

　　q_{v1}——流经阀和管路的流量，m^3/s。

(3) 液压系统发热功率计算

以上各种功率损失构成了整个液压系统的功率损失，亦即它们几乎全部转化为了液压系统的发热功率 P_{hr}（W）。

$$P_{hr} = P_{h1} + P_{h2} + P_{h3} + P_{h4} \qquad (4\text{-}36)$$

还可按式（4-37）粗略计算发热功率。

$$P_{hr} = P_r - P_c \qquad (4\text{-}37)$$

式中　P_r——液压系统的总输入功率，W；

　　P_c——液压系统的总输出有用功率，W。

$$P_r = \frac{1}{T_t} \sum_{i=1}^{z} \frac{p_i q_{vi} t_i}{\eta_{pi}} \qquad (4\text{-}38)$$

$$P_c = \frac{1}{T_t} \sum_{i=1}^{n} F_{wi} s_i \qquad (4\text{-}39)$$

式中　　T_t——工作循环周期，s；

　z，n——投入工作的液压泵、液压缸的台数；

p_i，q_{vi}，η_{pi}——第 i 台液压泵的实际输出压力（Pa）、流量（m^3/s）、效率；

t_i——第 i 台液压泵工作时间，s；

F_{Wi}，s_i——液压缸外负载（N）及驱动该负载的行程（m）。

(4) 液压系统的散热功率计算

液压系统主要靠油箱表面散热，如果管路较长，在用式（4-36）计算发热功率的情况下，也应考虑管路表面的散热。

由油箱和管路表面散热的散热功率 P_{hc}（W）可由式（4-40）计算。

$$P_{hc}=(K_1 A_1+K_2 A_2)\Delta T \tag{4-40}$$

式中　K_1——油箱的表面传热系数，见表4-9；

　　　K_2——管路的表面传热系数，见表4-10；

　A_1，A_2——油箱、管道的散热面积，m^2；

　　　ΔT——液压流体温度与环境温度之差，℃。

表 4-9　油箱的表面传热系数 K_1

冷却条件	$K_1/[\text{W}/(\text{m}^2 \cdot ℃)]$	冷却条件	$K_1/[\text{W}/(\text{m}^2 \cdot ℃)]$
通风条件很差	8～9	用风扇冷却	23
通风条件良好	15～17	循环水强制冷却	110～117

表 4-10　管路的表面传热系数 K_2

风速/(m/s)	管道外径/m		
	0.01	0.05	0.10
	$K_2/[\text{W}/(\text{m}^2 \cdot ℃)]$		
0	8	6	5
1	25	14	10
5	69	40	23

若液压系统达到热平衡，则 $P_{hr}=P_{hc}$，油温不再升高，此时最大温差为

$$\Delta T=\frac{P_{hc}}{K_1 A_1+K_2 A_2} \tag{4-41}$$

若环境温度为 T_0，则油温为 $T=T_0+\Delta T$。如果计算出的油温超过该液压设备允许的最高油温（各种机械的允许油温见表4-11），就需要设法增加散热面积。当油箱的散热面积不能加大，或加大一些也无济于事时，则需要配置冷却器。冷却器的散热面积 A（m^2）可按式（4-42）计算。

$$A=\frac{P_{hr}-P_{hc}}{K\Delta t_m} \tag{4-42}$$

式中　K——冷却器的表面传热系数，$\text{W}/(\text{m}^2 \cdot \text{K})$；

　　　Δt_m——平均温升，℃。

$$\Delta t_m=\frac{T_1+T_2}{2}-\frac{t_1+t_2}{2}$$

式中　T_1，T_2——液压油的入口和出口温度，℃；

　　　t_1，t_2——冷却水（风）的入口和出口温度，℃。

表 4-11　各种机械允许的油温
单位：℃

液压设备类型	正常工作温度	最高允许温度
数控机床	30～50	55～70
一般机床	30～55	55～70
机车车辆	40～60	70～80
船舶	30～60	80～90

液压设备类型	正常工作温度	最高允许温度
冶金机械、液压机	40~70	60~90
工程机械、矿山机械	50~80	70~90

作者注：1. 表 4-11 摘自参考文献 [113] 表 21.4-10。

2. 一些标准液压机的温升和最高温度限值见其产品标准。

3. 表 4-11 中"冶金机械、液压机""工程机械、矿山机械"的"正常工作温度"与"最高允许温度"范围有重叠，或有误。

(5) 油箱容积验算

式（4-41）是在初步确定油箱容积的情况下，验算其散热面积是否满足设计要求。当系统的发热量确定后，可根据散热要求验算油箱的散热面积以及油箱的容积。

由式（4-41）可得油箱散热面积为

$$A_1 = \frac{P_{hc}/\Delta T - K_2 A_2}{K_1} \tag{4-43}$$

如果不考虑管路的散热，式（4-43）即可简化为

$$A_1 = \frac{P_{hc}}{\Delta T K_1} \tag{4-44}$$

油箱的主要设计参数如图 4-4 所示。一般液面高度为油箱高度的 4/5，与液压流体直接接触的表面为全散热面，与液压流体不直接接触的表面为半散热面，图 4-4 所示油箱的有效容积和散热面积分别为

$$V = 0.8abh \tag{4-45}$$

$$A_1 = 1.8h(a+b) + 1.5ab \tag{4-46}$$

若 A_1 已求出，再根据油箱结构要求确定 a、b、h 的比例关系，即可确定油箱的主要结构尺寸。

如果按散热要求计算出的油箱容积过大，远超出液压系统用油量，且受空间尺寸限制，则应适当缩小油箱尺寸，采取其他散热措施。

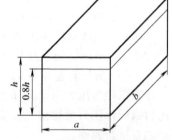

图 4-4 油箱的主要设计参数

(6) 计算液压系统冲击压力

管道内液压流体流速急剧变化即可产生压力冲击，其中在系统内流量急剧减小所产生的压力上升称为"水锤"。

在换向阀的迅速开启与关闭、液压缸高速运动中突然停止时都会产生远高于静态值的冲击压力，其不仅产生振动和噪声，而且会因过高的冲击压力而使管道和液压元件遭到破坏。对系统影响较大的压力冲击常以下两种形式。

① 当迅速打开或关闭液流通道时，在液压系统中产生的压力冲击。

直接冲击（即 $t < \tau$）时，管道内压力增大值为

$$\Delta p = \alpha_c \rho \Delta v \tag{4-47}$$

直接冲击（即 $t > \tau$）时，管道内压力增大值为

$$\Delta p = \alpha_c \rho \Delta v \frac{\tau}{t} \tag{4-48}$$

式中 α_c ——管道内液流中冲击波的传播速度，m/s

ρ——液体密度，kg/m；

Δv——关闭或开启液流通道前后管道内流速差，m/s；

t——关闭或打开液流通道的时间，s；

τ——管道长度为 l 时，冲击波往返所需的时间，$\tau = 2l/\alpha_c$，s。

若不考虑黏性和管径变化的影响，冲击波在管道内的传播速度为

$$\alpha_c = \frac{\sqrt{\dfrac{E_0}{\rho}}}{\sqrt{1 + \dfrac{E_0 d}{E\delta}}} \tag{4-49}$$

式中　E_0——液压介质的体积弹性模量，Pa，其推荐值为 $E_0 = 700 \times 10^6$ Pa；

δ，d——管道的壁厚和内径，m；

E——管道材料的弹性模量，Pa，钢 $E = 2.1 \times 10^{11}$ Pa，纯铜 $E = 1.18 \times 10^{11}$ Pa。

② 液压缸运动速度急剧变化时，由于液体及运动机构的惯性作用而引起的压力冲击，其压力的增大值为

$$\Delta p = \left(\sum l_i \rho \frac{A}{A_i} + \frac{M}{A} \right) \frac{\Delta v}{t} \tag{4-50}$$

式中　l_i——液流第 i 段管道的长度，m；

A——液压缸活塞面积，m^2；

A_i——第 i 段管道的截面积，m^2；

M——与活塞联动的运动部件质量，kg；

Δv——液压缸速度变化量，m/s；

t——液压缸速度变化 Δv 所需的时间，s。

计算出冲击压力后，此压力与管道的静态压力之和即为此时管道的实际压力。实际压力若比初始设计压力大得多，要重新校核一下相应部位管道的强度及阀件的承压能力，如果不满足，要重新调整。

4.1.11　设计液压装置、编制技术文件

(1) 绘制工作图、编写技术文件

液压系统确定后，要绘制规范的液压系统图，包括动作循环和元件规格型号明细表。图中各元件一般按系统停止位置表示，如果有特殊需要，也可以按某时刻运动状态画出，但要加以说明。

其他图样资料包括专用零部件（如油路块）图、泵站装配图、管道布置图、操纵机构装配图和电气系统图等。一些液压振动台还应有基础图纸。

技术文件包括设计任务书、设计说明书和设备使用、维护说明书等。

(2) 液压系统总体布置

液压系统总体布置有集中式和分散式。

集中式结构是将整个液压设备液压系统的油源和控制阀部分独立设置于主机之外或安装在地下，组成液压站，冷轧机、锻压机和电弧炉等有强烈热源和烟尘污染的冶金设备一般都是采用集中供油方式。

分散式结构是把液压系统中液压泵和控制调节装置分别安装在设备上适当的地方。机床和工程机械等可移动式设备一般都采用这种结构。

（3）液压阀的配置形式

① 板式配置　板式配置是把板式液压元件（如板式阀）用螺钉固定在底板或油路块（集成块）上，底板上钻有与阀口对应的孔，通过管接头连接油管而将各阀按系统图连通。这种配置可根据需要灵活改变回路形式。

叠加阀是一种位于另一个阀体及其安装底板之间的阀。因叠加阀液压系统一般占有空间较小，配管较少，拆装较为容易，能简便地改变液压回路和更换液压元件，所以被广泛应用。

② 集成式配置　因集成式配置结构紧凑、安装方便，目前液压系统大多数都采用集成形式。它是将液压阀件安装在油路块上，油路块一方面起安装底板的作用，另一方面起内部油路的作用。液压二通盖板式插装阀的插入元件采用滑入插入方式安装连接在插装阀油路块（GB/T 2877.2—2021《液压二通盖板式插装阀　第 2 部分：安装连接尺寸》、GB/T 7934—2017《液压二通盖板式插装阀　技术条件》或参见本手册"2.2.2.4 节液压二通盖板式插装阀"）上的阀孔内；螺纹式插装阀的带螺纹的插装孔（JB/T 5963—2014《液压传动　二通、三通和四通螺纹插装阀　插装孔》）也是在油路块上制成的。

作者注：国家标准 GB/Z《液压螺纹插装阀　安装连接尺寸》/ISO/TR 17209：2013 正在制定中。

插装阀具有很多特点，如可方便组合，实现多功能；座阀式插装件内泄漏极少且无液压卡紧，没有遮盖量，响应快，可实现快速转换；压力损失小，最适合高压、大流量液压系统；以及配管少，集成化高，可靠性有所提高等。

（4）油路块设计

① 油路块结构　油路块的材料一般为锻钢、热轧钢或铸铁。低压固定设备可用铸铁，高压强振场合要用锻钢。块体加工成长方体或正方体。块体内按系统图的要求，钻有沟通各阀的孔道。

② 油路块结构尺寸的确定　外形尺寸要满足阀件的安装、孔道布置及其他工艺要求，参照式（4-25）确定孔径。一般来讲，与阀直接相通的孔径应等于所装阀的油口通径。

油孔之间的壁厚 δ 不能太小，这样可防止因使用过程中压力冲击被击穿，并可防止加工误差造成的误通。对于中低压系统，δ 不得小于 3.5mm，高压系统应更大些。

关于油路块设计的其他注意事项可参见本手册 5.2 节"油路块设计与制造"。

4.2　液压机液压系统设计实例

在参考文献［119］中给出了一个 600t 油压机回路设计实例，现摘录供读者参考（见表 4-12）。

表 4-12　6000kN 液压机液压回路设计实例

步骤	分析
条件	①主缸柱塞直径 630mm,行程 500mm ②两台辅助缸缸径 180mm,活塞杆直径 125mm,行程 500mm,其无杆腔直接连通油箱,不加压 ③自重(运动部件)为 9t ④(最高)工作压力为 21MPa ⑤工作循环见图(a)或图(b) (滑块)高速下降 v_1、高速上升 v_3： $v_1 = v_3 = 110$mm/s (滑块)加压下降： 当输出力 $F = 3$MN 时,$v_2 = 9.3$mm/s;当输出力 $F = 6$MN 时,$v_2 = 4.7$mm/s ⑥主泵为双向变量泵,电动机功率为 37kW,转速为 1450r/min

步骤	分析
条件	

(a)

(b)

设计

主缸的有效面积 A_1 及两台辅助缸的有杆腔有效面积之和 A_2 分别为

$$A_1 = \frac{\pi D_1^2}{4} = \frac{3.14 \times 63^2}{4} \approx 3115.7(\text{cm}^2)$$

$$A_2 = \frac{\pi(D_2^2 - d_2^2)}{4} \times 2 = \frac{3.14 \times (18^2 - 12.5^2)}{4} \times 2 \approx 263.4(\text{cm}^2)$$

（滑块）高速下降时输入主缸的流量 q_1 和从辅助缸流出的流量 q_2 分别为

$$q_1 = A_1 v_1 = 3115.7 \times 11 \times 60 \times 10^{-3} \approx 2056.4(\text{L/min})$$

$$q_2 = A_2 v_1 = 263.4 \times 11 \times 60 \times 10^{-3} \approx 173.8(\text{L/min})$$

此时，通过充液阀 G 的流量为 $q_1 - q_2 = 2056.4 - 173.8 = 1882.6(\text{L/min})$

（滑块）加压下降时的 q_{12}、q_{22} 为

$$q_{12} = 87.9 \sim 173.8 \text{L/min}$$

$$q_{22} = 7.43 \sim 14.7 \text{L/min}$$

（滑块）高速上升时从主缸流出的流量 q_3 和输入辅助缸的流量 q_4 分别为

$$q_3 = A_1 v_3 = 3115.7 \times 11 \times 60 \times 10^{-3} \approx 2056.4(\text{L/min})$$

$$q_4 = A_2 v_3 = 263.4 \times 11 \times 60 \times 10^{-3} \approx 173.8(\text{L/min})$$

此时经充液阀回油箱的流量为 1882.6L/min

此处假设内外摩擦力、惯性力等的大小相当于 1MPa 压力作用在 A_2 上，则（滑块）上升时的压力 p_a 为

$$p_a = \frac{mg}{A_2} + 1 = \frac{9000 \times 9.81}{263.4 \times 10^{-4}} \times 10^{-6} + 1 \approx 4.35(\text{MPa})$$

假设 Δp = 调压差值 + 余量 = $1.62 + 1 \approx 2.6$MPa，则平衡阀 E 的设定压力 p_R 为

$$p_R = p_a + \Delta p = 4.35 + 2.6 = 6.95 \approx 7(\text{MPa})$$

当输出力 $F = 3$MN 时（此时 $v_2 = 9.3$mm/s），所需压力 $p_{b(3)}$ 为

$$p_{b(3)} = \frac{F}{A_1} = \frac{3 \times 10^6}{3115.7 \times 10^{-4}} \times 10^{-6} \approx 9.63(\text{MPa})$$

当输出力 $F = 6$MN 时（此时 $v_2 = 4.7$mm/s），所需压力 $p_{b(6)}$ 为

$$p_{b(6)} = \frac{F}{A_1} = \frac{6 \times 10^6}{3115.7 \times 10^{-4}} \times 10^{-6} \approx 19.26(\text{MPa})$$

主溢流阀 B 设定压力为 $p_R = 21$MPa

由于 $n_p = 1450$r/min，$\eta_v = 9.5$，所以主泵排量为

$$Q = \frac{173.8 \times 10^3}{1450 \times 0.95} \approx 126.17(\text{mL/r})$$

因此，双向变量泵的排量应不小于 126.17mL/r，但下降方向带压力补偿控制装置

步骤	分析
液压回路图	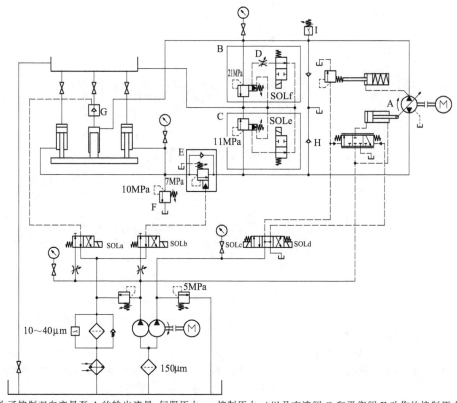

为了控制双向变量泵 A 的输出流量,伺服压力 ps、控制压力 pi 以及充液阀 G 和平衡阀 E 动作的控制压力是必需的。作为它们的动力源,图中使用双联定量泵

①(滑块)高速下降 泵 A 切换成使主缸下降时,从辅助缸流出的液压油经过已经卸荷的平衡阀 E 流入泵 A 吸油回路,输入主缸的液压油仅靠泵 A 的输出流量是不够的,所以(还需要)经过充液阀从油箱补充。(滑块)下降速度取决于辅助缸的有杆腔有效面积之和 A_2 和泵 A 的吸入流量,自重靠泵支承同时下降

②(滑块)加压下降 在接触工件之前根据行程开关信号进入加压下降状态。自重由平衡阀 E 支承同时下降。加压速度取决于泵 A 的输出流量和主缸的有效面积 A_1,但接触工件而进入加工状态时,泵 A 的压力补偿控制装置工作,所以(滑块下降)速度随负载而变化。此时泵 A 吸入量的不足部分通过单向阀 H 从油箱补充

③释压、上升 根据压力继电器 I 的信号进入释压过程。节流阀 D 用来调节释压速度。释压结束后进入上升行程,靠上限行程开关使缸停止。上升时油液的流动方向与高速下降时相反

注意,如果在释压过程中输入上升指令,能产生冲击

作者注:在 GB/T 17446—2012、GB/T 36484—2018 和 JB/T 4174—2014 等标准中都没有"释压"。

如果存在下降开始时平衡阀 E 的响应迟钝、高速下降时的急停及加压下降时的平衡阀 E 故障等,辅助缸的有杆腔会产生高压,所以设置了安全阀 F。另外,如果平衡阀 E 响应迟钝,则缸开始动作时可能失速

有时为了进一步确保安全,增设防止下落的液控单向阀

4.3 液压机液压传动及控制系统

4.3.1 2000kN 一般用途四柱液压机(滑阀式)液压系统

图 4-5 所示为一种 2000kN 一般用途四柱液压机(滑阀式)液压控制系统原理图。

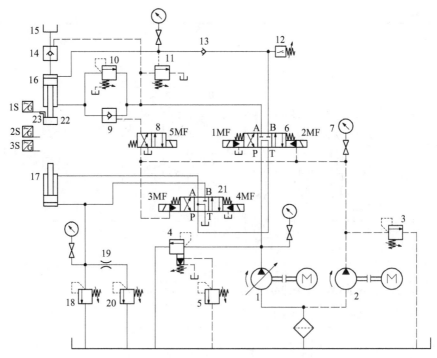

图 4-5　2000kN 一般用途四柱液压机（滑阀式）液压控制系统原理图

1—主液压泵；2—辅助液压泵；3,4—溢流阀；5—远程调压阀；6,21—三位四通电液动换向阀；7—压力表；8—二位四通电磁换向阀；9,14—液控单向阀；10—背压阀；11—卸荷阀（带阻尼孔）；12—压力继电器；13—单向阀；15—副油箱；16—主液压缸；17—顶出液压缸；18—安全阀；19—节流阀；20—背压溢流阀；22—滑块；23—活动挡块

在参考文献 [48] 中介绍："系统的液压源为主泵 1 和辅泵 2。主泵为高压大流量压力补偿式恒功率变量泵，最高工作压力为 32MPa，由远程调压阀 5 设定；辅泵为低压小流量定量泵，主要用做电液动换向阀 6 及 21 的控制油源，其工作压力由溢流阀 3 设定。"

以上涉及两个问题，其一"最高工作压力"不是恒功率变量泵的技术参数；其二恒功率变量泵本身即可能有限定其最高压力设置。

在参考文献 [48] 中介绍："系统的两个执行元件为主液压缸 16 和顶出液压缸 17，两液压缸的换向分别由电液动换向阀 6 和 21 控制；带卸荷阀芯的液控单向阀 14 用做充液阀，在主缸 16 快速下行时开启使副油箱向主缸充液；液控单向阀 9 用于主缸 16 快速下行通路和快速回程通路；背压阀 10 为液压缸慢速下行时提供背压；单向阀 13 用于主缸 16 的保压；阀 11 为带阻尼孔的卸荷阀，用于主缸保压结束后换向前主泵 1 的卸荷；节流阀 19 及背压（溢流）阀 20 用于浮动压边工艺过程时，保持顶出缸下腔所需的压边力；安全阀 18 用于节流阀 19 阻塞时系统的安全保护；压力继电器 12 用做保压起始的发信装置。"

以上涉及卸荷阀 11 作用的表述或有问题，具体请见以下相关行程动作。

① 快速下行　按下起动按钮，电磁铁 1MF、5MF 通电使电液动换向阀 6 切换至左位、电磁换向阀 8 切换至右位，辅助液压泵 2 输出的控制压力油经阀 8 将液控单向阀 9 打开。此时，主油路的油液流动路线如下。

进油路：主液压泵 1→三位四通电液动换向阀 6 左位→单向阀 13→主液压缸 16 无杆腔。

回油路：主液压缸 16 有杆腔→液控单向阀 9→三位四通电液动换向阀 6 左位→三位四

通电液动换向阀 21 中位→油箱。

主液压缸 16 及滑块 22 在其自重的作用下快速下行。但是，由于主液压泵 1 的供给流量不足以充满主液压缸 16 因快速下降而造成的无杆腔空出来的容积，因此，对主液压缸 16 无杆腔而言还有一条充液油路。

充液油路：副油箱 15→液控单向阀 14→主液压缸 16 无杆腔。

需要说明的是，副油箱 15 中的油液是在大气压及所具有的相对液位高度作用下，并在主液压缸 16 无杆腔产生负表压或趋势时，才经液控单向阀 14 充入主液压缸 16 无杆腔的。

② 慢速下行及压制　当主液压缸及滑块快速下行至活动挡块 23 触发行程开关 2S 时，电磁铁 5MF 断电使电磁换向阀 8 复位至左位，液控单向阀 9 关闭，主液压缸 16 有杆腔回油仅可能通过背压阀 10 得以实现。此时，主液压缸 16 无杆腔压力升高，液控单向阀 14 关闭，且主液压泵 1 的供给流量也会自动减小，主液压缸 16 由此转为慢速下行及压制阶段，其油路的油液流动路线如下。

进油路：与快速下行相同，但充液油路已经关闭。

回油路：主液压缸 16 有杆腔→背压阀 10→三位四通电液动换向阀 6 左位→三位四通电液动换向阀 21 中位→油箱。

滑块慢速接近工件，当滑块 22 接触工件后，负载急剧增加，主液压缸 16 无杆腔压力进一步增高，主液压泵 1 的供给流量自动减小，主液压缸 16 驱动滑块 22 以更慢的速度对工件进行压制或加压。

需要说明的是，在参考文献 [48] 中的背压阀 10 和参考文献 [84] 中的背压阀 18 或应为在 GB/T 28241—2012 中的"支撑阀"、在 JB/T 3818—2014 中的"支承阀"，亦即顺序阀。

③ 保压　当主液压缸 16 的压力达到设定值时，压力继电器 12 发信，使电磁铁 1MF 断电，三位四通电液动换向阀 6 复位至中位，主液压缸 16 上、下腔封闭，液压系统开始保压。同时，卸荷阀 11 被打开。

需要说明的是，保压时主液压缸 16 无杆腔是由单向阀 13 和液控单向阀 14 封闭的，但其间还有一条控制油路通卸荷阀 11，其可能影响主液压缸 16 无杆腔和其他封闭腔的密封；保压时间可由压力继电器 12 控制的时间继电器（图中未示出）调整；保压时，主液压泵 1 处于卸荷状态，但辅助液压泵 2 仍处于工作状态。

"补压"是液压系统的压力降至某定值时的再次开泵升压动作，一般液压机都具有或需要这一动作，但在参考文献 [48] 中缺失。

④ 泄压及快速回程　当达到设定的保压时间时，时间继电器发信，或在定程压制成形时，可由行程开关 3S 发信，使电磁铁 2MF 通电，三位四通电液动换向阀 6 切换至右位，主液压缸 16 进入回程阶段。但如果此时主液压缸 16 上腔立即与油箱直接接通，使保压阶段液压缸内油液积蓄的能量突然释放，将产生冲击，引起振动和噪声。因此，系统保压后必须先泄压，然后回程。

当三位四通电液动换向阀 6 切换至右位后，主液压缸 16 上腔还未进行泄压，压力很高，带阻尼孔的卸荷阀 11 处于开启状态，因此有：

主液压泵 16→三位四通电液动换向阀 6 右位→卸荷阀 11→油箱。

此时，主液压泵 1 处在低压下运行，此压力不足以打开液控单向阀 14 的主阀芯，但能打开该阀内部的卸荷小阀芯，使主液压缸 16 上腔的高压油经此卸荷小阀芯的开口泄回油箱，主液压缸 16 上腔压力逐渐降低（亦即泄压）。泄压过程持续至主液压缸 16 上腔压力降到使卸荷阀 11 关闭时为止。泄压结束后，主液压泵 1 的供油压力升高，打开液控单向阀 14 的主阀芯。此时，主油路的油液流动路线如下。

进油路：主液压泵 1→三位四通电液动换向阀 6 右位→液控单向阀 9→主液压缸 16 有杆腔。

回油路：主液压缸 16 无杆腔→液控单向阀 14→副油箱 15。

主液压缸 16 驱动滑块 22 快速回程。

⑤ 停止 当主液压缸及滑块快速上行至活动挡块 23 触发行程开关 1S 时，电磁铁 2MF 断电，三位四通电液动换向阀 6 复位至中位，"主缸活塞被该阀 M 型机能的中位锁紧而停止运动"，回程结束。此时主液压泵 1 又处于卸荷状态（油液流动同保压阶段）。

⑥ 顶出 主液压缸 16 和顶出液压缸 17 的运动应实现互锁。当三位四通电液动换向阀 6 处于中位时，主液压泵 1 输出的压力油经过该阀中位进入三位四通电液动换向阀 21，用于控制顶出液压缸 17。

a. 顶出。按下顶出按钮，电磁铁 3MF 通电，三位四通电液动换向阀 21 切换至左位，辅助油路的油液流动路线如下。

进油路：主液压泵 1→三位四通电液动换向阀 6 中位→三位四通电液动换向阀 21 左位→顶出液压缸 17 无杆腔。

回油路：顶出液压缸 17 有杆腔→三位四通电液动换向阀 21 左位→油箱。

顶出液压缸 17 活塞及活塞杆向上运动，带动顶出机构完成顶出。

b. 退回。当电磁铁 3MF 断电、4MF 通电时，控制顶出液压缸 17 的油路换向，顶出液压缸 17 活塞及活塞杆向下运动，此时的辅助油路的油液流动路线如下。

进油路：主液压泵 1→三位四通电液动换向阀 6 中位→三位四通电液动换向阀 21 右位→顶出液压缸 17 有杆腔。

回油路：顶出液压缸 17 无杆腔→三位四通电液动换向阀 21 右位→油箱。

c. 浮动压边。在进行薄板拉伸时为了压边，要求顶出液压缸 17 既能保持一定输出力，又能随主液压缸 16 及滑块 22 的下压而下降。这时电磁铁 3MF 通电，三位四通电液动换向阀 21 切换至左位，其辅助油液流动路线与顶出时相同，从而顶出液压缸 17 上升到顶住被拉伸的工件；然后电磁铁 3MF 断电，顶出液压缸 17 无杆腔的油液被三位四通电液动换向阀 21 中位封住，主液压缸 16 及滑块 22 下压时，顶出液压缸 17 被迫随之下行，此时的辅助油路的油液流动路线如下。

顶出液压缸 17 无杆腔→节流阀 19→背压溢流阀 20→油箱。

表 4-13 为 2000kN 液压机电磁铁动作顺序表（滑阀式）。

表 4-13 2000kN 液压机电磁铁动作顺序表（滑阀式）

液压缸	动作名称	电磁铁				
		1MF	2MF	3MF	4MF	5MF
主液压缸	快速下行	+				+
	慢速下行及压制	+				
	保压					
	泄压及快速回程		+			
	停止					
顶出液压缸	顶出			+		
	退回				+	
	压边	+				

注："+"表示电磁铁通电。

说明

① 本节参考了参考文献［43］第 187 页~第 188 页中的 "12.1.2 YA32-200 型四柱万能液压机液压功能回路及其液压原理"、参考文献［48］第 193 页~第 196 页中的 "5.3.2 YA32-200 型四柱万能液压机的普通阀液压系统"、参考文献［84］第 191 页~第 193 页中的 "2.YA32-200 型液压压力机液压系统工作原理"，主要参考了参考文献［48］，但有修改。

② 除副油箱 15 外，图 4-5 所示液压控制系统中还有另外油箱，但为了与上述各参考文献一致，在图 4-5 中没有就这一油箱给出零件序号和名称。

③ 在参考文献［43］的图 12-1、参考文献［48］的图 5-6 中，卸荷阀 11 的外控油路缺少连接点，给理解该液压系统原理带来了困难。

④ 除在上文中指出的一些问题外，在参考文献［48］中还有一些问题，如 "e. 停止 当滑块上的挡铁 23 压下行程开关 1SQ 时，电磁铁 2YA 断电使换向阀 6 复至中位，主缸活塞被该阀的 M 型机能的中位锁紧而停止运动，回程结束。" 但本文引用时没有修改。

⑤ 在参考文献［48］中，"d. 泄压（释压）" 具有参考价值，因为其将 "泄压" 和 "释压" 作为同义词使用。

4.3.2 3150kN 一般用途四柱液压机（滑阀式）液压系统

图 4-6 所示为一种 3150 kN 一般用途四柱液压机（滑阀式）液压控制系统原理图。

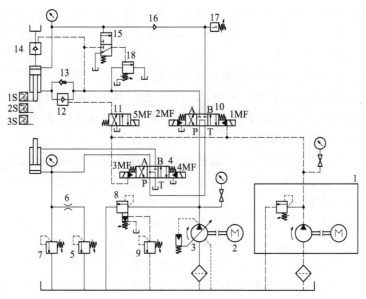

图 4-6　3150kN 一般用途四柱液压机（滑阀式）液压控制系统原理图
1—控制泵组；2—主电动机；3—液压泵；4,10—电液换向阀；5,7,8—溢流阀；6—节流阀；9—远程调压阀；11—电磁换向阀；12—液控单向阀；13—支承阀；14—充液阀；15—液动滑阀；16—单向阀；17—压力继电器；18—顺序阀

各行程的动作如下。

① 起动 液压泵电动机起动时，全部换向阀的电磁铁处于断电状态，液压泵 3 输出的液压油经三位四通电液换向阀 10 中位及阀 4 中位流回油箱，液压泵空载起动。

② 活动横梁空程快速下降　电磁铁 2MF 及 5MF 通电，阀 10 换向至左位，阀 11 换向至右位，控制油经电磁换向阀 11 右位，打开液控单向阀 12，主工作缸下腔油经阀 12、阀 10 左位及阀 4 中位排回油箱，动梁在重力作用下快速下降，此时主工作缸上腔形成负压，上部油箱的（低压）油经充液阀 14 向主缸上腔充液，同时液压泵 3 输出的油液经阀 10 及单向阀 16 进入主缸上腔。

③ 活动横梁慢速下降及工作加压　活动横梁下降至一定位置，触动行程开关 2S，使电磁铁 5MF 断电，阀 11 复位，液控单向阀 12 关闭，主缸下腔油须经支承阀 13 排回油箱，活动横梁不再靠重力作用下降，必须依靠液压泵 3 输出的压力油对主缸活塞加压，才能使活动横梁下降，活动横梁下降速度减慢，此时，活动横梁的下降速度取决于液压泵 3 的供油量，改变液压泵 3 的流量即可调节活动横梁的运动速度。同时，由于主缸上腔油压较高，液动滑阀 15 在油压作用下，恒处于上位的动作状态。在工作加压过程中，主工作缸内的油压取决于工件的变形阻力。

④ 保压　电磁铁 2MF 断电，利用单向阀 16 和充液阀 14 的锥面，对主缸上腔油密封，依靠油液及机架的弹性进行保压。

若主缸上腔油压降低，低到一定值时，压力继电器 17 发讯（信）号，使电磁铁 2MF 通电，液压泵 3 向主缸上腔供油，使其油压升高，保持保压压力。而当油压超过一定值时，压力继电器 17 又发讯（信）号，使电磁铁 2MF 断电，液压泵 3 停止向主缸上腔供油，油压不再升高。

⑤ 泄压回程　电磁铁 1MF 通电，阀 10 换向至右位，压力油经阀 10 右位使充液阀 14 开启，主缸上腔油经阀 14 排回上部油箱，油压开始下降。但当主缸上腔油压大于液动滑阀 15 的动作压力时，阀 15 始终处于上位。压力油经阀 10 右位及阀 15 上位使顺序阀 18 开启，压力油可经阀 18 排回油箱。顺序阀 18 的调定压力应稍大于充液阀 14 所需的控制压力，以保证阀 14 的开启。但此时油压并不很高，不足以推动主缸活塞回程。

当主缸上腔油压泄至一定值后，阀 15 复位至下位，阀 10 的控制油路被切换到油箱，阀 18 关闭，压力油经阀 12 进入主缸下腔，推动主缸活塞上行。同时主缸上腔油继续通过阀 14 排回上部油箱，活动横梁开始回程。

⑥ 浮动压边　当需要利用顶出缸为板料拉伸进行压边时，可先令电磁铁 4MF 通电，阀 4 换向至右位，压力油经阀 10 中位及阀 4 右位进入顶出缸下腔，推动顶出缸活塞上行，当压靠压边圈后，令 4MF 断电。

坯料进行反向拉伸时，顶出缸活塞在动梁压力作用下，随动梁一起下降。顶出缸下腔油经节流阀 6 及溢流阀 5 排回油箱。由于节流阀 6 存在一定节流阻力，因此产生一定油压，相应使顶出缸活塞上产生一定的压边力。调节溢流阀 5 即可改变此浮动压边力。

⑦ 顶出器顶出及退回　电磁铁 4MF 通电，阀 4 换向至右位，顶出缸活塞上行，顶出。而电磁铁 3MF 通电，阀 4 换向至左位，则顶出缸活塞下行，退回。

⑧ 停止　全部电磁铁处于断电状态，阀 4 和阀 10 处于中位，液压泵 3 输出的油经阀 10 中位及阀 4 中位排回油箱，液压泵 3 卸荷。液控单向阀 12 将主工作缸下腔封闭，支承活动横梁悬空，停止不动。

⑨ 其他　溢流阀 8 及远程调压阀 9 做系统安全调压用，溢流阀 7 则做顶出缸下腔安全限压用。

表 4-14 为 3150kN 液压机电磁铁动作顺序表（滑阀式）。

表 4-14　3150kN 液压机电磁铁动作顺序表（滑阀式）

液压缸	动作名称	电磁铁				
		1MF	2MF	3MF	4MF	5MF
主缸	空程快速下降		+			+
	慢速下降及加压		+			
	保压					
	泄压及回程	+				
	停止					
顶出缸	顶出				+	
	退回			+		
	停止					

注："+"表示电磁铁通电。

说明

① 本节参考了参考文献［40］第 316 页～第 318 页中的"（一）3150kN 一般用途液压机的液压控制系统（滑阀式）"，考虑到技术沿革应清楚和读者比对方便，其中一些不涉及原理的内容没有按现行标准修改，包括其图 4-9 中的元件名称、序号和图形符号；原文中缺少的必不可少的内容也大都在说明中给出，但对一些问题并未深究。

② 控制泵组 1 应在主电动机 2 起动前或同时起动，在主电机 2 停止后停止。在起动与停止期间，其中的定量液压泵始终（恒）处于运转状态，压力由溢流阀调定，且可能经常发生溢流，此应是该液压系统温升的根源之一。

③ 行程开关 1S、3S 通常用于活动横梁及主缸的极限行程限位，即当由活动横梁触发行程开关 1S 时，活动横梁及主缸（上升）回程立即结束；当由活动横梁触发行程开关 3S 时，活动横梁及主缸下降立即结束。它们还可用于安全限位。

④ 上部油箱可在充液阀 14 正向进口处产生正表压力，当充液阀 14 正向出口处产生负表压力时，充液阀 14 会被正表压力作用而打开。另外，此系统上的上部油箱必须设计安装自动溢流管路，否则上部油箱内的不断增多的液压油很快会溢出系统，造成液压油损失和环境污染。正确做法见其他系统。

⑤ 支承阀 13 的图形符号已不符合现行标准规定，但为了读者可对过去一些图样进行解读及说明液压技术的沿革，现保留了此图形符号。

⑥ 电液换向阀 10 和 4 串联安装可能会产生这样一个问题，即当由阀 4 控制的支路的系统最高工作压力大于阀 10 T 口的额定压力时，将会造成阀 10 泄漏或损坏。

⑦ 上文中表述"（6）浮动压边　由于节流阀 6 存在一定节流阻力，因此产生一定油压，相应使顶出缸活塞上产生一定的压边力"是不正确的。安装在溢流阀 5 前的节流阀 6 的主要作用在于可缓解因溢流阀开启可能造成的压力冲击。即使不安装节流阀 6，溢流阀 5 也可产生浮动压边力。

4.3.3　3150kN 一般用途四柱液压机（插装阀式）液压系统

图 4-7 所示为一种 3150 kN 一般用途四柱液压机（插装阀式）液压控制系统原理图。液压控制的动作说明如下。

① 液压泵起动　按 3AN 按钮，电动机起动，液压泵 11 空载运转。此时由于电磁铁 1MF 和 2MF 均未通电，三位四通电磁换向阀 14 处于中位，插装阀 9 上腔通油箱，主阀芯开启，泵 11 输出的油经阀 9 直接流回油箱，泵处于卸荷状态。

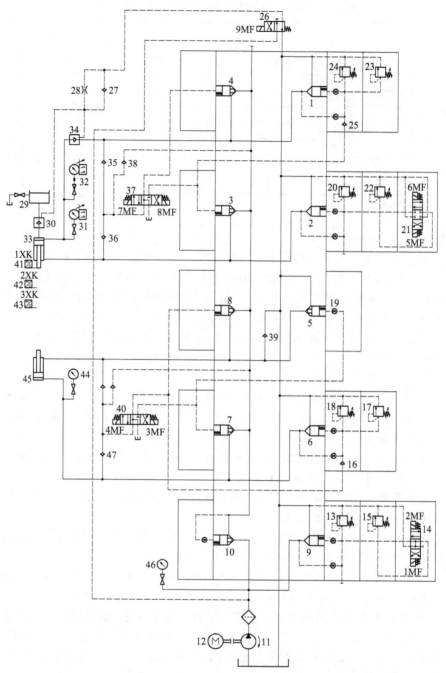

图 4-7　3150kN 一般用途四柱液压机（插装阀式）液压控制系统原理图

1~10—插装阀；11—液压泵；12—电动机；13,15,17,18,20,22~24—溢流阀；14,21,26,37,40—电磁换向阀；16,25,27,35,36,38,39,47—单向阀；19,28—节流阀；29—充液罐；30—充液阀；31,32—电接点压力表；33—主工作缸；34—液控单向阀；41~43—行程开关；44,46—压力表；45—顶出缸

②　活动横梁快速空程下降　按 5AN 按钮，电磁铁 1MF、5MF、8MF、9MF 通电，使下列电磁阀换向：阀 14 换向至下位，插装阀 9 关闭，液压泵 11 输出压力油；阀 21 换向至下位，插装阀 2 开启，主工作缸（主缸）33 下腔通油箱快速放油，活动横梁靠重力作用快速下降，同时主缸 33 上腔形成负压；阀 37 换向至右位，插装阀 4 开启，泵输出的油经阀 4

进入主缸上腔充油；阀 26 换向至左位，使充液阀 30 的控制腔通压力油，充液阀 30 开启，充液罐 29 同时向主缸 33 上腔充油。

③ 活动横梁慢速下降及加压　活动横梁下降到预定位置，行程开关 2XK 发讯（信）号，使电磁铁 5MF、9MF 断电，6MF 通电，1MF、8MF 继续通电，相应地换向阀 21 换向至上位，插装阀 2 上腔与先导溢流阀 20 接通，在先导溢流阀 20 调定的压力下溢流，使主缸 33 下腔产生一定的背压。同时，阀 26 复位，充液阀 30 关闭，停止充液。液压泵 11 供油给主缸 33 上腔，活动横梁慢速下降，下降速度取决于液压泵 11 的输出流量。

活动横梁继续下行与工件接触后，随着工件变形抗力的增加，主缸 33 上腔油压升高，但活动横梁的压下速度仍取决于液压泵 11 的输出流量。

④ 保压　采用定压成形时，当主缸 33 上腔压力达到电接点压力表 32 调定的上限时，电接点压力表 32 发讯（信）号，电磁铁全部断电，除插装阀 9 开启外，其余全部关闭，主缸 33 闭锁保压，液压泵 11 卸荷。同时，时间继电器动作，开始保压延时，延时时间可在 0～20 min 范围内进行调整。当主缸 33 上腔压力降低到电接点压力表 31 调定的下限时，电接点压力表 32 发讯（信）号，使液压系统恢复到加压状态，对主缸 33 补压。

⑤ 泄压　时间继电器在延时结束后发讯（信）号，电磁铁 2MF、7MF、9MF 通电，插装阀 9 关闭，液压泵 11 建低压。换向阀 26 换向至左位，液压泵 11 输出的低压油进入充液阀 30 及液控单向阀 34 的控制腔，使阀 30、34 开启，主缸 33 上腔泄压。同时，换向阀 37 换向至左位，插装阀 4 关闭，插装阀 3 开启，液压泵 11 输出的低压油进入主缸 33 的下腔，为活动横梁回程做好准备，但由于油压较低，尚不足使活动横梁回程。

⑥ 活动横梁回程　主缸 33 上腔泄压时间达到时间继电器 2SJ 调定值时，时间继电器发讯（信）号，电磁铁 1MF、7MF、9MF 通电，插装阀 2、4、9 关闭，插装阀 1、3 开启，液压泵 11 输出的压力油经插装阀 10 及 3，进入主缸 33 下腔，主缸 33 上腔油经充液阀 30、液控单向阀 34 及插装阀 1 流回油箱，活动横梁回程。当活动横梁回程达到调定位置时，行程开关 1XK 发讯（信）号，电磁铁全部断电，活动横梁停止运动。

⑦ 顶出缸顶出及退回　按 7AN 按钮，电磁铁 1MF、4MF 通电，液压泵 11 建压，插装阀 5、7 开启，顶出缸 45 下腔进压力油，上腔排油，实现顶出。回程时，按 8AN 按钮，电磁铁 1MF、3MF 通电，插装阀 6、8 开启，顶出缸 45 回程。

⑧ 定程成形　当活塞横梁下行到调定位置时，行程开关 3XK 发讯（信）号，使活动横梁停止运动、保压、延时，然后泄压回程。

⑨ 压力调整

a. 溢流阀 13 调至 27.5MPa，为系统的最高压力，起安全保护作用。

b. 溢流阀 15 调至 1.5～2.0MPa，为系统的控制用压力，用来控制充液阀 30 及液控单向阀 34 的开启。

c. 溢流阀 22 的压力根据活动横梁的重量来调整，起支承作用，防止运动部分因重力作用而下行。

d. 溢流阀 23 控制主缸的最大压力，根据所压制工件的变形抗力来确定，当最大工作压力为 25MPa 时，相对公称力为 3150kN。

⑩ 行程调整　利用行程开关 1XK、2XK 和 3XK 控制。

a. 1XK 控制行程上端点。

b. 2XK 控制活动横梁由快速下行转为慢速下行。

c. 3XK 控制行程下端点。

表 4-15 为 3150kN 液压机电磁铁动作顺序表（插装阀式）。

表 4-15　3150kN 液压机电磁铁动作顺序表（插装阀式）

动作名称	发讯元件		电磁铁								
	手动	半自动	1MF	2MF	3MF	4MF	5MF	6MF	7MF	8MF	9MF
电动机起动	3AN										
动梁快降	5AN	5AN	+				+			+	+
动梁慢降加压	5AN 2XK	2XK	+					+		+	
保压		1SJ									
泄压	6AN	2SJ		+					+		
回程	6AN 2MF	2MF	+						+		+
顶出缸顶出	7AN		+		+						
顶出缸退回	8AN		+			+					
停止	4AN	4AN									
紧急停车	2AN	2AN									

注："＋"表示电磁铁通电。

说明

① 本节参考了参考文献［40］第 319 页～第 322 页中的"（二）3150kN 一般用途液压机的液压控制系统（逻辑插装阀式）"，其他见第 4.3.2 节的说明①。

② 上文中表述"③活动横梁慢速下降及加压　换向阀 21 换至上位，插装阀 2 上腔与先导溢流阀 20 接通，在先导溢流阀 20 调定的压力下溢流，使主缸 33 下腔产生一定的背压"和"⑨压力调整　c. 溢流阀 22 的压力根据活动横梁的重量来调整，起支承作用，防止运动部分因重力作用而下行"是不正确的。其将溢流阀 20 与溢流阀 22 弄颠倒了。

③ 上文中表述："⑤泄压　时间继电器在延时结束后发讯（信）号，电磁铁 2MF、7MF、9MF 通电，插装阀 9 关闭，液压泵 11 建低压"是不正确的。此时插装阀 9 是开启的，处于低压溢流状态，系统压力由溢流阀 15 调定。

④ 上文中表述："⑨压力调整　b. 溢流阀 15 调至 1.5～2.0MPa，为系统的控制用压力，用来控制充液阀 30 及液控单向阀 34 的开启"是不正确。其应为主工作缸 33 预泄压的控制用压力。

4.3.4　5000kN 冲压液压机液压系统

图 4-8 所示为一种以液压油为工作介质的 5000 kN 单动薄板冲压机插装阀集成液压控制系统原理图。

该液压系统压力为 32MPa，流量为 200L/min。液压系统主油路由五个单元组成：单元块①为主泵（恒功率变量泵）调压单元，其中方向阀插件 1 为单向阀，阀 2 为压力阀插件，阀 14 为缓冲器，用来减小主泵卸荷时的液压冲击，先导式溢流阀 16 用于限制液压系统的最大工作压力，先导式溢流阀 15 用于调节主缸工作时的最大工作压力。

四个单元②、③、④、⑤均为主泵油路系统换向单元，每两个单元构成一个三位四通换向回路，分别控制液压机主缸和顶出缸换向。其中阀 3、5、7 和 9 为方向阀插件，作为液压缸的进油阀；阀 4、6、8 和 10 为压力阀插件；阀 24 为缓冲器，用来减小主缸上腔泄压时的液压冲击；先导式溢流阀 17、18 分别调节顶出缸顶出和回程时的工作压力；先导式溢流阀 20 用来调节工作行程时主缸下腔背压；先导式溢流阀 19 用来调节平衡压力，以支承主缸活动横梁的重量。

五个单元中的插装阀，除阀 6 以外，其余全部采用 32mm 通径的插装阀。为保证主缸

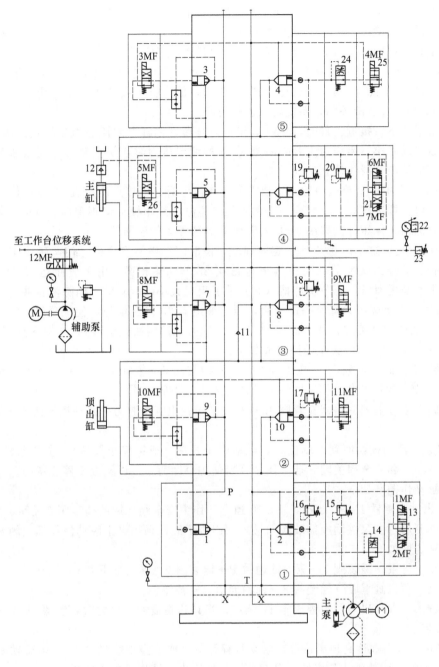

图 4-8　5000kN 单动薄板冲压机插装阀集成液压控制系统原理图

1,3,5,7,9—方向阀插件；2,4,6,8,10—压力阀插件；11—单向阀；12—充液阀；
13,21,25,26—电磁阀；14,24—缓冲阀；15～20—溢流阀；22—压力表；23—压力继电器

快速下行的速度，主缸下腔放油量较大，故阀 6 采用 50mm 通径的插装阀，且开度可调节。

主缸动作循环如下。

① 快速下行　电磁铁 2MF、3MF、6MF 通电，插装阀 2 关闭，插装阀 3 和插装阀 6 开
启，主泵供油进入主缸上腔，主缸下腔油液经插装阀 6 快速排油。其油路走向如下。

进油路：主泵→插装阀 1→压力油通道 P→插装阀 3→主缸上腔。

回油路：主缸下腔→插装阀 6→回油通道 T→油箱。

液压机活动横梁在自重作用下加速下行，主缸上腔产生负压，吸开充液阀 12 对上腔进行充液，下行速度的调节可通过插装阀 6 阀芯的开启量来实现。

② 减速加压　当滑块下降至一定位置触动行程开关使电磁铁 6MF 断电，电磁铁 7MF 通电，插装阀 6 的弹簧腔与先导式溢流阀 20 接通，使主缸下腔产生一定背压，活动横梁逐渐减速，充液阀 12 逐渐关闭，系统转入工作行程。

当主缸减速下行接近工件时，主缸上腔压力升高（主缸上腔压力由压制负载决定），主泵输出流量自动减小，当压力上升到溢流阀 15 的调定压力时，从主泵来的高压油全部经插装阀 2 溢流回油箱，滑块停止运动。

③ 保压　当主缸上腔压力达到所要求的工作压力时，电接点压力表 22 发出信号，使电磁铁全部断电，插装阀 3、4、5 和 6 全部关闭，主缸上腔闭锁而实现保压。同时，插装阀 2 开启，主泵卸荷。保压性能取决于电磁阀 25 和插装阀 4 的泄漏量。

④ 泄压　当主缸上腔保压到一定时间后，由时间继电器发出信号使电磁铁 4MF 通电，插装阀 4 弹簧腔通过缓冲器（阀）24 和电磁阀 25 与油箱相通。由于缓冲器（阀）24 的作用，主缸上腔缓慢泄压。调节缓冲器（阀）节流阻尼大小，能有效地消除液压冲击。

⑤ 回程　当上腔压力降至一定值后，压力继电器 23 发出信号，使电磁铁 1MF、4MF、5MF 通电，插装阀 2 关闭，插装阀 4、5 开启。同时，控制油经电磁阀 26 进入充液阀 12 控制油路，顶开充液阀 12。其主油路走向如下。

进油路：主泵→插装阀 1→压力油通道 P→插装阀 5→主缸下腔。为了加快活动横梁的回程，电磁铁 12MF 通电，使辅助泵的油液进入主缸下腔。

回油路：主缸上腔一路→充液阀 12→充液油箱；主缸上腔另一路→插装阀 4→回油通道 T→油箱。

⑥ 停止　活动横梁回到上端位置，触动限位开关（或按停止按钮），全部电磁铁断电，插装阀 3、4、5 和 6 全部关闭，插装阀 2 开启使主泵卸荷，液压机处于停止状态。

顶出缸动作循环如下。

① 顶出　电磁铁 1MF、9MF、10MF 通电，作为安全阀使用的插装阀 2 关闭，插装阀 8 和插装阀 9 开启，主泵供油经插装阀 9 进入顶出缸下腔，顶出缸上腔油液经插装阀 8 排回油箱。其油路走向如下。

进油路：主泵→插装阀 1→压力油通道 P→插装阀 9→顶出缸下腔。

回油路：顶出缸上腔→插装阀 8→回油通道 T→油箱。

顶出缸的最大顶出力可由溢流阀 17 调定，当其达到最大顶出力时，溢流阀 17 溢流，插装阀 10 开启。

② 停止　顶出缸达到顶出位置，触动行程开关（或按停止按钮），全部电磁铁断电，插装阀 8、9 关闭，插装阀 2 开启使主泵卸荷，顶出结束，液压机处于停止状态。

③ 回程　电磁铁 1MF、8MF、11MF 通电，作为安全阀使用的插装阀 2 关闭，插装阀 7、插装阀 10 开启，主泵供油经插装阀 7 进入顶出缸上腔，顶出缸下腔油液经插装阀 10 排回油箱。其油路走向如下。

进油路：主泵→插装阀 1→压力油通道 P→插装阀 7→顶出缸上腔。

回油路：顶出缸下腔→插装阀 10→回油通道 T→油箱。

顶出缸的最大回程力可由溢流阀 18 调定，当其达到最大回程力时，溢流阀 18 溢流，插装阀 8 开启。

④ 停止　顶出缸达到回程位置，触动行程开关（或按停止按钮），全部电磁铁断电，插

装阀 7、10 关闭，插装阀 2 开启使主泵卸荷，回程结束，液压机处于停止状态。

表 4-16 为 5000kN 冲压液压机电磁铁动作顺序表。

表 4-16　5000kN 冲压液压机电磁铁动作顺序表

液压缸	动作名称	电磁铁											
		1MF	2MF	3MF	4MF	5MF	6MF	7MF	8MF	9MF	10MF	11MF	12MF
主缸	快速下行	+	+	+			+						
	减速加压		+	+				+					
	保压												
	泄压					+							
	回程	+			+	+						+	
	停止												
顶出缸	顶出	+								+	+		
	停止												
	回程	+							+			+	
	停止												

注："+"表示电磁铁通电。

说明

① 本节参考了参考文献［57］第 343 页，图 17-12。其他参见第 4.3.2 节的说明①。

② 对恒功率变量泵而言，其参数应为最大流量，而不是流量。

③ 控制盖板中的溢流阀，不一定都是先导式溢流阀。

④ 溢流阀 16 用于限制液压机液压系统超载保护压力超过规定值；溢流阀 15 用于调节液压机液压系统（主缸）最高工作压力。

⑤ 上文中表述："每两个单元构成一个三位四通换向回路"值得商榷。

⑥ "滑块"即为液压机的"活动横梁"，应选择其一进行表述。

⑦ 上文中表述："当主缸减速下行接近工件时，主缸上腔压力升高（主缸上腔压力由压制负载决定）"是不正确的。只有当主缸减速下行接触工件时，主缸上腔压力才会升高。

⑧ 上文中表述："保压性能取决于电磁阀 25 和插装阀 4 的泄漏量"并不全面。其还与充液阀 12、插装阀 3 及其电磁换向阀等相关，另外还与主缸内泄漏相关。

⑨ 一台液压机以电接点压力表 22、又以压力继电器 23 进行压力控制比较少见。

⑩ 单向阀 11 可理解为顶出缸上腔的补油阀。

⑪ 与《液压元件与系统》第 4 版对比，其修改的 $\phi32mm$ 或 $\phi50mm$ 通径的插装阀，并不符合 GB/T 7934—2017 的规定。

4.3.5　板料成形双动拉伸液压机液压系统

图 4-9 所示为 5MN 双动拉伸液压机液压控制系统原理图。

5MN 双动拉伸液压机的活动横梁分为两部分：一部分为拉伸动梁，由拉伸工作缸驱动；另一部分为压边梁，由分布于拉伸动梁四角的四个压边缸驱动，两者可以做相对运动。

液压控制的动作说明如下。

① 活动横梁（包括拉伸动梁及压边梁）快速下降　电磁铁 1MF、5MF、8MF 及 9MF 通电，插装阀 9V 关闭，压力补偿变量泵 15 由卸荷状态转为建（高）压状态，插装阀 2V 开启，拉伸缸下腔油可通过插装阀 2 排回油箱。同时，插装阀 3 关闭、插装阀 4 开启，压力油可经过液控单向阀 5 进入拉伸缸上腔。由于二位四通电磁换向阀 9 换向至左位，压力油因此可进入充液阀 1 的控制腔，使充液阀 1 打开，充液罐的油可以顺畅地流入拉伸缸上腔，在拉

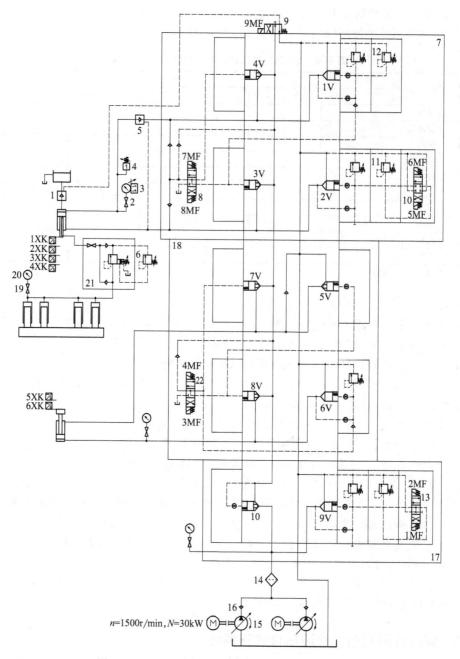

图 4-9　5MN 双动拉伸液压机液压控制系统原理图

1,5—液控单向阀（1 为充液阀）；2,3,19,20—（电接点）压力表及开关；4—压力继电器；6—顺序阀；7—拉伸阀块；8,10,13,22—三位四通电磁换向阀；9—二位四通电磁换向阀；11,12—溢流阀；14—过滤器；15—压力补偿变量泵；16—单向阀；17—调压、卸荷阀块；18—顶出阀块；21—压力阀块；1V～10V—插装阀

伸动梁与压边梁一起快速下降时，可及时对拉伸缸上腔补油，以减少后续的建压时间。

② 活动横梁（包括拉伸动梁及压边梁）慢速下降　拉伸动梁触发行程开关 2XK，电磁铁 1MF、6MF、8MF 通电，电磁铁 5MF、9MF 断电，泵 15 仍处于建（高）压状态，同时插装阀 2V 的控制腔接溢流阀 11，使拉伸缸下腔产生一定背压（此背压大小可由溢流阀 11 调节，也可将溢流阀 11 设置为远程调压阀），活塞横梁不再只靠重力作用就能下降。压力补

偿变量泵 15 输出的压力油经插装阀 4V 及液控单向阀 5 进入拉伸缸上腔，使拉伸缸下降，下降速度取决于压力补偿变量泵 15 的输出流量，但较快速下降要慢。

③ 加压　活动横梁继续慢速下行，直至压边梁与板料接触，压边梁停止不动；拉伸动梁继续下行，对板料进行拉伸，此时拉伸缸上腔压力会增高。同时，压边缸内的油经压力阀块 21 中溢流阀、单向阀、截止阀及拉伸缸活塞杆中的通道进入拉伸缸下腔，再经插装阀 2V 流回油箱。

④ 保压　全部电磁铁断电，拉伸缸上腔密封并依靠油液及机架的弹性保压。

⑤ 泄压　电磁铁 2MF、7MF 通电，压力补偿变量泵 15 建低压，插装阀 1V、3V 开启，压力补偿变量泵 15 输出的压力油经插装阀 3V 进入液控单向阀 5 的控制腔，使液控单向阀 5 打开，拉伸缸上腔油经液控单向阀 5 及插装阀 1V 与油箱连接，实现泄压。由于插装阀 1V 的阀口过流面积设计得较小，因此泄压速度较慢，一般不会引起冲击和振动。

⑥ 回程　电磁铁 1MF、7MF、9MF 通电，压力补偿变量泵 15 建（高）压，插装阀 1V、3V 仍开启，电磁换向阀 9 换向至左位，压力补偿变量泵 15 输出的压力油进入拉伸缸下腔，同时，液控单向阀 1、5 开启，拉伸缸上腔油经液控单向阀 1（充液阀）及液控单向阀 5 和插装阀 1V 排回充液罐及油箱，拉伸动梁回程上升。回程到一定距离时，通过机械拉杆带动压边梁一起上升。压边缸在拉伸动梁回程上升过程中，其容腔逐渐增大，此时通过拉杆缸活塞杆中的通道及压边阀块 21 中截止阀、单向阀向压边缸内补油。

⑦ 停止　活动横梁回程到一定位置，拉伸动梁触发行程开关 1XK，电磁铁全部断电，插装阀 1V、3V 关闭，插装阀 9V 开启，压力补偿变量泵 15 卸荷，活动横梁停止运动。

⑧ 顶出缸顶出及退回　电磁铁 1MF、4MF 通电，压力补偿变量泵 15 建（高）压，插装阀 5V 和 8V 开启，压力补偿变量泵 15 输出的压力油经插装阀 8V 进入顶出缸下腔，顶出缸上腔油经插装阀 5V 排回油箱，实现顶出缸顶出。当电磁铁 1MF、3MF 通电，插装阀 6V、7V 开启，顶出缸退回。

⑨ 行程调整　5MN 双动拉伸液压机有两种操作方式，手动操作靠按钮控制，半自动操作靠按钮、行程开关、电接点压力表、压力继电器及时间继电器控制，其分别控制如下。

a. 行程开关 2XK　控制活动横梁由快速下降转为慢速下降。

b. 行程开关 3XK　控制活动横梁由慢速下降转为加压。

c. 行程开关 4XK 或电接点压力表 DJ　控制拉伸缸由加压转为保压。

d. 时间继电器 3SJ　控制拉伸缸由保压转为泄压。

e. 压力继电器 YJ　控制拉伸缸（压边缸）由泄压转为回程。

f. 行程开关 1XK　控制活动横梁由回程转为停止。

表 4-17 为 5MN 双动拉伸液压机电磁铁动作顺序表。

表 4-17　5MN 双动拉伸液压机电磁铁动作顺序表

动作名称	发讯元件		电磁铁								
	手动	半自动	1MF	2MF	3MF	4MF	5MF	6MF	7MF	8MF	9MF
活动横梁 快速下降	11AN 12AN	11AN 12AN	+					+		+	+
活动横梁 慢速下降	11AN 12AN 2XK	2XK	+						+	+	
加压	11AN 12AN 3XK	3XK	+					+		+	

动作名称	发讯元件		电磁铁								
	手动	半自动	1MF	2MF	3MF	4MF	5MF	6MF	7MF	8MF	9MF
保压	11AN 12AN DJ或4XK	DJ或4XK									
泄压	13AK 14AK	3SJ		+					+		
回程	13AN 14AN YJ	YJ	+						+		+
顶出缸顶出	15AN 16AN	1XK				+					
顶出缸回程	17AN 18AN	5AN	+		+						
静止	9AN 10AN	9AN 10AN									

注："＋"表示电磁铁通电。

说明

① 本节参考了参考文献［40］第 322 页～第 325 中的"四、板料成形双动液压机的液压控制系统"，其他参见第 4.3.2 节的说明①。

在参考文献［40］第 612 页和第 615 页～第 618 页中的"三，双动薄板拉伸液压机"，两者液压系统回路图和说明基本相同。

② 参考文献［40］第 324 页原文："（2）活动横梁慢速下降　电磁铁 1YA、6YA、8YA 通电，泵建压，同时插装阀 2V 的控制腔接远程调压溢流阀 11，使插装阀 2V 起支承作用，活塞横梁不再靠重力作用下降"表述得并不准确。具体见上文。

③ 参考文献［40］第 324 页原文："（3）加压　电磁铁 1YA、5YA、8YA 通电，泵建压，插装阀 2V 仍起支承作用"有问题。如果电磁铁 5YA 通电，则插装阀 2V 不起支承作用；如果 2V 仍起支承作用，则应是电磁铁 6YA 通电。这关系到是在有或无背压下加压及工作（压制），涉及液压机液压系统工作原理。

④ 参考文献［40］第 324 页、616 页两处原文："（3）加压　此时，压边缸上腔内的油经压力阀块 21 中远程调压顺序阀 6 所控制的溢流阀、单向阀、截止阀及拉伸缸活塞中的通道进入拉伸缸下腔，再经插装阀 2V 流回油箱"与"（3）加压　压边梁接触工件后，停止运动。拉伸动梁继续下压，此时四个压边缸的容积开始缩小，多余的油经压边阀块（21）中的远程调压阀 6 所控制的溢流阀、单向阀及拉伸（缸）活塞（杆）中的通孔进入拉伸缸下腔，再经插装阀 2V 流回油箱"不同。其中主要涉及阀 6，其如是"远程调压顺序阀"，则此设计比较特殊，是否可行值得商榷。另外，也不能在活塞上设置通孔。

⑤ 除已经修改外，上文表述及回路图中还有一些其他问题，如缺少对插装阀 10V 的描述，拉伸动梁（拉伸缸）工作速度（拉伸速度）不能调节等。

4.3.6　3150kN 液态模锻液压机液压系统

图 4-10 所示为 3150kN 液态模锻液压机液压控制系统原理图。

液态模锻是将熔融或半熔融的液态金属注入金属模具中，使之在压力下产生塑性流动并逐步结晶凝固成形。因此，液态模锻液压机必须具有定时保压和顶出工件的功能。

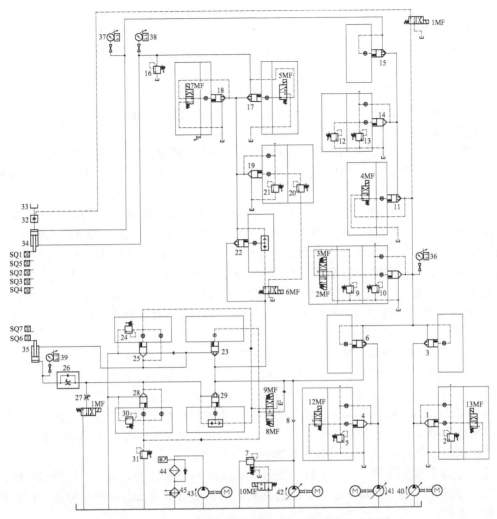

图 4-10　3150kN 液态模锻液压机液压控制系统原理图

1,3,4,6,11,14,15,17～19,22,23,25,28,29—插装阀；2,5,7,9,10,12,13,16,20,21,24,30,31—溢流阀；8—
单向阀；26,27—（单向）节流阀；32—充液阀；33—充液油箱；34—工作缸；35—顶出缸；36～39—电接点
压力表；40～42—变量泵；43—定量泵；44—过滤器；45—冷却器

液压控制系统的工作过程如下。

① 工作缸活塞（滑块）快速下行　电磁铁 2MF、4MF、5MF、7MF、12MF、13MF 通电，插装阀 1 及 4 关闭，变量泵 40 及 41 输出的压力油经插装阀 3、6 及 11 和 15 进入工作缸 34 上腔，同时插装阀 17 及 18 开启，工作缸 34 下腔通油箱，工作缸 34 活塞及滑块在重力作用下快速下行，并在工作缸 34 上腔形成负压，吸开充液阀 32，充液油箱 33 中的液压油液经充液阀 32 向工作缸上腔充液。工作缸 34 快速下行速度可由插装阀 18 来控制。

② 工作缸活塞（滑块）慢速下行及加压　当滑块下行触发行程开关 SQ2 时，电磁铁 7MF 断电，插装阀 18 关闭，此时工作缸 34 下腔的油液经插装阀 17 和 19 排回油箱，回油背压加大，工作缸 34 下行速度减慢并开始加压，此时回油背压的大小由溢流阀 20 来调定。

③ 工作缸保压延时　当工作缸 34 上腔压力升高到电接点压力表 37 上限设定值时，电接点压力表 37 发出讯（信）号，使电磁铁全部断电，变量泵 40、41 卸荷，工作缸 34 上腔保压，同时保压延时继电器 KT3 开始计时。

④ 顶出缸动作　当工作缸 34 保压 3～5s（也可由可编程序控制器 PLC 设定时间），电磁铁 2MF、8MF、10MF、12MF、13MF 通电，变量泵 40、41、42 同时经插装阀 29 向顶出缸 35 下腔供油，顶出缸 35 活塞向上运动，运动速度由节流阀 26 调节。

⑤ 顶出缸保压延时　当顶出缸 35 下腔压力达到电接点压力表 39 上限设定值时，电接点压力表 39 发出讯（信）号，使电磁铁 12MF、13MF 断电，变量泵 40、41 卸荷，但变量泵 42 继续供油，对顶出缸 35 下腔进行开泵保压，保压延时继电器 KT4 开始计时，以对保压时间进行控制。

⑥ 顶出缸泄压　顶出缸 35 保压完毕时，时间继电器 KT4 发出讯（信）号，电磁铁 2MF、8MF、10MF 断电，11MF 通电，顶出缸 35 泄压，并经节流阀 27 排回油箱，泄压时间由节流阀 27 调节。

⑦ 工作缸泄压及回程　当顶出缸 35 下腔压力降到电接点压力表 39 下限设定值时，电接点压力表 39 发出讯（信）号，使电磁铁 1MF、3MF、5MF、6MF、12MF 通电，控制压力油顶开充液阀 32 的泄压阀芯，工作缸 34 泄压；当压力下降到电接点压力表 37 的下限设定值时，延时 3s，电磁铁 3MF 断电，2MF、13MF 通电，变量泵 40、41 的压力油经插装阀 22、17 进入工作缸 34 下腔，推动工作缸 34 活塞及滑块回程，工作缸 34 上腔的油经充液阀 32 回充液油箱 33。当滑块触发行程开关 SQ5 时（SQ5 为半自动回程设定，SQ5 距上限位 SQ1 大于 190mm），SQ5 发出讯（信）号，回程停止。

⑧ 顶出缸顶出　滑块回程停止后，电磁铁 2MF、8MF、10MF、12MF、13MF 通电，变量泵 40、41 的压力油经插装阀 29 进入顶出缸 35 下腔，顶出缸 35 顶出。

⑨ 取料饼　当顶出触发行程开关 SQ7 时，顶出停止，进行取料饼及清模。

⑩ 顶出缸退回　取料饼及清模结束后，将工作方式转到"调整"位置，按"退回"按钮，电磁铁 2MF、9MF、12MF 通电，变量泵 41 的压力油经插装阀 23 进入顶出缸 35 上腔，其下腔排油，顶出缸 35 退回。当触发 SQ6 时，退回停止。

⑪ 滑块下行钩扣下模　按"下行"按钮，工作缸 34 上腔进油，滑块下行钩扣下模。

⑫ 回程打料　按"回程"按钮，滑块回程，触发行程开关 SQ1，回程停止，打料杆打料，取下工件。

表 4-18 为 3150kN 液态模锻液压机电磁铁动作顺序表。

表 4-18　3150kN 液态模锻液压机电磁铁动作顺序表

动作名称	电磁铁												
	1MF	2MF	3MF	4MF	5MF	6MF	7MF	8MF	9MF	10MF	11MF	12MF	13MF
工作缸 快速下行		+			+		+					+	+
工作缸 慢速下行 加压		+		+	+							+	+
工作缸 保压													
顶出缸 动作		+						+		+		+	
顶出缸 保压		+						+		+			
顶出缸 泄压		+						+		+	+		
工作缸 泄压	+		+		+	+						+	

动作名称	电磁铁												
	1MF	2MF	3MF	4MF	5MF	6MF	7MF	8MF	9MF	10MF	11MF	12MF	13MF
工作缸 回程		+											+
顶出缸 顶出		+						+		+		+	+
顶出缸 退回		+							+			+	

注:"+"表示电磁铁通电。

说明

① 本节参考了参考文献 [40] 第 327 页～第 339 页中的"六、3150kN 液态模锻液压机的液压控制系统",其他见第 4.3.2 节的说明①。

② 参考文献 [40] 第 329 中的表述:"(1)……,工作缸下腔通低压,"与"工作缸下腔的油液则经阀 17 及阀 18 排回油箱"相矛盾。正确表述见上文。

③ 参考文献 [40] 中缺少这样的表述:当滑块触发行程开关 SQ2 后,充液阀 32 也关闭了,工作缸 34 上腔仅由变量泵 40、42 供油。

④ 参考文献 [40] 给出的图 4-13 所示液压控制系统,其加压速度无法调节。

⑤ 在参考文献 [40] 给出的图 4-13 中,将溢流阀 20 出口与二位四通电磁换向阀 B 口连接(未修改)、溢流阀 9 和 10 进口连接(已修改)都是不正确的。

⑥ 参考文献 [40] 给出的图 4-13 所示液压控制系统存在更为严重的问题,如将工作缸 34 下腔直接接油箱,变量泵 40、41 和 42 与插装阀 29 没有连接,变量泵 42 带载起动,插装阀 14、15 被短接,插装阀 11 进、出口短接。

4.3.7 11MN 贴面板液压机液压系统

图 4-11 所示为 11MN 贴面板液压机液压控制系统原理图。

该液压系统额定工作油压为 25MPa,采用二通插装阀。动力部分采用一台高压轴向柱塞泵,系统中有比较好的油液过滤装置。

工作缸 21 为柱塞缸,用于下行及加压,回程则由回程缸 22 完成,22 虽然为活塞式缸,但仅下腔通油,故也为单作用缸,只用于上行回程。

液压控制系统的工作过程如下。

① 停止状态 由平衡阀 29 封住回程缸 22 的排油,从而托住运动部分的重量,压板可停止于所需要的位置。

② 压板快速下行闭合 电磁铁 7MF 通电,电磁球阀 28 换向至左位,插装阀 10 的控制腔与油箱接通,插装阀 10 打开,回程缸 22 下腔的油经过滤器 32 及插装阀 10 通向比例方向阀 27,电磁铁 9MF 通电,比例方向阀 27 处于右位工作,此时回程缸 22 下腔的油流经插装阀 9 的公用回油通道排回油箱。电磁铁 1MF 通电,电磁换向阀 13 处于右位,插装阀 9 受溢流阀 11 控制,起高压(25MPa)溢流作用。

当回程缸 22 下腔接通油箱时,压板等运动部分在重力的作用下向下滑行。高压轴向柱塞泵 1 提供的压力油经减压阀 30 减压,由于电磁铁 4MF 通电,电磁换向阀 31 换向至右位,故由减压阀 30 减压后的压力油经电磁换向阀 31 通向充液阀 23 的控制腔,打开充液阀 23,充液油箱 25 的油在压差的作用下进入工作缸 21。

压板 40 快速下行直至闭合。

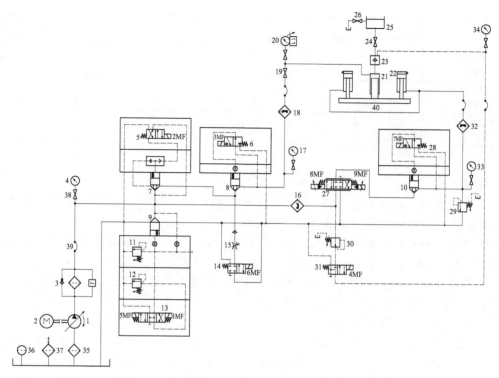

图 4-11　11MN 贴面板液压机液压控制系统原理图

1—高压轴向柱塞泵；2—电动机；3—过滤器；4,17,33,34—压力表；5,13,14,31—电磁换向阀；6,28—电磁球阀；7—带梭阀盖板的插装阀；8～10—二通插装阀；11—高压溢流阀（25MPa）；12—低压溢流阀（6～8MPa）；15—节流阀；16,18,32—磁性过滤器；19,24—闸阀；20—电接点压力表；21—工作缸；22—回程缸；23—充液阀；25—充液油箱；26—放液阀；27—比例方向阀；29—平衡阀（8～12MPa）；30—减压阀；35—吸油过滤器；36—液位计；37—空气过滤器；38—压力表开关；39—软管；40—压板

③ 升压　电磁铁 2MF 通电，电磁换向阀 5 换向至右位工作，插装阀 7 的控制腔接油箱，高压轴向柱塞泵 1 供给的压力油经插装阀 7、8 和过滤器 18 及闸阀 19 进入工作缸 21 对其进行加压。此时电磁铁 4MF 已断电，充液阀 23 单向截止，但 7MF 和 9MF 仍保持通电，回程缸 22 下腔的油仍然通过插装阀 10 和比例换向阀 27 流回油箱。电磁铁 1MF 也仍然通电，保证液压系统在高压（＞25MPa）时溢流。

④ 保压　当工作缸 21 中的油压上升达到规定的压力值时，电接点压力表 20 发出讯（信）号，令全部电磁铁断电，插装阀 7、8、10 及充液阀 23 全部关闭，工作缸 21 被封闭保压。此时只有插装阀 9 开启，高压轴向柱塞泵 1 由此卸荷。

⑤ 补压　在工作缸 21 保压时，其若有泄漏，使油压下降到电接点压力表 20 设定的压力值下限值，则其发出讯（信）号，令电磁铁 1MF、2MF 同时通电，插装阀 9 关闭，高压轴向柱塞泵 1 停止卸荷，压力油顶开插装阀 7、8 进入工作缸 21 补压。当补压达到规定的压力值时，电接点压力表 20 发出讯（信）号，电磁铁 1MF 和 2MF 自动断电，液压系统恢复保压状态。

⑥ 泄压　当保压达到规定的保压时间时，电磁铁 3MF、6MF 通电，电磁球阀 6 换向至左位工作，插装阀 8 控制腔接油箱，插装阀 8 开启。电磁换向阀 14 换向至右位工作，此时，工作缸 21 中的压力油经闸阀 19、过滤器 18、插装阀 8、单向阀及节流阀 15、电磁换向阀 14、插装阀 9 公共回油通道流回油箱而使其泄压，泄压的速度可由节流阀 15 来调节，以免

因泄压太快而引起液压系统的冲击和振动。

⑦ 回程　电磁铁 5MF 通电，电磁换向阀 13 换向至左位工作，将低压溢流阀 12 切换成插装阀 9 的控制阀，液压系统转为低压（10MPa）工作。电磁铁 4MF 通电，电磁换向阀 31 换向至右位工作，强制开启充液阀 23。8MF 得电，比例方向阀 27 换向至左位，高压轴向柱塞泵 1 输出的压力油经过滤器 16、比例换向阀 27、插装阀 10、过滤器 32 通向回程缸 22 的下腔，推动压板 40 及其他运动部件回程即快速上行。工作缸 21 中的油经充液阀 23 排回油箱。

表 4-19 为 11MN 贴面板液压机电磁铁动作顺序表。

表 4-19　11MN 贴面板液压机电磁铁动作顺序表

动作名称	电磁铁									电动机
	1MF	2MF	3MF	4MF	5MF	6MF	7MF	8MF	9MF	
快速下行闭合	+				+			+		+
升压	+	+					+		+	+
保压										+
补压				+						+
泄压				+			+			
回程					+			+		+
静止										+

注："+"表示电磁铁通电。

说明

① 本节参考了参考文献［40］第 331 页～第 334 页中的"八、11MN 贴面板液压机的液压控制系统"，其他见第 4.3.2 节的说明①。

② 对液压系统而言，其有"最高工作压力"，而没有"额定工作压力"；"单作用缸"和"双作用缸"是指缸的结构，不应以使用来对其进行分类；"停止"与"静止"是不同的。

③ 除平衡阀 29 外，还有插装阀 10 也得关闭，回程缸 22 才能支承住压板 40 及其他运动部件。所以上述"①停止状态"的表述并不全面，且应是"静止"。

④ 在参考文献［40］中，将单向阀和节流阀串联安装称为"单向节流阀"不妥，上文已对其进行了修改。

⑤ 在上文中，"⑦回程 ……，系统转为低压（10MPa）工作"与其图注不一致，但不涉及原理问题，对其没有进行修改。

⑥ 在上文中，将比例方向阀 27 像电磁换向阀一样进行描述，比例方向阀 27 应有的作用没有体现，这样肯定有问题，如"压板快速下行直至闭合"因没有减速，即可能对贴面板产生撞击，此控制压板的减速即应是由比例方向阀 27 完成的。

4.3.8　棉花打包液压机液压系统

图 4-12 所示为棉花打包机液压控制系统原理图。

棉花需要在液压机压力下压缩打包，以大大减小体积，利于运输。棉花打包工作的特点是工作行程长，近乎 3m，工作缸一开始工作就压缩棉花，在该棉花打包机中，采用了增速缸和充液系统，提高了效率且降低能耗。

当棉箱在喂棉及预压并达到规定重量后，棉箱总成转箱并落箱到该棉花打包机指定位置对其打包。

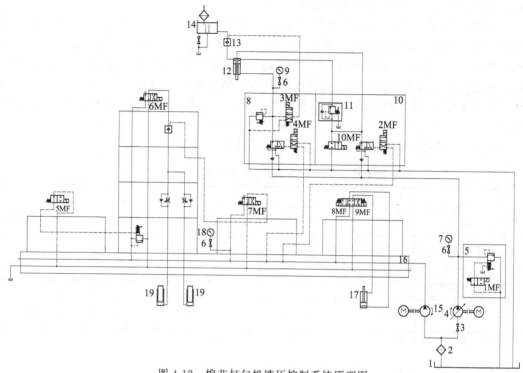

图 4-12 棉花打包机液压控制系统原理图

1—油箱；2—过滤器；3—闸阀；4—柱塞泵；5—电磁溢流阀；6—压力表开关；7,9,18—压力表；8—主缸上行进

油阀组；10—主缸下行进油阀组；11—单向顺序阀；12—带增速器的主工作缸；13—充液阀；14—充液油箱；15—齿轮泵；16—低压辅助阀组（叠加阀组）；17—转箱用提箱缸；19—脱箱缸

其液压控制系统的工作过程如下。

① 两泵开启 所有电磁铁均不通电，两泵无负荷起动，柱塞泵 4 通过电磁溢流阀 5 卸荷；齿轮泵 15 通过叠加阀组 16 中的电磁溢流阀卸荷（5MF 断电）。

② 工作缸快速下行压包 电磁铁 1MF、5MF 通电，电磁溢流阀 5 停止卸荷，柱塞泵 4 输出的压力油通过主缸下行进油阀组 10 进入工作缸 12 的中心增速缸，推动活塞及活塞杆快速下行，并在工作缸 12 的上腔造成负压，充液油箱 14 的油液在压差的作用下，顶开充液阀 13，进入工作缸 12 的上腔进行充液，工作缸 12 的活塞及活塞杆得以快速下行。

同时，电磁铁 4MF 通电，主缸上行进油阀组 8 中的液控换向阀换向，工作缸 12 下腔油液通过此液控换向阀排回油箱 1。

注意，此操作有问题，3MF 应通电，具体见说明。

③ 工作缸全压工作 工作缸 12 的活塞及活塞杆快速下行至一定位置后，工作缸 12 上腔压力急剧增高，单向顺序阀 11 被打开，柱塞泵 4 输出的高压油经单向顺序阀 11 进入工作缸 12 的上腔，与增速缸一起共同全压工作，此时，充液阀 13 已自动关闭，工作缸 12 下腔继续排油，具体说明。

注意，此操作有问题，3MF 应断电，具体见说明。

④ 工作缸停止保压 当将棉花压缩到规定的高度时，相应的行程开关发出信号，除电磁铁 5MF 仍通电外，其他电磁铁均断电（包括电磁铁 1MF 和 4MF），柱塞泵 4 卸荷，工作缸 12 的活塞及活塞杆停止下行，其上腔高压油由主缸下行进油阀组 10 中的单向阀封闭保压。

⑤ 脱箱　电磁铁 6MF 通电，齿轮泵 15 输出的压力油经由 6MF 所控制的电磁换向阀，再经过叠加阀组 16 中的液控单向阀，分流到两个调节液压缸同步的单向节流阀后，同时进入对称安装的两个脱箱缸 19，箱门上脱，上脱行程到位后，6MF 断电，脱箱缸停止并由液控单向阀将其锁定。人工进行捆扎工序，但电磁铁 5MF 一直通电。

⑥ 泄压回程　电磁铁 2MF 通电，工作缸 12 上腔与油箱 1 接通，工作缸 12 上腔泄压。电磁铁 3MF 通电，强制打开充液阀 13，使充液油箱 14 与工作缸 12 上腔接通。电磁铁 1MF 通电，柱塞泵 4 输出的压力油进入工作缸 12 的下腔，使工作缸 12 的活塞及活塞杆回程。工作缸 12 上腔的油液分别通过充液阀 13 和阀组 10 排回充液油箱 14 和油箱 1。

⑦ 回程中间停止　除电磁铁 5MF 仍通电外，其他电磁铁断电（包括电磁铁 1MF、2MF 和 3MF），工作缸 12 的活塞及活塞杆停止在所需位置。

⑧ 推包出箱　人工或机械推包出箱，此工位成为空箱，人工铺放包皮布，准备转箱。

⑨ 继续回程　动作同⑥的回程。工作缸 12 的活塞及活塞杆继续上行回程，上行达到棉箱以上位置，使转箱不受阻碍。

⑩ 落箱　电磁铁 7MF 通电，叠加阀组 16 中的液控单向阀被强制打开，两个脱箱缸 19 中的油液在箱门自重作用下，通过单向节流阀和液控单向阀及电磁铁控制的电磁换向阀排回油箱，箱门下落到位后，电磁铁 7MF 断电。

⑪ 提箱、转箱、落箱　电磁铁 8MF 通电，齿轮泵 15 输出的压力油通过 8MF 控制的电磁换向阀，进入转箱用提箱缸 17 的下腔，其上腔接通油箱，整个棉箱总成被提箱缸 17 提起。

由人工或机械将棉箱总成转体 180°。然后，电磁铁 8MF 断电、9MF 通电，提箱缸 17 上腔进油、下腔回油，棉箱总成在规定位置下落。

空箱转至喂棉、预压工位，进行喂棉，当喂棉达到规定重量的预压棉包时，即可开始下一个工作循环。

表 4-20 为棉花打包机电磁铁动作顺序表。

表 4-20　棉花打包机电磁铁动作顺序表

动作名称	电磁铁									
	1MF	2MF	3MF	4MF	5MF	6MF	7MF	8MF	9MF	10MF
起动										
工作缸快速下行压包	＋		＋	＋	＋					
工作缸全压工作	＋			＋	＋					
工作缸停止保压					＋					
脱箱					＋	＋				
泄压回程	＋	＋	＋		＋					
回程中间停止					＋					
推包出箱					＋					
继续回程	＋	＋	＋		＋					
落箱					＋		＋			
提箱、转箱					＋			＋		
落箱					＋				＋	

注："＋"表示电磁铁通电。

说明

① 本节参考了参考文献［40］第 334 页～第 336 页中的"九、棉花打包液压机的液压控制系统"，其他见第 4.3.2 节的说明①。

② 在参考文献［40］的图 4-16 中，电磁铁是以 1YA、2YA、…、10YA 标识的，而

在其说明中电磁铁却以 1DT、2DT、…、10DT 表述，图与说明不一致，现统一修改为
1MF、2MF、…、10MF。

③ 在参考文献［40］中："（2）工作缸快速下行压力　充液油箱 14 的油在压差的作
用下，顶开充液阀 13，进入工作缸 12 的上腔的环形部位进行充液，工作活塞得以快速下
行"是不正确的，其应是"电磁铁 3MF 通电，打开充液阀 13，充液油箱 14 的油在压差
的作用下，进入工作缸 12 上腔的环形部分充液，工作缸活塞及活塞杆得以快速下行"。

如果按参考文献［40］中所述，将对"工作缸 12 上腔的环形部分"造成严重气蚀，
而且工作缸 12 快速下行速度也不会稳定。

④ 在参考文献［40］中："（4）工作缸中间停止"不准确，其应为"保压"；"当将棉
花压缩到规定的高度时，相应的行程开关发讯号，1DT、2DT、3DT、4DT 均断电"也有
问题，在其上文中根本就没有关于 2DT、3DT 表述；工作缸 12 的保压也不是仅由"其上
腔高压油由阀块 10 中的单向阀封闭保压"，而应包括其中的液控换向阀、充液阀 13 等。

⑤ 参考文献［40］中："（5）分流到两个同步阀后"不正确，该系统中没有"同步
阀"，不可将双单向节流阀称为"同步阀"，"（10）落箱　通过单向顺序阀和液控单向阀"
又将其称为"单向顺序阀"，这就是错误了。

⑥ 参考文献［40］中："（6）松压回程　1DT 通电，泵 4 供压力油。2DT 通电，泵
15 输出的控制压力油自接口Ⅰ进入阀块 10 中的主阀控制腔，主阀芯左移，泵 4 的进油通
道被封堵，锥形主阀口被打开，主工作缸上腔的回油通道接通。3DT 通电，接通充液阀
13 的控制腔，强迫打开充液阀。4DT 断电，阀块 8 的锥阀主阀芯在弹簧作用下右移并关
闭，主阀芯的控制活塞同步右移，使泵 4 的压力油油口在此开通。泵 4 的高压油通过阀块
8 内的单向阀及主阀环形腔，进入工作缸 12 的下腔，推动杠杆上行。主工作缸上腔的油
分别通过充液阀 13 和阀块 10 中的锥形主阀阀口，排回油箱"存在一些问题，其中问题之
一是不能首先使"1DT 通电，泵 4 供压力油"，这样会造成工作缸 12 上腔处于高压，不
利于其泄压，其他问题见已修改的上文。

⑦ 参考文献［40］中没有关于"10YA（10MF）"的表述。

4.3.9　4000×500 型压弯机比例伺服液压系统

图 4-13 所示为 4000×500 型压弯机比例伺服液压控制系统原理图。

作者注：在 JB/T 12396—2015《比例阀用电磁铁》中没有给出"比例阀用电磁铁"
代号。

4000×500 型压弯机系德国 BOSCH 公司产品（其液压系统和伺服放大线路板系德国
BOSCH 公司生产，控制系统为荷兰 DELEM 公司生产），其上、下模长 4m，压制力为
5MN。该系统采用了计算机程序控制，液压缸位置由一套位移测量系统 Y1、Y2 进行检测，
并反馈到计算机，两液压缸 A、B 的位移同步由两个带阀芯位置反馈的比例伺服阀 10.1、
10.2 控制。系统压力由阀 3（比例压力阀）控制。

根据不同的工件厚度、材质、期望的压弯角度及上、下模的编号，由计算机计算出速度
转换点（上模接触钢板时，位移测量系统 Y1、Y2 的数值），以及压到期望角度时 Y1、Y2
的终了值。压弯机的工作原理如下。

① 快速下降（Ⅰ）　液压缸 A、B 依靠压头和上模的自重下降，液压缸的无杆腔通过充
液阀 5.1、5.2 充油，下降运动由比例伺服阀的 A→T 工作油口控制，在屏幕上显示 Y1、
Y2 的数值。

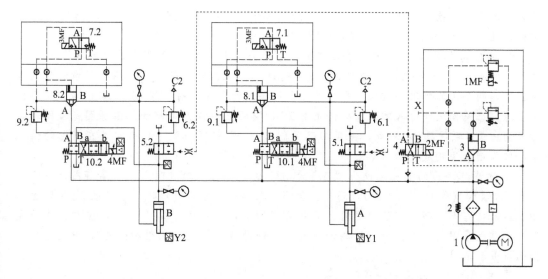

图 4-13　4000×500 型压弯机比例伺服液压控制系统原理图

1—液压泵；2—带旁路单向阀和电气触点的过滤器；3—带比例压力调节和手动最高工作压力溢流功能的二通插装阀；4—二位四通电磁换向阀；5.1,5.2—二位二通液动换向阀（充液阀）；6.1,6.2,9.1,9.2—溢流阀；7.1,7.2—二位三通电磁球阀；8.1,8.2—带方向控制阀的二通插装阀；10.1,10.2—比例伺服阀

② 减速下降（Ⅱ）　比例伺服阀 10.1、10.2 通过斜坡函数缓冲进入零位而关闭，上模缓慢压向工件，即达到速度转换点。

③ 加压压弯（Ⅲ）　电磁铁 2MF 得电，充液阀 5.1、5.2 关闭，电磁铁 3MF 断电，差动回路关闭，通过比例压力阀 3 给系统加压，同步和位置控制仍然由两个比例伺服阀控制，缸的位置由位移测量系统检测，当 Y1、Y2 的数值达到终了值时，比例伺服阀进入零位，缸停止下压。

④ 泄压（Ⅳ）　经过斜坡函数缓冲，比例压力阀的压力下降，比例伺服阀缓慢进入 b 位，使缸上腔保持一定压力。

⑤ 回程（Ⅴ）　比例压力阀重新建立其泵压，比例伺服阀进入 b 位，液压缸的运动由 P→A 控制，2MF 失电，液压缸上腔通过 5.1、5.2 泄压回油。

⑥ 减速停止（Ⅵ、Ⅶ）　经过斜坡函数缓冲，比例伺服阀缓慢回到零位，缸停止在Ⅶ位。

参考文献［124］给出的 4000×500 型压弯机工作状态如图 4-14 所示。

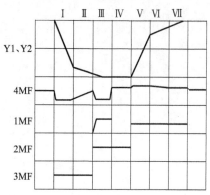

图 4-14　4000×500 型压弯机工作状态

说明

① 本节参考了参考文献［124］第 115 页～第 117 页中的"4.2.8　4000×500 型压弯机比例伺服系统液压缸颤抖故障诊断排除"，其他见第 4.3.2 节的说明①。

② 在参考文献［124］中，快速下降（Ⅰ）为"液压缸 A、B 依靠压头和上模的自重下降，液压缸的上腔通过充液阀 5.1、5.1 充油，下降运动由比例伺服阀的 P→B 控制。此时，缸下腔油液经差动回路流向上腔，在屏幕上显示 Y1、Y2 的数值"，但根据笔者对液压控制系统原理图的分析，该液压系统无法实现"缸下腔油液经差动回路流向上腔"，

因为原图没有"差动回路"；如果下降速度可控制，那也仅可能是通过比例伺服阀 A→T 控制，且还需在 3MF（3YA）得电的情况下。

③ 在参考文献 [124] 中，加压压弯（Ⅲ）为"电磁铁 2YA 得电，充液阀 5.1、5.2 关闭，电磁铁 3YA 断电，差动回路关闭，通过比例压力阀 3 给系统加压，同步和位置控制仍然由两个比例伺服阀控制，缸的位置由位移测量系统检测，当 Y1、Y2 的数值达到终了值时，比例伺服阀进入零位，缸停止下压"，说明充液阀是常闭的，但原图充液阀却是常开的；"电磁铁 3YA 断电，差动回路关闭"，说明 3MF（3YA）确实是在得电的情况下，但原图无法构成差动回路。

④ 原图下给出的液压元件为"6.1、6.2、9.1、9.2—溢流阀"，笔者怀疑阀 9.1 和 9.2 非溢流阀（或背压溢流阀），而是支承阀。在加压压弯（Ⅲ）时"电磁铁 3YA 断电"，但液压缸仍可下压即是证明。另外，如此安装的所谓溢流阀，其 T 口（溢流口）要承受高压，这也是问题，至少应是泄漏油口直接与油箱接通。这样原图和图 4-13 中该元件的图形符号就不对了。

⑤ 将"卸压"改为"泄压"。

第**5**章

液压机液压系统及元件制造

5.1 液压机用液压缸制造与再制造

5.1.1 缸筒技术条件

在 JB/T 10205.2—××××《液压缸 第2部分：缸筒技术条件》（送审稿）中规定了液压缸用等壁厚单层缸筒（以下简称缸筒）的分类和标记、技术要求、检验项目及方法、检验及判定规则、标识和标注说明，适用于以液压油或性能相当的其他液压流体为工作介质的缸筒。

作者注：1. 在 JB/T 10205.2—××××中给出了术语"缸筒"的定义"缸活塞在其中运动的管状承压件"，作者提出删除此术语或按 GB/T 17446 给出的定义，或修改为："带密封件的活塞在其中运动的圆形管状缸零件"，但这些意见未被采纳。

2. 常见的缸筒为在 GB/T 15574—2016《钢产品分类》中规定的两端开口，横截面（孔）为圆形（即圆柱形孔）的非离心浇铸的精密内径无缝钢管或中空棒材。

3. 对缸筒还可参考 GB/T 19934.1—2021《液压传动 金属承压壳体的疲劳压力试验 第1部分：试验方法》进行理解，但其称为"缸体"。

(1) 分类和标记

① 分类及代号 缸筒按交货状态分类，代号如下。

a. 冷拔或冷轧/硬：+C。

b. 冷拔或冷轧/软：+LC。

c. 冷拔或冷轧后消除应力退火：+SR。

d. 退火：+A。

e. 正火：+N。

f. 调质：Q+T。

注：冷拔或冷轧/硬（+C）是指钢管在最终冷拔或冷轧工序后无热处理；冷拔或冷轧/软（+LC）是指钢管在最终热处理后进行微量的冷拔或冷轧；正火（+N）既适用于冷拔或冷轧状态缸筒，也适用于热轧状态缸筒；调质（Q+T）主要适用于热轧状态缸筒。

作者注：除调质外，其他与在 GB/T 32957—2016 中的"钢管按交货状态分类及其代号"下所列相同。

② 标记 缸筒的代号可按以下方法编制：

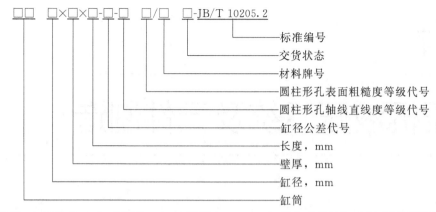

标准编号
交货状态
材料牌号
圆柱形孔表面粗糙度等级代号
圆柱形孔轴线直线度等级代号
缸径公差代号
长度，mm
壁厚，mm
缸径，mm
缸筒

标记示例　缸径为50mm，壁厚为5mm，长度1000mm，缸径公差代号为H8，圆柱形孔轴线直线度（0.20/1000）等级代号为B，圆柱孔表面粗糙度（Ra0.4）等级代号为C，材料牌号为20的优质碳素结构钢，交货状态为冷拔后消除应力退火的缸筒标记为：

$$缸筒\ 50×5×1000\text{-}H8\text{-}BC/20＋SR\text{-}JB/T\ 10205.2$$

(2) 技术要求

① 材料

a. 常用材料。制造缸筒的材料应根据液压缸的基本参数、使用工况和材料来源等选择。常用材料见表5-1。

表 5-1　缸筒常用材料

材料名称	材料牌号	标准号	备注
优质碳素结构钢	20、35、45、20Mn、25Mn	GB/T 699	
低合金高强度结构钢	Q355B、Q355C、Q355D、Q355NE	GB/T 1591	
合金结构钢	20MnVB、27SiMn、30CrMo、35CrMo、42CrMo、20MnTiB	GB/T 3077	
不锈钢棒	12Cr13（1Cr13）、20Cr13（2Cr13）、06Cr19Ni10（0Cr18Ni9 304）、06 Cr17Ni12Mo2（0Cr17Ni12Mo2 316）、12Cr18Ni9（1Cr18Ni9）	GB/T 1220	括号中为老牌号

注：根据需方要求，经供需双方协商，可采用其他牌号的材料。

作者注：1. 液压机用液压缸的缸体，一般采用 GB/T 33083—2016《大型碳素结构钢锻件　技术条件》规定的碳素结构钢、GB/T 33084—2016《大型合金结构钢锻件　技术条件》规定的合金结构钢或 NB/T 47008—2017《承压设备用碳素钢和合金钢锻件》规定的碳素钢和合金钢锻件制造，也可采用分体锻件焊接的方法制造。锻件应进行调质热处理，按计算应力选择适宜的材料和 R_{eL} 值，安全系数宜大于或等于3。材料的化学成分和力学性能应符合所采用（选材料）标准的规定，检验项目和取样数量应符合 JB/T 5000.8—2007（GB/T 37400.8—2019《重型机械通用技术条件　第8部分：锻件》）中锻件验收分组第Ⅴ组级别的规定，并应逐件检验切向力学性能 R_m、R_{eL}、A、Z、KU_2。

2. 环境温度低于−20℃条件下使用（如使用温度下限为−40℃，参见 GB 150.2）的缸筒的制造材料应由甲乙双方商定，并在合同中注明。

b. 材料的化学成分。缸筒材料的化学成分应符合相关标准的规定。

c. 材料的力学性能。缸筒材料的力学性能应符合相关标准的规定。冷拔或冷轧加工的缸筒，其力学性能由供需双方协商确定。

② 基本尺寸和公差

a. 基本尺寸。缸筒的基本尺寸包括缸径、壁厚（或外径）和长度。

b. 缸径和公差。

ⅰ. 缸径。缸径数值应符合 GB/T 2348 的规定，见表 5-2。

表 5-2　缸径（摘自 GB/T 2348—2018）　　　　　　　　单位：mm

AL					
8	25	63	125	220	400
10	32	80	140	250	(450)
12	40	90	160	280	500
16	50	100	(180)	320	
20	60	(110)	200	(360)	

注：1. 未列出的数值可按照 GB/T 321 中优选数系列扩展（数值小于 100 按 R10 系列扩展，数值大于 100 按 R20 系列扩展）。

2. 括号内为非优先选用值。

作者注：1. 表 5-2 中 AL 为 GB/T 2348—2018 中图 1 所示缸径的符号。

2. 一些缸径如 70mm 的缸筒也在广泛应用。

ⅱ. 缸径公差。缸径公差宜采用 GB/T 1800.2 规定的 H7、H8、H9 或 H10。

c. 壁厚（或外径）和公差。

ⅰ. 缸筒壁厚。缸筒材料强度要求的最小壁厚 δ_0 的计算应符合以下条件：

- 缸筒由塑性材料制造，且没有淬硬即非淬火状态；
- 计算指定的位置为缸筒中段，受三向应力作用而非受弯曲力矩影响的部分；
- 缸筒为等壁厚单层圆筒，且承受均匀内压作用；
- 可按 JB/T 10205—2010（或 JB/T 10205.1）规定的耐压试验、耐久性试验方法进行试验或检验。

δ_0 可按下列应用范围按相应公式进行计算：

- 当 $\delta/D < 0.08$（δ 为缸筒壁厚）时，推荐使用式（5-1）计算缸筒材料强度要求的最小壁厚 δ_0，即

$$\delta_0 \geq \frac{p_{max}D}{2[\sigma]} \tag{5-1}$$

- 当 $\delta/D \geq 0.08$ 时，推荐使用式（5-2）计算缸筒材料强度要求的最小壁厚 δ_0，即

$$\delta_0 \geq \frac{D}{2}\left(\sqrt{\frac{[\sigma]}{[\sigma]-\sqrt{3}\,p_{max}}}-1\right) \tag{5-2}$$

- 当 $p_{max} \leq 0.4[\sigma]$ 且不大于 35MPa 时，建议参考使用式（5-3）校核缸筒材料强度要求的最小壁厚 δ_0，即

$$\delta_0 \geq \frac{p_{max}D}{2.3[\sigma]-p_{max}} \tag{5-3}$$

- 当 $\delta/D \geq 0.08$ 时，建议参考式（5-4）计算（验算）缸筒材料强度要求的最小壁厚 δ_0，即

$$\delta_0 \geq \frac{p_{max}D}{2.3[\sigma]-3p_{max}} \tag{5-4}$$

式中　δ_0——缸筒材料强度要求的最小壁厚，mm；

p_{max}——缸筒耐压（试验）压力，MPa；

D——缸径，mm；

$[\sigma]$——缸筒材料的许用应力，其中 $[\sigma]=\sigma_s/n_s$，MPa；

σ_s——缸筒材料的屈服强度，或可按下屈服强度 R_{eL}，MPa；

n_s——安全系数，通常取 $n_s=2\sim2.5$。

作者注：1. 在 GB/T 699—2015 中规定，当屈服现象不明显时，可用规定塑性延伸强度 $R_{p0.2}$ 代替下屈服强度 R_{eL}。

2. 在 GB/T 32957—2016 中仅规定了＋SR 和＋N 两种交货状态下钢管的上屈服强度 R_{eH}。

3. 在一些液压机标准中规定的安全系数见表 5-1 下作者注 1，其安全裕量更大或也可参考。

缸筒壁厚应根据设计计算结果，在保证其具有足够的安全裕量的前提下，优先选用表 5-3 中的推荐值。

表 5-3 缸筒壁厚   单位：mm

缸径 D	缸筒壁厚 δ
25～63	4、5、6、6.5、7.5、8、9、10
＞63～110	5、6.5、7、8、9、10、11、13.5、14、15
＞110～160	7.5、9、10.5、12.5、13.5、15、17、19、21.5
＞160～220	10、12、13、15、18、19.5、22.5、26.5
＞220～280	12.5、16.5、17.5、20、22.5、25、30、35.5
＞280～360	15、18.5、22.5、28.5、30、33、35、40、45
＞360～400	18、21、25、30、33、40、45、51
＞400～450	20、25、28.5、30、35、40、45、50、55

作者注：1. 在 GB/T 32957—2016 中的壁厚代号为 "S"。

2. 一些壁厚如 7.5mm（缸径为 70mm 或 80mm）也在广泛应用。

ⅱ. 壁厚公差。缸筒壁厚公差应符合表 5-4 的规定。

表 5-4 缸筒壁厚公差   单位：mm

缸筒种类	缸筒壁厚 δ				
	4～7	＞7～13.5	＞13.5～20	＞20～30	＞30～55
	壁厚公差				
机械加工	±4.5%δ	±4%δ	±3%δ	±2.5%δ	±2%δ
冷拔或冷轧加工	±8%δ	±7%δ	±6.5%δ	±6%δ	±5%δ

ⅲ. 外径。缸筒外径 $d=$ 缸径 D（AL）＋2×缸筒壁厚 δ(S)。

ⅳ. 外径公差。缸筒外径公差应为缸筒外径尺寸的±0.5%。

注：特殊情况下，由供需双方协商确定优先保证外径公差或壁厚公差。

d. 长度和公差

ⅰ. 长度。缸筒可按供需双方协商确定的定尺或倍尺长度交货。

ⅱ. 长度公差。缸筒长度公差应符合表 5-5 规定。

表 5-5 缸筒长度公差   单位：mm

长度	长度公差	
	锯切后两端面经机械加工	锯切后两端面未经机械加工
≤500	+0.63 0	+3.00 0
＞500～1000	+1.00 0	+4.00 0
＞1000～2000	+1.32 0	+5.00 0

长度	长度公差	
	锯切后两端面经机械加工	锯切后两端面未经机械加工
>2000~4000	+1.70 0	+6.00 0
>4000~7000	+2.00 0	+8.00 0
>7000~10000	+2.65 0	+10.0 0
>10000	+3.35 0	+12.0 0

注：锯切后两端面未经机械加工的长度公差不包含锯切端面垂直偏差。

③ 几何公差

a. 孔的圆度。缸筒圆柱形孔的圆度应符合表 5-6 的规定。

表 5-6　圆度

工艺方法	冷拔或冷轧	冷拔或冷轧后珩磨或刮滚	镗孔后珩磨或刮滚
圆度	缸径公差的 80%	缸径公差的 60%	缸径公差的 40%

b. 孔轴线的直线度。缸筒圆柱形孔轴线的直线度分为四个等级，应从中选择：

A 级——0.06/1000；

B 级——0.20/1000；

C 级——0.50/1000；

D 级——1.00/1000。

注：0.06/1000 表示每 1000mm 长度上，缸筒圆柱形孔轴线的直线度为 $\phi0.06$mm。

作者注：1. 机械加工缸筒的圆柱形孔轴线直线度等级应符合 A 级的规定，其他缸筒的圆柱形孔轴线直线度等级应不低于 D 级的规定。

2. 在 GB/T 32957—2016 中规定的钢管每米弯曲度分为以下三个精度等级——a) A 级，不大于 1.0mm/m；b) B 级，不大于 0.5mm/m；c) C 级，不大于 0.3mm/m。

c. 端面的垂直度。缸筒端面的垂直度公差为缸筒外径的 1.5%，特殊要求由供需双方协商确定。

作者注：在 GB/T 37400.11—2019 中规定"管子应优先采用锯切或机械加工方法，不允许采用砂轮切割和火焰切割。切割管子断面的垂直度应符合'断面与管子轴线垂直度 $\Delta \alpha \leqslant 30'$'的规定。"

④ 表面要求

a. 外表面缺陷要求。缸筒外表面不应有目视可见的裂纹、折叠、轧折、离层和结疤等缺陷。允许以下现象存在：

——制造过程中磷酸润滑剂附着层；

——热处理后形成的不影响表面检查的氧化层，但不应有疏松氧化皮；

——可以去除表面划痕和缺陷，但去除后的实际壁厚不得小于允许的最小壁厚。

作者注：1. 轧折、离层和结疤都不是在 GB/T 15757—2002《产品几何量技术规范（GPS）　表面缺陷　术语、定义及参数》中规定的表面缺陷类型。

2. 在 GB/T 3639—2021《冷拔或冷轧精密无缝钢管》中规定"热处理状态交货钢管的内外表面可有不影响表面检查的氧化膜层，但不应有疏松氧化皮。"

b. 内表面要求。

ⅰ.内表面粗糙度。圆柱形孔表面粗糙度应从表 5-7 中选择。

表 5-7　圆柱形孔表面粗糙度　　　　　　　　　　单位：μm

等级	A	B	C	D	E
Ra	0.1	0.2	0.4	0.8	>0.8
Rz	0.4	0.8	1.6	3.2	>3.2

作者注：在 GB/T 1031—2009 中规定，根据表面功能的需要，除表面粗糙度高度（Ra、Rz）参数外还可选用轮廓单元的平均宽度 Rsm、轮廓的支承长度率 Rmr（c）。

ⅱ.内表面缺陷要求。缸筒圆柱形孔表面不应有目视可见的缩孔、夹杂物、麻点、波纹、划擦痕、窝陷、裂纹、结疤、翘皮和锈蚀等缺陷。

作者注：在 GB/T 15757—2002 中规定了表面缺陷类型。

⑤ 其他要求　其他特殊要求，由供需双方协商确定。

(3) 检验方法和检具

① 材料的检验　缸筒材料的化学成分和力学性能应按 GB/T 699、GB/T 1220、GB/T 1591、GB/T 3077 的规定进行检验。选择常用材料以外的其他材料，其化学成分和力学性能应按相关标准的规定进行检验。

② 缸径、外径和长度的检验　缸径、外径和长度宜采用符合相应精度要求的量具进行检验。

③ 壁厚的检验　壁厚宜采用壁厚千分尺进行检验，或超声波测厚仪及其检验方法进行检验。

④ 圆度的检验　缸筒圆柱形孔的圆度宜采用内径千分尺在缸筒同一横截面上每间隔 45° 测量缸径数值，测得的最大值和最小值之差即为孔的圆度。缸筒圆度的测量位置应符合 GB/T 32957 的规定，见表 5-8。

表 5-8　缸筒圆度的测量位置　　　　　　　　　　单位：mm

壁厚与缸径的比值	$\delta/AL<0.025$	$0.025\leqslant\delta/AL<0.05$	$\delta/AL\geqslant0.05$
距离缸筒端面的位置	$\geqslant40\%AL$，且$\geqslant50$	$\geqslant30\%AL$，且$\geqslant35$	$\geqslant20\%AL$，且$\geqslant25mm$

作者注：在 GB/T 32957—2016 中表 5 为"钢管内径不圆度测量位置"，其中壁厚代号为 S、外径代号为 D。

⑤ 直线度的检验　缸筒圆柱形孔轴线的直线度宜采用量规（芯棒）或自准直仪等进行检验。

作者注：在 GB/T 11336—2004《直线度误差检测》中规定"5.6　量规检验法　用直线度量规判断被测零件是否超越实效边界的检验方法　该方法适用于检验轴线直线度公差遵守最大实体要求的零件。"

⑥ 端面垂直度的检验　直角尺基面全抵靠在缸筒外表面，测量面与缸筒轴线正交，直角尺沿着缸筒外表面旋转一周，用塞尺测出缸筒端面与测量面间的最大间隙，此间隙即为缸筒端面的垂直度偏差。

注：其他检测方法由供需双方协商确定。

⑦ 内、外表面缺陷的检验　宜采用目视法进行检验。

⑧ 内表面粗糙度的检验　圆柱形孔表面粗糙度宜采用与工艺方法相应的表面粗糙度比较样块或表面粗糙度测量仪进行检验。

⑨ 其他要求的检验　按相关标准或供需双方确定的要求进行检验。

(4) 检验规则

① 检验的分类 检验分为出厂检验和型式检验。

② 出厂检验 每批缸筒应经出厂检验,合格后方可出厂。

出厂检验项目应按表 5-9 的规定。

表 5-9 出厂检验项目

序号	检验项目	检验类型	抽样数量
1	缸径和公差	抽检	每批抽检 30% 且不少于 10 支,小于 10 支全检
2	壁厚和公差	抽检	每批抽检 10% 且不少于 5 支,小于 5 支全检
3	外径和公差	抽检	每批抽检 10% 且不少于 5 支,小于 5 支全检
4	长度和公差	抽检	每批抽检 10% 且不少于 5 支,小于 5 支全检
5	圆柱形孔轴线直线度	抽检	每批抽检 30% 且不少于 10 支,小于 10 支全检
6	圆柱形孔圆度	抽检	每批抽检 10% 且不少于 5 支,小于 5 支全检
7	端面垂直度	抽检	每批抽检 10% 且不少于 5 支,小于 5 支全检
8	外表面缺陷	抽检	每批抽检 10% 且不少于 5 支,小于 5 支全检
9	内表面粗糙度	抽检	每批抽检 10% 且不少于 5 支,小于 5 支全检
10	内表面缺陷	必检	全检

注:"壁厚和公差"和"外径和公差"可只检验一项,首选"壁厚和公差",其他特殊要求由供需双方协商确定。

作者注:在 GB/T 32957—2016 中缸筒的单位为"根"。

③ 型式检验 有下列情况之一时,应进行型式检验:

a. 新产品定型鉴定或正常生产满 6 个月;

b. 产品正常生产后,材料、工艺有较大改变可能影响产品性能;

c. 产品转厂生产或长期停产后恢复生产;

d. 出厂检验结果与上次型式检验结果有较大差异;

e. 国家质量监督机构或其他组织要求进行型式检验。

型式检验项目应按表 5-10 的规定。

表 5-10 型式检验项目

序号	检验项目	检验类型	取样数量	备注
1	材料牌号及化学成分	必检	全检	
2	材料力学性能	必检	全检	
3	缸径和公差	必检	全检	
4	壁厚和公差	必检	全检	
5	外径和公差	必检	全检	
6	长度和公差	必检	全检	抽样规则应按照 GB/T 2828.1 的规定
7	圆柱形孔轴线直线度	必检	全检	
8	圆柱形孔圆度	必检	全检	
9	端面垂直度	必检	全检	
10	外表面缺陷	必检	全检	
11	内表面粗糙度	必检	全检	
12	内表面缺陷	必检	全检	

注:其他特殊要求由供需双方协商确定。

作者注:1. 在 GB/T 32957—2016 中规定"每批次在 2 根钢管上各取 1 个试样"。

2. 在 GB/T 699—2015 中规定"所规定牌号及化学成分也适用于钢锭、钢坯、其他截面的钢材及其制品。"

④ 抽样

a. 总则。产品检验的抽样方案应符合 GB/T 2828.1 的规定。

注：国家质量监督检验抽样参见有关规定。

b. 出厂检验抽样。出厂检验抽样包括以下内容。

ⅰ. 合格质量水平（AQL值）：2.5。

ⅱ. 抽样方案类型：正常检查一次抽样方案。

ⅲ. 检查水平：特殊检查水平S-2。

c. 型式检验抽样。型式检验抽样包括以下内容。

ⅰ. 合格质量水平（AQL值）：2.5 [6.5]。

ⅱ. 抽样方案类型：正常检查一次抽样方案。

ⅲ. 样本大小：5件 [1件]。

注：方括号内的数值仅适用于材料化学成分和力学性能试验时每炉号抽1件样品。

⑤ 判定规则　应符合GB/T 2828.1的规定。

(5) 标识

缸筒采用标签标记，标签上应标明制造厂名称（或商标）、产品材料和规格、产品执行标准编号和检验代号。

(6) 标注说明

当选择遵守本文件时，宜在检验报告、产品样本和销售文件中做下述说明："缸筒符合JB/T 10205.2—××××《液压缸　第2部分：缸筒技术条件》的规定。"

> **说明**
>
> ① 计划以JB/T 10205.2—××××《液压缸　第2部分：缸筒技术条件》代替JB/T 11718—2013《液压缸　缸筒技术条件》。
>
> ② 在进行缸筒材料强度要求的最小壁厚δ_o的计算时，不考虑因腐蚀或其他化学作用引起的强度降低。
>
> ③ "孔轴线直线度"要求是否合理是个问题。因为在GB/T 1184—1996《形状和位置公差　未注公差值》中规定"圆柱度误差由三个部分组成：圆度、直线度和相对素线的平行度误差，而其中每一项误差均由它们的注出公差或未注公差控制。"
>
> ④ 在GB/T 17396—2009《液压支柱用热轧无缝钢管》、GB/T 32957—2016《液压和气动系统设备用冷拔或冷轧精密内径无缝钢管》和YB/T 4673—2018《冷拔液压缸筒用无缝钢管》中都有"表面质量"要求，如GB/T 32957—2016规定"钢管的内外表面应光滑，不允许有裂纹、折叠、轧折、离层和结疤。"
>
> ⑤ 应规定在"标识"上使用缸筒的代号。
>
> ⑥ 在JB/T 11588—2013《大型液压油缸》中规定"缸体内表面素线任意100mm的直线度公差应不低于GB/T 1184—1996中的7级"可以参考。

5.1.2　活塞杆技术条件

在JB/T 10205.3—2020《液压缸　第3部分：活塞杆技术条件》中规定了液压缸用活塞杆（以下简称活塞杆）的基本参数、技术要求、检验和试验方法、检验规则、标志、包装、运输、贮存和标注说明等要求，适用于以液压油或性能相当的其他液体为工作介质的液压缸用表面镀铬处理的圆柱形实心及空心活塞杆。

注：活塞杆表面处理方式有镀铬、镍＋铬复合镀、喷涂陶瓷等。

(1) 技术要求

① 材料　活塞杆的材料宜优先选用表5-11推荐的圆钢或钢管。材料可经机械加工、冷

拉或冷拔（冷轧）加工、热处理后再精加工。经冷拉或冷拔（冷轧）加工的材料应进行消除应力处理。

表 5-11　推荐优先选用的材料

材料名称	材料牌号	标准编号	备注
优质碳素结构钢	45	GB/T 699	
高强度低合金钢	Q355B	GB/T 1591	
	Q355E		
合金结构钢	40Cr	GB/T 3077	
	42CrMo		
不锈钢棒	20Cr13(2Cr13)	GB/T 1220	括号中为旧牌号
	06Cr19Ni10(0Cr18Ni9)		
	06 Cr17Ni12Mo2(0Cr17Ni12Mo2)		

注：根据用户要求，经供需双方协商，可采用其他牌号的材料、其他加工方法及热处理要求。

作者注：液压机用液压缸的活塞杆或柱塞，一般采用 GB/T 33083—2016《大型碳素结构钢锻件　技术条件》规定的碳素结构钢或 GB/T 33084—2016《大型合金结构钢锻件　技术条件》规定的合金结构钢锻件制造，并应进行相应的热处理。

② 长度极限偏差　活塞杆长度极限偏差应符合 GB/T 1804 规定的 c 级（粗糙）。两端面需再加工的活塞杆，其长度偏差按照表 5-12 的要求。

表 5-12　活塞杆长度极限偏差　　　　　　　　　　　单位：mm

长度 L	≤1000	>1000～3000	>3000～6000	>6000
长度极限偏差	+3 / 0	+5 / 0	+8 / 0	+10 / 0

作者注：一些液压机标准规定的重要的接合面包括活塞杆、柱塞端面与滑块的接合面，要求紧固后应紧密贴合，其接触间隙不大于规定值。

③ 活塞杆直径和直径公差　活塞杆直径应符合 GB/T 2348 的规定（见表 5-13）。活塞杆直径公差宜采用 GB/T 1800.2 中规定的 f7～f9 公差带，特殊要求由供需双方协商确定。

表 5-13　活塞杆直径（摘自 GB/T 2348—2018）　　　　　单位：mm

MM					
4	16	32	63	125	280
5	18	36	70	140	320
6	20	40	80	160	360
8	22	45	90	180	400
10	25	50	100	200	450
12	28	56	110	220	
14	(30)	(60)	(120)	250	

注：1. 未列出的数值可按照 GB/T 321 中 R20 优选数系列扩展。
2. 括号内为非优先选用值。

作者注：表 5-13 中 MM 为 GB/T 2348—2018 中图 1 所示活塞杆直径的符号。

④ 直线度　活塞杆直线度公差应不大于 0.10mm/1000mm。

⑤ 圆度　活塞杆圆度公差应不大于活塞杆直径公差的 1/2。

⑥ 镀层［电镀硬铬（复合镀层）］

a. 外观及表面质量。

ⅰ. 镀层结晶应细致、均匀，外表面不应有裂纹、折叠、结疤、磕碰、划伤、麻点、脱皮、起泡、针孔等缺陷。

ⅱ．镀层允许的外观缺陷有：

• 外圆表面进入液压缸内的部分深度不大于 0.01mm 且不影响正常使用的轻微夹具印或水迹；

• 局部镀铬工件，镀铬层和无铬层分界线向任一方向偏移不超过 1mm（图样或技术文件特别规定除外）；

• 外圆表面非机械加工产生的轻微不均匀的颜色和光泽；

• 直径小于 0.3mm，每平方米不多于 5 个，深度不大于镀层厚度的铬坑。

注：允许的外观缺陷，最终以保证使用性能或用户接受为前提。

b. 表面粗糙度。活塞杆外圆表面粗糙度 Ra 应符合 GB/T 1031 的规定，表面粗糙度应 $\leqslant 0.4\mu m$。

作者注：在 GB/T 1031—2009 中规定，根据表面功能的需要，除表面粗糙度高度（Ra、Rz）参数外还可选用轮廓单元的平均宽度 Rsm、轮廓的支承长度率 Rmr（c），以及根据 GB/T 4685—2007、JB/T 7418.3—2014 或 JB/T 7418.4—2014 等规定波纹度平均波幅 W_z 的最大允许值（可参见 JB/T 9924—2014）。

c. 厚度。外圆表面镀层厚度应不小于 $20\mu m$，特殊要求由供需双方协商确定。

d. 硬度。镀层的硬度应不低于 800HV0.1。

e. 结合强度。镀层与基体的结合，在用锉刀法检验时无起皮和片状脱落的现象。

f. 耐腐蚀性能等级。耐腐蚀性能等级应不低于 GB/T 6461 规定的 9 级。

注：允许采用同槽电镀的样件进行试验。

作者注：活塞杆、柱塞表面应进行硬化处理后再进行电镀硬铬，有液压机标准规定"其工作面的硬度不应低于 45HRC，硬化层厚度宜大于 3mm"可供参考。

⑦ 材料力学性能　材料的力学性能应符合 GB/T 699、GB/T 1220、GB/T 1591、GB/T 3077 的规定。经冷拔或冷拉加工后的材料，力学性能由供需双方协商确定，并在合同中注明。

作者注：材料的化学成分也应符合所选材料（钢的牌号）标准的规定，或参考 GB/T 222—2006《钢的成品化学成分允许偏差》。

⑧ 其他要求　其他特殊要求，由供需双方协商确定。

(2) 检验方法

① 材料的检验　材料的化学成分和力学性能应按 GB/T 699、GB/T 1220、GB/T 1591、GB/T 3077 的规定进行检验。

② 直径、长度的检验　直径、长度采用符合相应精度要求的量具进行检验。

③ 圆度检验　圆度采用符合相应精度要求的检测设备或检具进行检验。

④ 直线度检验

a. 将活塞杆放置在 1000mm×630mm、工作面准确度（精度）等级为 1 级的检测平台上，活塞杆轴线与平台长度方向一致，使用塞尺测量活塞杆和贴靠的检测平台间的间隙。如活塞杆长度大于 1000mm，测得的最大间隙值为 δ，则活塞杆的直线度偏差为 $\delta/1000$mm。如果活塞杆长度 L（单位为 mm）小于 1000mm，其直线度偏差为 δ/L。

b. 当活塞杆长度 L 大于 1000mm 时，也可采用塞尺测量活塞杆与紧贴在活塞杆外表面且平行轴线的长度为 1000mm 的刀口尺之间的最大间隙。

c. 当活塞杆长度 L 大于 1000mm 时，也可将活塞杆放在两个间距为 1000mm 的 V 形块中，转动活塞杆，用百分表测量其跳动值，作为 a. 和 b. 的替代方法，应用这种方法测量直线度时，直线度偏差的数值为百分表测得的最大、最小读数值差值的一半。

作者注：在 GB/T 17164—2008《几何量测量器具术语　产品术语》中给出的术语"平板"的定义为"用于工件检测或划线的平面基准器具。又称为平台"GB/T 22095—2008《铸铁平板》规定了准确度等级为 0、1、2 和 3 级，尺寸范围从 160mm×100mm 到 2500mm×1600mm 的长方形和方形铸铁平板的要求。

⑤ 镀层的检验

a. 外观和表面质量的检验。

ⅰ. 外观应在光照度不低于 150lx 的天然散射光线或无反射光的白色透射光线下，以目视方法进行检验，必要时允许采用放大镜。产品在长度方向先水平放置目测，再以长度方向中心为轴，旋转一定的角度目测，逐步检查整个镀铬表面。

注：斑点、擦花、刮花、划伤等采用倍率不小于 10 的读数显微镜检测。

作者注：在 JJF 1032—2005《光学辐射计量名词术语及定义》中给出了术语"［光］照度"的定义，单位为 lx，$1lx=1lm/m^2$。

ⅱ. 活塞杆外圆表面粗糙度应采用磨外圆的样块或表面粗糙度仪进行检验。

b. 镀层厚度的测定。

ⅰ. 镀层测厚仪测量法。至少测量不同角度和长度位置上三个点，任一点的测量值都应在规定厚度范围之内，取其平均值作为镀层厚度值。外圆表面镀层厚度应在垂直于镀层表面方向上测量，所用的测量方法应保证测量误差不超过±5%。

ⅱ. 显微镜测量法。应按 GB/T 6462 的要求和方法进行测量。

注：此方法仅作为仲裁检验方法。

c. 镀层硬度测定。应按 GB/T 9790 规定的试验方法检测，或采用其他满足测定要求的便携式硬度计检测。

d. 镀层结合强度的测定。

ⅰ. 热震法测定。应按 GB/T 5270 的规定进行测定。

注：此方法为破坏性检测，型式检验时采用此方法，出厂检验如需采用此方法时，需经供需双方协商确定。

ⅱ. 锉刀法测定。应按 GB/T 5270 的规定进行测定。

ⅲ. 其他结合强度测试方法。镀层结合强度可采用 GB/T 5270 规定的其他适用方法进行测试。

注：除用户有明确要求外，一般宜用锉刀法测定。

e. 镀层耐腐蚀试验方法及评级标准。镀层应按 GB/T 10125 规定的中性盐雾试验方法进行耐腐蚀试验。镀层厚度与其耐腐蚀性能盐雾试验时间见表 5-14。

表 5-14　镀层厚度与耐腐蚀性能盐雾试验时间

镀层厚度/μm	耐腐蚀性能盐雾试验时间/h	镀层厚度/μm	耐腐蚀性能盐雾试验时间/h
20	48	40	72
30	60	50	96

注：1. 其他特殊试验要求，由供需双方协商确定。

2. 直径不大于 40mm 的活塞杆，在产品上加大试件长度，电镀后锯下试件进行盐雾试验；直径大于 40mm 的活塞杆，则加做试件并与产品同槽电镀后进行盐雾试验。当电镀层厚度介于规定厚度之间时，按厚度大的要求进行试验。

⑥ 其他要求的检验　按相关标准或供需双方确定的要求进行检验。

(3) 检验规则

① 组批　活塞杆以材料炉号相同，且在同一热处理过程，并经相同电镀槽液生产的同一规格产品为一批。

作者注：在 QJ 1499A—2001《伺服系统零、部件制造通用技术要求》中给出了术语

"同一批次"的定义，即"由同一牌号、同一批号的原材料、同一批热处理及同一批加工而成的零件。同一批热处理、同一批加工是指按相同工艺规范，在相同调整状态下不间断地进行热处理或加工同一批次。"可供参考。

② 检验分类　检验分出厂检验和型式检验。

③ 出厂检验

a. 每批活塞杆应经出厂检验合格后方可出厂。

b. 出厂检验项目应按表 5-15 的规定。

表 5-15　出厂检验项目

序号	检验项目	检验类型
1	长度及公差	必检
2	直径及公差	必检
3	直线度	必检
4	圆度	必检
5	外观质量	必检
6	镀层厚度	必检
7	表面粗糙度	若用表面粗糙度比较样块检验则全检若用表面粗糙度仪检验则抽检 10%

注：其他特殊要求，由供需双方协商确定。

④ 型式检验

a. 有下列情况之一时，应进行型式检验：

ⅰ. 新产品定型鉴定或正常生产满 6 个月；

ⅱ. 产品正常生产后，材料、工艺有较大改变可能影响产品性能；

ⅲ. 产品转厂生产或长期停产后恢复生产；

ⅳ. 出厂检验结果与上次型式检验结果有较大差异；

ⅴ. 国家质量监督机构或其他组织要求进行型式检验。

b. 型式检验项目应按表 5-16 的规定。

表 5-16　型式检验项目

序号	检验项目	序号	检验项目
1	材料化学成分	7	外观质量
2	材料力学性能	8	镀层厚度
3	长度及公差	9	镀层硬度
4	直径及公差	10	表面粗糙度
5	直线度	11	镀层结合强度
6	圆度	12	镀层耐腐蚀试验

注：其他特殊要求，由供需双方协商确定。

⑤ 抽样

a. 总则。产品检验的抽样方案应符合 GB/T 2828.1 的规定。

注：国家质量监督检验抽样参见有关规定。

b. 出厂检验。出厂检验抽样包括以下内容。

ⅰ. 合格质量水平（AQL 值）：2.5。

ⅱ. 抽样方案类型：正常检查一次抽样方案。

ⅲ. 检查水平：特殊检查水平 S-2。

c. 型式检验。型式检验抽样包括以下内容。

ⅰ. 合格质量水平（AQL 值）：2.5［6.5］。

ⅱ. 抽样方案类型：正常检查一次抽样方案。

ⅲ．样本大小：5 件 [1 件]。

注：方括号内的数值仅适用于材料化学成分和力学性能试验时每炉号抽 1 件样品。

⑥ 判定规则　应符合 GB/T 2828.1 的规定。

(4) 标志、包装、运输和贮存

① 标志　活塞杆采用标签标记，标签上应标明制造厂名称（或商标）、产品材料和规格、产品执行标准和检验代号。

② 包装　活塞杆采用纸管、塑料气膜、草绳（草绳不应直接接触活塞杆表面）和木箱等包装。

③ 运输　活塞杆运输时不应剧烈碰撞、抛摔、淋雨、受潮，防止变形和生锈，不应与腐蚀性物品一起运输。

④ 贮存　活塞杆在贮存时应进行防锈处理。活塞杆应贮存在干燥通风的库房内，不应与腐蚀性物品混合贮存。

(5) 标注说明

当选择遵守该标准时，宜在试验报告、产品样本和销售文件中做下述说明："活塞杆符合 JB/T 10205.3—2020《液压缸　第 3 部分：活塞杆技术条件》的规定。"

说明

笔者曾对 2018 年 8 月 22 日完成的 JB/T 10205.3—××××《液压缸　第 3 部分：活塞杆技术条件》征求意见稿进行过初步审查并提出了初步审查意见。现在发布的标准中一些疑似问题依然存在，具体如下。

① 规范性引用文件中缺少 GB 2350—1980《液压气动系统及元件　活塞杆螺纹型式和尺寸系列》（已被 GB/T 2350—2020《流体传动系统及元件　活塞杆螺纹型式和尺寸系列》代替），活塞杆或将无法与活塞杆附件连接，亦即液压缸无法传递机械力和运动。

② 缺少规范性引用密封件沟槽标准，活塞杆与活塞连接处密封可能有问题。

③ 缺少对常用材料的热处理要求或推荐，尤其缺少表面热处理（表面淬火＋回火）的推荐。

④ 缺少活塞杆再制造要求，如缺少对需要再加工的活塞杆（与其圆柱形表面同轴的）基准的要求。

⑤ 缺少（同一厂家）同一批此活塞杆的互换性要求。

⑥ 缺少低温环境下材料选择的推荐和警告。

⑦ 最新技术水平问题，如对活塞杆的圆度、直线度和表面粗糙度的规定，没有使该标准体现出最新技术水平，进而可以提高液压缸耐久性（使用寿命）。

⑧ 该标准关于镀层的内容过多，一些还没有给出根据，如 GB 25974.2—2010、JB/T 8595—2014 等规定的复合镀层、镀层质量分等分级。

5.1.3　活塞杆用圆形法兰

在 GB/T 17446—2012 中给出了术语"活塞杆附件"的定义，即"在外露活塞杆端部借助其实现缸的连接的附加装置。"

使用重新起草法修改采用 ISO 8132：2014 的国标 GB/T 39949.1—2021《液压传动　单杆缸附件的安装尺寸　第 1 部分：16MPa 中型系列和 25MPa 系列》已于 2021 年 3 月 9 日发布，2021 年 10 月 1 日实施。

活塞杆用圆形法兰型式如图 5-1 所示，安装尺寸见表 5-17。

表 5-17　活塞杆用圆形法兰（AF3）的安装尺寸　　　单位：mm

型号	公称力/N	KK(6H)	FE(Js13)	安装孔数量	HB(H13)	NE(Js13)	UP(max)	DA(H13)	KE($^{+0.4}_{0}$)
12	8000	M12×1.25	40	4	6.6	17	56	11	6.8
16	12500	M14×1.5	45	4	9	19	63	14.5	9
20	20000	M16×1.5	54	6	9	23	72	14.5	9
25	32000	M20×1.5	63	6	9	29	82	14.5	9
32	50000	M27×2	78	6	11	37	100	17.5	11
40	80000	M33×2	95	8	13.5	46	120	20	13
50	125000	M42×2	120	8	17.5	57	150	26	17.5
63	200000	M48×2	150	8	22	64	190	33	21.5
70	250000	M56×2	165	8	24	77	212	36	23.5
80	320000	M64×3	180	8	26	86	230	39	25.5
90	400000	M72×3	195	10	29	89	250	43	28.5
100	500000	M80×3	210	10	29	96	270	43	28.5

5.1.4　再制造液压缸

在 GB/T ×××××—×××× 《液压元件再制造　第 2 部分：液压缸》（预研讨论稿）中规定了再制造液压缸基本参数、技术要求、再制造过程、检验规则、标识、包装等，适用于再制造液压缸。

(1) 基本参数

再制造液压缸的基本参数应包括缸径、活塞杆（柱塞杆）直径、公称压力、额定压力、行程、安装尺寸和型式。

(2) 技术要求

技术要求应符合 JB/T 10205—2010 《液压缸》（JB/T 10205.1—×××× 《液压缸　第 1 部分：通用技术条件》）的有关要求。

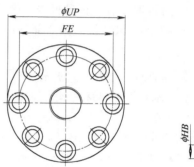

图 5-1　活塞杆用圆形法兰

(3) 再制造过程

液压缸再制造基本过程参见图 5-2。

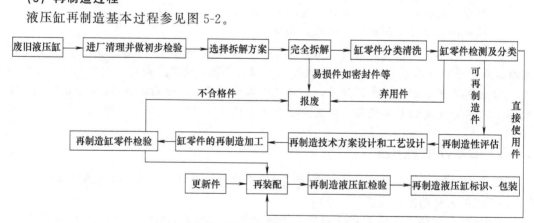

图 5-2　液压缸再制造基本过程

作者注：参考了 GB/T 28618—2012 附录 A 中图 A.1。

① 初步检验　采用目测法、试验台检测等方法对液压缸再制造毛坯进行初步检测，以

判定其是否符合再制造要求。

② 拆解前清理

a. 清理前注意所有油口、安装面等的防护。

b. 对于拆解前清洗，应确保再制造毛坯外部积存的污物基本去除，便于后续拆解，并避免将尘土、油污等污染物带入厂房工序内部。

作者注：在 JB/T 13790—2020《土方机械　液压油缸再制造　技术规范》中规定"拆解前应先打开油缸油口放尽余油，注意油口方向无人。拆解过程中必须拧开无杆腔油口。"可供参考。

③ 拆解

a. 拆解过程中应用专用容器收集拆解过程中废液、废渣。

b. 拆解按照 GB/T 32810—2016《再制造　机械产品拆解技术规范》。

c. 拆解为以下单元：缸筒、活塞杆、活塞、导向套、压盖、轴承、密封件及附件等。

d. 拆解过程中应保护油口、安装面、接合面等关键部位。

e. 在拆解过程中，应对拆解的零部件进行标记，做好拆解件跟踪，并将其分类存放。

f. 在拆解过程中应记录用于后续装配的零部件的基本信息。

g. 在拆解过程中应避免对零部件造成二次损伤。

作者注：在 JB/T 13790—2020《土方机械　液压油缸再制造　技术规范》中规定"液压油缸应拆解成以下最小单元：缸筒、活塞杆、活塞、导向套、压盖、轴承、螺母、密封圈、支承环、油管、螺栓。"可供参考。

④ 拆解件清洗

a. 对于再制造拆解件清洗，应满足后续的再制造加工工艺要求。

b. 拆解后零件污物类型及主要清洗方法见表 5-18。

表 5-18　液压缸再制造毛坯拆解件主要清洗方法

清洗对象	主要污物	清洗方法	清洗设备	要求
压盖、导向套、螺母、活塞、挡圈	油漆/油污/锈蚀	熔盐超声复合清洗/电解质等离子清洗/超声波清洗	熔盐超声复合清洗设备/电解质等离子清洗设备/超声波清洗机	无油渍、油污、油泥、油漆等可见污物
活塞杆、缸筒外表面		热能清洗	蒸汽清洗机	
缸筒内腔		刷洗	缸筒内腔刷洗机	

作者注：1. 表 5-18 中有多处与 GB/T 39293—2020《工业清洗术语和分类》不符，如"污垢""蒸汽清洗"等。

2. 在 GB/T 32809—2016《再制造　机械产品清洗技术规范》附录 A 中给出了"常用再制造清洗方法"可供参考。

⑤ 零部件检测及分类处理

a. 零部件检测。

ⅰ. 检测方法及要求应按照 GB/T 31208—2014《再制造毛坯质量检验方法》。

ⅱ. 检测的零部件应做相应的记录并标记。

ⅲ. 缸筒检测包括但不限于以下项目：

• 缸径；

• 圆柱形孔直线度；

• 圆柱形孔圆度；

• 圆柱形孔表面粗糙度。

作者注：在 JB/T 13790—2020《土方机械　液压油缸再制造　技术规范》中规定"①检测缸筒的内径和直线度等尺寸精度和几何精度。②检测焊缝有无缺陷。③检测缸筒基体有无缺陷。④检测缸筒内壁有无磨损和划痕等缺陷。"可供参考。

ⅳ. 活塞杆检测包括但不限于以下项目：
- 活塞杆直径；
- 表面粗糙度；
- 保护覆盖层［如电镀硬铬（复合镀层）］厚度；
- 直线度；
- 圆度。

作者注：在 JB/T 13790—2020《土方机械　液压油缸再制造　技术规范》中规定"①检测活塞杆的直径和直线度等尺寸精度和几何精度。②检测焊缝有无裂纹等缺陷。③检测杆体和耳环基体有无裂纹等缺陷。④检测杆体表面有无镀层脱落、拉伤和凹坑等缺陷。"可供参考。

ⅴ. 活塞检测包括但不限于以下项目：
- 沟槽尺寸；
- 内外径尺寸；
- 几何偏差；
- 表面粗糙度。

作者注：在 JB/T 13790—2020《土方机械　液压油缸再制造　技术规范》中规定"①检测活塞的直径和表面粗糙度。②检测活塞表面有无锈蚀和拉伤等缺陷。"可供参考。

ⅵ. 导向套检测方法包括但不限于以下项目：
- 沟槽尺寸；
- 内外径尺寸；
- 几何偏差；
- 表面粗糙度。

作者注：在 JB/T 13790—2020《土方机械　液压油缸再制造　技术规范》中规定"①检测导向套的直径和表面粗糙度。②检测导向套表面有无锈蚀和拉伤等缺陷。"可供参考。

ⅶ. 其他零件检测　包括但不限于以下项目：
- 尺寸；
- 几何偏差；
- 表面粗糙度。

作者注：在 JB/T 13790—2020《土方机械　液压油缸再制造　技术规范》中规定"①检测压盖密封表面有无拉伤、锈蚀和翘曲等缺陷。②检测轴承有无卡滞现象，内圈有无磨损等缺陷。③检测轴承内孔有无磨损和拉伤等缺陷。④检测油管有无破裂等缺陷。"可供参考。

b. 零部件分类处理。

ⅰ. 将拆解件分为直接使用件、可再制造件、弃用件。

ⅱ. 易损件（如密封件）、紧固件等，应作为弃用件。

ⅲ. 直接使用件和可再制造件存放应采取必要的防护措施。

⑥ 再制造性评估

a. 液压缸再制造性评估应按照 GB/T 32811—2016《机械产品再制造性评价技术规范》。

b. 综合技术、经济、环境等因素，对可再制造件进行评估。

c. 废旧液压缸零部件再制造性的判据参见表 5-19。

表 5-19　液压缸关键零部件再制造性判据

名称	检查内容	判定依据		
		直接使用件	可再制造件	弃用件
缸筒	磨损	检测后符合相关标准要求，直接使用	直径超差≤0.2mm	直径超差>0.2mm
	拉伤		0<长度≤300mm 或0<深度≤50μm	长度>300mm 或深度>50μm
	焊缝开裂		—	—
活塞杆	磨损		0.005mm<涂层厚度≤0.03mm	涂层厚度<0.005mm
	划痕、拉伤		0<长度≤300mm 或0<深度≤30μm	长度>300mm 或深度>30μm
	镀层锈蚀、脱落		0<面积≤100cm² 且深度≤500μm	面积>100cm² 且深度>500μm
	碰伤		—	—
活塞	锈蚀、拉伤		0<长度≤300mm 或0<深度≤50μm	长度>300mm 或深度>50μm
	螺纹损坏		表面划伤且无塑性变形	断裂或明显变形
导向套	锈蚀、拉伤		0<长度≤300mm 或0<深度≤50μm	长度>300mm 或深度>50μm
	螺纹损坏		表面划伤且无塑性变形	断裂或明显变形

作者注：在 JB/T 13790—2020《土方机械　液压油缸再制造　技术规范》附录 A（资料性附录）中给出的"表 A.1　再循环件和弃用件的判定条件"可供参考。

⑦ 再制造方案设计

a. 根据可再制造性的评估结果，制定技术和工艺方案。

b. 设计图纸和工艺文件应进行归档。

⑧ 可再制造件的加工与检测

a. 按照再制造方案要求，恢复零部件尺寸和几何公差。

b. 主要零部件的加工方法参见表 5-20。

表 5-20　液压缸可再制造主要零部件加工方法

零部件	缺陷模式	修复方法	加工方法
缸筒	磨损	珩磨修复	珩磨
	拉伤	珩磨修复	珩磨
	焊缝开裂	气体保护焊接	—
活塞杆	磨损	电刷镀	抛光
		超音速火焰喷涂、剥落重镀	金刚石砂轮磨削及抛光
	划痕、拉伤	电刷镀	抛光
		冷焊＋电刷镀、剥落重镀	抛光
	镀层锈蚀、脱落	电刷镀	抛光
		超音速火焰喷涂、剥落重镀	金刚石砂轮磨削及抛光
	碰伤	冷焊＋电刷镀	抛光
活塞	锈蚀、拉伤	电解质等离子抛光	研磨
		焊接、堆焊	磨削
导向套	锈蚀、拉伤	电解质等离子抛光	—
		焊接	磨削
	螺纹损坏	过丝（攻螺纹）	—

作者注：在 JB/T 13790—2020《土方机械　液压油缸再制造　技术规范》中规定的"缸筒修复""活塞杆修复""活塞修复""导向套修复"可供参考。

⑨ 再制造装配

a. 将再制造后的零件、直接使用件、更新件进行再制造装配。

b. 再制造液压缸的装配应按照再制造工艺文件。

c. 再制造液压缸的装配过程应有记录。

⑩ 涂装　再制造液压缸涂装应符合 JB/T 10205（JB/T 10205.1）的规定。

⑪ 再制造性能检验

a. 检验方法应按照 JB/T 10205（JB/T 10205.1）的规定。

b. 再制造液压缸性能应不低于规定的要求或双方协商确定。

⑫ 装配和外观检验方法　再制造液压缸的装配和外观检验方法应按照 JB/T 10205（JB/T 10205.1）的规定。

⑬ 外观　再制造液压缸的外观应符合 JB/T 10205（JB/T 10205.1）的规定。

(4) 检验规则

再制造液压缸的检验规则应按照 JB/T10205（JB/T 10205.1）。但型式检验在出现下列情况之一时进行：再制造液压缸出现材料、结构、工艺等方面改变，可能影响产品性能时；国家质量监督机构提出进行型式检验要求时。

(5) 标识

① 再制造液压缸宜在产品和产品说明书或产品包装物（如适用）的明显位置上标有再制造标识，应符合 GB/T 27611 的规定。

② 再制造标识如图 5-3 所示。

③ 再制造液压缸标牌应包含以下信息：

a. 再制造液压缸名称；

b. 再制造商名称；

c. 再制造液压缸型号；

d. 主要技术参数；

e. 出厂编号；

f. 再制造日期。

图 5-3　再制造标识

(6) 包装、储存和运输

按照 JB/T 10205（JB/T 10205.1）的规定。

说明

① 由此值得推广的是一种新的设计理念和方法，即液压缸新品设计就应融入再制造概念，使新品液压缸具有再制造性。具体做法是：在新品液压缸设计时，即对液压缸及缸零件所应有的再制造性达标情况进行评估并对所暴露问题进行纠正。

②《液压元件再制造》系列标准正在预研中，《液压元件再制造　第 2 部分：液压缸》仅是其中一项标准，且可能进行修改。

③ 新品液压缸的标准也在修订中，且应在再制造液压缸标准前发布。

5.1.5　液压缸装配技术要求

(1) 重型机械装配

在 GB/T 37400.10—2019《重型机械通用技术条件　第 10 部分：装配》中规定了重型机械产品装配的一般要求、装配部件的几何公差、装配连接方法、典型部件装配、总装、检验及试车、拆卸的通用技术要求，适用于重型机械产品包括液压缸的装配。

① 装配的一般要求

a. 进入装配的零件及部件（包括外购件、外协件）均应具有检验部门的合格证方能进行装配。

b. 零件在装配前应清理和清洗干净，不得有毛刺、飞边、氧化皮、腐蚀、切屑、油污、着色剂、防锈油和灰尘等。

c. 装配前应对零件及部件的主要配合尺寸，特别是过盈配合尺寸及相关精度进行复查。经钳工修整的配合尺寸，应由检验部门复检。

d. 装配过程中的机械加工工序应符合 GB/T 37400.9 的有关规定；焊接工序应符合 GB/T 37400.3 的有关规定。

e. 除特殊要求外，装配前应将零件的尖角和锐边倒钝。

f. 装配过程中零件不准许磕碰、划伤和锈蚀。

g. 输送介质的孔要用照明法或通气法检查是否畅通。

h. 装配后无法再进入的部位要先涂底漆和面漆。油漆未干的零件及部件不得进行装配。

i. 机座、机身等机器的基础件，装配时应校正水平（或垂直）。其校正精度，对结构简单、精度低的机器不低于 0.1mm/m，对结构复杂、精度高的机器不低于 0.05mm/m。

j. 具有相对运动的零件及部件上各润滑点装配后应注入适量的润滑油（或脂）。

② 装配部件的几何公差

在 GB/T 37400.10—2019 (JB/T 5000.10—2007) 中给出"平面度""平行度""垂直度""倾斜度""水平度"和"同轴度"等"装配部件的几何公差"，与 GB/T 1184—1996《形状和位置公差 未注公差值》不一致，也没有查清楚其出处，以下几何公差暂按 GB/T 1184—1996 给出。

作者注：除 GB/T 1184—1996 外，现行标准名称中还含有"形状和位置"和"形状与位置"的标准有 GB/T 13916—2013《冲压件形状和位置未注公差》、GB/T 16892—1997《形状和位置公差非刚性零件注法》、GB/T 17773—1999《形状和位置公差 延伸公差带及其表示法》、QB/T 1511—2011《缝纫机零件 未注形状和位置公差》和 QC/T 714—2004《汽车车身覆盖件未注形状与位置公差值》5 项，其他都已修改为"几何公差"，如 GB/T 1182—1996《形状和位置公差 通则、定义、符号和图样表示法》修改为 GB/T 1182—2018《产品几何技术规范（GPS） 几何公差 形状、方向、位置和跳动公差标注》（2008 版已被代替）。

几何公差未注公差见表 5-21～表 5-24。

表 5-21 直线度和平面度的未注公差（摘自 GB/T 1184—1996） 单位：mm

公差等级	基本长度范围					
	≤10	>10～30	>30～100	>100～300	>300～1000	>1000～3000
H	0.02	0.05	0.10	0.20	0.30	0.40
K	0.05	0.10	0.20	0.40	0.60	0.80
L	0.10	0.20	0.40	0.80	1.20	1.60

表 5-22 垂直度未注公差（摘自 GB/T 1184—1996） 单位：mm

公差等级	基本长度范围			
	≤100	>100～300	>300～1000	>1000～3000
H	0.20	0.30	0.40	0.50
K	0.40	0.60	0.80	1.00
L	0.60	1.00	1.50	2.00

表 5-23　对称度未注公差（摘自 GB/T 1184—1996）　　　　　　　单位：mm

公差等级	基本长度范围			
	≤100	>100～300	>300～1000	>1000～3000
H	0.50			
K	0.60		0.80	1.00
L	0.60	1.00	1.50	2.00

表 5-24　圆跳动的未注公差（摘自 GB/T 1184—1996）　　　　　　单位：mm

公差等级	圆跳动公差值
H	0.10
K	0.20
L	0.50

说明

① 在表 5-21 中选择公差值时，对于直线度应按其相应线的长度选择；对于平面度应按其表面的较长一侧或圆表面的直径选择。

② 圆度的未注公差等于标准的直径公差值，但不能大于表 5-24 中的径向圆跳动的未注公差值。

③ 圆柱度的未注公差值不做规定。

注：1. 圆柱度误差由三个部分组成，即圆度、直线度和相对素线的平行度误差，而其中每一项误差均由它们的注出公差或未注出公差控制。

2. 如因功能要求，圆柱度应小于圆度、直线度和平行度的未注公差的综合结果，应在被测要素上按 GB/T 1182 的规定注出圆柱度公差值。

3. 采用包容要求。

④ 平行度的未注公差值等于给出的尺寸公差值，或是直线度和平面度未注公差值中的相应公差值取较大者。

⑤ 在表 5-22 中选择垂直度未注公差值时，应取形成直角的两边中较长的一边作为基准，较短一边作为被测要素。

⑥ 在表 5-23 中选择对称度未注公差值时，应取两要素中较长者作为基准，较短者作为被测要素。

⑦ 同轴度的未注公差值未做规定。

极限情况下，同轴度的未注公差值可以和表 5-24 中规定的径向圆跳动的未注公差值相等。应取两要素中较长者作为基准。

⑧ 对于圆跳动的未注公差值，应以设计或工艺给出的支承面作为基准，否则应取两要素中较长者作为基准。

③ 装配连接方法　螺钉、螺栓连接

a. 螺钉、螺栓和螺母紧固时不准许打击或使用不合适的拧紧工具。紧固后螺钉槽、螺母和螺钉、螺栓头部不应有损坏。

b. 图样或工艺文件中有规定拧紧力矩要求的紧固件，应采用力矩扳手并按规定的拧紧力矩紧固；未做规定的拧紧力矩的紧固件，其拧紧力矩可参考表 5-25。采用力矩扳手拧紧螺栓时可按下列步骤进行：以 $1/3T_A$ 值拧紧；以 $1/2T_A$ 值拧紧；以 T_A 值拧紧；以 T_A 值检查全部螺栓。

c. 同一零件用多件螺钉（螺栓）紧固时，各螺钉（螺栓）需交叉、对称、逐步、均匀、逐级拧紧。如有定位销，应从靠近该销的螺钉（螺栓）开始。

d. 螺钉、螺栓和螺母紧固后，其支承面应与被紧固零件贴合。

e. 双螺母紧固时，若两螺母厚度不相同时，薄螺母应置于厚螺母之内，薄螺母应按规定力矩要求拧紧，厚螺母则应施加较大的拧紧力矩。

作者注：对液压机立柱调节螺母、锁紧螺母、拉杆螺母等，如其是双螺母且厚度不一致，则其布置应按该液压机标准规定（包括型式图示）。

f. 螺母拧紧后，螺栓、螺钉末端应露出螺母端面 2~3 个螺距；采用拉伸预紧方式拧紧的螺栓，螺母拧紧后，螺栓末端应露出螺母端面的长度按照设计图样要求或不小于 1 个螺栓公称直径（d）。

g. 沉头螺钉紧固后，沉头应低于表面 1~2mm 或按照设计图样要求。

h. 严格按照图样及技术文件上规定性能等级的紧固件装配，不准许用低性能紧固件替代高性能紧固件。

i. 对于大直径重载预紧的螺母，在紧固时应在螺纹啮合部分涂防咬合剂。

表 5-25　一般连接螺栓拧紧力矩

机械性能等级	螺纹规格 d/mm								
	M6	M8	M10	M12	M16	M20	M24	M30	M36
	拧紧力矩 T_A/(N·m)								
5.6	3.3	8.5	16.5	28.7	70	136.3	235	472	822
8.8	7	18	35	61	149	290	500	1004	1749
10.9	9.9	25.4	49.4	86	210	409	705	1416	2466
12.9	11.8	30.4	59.2	103	252	490	845	1697	2956
机械性能等级	螺纹规格 d/mm							
	M42	M48	M56	M64	M72×6	M80×6	M90×6	M100×6
	拧紧力矩 T_A/(N·m)							
5.6	1319	1991	3192	4769	6904	9573	13861	19327
8.8	2806	4236	6791	10147	14689	20368	29492	41122
10.9	3957	5973	9575	14307	20712	34422	41584	57982
12.9	4742	7159	11477	17148	24824	40494	49841	69496

作者注：根据 QC/T 518—2013 的规定，扭矩离散度±5% 相当于拧紧精度等级Ⅰ级。但该标准不适用于采用弹簧垫圈或弹性垫圈的螺纹紧固件以及有效力矩型螺纹紧固。

④ 装配连接方法　键连接

a. 平键装配时，不得配成阶梯形。

b. 平键与轴上键槽两侧面应均匀接触，其配合面不得有间隙。钩头键、楔键装配后，其接触面积应不小于工作面积的 70%，且不接触部分不得集中于一段。外露部分应为斜面的 10%~15%。

c. 花键装配时，同时接触的齿数不少于 2/3，接触率在键齿的长度和高度方向上不得低于 50%。

d. 滑动配合的平键（或花键）装配后，相配件应移动自如，不得有松紧不匀现象。

⑤ 装配连接方法　粘合连接

a. 粘合剂牌号应符合设计或工艺要求并采用在有效期限内的粘合剂。

b. 被粘接的零件表面应做好预处理，彻底清除油污、水膜、锈斑等杂质。

c. 粘接时粘合剂应涂得均匀，固化的温度、压力、时间等应严格按工艺或粘合剂使用说明的规定执行。

d. 粘接后清除流出的多余粘合剂。

作者注：1. 经比较，GB/T 37400.10—2019（本手册摘录部分）与 JB/T 5000.10—

2007《重型机械通用技术条件　第 10 部分：装配》基本相同。

2. JB/T 5000.10 被 JB/T 6134—2006、JB/T 11588—2013 等液压缸产品标准所引用。

(2) 电液伺服机构及其组件装配

QJ 2478—1993《电液伺服机构及其组件装配、试验规范》适用于导弹和运载器用电液伺服机构及其组件的装配、试验，其他液压伺服机构也可参照使用。

① 环境要求　产品计量、装配、试验场地的温度、相对湿度和洁净度应符合表 5-26 规定。

洁净室内洁净度级别应符合 QJ 2214 的规定。

表 5-26　液压件的装配环境要求

类别	温度/℃	相对湿度	洁净度级别	适用范围
I	20 ± 3	≤70%	100 级	精密偶件计量选配、滤芯加工、伺服阀装配
II	20 ± 3	≤70%	10000 级	传感器和液压件装配；非全封闭产品调试、出厂检验
III	20^{+10}_{-5}	≤75%	100000 级	电机装配、调试、出厂检验、全封闭产品试验
IV	20 ± 10	≤80%	—	型式试验、成品保管、保管期试验

注：非全封闭产品是指液压产品内腔向外敞开或外部设备与产品内部有工作液循环交换的产品。

② 污染控制要求

a. 计量、装配和试验场地的要求如下：

ⅰ. 现场的污染控制按表 5-26 洁净度级别要求；

ⅱ. 室内禁止干扫地面及进行产生切屑的加工，在 I、II 类环境内如需钎焊导线，应设立专门隔离间；

ⅲ. 进入室内的工作人员应穿戴长纤维织物工作服、帽和软底工作鞋，进入 I、II 类环境的工作人员还应事先清除身上的尘土，出室外不应穿戴工作服、帽和鞋；

ⅳ. 用卷边的绸布或其他长纤维织物做拭布，不得用棉纱擦拭零、组件及产品；

ⅴ. 装配及非全封闭产品调试用的量具、工具及夹具应有牢固的防锈层，以防止掉锈末、脱层、掉渣等；

ⅵ. 定期取样分析污染物性质及来源，并采取针对性的措施。

b. 所有投入装配的零、组件及外购成品件均应经过仔细的清洗，尤其是液压产品内腔、孔道和装于液压系统内腔的零、组件更应经过严格彻底的清洗。清洗效果由清洗方式和程序保证，最后目测检查零件及清洗液不得有任何可见的切屑、灰尘、毛发及纤维等，其清洗程序、方法和要求如下。

ⅰ. 根据零件的特点，按表 5-27 规定的主要清洗程序进行清洗。

表 5-27　清洗程序

类别	清洗对象	清洗程序
I	凡图样上注明振动清洗的零件	启封→冲洗→振动清洗
II	凡图样上注明超声清洗的零件	启封→冲洗→超声清洗
III	具有较复杂内腔及深孔的较大零件	启封→冲洗→浸洗
IV	形状较复杂的零件	启封→冲洗→浸洗
V	一般零件	启封→浸洗
VI	封闭式轴承及带非金属材料的金属件	擦洗

ⅱ. 清洗方式和要求按表 5-28 规定。

c. 对零、组件及产品进行试验时所有液压、气动设备都应严格保持清洁。系统的名义过滤精度应优于 $10\mu m$。油箱应设置防尘盖。小批量生产时每批投入试验前应清理设备，并取样检查工作介质的污染度。连续生产时，应定期（不超过 3 个月）取样检查工作介质污染

表 5-28　清洗方式和要求

序号	清洗方式	清洗介质	介质相对过滤精度/μm	温度/℃	清洗时间/min	说明
1	刷洗	煤油	—	稠油封:50～70 稀油封:室温	洗净为止	启封
2	冲洗		≤20	50～70	5	用工装将压力约为 1MPa 的煤油导入零件孔道内腔,冲洗机流量不小于 30L/min
3	振动清洗	汽油	≤7	室温	每次 5	频率:45^{+5}_{0} Hz 幅值:0.7～1mm,一般不超过 3 次
4	超声清洗					设备功率与零件大小适应,调节至明显共振,至少洗 2 次
5	浸洗				洗净为止	至少分初(粗)洗和精洗两槽,各洗 1 次
6	擦洗	无水乙醇	≤10			适用于轴承、电气零件、橡胶塑料件清洗
		四氯化碳丙酮				适用于零件涂胶前除油及电气零、组件清洗

度。工作介质固体颗粒污染度应符合 GJB 420 中 5/A 级要求,对于过滤器应符合 4/A 级要求,设备上过滤器滤芯累计工作时间不大于 1000h。

d. 加注到产品内部的工作介质应符合产品专有技术条件。加注设备应具有优于 $7\mu m$ 的过滤能力(或用 3 个以上 $10\mu m$ 的过滤器串联)。加注设备应定期(正常使用条件下不超过 3 个月)清理并检查污染度,其工作介质所含污染颗粒应符合 5/A 级的要求。

③ 防锈要求

a. 计量、装配、调试及零、组件存放场地的要求。

ⅰ. 按表 5-26 的要求严格控制相对湿度。

ⅱ. 场地不得存放酸、碱等化学物品,尽量远离一切可能析出腐蚀性气体的处所。

ⅲ. 需用净化压缩空气的地方应装油水分离器,并需定期放掉油和水,每个工作班前经白纸检查,无水和无油方可使用。一般油水分离器每半年至少更换一次毛毡和活性炭。

b. 装配与调试的要求。

ⅰ. 无镀层的钢铁精密零、组件在脱封状态下不得超过 2 h。

ⅱ. 计量、清洗、装配、调试过程拿取零、组件时应戴绸布手套。若戴手套不便于操作,可以不戴,但在操作前必须洗手,并保持干燥、洁净。

ⅲ. 启封后,若零、组件存放超过 3 天,应予以短期油封或封存,其要求如下。

• 零、组件应按 b. 条的规定仔细清洗并充分干燥(用 60～70℃ 的热压缩空气吹干或在 50～60℃ 烘箱内烘 30～40min),然后再油封或封存。

• 小型精密零、组件的油封用浸泡法,即浸泡在盛有经脱水后的工作液的容器内,并加盖密封,油封期为 3 天;其他零、组件在 55～60℃ 防锈油中浸 5～10s,油封期为 3 天。短期油封可在防锈油与煤油配比为 1:4 的防锈油液中冷浸 5～10s,油封期为 3 个月。

• 不适宜油封的电气零、组件应置于干燥器内密闭封存。容器内同时放入经干燥处理过的防潮砂($1kg/m^3$)及防潮砂指示剂(或指示纸)。

ⅳ. 阳极化的铝合金件、不锈钢件、镀铬或镀镍的钢件以及全部有涂层的金属件在 3 个月内可不油封。

ⅴ. 液压产品装配、调试过程中，其油腔处于无油状态的存放时间不允许超过 24h。液压产品装配、调试完成后，应及时灌入新的工作液进行封存。其他产品需要油封的部位应按第ⅲ.条的规定予以短期油封或封存。

ⅵ. 经启封、清洗后的液压零、组件应在含 3%～7% 工作液的汽油（或含 3%～7% 的工作液的最后清洗介质）中浸洗 5～10s，其他零、组件（轴承及不允许沾油的零、组件除外）在清洗后应在含 3%～7% 的防锈油的汽油中浸洗 5～10s，然后用干净的压缩空气吹干或自然晾干。

ⅶ. 生产中正在使用的清洗介质、防锈油（防锈脂）以及试验设备中工作液应定期取样送检，应无水分、杂质、酸碱反应（防锈油应无氯离子及硫酸根离子）酸值应符合表 5-29 规定。

表 5-29　介质酸值限值

品种	粗洗汽油	精洗汽油	防锈油（防锈脂）	工作液
酸值/(mgKOH/g)	<3.6	<1.2	<1	<0.5

当连续生产时，送检周期定为 3 个月，若生产间断 2 个月以上，投入生产前应取样送检。

c. 成品的要求。

ⅰ. 产品外部无镀层、涂层和阳极化层的部位允许刷涂一层防锈油（或防锈脂）。

ⅱ. 包装箱应采取防尘措施，并放入经干燥处理过的防潮砂（1kg/m³）及防潮砂指示剂（或指示纸）。

④ 装配要求

a. 装配前应按以下要求复检：

ⅰ. 零、组件的制造应符合 QJ 1499（已被 QJ 1499A—2001 代替）的要求，并无碰伤、划伤及表面处理层破坏；

ⅱ. 零、组件经清洗后，目测检查应无任何可见脏物；

ⅲ. 橡胶密封件及橡胶金属件无分层、脱粘、龟裂、起泡、杂质、划伤等缺陷；

ⅳ. 合格证应与实物相符。零、组件保管期及传感器校验期应在规定期限内。

b. 装配前橡胶件应在工作液内浸泡 24h。装配时应采取措施防止密封件划伤和切伤。

作者注：尽管"装配前橡胶件应在工作液内浸泡 24h"来源于 QJ 2478—1993 的规定，但笔者认为其适用性有问题。笔者建议在液压系统及元件装配中不要应用这种工艺。

c. 液压产品及其组件装配时，零件表面应事先沾工作液。

d. 装配时，螺纹连接部分（与工作介质接触者除外）应在外螺纹表面涂符合 SY 1510 的特 12 号润滑脂。

作者注：现未查到引用标准 SY 1510《特 12 号润滑脂》。

e. 装配试验时，允许因工装、夹具或螺纹拧合使装配件表面处理层局部产生轻微破坏，但不允许使基体金属受到损坏。

f. 产品分解下来的弹簧卡圈、弹簧垫圈、鞍形弹性垫圈、波形弹性垫圈和密封件（包括氟塑料挡圈、密封垫片）等，在重新装配时不允许继续使用，必须更换新的零件。

g. 产品配套应保证零、组件有互换性（图样中注明选配者除外），组装后不允许在产品上进行切割加工。

h. 电子产品的装配、试验以及导线的钎焊、安装应按 QJ 165 和专用技术条件的规定。

i. 电连接器内部的导线束应用尼龙或麻线扎紧，导线束有防波金属网套时，该套与金属基体应可靠导通。

j. 产品活动部分应运动平稳，无滞涩、无爬行等。

k. 动平衡、过速试验应按专用技术要求的规定。

5.1.6 液压缸的试验方法

在 GB/T 15622—2005《液压缸试验方法》中规定了液压缸试验方法，适用于以液压油液为工作介质的液压缸的型式试验和出厂试验，但不适用于组合式液压缸。

作者注：GB/T 15622—××××《液压缸试验方法》/ISO 10100：2020 正在起草中。

(1) 试验装置和试验条件

① 试验装置

a. 液压缸试验装置如图 5-4 和图 5-5 所示。试验装置的液压系统原理图如图 5-6～图 5-8 所示。

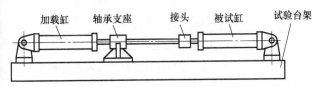

图 5-4　加载缸水平加载试验装置

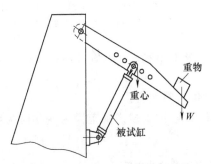

图 5-5　重物模拟加载试验装置

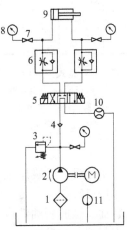

图 5-6　出厂试验液压系统原理图

1—过滤器；2—液压泵；3—溢流阀；4—单向阀；
5—电磁换向阀；6—单向节流阀；7—压力表开关；
8—压力表；9—被试缸；10—流量计；11—温度计

b. 测量准确度　采用 B、C 两级。测量系统的允许系统误差应符合表 5-30 的规定。

表 5-30　测量系统允许系统误差

测量参量		测量系统的允许系统误差	
		B 级	C 级
压力	在小于 0.2MPa 表压时/kPa	±3.0	±5.0
	在等于或大于 0.2MPa 表压时/%	±1.5	±2.5
	温度/℃	±1.0	±2.0
	力/%	±1.0	±1.5
	流量/%	±1.5	±2.5

② 试验用油液

a. 黏度。油液在 40℃ 时的运动黏度应为 $29\sim74\mathrm{mm}^2/\mathrm{s}$。

注：特殊要求除外。

b. 温度。除特殊规定外，型式试验应在 $50℃\pm2℃$ 下进行；出厂试验应在 $50℃\pm4℃$ 下进行。出厂试验允许降低温度，在 $15\sim45℃$ 范围内进行，但检测指标应根据温度变化进行相应调整，保证在 $50℃\pm4℃$ 时能达到产品标准规定的性能指标。

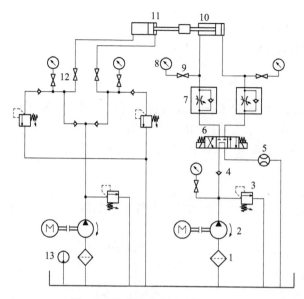

图 5-7　型式试验液压系统原理图

1—过滤器；2—液压泵；3—溢流阀；4—单向阀；5—流量
计；6—电换换向阀；7—单向节流阀；8—压力表；9—压力
表开关；10—被试缸；11—加载缸；12—截止阀；13—温度计

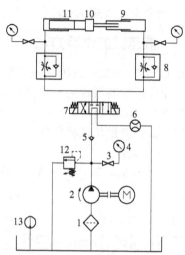

图 5-8　多级缸试验台液压系统原理图

1—过滤器；2—液压泵；3—压力表开关；4—压力表；
5—单向阀；6—流量计；7—电磁换向阀；
8—单向节流阀；9—被试缸；10—测力计；
11—加载缸；12—溢流阀；13—温度计

c. 污染度等级。试验用油液的固体颗粒污染等级不得高于 GB/T 14039—2002 规定的 19/15 或 —/19/15。

d. 相容性。试验用油液应与被试液压缸的密封件材料相容。

③ 稳态工况　试验中，各被控参量平均显示值在表 5-31 规定的范围内变化时为稳态工况。应在稳态工况下测量并记录各个参量。

表 5-31　被控参量平均显示值允许变化范围

被控参量		平均显示值允许变化范围	
		B 级	C 级
压力	在小于 0.2MPa 表压时/kPa	±3.0	±5.0
	在等于或大于 0.2MPa 表压时/%	±1.5	±2.5
温度/℃		±2.0	±4.0
流量/%		±1.5	±2.5

(2) 试验项目和试验方法

① 试运转　调整试验系统压力，使被试液压缸在无负载工况下起动，并全行程往复运动数次，完全排除液压缸内的空气。

② 起动压力特性试验　试运转后，在无负载工况下，调整溢流阀，使无杆腔（双作用液压缸，两腔均可）压力逐渐升高，至液压缸起动时，记录下的起动压力即为最低起动压力。

③ 耐压试验　使被试液压缸活塞分别停在行程的两端（单作用液压缸处于行程极限位置），分别向工作腔施加 1.5 倍公称压力，型式试验应保压 2min，出厂试验应保压 10s。

④ 耐久性试验　在额定工况下，使被试液压缸以设计要求的最高速度连续运行，速度误差为 ±10%。一次连续运行 8h 以上。在试验期内，被试液压缸的零件均不得调整。记录

累积行程。

⑤ 泄漏试验

a. 内泄漏。使被试液压缸工作腔进油，加压至额定压力或用户指定压力，测定经活塞泄漏至未加压腔的泄漏量。

b. 外泄漏。进行②、③、④、⑤a. 规定的试验时，检测活塞杆密封处的泄漏量；检查缸体各静密封处、接合面处和可调节机构处是否有渗漏现象。

c. 低压下的泄漏试验。当液压缸内径大于 32mm 时，在最低压力为 0.5MPa（5bar）下，当液压缸内径小于或等于 32mm 时，在 1MPa（10bar）压力下，使液压缸全行程往复运动 3 次以上，每次在行程两端停留 10s。

在试验过程中进行下列检测：

ⅰ. 检查运动过程中液压缸是否振动或爬行；

ⅱ. 观察活塞杆密封处是否有油液泄漏，当试验结束时，出现在活塞杆上的油膜应不足以形成油滴或油环；

ⅲ. 检查所有密封处是否有油液泄漏；

ⅳ. 检查液压缸安装的节流阀和/或缓冲元件是否有油液泄漏；

ⅴ. 如果液压缸是焊接结构，应检查焊缝处是否有油液泄漏。

⑥ 缓冲试验　将被试液压缸工作腔的缓冲阀全部松开，调节试验压力为公称压力的 50%，以设计的最高速度运行，检测当运行至缓冲阀全部关闭时的缓冲效果。

⑦ 负载效率试验　将测力计安装在被试液压缸的活塞杆上，使被试液压缸保持匀速运动，按式（5-5）计算出不同压力下的负载效率，并绘制负载效率特性曲线，如图 5-9 所示。

$$\eta = \frac{W}{pA} \times 100\% \tag{5-5}$$

⑧ 高温试验　在额定压力下，向被试液压缸输入 90℃ 的工作油液，全行程往复运行 1h。

⑨ 行程检验　使被试液压缸的活塞或活塞杆分别停在行程两端极限位置，测量其行程长度。

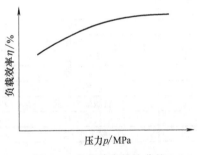

图 5-9　负载效率特性曲线

（3）型式试验

型式试验包括下列项目：

① 试运转 [见（2）①]；

② 起动压力特性试验 [见（2）②]；

③ 耐压试验 [见（2）③]；

④ 泄漏试验 [见（2）⑤]；

⑤ 缓冲试验 [见（2）⑥]；

⑥ 负载效率试验 [见（2）⑦]；

⑦ 高温试验（当产品有此要求时）[见（2）⑧]；

⑧ 耐久性试验 [见（2）④]；

⑨ 行程检验 [见（2）⑨]。

（4）出厂试验

出厂试验包括下列项目：

① 试运转 [见（2）①]；

② 起动压力特性试验 [见（2）②]；

③ 耐压试验〔见（2）③〕；

④ 泄漏试验〔见（2）⑤〕；

⑤ 缓冲试验〔见（2）⑥〕；

⑥ 行程检验〔见（2）⑨〕。

(5) 试验报告

试验过程中应详细记录试验数据。在试验后应填写完整的试验报告，试验报告的格式参照表 5-32。

表 5-32　液压缸试验报告格式

试验类型			实验室名称			试验日期	
试验用油液类型			油液污染度			操作人员	
被试液压缸特征	类型						
	缸径/mm						
	最大行程/mm						
	活塞杆直径/mm						
	油口及其连接尺寸/mm						
	安装方式						
	缓冲装置						
	密封件材料						
	制造商名称						
	出厂日期						

序号	试验项目	产品指标值	试验测量值 被试产品编号			结果报告	备注
			001	002	003		
1	试运转						
2	起动压力特性试验						
3	耐压试验						
4	泄漏试验						
5	缓冲试验						
6	负载效率试验						
7	高温试验						
8	耐久性试验						
9	行程检验						

作者注：原表 5-32 中出现了"最大行程"，且序号缺"9"。

(6) 标注说明（引用本标准）

当选择遵守 GB/T 15622—2005 时，建议制造商在试验报告、产品目录和产品销售文件中采用以下说明："液压缸的试验符合 GB/T 15622—2005《液压缸试验方法》。"

说明

① GB/T 15622—2005《液压缸试验方法》/ISO 10100：2001 于 2005 年 7 月 11 日发布，自 2006 年 1 月 1 日实施，到现在已经有多年未进行修订了。该标准经常作为"规范性引用文件"被一些液压缸相关标准所引用，如 JB/T 10205—2010《液压缸》、GB/T 32216—2015《液压传动　比例/伺服控制液压缸的试验方法》等。

② GB/T 15622—××××《液压缸试验方法》/ISO 10100：2020 新标准正在起草中。

③ 在 GB/T 15622—2005 中可能存在的最大问题是关于"耐压试验"的规定。在 GB/T 32216—2015 中已经被修改。

④ 在 GB/T 15622—2005 中存在的其他问题，请参考本手册"2.2.3.2《液压缸》标准及其说明"以及参考文献〔100〕。

5.1.7 比例/伺服控制液压缸的试验方法

在 GB/T 32216—2015《液压传动 比例/伺服控制液压缸的试验方法》中规定了比例/伺服控制液压缸的型式试验和出厂试验的试验方法，适用于以液压油液为工作介质的比例/伺服控制的活塞式和柱塞式液压缸（以下简称液压缸或活塞缸、柱塞缸）。

(1) 试验装置和试验条件

①试验装置

a. 试验原理图。比例/伺服控制液压缸的稳态和动态试验液压原理图如图 5-10～图 5-12，图中所有图形符号符合 GB/T 786.1 的规定。

作者注：仅原图 1 中即可见九处图形符号不正确。

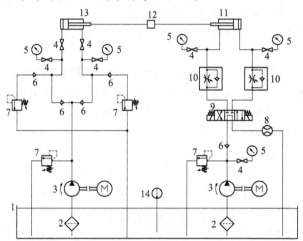

图 5-10 液压缸稳态试验液压原理图
（按原图 1 重新绘制）

1—油箱；2—过滤器；3—液压泵；4—截止阀；5—压力表；6—单向阀；7—溢流阀；8—流量计；
9—电磁（液）换向阀；10—单向节流阀；11—被试液压缸；12—力传感器；13—加载缸；14—温度计

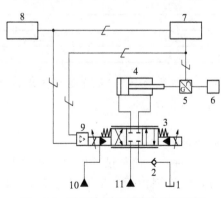

图 5-11 活塞缸动态试验液压原理图
（按原图 2 重新绘制）

1—（回到）油箱；2—单向阀；3—比例/伺服阀；
4—被试比例/伺服阀控制液压缸（活塞式）；5—位
移传感器；6—加载装置；7—自动记录分析仪器；
8—可调振幅和频率的信号发生器；9—比例/伺服
放大器；10—控制用液压源；11—液压（动力）源

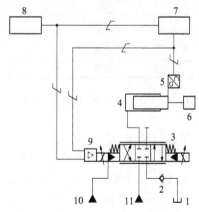

图 5-12 柱塞缸动态试验液压原理图
（按原图 3 重新绘制）

1—（回到）油箱；2—单向阀；3—比例/伺服阀；
4—被试比例/伺服阀控制液压缸（柱塞式）；5—位
移传感器；6—加载装置；7—自动记录分析仪器；
8—可调振幅和频率的信号发生器；9—比例/伺服
放大器；10—控制用液压源；11—液压（动力）源

b. 安全要求。试验装置应充分考虑试验过程中人员及设备的安全，应符合 GB/T 3766 的相关要求，并有可靠措施，防止在发生故障时，造成电击、机械伤害或高压油射出伤人等事故。

c. 试验用比例/伺服阀。试验用比例/伺服阀响应频率应大于被试液压缸最高试验频率的 3 倍以上。试验用比例/伺服阀的额定流量应满足被试液压缸的最大运动速度。

d. 液压源。试验装置的液压源应满足试验用的压力，确保比例/伺服阀的供油压力稳定，并满足动态试验的瞬时流量需要；应有温度调节、控制和显示功能；应满足液压油液污染度等级要求，见下文②c.。

e. 管路及测压点位置。

ⅰ. 试验装置中，试验用比例/伺服阀与被试液压缸之间的管路应尽量短，且尽量采用硬管；管径在满足最大瞬时流量前提下，应尽量小。

ⅱ. 测压点应符合 GB/T 28782.2—2012 中 7.2 的规定。

f. 仪器。

ⅰ. 自动记录分析仪器应能测量正弦输入信号之间的幅值比和相位移。

ⅱ. 可调振幅和频率的信号发生器应能输出正弦波信号，可在 0.1 Hz 到试验要求的最高频率之间进行扫频，还应能输出正向阶跃和负向阶跃信号。

ⅲ. 试验装置应具备对被试液压缸的速度、位移、输出力等参数进行实时采样的功能，采样速度应满足试验控制和数据分析的需要。

g. 测量准确度。测量准确度按照 JB/T 7033—2007 中 4.1 的规定，型式试验采用 B 级，出厂试验采用 C 级。测量系统的允许系统误差应符合表 5-33 的规定。

表 5-33　测量系统允许系统误差

测量参量		测量系统的允许误差	
		B 级	C 级
压力	$p<0.2$MPa 表压时/kPa	±3.0	±5.0
	$p\geqslant0.2$MPa 表压时/%	±1.0	±1.5
温度/℃		±1.0	±2.0
力/%		±1.0	±1.5
速度/%		±0.5	±1.0
时间/ms		±1.0	±2.0
位移/%		±0.5	±1.0
流量/%		±1.5	±2.5

作者注：表 5-33 中压力大于或等于 0.2MPa 时的测量系统的 B、C 级允许误差比其他标准都小。

② 试验用液压油液

a. 黏度。试验用液压油液在 40℃时的运动黏度应为 $29\sim74\text{mm}^2/\text{s}$。

b. 温度。除特殊规定外，型式试验应在 50℃±2℃下进行；出厂试验应在 50℃±4℃下进行。出厂试验可降低温度，在 15~45℃范围内进行，但检测指标应根据温度变化进行相应调整，保证在 50℃±4℃时能达到产品标准规定的性能指标。

c. 污染度。对于伺服控制液压缸试验，试验用液压油液的固体颗粒污染度不应高于 GB/T 14039—2002 规定的 —/17/14；对于比例控制液压缸试验，试验用液压油液的固体颗粒污染度不应高于 GB/T 14039—2002 规定的 —/18/15。

d. 相容性。试用液压油液应与被试液压缸的密封件以及其他与液压油液接触的零件材料相容。

③ 稳态工况

试验中，各被控参量平均显示值在表 5-34 规定的范围内变化时为稳态工况。应在稳态工况下测量并记录各个参量。

表 5-34　被控参量平均显示值允许变化范围

被控参量		平均显示值允许变化范围	
		B 级	C 级
压力	$p < 0.2$ MPa 表压时/kPa	±3.0	±5.0
	$p \geqslant 0.2$ MPa 表压时/%	±1.5	±2.5
温度/℃		±2.0	±4.0
力/%		±1.5	±2.5
速度/%		±1.5	±2.5
位移/%		±1.5	±2.5

（2）试验项目和试验方法

① 试运行　应按照 GB/T 15622—2005 的 6.1 进行试运行。

② 耐压试验　使被试液压缸活塞分别停留在行程的两端（单作用液压缸处于行程的极限位置），分别向工作腔施加 1.5 倍额定压力，型式试验应保压 10min，出厂试验应保压 5min。观察被试液压缸有无泄漏和损坏。

③ 起动压力特性试验　试运行后，在无负载工况下，调整溢流阀的压力，使被试液压缸一腔压力逐渐升高，至液压缸起动时，记录测试过程中的压力变化，其中的最大压力值即为最低起动压力。对于双作用液压缸，此试验正、反方向都应进行。

④ 动摩擦力试验　在带负载工况下，使被试液压缸一腔压力逐渐升高，至液压缸起动并保持匀速运动时，记录被试液压缸进、出口压力（对于柱塞缸，只记录进口压力）。对于双作用液压缸，此试验正、反方向都应进行。本项试验因负载条件对试验结果会有影响，应在试验报告中记录加载方式和安装方式。动摩擦力按式（5-6）计算：

$$F_d = (p_1 A_1 - p_2 A_2) - F \tag{5-6}$$

式中　F_d——动摩擦力，N；

　　　p_1——进口压力，MPa；

　　　p_2——出口压力，MPa；

　　　A_1——进口腔活塞有效面积，mm²；

　　　A_2——出口腔活塞有效面积，mm²；

　　　F——负载力，N。

⑤ 阶跃响应试验　调整油源压力到试验压力，试验压力范围可选定为被试液压缸的额定压力的 10%～100%。

在液压缸的行程范围内，距离两端极限行程位置 30% 缸行程的中间区域任意位置选取测试点；调整信号发生器的振幅和频率，使其输出阶跃信号，根据工作行程给定阶跃幅值（幅值范围可选定为被试液压缸工作行程的 5%～100%）；利用自动分析记录仪记录试验数据，绘制阶跃响应特性曲线，根据曲线确定被试液压缸的阶跃响应时间。

对于双作用液压缸，此试验正、反方向都应进行。对于两腔面积不一致的双作用液压缸，应采取补偿措施，保证正、反方向阶跃位移相等。

本项试验因负载条件对试验结果会有影响，应在试验报告中记录加载方式和安装方式。

⑥ 频率响应试验　调整油源压力到试验压力，试验压力范围可选定为被试液压缸的额定压力的 10%～100%。

在液压缸的行程范围内，距离两端极限行程位置 30％缸行程的中间区域任意位置选取测试点；调整信号发生器的振幅和频率，使其输出正弦信号，根据工作行程给定幅值（幅值范围可选定为被试液压缸工作行程的 5％～100％），频率由 0.1 Hz 逐步增加到被试液压缸响应幅值衰减到－3 dB 或相位滞后 90°，利用自动分析记录仪记录试验数据，绘制频率响应特性曲线，根据曲线确定被试液压缸的幅频宽及相频宽两项指标，取两项指标中较低值。

对于两腔面积不一致的双作用液压缸，应采取补偿措施，保证正、反方向位移相等。

本项试验因负载条件对试验结果会有影响，应在试验报告中记录加载方式和安装方式。

⑦ 耐久性试验　在设计的额定工况下，使被试液压缸以指定的工作行程和设计要求的最高速度连续运行，速度误差为±10％。一次连续运行 8h 以上。在试验期内，被试液压缸的零件均不应调整。记录累积运行的行程。

⑧ 泄漏试验　应按照 GB/T 15622—2005 的 6.5 分别进行内泄漏、外泄漏以及低压下的爬行和泄漏试验。

⑨ 缓冲试验　当被试液压缸有缓冲装置时，应按照 GB/T 15622—2005 的 6.6 进行缓冲试验。

⑩ 负载效率试验　应按照 GB/T 15622—2005 的 6.7 进行负载效率试验。

⑪ 高温试验　应按照 GB/T 15622—2005 的 6.8 进行高温试验。

⑫ 行程检验　应按照 GB/T 15622—2005 的 6.9 进行行程检验。

作者注：关于上述 GB/T 15622- 2005 中各条的具体规定请见本手册第 5.1.6 节。

(3) 型式试验

型式试验应包括下列项目：

① 试运行；

② 耐压试验；

③ 起动压力特性试验；

④ 动摩擦力试验；

⑤ 阶跃响应试验；

⑥ 频率响应试验；

⑦ 耐久性试验；

⑧ 泄漏试验；

⑨ 缓冲试验（当产品有此项要求时）；

⑩ 负载效率试验；

⑪ 高温试验（当产品有此项要求时）；

⑫ 行程检验。

(4) 出厂试验

出厂试验应包括下列项目：

① 试运行；

② 耐压试验；

③ 起动压力特性试验；

④ 动摩擦力试验；

⑤ 阶跃响应试验；

⑥ 频率响应试验；

⑦ 泄漏试验；

⑧ 缓冲试验（当产品有此项要求时）；

⑨ 行程检验。

(5) 环境试验（非 GB/T 32216—2015 规定内容）

对于该标准规定的试验，应在该标准规定的试验条件下进行。然而，由于液压装置在不同环境条件下的实际应用不断增加，也许有必要进行其他试验来证实在不同环境下液压缸的特性。在这种情况下，环境测试的要求宜由供应商和用户商定。

环境测试包括以下内容：

① 环境温度范围；

② 油液温度范围；

③ 振动；

④ 冲击；

⑤ 加速度；

⑥ 防爆阻抗；

⑦ 防火阻抗；

⑧ 浸蚀阻抗；

⑨ 真空度；

⑩ 环境压力；

⑪ 防热辐射；

⑫ 抗浸水性；

⑬ 湿度；

⑭ 电灵敏度；

⑮ 空气粉尘含量；

⑯ EMC（电磁兼容性）；

⑰ 污染敏感度。

说明

① 因伺服控制液压缸需要与电液伺服阀配套使用，如其试验条件与电液伺服阀不一致，则其试验结果包括特性曲线都可能存在一些问题。

笔者认为，一般应在其所配套的电液伺服阀的标准试验条件下对液压缸进行试验，同时笔者不同意"出厂试验可降低温度"的说法和/或做法。

② 特别指出，"对于伺服控制液压缸试验，试验用液压油液的固体颗粒污染度不应高于 GB/T 14039—2002 规定的 —/17/14"这样的要求偏低。

笔者认为，应按电液伺服阀标准试验条件（参见参考文献 [117]）规定伺服液压缸试验用液压油液的污染度等级，即：试验用液压油液的固体颗粒污染等级代号应不劣于 GB/T 14039—2002（ISO 4406：1999，MOD）中的 —/15/12（相当于 NAS 1638 规定的 6 级）。

③ 关于伺服液压缸起动摩擦力问题，笔者认为，"以起动压力不超过 0.3MPa 的电液伺服阀控制液压缸为低摩擦力液压缸"的这种提法较为合适。现在的问题是如按"对于双作用液压缸，此试验（起动压力特性试验）正、反方向都应进行"，那么对于差动伺服液压缸（单杆缸），究竟是无杆腔起动压力，还是有杆腔起动压力，以及应在试运行多少次后进行测试。

存在上述问题，不利于提高伺服控制液压缸试验的规范性，也不利于提高记录伺服控制液压缸性能数据的一致性。

笔者认为，对单杆缸而言，以无杆腔起动压力为准为好，且宜在试运行 20 次后进行检测。

④ 关于带载动摩擦力试验因负载条件对试验结果会有影响，因此此项试验可能存在很大问题。

笔者认为，试验时给出偏载曲线是个解决方法，具体可参考参考文献［93］第22-421页。

⑤ 内置或外置传感器是一般伺服控制液压缸都带有的重要部件，其性能直接影响或标志伺服控制液压缸质量或档次，本应在伺服控制液压缸试验中有所表示，但在现行标准中却缺失传感器相关技术要求和试验方法。

笔者认为，至少应在伺服控制液压缸试验报告中反映出所带传感器型号和精度（等级）。

⑥ 伺服控制液压缸的安装和连接都很重要，笔者在参考文献［117］中对连接有所论述。仅在动摩擦力试验、阶跃响应试验、频率响应试验时"应在试验报告中记录加载方式和安装方式"是不够的，同样存在上述两项"不利于"问题。

笔者认为，对有具体应用的伺服控制液压缸，宜有模拟实际安装和连接包括安装姿态的台架试验，否则该液压缸在实际使用时可能问题很多。

⑦ 伺服控制液压缸的液压固有频率这个参数很重要，尤其对于应用于动态特性要求较高的场合的伺服控制液压缸。

笔者认为，试验时复核一下该液压缸最低液压缸固有频率是必要的。

⑧ 比例/伺服控制液压缸的试验报告格式在 GB/T 32216—2015 资料性附录 A 中给出；带液压保护模块的伺服控制液压缸可采用表 5-35 所示报告格式做出试验报告。

表 5-35　伺服控制液压缸试验报告

试验类别			油温		试验日期	
伺服阀编号		试验装置名称			试验室名称 （盖章）	
保护模块编号						
被试液压缸编号						
试验用 液压流体品种		油液污染度			检验操作人员 （签字）	
打压腔 （正反向试验）		加载方式				
被试液压缸特征	类型		油口尺寸/mm			
	额定压力/MPa		安装尺寸/mm			
	工作压力范围/MPa		传感器型号			
	缸径/mm		缓冲装置			
	活塞杆外径/mm		密封件材料			
	缸最大行程/mm		制造商名称			
	缸工作行程范围/mm		出厂日期			
序号	试验项目	技术要求	试验测量值	试验结果	备注	
1	外观					
2	紧固件及拧紧力矩					
3	试运行					
4	耐压试验					
5	起动压力特性试验					
6	信号极性与控制方向					
7	电液伺服阀零偏					
8	缸行程检验					
9	动摩擦力试验					
10	阶跃响应试验					

序号	试验项目		技术要求	试验测量值	试验结果	备注
11	频率响应试验					
12	泄漏试验	内泄漏				
		外泄漏				
		低压下的泄漏				
		低压下的运行				
13	保护模块	限压性能试验				
		泄压性能试验				
		保压性能试验				
		其他性能试验				
14	传感器精度检验					
15	缓冲试验					
16	负载效率试验					
17	高温试验					
18	耐久性试验					
19	环境试验(可选)					

作者注：如果需要，表 5-35 还可增添合同或技术文件规定的其他试验或检验项目。

5.2 油路块设计与制造

5.2.1 油路块设计制造禁忌

在 GB/T 3766—2015《液压传动　系统及其元件的通用规则和安全要求》中规定了对油路块的特定要求，包括新增加了"油路块"的标识要求，具体请见本手册第 2.1.7 节。

油路块是可用于安装插装阀、叠加阀和板式阀并按液压回路图通过油道使阀孔口连通的立方体基板，归属于配管。在各标准及参考文献中，还有将油路块称为集成块、油路板、安装板、底座、底板、底板块、基础板或阀块的。

油路块设计制造应遵循一些原则。笔者根据相关标准及实践经验的总结，列出了以下若干油路块设计制造禁忌，供读者参考。

(1) 油路块材料选择禁忌

选用铸铁制造中、高压和较大尺寸的油路块时一定要慎重。首先，较大尺寸的立方体铸件不是任何一家铸造厂都可以铸造合格的；其次，一旦加工时出（发）现问题修复困难。

通常可选用 Q355B（C、D）、20、35 或 45 碳钢钢板或锻件制造油路块。使用钢板制造油路块应注意其各向力学性能的不同及可能存在的质量缺陷。

船用二通插装阀油路块推荐采用中碳钢锻件，且毛坯应消除内应力并进行探伤检查。

用于管接头试验的油路块规定不得有镀层，硬度值应为 GB/T 230.1 规定的 35～45HRC。

避免用铸铁制造中、高压或中、大型以及在振动场合使用的油路块。

(2) 油路块型式确定禁忌

油路块外形可设计成正方形或长方形六面体，一般应避免设计四边带地脚凸缘的油路块。油路块外形尺寸不宜过大，否则加工制造困难；一般确定的三个基准面应相互垂直，且应使设计基准、工艺基准和测量基准重合，三个基准面应留 0.3mm 左右的精磨量。

避免液压阀安装面超出油路块。

在液压系统较为复杂、液压阀较多的情况下，可采用多个油路块叠加的形式。相互叠加的油路块上下面一般应有公共的 P 油路、公用的 T 油路和 L 油路以及至少四个用于连接的螺（通）孔（最下层的为螺孔、最上层的一般为圆柱头螺钉用沉孔）。

叠加（装）油路块的外形尺寸偏差一般不得大于 GB/T 1804 中 js 级的规定。

油路块外接油口宜统一设置在一个面上；质量大于 15kg 的油路块应有起吊设施。

油路块在配管耐压试验压力（或额定压力）下及规定时间内，通过 90℃ 的液压油液 1h，避免产生引起液压阀故障的变形（或表述为不应因变形产生故障）。

注意六面体各棱边应倒角 C2 或 C1.5，表面可采用发黑、发蓝或化学镀镍等。

作者注：1. 有参考资料介绍，油路块最大边长不宜超过 600mm，否则即为过大。

2. 一般平面的精磨量在 0.2mm 左右即可，但因油路块表面可能在加工时被划伤，因此应加大精磨量以策安全。

(3) 油路块尺寸标注禁忌

油路块上某个面尺寸的标注可按由同一基准出发的尺寸标注形式标注，也可用坐标的形式列表标注，这个同一基准一般选定为油路块主视图左下角作为坐标原点。

液压阀安装面的尺寸可按其标注方式、方法作为参考尺寸同时注出。

避免不利于复核、检查的油路块尺寸标注。

(4) 油路块流道截面积和最小间距设计禁忌

有参考文献介绍，对于中低压液压系统，油路块中的流道（油路）间的最小间距不得小于 5mm，高压液压系统应更大些。还有参考文献介绍，按流道孔径确定油路块中的流道（油路）间的最小间距，即当孔径小于或等于 $\phi25mm$ 时，油路块中的流道（油路）间的最小间距不得小于 5mm；当孔径大于 $\phi25mm$ 时，油路块中的流道（油路）间的最小间距一般不得小于 10mm。

对于没有产品标准规定的钢质油路块，其流道（油路）间（实际）的最小间距可参考对应公称压力下的硬管（钢管）壁厚，但设计时一般不得小于 5mm。

油路块流道的截面积宜至少等于相关元件的通流面积，其压力油路公称通径对应的推荐管路通过流量可参考配管内油液流速限值设计，如参考表 2-12 系统金属管路的油液流速推荐值设计。

一个流道孔由两端加工（对钻），在接合点的最大偏差不应超过 0.4mm。

避免油路块中油路的截面积、油路的间距设计过小。

(5) 油路块堵孔禁忌

一般油路块上都可能会有工艺孔，堵孔就是按工艺要求堵住这些工艺孔。一般在钢质油路块上堵孔所采用的方法有三种，分别为焊接、球涨和螺塞。

采用焊接方法堵孔时，一般应在孔内预加圆柱塞，其材料应为低碳钢，长度在 5mm 左右，且与孔紧配；留 5mm 以上焊接（缝）厚度，参照塞焊焊接工艺进行密封焊接，但应有一定焊缝凸度（余高）。

笔者不同意有的参考文献中提出的 $\phi5mm$ 直径及以下的工艺孔可以不预加圆柱塞即可直接焊接堵孔；也不同意采用钢球作为预加堵进行焊接。

采用液压气动用球涨式堵头堵孔，只要严格按照 JB/T 9157—2011《液压气动用球涨式堵头 尺寸和公差》规定的安装孔尺寸和公差加工及装配，一般可在最高工作压力为 40MPa 下使用，且油路块材料可为灰口铸铁、球墨铸铁、碳素钢或合金钢等。

作者注：笔者提示，如果没有技术精熟的操作人员和严格的工艺保证，尽量不要采用液压气动用球涨式堵头堵孔，尤其是在军工产品上。

采用螺塞堵孔时，压力油路仅可选用 GB/T 2878.4—2011 规定的（外、内）六角螺塞。测试用（常堵）油口首选 M14×1.5 六角螺塞堵孔。

船用二通插装阀油路块上工艺孔应尽可能采用螺塞、法兰等可拆卸方式封堵。

对于油路块压力上（有）压力流道及工艺孔，避免采用锥形螺塞堵孔。

(6) 油路块表面平面度与表面粗糙度设计禁忌

除要求保证按元件（液压阀）所规定的各孔包括螺孔的尺寸与公差、位置公差等设计、制造油路块上对应孔外，保证螺孔的垂直度公差也特别重要。

元件（液压阀）与油路块抵靠面（安装面）的平面度公差一般要求为 0.01mm/□100mm，表面粗糙度值应不大于 $Ra0.8\,\mu m$，但应符合所选用的液压阀制造商的要求。

避免元件安装面上存在有磕碰划伤、划线余痕、卡痕压痕、锈迹锈斑、镀层起皮等表面质量缺陷。

(7) 油路块孔和螺纹油口设计禁忌

尽量避免设计细长孔、斜孔、斜交孔、半交孔。一般当孔深达到及超过孔径 25 倍时，加工即存在困难；当两个等直径孔偏心比超过 30% 时，其通流面积及局部阻力都会有问题。

用于外部连接的螺纹油口应保证其垂直度，一般要求 M22mm×1.5mm 及以下螺纹油口垂直度公差为 $\phi0.10mm$、M22mm×1.5mm 以上螺纹油口垂直度公差为 $\phi0.20mm$；螺纹油口的攻螺纹长度应足够；螺纹精度应符合 GB/T 193、GB/T 196 及 GB/T 197 中 6H 级的规定。

考虑到管接头的装拆，相邻的螺纹油口间及与其他元件间应留够扳手空间。

考虑到油口的强度、刚度，相邻的螺纹油口的中心距离最小应为油口直径的 1.5 倍。

避免在油路块上设计难加工、难通流的流道；避免配管无法装拆。

(8) 油路块标识禁忌

一般用于安装板式阀和叠加阀的油路块上的阀安装面标识可按液压系统的相关规定。在 GB/T 14043—2005《液压传动　阀安装面和插装阀阀孔的标识代号》中规定了符合国家标准和国际标准的液压阀安装面和插装阀阀孔的标识代号。

进一步还可参考 GB/T 17490—1998 或 ISO 16874（即 GB/T 36997—2018）的规定。

各外接油口旁应在距孔口边缘不小于 6mm 且应不影响密封的位置处做出油口标识。

避免油路块外接油口缺失标识。

利用计算机三维软件对油路块进行三维建模，可显示油路块上各孔在其内部空间中所处相对位置及各孔的连接情况，可立体直观地检查设计结果，上述禁忌对油路块计算机三维软件的设计具有重要意义。

5.2.2　油路块总成及其元件的标识

在 GB/T 17446—2012 中给出术语"油路块"的定义，即"通常可以安装插装阀和板式阀，并按回路图通过流道使阀孔口相互连通的立方体基板。"而用于液压系统中的"油路块总成"则由安装在其表面上的元件或者插装在其内的插入元件（共同）组成。

GB/T 36997—2018《液压传动 油路块总成及其元件的标识》规定了液压系统中油路块和元件安装要素（如安装面或插装孔）的标识准则，包括与产品和服务文件（如油路图、材料清单和装配图）相关的油路块上的标识代号。在安装面或插装孔定义唯一的一个标识代号，便于油路块总成的组装、安装、使用及检修。

系统供应商宜提供油路块的标识，并记录在文件中。油路块制造商需满足供应商合同中的要求。

(1) 标注

① 一般要求　按照（1）②和（1）③的要求，油路块应做标记。在复杂系统中，元件也应做标记，通过该标记应能识别安装此元件的油路块、安装面或插装孔。如果使用附加标记或其他文件要求（依据其他可适用的标准、采购协议或规则），则不受本标准的影响。

② 油路块标识　油路块用下列方法做出永久性的特征标识，文字高度不应小于 3mm。

a. 对于油路块总成，其数字或字母数字的标识代号应与其在系统回路图或相关文件中的标识代号完全相同。通过位置或其他方法区别单独的安装面或插装孔的标识代号。

b. 对于阀、附件和其他元件的每一个安装面，插入式、螺纹式插装阀或其他元件的每一个阀孔，数字标识代号应标记在安装面或阀孔附近，便于装配或检修。

c. 按照 ISO 9461（GB/T 17490—1998）的规定，油口的标识代号用字母表示，如果有多个功能相同的油口，可在字母后增加数字，见表 5-36。

表 5-36　油路块油口标识

油口功能	标识举例	油口功能	标识举例
进油口（主系统）	P,P1,P2,P3,……	辅助油口	Z1,Z2,……
回油口（主系统）	T,T1,T2,T3,……	泄漏油口	L,L1,L2,……
工作油口	A,B,A1,B1,……	先导低压油口（排气口）	V,V1,V2,……
先导进油口	X,X1,X2,……	测压口（诊断）	M,M1,M2,……
先导回油口（先导阀）	Y,Y1,Y2,……		

作者注：在 GB/T 786.2—2018 中规定，P 为压力供油管路和辅助压力供油管路代码，T 为回油管路代码，L、X、Y、Z 为其他的管路代码，如先导管路、泄油管路等。

③ 相关文件

a. 在回路图或相关文件中，每个油路块总成在图表或回路中应有唯一的数字或者字母数字标识。标识应完整、可辨认地刻在油路块上。油路块的标识如图 5-13 所示，对应图 5-13 所示油路块的回路图如图 5-14 所示。

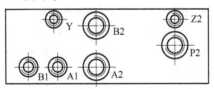

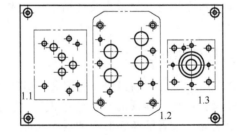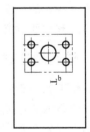

a 油路块总成标识代号；
b 油口标识代号；
c 阀的标识代号。

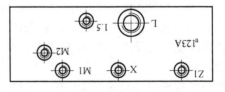

图 5-13　油路块标识示例

b. 在回路图或相关文件中各油路块总成应显示以下内容。

ⅰ. 列出并描述油路块上所有油口，油口尺寸示例见表 5-37。

ⅱ. 列出和描述所有安装面、油路块上插装孔，安装元件及其位置，油路块总成物料清单示例见表 5-38。具体要求如下。

- 每个安装面上的叠加阀组件和插装阀组件包括辅助控制元件及其他元件，应按由底部至顶部顺序列出。叠加阀组件应从安装面向外顺序列出，插装阀组件应从内向外顺序列出。

- 物料清单中各元件应根据其位置（对其进行）编号。在油路块总成和相关文件中每个元件的编号应与物料清单一致。

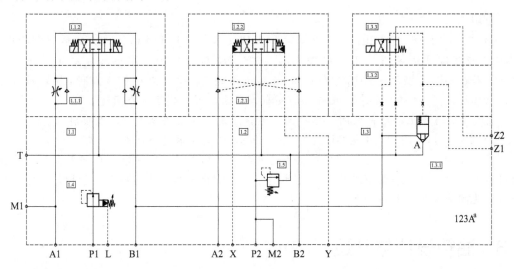

a 油路块总成标识代号。

图 5-14　对应图 5-13 的油路块回路图示例

表 5-37　油路块油口尺寸示例

油口标识	类型和油口尺寸	油口标识	类型和油口尺寸
P1、P2	6149-1-M22×1.5	M1、M2	6149-1-M14×1.5
T	6162-1 P32	X、Y	6149-1-M10×1
A1、A2、B1、B2	6149-1-M22×1.5	Z1、Z2	6149-1-M10×1
L	6149-1-M22×1.5		

表 5-38　油路块总成物料清单示例

安装面或插装孔	阀安装面或插装孔代码（按照 ISO 5783）	元件编号	供应商	供应商（型号）代码
1.1	4401-05-04-0-94	1.1.1		
1.1	4401-05-04-0-94	1.1.2		
1.2	4401-07-06-0-94	1.2.1		
1.2	4401-07-06-0-94	1.2.2		
1.3	7368-08-03-97	1.3.1		
1.3	7368-08-03-89	1.3.2		
1.3	4401-03-02-0-94	1.3.3		
1.4	7789-22-06-0-98	1.4		
1.5	7789-22-06-0-98	1.5		

注：如果供应商（型号）代码不可用，由制造商、供应商和用户之间协商。

作者注：1. GB/T 14043—2005《液压传动　阀安装面和插装阀阀孔的标识代号》等同采用 ISO 5783：1995。

2. 表 5-38 "阀安装面或插装孔代码" 与在 GB/T 14043—2005 中的规定不同，如在 GB/T 14043—2005 中规定，用连字符隔开的最后 "四位数字表示确定特定安装面和插装阀阀孔的标准最新版本的年代号。"

(2) 标注说明

当选择依据（遵守）本标准时，在试验报告、产品样本和销售文件中采用下列说明："油路块总成及液压元件的标识符合 GB/T 36997—2018《液压传动　油路块总成及其元件的标识》。"

> **说明**
>
> ① 在 GB/T 36997—2018《液压传动　油路块总成及其元件的标识》的前言中指出："本标准使用翻译法等同采用 ISO 16874：2004《液压传动　油路块总成及其元件的标识》。" 而在 GB/T 3766—2015 中就有："油路块总成及其元件应按 ISO 16874 规定附上标签，以作标记。" 这样的要求，此标准的发布、实施是否太晚了是个问题。
>
> ② "在油路块上，元件之间不需要油管连接" 是 "油路块总成" 的重要特征。
>
> ③ GB/T 36997—2018 与 GB/T 786.2—2018 之间协调是个问题。
>
> ④ GB/T 36997—2018 的 "对应图 1 的油路块回路图示例" 中有一些问题，如三位换向阀和溢流阀的弹簧绘制得不规范、元件编号 1.1.1 的单向节流阀缺少流量控制阀图形符号、插装阀插件偏离盖板中心等。

5.3　油箱设计与制造

在液压机液压系统中，油箱是重要的液压元件或液压装置，也是液压机制造厂最有可能自行设计、制造的，但现在液压系统用油箱还没有产品标准。究竟油箱是元件或装置或其他，在 GB/T 17446—2012 中也没有明确，且笔者在 GB/T 17446—×××× /ISO 5598：2020 中文稿讨论中提出这一问题后，也未能在业内取得明确一致的意见，以致现在还有标准将其归属 "液压油液和调节元件" "其他辅助装置" 等。

作者注：在 GB/T 3766—2015 中 "5.4.5.2　油箱　5.4.5.2.3　辅件" 中没有 "热交换器"，因此不清楚为什么将油箱归属于 "5.4.5　液压油液和调节元件" 中。

在液压机液压系统中使用的油箱通常为常压油箱或开式油箱，即 "在大气压下存放液压油液的油箱"，其不仅是 "用来存放液压系统中的液体的容器"，还应具有液压油液的加注、排放、分隔、呼吸、污染物（包括空气）的分离（或净化）、散热、防污染，以及通过加装在其上的元件和装置（或称油箱附件），使其还具有油量、油温、污染度检（监）测、控制等一系列功能，是一个典型的液压装置。

尽管 GB 2876—1981《液压泵站油箱公称容量系列》已经作废，但将 "油箱容量" 作为液压系统及其油箱的一个技术参数还是具有实际应用意义的。

在一些液压机产品标准中规定："油箱应符合技术文件的规定。" 现根据现行相关标准，试给出液压机液压系统中常压油箱设计与制造的技术要求。

(1) 油箱结构完整性要求

油箱设计应提供足够的结构完整性，以满足以下要求。

① 一般油箱应采用碳钢板制作，重要油箱和特殊油箱应采用不锈钢板制作。

② 油箱应有足够的强度、刚度，必要时可通过加装筋板等提高其结构完整性。在所有可预见条件下，油箱应能承受所存放的油箱容量下的液压油液重量以及液压系统以所需流速吸油或回油而引起的正压力、负压力，油箱不能出现泄漏或过度变形。

③ 应具有大于充满到液压系统所需液压油液最大容量的油箱容量。

④ 应能安全、可靠地支撑安装在油箱上的液压元件、配管及其他装置等。

⑤ 应能满足装卸、运输的要求。

如果油箱上提供了运输用的起吊点，其支撑结构及附加装置应足以承受预料的最大装卸力，包括可预见的碰撞和拉扯，并且没有不利影响。为保持被安装或附加在油箱上的系统部件在装卸和运输期间被安全约束及无损坏或永久变形，附加装置应具有足够的强度和弹性。

作者注：1. 有将"结构完整性"定义为"影响整体结构安全使用和成本费用的整体结构强度、刚度、损伤容限、耐久性和功能的总称。"或可以参考。

2. 如采用奥氏体不锈钢板制作油箱，应限制其与氯化物含量超过 50mg/kg 的液体接触，防止其受应力腐蚀而开裂。

(2) 油箱的设计要求

① 按液压机的预定用途，在正常工作或维修过程中应能容纳所有来自于液压系统的油液，亦即油箱的容量应足够，但一般不包括充液油箱内的液压油液。

② 在液压机所有工作循环和工作状态期间，应保持液面在安全的工作高度并有足够的液压油液进入供油管路。通常油箱的最低工作液面也应在液压泵吸油管上安装的粗过滤器上面 150mm 以上。

③ 在油箱最高工作液面之上，应留有足够的空间用于液压油液的热膨胀和空气分离。

④ 油箱设计宜尽量减少液压油液中沉淀污染物的泛起。

⑤ 对于液压机液压系统中的油箱，应将其顶盖或底座设计成具有接油盘功能，以便能有效地收集从油箱上的液压元件和配管泄漏的液压油液，或油箱意外少量溢出的液压油液。

⑥ 油箱的顶盖如果是可拆卸的，则应能密封且可牢固地固定在油箱体上，并应设计成能防止污染物进入油箱的结构，包括防止泄漏或溢出的液压油液直接返回油箱。

在油箱上的手孔、人孔以及安装液压元件和配管的孔口或基板位置，均应焊装凸台法兰（如盲孔法兰、通孔法兰等）。

⑦ 油箱底部的形状应能将所存放的液压油液排放干净，并在底部设置排放口。

⑧ 当液压元件（如液压泵）被安装在油箱内或直接装在油箱上时，应注意防止过度的结构振动和空气传播噪声。

⑨ 油箱结构应有利于散热，即宜采取被动冷却方式控制液压油液的温度。

⑩ 宜使油箱内的液压油液能够低速循环流动，以允许夹带的气体释放和重的污染物沉淀，亦即方便污染物（包括空气）的分离。

⑪ 应按规定尺寸制作吸油管，以使液压泵的吸油性能符合设计要求。如果没有其他要求，吸油管所处位置应能在最低工作液面时保持足够的供油，并能消除液压油液中的夹带空气和涡流。

⑫ 回油管终端宜在最低工作液面以下以最低流速排油，并可促进油箱内形成所希望的液压油液循环流动方式，但此循环流动不应促进夹带空气。扩散器与隔板结合可以降低回油流动的速度。

⑬ 穿过油箱体和顶盖的任何管路都应有效地密封。

⑭ 油箱的回油口与液压泵的吸油口应远离，可设置隔板将它们分隔开，但隔板不应妨碍对油箱的彻底清扫，并在液压系统正常运行中不会造成吸油区与回油区的液位差。

⑮ 宜避免在油箱内侧使用可拆卸的紧固件，如不能避免，应确保可靠紧固，防止其意外松动；且当紧固件位于液面上部时，应采取防锈措施。

⑯ 油箱的内部和外部表面都应进行防腐蚀保护，尤其是最高工作液面以上的油箱体内表面和顶盖的下表面。

⑰ 宜提供底部支架或构件，使油箱的底部高于地面至少 150mm，以便于搬运、排放和散热。油箱的四脚或支撑构件宜提供足够的面积，以用于地脚固定和调平。

如将其底座设计成具有接油盘功能，则应将地脚螺栓孔体设计成具有一定高度，避免由各地脚螺栓孔处泄漏液压油液。

⑱ 如果需要，应提供等电位连接（如接地）。

(3) 油箱维护的要求

① 液压机液压系统中的油箱应设置清洗孔或检修孔（人孔、手孔），可供进入油箱内部各处进行清洗和检查。清洗孔或检修孔盖宜设计成可由一人拆下或重新装上。允许选择其他检查方式，例如内窥镜。

② 吸油过滤器、回油扩散器或消泡装置及其他可更换的油箱内部元件应便于拆卸或清洗。

③ 油箱应具有在安装位置易于排空液压油液的排放装置（如排放阀或放液阀）。当油箱上既有注油口又有放液阀时，宜在放液阀采样。

④ 油箱应设置液压油液取样点，以便能从正在工作的液压系统的油箱中提取液样。

作者注：正在修订的 GB/T 17489—××××《液压颗粒污染分析 从工作系统管路中提取液样》规定的是在液面下 1/2 处取样。

⑤ 除设计和制造宜避免使油箱形成聚集和存留外部固体颗粒、液压油液污染物和废弃物的区域外，应通过布置或安装防护装置来防止人员随意接近油箱。

(4) 油箱附件要求

① 液位指示器 油箱应配备液位指示器或油箱油量计（例如目视液位计、液位开关、液位继电器和液位传感器），并符合以下要求。

a. 应做出油箱液压油液最高、最低工作液面的永久性标记。

b. 目视液位计应安装在合适的位置并具有合适的尺寸，以便注油时可清楚地观察到。

c. 重要油箱应加设液位开关，用以对油箱高、低限液位的监测与发讯。

d. 对有特殊要求的油箱宜做出适当的附加标记。

e. 液位传感器应能显示实际液位和规定的极限。

② 油液温度计和温度传感器 对于液压油液和冷却介质，宜设置温度测量点。测量点设有传感器的固定接口，并保证可在不损失流体的情况下进行检修。

油箱应设置油液温度计以及油温检测元件（温度传感器）。用以目测油液温度及油液温度设定值的发讯。

③ 注油口（点） 注油口应易于接近并做出明显和永久的标记。注油口宜配备带密封且不可脱离的盖子，当盖上时可防止污染物进入。在注油期间，应通过过滤或其他方式防止污染。

现在的注油过滤器或加油过滤器一般不具备提高液压油清洁度的能力。

如需利用注油口（点）作为采样点，则应采取措施防止污染物由此进入油箱。

④ 通气口 考虑到环境条件，应提供一种方法（如使用空气滤清器）保证进入油箱的空气具有与液压系统要求相适应的清洁度。如果使用的空气滤清器可更换滤芯，宜配备指示滤清器需要维护的装置。

所选择的空气滤清器应能满足液压机液压系统正常工作要求，油箱呼吸通畅并始终处于常压状态，其过滤精度与液压系统的要求相适应。

⑤ 水分离器　如果提供了水分离器，应安装当需要维护时能发讯的指示器。

⑥ 箱置吸油过滤器和箱置回油过滤器　在油箱上加装过滤器宜根据制造商的规定，但应考虑液压系统及元件（如液压泵）的安全技术要求，如磁材压机液压系统中应设有磁性滤油器。过滤器应安装在易于接近处，并应留出足够的空间以便更换滤芯。

⑦ 热交换器　当自然冷却（即被动冷却）不能将液压系统油液温度控制在允许范围内时，或要求精确控制液压油液温度时，应使用热交换器（加热器和/或冷却器）。

为保持所需的液压油液温度，宜使用温度控制器。为保持所需的液压油液温度和使所需冷却介质的流量减到最小，温度控制装置应设置在热交换器的冷却介质一侧。

有液压机产品标准规定："应采取必要措施保证油箱内的油温（或液压泵入口的温度）为 $15\sim60℃$。"甚至还有的规定："液压机在工作时液压系统油箱内（液压泵）进油口的油温一般不应超过 $50℃$。"温升不得超过 $30℃$。

(5) 油箱渗漏试验

在一些液压机标准中规定："油箱必须做煤油渗漏试验，不得有任何渗漏现象。"渗漏试验是以煤油为介质，对器皿类零部件（包括油箱、水箱）、阀组静密封的致密性及加工质量的检查。参考 JB/T 9090—2014《容积泵零部件液压与渗漏试验》等标准，试给出以下油箱渗漏试验方法和技术要求。

① 渗漏试验应在油箱涂漆前进行。

② 渗漏试验时，使器皿类零件外表面干燥后盛以煤油检查，试验持续时间不少于 15min。

作者注：在 MH/T 3016—2007《航空器渗漏检测》中规定"被检测表面应无可能遮盖渗漏的污物。用液体清洁后，应在渗漏检测之前对被检测表面进行干燥。"

③ 补焊后的油箱应重新进行渗漏试验。

④ 零部件经渗漏试验后，试验结果为"零部件表面无渗漏和渗出"的可评定为合格。

所有等级的焊缝均需进行 100% 目视检验。一些无损检测也可以用于油箱的渗漏检测，是否适用由甲乙双方商定。

5.4　液压机常用外购液压元件试验

元件设计必须满足那些变化工况的要求。对元件满足性能要求而进行的检测，为确定元件是否实用及检验元件是否符合规定要求提供了依据。

液压机主机厂一般不要求对外购的液压元件以及压力、位移传感器等进行技术性能的复检。本节只是说明一些液压元件的试验是有试验标准的。一旦甲乙双方对某一液压元件性能产生怀疑或争议，且无法通过协商解决时，应考虑委托有资质的检验机构，根据相关标准通过试验验证其技术性能。

应当说明的是，一些安装在液压机上的液压元件所表现出的性能状态与液压元件出厂试验报告是有差距的，此时应考虑实际工况与试验工况的异同。

液压元件的试验（方法）标准也是液压机液压系统设计的依据之一。

警告：一些试验如 GB/T 26143—2010《液压管接头　试验方法》规定的液压管接头试验是危险的，因此在进行试验时必须严格地采取各种合适的安全预防措施。对于破裂、细微喷射（可能会穿透皮肤）和膨胀气体的能量释放等危险应引起注意。为减小能量释放的危险，在压力试验前应排出试件内的空气。试验应由经过培训合格的人员操作和完成。

在 GB/T 7939—2008《液压软管总成试验方法》中给出的警告为：使用本标准的人员

应熟悉正规实验室操作规程。本标准无意涉及因使用本标准而可能出现的所有安全问题。制定安装和健康规范并确保遵守国家法规是使用者的责任。

5.4.1　液压泵试验方法

在 JB/T 7039—2006《液压叶片泵》、JB/T 7041.2—2020《液压泵　第 2 部分：齿轮泵》（代替了 JB/T 7041—2006《液压齿轮泵》）和 JB/T 7043—2006《液压轴向柱塞泵》等标准中都规定了液压泵的试验方法和检验规则。

以上三项标准都涉及 GB/T 7936—2012、GB/T 17483—1998 和 GB/T 17491—2011 三项标准。

(1)　液压泵空载排量测定方法

在 GB/T 7936—2012《液压泵和马达　空载排量测定方法》中规定了在稳态工况下和规定的连续转速下容积式液压泵和马达空载排量的测定方法。被试元件作为泵进行试验时，在轴端输入机械能，油口输出液压能；而被试元件作为马达进行试验时，从油口输入液压能，轴端输出机械能。

注：测量准确度分为 A、B、C 三个等级，见 GB/T 7936—2012 附录 A。

(2)　液压泵空气传声噪声级测定规范

在 GB/T 17483—1998《液压泵空气传声噪声级测定规范》中规定了在稳态条件下工作的液压泵（以下简称泵）空气传声噪声级测定的测定规范，适用于测量泵的 A 计权声功率级，泵的倍频程带（中心频率从 125Hz 至 8000Hz）声功率级。

(3)　液压泵稳态性能的试验及表达方法

在 GB/T 17491—2011《液压泵、马达和整体传动装置　稳态性能的试验及表达方法》引言中指出："本标准旨在统一液压传动用容积式液压泵、马达和整体传动装置的试验方法，以便使不同元件的性能具有可比性"。

该标准规定了液压传动用容积式泵、马达和整体传动装置稳态性能和效率的测定方法，以及在稳态条件下对试验装置、试验程序的要求和试验结果的表达，适用于容积式液压泵、马达和整体传动装置。

(4)　电控液压泵性能试验方法

在 GB/T 23253—2009《液压传动　电控液压泵　性能试验方法》的前言中指出："本标准旨在统一各种电控液压泵的试验方法，以便对不同液压泵的性能进行比较。"

该标准规定了电控液压泵（以下简称泵）的稳态和动态性能特性的试验方法。该标准所涉及的泵都具有与输入电信号成比例地改变输出流量或压力的功能。这些泵可以是负载敏感控制泵、伺服控制泵，也可以是电控变量泵。

该标准规定了试验装置、试验程序和试验结果的具体要求。测量准确度分为 A、B、C 三级，详细见 GB/T 23253—2009 附录 A。

5.4.2　液压阀试验方法

在 GB/T 8104—1987《流量控制阀试验方法》、GB/T 8105—1987《压力控制阀试验方法》和 GB/T 8106—1987《方向控制阀试验方法》中都规定了其适用范围内的阀的稳态性能和瞬态性能试验。但比例控制阀和电液伺服阀的试验方法另行规定。

GB/T 15623.1—2018《液压传动　电调制液压控制阀　第 1 部分：四通方向流量控制阀试验方法》、GB/T 15623.2—2017《液压传动　电调制液压控制阀　第 2 部分：三通方向流量控制阀试验方法》和 GB/T 15623.3—2012《液压传动　电调制液压控制阀　第 3 部分：

压力控制阀试验方法》中都规定了电调制阀性能特性的试验方法，其中 GB/T 15623.1—2018 和 GB/T 15623.2—2017 的"注"中指出"一般包括伺服阀和比例阀等不同类型产品。"

(1) 液压阀压差-流量特性的测定

在 GB/T 8107—2012《液压阀　压差-流量特性的测定》中规定了在稳态工况下工作介质流经液压阀任何特定通道所产生压差的测定方法，以及对试验装置、步骤和结果表达的要求，适用于以液压油液为工作介质的液压阀压差-流量特性的测定。

(2) 液压阀污染敏感度评定方法

在 JB/T 7857—2006《液压阀污染敏感度评定方法》中规定了液压阀污染敏感度评定方法。该方法从污染卡紧、污染磨损/冲蚀两方面来评定液压阀由固体颗粒污染物所引起的性能变化。

本方法的主要目的是在相同试验条件下比较不同类型液压阀对颗粒污染物的敏感性。由于不可能对现场可能发生的所有工况都进行试验，因而试验结果不作为定量评定液压阀在现场实际污染条件下使用性能的依据。

通过本评定方法可获得不同颗粒尺寸和污染浓度对液压阀污染卡紧和污染磨损/冲蚀的影响，从而确定为保护液压阀所需的过滤要求。

本标准适用于以液压油液为工作介质的各类液压阀。

(3) 液压二通插装阀试验方法

在 JB/T 10414—2004《液压二通插装阀　试验方法》中规定了液压二通插装阀的试验方法，适用于以液压油或性能相当的其他流体为工作介质的液压二通插装阀。

在 GB/T 7934—2017《液压二通盖板式插装阀　技术条件》中规定"试验方法按照 JB/T 10414—2004"。

① 试验装置与试验条件

a. 试验装置。

ⅰ. 试验装置是具有符合 GB/T 7934—2017 附录中图 A.1～图 A.4 所示试验回路的试验台。

ⅱ. 油源的流量计压力。

- 油源的流量应大于被试阀的公称流量，并可调节。
- 油源的压力应能短时间超过被试阀公称压力的 20%～30%。

ⅲ. 允许在给定的试验回路中增设调节压力、流量或保证试验系统安全工作的元件，但不应影响被试阀的性能。

ⅳ. 与被试阀连接的管道和管接头的内径应与被试阀的实际通径一致。

ⅴ. 压力测量点的位置。

- 进口测压点应设置在扰动源（如阀、弯头）的下游和被试阀上游之间，距扰动源的距离应大于 $10d$（d 为管道内径），与被试阀的距离为 $5d$。
- 出口测压点应设置在被试阀下游 $10d$ 处。
- 按 C 级精度测试时，若测压点的位置与上述要求不符，应给出响应的修正值。

ⅵ. 测压孔。

- 测压孔直径应不小于 1mm，不大于 6mm。
- 测压孔长度应不小于测压孔实际直径的 2 倍。
- 测压孔轴线和管道轴线垂直。管道内表面与测压孔交角处应保持锐边，不得有毛刺。
- 测压点与测量仪表之间连接管道的内径不得小于 3mm。

- 测压点与测量仪表连接时，应排除连接管道中的空气。

ⅶ. 温度测量点的位置。

温度测量点应设置在被试阀进口侧，位于测压点的上游 15 d 处。

b. 试验条件。

ⅰ. 试验介质。

- 试验介质为一般液压油。
- 试验介质的温度：除明确规定外，型式试验应在 50℃±2℃ 下进行，出厂试验应在 50℃±4℃ 下进行。
- 试验介质的黏度：试验介质 40℃ 时的运动黏度为 42～74mm²/s（特殊要求另行规定）。
- 试验介质的清洁度：试验系统用油液的固体颗粒污染等级不得高于 GB/T 14039—2002 中规定的等级—/19/16。

ⅱ. 稳态工况。被控参量平均显示值的变化范围不超过 JB/T 10414—2004 中表 2（或参见表 2-38）的规定值时为稳态工况，在稳态工况下记录试验参数的测量值。

ⅲ. 瞬态工况。

- 被试阀和试验回路相关部分组成油腔的表观容积刚度，应保证被试阀进口压力变化率在 600～800MPa/s 范围内。

注：进口压力变化率系指进口压力从最终稳态压力值与起始压力值之差的 10% 上升到 90% 的压力变化量与相应时间之比。

- 阶跃加载阀与被试阀之间的相对位置，可用控制其间的压力梯度，限制油液可压缩性的影响来确定。其间的压力梯度可用公式估算。算得的压力梯度至少应为被试阀实测的进口压力梯度的 10 倍。压力梯度＝dp/dt＝$q_V K_S/V$，式中 q_V 取设定被试阀的稳态流量，K_S 是油液的等熵体积弹性模量，V 分别是图 A3、A4 中被试阀与阶跃加载阀之间的油路连通容积。

- 试验系统中，阶跃加载阀的动作时间不应超过被试阀相应时间的 10%，最大不应超过 10 ms。

ⅳ. 测量准确度。测量准确度等级分为 A、B、C 三级，型式试验不应低于 B 级，出厂试验不应低于 C 级。测量系统误差应符合 JB/T 10414—2004 中表 3 的规定。

ⅴ. 被试阀的电磁铁。出厂试验时，电磁铁的工作电压应为其额定电压的 85%。型式试验时，应在电磁铁的额定电压下，对电磁铁进行连续励磁至其规定的最高稳定温度之后将电磁铁降至额定电压的 85%，再对被试阀进行试验。

ⅵ. 试验流量。

- 当规定的被试阀额定流量小于或等于 200 L/min 时，试验流量应为额定流量。
- 当规定的被试阀额定流量大于 200 L/min 时，允许试验流量按 200 L/min 进行试验。但必须经工况考核被试阀的性能指标必须满足的要求。
- 出厂试验允许降低流量进行，但对测得的性能指标，应进行修正。

② 试验项目与试验方法

a. 耐压试验。

ⅰ. 耐压试验时，对各承压油口施加耐压试验压力。耐压试验的压力应为该油口最高工作压力的 1.5 倍，试验压力以不大于每秒 2% 耐压试验压力的速率递增，至耐压试验压力时保持 5min，不得有外渗漏及零件损坏等现象。

ⅱ. 耐压试验时，各泄油口与油箱连通。

b. 出厂试验。

ⅰ. 二通插装阀先导阀的出厂试验项目与试验方法。

• 梭阀试验回路原理图如图 5-15 所示，出厂试验项目与试验方法按表 5-39 的规定。

表 5-39　梭阀出厂试验项目与试验方法

序号	试验项目	试验方法	试验类型
1	内泄漏	打开截止阀 5-1,调节溢流阀 3 至被试阀 9 的公称压力,打开截止阀 5-5、关闭截止阀 5-3,用量杯 8-2 测量被试阀 9 的 X 油口的泄漏量 关闭截止阀 5-1、5-5,打开截止阀 5-2,将电磁换向阀 4 换向,使压力油作用在 X 口,打开截止阀 5-4,用量杯 8-1 测量被试阀 9 的 Y 油口的泄漏量	必试
2	压力损失	打开截止阀 5-1、5-3,调节溢流阀 3 和节流阀 6,使通过被试阀 9 的 Y-C 油口的流量在从零至公称流量范围内变化,用压力表 2-2、2-4 测量被试阀 9 的 Y-C 油口之间的压力损失 关闭截止阀 5-1,打开截止阀 5-2,将电磁换向阀 4 换向,然后调节溢流阀 3 和节流阀 6,使通过被试阀 9 的 X-C 油口的流量在从零至公称流量范围内变化,用压力表 2-3、2-4 测量被试阀 9 的 X-C 油口之间的压力损失 绘制 q_V-Δp 特性曲线	抽试

• 液控单向阀试验回路原理图如图 5-16 所示，出厂试验项目与试验方法按表 5-40 的规定。

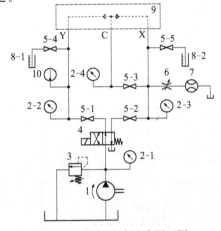

图 5-15　梭阀试验回路原理图

1—液压泵；2-1～2-4—压力表；3—溢流阀；4—电磁换向阀；5-1～5-5—截止阀；6—节流阀；7—流量计；8-1、8-2—量杯；9—被试阀；10—温度计

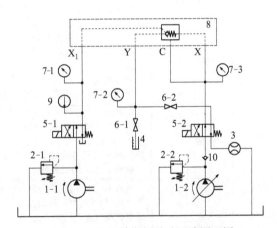

图 5-16　液控单向阀试验回路原理图

1-1、1-2—液压泵；2-1、2-2—溢流阀；3—流量计；4—量杯；5-1、5-2—电磁换向阀；6-1、6-2—截止阀；7-1～7-3—压力表；8—被试阀；9—温度计；10—单向阀

表 5-40　液控单向阀出厂试验项目与试验方法

序号	试验项目		试验方法	试验类型	备注
1	内泄漏	先导控制腔的内泄漏	启动液压泵 1-1,电磁换向阀 5-1 换向,调节溢流阀 2-1 至被试阀 8 的公称压力,打开截止阀 6-1,用量杯 4 测量被试阀 8 的 X_1-Y 油口之间的泄漏量	必试	
		X-Y 油口之间的内泄漏	启动液压泵 1-2,调节溢流阀 2-2 至被试阀 8 的公称压力,打开截止阀 6-1,用量杯 4 测量被试阀 8 的 X—Y 油口之间的泄漏量	必试	
2	压力损失		启动液压泵 1-1、1-2,打开截止阀 6-2,电磁换向阀 5-1 换向,使通过被试阀 8 的流量在从零至公称流量范围内变化,用压力表 7-2、7-3 测量被试阀 8 的压力损失 绘制 q_V-Δp 特性曲线	抽试	

序号	试验项目	试验方法	试验类型	备注
3	最小控制压力	启动液压泵 1-2,调节溢流阀 2-2 至被试阀 8 的公称压力 启动液压泵 1-1,电磁换向阀 5-1 换向,调节溢流阀 2-1,使被试阀 8 的 X_1 腔压力从零逐渐升高,并使通过被试阀 8 的流量为公称流量,用压力表 7-1 测量被试阀 8 的最小控制压力	必试	

ⅱ. 二通插装式压力阀试验回路原理图如图 5-17 所示,出厂试验项目与试验方法按表 5-41 的规定。不带先导电磁阀的二通插装式压力阀,除卸荷压力不做试验外,其余均按表 5-41 项目要求进行试验。

注:不含减压阀。

ⅲ. 二通插装式减压阀试验回路原理图如图 5-17 所示,出厂试验项目与试验方法按表 5-42 的规定。

表 5-41 压力阀出厂试验项目与试验方法

序号	试验项目	试验方法	试验类型	备注
1	调压范围及压力稳定性	电液换向阀 5 换向至左位,调节电磁溢流阀 2,将系统压力调到比被试阀 7 的最高调节压力高 10%,并使被试阀 7 通过试验流量 调节被试阀 7 的控制盖板手柄,使其从全开至全闭,再从全闭至全开,通过压力表 4-3 观察压力的上升或下降情况,记录调压范围 调节被试阀 7 的控制盖板手柄,将压力调至调压范围最高值。用压力表 4-3 测量压力振摆值,同时测量 1min 内的压力偏移值	必试	
2	内泄漏	电液换向阀 5 换向至左位,调节电磁溢流阀 2,将系统压力调到被试阀 7 的调压范围内各压力值,然后调节被试阀 7 的控制盖板手柄,使被试阀 7 关闭,通过试验流量,电磁阀通电 3min 后,打开截止阀 8,关闭节流阀 10,用量杯 9 测量被试阀 7 的泄漏量 绘制 p-Δq_V 特性曲线	必试	
3	压力损失	电液换向阀 5 换向至左位,调节被试阀 7 的控制盖板手柄至全开位置,调节电磁溢流阀 2、节流阀 10,使通过被试阀 7 的流量在零至试验流量范围内变化,用压力表 4-3、4-4 测量被试阀 7 的压力损失 绘制 q_V-Δp 特性曲线	抽试	
4	卸荷压力	电液换向阀 5 换向至左位,通过被试阀 7 的先导控制电磁阀或引入外控油,使被试阀 7 卸荷,调节电磁溢流阀 2、节流阀 10,使通过被试阀 7 的流量在零至试验流量范围内变化,用压力表 4-3、4-4 测量被试阀 7 的卸荷压力 绘制 q_V-Δp 特性曲线	抽试	

表 5-42 减压阀出厂试验项目与试验方法

序号	试验项目	试验方法	试验类型	备注
1	调节范围及压力稳定性	电液换向阀 5 换向至左位,调节电磁溢流阀 2 和节流阀 10,使被试阀 7 的进口压力为公称压力,并使通过被试阀 7 的流量为试验流量 调节被试阀 7 的控制盖板手柄使之从全开至全闭,再从全闭至全开,通过压力表 4-4 观察压力的上升或下降情况,并记录调压范围 调节被试阀 7 的控制盖板手柄,使被试阀 7 的出口压力为调压范围最高值,用压力表 4-4 测量压力振摆值 调节被试阀 7 的控制盖板手柄,使被试阀 7 的出口压力为调压范围最低值(调压范围为 0.6～8MPa 时,其出口压力调至1.5MPa),用压力表 4-4 测量 1min 内的压力偏移值	必试	

序号	试验项目	试验方法	试验类型	备注
2	进口压力变化引起出口压力的变化	电液换向阀 5 换向至左位,调节被试阀 7 的控制盖板手柄和节流阀 10,使被试阀 7 的压力为调压范围最低值(调压范围为 0.6~8MPa 时,其出口压力调至 1.5MPa),并使通过被试阀 7 的溢流量为试验流量 调节电磁溢流阀 2,使被试阀 7 的进口压力在比调节范围最低值高 2MPa 至公称压力的范围内变化,用压力表 4-4 测量被试阀 7 出口压力的变化值 绘制 p_1-p_2 特性曲线	抽试	
3	外泄漏	电液换向阀 5 换向至左位,调节被试阀 7 的控制盖板手柄,被试阀 7 的出口压力为调压范围最低值(调压范围为 0.6~8MPa 时,其出口压力调至 1.5MPa),调节电磁溢流阀 2,使被试阀 7 的进口压力为公称压力范围内各压力值,由被试阀 7 的控制盖板的泄漏口测量外泄漏量 绘制 (p_1-p_2)-Δq_V 特性曲线	抽试	

ⅳ. 二通插装式节流阀试验回路原理图如图 5-17 所示,出厂试验项目与试验方法按表 5-43 的规定。

表 5-43　节流阀出厂试验项目与试验方法

序号	试验项目	试验方法	试验类型	备注
1	流量调节范围及流量变化率	电液换向阀 5 换向至左位,调节电磁溢流阀 2 和节流阀 10,使被试阀 7 的进口、出口压差为最低工作压力 调节被试阀 7,使其从全闭至全开,随着开度大小的变化,用流量计 11 观察流量的变化情况,并记录流量调节范围及手柄转动圈数对应的流量值 每隔 5 min 测量一次流量,试验半小时内的流量变化率为 $$流量变化率 = \frac{流量最大值 - 流量最小值}{流量平均值} \times 100\%$$	必试	
2	内泄漏	电液换向阀 5 换向至左位,电磁阀 13 通电,调节被试阀 7 至全闭位置 调节电磁溢流阀 2 至被试阀 7 的公称压力,打开截止阀 8,用量杯测量被试阀 7 的泄漏量	抽试	
3	压力损失	电液换向阀 5 换向至左位,调节被试阀 7 至全开位置,使通过被试阀 7 的流量为试验流量。用压力表 4-3、4-4 测量被试阀的压力损失	抽试	

ⅴ. 二通插装式方向阀、单向阀试验回路原理图如图 5-18 所示,出厂试验项目与试验方法按表 5-44 的规定。

表 5-44　方向阀、单向阀出厂试验项目与试验方法

序号	试验项目	试验方法	试验类型	备注
1	内泄漏	①A→B 时 关闭被试阀 9,关闭截止阀 7-3,调节溢流阀 2-1,使系统压力在从零至公称压力范围内变化 打开截止阀 7-2,用量杯 5-2 测量被试阀 9 出口处的泄漏量 ②B→A 时 电液换向阀 6 换向,打开截止阀 7-1,关闭截止阀 7-4,用量杯测量被试阀 9 进口处的泄漏量或把被试阀 9 插入零件装入试验块体内,用盖板紧固后,在 B 口通过 0.3MPa 的压缩空气,然后浸入水中,观察 1 min,在 A 口不得发生冒泡现象 绘制 p-Δq 特性曲线	必试	

序号	试验项目	试验方法	试验类型	备注
2	压力损失	操作被试阀9的先导控制电磁阀,使被试阀9完全开启,通过的流量从零至试验流量,用压力表3-2、3-3测量被试阀9的压力损失绘制q_V-Δp特性曲线	抽试	
3	开启压力	调节溢流阀2-2的手柄至全松位置,再调节溢流阀2-1,使被试阀9的进口压力从零逐渐升高,当被试阀9的出口有油液流出时,用压力表3-2测量被试阀9的开启压力	必试	只对单向阀进行试验

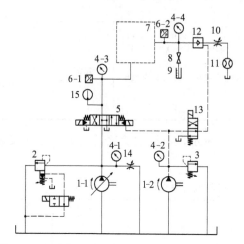

图5-17 压力阀、减压阀、节流阀试验回路原理图
1-1,1-2—液压泵;2—电磁溢流阀(压力阶跃加载阀);
3—溢流阀;4-1~4-4—压力表;5—电液换向阀;
6-1,6-2—压力传感器;7—被试阀;8—截止阀;
9—量杯;10,14—节流阀;11—流量计;12—液控
单向阀;13—电磁阀(阶跃加载阀);15—温度计

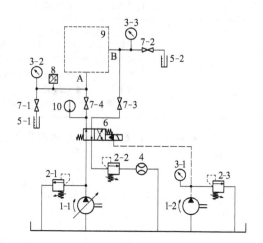

图5-18 方向阀、单向阀试验回路原理图
1-1,1-2—液压泵;2-1~2-3—溢流阀;3-1~
3-3—压力表;4—流量计;5-1,5-2—量杯;6—电液换
向阀;7-1~7-4—截止阀;8—压力传感器;9—被试阀
(先导阀为阶跃加载阀);10—温度计

5.4.3 液压过滤器压差装置试验方法

在GB/T 25132—2010《液压过滤器 压差装置试验方法》中规定了作为液压过滤器辅助元件的压差装置或旁通阀状态指示器工作特性的试验方法。

(1) 试验要求

按照表5-45的要求对各种压差装置进行试验。

表5-45 压差装置常规试验要求

试验项目[①]	机械式 自动、手动或量程类	电气式 自动、手动或量程类	机械式 旁通阀状态指示器	电气式 旁通阀状态指示器
动作压差试验 (7.1或7.2)	√	√	—	—
旁通阀状态指示器试验 (7.3)	—	—	√	√
耐压试验(7.4)	√	√	√	√
动作循环试验(7.5)	√	√	√	√
低温锁定试验(7.6)	√(如果带)	√(如果带)	√(如果带)	√(如果带)
电气和电子检测试验 (7.7)	—	√	—	√

① 有关在GB/T 25132—2010中的章节号在括号中注明。

（2）压差装置

压差装置的类型见表 5-46。

表 5-46　压差装置的类型

信号类型	指示器	动作^①	显示	复位方式
目视（量程）	指针	绿色渐变到红色 或压差值	连续	自动
目视（单级）	杆	杆跳出	超出压差跳出	自动或手动
目视（多级）	杆	杆分级跳出	颜色从绿色或 黄色逐级跳到红色	手动
电气或目电	指针或杆	接通或断开电路	指示灯亮或有 讯号声或设备停机	自动或手动

① 在某些带低温锁定装置的设计中出现。

作者注：不清楚"目电"的确切含义，或为目视和电信号的名称。

旁通阀状态指示器的类型见表 5-47。

表 5-47　旁通阀状态指示器的类型

信号类型	指示器	动作	显示	复位方式
目视（量程）	指针	绿色渐变到红色	连续	自动或手动
电气或目电	指针或杆	接通或断开电路	指示灯亮或有 讯号声或设备停机	自动或手动

5.4.4　评定液压往复运动密封件性能的试验方法

在 GB/T 32217—2015《液压传动　密封装置　评定液压往复运动密封件性能的试验方法》中规定了评定液压往复运动密封件性能的试验条件和方法，适用于以液压油液为传动介质的液压往复运动密封件性能的评定。

为了获得往复密封性能的对比数据，为密封件的设计和选用提供依据，液压往复运动密封件性能的试验应严格控制影响密封性能的因素，这些因素包括如下内容。

作者注：1. 如果缺乏对影响往复密封件、装置或系统安装和运行因素的控制，则往复密封的试验结果将具有不可预测性，也是不可用于性能对比的。

2. 密封的可靠性应使用平均失效前时间（MTTF）和 B_{10} 寿命来表示，具体请见第 5.4.7 节。

① 安装。

a. 密封系统，例如支承环、密封件和防尘圈的设计。

作者注：这是在标准中首次使用了"密封系统"。

b. 安装公差，包括密封沟槽、活塞杆和支承环、挤出间隙。

c. 活塞杆的材质和硬度。

d. 活塞杆表面粗糙度，活塞杆的表面粗糙度在 $Ra0.08\sim0.15\mu m$ 之外或是大于 $Rt1.5\mu m$ 都会严重影响密封的性能。最佳表面粗糙度的选择随着密封件材料的不同而不同。

e. 沟槽的表面粗糙度，为了避免静态泄漏和压力循环时密封件的磨损，表面粗糙度应小于 $Ra0.8\mu m$。

f. 支承环的材质，包括对活塞杆纹理和边界层的影响。

② 运行。

a. 流体介质，例如黏度、润滑性、与密封材料及添加剂的相容性，以及污染等级。

b. 压力，包括压力循环。

c. 速度，特别是速度循环。

d. 速度/压力循环，例如起动-停止条件。

e. 行程，特别是会阻止油膜形成的短行程（密封接触宽度的 2 倍及以下宽度）。

f. 温度，例如对黏度和密封材料性能的影响。

g. 外部环境。

在应用密封件标准试验结果预测密封件实际应用的性能时，需要考虑以上所有因素及它们对密封件性能的潜在影响。

(1) 试验装置

① 概述

a. 试验装置示意图如图 5-19 所示，装配要求如图 5-20 所示。

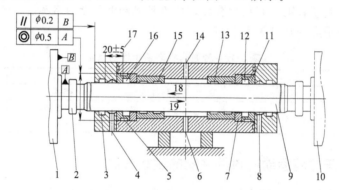

图 5-19　试验装置示意图（按原图 1 绘制，有修改）

1—线性驱动器；2—测力传感器；3—防尘圈；4—泄漏测量口Ⅰ；5—静密封 O 形圈和挡圈；

6—流体入口；7—隔离套；8—泄漏测量口Ⅱ；9—试验活塞杆；10—可选的驱动器和测力传感器

位置；11—试验密封件槽体；12—试验密封件 B；13,15—支承环；14—流体出口；

16—试验密封件 A；17—泄漏收集区（见图 5-23）；18—前进行程；19—返回行程

b. 支承环沟槽和隔离套应满足图 5-21 和图 5-22 的要求，支承环槽体材料为钢材，隔离套材料为磷青铜。支承环材料为聚酯织物/聚酯材料，不应含有玻璃、陶瓷、金属或其他会造成磨损的填料，支承环应符合 GB/T 15242.2 的要求。

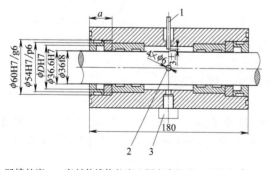

凹槽长度 a＝密封件槽体长度＋隔离套长度，公差为 $^{0}_{-0.2}$mm。

图 5-20　装配要求（按原图 2 绘制，有修改）

1—热电偶；2—试验油的底部入口和顶部出口；3—压力传感器

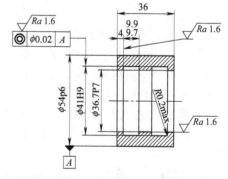

图 5-21　支承环沟槽（按原图 3 绘制）

c. 试验回路应能提供循环压力，并按表 5-48 的要求控制循环参数；新的试验油液应使用新的过滤器循环 5h 后才能开始试验。

表 5-48 循环要求

参数	要求	参数	要求
流量	4～10L/min	滤芯的更换	每试验 1000h 更换一次
过滤精度	10μm	试验油的更换	每试验 3000h 更换一次
储油罐	20～50L		

② 装置要求

a. 试验用活塞杆。试验用活塞杆应满足表 5-49 的要求。

b. 行程。行程应控制在 500mm±20mm。

c. 试验密封件沟槽。试验密封件沟槽尺寸应符合图 5-20 的要求，槽体材料为磷青铜，沟槽表面粗糙度应小于 $Ra0.8\,\mu m$。

d. 漏油的收集和排出。

ⅰ. 活塞杆密封（见图 5-19 和图 5-20）：试验密封件的空气侧，在防尘圈和试验密封件之间设有一个 20mm±5mm 长的泄漏收集区（见图 5-23）。收集并测量泄漏收集区内的所有泄漏油〔见 5.4.4 节（1）②d.ⅱ.〕。防尘圈由丁腈橡胶（NBR）制成，硬度在 70 IRHD 到 75 IRHD 之间，尺寸应符合图 5-24 的要求。每次试验需使用新的防尘圈。

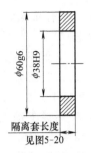

图 5-22 隔离套
（按原图 4 绘制）

表 5-49 试验用活塞杆的要求

参数	要求
直(外)径	$\phi 36mm$，公差 f8(见 GB/T 1800.2—2009)(已被 GB/T 1800.2—2020 代替)
材质	活塞杆的材质为一般工程用钢，感应淬火后镀 0.015～0.03mm 厚硬铬
(表面)粗糙度	研磨、抛光到 $Ra0.08～0.15\mu m$，按 5.4.4 节(6)①a. 测量

ⅱ. 漏油的排出：漏油的排出孔应不小于 $\phi6mm$。

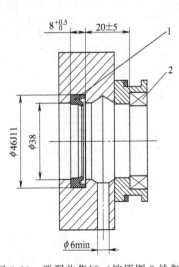

图 5-23 泄漏收集区（按原图 5 绘制）
1—防尘圈；2—试验密封件

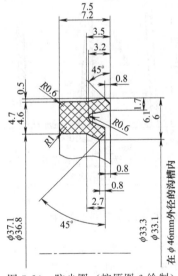

图 5-24 防尘圈（按原图 6 绘制）

(2) 试验参数

① 试验介质 试验介质应是符合 GB/T 7631.2—2003 规定的 ISO-L-HS 32 合成烃型液压油液。

作者注：在 JB/T 10607—2006 中定义了"合成烃型液压油"这一术语，即"使用通过化学合成获得的基础油（其成分多数并不直接存在于石油中）调配成的液压油。"

② 试验介质温度　在试验过程中，试验介质温度应保持在 60～65℃，测量试验温度的热电偶安装位置如图 5-20 所示。

作者注：提请读者注意，试验介质温度在 GB/T 32217—2015 中没有给出所谓"系列标准值"，即只能在一个温度下进行试验，且与一些标准的规定不一致，如 JB/T 10205—2010 规定"除特殊规定外，（液压缸）型式试验应在 50℃±2℃下进行；出厂试验应在 50℃±4℃下进行。"

③ 支承环　支承环应符合 5.4.4 节（1）①b. 要求，其沟槽应满足图 5-21 的要求。

④ 试验压力　试验压力 p_1 选择如下，误差控制在±2%（以内）：6.3MPa（63 bar）；16MPa（160 bar）；31.5MPa（315 bar）。

⑤ 线性驱动器速度　线性驱动器速度（v）选择如下，误差控制在±5%（以内）：0.05m/s；0.15m/s；0.5m/s。

⑥ 动态试验　试验压力和行程应按如下方式循环：在恒定压力 p_1 下的前进行程；在恒定压力 p_2 下的返回行程。

压力循环应满足图 5-25 的要求，行程循环应满足图 5-26 的要求。

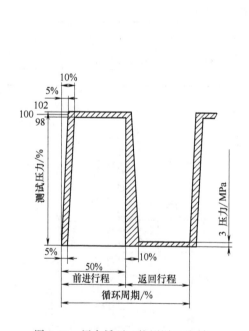

图 5-25　压力循环（按原图 7 绘制）

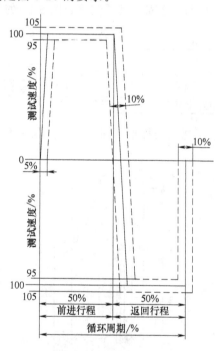

图 5-26　行程循环（按原图 8 绘制，有修改）

作者注：在 GB/T 32217—2015 中的各图（以原图号注出）有一些问题，如缺失活塞密封试验装置示意图问题，原图 1 中基准 A 选择问题、其所示结构难以保证同轴问题、与零件图（原图 2）不一致问题、图下说明中缺少支承环槽体（或支承环沟槽，见原图 3），原图 2 中尺寸配合 $\phi54H7/p6$ 选择问题、凹槽长度公差值 $_{-0.2}^{0}$ 问题，原图 3 标注问题（如原图 3 中 $\phi41H9$ 与 GB/T 15242.2—2017 中 $\phi41H8$ 不一致），原图 4 中隔离套长度/见图 2（原图 2 上没有具体尺寸）问题，原图 6 名称与结构型式不符（与现行标准规定的防尘圈结构不符或就不是防尘圈）问题、尺寸 $\phi33.3/\phi33.1$ 注释"在 46mm 外径的沟槽内"不知何意，原图 7 纵坐标单位问题等。

(3) 密封件安装

试验的密封件可以是单一的密封件或组合密封件。按密封件生产商提供的说明将密封件安装在密封沟槽内。安装前,应在试验活塞杆和密封件上稍微抹些试验油;安装后,应从试验活塞杆上擦掉多余的油,以避免造成泄漏量测量的偏差和额外的润滑。

(4) 测量方法与仪器

① 泄漏 每次试验前,应准备一个量程为 10mL、精度为 0.1mL 的量杯。如果试验泄漏量超过 10mL,则应准备更大量程的精度为 1 mL 的量杯。

② 摩擦力

a. 测力传感器。测力传感器应安装在试验装置的线性驱动器和试验活塞杆之间,用于测量因密封件摩擦产生的拉力和压力。测力传感器应连接到一个合适的调节装置和图表记录仪上,以便保留摩擦力记录。图表记录仪应有适当的频率响应,能够测定摩擦力的振幅。

b. 动摩擦力的测定。

ⅰ. 每次试验开始,应测量滑动支承环及防尘圈的固有摩擦力 F_i。

ⅱ. 根据图表记录仪的曲线(见 GB/T 32217—2015 中图 2-9 和图 2-10)计算试验密封件的平均摩擦力,见式(5-7)

$$F_s = \frac{F_t - F_i}{4} \tag{5-7}$$

式中 F_s——单个试验密封件的前进中程和返回中程摩擦力平均值;

F_i——试验装置前进中程和返回中程固有摩擦力之和;

F_t——两个试验密封件及试验装置的前进中程和返回中程摩擦力总和。

注:F_s 是平均值,不能作为单个密封件指定行程的实际摩擦力。

c. 测量启动摩擦力的步骤。

ⅰ. 设定试验回路压力,开始静态试验周期(如 16 h)。

ⅱ. 完成静态试验周期后,将驱动回路压力调整为零。

ⅲ. 设定试验速度。

ⅳ. 设定活塞杆运动方向,相对试验密封件 A 做前进行程。

ⅴ. 启动图表记录仪,见 5.4.4 节(4)②a.。

ⅵ. 逐渐增加驱动回路压力使活塞杆开始移动。

ⅶ. 记录活塞杆开始移动瞬间的摩擦力,见 GB/T 32217—2015 中图 10。

ⅷ. 增加驱动回路压力以克服运动时的摩擦力,并进行动态试验。

③ 压力测量

a. 压力表。应安装一个量程合适的压力表,并确保在循环压力条件下是可靠的。

b. 压力传感器。选择一个合适的压力传感器,按图 5-20 所示的要求安装,记录试验压力循环。压力传感器应有温度补偿功能,保证在 65℃时的测量误差在 ±0.5%(以)内。

④ 表面粗糙度 表面粗糙度测量应符合 GB/T 6062—2009,并配备一个滤波器。

⑤ 温度测量 热电偶应按图 5-20 所示的要求安装,并能承受最大回路压力。热电偶应校正至 ±0.25℃。

(5) 校准

用来完成试验的仪器和测量设备应按可追溯的国家标准每年进行校准,相关校准证书和数据应记录在所有试验数据表上,需校准的试验仪器和测量设备如下。

① 试验温度热电偶。

② 试验压力表。

③ 试验压力传感器。

④ 试验摩擦力测力传感器。

⑤ 表面粗糙度测量仪。

任何与国家标准不一致的最新校准结果都应记录在试验数据表上。

(6) 试验程序

① 试验步骤

a. 按 GB/T 10610—2009 沿着活塞杆轴向测量活塞杆表面粗糙度 Ra 和 Rt，每次取样长样为 0.8mm，评价长度为 4mm。

b. 使用分辨率为 0.02mm 的非接触测量仪器测量新试验密封件尺寸：d_1、d_2、S_1、S_2 和 h。

c. 安装新试验密封件和 2 个新的泄漏集油防尘圈。

d. 将油温升到试验温度。

e. 试验装置以线速度 v、稳定介质压力 p_1 往复运动 1 h。

f. 在往复运动结束前，记录至少一个循环的摩擦力曲线，并记录摩擦力 F_t。

g. 停止往复运动，维持试验压力 p_1 和试验温度 16 h。

h. 按 5.4.4 节 (4) ②c. 测量启动摩擦力。

i. 试验装置继续以线速度 v 按 5.4.4 节 (2) ⑥的循环要求往复运动，压力在前进行程 p_1 和返回行程 p_2 之间交替。

j. 完成 200000 次不间断循环（线速度为 0.05m/s 时，完成 60000 次循环）。如果循环中断，忽略重新启动至达到平稳状态时的泄漏。

k. 在不间断循环过程中，每试验 24h 后和完成 200000 次循环后，收集、测量并记录每个密封件的泄漏量。

l. 完成不间断循环后，按 5.4.4 节 (6) ①e. 和 (6) ①f. 测量恒定压力下的摩擦力。

m. 继续按 5.4.4 节 (6) ①i. 的要求进行往复运动。

n. 不间断完成总计 300000 次循环。速度为 0.05m/s 时完成总计 100000 次循环。

o. 完成不间断循环后，按 5.4.4 节 (6) ①e. 和 (6) ①f. 测量恒定压力下的摩擦力。

p. 按 5.4.4 节 (6) ①g. 和 (6) ①h. 再次测量启动摩擦力。

q. 停止试验。

r. 按 5.4.4 节 (6) ①b. 测量拆下的试验密封件，并对密封件的状况进行拍照和记录。

② 试验次数　为了获得合理的数据，每一类型密封件应至少进行 6 次试验。

(7) 试验记录

按 5.4.4 节 6.①得到的每次试验结果应按如下方式进行记录。

① 应记录密封件和密封件沟槽的尺寸，见 GB/T 32217—2015 附录 A 的表 A.1 和表 A.2。

② 应记录每个密封件的试验结果，见 GB/T 32217—2015 附录 B 的表 B.1；

③ 每种类型密封件的试验报告应按 GB/T 32217—2015 附录 C 进行编制。

作者注：本节涉及的代号、定义和单位见 GB/T 32217—2015 中表 1。

说明

GB/T 32217—2015《液压传动　密封装置　评定液压往复运动密封件性能的试验方法》于 2015 年 12 月 10 日发布，2017 年 1 月 1 日实施以来，笔者对其进行了多次解读和研讨，也曾使用该标准对国内某密封件公司的密封件性能试验台进行过评价，除在各作者注中已指出该标准中存在的一些问题外，还认为有必要对下面这些问题进一步加以说明。

① 液压往复运动密封件或密封装置包括液压缸活塞动密封装置和液压缸活塞杆动密封装置这是毫无疑问的，从该标准规范性引用文件即可证明，因为其引用了 GB/T 15242.2—2017《液压缸活塞和活塞杆动密封装置尺寸系列　第 2 部分：支承环尺寸系列和公差》。在 GB/T 32217—2015 中仅给出了液压缸活塞杆动密封试验装置示意图（见原图 1），而没有给出液压缸活塞动密封试验装置示意图，即缺少评定液压缸活塞动密封装置（或密封件）的试验装置，亦即该标准缺少了评定液压往复运动活塞密封件这部分所应有的内容。由此《液压传动　密封装置　评定液压往复运动密封件性能的试验方法》这个标准名称也有问题。建议各方面加紧研究，给出液压缸活塞动密封装置（或密封件）的试验装置及试验方法。

② 在 GB/T 32217—2015 中规定的试验介质温度仅有一个温度，且与一些液压缸标准不一致，这将导致按此标准得出的试验结果不能在液压缸实际应用该种密封件时作为参考，也就失去了该试验所应具有的工程意义，或表述为：该试验不能"为密封件的设计与选用提供依据"。建议同其他试验参数一样，试验温度也给出"系列标准值"，而其中至少有一个试验温度值应与现行液压缸标准相适应。

③ 在 GB/T 32217—2015 中规定的启动摩擦力试验与一般标准规定的液压缸起动压力特性试验还有不同之处，如在 JB/T 10205—2010 中规定："使无杆腔（双杆液压缸，两腔均可）压力逐渐升高，至液压缸起动时，记录下的起动压力即为最低起动压力"，其密封件受到了逐渐增大的压力作用，而不是"维持试验压力 p_1"测量"启动摩擦力"。在 JB/T 10205—2010 中规定的"起动压力特性"试验与液压缸实际应用的工况基本相同，而在 GB/T 32217—2015 中规定的由外力驱动的"测量启动摩擦力的步骤"与液压缸的实际工况不符，且两者试验结果的一致性无法评价，其试验也可能无法"为密封件的设计与选用提供依据"。

④ 由在 GB/T 32217—2015 中给出的原图 5 可以确定，所谓防尘圈 1（见原图 6）根本不具有"用在往复运动杆上防止污染物侵入的装置"的结构特征，因为其没有防止污染物侵入的密封唇，其结构形状与现行标准规定的 Y 形或 U 形密封圈一致。一般液压缸都应具有防尘装置，不含有防尘圈的活塞杆密封系统或装置不具有实际应用价值。另外，不具有防尘装置的试验装置在试验中也是很危险的，况且，该标准也没有对试验环境的清洁度做出规定。建议采用双唇防尘圈（如 C 形防尘圈），这样可起到防尘和辅助密封作用。

⑤ 从在 GB/T 32217—2015 中规定的试验步骤来看，有如下一些问题影响试验的具体操作。

a. 在"试验装置以线速度 v、稳定介质压力 p_1 往复运动 1h"中没有规定 v 和 p_1 具体值，因此不好操作，也容易产生争议。

b. 根据在 GB/T 32217—2015 中规定的试验步骤，试验主要分为三段：往复运动 1h 和维持试验压力 p_1 和试验温度 16h，测量启动摩擦力为第一段；完成 200000 次不间断循环（线速度为 0.05m/s 时，完成 60000 次循环）为第二段；不间断完成总计 300000 次循环（线速度为 0.05m/s 时，完成 100000 次循环）为第三段。这里存在一个问题，除线速度 0.05m/s 外，速度系列标准值中还有 0.15m/s 和 0.5m/s 两种速度，在后两段试验中应如何选择速度是个问题。

c. 在以上三段试验都分别记录或测量了（恒定压力下的）摩擦力，但这三个摩擦力值究竟应该如何处理,在 GB/T 32217—2015 附录 B(规范性附录)试验结果中也没有明确规定。

d. 同样,在第一、第三段试验中都进行了"启动摩擦力"测量,这两个启动摩擦力值究竟应该如何处理是个问题。

⑥ 该标准中还有以下一些说法、算法或做法值得商榷。

a. 在该标准引言中提出了"关键变量",且要求"密封件的试验应严格控制这些关键变量",但下文中却没有给出什么是关键变量。

b. 在"每次试验开始,应测量滑动支承环及防尘圈的固有摩擦力 F_1"中的"滑动支承环""固有摩擦力 F_1"不知出于哪项标准,其中如何测量固有摩擦力 F_1 也不清楚。

c. 因"固有摩擦力 F_1"的问题,试验密封件的平均摩擦力计算式(5-7)也就有问题了。当然,计算结果(试验密封件的平均摩擦力)就值得商榷了。

d. 在"F_s——单个试验密封件的前进中程和返回中程摩擦力平均值"中的"前进中程"和"返回中程"不知出于哪项标准,也不清楚具体含义。

e. 在"测量启动摩擦力的步骤"中的"驱动回路压力"不知所指,因为在试验装置示意图(原图1)中没有驱动回路,仅有"线性驱动器"。

f. 因该标准中有"启动摩擦力"和"动摩擦力",所以原式(1)应是计算试验件的平均动摩擦力,而不应是"计算试验件的平均摩擦力"。其他地方也有"动摩擦力"与"摩擦力"混用情况。

5.4.5 液压软管总成试验方法

在 GB/T 7939—2008《液压软管总成试验方法》中规定了用于评价液压传动系统中的软管总成性能的试验方法。评价液压软总成的特殊试验和性能标准,应符合各产品的技术要求。

在 JB/T 8727—2017《液压软管总成》中 GB/T 7939 是其规范性引用文件,在其"8 试验项目和试验方法"中规定:"按 GB/T 7939 规定"。

(1)试验项目

① 尺寸检查

a. 应检查软管所有尺寸符合 GB/T 9573—2003(已被 GB/T 9573—2013《橡胶和塑料软管及软管组合件 软管尺寸和软管组合件长度测量方法》代替)及相关软管技术条件的规定。

b. 管接头的材料、尺寸公差、表面粗糙度等应符合产品技术条件要求。

② 耐压试验

a. 软管总成以 2 倍的最高工作压力进行静压试验,至少保压 60 s。

b. 经过耐压试验后,软管总成未呈现泄漏或其他失效迹象,则认为通过了该试验。

③ 长度变化试验

a. 伸长率或收缩率的测定,应在未经使用的且未老化的软管总成上进行,软管接头之间的软管自由长度至少为 600mm。

b. 将软管总成连接到压力源,呈不受限制状态,如果因自然弯曲软管不呈直的状态,可以横向固定使其呈直的状态,加压到工作压力保压 30 s,然后释放压力。

c. 在软管总成卸压重新稳定 30 s 后,在两端软管接头中间位置取一点,向两边各距 125mm(l_0)处做精确的参考标记。

d. 对软管总成重新加压至规定的最高工作压力，保压 30 s。

e. 软管保压期间，测量软管上参考点之间的距离，记录为 l_1。

f. 按式（5-8）确定长度变化。

$$\Delta l = \frac{l_1 - l_0}{l_0} \times 100\% \tag{5-8}$$

式中　l_0——软管总成在初次加压、卸压并重新稳定后，参考标记间的距离，mm。

l_1——软管总成在压力状态下参考标记间的距离，mm。

Δl——长度变化百分比，在长度伸长的情况下为正值（+），缩短的情况下为负值（-）。

④ 爆破试验

a. 一般要求。这是一种破坏性试验，试验后的软管总成应报废。

b. 步骤。

ⅰ. 对已组装上软管接头 30 天之内的软管总成，均匀增加到 4 倍的最高工作压力进行爆破试验。

ⅱ. 软管总成在规定的最小爆破压力以下，呈现泄漏、软管爆破或其他失效现象，应拒绝验收。

⑤ 低温弯曲试验

a. 一般要求。这是一种破坏性试验，试验后的软管总成应报废。

b. 步骤。

ⅰ. 使软管总成在产品规定的最低使用温度下，保持直线状态，持续 24 h。

ⅱ. 仍在最低使用温度下，用 8～12s 时间在芯轴上弯曲一次，芯轴直径为规定的最小弯曲半径的 2 倍。

当软管总成的公称内径在 22mm（含 22mm）以下，应在芯轴上弯曲 180°，当软管总成的公称内径大于 22mm，应在芯轴上弯曲 90°。

ⅲ. 弯曲后，让试样恢复到室温，目测检查外覆层有无裂纹，并做耐压试验 [见 5.4.5 节（1）②]。

ⅳ. 软管总成在低温弯曲试验后未呈现可见裂纹、泄漏或其他失效现象，应认为通过了该项试验。

⑥ 耐久性（脉冲）试验

a. 一般要求。这是一种破坏性试验，试验后的软管总成应报废。

b. 步骤。

ⅰ. 应对组装接头后的 30 天之内，且未经使用的软管总成进行此项试验。

ⅱ. 计算在试验下的软管的自由（暴露）长度。如图 5-27 所示，根据软管内径选用下列适当的公式。

- 软管公称内径 22mm（含 22mm）以下：弯曲 180°，自由长度 $= \pi[r + (d/2)] + 2d$。
- 软管公称内径 22mm 以上：弯曲 90°，自由长度 $= \pi[r + (d/2)]/2 + 2d$。

式中　r——最小弯曲半径；

d——软管外径。

ⅲ. 把软管总成试件连接到试验装置上，按图 5-27 所示安装，当软管总成公称内径在 22mm（含 22mm）以下时应弯曲 180°，大于 22mm 时应弯曲 90°。

ⅳ. 选择的试验油液应符合黏度等级 ISO VG46（在 40℃时，$46mm^2/s \pm 4.6mm^2/s$）的要求，使其在软管总成内以足够的速度循环，以维持相同的温度。

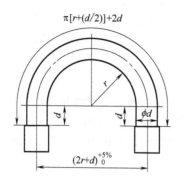
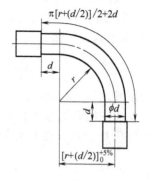

(a) 软管公称内径22mm(含)以下　　　(b) 软管公称内径大于22mm

图 5-27　软管总成耐久性（脉冲）试验安装示意图

ⅴ．对软管总成内部施加一脉冲压力，其频率在 0.5～1.3Hz（在 30～78 周期/min 之间），记录试验的频率。

ⅵ．压力循环应在图 5-28 所示的阴影区域内，并使之尽可能接近图示曲线。压力上升的实际速率应在 100～350MPa/s 之间。

ⅶ．对软管进行脉冲试验，其压力为软管总成最高工作压力的 100%、125%、133%，试验油温度保持在 100℃±3℃。

ⅷ．脉冲试验的持续总脉冲次数的确定，按产品标准规定，试验可以间歇进行。

ⅸ．在完成所需的总脉冲次数后，软管总成未呈现失效现象，则认为通过了脉冲试验。

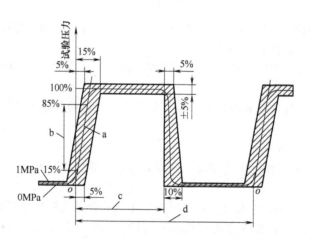

a 压力上升速率切线；b 在此两点之间确定压力上升速率；c 一个完整脉冲周期的 45%～55%；d 一个完整的脉冲周期。

图 5-28　耐久性（脉冲）试验的压力周期曲线

　　注：1. 压力上升切线是通过压力上升曲线上的两点绘制的直线，一点在试验压力的 15%处，而另一点在试验压力的 85%处。

　　2. 点 o 是压力上升切线与压力为 0MPa 的交点。

　　3. 压力上升速率是压力上升切线的斜率，用 MPa/s 表示。

　　4. 周期速率应是一致的，在 0.5～1.3Hz 范围内。

⑦ 泄漏试验

a. 一般要求。这是一种破坏性试验，试验后的软管总成应报废。

b. 步骤。

ⅰ. 应在组装接头后的 30 天之内，对软管总成进行试验。施加规定的最小爆破压力的 70% 的静态压力，保压 5～5.5min。

ⅱ. 减压到 0MPa。

ⅲ. 重新加压到最小爆破压力的 70%，再保压 5～5.5min。

ⅳ. 泄漏试验后软管总成未呈现泄漏或其他失效现象，则认为通过了该试验。

作者注：根据笔者经验，软管总成久置不用对其性能影响很大，尤其易产生泄漏。

（2）验收准则

液压软管总成应通过 GB/T 7939—2008 规定的所有试验。

5.4.6 液压管接头试验方法

在 GB/T 26143—2010《液压管接头 试验方法》中规定了液压传动中使用的各类金属管接头、与油口相配的螺柱端、法兰管接头的试验和性能评价的统一方法。但该标准不适用于 GB/T 5861—2003《液压快换接头试验方法》所涵盖的液压快换式管接头的试验。

（1）试验装置

① 试验组件连接块　试验组件连接块应未经电镀，其硬度符合 ISO 6508，在 35～45HRC 之间。对于有多个油口的试验组件连接块，试验油口的最小中心距应为油口直径的 1.5 倍。油口中心至试验组件连接块边缘的最小距离应大于或等于油口直径。

② 试验密封　除过载拧紧试验和另有规定外，所有试验用密封件应是丁腈橡胶，按照 ISO 48 测定的硬度应为 90IRHD±5IRHD。密封件应符合各自的尺寸要求。如果适用，O 形密封圈应符合或超过 ISO 3601-3 的 N 级质量要求（一般用途）。

③ 程序

a. 螺纹润滑。在所有试验中，对于被试的碳钢管接头，施加扭矩旋紧之前，应在螺纹和接触表面使用黏度符合 ISO 3448 规定的 ISO VG32 的液压油进行润滑。对于非碳钢的管接头，应按照制造商对螺纹润滑的建议。

b. 扭矩。在所有试验中，除重复装配和过载拧紧试验外，管接头和螺柱端应按各个管接头标准中规定的最小扭矩或由手指拧紧位置继续旋紧的角度或圈数（如果有规定）进行试验。对于 2 型和 3 型试验组件，为了恰当地对可能存在的实际最坏的装配条件进行试验，对可调柱端扭矩的施加应在从手指旋紧位置倒退一圈后进行。

c. 温度。在所有试验中，液压油液温度应在 15～80℃ 之间，除非在各管接头标准中另有规定。

④ 试验报告　应在 GB/T 26143—2010 附录 A 所给的试验数据表中报告试验结果和试验条件。

注：ISO/TR 11340 提供了一种报告泄漏的方法。

（2）气密性试验

① 总则　除非在各管接头标准中另有规定，经重复装配试验的三个 1 型试验组件，以及当适用时，三个 2 型、3 型和 4 型试验组件应进行气密性试验，以确保在试验压力下这些组件不会泄漏。

② 步骤　如 GB/T 26143—2010 中图 5 所示和表 5-50 所述，应在水下对试验组件进行加压。

③ 元件的再利用　经过该项试验的试件可以用于后续试验，但不应用于实际使用或返回库存。

表 5-50　气密性试验的参数和步骤

试验参量	参数值和试验步骤
试验介质	空气、氮气或氦气。试验介质应记录在试验报告中
试验压力	根据各管接头标准,试验压力应连续增加至管接头最高工作压力的 15%,不超过 6.3MPa 为宜
试验持续时间	在试验组件装配期间挤入管接头螺纹之间的全部空气排出之后,在试验压力下最少保持 3min
判定标准	不得有泄漏(出现气泡)

(3) 耐压试验

① 总则　除非在各管接头标准中另有规定,经重复装配试验的三个 1 型试验组件,以及当适用时,三个 2 型、3 型和 4 型试验组件应进行耐压试验,以确定指定的管接头能够承受至少 2 倍的最高工作压力,而没有任何可见的泄漏。

② 步骤　如 GB/T 26143—2010 中图 6 所示,试验组件按表 5-51 的规定进行加压。在施加静态压力之前,应仔细地排尽试验组件中的空气。

表 5-51　耐压试验的参数和步骤

试验参量	参数值和试验步骤
试验介质	符合 ISO 6743-4 的液压油(如 HM),其黏度等于或小于 ISO 3448 的黏度等级 32 或水。试验介质应记录在试验报告中
试验压力	2 倍的管接头最高工作压力,适用时,按照各管接头标准的规定 压力应以每秒不超过管接头最高工作压力 16% 的速率增加,直到达到试验压力
试验持续时间	试验组件至少在试验压力下保持 60 s
判定标准	在试验期间,试验组件不得泄漏

③ 元件的再利用　经过该项试验的试件可用于爆破试验,但不应用于实际使用或返回库存。

(4) 其他试验

重复装配试验、爆破试验、循环耐久性试验、真空试验、过载拧紧试验、振动试验、带振动的循环耐久性(脉冲)试验等见 GB/T 26143—2010。

5.4.7　液压元件可靠性评估方法

在 GB/T 35023—2018《液压元件可靠性评估方法》中规定了适用于 GB/T 17446 中定义的液压元件(注:指缸、泵、马达、阀、过滤器等液压元件)的可靠性评估方法:失效或中止的实验室试验分析;现场数据分析;实证性试验分析。适用于液压元件无维修条件下的首次失效。

(1) 可靠性的一般要求

① 可靠性可通过下面"评估可靠性的方法"给出的三种方法求得。

② 应使用平均失效前时间(MTTF)和 B_{10} 寿命来表示。

③ 应将可靠性结果关联置信区间。

④ 应给出表示失效分布的可能区间。

⑤ 确定可靠性之前,应先定义"失效",规定元件失效模式。

⑥ 分析方法和试验参数应确定阈值水平,通常包括:

a. 动态泄漏(包括内部和外部的动态泄漏);

b. 静态泄漏(包括内部和外部的静态泄漏);

c. 性能特征的改变(如失稳、最小工作压力增大、流量减少、响应时间增加、电气特征改变、污染和附件故障导致性能衰退等)。

注:除了上述阈值水平,失效也可能源自突发性事件,如爆炸、破坏或特定功能丧失等。

（2）评估可靠性的方法

通过失效或中止的实验室试验分析、现场数据分析和实证性试验分析来评估液压元件的可靠性。而无论采用哪种方法，其环境条件都会对评估结果产生影响。因此，评估时应遵循每种方法对环境条件的规定。

（3）失效或中止的实验室试验分析

① 概述

a. 进行环境条件和参数高于额定值的加速试验，应明确定义加速试验方法的目的和目标。

b. 元件的失效模式或失效机理不应与非加速试验时的预期结果冲突或不同。

c. 试验台应能在计划的环境下可靠地运行，其布局不应对被试元件的试验结果产生影响。可靠性试验过程中，参数的测量误差应在指定范围内。

d. 为使获得的结果能准确预测元件在指定条件下的可靠性，应进行恰当的试验规划。

② 试验基本要求　试验应按照标准适用的被评估元件相关部分的条款进行，并应包括：

a. 使用的统计分析方法；

b. 可靠性试验中应测试的参数及各参数的阈值水平，部分参数适用于所有元件，阈值水平也可按组分类；

c. 测量误差要求按照 JB/T 7033—2007《液压传动　测量技术通则》（新标准正在起草中）的规定；

d. 试验的样本数，可根据实用方法（如经验或成本）或统计方法（如分析）来确定，样本应具有代表性并应是随机选择的；

e. 具备基准测量所需的所有的初步测量或台架试验条件；

f. 可靠性试验的条件（如供油压力、周期速率、负载、工作周期、油液污染度、环境条件、元件安装定位等）；

g. 试验参数测量的频率（如特定时间间隔或持续监测）；

h. 当样本失效与测量参数无关时的应对措施；

i. 达到终止循环计数所需的最小样本比例（如 50%）；

j. 试验停止前允许的最大样本中止数，明确是否有必要规定最小周期数（只有规定了最小周期数，才可将样本归类为中止样本或不计数样本）；

k. 试验结束后，对样本做最终检查，并检查试验仪器，明确这些检查对试验数据的影响，给出试验通过或失败的结论，确保试验数据的有效性（如一个失效的电磁铁在循环试验期间可能不会被观测到，只有单独检查时才能发现，或裂纹可能不会被观测到，除非单独检查）。

③ 数据分析方法

a. 应对试验结果数据进行评估。可采用威布尔分析方法进行统计分析。

b. 应按照下列步骤进行数据分析。

ⅰ. 记录样本中任何一个参数首次达到阈值的循环计数，作为该样本的终止循环计数。若需其他参数，该样本可继续试验，但该数据不应用于后续的可靠性分析。

ⅱ. 根据试验数据绘制统计分布图。若采用威布尔分析方法，则用中位秩。若试验包含截尾数据，则可用修正的 Johnson 公式和 Bernard 公式确定绘图的位置。数据分析示例参见 GB/T 35023—2018 附录 A。

ⅲ. 对试验数据进行曲线拟合，确定概率分布的特征值。若采用威布尔分析方法，则包括最小寿命 t_0、斜率 β 和特征寿命 η。此外，使用 1 型 Fisher 矩阵确定 B_{10} 寿命的置信区间。

注：可使用商业软件绘制曲线。

（4）现场数据分析

① 概述

a. 对正在运行产品采集现场数据，失效数据是可靠性评估依据。失效发生的原因包括设计缺陷、制造偏差、产品过度使用、累计磨损和退化，以及随机事件。产品误用、运行环境、操作不当、安装和维护情况等因素直接影响产品的寿命。应采集现场数据以评估这些因素的影响，记录产品的详细信息，如批号代码、日期、编码和特定的运行环境等。

b. 数据采集应采用一种正式的结构化流程和格式，以便于分配职能、识别所需数据和制定流程，并进行分析和汇报。可根据事件或检测（监测）的时间间隔采集可靠性数据。

c. 数据采集系统的设计应尽量减小人为偏差。

d. 在开发上述数据采集系统时，应考虑个人的职位、经验和客观性。

e. 应根据用于评估或估计的性能指标类型选择所要收集的数据。数据收集系统至少应提供：

ⅰ. 基本的产品识别信息，包括工作单元的总数；

ⅱ. 设备环境级别；

ⅲ. 环境条件；

ⅳ. 运行条件；

ⅴ. 性能测量；

ⅵ. 维护条件；

ⅶ. 失效描述；

ⅷ. 系统失效后的变更；

ⅸ. 更换或修理的纠正措施和具体细节；

ⅹ. 每次失效的日期、时间和（或）周期。

f. 在记录数据前，应检查数据的有效性。在将数据录入数据库之前，数据应通过验证和一致性检查。

g. 为了数据来源的保密性，应将用做检索的数据结构化。

h. 可通过以下三个原则性方法识别数据特定分布类型：

ⅰ. 工程判断，根据对生成数据物理过程的分析；

ⅱ. 使用特殊图表的绘图法，形成数据图解表（见 GB/T 4091—2001《常规控制图》）；

ⅲ. 衡量给出样本的统计试验和假定分布之间的偏差；GB/T 5080.6—1996《设备可靠性试验　恒定失效率假设的有效性检验》给出了一个呈指数分布的此类试验。

i. 分析现场可靠性数据的方法可用：

ⅰ. 帕累托图；

ⅱ. 饼图；

ⅲ. 柱状图；

ⅳ. 时间序列图；

ⅴ. 自定义图表；

ⅵ. 非参数统计法；

ⅶ. 累计概率图；

ⅷ. 统计法和概率分布函数；

ⅸ. 威布尔分析法；

ⅹ. 极值概率法。

注：许多商业软件包支持现场可靠性数据的分析。

② 现场调查数据的可靠性估计方法　计算现场数据平均失效前时间（MTTF）或平均失效前次数（MCTF）的方法，应与处理实验室数据的方法相同。使用 5.4.7 节（3）③给出的方法，示例参见 GB/T 35023—2018 附录 A，补充信息参见 GB/T 35023—2018 附录 B。

(5) 实证性试验分析

① 概述

a. 实证性试验应采用威布尔法，它是基于统计方法的实证性试验方法，分为零失效和零/单失效试验方案。通过使用有效历史数据定义失效分布，是验证小样本可靠性的一种高效方法。

b. 实证性试验可验证与现有样本类似的新样本的最低可靠性水平，但不能给出可靠性的确切值。若新样本通过了实证性试验，则证明该样本的可靠性大于或等于试验目标。

c. 试验过程中，首先选择威布尔斜率 β；然后计算支持实证性试验所需的试验时间（历史数据已表明，对于一种特定的失效模式，β 趋向于一致）；最后对新样本进行小样本试验。如果试验成功，则证实了可靠度的下限。

注：GB/T 35023—2018 的参考文献［2］介绍了韩国机械与材料研究所提供液压元件的斜率 β。

d. 在零失效试验过程中，若试验期间没有失效发生，则可得到特定的 B_i 寿命。

注：i 表示累计失效百分比的下标变量，如对于 B_{10} 寿命，$i=10$。

e. 除了在试验过程中允许一次失效外，零/单失效试验方案和零失效试验方案类似。零/单失效试验的成本更高（更多试验导致），但可降低设计被驳回的风险。零/单失效试验方案的优势之一在于：当样本进行分组试验时（如试验容量的限制），若所有样本均没有失效，则最后一个样本无需进行试验。该假设认为当有一个样本发生失效时，仍可验证设计满足可靠性的要求。

② 零失效方法

a. 根据已知的历史数据，对所要试验的元件选择一个威布尔斜率值。

b. 根据式（5-9）确定试验时间或根据式（5-10）确定样本数（推导过程见 GB/T 35023—2018 附录 C）

$$t=t_i\left[\frac{\ln(1-C)}{n\ln(R_i)}\right]^{1/\beta}=t_i\left[\left(\frac{1}{n}\right)\frac{\ln(1-C)}{\ln R_i}\right]^{1/\beta}=t_i\left(\frac{A}{n}\right)^{1/\beta} \tag{5-9}$$

$$n=A\left(\frac{t_i}{t}\right)^{\beta} \tag{5-10}$$

式中　t——试验的持续时间，以时间、周期或时间间隔表示；

t_i——可靠性试验指标，以时间、周期或时间间隔表示；

β——威布尔斜率，从历史数据中获取；

R_i——可靠度，$R_i=(100-i)/100$；

i——累计失效百分比的下标变量（如对于 B_{10} 寿命，$i=10$）；

n——样本数；

C——试验的置信度；

A——查表 5-52 或根据式（5-9）计算。

c. 开展样本试验，试验时间为上述定义的 t，所有样本均应通过试验。

d. 若试验成功，则元件的可靠性可阐述如下：元件的 B_i 寿命已完成实证性试验，试验表明根据零失效威布尔法，在置信度 C 下，该元件的最小寿命至少可达到 t_i（如循环、小时或公里）。

表 5-52　A 值

C/%	R_i				
	R_1	R_5	R_{10}	R_{20}	R_{30}
95	298.1	58.40	28.43	13.425	8.399
90	229.1	44.89	21.85	10.319	6.456
80	160.1	31.38	15.28	7.213	4.512
70	119.8	23.47	11.43	5.396	3.376
60	91.2	17.86	8.70	4.106	2.569

③ 零/单失效方法

a. 根据已知的历史数据，确定被试元件的威布尔斜率 β。

b. 根据式 (5-11) 确定试验时间 (参见 GB/T 35023—2018 附录 C)。

$$t_1 = t_j \left(\frac{\ln R_0}{\ln R_j} \right)^{1/\beta} \tag{5-11}$$

式中　t_1——试验的持续时间，以时间、周期或时间间隔表示；

　　　t_j——可靠性试验指标，以时间、周期或时间间隔表示；

　　　β——威布尔斜率，从历史数据中获取；

　　　R_j——可靠度，$R_j = (100 - j)/100$；

　　　R_0——零/单失效的可靠度根值 (见表 5-53)。

　　　j——累计失效率百分比的下标变量 (如对于 B_{10} 寿命，$j = 10$)。

表 5-53　R_0 值

C/%	n								
	2	3	4	5	6	7	8	9	10
95	0.0253	0.1353	0.2486	0.3425	0.4182	0.4793	0.5293	0.5708	0.6058
90	0.0513	0.1958	0.3205	0.4161	0.4897	0.5474	0.5938	0.6316	0.6631
80	0.1056	0.2871	0.4176	0.5098	0.5775	0.6291	0.6696	0.7022	0.7290
70	0.1634	0.3632	0.4916	0.5780	0.6397	0.6857	0.7214	0.7498	0.7730
60	0.2254	0.4329	0.5555	0.6350	0.6905	0.7315	0.7629	0.7877	0.8079

c. 样本试验的时间 t_1 由式 (5-11) 确定，在试验中最多只能有一个样本失效。当不能同时对所有样本进行试验时，若除了最后一个样本以外的所有样本均试验成功，则最后一个样本无需试验。

d. 若试验成功，则元件的可靠性可阐述如下：元件的 B_i 寿命已完成实证性试验，试验表明根据零/单失效威布尔法，在置信度 C 下，该元件的最小寿命至少可达到 t_j (单位为循环、小时或公里)。

(6) 试验报告

试验报告应包含以下数据：

① 相关元件的定义；

② 试验报告时间；

③ 元件描述 (制造商、型号、名称、序列号)；

④ 样本数量；

⑤ 测试条件 (工作压力、额定流量、温度、油液污染度、频率、负载等)；

⑥ 阈值水平；

⑦ 各样本的失效类型；

⑧ 中位秩和 95% 单侧置信区间下的 B_{10} 寿命；

⑨ 特征寿命 η；

⑩ 失效数量；

⑪ 威布尔分布计算方法（如极大似然法、回归分析、Fisher 矩阵）；

⑫ 其他备注。

（7）标注说明

当遵循 GB/T 35023—2018 时，在试验报告、产品样本和销售文件中做下述说明："液压元件可靠性测试和试验符合 GB/T 35023《液压元件可靠性评估方法》的规定。"

> **说明**
>
> ① GB/T 35023—2018《液压元件可靠性评估方法》于 2018 年 5 月 14 日发布、2018 年 12 月 1 日实施。而其中规范性引用文件 GB/T 2900.13—2008《电工术语　可信性与服务质量》已于 2017 年 7 月 1 日废止（2016 年 12 月 13 日公告）。
>
> ② 在该标准术语和定义中又对"元件"这一术语进行了定义。但经与 GB/T 17446—2012 中术语"元件"定义的比对，其应属于改写（重新编排词语），但改写得有问题。另外，该标准中"可靠性""失效""平均失效前时间"等术语也与 GB/T 2900.99—2016《电工术语　可信性》中给出的术语和定义不一致，或可能涉及该标准的理论基础，具体可参见 GB/T 2900.99—2016。
>
> ③ 该标准第 1 章范围内的可靠性评估方法与第 6 章评估可靠性的方法中的内容重复。
>
> ④ JB/T 5924—1991《液压元件压力容腔体的额定疲劳压力和额定静态压力验证方法》于 2017 年 5 月 12 日废止后，液压缸的失效模式如何确定是个问题。
>
> ⑤ "动态泄漏""静态泄漏""附件"等都不是 GB/T 17446—2012 界定的术语。
>
> 作者注：1. 在 GB/T 35023—2018 术语和定义中规定"GB/T 2900.13、GB/T 3358.1、GB/T 17446 界定的以及下列术语和定义适用于本文件。"
>
> 2. GB/T 2900.99—2016《电工术语　可信性》部分代替了 GB/T 2900.13—2008。
>
> ⑥ "元件的失效模式或失效机理不应与非加速试验时的预期结果冲突或不同"这句话不好理解，或不易被验证或证实。
>
> ⑦ 表述不一致，如"（如：循环、小时或公里）""（单位为循环、小时或公里）"，且"公里"不是在 GB 3100—1993 中规定的法定计量单位。
>
> ⑧ 在该标准中缺少"试验准则"的（详细）规定。这不但可能在样本数的选取上出现问题，而且究竟是由元件制造商还有由用户提出进行该试验确实是个大问题，况且，试验结果的权威性究竟可由哪个单位来确认也是个问题。
>
> ⑨ 试验报告中以"工作压力"为测试条件，可能有问题。
>
> ⑩ 在参考文献 [93] 中给出了可靠性设计基本概念："可靠性""可靠度"和"失效率"。在其表 21-2-7 中给出了"液压元件失效率"，其中液压缸的"失效次数/10^6h"为"0.12（上限）、0.008（平均）、0.005（下限）"，但没有给出这些数据的来源。

5.4.8　金属承压壳体的疲劳压力试验方法

由于疲劳失效模式与液压元件的安全功能和工作寿命密切相关，所以，掌握液压元件的可靠性数据对于液压元件的制造商和客户就显得非常重要。

在 GB/T 19934.1—2021/ISO 10771-1：2015《液压传动　金属承压壳体的疲劳压力试验　第 1 部分：试验方法》中规定了在连续稳定且具有周期性的内部压力载荷下，对液压元件金属承压壳体进行疲劳试验的方法。

本试验方法仅适用于用金属制造、在不产生蠕变和低温脆化的温度下工作、仅承受（内部）压力引起的应力、不存在由于腐蚀或其他化学作用引起的强度降低的液压元件承压壳体。承压壳体可以包括垫片、密封件和其他非金属零件，但这些零件在试验中不作为被试液压元件承压件壳体的组成部分。

本试验方法不适用于 ISO 4413 中规定的管路元件（如管接头、软管、硬管等）。对于管路元件的疲劳试验方法见 ISO 6803 和 ISO 6605。

试验压力由用户确定，评价方法见 ISO/TR 10771-2。

(1) 试验条件

① 试验开始前，应对被试元件和回路排气。

② 被试元件内的油液温度应在 15～80℃ 之间。被试元件的温度应不低于 15℃。

(2) 试验规程

① 循环压力试验　试验循环次数应在 $10^5 \sim 10^7$ 范围内。

② 一般要求

a. 利用非破坏性的试验方法验证所有被试元件与其制造说明书的一致性。

b. 如有需要，可在被试元件内部放置金属球或其他类似等效的松散填充物，以减少压力油液的体积，但要保证放置的物体不妨碍压力达到所有试验区域，且不影响该元件的疲劳寿命（如喷丸强化）。

c. 当液压元件因设计存在多个腔室且承压能力不同时，腔室之间的隔离部分应作为承压壳体的一部分进行机械疲劳特性测试。

(3) 失效准则

以下情况判定为失效：

① 由疲劳引起的任何外部泄漏；

② 由疲劳引起的任何内部泄漏；

③ 材料破裂（如裂缝等）。

(4) 液压泵和液压马达的特殊要求

① 概述　GB/T 19934.1—2021/ISO 10771-1：2015 中的相应规范应按照 5.4.8 节（4）②和（4）③中的不同要求执行。

被试元件应装配完整。

在试验期间，进油口、泄油口和高压油口能施加不同的循环试验压力。

注：当进行这项试验时，一个重要的判断依据是被试元件的驱动机构是否旋转并自身产生高压，或是否它不旋转但可通过一个独立的压力源施加压力。

② 试验过程　如果选择对多个油口施加压力，应选择能达到最高疲劳载荷的各油口循环压力的相位关系。

如果被试元件的轴固定不转，旋转组件的角位置对确定承压壳体的载荷很重要，应加以控制。

液压泵和液压马达的排量对确定承压壳体的载荷很重要，宜加以控制。如果液压泵和液压马达需要变排量，应同时记录压力波形和排量波形。

③ 试验报告　下列信息应增加到试验报告中［包括 GB/T 19934.1—2021/ISO 10771-1：2015 中第 9 章的 a)～o)］：

a. 主动轴是否旋转；

b. 如轴不旋转，描述旋转组件的角位置；

c. 被试元件是泵工况还是马达工况；

d. 旋转的速度和方向；

e. 排量波形，以及与压力波形的相位关系（变量泵和变量马达）；

f. 各加压油口的循环试验高压下限值 p_U 和循环试验低压上限值 p_L，各加压油口的相位关系和施加于任何其他油口的高压值。

(5) 液压缸的特殊要求

① 概述

a. GB/T 19934.1—2021/ISO 10771-1：2015 附录 B 规定了液压缸承压壳体进行疲劳压力试验的方法，适用于按照 ISO 标准（如 ISO 6020-1）设计的、缸径 200mm 以内的以下各类型液压缸：

ⅰ. 拉杆型；

ⅱ. 螺钉型；

ⅲ. 焊接型；

ⅳ. 其他紧固连接类型。

b. 本试验方法不适用于以下情况：

ⅰ. 在活塞杆上施加侧向负载；

ⅱ. 由负载/应力引起活塞杆挠性变形。

c. 液压缸的承压壳体包含：

ⅰ. 缸体；

ⅱ. 缸的前、后端盖；

ⅲ. 密封件沟槽；

ⅳ. 活塞；

ⅴ. 活塞和活塞杆的连接；

ⅵ. 任何承压元件（如缓冲节流阀、单向阀、排气塞、堵头等）；

ⅶ. 用于前端盖、后端盖、密封沟槽、活塞和固定环的紧固件（如弹簧挡圈、螺栓、拉杆、螺母等）。

注1：其他部分，如底板、安装附件和缓冲件，不作为承压壳体的元件部分。

注2：虽然底板不是承压件，但可利用本试验方法对其做耐久性的疲劳试验。

② 常规液压缸承压壳体的试验装置　液压缸的行程应至少为图 5-29 确定的长度。

使用试验装置将活塞杆端头固定且保持与活塞杆同轴（为满足要求，可修改活塞杆伸出端）。该试验装置应确定活塞的大致位置；对于拉杆型液压缸，应使活塞与后端盖的距离 L（见图 5-30）在 3~6mm 之间；对于非拉杆型液压缸，应使活塞大致位于缸体的中间。

为减少壳体内受压容积，可在承压壳体内放置一些填充物（如钢球、隔板等）。但是，填充物不应影响对被试元件加压。

③ 试验压力的施加　液压缸的前、后两端宜各有两个油口，一个连接压力源，另一个连接测压装置。

首先以高于循环试验高压下限值（p_U）的试验压力施加于活塞的一侧，以低于循环试验低压上限值（p_L）的试验压力施加于活塞的另一侧。然后交换这两个压力，

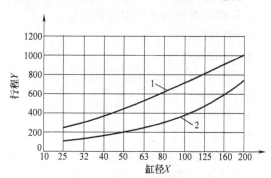

图 5-29　缸径对应的最小行程
1—拉杆型液压缸；2—其他类型液压缸

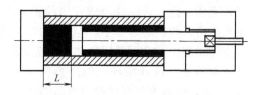

图 5-30　液压缸试验装置

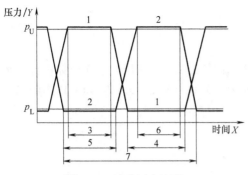

图 5-31　试验压力波形

1—侧面 1；2—侧面 2；3—侧面 1 的 T_1；4—侧面 1 的 T_2；

5—侧面 2 的 T_2；6—侧面 2 的 T_1；7——个循环

产生一个压力循环，如图 5-31 所示。

活塞未增压一侧的时间段 T_2 应比 T_1 长。为此，活塞任一侧的时间段 T_1 不应在另一侧压力降低到 p_L 以下之前开始。活塞任一侧的时间段 T_1 应在另一侧压力上升到 p_U 以上之前结束。

加压波形可是任何形状。

(6) 液压充气式蓄能器的特殊要求

① 概述　除在 GB/T 19934.1—2021/ISO 10771-1：2015 的正文中规定的要求外，以下适用于各类型的液压充气型蓄能器的承压壳体：

a. 活塞式；

b. 囊式；

c. 隔膜式。

也适用于增加气体容量的气瓶（蓄能器用）。

② 试样

a. 囊式蓄能器由以下部分组成：

ⅰ. 壳体；

ⅱ. 油口的阀组件；

ⅲ. 气口的阀组件。

b. 活塞式蓄能器由以下部分组成：

ⅰ. 壳体；

ⅱ. 端盖；

ⅲ. 气口的阀组件。

c. 隔膜式蓄能器由以下部分组成：

ⅰ. 集成油口的壳体；

ⅱ. 气口的阀组件。

d. 气瓶，按其结构由以下部分组成：

ⅰ. 壳体；

ⅱ. 阀组件；

ⅲ. 端盖。

如果试样包括流体隔离部件（如活塞、气囊或隔膜），其两侧应有流体。

如果连接在蓄能器上的配件（如气阀）在试验时的安装方式与其在蓄能器上的安装方式相同，可以分开进行试验。

③ 试验步骤　由于蓄能器具有预充压力，因此测试时的循环试验低压上限值（p_L）将接近于预充压力值。在一些特殊应用的疲劳压力测试中，循环试验低压上限值（p_L）可设定在预充压力值相同的水平上，但这样的压力设定在应用中有局限性。

在工作过程中，为避免因气体泄漏造成压力范围增加，最终用户应保持此预充压力。在疲劳压力试验中，选择循环试验压力低压上限值（p_L）为循环试验高压下限值（p_U）的 5% 进行试验，可最大程度地给出可靠的结果。

如果所有试样的压力波形（见 GB/T 19934.1—2021/ISO 10771-1：2015 中 5.1 和 5.2）

均可测到，可将试样串联或者并联。

(7) 液压阀的特殊要求

① 概述　通常情况下，液压阀包括多个腔体，每个腔体承受的压力不同（如系统压力、工作油口压力、控制压力和回油口压力等）。

作者注："系统压力""工作油口压力""回油口压力"都不是 GB/T 17446—2012 中规定的术语；而"控制压力""回油压力"是 GB/T 17446—2012 中规定的术语，这样混在一起表述不合适。

② 试验步骤指南　液压阀宜整体进行试验。对于附件（如电磁铁磁芯管、端盖等）可作为液压阀整体的组成部分或可作为单独的被试元件进行试验。

在工作期间，腔体的内壁或边缘如需要承受交变的压力负载（对于方向阀的压力油口和工作油口之间的内部区域可能是这种情况），则在一个循环周期，应交替施加产生最大压差的内部或边界各侧压力。

如果压力腔体互不相邻，压力脉冲可同时施加在各个腔体中。

说明

① 在 GB/T 19934.1—2021/ISO 10771-1：2015 的引言中提到的"疲劳失效模式"，对液压泵和液压马达、液压缸、液压充气式蓄能器、液压阀等而言没有具体规定。

② 在该标准规定的"失效准则"中，如何区分和判定"由疲劳引起的任何内部泄漏"是个问题。如果无法区分和判定，则一些液压元件如液压缸等在疲劳试验前即可能被认为已经失效了。

③ 在该标准的各类型液压缸中例举了"螺钉型"，但承压壳体中却没有包含"螺钉"。

④ 在该标准的"图 B.3　试验压力波形"中增压侧波形与 p_u 重叠，此与该标准中的叙述不一致，也与"图 1　试验压力波形"不一致。

⑤ 暂未查到"疲劳压力""疲劳压力试验"的定义。

作者注：在 GB/T 10623—2008《金属材料　力学性能试验术语》中"疲劳试验"的定义为"在试样上通过施加重复的试验力或变形，或施加变化的力或变形，而得到的疲劳寿命、给定寿命的疲劳强度等结果的试验。"在 GB/T 10623—2008 中给出的术语"疲劳寿命""疲劳极限""疲劳强度"的定义或可参考。

5.5　压力传感器和位移传感器试验方法

5.5.1　压力传感器性能试验方法

在 GB/T 15478—2015《压力传感器性能试验方法》中规定了压力传感器（以下简称传感器）性能的试验条件、试验的一般规定、试验项目及试验方法、数据计算及处理，适用于压力传感器（包括绝压传感器、差压传感器、表压传感器和负压传感器）。

(1) 试验条件

① 环境条件

a. 参比大气条件。传感器的参比性能试验应在下述参比大气条件下进行。

温度：18～22℃。

相对湿度：60%～70%。

大气压力：86～106kPa。

b. 一般试验大气条件。当传感器不可能或不必要在参比大气条件下进行试验，推荐采用下述大气条件。

温度：15～35℃。

相对湿度：30%～85%。

大气压力：86～106kPa。

在每项试验期间，允许的温度变化每小时不大于1℃。

c. 仲裁大气条件。当对试验结果有争议时，经供需双方商定后，可从表5-54中任选一组大气条件进行试验。

注：试验过程中，如果相对湿度对试验结果没有影响，则可不予考虑；如果试验温度超出表5-54中规定的范围，应由供需双方协商规定特性参数的合适极限。

表 5-54　仲裁大气条件

大气条件参数	组别			
	A	B	C	D
温度/℃	20±1	23±1	25±1	27±1
相对湿度/%	65±5	50±5	50±5	65±5
大气压力/kPa	86～106			

d. 其他环境条件。除上述大气条件外，试验还应在下述环境条件下进行。

ⅰ. 磁场：除地磁场外，应无其他外界磁场。

ⅱ. 机械振动：应无机械振动。

② 校准系统

a. 校准系统的组成。校准系统由标准压力源、激励电源和读数记录装置三部分组成。其综合误差可按三部分装置误差的均方根的方法计算，应不超过被试传感器允许基本误差的1/3。综合误差也可由传感器的详细规范规定。

b. 标准压力源、激励电源、读数记录装置和其他试验设备见 GB/T 15478—2015。

(2) 试验的一般规定

① 证书文件　试验用的主要仪器和计量器具应具有计量/校准技术机构签发的有效期内的检定证书或校准证书，以保证其量值能够溯源到国家基准。

② 外观　传感器的外观应无明显的瑕疵、划痕，接头螺纹应无毛刺、锈蚀和损伤，焊接处应牢固，电连接器应接触可靠。

③ 标志　传感器的标志应清晰、正确无误。其中包括：

a. 电源输入端、信号输出端及极性的标志；

b. 差压传感器的高压端和低压端接嘴应有永久性标志。

④ 放置时间　试验前，被试传感器应在试验环境条件下放置，放置时间应不小于1h。放置时间也可按传感器的详细规范规定。

⑤ 预热时间　试验前，被试传感器及其相连接的测试仪器和激励电源应通电预热，预热时间应不小于0.5h。预热时间也可按传感器的详细规范规定。

⑥ 连接方式　被试传感器与其激励电源、压力源和读数装置的连接方式，应按其压力系统管路图和电路图的规定。连接方式也可按传感器的详细规范规定。

⑦ 安装方法　被试传感器的安装，应按传感器详细规范的规定进行。

(3) 试验项目及方法

① 外观检查　见 GB/T 15478—2015。

② 尺寸和重量的检查　见 GB/T 15478—2015。

③ 电气性能试验

a. 试验项目包括：

ⅰ. 输入阻抗；

ⅱ. 输出阻抗；

ⅲ. 负载阻抗；

ⅳ. 绝缘电阻；

ⅴ. 绝缘强度。

b. 试验方法见 GB/T 15478—2015。

④ 静态性能试验

a. 试验项目包括：

ⅰ. 零点输出（Y_o）；

ⅱ. 满量程输出（$Y_{F.s}$）；

ⅲ. 非线性（ξ_L）；

ⅳ. 迟滞（ξ_H）；

ⅴ. 重复性（ξ_R）；

ⅵ. 准确性（ξ）；

ⅶ. 灵敏度（s）。

b. 试验方法见 GB/T 15478—2015。

⑤ 零点漂移（d_z）

a. 试验方法。在规定的时间间隔及参比大气条件下，零点输出的变化为零点漂移。

传感器通电预热到规定时间（min）后，读取零点输出值；然后每隔规定时间（min）记录一次零点示值，从开始记录起连续进行的时间不应少于 2 h。零点漂移按 GB/T 15478—2015 中式（A.32）计算。

b. 试验细节的规定。被试传感器试验的有关细节，应由传感器的详细规范规定。其中包括：

ⅰ. 试验的特征参数；

ⅱ. 试验设备及量仪型号；

ⅲ. 试验的环境条件；

ⅳ. 特征参数的规定值及判据；

ⅴ. 与 GB/T 15478—2015 试验方法的不同之处。

⑥ 超负荷（过载）

a. 试验方法。在规定允差范围内，能够加在传感器上不致引起性能永久性变化的压力的最大值为超负荷。

对传感器施加规定的测量上限＿＿＿％的超负荷压力信号，保持规定时间（min）后卸载，按规定时间（min）予以恢复；然后按 5.5.1 节（3）④的规定进行静态性能试验。传感器的性能指标值应符合静态性能各项指标的规定值。

b. 试验细节的规定同上。

⑦ 稳定性试验

a. 试验项目包括：

ⅰ. 零点稳定性（r_z）；

ⅱ. 满量程输出稳定性（r_s）。

b. 试验方法见 GB/T 15478—2015。

c. 试验细节的规定同上。

⑧ 动态性能试验

a. 试验项目包括：

ⅰ. 频率响应；

ⅱ. 谐振频率；

ⅲ. 自振频率（也称振铃频率）；

ⅳ. 阻尼比；

ⅴ. 上升时间；

ⅵ. 时间常数；

ⅶ. 过冲量。

b. 试验方法。传感器的动态性能参数应使用下列方法之一进行动态性能试验。

ⅰ. 瞬态激励法。将传感器与激波管或快速开启阀相连，对于负压传感器可用爆破片发生器产生一个负的阶跃压力信号，上述阶跃压力的上升时间应是传感器上升时间的 1/3 或更短。

当激励装置产生一个阶跃压力信号时，用瞬态记录仪记录传感器的响应波形；然后对其进行分析，以确定动态特性的各参数。

ⅱ. 正弦激励法。用正弦压力发生器直接测得传感器的频率响应。如果传感器本身的谐振频率在正弦压力发生器的频率范围内，还可以得到传感器的谐振频率、阻尼比和响应时间等。

采用正弦激励法时，应在正弦压力发生器上安装标准传感器，其动态性能指标要高于被测传感器动态性能指标的 5 倍。

通过上述试验方法，可确定下列动态性能参数。

c. 动态性能参数。

ⅰ. 频率响应。在规定的频率范围内，对加在传感器上的正弦变化的被测量来讲，输出量与被测量之比及输出量和被测量之间相（位）差随频率的变化为频率响应。表示为：从零至____ Hz 时，幅值误差不大于____％；相位偏差不大于____。对于压电类动态压力传感器，应表示为：从近零的____ Hz 至____ Hz 时，幅值误差不大于____％；相位偏差不大于____。

频率响应应以在规定的频率范围内的频率和某一规定的被测量为基准。

ⅱ. 谐振频率。传感器具有最大输出幅值的被测量频率为谐振频率。表示为____ Hz（或 kHz）。

ⅲ. 自振频率（也称振铃频率）。当被测量（压力）为阶跃变化时，在传感器输出中瞬时出现的自由振荡频率为自振频率。表示为____ Hz（或 kHz）。

ⅳ. 阻尼比。实际阻尼系数与临界阻尼所对应的阻尼系数之比为阻尼比。表示为临界阻尼的____％。

ⅴ. 上升时间。由于被测量（压力）的阶跃变化，传感器输出从规定最终值一个小的百分率上升到一个大的规定百分率的时间为上升时间。表示为对传感器施加____ MPa 的阶跃压力信号时输出从 10％上升至 90％的时间（ms 或 μs）。

ⅵ. 时间常数。由于被测量（压力）的阶跃变化，传感器输出由施加上阶跃压力的一刻起至上升到最终值的 63％时所需的时间为时间常数。对传感器施加____ MPa 的阶跃压力信号，从施加上阶跃压力的一刻起至传感器输出上升到最终值的 63％时所需的时间表示为____ ms（或 μs）。

ⅶ. 过冲量。对传感器施加阶跃压力信号后，其输出超过稳定值的最大值为过冲量。

d. 试验细节的规定同上。

⑨ 影响量试验

a. 试验项目包括：

ⅰ. 温度影响；

ⅱ. 振动影响；

ⅲ. 冲击影响；

ⅳ. 加速度影响；

ⅴ. 湿热影响；

ⅵ. 外磁场影响；

ⅶ. 气密性影响；

ⅷ. 盐雾影响；

ⅸ. 热辐射影响；

ⅹ. 低气压影响；

ⅺ. 低温/低气压综合影响；

ⅻ. 高温/低气压综合影响；

ⅹⅲ. 低温/低气压/湿热综合影响；

ⅹⅳ. 沙尘影响；

ⅹⅴ. 噪声影响。

b. 试验方法。

ⅰ. 温度影响试验。传感器的温度影响试验应按 GB/T 2423.1—2008《电工电子产品环境试验 第2部分：试验方法 试验A：低温》试验 Ab 和 GB/T 2423.2—2008《电工电子产品环境试验 第2部分：试验方法 试验B：高温》试验 Bb 的规定进行。

其他见 GB/T 15478—2015。

ⅱ. 振动影响试验。传感器的振动影响试验应按 GB/T 2423.10—2008《电工电子产品环境试验 第2部分：试验方法 试验Fc：振动（正弦）》（已被 GB/T 2423.10—2019《环境试验 第2部分：试验方法 试验Fc：振动（正弦）》代替）的规定进行。

其他见 GB/T 15478—2015。

作者注：GB/T 2423《环境试验 第2部分》按试验方法分为若干部分。

ⅲ. 冲击影响试验。传感器的冲击影响试验应按 GB/T 2423.5—1995《电工电子产品环境试验 第2部分：试验方法 试验Ea和导则：冲击》（已被 GB/T 2423.5—2019《环境试验 第2部分：试验方法 试验Ea和导则：冲击》代替）的规定进行。

其他见 GB/T 15478—2015。

ⅳ. 加速度影响试验。传感器的加速度影响试验应按 GB/T 2423.15—2008《电工电子产品环境试验 第2部分：试验方法 试验Ga和导则：稳态加速度》的规定进行。

其他见 GB/T 15478—2015。

ⅴ. 湿热影响试验。传感器的湿热影响试验应按 GB/T 2423.3—2006《电工电子产品环境试验 第2部分：试验方法 试验Cab：恒定湿热试验》（已被 GB/T 2423.3—2016《环境试验 第2部分：试验方法 试验Cab：恒定湿热试验》代替）的规定进行。

其他见 GB/T 15478—2015。

ⅵ. 外磁场影响试验。见 GB/T 15478—2015。

ⅶ. 气密性影响试验。见 GB/T 15478—2015。

ⅷ. 盐雾影响试验。传感器的盐雾影响试验应按 GB/T 2423.17—2008《电工电子产品环境试验 第2部分：试验方法 试验Ka：盐雾》的规定进行。

其他见 GB/T 15478—2015。

ⅸ. 热辐射影响试验。传感器的热辐射影响试验应按 GB/T 2423.24—2013《环境试验 第2部分：试验方法 试验Sa：模拟地面上的太阳辐射及其试验导则》的规定进行。

其他见 GB/T 15478—2015。

ⅹ. 低气压影响试验。传感器的低气压影响试验应按 GB/T 2423.21—2008《电工电子产品环境试验 第 2 部分：试验方法 试验 M：低气压》的规定进行。

其他见 GB/T 15478—2015。

ⅺ. 低温/低气压综合影响试验。传感器的低温/低气压综合影响试验应按 GB/T 2423.25—2008《电工电子产品环境试验 第 2 部分：试验方法 试验 Z/AM：低温/低气压综合试验》的规定进行。

其他见 GB/T 15478—2015。

ⅻ. 高温/低气压综合影响试验。传感器的高温/低气压综合影响试验应按 GB/T 2423.26—2008《电工电子产品环境试验 第 2 部分：试验方法 试验 Z/BM：高温/低气压综合试验》的规定进行。

其他见 GB/T 15478—2015。

ⅹⅲ. 低温/低气压/湿热综合影响试验。传感器的低温/低气压/湿热综合影响试验应按 GB/T 2423.27—2005《电工电子产品环境试验 第 2 部分：试验方法 试验 Z/AMD：低温/低气压/湿热连续综合试验》（已被 GB/T 2423.27—2020《环境试验 第 2 部分：试验方法 试验方法和导则：温度/低气压或温度/湿度/低气压综合试验》代替）的规定进行。

其他见 GB/T 15478—2015。

ⅹⅳ. 沙尘影响试验。传感器的沙尘影响试验应按 GB/T 2423.37—2006《电工电子产品环境试验 第 2 部分：试验方法 试验 L：沙尘试验》的规定进行的。

其他见 GB/T 15478—2015。

ⅹⅴ. 噪声影响试验。传感器的噪声影响试验应按 GJB 150.17A—2009《军用装备实验室环境试验方法 第 17 部分：噪声试验》的规定进行。

其他见 GB/T 15478—2015。

c. 试验细节的规定同上。

⑩ 寿命试验

a. 试验项目包括：

ⅰ. 循环寿命；

ⅱ. 贮存寿命。

b. 试验方法。

ⅰ. 循环寿命试验。将传感器安装到专用的压力疲劳试验机上，按规定的压力范围、压力循环次数和变化速度（每分钟循环次数）进行压力循环后，按 5.5.1 节（3）④的规定进行静态性能试验，试验结果应符合传感器详细规范规定的要求。

ⅱ. 贮存寿命试验。将传感器按规定的贮存条件贮存至规定时间后，按 5.5.1 节（3）④的规定进行静态性能试验，试验结果应符合传感器详细规范规定的要求。

c. 试验细节的规定。同上或见 GB/T 15478—2015。

(4) 数据计算及处理

有关性能试验数据的计算方法按 GB/T 15478—2015 附录 A 的规定，计算的数值需要修约时，应在规定的准确度范围内，按 GB/T 8170—2008《数值修约规则与极限数值的表示和判定》规定的数值修约规则进行。

5.5.2 敞开式光栅传感器试验方法

在 JB/T 13539—2018《敞开式光栅传感器》中规定了敞开式光栅传感器的术语和定义、

结构型式与基本参数、功能、要求、环境适应性、连续运行试验、试验方法、检验规则、标志与包装，适用于以由一系列等间距刻线的光栅为检测元件的敞开式光栅传感器（以下简称敞开式光栅尺）

注：敞开式光栅传感器与光栅数字显示仪表或后续设备相连组成线位移测量系统，也可以作为位置反馈功能部件与数控系统相连，它主要用于机床、仪器的坐标位置测量。

试验方法如下。

① 试验条件　敞开式光栅尺准确度的测定应在温度20℃的条件下进行。

② 试验项目及方法

a. 功能检查。将敞开式光栅尺与后续设备连接，模拟使用状态，试验结果应符合"敞开式光栅尺正确安装并与后续设备连接，在有效量程内应能正确显示长度数值"和"具有参考零位的敞开式光栅尺，其参考零位应能锁定在测量步距之内"的规定。

b. 外观检测。用目测法及其他方法按 JB/T 13539—2018 中 6.1 的要求对被试品进行检验，结果应符合要求。

c. 电磁兼容性试验（实验室条件下）。按 JB/T 10080.1—2011《光栅位移测量系统　第 1 部分：光栅数字显示仪表》中 10.2.4 进行，试验结果应符合 JB/T 13539—2018 中 6.2 的规定。

d. 敞开式光栅尺输出信号试验。敞开式光栅尺输出信号采用相关检验仪器等进行检验，结果应符合 JB/T 13539—2018 中 6.2 的规定。

e. 准确度试验。

i. 在标准检验条件下，在线位移计量测试仪器上将敞开式光栅尺与后续设备连接，与标准长度进行长度比较检验，敞开式光栅尺两个运动方向的准确度都要被测量，选择测量点时要求可以同时测到测量长度范围内误差和一个信号周期内的单向测量误差。结果应符合"敞开式光栅尺的准确度等级（±a）（见表 5-55）的规定"和"敞开式光栅尺的测量步距（推荐值）（见表 5-56）的规定"的规定，并注明测量的不准确度和测量的步距。

表 5-55　准确度　　　　　　　　　　　　　　　　　单位：μm

类型	准确度等级（±a）						
敞开式光栅尺	±0.05	±0.1	±0.5	±1	±3	±5	±10

表 5-56　测量步距　　　　　　　　　　　　　　　　单位：μm

类型	测量步距推荐值								
敞开式光栅尺	0.001	0.005	0.01	0.05	0.1	0.5	1	5	10

注：光栅尺的测量步距（推荐值）是根据光栅尺信号的周期、信号的质量、准确度等级以及光栅尺外部的或内置的细分部件的细分系数给出的。

ii. 在产品有效量程范围内，采样点应不少于 10 个。

iii. 线位移计量测试仪器的允许误差不应超过被测产品准确度的 1/3。

f. 气候环境试验。按 JB/T 10080.1—2011 中 10.2.8.1 进行。

g. 连续运行试验。按 JB/T 10080.1—2011 中 10.2.9 进行。试验结果应符合 JB/T 13539—2018 中第 8 章的规定。

5.6　液压系统制造

5.6.1　配管的装配

按 GB/T 17446—2012 中给出的术语"配管"的定义，在 GB/T 37400.11—2019 中规

定的应为"配管的装配"。

在 GB/T 37400.11—2019《重型机械通用技术条件　第 11 部分：配管》中规定了重型机械配管的技术和安全要求，适用于重型机械产品本体上的油润滑、脂润滑、液压、气动和工业用水配管，但不适用于压力容器配管。

(1) 管路制作技术要求

① 管材、零部件配管前的检查

a. 制造厂自制的零部件，应经质量检验部门检验合格后方可装配。

b. 外购的材料和零部件，应符合 GB/T 37400.1 的有关规定。

c. 确认管子的管径、材质及壁厚符合要求。

② 管子切割　管子应优先采用锯切割或机械加工方法，不准许采用砂轮切割或火焰切割。切割管子断面的垂直度应符合表 5-57 的规定。

表 5-57　管子断面垂直度

项目	图示	要求
断面与管子轴线垂直度	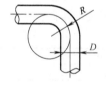 $\Delta\alpha$	$\Delta\alpha \leqslant 30'$

③ 管子的弯曲加工

a. 管子的弯曲一般采用冷弯，即在专用的弯管机上常温下进行。冷弯管的弯曲半径 R 应按图 5-32、表 5-58 的规定。管子热弯时，应符合 GB/T 37400.3—2019《重型机械通用技术条件　第 3 部分：焊接件》的有关规定。

图 5-32　冷弯管的弯曲半径

表 5-58　钢管的弯曲半径　　单位：mm

管子外径 D	弯曲半径
$6 < D \leqslant 12$	壁厚 > 1.0 时，最小 2×管子外径
$12 < D \leqslant 48$	所有壁厚，最小 2×管子外径
$48 < D \leqslant 114$	所有壁厚，最小 2.5×管子外径

b. 管子外径 D 小于 30mm 时，圆度公差 E 不大于 10%，应符合图 5-33 和式 (5-12) 的规定，并不准许出现波纹、皱褶和扭曲；管子外径 D 不小于 30mm 时，圆度公差及波纹深度应符合 GB/T 37400.3—2019 附录 A 中表 A.3 的规定。

$$E = \frac{a-b}{D} \times 100\% \qquad (5\text{-}12)$$

式中　E——圆度公差，%；

　　　a——长轴直径，mm；

　　　b——短轴直径，mm；

　　　D——管子外径，mm。

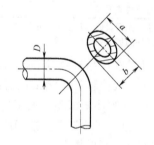

图 5-33　冷弯管的弯曲段截面

c. 管子冷弯壁厚减薄率 C 不大于 15%，按式 (5-13) 计算：

$$C = \frac{T-T_1}{T} \times 100\% \qquad (5\text{-}13)$$

式中　C——壁厚减薄率，%；

　　　T——弯曲前管子壁厚，mm；

　　　T_1——弯曲后管子壁厚，mm。

注：用钢管做试件弯曲后解剖检查，也可用超声波测厚仪检查。

d. 管子弯曲对于未完全确定尺寸但应确保其功能，长度未注公差应符合表 5-59 中的 C 级；对于弯曲完全确定了尺寸的长度未注公差应符合表 5-59 中的 B 级。角度未注公差全部按表 5-60 中的 B 级。

表 5-59　长度尺寸公差　　　　　　　　　　　　　　　　　　单位：mm

公差等级	长度尺寸范围										
	2~30	>30~120	>120~400	>400~1000	>1000~2000	>2000~4000	>4000~8000	>8000~12000	>12000~16000	>16000~20000	>20000
	极限偏差										
B	±1	±2	±2	±3	±4	±6	±8	±10	±12	±14	±16
C	±1	±3	±4	±6	±8	±11	±14	±18	±21	±24	±27

注：长度尺寸指的是外部尺寸、内部尺寸、台肩尺寸、弯曲直径和弯曲半径。

表 5-60　角度尺寸公差

公差等级	公称尺寸范围/mm					
	≤400	>400~1000	>1000	≤400	>400~1000	>1000
	允许偏差			允许偏差的正切值		
B	±45′	±30′	±20′	0.013	0.009	0.006
C	±1°	±45′	±30′	0.018	0.013	0.009

注：角度尺寸公差的公称尺寸范围是指的短边长度。

e. 弯制焊接钢管时，应使焊缝位于弯曲方向的侧面。

④ 管路装配前要求

a. 装配前所有管子应去除管端飞边、毛刺并倒角。用压缩空气或其他方法清除管子内壁附着的杂质及浮锈。不锈钢管路的制作与碳钢管路的制作应有效隔离，使用专用的制作工具，防止不锈钢管路受到污染。管子下料时，应考虑留有足够的余量，便于弯曲夹持，调整补偿。

b. 安装接头时应注意螺纹的清洁、润滑。安装不锈钢接头时，螺纹及接头锁紧螺母的接触面应涂上足够的润滑剂，以防止接头锁死。安装所有管路元件时均应参考制造厂家的说明书或样本，确保安装后的管路元件工作有效可靠。

c. 使用由两种不同材料制成的法兰或接头，留在管子上的部分（无法拆卸的法兰和焊接接头）出于酸洗的原因应与管子的材料相同。酸洗之前可以拆卸下来的所有管路元件（分体法兰等）均可用表面处理过的（镀锌、镀铬、镀镍等）钢制成。

d. 管螺纹加工应分别符合 GB/T 7306.1—2000《55°密封管螺纹　第 1 部分：圆柱内螺纹与圆锥外螺纹》、GB/T 7306.2—2000《55°密封管螺纹　第 2 部分：圆锥内螺纹与圆锥外螺纹》、GB/T 7307—2001《55°非密封管螺纹》和 GB/T 12716—2011《60°密封管螺纹》的规定。

e. 用于固定的管夹、支座等部件的机体表面应平直，不应影响管路整齐排列，否则应修整。预制完成的管路在储运过程中应防止磕碰、踩压和弯曲变形。

f. 装配前，所有碳钢管（精密钢管除外）及碳钢管预制成型的管路都要进行酸洗、中和、清洗吹干及防锈处理；镀锌管、铜管及不焊接的不锈钢管不酸洗，不防锈；焊后的不锈钢管只酸洗，不防锈。酸洗除锈等级要达到 GB/T 37400.12—2019 中规定的 Be 级。为了不使防锈漆产生化学分解，在酸洗磷化处理 48h 后，外表面才可涂防锈漆，同时应尽快在酸洗后的碳钢管内壁涂上挥发性防锈油进行防锈，也可在管子内部喷灌混合防锈油（按管子内部体积估算，喷灌量≥100mL/m³），并及时封口，磷化膜的质量应保证包装、涂装前不生锈。涂装应符合 GB/T 37400.12—2019 有关规定。

⑤ 管路装配要求

a. 对于管路未完全确定尺寸、自由敷设的管路，但应确保其功能、长度和角度尺寸，未注公差应符合表 5-59、表 5-60 中的 C 级；对于完全确定了尺寸的管路（例如配管详图、预制品图等），长度和角度未注公差应符合表 5-59、表 5-60 中的 B 级。管路的直线度、平面度、平行度公差应符合表 5-61 中的 F 级。

表 5-61　直线度、平面度、平行度　　　　　　　　　单位：mm

公差等级	公称尺寸范围									
	>30~120	>120~400	>400~1000	>1000~2000	>2000~4000	>4000~8000	>8000~12000	>12000~16000	>16000~20000	>20000
	极限偏差									
F	1	1.5	3	4.5	6	8	10	12	14	16

注：公称尺寸范围是指的平面的长边长度。

b. 装配时，对管夹、支座、法兰及接头等用螺纹连接固定的部位要拧紧，防止松动。

c. 若使用端面带有弹性密封件的旋入式接头，则不准许另外使用密封剂密封。对于端面不带弹性密封件的接头和螺纹配件应根据工作压力选择相应的密封剂进行密封。

d. 所有阀门、仪表、液压缸或气缸的连接孔以及阀块接口在最终安装之前，都应使用合适的物品（例如垫圈、盖子、胶带）封闭，以避免对控制部件造成污染。因检验和安装打开的连接孔，应在操作结束后立即重新封闭。

e. 用密封带密封的螺纹接头不得留有密封带毛边。密封带缠绕时，应保持密封带清洁，不准许黏附灰尘及其他杂物。

f. 管螺纹部位缠绕密封带时，应顺螺纹旋向从根部向前右缠绕，管端剩 1~2 牙，如图 5-34 所示。对小于 3/8″ 的管螺纹在缠绕密封带时，用 1/2 密封带宽度进行缠绕。

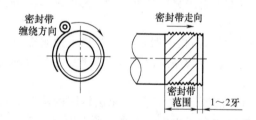

图 5-34　管螺纹部位缠绕密封带示意图

g. 已密封的零件需修复时，要将内、外螺纹上附着的密封带完全除去。

h. 采用卡套式管接头连接用碳钢无缝（钢）管应是精密冷拔正火状态，不锈钢无缝钢管是退火状态。卡套式管接头的安装应按 GB/T 3765 的要求。装配时各接触部位涂少量润滑油，且保证卡套在管端上沿轴向不窜动，径向能稍转动。

i. 完全按图样预装完成的管路，应结合总装要求，留出调整管，最后确定尺寸。

j. 固定管件用的支架、管夹等，若图纸中未规定布置方式，管子外径>25mm 时两个固定点的间距不得超过表 5-62 中给出的数值。管子外径≤25mm 的管夹装配位置及装配方法见 GB/T 37400.11—2019 附录 A。在会松开的连接件和弯管旁也应加装固定件。具体位置可按实际需要调整。焊接的管夹采用角焊缝 $a=0.3t$（t 为垫板厚度）。

表 5-62　固定点间距

管子外径 D/mm	25<D≤38	38<D≤89	D>89
最大间距/m	1.5	2.5	3.0

k. 机体上排列的各种管路应互不干涉，又便于拆装。同平面交叉的管路不得接触。自重回油管道，在配管时应有最小 1：100 的斜度。

⑥ 管道密封及耐压试验

a. 预制完成的管子焊接部位均应进行耐压试验。液压管路试验压力为（最高）工作压力的 1.5 倍，气动管路试验压力为（最高）工作压力的 1.15 倍，其他管路试验压力为（最高）工作压力的 1.25 倍，保压 15min，应无泄漏及其他异常现象发生。试验完成的管子应做标记。

b. 应对装配完成的管路按不同的系统做密封及耐压试验，并应符合以下要求：

ⅰ. 对脂润滑系统管路，在工作压力下进行通油试验，确保各分配器指针灵活无卡死，各连接处无泄漏；

ⅱ. 油润滑系统管路以工作压力的 1.25 倍进行压力试验，保压 15min，再降至工作压力进行全面检查，应无泄漏及其他异常现象发生；

ⅲ. 对气压系统管路，以工作压力 1.15 倍进行压力试验，保压 15min，再降至工作压力进行全面检查，应无泄漏和变形；

ⅳ. 除合同、设计技术文件有特定要求外，液压及工业用水系统管路试验压力应符合表 5-63 的要求，保压 15min，应无泄漏。

表 5-63　液压及工业用水系统管路试验压力

系统工作压力 p_s/MPa	<16.0	$16.0 \sim 31.5$	>31.5
试验压力	$1.50 p_s$	$1.25 p_s$	$1.15 p_s$

⑦ 管路清洗

a. 应按以下要求执行清洗前的准备工作：

ⅰ. 确认管子的材质和耐压试验后的打印标记；

ⅱ. 拆卸安装在管子上的零部件（阀门、计量仪、压力表、流量计和螺栓等）；

ⅲ. 拆下各类密封环、密封圈，各螺纹部位的密封面应做好防腐处理（如涂聚乙烯或包上绝缘带）。

b. 管路清洗检验应符合以下要求：

ⅰ. 工业用水管路经酸洗、预装完成后，要进行通水冲洗检验（阀类件除外），保证达到管路清洁度要求，见 GB/T 37400.11—2019 中表 8。

ⅱ. 脂润滑系统，在配管完成后，拆开各给脂装置（分配器等）入口的连接，进行油脂清洗，直至流出的油脂清洁无异色后再进行连接。

ⅲ. 油润滑系统应通油清洗，清洗一段时间后用清洗液清洗过的烧杯或玻璃杯采 100mL 的清洗液放在明亮场所 30min 后，目测确认无杂质后为合格。

ⅳ. 液压系统及伺服系统的清洗检验及清洁度应符合 GB/T 37400.16 的要求。

⑧ 管路拆卸及包装发运

a. 拆卸工作量应减少到最低程度。应确保用于输送氧气的管道上绝对没有油脂。碳钢管应在管子内壁涂上挥发性防锈油或采取其他防锈措施，然后对管道和输送流体元件进行快速封闭（例如在法兰处使用钢板和软密封件），确保其内部不会再受到污染。没有法兰的末端可以使用塑料盖。精密型钢管应使用带有 24°内锥的封闭件或塞子封堵，并拴标签，标签上记入装配位置号。

b. 对分解包装发运的管路，应将设计图样给出的标记打印在标签上，并拴在管路上。标签推荐采用外形尺寸为 50mm×30mm 铜板或铝板制造，也可采用其他材质和尺寸的标签。

c. 对于需在海上长途运输的应在管道内注入气雾防锈剂，防止管道受潮生锈。

⑨ 配管资料　应注意在配管制作过程中的资料收集，包括配管酸洗报告、耐压试验报

告、管路冲洗清洁度报告等，留档备查。

（2）配管焊接技术要求

① 焊工应经过专业培训，具有职业资格等级证，方可持证上岗，担任配管的焊接工作。

② 焊接前应确保焊缝区域表面上没有氧化皮、炉渣、铁锈、油漆、油脂及水等杂物。进行整焊之前，应清点定位点焊中的裂纹、气孔、未熔合等缺欠。预制管需打磨焊接区域（管路内、外表面），焊缝两边各大于 20mm，且不锈钢需用专用砂轮片打磨。

③ 根据焊接工艺，进行合理的焊前预处理（例如坡口角度、钝边大小等）。管路对焊及角接焊的坡口形状、尺寸见 GB/T 37400.11—2019 中表 9。

④ 焊缝施工的基本原则：对接焊缝中力作用线上的应力应均匀分布；如果没有为对接焊缝标注横截面尺寸，则应全焊透；封闭管道内部的所有焊缝都应是连续焊缝，中间不得断开；如果壁厚允许，所有焊缝都应多层焊接；在对高压管道进行手工电弧焊时，在中间层和覆盖层区域只能使用碱性焊条；应彻底清除加固件、运输吊环等的辅助焊接；应对相关部位的表面进行无凹槽打磨，且应采取合适的方法检验是否存在裂纹；不得因打磨而低于所需的壁厚。

⑤ 对于碳钢管路，压力不大于 2.5MPa 时，应采用角焊缝，压力大于 2.5MPa 时，应采用 V 形坡口焊缝。

⑥ 管道内部不准许出现焊渣。所以焊接钢管时（包括定位点焊），一般应采用钨极氩弧焊或钨极氩弧焊打底，同时应在管道内部通约 5L/min 的氩气。焊缝单面焊双面成型。焊缝不得有未焊合、未焊透、夹渣等缺陷。有缺陷的焊缝应清除缺陷后再补焊。补焊焊缝应整齐一致并应去除表面飞溅物。因焊缝根部余高造成的管道横断面收缩率：管道外径不大于 25mm 时，不超过 20%；若管道外径大于 25mm，则不超过 15%。这种情况通过目视方法进行检查，必要时应通过磨削加工处理。

⑦ 管与管（或接头）对接焊的错位公差 e 不大于 $0.10t$，最大不超过 1.0mm，见 GB/T 37400.11—2019 中图 4。对于错位公差超过此要求的对接焊部位，建议采用机械加工方式将接头内孔加工成锥度不大于 10° 的过渡锥面，再进行焊接。

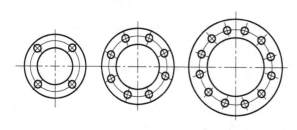

图 5-35　法兰对称布置图

⑧ 管子与法兰插入焊焊接要求见 GB/T 37400.11—2019。

⑨ 焊接法兰时，如图样无特殊要求，其螺栓孔中心线不得与管子的铅垂、水平中心线相重合，而应如图 5-35 所示对称配置，且每个法兰上的螺栓孔数都能被 4 整除。焊接后，螺栓孔的位置偏差 $\Delta\alpha$ 不应大于 $30'$ 或应符合表 5-64 规定的公差 a 值。

表 5-64　螺栓孔的位置偏差　　　　　　　单位：mm

螺栓孔直径 d	图示	公差 a
≤26		≤1.0
>26		≤1.5

⑩ 法兰等管件的焊接角度公差应符合表 5-60 中的 B 级，见 GB/T 37400.11—2019 中图 7 的角度公差示例。

⑪ 支管焊接在主管上，除设计注明外，其支管中心线对主管中心线左或右的偏差 ΔA 不大于 1mm，见 GB/T 37400.11—2019 中图 8。

⑫ 支架焊接后的尺寸公差和几何公差应符合 GB/T 37400.3—2019 中 8.3 未注公差的规定。

⑬ 管子对接焊时，焊缝外凸高 a 和内凸高 b 应符合表 5-65 的规定；当焊缝外凸高 a 和内凸高 b 超差时，应用砂轮修磨达到要求。

单位：mm

表 5-65　焊缝外凸高和内凸高

管壁厚 t	图示	外凸高 a	内凸高 b
≤12		0.5～1.5	
>12～25		0.5～2.5	0～1.0

⑭ 管路焊缝的评定按照 GB/T 37400.3—2019 中表 9 规定的评定等级，即：压力不大于 2.5MPa，则按照评定等级 D 级施工（仅 GB/T 37400.3—2019 中表 B.1 的序号 9 按照评定等级 C）；压力大于 2.5MPa，则按照评定等级 C 级施工；如有特殊要求，则无论压力等级如何，都应按照评定等级 B 进行焊缝施工，此时应在图样上注明。

⑮ 管路焊缝的检验：所有等级焊缝需执行 100％目视检验；B 级焊缝 X 射线检验不小于 25％、C 级焊缝 X 射线检验不小于 10％，也可使用等效的内部特性检验方法代替 X 射线检验；压力和密封检验按 5.6.1 节（1）⑥的规定执行。

⑯ 焊接时的注意事项如下：

a. 当钢管温度低于 0℃时，不应焊接；碳钢管路（壁厚不小于 30mm）焊前应进行预热处理，预热温度在 100℃左右；

b. 焊接应采用平焊；

c. 应在管子上打火；

d. 不同焊层的起点和终点不得集中在一起，应错开 10～20mm；

e. 在下次焊层开始焊接前，应彻底清除焊渣和各种缺陷；

f. 清除咬边、凹坑等缺陷时，应在缺陷前后 10～20mm 范围内用砂轮打磨扩展，然后进行补焊。

（3）安全要求

① 配管安全要求

a. 高处配管，应准备好脚手架、防护网及防护人员的双扣安全带等安全物品。

b. 不应用配管的管路、泵、阀及管路附件做脚手架和攀登物。

c. 应避免上下两层同时作业，若必须进行时，应提前联系好，戴安全帽，两层中间放置可靠的隔离物，以防止工具等坠落伤人。

d. 使用弯管机、切割机等机床工具时，应按设备操作规程进行，不准许违章作业。

② 焊接安全要求

a. 应严格按焊接安全操作规程的有关规定进行施工。

b. 不应用管路（特别是装有易燃介质的管路）作为地线。

c. 为防止弧光伤害，除焊工戴好防护用具外，对周围的人应设遮光装置。

d. 与焊工配合的其他操作者，在施工时应戴好防护眼镜。

e. 焊接镀锌钢管或钢板时，可能引起氧化锌中毒。除戴好防毒口罩外，焊接区（热影响区）注意先要去锌，作业场所还应注意通风排气。

f. 因火花可能造成火灾或爆炸危险时，应采取防止火花落下措施，请专人看守，准备好消防器材。

③ 试验安全要求

a. 试压前应仔细检查预制件螺纹紧固及支架的牢固性，防止试压时由于支架不稳造成不良后果。

b. 试压现场应有明显的标志，不准许非工作人员进入试压区域内，试压件四周应设置防护板。泵及操作人员应距防护板 5～10m。

c. 试压应有专人指挥，专人操作。

d. 试压时应逐级增压（5MPa 为一级），每级持续 2～3min，不应超压，仔细检查焊缝及管路连接处的泄漏情况，确认无异常后方可进行升压工作。达到试验压力后，保压时间按 5.6.1 节（1）⑥的规定。

e. 管路应设放气阀，充液体的管路内气体应排尽，泵和管路末端各装一块压力表（刻度极限值应为试验压力 1.5 倍左右）。

f. 试压时，若发现有异常现象应立即停止试验，查明原因并及时处理。

g. 试验过程中，不应敲击、振动及焊补焊缝。

h. 试验过程中，若发现有泄漏处应先卸压，确认无压力后再进行处理，对处理完成情况进行确认后再重新开始试压。

5.6.2 液压系统冲洗

液压系统的初始清洁度等级将影响其性能和使用寿命。如果不清除液压系统在装配制造过程中产生的固体颗粒污染物，固体颗粒污染物会在液压系统中循环并破坏液压系统的元件。为了减小这种破坏的概率，液压油液和液压系统的内表面需要进行过滤和冲洗，使其达到指（规）定的清洁度等级。

冲洗液压系统的管路即是一种清除液压系统内部固体颗粒污染物的方法，但其不是唯一的方法。

(1) 准备

① 从液压系统中管路冲洗的角度考虑，对液压系统及元件应做如下检查：

a. 电液伺服阀是否已经拆下并被冲洗板或其他阀代替；

b. 是否设计有不能冲洗的盲端；

c. 是否设计有并联管路，且无法使每条管路都能具有足够的流量；

d. 是否存在限流元件或内部过滤器；

e. 是否存在易被高流速或固体颗粒污染物损害的元件；

f. 是否各管路都能相互连接，便于冲洗。

液压系统中管路冲洗问题应在设计时给予充分考虑，否则为了冲洗而改变液压回路或拆除一些元件，将会给管路冲洗带来麻烦或不良后果。但旁路或隔离一些元件是管路冲洗时的常规做法。

② 为了使液压系统中管路冲洗能达到指（规）定的清洁度等级，还需要考虑以下影响因素：

a. 液压系统中的各元件、配管及油箱必须是清洗过的，且符合相关标准规定的清洁度指标；

b. 油箱内的或新注入的液压油液的初始清洁度应符合液压泵的要求；

c. 电液伺服阀控制系统如设计有独立的冷却、过滤系统，则使其首先运行足够长的时间是必要的；

d. 设计合适的冲洗程序是必要的；

e. 在管路内建立紊流状态是必须的；

f. 选择过滤比合适的过滤器，保证能在允许的时间周期内达到指（规）定的清洁度等级；

g. 管路冲洗前甲乙双方应确认提取油样的相关标准（或方法），以及油样检验所依据的标准。

具有资质的检验单位出具的油样检验报告是乙方提供给甲方的必备技术文件之一。所以，管路冲洗前甲乙双方确定检验单位也是必要的。

（2）管路冲洗

① 对冲洗的管路建立专项文件来识别，并记录它们达到的清洁度等级。

② 冲洗方法宜与实际条件相适应。但是，为了获得满意的冲洗效果，应满足下列主要准则后再进行冲洗：

a. 油箱内的液压油液的初始清洁度要符合液压泵的要求，且与液压系统指（规）定的清洁度等级水平相当；

b. 不要将空气带入液压系统中，如果必要，可将液压油液加满至溢流状态（设计上限），或采取必要的空气分离措施，如加热脱气；

c. 如在液压系统上加装冲洗过滤器，则应在回路管路上加装并靠近回油口；

d. 液压泵吸油口也可加装粗过滤器；

e. 加装的流量和温度测量装置应尽可能靠近回油口。

冲洗过滤器的过滤特性应根据液压系统要求的清洁度水平来选择，例如液压系统许用清洁度等级（ACL）。ACL 代表一个可接受的污染度等级，ACL 应同时与最敏感的液压元件（如电液伺服阀）所能接受的污染度等级以及过滤器的许用寿命相协调。如果 ACL 没有明确，那么 ISO 4406 中规定的标准类别可作为选择过滤器精度的指南，具体见表 5-66。

表 5-66　ISO 4406 的分类作为选择过滤器精度的指南

船舶装置示例	压力	起动冲洗装置	试验后产品提交的清洁度	可承受污染物的极限值	典型的过滤器精度要求 $\beta > 75$
		ISO 4406	ISO 4406	ISO 4406	
带伺服阀的减摇装置	≥16 MPa	15/13/10	16/14/11	18/16/13	3～5μm
带伺服阀的可调螺旋桨系统	<16 MPa	17/15/12	18/16/13	21/18/15	5～10μm

注：过滤比的定义为单位体积的流入流体与流出流体中大于规定尺寸的颗粒数量之比，用 β 表示。

作者注：表 5-66 摘自 GB/T 30508—2014 中表 1。

③ 应使用雷诺数（Re）大于 4000 的液压油液冲洗管路，按式（5-14）和式（5-15）可以计算 Re 和所要求的流量（q_v）

$$Re = \frac{21220 q_v}{vd} \tag{5-14}$$

或

$$q_v = \frac{dRev}{21220} \tag{5-15}$$

式中　q_v——流量，L/min；

　　　　v——运动黏度，mm^2/s；

d——管路的内径，mm。

获得大于 4000 的 Re 可能比较困难，Re 随着液压油液流量的增大或黏度的降低而增大，降低液压油液的黏度是获得紊流的首选方法。

作者注：当雷诺数 $Re \leqslant 3000$ 时，系统的清洁过程为透洗；当雷诺数 $Re > 3000$ 时，系统的清洁过程为冲洗。

④ 首选使用液压系统工作介质来冲洗或使用与此工作介质牌号相同的低黏度等级的液压油液来冲洗。

⑤ 过滤器应带有堵塞监控装置（如压差指示器），并根据滤芯堵塞情况及时更换滤芯。

⑥ 液压系统管路冲洗所需的最短冲洗时间主要取决于液压系统的容量和复杂程度。在冲洗一小段时间后，即使油样表明已经达到了指（规）定的清洁度等级，也应继续冲洗足够长的时间。

⑦ 标准推荐的最短冲洗时间（t）可用式（5-16）估算：

$$t = \frac{20V}{q_v} \tag{5-16}$$

式中　V——液压系统总容积，L；

　　　q_v——流量，单位 L/min。

作者注：根据笔者实践经验，如使电液伺服阀控制系统达到 NAS 1638 规定的 6 级，一般其所用时间远大于该公式计算值。

⑧ 最终清洁度等级按甲乙双方确认的标准或按照 GB/Z 20423—2006 检验（验证），并应在冲洗操作完成前形成文件。

作者注：1. 按照液压系统指（规）定的清洁度等级要求，运用便携式液压泵站对油箱进行再次清洗有时也是必要的。

2. 过滤器的过滤能力应比液压系统指（规）定的固体颗粒污染等级代号至少低两个等级（见 ISO 4406）。

3. 如在液压系统上加装过滤器，可按液压系统额定流量的 2.5~3.5 倍选择过滤器的流量。

4. 可以采用增高油温的方法降低液压油液的黏度，但应将油温保持在 60℃ 以下，防止油液氧化。

5. 一个粗过滤器需要较长的冲洗时间且不能取得较高的清洁度水平。采用的过滤器过滤比（值）越高，在其他条件相同的情况下，冲洗时间越短，宜使用 $\beta > 75$ 的过滤器。

5.6.3　液压系统总成清洁度检验

在 GB/Z 20423—2006《液压系统总成　清洁度检验》中规定了对于总成后的液压系统在出厂前要求达到的清洁度水平进行测定和检验的程序。

注：建议在装配之前先清洁用于该系统的元件和部件，相关准则见 GB/T 20110/ISO 18413：2002。

(1) 检测设备

① 符合 GB/T 17489 的油液在线取样器。若缺少这种取样器，只要油液是从主油路提取的，也可以使用测压接头。

② 符合 GB/T 17489 的液样容器。如果使用在线分析仪，不需要这类液样容器。

③ 符合 ISO 11500 的自动颗粒计数器，或符合 GB/T 20082 的光学显微镜或图像分析设备。

④ 净化过滤器或离线循环过滤器和通过过滤器循环系统油液的装置。

作者注：现行的标准 GB/T 37163—2018《液压传动　采用遮光原理的自动颗粒计数法测定液样颗粒污染度》是使用重新起草法修改采用 ISO 11500：2008《液压传动　采用遮光

原理的自动颗粒计数法测定液样颗粒污染度》的。

（2）**取样**

注意：从高压管路中取样会有危险，应提供释减压力的方法。

应按照 GB/T 17489 的规定从系统管路中提取液样。

除非无其他可选择的取样点，不应在系统油箱中取样。

为保证得到有代表性的液样，充分地净化取样的管路是很重要的。

（3）**检测步骤**

① 在"（3）检测步骤"中包含的步骤，应被作为最低要求，并且不可能满足所有系统的清洁度要求，尤其是那些大管径、管路复杂的系统，可能必须使用更特殊的冲洗步骤。

图 5-36 所示的流程图举例说明了一个液压系统总成的清洁度检验步骤。

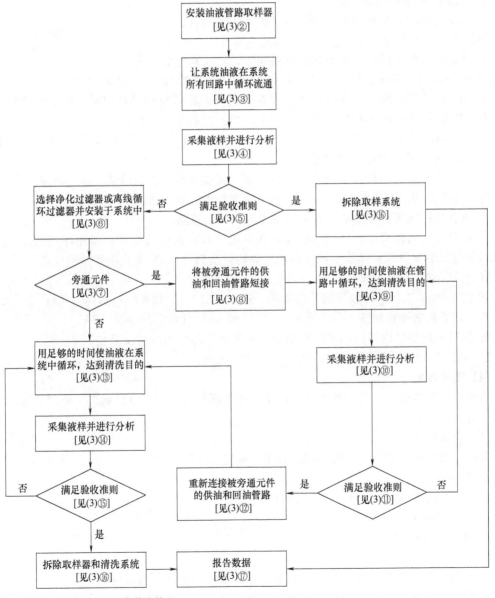

注：括号中的数字指相应的条款编号。

图 5-36 液压系统总成清洁度检验程序流程图

② 安装油液管路取样器并记录它的位置。

③ 让系统油液在系统所有管路中循环流通最少 10min，或者直到达到制造商规定的运行条件，使系统所有部件都工作过。

④ 采集具有代表性的液样，依据 ISO 11500 或 GB/T 20082 进行颗粒计数分析，并根据"（4）验收准则"的要求对分析结果进行评价。

⑤ 如果没有达到"（4）验收准则"的要求，需要进行额外的清洗工作，进而执行（3）⑥。如果达到"（4）验收准则"的要求，可执行（3）⑯。

⑥ 选择净化过滤器或离线循环过滤器，依照系统制造商推荐的步骤安装到系统中适当的位置（例如，在主液压泵的出口；在已有的过滤器壳体内；在油箱的外接口处）。

⑦ 确定是否有元件应被暂时旁通，如：

a. 对污染物高度敏感的元件；

b. 系统管路的静态容积大于液压缸容积 50% 的液压缸。

如果没有要旁通的元件，进入（3）⑬。

⑧ 如果将元件的供油管路和回油管路相连，实现元件的旁通。

注：添加或拆除管路或元件、添加油液或对系统的其他破坏都可能增加系统的污染物。

⑨ 用足够长的时间运行系统，使油液在系统所有的管路里循环流通，经过系统设置的过滤器装置除去油液中的固体污染物，达到"（4）验收准则"的要求。

⑩ 采集具有代表性的液样，依据 ISO 11500 或 GB/T 20082 进行颗粒计数分析，并根据"（4）验收准则"要求对分析结果进行评价。

⑪ 如果没有达到"（4）验收准则"的要求，需要进行额外的清洗工作，重复（3）⑨和（3）⑩规定的步骤。如果已达到"（4）验收准则"的要求，进入（3）⑫。

⑫ 重新连接好所有被旁通元件的供油管路和回油管路。

⑬ 用足够长的时间运行系统，使油液在系统（所有元件及配管）里循环流通，经过系统设置的过滤器装置除去油液中固体颗粒污染物，达到"（4）验收准则"的要求。

⑭ 重复（3）⑩的步骤。

⑮ 如果达到"（4）验收准则"的要求，进入（3）⑯。如果没有达到"（4）验收准则"的要求，需要再次进行清洗工作，重复（3）⑬和（3）⑭规定的步骤。

⑯ 拆除系统总成以外的油路取样器及其他所有外部添加的清洗系统。

⑰ 按照"（5）检测报告"的要求，报告最终数据。

（4）验收准则

当液压系统总成出厂时，其油液的污染度等级满足供方和买方已达成一致的要求，则该系统的清洁度为合格。

（5）检测报告

液压传动系统总成清洁度的检测报告至少应包含以下内容：

① 检测日期；

② 被检测系统的标识号码（如序列号）；

③ 出厂时系统总成的清洁度等级；

④ 采样的取样方法；

⑤ 被旁通的元件；

⑥ 运行条件（温度、压力和买方要求的运行系统的所有其他条件）；

⑦ 颗粒计数分析，包括分析方法和分析模式（如在线或离线）。

GB/Z 20423—2006 附录 A 提供了一份这些内容的检测报告格式，GB/Z 20423—2006

附录 B 提供了一份记录这些内容的检测报告示例。

> **说明**
>
> ① GB/Z 20423—2006《液压系统总成　清洁度检验》仅适用于总成后出厂前的液压系统清洁度水平的测定和检验。
>
> ② 该标准中指定的"油液在线取样器"，即为在 GB/T 17489—1998 中给出的"现场型取样器"，由硬管、带单向阀快换接头（阳）、无单向阀快换接头（阴）、截止阀以及防尘帽、座盖等组成，其中硬管、带单向阀快换接头（阳）及防尘帽与取样点相连。
>
> 注意，硬管由系统管路的上面取样，取样点伸入系统管路中的 $d/4 \sim d/3$ 处（d 为系统管路内径）。
>
> ③ 该标准规定"也可以使用测压接头"，但其一般不具有上述结构型式。
>
> ④ 在该标准中规定的"采集具有代表性的液样"条件仅为"只要油液是从主油路提取的"，"除非无其他可选择的取样点，不应在系统油箱中取样"。
>
> ⑤ 该标准中没有"取样"步骤或程序。
>
> ⑥ 在该标准中没有"串线分析"或"主线分析"。
>
> ⑦ 该标准中的 6.9 条和 6.13 条的表述相同，应是 6.13 条表述不全面。正确的表述见前文（3）⑬。
>
> ⑧ 能否"采集具有代表性的液样"，与采样点是否在紊流区直接相关，但在该标准中没有体现，包括在"运行条件"中也没有规定。
>
> ⑨ 分析模式（如在线或离线）在其他标准中或称为"分析方式"。
>
> ⑩ 国家标准《液压传动　系统　清洗程序和清洁度检验方法》正在制定中。

5.6.4　液压系统压力的测量

在 JB/T 7033—2007《液压传动　测量技术通则》（新标准正在起草中）中规定了在静态或稳态工况下测量液压元件性能参数的通用准则，是分析在液压元件的测量和测量系统的校准过程中，可能存在的误差原因和误差大小的指导性文件，适用于液压元件性能参数测量系统的建立，使测量系统符合规定的准确度等级。

在 GB/T 28782.2—2012《液压传动测量技术　第 2 部分：密闭回路中平均稳态压力的测量》中规定了液压传动回路中平均稳态压力的测量程序，并给出了计算给定压力测量中总不确定度的公式。GB/T 28782.2—2012 适用于测量内径大于 3mm，传递液压功率时，平均流速小于 25m/s，平均动态压力小于 70 MPa 的密闭回路中平均稳态压力；不适用于嵌入式安装或者与密闭流体管壁连成一体的传感器。

GB/T 28782.2—2012 的唯一规范性引用文件即为 JB/T 7033—2007《液压传动　测量技术通则》（ISO 9110-1：1990，MOD）。

(1) 测量仪器读数不确定度的评定

① 总则　以下规定了由于观察者不能准确地读取被测参量指示值所致不确定度的确定程序。

② 模拟量测量仪器—读数不确定度 RE 的计算　见 GB/T 28782.2—2012。

③ 数字式测量仪器—读数不确定度 RE 的计算　用下式计算读数不确定度：

$RE＝$最低有效位的最小变化值

注：在一些数字显示装置中最低有效位不显示十个离散整数，在这种情况下，最小整数变化值，因读数装置而异。

(2) 校准不确定度的确定

① 总则　以下给出了推导工作仪表的数学模型及评价环境因素对校准和测量不确定度影响的方法。

② 校准不确定度　从 GB/T 28782.2—2012 给出的三种数学模型中选择一种合适的数学模型。在大多数仪表中，预期的校准不确定度将取决于所选择的数学模型。模型越复杂，得出的不确定度越小。应用选择的数学模型，计（估）算校准不确定度见 GB/T 28782.2—2012。

(3) 测试数据的获得和测压点不确定度影响的计算

① 测试读数　仅在测量系统和测试系统达到稳定工况后读取测试值。

② 压力头修正

a. 由于工作仪表和测压点之间的流体高度差引起的压力头效应，应对每个压力读数进行修正。压力修正值 δ_{p_1} 的单位为 MPa，由式（5-17）确定。

$$\delta_{p_1} = g\rho h \times 10^{-6} \tag{5-17}$$

式中　g——重力加速度，m/s^2，一般取 $g = 9.81 m/s^2$；

　　　ρ——流体密度，kg/m^3；

　　　h——流体压力头，m。

b. 若测试期间流体高度变化，"压力头修正"的不确定度影响计算，必须使用可能产生的最大高度差。

作者注：在 GB/T 17446—2012 中"压力头"是不推荐使用的术语。

③ 测压点引起的不确定度　利用压力修正值 δ_{p_2} 的单位为 MPa，估算因测压点缺陷引起的不确定度，由式（5-18）确定。

$$\delta_{p_2} = K V_c^2 d \tag{5-18}$$

式中　K——经验常数，例如下列值：

　　　$K = 0.25 \times 10^{-4}$，用于符合图 5-37 所示的测压点；

　　　$K = 1.44 \times 10^{-4}$，用于测压孔的半径不能确定，但其符合图 5-37 所示的测压点；

　　　$K = 4.07 \times 10^{-4}$，用于不符合图 5-37 所示的测压点；

　　　V_c——测试期间的最大流体速度，m/s；

　　　d——流体密度，kg/m^3。

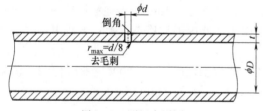

图 5-37　测压点详图

注：在管道同一截面上仅允许设置一个测压孔，并垂直于管道中心线钻孔，$t/d \geqslant 1.5$。

按照图 5-37 选择和设置测压点。

去除管壁内径可见毛刺。如果测压孔的结构不确定，将增加不确定度。

测压点距上、下游扰动点的位置，应设置在距上游扰动点至少 5D 处，距下游扰动点至少 10D 处，或符合适用的元件或系统标准。

(4) 总的测量不确定度

用工作仪表和测量工况的各不确定度分量计算总的压力测量不确定度。为此，按式（5-19）求所有项的几何和：

$$总不确定度 = \sqrt{A^2 + B^2 + C^2 + D^2} \tag{5-19}$$

式中　A——校准不确定度；

　　　B——读数不确定度 RE；

C——流体压头不确定度;

D——测压点引起的不确定度。

5.7 液压机试验

5.7.1 数控液压机试验方法

除下述标准专门规定了某种液压机的试验方法外,一般标准规定的液压机都规定了检验方法或试验方法,包括液压机精度标准中规定的精度检验。

以 GB/T 36486—2018 中规定的数控液压机为例,在其"5 试验方法"中规定的试验项目、方法与要求,以及根据"6 检验规则"的检验分类见表 5-67。

每台数控液压机应经检验部门检验合格后方能出厂。经用户同意也可在用户现场进行出厂检验。

表 5-67 数控液压机试验方法

试验项目	检验分类		方法与要求
	出厂检验	型式检验	
外观检验	+	(+)	目测和测量检验
基本参数检验	+	(+)	测量基本参数,除公称力和工作行程速度外,均应在空负荷状态下进行测量
刚度检验	−	+	在最大载荷工况条件下检验刚度,液压机应工作正常
数控系统检验	−	(+)	采用目测、测量和试验的方法分项进行检验,应符合 GB/T 36486—2018 中 4.6 和 JB/T 8832(已废止)的规定
液压、气动、冷却、润滑系统的检验	+	(+)	应按照 JB/T 3818 规定的试验方法对液压系统进行检验,并应符合 GB/T 36486—2018 中 4.7.1 的要求 应按照 GB/T 7932 规定的试验方法对气动系统进行检验,采用测量和试验的方法检验冷却系统并应符合 GB/T 36486—2018 中 4.7.3 的要求 应按照 GB/T 6576 规定的试验方法对润滑系统进行检验
电气系统的检验	+	(+)	按 GB/T 5226.1 规定的试验方法进行检验
安全检验	+	(+)	采用 GB 28241 规定的目测、测量和试验方法进行安全检验
铸、锻、焊件检验	−	+	采用测量和试验的方法进行检验,并应符合 GB/T 36486—2018 中 4.11 的要求
加工检验	−	(+)	采用目测和测量方法进行检验,并应符合 GB/T 36486—2018 中 4.12 的要求
装配检验	+	(+)	采用目测和测量方法进行检验,并应符合 GB/T 36486—2018 中 4.13 的要求
标牌和标志检验	−	+	应按照 GB/T 36486—2018 中 4.14 的要求目测和测量检验
噪声检验	+	(+)	应按照 GB/T 23282 的规定测量数控液压机的噪声声功率级,按照 GB/T 23281 的规定测量数控液压机噪声声压级
精度检验	+	(+)	精度检验应在空运转和满负荷运转试验后分别进行;应按照 GB/T 10923 的规定进行精度检验,并将满负荷试验后的精度实测数值记入合格证明书中
性能检验	+	(+)	应在空运转试验和负荷试验过程中进行,按产品制造与验收技术条件的试验规范进行试验。性能检验内容如下 ①启动、停止试验:连续进行,不少于 3 次,动作应正常 ②滑块的运转试验:连续进行,不少于 3 次,动作应正常、平稳 ③滑块行程的调整试验:在最大行程长度进行调整,动作应平稳,并符合 JB/T 3818—2014 中附录 A 的规定 ④滑块行程位移传感器试验:可结合滑块行程调整试验进行,位移动作应准确,显示精度符合技术文件的要求 ⑤滑块速度调整试验:按最大空行程速度进行调整,动作速度应准确(不包括减速区域),并符合 JB/T 3818—2014 中附录 A 的规定 ⑥压力调整试验:按规定从低压到高压分级调试,每个压力级的压力试验均应平稳 ⑦保压和补压试验:按额定压力进行保压试验,应符合 JB/T 3818—2014 中表 1 的规定;补压试验应灵敏、准确

试验项目	检验分类		方法与要求
	出厂检验	型式检验	
性能检验	+	(+)	⑧附属装置试验:装有坯料(粉料)送料装置、制品送出装置、移动工作台、机械手、机器人、计数器以及其他附属装置的,应进行动作试验,均应协调、准确 ⑨安全防护装置试验:紧急停止和紧急回程,意外电压恢复时防止电力驱动装置的自行接通、警铃(或蜂鸣器),警告灯、光电保护装置等动作试验,均应安全 ⑩安全阀试验,结合超负荷试验进行,动作试验不少于 3 次,应灵敏
空运转试验	+	(+)	①数控液压机应进行空运转试验,试验时应对其所需电力、温度变化、噪声等项目进行测量 ②空运转试验的时间应不少于 4h,其中驱动滑块做全行程连续运转时间不少于 2h,其余时间做单次全行程运转试验。无连续运行要求时,只做单次全行程空运转试验 ③在空运转时间内测量下列零部件部位的温升和最高温度并应符合下列要求 a. 滑动轴承的温升不应超过 35℃,最高温度不应超过 70℃ b. 滚动轴承的温升不应超过 40℃,最高温度不应超过 70℃ c. 滑块镶条与导轨的温升不应超过 15℃,最高温度不应超过 50℃ d. 油箱内油温(或液压泵入口的油温)不应超过 50℃ ④在空运转时间内测量主电机功率 ⑤在空运转时间内检查全部高压和低压液压系统,润滑系统、冷却系统、气动系统的管路、接头、法兰及其他连接缝处,均应密封良好,无油、水、气的外渗漏及相互混入等情况
负荷试验	+	(+)	负荷试验应在空运转试验合格后进行,并符合下列要求 ①应根据技术文件的规定进行逐级升压的调压试验和其他试验 ②负荷不应低于公称力的 70% ③测量有关零部件的温升和最高温度 ④检查各系统的密封情况,应符合规定
超负荷试验	—	(+)	超负荷试验应与安全阀的调定检验结合进行,超负荷试验压力应按照 JB/T 3818 的规定,试验不少于 3 次,数控液压机的零部件不应有损坏和永久变形,液压系统不应有渗漏及其他不正常现象
清洁度	—	+	液压系统清洁度应按 JB/T 9954 的规定
包装检验	+	(+)	按 JB/T 8356 的规定进行检验

作者注:"+"表示要进行检验;"—"表示不进行检验;"(+)"表示至少应检验。

由表 5-67 可以看出,"刚度检验"不是"检验规则"规定的数控液压机出厂检验项目,也不是型式检验内容至少应包括的检验项目。但是液压机应具有足够的强度、刚度和工作寿命,其中在超负荷试验中"数控液压机的零部件不应有损坏和永久变形"和"在最大载荷工况下(液压机)应工作正常",就是这一要求的具体体现,此项要求也是本手册一再强调的。以下内容对液压机设计、制造具有重要参考价值。

5.7.2 液压机静载变形测量方法

在 GB/T 35092—2018《液压机静载变形测量方法》中规定了液压机的静载变形测量方法,适用于单动四柱液压机、框架结构的液压机,双动液压机、卧式液压机、特殊结构的液压机也可参照使用,但不适用于单柱液压机。

(1) 滑块、工作台挠度(左右)和相对挠度(左右)

① 滑块挠度(左右)和滑块相对挠度(左右)

a. 测量条件。滑块挠度(左右)和滑块相对挠度(左右)测量时应符合下列条件。

ⅰ. 加载器均匀地置于工作台面长、宽方向 2/3 范围内,加载器具体布置原则见 GB/T 35092—2018 附录 A 和附录 B。

ⅱ. 指示表①、②、③按图 5-38 所示置于左右台架上，台架置于工作台前后中心位置，指示表的测头触及滑块下平面。

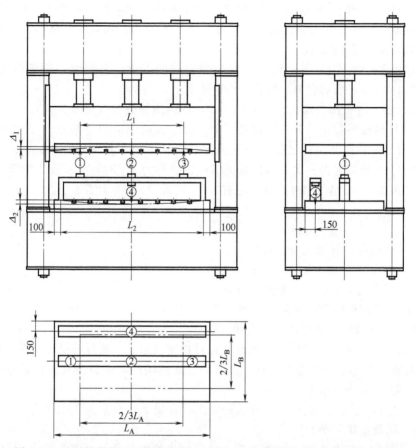

图 5-38　液压机滑块、工作台挠度（左右）和相对挠度（左右）测量示意图

b. 测量方法。在工作台面长、宽方向 2/3 范围内施加载荷（见图 5-38），加载前指示表调整到零位，然后缓慢加压，分 5 次加载到 P_g（P_g 为液压机的公称力），每次的加载增量是 $P_g/5$，从 $P_g/5$ 载荷开始记录指示表的读数（测试记录表参见 GB/T 35092—2018 附录 C），每增加 $P_g/5$ 载荷读表一次，当加载至液压机公称力 P_g 时，记录指示表①、②、③的读数，滑块挠度（左右）Δ_1 按式（5-20）计算：

$$\Delta_1 = \Delta_{a2} - \frac{1}{2}(\Delta_{a1} + \Delta_{a3}) \tag{5-20}$$

式中　Δ_1——滑块挠度（左右），mm；
　　　Δ_{a1}——指示表①的读数，mm；
　　　Δ_{a2}——指示表②的读数，mm；
　　　Δ_{a3}——指示表③的读数，mm。
　　滑块相对挠度（左右）C_1 按式（5-21）计算：

$$C_1 = \frac{\Delta_1}{L_1} \tag{5-21}$$

式中　C_1——滑块相对挠度（左右）；
　　　Δ_1——滑块挠度（左右），mm；

L_1——指示表①和③的测量距离（L_A 的 2/3），mm。

② 工作台挠度（左右）和工作台相对挠度（左右）

a. 测量条件。工作台挠度（左右）和工作台相对挠度（左右）测量时应符合下列条件。

ⅰ. 加载器均匀地置于工作台面长、宽方向 2/3 范围内，加载器具体布置原则见 GB/T 35092—2018 附录 A 和附录 B。

ⅱ. 指示表④按图 5-38 所示置于左右台架中间的下方，台架中心位置距工作台边缘（前或后）约 150mm，指示表测头触在工作台面上。

b. 测量方法。在工作台面长、宽方向 2/3 范围内施加载荷（见图 5-38），加载前指示表调整到零位，然后缓慢加压，分 5 次加载到 P_g（P_g 为液压机的公称力），每次的加载增量是 $P_g/5$，从 $P_g/5$ 载荷开始记录指示表的读数（测试记录表参见 GB/T 35092—2018 附录 C），每增加 $P_g/5$ 载荷读表一次，当加载至液压机公称力 P_g 时，指示表④的读数即为工作台挠度（左右）Δ_2。工作台相对挠度（左右）C_2 按式（5-22）计算：

$$C_2 = \frac{\Delta_2}{L_2} \tag{5-22}$$

式中 　C_2——工作台相对挠度（左右）；

　　　Δ_2——工作台挠度（左右），mm；

　　　L_2——左右台架支脚中心距离，mm。

（2）滑块、工作台挠度（前后）和相对挠度（前后）

① 滑块挠度（前后）和滑块相对挠度（前后）

a. 测量条件。滑块挠度（前后）和滑块相对挠度（前后）测量时应符合下列条件。

ⅰ. 加载器均匀地置于工作台面长、宽方向 2/3 范围内，加载器具体布置原则见 GB/T 35092—2018 附录 A 和附录 B。

ⅱ. 指示表⑤、⑥、⑦按图 5-39 所示置于前后台架上，台架置于工作台左右中心位置，指示表的测头触及滑块下平面。

b. 测量方法。在工作台面长、宽方向 2/3 范围内施加载荷（见图 5-39），加载前指示表调整到零位，然后缓慢加压，分 5 次加载到 P_g（P_g 为液压机的公称力），每次的加载增量是 $P_g/5$，从 $P_g/5$ 载荷开始记录指示表的读数（测试记录表参见 GB/T 35092—2018 附录 C），每增加 $P_g/5$ 载荷读表一次，当加载至液压机公称力 P_g 时，记录指示表⑤、⑥、⑦的读数，滑块挠度（前后）Δ_3 按式（5-23）计算：

$$\Delta_3 = \Delta_{a6} - \frac{1}{2}(\Delta_{a5} + \Delta_{a7}) \tag{5-23}$$

式中 　Δ_3——滑块挠度（前后），mm；

　　　Δ_{a5}——指示表⑤的读数，mm；

　　　Δ_{a6}——指示表⑥的读数，mm；

　　　Δ_{a7}——指示表⑦的读数，mm。

滑块相对挠度（前后）C_3 按式（5-24）计算：

$$C_3 = \frac{\Delta_3}{L_3} \tag{5-24}$$

式中 　C_3——滑块相对挠度（前后）；

　　　Δ_3——滑块挠度（前后），mm；

　　　L_3——指示表⑤和⑦的测量距离（L_B 的 2/3），mm。

② 工作台挠度（前后）和工作台相对挠度（前后）

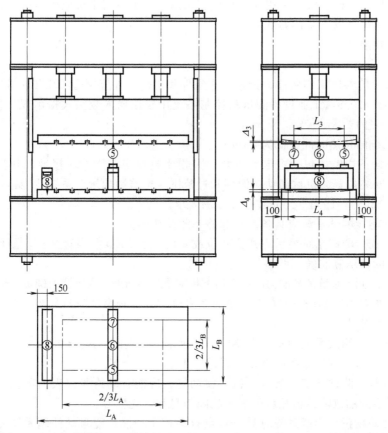

图 5-39 液压机滑块、工作台挠度（前后）和相对挠度（前后）测量示意图

a. 测量条件。工作台挠度（前后）和工作台相对挠度（前后）测量时应符合下列条件。

ⅰ. 加载器均匀地置于工作台面长、宽方向 2/3 范围内，加载器具体布置原则见 GB/T 35092—2018 附录 A 和附录 B。

ⅱ. 指示表⑧按图 5-39 所示置于前后台架中间的下方，台架中心位置距工作台边缘（左或右）150mm 左右，指示表测头触在工作台面上。

b. 测量方法。在工作台面长、宽方向 2/3 范围内施加载荷（见图 5-39），加载前指示表调整到零位，然后缓慢加压，分 5 次加载到 P_g（P_g 为液压机的公称力），每次的加载增量是 $P_g/5$，从 $P_g/5$ 载荷开始记录指示表的读数（测试记录表参见 GB/T 35092—2018 附录 C），每增加 $P_g/5$ 载荷读表一次，当加载至液压机公称力 P_g 时，指示表⑧的读数即为工作台挠度（前后）Δ_4。工作台相对挠度（前后）C_4 按式（5-25）计算：

$$C_4 = \frac{\Delta_4}{L_4} \tag{5-25}$$

式中　C_4——工作台相对挠度（前后）；

　　　Δ_4——工作台挠度（前后），mm；

　　　L_4——前后台架支脚中心距离，mm。

5.7.3　数控压力机、液压机用模拟负荷测试系统

在 GB/T 21681—2008《数控压力机、液压机用模拟负荷测试系统》中规定数控压力机、液压机用模拟负荷测试系统的技术要求、试验方法、检验规则、标志、包装、贮存和运

输，适用于数控压力机、液压机用模拟负荷测试系统，也适用于机械压力机、摩擦压力机用模拟负荷测试系统（以下简称测试系统）。

(1) 技术要求

① 使用要求

a. 测试系统的参比工作条件、正常工作条件和运输条件应符合 GB/T 13639—1992（已被 GB/T 13639—2008《工业过程测量和控制系统用模拟输入数字式指示仪》代替）中 4.3 规定的 A 组仪表的要求。

b. 测试系统的预热时间最低为 15min。

c. 测试系统的影响量包括主电源变化、共模干扰、串模干扰、接地、外界磁场、环境温度、湿度、安装位置、机械振动、倾倒和过范围。这些影响量对系统性能影响的技术指标应符合 GB/T 13639—1992（2008）中 5.2 的要求。

② 测试功能　测试系统应具备动态和静态测试功能。

③ 显示方式　测试系统显示方式为 4 位或 4 位以上 LED 数码管显示，测量、溢出、极性和功能信号的显示应准确、可靠。

④ 分辨力　测试系统的分辨力应根据所配接荷重传感器的最大可测力确定，最低为 0.1kN。

作者注：在 GB/T 21681—2008 中给出了术语"荷重传感器"的定义，即"用于测量打击力的称重传感器。"

⑤ 基本误差　测试系统的基本误差应不超过基本误差限 $(K) \pm 0.1$kN。

⑥ 重复性误差　测试系统的重复性误差应不超过 0.1kN。

⑦ 开机自检　测试系统应具有开机自检功能，应能自动检验仪表内部主要部件的工作状态，并根据不同的故障给出相应的显示故障信息和灯光信号。

⑧ 零点自动校正　测试系统应具有零点自动校正功能，能自动处理系统零点漂移所产生的载荷测试误差。

⑨ 显示的频次调节　测试系统的测试结果显示的频次，在动态测试状态下，应能通过预置打击次数间隔来调节。在静态测试状态下，应能通过直接预置显示时间间隔来调节。

⑩ 测量范围　测试系统的工作测量范围为配接荷重传感器最大可测力的 30%～100%。

⑪ 最大测量值　最大测量值为配接荷重传感器最大可测力的 120%，最小测量值为配接荷重传感器最大可测力的 25%。

⑫ 外形尺寸　测试系统的外形尺寸应符合技术文件的要求。

⑬ 接线端子　接线端子配置应符合 GB/T 13639 和 JB/T 1399（JB/T 1399—1991 已废止，标准内容已被 GB/T 22112—2008 涵盖）的规定。

⑭ 系统准确度　测试系统的系统准确度为满量程的 2%。

⑮ 最大允许误差　荷重传感器的最大允许误差应符合 GB/T 7551—1997（已被 GB/T 7551—2008《称重传感器》代替）中第 5 章的规定，见表 5-68。

表 5-68　荷重传感器的最大允许误差

最大允许误差 mpe	负荷值 m D 级
$P_{LC} \times 0.5v$	$0 \leqslant m < 50v$
$P_{LC} \times 1.0v$	$50v \leqslant m < 200v$
$P_{LC} \times 1.5v$	$200v \leqslant m < 1000v$

注：1. v 为实际检定分度值。

2. 最大允许误差可以是正值，也可以是负值，并要同时适用于递增负荷和递减负荷。

3. 误差确定的有关规则应符合 GB/T 7551—1997 中第 6 章的规定。

4. m 为负荷值。

作者注：1. 在 GB/T 7551—2008 中此表为"表5　型式检验的最大允许误差 mpe"。

2. 在 JB/T 1399—1991 和 GB/T 7551—2008 中都给出了术语"称重传感器"的定义。

3. 对原表"表1　荷重传感器的最大允许误差"中最大允许误差表达式进行了修改，其中 P_{LC} 为分配系数，具体见 GB/T 7551—2008，一般为 0.7。

4. 对原表中 4 条注未加以修改，应用时应与 GB/T 7551—2008 对照。

⑯ 平面度与平行度　荷重传感器上下两平面的平面度和平行度的精度等级应不低于被测机器工作台板和滑块的相应等级。

⑰ 测试系统测量结果的允许变差　测试系统测量结果的允许变差应符合 GB/T 7551—1997（2008）中第 7 章的规定。

a. 蠕变。以测试系统最大可测力的 90%～100% 作为恒定负荷施加于荷重传感器，其初次读数和其后 30min 里所得的任何一个读数之差，应不超过所施加恒定负荷下荷重传感器最大允许误差绝对值的 0.7 倍。在 20min 时得到的读数和 30min 时得到的读数之间的差值则应不超过该最大允许误差绝对值的 0.15 倍。

b. 最小负荷输出恢复值。恢复到最小负荷后，在施加 30min 负荷为该荷重传感器最大可测力的 90%～100% 试验的前后，分别以最小负荷进行测试和读数，在最小负荷下初次读数之差应不超过该荷重传感器检定分度值的一半（$0.5v$）。

⑱ 重复性误差　对荷重传感器施加 3 次同一负荷，所得测量结果间的最大差值均应不大于该负荷下最大允许误差的绝对值。

⑲ 计量环境　荷重传感器的计量环境应符合 GB/T 7551—1997（2008）的要求。

⑳ 试验程序　荷重传感器的试验程序应按照 GB/T 7551—1997（2008）的规定进行。

㉑ 绝缘电阻　测试系统的绝缘电阻试验在一般试验大气条件下进行，其各端子之间施加 500V d.c. 时，其各端子之间的绝缘电阻不低于 20MΩ。

㉒ 绝缘强度　测试系统在一般试验大气条件下进行绝缘强度试验时，其各端子之间应施加表 5-69 所规定的试验电压，保持 1min，应不得出现击穿或飞弧。

表 5-69　绝缘强度试验施加的试验电压

端子电压公称值 U/V	试验电压/kV
$U<60$	0.5
$60 \leqslant U<130$	1.0
$130 \leqslant U<250$	1.5

㉓ 抗干扰措施　测试系统应具有电磁、电网、静电的抗干扰措施。

㉔ 屏蔽接地　测试系统的屏蔽接地措施应有效。

㉕ 响应时间　测试系统的阶跃输入响应时间应不大于 4s，过载恢复时间不大于 5s。

㉖ 采样时间　测试系统的采样时间应小于 1ms。

㉗ 外观

a. 测试系统的结构件应有良好的表面处理，不应有划伤、沾污等痕迹，不应有明显变形损坏或缺件。

b. 在使用过程中需进行调整或控制的部分，应能保证在不拆机壳的情况下进行调节；各开关、旋钮不应松动、破损或自行改变位置，在规定的状态时应具有相应的功能。

c. 外部接线端子应齐全，内部接线应排列整齐，接头与插座之间应有定位装置，以保证接插时各接插点具有唯一的对应关系，插件应有紧固或锁紧装置。

d. 测试系统的仪表显示读数应清晰、正确。

e. 测试系统面板或铭牌上的标志、文字、图形符号应齐全、清晰。

㉘ 测试系统的稳定性技术指标

a. 模糊误差。测试系统只允许按分辨力计数顺序改变示值，而不能间隔跳动，其不同的数字位应精确同步，不应产生模糊误差。

b. 波动。测试系统的零点或示值波动应不大于 0.2kN。

c. 短期漂移。测试系统零点和示值漂移用被测量值的输出量值表示，测试系统在 24h 连续工作时间内的稳定性误差应包括在基本误差内，并应符合 GB/T 13639—1992（2008）中 5.3.3 的规定。

㉙ 连接线　荷重传感器和二次仪表的连接线，如是专用线或多通道线，应有明显的线号标识。

㉚ 电功耗　测试系统最大消耗能量工作时的电功耗应不大于 100W。

㉛ 输入特性

a. 荷重传感器的外（电）阻在规定的范围内变化时，由此产生的示值变化应不大于基本误差限绝对值的一半。

b. 基本误差应不超过上文⑤的规定。

c. 应给出不通电状态下的输入电阻。

㉜ 输出信息

a. 测试系统输出的数字信号应采用"8-4-2-1"二十进制编码，并应列出逻辑电平"0-1"状态的电子值及负载能力。

b. 测试系统输出的模拟信号应采用模拟直流电信号，应按荷重传感器的要求列出输入输出特性及负载能力。

c. 给出输出的接口、指令或其他信号的形式。

㉝ 标定　测试系统可以用标准模拟信号发生器进行标定，其模拟信号应符合 GB/T 3369（已被 GB/T 3369.1—2008《过程控制系统用模拟信号　第 1 部分：直流电流信号》代替）和 GB/T 3370（已被 GB/T 3369.2—2008《过程控制系统用模拟信号　第 2 部分：直流电压信号》代替）的要求。在正常使用情况下，测试系统应每年标定一次。

（2）试验方法

测试系统的试验方法按照 GB/T 13639—1992（2008）中第 6 章的规定进行。

（3）检验规则

测试系统应进行型式检验和出厂检验。

① 型式检验　见 GB/T 21681—2008。

② 出厂检验

a. 测试系统出厂前，应对每台进行检验，检验合格后签发合格证方可出厂。

b. 所有出厂检验项目应符合表 5-70 的规定。

表 5-70　出厂检验项目

项目	技术要求条号	试验方法
基本误差	(1)⑤	GB/T 13639—1992(2008)中的 6.2.5(6.2.5)
模糊误差	(1)㉘a.	GB/T 13639—1992(2008)中的 6.4.1(6.4.1)
波动	(1)㉘b.	GB/T 13639—1992(2008)中的 6.4.2(6.4.2)
短期漂移	(1)㉘c.	GB/T 13639—1992(2008)中的 6.4.3(6.4.3)
响应时间	(1)㉕	GB/T 13639—1992(2008)中的 6.6(6.5)
输入特性	(1)㉛	GB/T 13639—1992(2008)中的 6.7.2(6.6.2)
输出信息	(1)㉜	GB/T 13639—1992(2008)中的 6.7.3(6.6.3)
绝缘电阻	(1)㉗	GB/T 13639—1992(2008)中的 6.5.1(6.7.1)
绝缘强度	(1)㉒	GB/T 13639—1992(2008)中的 5.5.2(6.7.2)

作者注：1. 在 GB/T 21681—2008 原表 3 中有一些问题，如给出"基本误差"的试验方法为"GB/T 13639—1992 的 6.9"，而在 GB/T 13639—1992 中的 6.9 条为"6.9 外观"。

2. 表 5-70 中圆括号的试验方法章条号对应是现行标准 GB/T 13639—2008。

(4) 标志、包装、贮存和运输

① 标志 测试系统应在显示面板或铭牌上标有清晰耐久的标志，标志内容至少应包括：

a. 制造者的名称和地址；

b. 型号与基本参数；

c. 测量单位名称；

d. 配用的荷重传感器的型号；

e. 测量范围；

f. 产品合格标志；

g. 出厂年份和编号；

h. 标有连接外部线路的接线端子标志。

作者注：在 GB/T 21681—2008 给出的标志中有两处"测量单位名称"。

② 包装

a. 二次仪表部分用塑料袋封装，连同附件、备件、使用说明书和产品合格证等装在防尘、防振和防潮的坚固盒中；荷重传感器一般用木箱包装，装箱包装应符合 GB/T 15464（已被 GB/T 13384—2008《机电产品包装通用技术条件》代替）的规定，包装箱的储运标志应符合 GB/T 191 的有关规定。

b. 每套测试系统均应附带下列文件：

ⅰ. 合格证明书；

ⅱ. 使用说明书；

ⅲ. 装箱单。

③ 贮存 测试系统应贮存在环境温度为 5～40℃和相对湿度不大于 85% 的通风室内，空气中不应含有腐蚀仪器的有害杂质。

④ 运输 测试系统的运输应符合 GB/T 13639—1992（2008）中 5.7 的规定。

5.7.4 移动回转压头框式液压机刚度测量方法

在 JB/T 12997—2017《移动回转压头框式液压机 刚度测量方法》中规定了移动回转压头框式液压机整机刚度的测量方法，适用于一般用途的移动回转压头框式液压机（以下简称液压机）。

在 JB/T 12997—2017 中规定的液压机整机刚度为压头位于上横梁中点位置，在液压机工作台面上规定的范围内施加公称力的均布载荷（以下简称满载）时，上横梁下平面与工作台上平面之间指定位置的平均变形量与工作台面左右方向有效长度之比。

(1) 测量说明

① 工作台上平面是液压机整机刚度测量的基准面。

② 液压机整机刚度的测量，应在满负荷运转试验后进行。

③ 对装有工作台板的液压机，应测量移动回转压头位于上横梁左右方向中间位置时的刚度，测量前将移动回转压头移至测量位置并夹紧，对装有移动工作台的液压机，应检测移动回转压头和移动工作台分别位于上横梁和工作台面左右方向中间位置时的刚度，检测前将移动回转压头和移动工作台移至测量位置，并将移动回转压头夹紧。

④ 在液压机整机刚度检验过程中，不允许对影响刚度的机构和零件进行调整，否则应复检。

(2) 液压机整机刚度测量

① 测量条件

a. 在压头行程下限和行程下限前 1/3 行程范围内进行测量。

b. 液压垫块按图 5-40 所示置于工作台面上，并保证前后方向尺寸大于或等于机身宽度的 80%，左右方向尺寸应为压头直径的 80%~100%。

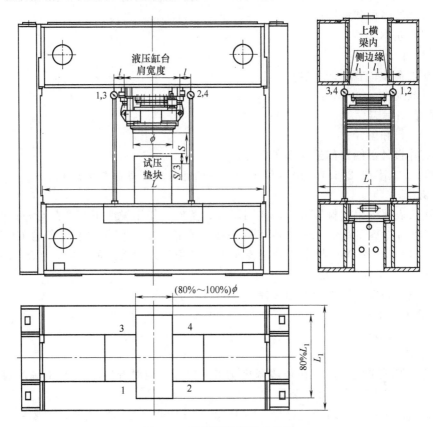

图 5-40　整机刚度测量示意图

S—压头的最大行程（mm）；ϕ—压头下平面的最大直径（mm）；L—液压机工作台面左右方向的有效长度（mm）；L_1—液压机工作台面前后方向的有效长度（mm）；

l，l_1—检测位置距边缘的距离，其中 $l \leqslant L/4$，$l_1 \leqslant L_1/30$。

② 测量方法

a. 按照图 5-40 所示试压垫块位置，在空载状态下，分别记录指示位置 1、2、3、4 的读数。

b. 按照图 5-40 所示试压垫块位置，在满载状态下，分别记录指示位置 1、2、3、4 的读数。

c. 分别计算指示位置 1、2、3、4 在空载和满载状态下的读数差值。

③ 计算方法　计算四个读数差值的算数平均值，按式（5-26）计算被测液压机整机刚度。

$$C_A = \frac{\Delta}{L} \tag{5-26}$$

式中　C_A——液压机整机刚度，计算结果保留两位小数；

Δ——图 5-40 中 1、2、3、4 四个位置，空载与满载状态下百分表读数差值的算数平均值，mm。

④ 测量工具 试压垫块、百分表、表架。试压垫块的平面度、平行度不低于 GB/T 1184—1996 的 6 级精度。百分表的量程为 0~10mm，百分表应符合 GB/T 1219—2008 中 1 级精度的要求。

⑤ 说明

a. C_A 的推荐值参见 JB/T 12997—2017 附录 A 或表 5-71。

液压机整机刚度 C_A 推荐值见表 5-71。

表 5-71　液压机整机刚度推荐值

普通级	加强级
<1/1000	<1/1200

b. JB/T 12997—2017 规定检测应在制造厂家完成。

5.7.5　四柱液压机性能试验方法

在 JB/T 9957.1—1999《四柱液压机　性能试验方法》中规定了四柱液压机的性能要求和试验方法，适用于一般用途的四柱液压机。

(1) 一般要求

① 产品交检后，除 JB/T 9957.1—1999 规定允许调节的部位外，不允许对影响精度及性能的机构和零件进行调节。

② 液压机的精度，以试验后检测的精度数值作为判定依据。

③ 不具备规定的测试手段时，可用与规定的测试手段具有同等效果的方法代替。

④ JB/T 9957.1—1999 不限定试验用仪器的型号和规格，只规定测量各物理量的仪器组合经标定后的系统测量精度，见 JB/T 9957.1—1999 附录 A（标准的附录），即对测试仪器和量具的要求如下。

a. 精密压力表：0.4 级精度。

b. 表面温度计：±3℃。

c. 测量、记录仪器组合：包括标定和记录误差在内的系统精度不低于 5%。

d. 引用其他标准检测的项目，其所用仪器和量具应符合有关标准的规定。

(2) 试验方法

四柱液压机的试验项目、试验方法和技术要求见表 5-72。

表 5-72　四柱液压机的试验项目、试验方法和技术要求

试验项目	试验方法	技术要求
试验前精度检验	按有关标准规定的项目和方法进行检验	各项精度应符合有关标准规定
保压性能试验	①把试压垫铁放在工作台的中间位置上 ②按液压机的公称力调定液体工作压力 ③液压系统的试验温度保持在(50±5)℃(允许使用加热器或其他方法升高油温。升温时，液压机应同时做空载运转，使系统各部位油温均匀) ④液压机在公称力作用下，停泵或换向保压 10min，从主油缸压力表测出压力降值 ⑤测试三次取算数平均值，作为该液压机的保压压力降值	保压压力降值应符合 JB/T 3818 的规定
滑块突然(紧急)停止时，惯性下降值的测试	①把下极限位置行程开关设置在滑块有效行程的 3/4 处。卸掉快速转慢速行程开关 ②标定位移传感器 ③把位移传感器设置在工作台的一侧，使其接触面的高度略高于行程开关的位置高度(见图 5-41)。当滑块以最大速度下行碰到行程开关时，使串联在电气控制回路中行程开关的常闭触点断开，发出滑块停止信号，将此信号输入记录装置，并做出标记 A。记录从发出停止信号到滑块停止点 B，滑块带动位移传感器所走过	惯性下降应符合 JB 3915(已废止)的规定

试验项目	试验方法	技术要求
滑块突然(紧急)停止时,惯性下降值的测试	距离的幅高 S'。测量系统方框图见 JB/T 9957.1—1999 中图 2。惯性位移和时间曲线见 JB/T 9957.1—1999 中图 3 ④按下式计算惯性下降值 $$H=\frac{S'}{h}$$ 式中　　H——惯性下降值,mm 　　　　S'——滑块带动位移传感器所走过距离的幅高,mm 　　　　h——位移传感器的标定值,位移(mm)/幅高(mm) ⑤测试三次取算数平均值,作为该液压机的惯性下降值	惯性下降应符合 JB 3915(已废止)的规定
静刚度测试	①把试压垫铁放在工作台的中间位置上。试压垫铁的边长应等于或小于液压机工作台有效面积的左右尺寸 B 的 1/2,其高度应满足滑块行程 ②把标定后的压力传感器安装在主油缸的进口(或附近) ③按液压机的公称力调定液体工作压力。测试系统方框图见 JB/T 9957.1—1999 中图 4 ④在工作台长边一侧的中间位置上固定百分表①的支座,将百分表测头触在上横梁长边中间离油缸法兰边缘 30mm 处,测量垂直于工作台的总变形(mm)(见图5-42) ⑤在工作台长边的另一侧放一平尺,在平尺的两端用等高块规支承,支承点的距离应等于左右立柱中心距。将磁力表座吸附在平尺的中间位置,将百分表⑤的测头触在工作台长边的中间位置上,测量工作台的挠度(mm) ⑥在工作台长边的一侧地面上,固定百分表②、③、④的表架,将百分表②、③、④的测头分别触在横梁长边下平面的两端和中间位置上,两端测点为立柱中心线位置,测量上横梁的挠度(mm) 上横梁挠度=表③读数-(表②读数+表④读数)/2 ⑦加载前各百分表调零 ⑧在液压机的公称力作用下,同时读出各百分表读数 ⑨测试三次取算数平均值 注 1:同时读数有困难时,允许分项测试 注 2:平尺支点距离小于立柱中心距时,应通过折算求挠度	液压机的刚度、上横梁和工作台的挠度应符合有关标准规定
油缸内压力测试	①把液压加载器放在工作台的中间位置上 ②把标定后的两个压力传感器分别设置在主油缸进油口(或附近)和液压加载器的管路上(见图5-43) ③按液压机的公称力调定液体工作压力 ④按设计的技术参数调节各速度值 ⑤测试液压机在满载时一个工作循环中油缸内的压力变化,测试系统方框图见 JB/T 9957.1—1999 中图 4 ⑥测试记录油缸内压力和时间曲线见 JB/T 9957.1—1999 中图 7 注:满载为加载油缸负载力与摩擦力之和,等于 $10^{-3}pA+P_f$,摩擦力按 $P_f=5\%P_H$ 计 式中　　P_H——液压机公称力,kN 　　　　P_f——摩擦力,kN 　　　　A——加载油缸活塞面积,m² 　　　　p——加载油缸液体工作压力,MPa 以下相同	①换向应平稳,滑块回程时油缸上腔产生的冲击压力 $p_{冲击}$ 应符合 JB/T 3818 的规定 ②滑块回程时的泄压时间 $t_{卸压}$ 不得超过 2s
充液升压滞后时间的测试	①把快速转慢速行程开关设置在液压机的 3/4 有效行程±25mm 处(见图5-44) ②把试压垫铁放在工作台中间位置上,调节其接触面高度,使液压机的慢速行程小于或等于 30mm ③把标定后的压力传感器设置在主油缸进油口(或附近) ④按液压机的公称力调定液体工作压力 ⑤在滑块和工作台的一侧安装压板及位移传感器,使位移传感器的接触面高度略高于快速转慢速行程开关的位置高度 ⑥使滑块以最大空程速度下行,当滑块与试压垫铁接触时,位移传感器就无行程了,由记录装置记录下从这点位置到油缸压力开始升压前这段时间,即充液系统的升压滞后时间。测试系统方框图见 JB/T 9957.1—1999 中图9,升压滞后时间曲线见 JB/T 9957.1—1999 中图 10	①用自重或用增速缸充液的液压机需做本项试验 ②充液升压滞后时间为零 ③允许调节背压进行试验

试验项目	试验方法	技术要求
速度测试	①以滑块 3/4 有效行程±25mm 作为测量滑块空程速度的行程距离 ②公称力小于 1000kN 的液压机,工作行程应等于或大于 70mm;公称力等于或大于 1000kN 的液压机,工作行程应等于或大于 100mm。液压加载器的行程应满足以上要求 ③把脉冲信号传感器固定在滑块和工作台的一侧(见图 5-44) ④按设计的技术参数调节各速度值 ⑤测试液压机在一个工作循环中的空程速度、满载时的工作速度和回程速度 ⑥测试系统方框图见 JB/T 9957.1—1999 图 12,压力、位移和时间曲线见 JB/T 9957.1—1999 中图 11 ⑦根据测量出的电脉冲数及所对应的时间,按下式计算各速度值 $$v=\frac{S}{t}$$ 式中　v——速度,m/s 　　　S——位移,m 　　　t——时间,s	各项速度值应符合有关标准规定
噪声测试	①按有关标准的规定执行 ②测量液压机空载连续运转时的噪声 A 计权声功率级 L_{WA}[dB(A)]和空载、满载连续运转时的噪声 A 计权声压级 L_{pA}[dB(A)]	噪声限值应符合 JB 9967(已废止)的规定
液压系统清洁度的检测	按 JB/T 9954 的规定执行	液压系统清洁度应符合 JB/T 9954 的规定
液压系统传动效率的测试	①把液压加载器放在工作台的中间位置上 ②把标定后的两个压力传感器分别安装在主油缸进油口(或附近)和液压加载器的管路上(见图-43) ③按液压机的公称力调定液体工作压力 ④按设计的技术参数调节各速度值 ⑤空程速度行程取滑块 3/4 有效行程±25mm。满载时的工作行程:公称力小于 1000kN 的液压机应等于 70mm;公称力等于或大于 1000kN 的液压机应等于 100mm ⑥系统试验温度保持在(50±5)℃(允许使用加热器或其他方法升高油温。升温时,液压机应同时做空载运转,使系统各部位油温均匀) ⑦测试前进行功率标定[功率(kW)/幅高(mm)] ⑧测试记录液压机一个工作循环中的压力、位移和时间曲线,见 JB/T 9957.1—1999 中图 11。测试系统方框图见 JB/T 9957.1—1999 中图 12 ⑨测试记录液压机在一个工作循环中输入电动机功率曲线,见 JB/T 9957.1—1999 中图 13。测试系统方框图见 JB/T 9957.1—1999 中图 14 ⑩根据图 11 测得的压力、位移和时间曲线,以及电动机样本给出的典型效率曲线(见 JB/T 9957.1—1999 中图 15),根据下式,计算出液压系统一个工作循环的传动效率和液压系统一个工作行程的传动效率 $$\eta_{工作循环}=\frac{一个工作循环中执行机构输出的功}{一个工作循环中输入泵轴的功}\times100\%$$ $$=\frac{F_{工作}S_{工作}}{N_{空程}\eta_{空程}t_{空程}+N_{工作}\eta_{工作}t_{工作}+N_{回程}\eta_{回程}t_{回程}}\times100\%$$ $$\eta_{工作行程}=\frac{一个工作行程中执行机构输出的功}{一个工作行程中输入泵轴的功}\times100\%$$ $$=\frac{F_{工作}S_{工作}}{N_{工作}\eta_{工作}t_{工作}}\times100\%$$ 式中　　$F_{工作}$——工作行程时负载力($F_{工作}=10^{-3}pA$),kN 　　　　p——加载油缸液体工作压力,MPa 　　　　A——加载油缸活塞面积,m² 　　　　$S_{工作}$——工作行程时滑块位移,m $N_{空程}$,$N_{工作}$,$N_{回路}$——各阶段输入电动机的平均功率,kW	液压系统传动效率应符合有关标准规定

试验项目	试验方法	技术要求
可靠性试验	①每天按两班工作累计运行试验,总运行循环次数不少于 10000 次 ②试验在偏心满载条件下进行,偏心值取液压机立柱中心距 L 的 3% ③偏载试验位置按图 5-45 的规定 ④当滑块每分钟循环次数小于 2.5 次时,允许减小行程(达到每分钟循环 2.5 次)进行试验 ⑤速度值按技术参数规定的数值调节。原则上空行程取有效行程的 3/4。满载时的工作行程:公称力小于 1000kN 的液压机,应等于或大于 70mm;公称力等于或大于 1000kN 的液压机,应等于或大于 100mm ⑥试验运行前,记录主要摩擦副(活塞杆和立柱)的原始表面状况 ⑦第一天两班运行试验中,每 0.5h 测量记录油温一次 ⑧在运行试验过程中,随时观察记录故障和渗漏情况 ⑨试验运行后,检查记录主要摩擦副表面状况 ⑩试验运行后,记录总循环次数和总运行时间(停机和排除故障时间除外)	①两班负载运行后,油箱中的油温不应超过 60℃ ②试验过程中,不允许发生需更换零配件才能正常运行的故障 ③试验过程中,小故障(不更换零配件,经调节后可继续运行的故障)不超过 5 次 ④试验过程中,摩擦副不应有划伤 ⑤试验过程中,各连接处不应有渗漏现象
试验后精度检验	按有关标准规定的项目和方法进行检验	各项精度应符合有关标准规定

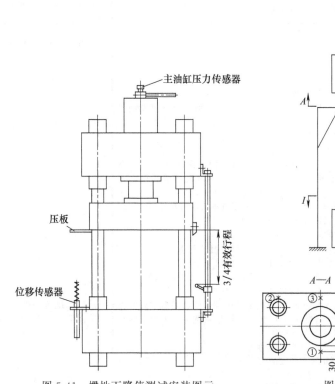

图 5-41 惯性下降值测试安装图示

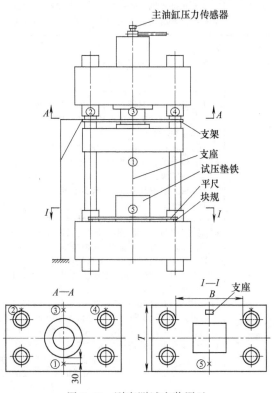

图 5-42 刚度测试安装图示

5.7.6 液压棉花打包机试验方法

在 GH/T 1189—2020《液压棉花打包机试验方法》中规定了液压棉花打包机的试验要求、空运转试验、精度试验、刚度检验、负载试验,适用于液压棉花打包机(以下简称"打包机")。

(1) 基本要求

① 打包机的试验方法应符合 GB/T 19820—2005《液压棉花打包机》的基本要求;打包机的空运转试验、精度试验、刚度检验、负载试验要求按以下 (2)～(5) 细化要求执行。

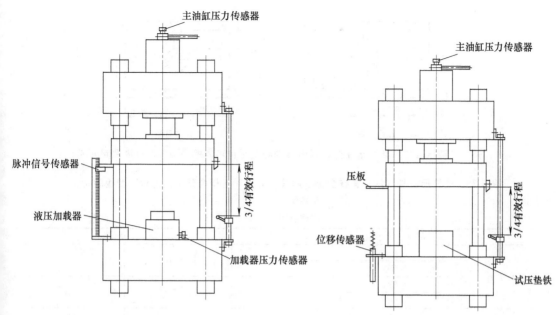

图 5-43 压力和位移测试安装图示　　　图 5-44 充液升压滞后时间测试安装图示

② 试验用仪器、工具见 GH/T 1189—2020 附录 A。

③ 试验用棉花：锯齿棉，回潮率 6％～10％。

(2) 空运转试验

① 试验要求　打包机安装调整后，进行空运转试验。运转时间不少于 20min。

② 噪声检验　用声级计先测环境噪声，然后在距打包机 1m，距操作地面 1.5m 处取 6 个测点，测量踩压和顶压的噪声，记入 GH/T 1189—2020 中表 1。取最大值为检验结果。

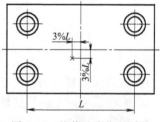

图 5-45 偏载试验位置图示

(3) 精度试验

① 试验要求

a. 精度检验在空运转试验后进行。

b. 精度检验时不应对影响打包机精度的零件或机构进行调整。

② 包箱横截面对角线长度差

a. 检验部位。打包机包箱的上口或下口。

b. 检验方法。

ⅰ. 在被检验包箱横截面上用钢板尺或钢卷尺测量（见 GH/T 1189—2020 中图 1）。把两钢板尺分别靠在包箱对应内壁上，用钢卷尺直接测量相应的对角线长度。结果记入 GH/T 1189—2020 中表 2，计算对角线长度差的绝对值，取最大值为检验结果。

ⅱ. 当采用直接测量法不便测量时，允许采用间接测量法进行测量。

③ 主液压缸柱（活）塞在全行程内其轴心线对包箱内壁平面的对称度检验

a. 检验部位。在非工作状况下，将柱（活）塞上升或下降到便于测量的位置。

b. 检验方法。

ⅰ. 在被检验部位用可调专用量尺（棒）分别对两个包箱进行检验（见图 5-46）。

ⅱ. 将结果记入表 5-73。计算 $|A-B|$、$|C-D|$、$|A'-B'|$、$|C'-D'|$，取其最大值为对称度的检验结果。本检验方法同样适用于双缸或三缸。

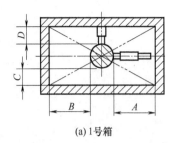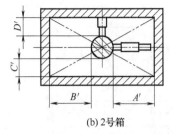

(a) 1号箱   (b) 2号箱

图 5-46　主液压缸柱（活）塞在全行程内其轴心线对包箱内壁平面的对称度测量示意图

表 5-73　主液压缸柱（活）塞在全行程内其轴心线对包箱内壁平面的对称度检验记录

机器名称：　　　　　　　　　　　　　机器编号：

检验地点：　　　　　　　　　　　　　检验时间：

测量部位及测量值/mm			计算值/mm	
1号箱	A		$\|A-B\|$	
	B			
	C		$\|C-D\|$	
	D			
2号箱	A′		$\|A'-B'\|$	
	B′			
	C′		$\|C'-D'\|$	
	D′			
对称度/mm				
备注				

检验人：　　　　　　　　　　　　　记录人：

④ 主液压缸柱（活）塞在全行程内对受压梁的垂直度检验

a. 检验部位。主液压缸柱（活）塞。

b. 检验方法。

ⅰ. 用 1m（直）角尺和百分表检验（见图 5-47），以受压梁为基准面。把 1m（直）角尺按图 5-47 所示固定百分表固定在柱（活）塞端面上。

ⅱ. 百分表测头预压到（直）角尺的工作面 100mm 处，使柱（活）塞慢速平稳上升或下降，记录 100mm 和 1000mm 测点百分表读数（百分表在行程终点和瞬间跳动值可不计）。结果记入表 5-74，取百分表在全行程上的最大误差值为检验结果。

ⅲ. 按式（5-27）计算柱（活）塞对受压梁的垂直度。

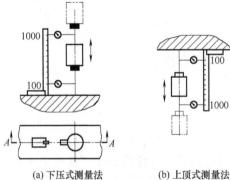

(a) 下压式测量法   (b) 上顶式测量法

图 5-47　主液压缸柱（活）塞在全行程内
对受压梁的垂直度检验示意图

$$\varepsilon = \mu / L \qquad (5\text{-}27)$$

式中　ε——柱（活）塞对受压梁的垂直度；

　　　μ——全行程中最大误差值，mm；

　　　L——全行程距离，mm。

（4）刚度检验

① 包箱侧壁位移的检验

a. 一般要求。包箱侧壁位移检验与公称力检验同时进行。

表 5-74　主液压缸柱（活）塞在全行程内对受压梁的垂直度检验记录

机器名称：　　　　　　　　　　　　　　机器编号：

检验地点：　　　　　　　　　　　　　　检验时间：

测量方向		测点/mm		误差/mm
		100	1000	
压缩方向	读数/mm			
回程方向	读数/mm			
垂直度				
备注				

检验人：　　　　　　　　　　　　　　记录人：

b. 检验部位。包箱前后侧壁对称面。

c. 检验方法。用百分表在包箱前后侧壁对称面的对应点同时测量（包箱位移检测点见 GH/T 1189—2020 中图 4）。将百分表分别固定在落地接杆表座上，测头同时触在箱门各对应测点，每块表先预压 2mm，然后开始压力打包，在达到公称力时，立即读数，记入表 5-75。按式（5-28）计算包箱侧壁的位移值。

$$\lambda = \theta/2 \tag{5-28}$$

式中　λ——包箱侧壁位移，mm；

　　　θ——对应测点代数和中的最大值，mm。

表 5-75　包箱侧壁位移的检验记录

机器名称：　　　　　　　　　　　　　　机器编号：

检验地点：　　　　　　　　　　　　　　检验时间：

包箱编号		1 号箱				2 号箱			
		位移/mm		对应测点 代数和/mm	代数和中的 最大值/mm	位移/mm		对应测点 代数和/mm	代数和中的 最大值/mm
		前面	后面			前面	后面		
包箱测点	1								
	2								
	3								
	4								
工作压力/kN									
包重/kg									
包箱侧壁位移值/mm									
备注									

检验人：　　　　　　　　　　　　　　记录人：

② 受压梁挠度的检验

a. 一般要求。

ⅰ. 受压梁挠度检验在 1.25 倍公称力下成包时进行。

ⅱ. 下压式液压棉花打包机应测量上梁挠度，上顶式液压棉花打包机应测量上梁挠度及下梁挠度。

b. 检验方法。

ⅰ. 上梁挠度检验：用百分表及专用平尺进行检验［见图 5-48（a）］。把专用平尺放置在上梁的中间位置，百分表固定在专用平尺上，调整百分表测头，先预压 2mm，打包机开始工作，当达到规定压力时，柱（活）塞停止运动，并立即读数，记入表 5-76 中。

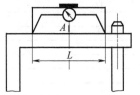

(a) 下压式/上顶式上梁挠度测量

(b) 上顶式下梁挠度测量

图 5-48　受压梁挠度的检验示意图

ⅱ. 下梁挠度检验（仅适用于上顶式液压棉花打包机）：下梁挠度测量与上梁挠度测量同时进行。用百分表进行检验［见图 5-48（b）］。把接杆表座分别放在底面稳定方便处，把百分表测头分别触到 A、B、C、D 各点，用测量上梁的方法调整百分表，然后与上梁百分表同时读数，记入表 5-76 中。

ⅲ. 按式（5-29）计算受压梁挠度。

$$f = \beta / L \tag{5-29}$$

式中　f——受压梁挠度；

　　　β——上/下梁受压变形实测最大值，mm；

　　　L——上梁专用平尺长度/下梁跨长，mm。

表 5-76　受压梁挠度的检验记录

机器名称：　　　　　　　　　　　　机器编号：

检验地点：　　　　　　　　　　　　检验时间：

检验条件		检验次数	第一次	第二次
		打包机实际工作压力/kN		
打包机工作状况		打包工作是否灵敏、可靠		
		零件有无损伤变形		
		液压系统有无渗漏和其他不正常现象		
受压梁各测点变形量/mm	上梁测点	A		
	下梁测点	A		
		B		
		C		
		D		
受压梁挠度				
备注				

检验人：　　　　　　　　　　　　　记录人：

(5) 负载试验

① 一般要求　负载试验应在空运转试验合格后进行不少于 24h 试生产，达到正常工作状态后进行。

② 公称力检验　调整好棉花成包密度，使打包机工作压力达到公称力后再进行试验，试验次数不少于 10 次。按表 5-77 记下各次主液压缸工作压力，用式（5-30）计算各次打包

表 5-77　公称力检验记录

机器名称：　　　　　　　　　　　　机器编号：

检验地点：　　　　　　　　　　　　检验时间：

检验项目		主液压缸工作压强(力)/MPa	主液压缸有效工作面积/m²	打包机实际工作压力/kN	包重/kg	打包机公称力/kN
棉包编号	1					
	2					
	3					
	4					
	5					
	6					
	7					
	8					
	9					
	10					
试验用棉花回潮率/%						
备注						

检验人：　　　　　　　　　　　　　记录人：

机实际工作压力，取其平均值为打包机公称力的检验结果。

$$F = Sp \times 10^3 \tag{5-30}$$

式中　F——打包机实际工作压力，kN；

　　　S——主液压缸有效工作面积，m^2；

　　　p——主液压缸工作压强（力），MPa。

③ 其他检验与试验　生产能力的检验、吨皮棉耗电量的检验、压缩系数的检验、棉包尺寸的检验、棉包重量的检验和电气系统绝缘和耐压试验等见 GH/T 1189—2020。

说明

GH/T 1189—2020《液压棉花打包机试验方法》是中华全国供销合作总社于 2020 年 12 月 7 日发布、2021 年 3 月 1 日实施的供销合作行业标准，其中存在如下一些问题。

① "试验"与"检验"不分，应是精度检验，而不是"精度试验"。

② "柱（活）塞……"是不对的，应为"活塞杆（或柱塞）……"。

③ 在 GB/T 9653—2006《棉花打包机系列参数》中给出了术语"公称力"的定义，其是棉花打包机参数之一（见表 3-53）；在 JB/T 4174—2014《液压机　名词术语》中给出的术语"工作压力"的定义为"运动部分（如滑块）施加在工件上的力"；在 GH/T 1189—2020 表 6 中的"打包机实际工作压力/MPa"应该有误，其应是"力"而不是"压强"。

④ 根据③，"a）受压梁挠度检验在 1.25 倍公称压力下成包时进行"应为"a）受压梁挠度检验在 1.25 倍公称力下成包时进行"。

⑤ 打包机电气系统应按 GB/T 5226.1—2019《机械电气安全　机械电气设备　第 1 部分：通用技术条件》，而不是按"GB 5226"有关规定的方法做绝缘试验和耐压试验。

第6章

液压机液压系统的使用与维护

6.1 液压机液压系统工作介质的使用与维护

在液压系统中，动力是借助于密闭回路中的受压液体（液压流体）来传递和控制的。该液压流体（如液压油）既是润滑剂又是动力传递工作介质。

液压流体中固体颗粒污染物的存在不仅会妨碍其润滑性能，而且还会导致元件的磨损。液压流体中颗粒污染的程度与液压系统的性能和可靠性直接相关，因此应将其控制在液压系统允许的范围内。液压过滤器可用于控制颗粒污染物的数量，使之既适用于液压系统的污染敏感度，又满足用户的可靠性要求。

液压系统工作介质的维护就是要控制液压系统运行中液压流体的污染和变质。

作者注：1. 在 GB/T 17446—××××/ISO 5598：2020 中文讨论稿中，已将 GB/T 17446—2012 中的术语"液压油液"修改为"液压流体"。

2. 在 JB/T 12672—2016《土方机械　液压油应用指南》中指出"液压油在液压系统中起着能量传递、系统润滑、防腐、防锈、冷却、密封等作用"。

6.1.1 液压系统工作介质使用规范

在 JB/T 10607—2006《液压系统工作介质使用规范》中规定了液压系统工作介质的选择、使用、贮存和废弃处理的基本原则，以及相关的技术指导，适用于一般工业设备用液压系统和行走机械液压系统。

在 JB/T 10607—2006 中工作介质指液压油液，包括矿物油型液压油和合成烃型液压油以及合成液压液和环境可接受液压液。对于以难燃液压液为工作介质的使用规定，应按照 GB/T 16898—1997《难燃液压液使用导则》的规定。

(1) 工作介质的选择

① 概述　正确选用工作介质对液压系统适应各种环境条件和工作状况的能力，延长系统和元件的寿命，提高设备运转的可靠性，防止事故发生等方面都有重要意义。

选择工作介质主要应从工作介质的化学特性和使用的环境条件来考虑。而对物理特性，如黏度，各种类型工作介质都有多种规格供选择。

工作介质的选择应按 GB/T 7631.2—2003《润滑剂、工业用油和相关产品（L类）的分类　第2部分：H组（液压系统）》，或参考 JB/T 10607—2006 附录A。工作介质的黏度等级应按 GB/T 3141—1994《工业液体润滑剂　ISO 粘度分类》（40℃运动黏度）的规定。

选择工作介质应从以下方面综合考虑。

a. 首先应优先考虑使用的安全性，如环境有无高温、起火和爆炸的危险，如果有则应

考虑使用难燃液压液。

b. 一般应优先考虑使用矿物油型液压油和合成烃型液压油，并应考虑液压系统工作介质的使用条件，如液压泵的类型、工作压力、工作温度和温度范围、系统元件选用的密封材料、元件的材料及系统运转的经济性和可操作性。

② 根据工作环境选择

a. 应考虑液压系统的工作环境，如室内、露天、地下、水上、内陆沙漠、热带或处于冬、夏季温差大的寒冷地区等，以及固定式或移动式工作方式。若液压系统靠近有 300℃ 以上高温的表面热源或有明火场所，应选用难燃液压液。

液压系统对工作介质有特殊要求时，用户应与供应商协商。

按工作环境和使用工况选择工作介质见表 6-1。

表 6-1 按工作环境和使用工况选择工作介质

工作环境	使用工况			
	系统压力/MPa			
	<6.3	6.3~16	6.3~16	>16
	系统温度/℃			
	<50	<50	50~80	80~120
室内——固定液压设备	HH、HL、HM	HL、HM	HM	HM(优等品)
露天——寒区和严寒区	HH、HR、HM	HV、HS	HV、HS	HV(优等品) HS(优等品)
高温热源或明火附近	HFAE、HFAS	HFB、HFC	HFDR	HFDR

b. 当液压系统工作在环保特性要求高的场合时，应选择下列环境可接受液压液：

HETG——甘油三酯系列环境可接受液压液；

HEPG——聚乙二醇系列环境可接受液压液；

HEES——合成脂系列环境可接受液压液；

HEPR——聚 α-烯烃和相关烃类产品系列环境可接受液压液。

③ 根据液压系统工作温度选择 应考虑液压系统所处环境温度和工作介质工作时的温度，主要对工作介质的黏温性、热安定性和液压系统的低温启动性提出要求。

a. 液压系统的工作温度。表 6-2 给出了不同液压系统工作温度所适应的工作介质品种。

表 6-2 按液压系统工作温度选择工作介质

液压系统工作温度/℃	<-10	-10~80	>80
工作介质(液压油)品种	HV、HS	HH、HL、HR、HM、HV、HS	HM(优等品)、HV、HS

注：1. HV、HS 具有良好的低温特性，可用于 -10℃ 以下，具体适用温度与供应商协商。
2. HM (优等品)、HV、HS 具有良好的高温特性，可用于 80℃ 以上，具体适用温度与供应商协商。

工作介质的起始温度决定于工作环境温度。在寒冷地区野外工作时，当环境温度在 -5~ -25℃ 时，可用 HV 低温抗磨液压油；当环境温度在 -5~-40℃ 时，可用具有更好低温性能的 HS 低凝抗磨液压油；环境温度低于 -40℃ 使用的工作介质应与供应商协商确定。

作者注：在 JB/T 12672—2016《土方机械 液压油应用指南》中规定"以 L-HM46 抗磨液压油为例，可以用于 -10℃ 以上的工作环境中"；"以 L-HV46 低温液压油为例，可以用于 -25℃ 以上的工作环境中"；"以 L-HS46 超低温液压油为例，可以用于 -35℃ 以上的工作环境中"。

b. 工作介质的工作温度范围。工作介质的工作温度对液压系统是相当重要的。温度过高，会加速其氧化变质，氧化生成的酸性物质对液压系统的元件有腐蚀作用并会污染工作介质。长时间在高温下工作，工作介质的寿命会大大缩短。

表 6-3 给出了液压系统中工作介质适宜的工作温度范围。

表 6-3　工作介质适宜的工作温度范围

工作介质类型	连续工作状态下的温度范围/℃	最高温度/℃
矿物油型或合成烃型液压液（HL、HM、HV、HS）	−40～80	120
水-乙二醇型液压液（HFC）	−20～50	70
磷酸酯型液压液（HFDR）	−20～100	150
水包油型液压液（HFAE）	5～50	65
油包水型液压液（HFB）	5～50	65

④ 根据工作压力选择　主要对工作介质的润滑性和极压抗磨性提出要求。对于高压系统的液压元件，特别是液压泵中处于边界润滑状态的摩擦副，由于正压力加大、转速高，使摩擦磨损条件趋于苛刻，为了达到正常的润滑，防止金属直接接触，减少磨损，应选择具有良好极压抗磨性的 HM 液压油。

当液压系统选择水-乙二醇液压液和磷酸酯型液压液作为工作介质时，液压泵或液压系统的工作压力和最高工作转速应比矿物油型液压油（如 HM 抗磨液压油）降级使用，具体应根据元件供应商的技术资料确定。

按液压系统和液压泵的工作压力选择工作介质见表 6-4。

表 6-4　按液压系统和液压泵的工作压力选择工作介质

工作压力/MPa	<6.3	6.3～16	>16
液压油品质	HH、HL、HM	HM、HV、HS	HM（优等品）、HV、HS

⑤ 根据液压泵类型选择　根据液压泵类型选择工作介质主要考虑液压泵类型，如齿轮泵、叶片泵、柱塞泵等，同时应考虑液压泵的工况，如功率、转速、压力、流量，以及液压泵的材质等因素。通常应优先选用液压油。对于低压液压泵可以采用 HL 液压油，对于中、高压液压泵应选用 HM、HV、HR、HS 液压油。

a. 齿轮泵为主油泵的液压系统采用 HH、HL、HM 液压油，16MPa 以上的齿轮泵应优先选用 HM 液压油。

b. 叶片泵为主油泵的液压系统不管其压力高低应选用 HM、HV、HR、HS 液压油，高压时应使用高压型 HM、HV、HR、HS 液压油。

c. 柱塞泵为主油泵的液压系统可用 HM、HV、HS 液压油，高压柱塞泵应选用含锌量低于 0.07%（一般为 0.03%～0.04%）的低锌或不含锌及其他金属盐的无灰 HM（优等品）、HV、HS 液压油。

当液压系统中液压元件（包括泵、阀等）有铜和镀银部件时，高锌抗磨剂会对这类部件产生腐蚀磨损，应选用低锌或无灰抗磨液压油或液压液。

⑥ 工作介质黏度的选择　黏度是工作介质的重要使用性能之一，黏度选择偏高会引起系统功率损失过大，偏低则会降低液压泵的容积效率、增加磨损、增大泄漏。

作者注：在 JB/T 12672—2016《土方机械　液压油应用指南》中指出，液压油"黏度偏大，会使系统压力降和功率损失增加，在寒冷气候下启动困难并可能产生气穴腐蚀。黏度偏小，泵的内泄漏增大，引起系统压力下降，容积效率降低，并且偏小的黏度会使磨损增加。"

工作介质黏度的选择应考虑工作介质的黏度-温度特性，并应考虑液压系统的设计特点、工作温度和工作压力。在液压系统中，液压泵是对黏度变化最敏感的元件之一。一般情况下，环境温度和工作温度低时，应选择黏度低（牌号小）的工作介质；反之，应选择黏度高（牌号大）的工作介质，并应保证系统主要元件对黏度范围的要求。系统的其他元件应根据所选定的工作介质黏度范围进行设计和选择。

作者注：参考文献［95］指出"液压设备的介质黏度变化应控制在10％以内"。

表 6-5 给出了对于不同液压泵类型和工作压力所推荐的工作介质黏度等级。

表 6-5　不同液压泵类型和工作压力下推荐的工作介质黏度等级

液压泵类型	工作压力/MPa	黏度等级（40℃）	
		工作温度＜50℃	工作温度 50～80℃
叶片泵	≤6.3	32、46	46、68
	＞6.3	46、68	68、100
齿轮泵	≤6.3	32、46	46、68
	＞6.3	46、68	68、100
径向柱塞泵	≤6.3	32、46、68	100、150
	＞6.3	68、100	100、150
轴向柱塞泵	≤6.3	32、46	68、100
	＞6.3	46、68	100、150

⑦　工作介质污染度等级的确定　液压系统对工作介质污染度的要求，可根据液压系统中主要液压元件对污染的敏感程度和系统控制精度的要求而定，按照主要液压元件产品说明书的要求，确定工作介质的可接受污染度。

表 6-6 给出了对于不同液压元件及系统类型所推荐的、可接受的工作介质固体颗粒的污染度等级。

表 6-6　不同元件及液压系统适用的工作介质污染度等级推荐值

污染度等级		主要工作元件	系统类型	过滤精度	
GB/T 14039	NAS 1638			$\beta_{x(c)}$[①]≥100 用 ISO MTD 校准	β_x≥100 用 ACFTD 校准
—/13/10	4	高压柱塞泵、伺服阀、高性能比例阀	要求高可靠性并对污染十分敏感的控制系统,如实验室和航空航天设备	4～5	1～3
—/15/12	6	高压柱塞泵、伺服阀、比例阀、高压液压阀	高性能伺服系统和高压长寿命系统,如飞机,高性能模拟试验机,大型重要设备	5～6	3～5
—/16/13	7	高压柱塞泵、叶片泵、比例阀、高压液压阀	要求较高可靠性的高压系统	6～10	5～10
—/18/15	9	柱塞泵、叶片泵、中高压常规液压阀	一般机械和行走机械液压系统,中等压力系统	10～14	10～15
—/19/16	10	叶片泵、齿轮泵、常规液压阀	大型工业用低压液压系统,农机液压系统	14～18	15～20
—/20/17	11	齿轮泵、低压液压阀	低压系统,一般农机液压系统	18～25	20～30

注：1. NAS 1638 为美国国家宇航标准，表中所列等级与 GB/T 14039 的等级是近似对应关系，仅供参考。

2. ISO MTD 是国际标准中等试验粉末，为现行国家（国际）标准校准物质。

3. ACFTD 是一种作为校准物质的细试验粉末，目前已停止试验，被 ISO MTD 代替。

① 过滤比 $\beta_{x(c)}$ 和 β_x 的定义见 GB/T 20079。

⑧　采购　采购工作介质时应要求供应商提供产品合格证和产品性能检测报告。

⑨　其他要求　选用工作介质时，还有考虑工作介质与液压系统中密封材料、金属材料、塑料、橡胶、过滤材料和涂料、油漆的适应性。

常用工作介质与各种材料的适应性参见表 6-7。

常用工作介质与密封材料相适应的关系见表 6-8。

表 6-7　常用工作介质与各种材料的适应性

材料		HM 油 （抗磨液压油）	HFAS 液 （水的化学溶液）	HFB 液 （油包水乳化液）	HFC 液 （水-乙二醇液）	HFDR 液 （磷酸酯无 水合成液）
金属	铁	适应	适应	适应	适应	适应
	铜、黄铜	无灰 HM 适应	适应	适应	适应	适应
	青铜	不适应(含硫剂油)	适应	适应	有限适应	适应
	镉和锌	适应	不适应	适应	不适应	适应
	铝	适应	不适应	适应	有限适应	适应
	铅	适应	适应	不适应	不适应	适应
	镁	适应	不适应	不适应	不适应	适应
	锡和镍	适应	适应	适应	适应	适应
涂料和油漆	普通耐油工业涂料	适应	适不应	不适应	不适应	不适应
	环氧型与酚醛型	适应	适应	适应	适应	适应
	搪瓷	适应	适应	适应	适应	适应
塑料和树脂	丙烯酸树脂	适应	适应	适应	适应	不适应
	苯乙烯树脂	适应	适应	适应	适应	适应
	环氧树脂	适应	适应	适应	适应	适应
	硅树脂	适应	适应	适应	适应	适应
	酚醛树脂	适应	适应	适应	适应	适应
	聚氯乙烯塑料	适应	适应	适应	适应	适应
	尼龙	适应	适应	适应	适应	适应
	聚丙烯塑料	适应	适应	适应	适应	适应
	聚四氟乙烯塑料	适应	适应	适应	适应	适应
橡胶	天然橡胶	不适应	适应	不适应	适应	不适应
	氯丁橡胶	适应	适应	适应	适应	不适应
	丁腈橡胶	适应	适应	适应	适应	不适应
	丁基橡胶	不适应	不适应	不适应	适应	适应
	乙丙橡胶	不适应	适应	不适应	适应	适应
	聚氨酯橡胶	适应	有限适应	不适应	不适应	有限适应
	硅橡胶	适应	适应	适应	适应	适应
	氟橡胶	适应	适应	适应	适应	适应
其他密封 材料	皮革	适应	不适应	有限适应	不适应	有限适应
	含橡胶浸渍的塞子	适应	适应	不适应	不适应	有限适应
过滤 材料	醋酸纤维	适应	适应	适应	适应	适应
	金属网	同上金属	同上金属	同上金属	同上金属	同上金属
	白土	适应	不适应	不适应	不适应	适应

作者注：在 GB/T 3452.5—××××《液压气动用 O 形橡胶密封圈　第 5 部分：弹性体材料规范》（报批稿）附录 C（资料性附录）中规定，硅橡胶（VMQ）不耐油。

表 6-8　工作介质与相适应的密封材料

工作介质类型	相适应的密封材料
矿物油型或合成烃型液压油(HL、HM、HV、HS)	丁腈橡胶、聚氨酯、聚四氟乙烯
水-乙二醇型液压液(HFC)	丁腈橡胶、聚四氟乙烯、聚酰胺
磷酸酯型液压油(HFDR)	氟橡胶、聚四氟乙烯、聚酰胺、硅橡胶
水包油型液压液(HFAE)	丁腈橡胶、聚酰胺、聚氨酯、聚四氟乙烯、氟橡胶
油包水型液压液(HFB)	丁腈橡胶、聚酰胺、聚氨酯、聚四氟乙烯、氟橡胶、硅橡胶、氯丁橡胶

注：详细的对应关系需参考相关产品的具体说明。

作者注：1. 磷酸酯型液压油（HFDR）、磷酸酯型液压液（HFDR）或磷酸酯无水合成液（HFDR）等都是 JB/T 10607—2006 中的表述。

2. 在 JB/T 10607—2006 中为"聚酰氨"，而不是"聚酰胺"。

3. 在 JB/T 10607—2006 中给出的工作介质与相适应的密封材料并不统一，如聚氨酯。

4. 在 JB/T 12672—2016《土方机械　液压油应用指南》中指出，L-HM、L-HV 和

L-HS "三类液压油产品与丁腈橡胶、氢化丁腈橡胶、聚氨酯、聚四氟乙烯、氟橡胶等密封材料具有很好的相容性，可以选用。"

当用户有特殊要求或国家标准和行业标准中无适用的工作介质时，建议用户与工作介质的供应商联系。

(2) 工作介质的使用

① 概述　在工作介质使用过程中，应定期监测其品质指标，当出现下述情况之一时，应采取必要的控制措施，及时处理或更换工作介质。

a. 工作温度超过规定范围。过高的工作温度会加速工作介质的氧化，缩短使用寿命。

b. 颗粒污染度超过规定等级。严重的颗粒污染会造成机械磨损，使元件表面特性下降，导致系统功能失效。

c. 水污染。水会加速工作介质的变质，降低润滑性能，腐蚀元件表面，并且低温下结冰会成为颗粒污染。

作者注：在 JB/T 12672—2016《土方机械　液压油应用指南》中指出，"水分混入液压油中，会降低液压油润滑性，造成液压元件的腐蚀和油品乳化。在低温工作条件下，油中的微粒水珠凝结成冰粒，会堵塞控制元件的间隙或小孔，引起系统故障。"

d. 空气污染。空气进入工作介质会产生气蚀、振动和噪声，使液压元件动态性能下降，增加功率消耗，并加速工作介质的老化。

e. 化学物质污染。酸、碱类化学物质会腐蚀元件，使其表面性能下降。

② 污染控制　工作介质的污染是导致液压系统故障的主要原因，实施污染控制就是使液压系统的工作介质达到要求的可接受污染度等级，是提高液压系统工作可靠性和延长元件使用寿命的重要途径之一。因此建议对液压系统和工作介质采取以下污染控制措施。

a. 应保证在清洁的环境中进行系统装配，受污染的元件在装入系统前应清洗干净。

b. 系统组装前应对管路和油箱进行清洗（包括酸洗和表面处理）。

c. 系统组装后应对油箱、管路、阀块、液压元件进行循环冲洗。

d. 加入系统的工作介质应过滤（包括新购的工作介质）。

e. 油箱应采取密封措施并安装空气滤清器，防止外部污染物侵入系统。

f. 应对液压元件的油封或防尘圈等外露密封件采取保护措施，以避免因密封件损坏导致外部污染物进入元件和系统。

g. 保持工作环境和工具的清洁，彻底清除与工作介质不相容的清洗液和脱脂剂。

h. 系统维修后应对工作介质循环过滤，并清洗整个系统。

i. 系统工作初期应通过专门装置排放空气，防止空气混入工作介质。

j. 过滤净化，滤除系统及元件工作中产生的污染颗粒。

k. 控制油温，防止高温使工作介质老化析出污染物。

③ 过滤

a. 为防止外界污染物侵入油箱，应在油箱通气口安装空气过滤器，对进入油箱的空气进行过滤。

b. 为保证系统及系统各元件对工作介质的污染度要求，应根据需要在吸油管路、回油管路和关键元件之前安装不同性能的过滤器。

c. 在为系统补充工作介质时，应使用过滤装置对补充的工作介质进行过滤；即使是新油也应过滤后加注。

d. 为减小系统过滤器的负荷，维持工作介质的清洁度，可在液压系统内设置旁路循环过滤装置。

e. 当工作介质的含水量超过规定指标时，应使用集过滤、聚结、分离功能于一体的过滤脱水装置，或使用其他方法清除工作介质中的水分。

④ 补充工作介质

a. 系统运行过程中会因为泄漏等损失造成油箱中工作介质减少，当低于最低液位要求时，系统需要补偿工作介质。补入的新工作介质应为同一制造商、同一牌号、同一类型、同一黏度等级的产品。

b. 补偿工作介质前，应对剩余工作介质的性能进行分析。如果性能劣化严重，达到工作介质更换指标，则必须更换，否则劣化的旧工作介质会加速新工作介质的老化。

⑤ 更换工作介质

a. 液压系统的工作介质应根据实际使用情况定期检查，以确定是否需要更换。L-HL 型液压油的换油标准可参考 SH/T 0476—1992，L-HM 型液压油的换油标准可参考 SH/T 0599—1994，如果系统对更换工作介质有特殊要求，则应按照系统的规定更换。

作者注：SH/T 0599—1994《L-HM 液压油换油指标》已被 NB/SH/T 0599—2013《L-HM 液压油换油指标》代替。

b. 更换工作介质时应对液压系统进行清洗，并更换全部过滤器滤芯。更换工作介质的程序与新系统加注工作介质时相同。

⑥ 工作介质的维护

工作介质的维护就是要控制液压系统运行中工作介质的污染和变质，液压系统污染源来自多方面，一般应考虑在以下方面采取措施。

a. 油箱应保持密封。

b. 避免工作中外漏油液或检修过程中的脏油直接进入系统。

c. 杜绝与工作介质不相容的溶剂或介质进入系统。

d. 定期检查。

e. 按照液压系统使用要求，定期或根据过滤器的差压报警信号更换过滤器滤芯。除非滤芯上有明确说明，否则滤芯不可冲洗后重复使用。

⑦ 工作介质的检测

a. 工作介质理化性能检测。工作介质的理化性能检测是用来检测新工作介质的各项性能是否达到相关技术标准，或用来检测工作介质在工作一段时间后工作性能的退化程度，并作为按照理化性能判断工作介质更换的依据。

新工作介质的理化性能检测的主要项目包括运动黏度（40℃）、黏度指数、闪点、倾点、水分、抗乳化性、抗泡沫性、空气释放性、中和值等。

矿物油型和合成烃型液压油的理化性能及质量可参考 GB/T 11118.1。

b. 工作介质污染度检测。

ⅰ. 一般要求。

• 工作介质污染度检测包括对新购入和正在使用的工作介质污染度检测，并作为判断工作介质污染度是否符合液压系统设计要求的依据。

• 为了保证工作介质污染度检测结果的准确性，从工作介质中提取液样及液样的传递、处理、检测过程，应防止对液样的二次污染，不应使用易脱落纤维的抹布。

• 为了保证液样污染度检测结果的真实性，被测液样应具有代表性。因此，在液样的提取和处理过程中，应严格按标准规定的程序操作，使污染物颗粒充分均匀地悬浮。

• 当工作介质为 L-HFAE、L-HFAS、L-HSB、L-HFC 等混合型液压液时，不宜采用遮光原理工作的自动颗粒计数器检测。

ⅱ. 检测用容器。工作介质污染度检测用的容器包括取样器、检测中处理样品和清洗系统的容器等。

为了防止容器对检测样品造成二次污染，应按 GB/T 17484 的规定进行容器净化。净化后容器的污染度应至少优于被测样品两个污染度等级，即如果要求被测样品的污染度为—/15/12，则净化后的容器污染度等级应为—/13/10。

ⅲ. 工作介质取样。

• 管路取样。工作介质取样一般应选择管路取样。

管路取样是在运行中的液压系统管路中提取工作介质样品。管路取样是油液污染度检测的关键环节，应按 GB/T 17489—1998 中 4.1 规定的程序进行。应尽量避免在系统高压工作条件下取样，如果必须，一定要由有经验的操作者进行取样，并在取样时做好安全防护，防止人身受到伤害或油液大量外泄；也可通过外接在线自动颗粒计数器的检测接口取样。

• 油箱取样。油箱取样是在液压系统管路上无法安装取样器或取样有危险的情况下，采取的取样方式。在油箱中取样非常容易对系统造成二次污染，应按 GB/T 17489—1998 中 4.2 规定的程序进行。

注：在油桶中取样可参照上述规定。

ⅳ. 检测环境。工作介质的污染度检测应在清洁的环境中进行。如果被测液样的污染度等级优于 GB/T 14039—2002 规定的—/15/12，检测宜在符合 GB 50073—2001 规定的 7 级环境条件下进行。

作者注：GB 50073—2001《洁净厂房设计规范》已被 GB 50073—2013《洁净厂房设计规范》代替。

ⅴ. 检测方法。工作介质的污染度检测可根据检测仪器分别采用自动颗粒计数法和显微镜计数法。

• 自动颗粒计数法。自动颗粒计数法是采用自动颗粒计数器或油液污染度检测仪进行工作介质污染度检测的方法。分为离线式检测和在线式检测两种方式。

采用离线式检测的具体操作方法应按照 ISO 11500 的规定。

作者注：GB/T 37163—2018《液压传动　采用遮光原理的自动颗粒计数法测定液样颗粒污染度》使用重新起草法修改采用 ISO 11500：2008。

采用在线式检测的具体操作方法应按照仪器制造商产品使用说明书的规定。

• 显微镜计数法。显微镜计数法是采用显微镜通过人工计数或计算机自动计数进行检测工作介质污染度的方法。具体操作方法应按 GB/T 20082 的规定。

⑧ 安全与环保　一般矿物油型液压油和合成烃型液压油对人体是无害的（少数人可能对某种油液会产生过敏反应）。

难燃液压液的部分添加剂可能对人体有害，使用时应遵守产品说明书中相关安全防护规定。

在对液压系统工作介质进行正常操作时，一般不需要特殊的预防和保护，工作环境应具有良好的通风，当工作介质可能接触到眼睛和手时，需佩戴防护眼镜和防护手套。应避免吸入和吞食工作介质。

使用时应注意避开火源。

一般常用工作介质不是环境可以接受的，是不可生物降解的，使用中不应随意排放，并应避免泄漏，防止其流入下水道、水源或低洼地域造成环境污染。

(3) 工作介质的贮存

工作介质应贮存在密闭容器内，放置在干燥通风并远离火源的场所。

贮存工作介质的最高环境温度不得超过 45℃。

（4）工作介质废弃处理

工作介质的废弃处理应遵守《中华人民共和国液体废弃物污染环境防治法》和地方各项环保法规。不应随意倾倒或遗弃使用过的液压系统工作介质，造成环境污染。

作者注：未查到 JB/T 10607—2006 中所引用的以上这部国家法律。

工作介质报废后，应委托有资质的专业公司回收处理，或按照当地环保部门要求的或委托的专门机构进行处理。禁止自行烧掉或随意排放。

（5）标注说明

当选择遵守 JB/T 10607—2006 时，建议制造商在试验报告、产品目录和产品销售文件中采用以下说明："液压系统工作介质的选择和使用符合 JB/T 10607—2006《液压系统工作介质使用规范》。"

6.1.2 难燃液压液使用导则

在 GB/T 16898—1997《难燃液压液使用导则》中对难燃液压液工作特性、优缺点以及选用难燃液压液应考虑的因素等提供了详尽指南，规定了减少在难燃液压液使用中所引起困难（出现的问题）应采取的措施，以及用不同的难燃液压液置换时必须采取的措施。该标准还说明了使用难燃液压液的液压回路设置。

因该标准久未更新，其中的一些规定包括所使用的术语可能与现行标准不符，但该标准的一些内容仍具有一定的参考价值。

作者注：对 GB/T 16898—1997 中几处明显的错误进行了修改。

（1）使用中的主要危险与一般措施

① 总论　液压传动系统的流体公称压力可高达 40 MPa。当系统结构完整性受损，系统爆裂或有很小裂缝时，均可导致油液喷射至相当远处。若油液是可燃的，则在许多情况下有造成火灾的危险。

② 起火原因　管路、阀件、垫片或管接头的失效，管接头处接管拉脱，软管破裂等是油液逸（溢）出系统的主要原因。

有压液体在燃烧源处的逸（溢）出是许多液压液起火的原因。这些燃烧源有熔融金属、气体燃烧器、火花、电气设备和炽热金属表面等。摩擦生热也能产生高温足以引起液体自燃。意外或错误拆卸有压液体管路及软管也可能引起火灾。向诸如隔热层等吸收表面的缓慢泄漏也会助燃。

③ 预防措施

a. 主要危险。以下列出导致火灾的主要原因，无论对使用矿物油的系统还是对使用难燃液压液的系统都是危险的：泄漏；油液温度高；油液劣化；安装和维护不当。

b. 泄漏。下列情况将引起泄漏：密封装置失效；液压管路——管道、软管、接头等失效；装配不当。

ⅰ. 密封材料。应使用与油液相容的密封材料。并应根据供货厂商的建议正确安装和使用密封件。

ⅱ. 液压管路。管路应固定以减小振动的影响。应仔细考虑元件位置与管路布置以避免可能的机械损坏。在多数情况下建议采用保护槽或金属管夹。管路应避开其他设备布置，尤其是电源设备。

ⅲ. 装配。液压设备的装配必须由合格人员承担和监督。

c. 油液温度高。液压系统的工作温度一般不应超过 50℃（泵进口温度）。否则应由供货商与用户协商解决。并应在协议中规定油液类型、工作温度与环境温度和其他特定条件。

高工作温度将降低流体黏度，由此大大增加了可能的泄漏并降低系统效率，建议在油箱中安装过热保护装置，以防油液温度过高。

d. 油液劣化。油液在使用中，尤其在异常工作温度下，会发生化学变化，污染物的存在加速劣化过程。若设备冷起动时要求油箱加热，应严格控制加热器功率以免过热而引起劣化。

e. 安装与维修不当。液压设备的许多失效是由于安装或维护不当而引起的。

例如在油液的贮存与装卸过程中未能遵守基本规程，使用时未采取有效措施防止污染物侵入等。

f. 油液的排放。难燃液压液必须按国家现行法规排放。

(2) 难燃液压液的技术要求

① 性质要求　为在液压系统中满意地使用，工作液应难燃并具备 GB/T 16898 中 5.1.1～5.1.10 规定的性质。

② 其他要求　系统设计中应考虑工作液在最初使用及使用过程中的下列特性：

a. 过滤状况；

b. 与泵吸入高度有关的相对密度；

c. 泵进口不产生气蚀的蒸气压；

d. 难燃性；

e. 液体及其蒸气的无毒性。

(3) 难燃液压液的特性及影响选用的因素

① 总论

a. 难燃液压液是因安全原因在液压系统紧靠明火、熔融材料或其他高温源或将着火或爆炸减小到最低程度的特定危险环境的工作场合中使用的。若允许液体接触热表面或可能浸透液体的吸收材料，则该液体还必须难以自燃。

b. 难燃液压液的难燃能力通过水或者化学组成体两种方法之一获得。

水容易获得且不可燃，在早期液压系统中使用过，但水的黏度很低且润滑性能很差。除了明显的温度限制外，使用水还会产生锈蚀问题。

由于这些原因，普通水不能用于那些元件需要液压润滑的系统。

c. 按照 GJB 6731.2（疑误，应为 GB/T 7631.2—2003）难燃液压液分为四种类型：HFAE，HFB，HFC，HFD。

根据 GB/T 3141，除分成五个黏度等级的 HFAE 以外，其他各类难燃液压液可分成下列七个黏度等级，即 10、15、22、32、46、68、100。

这些等级值相应于该液 40℃时运动黏度的中心值。

作者注：在 GB/T 7631.2—2003 中规定了六种难燃液压液，即水包油乳化液（HFAE）、化学水溶液（HFAS）、油包水乳化液（HFB）、聚合物水溶液（HFC）、磷酸酯无水合成液（HFDR）、其他成分无水合成液（HFDU）。

d. 不同类型的难燃液压液不得混合，除非液体相容性得到确认，否则同类型但不同货源的难燃液压液也不宜混合。

此外，不同类型的难燃液压液替换时需要采取特别措施，这些措施在 GB/T 16898—1997 的第 9 章中规定。

② 难燃液压液类型

a. 水包油乳化液（HFAE 类）。水包油乳化液只具有极微的润滑作用，它用于许多系统中。它与普通水相比，其主要优点是具有防锈能力。

这类液体是非常难燃的，但由于其黏度低，润滑性差，通常不适用于在高参数系统中使

用，而且由于水占的比例大，它还受温度限制。

水包油乳化液分散在水中的可溶性油的最大含量通常为 10%。

为保证满意的抗腐蚀能力，必须规定乳化液的最低浓度，此类乳化液通常由用户按供液厂商的建议在现场配制。

HFAE 类难燃液压液分为 10、15、22、32 和 46 等黏度等级。

b. 油包水乳化液（逆乳化液）（HFB 类）。油包水乳化液是在加入特定的乳化剂、稳定剂和抑制剂的矿物油连续相中分布有细微水滴的分散相液体。它们按使用状态供应，一般含水量约为 40%。含水量改变会降低安定性和/或难燃性。

油包水乳化液的黏度与常规矿物油相似，并具有良好的润滑性与抗腐蚀性。黏性是非牛顿的，在系统中随所受的剪切力而变化。由于黏度的这种特性和高蒸气压，必须小心设计泵的进口条件，以免产生气蚀。

HFB 类难燃液压液分为 22、32、46、68 和 100 等黏度等级。

水连续蒸发或乳化液的不安定性会降低其难燃性。

c. 聚合物水溶液（HFC 类）。此类液体为乙二醇或其他聚合物水溶液，并且是真溶液，而不是像前述如 HFAE 类和 HFB 类为乳化液。

此类溶液的含水量约为 45%，具有良好的黏温特性，并能在低于油包水乳化液要求的温度下使用，但上线温度相同。

它们是较好的润滑剂，一般具有很好的抗腐蚀性。

HFC 类难燃液压液分为 15、22、32、46、68 和 100 等黏度等级。

只有很少的材料与之不相容，在使用锌、镉、未做阳极氧化处理的铝及镁合金等时，应在使用前检验是否相容。油箱内壁涂料和密封材料应有选择地使用。

d. 无水合成液（HFD 类）。该类难燃液压液根据合成物质分为下列四个子类：HFDR，磷酸酯无水合成液；HFDS，氯化烃无水合成液；HFDT，磷酸酯氯化烃混合无水合成液；HFDU，其他成分无水合成液。

该类难燃液压液分为 15、22、32、46、68 和 100 等黏度等级。

该类难燃液压液具有良好的润滑性和抗磨性，良好的贮存安定性和高温性。在某些场合，允许达到 150℃，但此温度下，液体可能会迅速劣化，应经常检查。

此类难燃液压液由于其化学组成而难燃，当适当添加抑制剂时能与大多数金属相容，有良好的防锈和抗腐蚀作用，但有一定毒性。一般来讲，尽管某些产品含有黏度指数改进剂，但它们的黏温特性较差。

大多数此类液体对水或潮气很敏感，它们能引起腐蚀并影响产品的化学安定性。

系统设备的内表面不应涂漆，外表面应用完全相容的涂料防护，如环氧酚醛或尼龙基涂料等，有关问题应向供货商询问。

密封件、软管、填料和蓄能器胶囊必须用相容的材料，如氟橡胶、聚四氟乙烯和硅橡胶制造，乙丙橡胶和丁基橡胶可用于某些液体，但应向供货商询问。

（4）选用难燃液压液应采取的措施

① 水包油乳化液（HFAE 类）

a. 与构件和元件的相容性。

ⅰ. 与金属的相容性。见 6.1.2 节（5）⑦a.。

作者注：在 GB/T 16898—1997 中缺失"要求"。

ⅱ. 与弹性体的相容性。与矿物油相容的密封件、软管、填料和蓄能器胶囊一般均适用。软木、石棉、皮制填料则不适用（见 GB/T 16898—1997 中 8.7.3）。

b. 处置。

ⅰ. 贮存。由于某些液体中所含的乳化剂对低温敏感，建议在0℃或以上的温度下贮存。

ⅱ. 混合液的制备。为获得稳定的乳化液，宜用矿物盐含量低的水为佳。当受条件限制而不得不使用硬水时，必须选择与此水相适应的乳化油，最好向供货厂商咨询以便得到其具体建议。

一旦选定具体的乳化油，除了正确调节油的出流量外，对自动配制来讲无需采用附加措施。在人工配制时，应将油缓慢加入水中并搅匀。

不加选择地加入其他成分会对液体产生不利影响。

ⅲ. 使用。正确使用温度范围为5～50℃。

由于润滑性能有限，此类液体通常只用于要求边界润滑系统及元件。

注：增加乳化液的含油量，不能在本质上改善液体的润滑能力。

ⅳ. 在使用过程中，含油量须始终保持在乳化液供应商规定的范围内。

液压系统中偶然排出的液体须及时予以清除而不得积累，否则存在乳化液分离的危险，形成分离油层是可燃物质。

乳化液含油量可用实验室法或在现场用袖珍折射计进行检测。

ⅴ. 放液后设备的贮存。由于设备放液后产生锈蚀的潜在危险，贮存设备时需采取专门措施。防护方法有多种，如用防锈油或配制含防锈剂的专用乳化液。

② 油包水乳化液（HFB类）

a. 与构件和元件的相容性。

ⅰ. 与金属和合金件的相容性。大多数HFB类液和那些通常与矿物油合用的金属和合金都相容，但锌、镉和镁合金应在使用前检查相容性。

ⅱ. 与弹性体的相容性。与矿物油相容的密封件、软管、填料和蓄能器胶囊一般均适用。软木、石棉、皮制填料则不适用（见GB/T 16898—1997中8.7.3）。

ⅲ. 过滤。HFB类液中的污染物颗粒呈悬浮状，需要有效过滤。进口滤网和高压过滤器应具有的最大网孔或微孔尺寸分别约为$70\mu m$和$10\mu m$。过滤器（滤网）通流能力应为液压泵额定流量的2～3倍；必须考虑液体黏度、工作温度、流量和允许压降。金属过滤器，无论是线隙式还是烧结式，一般都与乳化液相容。但纸质滤芯应为由油液和/或过滤器提供厂商推荐的树脂浸渍型。土质过滤器或毛毡滤芯需避免使用。

b. 处置。

ⅰ. 工作温度。正常使用温度范围为5～50℃。含乙二醇的低温型液体能在－10℃的温度下使用，但对大多数HFB类液建议仍在上述温度范围内使用。应避免油箱加热，必须加热时，加热表面发热量不得超过$3W/cm^2$，否则会影响乳化液的稳定性。

油包水乳化液不得在低于0℃的温度下贮存。

ⅱ. 使用时的维护。须经常检查液体含水量，使之保持在规定的范围内，以免降低难燃性和使液体黏度发生不利变化。

对某些长时间不运行的设备，应经常使液体在液压回路中循环，以免主相（即水和油）分层。

③ 聚合物水溶液（HFC类）

a. 与构件和元件的相容性。

ⅰ. 与金属的相容性。HFC类液通常能和与矿物油合用的大多数金属相容，但是锌、镁、未经阳极化处理的铝和镉在使用前应检查相容性。

ⅱ. 与弹性体的相容性。与矿物油相容的密封件、软管、填料和蓄能器胶囊一般均适用。软木、石棉和皮制填料不适用（见GB/T 16898—1997中8.7.3）。

b. 处置。

ⅰ. 使用。正常使用温度范围为-20～50℃。

ⅱ. 使用时的维护。须经常检验液体的含水量，使之保持在规定的范围内，以免降低难燃性能和使液体黏度发生变化。供货厂商须提供有关资料，以便用户可以决定为恢复正常含水量而需向溶液中添加的水量，此时，应使用蒸馏水或去离子水。

④ 无水合成液（HFD类）

a. 与构件和元件的相容性。

ⅰ. 与金属的相容性。HFD类液通常能和与矿物油合用的大多数金属相容，若有疑问，应向元件或油液供货厂商查询。

ⅱ. 与弹性体的相容性。一旦与HFD类液接触，许多常规弹性体的性能将迅速劣化，高工作温度会增加这种劣化的速度（见GB/T 16898—1997中8.7.3）。

b. 处置。

ⅰ. 使用。正常使用温度范围为-20～70℃。在一定场合下，最高温度允许达150℃，但在此温度下，油液可能会迅速劣化，须经常检查。低温时，可使用适当的加热装置。

在高温回路中，如100℃以上，密封件、填料、软管等都必须使用特殊材料。

ⅱ. 使用时的维护。用于矿物油的同样措施也可用于HFD类液。此外，还应考虑其生理学性质。

使用期间，应定期检查液体的黏度、酸度和污染等级。

此类液体不得被水污染。如意外进水时，水会浮在液面上，应予以撇除。尽可能避免矿物油的污染，因为矿物油的加入将削弱难燃性。

(5) 液压回路设置

① 油箱　油箱容积应足够大，并设置合适的通气孔与隔板，回油管应低于允许的最低液位，以避免产生泡沫。箱盖应注意密封，以限制HFA、HFB、HFC类液中水的蒸发，并减少污染。

为有助于液体除气，液压泵吸油口应尽量远离回油管。

② 管路　管路设计中，应考虑HFB、HFC和HFD类液的较高相对密度及HFD类液低温时的较高黏度。应根据供液厂商提供的参数选择吸油管液流速度。

设计过程中或选择难燃液压液具体种类前，应考虑长管路中液体的压力损失。

③ 过滤器　对于具有较高的相对密度或冷态时必然降低污染物沉降速度的高黏度液体，建议采用尺寸足够大的滤网和过滤器。由于较高的黏度和相对密度都将导致通过过滤器的流量成比例下降，因此确定过滤器规格时需考虑这些影响，原则上，过滤面积应比使用矿物油时大2～3倍。

5～10μm精细过滤器建议在液压回路的压力管路或回油管路中使用。

某些滤芯，如活性土、吸附式过滤器等不得使用。

④ 回路　为避免水的结冰、沸腾、水的损失和气蚀等危险，应注意确保液体不经受与其使用不相容的温度。

⑤ 泵吸油　吸油管路流速不得过大，且应避免泵吸油口出现负压。辅助升压是有益的。

⑥ 元件性能　由于难燃液压液的总体性能被公认为比通常使用的矿物油稍差，因此为了防止使用寿命过分缩短，有必要降低液压元件的某些额定值或者适当修改回路和/或元件。

若液压元件难以润滑，建议与元件制造厂家和油液供应厂商一起预先进行研究。

⑦ 与设备材料的相容性

a. 与金属的相容性。有必要对液压回路中可能遇到的不同金属做耐腐蚀试验。

须避免使用某些对难燃液压液敏感的金属，还应避免使用引起阳极腐蚀的大电解电位差的某些金属对组合。

b. 与涂料的相容性。通常在用矿物油的设备中使用的内壁涂料可能与难燃液压液，尤其是 HFB、HFC 和 HFD 类难燃液压液是不相容的。

很难推荐一种能方便地防护油箱内壁的有效处理方法，然而，由于许多难燃液压液的良好防腐蚀性，可以使用无防护涂料的油箱。

注：某些特殊的树脂基油漆有良好的耐难燃液压液性能，但在新设备或已运行的设备使用具有此性质的油漆是非常棘手的。为了获得耐久的涂层，在选用这些油漆时，应特别慎重。

如果液压系统贮存时已使用常规防锈产品予以防护，则在投入运行前，必须清除这些防护产品。可以用与系统中使用的某些难燃液压液和弹性体材料都相容的油液来处理那些需要防护的表面。

某些难燃液压液的气相防蚀性较差，未加防护的低碳钢油箱中液面上方的空气空间可能成为一个污染源。

c. 与密封装置的相容性。密封件、填料、软管和蓄能器胶囊所采用的适用于矿物油的常规材料与某些类型的难燃液压液是不相容的。

不得使用遇水会膨胀或解体的皮革、纸、石棉和软木的密封装置。

液压液与弹性体的相容性测试可按照有关规定。此外，表 6-9 提供了选择弹性体的一般指南。

表 6-9　难燃液压液与弹性体的相容性指南

难燃液压液类型	适用弹性体类型
HFAE	NBR（丁腈橡胶）、FPM（氟橡胶）
HFB	NBR、FPM
HFC	NBR、SBR（丁苯橡胶）、EPDM（乙丙橡胶）、IIR（丁基橡胶）、NR（天然橡胶）
HFDR	FPM、EPDM、IIR
HFDS	FPM
HFDT	FPM
HFDU	需做相容性试验

注：1. 有水时，聚氨酯基橡胶（AU 和 EU）会因水解作用而破坏。

2. 橡胶的术语及缩写词表示的名称是类属的，即在一个名称下可能存在有某些共性的一整类不同化合物。因此在规范中除基本材料（如 NBR、FPM、EPDM）以外必须规定所需的质量要求（如硬度、拉伸强度、拉断拉伸率、温度范围、溶胀性等）。

3. NBR、FPM 及 AU 与矿物基油相容。

作者注：1. 不清楚什么是 GB/T 16898—1997 表 1 注中的"扯断硬度"。现根据 GB/T 528—2009《硫化橡胶或热塑性橡胶　拉伸应力应变性能的测定》修改为"拉伸强度"和"拉断拉伸率"。

2. 在 DL/T 571—2014《电厂用磷酸酯抗燃油运行维护导则》附录 A（资料性附录）中给出了"磷酸酯抗燃油及矿物油对密封材料的相容性"，也可供参考。

3. 在 GB/T 3452.5—××××《液压气动用 O 形橡胶密封圈　第 5 部分：弹性体材料规范》（送审稿）中规定，聚醚型聚氨酯橡胶（EU）适应乳化液。

(6) 液压系统的换液

① 由矿物油改用 HFAE、HFB 及 HFC 类液的换液规程。

② 由矿物油改用 HFD 类液的换液规程。

③ 由 HFAE、HFB 或 HFC 类液改用 HFD 类液的换液规定。

④ 由 HFD 类液改用 HFAE、HFB 或 HFC 类液的换液规程。

具体内容见 GB/T 16898—1997 第 9.1～9.4 条。

除在 GB/T 16898—1997 第 9.1～9.4 条中规定的换液规程外，有关液压系统中液压油液更换建议见 GB/T 16898—1997 中表 2。

6.1.3 磷酸酯抗燃油运行维护导则

尽管 DL/T 571—2014《电厂用磷酸酯抗燃油运行维护导则》适用于汽轮机电液调节系统用磷酸酯抗燃油的（运行）维护，但是对液压机液压系统确有重要参考价值。

(1) 运行中磷酸酯抗燃油的监督

① 新机组投运前的试验

a. 新油注入油箱后应在油系统内进行油循环冲洗，并外加过滤装置过滤。

b. 在系统冲洗过滤过程中，应取样测试颗粒污染度，直至测定结果达到设备制造厂要求的颗粒污染度后，在进行油动机部件的动作试验。

c. 外加过滤装置继续过滤，直至油动机等动作试验完毕，取样化验颗粒污染度合格后可停止过滤，同样取样进行油质全分析试验，试验结果应符合 DL/T 571—2014 中表 1（或见表 2-133）要求。

② 定期巡检　运行人员至少应定期对下列项目进行巡检。

a. 定期记录油压、油温、油箱油位。

b. 记录油系统及旁路再生装置精密过滤器的压差变化情况。

③ 实验室试验项目及周期

a. 实验室试验项目及周期应符合表 6-10 的规定。

表 6-10　实验室试验项目及周期

序号	试验项目	第一个月	第二个月后
1	外观、颜色、水分、酸值、电阻率	两周一次	每月一次
2	运动黏度、颗粒污染度	—	三个月一次
3	泡沫特性、空气释放值、矿物油含量	—	六个月一次
4	外观、颜色、密度、运动黏度、倾点、闪点、自燃点、颗粒污染度、水分、酸值、氯含量、泡沫特性、电阻率、空气释放值和矿物油含量	—	机组检修重新启动前，每年至少一次
5	颗粒污染度	—	机组启动 24h 后复查
6	运动黏度、密度、闪点和颗粒污染度	—	补油后
7	倾点、闪点、自燃点、氯含量、密度	—	必要时

b. 如果油质异常，应缩短试验周期，必要时取样进行全分析。

④ 油质异常原因及处理措置　应根据 DL/T 571—2014 中表 2 运行中磷酸酯抗燃油质量标准的规定，对油质试验结果进行分析。如果油质指标超标，应查明原因，采取相应处理措施。运行中磷酸酯抗燃油指标超标的可能原因及参考处理方法见表 6-11。

表 6-11　运行中磷酸酯抗燃油油质异常原因及处理措施

项目	异常极限值	异常原因	处理措施
外观	混浊、有悬浮物	①油中进水 ②被其他液体或杂质污染	①脱水过滤处理 ②考虑换油
颜色	迅速加深	①油品严重劣化 ②油温升高，局部过热 ③磨损的密封材料污染	①更换旁路吸附再生滤芯或吸附剂 ②采取措施控制油温 ③消除油系统存在的过热点 ④检修中对油动机等解体检查，更换密封圈
密度(20℃)/(kg/m³)	<1130 或 >1170	被矿物油或其他液体污染	换油
倾点/℃	>−15		
运动黏度(40℃)/(mm²/s)	与新油牌号代表的运动黏度中心值相差超过±20%		
矿物油含量/%	>4		
闪点/℃	<220		
自燃点/℃	<500		

项目		异常极限值	异常原因	处理措施
酸值/(mgKOH/g)		>0.15	①运行油温高,导致老化 ②油系统存在局部过热 ③油中含水量大,发生水解	①采取措施控制油温 ②消除局部过热 ③更换吸附再生滤芯,每隔48h取样分析,直至正常 ④如果更换系统的旁路再生滤芯还不能解决问题,可考虑采用外接带再生功能的抗燃油滤油机滤油 ⑤如果经处理仍不能合格,考虑换油
水分/(mg/L)		>1000	①冷油器泄漏 ②油箱的呼吸器的干燥剂失效,空气中水分进入 ③投用了离子交换树脂再生滤芯	①消除冷油器泄漏 ②更换呼吸器的干燥剂 ③进行脱水处理
氯含量/(mg/kg)		>100	含氯杂质污染	①检查是否在检修或维护中用过含氯的材料或清洗剂等 ②换油
电阻率(20℃)/(Ω·cm)		<6×10⁹	①油质老化 ②可导电物质污染	①更换旁路再生装置的再生滤芯或吸附剂 ②如果更换系统的旁路再生滤芯还不能解决问题,可考虑采用外接带再生功能的抗燃油滤油机滤油 ③换油
颗粒污染度 SAE AS4059F/级		>6	①被机械杂质污染 ②精密过滤器失效 ③油系统部件有磨损	①检查精密过滤器是否破损、失效,必要时更换滤芯 ②检修时检查油箱密封及系统部件是否有腐蚀磨损 ③消除污染源,进行旁路过滤,必要时增加外置过滤系统过滤
泡沫特性/ (mL/mL)	24℃	>250/50	①油老化或被污染 ②添加剂不合适	①消除污染源 ②更换旁路再生装置的再生滤芯或吸附剂 ③添加消泡剂 ④考虑换油
	93.5℃	>50/10		
	后24℃	>250/50		
空气释放值(50℃)/min		>10	①油质劣化 ②油质污染	①更换旁路再生滤芯或吸附剂 ②考虑换油

（2）运行中磷酸酯抗燃油的维护

① 影响磷酸酯抗燃油变质的因素及其防护措施

a. 汽轮机电液调节系统的结构对磷酸酯抗燃油的使用寿命有着直接的影响，因此电液调节系统的设计应考虑下列因素。

ⅰ. 系统应安全可靠，磷酸酯抗燃油应采用独立的管路系统，管路中应减少死角，便于冲洗系统。

ⅱ. 油箱大小应适宜，可储存系统的全部用油，其结构有利于分离油中空气和杂质。

ⅲ. 回油速度不宜过高，回流管路出口应位于油箱液面以下，以免油回到油箱时产生冲击、飞溅形成泡沫，影响杂质和空气的分离。

ⅳ. 油系统应安装有精密过滤器、磁性过滤器，随时除去油中的颗粒杂质。

ⅴ. 抗燃油系统的安装布置应远离过热蒸汽管道，应避免对抗燃油系统部件产生热辐射，引起局部过热，加速油的老化。

ⅵ. 应选择高效的旁路再生系统（旁路再生系统原理及功能参见 DL/T 571—2014 附录

D），可随时将油质劣化产生的有害物质除去，保持运行油的酸值、电阻率等指标符合标准要求。

b. 启动前的颗粒污染度应符合下列要求。

ⅰ. 设备出厂前，制造厂应检查各部件的清洁状况，去除焊渣、污垢、型砂等杂物，并用磷酸酯抗燃油冲洗至颗粒污染度达到 SAE AS4059F 中 5 级以内后密封。安装前应确认所有零部件经过冲洗，清洁无异物污染后方可安装。

ⅱ. 设备安装完毕后，应按照 DL 5190.3 及制造厂编写的冲洗规程指定冲洗方案，使用磷酸酯抗燃油对系统进行循环冲洗过滤。冲洗后，电液调节系统磷酸酯抗燃油颗粒污染度应符合 SAE AS4059F 中不大于 5 级的要求，再启动运行。

c. 机组启动运行 24h 后应进行试验，从设备中取两份油样，一份做全分析，一份保存备查。油质全分析结果应符合 DL/T 571—2014 中表 2 的运行油质量标准要求。

d. 磷酸酯抗燃油正常运行应控制在 35～55℃，当系统油温超过正常温度时，应查明原因，同时采取措施控制油温。

e. 油系统检修应注意下列问题。

ⅰ. 不应用含氯的溶剂清洗系统部件。

ⅱ. 更换密封材料时应采用制造厂规定的材料。

ⅲ. 检修后，应进行油循环冲洗过滤，颗粒污染度指标应符合 DL/T 571—2014 中表 2 的运行油质量标准的规定。

f. 运行中磷酸酯抗燃油中需要加添加剂时，应进行添加剂效果的评价试验，并对油质进行全分析；必要时征求供应商意见，添加剂不应对油品的理化性能造成不良影响。

② 补油

a. 运转中的电液调节系统需要补加磷酸酯抗燃油时，应补加经检验合格的相同品牌、相同牌号规格的磷酸酯抗燃油。补油前应对混合油样进行油泥析出试验，油样的配比应与实际使用的比例相同，试验合格方可补加。

b. 不同品牌、规格的抗燃油不宜混用，当不得不补加不同品牌的磷酸酯抗燃油时，应满足下列条件才可混用。

ⅰ. 应对运行油、补充油和混合油进行质量全分析，试验结果合格，混合油样的质量不应低于运行油的质量。

ⅱ. 应对运行油、补充油和混合油进行开口杯老化试验，混合油样无油泥析出，老化后补充油、混合油油样的酸值、电阻率质量指标应不低于运行油老化后的测定结果。

c. 补油时，应通过抗燃油专用补油设备补入，补入油的颗粒污染度应合格；补油后应从油系统取样进行颗粒污染分析，确保油系统颗粒污染度合格。

d. 磷酸酯抗燃油不应与矿物油混合使用。

③ 换油

a. 磷酸酯抗燃油运行中因油质劣化需要换油时，应将油系统中的劣化油排放干净。

b. 应检查油箱及油系统，应无杂质、油泥，必要时清理油箱，用冲洗油将油系统彻底冲洗。

c. 冲洗过程中应取样化验，冲洗后冲洗油质量不低于运行油标准。

d. 将冲洗油排空，应更换油系统及旁路过滤装置的滤芯后再注入新油，进行油循环，直到油质符合 DL/T 571—2014 中表 1（或见表 2-133）的运行油质量标准的要求。

④ 运行中磷酸酯抗燃油的防劣措施

a. 系统中精密过滤器的绝对过滤精度应在 3μm 以内，以除去油中的机械杂质，保证运

行油的颗粒污染度不大于 SAE AS4059F 6 级的标准。

b. 应定期检查油系统过滤器，如过滤器压差异常，应查明原因，及时更换滤芯。

c. 应定期检查油箱呼吸器的干燥剂，如发现干燥剂失效，应及时更换，避免空气中水分进入油中。

d. 在机组运行的同时应投入抗燃油在线再生脱水装置，除去运行中磷酸酯抗燃油老化产生的酸性物质、油泥、杂质颗粒以及油中水分等有害物质。

e. 在进行在线过滤和旁路再生处理时应避免向油中引入含有 Ca、Mg 离子的污染物（如使用硅藻土再生系统等）。

f. 在旁路再生装置投运期间，应定期取样分析油的酸值、电阻率，如果油的酸值升高或电阻率降低，应及时更换再生滤芯或吸附剂。

(3) 技术管理及安全要求

① 库存磷酸酯抗燃油的管理　对库存的磷酸酯抗燃油应做好油品入库、储存、发放工作，防止油的错用、混用及油质的劣化，库存磷酸酯抗燃油应进行下列管理。

a. 新购磷酸酯抗燃油验收合格方可入库。

b. 对库存油应分类存放，油桶标记清楚。

c. 库房应清洁，阴凉干燥，通风良好。

② 建立技术管理档案

a. 应设立设备卡，设备卡应包括机组编号、容量、电液调节系统装置型号、工作油压、油箱容量、用油量、油品牌号、设备投运日期等。

b. 应建立设备维修台账，台账应包括下列内容。

ⅰ. 油箱、冷油器、油泵、伺服阀、油动机等油系统部件的检查结果、处理措施、调试试验记录、检修日期、累计运行时间等。

ⅱ. 记录每次补油量、油系统的滤网及旁路再生过滤装置的过滤滤芯、再生滤芯或吸附剂的更换情况。

ⅲ. 应建立磷酸酯抗燃油质量台账，磷酸酯抗燃油质量台账包括新油、补充油、运行油检验报告、检修中油系统的检查报告及退出油的处理措施、结果等。

③ 安全措施

a. 试验时应有良好的通风条件，加热应在通风橱中进行。

b. 人体接触磷酸酯抗燃油后，应采取下列处理措施。

ⅰ. 误食处理：一旦吞进磷酸酯抗燃油，应立即采取措施将其呕吐出来，然后到医院进一步诊治。

ⅱ. 误入眼内：立即用大量清水冲洗，再到医院治疗。

ⅲ. 皮肤沾染：用水、肥皂清洗干净。

ⅳ. 吸入蒸气：立即脱离污染气源，送往医院诊治。

c. 磷酸酯抗燃油如有泄漏迹象，应采取下列措施。

ⅰ. 消除泄漏点。

ⅱ. 采取包裹或涂敷措施，覆盖绝热层，消除多孔性表面，以免磷酸酯抗燃油渗入保温层中。

ⅲ. 将泄漏的磷酸酯抗燃油通过导流沟收集。

ⅳ. 如果磷酸酯抗燃油渗入保温层并着火，使用二氧化碳干粉灭火器灭火，不宜用水灭火。

ⅴ. 磷酸酯抗燃油燃烧会产生有刺激性的气体，除产生二氧化碳、水蒸气外，还可能产

生一氧化碳、五氧化二磷等有毒气体。现场应配备防毒面具，以防止吸入对身体有害的烟雾。

d. 废磷酸酯抗燃油的处理。对报废以及散落的磷酸酯抗燃油应采取下列方法处理。

ⅰ. 对于退出运行的磷酸酯抗燃油，一般处理方法有再生利用、制造厂回收或高温焚烧等，具体应经技术经济比较后选取适宜的处理方法。

ⅱ. 对于散落的抗燃油应收集。如果难以收集，应用锯末或棉纱吸取收集，采用高温焚烧的措施处理。

6.1.4　液压机液压系统及元件要求的清洁度指标

液压系统及元件的清洁度指标应按相应产品标准的规定。产品标准中未做规定的主要液压元件和附件清洁度指标应按 JB/T 7858—2006《液压元件清洁度评定方法及液压元件清洁度指标》中的表 2 规定。液压油液的污染度（按 GB/T 14039 表达）应适合于系统中对污染最敏感的元件，如电液伺服阀。

作者注：国家标准《液压传动系统　系统清洁度与构成系统的元件清洁度和油液污染度理论关联法》正在制定中。

表 6-12 给出了满足运行液压系统高、中等清洁度要求的液压油液中固体颗粒污染等级的指南。

表 6-12　满足运行液压系统高、中等清洁度要求的液压油液中固体颗粒污染等级的指南

液压系统压力	液压油液清洁度要求，按 GB/T 14039 表达	
	高	中等
≤16MPa(160bar)	17/15/12	19/17/14
>16MPa(160bar)	16/14/11	18/16/13

作者注：表 6-12 参考了 GB/T 25133—2010 中表 A.1，以此划分液压系统高、中等清洁度应较为有根据。

重型机械液压系统的清洁度应符合表 6-13 的规定。

表 6-13　重型机械液压系统清洁度指标

液压系统类型	ISO 4406、GB/T 14039　油液固体颗粒污染等级代号									
	12/9	13/10	14/11	15/12	16/13	17/14	18/15	19/16	20/17	21/18
	NAS 1638　分级									
	3	4	5	6	7	8	9	10	11	12
精密电液伺服系统	+	+	+							
伺服系统			+	+	+					
电液比例系统					+	+	+			
高压系统					+	+	+			
中压系统						+	+	+		
低压系统							+	+	+	+
一般机器液压系统						+	+	+	+	+
行走机械液压系统				+	+	+	+	+		
冶金轧制设备液压系统				+	+	+	+	+		
重型锻压设备液压系统					+	+	+	+		

作者注：1. 表 6-13 摘自 JB/T 6996—2007，其中"+"表示适用。

2. 经比对，表 6-13 与 GB/T 37400.16—2019 中表 2 的规定基本相同。

几种液压泵产品标准中规定的内部清洁度要求见表 6-14。

表 6-14　几种液压泵产品标准规定的内部清洁度指标

标准	产品	液压泵内部清洁度指标			试验介质的污染度
		产品规格	清洁度指标/mg		
JB/T 7039—2006	液压叶片泵	公称排量/(mL/r)	$V\leqslant10$	≤25	不高于 —/19/16
			$10<V\leqslant25$	≤30	
			$25<V\leqslant63$	≤40	
			$63<V\leqslant160$	≤50	
			$160<V\leqslant400$	≤65	

标准	产品	产品规格		铝壳体	铸铁壳体	试验介质的污染度
JB/T 7041.2—2020	液压齿轮泵	公称排量/(mL/r)	$V\leqslant10$	≤25	≤55	
			$10<V\leqslant50$	≤35	≤65	
			$50<V\leqslant100$	≤35	≤95	
			$100<V\leqslant200$	≤65	≤110	
			$V>200$	≤90	≤160	

标准	产品	产品规格		定量	变量	试验介质的污染度
JB/T 7043—2006	液压轴向柱塞泵	公称排量/(mL/r)	$V\leqslant10$	≤25	≤30	
			$10<V\leqslant25$	≤40	≤48	
			$25<V\leqslant63$	≤75	≤90	
			$63<V\leqslant160$	≤100	≤120	
			$160<V\leqslant250$	≤130	≤155	

作者注：JB/T 7858—2006《液压件清洁度评定方法及液压件清洁度指标》规定，按液压元件内部污染物允许残留量（质量）确定清洁度指标。

电液伺服阀各相关标准中规定的液压油液清洁度要求见表 6-15。

表 6-15　电液伺服阀各相关标准规定的液压油液固体颗粒污染等级

标准	内容
GB/T 10844—2007	试验用油液的固体颗粒污染等级代号应为 —/17/14
GB/T 13854—2008	试验用油液的固体颗粒污染等级代号应不劣于 GB/T 14039—2002 中的 —/16/13
GB/T 15623.1—2018	油液污染等级应按元件制造商的使用规定，表示方法按 GB/T 14039
GB/T 15623.2—2017	固体颗粒污染应按 GB/T 14039 规定的代号表示
GB/T 15623.3—2012	固体颗粒污染应按 GB/T 14039 规定的代号表示，应符合制造商推荐值
GJB 1482—1992	液压附件内部油液的污染度应等于或优于 GBJ 420 规定的 8/A 级或符合型号规范规定的等级
GJB 3370—1998	飞机液压系统污染度验收水平应不高于 GJB 420　7/A 级，控制水平不高于 GJB 420　8/A 级 对于喷嘴挡板型伺服阀，性能试验、验收试验和内部油封所用的工作液固体污染度验收水平不高于 GJB 420　6/A 级，控制水平不高于 7/A 级；其他试验所用的工作液固体污染度不高于 8/A 级 对于射流管和直接驱动式伺服阀，允许相应降低要求，并应符合详细规范的规定
GJB 4069—2000	伺服阀在工作液的固体颗粒污染等级不高于 GB/T 14039 中 18/15 级的情况下，不应发生堵、卡、漂等故障 试验用油液的固体颗粒污染等级代号应为 17/14
QJ 504A—1996	试验所用的工作液一般应与实际工作时的工作液一致。每毫升内所含污染微粒极限应符合 QJ 2724.1 的要求。即颗粒尺寸为 5/15/25/50/100；等级编码为 19/17/14/12/9
QJ 2078A—1998	试验用工作液固体颗粒污染等级代号为 QJ 2724.1 中规定的 13/11 级

几种液压缸产品标准中规定的清洁度要求见表 6-16。

表 6-16　几种液压缸产品标准规定的液压缸清洁度指标

标准	产品	缸体内部清洁度	试验用油液清洁度
GB/T 24946—2010	船用数字液压缸	不得高于 —/19/16	不得高于 —/19/16
JB/T 10205—2010	液压缸	不得高于 —/19/16	不得高于 —/19/15
JB/T 11588—2013	大型液压油缸	不得高于 19/15 或 —/19/15	不得高于 19/15 或 —/19/15
DB44/T 1169.2—2013	伺服液压缸	不得高于 13/12/10	不得高于 13/12/10

作者注：1. 用显微镜计数的代号中第一部分用符号"—"表示。

2. 伺服液压缸缸体内部清洁度见于 DB44/T 1169.1—2013《伺服液压缸 第 1 部分：技术条件》（已于 2019 年 6 月 17 日作废），仅供参考。

3. 在参考文献［93］和［102］中都介绍："加拿大航空公司的技术报告说，其飞行模拟器上使用精细过滤，油液清洁度达到 PPC＝13/12/10，经过八年连续运行后检查伺服机构，没有出现磨损迹象。"

6.1.5 液压机液压系统工作介质的监（检）测与维护

对液压机液压系统工作介质的监（检）测与维护，是为保证液压系统及元件所要求的液压油液清洁度等级不劣于规定值，并延长工作介质的使用寿命。

液压系统及元件中的污染物，尤其固体颗粒污染物是液压系统中最普遍、危害最大的一类污染物，其可能是液压系统及元件（包括配管）原有（或残留）的污染物，或由外界侵入、内部自生污染物，由外界侵入的污染物可能是如此产生并侵入系统的：

① 不恰当的清洗、安装或维修使固体颗粒、纤维、密封件碎片等污染物侵入系统；

② 空气中灰尘从密封不严的油箱或精度不高的空气滤清器侵入系统；

③ 储运过程中液压油液受到污染，或未经精密过滤就将不合格的液压油液加注入系统；

④ 开式加注液压油液时从空气中吸入灰尘。

需要强调是，在电液伺服阀控制系统制造过程中不恰当地清洗液压元件及配管，可能是造成污染物侵入系统的一个主要根源。不恰当地清洗的含义是，一方面本该通过清洗除去液压元件及配管中切屑、沙粒等污染物而没有去除；另一方面却在液压元件及配管清洗中使织物纤维、灰尘等新的污染物侵入。

由内部自生污染物可能是如此产生的：

① 泵、缸、阀摩擦副的机械正常磨损产生的金属颗粒或密封件磨损产生的橡胶颗粒；

② 软管或滤芯的脱落物；

③ 油液劣化产物。

这些污染物的种类一般有：

① 颗粒状污染物——铁锈、金属屑、焊渣、沙石、灰尘等；

② 纤维或条片状污染物——纤维、棉纱、密封带片、油漆皮等；

③ 化学污染物——液压油液氧化或残存的清洗溶剂引起的液压油液劣化及其产物如凝胶、油泥等；

④ 水或空气——从油箱或液压缸活塞杆处带入水分，热交换器泄漏进水，液压油液中空气混入等。

还有一类污染物——能量污染物。从广义上讲，液压系统中的静电、磁场、热能及放射线等即是这种以能量形式存在的污染物。

6.1.5.1 液压机液压系统工作介质的监测

液压机制造商和/或用户通常会依次规定元件、系统和生产过程的最高颗粒污染度，这些规定的最高颗粒污染度通常被称为目标清洁度（简称 RCL）。清洁度通过对液压油液取样并测量颗粒污染度得到。如果测得的颗粒污染度高于 RCL，则应采取措施重新将其控制在正常范围内。为了避免采取不必要的措施（如换油）付出昂贵代价，就需要正确取样并测量颗粒污染度。

可供选择的测量颗粒污染度的仪器非常多，但是这些仪器通常是以实验室为基础的，需要由专业实验室在特定的环境中使用，液压机的用户无法及时获得测量结果。为了克服这一

缺陷，可用于工作现场、临时工作现场或直接采用在线或主线测量技术测量颗粒污染度的仪器不断被研发出来。对这些工作现场使用的仪器，直接溯源到国家测量标准可能不太合适，或者不切实际，因为这些仪器通常用于监测系统大致的颗粒污染度或仅告知用户颗粒污染度有无明显变化。当监测到的颗粒污染度有明显变化时，通常才采用认可的颗粒计数方法去判定实际的颗粒污染度。而且，与同类的实验室仪器比较，这些监测仪器简化了电路和结构，这也就意味着它们的结果并不精度。

另外，还有一些仪器是按照"合格/不合格"的原则设计的，具有快速评定清洁度的能力，因此在流体传动行业和其他行业的应用大增。然而，这些仪器由于缺乏一个使用、重新校准（若适用）和检查输出结果有效性的标准方法，其测量数据的变动性比预期的要高得多。

GB/T 37162.1—2018《液压传动　液体颗粒污染度的监测　第1部分：总则》为这些监测液压系统污染度的仪器（尤其那些无法或不适用于直接溯源到国家测量标准的仪器）提供了一个统一的、一致的程序。

该标准规定了用于监测液压系统颗粒污染度的方法和技术，同时描述了各种方法的优缺点，以便在给定条件下正确选择监测方法。该标准描述的方法适用于监测：

① 液压系统的清洁度；

② 冲洗过程；

③ 辅助设备和试验台。

该标准也适用于其他液体（例如润滑油、燃油、处理液）的监测。

注：用于监测颗粒污染的仪器不能当做或称为颗粒计数器，即使它们采用了与颗粒计数器相同的物理原理。

关于健康与安全要求见 GB/T 37162.1—2018。

（1）监测方法的选择

① 总则　监测仪器或方法的选择取决但不限于：

a. 仪器的使用，即工作方式；

b. 分析的目的；

c. 待测的参数；

d. 液体的性质。

② 选择　首先应综合考虑 GB/T 37162.1—2018 附录 A 和附录 B 所述的各种工作参数，然后根据监测要求选定监测方法，再选择确定监测仪器。

注：GB/T 37162.1—2018 附录 A 中 A.1 阐述了各种工作和分析方式，A.2 给出了选择监测方法时应综合考虑的各种因素，同时给出了选择表。GB/T 37162.1—2018 附录 B 给出了各种监测方法及其优缺点。

a. 取样和分析的方式。

ⅰ. 总则。取样和分析液样有四种方式，分别为离线分析、在线分析、主线分析和抽吸分析，具体请见 GB/T 37162.1—2018 附录 A 图 A.1 中的 4、5、6 和 7 所示以及 A.1.2～A.1.5 所述。

ⅱ. 离线分析。离线取样分析是最常用的分析方法，可适用于多种污染分析方法。

离线分析需从系统中提取有代表性的液样，并将其收集在取样瓶或合适的容器中用于后续分析。液样可在本部门或送到外部的实验室进行分析。

该分析方法由于环节多，易引起误差，导致测量结果的数据改变，因此有必要采取适当的措施，限制外来污染物侵入样品［参见 6.1.5.1 中（2）②a.］。

注：污染物可由以下几个方面侵入样品：取样过程；外部环境（包括工作管路）；分析过程。

ⅲ. 在线分析。在线分析用的测量仪器既可以直接连接在主流量管路上，也可以连接在与主流量管路连通的支路上。

在线分析虽然克服了外界环境污染物侵入液样的问题，但是测量仪器连接管路中的污染物仍会侵入液样中，因此在线分析液样前，有必要将连接管路中残留的污染物冲洗干净〔见6.1.5.1中（2）④c.〕。

大多数在线分析仪器采用低流量（20～100mL/min）工作，连接到系统后难以将连接管路冲洗干净，因此需要预先冲洗连接管路；再者，所用的流量也难以使取样点处产生充分的紊流，确保采集的液样具有代表性；此外，由于较小的分析体积（例如10mL或20mL）统计到的颗粒数非常少，也可能难以确定系统实际的污染度等级（见GB/T 14039—2002的3.4.7）。

ⅳ. 主线分析。主线分析用的测量仪器被永久固定在主流量管路上，因此可连续监测系统的污染度，避免了"离线分析"所述的取样误差。该分析方法要求测量点的上游具备良好的混匀状态，保证通过传感区的颗粒数量能代表系统管路内的真实状况。

ⅴ. 抽吸分析。抽吸分析用的测量仪器主要用于非压力容器内的液体分析，例如油桶或系统油箱（见GB/T 37162.1—2018中图A.1）。该分析方式需要将液样从容器中输送到传感器（例如通过内置泵），这是一个误差来源。如果需用泵将液体提升至仪器中时，会产生负压（真空），从液体中或管接头处抽入空气，而被分析液体中的气泡将影响仪器的检测并产生误差。如果采用的泵位于传感器上游，由于泵工作期间可产生额外的颗粒，因此将引入附加的误差，导致测试数据不具有代表性。

其他的误差来源参见GB/T 17489中相关的叙述。

b. 监测仪器的选择。

ⅰ. 总则。见6.1.5.1中（1）①。

本条款详细说明了在选择合适的分析方法之前应考虑的因素。GB/T 37162.1—2018表A.7以汇总表的形式总结了各种分析方法的特征，GB/T 37162.1—2018附录B中对各种分析方法做了简要的介绍，但给出的分析方法种类可能没有完全覆盖目前所有的应用范围，因此有必要与制造商一起确认所选择仪器的适用性。

ⅱ. 测量或监测的目的。测量数据的预期用途和期望的准确度决定所选择的分析方法和所需仪器的精密度。

污染度等级和趋势的大致评估，定性的测量数据即可（例如以污染度等级作为测量结果），此时采用监测仪将是非常合适的选择。

系统或产品清洁度的鉴定通常需要定量数据。

ⅲ. 颗粒的物理参数

• 总则。物理参数的选择与分析的目的密切相关（例如需要以污染度等级作为测量结果，则应选择颗粒尺寸）。

表6-17和表6-18列出了可以使用的各种分析方法，并按汉语拼音子母顺序排列，而非按照适用性或等级排列。此外，表中还列出了该分析方法给出的是定性数据或是定量数据。

• 颗粒尺寸。评价颗粒影响元件间隙和/或通道的可能性时，需要用到颗粒的尺寸信息（见表6-17）。

• 颗粒数量。评估污染的程度和颗粒引发故障的可能性时，需要用到污染物的数量信息（见表6-18）。

作者注：在GB/T 37162.1—2018附录B中没有给出"浊度法"这种分析方法或污染监测方法，或可参考GB 6540—1986《石油产品颜色测定法》。

表 6-17　颗粒尺寸的分析方法

参数	分析方法	
	定量数据	定性数据
长度	光学显微镜计数法 扫描电子显微镜法 图像分析法 直接测量法(例如直尺、千分尺) 自动颗粒计数法	无
面积	扫描电子显微镜法 图像分析法 自动颗粒计数法	无
体积	电阻法	激光衍射法

表 6-18　颗粒数量的分析方法

参数	分析方法	
	定量数据	定性数据
特定尺寸的颗粒数(尺寸分布)	电阻法 光学显微镜计数法 扫描电子显微镜法 图像分析法 自动颗粒计数法	激光衍射法 滤网堵塞法
特定尺寸的颗粒浓度	—	激光衍射法 滤膜对比法 滤网堵塞法
总浓度(例如覆盖尺寸范围宽的污染严重性指数)	重量分析法	薄膜磨蚀法 磁检法 浊度法

ⅳ. 工作方式。以离线、在线、主线或抽吸方式分析液样的方法，如表 6-19 所示。同时见 GB/T 37162.1—2018 附录 A 中图 A.1。

表 6-19　液样分析方式及分析方法

分析方式	分析方法	
	定量数据	定性数据
离线分析	磁检法 电阻法 光学显微镜计数法 扫描电子显微镜法 图像分析法 直接测量法 自动颗粒计数法	薄膜磨蚀法 磁检法 激光衍射法 滤膜对比法 滤网堵塞法 浊度法
在线分析	磁检法 图像分析法 自动颗粒计数法	薄膜磨蚀法 激光衍射法 滤网堵塞法 浊度法
主线分析	磁检法 自动颗粒计数法	激光衍射法
抽吸分析	图像分析法 自动颗粒计数法	薄膜磨蚀法 激光衍射法 滤网堵塞法

作者注：在 GB/T 37162.1—2018 中有"监测仪器或方法的选择"这样的表述，因此"监测方法"或为"分析方法"，且与监测仪器直接关联。

ⅴ. 液体的类型。仅当所分析的颗粒处于液体中，且液体本身的状态会影响测量方法正

常工作时，才需要考虑液体的类型。

ⅵ. 液样的特性和光学性能。

• 单相液体。采用光学原理的仪器分析的液体，应当是清澈和均质的，且没有明显的光学界面。

• 多相液体。多相液体既可以是人为的（例如乳化液），也可以是无意形成的（例如切削液中的浮油、油中含水、油中含气），且在相之间形成了光学界面。液样中任何光学界面的存在均可影响光在液体中的传输，当采用光学原理的仪器分析时将产生错误的数据。

• 不透明液体。不透明液体可以完全或部分地阻碍光在其中的传输，影响仪器的正常使用。由于没有足够的光透过液样进行精确检测，因此在这种情况下不能使用基于光学原理的测量仪器。

ⅶ. 电气性能。仅当采用电阻法时，才需要考虑液体的电导率。

c. 污染监测方法及其优缺点。各种污染监测方法及其优缺点见表 6-20。

表 6-20 各种污染监测方法及其优缺点

监测方法	优缺点
滤膜对比法	①概要 滤膜对比法是将收集在被试滤膜表面上的颗粒与先前制备好的一系列表征不同污染度等级的标准滤膜（或其图片）进行光学对比的一种方法。被试滤膜既可离线制备，也可在线制备，但需要采用与标准滤膜同样的孔径和分析体积 被试滤膜或其图像(片)准备好后，操作人员首先通过光学显微镜在与观察标准滤膜相同的放大倍数下，观察被试滤膜上总体颗粒浓度，然后将颗粒浓度与一系列表征不同污染度等级的标准滤膜进行比较，选定的等于或劣于被试滤膜的标准滤膜所代表的污染度等级，即是被测液样的污染度等级 滤膜通常被称为"膜片"，因此该方法又常被称为"膜片试验" ②主要特点 已确认的主要特点如下 a. 制备并分析一个液样约需 5min b. 成本低，效益高 c. 要求中等操作技能水平 d. 液样问题可直接观察到 e. 可用于识别颗粒的种类，作为故障诊断的工具 f. 可用于合格/不合格监测方法 ③局限性 已确认的主要局限性如下 a. 仅用于离线分析 b. 总的检测时间取决于滤膜的过滤时间 c. 受环境影响，无法检测过于清洁的液样 d. 为降低变动性，液样需精心准备 e. 无法给出颗粒数或尺寸 f. 颗粒可被油泥和凝胶遮蔽 g. 与标准液样的一致程度取决于颗粒尺寸分布的相关性
激光衍射法	①概要 激光衍射法是一种基于光散射原理的颗粒分析方法，可用于测量宽分布的颗粒尺寸和浓度。这种方法通过将一束低功率的透射激光扩展为平行光束后，横向照射在传感通道上，当颗粒通过平行光束时，光将依据颗粒的尺寸按照不同的角度进行散射和衍射，衍射的光束被聚焦在一个多元的固态探测器上，然后通过对所测的衍射光束进行计算，或者通过采用特定试验粉末进行校准，可最终确定所测的颗粒尺寸分布 ②主要特点 已确认的主要特点如下 a. 可用于离线和在线分析，采用玻璃测量窗口也可用于主线分析 b. 颗粒尺寸测量范围宽(0.2~2000μm) c. 可分析高浓度的颗粒液样，例如污染度劣于 20/18/15(见 GB/T 14039—2002) d. 分析时间通常为 5min ③局限性 已确认的主要局限性如下 a. 精确检测需要很高的颗粒浓度，污染度约为 19/17/14(见 GB/T 14039—2002) b. 颗粒尺寸分布基于颗粒的体积 c. 流体传动行业不常用 d. 测量装置体积庞大 e. 不适用于多相液体

监测方法	优缺点
电阻法	①概要 让导电液体通过一个两侧装有电极的绝缘小孔,若无颗粒时,电极两端的阻抗为常数;若有颗粒时,通过小孔的液体的电导率将会发生变化,产生一个与颗粒体积成比例的电脉冲 该方法由于分析过程涉及诸多其他工序,诸如分离颗粒并重新分散在电解液中,或制备一系列化学物质使油导电等,因此不常用于监测油基液体系统,而是用于监测水基液体系统 参见 GB/T 29025—2012《粒度分析 电阻法》 ②主要特点 已确认的主要特点如下 a. 通过使用不同的分析小孔可实现宽的颗粒尺寸范围测量(0.5~1500μm) b. 精确的体积测量方法 c. 可给出颗粒尺寸分布 d. 若液样可直接分析,分析时间通常为 5min ③局限性 已确认的主要局限性如下 a. 仅用于离线分析 b. 要求被测液体导电 c. 液样中的颗粒污染物与载液的电导率不能相同 d. 液样是非导电液体时,分析时间将延长(通常为 20~40min) e. 在流体传动行业应用较少
滤网堵塞法	①概要 滤网堵塞法是当液样通过一个具有均匀且已知开口(或微孔)的滤网时,测定滤网特性变化的一种检测方法。当液样通过滤网时,尺寸大于微孔孔径的颗粒被滤除,滤网逐渐堵塞,从而引起滤网两端的压差增加(恒流量原理)或者通过滤网的流量减小(恒压差原理) 通过分析滤网微孔堵塞的数量(堵塞状况)以及流过滤网的液体体积,或者通过校准的方法,可以估算出液样中尺寸大于滤网孔径的颗粒浓度,然后再将检测结果转换为污染度等级代号(GB/T 14039—2002) 由于滤网的压降与黏度成正比,因此对于恒流量检测仪器,在分析过程中需修正黏度变化的影响,修正的程度取决于所用的仪器。分析过程中液样密度的变化对检测结果影响不大 参见 ISO 21018-3 ②主要特点 已确认的主要特点如下 a. 可用于多种分析方式 ——高低压管路在线分析 ——油箱和容器抽吸分析 ——取样瓶离线分析 b. 可检测多种液体(例如矿物油、合成液、乳化液、溶剂、燃油、清洗液和水基液体) c. 分析期间只要液体的状态不变,可检测带有光学界面的液体(例如油中含水、液中含气、不相容液体的混合液) d. 采用单一仪器可检测的污染度等级范围宽 e. 根据仪器类型,分析时间通常为 3~6min ③局限性 已确认的主要局限性如下 a. 颗粒尺寸范围有限(目前的仪器通常只有一个或两个滤网) b. 恒压差仪器无法检测颗粒污染度等级低的液样(例如污染度优于—/13/11) c. 恒流量仪器检测颗粒污染度等级低的液样(例如污染度优于—/10/8)时,检测时间长(约为 8min) d. 无法测量单个颗粒,因为该方法仅限于监测系统大致的颗粒污染度水平 作者注:根据 GB/T 37162.1—2018 中表 A.7,测量尺寸为 6~14μm
重量分析法	①概要 重量分析法是通过真空抽滤的方法将液样中颗粒分离收集在预先称重的滤膜(孔径≤1.0μm)上,除油干燥后重新称量滤膜并计算颗粒质量的一种检测方法 参见 GB/T 27613—2011《液压传动 液体污染 采用称重法测定颗粒污染度》 ②主要特点 已确认的主要特点如下 a. 可测量大的污染物 b. 滤膜上的污染物可采用其他方法进行分析 ③局限性 已确认的主要局限性如下 a. 检测污染度等级低的液样时误差很大 b. 除非增大分析液体的体积,否则不适用于过于清洁(污染度优于 17/15/12,见 GB/T 14039—2002)的系统 c. 液样分析时间通常为 35min d. 无法测量颗粒尺寸分布 e. 需要辅助设备(例如烘箱和天平)

监测方法	优缺点
磁检法	①概要 磁检法是测量含有磁性和顺磁性颗粒的被测液体通过传感区时产生的辐射磁场变化的一种检测方法。该类仪器具有多种配置 a. 一些仪器可将样品(含有颗粒的液体、收集有颗粒的滤膜或含有磁性分离的颗粒的基片)放置到检测器中,测量磁性颗粒的含量。通过校准,该含量既可以无量纲的指数给出,也可以质量分数的形式给出。此类仪器测量颗粒尺寸的范围宽,并可检测亚微米尺寸的颗粒($<0.5\mu m$) b. 一些仪器可将磁性检测器安装在系统管路上(主线或在线)检测通过的单个颗粒。此类仪器仅能检测大颗粒($>75\mu m$),同时给出基于体积的颗粒数量测量结果 c. 一些仪器通过磁体收集颗粒,随着收集的颗粒浓度逐渐增加,传感器的电容将发生变化。收集的颗粒可通过关闭磁场或采用高电压汽化的方法除去。此类仪器被称为"磨屑检测器" ②主要特点 已确定的主要特点如下 a. 可快速分析磁性颗粒(磨屑分析仅需 5s) b. 操作简单 c. 仪器通常价格较低 ③局限性 已确认的主要局限性如下 a. 仅适用于检测磁性和顺磁性颗粒 b. 检测结果无法给出颗粒尺寸分布或污染度等级代号 c. 除非增大分析液体的体积,否则对过于清洁(污染度优于 17/15/13,见 GB/T 14039—2002)液样的检测效果有限 d. 检测结果的单位混乱
自动颗粒计数法	①概要 该类仪器中,被检测的液样通过传感器的一个被光(例如低功率的激光)照亮的狭窄通道,当有单个颗粒通过光束时,检测器(通常位于液流的对面)接收到的光量减弱,减弱量与颗粒的投影表面积成比例,这样,颗粒通过光束时将会产生一个电压脉冲,进而被仪器检测并记录。仪器/传感器的颗粒尺寸与脉冲电压之间的对应关系可通过 GB/T 18854—2015《液压传动 液体自动颗粒计数器的校准》或 GB/T 21540—2008《液压传动 液体在线自动颗粒计数系统 校准和验证方法》校准获得。检测过程中需要一定体积的液样通过传感器 参见 ISO 11500 和 ISO 21018-4 ②主要特点 已确认的主要特点如下 a. 可用于多种分析方法 ——高低压在线分析 ——固定安装在系统中主线分析 ——油箱和容器抽吸分析 ——取样瓶离线分析 b. 颗粒尺寸测量范围宽,可达 $1.0\sim3000\mu m$[根据设计,此类仪器的动态范围通常为 $50\sim100(\mu m)$] c. 根据工作方式,分析时间通常为 2～15min d. 具有自动检测功能,在线仪器无需操作人员 e. 不稀释的情况下,可检测的颗粒浓度范围宽 f. 若增大测量体积,提高颗粒的统计数量,该方法在检测超洁净液体时准确度非常高 g. 操作相对简单,但需要数据理解(处理)能力 ③局限性 已确认的主要局限性如下 a. 所测液体要求是清澈的和均质的 b. 检测具有光学界面的液体(例如油中含水、液中含气、不相容液体的混合液、乳化液)时,会产生错误的颗粒计数 c. 严重污染的液体检测前需要稀释,否则会产生错误的结果 d. 液样中存在大量小于仪器最低设定尺寸的小颗粒时,将会影响计数的准确度 e. 离线分析对环境要求高 f. 大颗粒($>200\mu m$)可堵塞传感器 g. 检测结果易受液体状态(例如凝胶和不透明)的影响
光学显微镜计数法	①概要 通过真空抽滤的方式将液样中的颗粒分离收集在滤膜上,滤膜的孔径取决于液样的状态和所需计数的最小颗粒尺寸,但通常为 $1.2\mu m$。为便于人工计数,滤膜上通常印有 3.1mm 的方格,但采用图像分析法时无需使用带有方格的滤膜 滤膜干燥后,既可以直接放在光学显微镜下采用入射光进行分析,也可以处理透明后采用透射光进行分析。利用定标后的目镜标尺(人工计数)或通过分析颗粒所占据的像素数(图像分析),按颗粒的最长弦来测量颗粒的尺寸。这两种方法均采用可溯源的测微尺进行校准 人工计数时,采用统计技术可减少测量时间。首先对选定数量的方格内的单个颗粒测量尺寸并计数,得到所需任一尺寸的数值,然后将其修正为通过滤膜的整个液样体积的结果。采用图像分析法自动计数时,可对整个滤膜的表面进行测量分析。测量不同的颗粒尺寸时,需采用不同的显微镜放大倍数

监测方法	优缺点
光学显微镜计数法	图像分析法也可以采用摄像机将滤膜上收集的颗粒或直接将液流中的颗粒转换为影像,然后利用计算机或电子装置进行图像分析 参见 GB/T 20082—2006《液压传动　液体污染　采用光学显微镜测定颗粒污染度的方法》 ②主要特点 已确认的主要特点如下 a. 被认为是一种标准方法,大多数国际和国家标准规定的计数方法均涉及该方法 b. 测量的颗粒尺寸范围宽(≥2μm) c. 颗粒是可见的,可及时发现潜在的计数问题 d. 人工计数时设备费用低 e. 需要时可获得颗粒的种类信息 f. 若液体可过滤,则检测结果与液体的状态无关 g. 采用图像分析法可自动检测,减小人为误差,提高测量准确度 h. 图像分析法既可离线分析,也可在线分析 ③人工计数法的局限性 已确认的主要局限性如下 a. 技能水平要求高 b. 完成 6 个颗粒尺寸的计数需要 30min c. 环境要求高 d. 仅用于离线分析 e. 颗粒易被油泥、凝胶掩盖 ④图像分析法的局限性 已确认的主要局限性如下 a. 颗粒重合(重叠)或不聚焦时,需要手动处理,导致检测时间延长 b. 为使结果更具代表性,需要在其他放大倍数下检测复核
扫描电子显微镜法	①概要 将含有颗粒的一小片(通常 1cm^2)滤膜固定在一个铝基座上,溅射一层导电层(金、银或碳),然后放入扫描电子显微镜的真空腔内采用电子轰击。电子照射样片(类似光学显微镜中光子的作用),并将图像显示在显示器上。最后以类似于图像分析法(参见上面的光学显微镜计数法)的方式对该图像进行电子处理并输出相应结果 当电子束聚焦在样品的表面时,使原子电离,产生材料的 X 特性射线。通过分析 X 特性射线的光谱,可得到颗粒的元素成分及其含量 参见 ISO 16232-7 与 ISO 16232-8 ②主要特征 已确认的主要特点如下 a. 分辨率高(颗粒的检测下限为 0.01μm) b. 采用图像分析法时,可同时给出颗粒尺寸和数量 c. 可给出颗粒的元素成分 d. 可给出几乎不受景深影响的高清晰度图像 e. 采用软件可绘制基于种类和尺寸的颗粒图谱 ③局限性 已确认的主要局限性如下 a. 仅用于实验室分析 b. 成本高,耗时长(分析时间通常为 1～3h) c. 需要熟练的操作人员 d. 电子穿透材料的深度有限(约为 5μm)
薄膜磨蚀法	①概要 将监测仪安装在液压系统的支路上(在线分析),利用喷嘴导引液流以相对高的速度(25m/s)喷射到传感器两根金属条中的其中一根上。传感器中第二根金属条位于第一根金属条的正对面,且两根金属条上真空镀有一层薄的导电膜,经电气连接后形成桥接网络。碰撞正向(有源)传感器的颗粒,将会磨除部分导电膜,改变金属条的电阻,且电阻的改变量与颗粒的浓度、硬度和磨蚀度成比例。仪器记录电阻随时间和频率的变化量,并表示为"磨蚀度"。该方法可检测尺寸较大的单个颗粒 ②主要特点 已确认的主要特点如下 a. 可给出颗粒的硬度和磨蚀度 b. 用于在线/主线分析 ③局限性 已确认的主要局限性如下 a. 无法检测颗粒的尺寸、数量和污染度等级 b. 在流体传动行业不常用 c. 检测结果与液体的黏度相关 d. 检测结果随颗粒的硬度变化

(2) 程序及注意事项

① 总则　无论选择哪种监测或测量方法，均应事先采取措施，确保测得的数据有效并使误差最小。

以下仅给出了限定误差通用程序，具体监测方法的注意事项在 GB/T 37162 的相关部分中给出。

作者注：GB/T 37162《液压传动　液体颗粒污染度的检测》系列标准分为四部分，分别为第 1 部分　总则；第 2 部分　现场污染检测仪的校准和验证程序；第 3 部分　滤网堵塞技术的应用；第 4 部分　遮光技术的应用。

② 获取代表性液样

a. 根据取样目的选择取样点，见 GB/T 17489—1998《液压颗粒污染分析　从工作系统管路中提取液样》（新标准正在制定中）。

下面③～⑥所述准则是获得可靠结果的常规良好做法，并宜结合 GB/T 17489 理解。

注 1：正确使用取样技术非常重要，将仪器直接连接或固定在主流量管路上，可减小因外来污染引起的误差。

注 2：取样过程中增加的颗粒物，可能会比滤后液压系统实际的颗粒污染物高很多。

b. 使用符合 GB/T 17489 规定的取样阀。

c. 常规监测宜在系统运行且状态稳定时取样。

注：运行 30min 后取样比较合适。

d. 定期监测应在设备或过程运行正常且运行状态稳定时，采用同样的方法从同一位置重复取样。

③ 离线取样

a. 使用按 GB/T 17484 清洗并检验合格的取样瓶。

b. 根据取样目的设置取样阀的位置。

c. 将取样阀安装在污染物有良好混合状态的位置。

d. 在最小 2L/min 的流量下冲洗取样阀和取样管路，最小冲洗体积宜为 500mL。若有下列情况，应采用更多的冲洗体积（1～3L）：

ⅰ. 取样阀不符合 GB/T 17489 的要求；

ⅱ. 取样管路过长；

ⅲ. 系统中的液体过于洁净（污染度不劣于 14/12/9，依据 GB/T 14039—2002 的规定）。

e. 取样方式应减少外界污染物的侵入。

f. 取样后应立即盖上取样瓶盖，并贴上唯一性标识。

g. 不宜从排液阀口取样。

作者注：在 GJB 380.7A—2015《航空工作液污染测试　第 7 部分：在液箱中采集液样的方法》中"采样点设置"要求与之不同，即"a）当液箱上只有注液口时，在注液口采样；b）液箱上既有注液口又有放液阀时，宜在放液阀采样；c）特殊液箱中的采样位置由设计人员确定，采样点的设置应能代表液箱中工作液的真实污染状态。"

④ 在线取样

a. 使用符合 GB/T 17489 规定的取样阀和程序。

b. 对仪器接入点提供足够的压力，避免仪器抽空或产生气穴。

c. 连接仪器后，在有效监测前应至少采用 1～2L 的液样冲洗取样管路。

d. 持续监测，直至两个连续液样的检测数据满足下列条件之一：

ⅰ. 结果在仪器制造商设定的允许范围内；

ⅱ. 若监测的结果为颗粒数，则在所监测的最小颗粒尺寸上，两个液样的监测结果之差小于 10％；

ⅲ. 污染度等级相同。

⑤ 主线取样　应将仪器安装在下列位置：

a. 主流量管路；

b. 混合均匀的位置。

⑥ 从油箱或容器中抽吸分析

a. 应从液体流动的位置取样。

b. 从静止的容器中取样前，应充分晃动容器，使容器中的液体混合均匀。

如果无法将容器中的液体混合均匀，应在报告中注明。

注：因潜在的误差和变动性最大，采用这种方法是最不利的选择。

c. 清洁取样点的周边区域，防止污染物落入液样、容器或油箱中。

d. 持续监测，直至两个连续液样的监测数据满足下列条件之一：

ⅰ. 结果在仪器制造商设定的允许范围内；

ⅱ. 若监测的结果为颗粒数，则在所监测的最小颗粒尺寸上，两个液样的监测结果之差小于 10％；

ⅲ. 污染度等级相同。

⑦ 校准程序　尽管某些监测方法可能不适合于校准，但是应尽可能遵守国家标准的要求和原则。例如：可以自动检测的监测仪器应采用 A3 试验粉末（见 GB/T 28957.1—2012《道路车辆　用于滤清器评定的试验粉尘　第 1 部分：氧化硅试验粉尘》）进行校准或检查。按照这种方式，采用按 GB/T 18854—2015《液压传动　液体自动颗粒计数器的校准》或 GB/T 21540—2008《液压传动　液体在线自动颗粒计数系统　校准和验证方法》校准的自动颗粒计数器（APC）测得的数据，将和采用 A3 试验粉末配制的油悬浮液校准/检查的监测仪器测得的数据之间的偏差最小。

基于显微镜的方法应采用最长弦尺寸作为测量参数。

⑧ 数据有效性检查

a. 为保证在数据报告之前及时发现错误，应设置数据检查程序，并根据情况选用检查方法。

b. 对可自动检测的仪器，重复监测，直至两个连续数据满足下列条件：

ⅰ. 结果在仪器制造商设定的允许范围内；

ⅱ. 若监测结果为颗粒数，则在所监测的最小颗粒尺寸上，两个液样的检测结果之差小于 10％；

ⅲ. 污染度等级相同。

c. 复核监测数据，应与下列数据具有同样的规律：

ⅰ. 过去同一系统或过程的监测数据；

ⅱ. 过去采用相同过滤精度的类似系统的监测数据。

d. 对检测收集在取样瓶中液样的离线仪器，检测前应检查液样的状态。如ⅰ. ～ⅳ. 所示的液样状态将影响仪器检测的有效性：

ⅰ. 被测液样中存在大颗粒，不仅可堵塞小的通道、孔隙或仪器的传感器，而且也表明液样中存有更多的小颗粒；

ⅱ. 被测液样混浊，表面存在另一种液体，如油中含水、水基液体中含油、混合液体等，均可影响采用光的传输原理测量颗粒的仪器；

ⅲ．被测液样中出现明亮的黑色物，通常表明存在细小的磨损颗粒（如磨屑或氧化物），各类颗粒由于重合效应，可影响监测仪器的有效性；

ⅳ．被测液样中存在气泡，会影响光的通过，任何液样分析前均应除去气泡。

⑨ 培训　应从所用的方法和使用的特定仪器两个方面培训操作人员，且应侧重于能力培训（若适用）。

制定培训计划，包括但不限于：

a. 所用监测方法的原理及其优缺点；

b. 仪器的主要特征；

c. 仪器的操作，特别是难以检测液样的处理；

d. 简单问题的处理。

建议用户保存操作人员的培训记录。

注：在仪器的操作和监测方法上进行适当而全面的培训非常重要，唯有知识和经验才能识别差错并使其最小。

⑩ 监测准确性的控制

a. 对与监测相关的操作人员，应设置程序进行能力评估，因为监测结果与操作人员直接相关。

b. 保存记录以评估所用监测方法的复现性和操作人员的一致性，若发现变化较大，应重新培训操作人员。

(3) 监测报告

液样检测结果的报告至少应包括：

① 样品名称；

② 分析日期；

③ 仪器名称；

④ 分析方法；

⑤ 监测结果及需采取的措施（若适用）；

⑥ 液样或结果的相关说明。

6.1.5.2　液压机液压系统工作介质的维护

(1) 液压油液取样

为检查液压油液污染度状况，宜提供符合 GB/T 17489—1998《液压颗粒污染分析　从工作系统管路中提取液样》（新标准正在制定中）规定的提取具有代表性油样的方法。如果在高压管路中提供取样阀，应安放高压喷射危险的警告标志，使其在取样点清晰可见，并应遮护取样阀。

一般电液伺服阀控制系统的油样取样点（阀）如图 6-1 所示。

(2) 液压油、磷酸酯抗燃油化验的主要项目

L-HM 液压油化验的主要项目、换油指标的技术要求和试验方法见表 6-21；冶金设备液压系统 L-HM 液压油换油指标技术限值和试验方法见表 6-22；运行中磷酸酯抗燃油的质量标准（指标）、油质指标异常极限值及试验方法见表 6-23。其他液压油液化验的（主要）项目应按相关标准规定，或参考本手册相关内容。

作者注：表 6-21 摘自 NB/SH/T 0599—2013《L-HM 液压油换油指标》中表 1。

作者注：表 6-22 摘自 YB/T 4629—2017《冶金设备用液压油换油指南 L-HM 液压油》中表 1，且在该标准的前言中指出"是在 NB/SH/T 0599—2013《L-HM 液压油换油指标》和 SH/T 0476—1992（2003）《L-HL 液压油换油指标》的基础上，结合冶金设备特点制定的。"

表 6-21　L-HM 液压油换油指标的技术要求和试验方法

项目		换油指标	试验方法
40 ℃运动黏度变化率/%	超过	±10	GB/T 265 及 NB/SH/T 0599—2013 中 3.2 条
水分(质量分数)/%	大于	0.1	GB/T 260
色度增加/号	大于	2	GB/T 6540
酸值增加[①]/(mgKOH/g)	大于	0.3	GB/T 264、GB/T 7034
正戊烷不溶物[②]/%	大于	0.1	GB/T 8926 A 法
铜片腐蚀(100 ℃,3h)/级	大于	2a	GB/T 5096
泡沫特性(24 ℃)(泡沫倾向/泡沫稳定性)/(mL/mL)	大于	450/10	GB/T 12579
清洁度[③]	大于	−/18/15 或 NAS9	GB/T 14039 或 NAS1638

① 结果有争议时以 GB/T 7034 为仲裁方法。
② 允许采用 GB/T 511 方法，使用 60～90℃石油醚作为溶剂，测定试样机械杂质。
③ 根据设备制造商的要求适当调整。

表 6-22　冶金设备液压系统 L-HM 液压油换油指标技术限值和试验方法

项目		限值			试验方法
40℃运动黏度变化率[①]/%	超过	±10			GB/T 11137 GB/T 265 及 YB/T 4629—2017 中 3.2 条
水分[②](质量分数)/%	大于	0.10			GB/T 260 或 GB/T 11133
酸值增加[③](以 KOH 计)/(mg/g)	大于	0.30			GB/T 7034 或 GB/T 264 及 YB/T 4629—2017 中 3.3 条
正戊烷不溶物[④]/%	大于	0.20			GB/T 8926
铜片腐蚀(100 ℃,3h)/级	大于	2a			GB/T 5096
清洁度[⑤]/级	大于	NAS5 (伺服系统)	NAS7 (比例系统)	NAS9 (一般系统)	DL/T 432 或 GJB 380.4A

① 结果有争议时，以 GB/T 11137 为仲裁方法。
② 结果有争议时，以 GB/T 260 为仲裁方法。
③ 结果有争议时，以 GB/T 7034 为仲裁方法。
④ 允许采用 GB/T 511 方法测定油样机械杂质，结果有争议时，以 GB/T 8926 为仲裁方法。
⑤ 客户需要时，可提供 GB/T 14039 的分级结果，结果有争议时，以 DL/T 432 为仲裁方法，清洁度限值可根据设备制造商或用户要求适当调整。

表 6-23　运行中磷酸酯抗燃油质量标准

序号	项目		指标	异常极限值	试验方法
1	外观		透明,无杂质或悬浮物	混浊、有悬浮物	DL/T 429.1
2	颜色		橘红	迅速加深	DL/T 429.2
3	密度(20℃)/(kg/m³)		1130～1170	<1130 或>1170	GB/T 1884
4	运动黏度(40℃)/(mm²/s)	ISO VG32	27.2～36.8	与新油牌号代表的运动黏度中心值相差超过±20%	GB/T 265
		ISO VG46	39.1～52.9		
5	倾点/℃		≤−18	>−15	GB/T 3535
6	闪点(开口)/℃		≥235	<220	GB/T 3536
7	自燃点/℃		≥530	<500	DL/T 706
8	颗粒污染度 SAE AS4059F/级		≤6	>6	DL/T432
9	水分/(mg/L)		≤1000	>1000	GB/T 7600
10	酸值/(mgKOH/g)		≤0.15	>0.15	GB/T 264
11	氯含量/(mg/kg)		≤100	>100	DL/T 433 或 DL/T 1206
12	泡沫特性/(mL/mL)	24℃	≤200/0	>250/50	GB/T 12579
		93.5℃	≤40/0	>50/10	
		后 24℃	≤200/0	>250/50	
13	电阻率(20℃)/Ω·cm		≥6×10⁹	<6×10⁹	DL/T 421
14	空气释放值(50℃)/min		≤10	>10	SH/T 0308
15	矿物油含量/(%)[m(g)/m(g)]		≤0.5	>4	DL/T 571 附录 C

作者注：表6-23摘自 DL/T 571—2014《电厂用磷酸酯抗燃油运行维护导则》中表2和表4。

（3）过滤器的布置、功用及精度配置

图 6-1 所示为一般电液伺服阀控制系统中过滤器的布置。

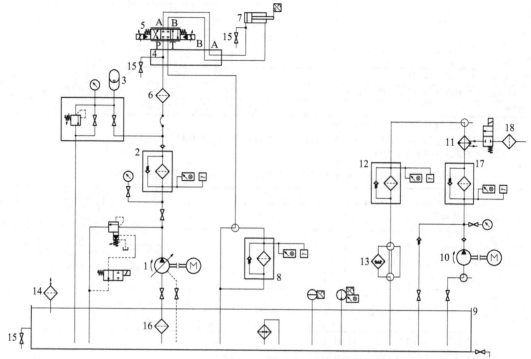

图 6-1　一般电液伺服阀控制系统中过滤器的布置

1—恒压泵；2—压力管路过滤器；3—液压蓄能器；4—油路块（安装座）；5—电液伺服阀；6—电液伺服阀前过滤器；
7—伺服液压缸；8—回油管路过滤器；9—油箱；10—循环泵；11—冷却器；12—循环过滤器Ⅰ；13—磁性过滤器；
14—空气滤清器；15—油样取样阀；16—粗过滤器；17—循环过滤器Ⅱ；18—冷却水过滤器

一般电液伺服阀控制系统过滤器的布置、功用及精度配置见表 6-24。

表 6-24　一般电液伺服阀控制系统过滤器的布置、功用及精度配置

	名称	功用	精度
主系统内过滤器	压力管路过滤器	①防止泵磨损下来的污染物进入系统 ②防止液压阀或管路的污染物进入伺服阀块	B
	回油管路过滤器	防止元件磨损或管路中残存的污染物回到油箱	C
	空气过滤器	防止空气中灰尘进入油箱	A
	电液伺服阀前过滤器	拟采用无旁通阀的压力管路过滤器安装于电液伺服阀外部先导控制和/或供油管路上，以确保电液伺服阀性能稳定和工作可靠，并减小磨损，提高使用寿命	A
辅助系统内过滤器	循环（旁路）过滤器	对于大型或重要的液压系统配置循环过滤冷却系统，用于提高系统的清洁度和控制油温 循环过滤冷却系统上过滤器规格应按循环泵流量配置，一般在系统流量的 1/2~1/3 之间选择	A
	专用冲洗过滤器	对于长管路的液压系统，利用专用冲洗设备对短接的车间管路进行循环冲洗，防止将管路内的污染物带入系统	B
	注油过滤器	即使是新油也必须经专用过滤设备（如过滤车）过滤后方可加注到液压系统中	A

注：1. 对于管路很长的大型液压系统，压力管路过滤器可能不止一个。
2. 过滤器精度配置举例：A—2~6μm；B—6~12μm；C—12~20μm。
3. 表 6-24 参考了参考文献［93］表 22-4-46 中布置图，有修改。

（4）过滤系统的日常检查及清洁度检验

过滤系统的日常检查及清洁度检验见表6-25。

表6-25　过滤系统的日常检查及清洁度检验

内容		说明
日常检查	项目	①检查并记录过滤器前后压力、压差 ②检查并记录过滤器堵塞发讯器的讯号或颜色 ③根据需要及时更换滤芯 注意：单筒压力管路过滤器必须停机并泄压后方可更换滤芯；双筒压力管路过滤器可以在运行状态下切换，切换后方可更换滤芯；双筒回油过滤器必须在停机状态下切换，因为其切换瞬间回油背压会剧增，切换后方可更换滤芯
	时间	新系统每日检查一次
清洁度检验	取样	从指定的取样口定期取样检验或送检
	时间	新系统每月检验一次，旧系统3个月至6个月检验一次

（5）热污染对液压油液的影响

将液压工作介质中存在过多热量理解为一种能量污染物，这本身就是科学进步，因为在GB/T 17446—2012中定义的"污染物"不包括能量类污染物。尽管这种能量污染物是在给定条件下判定的，当条件发生了变化，其可能不再是污染物。

根据笔者的实践经验，液压系统如发生系统性故障，如元件及配管多处外泄漏、元件普遍磨损加剧、多种元件卡紧或堵塞等，其可能已经经历了长时间高温下运行或更高温下的短时间运行，在这种情况下，最直观的表象应该是原系统中的液压油液的劣化。

液压油液温度高的最大危险是液压油液本身的最终分解，伴随液压油液黏性和润滑性损失，分解会导致在液压油液中形成清漆（氧化离子）类物质、酸类物质以及沉积性物质。清漆和沉积性物质会造成阀卡紧并最终造成堵塞，还会导致节流小孔堵塞；酸类物质会腐蚀金属表面，并加速泵、缸、阀的磨损。

在大多数情况下，高温会使液压油液黏性和润滑性损失都很严重。稀薄的液压油液或可造成更大的冲击和振动，增大元件损坏的可能性，甚至造成装配件和与座架连接的松动。如果失去润滑性、润滑油膜消失，就会出现金属与金属直接接触并在其表面留下刮擦痕。

温度是液压油液氧化的主要加速剂，温度每升高10 ℃氧化反应就会加倍。低于60 ℃时，氧化速率会很低；高于60 ℃时，温度每升高10 ℃矿物基油的寿命就会降低一半，而在100 ℃时使用寿命损失率会高达97%。

根据这些事实，液压系统工作温度较低有利于将氧化反应和液压油液降解降到最低。然而，油箱中油液温度并非实际的油液温度，泵出口的温度才能代表实际温度，这样局部氧化非常严重的区域表面会更热。

油液热稳定性是指其抵抗因由温度所引起分解作用的能力。如果在特定范围内其使用不受损坏，那么就确定了液压油极限温度的上限。

本节最后笔者提示：有资料介绍，电液伺服阀控制系统的绝大多数故障都是液压油液污染所致，尤其是固体颗粒污染物引起的。当系统出现间歇特性或其他不合理特性，以及出现原因不明的故障时，应首先怀疑是否是液压油液中固体颗粒污染物引起的。

作者注：本小节参考了参考文献[101]，尽管其中的一些表述笔者认为值得商榷或需要进一步确证，但其主要观点值得肯定。

6.1.5.3　从刚停止工作的油箱中取样方法或程序

提取液样或采集液样（以下统一简称为取样）是液压流体监（检）测技术的关键环节，尽管在GB/T 17489—1998《液压颗粒污染分析　从工作系统管路中提取液样》中提出"最佳方法是从正在工作的液压系统的一个主管路中提取液样"，但在实际操作中确实存在诸多

困难。一些现成的液压系统没有设计安装取样阀，因此无法在其主管路中取样；即使设计安装有取样阀，但在高于 5 MPa 压力正在工作的液压管路中取样也是存在危险的，尤其是从高压管路中取样会有危险，如喷射危险、软管鞭击危险等，况且还有高于 100 MPa 的超高压液压系统；更为现实的问题是，工作中的液压机（械）及其液压系统（包括油箱）通常无法接近。以液压机液压系统为例，根据 GB 28241—2012《液压机 安全技术要求》的规定，除封头、船板成形等液压机不宜安装防护装置外，其他液压机大都设计安装有固定封闭式防护装置和/或光电保护装置等，以防止人员进入危险区。一旦有人员也包括取样和分析人员进入危险区，即可能造成液压机报警并紧急停机。

尽管在 GB/T 17489—1998 中规定的备用取样方法还有"从正在工作的液压系统的油箱中提取液样"，以及在 GB/T 37162.1—2018《液压传动 液体颗粒污染度的监测 第 1 部分：总则》中规定的从油箱中抽吸取样和分析程序，但也同样都存在操作困难，甚至无法实施的问题。

在 YB/T 4629—2017《冶金设备用液压油换油指南 L-HM 液压油》中也规定了"4 取样 4.1 对于工作系统，按实际情况在：c）油箱取样点取样。"

在 GJB 380.7A—2015《航空工作液污染测试 第 7 部分：在液箱中采集液样的方法》中规定了在液箱中采集液样的方法，且没有规定液箱必须是正在工作的。因此，该标准的规定更加有利于实际操作。

因在油箱中取样方法与程序的不统一、不一致，即可能导致监（检）测结果不能被甲乙双方共同确认或第三方认证，造成的后果经常是浪费大量的人力、物力，增加了产品的制造成本，产品也不能按期交付、使用。多次的送检液样，重新清洗、装配液压元件及系统，超长时间或反复冲洗液压系统，甚至更换新的液压流体，以往的操作中这种情况不止一次地发生过。因此，按照相关标准规范取样方法与程序，提取到具有代表性的液样，使监（检）测结果准确、真实，是具有非常重要的实际应用价值的。

（1）从油箱中取样方法与程序的比较与分析

不管采用何种方法与程序从油箱中取样，都必须符合现行标准的规定和/或经甲乙双方商定并在合同中注明，即具有标准的统一性、做法的一致性。否则，取样和分析没有根据，液样可能不具有代表性，监（检）测结果也不具有准确性、真实性。

① 在注油口取样的方法与程序的比较 根据 GB/T 3766—2015《液压传动 系统及其元件的通用规则和安全要求》的规定，油箱都应具有注油点（口）和排放装置（排液阀）。

在 GB/T 17489—1998 中规定："4.2 从油箱中取样""4.2.2 从一个中心区提取液样，该区里油液在流动且离开由于角落或隔板所引起的静止区。""4.2.3 选择油箱中的液面以上的一个开孔，取样器可以通过该开孔伸进去，求出距离 $h/2$（如图 6-2 中所示）以便确定取样点在液面以下的深度。"

在 GB/T 37162.1—2018 中规定："6.3 离线取样""6.3.7 不宜从排液阀口取样。""6.6 从油箱或容器中抽吸分析""6.6.1 应从液体流动的位置取样。"在该标准中规定的取样和分析液样有四种（主线、在线、离线和抽吸）方式，其中抽吸分析工作方式如图 6-3 所示。

在 GB/T 37162.1—2018 附录 A（资料性附录）中介绍："抽吸分析用的测量仪器主要用于非压力容器内的液体分析，例如：油桶或系统油箱。"根据对

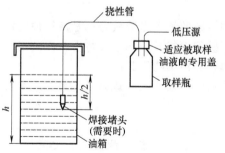

图 6-2 油箱取样的典型示例（按 GB/T 17489—1998 中图 2 绘制）

该标准的解读，或应表述为："使用测量仪器进行抽吸分析主要用于非压力容器内的液体分析，例如：油桶或系统油箱。"因为"使用测量仪器"是该标准规定的"抽吸分析"与"离线分析"的主要区别。由此判定，在 GB/T 17489—1998 中规定的从油箱中取样是用于"离线分析"，但其推荐的取样方法也是"抽吸"。

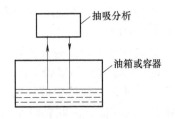

图 6-3 抽吸分析工作方式示意图
（按 GB/T 37162.1—
2018 中图 A.1 绘制）

以上两项标准都要求取样时油箱中液压流体是流动的，亦即液压系统及其油箱是正在工作的；并且要求必须得打开油箱顶盖上的开孔，以便使挠性管子和/或取样器伸进油箱内的液压流体中。但是，在 GB/T 37162.1—2018 中图 A.1（图 6-3）所示的是在液面上的抽吸，而不是在液面以下的某一深度进行抽吸，这显然有问题。以上两项标准规定的或推荐的取样方法都是抽吸，不同的是在 GB/T 37162.1—2018 中推荐的是由测量仪器中内置泵进行抽吸。

需要说明以下几点。

a. GB/T 17489—1998 是 GB/T 37162.1—2018 规定的规范性引用文件之一，在 GB/T 37162.1—2018 中引用的 GB/T 17489—1998 标准条款及内容见表 6-26。

表 6-26 GB/T 37162.1—2018 引用的标准条款及内容

序号	章条号	内容
1	6.2.1	（6.2 获取代表性液样）根据取样目的选择取样点，见 GB/T 17489—1998 6.3～6.6（6.3 离线取样；6.4 在线取样；6.5 主线取样；6.6 从油箱或容器中抽吸分析）所述准则是获得可靠结果的常规良好做法，并宜结合 GB/T 17489 理解
2	6.2.2	使用符合 GB/T 17489 规定的取样阀
3	6.4.1	（在线取样）使用符合 GB/T 17489 规定的取样阀和程序
4	A.1.5	（抽吸分析）其他的误差来源参见 GB/T 17489 中相关的叙述

由表 6-26 可以看出，在取样和分析上 GB/T 17489—1998 是 GB/T 37162.1—2018 的基础。需要说明的是，GB/Z 20423—2006《液压系统总成 清洁度检验》不是 GB/T 37162.1—2018 规定的规范性引用文件，亦即 GB/Z 20423—2006 仅适用于总成后出厂前的液压系统。所以本节也未将其列入参考文献，但其取样要求也是："应按照 GB/T 17489 的规定从管路中提取液样。除非无其他可选择的取样点，不应在系统油箱中取样。"

b. 在 GB/T 17446—2012《流体传动系统及元件 词汇》/ISO 5598：2008 中只有"离线分析"和"在线分析"术语和定义。在 GB/T 37162.1—2018 中规定的"抽吸分析"与"在线分析""离线分析"或"离线取样"的关系还有待通过标准进一步确定。

在 ISO/DIS 5598：2020（E）中文讨论稿中新增了"串线分析"这一术语和定义，其与在 GB/T 37162.1—2018 中规定的"主线分析"相当。

根据对相关标准的解读，试对液压流体污染分析方式进行分类并重新命名，详见表 6-27。

表 6-27 液压流体污染分析的分类与命名

按监（检）测结果及时性分类	按取样点分类	重新命名
即时出结果的——在线分析	串联在管路中（取样）——串线分析（主线分析）	串线（在线）分析
	在管路的歧管中取样——并线分析（在线分析）	并线在线分析
	在油箱中取样——抽吸分析	油箱在线分析
	在油箱上排液阀取样——抽吸分析	排液阀在线分析
以后出结果的——离线分析	在管路的歧管中取样——离线分析	（并线）离线分析
	在油箱中抽吸或容器中提取取样——离线分析	油箱离线分析
	在油箱上排液阀取样——离线分析	排液阀离线分析

注："重新命名"中的圆括号内的文字或可省略。

由表 6-27 可以看出，一些标准中的术语和定义或存在指称不准确、内涵定义的外延确定不清楚的问题。

② 在注油口取样的方法与程序的分析　在比较了 GB/T 17489—1998 和 GB/T 37162.1—2018 两项标准异同的基础上，经过进一步分析，以上两项标准或存在如下值得商榷的问题。

a. 即使是在油箱中液压流体流动的状态下，由于油箱本身结构决定的其具有使重的污染物沉淀的功能，因此颗粒性污染物不可能均匀地散布在整个油箱中。

在 GB/T 37162.1—2018 中规定："从静止的容器中取样前，应充分晃动容器，使容器中的液体混合均匀。"对油箱而言，所谓的"晃动法"不具有可操作性。

b. 在 GB/T 3766—2015 中未规定油箱顶盖上必须设置取样口。如果油箱顶盖上没有设置符合 GB/T 17489—1998 规定的取样口，那么最可能被打开是空气滤清器的安装孔，亦即注油口。打开注油口即可能使外部污染物侵入油箱，尤其是没有安装法兰的空气滤清器的安装孔；况且，通常空气滤清器的安装孔都设置在油箱顶盖的边角处，此开孔位置一般不符合 GB/T 17489—1998 中 4.2.2 条（见上文）的要求。

c. 在 GB/T 17489—1998 中规定："在取样器上设置一个参考标志以指明在伸入点处的油箱液面。"这并不一定可行。问题之一就是如何可以在注油口观察到这一参考标志；问题之二是取样器是与挠性管子连接的，且要求液压流体是流动的，取样器及其上的标志也可能随时变动。

d. 正如在 GB/T 37162.1—2018 附录 A（资料性附录）中介绍的那样，抽吸分析方式需要将液样从容器中输送到传感器（例如：通过内置泵），这是一个误差来源。如果需用泵将液体提升至仪器中时，会产生负压（真空），从液体中或管接头处抽入空气，而被分析液体中的气泡将影响仪器的检测并产生误差。如果采用的泵位于传感器上游，由于泵工作期间可产生额外的颗粒，因此将引入附加的误差，导致测试数据不具有代表性。

e. 在 GB/T 17489—1998 中 4.2.8 条"注 1"中指出："当针对一个特定系统已经确定了一个使颗粒性污染物散布的程序时，应对所有类似的系统保持该程序。"由此条"注"可以说明，在 GB/T 17489—1998 中未规定"使颗粒性污染物尽可能均匀地散布在整个油箱中"的程序，因此取样和分析都存在很大的不确定性。

在 GB/T 17489—1998 中认为，油箱中流动的液压流体有利于颗粒性污染物"均匀地散布"。根据 GB/T 3766—2015 中规定的油箱设计要求："宜使油箱内的液压流体低速循环，以允许夹带的气体释放和重的污染物沉淀。"在实际使用的油箱中，液压流体的流动作用正与 GB/T 17489—1998 这一标准的期望相反。

既然油箱中液压流体的流动作用不是"使颗粒性污染物尽可能均匀地散布在整个油箱中"，那么也就不必要求在液压系统及其油箱正在工作时取样。况且，以上两项标准规定的从油箱中取样方法与程序都很难操作。

根据实践经验，在 GJB 380.7A—2015 中规定的"4.2　采样点设置　采样点按以下要求设置：a）当液箱上只有注液口时，在注液口采样，b）液箱上既有注液口又有放液阀时，宜在放液阀采样；d）特殊液箱中采样位置由设计人员确定，采样点的位置应能代表液箱中工作液的真实污染状态"就比较容易操作。

然而，在 GB/T 37162.1—2018 中不推荐从排液阀口取样，这与在 GJB 380.7A—2015 中的规定不一致，这也是当前急需解决的标准不统一问题。

(2) 从油箱上的排液阀取样的方法与程序

根据 GJB 380.7A—2015 规定，可以在排液阀处取样；根据 GB/T 17489—1998 的注释（见上文），还应确定一个普遍适用的使颗粒性污染物散布的方法与程序。

① 排液阀取样和分析的方式 一种从油箱上的排液阀取样和分析方式（以下简称为排液阀取样和分析方式）如图 6-4 所示，其中包括了"一种排液阀取样和分析装置"。

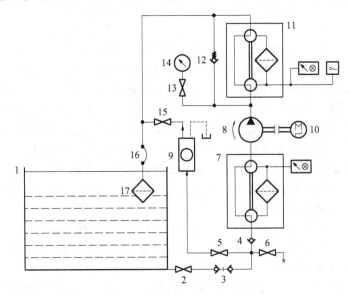

图 6-4 排液阀取样和分析方式

1—油箱；2—排液阀；3—带双单向阀的快换接头；4—单向阀；5，6，15—截止阀；
7，11—带手动切换功能的过滤器；8—液压泵；9—测量仪器；10—伺服电动机；
12—旁路单向阀；13—压力表开关；14—压力表；16—软管；17—注油过滤器

"一种排液阀取样和分析装置"由不包括图 6-4 中件 1、2 和 17 的其他元件、配管及测试仪器等组成，是一台可移动的油箱专用液压流体颗粒污染度监（检）测装置。

根据 GB/T 786.2—2018《流体传动系统及元件 图形符号和回路图 第 2 部分：回路图》的规定："回路图不必考虑元件及配管在实际装配中的位置关系"，液压泵 8 实际设计安装在离油箱 1 安装平面最接近处，使液压泵 8 吸油口具有正表压力。测量仪器 9 的内置泵也按相同的要求设计安装。

通过设计使单向阀 4 之前的管路内液压流体流动处于充分的紊流状态，以便使测量仪器 9 可以在一段处于充分紊流状态的管路中取样；同样，也可在此状态下从截止阀 6 处进行其他方式的取样和分析。

带手动切换功能的过滤器 7 和 11，可以使图 6-4 所示"一种排液阀取样和分析装置"具有循环过滤油箱内液压流体的功能；也可使该装置仅具有循环油箱内液压流体的功能；或经进一步改装使其具有"滤网堵塞法"监（检）测功能。

使用带有硬管的专用空气滤清器代替注油过滤器 17 及软管 16 下的硬管，可使硬管能够插入油箱最低液面以下，且硬管端还可加装扩散器或消泡器。

图 6-4 所示仅是为了说明"一种排液阀取样和分析装置"工作原理，实际产品可按取样和分析规范由 PLC 控制电磁阀、测量仪器等自动完成取样和分析，包括检测数据的传输、存储、处理（打印检测报告）等。

② 排液阀取样和分析方式的监（检）测仪器的选择 测量数据的预期用途和期望的准确度决定所选择的分析方式［监（检）测仪器］和所需监（检）测仪器的精密度。

图 6-4 中的测量仪器 9 可根据表 6-28 所列分析方式进行选择。

需要说明的是，表 6-28 中没有包括从截止阀 6 处取样的其他分析方式。

表 6-28　抽吸分析方式

定量数据	定性数据
图像分析法 自动颗粒计数法	薄膜磨蚀法 激光衍射法 滤网堵塞法

③ 排液阀取样和分析的方法与程序　出于安全的考虑，且以 GJB 380.7A—2015 作为主要根据，排液阀取样和分析应在液压系统及其油箱刚停止工作时就开始进行。但如果油箱久未工作，液压流体中的固体颗粒、凝胶、油泥（从氧化的矿物油中产生的尺寸小于 3 μm 的沉淀或残渣）等污染物集中沉淀在油箱底部，对于较大油箱容积的油箱，仅靠"一种排液阀取样和分析装置"很难完成将整个油箱内液压流体混合均匀。因此从刚停止工作的油箱中取样和分析是最为确实可行的，也最容易被各方普遍接受并达成协议。

取样前油箱中的液压流体应在全液压系统中至少正常运行了 24 h，否则该液样不能代表液压系统的真实污染状态。

需要说明的是，尽管在 GJB 380.7A—2015 中规定了"放油阀采样程序"，但是其规定的"采样前应以适当方式搅动工作液，采样应在污染物处于悬浮状态下进行"，也是难以操作一致并获得有代表性液样的。

本节提出的"排液阀取样和分析的方法与程序"，以及"一种排液阀取样和分析装置"，应被理解为符合 GJB 380.7A—2015 规定的一个具体应用例。

以选择自动颗粒计数法获得定量数据为例，概述本节提出的排液阀取样和分析的方法与程序，具体见表 6-29。

表 6-29　排液阀取样和分析的方法与程序

序号	方法与程序	备注
1	取样和分析前应确认，油箱中的液压流体已经在全液压系统中至少正常运行了 24h 液压系统及其油箱处于刚停止工作状态，且符合在 GB/T 37162.1—2018 等标准中规定的"健康与安全"要求	开始做此次取样和分析记录
2	用不脱落纤维的清洁抹布或清洗液清洁排液阀 2、带双单向阀（一端）的快换接头 3 等部位，打开防尘帽	在图 6-4 中未示出此防尘帽
3	同样，清洁空气滤清器外露表面及其周围、软管 16 下面连接的硬管，打开防尘帽	在图 6-4 中未示出此防尘帽
4	将一段带双单向阀（另一端）的快换接头 3 的软管与带双单向阀（一端）的快换接头 3 连接	在图 6-4 中未示出此一段带双单向阀（另一端）的快换接头 3 的软管
5	打开排液阀 2，放掉排液阀 2 与带双单向阀的快换接头 3 之间的液压流体，关闭排液阀 2	放掉的液压流体只能作为废油按环保要求处理
6	打开排液阀 2，使用干净透明的取样瓶提取一定量的液压流体后，关闭排液阀 2 根据相关标准如 NB/SH/T 0599—2013《L-HM 液压油换油指标》等目视其污染程度，也可采用 GB/T 37163—2018《液压传动　采用遮光原理的自动颗粒计数法测定液样颗粒污染度》规定的"自动颗粒计数器"测定。确定是否使用带手动切换功能的过滤器 7 和/或 11 进行操作	①按甲乙双方商定 ②如没有商定，按选择使用过滤器程序进行操作
7	将一段带双单向阀（另一端）的快换接头 3 的软管拆下，将"一种排液阀取样和分析装置"相应端与之连接；将空气滤清器上部拆下，将带有相同空气滤清器上部的"一种排液阀取样和分析装置"相应端与注油过滤器 17 连接	在图 6-4 中空气滤清器未示出；将空气滤清器上部拆下，剩余部分为注油过滤器 17
8	根据甲乙双方商定，选择使用过滤器或不使用过滤器程序；检查关闭的截止阀 5、6、15；打开排液阀 2	所有滤芯都应是新的，且应与该液压系统中过滤器过滤比对应的颗粒尺寸[μm(c)]相当
9	接通电源，启动伺服电动机 10 及液压泵 8	

序号	方法与程序	备注
10	如选择不使用过滤器程序,则将带手动切换功能的过滤器 7 和 11 切换到直通回路上,并开始进行 ①控制伺服电动机 10,使液压泵 8 以低于造成吸油管路紊流的流量($Re<$2300)运行 10min,观察是否有异常情况,如有,停机检查、处理;如无,继续进行以下程序 ②控制伺服电动机 10,使液压泵 8 以高于造成吸油管路紊流的流量($Re\geqslant$4000)运行 30min 后,打开截止阀 5 和 15,启动测量仪器 9 ③测量仪器 9 运行规定时间后,进行监(检)测 ④监(检)测完成、停机、关闭排液阀 2 及各截止阀 ⑤做好取样和分析记录	应按统一标准,预先选择、确定测量仪器 9 计数所依据的颗粒污染度等级标准 测量仪器 9 在进行监(检)测前的运行时间,由甲乙双方商定。一般要求为"冲洗量至少为仪器和管路内部容积的 10 倍"
11	如选择使用过滤器程序,则将带手动切换功能的过滤器 7 和 11 切换到过滤器回路上,并开始进行 ①控制伺服电动机 10,使液压泵 8 以低于造成吸油管路紊流的流量($Re<$2300)运行 10min,观察是否有异常情况,尤其应注意观察各过滤器的压降,如有,停机检查、处理;如无,继续进行以下程序 ②控制伺服电动机 10,使液压泵 8 以高于造成吸油管路紊流的流量($Re\geqslant$4000)运行 30min ③在各过滤器压差没有明显变化的情况下,打开截止阀 5 和 15,启动测量仪器 9 ④测量仪器 9 在运行规定时间后,进行监(检)测 ⑤监(检)测完成、停机、关闭排液阀 2 及各截止阀 ⑥如某一或两个过滤器压差仍在明显增大,但它们还没有达到发讯压降,应继续进行循环过滤,但一般不可超过 30min ⑦如在继续进行循环过滤 30min 后,开始启动测量仪器 9 进行监(检)测时,某一或两个发讯器开始报警 ⑧如在继续进行循环过滤但未达到 30min 前,就有某一或两个发讯器开始报警 ⑨在以上④、⑤和⑥所述情况下,应立即停止取样和分析操作,按甲乙双方商定采取下面操作 ⑩做好取样和分析记录	在取样程序中,由于油箱取样的特殊性,宜选择使用过滤器的程序,这样可以有效地保护测量仪器和避免误判断 测量仪器 9 在进行监(检)测前的运行时间要求同上 如某一过滤器发讯器报警,则所有过滤器都应更换新滤芯
12	可以选择过滤液压流体 40min,然后将带手动切换功能的过滤器 7 和 11 切换到直通回路上,再开始进行取样和分析	此程序可长时间对液压流体进行监(检)测,但应使用特殊的注油过滤器,以使软管 16 下面的硬管能插入油箱最低液面以下

13	监(检)测结果的确认
	①持续监测,直至两个连续液样的监(检)测数据满足下列条件之一
	  a. 监(检)测结果在测量仪器制造商设定的允许范围内
	  b. 若监(检)测的结果为颗粒数,则在所监(检)测的最小颗粒尺寸上,两个液样的监(检)测结果之差小于 10%
	  c. 按 GB/T 14039—2002《液压传动 油液 固体颗粒污染等级代号》或其他标准规定的污染度等级相同
	②按所遵守的标准规定,会签监(检)测报告
		监(检)测结果的确认办法[包括监(检)测单位的资质要求]应经甲乙双方商定并在合同中注明

14	检查、确认排液阀 2 及其他截止阀的关闭状态,如都确实关闭,将软管 16 下面的硬管端管抽出并戴好防尘帽,然后收入装置中;将原空气滤清器上部与下部的注油过滤器装配好(复原);将带双向阀的快换接头 3 断开,并收入装置中;将"一种排液阀取样和分析装置"撤出液压机械的安全防护区;恢复固定封闭式防护装置和/或光电保护装置等	不建议将"一种排液阀取样和分析装置"长期用于油箱中液压流体的取样和分析,以及把该装置当做旁路再生过滤装置使用 注意清洁工作场地

④ 排液阀取样和分析的方法与程序和装置的特点 一种"排液阀取样和分析的方法与程序"以及"一种排液阀取样和分析装置"主要特点包括以下几方面。

a. 测量仪器 9 的取样点处液压流体不但是流动的,而且可以处于充分的紊流状态,符合现行相关标准的规定。

b. 根据方法与程序规定的"一种排液阀取样和分析装置"在至少运行了 40min 后再进行取样和分析，油箱底部或排液阀附近的油箱底部所沉淀的污染物都被充分混合均匀，这不但可以在排液阀 2 处获取有代表性的液样，实现在线取样和在线分析、从油箱中取样和分析，而且不易造成误判，因为至多也是将油箱底部沉淀的全部污染物混合。

c. 在方法与程序上可确实有效地防止二次污染，杜绝了外来污染物进入液样中，如不必将空气滤清器整体拆除（保留了注油过滤器 17）而在油箱顶盖上造成一个开孔。

d. 液压泵 8 和测量仪器 9 的内置泵吸油口处始终保持正表压力，消除了一般的"抽吸分析"会产生的负压（真空）而使监（检）测产生误差的因素。

e. 如选择使用过滤器程序，"一种排液阀取样和分析装置"运行中可以对液压流体进行过滤，至少可以对油箱底部通常污染最为严重的那部分液压流体进行过滤，这不但有效地保护测量仪器 9，而且避免了以污染最重的液压流体作为液样而造成的误判。

f. 使用集成了测量仪器 9 的"一种排液阀取样和分析装置"对油箱中的液压流体的颗粒污染度进行监（检）测，方便、快捷，操作容易。

g. 按本节所述的一种"排液阀取样和分析的方法与程序"，容易使取样和分析操作统一、一致，监（检）测结果准确性、真实性有保证。

h. "排液阀取样和分析的方法与程序"规定，在液压系统及其油箱处于刚停止工作状态下进行操作，由此消除了可能出现的危险。

(3) 结论

根据以上所述，试得出如下结论。

① 在现行标准中没有切实可行的方法与程序，能够保证从油箱中或油箱上排液阀提取到代表液压系统及其油箱中液压流体真实污染状态的液样。

② 本节提出的一种"从刚停止工作的油箱上排液阀取样和分析的方法与程序"符合 GJB 380.7A—2015 的规定；也符合 GB/T 17489—1998 规定的"提取油液的原则"；以及符合 GB/T 37162.1—2018 规定的"获取代表性液样"的程序及注意事项，包括符合"离线取样"和"从油箱或容器中抽吸"的规定。

③ 根据本节给出的液压流体污染分析方式分类及重新命名，"排液阀取样和分析"应为"排液阀在线分析"。在油箱的排液阀取样并进行在线分析，是一种液压流体监（检）测技术的进步。

④ 本节提出的方法与程序与现行相关标准中规定的方法与程序比较具有很多特点，但主要特点是在取样的方法与程序上保证了从油箱中可以获取有代表性的液样。

⑤ 根据相关标准的规定，针对一种"排液阀取样和分析的方法与程序"这种可以获得可靠监（检）测结果的良好取样和分析做法，应对所有类似的液压系统保持该方法与程序。

作者注：本节主要参考了①马军、李利、江辉军、李振水撰写的《基于油液污染度的飞机液压系统视情维修研究》；②昝现亮、李飞、王凤琴、李涛撰写的《轧机液压系统污染平衡机理分析及 PBCC 策略应用》；③赵修琪、卢继霞、卢文豪、王珊、杨林撰写的《介质恒压堵塞型油液污染度自动检测仪的设计》；④胡伟南、胡建雄、吴静撰写的《飞机液压系统固体颗粒污染危害分析研究》；⑤叶朋、郑波、赵春、王剑、刘新撰写的《运载火箭电液伺服系统多余物识别与防控措施研究》；⑥庄晓明撰写的《液压系统中油液的污染控制》；⑦孔令仁、卢继霞、苏子龙、徐维庆撰写的《基于滤膜堵塞型的油液污染检测系统的设计》；⑧曾如文、万登攀、李玉忠撰写的《液压油固体颗粒污染度检测误差分析及控制》等论文。

6.2 电液伺服阀的使用与维护

在液压阀的使用和维护中，一般以电液伺服阀的要求为最高。况且，现在的数控液压机液压系统中或包含电液比例/伺服阀，下面仅以电液伺服阀为例进行叙述。

6.2.1 电液伺服阀的选择与使用

(1) 电液伺服阀的选择

电液伺服阀的选择主要根据电液伺服阀控制系统的控制功率及动态响应指标要求来确定。选择电液伺服阀应考虑的主要因素为负载的性质与大小，控制速度、加速度的要求，系统的控制精度及系统频宽的要求，工作环境，可靠性及经济性，尺寸、重量限制以及其他要求。电液伺服阀的选择一般原则与步骤如下。

① 确定电液伺服阀的类型 根据系统的控制任务，负载的性质确定电液伺服阀的类型。一般位置和速度控制系统应采用方向流量电液伺服阀；力控制系统一般采用方向流量电液伺服阀，也可采用压力控制阀。但如材料试验机因其试件刚度高宜采用压力控制阀；大惯量外负载力较小的系统拟用压力-流量控制阀；系统负载惯量大、支承刚度小，运动阻尼小而又要求系统频宽和定位精度高的系统拟采用流量电液伺服阀加动压反馈网络实现。

② 确定电液伺服阀的种类和性能指标 根据系统的性能要求，确定电液伺服阀的种类及性能指标。一般来讲，电液伺服阀的流量增益曲线应有很好的线性度，并应具有较高的压力增益；还应具有较小的零位泄漏量，以免功率损失过大；再者电液伺服阀的不灵敏区要小，零漂、零偏也应尽量小，以减小由此引起的误差。具体而言，控制精度要求高的系统，拟采用分辨率高、滞环小的电液伺服阀；外负载力大时，拟采用压力增益高的电液伺服阀。

频宽应根据系统频宽要求来选择。频宽过低将限制系统的响应速度，过高则会把高频干扰信号及颤振信号传给负载。

参考文献［75］指出："对开环控制系统，伺服阀的相频宽比系统的要求相频宽大 3～5Hz 就足以满足一般系统的要求；但对欲获得良好性能的闭环控制系统而言，则要求伺服阀的相频宽（$f_{-90°}$）为负载固有频率（f_L）的 3 倍以上。"

另外，工作环境较差的场合拟采用抗污染性能好的电液伺服阀。

③ 确定电液伺服阀的规格 根据负载的大小和要求的控制速度，确定电液伺服阀的规格，及确定电液伺服阀的额定压力、额定流量及其他参数。

④ 选择合适的电流 电液伺服阀的额定电流有时可选择。较大的额定电流要求采用较大功率的电液伺服阀放大器，具有较大额定电流的电液伺服阀具有较强的抗干扰能力。

(2) 电液伺服阀的安装

液压系统在安装电液伺服阀前，必须采用电液伺服阀清洗板代替电液伺服阀，对液压系统进行循环冲洗。循环冲洗时要定期检查液压油液的污染度并及时更换新滤芯，直至液压系统的清洁度达到规定的要求后方可安装电液伺服阀。

另外，安装电液伺服阀前需注意，有参考资料介绍，安装座材料是否是铁磁性材料对电液伺服阀的流量增益可能会有影响。

(3) 线圈的接法

按电液伺服阀产品样本或参考 2.2.2.5 中的相关内容。

（4）颤振信号的使用

为了提高电液伺服阀的分辨率，改善系统性能，可以在电液伺服阀的输入信号上叠加一个高频低幅值的电信号即颤振信号。颤振信号使电液伺服阀始终处于一种高频低幅的微振状态，从而可减小或消除电液伺服阀中由于静摩擦力而造成的死区，并可以有效地防止出现阀的堵塞现象以及阀芯的卡紧。但颤振无助于减小力或力矩马达滞环所产生的电液伺服阀滞环值。

颤振信号的波形可以是正弦波、三角波或方波，通常采用正弦波，但三种波形的效果是相同的。颤振信号的幅值应足够大，其峰值应大于电液伺服阀的死区值。主控制阀阀芯的振幅为其最大行程的 $0.5\% \sim 1\%$（相当于主阀芯运动位移约为 $2.5\mu m$），振幅过大将会把颤振信号通过电液伺服阀传给液压缸及其负载，造成液压缸等过度磨损或疲劳破坏。颤振信号的频率应为控制信号频率的 $2 \sim 4$ 倍，以避免扰乱控制信号的作用。由于力或力矩马达的滤波衰减作用，较高的颤振频率要求加大颤振信号幅值，因此颤振频率不能过高。此外，颤振频率不应是电液伺服阀或液压缸谐振频率的倍数，以避免引起共振，造成电液伺服阀组件的疲劳破坏。

应注意，附加颤振信号也会增加滑阀节流边及阀芯外圆和阀套内孔的磨损，以及力矩马达的弹性支承元件的疲劳，缩短电液伺服阀的使用寿命。因此有参考文献提出，在一般情况下，应尽可能不加颤振信号。

（5）电液伺服阀的调整

在电液伺服阀通电前，务必按使用说明书检查电液伺服阀线圈接线是否正确。在其线圈接线正确的前提下方可通电，并可进行一些调整。

① 零点的调整。闲置未用的电液伺服阀在投入使用前应调整其零点，但必须在电液伺服阀试验台上进行。如在系统上调零，则得到的实际上是系统的零点，而不是电液伺服阀的零点。

② 颤振信号的调整。由于每台电液伺服阀的装配制造精度都会有差异，因此使用时如加颤振信号，则需针对该阀调整其颤振信号的频率和振幅，以使电液伺服阀的分辨率处于最高状态。有参考资料建议颤振信号的频率可从 1.5 倍的控制信号频率调起，此点与上文略有不同。

6.2.2 电液伺服阀的常见故障与排除

失效是执行某项规定能力的终结，失效后，该功能项有故障。"失效"是一个事件，而区别作为一种状态的"故障"。实际上，故障和失效这两个术语经常作为同义语使用。

故障是不能执行某规定功能的一种特征状态。它不包括在预防性维护和其他有计划的行动期间，以及因缺乏外部资源条件下不能执行规定功能。

失效通常是可靠性设计中研究的问题，失效是可靠的反义词，如工程中液压缸密封件失去原有设计所规定的密封功能称为密封失效。

失效包括完全丧失原定功能、功能降低或有严重损伤或隐患，继续使用会失去可靠性及安全性。

判断失效的模式，查找失效原因和机理，提出预防再失效的对策的技术活动和管理活动称为失效分析。

失效分析是一门新兴发展中的学科，其在提高产品质量，技术开发、改进，产品修复及仲裁失效事故等方面具有重要现实意义。

(1) 电液伺服阀的主要失效模式、原因及后果

电液伺服阀的主要失效模式、原因及后果见表 6-30。

表 6-30 电液伺服阀的主要失效模式、原因及后果

部件	失效模式	原因及后果
喷嘴-挡板式液压放大器	阀内装过滤器、喷嘴堵塞	液压油液污染可使阀内装过滤器和/或喷嘴堵塞,此时这种液压前置级放大器即无输出,但却造成了主控制阀以最大流量(压力)输出,从而可能造成重大事故
	冲蚀磨损失效	喷嘴、挡板和/或反馈杆端部小球等机械零件冲蚀磨损后,一般可降低阀的灵敏度及响应,严重时难以驱动主控制阀
滑阀式液压主控制阀	冲蚀磨损失效	含大量微小颗粒的液压油液高速冲刷阀口,致使阀口冲蚀磨损,零区特性改变,压力增益降低,零位泄漏增大
	淤积卡紧失效	污染物淤积在阀芯与阀套间隙中,不但可致使阀芯与阀套间的磨损加快,起动摩擦力加大,滞环增大,响应时间增长,工作稳定性变差,严重时可出现卡死(锁紧)
	卡紧失效	阀芯与阀套间隙的不均匀、污染物淤积以及其他一些因素可能造成侧向力,不平衡力可使阀芯与阀套金属表面直接接触,从而出现微观粘附(冷压接触),造成阀芯卡滞甚至卡紧。阀芯卡滞即可降低阀的灵敏度及响应,工作稳定性变差;阀芯卡紧致使阀失去了控制功能
	腐蚀失效	液压油液中的水分和添加剂中的硫或零件清洗剂中残留氯产生硫酸或盐酸,致使节流棱边腐蚀,造成与冲蚀相同的后果

(2) 电液伺服阀的常见故障分析与排除

电液伺服阀的常见故障分析与排除见表 6-31。

表 6-31 电液伺服阀的常见故障分析与排除

序号	常见故障	分析与排除
1	电液伺服阀无动作造成执行元件也无动作	①检查供油压力,如供油压力过低造成阀先导控制压力不够导致故障发生,则需根据电液伺服阀要求提高其阀先导控制压力,排除此故障 ②检查电液伺服阀安装,在一些特殊情况下如 P、T 装反导致故障发生,可通过正确安装电液伺服阀排除此故障 ③检查电液伺服阀安装,如安装面平面度超差或安装面孔位置度超差,造成电液伺服阀在安装时变形导致故障,可通过修改安装面使其合格排除此故障 ④检查电液伺服阀放大器,如其接线错误或接触不良(如接头虚焊)导致故障,可按图纸重新正确接线或焊牢接头,排除此故障 ⑤拆解、检查力马达或力矩马达线圈及插头和插头座,如断线、脱焊或接触不良导致故障发生,可采取适当方法维修排除此故障,但不能降低其绝缘电阻及绝缘介电强度 ⑥拆解、检查力马达或力矩马达等,如零件损坏导致故障,可更换已损坏零件排除此故障 ⑦拆解、检查阀芯,如污染物将阀芯卡紧导致故障,则需清洗、组装电液伺服阀排除此故障 ⑧拆解、检查喷嘴,如喷嘴被污染物堵塞导致故障,则需清洗、组装电液伺服阀排除此故障 ⑨拆解、检查挡板,如污染物粘附在挡板(反馈杆)上导致故障发生,则需清洗、组装电液伺服阀排除此故障 ⑩拆解、检查内装滤芯,如污染物堵塞滤芯导致故障发生,则需清洗、组装电液伺服阀;如滤芯已损坏,则应更换滤芯并全面检查、清洗各零件,然后再进行组装电液伺服阀排除此故障
2	电液伺服阀无输入信号但是执行元件发生移动	①拆解、检查主滑阀,如主阀芯卡滞在某一位置导致故障发生,可清洗、局部修研排除此故障 ②拆解、检查喷嘴,如某一喷嘴堵塞导致故障发生,可清洗此喷嘴排除此故障 ③拆解、检查节流孔,如某一节流孔堵塞导致故障发生,可清洗此节流孔排除此故障 ④拆解、检查喷嘴与挡板和力矩马达,如喷嘴与挡板间隙不相等、力矩马达气隙不等导致故障发生,则可通过修研、重新组装等排除此故障

序号	常见故障	分析与排除
3	电液伺服阀经常出现零位偏移（零偏）且零位漂移（零漂）量大	①检查供油压力，如因供油压力波动大导致零位漂移，可通过在阀前供油管路上加装液压蓄能器进行稳压来排除此故障 ②检查液压油液温度，如因油温波动大，导致油液黏度和内泄漏量等发生改变，引起零位漂移，可通过在系统中加装加热器和/或冷却器等油温控制装置，将油温控制在要求的范围内来排除此故障 ③检查液压油清洁度，如因液压油液污染加重，油液内颗粒污染物增多，导致零位漂移，可通过更换滤芯、提高过滤精度、冲洗液压系统或在压力管路上加装过滤器，甚至可以通过更换新油等来提高油液清洁度，以此排除故障 ④检查电液伺服阀，如在其零位调节螺钉可调节范围内无法调出零位导致故障发生，可通过清洗内装过滤器及两端节流孔，保证阀制造商的推荐调节 P 口最低供油压力（现行国家标准规定：调节先导供油压力至 10MPa，除非制造商另有规定）来排除此故障 ⑤检查电气如电液伺服阀放大器，如因放大器零位发生变化，引起电液伺服阀零位漂移，可通过对放大器零位调整，从而减小或消除零位漂移 ⑥拆解、检查电液伺服阀各件及其连接，如喷嘴堵塞、内装滤芯堵塞、衔铁组件松动、压合的喷嘴松动等造成零偏超差和不稳定导致故障发生，对于堵塞可采用清洗的方法，对于松动可采用确实可行的措施（如激光点焊）排除故障。其他一些常用调节零偏的方法还有：对于有阀套的电液伺服阀，可通过调节阀套位置来调节零偏；对于无阀套的电液伺服阀，可通过交换两边节流孔位置或另外更换一组节流孔来调节零偏；修研力矩马达气隙，也可消除或减小零偏 ⑦检查电气零位、液压零位和机械零位，如滑阀各零位不重合，致使弹性元件在阀处于零位时受力，如在温度变化时电液伺服阀发生零位漂移，可通过在电液伺服阀装配时，首先在喷嘴不起作用、反馈杆不受力情况下使滑阀处于机械零位；其次在喷嘴工作时，使滑阀在弹簧管不受力情况下使滑阀处于液压零位，即可实现机械零位和液压零位重合；最后装上力矩马达的线圈和磁钢后，使滑阀处于电气零位，即实现了电气零位、液压零位和机械零位重合。另外，弹性元件选用恒弹性模量材料等弹性模量温度系数小的材料，可减小弹性元件造成的零位漂移，从而排除此故障 ⑧检查多级电液伺服阀，如电液伺服阀各级不同时处于零位，导致故障发生，可通过对其逐级进行调零，使各级同时处于零位来排除此故障 ⑨拆解、检查电液伺服阀，如因阀内零件堵塞或松动（退）导致故障发生，可通过清洗、重新装配电液伺服阀，重新调试喷嘴等排除此故障 ⑩拆解、检查各节流孔，如因固定节流孔、可变节流孔（喷嘴）尺寸与形状及角度不一致（对称），造成液压参数不对称，液压零位偏移，两喷嘴差大于 0.3MPa，产生零漂，可通过互换两节流孔、用两固定节流孔的差异来弥补两喷嘴差异，或更换喷嘴，重新装配等来排除此故障 ⑪拆解、检查各零组件如阀体、阀套、阀芯衔铁等，如因温度变化，导致各零组件几何尺寸发生变化，引起零位漂移，可选用相同材料或线胀系数一致或接近的材料制造阀各零组件，注意提高零件加工、装配的对中度和对称性，以排除此故障 ⑫拆解、检查电液伺服阀各级液压放大器，如因其液压对称性差，放大了液压油液因温度变化而致使的黏度变化造成的零位漂移，可通过使节流孔孔形好、无毛刺、节流长度尽量短，使喷嘴孔形好、端面环带尽量窄、无毛刺，使节流孔和喷嘴具有足够高的硬度和耐磨性，提高各级液压放大器的对称性，从而排除此故障 ⑬检查阀芯位移量，如因阀芯位移量偏小，在温度变化时造成零位漂移增大，可通过适当增大阀芯位移量来排除此故障 ⑭拆解、检查电液伺服阀，如阀芯、阀套的节流边被冲蚀磨损，阀芯和阀套尺寸精度、几何精度有问题，阀芯和阀套配合不当如间隙过小（一般应大于 0.002mm）等造成零偏或零漂增大，可通过修理、更换阀零件来排除此故障
4	电液伺服阀输出流量少	①检查电液伺服阀，如供油压力过低导致故障发生，可通过适当增加电液伺服阀的供油压力排除此故障 ②检查电液伺服阀，如输入流量不足导致故障发生，可通过增加供油量排除此故障 ③检查电液伺服阀放大器及其输入信号，如电液伺服阀放大器输出功率不足导致故障发生，应先检查输入信号是否正常，再检查电液伺服阀放大器是否存在故障，根据检查结果维修或更换电液伺服阀放大器排除此故障 ④检查内装过滤器，如过滤器堵塞导致故障发生，可清洗或更换过滤器排除此故障。但同时也注意检查液压油液的清洁度
5	内泄漏量增大压力增益下降	①拆解、检查液压前置级放大器，如喷嘴与挡板间隙大导致先导级阀流量（或包括先导级阀流量在内的总的内泄漏量）过大导致故障，则采合适办法修复或更换零件排除此故障 ②拆解、检查主滑阀阀芯、阀套，如配合间隙、几何公差、表面粗糙度等导致内泄漏量增大而出现故障，可通过合适办法修复或更换零件排除此故障 ③拆解、检查电液伺服阀，如因阀套节流矩形孔边塌边导致故障发生，可采取配磨方法，严格控制阀芯与阀套的搭接量，保持节流矩形孔边锐边，排除此故障

序号	常见故障	分析与排除
6	电液伺服控制系统稳定性差稳态误差增大产生振动	①检查执行机构和被控对象,如产生爬行,则应从设计、制造和控制等方面查找原因,解决好动、静摩擦力等问题,排除此故障 ②检查液压液,如因油液含气量超标造成压力脉动和执行元件液压固有频率降低,导致系统连续振动这样的不稳定工况,可采取适当措施尽量降低油液的含气量排除此故障 ③检查电液伺服阀与伺服液压缸间的连接管道,如因管道弹性变形造成系统产生振动,可通过提高管道的刚度排除此故障 ④检查电液伺服阀与伺服液压缸间的连接管道,如因其中液压油液体积过大,导致系统稳定性差,可通过尽量缩短管道长度,适当减小管道直径,或改变液压缸结构(如适当增大活塞有效面积)等措施,排除此故障 ⑤检查反馈机构,如因反馈机构存在由间隙造成的死区导致系统的稳定性差,可通过减小或消除该死区排除此故障 ⑥检查液压动力源和负载,如因供油压力和负载发生突变,导致系统产生自振,可采取加装液压蓄能器等措施提高系统的抗干扰能力,排除此故障 ⑦检查电液伺服阀,如因射流管式电液伺服阀在供油压力高时产生振动,应另选其他型式的电液伺服阀以排除此故障 ⑧检查液压系统,如因系统随动速度大,系统稳定性差,稳态误差大,导致故障发生,可通过适当降低被控对象速度排除此故障 ⑨检查作于在伺服液压缸上的负载力,如因负载力大,系统稳定性差,稳态误差大,导致故障发生,可适当减小执行机构及被控对象运动部件质量,采用液压蓄能器稳压等措施,排除此故障 ⑩检查电液伺服阀和机械信号传递机构等,如电液伺服阀存在正遮盖、机械信号传递机构存在变形或间隙,产生死区、不灵敏区,系统中各部分油液泄漏产生无效腔不灵敏度,无效腔的存在和死区大小的变化导致系统不稳定,可通过选用负遮盖电液伺服阀、减小或消除机械信号传递机构间隙,提高机械信号传递机构刚度,减小泄漏量等措施排除此故障
7	电液伺服阀动态特性差	①检查供油压力,如因供油压力过低,造成速度放大系数小,响应速度低,导致动态特性差,可通过提高供油压力排除此故障。但供油压力不能超过极限值,否则将造成系统发生振动乃至不稳定 ②检验液压油液温度,如因油温过低、黏度过大,造成系统响应速度降低,可通过选择合适的液压油液,并将油液温度控制在规定的范围内,消除或减小油液黏度受油温的影响,从而排除此故障 ③检查液压油液及电液伺服阀,如因油液中污染物挤入阀芯、阀套间,造成阀芯运动卡滞或阻力增大,致使电液伺服阀响应速度降低,可通过清(冲)洗电液伺服阀排除此故障 ④检查液压系统背压,如因背压过高,虽然提高了系统的稳定性,但系统的动特性可能因此变差,可通过调整系统背压将其控制在合适的范围内来排除此故障 ⑤检查液压伺服阀的输入电流,如因输入电流信号的幅度过大,造成系统的动态特性变差,超调量增大,可通过调整输入电流将其控制在一定范围内来排除此故障 ⑥拆下电液伺服阀检查阀的安装面,如因安装面平面度超差或安装面孔位置度超差,造成电液伺服阀在安装时变形过大,导致系统动态特性变差,可通过修改安装面使其合格排除此故障 ⑦检查电液伺服阀,如因阀套通流面积小,致使流量放大系数小,灵敏度低,造成系统响应速度慢,可增大阀套的通流面积和采用负遮盖电液伺服阀,使流量系数增大,提供阀的灵敏度,使系统的响应速度加快,排除此故障 ⑧拆解、检查力矩马达,如因力矩马达存在磁滞现象或各零部件间产生摩擦,造成系统动态性能变差,可通过尽量减小力矩马达的磁滞现象和消除各零部件间的摩擦来排除此故障 ⑨拆解、检查电液伺服阀,如因电液伺服阀机械信号传递(反馈)机构间隙增大致使阀超调量调节时间增长,导致系统动态特性变差,可通过维修更换零件的方法排除此故障 ⑩检查系统设计及系统的修改情况,如因为了提高系统的稳定性,过分地增大伺服液压缸的活塞有效面积,造成了系统的动态性能变差,可通过设计计算及平衡好系统的稳定性与快速性关系,改为适度增大伺服液压缸的活塞有效面积,以排除此故障

(3) 电液伺服阀不稳定及其排除

液压动力源中液压泵的流量脉动引起的压力脉动、溢流阀的不稳定、管道的谐振、系统中各种非线性因素引起的极限环振荡,以及伺服阀引起的不稳定等,都会引起系统振荡。

电液伺服阀中的游隙和阀芯上的稳态液动力造成的压力正反馈,都可以引起系统的不稳定。电液伺服阀与液压缸间的管道谐振也会引起系统振荡。电液伺服阀的电气-机械转换器的谐振频率、液压前置级放大器或输出级液压放大器的谐振频率与液压缸的谐振频率、管道

的 1/4 波长频率相重合或成倍数时，也可能引发共振。

电液伺服阀中的游隙引起的不稳定可通过改善过滤和加颤振来减弱或消除；与管道及结构谐振频率有关的振荡，则可通过改变管道的长度及支承、液压缸安装和连接等来减弱或消除。

(4) 电液伺服阀啸叫及其排除

液压源的压力脉动幅值应尽可能小，因为大的压力脉动幅值，在某些条件下容易引起伺服阀啸叫，导致力矩马达的弹簧管破裂。

具体可参考文献［27］或相关论文等。根据笔者经验，一旦电液伺服阀发生啸叫，除改变 T 口阻尼外，其他措施一般效果都不大确定。

6.2.3 电液伺服阀的维护

对电液伺服阀的维护主要是保证电液伺服阀能在规定的使用条件下使用，各制造商对其制造的电液伺服阀使用条件一般都有详细规定，如 MOOG G761 系列两级电液伺服阀。

MOOG G761 系列两级电液伺服阀常规技术参数见表 6-32。

表 6-32　MOOG G761 系列两级电液伺服阀常规技术参数

工作压力[①]	油口 P、X、A 和 B	≤31.5MPa
	油口 T	≤31.5MPa
温度范围	油液温度	−29～135℃
	环境温度	−29～135℃
密封材料[②]	氟橡胶	
工作介质	石油基液压油，或根据需要选用其他的油液	
推荐油液黏度	60～450SUS@38℃	
系统过滤	选用无旁路、带报警装置的高压过滤器安装在系统的主油路中。如有可能，直接将滤油器安装在伺服阀的供油口处	
清洁等级(ISO 4660)	常规使用	＜14/11
	长寿命使用	＜13/10
过滤精度(推荐值)	常规使用	$\beta_{10}≥75$
	长寿命使用	$\beta_5≥75$
安装要求	可安装在任意固定位置或跟系统一起运动	
振动	三轴，30g	
保护等级	EN5052P；IP65 级(带配套插头时)	

① 特殊订货的最大工作压力为 55MPa。

② 可根据用户需要选用其他密封材料。

作者注：1. 原样本中推荐清洁等级所引用的国际标准"ISO 4406"有误。

2. 表 6-32 摘自穆格中国 G761 系列伺服阀纸质样本，有修改。

尽管可能已保证了电液伺服阀在规定条件下使用，但其维护还应注意以下问题。

① 电液伺服阀需做定期维护，定期返回制造商处做一些测试和调整。

② 电液伺服阀用户一般不得自行拆解电液伺服阀。

③ 设有外部调零机构的电液伺服阀，应按产品使用说明书进行操作，但只有在电液伺服阀试验台上才能对电液伺服阀本身进行调零。

④ 电液伺服阀阀内过滤器应按产品使用说明书的规定，定期检查、清洗和更换。

⑤ 安装在电液伺服阀前带报警装置的高压过滤器不但要在报警时及时处理，而且也要定期检查更换滤芯。

⑥ 液压油液应定期化验，达到换油指标时及时换油。

⑦ 电液伺服阀连续工作 3～5 年，应进行更换。

6.3 电液伺服阀控制液压缸的使用与维护

在数控液压机液压系统中，其主缸可能是比例/伺服控制液压缸。有动态特性要求的电液伺服阀控制液压缸的使用与维护要求可能更高，下面主要以电液伺服阀控制液压缸为例进行叙述。

6.3.1 电液伺服阀控制液压缸的使用

(1) 液压缸的使用工况

液压缸的使用工况一般是指由液压缸的用途所决定的环境条件、压力、速度、工作介质等一组特性值，液压缸设计时一般以额定使用工况给出。

液压缸使用时的环境条件应包括环境温度及变化范围、倾斜和/或摇摆状况、振动、空气湿度（含结冰）、盐雾、环境污染、辐射（含热辐射）等；压力包括公称压力和/或额定压力；速度包括最低（稳定）速度和最高速度；工作介质包括液压油液品种、液压油液黏度和污染等级等。

额定使用工况是液压缸设计时必须给出或确定的，并按此设计液压缸才能保证液压缸使用寿命足够。

极限使用工况是一个特殊工况，在此工况下，液压缸只能运行一个给定时间，否则将对液压缸造成不可维修的损伤，如在耐压压力下或高温试验时的超时运行。

① 环境温度范围　额定使用工况：一般情况下，液压缸工作的环境温度应在-20～50℃范围。

极限使用工况：有标准规定，在环境温度为65℃±5℃时，工作介质温度在70℃±2℃。液压缸应可以规定速度全行程连续往复运行1h；在环境温度为-25℃±2℃时，工作介质温度在-15℃，液压缸应可以规定速度全行程连续往复运行5min。所以，极限环境温度范围暂定为：-25～65℃。

② 最高额定压力　因为最高额定压力即为耐压压力，耐压压力理论上是由液压缸结构强度，主要是由液压缸广义缸体结构强度决定的，如果液压缸结构已确定，那么该液压缸的耐压压力也可确定。

在JB/T 3818—2014《液压机　技术条件》中对自制液压元件（如液压缸）规定："当额定压力小于20MPa时，耐压试验压力应为其1.5倍；当额定压力大于或等于20MPa时，耐压试验压力应为其1.25倍。"由此可以计算出耐压压力亦即最高压力。

尽管在液压缸设计中可以通过类比、反求设计等方法确定最高额定压力，但根据JB/T 10205—2010《液压缸》，通常还是以1.5倍的公称压力确定耐压压力亦即最高额定压力。

JB/T 10205—2010《液压缸》规定其适用于公称压力为31.5MPa以下，以液压油或性能相当的其他矿物油为工作介质的单、双作用液压缸。

在GB/T 2346—2003《流体传动及元件　公称压力系列》中31.5MP以下为25MPa，则JB/T 10205—2010《液压缸》规定了耐压压力（最高额定压力）为1.5×25MPa=37.5MPa的以液压油或性能相当的其他矿物油为工作介质的单、双作用液压缸。

笔者建议通过制造商与用户的协商，将液压缸的耐压（试验）压力确定为：当公称压力大于或等于20MPa时，耐压试验压力应为1.25倍公称压力。

如果是这样，则JB/T 10205—2010《液压缸》规定了最高额定压力（耐压压力）为1.25×25MPa=31.25MPa的以液压油或性能相当的其他矿物油为工作介质的单、双作用液

压缸。

还要强调几点：

a. 最高额定压力或耐压（试验）压力应与相应温度组合成组合工况；

b. 最高额定压力或耐压（试验）压力应是静态压力，且可以验证；

c. 最高额定压力是仅次于（最低）爆破压力的压力。

③ 速度范围　在液压缸试验中，一般（最低）起动压力对应的不是最低速度，因为此时只是液压缸起动，而非具有稳定的速度。

现行标准包括密封件标准规定的液压缸最低速度一般没有低于 4.0mm/s 的，通常最低速度为 8.0mm/s；船用数字液压缸的最低稳定速度应不大于每秒 20 个脉冲当量。

液压缸的最高速度与密封件及密封系统设计密切相关，丁腈橡胶制成的密封圈一般限定速度在 500mm/s 以下，通常最高速度为 300mm/s 以下；船用数字液压缸的最高速度可达到每秒 2000 个脉冲当量。

速度高于 200mm/s 的液压缸必须设置缓冲装置。

④ 工作介质　JB/T 10205—2010《液压缸》中规定的单、双作用液压缸是以液压油或性能相当的其他矿物油为工作介质的。工作介质必须与材料主要是密封材料相容。

除特殊要求外，在其他液压缸试验时，试验台用液压油温度在 40℃ 时的运动黏度应为 $29\sim74mm^2/s$，且最好与用户协调一致。

GB/T 7935—2005《液压元件　通用技术条件》中规定试验用液压油温度在 40℃ 时的运动黏度应为 $42\sim74mm^2/s$（特殊要求另做规定）。

JB/T 6134—2006《冶金设备用液压缸（$PN\leqslant25MPa$）》中规定的试验用油液黏度等级为 VG32 或 VG46。

JB/T 9834—2014《农用双作用油缸　技术条件》中规定的试验用油液推荐用 N100D 拖拉机传动、液压两用油或黏度相当的矿物油，其在 40℃ 时的运动黏度应为 $90\sim110mm^2/s$。

JB/T 3818—2014《液压机　技术条件》中规定油箱内的油温（或液压泵入口的油温）最高不应超过 60℃，且油温不应低于 15℃。

用户与制造商协商确定有高温性能要求的液压缸，输入液压缸的工作介质温度一般不能高于 90℃，且应限定高温下的运行时间。

一般液压缸（包括船用数字缸）的试验用油液的固体颗粒污染等级不得劣于 GB/T 14039—2002 规定的—/19/15；DB44/T 1169—2013《伺服液压缸》中规定的试验用油液的固体污染等级不得劣于 GB/T 14039—2002 规定的 13/12/10。

以上内容仅提供给读者做一些比较、参考，工作介质选择还是应按本手册 2.2.6 和 6.1。

(2) 液压缸使用的技术要求

① 一般要求

a. JB/T 10205—2010《液压缸》规定了公称压力在 31.5MPa 以下，以液压油或性能相当的其他矿物油为工作介质的单、双作用液压缸的技术要求。对于公称压力高于 31.5MPa 的液压缸可参照该标准执行。

b. 一般情况下，液压缸工作的环境温度应在 $-20\sim50℃$ 范围内，工作介质温度应在 $-20\sim80℃$ 范围内，最好将工作介质温度限定在 $15\sim60℃$ 范围内。

c. 液压系统的清洁度应符合 JB/T 9954—1999《锻压机械液压系统　清洁度》的规定。

d. 一般应使用液压缸设有的起吊孔或起吊钩（环）吊运和安装液压缸，避免磕碰、划伤液压缸，保护好标牌，防止液压缸锈蚀。

e. 液压缸安装和连接应尽量使活塞和活塞杆免受侧向力，安全可靠，并保证精度。

f. 尽量避免以液压缸作为限位器使用。

g. 安装有液压缸的液压系统必须设置安全阀，保证液压缸免受公称压力 1.1 倍以上的超压压力作用，尤其要避免因活塞面积差引起的增压的超压。

作者注：可按所在主机超负荷试验压力设定安全阀压力，尤其应以 1.1 倍额定压力设定的超负荷试验压力。

② 性能要求

a. 液压缸在试运行中应能方便排净各容腔内空气。

b. 液压缸应能在规定的最低起动压力下正常起动，且在低压下能平稳、均匀运行，应无振动、爬行和卡滞现象。

c. 除活塞杆密封处外，其他各部位不得有外泄漏（渗漏）；停止运行后，活塞杆密封处不得有外泄漏；运行中活塞杆密封处（包括低压下）的外泄漏量应符合相关标准规定。

d. 液压缸的内泄漏量应符合相关标准规定。

e. 在公称压力以下，负载效率 90% 以上的液压缸应能正常驱动负载。

f. 液压缸行程及公差应符合相关标准规定或设计要求。

g. 有行程定位性能的液压缸，其定位精度和重复定位精度应符合相关规定。

h. 液压缸的耐压性、耐久性、缓冲性能、高温性能等应符合相关标准规定。

③ 安全技术要求

a. 液压缸使用时，应根据液压缸设计时给出的失效模式进行风险评价，并采取防护措施。

b. 活塞杆连接的滑块（或运动件）有意外下落危险的应采取安全防范措施。

c. 液压缸意外超压时有爆破危险，最好在液压缸外部设置防护罩。

d. 液压缸安装必须牢固、可靠，避免倾覆、脱落、断开。

e. 安装和连接液压缸的紧固件宜尽量避免承受剪切力，并应采取防松措施。

f. 在液压缸设计强度、刚度内使用液压缸，避免由于推动或拉动负载引起液压缸结构的过度变形。液压缸在推动负载时活塞杆有纵向弯曲的可能，应避免其超过设计规定值。

g. 液压缸活塞（活塞杆）运动速度超过 200mm/s 时，活塞必须经缓冲后才能与缸底或缸盖（导向套）接触。

h. 一般情况下，工作介质温度超过 90℃、环境温度超过 65℃或低于－25℃时，必须停机。

i. 液压缸泄漏会造成环境污染，尤其液压油液喷射可能造成更大危害，应采取防护措施消除人身伤害和火灾危险。

j. 使用中的液压缸不可检修、拆装。

6.3.2 电液伺服阀控制液压缸的失效模式与风险评价

(1) 电液伺服阀控制液压缸的失效模式

① 缸体失效模式

a. 在额定静态压力下出现的失效模式：

ⅰ. 结构断裂；

ⅱ. 在循环试验压力作用下，因疲劳产生的任何裂纹；

ⅲ. 因变形而引起密封处的过大泄漏；

ⅳ. 产生有碍压力容腔体正常工作的永久变形。

额定静态压力验证准则：被试压力容腔不得出现如上任何一种失效模式。

b. 在额定疲劳压力下出现的失效模式：

ⅰ. 结构断裂；

ⅱ. 在循环试验压力作用下，因疲劳产生的任何裂纹；

ⅲ. 因变形而引起密封处的过大泄漏。

额定疲劳压力验证准则：被试压力容腔不得出现如上任何一种失效模式。

作者注：可参考 GB/T 19934.1—2021 或本手册第 5.4.8 节。

② 活塞杆失效模式　一般情况下，活塞杆失效模式：

a. 冲击损坏；

b. 压凹、刮伤和腐蚀等损坏；

c. 弯曲或纵弯；

d. 因变形而造成活塞杆表面镀层损坏。

活塞杆失效判定准则：活塞杆不得出现如上任何一种失效模式。

③ 一般液压缸失效模式　除上述液压缸缸体、活塞杆失效模式外，一般液压缸的主要失效模式有：

a. 液压缸安装或连接部结构变形或断裂；

b. 液压缸附件结构变形或断裂；

c. 弯曲或纵弯；

d. 缸零件冲击、压凹、刮伤和腐蚀等损坏；

e. 有除活塞杆密封处外的外泄漏；

f. 内泄漏大，活塞杆密封处外泄漏大；

g. 规定的高温或低温下，内和/或外泄漏大；

h. 外部污染物（含空气）进入液压缸内部；

i. 起动压力大；

j. 活塞和活塞杆运动时出现振动、爬行、偏摆或卡滞等异常现象；

k. 金属、橡胶等缸零件重度磨损，工作介质被重度污染；

l. 缸零件间连接松脱；

m.（最大）缸行程变化，或行程定位不准；

n. 排气装置无法排出或排净液压缸各容腔内空气；

o. 活塞或活塞头与其他缸件过分撞击；

p. 油口损坏。

作者注：在 HG/T 20580—2020《钢制化工容器设计基础规范》附录 A（资料性）中规定的"压力容器常见的失效模式"分为"短期失效模式、长期失效模式和循环失效模式""在压力容器设计时，并不要求考虑所有失效模式，但应考虑下列失效模式：①脆性断裂；②韧性断裂（包括超量局部应变引起的裂纹形成或韧性撕裂）；③超量变形引起的接头泄漏；④弹性失稳或弹塑性失稳（屈曲）"可以参考。

(2) 电液伺服阀控制液压缸的风险评价

风险是伤害发生概率和伤害发生的严重程度的综合。但在所有情况下，液压缸应该这样设计、选择、应用、安装和调整，即在发生失效时，应首先考虑人员的安全性，应考虑防止对液压系统和环境的危害。

液压缸在设计时，应考虑所有可能发生的失效（包括控制部分的失效）。

风险评价是包括风险分析和风险评定在内的全过程，是以系统方法对与机械相关的风险进行分析和评定的一系列逻辑步骤。目的是为了消除危险或减小风险，如通过风险评价，存在起火危险之处的液压缸，应考虑使用难燃液压液。

风险评定是以风险分析为基础和前提的，进而最终对是否需要减少风险做出判断。

风险分析包括：

① 机械限制的确定；

② 危险识别；

③ 风险评估。

风险评价信息包括：

① 有关机械的描述；

② 相关法规、标准和其他适用文件；

③ 相关的使用经验；

④ 相关人类工效学原则。

其中用户液压缸使用（技术）说明书、液压缸预期使用寿命说明（描述）、失效模式、相关标准等，对液压缸设计与制造都非常重要。

另外，单台液压缸可以正常承受的压力与其额定疲劳压力和额定静态压力有一定的关系。这种关系可以进行估算，并且可作为液压缸在单独使用场合下寿命期望值的评估基础。这种评估必须由用户做出，用户在使用时还必须对冲击、热量和误用等因素做出判断。

6.3.3 电液伺服阀控制液压缸的在线监（检）测与故障诊断

(1) 电液伺服阀控制液压缸的在线监（检）测

液压缸在线监（检）测主要是利用安装在机器和/或液压缸上、液压系统上的仪器仪表或装置对液压缸各容腔压力、温度，输入输出流量、工作介质污染度（清洁度），活塞及活塞杆运动速度、加速度及位置等进行监（检）测。

一般液压机上的液压缸主要是进行压力、温度和活塞及活塞杆运动极限位置监（检）测。

① 压力监测　液压缸在线监测压力经常使用一般压力表、电接点压力表、数字压力表等仪表。其中数字压力表必须配有压力传感器或压力模块等感压元件一同使用。

一般压力表只能目视监测。永久安装的压力表，应利用压力限制器（压力表阻尼器）或压力表开关来保护，且压力表开关关闭时须能完全截止。压力表量程的上限至少宜超过液压缸（液压系统）公称压力的 1.75 倍左右。

电接点压力表和数字压力表可进一步通过检测到的压力并控制其他元件，限定或调节（整）液压缸（液压系统）的压力。

用于检测液压缸压力的压力表（或压力传感器）测量点宜位于离液压缸油口 2～4 倍连接管路内径处。

② 温度监测　液压缸在线温度监测装置一般应安装在油箱内。为了控制工作介质的温度范围，一般液压系统上都设计有冷却器和/或加热器（统称热交换器）。

最简单的温度监测装置是安装在油箱上的液位液温计，它只能用于目视监测。

液压温度计或控制器既可用于油箱温度检测，又可用于热交换器控制。

在液压缸出厂检验时，一般要求用于检测液压缸温度的测量点应位于液压缸油口 4～8 倍连接管路内径处。

③ 工作介质污染度监测　除大型、精密、贵重的液压设备外，一般液压系统或液压设备上不安装工作介质污染度在线监测装置如在线颗粒计数器。

为了较为准确监测液压缸容腔内工作介质的污染度，应按相关标准要求设置油样取样口。

实践中最为困难的是能否坚持定期监测，并在监测到问题时及时处理。

在 JB/T 11588—2013《大型液压油缸》中规定用油污检测仪对液压油缸排出的油液进

行检测。

④ 活塞杆运动极限位置监（检）测　非以液压缸为实际限位器的一般液压缸，监（检）测活塞或活塞杆位置主要是为了防止活塞直接与缸底和/或缸盖（导向套）接触（碰撞），即限定活塞和活塞杆行程的极限位置，其经常采用的是行程开关和接近开关或是在数控系统中设定软限位。

有行程定位和重复定位精度要求的液压缸，一般在液压缸内或外设置位移传感器（如磁致伸缩位移传感器），或在液压缸活塞杆（或其连接件，如滑块）上安装或连接位移传感器（LWH 系列电位计式直线位移传感器），其中在液压机上采用最多的是光栅位移传感器，亦即光栅尺。

(2) 电液伺服阀控制液压缸的故障诊断

因液压缸失效后，液压缸某一或若干功能项有故障，所以，根据液压缸失效模式，对液压缸故障进行诊断。

液压缸故障不单单表现为在规定的条件下及规定的时间内不能完成规定的功能，而且可能表现为在规定的条件下及规定的时间内，一个和几个性能指标超标，或液压缸零部件损坏（包括卡死）。

本节所列故障不包括因液压控制系统和/或液压缸驱动件（如滑块）非正常情况而造成的液压缸故障或故障假象。

液压缸常见故障及诊断见表 6-33。

表 6-33　液压缸常见故障及诊断

序号	故障	诊断
1	缸体变形或结构断裂	①缸体结构、材料、热处理等可能有问题,其强度、刚度不够 ②压力过高或受耐压压力作用时间过长 ③活塞高速撞击缸底和/或缸盖（导向套） ④缓冲腔内压力峰值过高 ⑤缸零件间连接有问题 ⑥缸安装和连接有问题 ⑦受外力作用造成的缸体变形 ⑧低温下缸零件材料选择有问题等
2	缸体因疲劳产生裂纹	①缸体结构、材料、热处理等可能有问题 ②各表面尤其是缸内径表面质量有问题 ③过渡圆角、砂轮越程槽或退刀槽等处应力集中 ④压力过高或交变力频率过高 ⑤已达到使用寿命等
3	缸零件如活塞杆因冲击、压凹、刮伤和腐蚀等造成损坏	①受外力作用造成活塞杆损坏 ②受外部环境因素影响造成活塞杆损坏 ③缺少必要的活塞杆保护措施,如没有加装活塞杆防护套 ④活塞杆材料选择不合理 ⑤活塞杆（机体）表面硬度低 ⑥活塞杆表面镀层硬度低等
4	活塞杆受力后弯曲或失稳	①液压缸设计不合理或超过设计负载、工况（包括行程）使用 ②缸安装和/或连接有问题等
5	因变形而造成活塞杆表面镀层损坏	①热处理尤其是活塞杆表面热处理可能有问题,包括硬度不均 ②活塞杆刚度不够或受超高负载作用 ③镀层太厚或太薄,镀层硬度低 ④镀层质量有缺陷等
6	液压缸安装或连接部结构变形或断裂	①液压缸及其附件设计、安装和/或连接不合理 ②螺纹连接或标准件性能等级低 ③连接松脱,螺纹连接缺少防松措施 ④接合件（包括附件）强度、刚度低 ⑤没有按规定及时检修、维护,如活塞杆螺纹锁紧螺母松脱、销轴上开口销或锁板脱落等 ⑥超高负荷或疲劳断裂等

序号	故障	诊断
7	液压缸整体受力后弯曲或失稳	①设计、安装和/或连接、使用不合理 ②活塞杆刚度不够或受超高负载作用等
8	有除活塞杆密封处外的外泄漏	①静密封的设计、制造有问题 ②密封件质量可能有问题 ③漏装、少装或装错(装反)了密封件(含挡圈) ④缸零件受压变形或缸筒膨胀过大 ⑤密封件损伤,主要可能是安装时损伤 ⑥沟槽和/或配合偶件尺寸、几何精度或表面粗糙度有问题 ⑦超高温、超低温下运行 ⑧缸体结构、材料、热处理等有问题,表面会出现渗漏 ⑨如在焊接结构的缸体焊缝处泄漏,则是焊接质量差等
9	活塞杆密封处外泄漏量大	①活塞杆密封(系统)设计不合理 ②密封件质量可能有问题 ③漏装、少装、装错(装反)了密封圈(含挡圈) ④活塞杆在超高速下运行 ⑤在超高温、长时间下运行 ⑥在超低温下运行 ⑦活塞杆变形,尤其是局部压凹、弯曲 ⑧活塞杆几何精度有问题 ⑨活塞杆表面(含镀层)质量有问题 ⑩导向套或缸盖变形 ⑪活塞杆(局部)磨损 ⑫密封圈磨损,包括防尘密封圈失效导致的 ⑬工作介质(严重)污染 ⑭活塞杆密封系统因内、外部原因损坏等
10	内泄漏量大	①活塞密封(系统)包括间隙密封设计不合理 ②密封件沟槽设计错误或制造质量差 ③缸内径尺寸和公差、几何精度或表面质量差 ④缸内径与导向套(缸盖)内孔同轴度有问题 ⑤超过1 m行程的液压缸缸筒中部受压膨胀过大 ⑥密封件破损,包括被绝热压缩的高温空气烧伤(烧毁) ⑦缸内径、密封件磨损或已达到使用寿命 ⑧液压缸受偏载作用 ⑨在超高压、超低压、超高温、超低温下运行 ⑩工作介质(严重)污染 ⑪高频、短行程往复运动致使缸筒局部磨损 ⑫可能长期闲置或超期贮存,密封件性能降低 ⑬活塞往复运动速度太快等
11	高温下,有除活塞杆密封处外的外泄漏	①设计对高温这一因素欠考虑,主要是热膨胀问题
12	高温下,活塞杆密封处外泄漏量大	②密封件沟槽设计、密封件选型、工作介质选择等有问题 ③对密封件预期寿命设定过高等
13	高温下,内泄漏量大	
14	低温下,有除活塞杆密封处外的外泄漏	①设计对低温这一因素欠考虑,主要是冷收缩问题
15	低温下,活塞杆密封处外泄漏量大	②密封件沟槽设计、密封件选型、工作介质选择等有问题 ③对密封件预期寿命设定过高等
16	低温下,内泄漏量大	

序号	故障	诊断
17	外部污染物(含空气)进入液压缸内部	①没有设计、安装防尘密封圈 ②液压缸结构设计不合理,活塞杆端安装导入倒角缩入防尘密封圈内 ③防尘密封圈沟槽设计、制造有问题 ④防尘密封圈选型有问题,如在低温、高温下的选型 ⑤防尘密封圈被内压破坏(撕裂)或顶出 ⑥防尘密封圈被外部尖锐物体刺穿 ⑦防尘密封圈被冰损坏或飞溅焊渣烧坏 ⑧防尘密封圈磨损 ⑨防尘密封圈被外部水、水蒸气、盐雾或其他物质损坏 ⑩防尘密封圈在超低温、超高温下损坏 ⑪防尘密封圈被损坏的活塞杆表面损坏 ⑫防尘密封圈被连接件或附件损坏 ⑬防尘密封圈被重度环境污染损坏(包括泥浆等) ⑭防尘密封圈被臭氧、紫外线、热辐射等损坏 ⑮液压缸吸空时,混入空气从液相分离 ⑯防尘密封圈缺少必要的活塞杆防护罩(套)保护等
18	活塞和活塞杆无法起动	①长期闲置且保护不当,活塞和/或活塞杆锈死 ②密封件与金属件粘着或对金属件腐蚀 ③活塞密封损坏或无密封(无缸回程) ④密封圈压缩率过大或溶胀过大 ⑤聚酰胺等材料制造的挡圈、支承环等吸湿后尺寸变化 ⑥金属件间烧结、粘连(粘着) ⑦缸零件变形,尤其可能是活塞杆弯曲 ⑧异物进入液压缸内部 ⑨装配质量问题,尤其可能是配合问题等
19	(最低)起动压力大	①密封系统设计不合理,密封件选择错误 ②密封圈压缩率过大或溶胀过大 ③聚酰胺等材料制造的挡圈、支承环等吸湿后尺寸变化 ④密封系统冗余设计 ⑤导向与支承结构设计不合理 ⑥缸零件公差与配合、几何精度、表面质量有问题 ⑦支承环沟槽设计、加工有问题,或支承环尺寸有问题 ⑧装配质量问题,尤其可能是配合问题等
20	活塞和活塞杆运动时出现振动、爬行、偏摆或卡滞等异常	①容腔内空气无法排出或未排净 ②工作介质中混入空气或其他污染物 ③缸径尺寸和公差、几何精度有问题 ④缸径或导向套同轴度有问题 ⑤缸径和/或导向套内孔表面质量有问题 ⑥活塞杆弯曲或失稳 ⑦活塞杆外径尺寸和公差、几何精度有问题 ⑧活塞杆表面质量有问题 ⑨活塞和/或活塞杆密封有问题 ⑩缸径和/或活塞杆局部磨损 ⑪液压缸装配质量问题 ⑫液压缸安装和/或连接问题等
21	缸输出效率低或实际输出力小	①设计时活塞尺寸圆整不合理,甚至设计计算错误 ②装配质量差,缸零件间有干涉或干摩擦 ③摩擦力或带载动摩擦力过大,最可能是密封圈、支承环或挡圈等压缩率过大 ④活塞密封系统装置泄漏量大 ⑤油温过高,内泄漏加大 ⑥系统背压过高 ⑦缸容腔压力测量点或压力表有问题 ⑧系统溢流阀设定压力低等

序号	故障	诊断
22	金属、橡胶等缸零件快速或重度磨损	①缸零件公差与配合的选择有问题 ②相对运动件表面质量差,表面硬度低或硬度差不对 ③工作介质(严重)污染或劣化 ④高温或低温下零件尺寸(形状)变化 ⑤缸零件加工工艺选择不合理,如缸筒选择滚压还是珩磨做精整加工以适应不同材料的密封件、支承环和挡圈 ⑥缸零件及零件间几何精度、表面粗糙度等有问题 ⑦装配质量有问题 ⑧缸安装和/或连接有问题 ⑨缸零件变形,尤其是活塞杆弯曲或失稳 ⑩已达到使用寿命等
23	工作介质污染	①使用劣质液压油液试验液压缸 ②液压缸及液压系统其他部分的清洁度在组装前不达标 ③加注工作介质时没有过滤 ④油箱设计不合理,或加注劣质液压油液 ⑤拆解、安装液压缸或液压系统其他元件、附件和管路等带入污染物 ⑥外泄漏油液直回油箱 ⑦防尘密封圈破损,在液压缸的缸回程时带入污染物 ⑧过滤器滤芯没有及时清理或更换 ⑨液压元件中的零配件含密封件(严重)磨损 ⑩工作介质超过换油期等
24	缸零件间连接松脱	①设计不合理,包括螺纹连接缺少防松措施 ②没有按规定及时检修、维护 ③加工、装配质量有问题,包括螺纹连接拧紧力矩未达到规定值 ④液压缸超负载工作 ⑤设计时对振动、倾斜、摇摆等欠考虑 ⑥高速撞击等
25	(最大)缸行程变化	①缸内零件连接松脱 ②缸零件定位设计不合理,或没有定位 ③装配质量有问题,包括螺纹连接拧紧力矩未达到规定值 ④缸零件刚度不够 ⑤静压、冲击造成缸零件变形 ⑥缓冲装置处有问题,其中一种可能是出现困油等
26	行程定(限)位不准	①行程定位结构设计不合理、不可靠 ②定(限)位件松脱,如安装在活塞杆上的定位卡箍松动 ③定(限)位装置精度差,包括输入装置精度差 ④其他因素,如传感器、控制系统问题等
27	排气装置无法排出或排净液压缸各容腔内空气	①设计不合理,或没有排(放)气装置设计 ②密封件安装工艺有问题,唇形密封圈凹槽内存有空气 ③试验时与主机安装时的液压缸放置位置不同,致使液压缸无法自动放气或无法接近、操作排(放)气装置 ④液压缸试运行次数太少或混入空气没有足够时间排出等
28	活塞与其他缸零件过分撞击	①液压缸上没有缓冲装置设计,或设计不合理 ②超设计(额定)工况使用或工况变化过大 ③缸连接的可动件(如滑块)带动非正常下落 ④高温下高速运行 ⑤环境温度升高 ⑥使用低黏度工作介质 ⑦缓冲阀调整不当,如全部松开或开启太大 ⑧控制系统软限位设置不当等
29	油口损坏	①使用非标接头与标准孔口螺纹旋合 ②油口设计不规范、加工质量差 ③使用被代替的标准接头与现行标准油口连接 ④用错密封件 ⑤油口螺纹(全螺纹)长度短等

6.3.4 电液伺服阀控制液压缸的维修与保养

(1) 液压缸维修规程

① 准备

a. 液压缸在定期检修或发生故障时应由经过专业培训的技术人员检修。

b. 应有维修计划，查清故障，备好图纸、零配件、拆装工具等，预定好工期。

c. 准备好维修场地，处理好外泄（漏）油液，保证清洁、无污染作业。

d. 拆卸液压缸前一定要将连接件（如滑块等）支承、固定好，并使用吊装工具吊装。

e. 必要时应对维修后的液压缸性能（包括精度）的恢复、安全性、可靠性等进行预评估。

f. 液压缸必须在停机后检修，包括断开总电源（动力源）。

g. 油口处接头拆卸后，应立即采取封堵措施，避免和减少对环境的污染。

h. 一般液压缸拆卸应由制造商完成。制造商与用户商定由用户自行拆卸的，制造商一般应提供作业指导文件。

警告——在拆卸液压缸油口处接头及管路前，必须将液压缸与所驱动件（如滑块等）的连接断开，并将液压缸各腔压力卸压至零。否则，拆卸液压缸将可能出现危险。

② 拆卸

a. 按照图纸及工艺（作业指导书）拆卸液压缸，杜绝野蛮拆卸，如直接锤击缸零件。

b. 拆检前，没有安装工作介质污染度在线监测装置的，应对液压缸容腔内工作介质采样后，再对液压缸表面进行清污处理。工作介质的离线分析应与液压缸维修同步进行。

c. 清污处理后，应首先对液压缸安装和连接部位进行检查，并做好记录。

d. 活塞密封（系统）和活塞杆密封（系统）上的密封件必须检查、记录后再拆卸，拆卸时应尽量保证其完整性，并不得损伤其他零件。拆卸下的密封件（含挡圈、支承环等）必须作废，但应按规定保存一段时间备查。

e. 除对液压缸外形尺寸、缸内径、活塞杆外径、活塞外径、导向套（缸盖）配合孔和轴（主要是导向套内孔）、各密封件沟槽的表面质量及尺寸进行检验外，主要应对故障所涉及的零部件进行重点检查和分析。

f. 查找故障原因即失效分析是一门科学，应由具有专业知识的工程技术人员协同完成。根据工程技术人员做出的《失效分析报告》，对液压缸的各零部件分别采取措施，具体包括：再用、修复、更换、修改设计重新制作、报废或整机退货（报废）等。

g. 定期检修时的拆卸，也应有《失效分析报告》。对液压缸及缸零件功能降低或有严重损伤或隐患，继续使用会失去可靠性及安全性的零部件或整机做出具体说明。

h. 未做出《失效分析报告》的已拆卸的液压缸，不得重新装配。

③ 维修

a. 需要维修的零部件应运（搬）离拆装工作间。

b. 未拆解的液压缸不允许焊接。

c. 维修不得破坏原液压缸及缸零件的基准，尤其不得破坏活塞杆两中心孔。

d. 维修后的液压缸应尽量符合相关标准，如缸内径、活塞杆外径、活塞杆螺纹、油口、密封件沟槽等。

e. 具体问题具体分析，并采用安全、可靠、快速、性价比好的维修办法修复。一般而言，除更换所有密封件包括挡圈、支承环等外，液压缸及缸零件可修复性较差。

f. 因强度、刚度问题变形、断裂的缸零件一般不可维修再用，即有"无可修复性"。

④ 装配

a. 液压缸装配应按照液压缸装配工艺进行。

作者注：具体可参考本手册第5.1.5节。

b. 用于液压缸装配的所有件必须是合格件，包括外协件和外购件。如需使用已经磨损超差的再（回）用件用于装配，必须经过批准。

c. 所有原装密封件必须全部更换，包括挡圈、支承环等。

d. 保证液压缸清洁度要求。

⑤ 试验

a. 维修后的液压缸应在试验台上检验合格后，再用于主机安（组）装。

b. 利用主机液压系统检验液压缸时，存在危险。

可能的危险有：

ⅰ. 不可预知的误操作、误动作；

ⅱ. 液压油液喷射、飞溅；

ⅲ. 超压，爆破；

ⅳ. 对其他零部件的挤压等。

c. 至少应经过密封性能试验，液压缸才能与所驱动件（如滑块）连接。

d. 液压缸应在无负载、低速下试运行多次，直至缸内空气排净后，再与所驱动件连接。

e. 可采用测量沉降量来检查液压缸内泄漏量。

(2) 液压缸保养

液压缸保养对保证液压缸的安全性和可靠性，延长液压缸的使用寿命具有重要意义。液压缸的保养应着眼液压系统乃至整机，日常保养最主要的内容是保证工作介质的清洁和在规定的温度下工作。具体应包括如下内容：

① 及时清理、更换滤油器滤芯；

② 保证换热器换热介质充足；

③ 定期监测、检查油品质量，并按换油周期及时换油；

④ 按规定巡检或点检油箱温度，并保证液压机（械）在规定的温度范围内工作；

⑤ 定期检查液压缸安装和连接；

⑥ 活塞杆防护套（罩）破损后及时更换；

⑦ 按规定时间检修，并更换全部密封件含挡圈、支承环等；

⑧ 一般液压缸在经历了（剧烈地）振动、倾斜和摇摆的应进行试运行后再开始工作；

⑨ 发生（现）故障的液压缸应及时检修，不得带病工作；

⑩ 长期闲置的液压缸应将液压缸各容腔卸压，但不得排空液压油液；

⑪ 保护液压缸外表面不得锈蚀，并可重新涂装；

⑫ 保护好标牌和警示、警告标志；

⑬ 整机吊运时，不得使用作为部件的液压缸起吊孔或起吊钩（环）；

⑭ 达到预期使用寿命的液压缸一般应予报废，如用户继续使用，则需特别防护。

液压缸是液压机（械）上的主要部件，一旦出现故障，液压机（械）就可能被迫停机。液压缸又是一种较为精密的液压元件，需要具有专业技能的人员精心维护与保养。液压缸的维护与保养应列入液压机（械）的技术文件中，并得到切实执行。

6.4 液压机液压系统的使用与维护

现在"数控液压机"越来越多，液压机液压系统也多为电液比例/伺服阀控制系统，其

中以电液伺服阀控制系统的使用和维修要求最高。下面主要以电液伺服阀控制系统为例进行叙述。

6.4.1 固定机械上液压系统的使用

GB/T 3766—2015 规定了固定机械上的液压系统及其元件的通用规则和安全要求。该标准的制定是基于对液压系统应用经验的总结，旨在为供需双方的理解和沟通提供帮助。

除下列两项内容外，其他见 GB/T 3766—2015 或第 2.1.7 节。

(1) 现场条件和工作环境

在 GB/T 3766—2015 的"5.3 附加要求"中规定，应对影响固定式工业机械上液压系统使用要求的现场条件和工作环境做出规定。GB/T 3766—2015 附录 B 提供了便于搜集和记录此类信息的表格和清单。

最低环境温度：_____℃。

最高环境温度：_____℃。

安装地点的相对湿度范围：_____%（如果知道）。

空气污染度等级：_____。

正常大气压力：_____kPa。

电网详细信息：

  电压_____V±_____V；

  频率_____Hz；

  可用功率（如果有限制）_____W；

  相位_____。

可用气源：

  流量_____m^3/min；

  压力_____MPa。

冷却水源：

  流量_____m^3/min；进口温度_____℃；

  压力_____MPa。

可用加热介质和能力：_____。

可用蒸汽源：

  输出流量_____kg/h，在_____℃温度下，在_____MPa 压力下；

  品质_____%。

其他有用的：_____。

电气装置的保护：_____IP（符合 GB 4208）。

振动风险：_____。

最大振动等级和频率（如已知）：

  等级 1：_____；

  频率 1：_____Hz；

  等级 2：_____；

  频率 2：_____Hz；

  等级 3：_____；

  频率 3：_____Hz。

燃烧或爆炸危险：_____。

可用的搬运设施（例如，举升用具、通道、地面荷载）：_____

_____。

专用通道或安装要求：_____

_____

对人员和液压系统及元件的保护要求：_____

_____。

其他特殊的法律和/或安全要求_____

_____。

(2) 液压系统操作和功能的要求

在 GB/T 3766—2015 中规定，应规定下列操作和功能的技术规范。GB/T 3766—2015 附录 B 提供了便于搜集和记录固定机械上液压系统这些信息的表格和清单。

最高工作压力：_____MPa；

最高流体工作温度：_____℃；

最低流体工作温度：_____℃；

极限温度范围（起动或间歇运转）：_____至_____℃；

人体接触到的最高表面温度：_____℃；

所用流体类型：_____；

最高流体污染度：_____/_____/_____（按 GB/T 14039 表示）；

泵最大流量：_____L/min；

工作循环：_____；

系统使用寿命（如时间、循环等）：_____；

系统可靠性要求（如平均无故障时间）：_____；

润滑要求：_____；

元件和/或系统的起重装置：_____；

应急、安全和能量隔离要求：_____；

喷漆或保护涂层要求：_____；

标签：_____；

最高噪声等级要求：_____。

本手册在此再次强调：当为机械设计液压系统时，应考虑系统所有预定的操作和使用；应完成风险评估（例如按 GB/T 15706—2012 进行）以确定当系统按预定使用时与系统相关的可预测的风险。可预见的误用不应导致危险发生。通过设计应排除已识别出的风险，当不能做到时，对于这种风险应按 GB/T 15706—2012 规定的级别采取防护措施（首选）或警告。

为保证使用的安全性，应对液压系统中的所有元件和配管进行选择或指定。选择或指定元件和配管，应保证当系统投入预定的使用时它们能在其额定极限内可靠地运行。尤其应注意那些因其失效或失灵可能引起危险的元件和配管的可靠性。

6.4.2　电液伺服阀控制系统的故障分析

为了能较为迅速、准确地判断和找出故障器件，液压和电气工程师必须良好配合；为了对系统的正确分析，除了要熟悉每个器件的技术特性外，还必须具备能够分析有关工作循环图、液压原理图和电气接线图的能力。由于液压系统的多样性，因此没有什么快速准确地查找并排除故障的通用诀窍。表 6-34 给出了查找、排除故障的要点，但其不包括设计不良的液压伺服阀控制系统，只是希望能为读者查找及排除系统故障提供一些帮助。

表 6-34　电液伺服阀控制系统的故障分析

系统分类	故障	原因	
		机械/液压部分	电气/电子部分
开环控制系统	轴向运动不稳定、压力或流量波动	①液压泵故障 ②管道中有空气 ③液体清洁度不合格 ④两级阀先导控制油压不足 ⑤液压缸密封摩擦力过大引起忽停忽动 ⑥液压缸运动速度低于最低许用速度	①电功率不足 ②信号接地屏蔽不良,产生电干扰 ③电磁铁通断电引起电或电磁干扰
	执行机构动作超限	①软管弹性过大 ②液控单向阀不能及时关闭 ③执行机构内空气未排尽 ④执行机构内部漏油	①偏流设定值太高 ②斜坡时间太长 ③限位开关超限 ④电气切换时间太长
	停顿或不可控制的轴向运动	①液压泵故障 ②控制阀卡死(由于脏污) ③手动阀或调整装置不在正确位置	①接线错误 ②控制回路开路 ③信号装置整定不当或损坏、断电或无输入信号 ④传感器机构校准不良
	执行机构运行太慢	①液压泵内部泄漏 ②流量控制阀整定太低	①输入信号不正确 ②增益值调整不正确
	输出力和力矩不够	①供油及回油管道阻力过大 ②控制阀设定压力值太低 ③控制阀两端压降过大 ④泵和阀由于磨损而内部漏油	①输入信号不正确 ②增益值调整不正确
	工作时系统有撞击	①阀切换时间太短 ②节流口或阻尼损坏 ③液压蓄能器前未加节流 ④机构重量或驱动力过大	斜坡时间太短
	工作温度太高	①管道截面不够 ②连续的大量溢流消耗 ③压力设定值太高 ④冷却系统不工作 ⑤工作期间无压力卸荷	
	噪声过大	①功率器堵塞 ②液压油起泡沫 ③泵或电动机安装松动 ④吸油管阻力过大 ⑤控制阀振动 ⑥阀电磁铁腔室内有空气	高频脉冲调整不正确
	控制信号输入系统后执行元件不动作	①系统油压不正常 ②液压泵、溢流阀和执行元件有卡紧现象	放大器的输入、输出电信号不正常,电液阀的电信号有输入和有变化时,液压输出也正常,可判定电液阀不正常,阀故障一般应由生产厂家处理
	控制信号输入系统后执行元件向某一方向运动到底		①传感器未接入系统 ②传感器的输入信号与放大器误接
	执行元件零位不准确	阀调零不正常	①阀的调零偏置信号调节不当 ②阀的颤振信号调节不当
	执行元件出现振荡	系统油压太高	①放大器的放大倍数调得过高 ②传感器的输出信号不正常

系统分类	故障	原因	
		机械/液压部分	电气/电子部分
开环控制系统	执行元件跟不上输入信号的变化	①系统油压太低 ②执行元件和运动机构之间游隙太大	放大器的放大倍数调得过低
	执行机构出现爬行现象	①油路中气体没有排尽 ②运动部件静摩擦力过大 ③油源压力不够	
闭环控制-静态工况	低频振荡	①液压功率不足 ②先导控制压力不足 ③阀因磨损或脏污有故障	①比例增益设定值太低 ②积分增益设定值太低 ③采样时间太长
	高频振荡	①液体起泡沫 ②阀因磨损或脏污有故障 ③阀两端 Δp 太高 ④阀电磁铁腔室内有空气	①比例增益设定值太高 ②电干扰
	短时间内出现一个方向或两个方向的高峰（随机性的）	①机械连接的不牢固 ②阀电磁铁室内有空气 ③阀因磨损或脏污有故障	①偏流不正确 ②电磁干扰
	自激放大振荡	①液压软管弹性过大 ②机械非刚性连接 ③阀两端 Δp 过大 ④液压阀增益过大	①比例增益值太高 ②积分增益值太高
闭环控制-动态工况阶跃响应	一个方向超调	阀两端 Δp 过高	①微分增益值太低 ②插入了斜坡时间
	两个方向超调	①机械连接不牢固 ②软管弹性过大 ③控制阀离驱动机构太远	①比例增益设定值太高 ②积分增益设定值太低
	逼近设定值的时间长	控制阀压力灵敏度过低	①比例增益设定值太低 ②偏流不正确
	驱动达不到设定值	压力或流量不足	①积分增益设定值太高 ②增益及偏流不正确 ③比例及微分增益设定值太低
	不稳定控制	①反馈传感器接线时断时续 ②软管弹性过大 ③阀电磁铁腔室内有空气	①比例增益设定值太高 ②积分增益设定值太低 ③电噪声
	抑制控制	①反馈传感器机械方面未校准 ②液压功率不足	①电功率不足 ②没有输入信号或反馈信号 ③接线错误
	重复精度低及滞后时间长	反馈传感器接线时断时续	①比例增益设定值太高 ②积分增益设定值太低
闭环控制-动态工况频率响应	峰值降低	压力及流量不足	①比例增益设定值太低 ②积分增益值设定太低
	波形放大	①软管弹性过大 ②控制阀离驱动机构太远	增益值调整不正确
	时间滞后	压力和流量不足	①插入了斜坡时间 ②微分增益设定值太低
	振动型的控制	阀电磁铁腔室内有空气	①比例增益设定值太高 ②电干扰 ③微分增益设定值太高

作者注：表 6-34 参考了参考文献［113］中表 21.14-25。

6.4.3 电液伺服阀控制系统的自动诊断监控

在 GJB 638A—1997 中规定："在每套完整的液压系统中，应当设置一套诊断系统在飞行过程中连续不断地监控系统和附件并探测出超出容差的状态，给出已失效或正在失效附件的指示，而且指出修理工作，如需要更换过滤器、蓄能器需再次充气及超温指示等。在飞行过程中，这些信息将被存储起来。飞行结束后，这些信息将按要求在飞机上容易接近的位置集中地显示出来，而维护人员可不借助工作台或其他地面维护设备就能观察到。自动诊断监控系统安装在液压系统中用以完成监控的传感器应不降低液压系统的安全等级。监控系统的设计应能使其主机（CPU）、所有传感器和传感器电路都能得到准确的检测。该系统至少应能监控下列附件和状态，并记录显示要求维护的状态和显示导致失效的附件故障状态：主系统液压泵、蓄能器、过滤器、油箱油位、油箱油液温度和系统游离空气等。

应合理地确定告警等级并提供必要的告警信息，如灯光、音响、语言等以及向空勤人员指出液压系统的不安全工作状态，并能使空勤人员采取正确、适当的纠正措施。液压系统、控制元件和有关的监控告警装置的设计应尽量减少空勤人员心里负担和操作失误。每套告警系统的可靠性应当与其对应的液压系统的总可靠性相匹配。每套告警系统的设计应将误警减到最少。"

参考文献［66］指出："对液压设备的早期故障检查与诊断是整个生产流程中必不可少的环节，也是设备维修管理体制中"预知维修"阶段研究的核心问题。不断提高液压系统的故障诊断技术水平，研究开发各类新的准确有效的故障诊断方法，在现代工业生产中是非常必要且紧迫的。"

进一步还可参考 GB/T 3819—2019《智能工厂 安全控制要求》中"8.2 设备状态监测与故障诊断"。

6.4.4 电液伺服阀控制系统的维护与保养

(1) 维护与保养的主要内容

① 每周维护工作包括取样观察，检查软管/接头有无泄漏，从油箱底部排放阀放水，检查冷却器，检查滤芯。

② 每 500h（大约一个半月）维护工作，包括每周所做的维护工作，还包括清洗进油口的过滤器，若报警则更换高压过滤器，清洗冷却水滤芯，清洗空气滤芯。

③ 每 1000h（大约三个月）维护工作，包含 500h 的维护工作，进行油品化验分析，进行油品清洁度检测，必要时进行过滤、清洗液压油冷却器（散热器）。如果，油品的化验结果证明油品有问题，则在化验后立即更换油箱中的以及管路中所有的液压油。

④ 每 5000h（大约一年）维护工作，包含 1000 的维护工作，必须更换液压油，必须清理冷却器。

(2) 液压系统检查项目和检查周期

表 6-35 列出了液压系统的检查项目和检查周期。

表 6-35 液压系统的检查项目和检查周期

检查项目	检查周期						
	每日	每周	每月	两个月	六个月	一年	二年
油箱液面	检①	检	检				
油箱油温	检①	检	检				

检查项目	检查周期						
	每日	每周	每月	两个月	六个月	一年	二年
取样点油样		检①			检		
换油时间					检	检	检
不带堵塞指示器的过滤器	检①		检	检	检		
带堵塞指示器的过滤器	检						
空气滤清器			检	检	检		
压力表	检①			检	检		
泵、阀上信号装置	检①			检	检		
水冷的冷却器						检	检
风冷的冷却器				检	检		
外泄漏	检						
污染物				检	检		
系统及元件损坏	检						
噪声	检						
仪表						检	检

注：当液压系统维修或更换元件后应即时进行清洁度检测。

① 需要重点检查的项目。

作者注：表 6-35 参考了参考文献［117］中表 5-17，但其原文献现在未查清楚。

(3) 液压油液取样检查

液压油颜色变为乳白色即表示其受到了水分污染而乳化；混浊并有悬浮物及沉淀物即表示其受到了颗粒污染物污染；颜色变深（色度增加）即表示其已经氧化到了一定程度；有焦油味即表示其过热氧化严重。

表 6-36 给出了油样目视观察及分析，仅供参考。

表 6-36　油样目视观察及分析

外观	污染物	原因
油样呈乳白色	水	水或潮气侵入
有悬浮或沉淀污染物	固体颗粒污染物	磨损、污染、老化
有气泡或泡沫	空气	空气侵入，例如由于液面低或吸油管漏气
油水分层	水	水侵入，例如冷却水
油液颜色变深	氧化产物	过热、换油不彻底(或其他油液侵入)
有焦油味	过热氧化(物)	过热

(4) 液位检查

检查方法是将设备停放在相对水平的地面，检查油箱的液位（液温）计，确定液压油液在油箱中的液面高度。液位过高，停机时油液会溢出油箱；液位过低，油液易起泡、乳化和使泵吸空。应保持 70%～85% 油箱高度的液位。

(5) 油温检查

液压系统能良好工作表示液压油液选择合适。液压油液温度一般应在 35～55℃ 之间，理想的工作温度范围应控制在 35～45℃ 之间，一般不应超过 65℃，短时间最高不应超过 85℃。检查工具是接触式温度计和非接触式温度计各一个。油温过高将使液压油液氧化加剧，油液的使用寿命下降；密封件老化加剧；油的黏度下降，零部件间润滑不良。

(6) 外泄漏检查

液压系统液压油液的泄漏，一般是指液压系统的外泄漏。

通过目视可判断软管接头部位当前泄漏状态，液压系统中液压软管组合件外部泄漏分级见表 6-37。

表 6-37　泄漏分级

级	描述	级	描述
0	无潮气迹象	3	出现流体形成不滴落液滴
1	未出现流体	4	出现流体形成液滴且滴落
2	出现流体但未形成液滴	5	出现流体液滴的频率形成了明显的液流

作者注：表 6-37 摘自 GB/Z 18427—2001 中表 1。

泄漏的后果是直接导致系统的压力下降，设备的污染增加，液压油减少，泵可能出现吸空，严重的会导致系统元件的损坏、设备损坏。

对泄漏量的简单判定为：

每 10s 泄漏一滴相当于年泄漏 1 桶（200L）液压油液；

每 1s 泄漏一滴相当于年泄漏 10 桶（2000L）或以上液压油液。

连续细流相当于每年泄漏 10 桶（2000L）以上或更多液压油液。

作者注：笔者曾在参考文献 [96] 中指出"液压缸外泄漏一旦成滴，如按每 20 滴约为 1mL 计算，一班的泄漏量也是挺可观的。"

(7) 油箱底部排水

空气中冷凝水进入油箱，冷却器密封不好也会造成水分进入油箱，油箱底部应设计成有斜度，放泄阀都安装在油箱最低处，定期放水可避免油液乳化。具体操作方法是将设备停放在倾斜的地面，使油箱的排水口在较低的位置，停放 12h 后，在下次起动之前，放掉大约 100mL 的油水。

6.5　液压机液压故障诊断与处理

故障诊断是为故障识别、故障定位和分析故障原因所采取的行动。可参考表 6-38 对液压机液压故障进行诊断与处理。

表 6-38　液压机液压故障诊断与处理

液压故障	诊断	处理
无动作	电气线路接错，接头不良，触点损伤	检修电气线路
	油箱中油量不足，会有吸油噪声	检查油面高度，按规定加足油
	过滤器堵塞，会有吸油噪声	检查油管有无油，清洗或更换滤芯
	液压泵不排油	检查转速，诊断处理液压泵故障
	控制油压力太低，电液换向阀失控	按规定控制油压力，调整控制油压力的溢流阀及远程调压阀。诊断和处理调压阀及换向阀故障
活动横梁快速下行时速度不快	泵和阀及液压缸在低压下仍严重内泄（一般很少出现此现象）	检修或更换泵、阀及液压缸组件
	若泵、阀、缸正常，压力又稍高，应诊断为主缸上腔不能充液，是由于活动横梁与立柱别劲或润滑不良，阻力稍大所致	调整活动横梁与立柱的垂直度，在立柱上注油润滑，消除运动阻力
	若泵、阀、缸正常，压力高于平衡压力（主缸下腔支承压力），应诊断为主缸回油必须经顺序阀造成背压而使主缸上腔不能充液所致	检查控制油的电磁阀的动作情况，检修或更换液控单向阀的组件
活动横梁快速下行正常，高压压制时压力提不高	液压泵磨损，内泄严重，出力低	检修或更换液压泵组件
	远程调压阀和溢流阀调定压力低	检查阀的泄漏，按要求调整压力值
	液压缸高压内泄	检修或更换液压缸密封件及组件
	若泵、阀、缸正常，应诊断为充液阀内泄	检修或更换阀组件

液压故障	诊断	处理
活动横梁运行中有抖动爬行现象	若压力偏低、液压缸无力,油箱内起泡,则应诊断为液压泵吸进空气	检查液压泵吸油侧及吸油管是否进气,并检修、拧紧松动部位
	若压力正常,抖动爬行现象较轻,靠近液压缸两端头表现明显者,应诊断为液压缸内混存空气	液压缸上下运行数次,以排出气体
	活动横梁和立柱别劲较大	调整垂直度以达到规定精度
	立柱上附有污染物,润滑严重不良,活动横梁不动	擦除锈蚀及污物,加强润滑
活动横梁快速下行及慢速压制均正常,但保压时压力保不住(压力下降过大)	主要是起保压作用的单向阀和换向阀内泄及卸荷阀控制口泄漏	检修单向阀和换向阀及卸荷阀
	若慢速压制的情况不清楚,应进行高压压制筛检,诊断充液阀及液压缸内泄	检查充液阀及液压缸内泄情况
活动横梁每次下行接近终点时,有抖动爬行和噪声	主缸下腔混存气体,每次运行活塞都不能到达最下端,为残存气体每次受压所致	将活动横梁所带模具等物卸下,使主缸每次能达到最下端,以排出气体,一般只需运行6~7次即可
活动横梁在任意位置均停不住	主缸下腔的背压(支承压力)过小,平衡不了活动横梁及其重物。应诊断为平衡阀压力调得过低	调整顺序阀(支承阀)使其背压能平衡住活动横梁等重物
停车后活动横梁自动下溜(下沉)	液压缸下端盖泄漏	观察外泄漏,更换密封件
	液控单向阀泄漏	研磨锥阀,清除污物
	顺序阀滑阀泄漏	检修或更换阀组件
主缸在保压结束上行回程的开始瞬间有冲击振动和噪声	对于有泄压回路的液压机,卸荷阀压力调得太高,而主缸在上腔未泄压的上行回程	调低卸荷阀压力值
	对于未设泄压回路的液压机,回路压力应调低	调低限压阀压力值

总有一些无法精准预判的液压系统故障需要诊断,或使用中的液压系统出现了问题需要现场处理。根据参考文献[124]及第4.2.8节,举例说明4000×500型压弯机比例伺服液压系统故障诊断与处理,或可给读者再提供一些参考。

(1) 故障现象

该压弯机在运行3年多后,突然出现如下故障现象:在加压压弯过程中,液压缸B(见图4-13)出现高频低幅颤抖,屏幕上的Y1、Y2数值闪烁,泵出口的压力表指针剧烈振动(原图中未画出此压力表,但修改后画出而表前却加装了的压力表开关,这一现象是否还会存在则另当别论)。此时,若松开脚踏开关,液压缸停止,颤抖也消除;再踩下脚踏开关,又开始颤抖。液压缸在颤抖中缓慢下行,当Y1、Y2达到压制终了值时,颤抖停止,并正常返回到上位。即液压缸B在加压压弯时出现高频低幅颤抖,其他正常(包括液压缸A也正常)。

(2) 故障诊断

根据故障现象,参考文献[124]绘制出了图6-5所示(有修改)的故障分析排除框图。

虽然液压泵出口压力表指针剧烈振荡,但液压缸A却无颤抖现象,因此应排除是液压动力源(液压泵及其比例压力阀等)引起的颤抖。故障原因应在液压缸B及控制它的液压元件和/或电气系统上。

由于电气检测比较容易,故首先对其进行检查。检查中没有发现线路短路和接触不良现

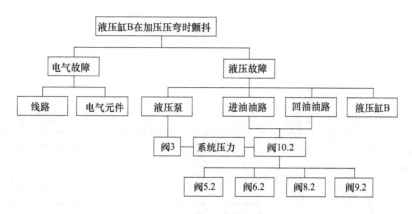

图 6-5　故障分析排除框图

象，在更换了伺服放大线路板情况下，故障仍未排除。液压缸在其他动作时运行平稳。在上位停止和关机状态下无下滑现象，初步判断液压缸本身无明显故障。液压缸 B 出现高频低幅颤抖应该是在比例伺服阀 10.2 在 a 位小流量控制时频繁开关引起的。由于在其他动作中，从 Y1 和 Y2 的数值观察，液压缸 A、B 的同步性很好，之所以在加压压弯时颤抖，是因为在这一过程中，位移传感器 Y2 检测液压缸位移失常，计算机不断给出纠正指令给比例伺服阀 10.2，因而液压缸 B 颤抖。

根据图 4-13 分析压弯机加压时的液压原理。由速度转换点进入慢速加压压弯过程中，比例伺服阀 10.2 由零位进入 a 位，阀的开口量较小，P→B 接通，2MF 得电，阀 5.2 关闭，液压泵供给的压力油进入液压缸 B 的无杆腔；3MF 断电，阀 8.2 关闭，液压缸 B 有杆腔的油经阀 9.2 和比例伺服阀 10.2 的 A→T 回油箱。此过程中阀 6.2 始终未开启，作安全阀用。

作者注：参考文献［124］的原表述"缸 B 有杆腔的油液经背压溢流阀 9.2 和比例伺服阀 10.2 的 B→T 回油箱"有问题。

因在其他过程中液压缸 A、B 的同步性很好，基本上可以排除比例伺服阀 10.2 有故障。若是阀 5.2 关闭不严或卡塞，则液压缸 B 无杆腔的压力将建立不起来，这将影响整个液压系统的压力建立，进而导致液压缸 A 的动作也失常，但液压缸 A 的动作正常。可见，阀 5.2 的工作是正常的。若阀 8.2 关闭不严或卡塞，则阀 9.2 被短路，因液压缸 B 有杆腔回油流量较小，背压会很小，这样液压缸 B 在进入加压压弯时动作会过速或突然下降。但现在故障现象与此不符，所以阀 8.2 也应是工作正常的。经检查，阀 6.2 也无问题。因此可以判断故障原因是阀 9.2 设定的背压值偏低，引起液压缸 B 位移变化反常，导致比例伺服阀 10.2 频繁开关所引起的。

（3）故障处理

根据以上分析与判断，采用测压胶管和压力表从压力检测点 C2 测量压力，发现加压压弯时压力表指针在 10～14MPa 间振荡，松开阀 9.2 的锁紧螺母，用旋具顺时针慢慢拧调压丝杆，液压缸 B 的颤抖变得轻微，压力表指针摆动减缓，当背压调到 13MPa 时，液压缸 B 停止颤抖，压力表指针平稳。设备恢复正常工作，运行平稳，故障排除。

不管参考文献给出的案例是否典型真实，描述和分析及判断是否全面准确，液压机液压故障的诊断与处理必须坚持实事求是，先分析后处理，先易后难，逐步排除，避免先入为主、大拆大卸，小心谨慎。

（4）启示

计算机控制的液压比例伺服主机和系统经长期使用，将会使元件产生正常的磨损、弹簧刚度产生变化、密封件的密封性能产生变化等，这些因素都会引起系统内参数发生变化，致使控制信号与反馈信号的偏差增大，导致闭环控制系统的振荡，使系统不能稳定工作。通过调整系统内参数可以使系统稳定工作。

不管参考文献［124］给出的案例是否典型真实，描述、诊断、处理和启示是否全面准确，液压机液压故障的诊断与处理必须坚持实事求是，先（分析）诊断后处理，先易后难，逐步排除，避免先入为主、大拆大卸、小心谨慎、科学民主，遵守规范、标准。笔者曾在参考文献［117］中讲过："没有什么快速准确地查找并排除故障的通用决窍。"

附 录

附录A 液压机液压系统设计与（再）制造相关标准目录

标准是通过标准化活动，按照规定的程序经协商一致制定，为各种活动或其结果提供规则、指南或特性，供共同使用和重复使用的文件。

标准是一种规范性文件，是以科学、技术和经验的综合成果为基础，为了达到在一定范围内获得最佳秩序的目的，按协商一致原则制定并经公认机构批准，具有共同使用和重复使用的特点。

作者注：阐明要求的文件，这类文件称为规范。而规范性文件是诸如标准、技术规范、规程和法规等这类文件的通称。

液压机液压系统的设计与（再）制造等涉及很多现行标准，根据这些相关标准，可以对液压机进行标准化设计与制造，进而获得统一、简化、协调、优化的液压机。

尽管下列 672 项标准并非全部会在某一种（台）液压机液压系统设计、制造中被直接引用或使用，但确有一定参考价值。

液压机液压系统设计与（再）制造等相关的国际、国家、行业及地方标准目录，见附表 A-1～附表 A-4。

A.1 常用基本标准目录

液压机设计与（再）制造相关常用基本标准目录见附表 A-1。

附表 A-1 基本标准目录

序号	标　　准
1	GB/T 191—2008《包装储运图示标志》
2	GB/T 241—2007《金属管　液压试验方法》
3	GB/T 786.1—2021《流体传动系统及元件　图形符号和回路图　第 1 部分：图形符号》
4	GB/T 786.2—2018《流体传动系统及元件　图形符号和回路图　第 2 部分：回路图》
5	GB/T 786.3—2021《流体传动系统及元件　图形符号和回路图　第 3 部分：回路图中的符号模块和连接符号》
6	GB/T 1008—2008《机械加工工艺装备基本术语》
7	GB/T 2298—2010《机械振动、冲击与状态监测　词汇》
8	GB/T 2422—2012《环境试验　试验方法编写导则　术语和定义》
9	GB/T 2893.1—2013《图形符号　安全色和安全标志　第 1 部分：安全标志和安全标记的设计原则》
10	GB/T 2893.2—2008《图形符号　安全色和安全标志　第 2 部分：产品安全标签的设计原则》
11	GB/T 2893.3—2010《图形符号　安全色和安全标志　第 3 部分：安全标志用图形符号设计原则》
12	GB 2894—2008《安全标志及其使用导则》
13	GB/T 2900.1—2008《电工术语　基本术语》
14	GB/T 2900.56—2008《电工术语　控制技术》

序号	标　　准
15	GB/T 2900.99—2016《电工术语　可信性》
16	GB/T 2900.101—2017《电工术语　风险评估》
17	GB/T 3138—2015《金属及其他无机覆盖层　表面处理　术语》
18	GB/T 3375—1994《焊接术语》
19	GB/T 4016—2019《石油产品术语》
20	GB/T 4728(所有部分)《电气简图用图形符号》
21	GB/T 4776—2017《电气安全术语》
22	GB/T 4863—2008《机械制造工艺基本术语》
23	GB/T 4888—2009《故障树名词术语和符号》
24	GB/T 5170.15—2018《环境试验设备检验方法　第15部分:振动(正弦)试验用液压式振动系统》
25	GB/T 5271(所有部分)《信息技术　词汇》
26	GB/T 7665—2005《传感器通用术语》
27	GB/T 7666—2005《传感器命名法及代码》
28	GB/T 8104—1987《流量控制阀试验方法》
29	GB/T 8105—1987《压力控制阀试验方法》
30	GB/T 8106—1987《方向控制阀试验方法》
31	GB/T 8129—2015《工业自动化系统　机床数值控制　词汇》
32	GB/T 8541—2012《锻压术语》
33	GB/T 7939—2008《液压软管总成试验方法》(新标准正在制定中)
34	GB/T 10623—2008《金属材料　力学性能试验术语》
35	GB/T 10853—2008《机构与机器科学词汇》
36	GB/T 11349.1—2018《机械振动与冲击　机械导纳的试验确定　第1部分:基本术语与定义、传感器特性》
37	GB 11372—1989《防锈术语》
38	GB/T 11457—2006《信息技术　软件工程术语》
39	GB/T 11464—2013《电子测量仪器术语》
40	GB/T 11804—2005《电工电子产品环境条件　术语》
41	GB/T 12204—2010《金属切削　基本术语》
42	GB/T 12466—2019《船舶及海洋工程腐蚀与防护术语》
43	GB/T 12604.7—2021《无损检测　术语　泄漏检测》
44	GB/T 12643—2013《机器人与机器人装备　词汇》
45	GB/T 14479—1993《传感器图用图形符号》
46	GB/T 15000.2—2019《标准样品工作导则　第2部分:常用术语及定义》
47	GB/T 15312—2008《制造业自动化　术语》
48	GB/T 15565—2020《图形符号　术语》
49	GB/T 15622—2005《液压缸试验方法》(新标准正在制定中)
50	GB/T 15623.1—2018《液压传动　电调制液压控制阀　第1部分:四通方向流量控制阀试验方法》
51	GB/T 15623.2—2017《液压传动　电调制液压控制阀　第2部分:三通方向流量控制阀试验方法》
52	GB/T 15623.3—2012《液压传动　电调制液压控制阀　第3部分:压力控制阀试验方法》(新标准正在制定中)
53	GB/T 15757—2002《产品几何量技术规范(GPS)　表面缺陷　术语、定义及参数》
54	GB/T 16978—1997《工业自动化　词汇》
55	GB/T 17212—1998《工业过程测量和控制　术语和定义》
56	GB/T 17446—2012《流体传动系统及元件　词汇》(新标准正在制定中)
57	GB/T 17611—1998《封闭管道中流体流量的测量术语和符号》
58	GB/T 18725—2008《制造业信息化　技术术语》
59	GB/T 19000—2016《质量管理体系　基础和术语》
60	GB/T 19660—2005《工业自动化系统与集成　机床数值控制坐标系和运动命名》
61	GB/T 19934.1—2021《液压传动　金属承压壳体的疲劳压力试验　第1部分:试验方法》
62	GB/T 20625—2006《特殊环境条件　术语》
63	GB/T 20921—2007《机器状态监测与诊断　词汇》
64	GB/T 21109.1—2007《过程工业领域安全仪表系统的功能安全　第1部分:框架、定义、系统、硬件和软件要求》

序号	标　　准
65	GB/T 22033—2017《信息技术　嵌入式系统术语》
66	GB/T 23253—2009《液压传动　电控液压泵　性能试验方法》
67	GB/T 23281—2009《锻压机械噪声声压级测量方法》
68	GB/T 23282—2009《锻压机械噪声声功率级测量方法》
69	GB/T 23715—2009《振动与冲击发生系统　词汇》
70	GB/T 24340—2009《工业机械电气图用图形符号》
71	GB/T 25132—2010《液压过滤器　压差装置试验方法》
72	GB/T 25486—2010《网络化制造技术术语》
73	GB/T 26143—2010《液压管接头　试验方法》(新标准正在预研中)
74	GB/T 26929—2011《压力容器术语》
75	GB/T 27000—2006《合格评定　词汇和通用原则》
76	GB/T 28612—2012《机械产品绿色制造　术语》
77	GB/T 28619—2012《再制造　术语》
78	GB/T 28761—2012《锻压机械　型号编制方法》
79	GB/T 29795—2013《激光修复技术　术语和定义》
80	GB/T 29826—2013《云制造　术语》
81	GB/T 30174—2013《机械安全　术语》
82	GB/T 30206.1—2013《航空航天流体系统词汇　第1部分:压力相关的通用术语和定义》
83	GB/T 30206.2—2013《航空航天流体系统词汇　第2部分:流量相关的通用术语和定义》
84	GB/T 30206.3—2013《航空航天流体系统词汇　第3部分:温度相关的通用术语和定义》
85	GB/T 30208—2013《航空航天液压、气动系统和组件图形符号》
86	GB/T 32216—2015《液压传动　比例/伺服控制液压缸的试验方法》
87	GB/T 32217—2015《液压传动　密封装置　评定液压往复运动密封件性能的试验方法》
88	GB/T 32400—2015《信息技术　云计算　概览与词汇》
89	GB/T 32854.1—2016《工业自动化系统与集成　制造系统先进控制与优化软件集成　第1部分:总述、概念及术语》
90	GB/T 33223—2016《轧制设备　术语》
91	GB/T 33905.3—2017《智能传感器　第3部分:术语》
92	GB/T 34558—2017《金属基复合材料术语》
93	GB/T 35023—2018《液压元件可靠性评估方法》
94	GB/T 35092—2018《液压机静载变形测量方法》
95	GB/T 35295—2017《信息技术　大数据　术语》
96	GB/T 35351—2017《增材制造　术语》
97	GB/T 36416.1—2018《试验机词汇　第1部分:材料试验机》
98	GB/T 36416.2—2018《试验机词汇　第2部分:无损检测仪器》
99	GB/T 36416.3—2018《试验机词汇　第3部分:振动试验系统与冲击试验机》
100	GB/T 36484—2018《锻压机械　术语》
101	GB/T 37413—2019《数字化车间　术语和定义》
102	GB/T 38155—2019《重要产品追溯　追溯术语》
103	GB/T 38274—2019《润滑系统　能效评定方法》
104	GB/T 38275—2019《润滑系统　检验规范》
105	GB/T 38276—2019《润滑系统　术语和图形符号》
106	GB/T 39293—2020《工业清洗术语和分类》
107	GB/T 50670—2011《机械设备安装工程术语标准》
108	GJB 190—1986《特性分类》
109	JB/T 1826.1—1999《剪板机　名词术语》
110	JB/T 2184—2007《液压元件　型号编制方法》
111	JB/T 2257.3—1999《板料折弯机　名词术语》
112	JB/T 3711.1—2017《集中润滑系统　第1部分:术语和分类》
113	JB/T 4174—2014《液压机　名词术语》

序号	标　　准
114	JB/T 9090—2014《容积泵零部件液压与渗漏试验》
115	JB/T 10414—2004《液压二通插装阀　试验方法》
116	JB/T 11989—2014《机床数控系统　术语与定义》
117	JB/T 12289—2015《板料矫平机　术语》
118	JB/T 12291—2015《闭式压力机　术语》
119	JB/T 12516—2015《现代制造服务业　装备制造业　术语》
120	JB/T 13397—2018《宽厚板轧制设备　术语》
121	QJ 976—1986《液压系统及元件压力温度分级》

作者注：根据 GB/T 1.1—2020 的规定，基础标准通常包括术语标准、符号标准、分类标准、试验标准等。但在附表 A-1 中作者并未严格遵守这项规定。

A.2　液压机（设备）相关标准目录

液压机（设备）相关标准目录见附表 A-2。

附表 A-2　液压机（设备）相关标准目录

序号	标　　准
1	GB/T 2611—2007《试验机　通用技术条件》
2	GB/T 3159—2008《液压式万能试验机》
3	GB/T 9166—2009《四柱液压机　精度》
4	GB/T 9653—2006《棉花打包机系列参数》
5	GB/T 16826—2008《电液伺服万能试验机》
6	GB 17120—2012《锻压机械　安全技术条件》（新标准正在制定中）
7	GB/T 19820—2005《液压棉花打包机》
8	GB/T 25155—2010《平板硫化机》
9	GB 25432—2010《平板硫化机安全要求》
10	GB/T 25718—2010《电液锤　型式与基本参数》
11	GB/T 25719—2010《电液锤　技术条件》
12	GB/T 25732—2010《粮油机械　液压榨油机》
13	GB 28240—2012《剪板机　安全技术要求》（新标准正在制定中）
14	GB 28241—2012《液压机　安全技术要求》（新标准正在制定中）
15	GB 28243—2012《液压板料折弯机　安全技术要求》（新标准正在制定中）
16	GB/T 33639—2017《数控液压冲钻复合机》
17	GB/T 34376—2017《数控板料折弯机技术条件》
18	GB/T 36486—2018《数控液压机》
19	JB/T 1808—2005《电极挤压液压机》
20	JB/T 1829—2014《锻压机械　通用技术条件》
21	JB/T 1881—2010《切边液压机　型式与基本参数》
22	JB/T 2098—2010《单臂冲压液压机　型式与基本参数》
23	JB/T 2474—2018《液压螺旋压力机　基本参数》
24	JB/T 3818—2014《液压机　技术条件》
25	JB/T 3819—2014《粉末制品液压机　精度》
26	JB/T 3820—2015《塑料制品液压机　精度》
27	JB/T 3821—2014《双动薄板拉伸液压机　精度》
28	JB/T 3844.1—2015《金属挤压液压机　第 1 部分:基本参数》
29	JB/T 3844.2—2015《金属挤压液压机　第 2 部分:精度》
30	JB/T 3863—1999《磨料制品液压机　型式与基本参数》
31	JB/T 3864—1985《磨料制品液压机　精度》

序号	标 准
32	JB/T 6580.1—2014《开式压力机　第1部分：技术条件》
33	JB/T 6580.2—2014《开式压力机　第2部分：性能要求与试验方法》
34	JB/T 6584—1993《磁性材料液压机　技术条件》
35	JB/T 6998—2010《25MN金刚石液压机》
36	JB/T 7343—2010《单双动薄板冲压液压机》
37	JB/T 7348—2005《钢丝缠绕式冷等静压机》
38	JB/T 7678—2007《双动厚板冲压液压机》
39	JB/T 8492—1996《单动薄板冲压液压机　基本参数》
40	JB/T 8493—1996《双动薄板拉伸液压机　基本参数》
41	JB/T 8494.2—2012《金属打包液压机　第2部分：技术条件》
42	JB/T 8612—2015《电液伺服静万能试验机》
43	JB/T 8763—2013《电液伺服水泥试验机　技术条件》
44	JB/T 8779—2014《超硬材料六面顶液压机　技术条件》
45	JB/T 9957.1—1999《四柱液压机　性能试验方法》
46	JB/T 9957.2—1999《四柱液压机　型式与基本参数》
47	JB/T 9958.1—1999《单柱液压机　型式与基本参数》
48	JB/T 11394—2013《重型液压废金属打包机　技术条件》
49	JB/T 11593—2013《六辊带材冷轧机》
50	JB/T 12092.1—2014《模具研配液压机　第1部分：型式与基本参数》
51	JB/T 12092.2—2014《模具研配液压机　第2部分：精度》
52	JB/T 12096—2014《卧式全自动液压打包机》
53	JB/T 12098—2014《板材充液成形液压机》
54	JB/T 12099—2014《管材充液成形液压机》
55	JB/T 12100—2014《精密伺服校直液压机》
56	JB/T 12228—2015《单双动卧式铝挤压机》
57	JB/T 12229—2015《油泵直接传动双柱斜置式自由锻造液压机》
58	JB/T 12296.1—2015《四柱顶置油缸式压力机　第1部分：基本参数》(仅供参考)
59	JB/T 12297.1—2015《液压快速压力机　第1部分：基本参数》
60	JB/T 12297.2—2015《液压快速压力机　第2部分：技术条件》
61	JB/T 12297.3—2015《液压快速压力机　第3部分：精度》
62	JB/T 12381.1—2015《数控内高压成形液压机　第1部分：基本参数》
63	JB/T 12381.2—2015《数控内高压成形液压机　第2部分：技术条件》
64	JB/T 12381.3—2015《数控内高压成形液压机　第3部分：精度》
65	JB/T 12470—2015《卧式双动黑色金属挤压机》
66	JB/T 12510—2015《中厚钢板压力校平液压机》
67	JB/T 12517.1—2015《等温锻造液压机　第1部分：型式与基本参数》
68	JB/T 12517.2—2015《等温锻造液压机　第2部分：精度》
69	JB/T 12519.1—2015《粉末冶金液压机　第1部分：型式与基本参数》
70	JB/T 12769—2015《快速数控薄板冲压液压机》
71	JB/T 12774—2015《数控液压机　通用技术条件》
72	JB/T 12994.1—2017《快速薄板冲压及拉伸液压机　第1部分：型式与基本参数》
73	JB/T 12994.2—2017《快速薄板冲压及拉伸液压机　第2部分：技术条件》
74	JB/T 12994.3—2017《快速薄板冲压及拉伸液压机　第3部分：精度》
75	JB/T 12995.1—2017《封头液压机　第1部分：型式与基本参数》
76	JB/T 12995.2—2017《封头液压机　第2部分：技术条件》
77	JB/T 12995.3—2017《封头液压机　第3部分：精度》
78	JB/T 12996.1—2017《移动回转压头框式液压机　第1部分：型式与基本参数》
79	JB/T 12996.2—2017《移动回转压头框式液压机　第2部分：技术条件》
80	JB/T 12996.3—2017《移动回转压头框式液压机　第3部分：精度》
81	JB/T 13116—2017《钢丝缠绕式热等静压机》

序号	标 准
82	JB/T 13898.1—2020《多向模锻液压机 第1部分:型式与基本参数》
83	JB/T 13898.2—2020《多向模锻液压机 第2部分:技术条件》
84	JB/T 13898.3—2020《多向模锻液压机 第3部分:精度》
85	JB/T 13906.1—2020《热冲压高速液压机 第1部分:型式与基本参数》
86	JB/T 13906.2—2020《热冲压高速液压机 第2部分:技术条件》
87	JB/T 13906.3—2020《热冲压高速液压机 第3部分:精度》
88	JB/T 13913—2020《数控全液压模锻锤自动化生产线》(仅供参考)
89	JB/T 33639—2017《数控液压冲钻复合机》
90	JC/T 2486—2018《纤维增强复合材料自动液压机》
91	JC/T 2034—2010《蒸压砖自动液压机》
92	JC/T 2178—2013《耐火砖自动液压机》
93	JC/T 910—2013《陶瓷砖自动液压机》
94	LY/T 2167—2013《胶合板热压机》

A.3 液压机零部件设计与制造相关标准目录

液压机零部件设计与制造相关标准目录见附表 A-3。

附表 A-3 液压机零部件设计与制造相关标准目录

序号	标 准
1	ISO 6162-1:2012《液压传动 带分体式或整体式法兰以及米制或英制螺栓的法兰管接头 第1部分:用于 3.5MPa 至 35MPa(35bar 至 350bar)压力下,DN13 至 DN127 的法兰管接头、油口和安装面》
2	ISO 6162-2:2018《液压传动 带分体式或整体式法兰以及米制或英制螺栓法兰管接头 第2部分:用于 42MPa(420bar)压力下,DN13 至 DN76 的法兰管接头、油口和安装面》
3	ISO 6164:1994《液压传动 25MPa 至 40MPa(250 bar 至 400 bar)压力下使用的四螺栓整体方法兰》
4	ISO 8434-2:2007《用于流体传动和一般用途的金属管接头 第2部分:37°扩口管接头》
5	ISO 8434-3:2005《用于流体传动和一般用途的金属管接头 第3部分:O形圈端面密封管接头》
6	CB/T 3398—2013《船用电液伺服阀放大器》
7	CB/T 3445—2019《船用液压油净化装置技术条件》
8	DB44/T 1169.1—2013《伺服液压缸 第1部分:技术条件》(已废止,仅供参考)
9	DB44/T 1169.2—2013《伺服液压缸 第2部分:试验方法》
10	GB 150.1—2011《压力容器 第1部分:通用要求》
11	GB 150.2—2011《压力容器 第2部分:材料》
12	GB 150.3—2011《压力容器 第3部分:设计》
13	GB 150.4—2011《压力容器 第4部分:检验和验收》
14	GB/T 197—2018《普通螺纹 公差》
15	GB/T 321—2005《优先数和优先数系》
16	GB/T 699—2015《优质碳素结构钢》
17	GB/T 700—2006《碳素结构钢》
18	GB/T 1184—1996《形状和位置公差 未注公差值》
19	GB/T 1219—2008《指示表》
20	GB/T 1220—2007《不锈钢棒》
21	GB/T 1222—2016《弹簧钢》
22	GB/T 1251.1—2008《人类工效学 公共场所和工作区域的险情信号 险情听觉信号》
23	GB/T 1251.2—2006《人类工效学 险情视觉信号 一般要求、设计和检验》
24	GB/T 1527—2017《铜及铜合金拉制管》
25	GB/T 1591—2018《低合金高强度结构钢》
26	GB/T 1804—2000《一般公差 未注公差的线性和角度的公差》
27	GB/T 2102—2006《钢管的验收、包装、标志和质量证明书》

序号	标　准
28	GB/T 2346—2003《液压传动系统及元件　公称压力系列》
29	GB 2347—1980《液压泵及马达公称排量系列》
30	GB/T 2348—2018《流体传动系统及元件　缸径及活塞杆直径》
31	GB 2349—1980《液压气动系统及元件　缸活塞行程系列》
32	GB/T 2350—2020《流体传动系统及元件　活塞杆螺纹型式和尺寸系列》
33	GB/T 2351—2021《流体传动系统及元件　硬管外径和软管内径》
34	GB/T 2352—2003《液压传动　隔离式充气蓄能器压力和容积范围及特征量》
35	GB/T 2353—2005《液压泵及马达的安装法兰和轴伸的尺寸系列及标注代号》
36	GB/T 2423《电工电子产品环境试验　第 2 部分》和《环境试验　第 2 部分》相关部分
37	GB/T 2514—2008《液压传动　四油口方向控制阀安装面》
38	GB/T 2877.2—2021《液压二通盖板式插装阀　第 2 部分:安装连接尺寸》
39	GB/T 2878.1—2011《液压传动连接　带米制螺纹和 O 形圈密封的油口和螺柱端　第 1 部分:油口》
40	GB/T 2878.2—2011《液压传动连接　带米制螺纹和 O 形圈密封的油口和螺柱端　第 2 部分:重型螺柱端(S 系列)》
41	GB/T 2878.3—2017《液压传动连接　带米制螺纹和 O 形圈密封的油口和螺柱端　第 3 部分:轻型螺柱端(L 系列)》
42	GB/T 2878.4—2011《液压传动连接　带米制螺纹和 O 形圈密封的油口和螺柱端　第 4 部分:六角螺塞》
43	GB/T 2879—2005《液压缸活塞和活塞杆动密封沟槽尺寸和公差》
44	GB 2880—1981《液压缸活塞和活塞杆窄断面动密封沟槽尺寸系列和公差》
45	GB 2893—2008《安全色》
46	GB/T 3077—2015《合金结构钢》
47	GB/T 3323.1—2019《焊缝无损检测　射线检测　第 1 部分:X 和伽玛射线的胶片技术》
48	GB/T 3452.1—2005《液压气动用 O 形橡胶密封圈　第 1 部分:尺寸系列及公差》
49	GB/T 3452.3—2005《液压气动用 O 形橡胶密封圈　沟槽尺寸》
50	GB/T 3639—2021《冷拔或冷轧精密无缝钢管》
51	GB/T 3683—2011《橡胶软管及软管组合件　油基或水基流体适用的钢丝编织增强液压型　规范》
52	GB/T 3733—2008《卡套式端直通管接头》
53	GB/T 3759—2008《卡套式管接头用连接螺母》
54	GB/T 3766—2015《液压传动　系统及其元件的通用规则和安全要求》
55	GB/T 3797—2016《电气控制设备》
56	GB 4584—2022《压力机用光电保护装置技术条件》
57	GB 5083—1999《生产设备安全卫生设计总则》
58	GB 5091—2011《压力机用安全防护装置技术要求》
59	GB 5092—2008《压力机用感应式安全装置技术条件》
60	GB/T 5226.1—2019《机械电气安全　机械电气设备　第 1 部分:通用技术条件》
61	GB/T 5226.34—2020《机械电气安全　机械电气设备　第 34 部分:机床技术条件》
62	GB/T 5777—2019《无缝和焊接(埋弧焊除外)钢管纵向和/或横向缺欠的全圆周自动超声检测》
63	GB/T 6092—2021《直角尺》
64	GB/T 6394—2017《金属平均晶粒度测定方法》
65	GB/T 6402—2008《钢锻件超声检测方法》
66	GB/T 6576—2002《机床润滑系统》
67	GB/T 6577—2021《液压缸活塞用带支承环密封沟槽型式、尺寸和公差》
68	GB/T 6578—2008《液压缸活塞杆用防尘圈沟槽型式、尺寸和公差》
69	GB/T 6807—2001《钢铁工件涂装前磷化处理技术条件》
70	GB 7247.1—2012《激光产品的安全　第 1 部分:设备分类、要求》
71	GB 7247.14—2012《激光产品的安全　第 14 部分:用户指南》
72	GB/T 7551—2008《称重传感器》
73	GB/T 7932—2017《气动　对系统及其元件的一般规则和安全要求》
74	GB/T 7735—2016《无缝和焊接(埋弧焊除外)钢管缺欠的自动涡流检测》
75	GB/T 7934—2017《液压二通盖板式插装阀　技术条件》

序号	标 准
76	GB/T 7935—2005《液压元件　通用技术条件》
77	GB/T 7936—2012《液压泵和马达　空载排量测定方法》
78	GB/T 7937—2008《液压气动管接头及其相关元件　公称压力系列》
79	GB/T 8098—2003《液压传动　带补偿的流量控制阀　安装面》(新标准正在批准中)
80	GB/T 8100—2006《液压传动　减压阀、顺序阀、卸荷阀、节流阀和单向阀　安装面》(新标准正在批准中)
81	GB/T 8101—2002《液压溢流阀　安装面》
82	GB/T 8107—2012《液压阀　压差-流量特性的测定》
83	GB/T 8163—2018《输送流体用无缝钢管》
84	GB/T 8196—2018《机械安全　防护装置　固定式和活动式防护装置设计与制造一般要求》
85	GB/T 8870.1—2012《自动化系统与集成　机床数值控制　程序格式和地址字定义　第1部分:点位、直线运动和轮廓控制系统的数据格式》
86	GB/T 8890—2015《热交换器用铜合金无缝管》
87	GB/T 9065.1—2015《液压软管接头　第1部分:O形圈端面密封软管接头》
88	GB/T 9065.2—2010《液压软管接头　第2部分:24°锥密封端软管接头》
89	GB/T 9065.4—2020《液压传动连接　软管接头　第4部分:螺柱端》
90	GB/T 9065.5—2010《液压软管接头　第5部分:37°扩口端软管接头》
91	GB/T 9065.6—2020《液压传动连接　软管接头　第6部分:60°锥形》
92	GB/T 9094—2020《流体传动系统及元件　缸安装尺寸和安装型式代号》
93	GB/T 9414.1—2012《维修性　第1部分:应用指南》
94	GB/T 9414.2—2012《维修性　第2部分:设计和开发阶段维修性要求与研究》
95	GB/T 9414.3—2012《维修性　第3部分:验证和数据的收集、分析与表示》
96	GB/T 9414.5—2018《维修性　第5部分:测试性和诊断测试》
97	GB/T 9414.9—2017《维修性　第9部分:维修和维修保障》
98	GB/T 9576—2019《橡胶和塑料软管及软管组合件　选择、贮存、使用和维护指南》
99	GB/T 9577—2001《橡胶和塑料软管及软管组合件　标志、包装和运输规则》
100	GB/T 9799—2011《金属及其他无机覆盖层　钢铁上经过处理的锌电镀层》
101	GB/T 9969—2008《工业产品使用说明书　总则》
102	GB/T 10544—2022《橡胶软管及软管组合件　油基或水基流体适用的钢丝缠绕增强外覆橡胶液压型　规范》
103	GB/T 10561—2005《钢中非金属夹杂物含量的测定-标准评级图显微检验法》
104	GB/T 10923—2009《锻压机械　精度检验通则》
105	GB/T 12265—2021《机械安全　防止人体部位挤压的最小间距》
106	GB/T 12363—2005《锻件功能分类》
107	GB/T 12606—2016《无缝和焊接(埋弧焊除外)铁磁性钢管纵向和/或横向缺欠的全圆周自动漏磁检测》
108	GB/T 13306—2011《标牌》
109	GB/T 13384—2008《机电产品包装通用技术条件》
110	GB/T 13639—2008《工业过程测量和控制系统用模拟输入数字式指示仪》
111	GB/T 13854—2008《射流管电液伺服阀》
112	GB/T 14034.1—2010《流体传动金属管连接　第1部分:24°锥形管接头》
113	GB/T 14036—1993《液压缸活塞杆端带关节轴承耳环安装尺寸》
114	GB/T 14042—1993《液压缸活塞杆端柱销式耳环安装尺寸》
115	GB/T 14043—2005《液压传动　阀安装面和插装阀阀孔的标识代号》(新标准正在制定中)
116	GB/T 14048.14—2019《低压开关设备和控制设备　第5-5部分:控制电路电器和开关元件　具有机械锁闩功能的电气紧急制动装置》
117	GB/T 14436—1993《工业产品保证文件　总则》
118	GB/T 14776—1993《人类功效学　工作岗位尺寸设计原则及其数值》
119	GB/T 14976—2012《流体输送用不锈钢无缝钢管》
120	GB/T 15056—2017《铸造表面粗糙度　评定方法》
121	GB/T 15241.2—1999《与心里负荷相关的工效学原则　第2部分:设计原则》
122	GB/T 15242.1—2017《液压缸活塞和活塞杆动密封装置尺寸系列　第1部分:同轴密封件尺寸系列和公差》
123	GB/T 15242.2—2017《液压缸活塞和活塞杆动密封装置尺寸系列　第2部分:支承环尺寸系列和公差》

序号	标 准
124	GB/T 15242.3—2021《液压缸活塞和活塞杆动密封装置尺寸系列 第3部分:同轴密封件安装沟槽尺寸系列和公差》
125	GB/T 15242.4—2021《液压缸活塞和活塞杆动密封装置尺寸系列 第4部分:支承环安装沟槽尺寸系列和公差》
126	GB/T 15706—2012《机械安全 设计通则 风险评估与风险减小》
127	GB/T 15969(所有部分)《可编程序控制器》
128	GB/T 16251—2008《工作系统设计的人类工效学原则》
129	GB/T 16455—2008《条式和框式水平仪》
130	GB/T 16754—2021《机械安全 急停功能 设计原则》
131	GB/T 16755—2015《机械安全 安全标准的起草与表述规则》
132	GB/T 16825.1—2008《静力单轴试验机的检验 第1部分:拉力和(或)压力试验机测力系统的检验与校准》
133	GB/T 16855.1—2018《机械安全 控制系统安全相关部件 第1部分:设计通则》
134	GB/T 16855.2—2015《机械安全 控制系统安全相关部件 第2部分:确认》
135	GB/T 16856—2015《机械安全 风险评估 实施指南和方法举例》
136	GB/T 17395—2008《无缝钢管尺寸、外形、重量及允许偏差》
137	GB/T 17483—1998《液压泵空气传声噪声级测定规范》
138	GB/T 17487—1998《四油口和五油口液压伺服阀 安装面》
139	GB/T 17490—1998《液压控制阀 油口、底板、控制装置和电磁铁的标识》
140	GB/T 17491—2011《液压泵、马达和整体传动装置 稳态性能的试验及表达方法》(新标准正在制定中)
141	GB/T 17888.1—2020《机械安全 接近机械的固定设施 第1部分:固定设施的选择及接近的一般要求》
142	GB/T 17888.2—2020《机械安全 接近机械的固定设施 第2部分:工作平台与通道》
143	GB/T 17888.3—2020《机械安全 接近机械的固定设施 第3部分:楼梯、阶梯和护栏》
144	GB/T 17888.4—2020《机械安全 接近机械的固定设施 第4部分:固定式直梯》
145	GB 18209.1—2010《机械电气安全 指示、标志和操作 第1部分:关于视觉、听觉和触觉信号的要求》
146	GB 18209.2—2010《机械电气安全 指示、标志和操作 第2部分:标志要求》
147	GB 18209.3—2010《机械电气安全 指示、标志和操作 第3部分:操动器的位置和操作的要求》
148	GB/Z 18427—2001《液压软管组合件 液压系统外部泄漏分级》
149	GB/T 18569.1—2020《机械安全 减小由机械排放的危害性物质对健康的风险 第1部分:用于机械制造商的原则和规范》
150	GB/T 18759.7—2017《机械电气设备 开放式数控系统 第7部分:通用技术条件》
151	GB/T 18831—2017《机械安全 与防护装置相关的联锁装置 设计和选择原则》
152	GB/T 18853—2015《液压传动过滤器 评定滤芯过滤性能的多次通过方法》
153	GB/T 19670—2005《机械安全 防止意外启动》
154	GB/T 19671—2005《机械安全 双手操作装置功能状况及设计原则》
155	GB/T 20438(所有部分)《电气/电子/可编程电子安全相关系统的功能安全》
156	GB/T 19674.1—2005《液压管接头用螺纹油口和柱端螺纹油口》
157	GB/T 19674.2—2005《液压管接头用螺纹油口和柱端 填料密封柱端(A型和E型)》
158	GB/T 19674.3—2005《液压管接头用螺纹油口和柱端 金属对金属密封柱端(B型)》
159	GB/T 19764—2005《优先数和优先数化整值系列的选用指南》
160	GB/T 19876—2012《机械安全 与人体部位接近速度相关的安全防护装置的定位》
161	GB/T 19925—2005《液压传动 隔离式充气蓄能器优先选择的液压油口》
162	GB/T 19926—2005《液压传动 充气式蓄能器 气口尺寸》
163	GB/T 20002.3—2014《标准中特定内容的起草 第3部分:产品标准中涉及环境的内容》
164	GB/T 20002.4—2015《标准中特定内容的起草 第4部分:标准中涉及安全的内容》
165	GB/T 20079—2006《液压过滤器技术条件》
166	GB/T 20080—2017《液压滤芯技术条件》
167	GB/T 20110—2006《液压传动 零件和元件的清洁度与污染物的收集、分析和数据报告相关的检验文件和准则》
168	GB/T 20878—2007《不锈钢和耐热钢 牌号及化学成分》
169	GB/T 21109.2—2007《过程工业领域安全仪表系统的功能安全 第2部分:GB/T 21109.1的应用指南》
170	GB/T 21681—2008《数控压力机、液压机用模拟负荷测试系统》
171	GB/T 23821—2009《机械安全 防止上下肢触及危险区的安全距离》

序号	标　准
172	GB 23712—2009《工业机械电气设备　电磁兼容　机床发射限值》
173	GB/T 24760—2009《铸铁平尺》
174	GB/T 24761—2009《钢平尺和岩石平尺》
175	GB/T 24946—2010《船用数字液压缸》
176	GB/T 25078.1—2010《声学　低噪声机器和设备设计实施建议　第1部分：规划》
177	GB/T 25636—2010《机床数控系统　用户服务指南》
178	GB/T 25917—2010《轴向加力疲劳试验机动态力校准》
179	GB/T 26220—2010《工业自动化系统与集成　机床数值控制　数控系统通用技术条件》
180	GB 26484—2011《液压机　噪声限值》
181	GB 28526—2012《机械电气安全　安全相关电气、电子和可编程电子控制系统的功能安全》
182	GB/T 28782.2—2012《液压传动测量技术　第2部分：密闭回路中平均稳态压力的测量》
183	GB/T 29482.1—2013《工业机械数字控制系统　第1部分：通用技术条件》
184	GB/T 29545—2013《机床数控系统　可靠性设计》
185	GB/Z 29638—2013《电气/电子/可编程电子安全相关系统的功能安全　功能安全概念及 GB/T 20438 系列概况》
186	GB/T 30175—2013《机械安全　应用 GB/T 16855.1 和 GB 28526 设计安全相关控制系统的指南》
187	GB/T 30438—2013《支持模块化设计的数据字典技术原则和方法》
188	GB/T 32245—2015《机床数控系统　可靠性测试与评定》
189	GB/T 32289—2015《大型锻件用优质碳素结构钢和合金结构钢》
190	GB/T 32666.1—2016《高档与普及型机床数控系统　第1部分：数控装置的要求及验收规范》
191	GB/T 32666.2—2016《高档与普及型机床数控系统　第2部分：主轴驱动装置的要求及验收规范》
192	GB/T 32666.3—2016《高档与普及型机床数控系统　第3部分：交流伺服驱动装置的要求及验收规范》
193	GB/T 32957—2016《液压和气动系统设备用冷拔或冷轧精密内径无缝钢管》
194	GB/T 33083—2016《大型碳素结构钢锻件　技术条件》
195	GB/T 33084—2016《大型合金结构钢锻件　技术条件》
196	GB/T 33582—2017《机械产品结构有限元力学分析通用规则》
197	GB/T 34136—2017《机械电气安全　GB 28526 和 GB/T 16855.1 用于机械安全相关控制系统设计的应用指南》
198	GB/T 35080—2018《机械安全　B类标准和C类标准与 GB/T 15706 的关系》
199	GB/T 35081—2018《机械安全　GB/T 16855.1 与 GB/T 15706 的关系》
200	GB/T 36166—2018《液压元件用铜合金棒、型材》
201	GB/T 36229—2018《光电保护装置可靠性考核方法和指标》
202	GB/T 36520.1—2018《液压传动　聚氨酯密封件尺寸系列　第1部分：活塞往复运动密封圈的尺寸和公差》
203	GB/T 36520.2—2018《液压传动　聚氨酯密封件尺寸系列　第2部分：活塞杆往复运动密封圈的尺寸和公差》
204	GB/T 36520.3—2019《液压传动　聚氨酯密封件尺寸系列　第3部分：防尘圈的尺寸和公差》
205	GB/T 36703—2018《液压传动　压力开关　安装面》
206	GB/T 36997—2018《液压传动　油路块总成及其元件的标识》
207	GB/T 37391—2019《可编程序控制器的成套控制设备规范》
208	GB/T 37400.1—2019《重型机械通用技术条件　第1部分：产品检验》
209	GB/T 37400.2—2019《重型机械通用技术条件　第2部分：火焰切割件》
210	GB/T 37400.3—2019《重型机械通用技术条件　第3部分：焊接件》
211	GB/T 37400.4—2019《重型机械通用技术条件　第4部分：铸铁件》
212	GB/T 37400.5—2019《重型机械通用技术条件　第5部分：有色金属铸件》
213	GB/T 37400.6—2019《重型机械通用技术条件　第6部分：铸钢件》
214	GB/T 37400.7—2019《重型机械通用技术条件　第7部分：铸钢件补焊》
215	GB/T 37400.8—2019《重型机械通用技术条件　第8部分：锻件》
216	GB/T 37400.9—2019《重型机械通用技术条件　第9部分：切削加工件》
217	GB/T 37400.10—2019《重型机械通用技术条件　第10部分：装配》
218	GB/T 37400.11—2019《重型机械通用技术条件　第11部分：配管》
219	GB/T 37400.12—2019《重型机械通用技术条件　第12部分：涂装》
220	GB/T 37400.13—2019《重型机械通用技术条件　第13部分：包装》
221	GB/T 37400.14—2019《重型机械通用技术条件　第14部分：铸钢件无损探伤》

序号	标　准
222	GB/T 37400.15—2019《重型机械通用技术条件　第 15 部分:锻钢件无损探伤》
223	GB/T 37400.16—2019《重型机械通用技术条件　第 16 部分:液压系统》
224	GB/T 38129—2019《智能工厂　安全控制要求》
225	GB/T 38178.2—2019《液压传动　10MPa 系列单杆缸的安装尺寸　第 2 部分:短行程系列》
226	GB/T 38195—2019《机床数控系统　可靠性管理》
227	GB/T 38205.3—2019《液压传动　16MPa 系列单杆缸的安装尺寸　第 3 部分:缸径 250mm～500mm 紧凑型系列》
228	GB/T 38266—2019《机床数控系统　可靠性工作总则》
229	GB/T 38267—2019《机床数控系统　编程代码》
230	GB/T 39127—2020《机床数控系统　使用与维护规范》
231	GB/T 39128—2020《机床数控系统　人机界面》
232	GB/T 39129—2020《机床数控系统　故障诊断与维修规范》
233	GB/T 39519—2020《高应力液压件圆柱螺旋压缩弹簧　技术条件》
234	GB/T 39589—2020《机械产品零部件模块化设计评价规范》
235	GB/T 39831—2021《液压传动　规格 02、03、05、07、08 和 10 的四油口叠加阀和方向控制阀　夹紧尺寸》
236	GB/T 39949.1—2021《液压传动　单杆缸附件的安装尺寸　第 1 部分:16MPa 中型系列和 25MPa 系列》
237	GB/T 39949.2—2021《液压传动　单杆缸附件的安装尺寸　第 2 部分:16MPa 缸径 25mm～220mm 紧凑型系列》
238	GB/T 39949.3—2021《液压传动　单杆缸附件的安装尺寸　第 3 部分:16MPa 缸径 250mm～500mm 紧凑型系列》
239	GB 50040—2020《动力机器基础设计标准》
240	GB/T 50387—2017《冶金机械液压、润滑和气动设备工程安装验收规范》
241	GB 50699—2011《液压振动台基础技术规范》
242	GB 50730—2011《冶金机械液压、润滑和气动设备工程施工规范》
243	GJB 2608A—2008《航空用结构钢厚壁无缝管规范》
244	GJB 9001C—2017《质量管理体系要求》
245	GJB/Z 9004A—2001《质量管理体系　业绩改进指南》
246	JB/T 966—2005《用于流体传动和一般用途的金属管接头　O 形圈平面密封接头》
247	JB/T 2001—2018《水系统　零部件》
248	JB/T 2162—2007《冶金设备用液压缸(PN≤16MPa)》
249	JB/T 3240—1999《锻压机械　操作指示形象化符号》
250	JB/T 3338—2013《液压件圆柱螺旋压缩弹簧　技术条件》
251	JB/T 3843—2014《液压机　紧固模具用槽、孔的分布形式与尺寸》
252	JB/ZQ 4181—2006《冶金设备用 UY 型液压缸(PN≤25MPa)》
253	JB/T 5244—2021《液压阀用电磁铁》
254	JB/T 5775—2010《锻压机械灰口铸铁　技术条件》
255	JB/T 5921—2006《液压系统用冷却器　基本参数》
256	JB/T 5922—2005《液压二通插装阀　图形符号》
257	JB/T 5943—2018《工程机械　焊接件通用技术条件》
258	JB/T 5946—2018《工程机械　涂装通用技术条件》
259	JB/T 5963—2014《液压传动　二通、三通和四通螺纹插装阀　插装孔》
260	JB/T 6134—2006《冶金设备用液压缸(PN≤25MPa)》
261	JB/T 6146—2007《引伸计　技术条件》
262	JB/T 6397—2006《大型碳素结构钢锻件　技术条件》
263	JB/T 6402—2018《大型低合金钢铸件　技术条件》
264	JB/T 6996—2007《重型机械液压系统　通用技术条件》
265	JB/T 7033—2007《液压传动　测量技术通则》
266	JB/T 7034—2006《液压隔膜式蓄能器　型式和尺寸》
267	JB/T 7035—2006《液压囊式蓄能器　型式和尺寸》
268	JB/T 7036—2006《液压隔离式蓄能器　技术条件》

序号	标 准
269	JB/T 7039—2006《液压叶片泵》(新标准正在制定中)
270	JB/T 7041.2—2020《液压泵 第2部分:齿轮泵》
271	JB/T 7043—2006《液压轴向柱塞泵》(新标准正在制定中)
272	JB/T 7158—2010《工程机械 零部件清洁度测定方法》
273	JB/T 7356—2016《列管式油冷却器》
274	JB/T 7554—2007《手动超高压油泵》
275	JB/T 7857—2006《液压阀污染敏感度评定方法》
276	JB/T 7876—2014《手动泵》
277	JB/T 7939—2010《单活塞杆液压缸两腔面积比》
278	JB/T 8072—2021《机床润滑要求 表述》
279	JB/T 8356—2016《机床包装 技术条件》
280	JB/T 8609—2014《锻压机械焊接件 技术条件》
281	JB/T 8727—2017《液压软管总成》
282	JB/T 8729—2013《液压多路换向阀》
283	JB/T 8828—2001《切削加工件 通用技术条件》
284	JB/T 8832—2001《机床数控系统 通用技术条件》(已作废,仅供参考)
285	JB/T 10030—2012《光栅线位移测量装置》
286	JB/T 10080.1—2011《光栅位移测量系统 第1部分:光栅数字显示仪表》
287	JB/T 10080.2—2011《光栅位移测量系统 第2部分:光栅位移传感器》
288	JB/T 10159—2019《交流本整湿式阀用电磁铁》
289	JB/T 10160—2015《直流湿式阀用电磁铁》
290	JB/T 10161—2019《直流干式阀用电磁铁》
291	JB/T 10162—2019《交流干式阀用电磁铁》
292	JB/T 10205—2010《液压缸》(新标准 JB/T 10205.1—××××《液压缸 第1部分:通用技术条件》正在制定中)
293	JB/T 10205.2—××××《液压缸 第2部分:缸筒技术条件》(新标准正在制定中,计划代替 JB/T 11718—2013《液压缸 缸筒技术条件》)
294	JB/T 10205.3—2020《液压缸 第3部分:活塞杆技术条件》
295	JB/T 10364—2014《液压单向阀》
296	JB/T 10365—2014《液压电磁换向阀》
297	JB/T 10366—2014《液压调速阀》
298	JB/T 10367—2014《液压减压阀》
299	JB/T 10368—2014《液压节流阀》
300	JB/T 10369—2014《液压手动及滚轮换向阀》
301	JB/T 10370—2013《液压顺序阀》
302	JB/T 10371—2013《液压卸荷溢流阀》
303	JB/T 10373—2014《液压电液动换向阀和液动换向阀》
304	JB/T 10374—2013《液压溢流阀》
305	JB/T 10465—2016《稀油润滑装置 技术条件》
306	JB/T 10760—2017《工程机械 焊接式液压金属管总成》
307	JB/T 10830—2008《液压电磁换向座阀》
308	JB/T 10831—2008《静液压传动装置》
309	JB/T 11196—2011《锻压机械用钢体铜衬复合件 技术条件》
310	JB/T 11214—2012《剪板机用数控系统》
311	JB/T 11216—2012《板料折弯机用数控系统》
312	JB/T 11588—2013《大型液压油缸》
313	JB/T 11763—2014《高性能机床数控系统 可靠性评价方法》
314	JB/T 12232—2015《液压传动 液压铸铁件技术条件》
315	JB/T 12292—2015《锻压机械 安全控制模块》
316	JB/T 12396—2015《比例阀用电磁铁》
317	JB/T 12522—2015《锻压机械铸钢件 技术条件》

序号	标 准
318	JB/T 12706.1—2016《液压传动 16MPa系列单杆缸的安装尺寸 第1部分:中型系列》
319	JB/T 12706.2—2017《液压传动 16MPa系列单杆缸的安装尺寸 第2部分:缸径25mm～220mm紧凑型系列》
320	JB/T 12767.1—2015《锻压机械 光电保护装置 第1部分:型式与基本参数》
321	JB/T 12921—2016《液压传动 过滤器的选择与使用规范》
322	JB/T 12942—2016《管端挤压式高压管接头》
323	JB/T 12997—2017《移动回转压头框式液压机 刚度测量方法》
324	JB/T 13214—2017《工业机械电气设备及系统 开放式数控系统PLC编程语言》
325	JB/T 13215—2017《工业机械电气设备及系统 开放式数控系统加工程序编程语言》
326	JB/T 13291—2017《液压传动 25MPa系列单杆缸的安装尺寸》
327	JB/T 13539—2018《敞开式光栅传感器》
328	JB/T 13601—2018《液压驱动装置 技术条件》
329	JB/T 13611—2019《关节轴承 液压缸用杆端关节轴承》
330	JB/T 13652—2019《交流湿式阀用电磁铁》
331	JB/T 13790—2020《土方机械 液压油缸再制造 技术规范》
332	JB/T 13800—2020《液压传动 10MPa系列单杆缸的安装尺寸》
333	JB/T 14001—2020《液压传动 电液推杆》
334	NB/T 47008—2010《承压设备用碳素钢和合金钢锻件》
335	NB/T 47013.3—2015《承压设备无损检测 第3部分:超声检测》
336	NB/T 47013.3—2015/XG1—2018《承压设备无损检测 第3部分:超声检测》行业标准第1号修改单
337	NB/T 47013.4—2015《承压设备无损检测 第4部分:磁粉检测》
338	QJ 1499A—2001《伺服系统零、部件制造通用技术要求》
339	YB/T 028—2021《冶金设备用液压缸》

A.4 液压工作介质、试验方法及其清洁度标准目录

液压缸液压系统设计与（再）制造相关液压工作介质、试验方法及其清洁度标准目录见表A-4。

附表 A-4 液压工作介质、试验方法及其清洁度标准目录

序号	标 准
1	SAE AS 1241C—2016《Fire Resistant Phosphate Ester Hydraulic Fluid for Aircraft》
2	CB/T 3997—2008《船用油颗粒污染度检测方法》
3	DB37/T 1488—2009《合成酯型抗磨液压油》
4	DB37/T 1490—2009《合成酯型难燃液压油》
5	DL/T 421—2009《电力用油体积电阻率测定法》
6	DL/T 429.1—2017《电力用油透明度测定法》
7	DL/T 429.2—2016《电力用油颜色测定法》
8	DL/T 432—2018《电力用油中颗粒度测定方法》
9	DL/T 433—2015《抗燃油中氯含量的测定 氧弹法》
10	DL/T 571—2014《电厂用磷酸酯抗燃油运行维护导则》
11	DL/T 1206—2013《磷酸酯抗燃油氯含量的测定 高温燃烧微库仑法》
12	DL/T 1978—2019《电力用油颗粒污染度分级标准》
13	GB 259—1988《石油产品水溶性酸及碱测定法》
14	GB/T 260—2016《石油产品水含量的测定 蒸馏法》
15	GB/T 261—2008《闪点的测定 宾斯基-马丁闭口杯法》
16	GB 264—1983《石油产品酸值测定法》
17	GB/T 265—1988《石油产品运动粘度测定法和动力粘度计算法》
18	GB/T 1884—2000《原油和液体石油产品密度实验室测定法(密度计法)》
19	GB/T 1885—1998《石油计量表》

序号	标　　准
20	GB/T 1995—1998《石油产品粘度指数计算法》
21	GB/T 2433—2001《添加剂和含添加剂润滑油硫酸盐灰分测定法》
22	GB/T 2541—1981《石油产品粘度指数算表》
23	GB/T 3141—1994《工业液体润滑剂　ISO 粘度分类》
24	GB/T 3142—2019《润滑剂承载能力的测定　四球法》
25	GB/T 3535—2006《石油产品倾点测定法》
26	GB/T 3536—2008《石油产品闪点和燃点的测定　克利夫兰开口杯法》
27	GB/T 4945—2002《石油产品和润滑剂酸值和碱值测定法（颜色指示剂法）》
28	GB/T 5096—2017《石油产品铜片腐蚀试验法》
29	GB 6540—1986《石油产品颜色测定法》
30	GB/T 7304—2014《石油产品酸值的测定　电位滴定法》
31	GB 7325—1987《润滑脂和润滑油蒸发损失测定法》
32	GB/T 7600—2014《运行中变压器油和汽轮机油水分含量测定法（库仑法）》
33	GB/T 7631.1—2008《润滑剂、工业用油和有关产品（L 类）的分类　第 1 部分：总分组》
34	GB/T 7631.2—2003《润滑剂、工业用油和相关产品（L 类）的分类 第 2 部分：H 组（液压系统）》
35	GB 11118.1—2011《液压油（L-HL、L-HM、L-HV、L-HS、L-HG）》
36	GB/T 11133—2015《石油产品、润滑油和添加剂中水含量的测定　卡尔费休库仑滴定法》
37	GB 11137—1989《深色石油产品运动粘度测定法（逆流法）和动力粘度计算法》
38	GB/T 11143—2008《加抑制剂矿物油在水存在下防锈性能试验法》
39	GB/T 12579—2002《润滑油泡沫特性测定法》
40	GB/T 12581—2006《加抑制剂矿物油氧化特性测定法》
41	GB/T 13377—2010《原油和液体或固体石油产品　密度或相对密度的测定　毛细管塞比重瓶和带刻度双毛细管比重瓶法》
42	GB/T 14039—2002《液压传动　油液　固体颗粒污染等级代号》（修改采用 ISO 4406：1999）
43	GB/T 14832—2008《标准弹性体材料与液压液体的相容性试验》
44	GB/T 16898—1997《难燃液压液使用导则》
45	GB/T 17476—1998《使用过的润滑油中添加剂元素、磨损金属和污染物以及基础油中某些元素测定法（电感耦合等离子体发射光谱法）》
46	GB/T 17484—1998《液压油液取样容器　净化方法的鉴定和控制》
47	GB/T 17489—1998《液压颗粒污染分析　从工作系统管路中提取液样》（新标准正在制定中）
48	GB/T 18854—2015《液压传动　液体自动颗粒计数器的校准》
49	GB/Z 19848—2005《液压元件从制造到安装达到和控制清洁度的指南》
50	GB/T 20082—2006《液压传动　液体污染　采用光学显微镜测定颗粒污染度的方法》
51	GB/Z 20423—2006《液压系统总成　清洁度检验》
52	GB/T 21449—2008《水-乙二醇型难燃液压液》
53	GB/T 21540—2008《液压传动　液体在线自动颗粒计数系统　校准和验证方法》
54	GB/T 25133—2010《液压系统总成　管路冲洗方法》
55	GB/T 27613—2011《液压传动　液体污染　采用称重法测定颗粒污染度》
56	GB/T 28957.1—2012《道路车辆　用于滤清器评定的试验粉尘　第 1 部分：氧化硅试验粉尘》
57	GB/T 29024.2—2016《粒度分析　单颗粒的光学测量方法　第 2 部分：液体颗粒计数器光散射法》
58	GB/T 29024.3—2012《粒度分析　单颗粒的光学测量方法　第 3 部分：液体颗粒计数器光阻法》
59	GB/T 29025—2012《粒度分析　电阻法》
60	GB/T 30504—2014《船舶和海上技术　液压油系统　组装和冲洗导则》
61	GB/T 30506—2014《船舶和海上技术　润滑油系统　清洁度等级和冲洗导则》
62	GB/T 30508—2014《船舶和海上技术　液压油系统　清洁度等级和冲洗导则》
63	GB/T 33540.4—2017《风力发电机组专用润滑剂　第 4 部分：液压油》
64	GB/T 37162.1—2018《液压传动　液体颗粒污染度的监测　第 1 部分：总则》
65	GB/T 37162.3—2021《液压传动　液体颗粒污染度的监测　第 3 部分：利用滤膜阻塞技术》
66	GB/T 37163—2018《液压传动　采用遮光原理的自动颗粒计数法测定液样颗粒污染度》
67	GB/T 37222—2018《难燃液压液喷射燃烧持久性测定　空锥射流喷嘴试验法》

序号	标　　准
68	GB/T 39095—2020《航空航天　液压流体零部件　颗粒污染度等级的表述》
69	GJB 380.2A—2015《航空工作液污染测试　第2部分:在系统管路上采集液样的方法》
70	GJB 380.4A—2015《航空工作液污染测试　第4部分:用自动颗粒计数法测定固体颗粒污染度》
71	GJB 380.5A—2015《航空工作液污染测试　第5部分:用显微镜计数法测定固体颗粒污染度》
72	GJB 380.7A—2015《航空工作液污染测试　第7部分:在液箱中采集液样的方法》
73	GJB 380.8A—2015《航空工作液污染测试　第8部分:用显微镜对比法测定固体颗粒污染度》
74	GJB 420B—2006《航空工作液固体污染度分级》
75	GJB 563—1998(1988)《轻质航空润滑油腐蚀和氧化安定性测定法(金属片法)》
76	GJB 1177A—2013《15号航空液压油规范》
77	HB 6639—1992《飞机Ⅰ、Ⅱ型液压系统污染度验收水平和控制水平》
78	HB 6649—1992《飞机Ⅰ、Ⅱ型液压系统重要附件污染度验收水平》
79	HB 7799—2006《飞机液压系统工作液采样点设计要求》
80	HB 8460—2014《民用飞机液压系统污染度验收水平和控制水平要求》
81	HB 8461—2014《民用飞机用液压油污染度等级》
82	JB/T 7858—2006《液压元件清洁度评定方法及液压元件清洁度指标》
83	JB/T 9954—1999《锻压机械　液压系统清洁度》
84	JB/T 10607—2006《液压系统工作介质使用规范》
85	JB/T 12672—2016《土方机械　液压油应用指南》
86	JB/T 12675—2016《拖拉机液压系统清洁度限值及测量方法》
87	JB/T 12920—2016《液压传动　液压油含水量检测方法》
88	JG/T 5089—1997《油液中固体颗粒污染物的自动颗粒计数法》
89	JJG 1061—2010《液体颗粒计数器检定规程》
90	MT 76—2011《液压支架用乳化油、浓缩液及其高含水液压液》
91	NB/SH/T 0189—2017《润滑油抗磨损性能的测定　四球法》
92	NB/SH/T 0306—2013《润滑油承载能力的评定　FZG目测法》
93	NB/SH/T 0505—2017《含聚合物油剪切安定性的测定　超声波剪切法》
94	NB/SH/T 0567—2016《液体与热表面接触燃烧性的测定　歧管引燃法》
95	NB/SH/T 0599—2013《L-HM液压油换油指标》
96	Q/XJ 2007—1992《12号航空液压油》
97	QC/T 29104—2013《专用汽车液压系统液压油固体污染度限值》
98	QC/T 29105.4—1992《专用汽车液压系统液压油固体污染度测试方法　显微镜颗粒计数法》
99	QJ 2724.1—1995《航天液压污染控制　工作液固体颗粒污染等级编码方法》
100	SH/T 0103—2007《含聚合物油剪切安定性的测定　柴油喷嘴法》
101	SH/T 0193—2008《润滑油氧化安定性的测定　旋转氧弹法》
102	SH/T 0201—1992《液体润滑剂摩擦系数测定法(法莱克斯销与V形块法)》
103	SH/T 0209—1992《液压油热稳定性测定法》
104	SH/T 0246—1992《轻质石油产品中水含量测定法(电量法)》
105	SH/T 0301—1993《液压液水解安定性测定法(玻璃瓶法)》
106	SH/T 0305—1993《石油产品密封适应性指数测定法》
107	SH/T 0307—1992《石油基液压油磨损特性测定法(叶片泵法)》
108	SH/T 0308—1992《润滑油空气释放值测定法》
109	SH 0358—1995《10号航空液压油》
110	SH/T 0451—1992《液体润滑剂贮存安定性试验法》
111	SH/T 0476—1992(2003)《L-HL液压油换油指标》
112	SH/T 0565—2008《加抑制剂矿物油的油泥和腐蚀趋势测定法》
113	SH/T 0604—2000《原油和石油产品密度测定法(U形振动管法)》
114	SH/T 0644—1997《航空液压油低温稳定性试验法》
115	SH/T 0691—2000《润滑剂的合成橡胶熔胀性测定法》
116	SH/T 0752—2005《含水难燃液压抗腐蚀性测定法》
117	SH/T 0785—2006《难燃液芯式燃烧持久性测定法》
118	YB/T 4629—2017《冶金设备用液压油换油指南　L-HM液压油》

附录 B 液压机各相关标准中界定的名词、术语、词汇和定义摘录

除 JB/T 4174—2014《液压机 名词术语》中规定的名称术语和定义外，其他液压机各相关标准中界定的名词、术语、词汇和定义摘录见附表 B-1。

附表 B-1 液压机各相关标准中界定的名词、术语、词汇和定义摘录

序号	术语	定义
		CB/T 3398—2013《船用电液伺服阀放大器》
3.1.1	电液伺服阀	输入为电信号，输出为液压能的伺服阀
3.1.2	放大器	借助外来能源以增大输入信号的振幅和功率的器件
3.1.3	线性度	实际测量线性特性与理想线性特性间的最大偏差，并以额定输入信号的百分比表示
3.1.4	颤振信号	叠加在输入信号上的高频、小振幅，以改善系统分辨率的周期电信号
		DL/T 571—2014《电厂用磷酸酯抗燃油运行维护导则》
3.1	抗燃性	抗燃性是指磷酸酯抗燃油难以燃烧的程度以及如果发生燃烧后火焰不致传播的趋势，一般用自燃点指标表征
3.2	水解安定性	水解安定性是指磷酸酯抗燃油抵抗水解变质的能力。磷酸酯抗燃油的水解安定性主要取决于基础油的成分和分子结构。在一定条件下（如温度、酸性物质的催化）磷酸酯抗燃油会与水作用发生水解，可生成酸性磷酸二酯、酸性磷酸一酯和酚类物质等，而且水解产生的酸性物质会对油的进一步水解产生催化作用，完全水解后的最终产物为磷酸和酚类物质
3.3	氧化安定性	氧化安定性是指磷酸酯抗燃油抵抗氧化变质的能力。磷酸酯抗燃油的氧化安定性取决于基础油的成分、合成工艺以及油中是否添加抗氧化剂。磷酸酯抗燃油在运行过程中，不可避免地要与空气接触发生氧化，高温、水分、油中杂质以及油氧化后产生的酸性物质都会加速油的劣化变质
3.4	腐蚀性	腐蚀性是指磷酸酯抗燃油对金属材料腐蚀破坏的特性，磷酸酯抗燃油本身对金属材料没有腐蚀性，但油中的水分、氯含量、电阻率和酸值等指标超标都会导致金属部件发生腐蚀，造成不可修复的破坏
3.5	溶剂效应	磷酸酯抗燃油的溶剂效应是指其对某些非金属材料的溶解或溶胀特性 磷酸酯抗燃油对非金属材料有较强的溶解或溶胀作用。用于矿物油的部分密封材料，如耐油橡胶等不适用于磷酸酯抗燃油，磷酸酯抗燃油系统的橡胶材料一般选用氟橡胶（抗燃油与一些常用密封材料的相容性参考 DL/T 571—2014 附录 A）
		GB 150.1—2011《压力容器 第 1 部分：通用要求》
3.1.1	压力	垂直作用在容器单位表面积上的力
3.1.2	工作压力	在正常工作情况下，容器顶部可能达到的最高压力
3.1.3	设计压力	设定的容器顶部的最高压力，与相应的设计温度一起作为容器的基本设计载荷条件，其值不低于工作压力
3.1.4	计算压力	在相应设计温度下，用以确定元件厚度的压力，包括液柱静压力等附加载荷
3.1.5	试验压力	进行耐压试验或泄漏试验时，容器顶部的压力
3.1.6	最高允许工作压力	在指定的相应温度下，容器顶部所允许承受的最大压力。该压力是根据容器各受压元件的有效厚度，考虑了该元件承受的所有载荷而计算得到的，且取最小值 注：当压力容器的设计文件没有给出最高允许工作压力时，则可认为该压力容器的设计压力即是最高允许工作压力
3.1.7	设计温度	容器在正常工作情况下，设定的元件的金属温度（沿元件金属截面的温度平均值）。设计温度与设计压力一起作为设计载荷条件
3.1.8	试验温度	进行耐压试验或泄漏试验时，容器壳体的金属温度
3.1.9	最低设计金属温度	设计时，容器在运行过程中预期的各种可能条件下各元件金属温度的最低值
3.1.10	计算厚度	按 GB 150.1—2011 相应公式计算得到的厚度。需要时，尚应计入其他载荷（见 GB 150.1—2011 中 4.3.2）所需厚度。对于外压元件，系指满足稳定性要求的最小厚度
3.1.11	设计厚度	计算厚度与腐蚀裕量之和

序号	术语	定义
3.1.12	名义厚度	计算厚度加上材料厚度负偏差后向上圆整至材料标准规格的厚度
3.1.13	有效厚度	名义厚度减去腐蚀裕量和材料厚度负偏差
3.1.14	最小成形厚度	受压元件成形后保证设计要求的最小厚度
3.1.15	低温容器	设计温度低于 −20 ℃的碳素钢、低合金钢、双相不锈钢和铁素体不锈钢制容器,以及设计温度低于 −196 ℃的奥氏体不锈钢制容器

		GB 150.4—2011《压力容器 第 4 部分:检验和验收》
3.1	锻焊压力容器	由筒形或其他形状锻件经机械加工制成筒节或封头(或筒体端部),通过环向焊接接头连接而形成的压力容器
3.2	多层压力容器	圆筒由两层以上(含两层)板材或带材,层间以非焊接方法组合构成的压力容器,不包括衬里容器
3.3	多层包扎压力容器	在内筒上逐层包扎层板形成的多层压力容器 多层包扎压力容器包括以下两种结构 a)多层筒节包扎压力容器,指在单节内筒上逐层包扎层板形成多层筒节,通过环向焊接接头组焊后形成的容器 b)多层整体包扎压力容器,指在整体内筒上逐层包扎层板形成的容器
3.4	钢带错绕压力容器	在整体内筒上沿一定缠绕倾角,逐层交错缠绕钢带形成的多层压力容器
3.5	套合压力容器	由数层具有一定过盈量的筒节,经加热逐层套合,并经热处理消除其套合预应力形成套合筒节,在通过环向焊接接头阻焊后形成的压力容器
3.6	钢材厚度	直接构成容器的钢板、钢管或锻件等元件厚度,以 δ_g 表示
3.7	冷成形	在工件材料再结晶温度以下进行的塑形变形加工 在工程实践中,通常将环境温度下进行的塑形变形加工称为冷成形;介于冷成形和热成形之间的塑形变形加工称为温成形
3.8	热成形	在工件材料再结晶温度以上进行的塑形变形加工

		GB/T 1251.1—2008《人类工效学 公共场所和工作区域的险情信号 险情听觉信号》
3.1	背景噪声	在信号接收器内,非险情信号发生器产生的一切声音
3.2	险情信号	根据险情的紧急程度及其可能对人群造成的伤害,险情听觉信号分为紧急听觉信号、紧急撤离听觉信号和警告听觉信号三类
3.2.1	紧急听觉信号	标示险情开始的信号。必要时,还包括标示险情持续和终止的信号
3.2.2	紧急撤离听觉信号	标示已经开始或正在发生且有可能造成伤害的紧急情况的信号,此信号指示人们按已确定的方式立即离开危险区 注:GB/T 12800—1991《声学 紧急撤离听觉信号》主要阐述了紧急撤离听觉信号
3.2.3	警告听觉信号	标示即将发生或正在发生、需采取适当措施消除或控制危险的险情信号 注:警告听觉信号也可提供人们采取行动或措施的信息
3.3	有效掩蔽阈	在噪声环境中,表述刚刚能听到险情听觉信号时的声级,信号接收区内的噪声环境和收听者的听力缺陷(佩戴护耳器、听力损失和其他掩蔽效应)两者的听觉参数均需考虑在内
3.4	倍频程	频率范围的比率为 2 的滤波器带宽 注:即 GB/T 3241—1998《倍频程和分数倍频程滤波器》(已被 GB/T 3241—2010《电声学 倍频程和分数倍频程滤波器》代替)中所规定的,截止频率 f_2 是下限频率 f_1 的两倍。例如,中心频率是 500Hz 的倍频带,下限频率是 353Hz($500/\sqrt{2}$),上限频率是 707Hz($500/\sqrt{2}$)
3.5	1/3 倍频程分数倍频带滤波器	频率范围的比率为 $\sqrt[3]{2}$ 的滤波器带宽 注1:截止频率 f_2 是下限频率 f_1 的 $\sqrt[3]{2}$ 倍[GB/T 3241—1998(已被代替)中所规定的 $f_2 = f_1\sqrt[3]{2}$] 注2:带通滤波器与倍频程滤波器相比,其频率范围更窄。倍频程滤波器可以分成三个 1/3 倍频带
3.6	混响时间	声源停止发声后,声压级衰减 60dB 所需的时间
3.7	信号接收区	能够识别险情信号并对其做出反应的区域 注:GB/T 1251.1—2008 不涉及在信号接收区外听到险情信号时可能出现的问题
3.8	频谱成分	信号或背景噪声的全部频率成分

序号	术语	定义
		GB/T 1251.2—2006《人类工效学　险情视觉信号　一般要求、设计和检验》
3.1	险情视觉信号	指明险情(包括人身伤害或设备事故风险)即将或已经发生的视觉信号,要求人们做出反应并消除或控制险情,或要求采取其他应急措施 险情视觉信号分为两类:警告视觉信号和紧急视觉信号
3.1.1	警告视觉信号	指明危险情形即将发生,要求采取适当措施消除或控制险情的视觉信号
3.1.2	紧急视觉信号	指明危险情形已经开始或正在发生,要求采取应急措施的视觉信号
3.2	信号接受区	可以察觉拟感知信号并能对其做出反应的区域
3.3	视野	眼睛在给定位置所能看到的物理空间 [ISO 8995:1989,3.1.10]
3.4	险情信号灯	利用一个或几个特征(例如亮度、颜色、形状、位置和闪烁模式)拟传递关于险情的光源
		GB 4584—2022《压力机用光电保护装置技术条件》
3.1	光电保护装置 AOPD	采用冗余技术、具有双路输出信号,根据光幕中光线的通或断的状态输出控制压力机滑块机构运行或停止命令的装置
3.2	光幕	由一条或若干条光束组成的监控屏障
3.3	光束	发光元件所发射的光线束
3.4	光束发散角 EAA	在保护长度一定、光电保护装置能正常工作的条件下,两光幕部件之间允许的最大偏差角
3.5	光轴	发射光束或接收光束的中心线
3.6	光幕平面	在光幕部件上,由发、受光器件的光轴组成的平面 注:通常位于与通光平面相垂直的对称中心上
3.7	反射式	光幕中发光元件发出的光经反射后再传递给受光元件的工作形式
3.8	对射式	光幕中发光元件发出的光直接传递给受光元件的工作形式
3.9	光电传感器	由一发光单元和受光单元,或者由若干发光单元和受光单元组成的感应部件,为形成光幕的部件
3.10	反射器	将光电传感器的发光器件发出的光反射给光电传感器中受光器件的部件,为形成光幕的部件
3.11	发光器	由一个发光单元或若干个发光单元组成的发光部件
3.12	受光器	由一个受光单元或若干个受光单元组成的受光部件,为形成光幕的部件
3.13	控制器	接收并处理由光电传感器或受光器送出的光幕通、断信号并显示,同时向压力机发送输出信号的控制部件,或称为控制装置
3.14	输出信号 OSSD	指光电保护装置向压力机输送的开关信号 注:正常情况下输出信号的状态是,通光状态时为"接通",遮光状态时为"断开"
3.15	感应功能	光电保护装置对光幕被遮光做出的响应,并向所控制的压力机发出停止运行信号的功能
3.16	感应能力	光电保护装置的检测精度和响应时间的综合指标
3.17	检测精度	光幕对试件大小的分辨能力,在光幕内任意位置遮光后光电保护装置产生感应功能,并且在持续遮光的情况下光电保护装置连续保持遮光状态所用的最小试件的直径值
3.18	试件	用于检测光电保护装置的感应能力、检测精度的不透明圆柱体(通常用直径表示大小)
3.19	响应时间	从光电保护装置的光幕被遮光到向压力机输出停止信号之间的最长时间
3.20	遮光	光幕中的部分或者全部光束被遮挡,导致部分或者全部受光器件接收不到发光器件所发射的光信号
3.21	遮光状态	遮光情况下光电保护装置产生感应功能后所呈现的输出信号为"断开"的状态(异常状态)
3.22	故障	光电保护装置的器件或线路发生错误或受到干扰时导致光电保护装置不能正常工作或使输出信号处于"断开"状态。属于异常状态,但不包括失灵
3.23	失灵	在用规定直径的试件遮挡光幕时,光电保护装置不输出遮光状态的输出信号却输出通光状态的输出信号或响应时间超过规定值的状态
3.24	通光	光电保护装置的光幕不被遮挡或存在被不大于试件直径的物体遮挡所呈现的通光的状态
3.25	通光状态	通光的情况下,光电保护装置的输出信号为"接通"、允许压力机工作的状态,是正常状态
3.26	保护高度	光电保护装置在光电传感器(或对发射式发、受光器)光束排列方向的有效保护范围

序号	术语	定义
3.27	保护长度	光电保护装置具备感应功能的保护区域在长度方向上的尺寸 注1:对于反射式光电保护装置而言,是指从传感器前平面到反射器前平面之间的距离;对于对射式光电保护装置而言,是指从光电传感器前平面到反射器前平面之间的距离 注2:对于对射式光电保护装置而言,是指从发光器前平面到受光器前平面之间的距离
3.28	保护区域	由保护高度和保护长度构成的保护范围 注:保护区域一般为矩形区域
3.29	盲区	在保护长度方向上反射式光电保护装置形成光幕的两部件在相对近距离的长度范围内存在的不工作区域
3.30	自检功能	光电保护装置对自身发生的故障进行检查和控制并防止出现系统失灵的功能
3.31	自保功能	光电保护装置在接通电源启动时,或在正常工作中光幕被遮光一次后又恢复通光时,应具有的保持遮光状态的功能 注:也称为自锁功能,或称为启动-重启动联锁功能。设置有自保功能的光电保护装置,在启动时,或者当遮光使压力机滑块机构停止运行后,再恢复通光时,滑块机构不能恢复运行。要使滑块机构恢复运行,必须先按动"复位按钮"使光电保护装置复位(即进入正常工作状态)
3.32	回程不保护功能	在压力机滑块机构回程期间和在工作行程中的一段区间内关闭(或屏蔽)光电保护装置的正常功能,使其不起保护作用
3.33	保护高度位置	保护高度在压力机的滑块机构运动方向上的位置,以离压力机安装平面的距离计算
3.34	安全距离	光电保护装置安装在压力机上时,应保证安全所需的光幕平面与危险区外边界之间的最小距离
3.35	保护长度极限	光电保护装置呈现通光状态时,形成光幕的两部件之间的最大距离
3.36	异常(异常状态)	光电保护装置在正常工作中,当光幕被遮光或其本身出现故障被检出时呈现遮光、输出信号为"断开"的状态
3.37	正常功能	光幕不被遮光或光幕中可能存在不大于试件直径值的物体时光电保护装置呈现通光状态,输出信号为"接通";当光幕被不小于试件直径值的物体遮挡时光电保护装置在规定的时间内呈现遮光状态,当遮光维持时光电保护装置应保持遮光状态,输出信号为"断开";当光幕恢复通光时光电保护装置立即由遮光状态转为通光状态,同时输出信号由"断开"转为"接通"
3.39	外部装置监控EDM	光电传感器用以监控其外部控制装置状态的措施
GB 5083—1999《生产设备安全卫生设计总则》		
3.1	生产设备	生产过程中,为生产、加工、制造、检验、运输、安装、贮存、维修产品而使用的各种机器、设备、装置和器具
3.2	安全卫生防护装置	配置在生产设备上,起保障人员、生产过程和设备安全卫生作用的附属物件或设施
GB 5092—2008《压力机用感应式安全装置技术条件》		
3.1	压力机用感应式安全装置	当人体或遮挡物进入感应幕时,输出控制压力机滑块机构不能起动或停止命令的装置;在压力机工作危险区使用该装置应采用冗余技术,具有双路输出信号
3.2	感应幕	当人体或遮挡物的某一部位进入这个区域时,安全装置能发出使压力机不能起动或停止运行的信号,这个区域称为感应幕
3.3	保护高度	感应幕的有效高度
3.4	保护长度	感应幕在长度方向的有效保护距离
3.5	感应幕厚度	感应幕的前后有效感应尺寸
3.6	感应功能	感应幕被遮挡做出响应,并向所控制的压力机发出停止运行信号的功能
3.7	感应能力	感应幕的感应能力包括检测能力和响应时间
3.8	检测能力	引起感应功能的功能参数值和感应幕对试件大小的分辨能力
3.9	试件	用于检测安全装置的检测能力的不透明圆柱体
3.10	响应时间	从遮挡破坏感应幕至向压力机输出停止信号之间的最长时间
3.11	故障	安全装置的器件或线路发生错误或受到干扰时,导致安全装置不能正常工作或使输出信号处于"断开"状态

序号	术语	定义
3.12	失灵(失效危险)	在用规定直径的试件遮挡感应幕时,安全装置不输出遮感应状态的输出信号却输出通感应状态的输出信号或响应时间超过规定值的状态
3.13	自检功能	安全装置对自身发生的故障进行检查和控制,并防止出现系统失灵的功能
3.14	自保功能	指安全装置在接通电源启动时,或在正常工作中感应幕被遮挡一次后又恢复时,应保持感应功能。也称为自锁功能,或称为启动-重启动联锁功能。必须先按动"复位按钮"使安全装置复位(即进入正常工作状态)
3.15	回程不保护功能	在压力机滑块机构回程期间和在工作行程中一段区间内关闭(或屏蔽)安全装置的正常功能,使其不起保护作用
3.16	异常	安全装置在正常工作中,当感应幕被遮挡或其本身出现故障被检出时应呈现的遮感应状态,输出信号为"断开"
GB/T 5226.1—2019《机械电气安全　机械电气设备　第1部分:通用技术条件》		
3.1.1	操动器	将外部作用施加在装置上的部件 注1:这种操动器的形式有手柄、旋钮、按钮、滚轮、推杆等 注2:有些操作方式只要求起作用而不需要外部作用力,例如触摸屏 注3:见 GB/T 5226.1—2019 的 3.1.39
3.1.2	环境温度	应用电气设备处的空气或其他介质的温度
3.1.4	基本防护	在非故障条件下的电击防护 注:以前称为"直接接触的防护"
3.1.7	联合引发	同时发生或操作(但不必同步)
3.1.10	(机械的)控制电路	用于机械或电气设备控制(包括监测)的电路
3.1.11	控制器件	连接在控制电路中用来控制机械工作的器件(如位置传感器、手控开关、接触器、继电器、电磁阀等)
3.1.12	控制站 操作者控制站	固定在同一面板或位于同一外壳中一个或多个控制操动器的集合 注:控制站还可以包含相关的设备,例如电位器、信号灯、仪表、显示装置等
3.1.13	控制设备	开关电器及其相关控制、测量、保护和调节设备的组合,也包括这些器件及设备与相关内部连接、辅助装置、外壳和支承结构的组合,一般用于消耗电能的设备的控制
3.1.14	可控停止	机械运动的停止是在停止过程中保持机械致动机构的动力
3.1.19	电气工作区	电气设备用的隔间或位置,只限于熟练的或受过训练的人员不用钥匙或工具就可以打开门或移去遮栏而靠近,电气工作区标有清晰的警告标志
3.1.20	电子设备	包含其运行依赖电子器件和元件电路的电气设备部件
3.1.21	急停器件	用手操作来引发急停功能的控制器件
3.1.22	紧急断开器件	用手操动的,用来切断发生电击危险或其他有关电的危险的装置的部分或全部电源的控制器件
3.1.23	封闭电气工作区	电气设备用的隔间或位置,只限于熟练的或受过训练的人员用钥匙或工具打开门或移去遮栏而靠近,电气工作区标有清晰的警告标志
3.1.25	电气设备	将机械或机械部件(例如材料、装置、器件、器具、卡具、仪器及类似物件)用与电连接的装置
3.1.26	等电位联结	为了达到等电位,保证多个可导电部分间的电连接
3.1.29	失效	执行要求功能的某项能力的终结 注1:失效后,该功能项有故障 注2:"失效"是一个事件,而区别作为一种状态的"故障" 注4:实际上,故障和失效这两个术语经常作同义语用
3.1.30	故障	不能执行某要求功能的一种特征状态。它不包括在预防性维护和其他有计划的行动期间,以及因缺乏外部资源条件下不能执行要求的功能 注1:故障经常作为功能项本身失效的结果,但也许在失效前就已经存在
3.1.31	故障防护	单一故障条件下的电击防护 注:之前称为"间接接触防护" [IEC 60050-195:1998,定义 195-06-02]

序号	术语	定义
3.1.33	危险	伤害身体或损害健康的潜在源 注1:"危险"一词可由其起源(例如机械危险和电气危险),或其潜在伤害的性质(例如电击危险、切割危险、中毒危险和火灾危险)进行限定 注2:危险有如下定义 ——危险既可以一直存在于机械的预期使用中(如危险运动部件的运动、焊接过程中的电弧、有害身体的工作姿态、噪声、高温等) ——危险又可意外发生(如爆炸、意外启动引起的挤压、泄漏引起的喷射、加减速引起的坠落等)
3.1.37	联锁	操作装置的安排同时考虑下列因素 ——预防危险情况;或 ——预防对设备或材料的损害;或 ——防止指定的操作;或 ——确保正确的操作
3.1.39	机械致动机构	用于引起机械运动的动力机构(例如电动机、电磁线圈、气缸或液压缸)
3.1.40	机械机器	由若干零、部件组合而成,其中至少有一个零件是可以运动的,并具有适当的机械操作执行机构、控制和动力电路。它们的组合具有一定应用目的,如物料的加工、处理、搬运或包装等 注1:"机械"这一术语也包括机器的组合,即将同一应用目的的若干台机器安排、控制得如同一台完整机器那样发挥它们的功能 注2:这里用的"零、部件"这一术语在通常意义上不仅是电气零、部件
3.1.42	中性导线(N)	电气连接到系统中性点的导体并有助于电能的分配
3.1.45	电路的过载	无故障情况下电路超过满载值时,电路内时间与电流的关系 注:过载不宜用做过电流的同义词
3.1.51	保护导线(体)	从电气设备的外露可导电部分到保护接地(PE)端子提供主要故障电流路径的导体
3.1.52	冗余设计	多重器件或系统,或者器件或系统的一部分,用于确保一路失效时,另一路能有效地执行所要求的功能
3.1.54	风险	在危险状态下,可能损伤或危害健康的概率和程度的综合
3.1.55	安全防护装置	为保护人们避免危险而提供的防护装置或保护器件
3.1.56	安全防护	使用安全防护装置保护人员的措施。这些保护措施使人员远离那些不能合理消除的危险或者通过本质安全设计方法无法充分减小的风险
3.1.63	开关电器	用于接通或断开一个或几个电路电流的电器 注:开关器件可执行一个或两个这样的动作
3.1.64	不可控停止	通过切断机械致动机构的电源来停止机械的运动 注:本术语并不意味着对其他停止器件做出任何的具体规定,如机械或液压式刹车机构

GB/T 5226.34—2020《机械电气安全 机械电气设备 第34部分:机床技术条件》

序号	术语	定义
3.1.1	机床	非手提式操作的机械,由外部电源驱动及电气/电子系统控制与操作,用于加工固态材料产品 示例:包括车削、铣削、磨削、钻削、齿轮切削及其他机械加工等有切屑的切削加工,也包括诸如弯曲、锻压等无切屑的成形加工 注1:机床通常包含电源、电气和电子部件用以驱动和控制一个或多个动力系统实现元件或部件的运动 注2:改写 GB 23712—2009,定义 3.1
3.1.2	数值控制 数控	用数值数据的控制装置,在运行过程中不断地引入数值数据,从而对某一生产过程实现自动控制 [ISO 2806:1994,定义 2.1.1]
3.1.3	性能等级	用于规定控制系统安全相关部件在预期条件下执行安全功能的离散等级 [GB/T 16855.1—2018,定义 3.1.23]
3.1.4	安全完整性等级	一种离散的等级(三种可能的等级之一),对应安全完整性值的范围。在这里,安全完整性等级 3 是最高的,安全完整性等级 1 是最低的 [GB 28526—2012,定义 3.2.23]

GB/T 6576—2002《机床润滑系统》

序号	术语	定义
3.1	润滑点	是指将润滑剂注入摩擦部位的地点

序号	术语	定义
3.2	作用点	是指润滑系统内一般要进行操作才能使系统正常工作的位置。例如加注润滑剂、移动操纵杆等
GB/T 7932—2017《气动　对系统及其元件的一般规则和安全要求》		
3.1	试运行	需方正式验收系统的程序
3.2	应急控制	把系统带入安全状态的控制功能
3.3	功能标牌	包括描述手动操作装置的功能(如开/关、进/退、左/右、上/下)或系统执行功能的状态(如夹紧、提升、前进)信息的标牌
3.4	中性气体	与空气的特性类似,但在压力和/或温度的作用下不起反应的一类气体
3.5	需方	规定对机器、装置、系统或元件的要求,并评定产品是否满足这些要求的一方
3.6	供方	承揽提供满足需方要求的产品的一方
GB/T 7934—2017《液压二通盖板式插装阀　技术条件》		
3.1	液压二通盖板式插装阀	由插入元件、控制盖板、先导元件、插装阀油路块等组成,插入元件采用滑入插装方式安装连接在插装阀油路块上的阀孔内,用于控制液流方向、压力和流量的二通液压阀
3.2	插入元件	由阀套、阀芯、弹簧和密封件等组成并采用插入方式安装的组件
3.3	控制盖板	用于盖住插入元件的盖板 注:通常控制盖板上加工有控制油口、控制流道、销钉孔、工艺孔及先导元件的安装面或安装孔等
3.4	先导元件	用于控制插入元件动作的元件 注:通常有电磁阀、调压阀、梭阀、单向阀、电调制液压控制阀和行程调节机构等,先导元件安装型式可采用插入式或表面叠加式等
3.5	插装阀油路块	用于安装连接液压二通盖板式插装阀的立方基体 注:通常插装阀油路块上加工有插入元件的安装孔、控制盖板的安装螺钉孔、控制油口、内部流道、外接油口,以及可安装其他液压阀和检测元件等的安装面、安装孔、连接螺钉孔等
GB/T 7939—2008《液压软管总成试验方法》		
3.1	最高工作压力	液压软管总成在规定的使用条件下,能够保证系统正常运转使用的最高压力
3.2	长度变化	液压软管总成在最高工作压力下的轴向长度变化量
3.3	耐压压力	液压软管总成在2倍的最高工作压力下的承载能力
3.4	最小爆破压力	液压软管总成应能承受的最低破坏压力,其值为4倍的最高工作压力
3.5	脉冲	在液压软管总成规定的使用条件下,工作压力的瞬间改变或周期变化
GB/T 8196—2018《机械安全　防护装置　固定式和活动式防护装置设计与制造一般要求》		
3.2.1	封闭式防护装置	防止从各个方向进入危险区的防护装置 注:见 GB/T 8196—2018 中图 1
3.2.2	距离防护装置	不完全封闭危险区的防护装置,但凭借其尺寸及其与危险区的距离防止或减少人员进入危险区,例如围栏或通道式防护装置 注1:距离防护装置可以部分或完全包围危险区 注2:见 GB/T 8196—2018 中图 2 和图 3
3.3.1	动力操作式防护装置	依靠人力或重力之外的动力源进行操作的活动式防护装置
3.3.2	自关闭式防护装置 自动可调节式防护装置	通过机器组件(如移动式工作台)或工件,或者机加工夹具的一部分来操作的活动式防护装置,以便允许工件(与夹具)通过,并且一旦工件离开让其通过的开口,就自动回复(借助重力、弹力、其他外部动力等)到关闭位置 注:见 GB/T 8196—2018 中图 4
3.4.1	手动可调式防护装置	手动完成调整且在特定操作过程中保持调整量的可调式防护装置 注:见 GB/T 8196—2018 中图 5
3.6	关闭位置	防护装置执行其设计功能的位置 注1:该功能可 ——防止/减少进入危险区 ——防止机器部件或工件的抛射 ——减少人员暴露于噪声、辐射等危险 注2:打开防护装置,防护装置不在关闭位置

序号	术语	定义
3.7	工具	为进行紧固操作而设计的器具,如钥匙或扳手 注:硬币或指甲锉之类的临时器具不能被视为工具
3.8	工具的使用	作为安全作业规程的一部分,人员在已知和预先确定的条件下采取的行动
3.9	进入频次	单位时间内要求的或可预见的进入被防护区域的次数
GB/T 9653—2006《棉花打包机系列参数》		
2.1	公称力	打包机的公称顶压能力,单位为 kN
2.2	压缩系数	棉花成包后的自然高度与其在打包压缩终止后上、下板之间的距离之比
2.3	回潮率	在规定条件下测得的棉纤维水分含量,以试验试样的湿重与干重的差值对干重的百分比表示
GB/T 12265—2021《机械安全 防止人体部位挤压的最小间距》		
3.1	挤压区	人体或人体部位暴露于挤压危险的区域 注:如果存在以下情况,则将产生挤压危险 ——两个运动部件相向运动 ——运动部件向固定部件运动 也可见 GB/T 12265—2021 中附录 A
GB/T 13854—2008《射流管电液伺服阀》		
3.1.1	射流管 电液伺服阀	前置放大级为射流管的电液伺服阀
3.1.2	压力增益	控制流量为零时,负载压降对输入电流的变化率(见 GB/T 13854—2008 中图 1)
3.1.3	零位	负载压降为零时,使控制流量为零的输出级相对几何位置
3.1.4	零位区域	零位附近,流量增益受遮盖和内漏等参数影响的区域
3.1.5	分辨率	使伺服阀的输出产生变化所需的最小输入电流的增量,以额定电流的百分比表示
3.1.6	正向分辨率	沿着输入电流变化的方向,使伺服阀输出产生变化所需的最小输入电流的增量。用其与额定电流的百分比表示
3.1.7	反向分辨率	逆着输入电流变化的方向,使伺服阀输出产生变化所需的最小输入电流的增量。用其与额定电流的百分比表示 通常分辨率用反向分辨率来衡量
3.1.8	零漂	因压力、温度等工作条件的变化而引起的零偏的变化,以额定电流的百分比表示
3.1.9	内漏	伺服阀控制流量为零时,从进油口到回油口的内部流量,它随进油口压力和输入电流的变化而变化(见 GB/T 13854—2008 中图 2)
3.1.10	控制流量	从伺服阀的控制油口(A 或 B)流出的流量(见 GB/T 13854—2008 中图 3)。负载压降为零时的控制流量称为空载流量,负载压降不为零时的控制流量称为负载流量
3.1.11	空载流量曲线	空载控制流量随输入电流在正负额定电流之间变化时作出的一个完整循环的连续曲线
3.1.12	额定流量	伺服阀压降在额定供油压力情况下,对应于额定电流的空载流量
3.1.13	名义流量曲线	完整循环流量曲线中点的轨迹
3.1.14	流量增益	流量曲线的斜率(见 GB/T 13854—2008 中图 4)
3.1.15	名义流量增益	从名义流量曲线的零流量点向两极性方向各作一条与名义流量曲线偏差最小的直线,为名义流量增益线。其斜率即为名义流量增益
3.1.16	线性度	名义流量曲线的直线性。用名义流量曲线与名义流量增益线的最大偏差来衡量,并以额定电流的百分比表示(见 GB/T 13854—2008 中图 4)
3.1.17	对称度	两个极性的名义流量增益一致的程度。用两者之差对较大者的百分比表示(见 GB/T 13854—2008 中图 4)
3.1.18	滞环	在正负额定电流之间,以小于测试设备动态特性起作用的速度循环,对于产生相同输出的往与返的输入电流之差的最大值,以其与额定电流的百分比表示为滞环
3.1.19	遮盖	滑阀位于零位时,固定节流棱边与可动节流棱边轴向位置的相对关系
3.1.20	零遮盖	两极名义流量曲线的延长线的零流量点之间不存在间隙遮盖[见 GB/T 13854—2008 中图 5a)]
3.1.21	正遮盖	在零位区域,导致名义流量曲线斜率减小的遮盖[见 GB/T 13854—2008 中图 5b)]
3.1.22	负遮盖	在零位区域,导致名义流量曲线斜率增大的遮盖[见 GB/T 13854—2008 中图 5c)]
3.1.23	频率响应	当恒幅正弦输入信号在规定频率范围内变化时,控制流量对输入电流的复数比

序号	术语	定义
3.1.24	幅值比	在某频率范围内,控制流量幅值对正弦输入电流幅值比
3.1.25	相位滞后	在规定频率范围内,正弦输出跟踪正弦输入电流的瞬时时间差。在一个特定的频率下测量,以角度表示
3.1.26	瞬态响应	阶跃输入时,输出的跟踪特性
GB/T 15623.1—2018《液压传动　电调制液压控制阀　第1部分:四通方向流量控制阀试验方法》		
3.1.1	电调制液压四通方向流量控制阀	能响应连续变化的电输入信号以控制输出流量和方向的四通阀
3.1.2	输入信号死区	不能产生控制流量变化的输入信号范围
3.1.3	阈值	连续控制阀产生反向输出所需输入信号的变化量 注:阈值以额定信号的百分数表示
3.1.4	额定输入信号	由制造商给定的达到额定输出时的输入信号
GB/T 15623.2—2017《液压传动　电调制液压控制阀　第2部分:三通方向流量控制阀试验方法》		
3.1.1	电调制液压三通方向流量控制阀	能响应连续变化的电输入信号以控制输出流量连续变化和方向的三通阀
GB/T 15623.3—2012《液压传动　电调制液压控制阀　第3部分:压力控制阀试验方法》		
3.1.1	电调制压力控制阀	将系统压力限制在一定范围内,使其与输入电信号成比例、连续变化的(液压)阀
3.1.2	电调制溢流阀	通过将多流量排入油箱来控制进口压力的电调制压力控制阀
3.1.3	电调制减压阀	通过限制进口流量来控制出口压力稳定的电调制压力控制阀
3.1.4	控制压力	被试溢流阀进、出口之间的压差或被试阀的出口压力
3.1.5	控制压力容积	连接溢流阀进口或减压阀出口处的试验设备内总的流体体积
3.1.6	压力损失	通过阀的最小压降 注:压力损失常用压力-流量曲线来表示
3.1.7	参考压力	额定流量的10%的测得的控制压力
GB/T 15706—2012《机械安全　设计通则　风险评估与风险减小》		
3.1	机械机器	由若干个零部件连接构成并具有应用目的的组合,其中至少一个零部件是可动的,并且配备或预定配备动力系统
3.2	可靠性	机器、机器零部件或设备在规定的条件下和规定的期限内执行规定的功能且不出现故障的能力
3.3	维修性	按照规定的做法并采用规定的方法采取必要的措施(维修)的情况下,机器保持在预定使用条件下能够实现其功能的状态或恢复至此状态的能力
3.4	易用性	由于特性或特征等原因使机器功能容易被理解,从而使机器具备容易使用的能力
3.6	危险	潜在的伤害源 注1:"危险"一词可由其起源(例如机械危险和电气危险),或其潜在伤害的性质(例如电击危险、切割危险、中毒危险和火灾危险)进行限定 注2:本定义中的危险包括 ——在机器的预定使用期间,始终存在的危险(例如危险运动部件的运动、焊接过程中产生的电弧、不利于健康的姿势、噪声排放、高温) ——意外出现的危险(例如爆炸、意外启动引起的挤压危险、破裂引起的喷射、加速/减速引起的坠落)
3.7	相关危险	已识别出的机器本身存在的或与机器相关的危险 注1:相关危险是GB/T 15706—2012第5章所述的过程中某一步骤的结果 注2:本术语是B类标准和C类标准的基本术语
3.8	重大危险	已识别为相关危险,需要设计者根据风险评价采用特殊方法去消除或减小的风险 注:本术语是B类标准和C类标准的基本术语
3.9	危险事件	能够造成伤害的事件 注:危险事件的发生过程可以是短时间的,也可以是长时间的
3.11	危险区	使人员暴露于危险的机械内部和/或其周围的任何空间

序号	术语	定义
3.13	剩余风险	采取保护措施之后仍然存在的风险 注1:本标准区分了 ——设计者采取保护措施后的剩余风险 ——已采取所有的保护措施后仍然存在的剩余风险 注2:也可见 GB/T 15706—2012 中图 2
3.14	风险估计	确定伤害可能达到的严重程度和伤害发生的概率
3.18	充分的风险减小	至少符合法律法规的要求并考虑了现有技术水平的风险减小
3.19	保护措施	用于实现风险减小的措施。这些措施由下列人员实施 ——设计者(本质安全设计、安全防护和补充保护措施、使用信息) ——使用者(组织措施:安全工作程序、监督、工作许可制度;提供和使用附加安全防护装置;使用个体防护装备;培训 注:见 GB/T 15706—2012 中图 2
3.20	本质安全设计措施	通过改变机器设计和工作特性,而不是使用防护装置或保护装置来消除危险或减小与危险相关的风险的保护措施
3.21	安全防护	使用安全防护装置保护人员的保护措施,这些保护措施使人员远离那些不能合理消除的危险或者通过本质安全设计措施无法充分减小的风险 注:见 GB/T 15706—2012 中 6.3
3.22	使用信息	由信息载体(如文本、文字、标记、信号、符号、图表)组成的保护措施,可单独或组合使用这些载体向使用者传递信息 注:见 GB/T 15706—2012 中 6.4
3.25	任务	在机器生命周期内,一个人或多人在机器上或机器附近所进行的特定活动
3.26	安全防护装置	防护装置或保护装置
3.27	防护装置	设计为机器的组成部分,用于提供保护的物理屏障 注1:防护装置可以 ——单独使用。对于活动式防护装置,只有"闭合"时才有效;对于固定式防护装置,只有处于"牢固的固定就位"才有效 ——与带或不带防护锁定的联锁装置结合使用。在这种情况下,无论防护装置处于什么位置都能起到防护作用 注2:根据防护装置的结构,可称做外壳、护罩、盖、屏、门和封闭防护装置 注3:防护装置类型的术语在 GB/T 15706—2012 的 3.27.1~3.27.6 中定义,防护装置的类型及其要求也可见 GB/T 15706—2012 中 6.3.3.2 和 GB/T 8196—2018《机械安全 防护装置 固定式和活动式防护装置的设计与制造一般要求》
3.27.1	固定式防护装置	以一种方式(如采用螺钉、螺母、焊接)固定的,只能使用工具或破坏其固定方式才能打开或拆除的防护装置
3.27.2	活动式防护装置	不使用工具就能打开的防护装置
3.27.3	可调式防护装置	整体或者部分可调的固定式或活动式防护装置
3.27.4	联锁防护装置	与联锁装置联用的防护装置,同机器控制系统一起实现以下功能 ——在防护装置关闭前,其"遮蔽"的危险的机器功能不能执行 ——在危险机器功能运行时,如果打开防护装置,则发出停机指令 ——在防护装置关闭后,防护装置"遮蔽"的危险的机器功能可以运行。防护装置本身的关闭不会启动危险机器功能 注:GB/T 18831—2017《机械安全 与防护装置相关的联锁装置 设计和选择原则》给出了详细的规定 作者注:1. 见 GB/T 8196—2018 中 6 和图 7,联锁装置见 ISO 14119 2. 一个联锁防护装置可包含/配备一个或多个联锁装置,这些联锁装置的类型也可不同
3.27.5	带防护锁定的联锁防护装置	与联锁装置、防护锁定装置联用的防护装置,同机器控制系统一起实现以下功能 ——在防护装置关闭和锁定前,其"遮蔽"的危险的机器功能不能够执行 ——在防护装置"遮蔽"的危险的机器功能所产生的风险消失之前,防护装置保持关闭和锁定状态 ——在防护装置关闭和锁定后,被防护装置"遮蔽"的危险的机器功能可以运行。防护装置本身的关闭和锁定不会启动危险机器功能 注:GB/T 18831—2017 给出了详细的规定 作者注:见 GB/T 8196—2018 中 8,联锁装置见 ISO 14119

序号	术语	定义
3.27.6	带启动功能的联锁防护装置 带控制功能的防护装置	特殊联锁防护装置,一旦其达到关闭位置,便发出触发机器危险功能的命令,无需使用单独的启动控制 注:GB/T 15706—2012 中 6.3.3.2.5 给出了关于使用条件的详细规定 作者注:也可见 GB/T 15706—2012 中 5.3.14
3.28	保护装置	防护装置以外的安全防护装置 注:GB/T 15706—2012 中 3.28.1~3.28.9 给出了保护装置的示例
3.28.1	联锁装置 联锁	用于防止危险机器功能在特定条件下(通常是指只要防护装置未关闭)运行的机械、电气或者其他类型的装置
3.28.2	使能装置	与启动控制一起使用并且只有连续操动时才能使机器运行的附加手动操作装置
3.28.3	保持-运行控制装置	只有在手动控制器(执行器)动作时才能触发并保持机器功能的控制装置
3.28.4	双手操纵装置	至少需要双手同时操作才能启动和保持危险机器功能的控制装置,以此为该装置的操作人员提供一种保护措施 注:GB/T 19671—2005《机械安全 双手操作装置功能状况及设计原则》给出了详细的规定
3.28.5	敏感保护设备(SPE)	用于探测人体或人体局部,并向控制系统发出正确信号以降低被探测人员风险的设备 注:当人体或人体局部超出预定范围,如进入危险区(触发)或在预定区域内检测到有人存在(存在感应),或在以上两种情况均发生时,敏感保护设备能够发出信号
3.28.6	有源光电保护装置(AOPD)	通过光电发射元件和接收元件完成感应功能的装置,可探测特定区域内由于不透光物体出现引起的该装置内光线的中断 注:IEC 61496 给出了详细的规定
3.28.7	机械抑制装置	在机构中引入了能靠其自身强度防止危险运动的机械障碍(如楔、轴、撑杆、销)的装置
3.28.8	限制装置	防止机器或危险机器状态超过设计限度(如空间限度、压力限度、荷载力矩限度等)的装置
3.28.9	有限运动控制装置	与机器控制系统一起作用,使单次操动只允许机器元件做有限运动的控制装置
3.29	阻挡装置	物理障碍物(低位屏障、栏杆等)。其设置不能阻碍人员进入危险区,但能通过设置障碍物阻挡自由出入,减小进入危险区的概率
3.31	意外启动 非正常启动	任何由于其不可预测性而对人产生风险的启动 注1:其产生的原因示例如下 ——由于控制系统内部失效或外部因素对控制系统的影响导致的启动指令 ——由于对机器的启动控制装置或其部件(如传感器或动力控制元件)不适宜的动作所产生的启动指令 ——动力源中断后又恢复产生的启动 ——机器的部件受到内部或外部的影响(重力、风力、内燃机的自动点火等)产生的启动 注2:按照机器自动循环正常次序的启动不是非正常启动,但就操作者而言可视为意外启动。在这种情况下,事故防范采用的是安全防护措施(见 GB/T 15706—2012 中第 6.3 章) 注3:根据 GB/T 19670—2005《机械安全 防止意外启动》的定义 3.2 改写
3.33	危险失效	由机械或其动力源产生的并且会增加风险的任何失灵
3.33	故障	产品不能完成要求功能的状态。预防性维修或其他计划性活动或因缺乏外部资源的情况除外 [IEV 191-05-01] 注1:故障通常是产品自身失效引起的,但即使失效未发生,故障也可能存在 注2:在机械领域,术语"故障(fault)"通常是按照 IEV 191-05-01 给出的定义等同使用的 注3:实际中,术语"故障(fault)"和"失效(failure)"通常作为同义词使用
3.34	失效	产品完成要求功能能力的中断 注1:失效后,产品处于故障状态 注2:"失效"与"故障"的区别在于,失效是一次事件,故障是一种状态 注3:这里的"失效",不适用于仅由软件构成的产品 [IEV 191-04-01]

序号	术语	定义
3.35	共因失效	由单一事件引发的不同产品的失效,这些失效不互为因果 注:共因失效不宜与共模失效混淆 [IEV 191-04-23]
3.36	共模失效	以相同故障模式为特征的产品失效 注:由于共模失效可能由不同原因引起,因此不宜将共模失效与共因失效混淆 [IEV 191-04-24]
3.37	失灵	不能执行预定功能的机器故障 注:示例见 GB/T 15706—2012 的 5.4 中的 b)2)
3.38	紧急状态	需要立即终止或避免的危险状态 注:紧急状态 ——可发生在机器正常运行期间(例如由于人员的交互作用或受外界影响) ——可能是由于机器任何部件失灵或失效
3.39	紧急操作	用于终止或避免紧急状态的所有操作和功能
3.40	急停 急停功能	该功能预定 ——用于阻止正在发生的或降低已存在的对人员的危险、对机械或正在进行中的工作的损害 ——由单人动作触发 注:GB 16754—2008《机械安全 急停 设计原则》给出了详细规定
3.41	排放值	将机器产生的排放物(如噪声、振动、有害物质、辐射)进行量化后的数值 注1:排放值属于机器性能信息的一部分,是进行风险评价的基础数据 注2:不能将术语"排放值"与"暴露值"混淆。暴露值是指在机器使用中,对人员在排放物中暴露程度的量化。暴露值可用排放值进行估算 注3:建议利用标准方法(如与同类机器比较)测定排放值和其伴随的不确定性
3.42	可比较的 排放数据	从同类机器上采集到的用做比较的一组排放值数据 关于噪声的比较,见 GB/T 22156—2008《声学 机器与设备噪声发射数据的比较方法》
GB 16251—2008《工作系统设计的人类工效学原则》		
2.1	功能分配	决定系统的功能应如何通过人、设备硬件和软件实施的过程
2.2	设计目标人群	根据性别、年龄、技能等相关特点定义的处于全体人群一定百分位数范围的指定工作群体
2.3	人类功效学 人因学	研究人和系统中其他要素之间相互作用的学科;将理论、原则、数据和方法应用于设计来优化人类生活质量以及整体系统绩效的专业
2.4	作业	个人的任务在时间和空间上的组织和顺序,或者在一个工作系统中单个工作者所有任务的组合
2.5	系统功能	一个系统能够进行的活动的总称
2.6	工作环境	工作者周围的物理的、化学的、生物的、组织的、社会的和文化的因素
2.7	工作设备	在工作系统中使用的工具、软件、硬件、机器、运载工具、器件、设施、装置和其他元素
2.8	工作者 操作者	在工作系统中执行一个或者多个任务的人员
2.9	工作疲劳	由于工作过度紧张引起的心理上或者生理上、局部性或者全身性的各种非病理表现,可通过休息完全恢复
2.10	工作组织	为了产生某个特定结果而组合起来的工作系统之间的顺序和相互作用
2.11	工作过程	在工作系统中,人员、设备、材料、能量以及信息在时间和空间上相互作用的顺序
2.13	工作紧张	个体对工作压力的内部反应,受个体特性(例如体格、年龄、素质、能力、技能)的影响
2.14	工作压力 外部负荷	在工作系统中干扰人的生理和/或心理的外部条件和要求的总和
2.15	工作空间	为了完成工作任务,在工作系统中分配给一个或多个人的空间范围
2.16	工作系统	为了完成工作任务,在所设定的条件下,由工作环境、工作空间和工作过程中共同起作用的一个或多个人和工作设备组合而成的系统
2.17	工作任务	工作者为了取得某项预期的结果所需进行的一项或一系列活动

序号	术语	定义
		GB/T 16754—2021《机械安全　急停功能　设计原则》
3.1	急停 急停功能	该功能预定 ——用于阻止或降低正在发生的已存在的对人员的危险、对机械或正在进行中的工作的损害 ——由单一人为动作触发 [来源:GB/T 15706—2012,3.40] 作者注:上述定义与在 GB/T 15706—2012 中给出的定义并不完全一致
3.2	急停设备	执行急停功能的安全控制系统 注:典型的急停设备分为输入、处理和输出组件
3.3	急停装置	用于人为触发急停功能的控制装置 [来源:IEC 60947-5-5:2005,3.2]
3.4	机器执行器	使机器运动的驱动机构 注:执行器示例——电机、电磁阀、气动或液压缸
3.5	安全功能	失效后会立即造成风险增加的机器功能 [来源:GB/T 15706—2012,3.30]
3.6	急停装置的控制范围	特定急停装置控制的机器的预定区域
3.7	保护圈	为降低急停装置被意外触发的可能性而提供的机械措施
3.8	紧急状态	需要立即终止或避免的危险状态 注:紧急状态可能发生在机器的正常运行期间(例如由于人为干预或因外部影响)或由机器任何部件失灵或失效导致 [来源:GB/T 15706—2012,3.38,有修改]
		GB/T 16755—2015《机械安全　安全标准的起草与表述规则》
3.1	A 类标准 基础安全标准	给出了能适用于所有机械安全的基本概念、设计原则和一般特征的标准 [GB/T 30174—2013,定义 2.49]
3.2	B 类标准 通用安全标准	规定能在较大范围内应用的机械的一种安全特性或一类安全装置的标准 [GB/T 30174—2013,定义 2.50]
3.2.1	B1 类标准	规定特定的安全特性(如安全距离、表面温度、噪声)的标准 [GB/T 30174—2013,定义 2.50.1]
3.2.2	B2 类标准	规定安全防护装置(如双手操纵装置、联锁装置、压敏保护装置、防护装置)的标准 [GB/T 30174—2013,定义 2.50.2]
3.3	C 类标准 机械产品安全标准	对一种特定的机械或一组机器规定详细安全要求的标准 注:"一组机器"是指有类似的预定用途以及类似的危险、危险状态或危险事件的机器 [GB/T 30174—2013,定义 2.51]
3.4	相关危险	已识别出的机器本身存在的或由机器引起的危险 注1:相关危险是 GB/T 15706—2012 中第 5 章所述的过程中某一步骤的结果 注2:本术语是 B 类标准和 C 类标准的基本术语 [GB/T 30174—2013,定义 2.7]
3.5	重大危险	已识别的相关危险,需要设计者根据风险评估采用特殊方法去消除或减小风险。见 GB/T 16755—2015 中图 1 注:本术语是 B 类标准和 C 类标准的基本术语 [GB/T 30174—2013,定义 2.8]
3.6	增补内容	根据 GB/T 15706 规定的结构,对现有技术文件的要求提出更为详细的描述或规定 注1:例如在 B 类标准中给出 A 类标准中的要求的增补内容,而在 C 类标准中给出 A 类标准和 B 类标准中的要求的增补内容 注2:增补内容是在起草标准时,由各相关利益方协商一致将设计要求应用于产品的结果
		GB/T 16855.1—2018《机械安全　控制系统有关安全部件　第 1 部分:设计通则》
3.1.1	控制系统安全相关部件 (SRP/CS)	控制系统中响应安全相关输入信号并产生安全相关输出信号的部件 注1:控制系统安全相关部件的组成,以安全相关的输入信号被触发(例如致动凸轮和位置开关的滚轮等)为起始点,以动力控制组件的输出(例如接触器的主触点等)为终止点 注2:如果监控系统用于诊断,也可认为是 SRP/CS

序号	术语	定义
3.1.2	类别	控制系统安全相关部件在防止故障能力以及故障条件下后续行为方面的分类,它通过部件的结构布置、故障检测和/或部件可靠性来达到
3.1.3	故障	产品不能完成要求的功能的状态。预防性维修或其他计划的行动或因缺乏外部资源的情况除外 注1:故障通常是产品自身失效后引起的,但即使失效未发生,故障也可能存在 注2:本部分中,"故障"是随机故障 [GB/T 2900.13—2008《电工术语　可靠性与服务质量》,定义191-05-01] 作者注:GB/T 2900.13—2008 已作废,GB/T 2900.99—2016《电工术语　可靠性》部分代替了 GB/T 2900.13—2008,以下同
3.1.4	失效	产品完成要求的功能的能力的中断 注1:失效后,产品处于故障状态 注2:"失效(failure)"与"故障(fault)"的区别在于——失效是一次事件,故障是一种状态 注3:这里定义的"失效",不适用于仅由软件构成的产品 注4:本部分不包括只影响控制器进程的失效 [GB/T 2900.13—2008,定义191-04-01]
3.1.5	危险失效	使控制系统安全相关部件(SRP/CS)有可能处于危险状态或功能丧失状态的失效 注1:这种可能性是否成为事实取决于系统的通道架构:冗余系统中,危险硬件失效不太可能导致全面的危险状态或功能丧失状态 注2:改写GB/T 20438.4—2017《电气/电子/可编程电子安全相关系统的功能安全　第4部分:定义和缩略语》,定义3.6.7
3.1.6	共因失效	由单一事件引发的不同产品的失效,这些失效不互为因果 注:共因失效不宜与共模失效(见 GB/T 15706—2012,定义 3.36)相混淆 [GB/T 2900.13—2008,定义191-04-23]
3.1.7	系统性失效	与某个原因必然有关的,只有通过修改设计或制造工艺、操作程序、文档或其他关联因素才能消除的失效 注1:仅做修复性维修而无修改措施通常不能消除这种失效原因 注2:这种失效可以通过模拟失效原因诱发 注3:以下情况中系统性失效的原因包括人为错误 ——安全要求规范 ——硬件的设计、制造、安装和操作 ——软件是设计和实施等 [GB/T 2900.13—2008,定义191-04-19]
3.1.8	抑制	由 SRP/CS 实现的安全功能临时性自动暂停
3.1.9	手动复位	重新启动机器前,控制系统安全相关部件(SRP/CS)中用做手动恢复一种或多种安全功能的功能
3.1.10	伤害	对健康产生的生理上的损伤或危害 [GB/T 15706—2012,定义3.5]
3.1.11	危险	潜在的伤害源 注1:"危险"一词可由其起源(例如机械危险和电气危险),或其潜在伤害的性质(例如电击危险、切割危险、中毒危险和火灾危险)进行限定 注2:本定义中的危险包括 ——在机器的预定使用期间,始终存在的危险(例如危险运动部件的运动、焊接过程中产生的电弧、不健康的姿势、噪声、高温) ——或者意外出现的危险(例如爆炸、意外启动引起的挤压危险、泄漏引起的喷射、加速/减速引起的坠落) 注3:改写 GB/T 15706—2012,定义3.6
3.1.12	危险状况	人员暴露于具有至少一种危险的环境 注:这类暴露可能立即或在一定时间之后对人员产生伤害 [GB/T 15706—2012,定义3.10]
3.1.13	风险	伤害发生概率和伤害发生的严重程度的组合 [GB/T 15706—2012,定义3.12]

序号	术语	定义
3.1.14	剩余风险	采取保护措施之后仍然存在的风险 注1：见 GB/T 16855.1—2018 中图2 注2：改写 GB/T 15706—2012，定义3.13
3.1.15	风险评估	包括风险分析和风险评价在内的全过程 [GB/T 15706—2012，定义3.17]
3.1.16	风险分析	机器限制的确定，危险识别和风险估计的组合 [GB/T 15706—2012，定义3.15]
3.1.17	风险评价	以风险分析为基础，判断是否达到减小风险的目标 [GB/T 15706—2012，定义3.16]
3.1.18	机器的预定使用	按照使用说明书提供的信息使用机器 [GB/T 15706—2012，定义3.23] 作者注：在 GB/T 15706—2012 中为"预期使用"
3.1.19	可合理预见的误用	不是按设计者预定的方法而是按照容易预见的人的习惯来使用机器 [GB/T 15706—2012，定义3.24]
3.1.20	安全功能	其失效后会立即造成风险增加的机器功能 [GB/T 15706—2012，定义3.30]
3.1.21	监控	组件或元件执行其功能的能力下降或过程条件的改变而削弱风险减小能力时，确保保护措施被触发的安全功能
3.1.22	可编程电子系统（PES）	基于一个或多个可编程电子装置的控制、防护或监视系统，包括系统中所有的组件，如电源、传感器和其他输入装置，以及接触器及其他输出装置等 注：改写 IEC 61508-4：1998，定义3.3.2
3.1.23	性能等级（PL）	用于规定控制系统安全相关部件在预期条件下执行安全功能的离散等级 注：见 GB/T 16855.1—2018 中 4.5.1
3.1.24	所需性能等级（PL_r）	每种安全功能为达到所需的风险减小所采用的性能等级（PL）
3.1.25	平均危险失效间隔时间（$MTTF_D$）	平均危险失效间隔时间期望 注：改写 GB 28526—2012《机械电气安全 安全相关电气、电子和可编程电子控制系统的功能安全》，定义3.2.34
3.1.26	诊断覆盖率（DC）	诊断有效性的度量，可以是可诊断的危险失效的失效率与所有的危险失效的失效率之间的比率 注1：诊断覆盖率存在于整个安全相关系统中或其部件中。例如诊断覆盖率可存在于传感器、逻辑系统和/或执行组件中 注2：改写 IEC 61508-4：1998，定义3.8.6
3.1.27	保护措施	用于达到风险减小的措施 示例1：通过设计者实现——本质安全设计、安全防护和附加保护措施、使用信息 示例2：通过用户实现——组织（安全工作程序、监督、工作许可制度）、附加安全防护装置的提供和使用；个体防护装备的使用；培训 注：改写 GB/T 15706—2012，定义3.19
3.1.28	任务时间（T_M）	SRP/CS 预定使用的时段
3.1.29	测试率（r_t）	SRP/CS 中检测故障的自动检测频率，即诊断检测时间间隔的倒数
3.1.30	要求率（r_D）	要求 SRP/CS 进行安全相关动作的频率
3.1.31	维修率（r_r）	从在线检测发现危险失效或系统出现明显故障到系统/部件维修或替换后重启之间时间间隔的倒数 注：维修时间不包括进行失效检测所需要的时间段
3.1.32	机器控制系统	响应来自机器元件、操作者、外部控制设备或它们的组合的输入信号，并产生输出信号使机器按照预定方式工作的系统 注：机器控制系统可使用任何技术或各种技术的组合（例如电气/电子、液压、气动、机械等）

序号	术语	定义
3.1.33	安全完整性等级（SIL）	一种离散的等级（四种可能等级之一），用于规定分配给 E/E/PE 安全相关系统的安全功能的安全完整性要求。在这里安全完整性等级 4 是最高的，安全完整性等级 1 是最低的。 [IEC 61508-4:1998,定义 3.5.6]
3.1.34	有限可变语言（LVL）	能够结合预定义和专用的库函数来实现安全要求规范的一种语言 注 1:GB/T 15969.3—2017《可编程序控制器　第 3 部分:编程语言》中给出了 LVL（梯形逻辑、功能框图）的典型应用示例 注 2:采用 LVL 的典型系统示例——PLC 注 3:改写 GB/T 21109.1—2007《过程工业领域安全仪表系统的功能安全　第 1 部分:框架、定义、系统、硬件和软件要求》,定义 3.2.81.1.2
3.1.35	全可变语言（FVL）	能够实现多样功能和应用的一种语言 示例:C、C++、汇编语言 注 1:使用 FVL 的典型系统示例——嵌入式系统 注 2:在机械领域,FVL 通常用在嵌入式软件中,很少用在应用软件中 注 3:改写 GB/T 21109.1—2007,定义 3.2.81.1.3
3.1.36	应用软件	由机器制造商完成的、面向应用的软件。通常包括逻辑序列、范围、表达式,它们控制着相应输入、输出计算和结果,以满足控制系统安全相关部件（SRP/CS）的要求
3.1.37	嵌入式软件 固件 系统软件	由控制器制造商提供的作为系统的一部分,并且机器的使用者无法修改的软件 注:嵌入式软件通常用 FVL 编写
3.1.38	高要求或连续模式	一种操作模式,在该模式下,需要 SRP/CS 的频率大于每年一次,或者作为正常操作的一部分,安全相关控制功能使机器保持在安全状态 注:改写 IEC 62061:2012,定义 3.2.27
3.1.39	经使用证明	以针对一个组件的特定配置既往运行的分析为基础,证明危险系统性失效的可能性足够低,以致每个使用该元件的安全功能都能达到所需性能等级（PL,） 注:改写 GB/T 20438.4—2017,定义 3.8.18
GB/T 16898—1997《难燃液压液使用导则》		
	难燃液压液	难以点燃,火焰蔓延趋向很小的液压液
GB 17120—2012《锻压机械　安全技术条件》		
3.1	工作危险区	锻压机械上完成工件加工的区域。如做相对运动的工作部件或做往复直线运动的工作部件上所安装的工、模具（包括附属装置）对工作台面在行程方向上的投影所包含的空间;或火焰、激光、高压流体与工件间所包含的空间
3.2	工作方向行程	锻压机械做往复运动的工作部件从全开启位置运动到全闭合位置的行程
3.3	安全距离	保护装置与工作危险区之间保证安全的最小距离
3.4	协同操作	两个或两个以上操作者共同进行操作时,每人同时操作双手操纵装置,才能起动工作部件的操作方式
3.5	安全栓	锻压机械进行模具调整或维修时,放在模具之间或工作部件底面与工作台板之间,用以防止工作部件意外移动而出现危险的支柱
3.6	阻挡装置	物理障碍物,如低位栅栏、栏杆。其设置不能阻碍人员进入危险区,但能通过在自由进入处设置障碍物减小进入危险区的概率
GB 18209.1—2010《机械电气安全　指示、标志和操作　第 1 部分:关于视觉、听觉和触觉信号的要求》		
3.2	人机接口	该装置为操作人员与设备之间提供直接交流的手段,它能使操作人员监控设备的工作 注:这类部件包括手动操作件、指示器和屏幕
3.9	有源信号	由可以迅速改变状态的器件提供信息,该信息为指示机械状态的改变或对危险性变化报警
3.10	无源信号	由给出机械或其环境永久信息的器件所提供的信息
3.11	听觉信号	通过发于声源的音调、频率和间歇变化传送的信息
3.12	触觉信号	借助表面粗糙度、轮廓或位置传送的信息
3.13	视觉信号	借助装置的视亮度、对比度、颜色、形状、尺寸或排列传送的信息
3.14	视亮度	与外表显现发光多少相对应的视觉属性 [IEV 845-02-28]

序号	术语	定义
3.15	对比度(反差)	1)感性意义上:对视场内同时看到或相继看到的两个或多个部分表观差异的评价 注1:例如对比度的类型有视亮度对比,颜色对比,同时对比,继时对比等 2)物理意义上:通常由多个公式中某一公式来定义的与视亮度反差相关的量。这些公式考虑了激励亮度 注2:例如当 $\Delta L/L$ 接近亮度阈值或 L_1/L_2 对应更高的亮度给定对比度 [IEV 845-02-47,修改过]
3.16	色调	一个面上出现的类似红、黄、绿、蓝等可感知色之一,或其中任意两者的组合的一种视觉属性 [IEV 845-02-35,修改过]
3.17	光标操作件	通过光标能给出可见指示信号的带整体光源的操作件。光源控制可与操作件动作相关或与其无关
3.20	指示器	提供可视或可听信息的机械、光学、电气或电子器件 [见 IEC 60073 中的 3.1]
3.21	操作件	受到人作用而动作的执行部件 注:操作件可采用的型式有手轮、旋钮、脚踏板、按钮、滚轮、推杆操作件、鼠标、光笔、键盘、触摸屏等 [IEV 441-15-22,修改过]
3.22	编码	特定信号的系统表示或符合定义规则的信号其他设定值

GB 18209.2—2010《机械电气安全 指示、标志和操作 第2部分:标志要求》

序号	术语	定义
3.1	额定值	用于规定目的所使用的量值,用于规定元器件、装置、设备或机械的工作条件 [IEV 151-16-08]
3.2	定额	设定元器件、装置、设备或机械的额定值和工作条件 注:改写 IEV 151-16-11
3.2	标志	为了安全使用,在产品或包装上加标志,主要用于识别产品和产品的某些特点

GB 18209.3—2010《机械电气安全 指示、标志和操作 第3部分:操动器的位置和操作的要求》

序号	术语	定义
3.1	动作	人身体的一部分(例如指、手、脚)为操纵操动器所需的运动
3.2	最终效应	操作者动作的预期结果

GB/T 18569.1—2020《机械安全 减小由机械排放的危害性物质对健康的风险 第1部分:用于机械制造商的原则和规范》

序号	术语	定义
3.1	预定使用	按照使用说明书提供的信息使用机器 [GB/T 15706—2012,3.23]
3.2	危害性物质	有害健康的化学或生物物质或制剂 示例:按剧毒、有毒、有害、腐蚀性、刺激性、过敏、致癌、诱导有机体突变、产生畸形、致病、导致窒息进行分类的物质或制剂 注:对于"化学制剂"和"生物制剂"的定义,参见 EN 1540

GB/T 18759.7—2017《机械电气设备 开放式数控系统 第7部分:通用技术条件》

序号	术语	定义
3.1	开放式数控系统 (ONC)	应用软件构筑于(于)遵循公开性、可扩展性、兼容性原则的系统平台之上的数控系统,使应用软件具备可移植性、可操作性和人机界面的一致性
3.2	硬件平台	软件平台和应用软件运行的基础部件,处于基本体系结构的最低层
3.3	软件平台	应用软件运行的基础部件,处于体系结构的硬件平台和应用软件之间
3.4	系统平台	由硬件平台和软件平台组成的用于运行数控应用软件对运动部件实施控制的基础部件,与数控系统其他部件一起,实现对机械的操作控制

GB/T 18831—2017《机械安全 与防护装置相关的联锁装置 设计和选择原则》

序号	术语	定义
3.1	联锁装置 联锁	用于防止危险机器功能在特定条件下(通常是指只要防护装置未关闭)运行的机械、电气或其他类型的装置 注:见 GB/T 18831—2017 中图 1 和表 1
3.4	防护锁定装置	预定用于将防护装置锁定在关闭位置并与控制系统相连的装置
3.6	控制系统安全相关部件 (SRP/CS)	控制系统中响应安全相关输入信号并产生安全相关输出信号的部件 注1:控制系统安全相关部件的组成,以安全相关的输入信号被触发(例如驱动凸轮和位置开关的滚轮等)为起始点,以控制元件的动力输出(例如接触器的主触点等)为终止点 注2:如果监控系统用于诊断,也可认为它们是 SRP/CS 注3:改写 GB/T 16855.1—2008(已被代替),定义 3.1.1

序号	术语	定义
3.7	弃用	使联锁装置不起作用或绕开联锁装置,从而导致不是按照设计者预定的方式或无必需的安全措施的条件下使用机器的行为
3.8	以可合理预见的方式弃用	用手或通过容易获得的物体弃用联锁装置 注1:本定义包括采用机器预定使用所需的或容易获得的工具(螺丝刀、扳手、六角形钥匙、钳子)移除开关或操动件 注2:容易获得的用于替换操动件的物体包括 ——螺钉、针、金属片 ——日常所用的物品,如钥匙、硬币、胶带、线和金属丝 ——截留钥匙联锁装置的备用钥匙 ——备用操动件
3.9	自动监控	如果元件或组件执行其功能的能力减弱,或过程条件改变导致产生危险时,触发故障反应功能的诊断功能
3.10	直接机械动作 强制机械动作	其他机械元件的运动通过直接接触或通过刚性组件不可避免地引起的机械元件的运动
3.11	直接断开动作 强制断开操作	开关操动件的规定动作通过非弹性部件(如不依靠弹簧)直接实现触点分离 注:改写 IEC 60947-5-1:2003,定义 K.2.2
3.12	操动件	联锁装置中将防护装置状态(关闭或未关闭)传输至执行系统的单独部件 示例:安装在防护装置上的凸轮、销、卡舌、反射镜、磁体、射频识别(RFID)标签 注1:也可参见 GB/T 18831—2017 附录 A～附录 E 注2:见 GB/T 18831—2017 中图 2 给出的操动件示例
3.13	编码操动件	专门设计(如通过外形)的用于驱动某一位置开关的操动件
3.13.1	初级编码操动件	编码能力在 1～9 之间的编码操动件
3.13.2	中级编码操动件	编码能力在 10～1000 之间的编码操动件
3.13.3	高级编码操动件	编码能力大于 1000 的编码操动件
3.14	执行系统	联锁装置的一部分,用于传输操动件的位置信息并改变输出系统状态 示例:活塞滚轮、凸轮机构或者光学式、感应式或电容式传感器 注:见 GB/T 18831—2017 中图 2 给出的执行系统示例
3.15	输出系统	联锁装置的一部分,用于向控制系统反馈防护装置状态 示例:接触组件(机电式)、半导体输出、阀门
3.16	1 型联锁装置	带有机械驱动式位置开关,并且其操动件是非编码类型的联锁装置 示例:铰链式联锁装置 注:详细示例参见 GB/T 18831—2017 附录 A
3.17	2 型联锁装置	带有机械驱动式位置开关,并且其操动件是编码类型的联锁装置 示例:卡舌驱动式位置开关 注:详细示例参见 GB/T 18831—2017 附录 B
3.18	3 型联锁装置	带有非接触式位置开关,并且其操动件是非编码类型的联锁装置 示例:接近开关 注:详细示例参见 GB/T 18831—2017 附录 C
3.19	4 型联锁装置	带有非接触式位置开关,并且其操动件是编码类型的联锁装置 示例:RFID 标签驱动式位置开关 注:详细示例参见 GB/T 18831—2017 附录 D
3.20	停机指令	联锁装置产生的,使危险机器功能终止的信号
3.21	全系统停机性能	打开防护装置发出停机指令至危险机器功能终止之间的时间间隔 注:改写 GB/T 19876—2012,定义 3.1.2
3.22	进入时间	联锁装置发出停机指令后,根据人体或人体部位接近速度计算出的人员到达危险区所用的时间 接近速度的选择和进入时间的计算,见 GB/T 19876—2012
3.23	保持力	防护锁定装置在不损坏的情况下能承受的力,从而不影响其进一步使用且防护装置不会改变关闭位置
3.24	防误锁	防护锁定装置确保锁定器件(如防松螺栓)在防护装置未关闭时不能到达锁定位置的特征

序号	术语	定义
3.25	防护锁定的紧急解锁	紧急情况下,从安全防护区域外部无需借助其他工具就能手动解锁防护锁定的可能性 注:例如:出于解救被困人员或消防的目的,有必要采用带紧急解锁的防护锁定
3.26	防护锁定的辅助解锁	防护锁定失效时,从安全防护区域外部通过工具或钥匙就能手动释放防护锁定的可能性 注:带辅助解锁的防护锁定不适用于防护锁定的紧急或逃生解锁
3.27	防护锁定的逃生解锁	为了离开安全防护区域,从其内部无需借助其他工具就能手动解锁防护锁定的可能性
3.28	用于保护人员的防护锁定	防护锁定装置用于保护人员安全的用途
3.29	用于保护过程的防护锁定	防护锁定装置用于防止工作过程被中断的用途
3.30	工具	设计用于操作紧固件的器具,如钥匙或扳手等 注:临时器具,如硬币或指甲锉不能被视为工具 [ISO 14120:2002,定义3.9]
3.31	动力联锁	直接中断机器执行器的能量供应或直接将运动部件与机器执行器断开的联锁 注:只有防护装置关闭并处于锁定位置,才有可能恢复能量供应。"直接"意味着与控制联锁不同,控制系统在联锁功能中不起任何中间作用

GB/T 19671—2005《机械安全　双手操作装置功能状况及设计原则》

序号	术语	定义
3.1	双手操纵装置	一种需要用双手同时操纵,以便在启动和维持机器某种运行的同时,针对存在的危险情况下,为操纵人员提供防护的装置(见GB/T 19671—2005中图1)
3.2	输入信号	用手对操纵控制器件施加的外部操纵信号(见GB/T 19671—2005中图1)
3.3	操纵控制器件	双手操纵装置的一个器件,该器件感受单手的输入信号并将其传递给信号转换器(见GB/T 19671—2005中图1)
3.4	同时操纵	在同一时间周期内同时持续操纵两个操纵控制器件,而不考虑两个输入信号的起始之间的时间间隔(见GB/T 19671—2005中图2)
3.5	同步操纵	同时操纵的一种特例。两个输入信号的起始时间间隔小于或等于0.5 s(见GB/T 19671—2005中图3)
3.6	信号转换器	双手操纵装置的一个器件,该器件从一个操纵控制器上接收一个输入信号,并将其传送到(信号处理器)和/或转换成信号处理器可以接受的形式(见GB/T 19671—2005中图1)
3.7	信号处理器	双手操纵装置的一个部件,该部件接收两个输入信号而产生一个输出信号(见GB/T 19671—2005中图1)
3.8	输出信号	由双手操纵装置产生的、反馈到被控机械上的信号。该信号是基于一对输入信号而产生的(见GB/T 19671—2005中图1)
3.9	响应时间	操纵控制器件从释放到输出信号中断之间的间隔时间(见GB/T 19671—2005中9.8)
3.10	移动式双手操纵装置	能够移动的双手操纵装置,可以用于与所控机器危险区相关的多处确定位置上

GB/T 19876—2012《机械安全　与人体部位接近速度相关的安全防护装置的定位》

序号	术语	定义
3.1.1	致动	安全防护装置探测到人体或人体部位时的物理起动
3.1.2	全系统停机性能（T）	感应功能致动到危险机器功能终止之间的时间间隔 注:改写自IEC 61496-1:2004
3.1.3	探测能力（d）	供应商规定的引起保护装置致动的感应功能参数限值 [IEC/TS 62046:2004,3.1.2]
3.1.4	电敏保护设备（ESPE）	一起工作时可起到保护跳闸或存在感应作用的装置和/或元件的集成,其组成至少包括 ——一个感应装置 ——控制/监控装置 ——输出信号开关装置 [IEC 61496-1:2004,3.5] 注:电敏保护设备仅指非接触式感应装置
3.1.5	间接接近	通向危险区的最短路径被机械障碍物阻挡时的接近 注:只有绕过障碍物才能接近危险区

序号	术语	定义
3.1.6	绕过探测区	从探测区上方、下方或侧面通过,在保护装置未致动的情况下进入危险区
3.1.7	危险机器功能终止	危险参数降低到不能导致身体伤害或损害健康的水平时所达到的条件 注:示例见 GB/T 19876—2012 附录 B
3.1.8	探测区	规定试件能被保护设备探测到的区域 注1:探测区也可为点、线或平面 注2:改写自 IEC 61496-1:2004,3.4
3.1.9	最小距离（S）	通过计算得到的防止人或人体部位在机器达到安全状态前进入危险区所必需的安全防护装置和危险区之间的距离 注:对于不同的状态或不同的接近方式,计算得到的最小安全距离可能也不相同,但是,选择防护装置位置时,应采用这些最小距离中的最大值
3.1.10	侵入距离（C）	人体部位(通常是手)在安全防护装置致动之前越过安全防护装置向危险区移动的距离

GB/T 19934.1—2021《液压传动　金属承压壳体的疲劳压力试验　第 1 部分:试验方法》

序号	术语	定义
3.1	循环试验高压下限值(p_U)	规定的循环试验压力的高压区间的最小值
3.2	循环试验低压上限值(p_L)	规定的循环试验压力的低压区间的最大值
3.3	循环试验压力范围(Δp)	在疲劳试验过程中,循环试验高压下极限值和循环试验低压上极限值的差值
3.4	承压壳体	元件中容纳受压流体并采取紧固措施(如螺栓、焊接等)的零件 注1:垫片和密封件等不作为承压壳体的组成部分 注2:各类元件的承压壳体解释见 GB/T 19934.1—2021 附录 A～附录 D

GB/T 20079—2006《液压过滤器技术条件》

序号	术语	定义
3.1	过滤比	过滤器上、下游的油液单位体积中大于某一给定尺寸 x(c) 的污染物颗粒数之比,用 $\beta_{x(c)}$ 表示,即 $$\beta_{x(c)} = N_u / N_d$$ 式中　N_u——过滤器上游油液单位体积中所含大于 x(μm)的颗粒数 　　　　N_d——过滤器下游油液单位体积中所含大于 x(μm)的颗粒数 注1:$\beta_{x(c)}$ 表示该过滤器对大于尺寸为 x 的颗粒的过滤能力 注2:$\beta_{x(c)}$ 的下角标"(c)"表示 β_x 是用按照 GB/T 18854 校准的自动颗粒计数器测量并计算的。不带该下角标,表示 β_x 是用以其他方法校准的颗粒计数器测量并计算的
3.2	过滤精度	过滤器所能有效捕获($\beta_{x(c)} \geqslant 100$ 时)的最小颗粒尺寸 x(c),以 μm 为计量单位
3.3	纳垢容量	滤芯压降达到规定极限压降时所截留污染物的总量,以 g 为计量单位
3.4	过滤器额定流量	安装过滤精度 10μm(c),过滤材料为无机纤维滤芯的过滤器,使用运动黏度为 32mm²/s 的油液进行试验时,在规定的清洁度滤压压降下所通过的流量,以 L/min 为计量单位
3.5	过滤器压降	在额定流量下,过滤器上游、下游的压差值,以 MPa 为计量单位
3.6	发讯压降	当污染物堵塞滤芯,发讯器报警时过滤器上游、下游的压差值
3.7	旁通阀开启压降	当污染物堵塞滤芯,旁通阀开启时过滤器上游、下游的压差值
3.8	过滤器初始压降	过滤器安装清洁滤芯时的压差值
3.9	过滤器压降流量特性	过滤器压降随流量的变化而变化的特性曲线

GB/T 20080—2017《液压滤芯技术条件》

序号	术语	定义
3.1	滤芯额定流量	在规定的油液运动黏度(一般为 32mm²/s)和规定压降下清洁滤芯所能通过的流量
3.2	滤芯压降	油液通过滤芯时,滤芯上、下游之间的压力差
3.3	滤芯压降流量特性	滤芯压降随流量变化的特性曲线

序号	术语	定义
3.4	过滤比	滤芯上、下游油液单位体积中大于某一给定尺寸 $x(c)$ 的污染物颗粒数之比,用 $\beta_{x(c)}$ 表示。按下列公式计算 $$\beta_{x(c)} = N_u / N_d$$ 式中　N_u——滤芯上游油液单位体积中所含大于 $x(c)(\mu m)$ 的颗粒数 　　　N_d——滤芯下游油液单位体积中所含大于 $x(c)(\mu m)$ 的颗粒数
		GB/T 21681—2008《数控压力机、液压机用模拟负荷测试系统》
3.1	模拟负荷	通过调整数控压力机的封闭高度打击荷重传感器而使数控压力机产生的打击力,或通过调整液压机的封闭高度以及液压系统压力打击荷重传感器而使液压机产生的打击力
3.2	荷重传感器	用于测量打击力的称重传感器
3.3	最大可测力	可以施加于荷重传感器而不会超出最大允许误差的最大力值
		GB 23712—2009《工业机械电气设备　电磁兼容　机床发射限值》
3.1	机床	非手提式操作的机械,由外部电源驱动,用于加工固态金属产品,包括车削、铣削、磨削、钻削、(以及其他)机械加工等有切屑的切削加工,也包括诸如弯曲、锻造等无切屑的成形加工 机床通常配备有电源、动力和控制用电气和电子设备,也配备有一个或多个动力驱动装置使活动元件或部件运动
3.2	组件(模块)	由机械、气动、液压、电气和/或电子零部件[例如机座、刀架、传感器、主轴单元,以及包含NC控制器、人机界面、可编程序逻辑控制器(PLC)和动力传动装置等的电柜]组成的装置,预期只用于为装入设备或系统的工业组合操作。元件也可认为是组件
3.3	电磁相关元件或组件	与发射方面有关的电磁相关元件或组件是指,由于其电磁特性容易引起电磁骚扰使其影响可能装入这些元件或组件的典型装置的发射特性
3.4	端口	规定的设备与外部环境的特定界面 [GB/T 21067—2007 中 3.1.1] 注:在本标准中,"端口"为指定的机床或组件与电磁环境作用的特定界面。界面指整台机床或组件的物理界限
3.5	电源接口	机床范围内用于配电所需要的连接 注:组件接口可以连接到机床的端口上,或可以形成机床内其他组件的接口
3.6	整套电气系统(装置)	把与机床机械结构相分离的各个与电磁有关的组件装配起来,以便在标准试验场上进行试验的装置
3.7	型式试验	对某设计制造的一台或多台设备进行试验,以证明设计符合相应的技术规范 [IEV 151-04-15]
3.8	设备	通用术语,涉及整台机床、整套电气系统(装置)或电气/机电组件
		GB/T 23821—2009《机械安全　防止上下肢触及危险区的安全距离》
3.1	防护结构	安全防护装置(如防护装置、阻挡装置)或其他物理障碍物(如机器的一部分),用以限制人体和/或人体某部位的运动从而防止其触及危险区
3.2	安全距离安全间距(s_r)	防护结构距危险区的最小距离
		GB/T 25718—2010《电液锤　型式与基本参数》
2.1	双臂式自由锻电液锤	机身为左右立柱式结构,两立柱中部有(由)拉紧杆相连接,锤头导轨分别安装在左右立柱上部的自由锻电液锤
2.1.1	打击频次	最大行程下,打击能量达到公称打击能量时的连续打击频次
2.2	单臂式自由锻电液锤	机身为单立柱式结构,锤头导轨支架与单立柱为一体或与单立柱用其他方法相连接的自由锻电液锤
2.3	桥式自由锻电液锤	机身为由左右立柱、横梁、左右支架组合而成的封闭结构,下部为左右立柱,中部由横梁将左右立柱相连接,上部为左右支架,锤头导轨分别安装在左右支架内起导向作用,左右支架与横梁相连接的自由锻电液锤
2.4	模锻电液锤	机身为由左右立柱、横梁、砧座或其他部件组合而成的封闭结构,锤头导轨分别安装在左右立柱上的电液锤
2.4.1	连续打击次数及时间	在最大行程下,打击能量达到公称打击能量时的连续打击次数及所用时间
2.4.2	平均打击频次	在最大行程下,打击能量达到公称打击能量时,间歇打击所能达到的频次

序号	术语	定义
2.5	数控模锻电液锤	用数控系统控制,可精确控制打击能量的模锻电液锤
2.5.2	最大打击频率	在最小行程下,打击能量达到公称打击能量时的连续打击频率
2.5.2	最小打击频率	在最大行程下,打击能量达到最小值(接近零时)的连续打击频率
		GB/T 25732—2010《粮油机械 液压榨油机》
3.1	液压榨油机	利用帕斯卡定律,使油料在饼圈内受到挤压而将油脂取出的压榨设备
3.2	首次故障前工作时间	榨油机正常工作开始至榨油机某一零部件(易损件正常磨损除外)出现故障时的累积时间,单位为 h
3.3	故障	除仅用榨油机随机工具不换零配件在短时间内即可排除的以外的使设备不能正常运转的情况
		GB 28241—2012《液压机 安全技术条件》
3.1	辅助装置	与液压机配套使用或与液压机集成在一起的装置,例如润滑装置、送料装置和顶出装置
3.2	自动循环	一种操作方式,启动后不需进入危险区人工干预,即可完成滑块连续运动、间歇性重复运动等所有动作
3.3	工作循环	滑块从开始位置(一般在上限位)运行到下限位再回到起始位置(一般在上限位)的运动。工作循环包括运动期间的所有操作
3.4	单次循环	一种操作方式,滑块的每次工作循环运动都由操作人员启动
3.5	死点	极限滑块位置。滑块与工作台相距最近的点(一般在行程闭合的末端)称为下死点(BDC);滑块与工作台相距最远的点(一般在行程开启的末端)称为上死点(TDC)
3.6	下模	固定在液压机工作台上的模具部分
3.7	缓冲垫	用于集聚和释放及吸收力的缓冲装置,一般用于板件的冲裁
3.8	超前打开联锁防护装置	带有联锁装置的防护装置,在工作危险区所有危险运动结束后打开防护装置时,不中断工作循环
3.9	防护锁定装置	在机器使用危险功能而可能发生危险时,使联锁装置的防护门保持在关闭和锁定位置上的机械装置。当防护装置关闭并锁定机器才能运转,并且在风险没有消除时,防护装置一直保持锁定状态
3.10	液压机	以矿物油为传动介质的液压传动方式,通过直线运动的模具闭合传递能量的机器,用于对金属或非金属材料进行压力加工(例如成形)。加工的能量由液压压力产生(见 GB 28241—2012 中图 1 和图 2)
3.11	有限运动的控制装置寸动装置	其操作只能使滑块或机器部件限定距离运动的控制装置,该控制装置重新操作执行之前,机器部件不能再一进步运动
3.12	监控(M)	一种安全功能,如果一个部件(元件)不再能够使其功能或由于加工条件的改变使再进行工作过程会产生危险时,发出安全信息
3.13	抑制	当机器在其他安全条件下正常运转时,由控制系统暂时自动停止一种或几种有关安全功能
3.14	总停止响应时间系统停止性能	从激发保护装置到危险运动停止或机器到达安全状态所经历的时间
3.15	零件检测装置	检测加工零件和/或加工零件正确位置的装置,以允许或阻止行程启动
3.16	位置开关	控制机器的运动部件到达或离开预先确定位置的开关
3.17	冗余技术	多重件或系统,用于确保一路失效时,另一路能有效地执行所要求的功能
3.18	支撑阀	防止滑块因自重下落的液压元件
3.19	单次行程功能	限制模具运动部分动作的一种特性。即使行程启动装置(例如脚踏开关)处在操作位置,滑块也只能运行一个工作循环(单次循环)
3.20	滑块	完成行程运动并安装上模的液压机的主要部件
3.21	上模	一般指模具的运动部件
3.22	上模保护装置	通过停止滑块行程或防止滑块启动,防止模具损坏的保护装置
2.23	模具	生产上使用的各种模型,一般包括上模和下模,通过液压机合模对工件进行加工
3.24	闭合模具	设计和制造的模具是本质安全的(见 GB 28241—2012 中图 C.1)
3.25	上移式液压机	在模具闭合过程中滑块上行的立式液压机
3.26	止-动控制装置	只有在手动控制装置(致动机构)动作时才能触发并保持具有危险性的机器功能运行的控制装置

序号	术语	定义
\multicolumn{3}{GB/T 29482.1—2013《工业机械数字控制系统 第1部分:通用技术条件》}
3.1	数据	事实、概念或指令的格式化表达形式,以适应人和自动化装置的通信、翻译和处理 [GB/T 16978—1997,定义2.143]
3.2	工业机械 数字控制系统	工业机械数字控制系统是工业机械电气设备中的核心部分,指在运行过程中不断地引入数值和/或数字数据,从而对工业机械加工过程实现自动控制的系统 工业机械数字控制系统主要由数控装置(控制单元NC)、驱动装置(电动机驱动单元和电动机、编码器)、检测器件、传感等单元(或部件)组成 数控装置是工业机械数控系统的主要部分,主要包括微处理器、运动(位置)控制器、存储器、I/O接口与通信、人机界面(显示与键盘)、操动按钮(按键)等硬件(和/或电路)以及它们相应的控制软件 注:常见工业机械数字控制系统的示例Ⅰ、示例Ⅱ分别见GB/T 29482.1—2013中图1及图2
\multicolumn{3}{GB/T 32216—2015《液压传动 比例/伺服控制液压缸的试验方法》}
3.1	比例/伺服 控制液压缸	用于比例/伺服控制,有动态特性要求的液压缸
3.2	阶跃响应	比例/伺服控制液压缸输入信号(对应被测试液压缸活塞杆或缸筒的实际位移)对输入阶跃信号(对应期望的阶跃位移)的跟踪过程
3.2.1	阶跃响应时间	阶跃响应曲线的输出信号从达到稳态幅值(或目标值)的10%开始,至初次达到稳态幅值(或目标值)的90%,该过程所用时间
3.3	频率响应	额定压力下,输入的恒幅值正弦电流在一定的频率范围内变化时,输出位移信号对输入电流的复数比,包括幅频特性和相频特性
3.3.1	幅频特性	输出位移信号的幅值与输入电流幅值之比 注:幅值比为 −3dB 时的频率为幅频宽
3.3.2	相频特性	输出位移信号与输入电流的相位角差 注:相位角滞后 90° 的频率为相频宽
3.4	动摩擦力	比例/伺服控制液压缸带负载运动条件下,活塞和活塞杆受到的运动阻力
3.5	工作行程	液压缸在稳态工况下运行,其运动件从一个工作位置到另一工作位置的最大移动距离
\multicolumn{3}{GB/T 34376—2017《数控板料折弯机 技术条件》}
3.1	滑块	安装模具做往复运动的部件
3.2	死点	对于上动式数控折弯机,死点为 ——当前设定的滑块运动轨迹的最下极限位置,称为下死点(BDC) ——当前设定的滑块运动轨迹的最上极限位置,称为上死点(TDC) 对于下动式数控折弯机,死点与上述相反
3.3	数控液压 板料折弯机	滑块和/或挡料装置采用数控系统控制的液压板料折弯机
3.4	电液同步数控 液压板料折弯机	以电液比例/伺服阀驱动(控制)油缸运动,并通过位移传感器检测和反馈,来控制折弯机油缸同步运动的数控液压板料折弯机
3.5	扭轴同步数控 液压板料折弯机	以机械(或液压)方式保持折弯机油缸同步运动的数控液压板料折弯机
3.6	数控轴	数控折弯机控制运动部件的轴 注:各数控轴的位置及运动方法示意图见GB/T 34376—2017中图1,常用的各数控轴包括Y轴、X轴、R轴、Z轴、I轴、V轴
\multicolumn{3}{GB/T 35023—2018《液压元件可靠性评估方法》}
3.1	元件	由除配管以外的一个或多个零件组成的实现液压传动系统功能件的独立单元 注:指缸、泵、马达、阀、过滤器等液压元件 作者注:其与GB/T 17446—2012中的定义不同,且存在问题
3.2	可靠性	产品在给定的条件下和给定的时间区间内能完成要求的功能的能力 [GB/T 2900.13—2008,定义191-02-06] 注:这种能力若以概率表示,即称可靠度 作者注:GB/T 2900.13—2008已部分被GB/T 2900.99—2016代替,其中(产品的)可靠性定义为"在给定的条件下,给定的时间区间,能无失效地执行要求的能力。"

序号	术语	定义
3.3	失效	元件完成要求的功能的能力的中断 [GB/T 2900.13—2008,定义 191-04-01] 作者注:GB/T 2900.13—2008 已部分被 GB/T 2900.99—2016 代替,其中(产品的)失效定义为"执行要求的能力的丧失。"
3.4	B_{10} 寿命	当元件投入使用后未经任何维修,可靠度为90%时的平均寿命;或预期有10%发生失效时的平均寿命
3.5	平均失效前时间（MTTF）	失效前时间的数学期望 [GB/T 2900.13—2008,定义 191-12-07] 注:即元件投产后未经任何维修从投入运行到失效时所统计的平均工作时间 作者注:GB/T 2900.13—2008 已部分被 GB/T 2900.99—2016 代替,其中"平均失效前时间"被"平均失效前工作时间"代替,且定义为"失效前工作时间的期望值。"
3.6	平均失效前次数（MCTF）	失效前次数的数学期望
3.7	阈值	用于与元件的性能参数(如泄漏量、流量和工作压力等)的试验数据进行比较的值 注:该值作为性能比较的关键参数,通常是由专家定义的某个值,但不一定表示元件工作终止
3.8	终止循环计数	一个样本首次达到某个阈值水平时的循环次数
GB/T 35092—2018《液压机静载变形测量方法》		
2.1	滑块挠度	在液压机滑块底面上规定的范围内施加相当于公称力的均布载荷时,滑块底面在规定位置长度(左右或前后方向)内垂直于工作面方向的变形量
2.2	工作台挠度	在液压机工作台面上规定的范围内施加相当于公称力的均布载荷时,工作台面在规定位置长度(左右或前后方向)内垂直于工作面方向的变形量
2.3	相对挠度	在规定长度(左右或前后方向)上的挠度与规定长度的比值
GB/T 36484—2018《锻压机械　术语》		
3.1.3	液压机	用液压传动来驱动滑块或工作部件的压力机的总称,按介质不同分为油压机和水压机等
3.1.16	数控锻压机械数控成形加工机床	按加工要求预先编制的程序,由控制系统发出数字信息指令,对工件进行锻压加工的机器
3.1.19	加工中心	能自动更换模具,并能实现自动加工的数控锻压机械
3.1.21	柔性制造（加工）单元	由一台或多台数控锻压机械或加工中心组成的生产设备,能自动加工不同工序的工件
3.1.22	柔性制造（加工）系统	由一台或多台数控锻压机械或加工中心组成的,能自动加工不同工件的系统
5.1.1	液压机	用液压传动来驱动滑块或工作部件的压力机的总称,按介质不同分为油压机和水压机等,通常液压机是油压驱动的压力机
5.1.2	手动液压机	用手动液压泵传动的液压机
5.1.3	精密冲裁液压机	用做(于)板料精密冲裁的液压机
5.1.4	单动液压机	有一个滑块的液压机
5.1.5	单动薄板冲压液压机	有一个滑块的薄板冲压液压机
5.1.6	双动液压机	具有两个分别驱动的滑块的液压机
5.1.7	三动液压机	在双动液压机的底座上装有一个反向运动的滑块的液压机
5.1.8	双动薄板拉伸液压机	有两个分别传动滑块的薄板拉伸液压机
5.1.9	四柱液压机	用上横梁、工作台和四个立柱构成受力框架机身的,工艺通用性较大的液压机
5.1.10	多柱式液压机	由多于四根立柱与上横梁及工作台组成框架机身的液压机
5.1.11	单柱液压机	机身是 C 形单柱式结构的液压机
5.1.12	单柱校正压装液压机	有 C 形机身结构的校正压装用的液压机

序号	术语	定义
5.1.13	多工位液压机	装有多工位连续自动送料装置的液压机
5.1.14	多缸式液压机	具有两个以上工作缸的液压机
5.1.15	精冲液压压力机	能同时提供压边力、反压力和冲裁力的专用精密冲裁液压压力机,适用于中厚板零件的冲孔、落料、半冲孔等多种冲压工序
5.1.16	超高压液压机	100MPa 或以上工作压力的液压机
5.1.17	金属挤压液压机	金属坯料挤压成形用的液压机
5.1.18	模腔挤压液压机	挤压模腔用的液压机。模腔挤压液压机主要用于模具型腔内部的精密成形
5.1.19	侧压式粉末制品液压机	有侧压滑块的粉末制品液压机
5.1.20	塑料制品液压机	压制塑料制品用的液压机
5.1.21	金刚石液压机	合成金刚石用的液压机
5.1.22	耐火砖液压机	压制耐火砖用的液压机
5.1.23	碳极压制液压机	挤压碳极用的液压机
5.1.24	磨料制品液压机	压制砂轮、油石用的液压机
5.1.25	粉末制品液压机	压制粉末制品用的液压机
5.1.26	金属打包液压机	将废金属薄板材、线材等压缩成包块用的液压机
5.1.27	非金属打包液压机	将非金属成品、材料或废料等压缩成包用的液压机
5.1.28	金属屑压块液压机	将金属屑压缩成团块用的液压机
5.1.29	伞形液压机	有伞形滑块的压装大型电动机定子片用的液压机
5.1.30	轮轴压装液压机	压装或拆卸过盈配合轮轴用的液压机
5.1.31	模具研配液压机	研配大型模具用的液压机
5.2.1	空行程	滑块自上死点向下运动时,至接触工件之前的行程
5.2.2	空程速度	在空行程时,液压机滑块的运动速度
5.2.3	回程	滑块返回的过程
5.2.4	回程速度	滑块回程时的运动速度
5.2.5	许用的最大液压力	液压系统许用的最大压力
5.2.6	惯性下降值	从滑块的停止信号发出开始,到滑块停住为止,滑块的下降量
5.2.7	最大下降速度	滑块向下运动时的最大速度
5.2.8	最大上升速度	滑块上升时的最大速度
5.2.9	公称力	液压机的名义工作力
5.2.10	回程力	运动部分(如滑块)提升时所需要的力
5.2.11	顶出力	顶出活塞或顶出机构的输出力
5.2.12	工作力	运动部分(如滑块)施加在工件上的力
5.2.13	液体最大工作压力	液压系统中液体的最大工作压力
5.2.14	滑块行程	滑块移动的最大距离
5.2.15	开口高度	滑块(压头)下平面至工作台面的最大距离
5.2.16	工作台面尺寸	工作台面(参数)的最大轮廓尺寸
5.2.17	顶出行程	顶出活塞或顶出机构移动的最大距离
5.2.18	滑块(压头)空程下行速度	单位时间内滑块(压头)空载向下移动的距离
5.2.19	滑块(压头)工作速度	单位时间内滑块(压头)满载移动的距离
5.2.20	滑块(压头)回程速度	单位时间内滑块(压头)回程移动的距离
5.2.21	总功率	单台液压机所需额定电功率的总和
5.2.22	机器重量	单台液压机的总总量

序号	术语	定义
5.2.23	总压力	拉伸力与压边力之和
5.2.24	拉伸力	拉伸滑块的工作力
5.2.25	压边力	压边滑块的压紧力
5.2.26	液压垫力	液压垫的浮动压紧力
5.2.27	液压垫行程	液压垫移动的最大距离
5.2.28	液压垫顶出力	液压垫顶出制件的力
5.2.29	拉伸滑块行程	拉伸滑块移动的最大距离
5.2.30	压边滑块行程	压边滑块移动的最大距离
5.2.31	拉伸滑块至工作台面最大距离	拉伸滑块下平面至工作台的最大距离
5.2.32	压边滑块至工作台面最大距离	压边滑块下平面至工作台的最大距离
5.2.33	拉伸滑块尺寸	拉伸滑块下平面的最大轮廓尺寸
5.2.34	移动工作台行程	移动工作台的最大移出距离
5.2.35	喉深	单柱液压机滑块(压头)中心线至C形机身内侧面的最小水平距离
5.2.36	校正工作台尺寸	校正工作台的主要尺寸(长度×宽度)
5.3.1	机身	液压机的主要受力部件,是安装各种零部件的基础,型式有单柱式、四柱式、整体式框架、组合式框架等
5.3.2	上横梁	框架机身的上固定梁
5.3.3	滑块	液压机的活动横梁
5.3.4	立柱	将上横梁与工作台连接在一起的连接件
5.3.5	工作台	液压机的下横梁,它承受滑块的压力,当装有工作台板或移动工作台时,这后两种零件的上平面即为工作台的台面
5.3.6	移动工作台	为便于装、拆大型模具而设置的水平移动的工作台
5.3.7	导轨	装于框架机身和滑块两侧的运动导向部分,可用做(于)几何精度和摩擦副间隙的调整
5.3.8	工作台板	在工作台上固定装配的台板,为工作台的组成部分,主要用于安装模具或垫板
5.3.9	液压缸	将输入的液压能量转换成直线机械力和往复运动的部件
5.3.9.1	主缸	起主要作用的液压缸
5.3.9.2	侧缸	主缸两侧的液压缸
5.3.9.3	顶出缸	顶出制件用的液压缸
5.3.9.4	回程缸	复位用的液压缸
5.3.9.5	平衡缸	起平衡作用的液压缸
5.3.9.6	压边缸	压边用的液压缸
5.3.9.7	增压缸	输出压力大于输入压力的液压缸
5.3.9.8	辅助缸	实现辅助动作的液压缸
5.3.10	动力装置	由电动机、液压泵、阀和油箱等组成的液压机动力源
5.3.13	润滑装置	润滑液压机主要摩擦副用的成套润滑部件
5.3.15	充液装置	由充液阀和充液油箱等零部件组成的给液压缸补充液体的装置
5.3.16	冷却装置	降低工作介质温度用的成套装置
5.3.17	加热装置	提高工作介质温度用的成套装置
6.1.10	液压锤	依靠液压和气动共同驱动锤头或单独依靠液压驱动锤头进行打击的锤
10.2.16	上传动	(折弯机)传动系统位于工作台之上
10.2.17	下传动	(折弯机)传动系统位于工作台之下
10.2.18	上动式	(折弯机)滑块向下做往复运动的
10.2.19	下动式	(折弯机)滑块向上做往复运动的
GB/T 36486—2018《数控液压机》		
3.1	数控液压机	以数字量为主进行信息传递和控制的、具有人机界面,主要参数(至少含压力、位移等参数)采用数字化控制的液压机
3.2	自动循环	一种操作方式,启动后不需进入危险区人工干预,即可完成运动部件连续运动、间歇性重复运动等所有动作

序号	术语	定义
3.3	工作循环	运动部件从起始位置(一般在上限位)运动到下限位再回到起始位置(一般在上限位)的运动 注:工作循环包括运动期间的所有操作
3.4	单次循环	一种操作方式,即运动部件的每次工作循环运动都由操作人员启动
3.5	人机界面	数控系统和操作者之间进行信息交换的界面,用以实现液压机的压力、位移等参数的输入和实时显示等功能
3.6	模具参数存储	根据压制工艺需要,提前将各套模具的参数如发讯位置、发讯压力、加压时间、工件高度等参数存储到液压机数控系统中

GB/T 37162.1—2018《液压传动 液体颗粒污染度的监测 第1部分:总则》

序号	术语	定义
3.1	自动颗粒计数器 (APC)	能够对悬浮在液体中某一尺寸范围的颗粒单个自动计数并测量尺寸的仪器 注:自动颗粒计数器至少由颗粒传感器、按可控流量传送特定体积液样到传感器的装置、信号处理器,将传感器输出的单个颗粒的尺寸转换为颗粒尺寸分布的分析器和输出液样颗粒尺寸分布结果的装置组成。典型的颗粒尺寸测量原理有散射原理和遮光原理
3.2	重合	把两个或多个颗粒检测为一个颗粒
3.3	动态范围	传感器可检测的最大和最小颗粒尺寸之比
3.4	滤材	能够滤除并容纳颗粒的材料(即过滤材料)
3.5	凝胶	一种无固定形状的物质,可干扰颗粒计数和监测过程 注:凝胶通常由液压油液的化学反应形成
3.6	主线分析	将仪器固定连接在主工作管路上,且管路中的液体全部通过传感器的液样分析方法
3.7	离线分析	仪器不直接连接在液压系统上的液样分析方法
3.8	在线分析	通过连续管路直接将液压系统的液样供给仪器的液样分析方法 注:仪器既可固定连接在工作管路上,也可在分析前连接
3.9	滤网	一种用金属丝或织物编织成的过滤材料 注:该过滤材料也可直接加工成型
3.10	颗粒尺寸	与所用分析方法相关的、以可测量的物理尺寸定义大小的颗粒特征尺寸 注:通常采用最长弦尺寸或等效球直径表示,并在文件中声明
3.11	孔径	仪器制造商规定的过滤材料中孔的尺寸
3.12	定性数据	精度或准确度低于定量方法的数据 注:通常以范围而非确切数值给出结果
3.13	定量数据	以参数的确切数值表征的数据
3.14	目标清洁度 (RCL)	系统或过程要求的液体清洁度水平
3.15	取样器	从大量的液体中提取有代表性液样的装置
3.16	油泥	液体中非常小的颗粒(尺寸小于$3\mu m$) 注1:它们通过遮挡颗粒或重合效应影响仪器的效能 注2:它们可能是磨损的颗粒或液压油液劣化的产物 注3:尺寸通常低于所用方法可检测的最小尺寸 作者注:在SH/T 0565—2008中规定的术语"油泥"定义为"从氧化的矿物油中产生的沉淀或残渣。"
3.17	抽吸分析	通过仪器自带的泵从无压容器中抽取液样,并输送到传感器进行检测的液样分析方法

JB/T 8727—2017《液压软管总成》

序号	术语	定义
3.1	最高工作压力	液压软管总成预期在稳定工况下工作的最高压力
3.2	长度变化	液压软管总成在最高工作压力下轴向长度变化的量
3.3	耐压压力	液压软管总成应能承受的不引起损坏或后期故障的试验压力(最高工作压力的2倍)
3.4	最小爆破压力	液压软管总成应能承受的最低破坏压力(最高工作压力的4倍)
3.5	最小通流量	液压软管总成扣压装配后,接头芯受挤压后内孔的最小内切圆直径

JB/T 8832—2001《机床数控系统 通用技术条件》(已作废,仅供参考)

序号	术语	定义
3.1	数控系统	用数值数据的控制系统,在运行过程中,不断地引入数值数据,从而实现机床加工过程的自动控制。数控系统的基本组成包括控制器和驱动装置
3.2	电柜(箱)	用来安装数控系统元、部件,可以防护某些外来影响和防止任何方向直接触电的壳体

序号	术语	定义
3.3	可靠性	数控系统在规定的条件下和规定的时间内,完成规定功能的能力
3.4	平均无故障时间 (MTBF)	数控系统无故障工作时间的平均值
3.5	电磁兼容性 (EMC)	数控系统在其电磁环境中能正常运行且不对该环境中任何事物构成不能承受的电磁骚扰的能力
3.6	(对骚扰的) 抗扰度	数控系统面临电磁骚扰不降低运行性能的能力
3.7	静电放电	具有不同静电电位的物体相互靠近或直接接触引起的电荷转移
3.8	脉冲群	一串数量有限的清晰脉冲或一个持续时间有限的振荡
3.9	耦合夹	在与受试线路没有任何电连接的情况下,以共模形式将干扰信号耦合到受试线路的、具有规定尺寸和特性的一种装置
3.10	电压暂降	电气系统某一点的电压突然下降,经历半个周期到几秒钟的短暂持续期后恢复正常
3.11	浪涌(冲击)	沿线路传送的电流、电压或功率的瞬态波,其特性是先快速上升后缓慢下降
JB/T 9090—2014《容积泵零部件液压与渗漏试验》		
3.1	承压零部件	泵中承受液体或气体内压的零部件
3.2	液压试验	对泵中承压零部件进行密闭后施以流体内压进行耐压强度和致密性检查
3.3	渗漏试验	器皿类零部件、阀组静密封的致密性及加工质量检查
3.4	试验介质	试验用液体。液压试验以水及乳化液为介质;渗漏试验以煤油为介质
3.5	试验压力	液压试验中试验介质应达到的规定表压力
3.6	保压时间	液压试验压力下规定试验应该持续的时间
3.7	保压允许下降率	指保压时间内压力下降值不超过某一相对限值(用百分比表示)
JB/T 9954—1999《锻压机械液压系统 清洁度》		
2.1	污染物	指油液中含有的对系统的工作、寿命和可靠性有害的物质
2.2	清洁度(污染度)	与可控环境有关的污染物的含量。通常以单位体积油液中所含污染物颗粒(尺寸大于 $5\mu m$ 和大于 $15\mu m$)的浓度表示
2.3	颗粒尺寸	颗粒的最大线性尺寸
2.4	颗粒浓度	单位容积油液中所含颗粒数量
2.5	试样	液压系统中有代表性的标本
2.6	取样	获得试样的全过程
2.7	栅格面积	印在滤膜上的方格面积
2.8	有效面积	过滤时液体流过滤膜的面积。一般按直径 $\phi 40mm$ 的圆面积计算,用符号 S 表示
2.9	单位面积	栅格面积的 1/16,见 JB/T 9954—1999 中图 1
2.10	辅助单位面积	栅格面积的 1/20,见 JB/T 9954—1999 中图 1
2.11	纤维	长度大于 $10\mu m$,长宽比大于 10 的颗粒
2.12	计算系数	有效面积和计数面积之比,用符号 D 表示。有效面积的直径按 $\phi 40mm$ 计
2.13	颗粒尺寸分布	一群颗粒中,每种颗粒尺寸的颗粒浓度,通常以每毫升液体中累积颗粒数表示
2.14	划分板(测微尺)	装在显微镜目镜内,用来测量颗粒大小的微尺,微尺上标有单位面积框线和辅助单位面积框线,便于统计颗粒数,见 JB/T 9954—1999 中图 2
2.15	标准样片	用 100mL 标准液样制取样片,用来比较被测样片
JB/T 10080.2—2011《光栅位移测量系统 第 2 部分:光栅位移传感器》		
3.1	光栅线位移 传感器	由一系列等间距刻线的光栅作为线位移测量元件的光栅尺
3.2	敞开式传感器	由光栅尺和读数头两部分组成,它们的相互位置由机床和导轨确定,工作时无接触,标尺固定在一个安装面上
3.3	封闭式传感器	由光栅尺、读数头、导轨及外壳四部分组成,外壳用以保护传感器不受铁屑、灰尘和喷溅液损害
3.4	增量式传感器	从设定的原点开式测量步距的数量来确定当前位置的数值
3.5	绝对式传感器	在光栅尺通电的同时,无需移动,后续电路立即获得绝对位置的数值的光栅尺
3.6	测量长度范围内的位置误差	在任意 1 m 测量长度范围内,测量曲线的极限值 $\pm F$,即位置误差,应符合相应的准确度等级 $\pm a$ 注:光栅尺在测量长度范围内的位置误差分为不同的准确度等级

序号	术语	定义
	**JB/T 10205—2010《液压缸》**	
3.1	滑环式组合密封	滑环[由具有低摩擦系(因)数和自润滑性的材料制成]与O形圈等组合而成的密封型式
3.2	负载效率	液压缸的实际输出力和理论输出力的百分比
3.3	最低起动压力	使液压缸起动的最低压力
	**JB/T 10607—2006《液压系统工作介质使用规范》**	
3.1	矿物油型液压油	通过物理蒸馏方法从石油中提炼出的基础油称为矿物油(包括部分非深度加氢的基础油)
3.2	合成烃型液压油	使用通过化学合成获得的基础油(其成分多数并不直接存在于石油中)调配成的液压油
3.3	合成液压液	使用通过化学合成获得的基础油(其成分多数并不直接存在于石油中)调配成的液压液,或通过化学方法直接合成的液压液
3.4	环境可接受液压液	废弃后可被环境微生物分解,最终被无机化而成为自然界中碳元素循环的一个组成部分的液压液
	**JB/T 11214—2012《剪板机用数控系统》**	
3.1	参考点	数控轴的基准点
3.2	寻参	数控轴寻找、确认基准点的过程
3.3	示教	将输入数据作为选定数控轴的当前位置,常用于代替寻参
3.4	安全区	数控轴运动范围内易发生干涉的区域称为安全区,在安全区内只能以不大于10mm/s的速度运行
3.5	退让	挡料在剪切过程中避免干涉的规避动作
3.6	单边定位	数控轴始终沿某一方向完成定位,以消除传动间隙
3.7	超程	单边定位过程中,数控轴超出目标位置,然后沿规定方向完成定位的动作
3.8	工步	执行一次剪切所需加工数据的集合
3.9	换步	当前工步完成以后,切换到下一工步动作
3.10	剪切计数	完成剪切加工的次数
3.11	相对编程 增量编程	当前工步的目标位置设定值是前一工步目标位置的增量
3.12	调整模式	通过点动和/或寸动操作,移动数控轴的数控系统执行模式
3.13	手动模式	执行单一工步的数控系统执行模式。每次目标位置改变,需再次输入并启动定位操作
3.14	自动模式	执行多工步加工程序的数控系统执行模式
	**JB/T 11216—2012《板料折弯机用数控系统》**	
3.5	退让	挡料在折弯过程中避免干涉的规避动作
3.8	工步	执行一次折弯所需加工数据的集合
3.10	加工计数	累计完成折弯加工的工件数
3.15	双机联动功能	用于控制两台并排放置的折弯机,滑块同步执行工作循环,加工超长的工件
3.16	多机联动功能	用于控制多台并排放置的折弯机,滑块同步执行工作循环,加工超长的工件
3.17	角度自动计算	接受(收)板料折弯角度,通过自主计算获得滑块最终定位的位置
3.18	折弯校正	采用不同模具、板厚和折弯角度加工时对应的X轴校正值,用于弥补折弯参数变化带来的误差
	**JB/T 12092.1—2014《模具研配液压机 第1部分:型式与基本参数》**	
3.1	滑块研配速度	滑块研配前的对模速度
	**JB/T 12100—2014《精密伺服校直液压机》**	
3.1	精密伺服校直液压机	采用液压伺服驱动技术,校直工件时压头重复定位精度不大于0.1mm的液压机,主要用于对轴、管、棒类工件进行校直 注:不大于0.1mm指加载时压头在行程范围内任意位置的重复定位精度
	**JB/T 12229—2015《液压泵直接传动双柱斜置式自由锻造液压机》**	
3.1	自由锻造液压机	采用高压液体传动,用于自由锻造加工的液压机
3.2	双柱式组合机架	通过紧固螺母和拉杆将两根立柱、上横梁和下横梁预紧成为一体的组合结构机架
3.3	双柱式整体机架	将两根立柱、上横梁和下横梁制造成为一体结构的机架
3.4	上横梁	机架中与立柱上端连接的横梁
3.5	下横梁	机架中与立柱下端连接的横梁

序号	术语	定义
3.6	活动横梁	上传动式液压机中,与主(侧)缸柱塞连接,用于安装上砧的可运动的横梁
3.7	固定梁	下传动式液压机中,固定于基础上,用于安装移动工作台和工作缸的横梁
3.8	公称力	代表对应规格的液压机名义上能产生的最大力,单位为 MN,在数值上等于主(侧)缸柱塞的总面积(单位为 m^2)与液压系统的最大工作压力(单位为 MPa)的乘积(取整数)
3.9	液压系统最大工作压力	液压系统中液体的最大单位工作压力,即液体的最大压强
3.10	常锻	一般指除镦粗以外的自由锻造工序,相对于精整,上砧的压下量较大且包含有快速下降过程
3.11	开口高度	活动横梁或整体机架处于上极限位置时,上砧垫板下平面至移动工作台上平面的距离,也称净空高
3.12	立柱横向净空距	两根立柱内侧允许工件进出的净空距离
3.13	横向偏心距	锻件的受压中心至液压机移动工作台中心线之间的距离。一般指常锻工况最大锻造力下所允许的最大偏心距离
3.14	工作速度	在常锻工况下,上砧单位时间内的压下行程,也称加压速度
3.15	压下量	即压缩量,锻件被压缩前后高度方向的差值
3.16	行程控制精度	在自动锻造过程中,液压机的上砧行程设定位置与实际位置的差值
JB/T 12296.1—2015《四柱顶置油缸式压力机 第1部分:基本参数》		
3.1	四柱顶置油缸式压力机	采用顶置油缸作为上横梁的升降装置和整机过载保护装置的机械压力机
JB/T 12997—2017《移动回转压头框式液压机 刚度测量方法》		
3.1	液压机整机刚度	压头位于上横梁中点位置,在液压机工作台面上规定的范围内施加公称力的均布载荷(以下简称满载)时,上横梁下平面与工作台上平面之间指定位置的平均变形量与工作台面左右方向有效长度之比
JB/T 12510—2015《中厚钢板压力校平液压机》		
3.1	中、厚钢板压力校平液压机	采用高压液体传动、用于校平钢板的液压机
3.2	压头	与主柱塞连接,工作时用来压平钢板的机构
3.3	压头移动小车	承载主侧缸、压头,进行左右移动的小车
3.4	压头横移距离	压头在压平钢板时,压头横移小车从压机中心向左或向右可以移动的最大距离
3.5	工作台	安装在下横梁的上平面,在压平钢板时,用来支承钢板且承载压力的台面
3.6	预应力框架	通过紧固螺母和拉杆将四根立柱、上横梁和下横梁预紧成为一体的框架结构
JB/T 12517.1—2015《等温锻造液压机 第1部分:型式与基本参数》		
3.1	等温锻造液压机	一种适用于等温锻造工艺的精密锻造液压机
JB/T 12769—2015《快速数控薄板冲压液压机》		
3.1	快速数控薄板冲压液压机	滑块快降及回程速度不小于 300mm/s,压制速度为 15～40mm/s,可对压力、行程、保压时间、闭合高度实现自动控制的框架薄板冲压及拉伸液压机。其用于对各种金属薄板件进行弯曲、冲孔、落料、拉伸、整形、成形等工艺 注:15mm/s 指 100%公称力时的压制速度,40mm/s 指不小于 30%公称力时的压制速度
JB/T 12774—2015《数控液压机 通用技术条件》		
3.1	数控液压机	以数字量为主进行信息传递和控制,具有人机界面,主要参数(至少含压力、位移等参数)采用数字化控制的液压机
3.2	自动循环	启动后不需进入危险区人工干预,即可完成运动部件连续运动、间歇性重复运动等所有动作的一种操作方式
3.3	工作循环	运动部件从起始位置(一般在上限位)运动到下限位再回到起始位置(一般在上限位)的运动 注:工作循环包括运动期间的所有操作
3.4	单次循环	运动部件的每次工作循环运动都由操作人员启动的一种操作方式
3.5	比例溢流阀	输出压力与输入电信号成比例关系的溢流阀
3.6	可编程(序)逻辑控制器	一种可以编制程序的电子控制器

序号	术语	定义
3.7	人机界面	数控系统和操作者之间进行信息交换的界面 注:人机界面可以实现液压机的压力、位移等参数的输入和实时显示等功能
3.8	模具参数存储	根据压制工艺需要,提前将各套模具的参数,如发信位置、发信压力、加压时间、工件高度等参数,存储到液压机控制器中

JB/T 12921—2016《液压传动 过滤器的选择与使用规范》

序号	术语	定义
3.1	污染物	对液压系统有不利影响的任何材料及其组合(固体、液体或气体)
3.2	过滤材料	过滤过程中,由其表面或内部截留住固体、胶质或纤维类污染物的任何有渗透性的材料
3.2	目标清洁度 (RCL)	系统设计人员为系统选择的最合适的清洁度 注:用来确定系统制造时零部件的清洁度,同时规定了交付时的清洁度,并为系统保养及维修提供了依据

JB/T 12994.1—2017《快速薄板冲压及拉伸液压机 第1部分:型式与基本参数》

序号	术语	定义
3.1	快速薄板冲压及拉伸液压机	滑块快降及回程速度不小于300mm/s、压制速度不小于15~40mm/s的框架薄板冲压及拉伸液压机 注1:主要用于对各种金属薄板件进行弯曲、冲孔、落料、拉伸、整形、成形等工艺。不是定义只是用途说明 注2:15mm/s指100%公称力时的压制速度,40mm/s指不小于30%公称力时的压制速度

JB/T 12996.1—2017《移动回转压头框式液压机 第1部分:型式与基本参数》

序号	术语	定义
2.1	移动回转头框式液压机	压头与移动工作台可以同时或单独左右移动,压头与回转工作台可同时或单独360°回转的框式液压机

JB/T 13116—2017《钢丝缠绕式热等静压机》

序号	术语	定义
3.1	等静压装置	由容器、机架及其承力构件(容器支座、机架支座和导轨座)组成的系统
3.2	缠绕缸体	由内套、外套、法兰等经预应力钢丝缠绕后组成的部件,用于承受压机工作时的径向压力
3.3	缠绕机架	由立柱、半圆梁等经预应力钢丝缠绕后组成的部件,用于承受压机工作时的轴向载荷
3.4	有效热区	能够满足温度要求的空间,用直径×高度表示
3.5	隔热屏	安装在发热体与缠绕缸体之间,形状为一端封闭的圆筒,内部填充隔热材料的隔热部件

JB/T 13906.1—2020《热冲压高速液压机 第1部分:型式与基本参数》

序号	术语	定义
3.1	热冲压高速液压机	用于高速冲压耐热高强度钢板、同时实现钢板淬火、制造超高强度热冲压件的液压机

JB/T 13913—2020《数控全液压模锻锤自动化生产线》

序号	术语	定义
3.1	数控全液压模锻锤自动化生产线	以数控全液压模锻锤为主机,包括加热炉、机器人、制坯设备、切边压力机、喷气及模具润滑冷却装置,能实现自动化、无人化生产锻件的模锻生产线
3.2	加热炉	将锻件加热到可锻造温度区间的设备
3.3	机器人夹具	机器人夹持锻件的装置
3.4	制坯设备	为模锻制坯的设备
3.5	数控全液压模锻锤	打击能量能数字化控制的模锻锤
3.6	切边压力机	切除模锻件飞边的压力机
3.7	喷气及模具润滑冷却装置	吹掉模具中的氧化皮和喷涂润滑剂,用于锻件脱模的装置
3.8	生产线效率	生产线在单位时间内生产锻件的数量,单位为件/min

JC/T 910—2013《陶瓷砖自动液压机》

序号	术语	定义
3.1	陶瓷砖自动液压机	在全自动控制下,通过液压压力将坯料制成砖坯的成形机械
3.2	机架	构成主体的封闭框架
3.3	上横梁 固定横梁	构成机架的上部,固定支承主油缸或主活塞(柱塞)的部件
3.4	下横梁 底座 工作台	构成机架的下部,上平面安装模具的部件

序号	术语	定义
3.5	活动横梁 滑块	安装上模芯并做往复运动的部件
3.6	立柱	机架的侧柱
3.7	送料小车 送料滑架	做往复运动将粉料送入模腔内,并可利用其前端将坯体送出的部件
3.8	喂料斗 料槽	承接喂入的粉料并将粉料喂送到送料小车的料框内的部件
3.9	布料系统	由送料小车、喂料斗、驱动装置等构成的部件
3.10	主油缸 主活塞(柱塞)	驱动活动横梁做往复运动的部件
3.11	顶出器	驱动下模芯做往复运动的部件
JC/T 2034—2010《蒸压砖自动液压机》		
3.1	机架	构成主体的封闭框架
3.2	上横梁 固定横梁	构成机架上部,固定支撑主油缸或主活塞(柱塞)的部件
3.3	下横梁 底座	构成机架的下部,固定支撑主油缸或顶料缸的部件,上平面安装模具
3.4	上活动横梁 滑块	安装上模芯并做往复运动的部件
3.5	下活动横梁	安装模具框或下模芯并做往复运动的部件
3.6	立柱	机架的侧柱
3.7	上主油缸	驱动活动横梁(或模芯)做(往)复运动的部件
3.8	下主油缸	驱动下模芯做往复运动的部件
3.9	模框浮动油缸	驱动下活动横梁或模框做往复运动的部件
3.10	布料夹坯系统	由喂料斗、搅拌式布料机构、夹坯机构及驱动装置构成的部件
3.10.1	喂料斗 料槽	承接喂入的物料并将物料喂送到送料小车的料框内的部件
3.10.2	搅拌式布料机构	做平面往复运动的料框和强制搅拌机构将物料送入模腔的部件
3.10.3	夹坯机构	夹放压制成型坯体的部件
3.11	顶出器	连接下模芯做往复运动的部件
JC/T 2178—2013《耐火砖自动液压机》		
3.1	机架	构成主体的封闭框架
3.2	上横梁 固定横梁	构成机架上部,固定支承主油缸或主活塞(柱塞)的部件
3.3	下横梁 底座	构成机架的下部,固定支承主油缸或顶料缸的部件,上平面安装模具
3.4	上活动横梁	安装上模芯并做往复运动的部件
3.5	下活动横梁 模框活动横梁	安装下模芯或模具框做往复运动的部件
3.6	立柱	机架的侧柱
3.7	上主油缸	驱动活动横梁(或上模芯)做往复运动的部件
3.8	下主油缸	驱动下模芯做往复运动的部件
3.9	模框驱动油缸	驱动模框做往复运动的部件
3.10	布料夹坯系统	由喂料斗、搅拌布料机构、夹坯机构及驱动装置构成的部件
3.10.1	喂料斗	承接喂入的物料并将物料破碎后喂送到送料小车的料框内的部件
3.10.2	搅拌布料机构	做平面往复运动的料框和强制搅拌机构将物料送入模腔的部件
3.10.3	夹坯机构	由几个夹手组成的夹放压制成型坯体的部件
JC/T 2486—2018《纤维增强复合材料自动液压机》		
3.1	四角调平	在压制及开模阶段,控制活动横梁与下横梁工作面的平行度

附录 C GB/T 2346—2003《液压传动系统及元件 公称压力系列》标准摘录

在流体传动系统中，功率是通过回路内的受压流体（液体或气体）来传递和控制的。通常，系统和元件是为指定的流体压力范围而设计和销售的。

标准规定的流体传动系统及元件的公称压力系列及压力参数代号见附表 C-1，该标准适用于流体传动系统及元件的公称压力，也适用于其他相关的流体传动标准中压力值的选择。

附表 C-1 公称压力系列及压力参数代号（摘自 GB/T 2346 和 JB/T 2184）

MPa	（以 bar 为单位的等量值）	压力参数代号	注
1	（10）		优先选用
[1.25]	[12.5]		
1.6	（16）	A	优先选用
[2]	[（20）]		
2.5	（25）	B	优先选用
[3.15]	[（31.5）]		
4	（40）		优先选用
[5]	[（50）]		
6.3	（63）	C	优先选用，C 可省略
[8]	[（80）]		
10	（100）	D	优先选用
12.5	（125）		优先选用
16	（160）	E	优先选用
20	（200）	F	优先选用
25	（250）	G	优先选用
31.5	（315）	H	优先选用
[35]	[（350）]		
40	（400）	J	优先选用
[45]	[（450）]		
50	（500）	K	优先选用
63	（630）	L	优先选用
80	（800）	M	优先选用
100	（1000）	N	优先选用
125	（1250）	P	优先选用
160	（1600）	Q	优先选用
200	（2000）	R	优先选用
250	（2500）		优先选用

注：方括号中的值是非优先选用的。

作者注：1. 附表 C-1 中的公称压力应用于流体传动系统和元件的实际表压，即高于大气压的压力。

2. 在参考文献 [93] 的表 21-2-11 中将压力范围<7MPa 规定为低压、7～21MPa 规定为中压、21～31.5MPa 规定为高压、>31.5MPa 规定为超高压，但不清楚其根据。

附录 D GB/T 786.1—2021《流体传动系统及元件 图形符号和回路图 第 1 部分：图形符号》勘误表

GB/T 786.1—2021《流体传动系统及元件 图形符号和回路图 第 1 部分：图形符号》于 2021 年 5 月 21 日发布，自 2021 年 12 月 1 日实施，作者是该项国家标准的主要起草人之一。

根据中国标准出版社出版发行的 2021 年 5 月第 1 版第 1 次印刷的该标准，笔者认为其中还存在一些问题，如"8.7.4　输入信号（英文字母）"与"8.7.8　输出信号（电气模拟信号）"大小不一致，在 6.1.9.27、6.1.9.28、6.1.9.29、6.1.9.30 等中两个流体管道在一个元件内的连接圆点画大了，在 6.2.1、6.2.2、6.2.3、6.2.4、6.2.6、6.2.7、6.2.8、6.2.9、6.2.10、6.2.11、6.2.12、6.2.13、6.2.14、6.2.15、6.2.16 等中泵旋转方向指示箭头绘制得不规范，在 6.3.3、6.3.10、7.3.3、7.3.7、A.5.1 中缸末端缓冲可调节箭头位置有偏差（参见 9.5.5），其他见附表 D-1。

由此给读者带来的困扰、给该标准使用者带来的不便，笔者深表歉意！

附表 D-1　勘误表

序号	标准序号	文字或图形或描述	勘误	说明
1	5.9	注 2：……，从点划线变为实线，……	点画线	根据 GB/T 4457.4—2002
2	5.10	……，应由点划线包围标出	点画线	根据 GB/T 4457.4—2002
3	6.1.1.5 7.1.1.5			如与 6.1.4.2 和 9.2.24 进行比较，节流可调节箭头指向与单向阀的阀座相对位置不一致
4	6.1.3.7			流体的流动方向箭头与弹簧可调节箭头指向反了
5	6.1.9.27			流体的流动方向箭头与弹簧可调节箭头指向反了
6	7.4.4.18			两三通球阀间缺同时切换的机械连接（杆）
7	9.3.3 9.3.6			可更换节流中间缺管路线
8	A.2.4	线型：点划线	点画线	根据 GB/T 4457.4—2002

附录 E 机器的危险示例

在附表 E-1 中给出了机器的危险示例，目的是阐明这些概念并帮助风险评估人员进行危险识别。这些危险既不是无遗漏的，也没有优先顺序。因此设计者还宜识别并记录机器中存在的其他危险、危险状态或危险事件。机器的危险状态和危险事件见 GB/T 15706—2012 附录 B 中表 B.3 和表 B.4。

附表 E-1 机器的危险示例

编号	类型或分组	危险示例		在 GB/T 15706—2012 中对应条款
		危险源[①]	潜在后果[②]	
1	机械危险	加速、减速 有角的部件 接近向固定部件运动的元件 锋利的部件 弹性元件 坠落物 重力 距离地面高 高压 不稳定 动能 机械的移动 运动元件 旋转元件 粗糙表明、光滑表明 锐边 储存的能量 真空	碾压 抛出 挤压 切割或切断 吸入或陷入 缠绕 摩擦或磨损 碰撞 喷射 剪切 滑倒、绊倒和跌落 刺穿或刺破 窒息	6.3.1 6.3.2 6.3.3 6.3.5.2 6.3.5.4 6.3.5.5 6.3.5.6 6.4.1 6.4.3 6.4.4 6.4.5
2	电气危险	电弧 电磁现象 静电现象 带电部件 与高压带电部件之间无足够的距离 过载 故障条件下变为带电的部件 短路 热辐射	烧伤 化学效应 医学植入物的影响 电死 坠落、甩出 着火 熔化颗粒的射出 电击	6.2.9 6.3.2 6.3.3.2 6.3.5.4 6.4.4 6.4.5
3	热危险	爆炸 火焰 高温或低温的物体或材料 热源辐射	烧伤 脱水 不适 冻伤 热源辐射引起的伤害 烫伤	6.2.4b) 6.2.8c) 6.3.2.7 6.3.3.2.1 6.3.4.5
4	噪声危险	气穴现象 排气系统 气体高速泄漏 加工过程(冲压、切割等) 运动部件 刮擦表面 不平衡的旋转部件 气体发出的啸声 磨损部件	不适 失去知觉 失去平衡 永久性听觉丧失 紧张 耳鸣 疲劳 其他因干扰语音传递或听觉信号引起的(机械、电气)后果	6.2.2.2 6.2.3c) 6.2.4c) 6.2.8e) 6.3.1 6.3.2.1b) 6.3.2.5.1 6.3.3.2.1 6.3.4.2 6.4.3 6.4.5.1b)和c)

编号	类型或分组	危险示例		在 GB/T 15706—2012 中对应条款
		危险源①	潜在后果②	
5	振动危险	气穴现象 运动部件偏离轴线 移动设备 刮擦表面 不平衡的旋转部件 振动设备 磨损部件	不适 脊柱弯曲病(脊柱弯曲) 神经失调 骨关节疾病 脊柱损伤 血管疾病	6.2.2.2 6.2.3c) 6.2.8c) 6.3.3.2.1 6.3.4.3 6.4.5.1c)
6	辐射危险	致电离辐射源 低频电磁辐射 光辐射(红外光、可见光和紫外线),包括激光 无线电频率电磁辐射	烧伤 对眼镜和皮肤的伤害 影响生育能力 突变 头痛、失眠等	6.2.2.2 6.2.3.c) 6.2.3.2.1 6.3.4.5 6.4.5.1c)
7	材料/物质产生的危险	浮质 生物和微生物(病毒或细菌) 制剂 易燃物 粉尘 爆炸物 纤维 可燃物 流体 烟雾 气体 雾气 氧化剂	呼吸困难、窒息 癌症 腐蚀 影响生育能力 爆炸;着火 感染 突变 中毒 过敏	6.2.2.2 6.2.3b) 6.2.3c) 6.2.4a) 6.2.4b) 6.3.1 6.3.3.2.1 6.3.4.4 6.4.5.1c) 6.4.5.1g)
8	人类工效学危险	通道 指示器和可视显示单元的设计或位置 控制装置的设计、位置或识别 费力 闪烁、玄(眩)光、阴影、频闪效应 局部照明 精神太紧张/精力不集中 姿势 重复活动 可见性	不舒服 疲劳 肌肉与骨骼疾病 紧张 其他因人为错误引起的后果(如机械的、电气的)	6.2.2.1 6.2.7 6.2.8 6.2.11.8 6.3.2.1 6.3.3.2.1
9	与机器使用环境有关的危险	粉尘与烟雾 电磁干扰 闪电 潮湿 污染 雪 温度 水 风 缺氧	烧伤 轻微疾病 滑倒、跌落 窒息 其他由机器或机器部件上的危险源引起的后果	6.2.6 6.2.11.11 6.3.2.1 6.4.5.1b)
10	组合危险	如重复活动+费力+环境温度高	如脱水、失去知觉、中毒	

① 单个危险可有几种潜在后果。

② 对于每一类或每一组危险,某些潜在后果可与几个危险源相关。

附录 F　在机器中与使用液压传动相关的重大危险一览表

笔者并不认为 GB/T 3766—2015 现在就一定涵盖了涉及与液压系统相关的所有重大危险，如在 GB 25432—2010《平板硫化机安全要求》中指出的机械危险"5MPa 以上高压胶管的鞭击"。但是，每当从事液压机液压系统及元件设计、制造时多看几遍以下"重大危险一览表"及该标准中的相关内容，对液压机液压系统及元件设计者、制造商及用户而言都是一种负责任的态度，同时应遵守该标准的规定，这样做才有可能避免附表 F-1 中所列的这些重大危险。

附表 F-1　在机器中与使用液压传动相关的重大危险一览表

危险		在 GB/T 3766—2015 标准中的相关条款
编号	类别	
E.1	机械危险 ——形状； ——运动零件的相对位置； ——质量和稳定性(元件的势能)； ——质量和速度(元件的动能)； ——机械强度不足； ——下列方式的势能聚集：弹性元件、液压和气体、真空	5.2.1；5.2.2；5.2.3；5.2.5；5.3.1；5.3.2.1；5.3.2.2；5.3.4；5.4.1；5.4.2；5.4.3；5.4.4；5.4.6；5.4.5.2；7.3；7.4.1
E.2	电气危险	5.3.1；5.4.4.4.1；5.4.5.2.2.8；5.4.7.2.1；5.4.7.2.2
E.3	热危险，由于可能的身体接触，火焰或爆炸以及热源辐射导致的人员烧伤和烫伤	5.2.6.1；5.2.6.2；5.3.1；5.2.7；5.4.5.4.2
E.4	噪声产生的危险	5.2.4；5.3.1；5.4.5.2.2.2
E.5	振动产生的危险	5.2.3；5.3.1；5.4.5.2.2.2
E.6	辐射/电磁场产生的危险	5.3.1
E.7	材料和物质产生的危险	5.4.2.15.2；5.4.5.1.2；7.2；7.3.1
E.8	在机器设计中因忽略环境要素产生的危险	5.3.1；5.3.1；5.3.2.2；5.3.2.3；5.3.2.4
E.9	打滑、脱离和坠落危险	5.2.5；5.3.1；5.3.2.2；5.3.2.6；5.4.6.1.4；5.4.7.6.2
E.10	火灾或爆炸危险	5.2.5；5.3.1；5.3.2.6；5.4.5.1.1；5.4.6.5.3
E.11	由能量供给失效、机械零件破坏及其他功能失控引起的危险	5.3.1；5.4.7
E.11.1	能量供给失效(能量和/或控制回路) ——能量的变化； ——意外起动； ——停机指令无响应； ——由机械夹持的运动零件或部件坠落或射出； ——阻止自动或手动停机； ——保护装置仍未完全生效	5.4.4.4.1；5.4.7
E.11.2	机械零件或流体意外射出	5.2.2；5.2.5；5.2.7；5.4.1.3；5.4.2.6；5.4.6.5.3；5.4.6.6
E.11.3	控制系统的失效和失灵(意外起动、意外超限)	5.4.7
E.11.4	安装错误	5.3.1；5.3.2；5.3.4；5.4.1.1；5.4.3.3；5.4.4.2；5.4.6；7.4
E.12	由于暂时缺失和/或以错误的手段或方法安置保险装置所引起的危险。例如以下方面	
E.12.1	起动或停止装置	5.4.7.2
E.12.2	安全标志和信号	5.4.3.1；7.3；7.4
E.12.3	各种信息或警告装置	5.4.5.2.3；5.4.5.3.2.2；5.4.7.5.1；7.4
E.12.4	能源供给切断装置	5.4.3.2；5.4.7.2.1；7.3
E.12.5	应急装置	5.4.4.4.1；5.4.7.7
E.12.6	对于安全调整和/或维修的必要设备和配件	5.3.2.2；5.4.2.11；5.4.7.3

参 考 文 献

[1] 天津市锻压机床厂. 中小型液压机设计计算 [M]. 天津：天津人民出版社，1973.

[2] 唐英千. 锻压机械液压传动的设计基础 [M]. 北京：机械工业出版社，1980.

[3] 盛敬超. 液压流体力学 [M]. 北京：机械工业出版社，1980.

[4] 宋鸿尧，丁忠尧，等. 液压阀设计与计算 [M]. 北京：机械工业出版社，1982.

[5] 俞新陆. 液压机 [M]. 北京：机械工业出版社，1982.

[6] 关肇勋，黄奕振. 实用液压回路 [M]. 上海：上海科学技术文献出版社，1982.

[7] 何存兴. 液压元件 [M]. 北京：机械工业出版社，1982.

[8] 刘长年. 液压伺服系统的分析与设计 [M]. 北京：科学出版社，1985.

[9] 王占林. 液压伺服控制 [M]. 北京：北京航空学院出版社（北京航空航天大学出版社），1987.

[10] 林建亚，何存兴. 液压元件 [M]. 北京：机械工业出版社，1988.

[11] 俞新陆，杨津光. 液压机的结构与控制 [M]. 北京：机械工业出版社，1989.

[12] 李洪人. 液压控制系统 [M]. 北京：国防工业出版社，1990.

[13] 曹鑫铭. 液压伺服系统 [M]. 北京：冶金工业出版社，1991.

[14] 骆涵秀. 试验机的电液控制系统 [M]. 北京：机械工业出版社，1991.

[15] 李福义. 液压技术与液压伺服系统 [M]. 哈尔滨：哈尔滨工程大学出版社，1992.

[16] （日）田中裕九. 液压与气动的数字控制及应用 [M]. 重庆：重庆大学出版社，1992.

[17] 胡佑德，曾乐生，马东升. 伺服系统原理与设计 [M]. 北京：北京理工大学出版社，1993.

[18] 黎启柏. 电液比例控制与数字控制系统 [M]. 北京：机械工业出版社，1997.

[19] 王占林. 近代液压控制 [M]. 北京：机械工业出版社，1997.

[20] 雷天觉. 新编液压工程手册 [M]. 北京：北京理工大学出版社，1998.

[21] 王占林. 近代电气液压伺服控制 [M]. 北京：北京航空航天大学出版社，1999.

[22] 李连升，刘绍球. 液压伺服理论与实践 [M]. 北京：国防工业出版社，1990.

[23] 徐灏. 机械设计手册：第5卷 [M]. 2版. 北京：机械工业出版社，2000.

[24] 章宏甲，黄谊，王积伟. 液压与气压传动 [M]. 北京：机械工业出版社，2000.

[25] 中国机械工程学会. 中国技术设计大典编委会. 中国技术设计大典：第5卷 [M]. 南昌：江西科学技术出版社，2002.

[26] 周恩涛. 可编程控制器原理及其在液压系统中的应用 [M]. 北京：机械工业出版社，2003.

[27] 关景泰. 机电液控制技术 [M]. 上海：同济大学出版社，2003.

[28] 路甬祥. 液压气动技术手册 [M]. 北京：机械工业出版社，2003.

[29] 周士昌. 液压系统设计图集 [M]. 北京：机械工业出版社，2003.

[30] 梁利华. 液压传动与电液伺服系统 [M]. 哈尔滨：哈尔滨工程大学出版社，2005.

[31] 张利平. 液压阀原理、使用与维护 [M]. 北京：化学工业出版社，2005.

[32] 王先逵. 机械加工工艺手册 [M]. 2版. 北京：机械工业出版社，2006.

[33] 宋志安. 基于MATLAB的液压伺服控制系统与分析 [M]. 北京：国防工业出版社，2007.

[34] 张利平. 液压气动技术实用问答 [M]. 北京：化学工业出版社，2007.

[35] 邹家祥. 轧钢机械 [M]. 3版. 北京：冶金工业出版社，2007.

[36] 李松晶，阮健，弓长军. 先进液压传动技术概论 [M]. 哈尔滨：哈尔滨工程大学出版社，2008.

[37] 吴振顺. 液压控制系统 [M]. 北京：高等教育出版社，2008.

[38] 高安邦，智淑亚，徐建俊. 新编机床电气与PLC控制技术 [M]. 北京：机械工业出版社，2008.

[39] 赵月静，宁辰校. 液压实用回路360例 [M]. 北京：化学工业出版社，2008.

[40] 俞新陆. 液压机的设计与应用 [M]. 北京：机械工业出版社，2009.

[41] 张利平. 现代液压技术应用220例 [M]. 2版. 北京：化学工业出版社，2009.

[42] 杨逢瑜. 电液伺服与电液比例控制技术 [M]. 北京：清华大学出版社，2009.

[43] 湛从昌，等. 液压可靠性与故障诊断 [M]. 2版. 北京：冶金工业出版社，2009.

[44] 李粤，廖宇兰，王涛. 液压系统 PLC 控制 [M]. 北京：化学工业出版社，2009.

[45] 杨征瑞，花克勤，徐轶. 电液比例与伺服控制 [M]. 北京：冶金工业出版社，2009.

[46] 程周. 欧姆龙系列 PLC 入门与应用实例 [M]. 北京：中国电力出版社，2009.

[47] 闻邦椿. 机械设计手册 [M]. 5 版. 北京：机械工业出版社，2010.

[48] 张利平. 液压传动系统设计与使用 [M]. 北京：化学工业出版社，2010.

[49] 霍罡. 欧姆龙 PLC 应用系统设计实例精解 [M]. 北京：电子工业出版社，2010.

[50] 张绍九，等. 液压同步系统 [M]. 北京：化学工业出版社，2010.

[51] 朱胜，姚巨坤. 再制造技术与工艺 [M]. 北京：机械工业出版社，2011.

[52] 秦大同，谢里阳. 现代机械设计手册 [M]. 北京：化学工业出版社，2011.

[53] 靳宝全. 基于模糊滑模的电液位置伺服控制系统 [M]. 北京：国防工业出版社，2011.

[54] 高钟毓. 机电控制工程 [M]. 3 版. 北京：清华大学出版社，2011.

[55] 张海平. 液压螺纹插装阀 [M]. 北京：机械工业出版社，2011.

[56] 崔培雪，冯宪琴. 典型液压气动回路 600 例 [M]. 北京：化学工业出版社，2011.

[57] 李壮云. 液压元件与系统 [M]. 3 版. 北京：机械工业出版社，2011.

[58] 訚耀保. 极端环境下的电液伺服控制理论及应用技术 [M]. 上海：上海科学技术出版社，2012.

[59] 李松晶，王清岩，等. 液压系统经典设计实例 [M]. 北京：化学工业出版社，2012.

[60] 吴生富. 150MN 锻造液压机 [M]. 北京：国防工业出版社，2013.

[61] 姜继海. 二次调节压力偶联静液传动技术 [M]. 北京：机械工业出版社，2013.

[62] 丁祖荣. 工程流体力学 [M]. 北京：机械工业出版社，2013.

[63] 王春行. 液压控制系统 [M]. 北京：机械工业出版社，1999.

[64] 张利平. 液压控制系统设计与使用 [M]. 北京：化学工业出版社，2013.

[65] 中国机械工程学会塑性工程学会. 锻压手册锻压车间设备 [M]. 3 版（修订本）. 北京：机械工业出版社，2013.

[66] 姜万录，刘思远，张齐生. 液压故障的智能信息诊断与检测 [M]. 北京：机械工业出版社，2013.

[67] 康珺. 机电液一体化系统的复合建模与控制方法研究 [M]. 北京：国防工业出版社，2013.

[68] 倪敬. 电液伺服同步驱动系统控制理论与应用 [M]. 北京：机械工业出版社，2013.

[69] 宋锦春，陈建文. 液压伺服与比例控制 [M]. 北京：高等教育出版社，2013.

[70] 高钦和，马长林. 液压系统动态特性建模仿真技术及应用 [M]. 北京：电子工业出版社，2013.

[71] 王先逵. 机床数字控制技术手册 [M]. 北京：国防工业出版社，2013.

[72] 袁帮谊. 电液比例控制与电液伺服控制技术 [M]. 合肥：中国科学技术大学出版社，2014.

[73] 刘占军，高铁军. 冲压与塑压设备概论 [M]. 北京：化学工业出版社，2014.

[74] 黎泽伦，周传德. 机电液一体化系统设计 M]. 北京：石油工业出版社，2014.

[75] 曹树平，刘银水，刘小辉. 电液控制技术 [M]. 2 版. 武汉：华中科技大学出版社，2014.

[76] 张海平. 液压速度控制技术 [M]. 北京：机械工业出版社，2014.

[77] 魏列江. 液压系统微机控制 [M]. 北京：电子工业出版社，2014.

[78] 韩桂华，时玄宇，樊春波. 液压系统设计技巧与禁忌 [M]. 2 版. 北京：化学工业出版社，2014.

[79] 蔡伟. 液压系统非介入检测技术 [M]. 北京：国防工业出版社，2014.

[80] 常同立. 液压控制系统 [M]. 北京：清华大学出版社，2014.

[81] 吴博. 液压阀使用与维修手册 [M]. 北京：机械工业出版社，2014.

[82] 徐滨士，等. 再制造技术与应用 [M]. 北京：化学工业出版社，2014.

[83] 吕扶才. 液压传动数控技术 [M]. 北京：化学工业出版社，2015.

[84] 刘军营，韩克镇，许同乐. 液压与气压传动 [M]. 2 版. 北京：机械工业出版社，2015.

[85] 湛从昌，陈新元. 液压可靠性最优化与智能故障诊断 [M]. 北京：冶金工业出版社，2015.

[86] 张海平，等. 实用液压测试技术 [M]. 北京：机械工业出版社，2015.

[87] 闻邦椿. 现代机械设计师手册 [M]. 北京：机械工业出版社，2015.

[88] 张利平. 现代液压技术应用 220 例 [M]. 3 版. 北京：化学工业出版社，2015.

[89]　李万莉，朱福民，欧阳文志. 机电液控制基础理论与应用 [M]. 上海：上海科学技术出版社，2015.

[90]　孙优先，等. 控制工程手册 [M]. 北京：化学工业出版社，2016.

[91]　刘宝权，王军生，张岩，等. 带钢冷连轧液压与伺服控制 [M]. 北京：科学出版社，2016.

[92]　汪首坤. 液压控制系统 [M]. 北京：北京理工大学出版社，2016.

[93]　成大先. 机械设计手册 [M]. 6 版. 北京：化学工业出版社，2016.

[94]　刘陵顺，等. 自动控制元件 [M]. 2 版. 北京：北京航空航天大学出版社，2016.

[95]　汪建业，王明智. 机械润滑设计手册与图集 [M]. 北京：机械工业出版社，2016.

[96]　唐颖达. 液压缸密封技术及其应用 [M]. 北京：机械工业出版社，2016.

[97]　方庆琯，等. 现代冶金设备液压传动与控制 [M]. 北京：机械工业出版社，2016.

[98]　许同乐. 机械工程测试技术 [M]. 2 版. 北京：机械工业出版社，2016.

[99]　沈刚. 并联冗余驱动电液振动台控制系统 [M]. 北京：科学出版社，2016.

[100]　唐颖达. 液压缸设计与制造 [M]. 北京：化学工业出版社，2016.

[101]　李振水，李昆. 液压系统污染分析与故障预防 [M]. 北京：航空工业出版社，2016.

[102]　欧阳小平，杨华勇，郭生荣，等. 现代飞机液压技术 [M]. 杭州：浙江大学出版社，2016.

[103]　焦中夏，姚建勇. 电液伺服系统非线性控制 [M]. 北京：科学出版社，2016.

[104]　轧制技术及连轧自动化国家重点实验室（东北大学）. 液压张力温轧机的研制与应用 [M]. 北京：冶金出版社，2016.

[105]　闫耀保. 高端液压元件理论与实践 [M]. 上海：上海科学技术出版社，2017.

[106]　唐颖达，刘尧. 液压回路分析与设计 [M]. 北京：化学工业出版社，2017.

[107]　谢苗，魏晓华. 液压元件设计 [M]. 北京：煤炭工业出版社，2017.

[108]　苑世剑. 现代液压成形技术 [M]. 北京：国防工业出版社，2017.

[109]　张利平. 现代液压系统使用维护及故障诊断 [M]. 北京：化学工业出版社，2017.

[110]　宋锦春. 现代液压技术概述 [M]. 北京：冶金工业出版社，2017.

[111]　张利平. 液压元件选型与系统成套技术 [M]. 北京：化学工业出版社，2017.

[112]　贾铭新. 液压传动与控制 [M]. 4 版. 北京：电子工业出版社，2017.

[113]　闻邦椿. 机械设计手册 [M]. 6 版. 北京：机械工业出版社，2017.

[114]　姚建均. 液压测试技术 [M]. 北京：化学工业出版社，2018.

[115]　庄严，李玉兰. 数控机床液压与气动应用 [M]. 北京：机械工业出版社，2018.

[116]　张海平. 白话液压 [M]. 北京：机械工业出版社，2018.

[117]　唐颖达，刘尧. 电液伺服阀/液压缸机器系统 [M]. 北京：化学工业出版社，2018.

[118]　李贻斌，荣学文，李彬. 液压驱动四足仿生机器人理论、技术与实现 [M]. 北京：科学出版社，2018.

[119]　秦大同，谢里阳. 现代机械设计手册 [M]. 2 版. 北京：化学工业出版社，2019.

[120]　杨连发. 脉动液压胀形技术 [M]. 北京：化学工业出版社，2019.

[121]　胡邦喜，赵静一. 冶金行业液压润滑原理图标准图册 [M]. 秦皇岛：燕山大学出版社，2019.

[122]　韩桂华，高炳微，孙桂涛，等. 液压系统设计技巧与禁忌 [M]. 3 版. 北京：化学工业出版社，2019.

[123]　杨洁. 装备液压与气动技术 [M]. 北京：化学工业出版社，2019.

[124]　张利平. 液压元件与系统故障诊断排除典型案例 [M]. 北京：化学工业出版社，2019.

[125]　许仰曾. 液压工业 4.0 数字化网络化智能化 [M]. 北京：机械工业出版社，2019.

[126]　彭利坤，陈佳，宋飞，等. 增量式数字液压控制技术 [M]. 北京：机械工业出版社，2020.

[127]　张利平. 电液控制阀及系统使用维护 [M]. 北京：化学工业出版社，2020.

[128]　何彦虎. 液压机智能故障诊断方法集成技术 [M]. 北京：化学工业出版社，2021.